지은이 머리말

일관성 있게 배우는 전자기 현상의 원리

이 책은 대학교 학부생을 대상으로 한 전기자기학 교재로, 두 학기에 강의될 내용을 포함하고 있다. 전기자기학은 공과대학에서 난이도가 높은 교과목 중 하나로, 새로운 개념이 많이 등장하며 복잡한 수학적 계산이 요구된다. 전기자기학이 어려운 과목으로 여겨지는 데에는 몇 가지 이유가 있다. 먼저 전기자기 법칙을 이해하려면 단순한 수학적 정리뿐만 아니라 물리 법칙에 기초한 논리적 사고가 필요한데, 많은 학생들이 이 둘을 명확히 구분하지 못한다. 또한 여러 전기자기 법칙은 수학적으로 표시되는데, 이때 물리적 의미가 반드시 수식으로 설명되는 것은 아니다. 이러한 특징은 다른 과목에서도 존재하지만, 전기자기학에서 특히 두드러진다. 끝으로 전기자기학에서는 다양한 수학적 표현과 기호가 사용되는데, 동일한 기호가 서로 다른 의미로 사용되어 혼란스럽다. 예를 들어, 그리스 기호 ρ는 원통좌표계의 반지름뿐만 아니라 거리 전하밀도, 비저항 등을 나타내기도 한다.

그리하여 이 책에서는 다음과 같은 점들을 고려하여 집필하였다.

❶ 학생들은 물체에 작용하는 힘과 이로 인한 물체의 움직임을 나타내는 벡터 개념에 이미 익숙해져 있다. 이러한 벡터는 공간상의 이동과 연관이 있다. 그러나 전기자기학에서 사용되는 벡터장의 요소 벡터들은 일반적으로 공간상 이동과 무관한 경우가 대부분이다. 이를 고려하여 이 책에서는 벡터장의 개념을 보다 직관적으로 설명하는 데 중점을 두었다.

❷ 원통 및 구좌표계는 각각 원통 및 구 대칭성이 존재할 때 그 장점이 발휘된다. 예를 들어, 구좌표계의 위치벡터는 $R\mathbf{a}_R$로 표시된다. 여기서 반지름 방향 단위벡터 $\mathbf{a}_R$은 위치에 대한 함수이고 미분 가능하다. 만약 구 대칭성이 존재하면 $\mathbf{a}_R$을 상수 단위벡터로 취급할 수 있다. 이와 같이 좌표계의 활용법을 보다 명확하게 제시하였다.

❸ 가우스 및 암페어 법칙을 적용할 때에는 반드시 대칭성을 고려해야 한다. 대칭성을 활용하면 주어진 문제의 해답이 어떤 형태인지를 더 쉽게 예측할 수 있다. 전기자기학에서 주로 사용되는 대칭성에는 원통대칭, 구대칭, 병진대칭, 2겹 회전대칭 등이 있으며, 이를 이용하여 전자기학 문제를 직관적으로 해결하는 방법을 강조하였다.

④ 전기자기학에서는 많은 기호가 사용되기 때문에 일관된 표기법을 유지하는 것이 중요하다. 기존 교재는 동일한 기호라도 서로 다른 의미로 사용되어 혼동을 주는 경우가 많았다. 예를 들어, V_{12}는 일부 교재에서는 점 1과 2 사이의 전위차, 즉 $V_1 - V_2$를 의미하지만, 다른 교재에서는 단위 전하를 점 1에서 2로 움직일 때 한 일의 양, 즉 $V_2 - V_1$을 의미한다. 이러한 혼란을 줄이기 위해 이 책에서는 전위차를 $V_{1\text{-}2} = V_1 - V_2$로 표기하였다. 여기서 첨자 1-2는 등호 오른쪽의 빼기와 비슷한 형태를 취하며, 1과 2 사이의 하이픈은 뒤에서 앞으로 읽는 것을 나타낸다. 즉, 점 2에 대한 점 1에서의 전위차이다. 반면에 ψ_{12}와 같은 첨자 12는 루프 1의 전류에 의한 루프 2에서의 전속을 표시한다.

⑤ 하나의 물리량, 예를 들어 전기장은 다양한 형태를 취한다. 여기에는 정전기장, 시간에 따라 변하는 전기장, 전기장 위상자, 전기장 진폭 및 복소 진폭 등이 있다. 이 책에서는 이들을 구별하기 위해 각각 $\mathbf{E}$, $\mathscr{E}$, $\tilde{\mathbf{E}}$, E_o, $\hat{E}_o$ 등의 표기법을 사용하여 명확하게 나타냈다.

이 책은 전기자기학의 개념을 일관되게 설명하는 것을 목표로 하며, 개념을 중간에 생략하지 않고 완벽한 설명을 제공하는 데 중점을 두었다. 전기자기학 개념을 지나치게 간략히 설명하면 중요한 수학적 전개와 핵심 개념 등이 생략되어 오히려 이해하기가 더 어려워진다. 그렇다고 해서 불필요한 수학적 계산을 일일이 나열하기보다는, 대칭성 및 유일성 정리 등을 이용하여 직관적으로 문제를 해결할 수 있도록 구성하였다.

대부분의 전기자기학 문제들은 시공간에서 답을 얻어야 하며, 그림을 통해 문제를 설명하고 푸는 것이 중요하다. 이 책에서는 개념을 설명하거나 예제 및 연습문제를 제시할 때 많은 그림을 활용하여 이해도를 높였다. 이 책에는 332개의 그림이 포함되어 있다. 대부분의 그림들은 3차원 공간에서 표시되며, 데이터를 이용한 그림들은 실측으로 표시되어 그 정확도를 높였다.

각 절에는 본문에서 다룬 개념과 관계식들을 이용하여 풀 수 있는 [예제]를 제시하고, 그 해답을 구하는 과정을 자세히 설명하고 있다. 각 절의 끝에는 간단한 풀이로 해결할 수 있는 [유제]를 제시하여 학습한 개념을 복습할 수 있도록 구성하였다. 또한 핵심 내용을 질문과 답변 형식으로 정리한 [복습문제]를 제시하며, 챕터 끝에는 다양한 연습문제를 수록하였다. 연습문제는 총 466문제로 구성되어 있다.

감사의 글

2013년에 스프링거(Springer)를 통해 원서가 출판되었고 그 후에 한글판이 출판되었다. 초판이 약 10여년 동안 강의 교재로 사용되었고, 그 과정에서 많은 학생들의 질의응답으로 일부 내용이 수정 및 보완되어 이렇게 2판이 출판될 수 있었다. 이에 학생들에 많은 감사를 표한다. 원서는 2024년 스프링거에서 『Introduction to Engineering Electromagnetics, 2nd Ed.』로 출판되었다. 한글판(2판)은 영문판과 마찬가지로 거의 모든 설명과 연습문제가 새롭게 작성되었다. 이때 한빛아카데미의 임여울 에디터의 세심한 검토 및 제안에 의해 저자의 의도를 좀 더 명확히 나타낼 수 있었다. 이에 감사를 표한다.

지은이 **이연호**

미리보기

들어가기 전에

전기자기학(electromagnetics)은 자유 공간 혹은 물질 내에서의 전기현상 및 자기현상을 공부하는 학문이다. 이것은 정전기 현상을 다루는 정전기학(electrostatics), 정자기 현상을 다루는 정자기학(magnetostatics), 그리고 시간에 따라 변하는 전기장 및 자기장을 다루는 전기역학(electrodynamics)으로 구성된다. 이러한 전기자기 이론은 전기자기 모델을 기초로 정립되는데, 이 모델은 전하 및 전류와 같은 원천(source), 전기장 및 자기장과 같은 물리량, 벡터 연산 및 좌표계와 같은 규칙, 쿨롱 법칙 및 맥스웰 방정식과 같은 자연계 법칙 등으로 구성된다. 1장과 2장에서는 벡터 대수, 좌표계, 벡터 미적분과 같은 전기자기 모델의 규칙을 설명한다.

전기자기학에서 사용되는 물리량은 스칼라 혹은 벡터로 표시될 수 있다. 스칼라는 온도와 같은 크기 정보만을 포함하는 물리량을 표시하고, 반면 벡터는 바람의 속도처럼 크기와 방향 정보를 포함하는 물리량을 표시한다. 사인꼴 정상상태(sinusoidal steady-state)에서는 모든 전기자기 물리량이 시간에 따라 사인 곡선 모양으로 변하는데, 이 경우 복소수를 이용하면, 그 물리량이 스칼라이든 벡터이든 관계없이 사인꼴의 시간 변화를 매우 편리하게 표시할 수 있다. 일반적으로 전기자기 물리량은 시간과 공간에 대한 함수로 주어지지만, 특별히 정전기 및 정자기 물리량들은 시간에 대해 독립적이다. 그러나 어떠한 경우이든 전기자기 물리량은 공간에 대한 함수로 주어지므로, 이들은 스칼라장(scalar field) 혹은 벡터장(vector field)을 형성한다.

들어가기 전에

해당 장에서 학습할 내용이
무엇인지 소개하고
관련된 내용을 제시합니다.

본문

전자기학을 이해하는 데 필요한 내용을
일관되고 상세하게 설명합니다.

1.1 벡터와 벡터장

벡터는 **크기**와 **방향** 정보를 가진 물리량을 표시한다. 벡터는 화살표(→)를 이용해 그림으로 쉽게 표시할 수 있다. 이때 화살표 길이는 벡터량의 크기를 나타내고, 화살촉은 주어진 벡터량의 방향을 나타낸다. 화살의 꼬리는 벡터의 **시작점**을 나타내고 화살촉은 벡터의 **끝점**을 나타낸다. 일반적으로 벡터는 **A**와 같이 굵은 글자로 표시되든지 혹은 $\vec{A}$와 같이 작은 화살표를 이용해 표시된다. 하나의 벡터는 다음과 같이 여러 가지 방식으로 표시될 수 있다.

$$\mathbf{A} = A\mathbf{a}_A = |\mathbf{A}|\mathbf{a}_A = A\frac{\mathbf{A}}{|\mathbf{A}|} \tag{1.1}$$

여기서 A와 $|\mathbf{A}|$는 벡터 크기(magnitude)를 나타내며, $\mathbf{a}_A$와 $\mathbf{A}/|\mathbf{A}|$는 주어진 벡터의 단위벡터를 나타낸다. 벡터 크기는 0보다 큰 실수값으로, 이것의 단위는 곧 벡터 **A**의 단위이다. 여기서 단위벡터 $\mathbf{a}_A$는 크기가 1인 벡터이다. 즉 $|\mathbf{a}_A| = 1$이다. 단위벡터는 단지 방향을 표시하기 위해 사용될 뿐 어떤 특정한 단위도 가지고 있지 않다. 또한 단위벡터는 공간상의 다른 점으로 이동되어 그 점에 존재하는 다른 벡터들의 상대적인 방향을 표시하기 위해 사용되기도 한다.

주어진 공간의 각각의 점에서 각각 하나의 벡터가 정의되어 있다면, 우리는 이 공간에 하나의 **벡터장**(vector field)이 존재한다고 말한다. 벡터장을 표시하기 위한 식을 **벡터 함수**(vector function)라고 하며, 이는 일반적으로 시간과 공간에 대한 함수이다.

1 이 책에서는 한 점의 표현식을 스칼라 함수 $p_1(x, y, z)$와 구별하기 위해 콜론(:)을 사용하여 $p_1{:}(x_1, y_1, z_1)$으로 나타낸다.

각주

본문에 대한 보충 설명이나
추가 내용을 페이지 하단에 제시합니다.

예제 / 풀이

본문에서 다룬 개념을 적용한 문제와
그에 대한 상세한 풀이를 제시합니다.

예제 1-5

직각좌표계의 한 점이 $p{:}(2, -3, \sqrt{3})$로 주어지는 경우 다음을 구하라.

(a) 위치벡터

(b) 원점으로부터의 거리

풀이

(a) 위치벡터 **r**의 스칼라 성분은 점 p의 직각좌표계 좌표에 해당한다.

$$\mathbf{r} = 2\mathbf{a}_x - 3\mathbf{a}_y + \sqrt{3}\mathbf{a}_z$$

(b) **r**과 그 자신 사이의 점곱을 구하면 다음과 같다.

$$\mathbf{r}\cdot\mathbf{r} = (2\mathbf{a}_x - 3\mathbf{a}_y + \sqrt{3}\mathbf{a}_z)\cdot(2\mathbf{a}_x - 3\mathbf{a}_y + \sqrt{3}\mathbf{a}_z)$$

배분법칙과 직교규격관계를 이용하여 다음의 결과를 얻는다.

$$\mathbf{r}\cdot\mathbf{r} = (2)(2) + (-3)(-3) + (\sqrt{3})(\sqrt{3}) = 16$$

그러므로 원점으로부터 점 p까지의 거리는 다음과 같다.

$$|\mathbf{r}| = \sqrt{\mathbf{r}\cdot\mathbf{r}} = \sqrt{16} = 4$$

유제

각 절에서 설명한 개념을 복습할 수 있는 문제와 답을 제시합니다.

유제 1.1 다음 항들 중에서 벡터장은 어느 것인가?

① $\mathbf{A}(x)$ ② $B(\mathbf{r})$
③ 한 점 p에서 정의된 $\mathbf{C}$ ④ $\mathbf{D}(\mathbf{r}-\mathbf{r}_1)$
⑤ $\mathbf{r}$ ⑥ $\mathbf{r}_1$
⑦ $\mathbf{r}-\mathbf{r}_1$

Ans ①, ④, ⑤, ⑦

유제 1.2 다음 항들 중에서 틀린 것은?

① $\mathbf{A}$는 $\mathbf{B}$의 음 벡터이다. ② $\mathbf{A}$는 음수이다. ③ $\mathbf{A}$의 크기는 음수이다.

Ans ②, ③

복습문제

각 절에서 다룬 내용을 점검할 수 있는 간단한 질문과 답을 제시합니다.

복습문제

Q1.3 벡터장과 벡터 함수를 설명하라. A [그림 1-1], 식 (1.2)
Q1.4 무엇이 벡터 $\mathbf{A}$의 단위를 결정하는가? A [그림 1-1]
Q1.5 벡터 $-\mathbf{B}$의 마이너스 부호는 무엇을 의미하는가? A [그림 1-3]
Q1.6 점곱을 정의하라. A 식 (1.9)
Q1.7 스칼라 성분과 벡터 성분을 정의하라. A [그림 1-6]
Q1.8 점곱 배분법칙을 설명하라. A 식 (1.13b)
Q1.9 연속투영법을 설명하라. A [그림 1-7]
Q1.10 가위곱을 정의하라. A 식 (1.17)
Q1.11 가위곱 배분법칙을 설명하라. A 식 (1.18c)
Q1.12 코사인 혹은 사인항을 벡터형태로 표시하라. A 식 (1.9), 식 (1.17)

연습문제

해당 장에서 학습한 내용을 점검할 수 있는 문제를 제공합니다.

연습문제

추상적 형태의 벡터연산 법칙들

1.1 식 (1.5a)에 보인 벡터 덧셈의 결합법칙을 [그림 1-35]의 세 벡터를 이용해 증명하라.

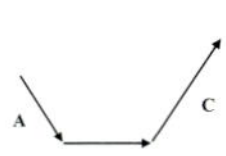

[그림 1-35] 세 벡터들 (문제 1.1)

1.2 두 벡터 $\mathbf{A}$와 $\mathbf{B}$가 만드는 평행사변형에 대해

(a) 대각선의 표현식을 $\mathbf{A}$와 $\mathbf{B}$를 이용해 구하라.

(b) 두 대각선이 수직이 되기 위한 조건을 구하라.

1.4 한 평면 위의 세 벡터에 대한 점곱 배분법칙이 [예제 1-2]에서 증명되었다. 이것을 확장하여 [그림 1-37]에서와 같은 3차원 공간상의 세 벡터 $\mathbf{A}$, $\mathbf{B}$, $\mathbf{C}$에 대해 점곱 배분법칙을 증명하라.

HINT 연속투영법

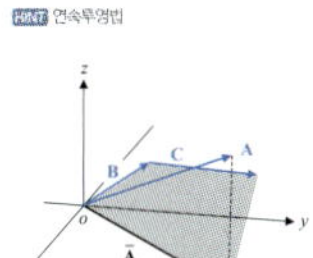

[그림 1-37] 점곱 배분법칙 (문제 1.4)

HINT

문제 풀이에 도움이 되는 Tip을 제시합니다.

이 책의 사용 설명서

• **강의 보조 자료**

한빛아카데미 홈페이지에서 '교수회원'으로 가입하신 분은 인증 후 교수용 강의 보조 자료를 제공받을 수 있습니다. 한빛아카데미 홈페이지 상단의 〈교수전용공간〉 메뉴를 클릭하세요.

http://www.hanbit.co.kr/academy

• **연습문제 해답 안내**

이 책의 연습문제 답안은 다음 경로에서 다운로드할 수 있습니다.

한빛아카데미 홈페이지 접속 → [도서명] 검색 → 도서 상세 페이지의 [부록/예제소스]

• **학습 로드맵**

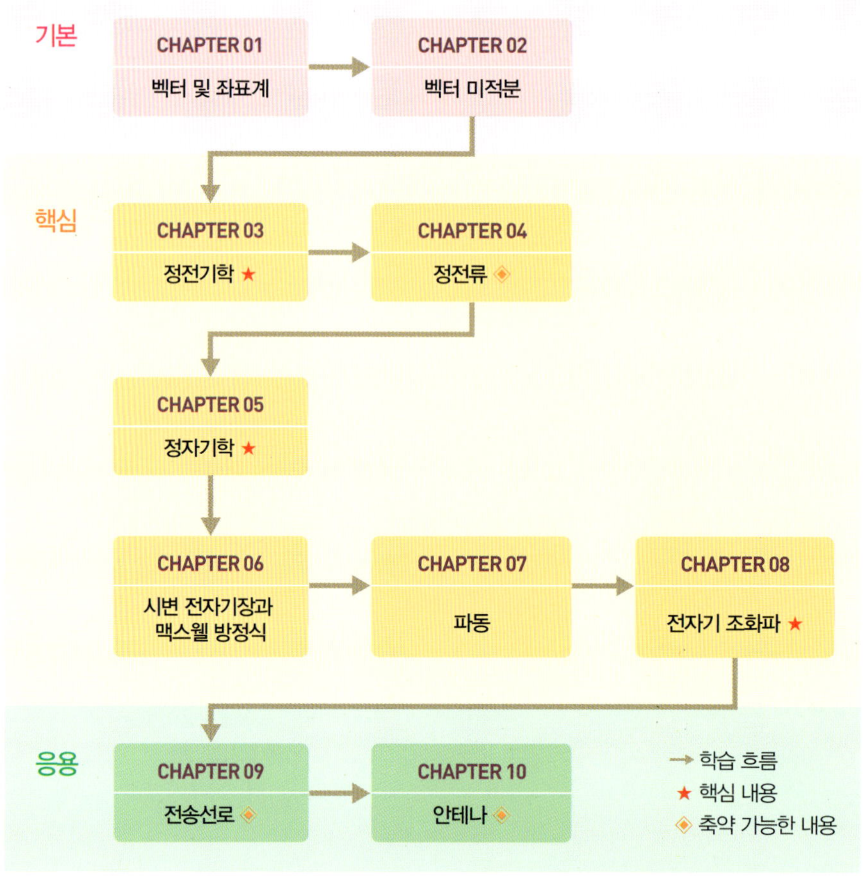

목차

지은이 소개 · 2
지은이 머리말 · 3
미리보기 · 6
이 책의 사용 설명서 · 8

CHAPTER 01 벡터 및 좌표계

1.1 벡터와 벡터장 · 20
1.2 벡터 대수 · 22
1.2.1 벡터 덧셈 및 뺄셈 · 22
1.2.2 벡터 눈금바꿈 · 25
1.2.3 스칼라곱 (점곱) · 25
1.2.4 벡터곱 (가위곱) · 30
1.2.5 스칼라 및 벡터 삼중곱 · 33
1.3 좌표계 · 36
1.3.1 직각좌표계 · 36
1.3.2 원통좌표계 · 48
1.3.3 구좌표계 · 61
1.4 좌표 변환 · 70
1.4.1 직각–직각 좌표 변환 · 70
1.4.2 원통–직각 좌표 변환 · 73
1.4.3 구–직각 좌표 변환 · 75
연습문제 · 79

목차

CHAPTER 02 벡터 미적분

2.1 선적분 및 면적분 · 93

2.1.1 곡선 · 93

2.1.2 선적분 · 96

2.1.3 면적분 · 101

2.2 지향성 도함수와 그레이디언트 · 105

2.3 선속 및 선속밀도 · 114

2.4 다이버전스 및 다이버전스 정리 · 116

2.4.1 선속밀도의 다이버전스 · 116

2.4.2 다이버전스 정리 · 122

2.5 컬 및 스토크스 정리 · 127

2.5.1 벡터장의 컬 · 128

2.5.2 스토크스 정리 · 134

2.6 이중 델 연산 · 137

2.7 헬름홀츠 정리 · 141

연습문제 · 143

CHAPTER 03 정전기학

3.1 쿨롱 법칙 · 159

3.2 전기장 세기 · 162

3.2.1 다수의 전하에 의한 전기장 · 163

3.2.2 연속적인 전하 분포에 의한 전기장 · 166

3.3 전속밀도 및 가우스 법칙 · 173

3.3.1 전속밀도 · 173

3.3.2 가우스 법칙 · 176

3.4 전위 · 184
3.4.1 전하를 움직일 때 한 일의 양 · 184
3.4.2 전위 및 전위차 · 186
3.4.3 보존장 · 191
3.4.4 **E**는 *V*의 마이너스 그레이디언트 · 192
3.5 정전기장 내의 유전체 · 197
3.5.1 전기분극 · 199
3.5.2 유전상수 · 202
3.5.3 유전체 표면에서의 경계면 조건 · 209
3.6 정전기장 내의 완전도체 · 213
3.7 정전기장의 포텐셜 에너지 · 220
3.8 경계값 문제 · 226
3.8.1 푸아송 및 라플라스 방정식 · 226
3.8.2 유일성 정리 · 228
3.8.3 영상법 · 235
3.9 축전기 및 정전용량 · 242
3.9.1 축전기 · 242
3.9.2 평행판 축전기 · 244
연습문제 · 252

CHAPTER 04 정전류

4.1 대류전류 · 271
4.2 전도전류와 옴 법칙 · 274
4.3 연속방정식 · 278
4.3.1 완화시간 · 280

4.4 경계면에서의 정전류 · 282
4.5 전하완화 원리 · 285
4.6 저항 · 290
4.7 전력 손실과 줄의 법칙 · 294
4.8 **D**와 **J** 사이의 유사성 · 299
연습문제 · 302

CHAPTER 05 정자기학

5.1 로렌츠 힘 · 312
5.2 비오-사바르 법칙 · 314
5.3 암페어 법칙 · 321
5.4 자속밀도 · 329
5.5 벡터 자기포텐셜 · 332
5.5.1 비오-사바르 법칙으로부터 암페어 법칙 유도 · 334
5.6 자기 쌍극자 · 341
5.7 자성체 · 346
5.7.1 자기화 및 자화전류 · 348
5.7.2 투자율 · 354
5.7.3 강자성체의 히스테리시스 · 362
5.7.4 자기 경계면 조건 · 365
5.8 유도용량 및 인덕터 · 369
5.9 자기 에너지 · 378
5.9.1 인덕터의 자기 에너지 · 379
5.9.2 자기장 에너지 · 381

5.10 자기력 및 자기 회전력 · 385
5.10.1 도선에 작용하는 자기력 · 385
5.10.2 가상 일과 자기력 · 388
5.10.3 자기 회전력 · 390
연습문제 · 395

CHAPTER 06 시변 전자기장과 맥스웰 방정식

6.1 패러데이 법칙 · 417
6.1.1 변압기 기전력 · 419
6.1.2 운동 기전력 · 424
6.1.3 시변 자기장 내에서 움직이는 루프 · 430
6.2 변위 전류밀도 · 433
6.3 맥스웰 방정식 · 437
6.3.1 미분형태의 맥스웰 방정식 · 437
6.3.2 적분형태의 맥스웰 방정식 · 439
6.3.3 전자기장의 경계면 조건 · 439
6.4 지연 전위 · 443
연습문제 · 447

목차

CHAPTER 07 파동

7.1 1차원 파 · 457

7.1.1 조화파 · 461

7.1.2 복소형태 조화파 · 464

7.1.3 위상자형태 조화파 · 466

7.2 3차원 공간의 평면파 · 469

7.3 전자기 평면파 · 475

7.3.1 전자기파의 기본 특성 · 475

7.3.2 전자기파의 횡파 특성 · 477

연습문제 · 481

CHAPTER 08 전자기 조화파

8.1 위상자 · 489

8.1.1 전기장 및 자기장 위상자 · 490

8.1.2 위상자형태의 맥스웰 방정식 · 492

8.2 균질 매질 내의 전자기파 · 494

8.2.1 무손실 유전체 내의 균일 평면파 · 494

8.2.2 전력 전달과 포인팅 벡터 · 499

8.2.3 균일 평면파의 편광 · 503

8.2.4 손실 매질 내의 전자기파 · 512

8.3 경계면에서의 전자기 평면파 · 528
8.3.1 평면파의 수직 입사 · 529
8.3.2 평면파의 경사 입사 · 544
8.3.3 전반사 · 560
8.3.4 반사율 및 투과율 · 563
8.4 분산매질 내의 전자기파 · 566
연습문제 · 571

CHAPTER 09 전송선로

9.1 전송선로 방정식 · 588
9.1.1 위상자형태의 전송선로 방정식 · 590
9.1.2 파라미터 관계식 · 591
9.2 전송선로의 파라미터 · 593
9.2.1 동축 선로 · 593
9.2.2 도선 선로 · 594
9.2.3 평행판 선로 · 595
9.3 전송선로 위의 진행파 · 596
9.3.1 무손실 전송선로 · 598
9.3.2 비왜곡 전송선로 · 600
9.3.3 전력 전달 및 손실 · 603
9.4 유한한 전송선로 · 606
9.4.1 반사계수 및 정재파 비 · 609
9.4.2 입력 임피던스 · 616
9.4.3 닫힌 회로 및 열린 회로의 전송선로 · 622

9.5 스미스 차트 · 625
9.5.1 Γ와 Z_L 사이의 관계 · 625
9.5.2 Γ와 Z_{in} 사이의 관계 · 630
9.5.3 Γ와 정재파 비 사이의 관계 · 633
9.5.4 스미스 차트와 어드미턴스 · 638
9.5.5 전송선로 임피던스 맞춤 · 641
연습문제 · 646

CHAPTER 10 안테나

10.1 Hertzian 쌍극자 · 663
10.2 안테나 특성 · 665
10.3 선형 안테나 · 671
10.3.1 반파 쌍극자 · 673
10.3.2 자기 쌍극안테나 · 677
10.4 안테나 배열 · 679
10.4.1 두 소자 배열 · 679
10.4.2 균일 선형배열 · 684
10.5 안테나의 수신모드 · 688
10.6 레이다 방정식 · 693
연습문제 · 697

찾아보기 · 704

CHAPTER

01

벡터 및 좌표계

Vector Algebra and Coordinate System

벡터와 벡터장 1.1
벡터 대수 1.2
좌표계 1.3
좌표 변환 1.4
연습문제

들어가기 전에

전기자기학(electromagnetics)은 자유 공간 혹은 물질 내에서의 전기현상 및 자기현상을 공부하는 학문이다. 이것은 정전기 현상을 다루는 정전기학(electrostatics), 정자기 현상을 다루는 정자기학(magnetostatics), 그리고 시간에 따라 변하는 전기장 및 자기장을 다루는 전기역학(electrodynamics)으로 구성된다. 이러한 전기자기 이론은 전기자기 모델을 기초로 정립되는데, 이 모델은 전하 및 전류와 같은 원천(source), 전기장 및 자기장과 같은 물리량, 벡터 연산 및 좌표계와 같은 규칙, 쿨롱 법칙 및 맥스웰 방정식과 같은 자연계 법칙 등으로 구성된다. 1장과 2장에서는 벡터 대수, 좌표계, 벡터 미적분과 같은 전기자기 모델의 규칙을 설명한다.

전기자기학에서 사용되는 물리량은 스칼라 혹은 벡터로 표시될 수 있다. 스칼라는 온도와 같은 크기 정보만을 포함하는 물리량을 표시하고, 반면 벡터는 바람의 속도처럼 크기와 방향 정보를 포함하는 물리량을 표시한다. 사인꼴 정상상태(sinusoidal steady-state)에서는 모든 전기자기 물리량이 시간에 따라 사인 곡선 모양으로 변하는데, 이 경우 복소수를 이용하면, 그 물리량이 스칼라이든 벡터이든 관계없이 사인꼴의 시간 변화를 매우 편리하게 표시할 수 있다. 일반적으로 전기자기 물리량은 시간과 공간에 대한 함수로 주어지지만, 특별히 정전기 및 정자기 물리량들은 시간에 대해 독립적이다. 그러나 어떠한 경우이든 전기자기 물리량은 공간에 대한 함수로 주어지므로, 이들은 스칼라장(scalar field) 혹은 벡터장(vector field)을 형성한다.

여러 수학적 법칙은 전기자기 개념을 간단한 수식으로 나타내어 전기자기 모델을 만드는 데 중요한 역할을 한다. 벡터 대수, 벡터 미적분, 좌표계는 전기자기학을 공부하기 위해 필요한 세 가지 수학 분야이다. 벡터 대수에서는 벡터 덧셈, 벡터 눈금바꿈(vector scaling), 벡터 점곱 및 벡터 가위곱과 같은 벡터 연산을 다루고, 벡터 미적분에서는 그레이디언트, 다이버전스, 컬 등으로 정의되는 벡터 연산자를 다룬다. 좌표계를 이용하면, 점, 선, 곡면, 부피 등의 기하학적 요소들을 간단한 수학적 공식으로 나타낼 수 있다. 물리 법칙 및 물리량은 좌표계에 무관하므로, 좌표계는 주어진 기하학적 모양에 잘 들어맞는 것을 선택해야 한다.

벡터의 정의는 매우 명확하여 혼동의 여지가 없지만, 공간상에 분포하는 벡터들, 즉 벡터장을 다루는 경우에는 매우 세심한 주의가 필요하다. 이는 하나의 벡터장이 서로 다른 특성을 가진 여러 벡터들을 포함하기 때문이다. 단위벡터(unit vector)는 크기가 1인 벡터이고, 위치벡터(position vector)는 항상 좌표계의 원점에서 출발해 공간상의 한 점에서 끝난다. 위치벡터는 그 끝점을 이용하여 공간상 한 점의 위치를 표시한다. 반면에 거리벡터(distance vector)는 공간상의 한 점에서 출발해 공간상의 또 다른 한 점에서 끝나며, 두 점 사이의 거리 및 방향을 표시한다. 이때 거리 및 방향 정보들은 거리벡터 끝점의 좌표를 이용해서 표시해야 하는데, 그 이유는 이들이 끝점에서 관찰되는 물리량을 나타내는 데 사용되기 때문이다.

그러나 일반적으로 벡터장의 요소 벡터들은 공간상 한 점에서 관찰되는 물리량을 나타낸다. 즉 이들 벡터의 크기 및 방향은 주어진 벡터의 시작점에서 관찰되는 물리량이다(예를 들면 공간상 한 점에서의 바람의 속도). 따라서 이러한 요소 벡터들의 끝점은 단지 해당 벡터의 크기를 나타내기 위한 것이다. 베이스벡터(base vector)는 3개의 서로 직각인 단위벡터들로 이루어져 있으며, 일반적으로 이들의 방향은 위치에 대한 함수로 주어진다.

1.1 벡터와 벡터장

벡터는 **크기**와 **방향** 정보를 가진 물리량을 표시한다. 벡터는 화살표(→)를 이용해 그림으로 쉽게 표시할 수 있다. 이때 화살표 길이는 벡터량의 크기를 나타내고, 화살촉은 주어진 벡터량의 방향을 나타낸다. 화살의 꼬리는 벡터의 **시작점**을 나타내고 화살촉은 벡터의 **끝점**을 나타낸다. 일반적으로 벡터는 **A**와 같이 굵은 글자로 표시되든지 혹은 $\vec{A}$와 같이 작은 화살표를 이용해 표시된다. 하나의 벡터는 다음과 같이 여러 가지 방식으로 표시될 수 있다.

$$\mathbf{A} = A\mathbf{a}_A = |\mathbf{A}|\mathbf{a}_A = A\frac{\mathbf{A}}{|\mathbf{A}|} \tag{1.1}$$

여기서 A와 $|\mathbf{A}|$는 벡터 크기(magnitude)를 나타내며, $\mathbf{a}_A$와 $\mathbf{A}/|\mathbf{A}|$는 주어진 벡터의 단위벡터를 나타낸다. 벡터 크기는 0보다 큰 실수값으로, 이것의 단위는 곧 벡터 **A**의 단위이다. 여기서 단위벡터 $\mathbf{a}_A$는 크기가 1인 벡터이다. 즉 $|\mathbf{a}_A| = 1$이다. 단위벡터는 단지 방향을 표시하기 위해 사용될 뿐 어떤 특정한 단위도 가지고 있지 않다. 또한 단위벡터는 공간상의 다른 점으로 이동되어 그 점에 존재하는 다른 벡터들의 상대적인 방향을 표시하기 위해 사용되기도 한다.

주어진 공간의 각각의 점에서 각각 하나의 벡터가 정의되어 있다면, 우리는 이 공간에 하나의 **벡터장**(vector field)이 존재한다고 말한다. 벡터장을 표시하기 위한 식을 **벡터 함수**(vector function)라고 하며, 이는 일반적으로 시간과 공간에 대한 함수이다.

[그림 1-1]은 3차원 공간상에 존재하는 하나의 벡터장을 보여준다. 공간상 한 점 p_1은 직각좌표계에서 세 좌표 값 x_1, y_1, z_1을 이용해 표시할 수 있고, 수학적으로 $p_1:(x_1, y_1, z_1)$과 같이 표시된다.[1] 공간상 한 점은 **위치벡터**(position vector)를 이용하여 표시할 수 있다. 그림에서 위치벡터 $\mathbf{r}_1$은 원점에서 출발하여 점 p_1에서 끝나는데, 그 크기는 원점에서부터 p_1까지의 거리를 나타내고 그 단위벡터는 원점에서 p_1으로의 방향을 나타낸다.

예를 들어 주어진 공간에서 관찰되는 바람의 흐름은 속도 벡터를 이용해 손쉽게 표시할 수 있는데, 만약 [그림 1-1]이 주어진 시간 $t = t_o$에서 바람의 흐름을 나타내는 속도 벡터장이라면, 벡터 **A**는 점 p_1에서 바람이 A [m/s]의 속도로 $\mathbf{a}_A$ 방향을 향해 불고 있음을 의미한다. 여기서 주목해야 할 사실은, 벡터 **A**는 점 p_1에서 측정되는 값이므로, 벡터 **A**의 끝점(화살촉)은 공간상의 한 점을 의미하지 않는다. 마찬가지로, 벡터 **A′**은 점 p_2에서 바람이 A' [m/s]의 속도로 $\mathbf{a}_{A'}$ 방향을 향해 불고 있음을 의미한다.

1 이 책에서는 한 점의 표현식을 스칼라 함수 $p_1(x, y, z)$와 구별하기 위해 콜론(:)을 사용하여 $p_1:(x_1, y_1, z_1)$으로 나타낸다.

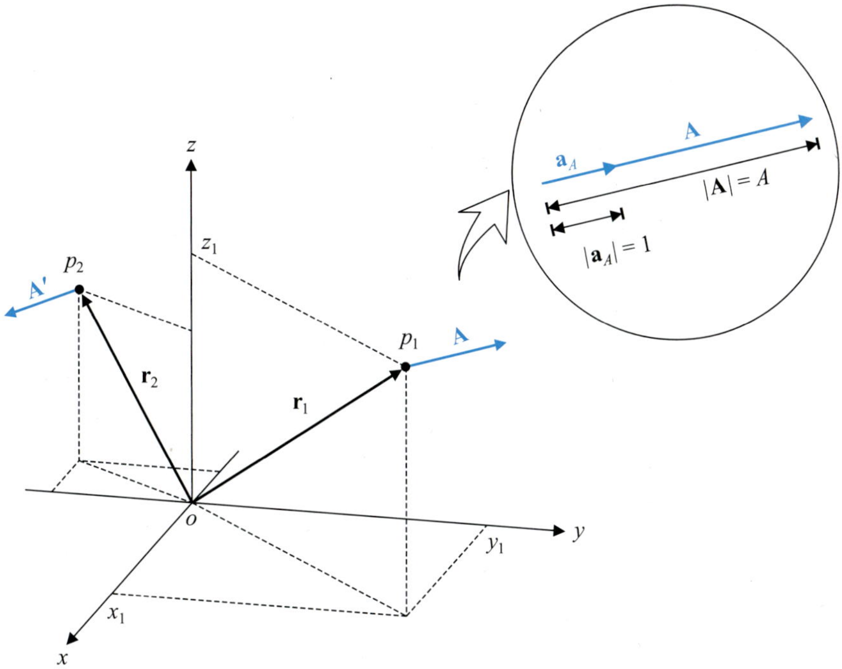

[그림 1-1] 3차원 공간상의 벡터장

3차원 공간에서 바람의 흐름은 벡터 함수 $\mathbf{F}(\mathbf{r}, t)$를 이용해 표시할 수 있는데, 여기서 $\mathbf{r}$은 위치벡터이고 t는 시간을 나타낸다. 바람의 속도는 실제 물리량이므로 $\mathbf{F}(\mathbf{r}, t)$는 공간상 인접한 두 점 사이에서 그 크기나 방향이 갑자기 변하지 않는다. 따라서 벡터 함수는 위치와 시간에 대해 미분 가능한 연속 함수(continuous function)로 주어진다. 위의 벡터 함수를 이용하면 요소 벡터 $\mathbf{A}$는 수학적으로 다음과 같이 표시된다.

$$\mathbf{A} = \mathbf{F}(\mathbf{r}_1, t_o) = \mathbf{F}(x_1, y_1, z_1; t_o) \tag{1.2}$$

여기서 $\mathbf{r}_1$은 직각 좌표 x_1, y_1, z_1으로 표시되는 점 p_1의 위치벡터이다. 마찬가지로 요소 벡터 $\mathbf{A}'$은 수학적으로 다음과 같이 표시된다.

$$\mathbf{A}' = \mathbf{F}(\mathbf{r}_2, t_o) \tag{1.3}$$

식 (1.2)와 (1.3)은 공간상 서로 다른 두 지점에서 동일한 시간 t_o에서 측정되는 바람의 속도를 표시한다. 만약 두 벡터 $\mathbf{A}'$과 $\mathbf{A}$가 동일한 크기와 방향을 가진다면 두 벡터는 **동등 벡터**(equal vectors)이다. 그러나 서로 다른 지점에 위치하므로 **동일 벡터**(identical vectors)는 아니다.

유제 1.1 다음 항들 중에서 벡터장은 어느 것인가?

① $\mathbf{A}(x)$ ② $B(\mathbf{r})$

③ 한 점 p에서 정의된 $\mathbf{C}$ ④ $\mathbf{D}(\mathbf{r}-\mathbf{r}_1)$

⑤ $\mathbf{r}$ ⑥ $\mathbf{r}_1$

⑦ $\mathbf{r}-\mathbf{r}_1$

Ans ①, ④, ⑤, ⑦

유제 1.2 다음 항들 중에서 틀린 것은?

① **A**는 **B**의 음 벡터이다. ② **A**는 음수이다. ③ **A**의 크기는 음수이다.

Ans ②, ③

복습문제

Q1.1 벡터와 벡터장의 차이는 무엇인가? **A** [그림 1-1]

Q1.2 위치벡터와 거리벡터의 차이는 무엇인가? **A** [그림 1-1], [그림 1-4]

1.2 벡터 대수

1.2.1 벡터 덧셈 및 뺄셈

두 벡터 **A**와 **B**의 합은 또 다른 벡터 **C**를 발생시킨다. 두 벡터 **A**와 **B**의 덧셈은 수학적으로 다음과 같이 표기된다.

$$\mathbf{A}+\mathbf{B}=\mathbf{C} \tag{1.4}$$

일반적으로 벡터 덧셈은 공간상 한 점에서 정의되는 두 벡터들 사이에서 수행된다. 이러한 이유로 벡터 **C**는 두 벡터 **A**와 **B**가 위치한 그 점에 위치한다. 벡터 덧셈을 역연산하면 벡터의 분해를 나타낸다. 즉, 벡터 덧셈 $\mathbf{A}+\mathbf{B}=\mathbf{C}$는 벡터 **C**가 두 벡터 **A**와 **B**로 분해될 수 있음을 의미한다.

평행사변형 법칙(parallelogram rule) 혹은 **머리-꼬리 법칙**(head-to-tail rule)을 이용하면 벡터 덧셈을 [그림 1-2]처럼 도식화하여 나타낼 수 있다. 그림 (a)는 평행사변형 법칙을 나타내는데, 벡터 **C**는 벡터 **A**, **B**가 만드는 평행사변형의 대각선에 해당한다. 그림 (b)와 그림 (c)는 머리-꼬리 법칙을 나타내는데, 벡터 **B**(혹은 **A**)가 이동하여 그 시작점이 벡터 **A**(혹은 **B**)의 끝점에 맞닿아 있다. 이때 벡터 **C**는 벡터 **A**(혹은 **B**)의 시작점에서 출발해서 벡터 **B**(혹은 **A**)의 끝점으로 향하는 벡터이다. 여기서 주목해야 할 사실은, 한 벡터가 다른 벡터와 더해지기 위해 임시로 이동되었다는 점이다. 이는 단순히 계산을 위한 것으로 실제 벡터의 크기와 방향은 변하지 않는다.

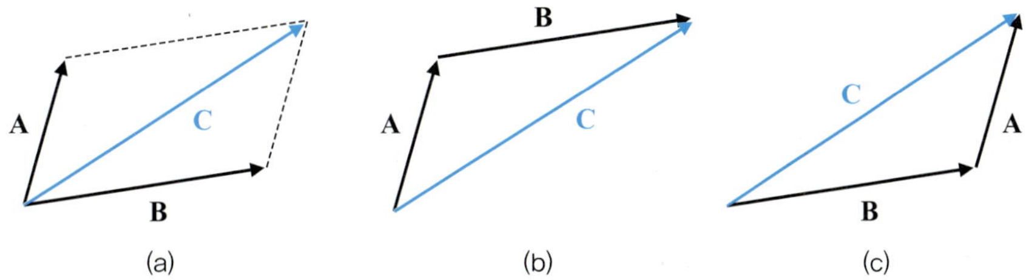

[그림 1-2] 벡터 덧셈 (**A** + **B**). (a) 평행사변형 법칙, (b)(c) 머리-꼬리 법칙

두 벡터가 공간상 서로 다른 점에 위치할 때, 하나의 벡터가 이동되어 다른 벡터와 수학적으로 더해질 수 있다. 그러나 이러한 벡터 덧셈의 결과는 일반적으로 어떤 물리적인 의미를 가지지 못한다. 예를 들어 [그림 1-1]에서처럼 서로 다른 점에서의 공기의 흐름을 나타내는 두 속도 벡터들을 수학적으로 더할 수 있지만, 이때 **A** + **A**′은 어떠한 물리적 의미도 가지지 않는다. 결론적으로 벡터장 내의 하나의 요소 벡터는 공간상 한 점에 고정되어 있다. 이 벡터가 공간상에서 이동되면 그 물리적 의미가 소멸된다.

벡터 덧셈은 다음과 같이 **결합법칙**(associative law)과 **가환법칙**(commutative law)을 만족한다.

$$\mathbf{A} + (\mathbf{B} + \mathbf{C}) = (\mathbf{A} + \mathbf{B}) + \mathbf{C} \qquad \text{(결합법칙)} \tag{1.5a}$$

$$\mathbf{A} + \mathbf{B} = \mathbf{B} + \mathbf{A} \qquad \text{(가환법칙)} \tag{1.5b}$$

벡터 **A**에서 벡터 **B**를 뺀다는 것은 벡터 **A**와 벡터 **B**의 음 벡터를 더하는 것과 동일하다. 음 벡터 −**B**는 벡터 **B**와 동일한 점에 위치하고 **B**와 동일한 크기를 가지지만, **B**의 정반대 방향을 가리킨다. 벡터 뺄셈도 벡터 덧셈과 마찬가지로 평행사변형 법칙 혹은 머리-꼬리 법칙을 이용해 구할 수 있다([그림 1-3]과 [그림 1-4] 참조).

$$\mathbf{A} - \mathbf{B} = \mathbf{A} + (-\mathbf{B}) = \mathbf{A} + B(-\mathbf{a}_B) \tag{1.6}$$

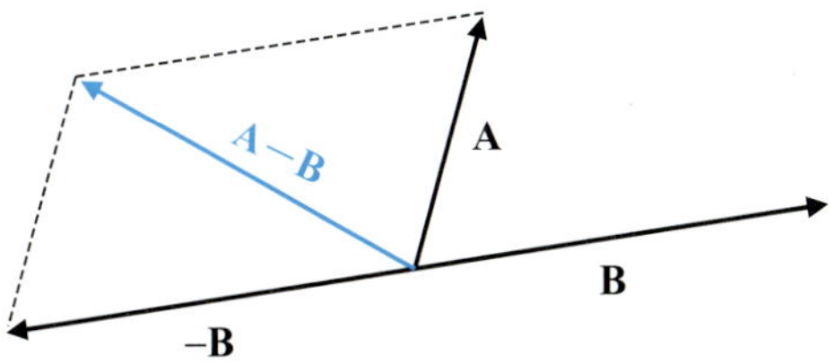

[그림 1-3] 벡터 뺄셈(**A** − **B**)

식 (1.4) ~ (1.6)의 법칙들은 벡터장에도 그대로 적용된다. 두 벡터장의 더하기 $\mathbf{A}(\mathbf{r}) + \mathbf{B}(\mathbf{r})$은 공간상 한 점 $\mathbf{r}_1$에서 두 벡터장의 요소 벡터들 $\mathbf{A}(\mathbf{r}_1)$과 $\mathbf{B}(\mathbf{r}_1)$ 사이의 더하기를 의미한다. 두 벡터장들의 덧셈은 또 다른 벡터장을 발생시킨다.

두 위치벡터 $\mathbf{r}_1$과 $\mathbf{r}_2$ 사이의 빼기는 $\mathcal{R} = \mathbf{r}_1 - \mathbf{r}_2$로 표기되며, 특별히 **거리벡터**(distance vector)로 명명된다. [그림 1-4]에서 보는 것처럼 거리벡터 $\mathcal{R}$은 위치벡터 $\mathbf{r}_2$에 의해 정의되는 점 p_2에서 시작해 위치벡터 $\mathbf{r}_1$에 의해 정의되는 점 p_1에서 끝난다. 여기서 주목해야 할 사실은, 거리벡터 $\mathcal{R}$의 크기와 그 단위벡터는 점 p_1(즉 $\mathcal{R}$의 끝점)에 소속된 값들이다. 일반적으로 거리벡터는 점 p_2에 놓인 원천에 의해 발생하여 점 p_1에서 관찰되는 어떤 물리량을 표시하기 위해 사용된다.

전기자기학에서 유용하게 사용되는 첨자 규칙에 대해 설명해보면, 이 책에서 거리벡터는 $\mathcal{R}_{1\text{-}2} = \mathbf{r}_1 - \mathbf{r}_2$로 표기된다. 아래 첨자 1−2는 등호 오른쪽의 벡터 뺄셈과 비슷하게 나타냈으며, 하이픈은 주어진 수식을 뒤에서 앞으로 읽어서 이해한다는 것을 암시한다. 즉 $\mathcal{R}_{1\text{-}2}$는 점 2에서 시작해 점 1에서 끝나는 벡터임을 나타낸다. 반면에 기존의 첨자 12는 그 무엇이 1에서 시작해 2에서 끝남을 의미한다.

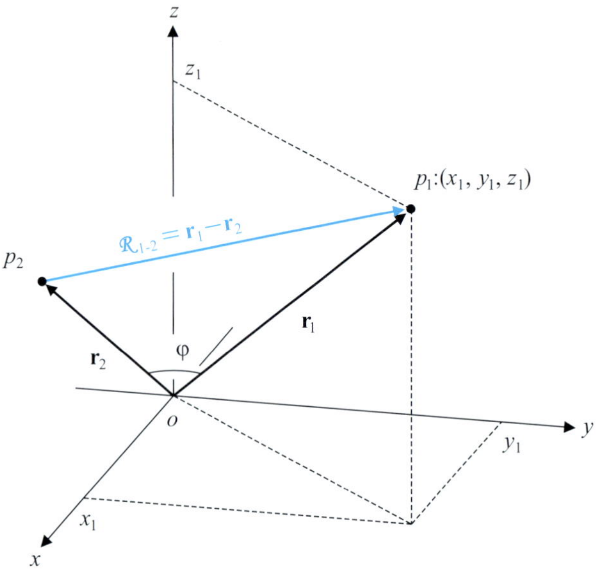

[그림 1-4] 점 2에서 점 1로 향하는 거리벡터 ($\mathcal{R}_{1\text{-}2}$)

유제 1.3 다음 항들 중에서 틀린 것은?

① $-(-\mathbf{A}) = \mathbf{A}$

② $-(\mathbf{A} + \mathbf{B}) = -\mathbf{A} - \mathbf{B}$

③ $\mathbf{A} - (\mathbf{B} - \mathbf{C}) = (\mathbf{A} - \mathbf{B}) + \mathbf{C}$

Ans 없음

1.2.2 벡터 눈금바꿈

하나의 벡터를 하나의 스칼라로 곱하는 것을 **벡터 눈금바꿈**(vector scaling)이라 한다. 벡터 눈금바꿈은 벡터의 방향에는 영향을 주지 않고 단지 그 크기를 크게 혹은 작게 변화시킬 수 있다. 주어진 벡터 **A**를 스칼라 k로 눈금바꿈하면 그 결과는 다음과 같다.

$$k\mathbf{A} = (kA)\mathbf{a}_A \tag{1.7}$$

만약 k가 음수이면 주어진 벡터 **A**는 크기가 변할 뿐만 아니라 방향이 정반대로 바뀐다.

벡터 눈금바꿈은 결합법칙, 가환법칙, 그리고 **배분법칙**(distributive law)을 만족한다.

$$k(l\mathbf{A}) = l(k\mathbf{A}) \qquad \text{(결합법칙)} \tag{1.8a}$$

$$k\mathbf{A} = \mathbf{A}k \qquad \text{(가환법칙)} \tag{1.8b}$$

$$(k + l)\mathbf{A} = k\mathbf{A} + l\mathbf{A} \qquad \text{(배분법칙)} \tag{1.8c}$$

유제 1.4 다음 항들 중에서 정의되지 않은 것은?

① $k(\mathbf{A} + \mathbf{B}) = k\mathbf{A} + k\mathbf{B}$

② $-k\mathbf{A} = k(-\mathbf{A})$

③ $k(\mathbf{A} + c) = k\mathbf{A} + kc$

Ans ③

1.2.3 스칼라곱 (점곱)

스칼라곱(scalar product)과 **벡터곱**(vector product)은 벡터 대수에서 정의되는 특별한 벡터 연산들이다. 이들은 단순히 하나의 벡터를 하나의 스칼라로 곱하는 것과는 매우 다르게 정의된다. 이름을 보면 알 수 있듯이 두 벡터의 스칼라곱은 그 결과가 스칼라로 주어지고, 두 벡터의 벡터곱은 벡터로 주어진다. 스칼라곱은 두 벡터의 사잇각에 대한 코사인에 비례하고, 벡터곱은 두 벡터의 사잇각에 대한 사인에 비례한다. 따라서 스칼라곱이나 벡터곱을 이용하면 코사인 혹은 사인을 포함하는 어떤 수식을 벡터형태로 매우 간략히 표기할 수 있다. 이렇게 벡터로 표기된 수식들은 일반적으로 매우 간단명료할 뿐만 아니라 벡터들이 이루는 기하학적 형상을 쉽게 유추할 수 있도록 한다.

두 벡터 **A**와 **B** 사이의 스칼라곱 혹은 **점곱**(dot product)을 $\mathbf{A} \cdot \mathbf{B}$로 표기하며, "**A** 다트 **B**"로 읽는다. **A** 와 **B** 사이의 점곱은 다음과 같이 정의된다.

$$\mathbf{A} \cdot \mathbf{B} = AB\cos\theta_{AB} \tag{1.9}$$

이 식에서 A와 B는 각각 벡터 **A**와 **B**의 크기를 의미하며, θ_{AB}는 두 벡터 사이의 180°보다 크지 않은 사잇각이다. 식 (1.9)에서 두 벡터의 점곱은 그 결과가 하나의 스칼라이다. 사잇각이 $0 \leq \theta_{AB} < 90°$인 경우 그 값은 양의 실수이고, 사잇각이 $90° < \theta_{AB} \leq 180°$인 경우는 음의 실수이다. 그리고 사잇각이 $\theta_{AB} = 90°$인 경우는 0이며, **A**와 **B**는 서로 직각이다([그림 1-5] 참조).

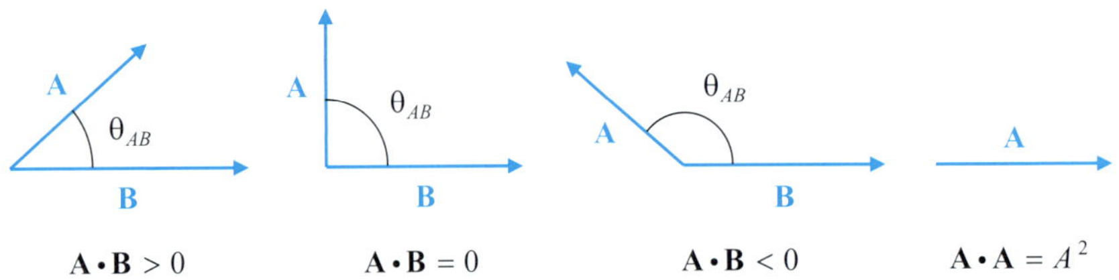

[그림 1-5] 두 벡터 **A**와 **B**의 점곱

식 (1.9)의 오른쪽 항인 $B\cos\theta_{AB}$는 벡터 **B**의 벡터 **A**로의 투영을 의미한다([그림 1-6] 참조). 또한 벡터 **B**의 벡터 **A** 방향으로의 **스칼라 성분**(scalar component)에 해당한다. 따라서 점곱 **A** · **B**는 **B**의 **A** 방향으로 투영한 값에 A를 곱한 것과 같다. 이 값은 **A**의 **B** 방향으로 투영한 값에 B를 곱한 것을 나타내기도 한다.

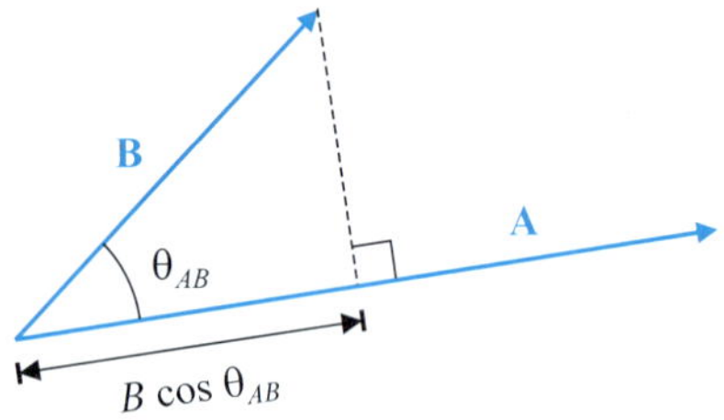

[그림 1-6] 벡터 **B**의 벡터 **A**로의 투영

벡터의 투영을 이용하면 주어진 하나의 벡터를 여러 개의 **벡터 성분**(vector component)으로 분해할 수 있다. 여기서 벡터 성분의 크기는 해당 스칼라 성분과 동일하고, 그 방향은 해당 스칼라 성분을 구할 때 사용된 단위벡터의 방향과 동일하다. 예를 들어 벡터 **C**의 **A** 방향으로의 벡터 성분은 $(\mathbf{C} \cdot \mathbf{a}_A)\mathbf{a}_A$로 표시된다. 여기서 $\mathbf{C} \cdot \mathbf{a}_A$는 스칼라 성분을 나타내고 $\mathbf{a}_A$는 단위벡터이다. 하나의 벡터는 하나의 평면 위에 투영될 수 있다. 이러한 투영은 그 벡터의 주어진 평면에 평행인 성분에 해당한다.

식 (1.9)에서 보듯이 **A**와 **B**의 점곱은 두 벡터 크기들 사이의 곱보다 클 수 없다. 이를 식으로 나타내면 다음과 같다.

$$\mathbf{A} \cdot \mathbf{B} \leq AB \tag{1.10}$$

주어진 벡터가 자기 자신과 점곱이 되면, 그 결과는 주어진 벡터 크기를 제곱한 값이 된다.

$$\mathbf{A} \cdot \mathbf{A} = |\mathbf{A}|^2 = A^2 \tag{1.11}$$

식 (1.11)은 벡터 크기를 구하는 데 매우 유용하다. 이를 **A**에 관한 식으로 나타내면 다음과 같다.

$$A = |\mathbf{A}| = \sqrt{\mathbf{A} \cdot \mathbf{A}} \tag{1.12}$$

즉 벡터 **A**의 크기는 점곱 $\mathbf{A} \cdot \mathbf{A}$의 제곱근이다. 두 벡터의 점곱은 가환법칙과 배분법칙을 만족한다.

$$\mathbf{A} \cdot \mathbf{B} = \mathbf{B} \cdot \mathbf{A} \qquad (\text{가환법칙}) \tag{1.13a}$$

$$\mathbf{A} \cdot (\mathbf{B} + \mathbf{C}) = \mathbf{A} \cdot \mathbf{B} + \mathbf{A} \cdot \mathbf{C} \qquad (\text{배분법칙}) \tag{1.13b}$$

두 벡터의 사잇각은 $\theta_{AB} = \theta_{BA}$이므로 점곱의 가환법칙은 손쉽게 증명된다. 점곱의 배분법칙은 [예제 1-2]를 참고하여 쉽게 증명할 수 있다.

두 벡터의 사잇각을 모르더라도 **연속투영법**(two-step projection)을 이용하면 하나의 벡터를 또 다른 벡터로 투영한 값을 쉽게 구할 수 있다. [그림 1-7]을 참조하여 ❶ **A**를 **B**가 포함되는 한 평면 S에 투영시켜 접선성분 $\mathbf{A}_T$를 얻는다. 그리고 ❷ $\mathbf{A}_T$를 **B**의 방향으로 투영하면 **A**의 **B** 방향으로의 투영을 얻을 수 있다.

연속투영법은 [그림 1-7]을 이용해 손쉽게 증명할 수 있다. 벡터 **A**는 수직성분 $\mathbf{A}_N$과 수평성분 $\mathbf{A}_T$로 분해될 수 있으므로, 벡터 **A**의 벡터 **B**로의 투영을 다음과 같이 표시할 수 있다.

$$\mathbf{A} \cdot \mathbf{a}_B = (\mathbf{A}_T + \mathbf{A}_N) \cdot \mathbf{a}_B = \mathbf{A}_T \cdot \mathbf{a}_B \tag{1.14}$$

여기서 $\mathbf{A}_N \cdot \mathbf{a}_B = 0$의 관계가 사용되었다. 위 식의 맨 오른쪽 항은 연속투영법을 증명하고 있다.

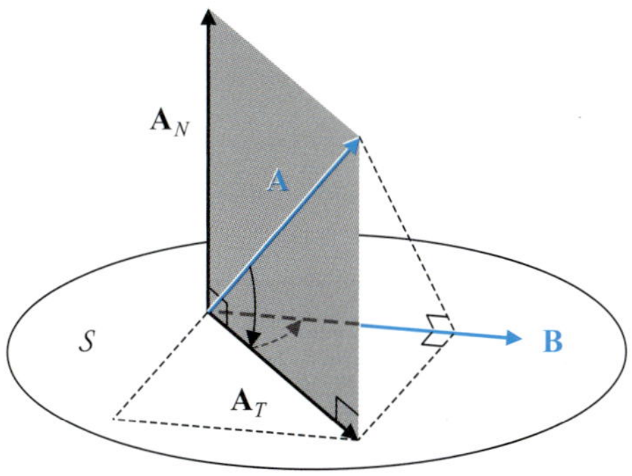

[그림 1-7] 연속투영법

예제 1-1

[그림 1-4]에서 거리벡터 $\mathcal{R}$의 크기를 $|\mathbf{r}_1|$, $|\mathbf{r}_2|$, φ를 이용해 표시하라.

풀이

거리벡터 $\mathcal{R}$을 자신과 점곱하면 다음 식을 얻을 수 있다.

$$\begin{aligned}\mathcal{R} \cdot \mathcal{R} &= \mathcal{R}^2 = (\mathbf{r}_1 - \mathbf{r}_2) \cdot (\mathbf{r}_1 - \mathbf{r}_2) \\ &= r_1^2 + r_2^2 - \mathbf{r}_1 \cdot \mathbf{r}_2 - \mathbf{r}_2 \cdot \mathbf{r}_1\end{aligned} \tag{1.15a}$$

관계식 $\mathbf{r}_1 \cdot \mathbf{r}_2 = \mathbf{r}_2 \cdot \mathbf{r}_1 = r_1 r_2 \cos\varphi$를 식 (1.15a)에 대입하면 다음과 같다.

$$\mathcal{R}^2 = r_1^2 + r_2^2 - 2 r_1 r_2 \cos\varphi \tag{1.15b}$$

위 식은 **코사인 법칙**(law of cosines)으로 알려져 있다. 따라서 거리벡터의 크기는 다음과 같다.

$$\mathcal{R} = \left[r_1^2 + r_2^2 - 2 r_1 r_2 \cos\varphi \right]^{1/2}$$

코사인 법칙을 [그림 1-8]과 같이 도식화하여 나타낼 수 있다.

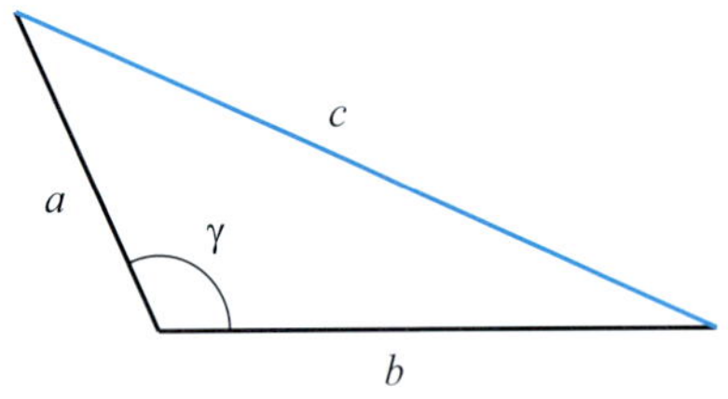

$c^2 = a^2 + b^2 - 2ab\cos\gamma$

[그림 1-8] 코사인 법칙

예제 1-2

세 벡터가 같은 평면에 포함된 경우 이들 사이의 점곱 배분법칙을 증명하라.

풀이

세 벡터 **A**, **B**, **C**가 [그림 1-9]와 같이 한 평면에 포함된 경우, 유한 직선들 b, c, d는 각각 벡터 **B**, **C**, **B** + **C**의 벡터 **A**로의 투영을 의미한다. 이 경우 다음과 같은 관계식이 성립한다.

$$d = b + c \tag{1.16a}$$

식 (1.16a)의 양변을 A로 곱하면 다음과 같다.

$$Ad = Ab + Ac \tag{1.16b}$$

여기서 b, c, d는 해당 벡터들의 $\mathbf{a}_A$로의 투영이므로 위 식을 다음과 같이 다시 쓸 수 있다.

$$A(\mathbf{B} + \mathbf{C}) \cdot \mathbf{a}_A = A\mathbf{B} \cdot \mathbf{a}_A + A\mathbf{C} \cdot \mathbf{a}_A \tag{1.16c}$$

관계식 $A\mathbf{a}_A = \mathbf{A}$를 위 식에 대입하고 점곱 가환법칙을 이용하면 다음과 같다.

$$\mathbf{A} \cdot (\mathbf{B} + \mathbf{C}) = \mathbf{A} \cdot \mathbf{B} + \mathbf{A} \cdot \mathbf{C} \tag{1.16d}$$

따라서 동일한 평면에 위치한 세 벡터들 사이의 점곱 배분법칙이 증명된다.

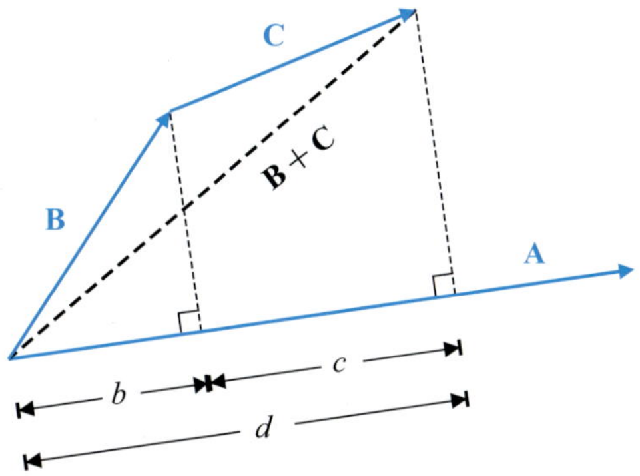

[그림 1-9] 벡터 점곱의 배분법칙

유제 1.5 점곱 $(\mathbf{A} + \mathbf{B}) \cdot (\mathbf{C} + \mathbf{D})$를 전개하고 이때 사용된 법칙을 찾아라.

Ans $\mathbf{A} \cdot \mathbf{C} + \mathbf{A} \cdot \mathbf{D} + \mathbf{B} \cdot \mathbf{C} + \mathbf{B} \cdot \mathbf{D}$, 점곱 배분법칙

유제 1.6 다음 항들 중에서 틀린 것은?

① $(-\mathbf{A}) \cdot (-\mathbf{B}) = \mathbf{A} \cdot \mathbf{B}$ ② $(-\mathbf{A}) \cdot \mathbf{B} = -(\mathbf{A} \cdot \mathbf{B})$

③ $(\mathbf{A} \cdot \mathbf{B}) \cdot \mathbf{C} = \mathbf{A} \cdot (\mathbf{B} \cdot \mathbf{C})$

Ans ③

유제 1.7 만약 $\mathbf{A} \cdot \mathbf{B} < 0$이면 $\mathbf{A}$의 $\mathbf{B}$로의 투영이 어떻게 주어지나?

Ans $\mathbf{A}$의 투영이 $-\mathbf{B}$ 방향으로 형성됨

1.2.4 벡터곱 (가위곱)

두 벡터 **A**와 **B**의 **벡터곱**(vector product) 혹은 **가위곱**(cross product)을 $\mathbf{A}\times\mathbf{B}$로 표기하고 "A 크로스 B"로 읽는다. **A**와 **B**의 가위곱은 다음과 같이 정의된다.

$$\mathbf{A}\times\mathbf{B} = AB\sin\theta_{AB}\,\mathbf{a}_N \tag{1.17}$$

여기서 θ_{AB}는 **A**와 **B** 사이의 180° 보다 크지 않은 사잇각이다. $\mathbf{a}_N$은 단위벡터로 **A**와 **B**를 포함하는 평면에 수직이고, 그 방향은 **오른손규칙**(right-hand rule)에 의해 결정된다([그림 1-10] 참조). 즉 오른손 네 손가락이 **A**에서 **B**로 각도 θ_{AB}를 재는 방향으로 회전할 때 오른손 엄지는 $\mathbf{a}_N$의 방향을 가리킨다.

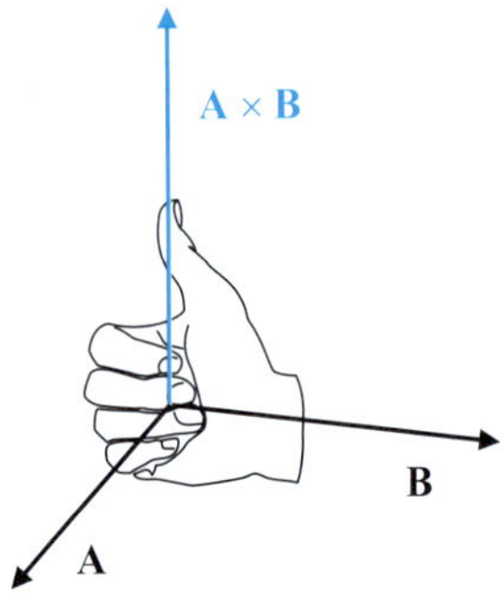

[그림 1-10] 오른손규칙

[그림 1-11]에서 보듯이 **A**와 **B** 사이의 사잇각이 0에서 180°로 증가하더라도 $\mathbf{A}\times\mathbf{B}$의 방향은 변치 않는다.

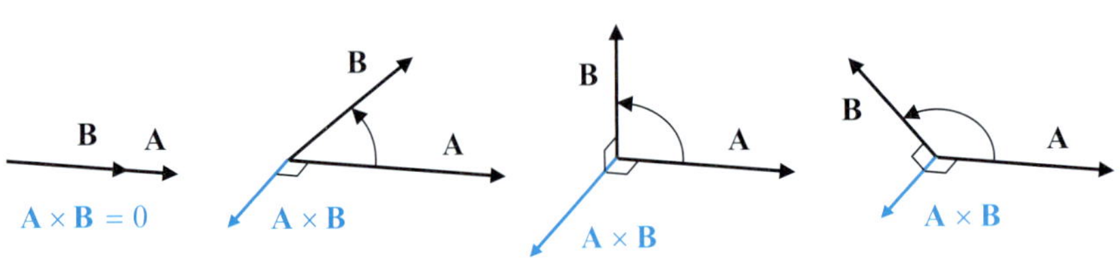

[그림 1-11] 두 벡터 A와 B의 가위곱

가위곱의 크기 $|\mathbf{A}\times\mathbf{B}|$는 두 벡터 **A**와 **B**가 만드는 평행사변형의 넓이를 의미한다. [그림 1-12]와 같이 A는 평행사변형의 밑변이고 $B\sin\theta_{AB}$는 높이이다. 벡터 가위곱은 또한 공간상 한 점에서 어떤 직선까지의 수직 거리를 계산하는 데에도 매우 유용하다. [그림 1-12] 처럼 벡터 **B**의 끝점에서 벡터 **A**까지의 수직 거리는 벡터 가위곱을 이용해 $|\mathbf{B}\times\mathbf{a}_A|$로 구할 수 있다.

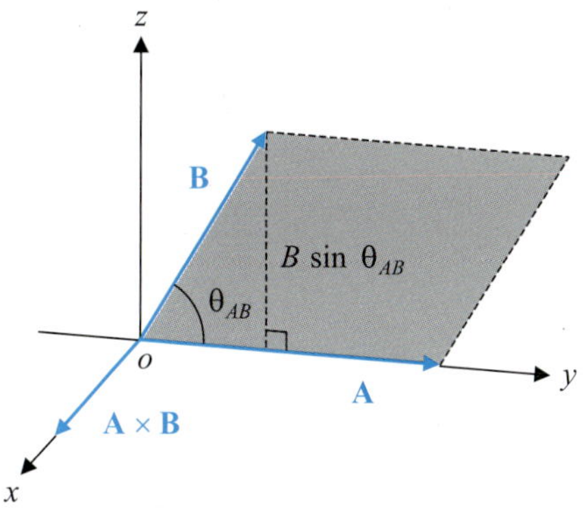

[그림 1-12] 두 벡터 **A**와 **B**에 의해 만들어진 평행사변형

벡터 가위곱을 이용하면 삼각함수 사인을 포함하는 수식들을 매우 간략한 벡터형태로 변환시킬 수 있다. [그림 1-13]은 원통 실린더가 z축을 중심으로 각속도 ω [rad/s]로 회전하는 것을 보여준다. 이때 원통면의 한 점의 위치벡터가 $\mathbf{r}$이면 그 점에서 접선방향 속력은 $v = \omega r \sin\theta$ [m/s]이다. 이때 각속도 벡터를 $\boldsymbol{\omega} \equiv \omega \mathbf{a}_z$로 정의하고 벡터 가위곱을 이용하면, 접선방향 속도는 $\boldsymbol{v} = \boldsymbol{\omega} \times \mathbf{r}$로 간단히 나타낼 수 있다.

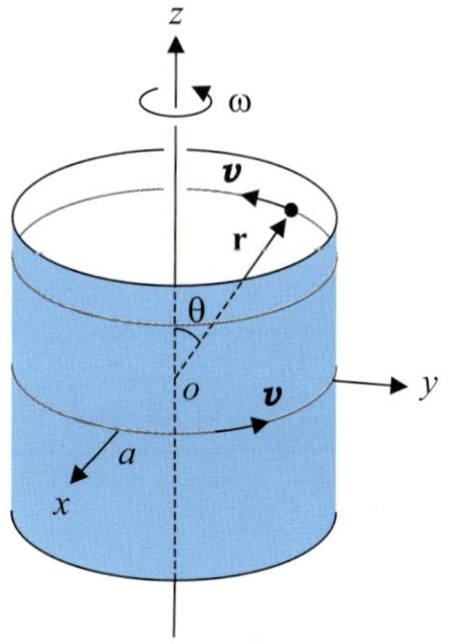

[그림 1-13] 각속도 ω로 회전하는 원통면과 그 위 한 점의 접선방향 속도 $\boldsymbol{v}$

벡터 가위곱은 다음과 같이 배분법칙과 **반가환법칙**(anticommutative law)을 만족하지만 결합법칙은 만족시키지 못한다.

$$\mathbf{A}\times(\mathbf{B}\times\mathbf{C}) \neq (\mathbf{A}\times\mathbf{B})\times\mathbf{C} \qquad \text{(결합법칙 불가)} \tag{1.18a}$$

$$\mathbf{A}\times\mathbf{B} = -(\mathbf{B}\times\mathbf{A}) \qquad \text{(반가환법칙)} \tag{1.18b}$$

$$\mathbf{A}\times(\mathbf{B}+\mathbf{C}) = \mathbf{A}\times\mathbf{B} + \mathbf{A}\times\mathbf{C} \qquad \text{(배분법칙)} \tag{1.18c}$$

반가환법칙은 오른손규칙을 이용하면 쉽게 증명된다. 즉 오른손의 네 손가락이 반대 방향으로 회전하면 오른손 엄지도 당연히 반대 방향을 가리키는 것을 볼 수 있다.

예제 1-3

벡터 $\mathbf{A}$가 두 벡터 $\mathbf{B}$와 $\mathbf{C}$를 포함하는 한 평면에 수직인 경우 가위곱 배분법칙 $\mathbf{A}\times(\mathbf{B}+\mathbf{C}) = \mathbf{A}\times\mathbf{B}+\mathbf{A}\times\mathbf{C}$가 성립함을 증명하라.

풀이

두 벡터 $\mathbf{B}$와 $\mathbf{C}$가 평행사변형 P를 형성하고, 두 벡터 $\mathbf{A}\times\mathbf{B}$와 $\mathbf{A}\times\mathbf{C}$는 동일한 평면 S 위에서 또 다른 평행사변형 P'을 형성한다([그림 1-14] 참조).

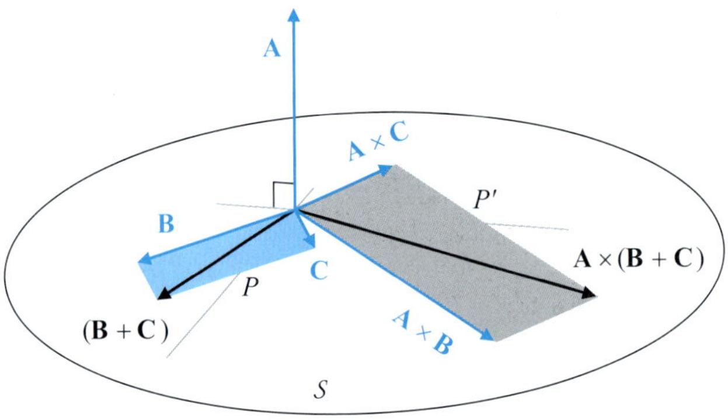

[그림 1-14] 가위곱 배분법칙

여기서 평행사변형 P'의 네 변은 평행사변형 P의 네 변들이 각각 $|\mathbf{A}|$배 커지고 90°로 회전된 것임을 알 수 있다.

이와 동일하게 두 벡터 $\mathbf{A}$와 $\mathbf{B}+\mathbf{C}$의 가위곱은 평행사변형 P의 대각선 $\mathbf{B}+\mathbf{C}$를 $|\mathbf{A}|$배만큼 증가시키고 90° 회전시킨다. 그 결과 이 가위곱은 평행사변형 P'의 대각선에 해당한다. 즉 다음과 같이 나타낼 수 있다.

$$\mathbf{A}\times(\mathbf{B}+\mathbf{C}) = (\mathbf{A}\times\mathbf{B}) + (\mathbf{A}\times\mathbf{C}) \tag{1.19}$$

따라서 주어진 세 벡터 사이의 가위곱 배분법칙이 증명된다.

유제 1.8 다음 항들 중 올바른 것은?

① $-(\mathbf{A}\times\mathbf{B}) = (-\mathbf{A})\times(-\mathbf{B})$

② $-(\mathbf{A}\times\mathbf{B}) = (-\mathbf{A})\times\mathbf{B}$

③ $\mathbf{A}\times(\mathbf{B}\times\mathbf{C}) = -\mathbf{C}\times(\mathbf{A}\times\mathbf{B})$

Ans ②

유제 1.9 두 벡터 **A**, **B**에 대해 다음에 해당하는 **A**의 벡터 성분을 구하라.

(a) **B**에 평행 (b) **B**에 수직

Ans (a) $(\mathbf{A}\cdot\mathbf{B})\mathbf{B}/B^2$, (b) $(\mathbf{B}\times\mathbf{A})\times\mathbf{B}/B^2$

유제 1.10 세 벡터 **A**, **B**, **C**가 동일 평면에 놓인 경우 다음 조건을 만족하는 세 벡터들을 그리시오.

(a) $\mathbf{A}\cdot\mathbf{B} = \mathbf{A}\cdot\mathbf{C}$ 그러나 $\mathbf{B} \neq \mathbf{C}$

(b) $\mathbf{A}\times\mathbf{B} = \mathbf{A}\times\mathbf{C}$ 그러나 $\mathbf{B} \neq \mathbf{C}$

Ans (a) (b)

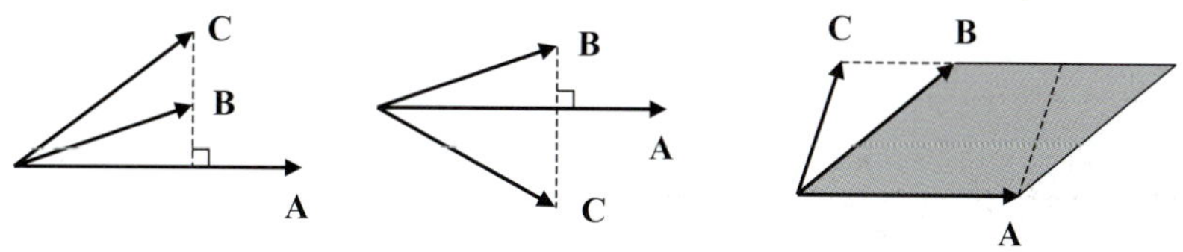

1.2.5 스칼라 및 벡터 삼중곱

앞서 설명한 점곱 및 가위곱 개념을 연장해 **스칼라 삼중곱**(scalar triple product) 및 **벡터 삼중곱**(vector triple product)을 정의할 수 있다. 스칼라 삼중곱은 그 결과가 스칼라이고, 반면에 벡터 삼중곱은 그 결과가 벡터이다.

❶ **스칼라 삼중곱** : 하나의 벡터와 다른 두 벡터의 가위곱 사이의 점곱이다.

$$\mathbf{A}\cdot(\mathbf{B}\times\mathbf{C}) = \mathbf{B}\cdot(\mathbf{C}\times\mathbf{A}) = \mathbf{C}\cdot(\mathbf{A}\times\mathbf{B}) \tag{1.20}$$

위 식에서 보는 것처럼 세 벡터들 사이에 **순환순열 관계**(cyclic permutation)가 존재한다. 즉 ABC–BCA–CAB이다. 또한 점과 가위 기호를 맞바꾸어도 삼중곱은 변치 않는다. 따라서 $\mathbf{A}\cdot\mathbf{B}\times\mathbf{C} = \mathbf{A}\times\mathbf{B}\cdot\mathbf{C}$로 나타낼 수 있다. 여기서 가위곱은 점곱에 선행하므로(그렇지 않으면 삼중곱이 성립되지 않음) 괄호가 필요하지 않다.

스칼라 삼중곱 $\mathbf{A}\cdot(\mathbf{B}\times\mathbf{C})$는 세 벡터에 의해 형성되는 평행육면체의 부피를 나타낸다. [그림 1-15]에서 보듯이, $|\mathbf{B}\times\mathbf{C}|$는 밑면의 면적을 나타내며, 점곱은 **A**의 $\mathbf{B}\times\mathbf{C}$ 방향으로의 투영된 값으로 이것은 평행육면체의 높이에 해당한다.

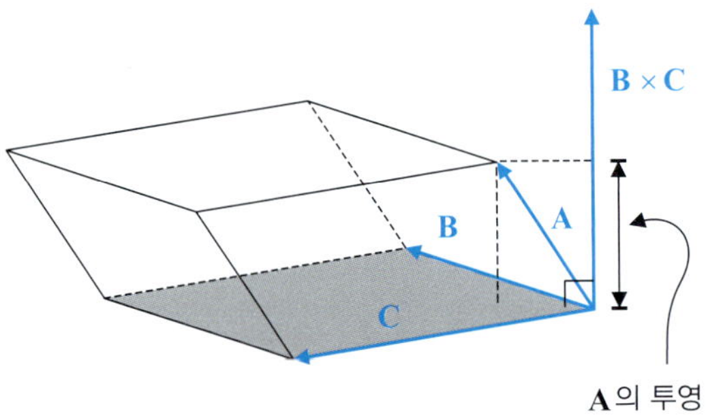

[그림 1-15] 스칼라 삼중곱 $\mathbf{A}\cdot(\mathbf{B}\times\mathbf{C})$

❷ **벡터 삼중곱** : 하나의 벡터와 다른 두 벡터의 가위곱 사이의 가위곱이다.

$$\mathbf{A}\times(\mathbf{B}\times\mathbf{C}) = \mathbf{B}(\mathbf{A}\cdot\mathbf{C}) - \mathbf{C}(\mathbf{A}\cdot\mathbf{B}) \tag{1.21}$$

벡터 삼중곱의 또 다른 명칭은 BAC−CAB 공식이다. 이들 세 벡터를 각각 x-, y-, z-성분형태로 전개한 후 점곱 및 가위곱을 수행하면 벡터 삼중곱을 쉽게 증명할 수 있다(1.3절 참조). 여기서 괄호는 어떤 가위곱이 먼저 수행되는지를 표시하기 위해 반드시 필요하다.

벡터 삼중곱은 다음과 같이 결합법칙을 만족하지 않는다.

$$\mathbf{A}\times(\mathbf{B}\times\mathbf{C}) \neq (\mathbf{A}\times\mathbf{B})\times\mathbf{C} \tag{1.22}$$

여기서 스칼라 및 벡터 삼중곱은 단순히 수학적 등가식에 지나지 않는다. 식 (1.21)의 등호 오른쪽 항을 이용하면 왼쪽 항을 이용하는 것보다 계산을 더 쉽게 할 수 있으며, 그 반대로도 마찬가지이다.

예제 1-4

동일 평면 상의 세 벡터 **A**, **B**, **C**를 이용하여 가위곱 배분법칙을 증명하라.

풀이

단위벡터 $\mathbf{a}_n$이 세 벡터가 포함된 평면에 수직이고, 또 다른 벡터 **D**가 동일 평면 상에서 $\mathbf{A} \equiv \mathbf{D}\times\mathbf{a}_n$을 만족한다고 가정하면 다음과 같이 풀어서 나타낼 수 있다.

$$
\begin{aligned}
&\mathbf{A}\times(\mathbf{B}+\mathbf{C}) && :\text{ 동일 평면 상의 세 벡터}\\
&=(\mathbf{B}+\mathbf{C})\times(\mathbf{a}_n\times\mathbf{D}) && :\ \mathbf{A}\equiv\mathbf{D}\times\mathbf{a}_n\\
&=\mathbf{a}_n[(\mathbf{B}+\mathbf{C})\cdot\mathbf{D}]-\mathbf{D}[(\mathbf{B}+\mathbf{C})\cdot\mathbf{a}_n] && :\text{ 벡터 삼중곱}\\
&=\mathbf{a}_n[\mathbf{B}\cdot\mathbf{D}+\mathbf{C}\cdot\mathbf{D}] && :\text{ 점곱 배분법칙}\\
&=\mathbf{a}_n[\mathbf{B}\cdot(\mathbf{a}_n\times\mathbf{A})+\mathbf{C}\cdot(\mathbf{a}_n\times\mathbf{A})] && :\ \mathbf{D}=\mathbf{a}_n\times\mathbf{A}\\
&=\mathbf{a}_n[(\mathbf{A}\times\mathbf{B})\cdot\mathbf{a}_n+(\mathbf{A}\times\mathbf{C})\cdot\mathbf{a}_n] && :\text{ 스칼라 삼중곱}\\
&=\mathbf{A}\times\mathbf{B}+\mathbf{A}\times\mathbf{C} && :\ (\mathbf{A}\times\mathbf{B})\parallel\mathbf{a}_n,\ (\mathbf{A}\times\mathbf{C})\parallel\mathbf{a}_n
\end{aligned}
$$

그러므로 동일 평면 상의 세 벡터 사이의 가위곱 배분법칙은 증명된다.

유제 1.11 어떤 조건에서 $\mathbf{A}\cdot(\mathbf{B}\times\mathbf{C})$가 영이 되는가?

Ans $\mathbf{B}\parallel\mathbf{C}$ 혹은 세 벡터가 동일 평면에 놓인 경우

유제 1.12 어떤 조건에서 $(\mathbf{A}\times\mathbf{B})\times\mathbf{A}$가 $\mathbf{B}$와 동일하게 되는가?

Ans $\mathbf{A}\perp\mathbf{B}$ 그리고 $|\mathbf{A}|=1$인 경우

유제 1.13 식 $(-\mathbf{A})\cdot\mathbf{B}\times\mathbf{C}=\mathbf{A}\cdot(-\mathbf{B})\times\mathbf{C}$는 항상 만족되는가?

Ans 예

복습문제

Q1.3 벡터장과 벡터 함수를 설명하라. **A** [그림 1–1], 식 (1.2)

Q1.4 무엇이 벡터 $\mathbf{A}$의 단위를 결정하는가? **A** [그림 1–1]

Q1.5 벡터 $-\mathbf{B}$의 마이너스 부호는 무엇을 의미하는가? **A** [그림 1–3]

Q1.6 점곱을 정의하라. **A** 식 (1.9)

Q1.7 스칼라 성분과 벡터 성분을 정의하라. **A** [그림 1–6]

Q1.8 점곱 배분법칙을 설명하라. **A** 식 (1.13b)

Q1.9 연속투영법을 설명하라. **A** [그림 1–7]

Q1.10 가위곱을 정의하라. **A** 식 (1.17)

Q1.11 가위곱 배분법칙을 설명하라. **A** 식 (1.18c)

Q1.12 코사인 혹은 사인항을 벡터형태로 표시하라. **A** 식 (1.9), 식 (1.17)

1.3 좌표계

하나의 좌표계에서 점, 선, 면, 체적 등의 기하학적 요소들은 세 개의 좌표를 이용하여 표시되는데, 이들 좌표들 사이의 상관 관계를 이용하면 이러한 기하학적 요소들을 수식으로 나타낼 수 있다.

하나의 좌표는 원점으로부터 하나의 좌표축을 따라 측정되는 거리이거나, 좌표축을 기준으로 회전된 각도이다. 공간상 한 점에서 하나의 좌표를 고정시키고 나머지 두 좌표들을 변화시키면 하나의 **상수좌표면**(surface of constant coordinate)을 얻을 수 있다. 이때 세 개의 상수좌표면들이 서로 수직이면 **직교좌표계**(orthogonal coordinate system)라 한다. 오른손 좌표계에서는 세 좌표들이 오른손규칙에 따라 나열된다. 즉 오른손 네 손가락이 첫째 좌표축에서 둘째 좌표축 방향으로 회전하면 오른손 엄지는 셋째 좌표축을 가리킨다. **직각좌표계**(Cartesian or rectangular coordinate system), **원통좌표계**(cylindrical coordinate system), **구좌표계**(spherical coordinate system)는 전기자기학에서 널리 사용되는 대표적인 세 좌표계이다.

모든 물리 법칙 및 물리량은 좌표계에 무관하므로 주어진 전기자기학 문제를 풀기 위해 어떤 좌표계를 사용해도 무관하다. 그러나 주어진 기하학적 형태에 잘 들어맞는 좌표계를 사용하면 주어진 문제를 매우 쉽게 풀 수 있다. 원통좌표계는 **원통대칭**(cylindrical symmetry)을 지닌 문제를 위해 사용하고, 구좌표계는 **구대칭**(spherical symmetry)을 지닌 문제를 위해 사용한다.

일반적으로 전기자기학 문제는 원천과 관찰자의 입장을 고려하여 해결해야 한다. 원천의 위치와 관찰자의 위치는 서로 독립적이므로, 두 개의 독립적인 좌표계를 이용해, 원천의 공간상 위치는 하나의 좌표계에서 표시하고 관찰자의 위치는 또 다른 좌표계에서 표시하면 주어진 문제를 쉽게 풀 수 있다. 이러한 좌표계 시스템을 **섞음 좌표계**(mixed coordinate system)라 한다. 이 경우 공간상 한 점의 좌표 및 이 점에서의 벡터 성분들을 한 좌표계에서 다른 좌표계로 변환시켜야 하는데, 이러한 변환을 **좌표 변환**(coordinate transformation)이라 한다.

1.3.1 직각좌표계

직각좌표계 내의 한 점 p_1:(x_1, y_1, z_1)은 세 평면들, 즉 $x = x_1$, $y = y_1$, $z = z_1$ 평면이 만나서 형성되는 교차점에 해당한다. 이때 이 점에서 세 단위벡터 $\mathbf{a}_x$, $\mathbf{a}_y$, $\mathbf{a}_z$가 정의되는데, 이들은 점 p_1에서 각각 $x = x_1$, $y = y_1$, $z = z_1$ 평면에 수직이고 좌표가 증가하는 방향을 가리킨다. 이들을 **베이스벡터**(base vector)라 부르는데, 이들은 직각좌표계에서는 위치에 무관하지만 다른 좌표계에서는 일반적으로 위치에 대한 함수이다.

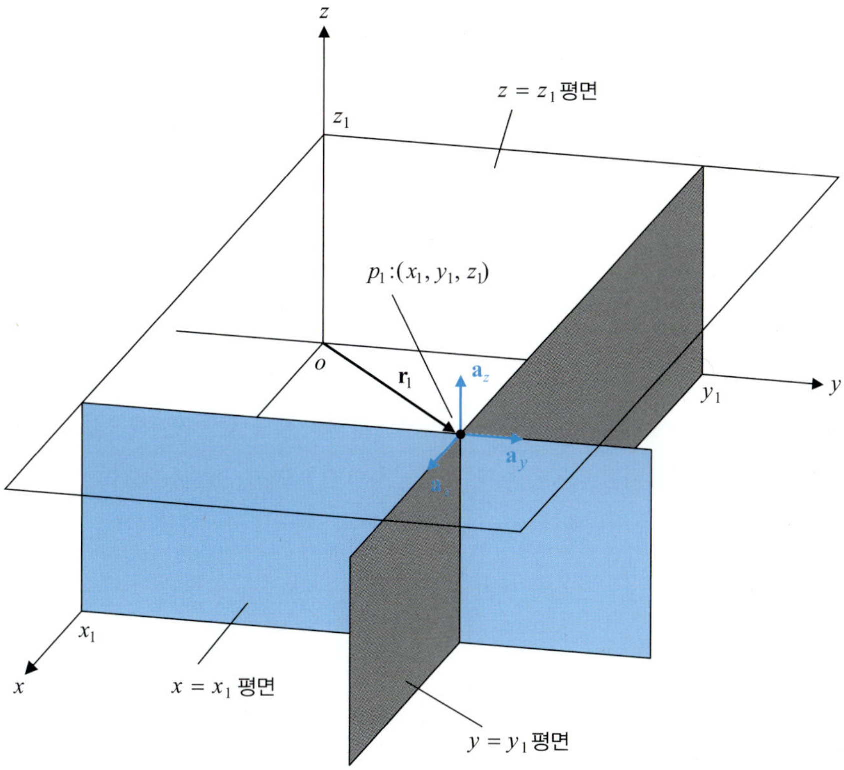

[그림 1-16] 직각좌표계에서 위치벡터와 베이스벡터

직각좌표계의 세 베이스벡터는 다음과 같은 **직교규격관계**(orthonormality relation)를 만족한다. 다음의 두 식은 베이스벡터들이 서로 수직이고 그 크기가 1인 단위벡터라는 것을 보여준다.

$$\mathbf{a}_x \cdot \mathbf{a}_y = \mathbf{a}_y \cdot \mathbf{a}_z = \mathbf{a}_z \cdot \mathbf{a}_x = 0 \tag{1.23a}$$

$$\mathbf{a}_x \cdot \mathbf{a}_x = \mathbf{a}_y \cdot \mathbf{a}_y = \mathbf{a}_z \cdot \mathbf{a}_z = 1 \tag{1.23b}$$

오른손 직각좌표계의 베이스벡터들 사이에 다음과 같은 **순환순열**(cyclic permutation)이 존재한다.

$$\mathbf{a}_x \times \mathbf{a}_y = \mathbf{a}_z \tag{1.24a}$$

$$\mathbf{a}_y \times \mathbf{a}_z = \mathbf{a}_x \tag{1.24b}$$

$$\mathbf{a}_z \times \mathbf{a}_x = \mathbf{a}_y \tag{1.24c}$$

식 (1.24)에서 세 단위벡터들은 오른손규칙을 따른다. 즉 오른손의 네 손가락이 첫째 단위벡터에서 둘째 단위벡터로 방향을 바꾸면 오른손 엄지는 셋째 단위벡터 방향을 가리킨다.

[그림 1-16]에서 보듯이 위치벡터 $\mathbf{r}_1$은 원점에서 시작해 점 p_1:(x_1, y_1, z_1)에서 끝난다. $\mathbf{r}_1$의 크기는 원점에서 p_1까지의 거리를 나타내고, $\mathbf{r}_1$의 단위벡터는 원점에서 p_1으로 향한다. 위치벡터 $\mathbf{r}_1$은 점 p_1에서 관찰되는 물리량을 표시하기 위해 사용된다. 이러한 이유로 $\mathbf{r}_1$의 크기 및 방향은 p_1의 좌표 및 이 점에서 정의되는 베이스벡터로 표시해야 한다.

위치벡터 $\mathbf{r}_1$을 p_1에서의 베이스벡터의 방향으로 투영하면 다음과 같은 벡터 성분들을 얻을 수 있다. 즉 $x_1\mathbf{a}_x$, $y_1\mathbf{a}_y$, $z_1\mathbf{a}_z$이다. 일반화를 위해 첨자 1을 제거하면 직각좌표계에서 위치벡터는 다음과 같은 **성분 형태**(component form)로 나타낼 수 있다.

$$\mathbf{r} = x\mathbf{a}_x + y\mathbf{a}_y + z\mathbf{a}_z \tag{1.25}$$

세 스칼라 성분들 x, y, z는 위치벡터 $\mathbf{r}$에 의해 정의되는 공간상 한 점의 좌표와 동일하다. 마찬가지로 세 단위벡터 $\mathbf{a}_x$, $\mathbf{a}_y$, $\mathbf{a}_z$는 위치벡터 $\mathbf{r}$에 의해 정의되는 공간상 한 점에서의 베이스벡터들이다. 여기서 주목해야 할 사실은, 베이스벡터가 위치벡터의 끝점에서 정의되는 단위벡터라는 점이다.

[그림 1-17]은 직각좌표계에서 위치벡터 $\mathbf{r}_1$이 표시하는 점 p_1에서 하나의 벡터 $\mathbf{A}$가 위치해 있다는 것을 보여준다. 예를 들어, $\mathbf{A}$가 점 p_1에서의 바람 속도를 나타낸다면, $\mathbf{A}$는 점 p_1에서 관찰되는 물리량으로 점 p_1에 고정된 값이다. 따라서 $\mathbf{A}$의 크기와 단위벡터는 p_1의 좌표와 베이스벡터로 표시해야 한다.

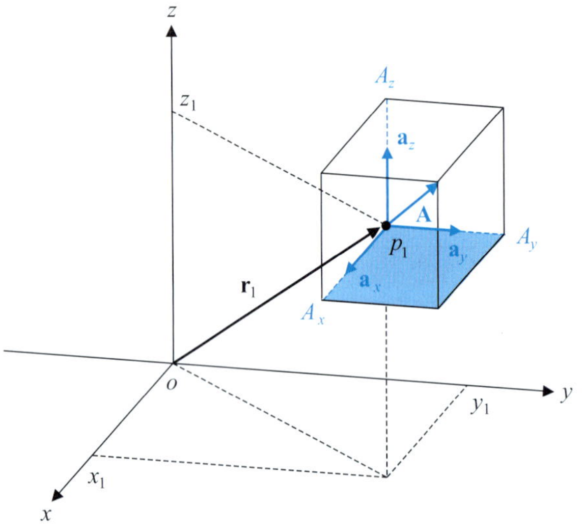

[그림 1-17] 직각좌표계의 한 점 p_1:(x_1, y_1, z_1)에서 정의된 벡터 $\mathbf{A}$

벡터 $\mathbf{A}$를 p_1에서의 베이스벡터 방향으로 투영하여 $\mathbf{A}$의 스칼라 성분들 A_x, A_y, A_z를 얻을 수 있다. 따라서 직각좌표계에서 벡터 $\mathbf{A}$는 다음과 같은 성분형태로 전개될 수 있다.

$$\mathbf{A} = A_x\mathbf{a}_x + A_y\mathbf{a}_y + A_z\mathbf{a}_z \tag{1.26}$$

위치벡터 $\mathbf{r}_1$의 끝점은 실제로 공간상의 한 점이지만, 벡터 $\mathbf{A}$의 끝점은 공간상의 한 점이 아니고 단지 $\mathbf{A}$의 방향 및 $\mathbf{A}$의 상대적 크기를 그림으로 그리기 위한 점일 뿐이다.

■ 성분형태로 전개된 벡터

지금까지 위치벡터, 거리벡터, 벡터장, 그리고 베이스벡터에 대해 살펴보았다. 위치벡터와 거리벡터는 공간상의 한 점에서 시작해 공간상의 또 다른 한 점에서 끝난다(위치벡터는 항상 원점에서 출발). 이 벡터들은 공간상 두 점 사이의 거리와 시작점을 기준으로 끝점의 방향을 표시하기 위해 사용된다. 여기서 중요한 점은 이러한 크기와 방향 정보가 해당 벡터의 끝점에서 관찰되는 물리량을 표시하기 위해 사용된다는 사실이다.

베이스벡터는 세 개의 서로 직각인 단위벡터들이며 이들은 좌표가 증가하는 방향을 가리킨다. 베이스벡터는 공간상 한 점에서 관찰되는 벡터 물리량을 성분형태로 전개하는 데 필수적이다.

벡터장 내에서 정의되는 요소 벡터 **A**는 공간상 한 점(벡터 **A**의 시작점)에서 관찰되는 벡터 물리량이므로, **A**의 끝점은 공간상의 한 점이 아니며 좌표로 나타낼 수 없다. 이러한 이유로 벡터 **A**는 그 시작점에 고정된 벡터이고 그 크기와 방향은 **A**의 시작점에서의 좌표와 베이스벡터로 표시해야 한다.

식 (1.26)을 벡터장 $\mathbf{B}(\mathbf{r})$에 적용하여 $\mathbf{B}(\mathbf{r}) = B_x(\mathbf{r})\mathbf{a}_x + B_y(\mathbf{r})\mathbf{a}_y + B_z(\mathbf{r})\mathbf{a}_z$와 같은 성분형태로 나타낼 수 있다. 이 경우 스칼라 성분들은 일반적으로 위치에 대한 함수이지만, 베이스벡터는 위치에 무관하다. 그러나 이러한 베이스벡터도 원통좌표계 혹은 구좌표계에서는 위치에 대한 함수로 주어진다.

■ 성분형태로 전개된 벡터 연산

두 벡터장 $\mathbf{A}(\mathbf{r})$과 $\mathbf{B}(\mathbf{r})$이 3차원 공간에 동시에 존재하면 이들은 직각좌표계에서 다음과 같은 성분형태로 전개될 수 있다.

$$\mathbf{A}(\mathbf{r}) = A_x(\mathbf{r})\mathbf{a}_x + A_y(\mathbf{r})\mathbf{a}_y + A_z(\mathbf{r})\mathbf{a}_z \tag{1.27a}$$

$$\mathbf{B}(\mathbf{r}) = B_x(\mathbf{r})\mathbf{a}_x + B_y(\mathbf{r})\mathbf{a}_y + B_z(\mathbf{r})\mathbf{a}_z \tag{1.27b}$$

위 식의 스칼라 성분들은 일반적으로 위치에 대한 함수이다.

공간상 한 점에서의 두 요소 벡터들 **A**와 **B**를 더하려면 식 (1.27a)와 (1.27b)의 스칼라 성분들을 서로 더하면 된다. 이를 식으로 나타내면 다음과 같다.

$$\mathbf{A} + \mathbf{B} = (A_x + B_x)\mathbf{a}_x + (A_y + B_y)\mathbf{a}_y + (A_z + B_z)\mathbf{a}_z \tag{1.28}$$

위 식은 두 벡터장의 요소 벡터들 사이의 더하기를 나타내지만, 이 개념을 확장하면 두 벡터장 사이의 덧셈으로도 볼 수 있다.

식 (1.28)에서 등호 오른쪽의 x-성분은 $\mathbf{A}+\mathbf{B}$와 단위벡터 $\mathbf{a}_x$ 사이의 점곱을 계산하면 쉽게 증명할 수 있다. 점곱 배분법칙과 직교규격관계를 이용하면 다음과 같은 식을 쓸 수 있다.[2]

$$(\mathbf{A}+\mathbf{B})\bullet\mathbf{a}_x = \mathbf{A}\bullet\mathbf{a}_x + \mathbf{B}\bullet\mathbf{a}_x = A_x + B_x \tag{1.29}$$

비슷한 방법으로 y- 및 z-성분을 증명할 수 있다. 또한 식 (1.28)의 벡터 덧셈은 이전의 머리–꼬리 법칙과 일맥상통하다는 것을 알 수 있다.

두 벡터 $\mathbf{A}$와 $\mathbf{B}$ 사이의 점곱을 기계적으로 표시하면 다음과 같다.

$$\mathbf{A}\bullet\mathbf{B} = (A_x\mathbf{a}_x + A_y\mathbf{a}_y + A_z\mathbf{a}_z)\bullet(B_x\mathbf{a}_x + B_y\mathbf{a}_y + B_z\mathbf{a}_z) \tag{1.30}$$

점곱 배분법칙과 직교규격관계를 이용하면 위 식은 다음과 같이 간단한 형태로 바뀐다. 즉 직각좌표계에서 벡터 $\mathbf{A}$와 $\mathbf{B}$의 점곱은 다음과 같다.

$$\mathbf{A}\bullet\mathbf{B} = A_x B_x + A_y B_y + A_z B_z \tag{1.31}$$

식 (1.31)의 점곱은 식 (1.9)의 점곱 정의와 동일하다는 것을 명심해야 한다([예제 1–6] 참조).

두 벡터 $\mathbf{A}$와 $\mathbf{B}$의 가위곱을 기계적으로 표시하면 다음과 같다.

$$\mathbf{A}\times\mathbf{B} = (A_x\mathbf{a}_x + A_y\mathbf{a}_y + A_z\mathbf{a}_z)\times(B_x\mathbf{a}_x + B_y\mathbf{a}_y + B_z\mathbf{a}_z) \tag{1.32}$$

가위곱 배분법칙과 순환순열을 이용하면 위 식을 다음과 같이 다시 쓸 수 있다.[3]

$$\mathbf{A}\times\mathbf{B} = (A_y B_z - A_z B_y)\mathbf{a}_x + (A_z B_x - A_x B_z)\mathbf{a}_y + (A_x B_y - A_y B_x)\mathbf{a}_z \tag{1.33}$$

벡터 가위곱 $\mathbf{A}\times\mathbf{B}$는 행렬식을 이용하면 다음과 같이 간단히 표시된다.

$$\mathbf{A}\times\mathbf{B} = \begin{vmatrix} \mathbf{a}_x & \mathbf{a}_y & \mathbf{a}_z \\ A_x & A_y & A_z \\ B_x & B_y & B_z \end{vmatrix} \tag{1.34}$$

식 (1.34)의 오른쪽 항은 수학적인 행렬과 무관하며, 단지 그 값이 행렬식을 계산할 때와 동일한 방식으로 계산된다는 것을 의미한다.

$\mathbf{A}\times\mathbf{B}$의 x-성분은 x-방향 단위벡터 $\mathbf{a}_x$와 소행렬식의 곱으로 주어진다. 다른 성분들도 비슷한 방법으로 계산된다.

2 점곱 배분법칙과 직교규격관계에 대한 내용은 식 (1.13b)와 식 (1.23)에서 살펴볼 수 있다.

3 가위곱 배분법칙과 순환순열에 대한 내용은 식 (1.18c)와 식 (1.24)에서 살펴볼 수 있다.

$$\mathbf{a}_x \cdot \mathbf{A}\times\mathbf{B} = \mathbf{a}_x \begin{vmatrix} A_y & A_z \\ B_y & B_z \end{vmatrix} \quad (1.35a)$$

$$\mathbf{a}_y \cdot \mathbf{A}\times\mathbf{B} = -\mathbf{a}_y \begin{vmatrix} A_x & A_z \\ B_x & B_z \end{vmatrix} \quad (1.35b)$$

$$\mathbf{a}_z \cdot \mathbf{A}\times\mathbf{B} = \mathbf{a}_z \begin{vmatrix} A_x & A_y \\ B_x & B_y \end{vmatrix} \quad (1.35c)$$

지금까지 공간상 한 점이 위치벡터 혹은 좌표를 통해 $p_1:(x_1, y_1, z_1)$으로 표시된다는 것을 배웠다. 동일한 방법으로 이 점에 인접한 또 다른 점은 좌표를 이용해 $p_2:(x_2, y_2, z_2)$와 같이 표시할 수 있다. 만약 p_2가 p_1에 매우 인접한 경우 p_1을 기준으로 미분좌표 dx, dy, dz를 이용해 $p_2:(x_1+dx, y_1+dy, z_1+dz)$와 같이 표시하면 매우 편리하다.

■ 미분 길이벡터와 미분 면적벡터

공간상 한 점에서 인접한 다른 점으로 향하는 **미분 길이벡터**(differential length vector)는 $d\mathbf{l}$로 표기된다. 미분좌표들 사이에는 어떤 일정한 관계가 존재할 수 있지만, 이것에 무관하게 직각좌표계에서의 미분 길이벡터는 우선적으로 다음과 같이 표시된다.

$$d\mathbf{l} = dx\,\mathbf{a}_x + dy\,\mathbf{a}_y + dz\,\mathbf{a}_z \quad [\mathrm{m}] \quad (1.36)$$

미분 길이벡터는 미터 단위로 표시된다. 경우에 따라 $d\mathbf{l}$은 간략한 형태로 축약될 수 있다. 예를 들면 $z = 1$과 같은 상수좌표 평면에서 dz는 영이다.

겉으로 보기에 미분 길이벡터가 거리벡터의 축소판으로 보이지만, 거리벡터 $\mathcal{R}$의 관심점은 그 벡터의 끝점이고, 미분 길이벡터 $d\mathbf{l}$의 관심점은 그 시작점이다. 즉 $d\mathbf{l}$의 시작점과 끝점은 모두 좌표 x_1, y_1, z_1을 이용해 표시해야 한다([예제 1-10] 참조).

[그림 1-18]에서 보듯이 $d\mathbf{l}$의 양 끝점들은 다음의 여섯 개의 평면들과 연관되어 있다. 즉 $x = x_1$, $y = y_1$, $z = z_1$, $x = x_1 + dx$, $y = y_1 + dy$, $z = z_1 + dz$이다. 이 평면들에 의해 하나의 직각육면체가 만들어지는데 이것의 가로, 세로, 높이는 각각 dx, dy, dz이고 부피는 $dx\,dy\,dz$이다. 여기서 $d\mathbf{l}$을 대각선으로 하는 직각육면체의 부피를 **미분체적**(differential volume)으로 정의한다. 즉 직각좌표계에서 미분체적은 다음과 같이 정의된다.

$$dv = dx\,dy\,dz \quad [\mathrm{m}^3] \quad (1.37)$$

미분체적은 세제곱 미터 단위로 표시되며, 이것은 3차원 공간에 존재하는 하나의 부피를 여러 개의 조각으로 분해하기 위한 기본틀로 사용된다. 물론 그 반대로도 마찬가지이다.

미분체적은 [그림 1-18]에서 보듯이 여섯 개의 미소 면들로 이루어져 있고 이들의 면적은 $dxdy$, $dydz$, 혹은 $dzdx$이다. 이들 미소 면들을 표시하기 위하여 **미분 면적벡터**(differential area vector)를 정의하고 $d\mathbf{s}$로 표기한다. 미분 면적벡터의 크기는 해당 미소 면의 면적을 나타내고, 그 단위벡터는 주어진 면에 수직이고 주어진 미소체적의 바깥 방향을 가리킨다. [그림 1-18]의 여섯 개의 미소 면에 대한 미분 면적벡터들은 다음과 같다.

$$d\mathbf{s} = dydz\,\mathbf{a}_x \quad (\text{면 ①}) \tag{1.38a}$$

$$d\mathbf{s} = dxdz\,\mathbf{a}_y \quad (\text{면 ②}) \tag{1.38b}$$

$$d\mathbf{s} = dxdy\,\mathbf{a}_z \quad (\text{면 ③}) \tag{1.38c}$$

$$d\mathbf{s} = -dydz\,\mathbf{a}_x \tag{1.38d}$$

$$d\mathbf{s} = -dxdz\,\mathbf{a}_y \tag{1.38e}$$

$$d\mathbf{s} = -dxdy\,\mathbf{a}_z \tag{1.38f}$$

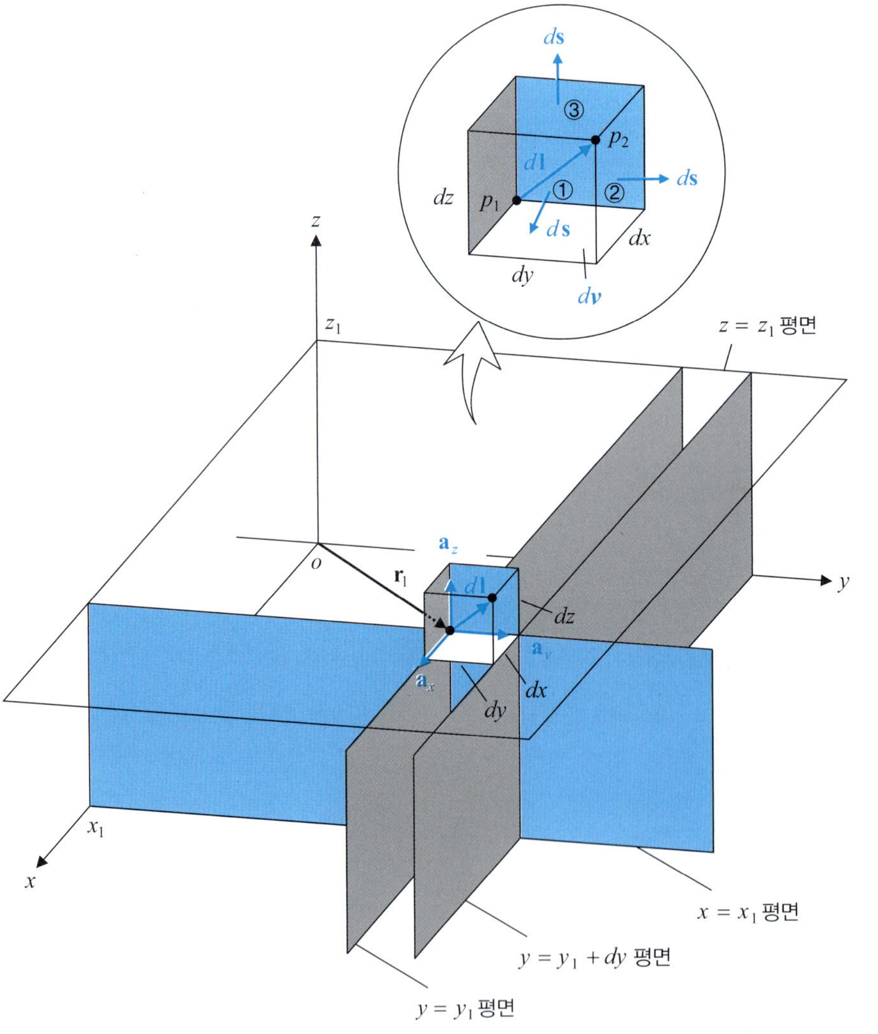

[그림 1-18] 직각좌표계에서의 미분 길이벡터 $d\mathbf{l}$, 미분 면적벡터 $d\mathbf{s}$, 그리고 미분체적 dv

미분 면적벡터는 제곱 미터의 단위로 표시되며, 3차원 공간상에서 하나의 좌표가 항상 상수인 상수좌표면을 여러 개의 작은 면들로 나누기 위한 기본틀로 사용된다. 반면에 임의의 면에 대한 미분 면적벡터는 2장에서 설명하는 일반적인 방법에 따라 정의되어야 한다.

예제 1-5

직각좌표계의 한 점이 $p:(2, -3, \sqrt{3})$로 주어지는 경우 다음을 구하라.

(a) 위치벡터

(b) 원점으로부터의 거리

풀이

(a) 위치벡터 $\mathbf{r}$의 스칼라 성분은 점 p의 직각좌표계 좌표에 해당한다.

$$\mathbf{r} = 2\mathbf{a}_x - 3\mathbf{a}_y + \sqrt{3}\,\mathbf{a}_z$$

(b) $\mathbf{r}$과 그 자신 사이의 점곱을 구하면 다음과 같다.

$$\mathbf{r} \cdot \mathbf{r} = (2\mathbf{a}_x - 3\mathbf{a}_y + \sqrt{3}\,\mathbf{a}_z) \cdot (2\mathbf{a}_x - 3\mathbf{a}_y + \sqrt{3}\,\mathbf{a}_z)$$

배분법칙과 직교규격관계를 이용하여 다음의 결과를 얻는다.

$$\mathbf{r} \cdot \mathbf{r} = (2)(2) + (-3)(-3) + (\sqrt{3})(\sqrt{3}) = 16$$

그러므로 원점으로부터 점 p까지의 거리는 다음과 같다.

$$|\mathbf{r}| = \sqrt{\mathbf{r} \cdot \mathbf{r}} = \sqrt{16} = 4$$

예제 1-6

[그림 1-19]에서처럼 3차원 공간에서 두 벡터 $\mathbf{A}$와 $\mathbf{B}$의 사잇각이 θ로 주어질 때 식 (1.31)의 $\mathbf{A} \cdot \mathbf{B}$가 식 (1.9)의 점곱 정의와 동일함을 보여라.

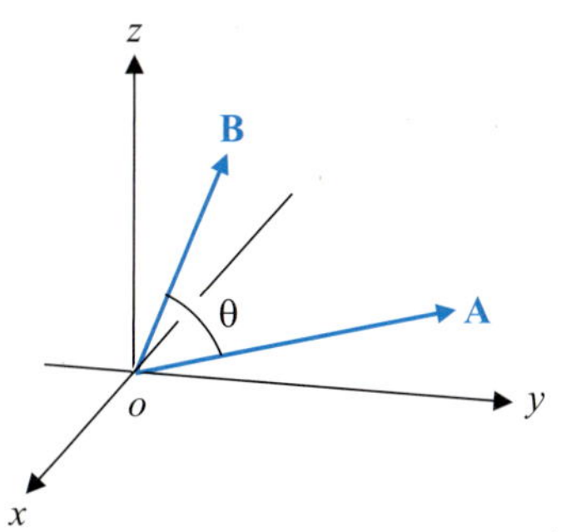

[그림 1-19] 3차원 공간상의 두 벡터

풀이

$\mathbf{C} \equiv \mathbf{A} - \mathbf{B}$라 하면 $\mathbf{C} \cdot \mathbf{C}$는 다음과 같다.

$$\begin{aligned} C^2 &= (A_x - B_x)^2 + (A_y - B_y)^2 + (A_z - B_z)^2 \\ &= (A_x^2 + B_x^2 - 2A_xB_x) + (A_y^2 + B_y^2 - 2A_yB_y) + (A_z^2 + B_z^2 - 2A_zB_z) \end{aligned} \tag{1.39a}$$

세 벡터 $\mathbf{A}$, $\mathbf{B}$, $\mathbf{A} - \mathbf{B}$에 의해 형성된 삼각형에 코사인 법칙을 적용하면 다음과 같다.

$$C^2 = A^2 + B^2 - 2AB\cos\theta \tag{1.39b}$$

두 식 (1.39a)와 (1.39b)가 같다고 놓고, 식 $A^2 = A_x^2 + A_y^2 + A_z^2$와 $B^2 = B_x^2 + B_y^2 + B_z^2$를 이용하면 다음의 식을 얻을 수 있다.

$$A_xB_x + A_yB_y + A_zB_z = AB\cos\theta \tag{1.39c}$$

그러므로 문제의 두 점곱 표현식은 동일하다.

예제 1-7

두 벡터 $\mathbf{A} = 4\mathbf{a}_x + 3\mathbf{a}_y$와 $\mathbf{B} = \mathbf{a}_x + 2\mathbf{a}_y + 2\mathbf{a}_z$가 위치벡터가 $\mathbf{r} = -\mathbf{a}_x + 2\mathbf{a}_y + 4\mathbf{a}_z$인 공간상 한 점에 놓여있을 때 다음 값을 구하라.

(a) $\mathbf{A} \cdot \mathbf{B}$

(b) $\mathbf{A} \times \mathbf{B}$

(c) $\mathbf{A}$와 $\mathbf{B}$의 사잇각 θ_{AB}

풀이

(a) 식 (1.31)을 이용해 계산하면 다음과 같다.

$$\mathbf{A} \cdot \mathbf{B} = (4)(1) + (3)(2) + (0)(2) = 10$$

(b) 식 (1.34)를 이용해 계산하면 다음과 같다.

$$\begin{aligned} \mathbf{A} \times \mathbf{B} &= \begin{vmatrix} \mathbf{a}_x & \mathbf{a}_y & \mathbf{a}_z \\ 4 & 3 & 0 \\ 1 & 2 & 2 \end{vmatrix} \\ &= \mathbf{a}_x(3\times2 - 0\times2) - \mathbf{a}_y(4\times2 - 0\times1) + \mathbf{a}_z(4\times2 - 3\times1) \\ &= 6\mathbf{a}_x - 8\mathbf{a}_y + 5\mathbf{a}_z \end{aligned}$$

(c) **A**와 **B**의 크기를 구하면 다음과 같다.

$$A = |\mathbf{A}| = \sqrt{(4)^2 + (3)^2} = 5$$
$$B = |\mathbf{B}| = \sqrt{(1)^2 + (2)^2 + (2)^2} = 3$$

식 (1.9)를 이용해 계산하면 다음과 같다.

$$\cos\theta_{AB} = \frac{\mathbf{A}\cdot\mathbf{B}}{AB} = \left(\frac{10}{5\times 3}\right), \text{ 따라서 } \theta_{AB} = \cos^{-1}\left(\frac{2}{3}\right) = 48.2^o$$

이 문제에서 위치벡터는 $\mathbf{A}\cdot\mathbf{B}$, $\mathbf{A}\times\mathbf{B}$, θ_{AB}의 계산과 무관하다.

예제 1-8

직각좌표계에서 주어진 벡터장 $\mathbf{F}(\mathbf{r}) = yz\,\mathbf{a}_x - x^2\mathbf{a}_y + y\,\mathbf{a}_z$를 이용하여 다음을 구하라.

(a) 위치벡터 $\mathbf{r} = \mathbf{a}_x + 2\mathbf{a}_y + 2\mathbf{a}_z$에서의 요소 벡터 **A**

(b) **r**에 평행인 **A**의 벡터 성분

(c) **r**에 수직인 **A**의 벡터 성분

풀이

(a) 직각 좌표 (1, 2, 2)를 **F**(**r**)에 대입하면 다음과 같다.

$$\begin{aligned}\mathbf{A} &= (2)(2)\mathbf{a}_x - (1)^2\mathbf{a}_y + (2)\mathbf{a}_z \\ &= 4\mathbf{a}_x - \mathbf{a}_y + 2\mathbf{a}_z\end{aligned} \quad (1.40a)$$

(b) **r**의 크기는 다음과 같다.

$$r = \sqrt{(1)^2 + (2)^2 + (2)^2} = 3$$

그러므로 **r** 방향으로의 단위벡터는 다음과 같다.

$$\mathbf{a}_r = \frac{\mathbf{r}}{r} = \frac{1}{3}(\mathbf{a}_x + 2\mathbf{a}_y + 2\mathbf{a}_z)$$

r 방향으로의 **A**의 스칼라 성분은 다음과 같다.

$$\mathbf{A}\cdot\mathbf{a}_r = (4\mathbf{a}_x - \mathbf{a}_y + 2\mathbf{a}_z)\cdot\frac{1}{3}(\mathbf{a}_x + 2\mathbf{a}_y + 2\mathbf{a}_z) = 2$$

그러므로 **r** 방향으로의 **A**의 벡터 성분은 다음과 같다.

$$\mathbf{A}_{\parallel} = \frac{2}{3}(\mathbf{a}_x + 2\mathbf{a}_y + 2\mathbf{a}_z) \quad (1.40b)$$

(c) [그림 1-20]으로부터 다음의 관계식을 얻는다.

$$\mathbf{A}_{\perp} = \mathbf{A} - \mathbf{A}_{\parallel} \tag{1.40c}$$

식 (1.40a)와 (1.40b)를 식 (1.40c)에 대입하여 다음을 얻는다.

$$\mathbf{A}_{\perp} = \frac{1}{3}(10\mathbf{a}_x - 7\mathbf{a}_y + 2\mathbf{a}_z) \tag{1.40d}$$

또 다른 방법으로 $\mathbf{A}_{\perp}$는 다음과 같이 표시된다.

$$\mathbf{A}_{\perp} = \mathbf{a}_r \times (\mathbf{A} \times \mathbf{a}_r) \tag{1.40e}$$

위 식의 괄호항을 계산하면 다음과 같다.

$$\begin{aligned}\mathbf{A} \times \mathbf{a}_r &= \frac{1}{3}\begin{vmatrix}\mathbf{a}_x & \mathbf{a}_y & \mathbf{a}_z \\ 4 & -1 & 2 \\ 1 & 2 & 2\end{vmatrix} \\ &= \frac{1}{3}\left[\mathbf{a}_x\{(-1)\times 2 - 2\times 2\} - \mathbf{a}_y(4\times 2 - 2\times 1) + \mathbf{a}_z\{4\times 2 - (-1)\times 1\}\right] \\ &= -2\mathbf{a}_x - 2\mathbf{a}_y + 3\mathbf{a}_z\end{aligned}$$

그러므로 $\mathbf{r}$에 수직인 $\mathbf{A}$의 벡터 성분은 다음과 같다.

$$\mathbf{A}_{\perp} = \mathbf{a}_r \times (\mathbf{A} \times \mathbf{a}_r) = \frac{1}{3}\begin{vmatrix}\mathbf{a}_x & \mathbf{a}_y & \mathbf{a}_z \\ 1 & 2 & 2 \\ -2 & -2 & 3\end{vmatrix} = \frac{1}{3}(10\mathbf{a}_x - 7\mathbf{a}_y + 2\mathbf{a}_z) \tag{1.40f}$$

두 식 (1.40d)와 (1.40f)의 결과는 동일하다.

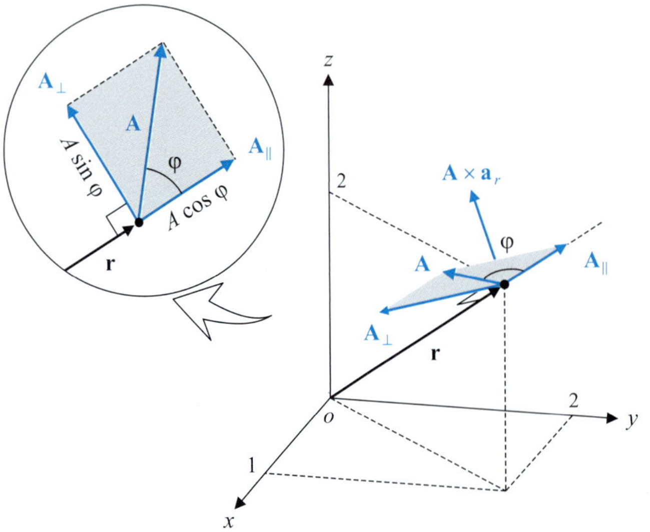

[그림 1-20] 벡터 A의 분해

예제 1-9

기울어진 한 평면 위의 두 미분 길이벡터 $d\mathbf{l}^1$과 $d\mathbf{l}^2$가 [그림 1-21]에서처럼 xz-평면에 대해 각각 평행, 수직이다. 다음의 항을 미분좌표 dx와 dy를 이용해 표시하라.

(a) $d\mathbf{l}^1$ (b) $d\mathbf{l}^2$ (c) $d\mathbf{s}$

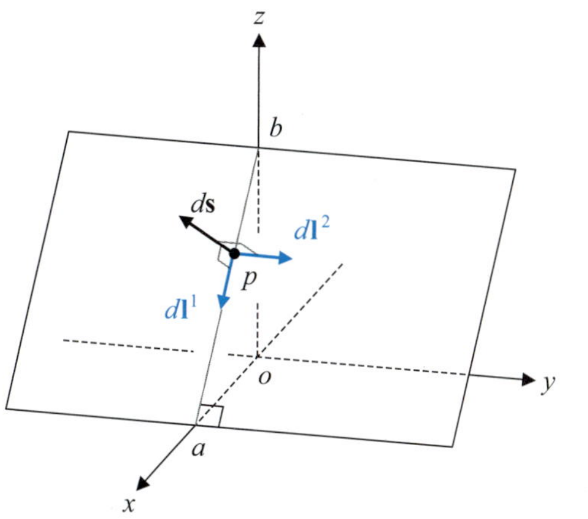

[그림 1-21] 기울어진 평면

풀이

(a) 선분 $\overline{ab}$에 대한 식이 $bx + az - ab = 0$로 주어진다. 이 식의 양변을 x에 대해 미분하면 다음과 같다.

$$b\,dx + a\,dz = 0 \tag{1.41a}$$

식 (1.41a)를 식 (1.36)에 대입하고, $d\mathbf{l}^1$이 $\mathbf{a}_y$에 수직임을 고려하면 다음과 같이 나타낼 수 있다.

$$d\mathbf{l}^1 = dx\,\mathbf{a}_x - (b/a)\,dx\,\mathbf{a}_z \tag{1.41b}$$

(b) $d\mathbf{l}^2$가 y-축에 평행이므로 식 (1.36)에 $dx = dz = 0$를 대입하면 된다.

$$d\mathbf{l}^2 = dy\,\mathbf{a}_y \tag{1.41c}$$

(c) 따라서 미분 면적벡터는 다음과 같이 주어진다.

$$d\mathbf{s} = d\mathbf{l}^1 \times d\mathbf{l}^2 = (b/a)\,dx\,dy\,\mathbf{a}_x + dx\,dy\,\mathbf{a}_z \tag{1.41d}$$

유제 1.14 주어진 벡터 $\mathbf{A} = 2\mathbf{a}_x + \mathbf{a}_y + 3\mathbf{a}_z$에 대해 다음을 구하라.

(a) $|\mathbf{A}|$

(b) $\mathbf{a}_A$

(c) $\mathbf{A}$와 x, y, z-축 사이의 사잇각

(d) $\mathbf{A}$가 위치벡터가 되기 위한 조건

Ans (a) 3.742,
(b) $\mathbf{a}_A = 0.534\mathbf{a}_x + 0.267\mathbf{a}_y + 0.802\mathbf{a}_z$,
(c) 57.7°, 74.5°, 36.7°,
(d) 시작점이 원점이고 그 단위가 미터

유제 1.15 벡터 $\mathbf{A} = 4\mathbf{a}_x + 3\mathbf{a}_y + 8\mathbf{a}_z$의 xy-평면으로의 투영을 구하라.

Ans 5

유제 1.16 [그림 1-18]의 dv의 어떤 경계면들이 식 (1.38d) ~ (1.38f)로 표시되는가?

Ans 뒷면, 왼쪽면, 밑면

유제 1.17 다음 벡터들의 크기와 방향은 벡터 화살의 어느 점에 소속된 값들인가?

(a) 벡터장의 요소 벡터

(b) $\mathbf{r}$

(c) $\mathcal{R}$

(d) $d\mathbf{l}$

(e) $d\mathbf{s}$

Ans (a) 시작점, (b) 끝점, (c) 끝점, (d) 시작점, (e) 시작점

1.3.2 원통좌표계

원통좌표계에서 한 점 $p_1:(\rho_1, \phi_1, z_1)$은 세 곡면들, 즉 반지름이 ρ_1이고 z-축을 중심으로 하는 원통면, z-축을 중심으로 각도 ϕ_1 만큼 회전된 반 무한 평면, 그리고 $z = z_1$ 평면이 만나서 형성되는 교차점으로 정의한다. 좌표 ρ_1은 z-축으로부터 측정된 반지름을 의미하고, 좌표 ϕ_1은 xy-평면상에서 $+x$-축을 기준으로 측정된 **방위각**(azimuth)을 나타낸다. 이러한 좌표들의 범위는 각각 $0 \le \rho < \infty$ [m],

$0 \le \phi \le 2\pi$ [rad], $-\infty < z < \infty$ [m]이다. 공간상 한 점 p_1에서의 세 베이스벡터는 $\mathbf{a}_\rho$, $\mathbf{a}_\phi$, $\mathbf{a}_z$인데 이들은 각각 상수좌표면에 수직이고 좌표가 증가하는 방향으로 향한다. 여기서 주목해야 할 것은, $\mathbf{a}_z$는 상수 단위벡터이지만 $\mathbf{a}_\rho$와 $\mathbf{a}_\phi$는 위치에 대한 함수로 주어지는 단위벡터라는 사실이다.

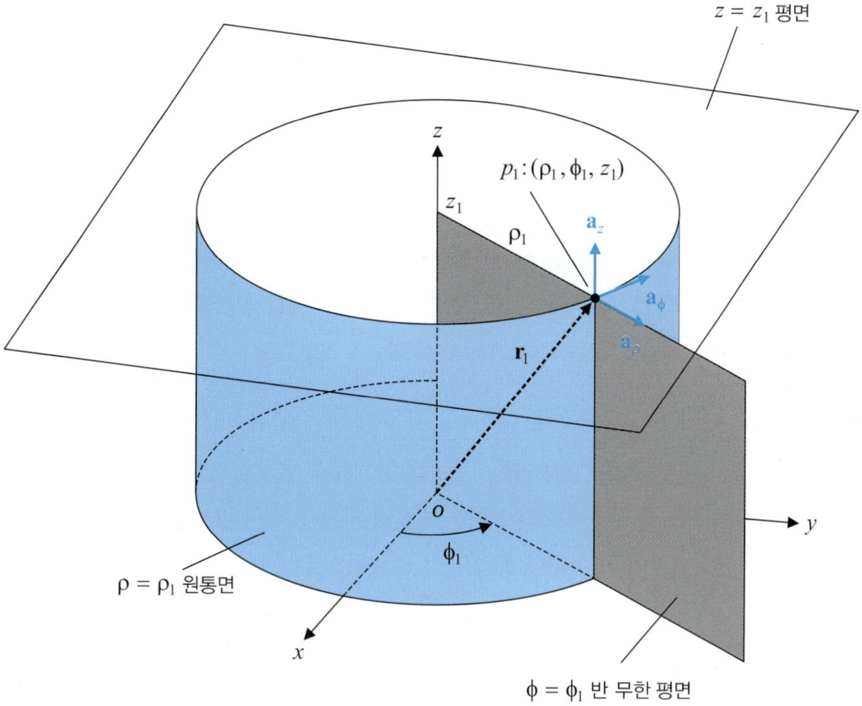

[그림 1-22] 원통좌표계

■ 성분형태로 전개된 벡터

원통좌표계의 베이스벡터들은 다음의 직교규격관계를 만족한다. 비록 $\mathbf{a}_\rho$와 $\mathbf{a}_\phi$가 ϕ에 대한 함수일지라도 세 베이스벡터들은 항상 서로 수직이고 크기가 1인 단위벡터임을 알 수 있다.

$$\mathbf{a}_\rho \cdot \mathbf{a}_\phi = \mathbf{a}_\phi \cdot \mathbf{a}_z = \mathbf{a}_z \cdot \mathbf{a}_\rho = 0 \tag{1.42a}$$

$$\mathbf{a}_\rho \cdot \mathbf{a}_\rho = \mathbf{a}_\phi \cdot \mathbf{a}_\phi = \mathbf{a}_z \cdot \mathbf{a}_z = 1 \tag{1.42b}$$

오른손 원통좌표계의 베이스벡터들 사이에는 다음과 같은 순환순열이 존재한다.

$$\mathbf{a}_\rho \times \mathbf{a}_\phi = \mathbf{a}_z \tag{1.43a}$$

$$\mathbf{a}_\phi \times \mathbf{a}_z = \mathbf{a}_\rho \tag{1.43b}$$

$$\mathbf{a}_z \times \mathbf{a}_\rho = \mathbf{a}_\phi \tag{1.43c}$$

위 식의 단위벡터들은 오른손규칙을 따른다. 즉 오른손 네 손가락이 첫째 단위벡터에서 둘째 단위벡터로 방향을 바꾸면 오른손 엄지는 셋째 단위벡터의 방향을 가리킨다.

좌표계에 관계없이 위치벡터는 항상 원점에서 시작해 공간상의 한 점에서 끝난다. [그림 1-22]에서 보듯이 위치벡터 $\mathbf{r}_1$은 원통좌표계 내의 한 점 $p_1:(\rho_1, \phi_1, z_1)$을 가리킨다. 앞에서 다룬 직각좌표계에서와 마찬가지로, 원통좌표계에서의 위치벡터를 성분형태로 표시하기 위해 $\mathbf{r}_1$을 점 p_1의 베이스벡터에 투영시킨다. 이때 $\mathbf{r}_1$은 항상 $\mathbf{a}_\phi$에 수직이므로 $\mathbf{r}_1$의 ϕ-성분은 영이다. 일반화를 위해 첨자를 생략하면 원통좌표계에서의 위치벡터는 다음과 같이 주어진다.

$$\mathbf{r} = \rho\mathbf{a}_\rho + z\mathbf{a}_z \tag{1.44}$$

식 (1.44)의 위치벡터는 겉 보기에 ϕ에 독립적인 것처럼 보인다. 그러면 과연 이 위치벡터가 공간상의 모든 점들을 독립적으로 표시할 수 있을지 의문이 들 것이다. 단위벡터 $\mathbf{a}_\rho$는 ϕ에 대한 함수이므로 $\rho\mathbf{a}_\rho$는 상수 z-평면 위의 모든 점들을 독립적으로 표시할 수 있다. 따라서 위 식의 위치벡터는 3차원 공간상의 모든 점들을 독립적으로 표시할 수 있다. 그러나 이러한 설명은 원통좌표계를 사용하는 주된 목적에 부합하지 않는다.

만약에 주어진 어떤 문제의 기하학적 배열이 원통대칭을 띠고 있을 때 그 물체 주위로 관찰자가 움직인다면, 즉 ρ와 z 값을 고정한 채로 ϕ 값을 변화시키면서 이동하면 관찰자에게 그 물체는 동일하게 보인다. 달리 말하면, 전체 시스템을 z-축을 중심으로 회전시켜도 그 모양은 변하지 않는다. 왜냐하면 z-축 주위로의 원통면 위의 점들이 전혀 구별되지 않기 때문이다. 이러한 특징은 식 (1.44)의 위치벡터 $\mathbf{r}$에 내포되어 있다. 즉 원통대칭이 존재하는 경우 z-축 주위로의 서로 다른 $\mathbf{a}_\rho$를 구별할 이유가 없으므로 이것을 상수 단위벡터로 취급한다(서로 다른 ϕ 값을 가지는 $\mathbf{a}_\rho$를 단지 "원통면에 수직"임을 나타내는 동일 벡터로 취급한다).

예를 들어 반경이 a이고 z-축을 중심으로 회전하는 원통면을 살펴보자([그림 1-13] 참조). 원통면 위 한 점의 접선방향 속도는 $\boldsymbol{v} = \omega\,\mathbf{a}_z \times \mathbf{r}$ [m/s]로 표시되는데, 이것은 직각좌표계에서 관계식 $x^2 + y^2 = a^2$를 이용하면 다음과 같이 표시된다.

$$\begin{aligned}\boldsymbol{v} &= \omega\mathbf{a}_z \times (x\mathbf{a}_x + y\mathbf{a}_y + z\mathbf{a}_z) \\ &= \pm\omega\sqrt{a^2 - x^2}\,\mathbf{a}_x + \omega x\mathbf{a}_y \qquad (y < 0\text{이면 }+,\ y > 0\text{이면 }-)\end{aligned} \tag{1.45a}$$

회전하는 원통면은 원통대칭을 띠고 있으므로 원통좌표계의 위치벡터를 이용하면 접선방향 속도는 다음과 같이 매우 간단한 식으로 표시된다.

$$\begin{aligned}\boldsymbol{v} &= \omega\,\mathbf{a}_z \times (\rho\mathbf{a}_\rho + z\mathbf{a}_z) \\ &= \omega a\mathbf{a}_\phi\end{aligned} \tag{1.45b}$$

여기서 식 (1.45a)는 원통면 위의 특정한 점에 대한 접선방향 속도이고, 식 (1.45b)는 원통면 위의 일반적인 점에 대한 접선방향 속도라는 점에 유의해야 한다.

벡터장이 한 점 p_1에 요소 벡터 $\mathbf{A}$를 할당한다면([그림 1-23] 참조), $\mathbf{A}$는 p_1에서의 베이스벡터를 이용해 다음과 같이 전개된다.

$$\mathbf{A} = A_\rho \mathbf{a}_\rho + A_\phi \mathbf{a}_\phi + A_z \mathbf{a}_z \tag{1.46}$$

여기서 세 스칼라 성분 A_ρ, A_ϕ, A_z는 상수이다. 이것을 3차원 공간상의 모든 점들로 확대하면 일반적으로 하나의 벡터장은 다음과 같이 표시된다.

$$\mathbf{A}(\mathbf{r}) = A_\rho(\rho, \phi, z)\mathbf{a}_\rho + A_\phi(\rho, \phi, z)\mathbf{a}_\phi + A_z(\rho, \phi, z)\mathbf{a}_z \tag{1.47}$$

여기서 $\mathbf{r}$은 위치벡터이고, 두 단위벡터 $\mathbf{a}_\rho$와 $\mathbf{a}_\phi$는 ϕ에 대한 함수이다.

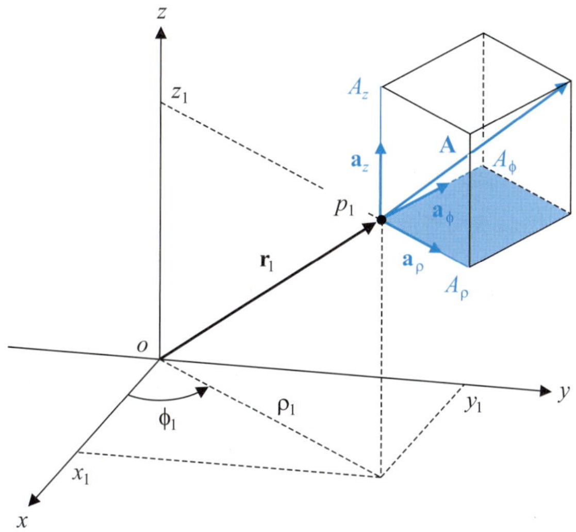

[그림 1-23] 원통좌표계 내의 한 점 $p_1:(\rho_1, \phi_1, z_1)$에 할당된 요소 벡터 $\mathbf{A}$

[그림 1-24]의 세 벡터장 $\mathbf{U}(\mathbf{r}) = \mathbf{a}_\rho/\rho$, $\mathbf{V}(\mathbf{r}) = \mathbf{a}_\phi/\rho$, $\mathbf{W}(\mathbf{r}) = \mathbf{a}_z/\rho$는 $\rho > 0$ 영역에서 모두 원통대칭을 띠고 있다. 이러한 벡터장들은 고정된 반경의 원통면 위에서 구별할 수 없다. 다시 말해 원통면 위의 요소 벡터들은 그 크기가 동일하고 또한 원통면에 대한 상대적인 방향이 동일하다.

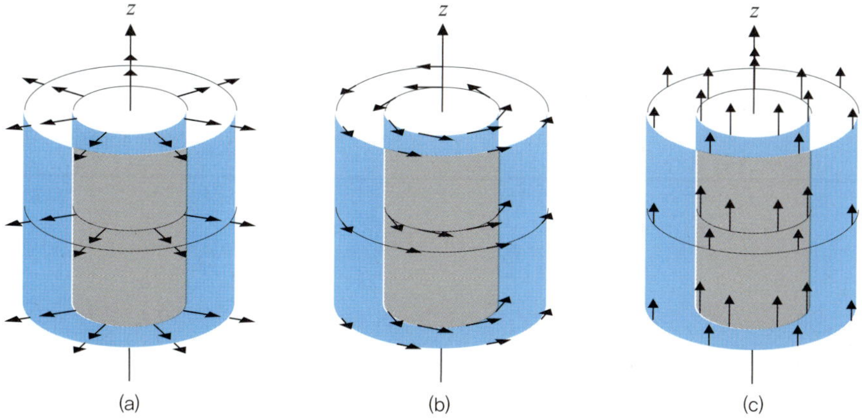

[그림 1-24] 원통대칭을 띤 세 벡터장. (a) $\mathbf{U}(\mathbf{r}) = \mathbf{a}_\rho/\rho$, (b) $\mathbf{V}(\mathbf{r}) = \mathbf{a}_\phi/\rho$, (c) $\mathbf{W}(\mathbf{r}) = \mathbf{a}_z/\rho$ $(\rho > 0)$

주어진 문제의 형상이 어떤 대칭성을 띠고 있는 지를 파악하면 최종 해답의 형태를 미리 알 수 있어 문제를 푸는 데 매우 유리하다. 심지어 전기자기학의 어떤 문제들은 이러한 최종 해답에 대한 형태를 미리 파악할 것을 요구하기도 한다(가우스 법칙 및 암페어 법칙). 만약 전기 혹은 자기 원천이 원통대칭을 띠고 있다면, 그 결과로 나타나는 전기장 혹은 자기장도 원통대칭을 가져야 한다. 원통대칭이 존재하는 상태에서는 해당 형상을 z-축을 중심으로 회전시켜도 그 모양에 변화가 없다. 그러므로 이러한 원천에 의해 발생된 전기장 혹은 자기장은 좌표 ϕ에 독립이어야 한다. 즉 발생되는 벡터장은 우선적으로 $\mathbf{E}(\mathbf{r}) = E_\rho(\rho, z)\mathbf{a}_\rho + E_\phi(\rho, z)\mathbf{a}_\phi + E_z(\rho, z)\mathbf{a}_z$의 형태를 가져야 한다.

일반적으로 원통대칭은 추가적인 다른 대칭성들을 동반한다. 예를 들어, z-축을 따라 이동시켜도 변화가 없는 **병진대칭**(translational symmetry), x- 혹은 y-축을 중심으로 180° 회전시켜도 주어진 형상에 변화가 없는 **2겹 회전대칭**(2−fold rotational symmetry) 등이다. z-축에 따라 놓인 무한히 긴 도선은 앞에서 설명한 원통대칭, 병진대칭, 2겹 회전대칭을 모두 띠고 있다. z-축을 따라 존재하는 병진대칭은 결과 값이 좌표 z에 독립이라는 것을 의미하므로 앞의 벡터장의 모양은 다음과 같이 더욱 간결해진다. 즉 $\mathbf{E}(\mathbf{r}) = E_\rho(\rho)\mathbf{a}_\rho + E_\phi(\rho)\mathbf{a}_\phi + E_z(\rho)\mathbf{a}_z$의 형태를 가진다. 더 나아가 2겹 회전대칭은 발생되는 벡터장이 ϕ-성분과 z-성분을 가질 수 없다는 것을 의미한다. 그 이유는 두 벡터장 성분들 $E_\phi(\rho)\mathbf{a}_\phi$와 $E_z(\rho)\mathbf{a}_z$는 위 아래가 뒤바뀌도록 180° 회전되면 그 방향이 바뀌기 때문이다([그림 1−24] 참조). 결론적으로 원통대칭, 병진대칭, 2겹 회전대칭이 존재하는 상태에서 최종 벡터장은 반드시 다음과 같은 형태로 주어져야 한다.

$$\mathbf{E}(\mathbf{r}) = E_\rho(\rho)\mathbf{a}_\rho \tag{1.48}$$

예를 들어 [그림 1−24]의 $\mathbf{U}(\mathbf{r})$은 원통대칭, 병진대칭, 2겹 회전대칭을 동시에 가지고 있고, $\mathbf{V}(\mathbf{r})$과 $\mathbf{W}(\mathbf{r})$은 원통대칭과 병진대칭만 가지고 있다.

두 벡터 $\mathbf{A}$와 $\mathbf{B}$가 원통좌표계의 한 점에서 주어질 때, 이들은 그 점의 베이스벡터를 이용하여 다음과 같은 성분형태로 표시될 수 있다.

$$\mathbf{A} = A_\rho\mathbf{a}_\rho + A_\phi\mathbf{a}_\phi + A_z\mathbf{a}_z \tag{1.49a}$$

$$\mathbf{B} = B_\rho\mathbf{a}_\rho + B_\phi\mathbf{a}_\phi + B_z\mathbf{a}_z \tag{1.49b}$$

여기서 $\mathbf{a}_\rho$, $\mathbf{a}_\phi$, $\mathbf{a}_z$는 두 벡터 $\mathbf{A}$와 $\mathbf{B}$가 동시에 정의되는 공간상 한 점에서의 베이스벡터들이다.

■ 성분형태로 전개된 벡터 연산

원통좌표계의 한 점에서 두 벡터 **A**와 **B**의 덧셈은 다음과 같이 표시된다.

$$\mathbf{A} + \mathbf{B} = \left(A_\rho + B_\rho\right)\mathbf{a}_\rho + \left(A_\phi + B_\phi\right)\mathbf{a}_\phi + \left(A_z + B_z\right)\mathbf{a}_z \tag{1.50}$$

배분법칙과 직교규격관계를 이용하여 식 $(\mathbf{A} + \mathbf{B}) \cdot \mathbf{a}_\rho$를 전개하면 식 (1.50) 오른쪽 항의 ρ-성분을 증명할 수 있다. 비슷한 방법으로 다른 성분들도 증명할 수 있다.

원통좌표계에서 **A**와 **B**의 점곱은 다음과 같이 주어진다.

$$\mathbf{A} \cdot \mathbf{B} = A_\rho B_\rho + A_\phi B_\phi + A_z B_z \tag{1.51}$$

여기서 배분법칙과 직교규격관계가 사용되었다.

원통좌표계에서 두 벡터 **A**와 **B**의 가위곱은 다음과 같은 행렬식으로 주어진다. 이 식은 성분형태의 **A**와 **B**를 직접 대입하고 배분법칙과 순환순열을 이용하면 쉽게 증명할 수 있다.

$$\mathbf{A} \times \mathbf{B} = \begin{vmatrix} \mathbf{a}_\rho & \mathbf{a}_\phi & \mathbf{a}_z \\ A_\rho & A_\phi & A_z \\ B_\rho & B_\phi & B_z \end{vmatrix} \tag{1.52}$$

식 (1.50) ~ (1.52)에 주어진 벡터 연산들은 두 벡터 **A**와 **B**가 원통좌표계의 한 점에 동시에 존재한다고 가정한다. 예를 들어 벡터 $\mathbf{A} = 2\mathbf{a}_\rho$가 점 p_1:(4, 0, 0)에, 벡터 $\mathbf{B} = 3\mathbf{a}_\phi$가 또 다른 점 p_2:(4, π/2, 0)에 주어지는 경우, **A**와 **B**의 가위곱은 단순히 $\mathbf{A} \times \mathbf{B} = 6\mathbf{a}_z$로 계산되지만 이것은 정답이 아니다. 그 이유는 **A**와 **B**가 각각 x-, y-축에서 서로 정반대 방향을 향하기 때문이다. 만약에 **B**가 점 p_1에 옮겨져서 그 점의 베이스벡터로 전개되면 $\mathbf{B} = -3\mathbf{a}_\rho$로 주어지고 이때 두 벡터의 가위곱은 $\mathbf{A} \times \mathbf{B} = 0$이다.

■ 미분 길이벡터와 미분 면적벡터

직각좌표계에서와 마찬가지로 원통좌표계에서 미분 길이벡터 $d\mathbf{l}$은 원통좌표계의 한 점 $p_1:(\rho_1, \phi_1, z_1)$에서 그 인접한 점 $p_2:(\rho_1 + d\rho, \phi_1 + d\phi, z_1 + dz)$로 진행한 미소 벡터를 의미한다. 이때 $d\mathbf{l}$의 크기와 방향은 p_1에서의, 즉 $d\mathbf{l}$의 시작점에서의 물리량을 표시하기 위한 것이므로 $d\mathbf{l}$은 점 p_1의 베이스벡터로 전개되어야 한다.

[그림 1-25]에서 보듯이 $d\mathbf{l}$을 세 ㅁ 베이스벡터 $\mathbf{a}_\rho$, $\mathbf{a}_\phi$, $\mathbf{a}_z$에 투영하면 $d\mathbf{l}$의 세 스칼라 성분을 각각 $d\rho$, $\rho_1 d\phi$, dz로 구할 수 있다.

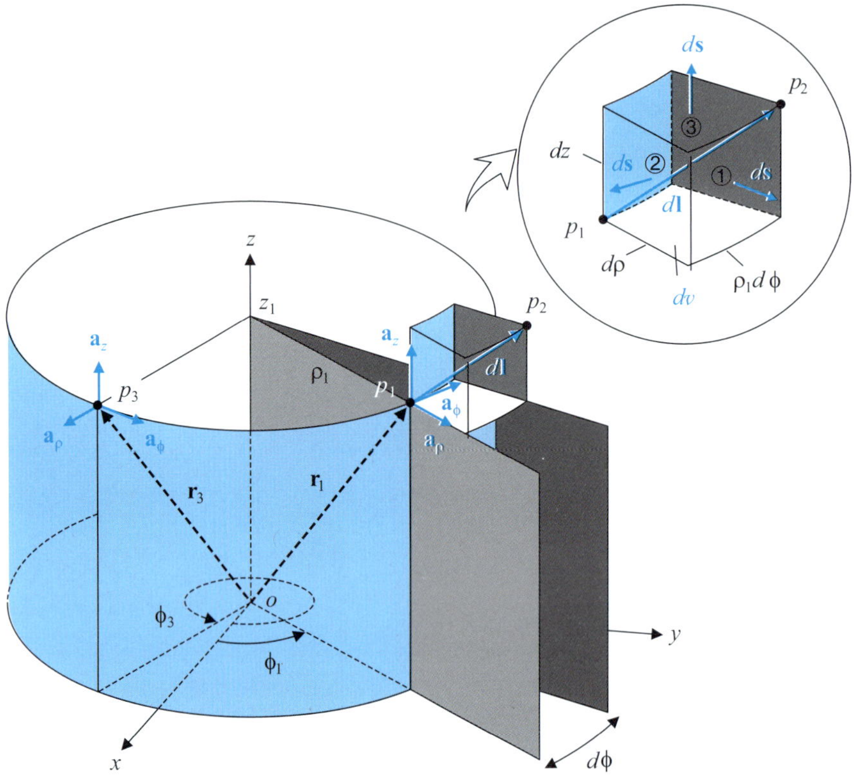

[그림 1-25] 원통좌표계에서의 미분 길이벡터 $d\mathbf{l}$, 미분 면적벡터 $d\mathbf{s}$, 그리고 미분체적 dv

여기서 $d\mathbf{l}$은 미터 단위로 표시되어야 하므로 미분각 $d\phi$가 미분길이 $\rho_1 d\phi$로 환산되어야 한다. 일반화를 위해 첨자 1을 생략하면 원통좌표계에서 미분 길이벡터 $d\mathbf{l}$은 다음과 같이 표시된다.

$$d\mathbf{l} = d\rho\,\mathbf{a}_\rho + \rho\, d\phi\,\mathbf{a}_\phi + dz\,\mathbf{a}_z \quad [\text{m}] \tag{1.53}$$

경우에 따라 $d\mathbf{l}$은 더욱 간략한 식으로 바뀔 수 있는데, 예를 들면 z-축 주위로의 원통면 위에서 $d\rho$는 영이다.

미분 길이벡터 $d\mathbf{l}$의 양 끝점은 여섯 개의 상수좌표면과 연관되어 있다. 이들 상수좌표면은 [그림 1-25]에서와 같이 부피가 dv인 미분체적을 형성한다. 미분체적의 대각선에 해당하는 $|d\mathbf{l}|$는 매우 작으므로 그 미분체적을 직각육면체로 가정할 수 있다. 이때 가로, 세로, 높이는 각각 $d\rho$, $\rho_1 d\phi$, dz이고, 체적은 $\rho_1 d\rho\, d\phi\, dz$이다. 원통좌표계에서의 미분체적은 다음과 같이 정의된다.

$$dv = \rho\, d\rho\, d\phi\, dz \quad [\text{m}^3] \tag{1.54}$$

이러한 미분체적은 원통좌표계 내의 하나의 체적을 여러 개의 조각들로 분해하는 기본틀로 사용되며, 그 반대로도 마찬가지이다.

미분체적 dv는 [그림 1-25]에서 보듯이 여섯 개의 미소 상수좌표면으로 이루어져 있다. 이들 각각은 미분 면적벡터 $d\mathbf{s}$를 이용하면 매우 간단하게 표시할 수 있다. $d\mathbf{s}$의 크기는 주어진 면의 면적을 나타내고 그 단위벡터는 해당 면에 수직이고 미소체적의 바깥으로 향한다. [그림 1-25]가 보여주는 여섯 개의 미소 면에 대한 미분 면적벡터는 다음과 같다.

$$d\mathbf{s} = \rho_1 d\phi dz\, \mathbf{a}_\rho \qquad (\text{면 ①}) \tag{1.55a}$$

$$d\mathbf{s} = -d\rho dz\, \mathbf{a}_\phi \qquad (\text{면 ②}) \tag{1.55b}$$

$$d\mathbf{s} = \rho_1 d\phi d\rho\, \mathbf{a}_z \qquad (\text{면 ③}) \tag{1.55c}$$

$$d\mathbf{s} = -\rho_1 d\phi dz\, \mathbf{a}_\rho \tag{1.55d}$$

$$d\mathbf{s} = d\rho dz\, \mathbf{a}_\phi \tag{1.55e}$$

$$d\mathbf{s} = -\rho_1 d\phi d\rho\, \mathbf{a}_z \tag{1.55f}$$

식 (1.55d) ~ (1.55f)는 앞면에 가려 보이지 않는 미소 면들에 대한 미분 면적벡터들이다. 이러한 미분 면적벡터는 원통좌표계에서 하나의 상수좌표면을 여러 개의 조각으로 나누는 기본틀로 사용되며, 그 반대로도 마찬가지이다. 그러나 상수좌표면이 아닌 경우 위 식들을 적용할 수 없다. 예를 들면 $x = 1$ 평면 혹은 x-축에 평행인 원통면 위의 미소 면들은 위의 미분 면적벡터를 이용해 표시할 수 없다.

예제 1-10

[그림 1-25]에 보인 원통좌표계 내의 세 점 p_1, p_2, p_3에 대한 위치벡터 $\mathbf{r}_1$, $\mathbf{r}_2$, $\mathbf{r}_3$를 구하라.

풀이

위치벡터 $\mathbf{r}_1$을 점 p_1에서의 세 베이스벡터 $\mathbf{a}_\rho$, $\mathbf{a}_\phi$, $\mathbf{a}_z$에 투영하면 다음을 얻는다.

$$\mathbf{r}_1 = \rho_1\, \mathbf{a}_\rho + z_1\, \mathbf{a}_z \tag{1.56a}$$

비슷한 방법으로 다음과 같은 관계식을 얻을 수 있다.

$$\mathbf{r}_3 = \rho_1\, \mathbf{a}_\rho + z_1\, \mathbf{a}_z \tag{1.56b}$$

여기서 $\mathbf{r}_3$는 $\mathbf{r}_1$과 동일한 형태인데, 이러한 사실은 이들 위치벡터에 이미 원통 대칭성이 내포되어 있다는 것을 의미한다.

그 다음 p_1의 좌표를 이용하여 p_2를 표시하면 다음과 같다.

$$p_2 : (\rho_1 + d\rho,\ \phi_1 + d\phi,\ z_1 + dz) \tag{1.56c}$$

따라서 그 위치벡터는 다음과 같다.

$$\mathbf{r}_2 = (\rho_1 + d\rho)\mathbf{a}_\rho + (z_1 + dz)\mathbf{a}_z \tag{1.56d}$$

그 다음, 두 식들 $\mathbf{r}_1 = \rho_1 \mathbf{a}_\rho + z_1 \mathbf{a}_z$와 $d\mathbf{l} = d\rho \mathbf{a}_\rho + \rho_1 d\phi \mathbf{a}_\phi + dz \mathbf{a}_z$를 이용해 $\mathbf{r}_2$를 다음과 같이 표시할 수 있는지 알아보자.

$$\mathbf{r}_2 = \mathbf{r}_1 + d\mathbf{l} = (\rho_1 + d\rho)\mathbf{a}_\rho + \rho_1 d\phi \mathbf{a}_\phi + (z_1 + dz)\mathbf{a}_z \ (?) \tag{1.56e}$$

비록 식 $\mathbf{r}_2 = \mathbf{r}_1 + d\mathbf{l}$은 개념적으로 정당하지만, 위치벡터는 반드시 그 끝점의 베이스벡터로 전개되어야 한다. 그러나 식 (1.56e)에서는 위치벡터가 p_2가 아닌 p_1의 베이스벡터로 전개되었으므로 올바르지 않다.

예제 1-11

두 단위벡터 $\mathbf{a}_\rho$와 $\mathbf{a}_\phi$는 3차원 공간에서 위치에 대한 매끄러운 함수이므로 미분 가능하다. 다음의 식들을 증명하라.

(a) $\dfrac{\partial \mathbf{a}_\rho}{\partial \phi} = \mathbf{a}_\phi$ (b) $\dfrac{\partial \mathbf{a}_\phi}{\partial \phi} = -\mathbf{a}_\rho$

풀이

(a) [그림 1-26(a)]를 참조하여 $\phi = \phi_1$인 점에서 $\mathbf{a}_\rho$의 ϕ에 대한 미분을 다음과 같이 쓸 수 있다.

$$\left.\frac{\partial \mathbf{a}_\rho}{\partial \phi}\right|_{\phi=\phi_1} = \lim_{\Delta\phi \to 0} \frac{\mathbf{a}_{\rho 2} - \mathbf{a}_{\rho 1}}{\phi_2 - \phi_1} \equiv \lim_{\Delta\phi \to 0} \frac{\Delta \mathbf{a}'}{\Delta \phi} \tag{1.57a}$$

여기서 $\mathbf{a}_{\rho 1}$과 $\mathbf{a}_{\rho 2}$는 각각 $\phi = \phi_1$, $\phi = \phi_2$인 점에서의 단위벡터들이다. $\overline{\mathbf{a}}_{\rho 1}$을 단순히 $\mathbf{a}_{\rho 1}$이 옮겨져서 형성된 단위벡터로 가정하고, 세 벡터 $\overline{\mathbf{a}}_{\rho 1}$, $\mathbf{a}_{\rho 2}$, $\Delta \mathbf{a}'$에 의해 만들어진 삼각형에 관계식 $|\overline{\mathbf{a}}_{\rho 1}| = |\mathbf{a}_{\rho 2}| = 1$을 적용하면 다음을 얻을 수 있다.

$$|\Delta \mathbf{a}'| = |\mathbf{a}_{\rho 2}| \Delta \phi = \Delta \phi \tag{1.57b}$$

만약 $\Delta\phi \to 0$이면 $\mathbf{r}_2 \to \mathbf{r}_1$, $\mathbf{a}_{\rho 2} \to \overline{\mathbf{a}}_{\rho 1}$이고, 따라서 $\Delta \mathbf{a}'$은 $\mathbf{a}_{\rho 1}$에 수직이고 $\mathbf{a}_\phi$-방향을 가리킨다. 결론적으로 다음을 얻는다.

$$\Delta \mathbf{a}' = \Delta \phi \mathbf{a}_\phi \tag{1.57c}$$

식 (1.57c)를 식 (1.57a)에 대입하면 다음과 같다.

$$\frac{\partial \mathbf{a}_\rho}{\partial \phi} = \mathbf{a}_\phi \tag{1.57d}$$

(b) [그림 1-26(b)]를 참조하여 $\phi = \phi_1$인 점에서 $\mathbf{a}_\phi$의 ϕ에 대한 미분을 수학적 정의에 따라 다음과 같이 쓸 수 있다.

$$\left.\frac{\partial \mathbf{a}_\phi}{\partial \phi}\right|_{\phi=\phi_1} = \lim_{\Delta\phi \to 0} \frac{\mathbf{a}_{\phi 2} - \mathbf{a}_{\phi 1}}{\phi_2 - \phi_1} \equiv \lim_{\Delta\phi \to 0} \frac{\Delta \mathbf{a}}{\Delta \phi} \tag{1.57e}$$

여기서 $\mathbf{a}_{\phi 1}$과 $\mathbf{a}_{\phi 2}$는 각각 $\phi = \phi_1$, $\phi = \phi_2$인 점에서의 단위벡터들이다. $\bar{\mathbf{a}}_{\phi 1}$을 단순히 $\mathbf{a}_{\phi 1}$이 옮겨져서 만들어진 것이라 가정하고, 세 벡터 $\bar{\mathbf{a}}_{\phi 1}$, $\mathbf{a}_{\phi 2}$, $\Delta \mathbf{a}$에 의해 형성된 삼각형에 관계식 $|\bar{\mathbf{a}}_{\rho 1}| = |\mathbf{a}_{\rho 2}| = 1$을 적용하면 다음을 구할 수 있다.

$$|\Delta \mathbf{a}| = |\mathbf{a}_{\phi 2}| \Delta\phi = \Delta\phi \tag{1.57f}$$

만약 $\Delta\phi \to 0$이면 $\mathbf{r}_2 \to \mathbf{r}_1$, $\mathbf{a}_{\phi 2} \to \bar{\mathbf{a}}_{\phi 1}$이고, $\Delta \mathbf{a}$는 $\mathbf{a}_{\phi 1}$에 수직이고 $-\mathbf{a}_\rho$의 방향을 가리킨다. 결론적으로 다음과 같다.

$$\Delta \mathbf{a} = -\Delta\phi\, \mathbf{a}_\rho \tag{1.57g}$$

식 (1.57g)를 식 (1.57e)에 대입하면 다음과 같다.

$$\frac{\partial \mathbf{a}_\phi}{\partial \phi} = -\mathbf{a}_\rho \tag{1.57h}$$

또 다른 방법으로, 식 (1.57d)와 (1.57h)는 이후에 배우게 되는 좌표 변환을 이용해 증명된다.

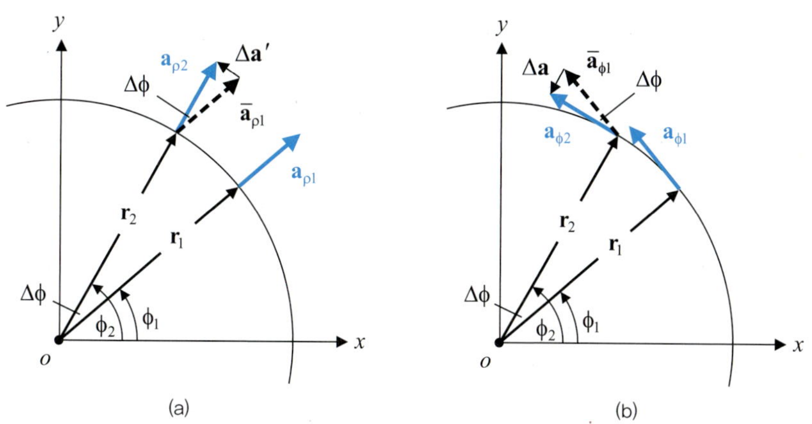

[그림 1-26] 원통좌표계에서 미분의 도식적 계산. (a) $\partial \mathbf{a}_\rho / \partial \phi$, (b) $\partial \mathbf{a}_\phi / \partial \phi$

예제 1-12

반경 a의 원통 실린더가 45°로 잘렸을 때의 단면이 [그림 1-27]에 표시되었다. 이때 타원 테두리 위의 $d\mathbf{l}$의 표현식을 다음 좌표계에서 구하라.

(a) 직각좌표계 (b) 원통좌표계

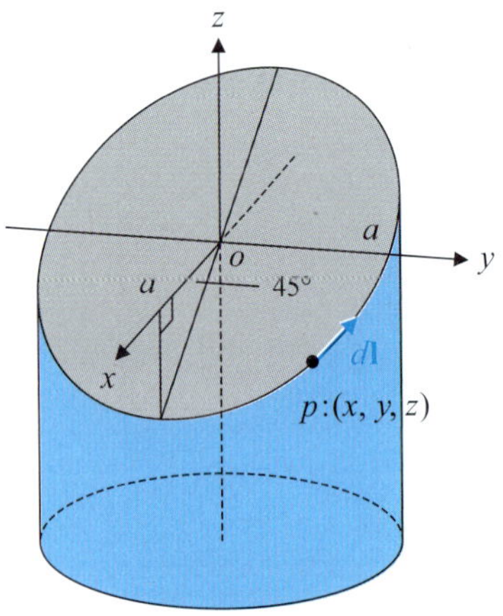

[그림 1-27] 원통 실린더 단면

풀이

(a) 원통 단면의 타원 테두리를 식으로 표시하면 다음과 같다.

$$x^2 + y^2 = a^2 \tag{1.58a}$$

$$z = -x \tag{1.58b}$$

식 (1.58a)와 (1.58b)를 x에 대해 각각 미분하면 다음과 같다.

$$x\,dx + y\,dy = 0 \tag{1.58c}$$

$$dz = -dx \tag{1.58d}$$

이들을 식 (1.36)의 $d\mathbf{l}$ 표현식에 대입하면 다음과 같다.

$$d\mathbf{l} = dx\,\mathbf{a}_x - (x/y)dx\,\mathbf{a}_y - dx\,\mathbf{a}_z \tag{1.58e}$$

(b) 타원 테두리 위의 한 점의 x-좌표는 $x = a\cos\phi$인데 여기서 ϕ는 방위각이다. 이 식을 ϕ에 대해 미분하면 다음과 같다.

$$dx = -a\sin\phi\,d\phi \tag{1.58f}$$

식 (1.58d)와 (1.58f)를 식 (1.53)의 $d\mathbf{l}$ 표현식에 대입하고, 두 관계식 $\rho = a$와 $d\rho = 0$를 이용하여 다음을 구한다.

$$d\mathbf{l} = a\,d\phi\,\mathbf{a}_\phi + a\,d\phi\sin\phi\,\mathbf{a}_z \tag{1.58g}$$

예제 1-13

어떤 문제가 거리벡터를 포함하는 경우 섞음 좌표계를 사용하면 편리하다. [그림 1-28]에서처럼 거리벡터 $\mathcal{R}$이 원통좌표계의 한 점 q에서 시작해 직각좌표계의 한 점 p에서 끝나는 경우 $d\mathbf{l}' \times \mathcal{R}$에 대한 표현식을 구하라. 여기서 $d\mathbf{l}'$은 반경이 a인 원 위의 미분 길이벡터이다.

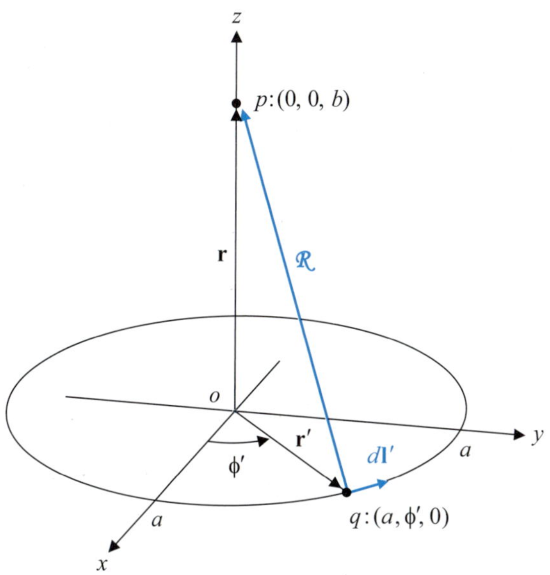

[그림 1-28] 섞음 좌표계[4]

풀이

점 p와 q의 위치벡터는 다음과 같다.

$$\mathbf{r} = b\mathbf{a}_z \tag{1.59a}$$

$$\mathbf{r}' = a\mathbf{a}_{\rho'} \tag{1.59b}$$

따라서 거리벡터는 다음과 같다.

$$\mathcal{R} = \mathbf{r} - \mathbf{r}' = b\mathbf{a}_z - a\mathbf{a}_{\rho'} \tag{1.59c}$$

원 위의 미분 길이벡터는 다음과 같다.

$$d\mathbf{l}' = a(d\phi')\mathbf{a}_{\phi'} \tag{1.59d}$$

식 (1.59c)와 (1.59d)를 이용하면 다음의 식을 쓸 수 있다.

$$\begin{aligned} d\mathbf{l}' \times \mathcal{R} &= a(d\phi')\mathbf{a}_{\phi'} \times (b\mathbf{a}_z - a\mathbf{a}_{\rho'}) \\ &= ab(d\phi')\mathbf{a}_{\rho'} + a^2(d\phi')\mathbf{a}_{z'} \end{aligned} \tag{1.59e}$$

4 프라임 기호(′)는 거리벡터의 시작점을 표시한다.

$\mathcal{R}$의 끝점이 관심점이므로 식 (1.59e)는 정상 좌표계(unprimed coordinate system)로 변환되어야 한다. 하지만 이러한 변환은 모든 계산이 종료된 후 수행해도 된다. 미분값 $d\phi'$은 이후에 ϕ'에 대한 적분이 수행될 것임을 암시한다.

유제 1.18 점 $p_1:(1, \sqrt{3}, 5)$가 직각좌표계에서 정의될 때 다음을 원통좌표계에서 구하라.

(a) 원통 좌표

(b) 위치벡터

Ans (a) $p_1:(2,\ 60°,\ 5)$, (b) $\mathbf{r}_1 = 2\mathbf{a}_\rho + 5\mathbf{a}_z$

유제 1.19 다음 중에서 원통 대칭성을 띠고 있지 않은 것은?

① $\rho\mathbf{a}_z$ ② $(\sin\phi)\mathbf{a}_\rho$ ③ $3\mathbf{a}_\phi$

④ $(z-1)\mathbf{a}_\rho$ ⑤ $\mathbf{V}(\mathbf{r}) = \mathbf{a}_z \times \mathbf{r}$

Ans ②

유제 1.20 위치벡터 $\mathbf{r} = 3\mathbf{a}_\rho + 4\mathbf{a}_z$가 지시하는 점들이 공간상에서 어떤 형상을 만드나?

Ans 평면 $z = 4$에 놓인 반경이 3인 원

유제 1.21 원통좌표계에서 점 $p_2:(2,\ 90°,\ 1)$에서 점 $p_1:(2\sqrt{3},\ 60°,\ 4)$로 향하는 거리벡터의 표현식을 직각좌표계에서 구하라.

Ans $\mathcal{R} = \sqrt{3}\,\mathbf{a}_x + \mathbf{a}_y + 3\mathbf{a}_z$

유제 1.22 다음의 적분을 구하라.

$$\int_{\phi=0}^{\pi} \mathbf{a}_\rho \, d\phi$$

Ans $2\mathbf{a}_y$

1.3.3 구좌표계

구좌표계 내의 한 점 p_1:(R_1, θ_1, ϕ_1)은 세 곡면들, 즉 반경이 R_1이고 원점에 중심을 둔 구면과 절반 각이 θ_1이고 꼭지점을 원점에 둔 원뿔면, 그리고 z-축을 중심으로 각도 ϕ_1 만큼 회전된 반 무한 평면의 교차점으로 정의한다. 좌표 R_1은 원점으로부터 측정된 반지름을 의미하고, θ_1은 $+z$-축을 기준으로 측정된 **극각**(polar angle)을 나타내고, ϕ_1은 xy-평면 상에서 $+x$-축을 기준으로 측정된 **방위각**(azimuth angle)을 나타낸다. 이러한 좌표들의 범위는 각각 $0 \le R < \infty$ [m], $0 \le \theta \le \pi$ [rad], $0 \le \phi \le 2\pi$ [rad]이다. 점 p_1에서의 세 베이스벡터는 $\mathbf{a}_R$, $\mathbf{a}_\theta$, $\mathbf{a}_\phi$이고, 이들은 앞에서 언급된 각각의 상수좌표면에 수직이고 좌표값이 증가하는 방향을 가리킨다. 구좌표계의 세 베이스벡터는 모두 위치에 대한 함수이다.

■ 성분형태로 전개된 벡터

구좌표계의 세 베이스벡터는 다음의 직교규격관계를 따른다.

$$\mathbf{a}_R \cdot \mathbf{a}_\theta = \mathbf{a}_\theta \;\; \mathbf{a}_\phi = \mathbf{a}_\phi \cdot \mathbf{a}_R = 0 \tag{1.60a}$$

$$\mathbf{a}_R \cdot \mathbf{a}_R = \mathbf{a}_\theta \cdot \mathbf{a}_\theta = \mathbf{a}_\phi \cdot \mathbf{a}_\phi = 1 \tag{1.60b}$$

구좌표계에서 이들 베이스벡터가 모두 위치에 대한 함수이더라도 3차원 공간상에서 항상 서로 수직이고 크기가 1인 단위벡터이다.

오른손 구좌표계의 베이스벡터들 사이에는 순환순열이 존재한다.

$$\mathbf{a}_R \times \mathbf{a}_\theta = \mathbf{a}_\phi \tag{1.61a}$$

$$\mathbf{a}_\theta \times \mathbf{a}_\phi = \mathbf{a}_R \tag{1.61b}$$

$$\mathbf{a}_\phi \times \mathbf{a}_R = \mathbf{a}_\theta \tag{1.61c}$$

순환순열 내의 세 벡터들은 오른손규칙을 따른다. 즉 오른손 네 손가락이 첫째 단위벡터에서 둘째 단위벡터 방향으로 방향을 바꾸면 오른손 엄지는 셋째 단위벡터 방향을 가리킨다.

구좌표계의 위치벡터 $\mathbf{r}_1$은 원점으로부터 점 p_1:(R_1, θ_1, ϕ_1)으로 진행한다([그림 1-29] 참조). 위치벡터의 원래 목적에 부합되도록 $\mathbf{r}_1$은 점 p_1에서의 베이스벡터로 전개되어야 한다. 그림에서 보듯이 구좌표계에서 $\mathbf{r}_1$은 항상 $\mathbf{a}_\theta$와 $\mathbf{a}_\phi$에 수직이므로 $\mathbf{r}_1$은 오직 지름 방향으로의 성분만을 가진다. 따라서 일반화를 위해 첨자 1을 생략하면 구좌표계의 위치벡터는 다음과 같다.

$$\mathbf{r} = R\mathbf{a}_R \tag{1.62}$$

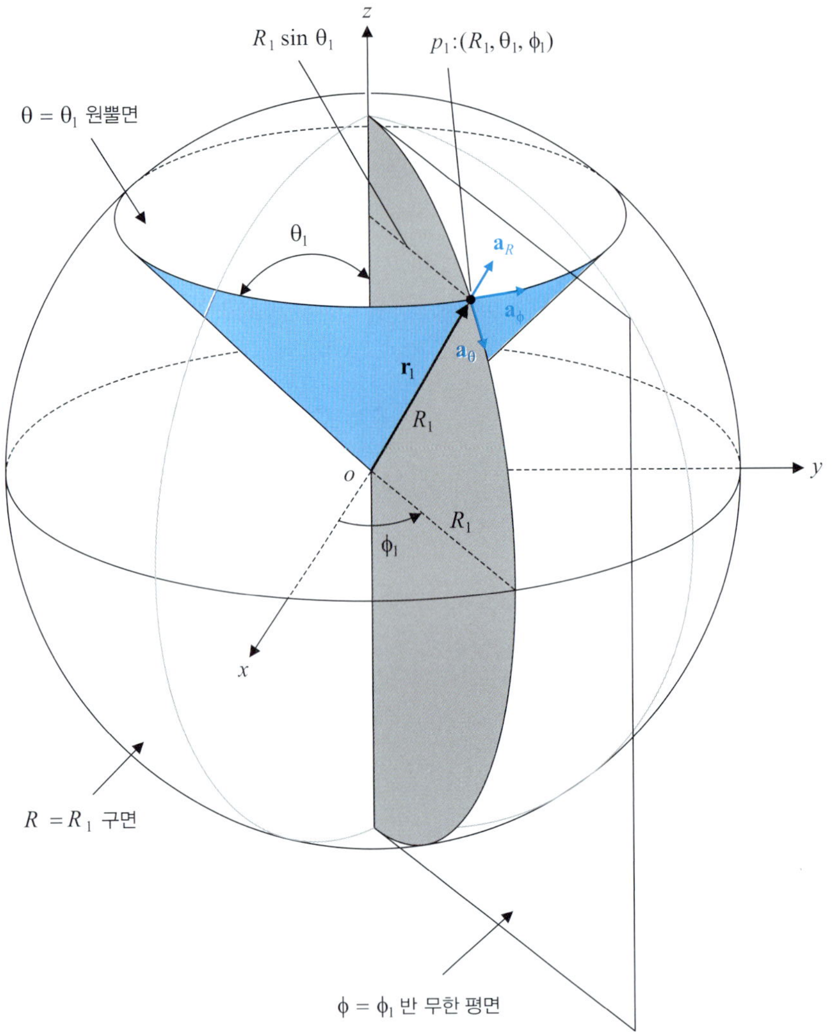

[그림 1-29] 구좌표계

식 (1.62)의 위치벡터는 겉으로 보기에 θ와 ϕ에 독립적인 것처럼 보인다. 왜냐하면 구 대칭성이 이미 이 식에 내포되어 있기 때문이다. 어떤 형상이 구 대칭성을 띠는 경우 관찰자가 그 주위를 $\mathbf{a}_\theta$ 혹은 $\mathbf{a}_\phi$ 방향으로 움직이거나, 혹은 그 형상이 원점을 지나는 어떤 축을 중심으로 회전되어도 그 모양에 변화가 없다.

구 대칭성이 존재하는 경우 원점이 중심인 하나의 구면 위의 모든 점들은 서로 구별되지 않는다. 이러한 사실이 식 (1.62)의 위치벡터에 내포되어 있다. 예를 들면, [그림 1-30]의 벡터장 $\mathbf{U}(\mathbf{r}) = \mathbf{a}_R$은 구 대칭을 띠고 있어서 관찰자가 그 주위로 움직여도 그 모양이 변치 않는다. 반면에 벡터장 $\mathbf{V}(\mathbf{r}) = \mathbf{a}_\theta$와 $\mathbf{W}(\mathbf{r}) = \mathbf{a}_\phi$는 구 대칭성을 띠고 있지 않은데, 이들을 x-축을 중심으로 180° 회전시키면 모든 요소 벡터들의 방향이 반전된다.

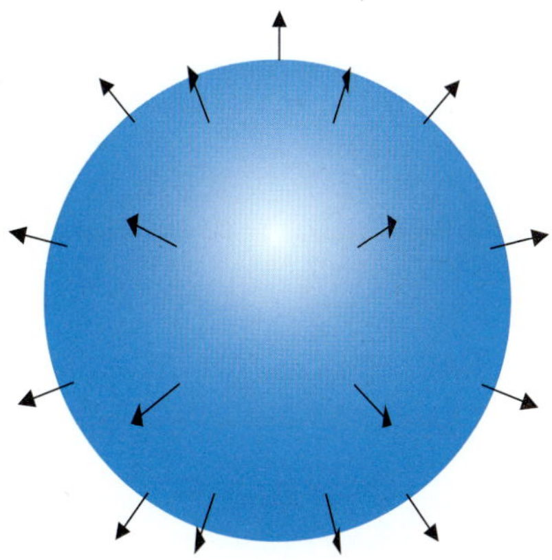

[그림 1-30] 구 대칭성을 띤 벡터장 $\mathbf{U}(\mathbf{r}) = \mathbf{a}_R$

대칭성을 세심히 관찰하면 주어진 문제의 해답이 대략 어떤 형태인지를 알 수 있다. 만약 주어진 원천이 구 대칭성을 띠고 있다면 이것에 의해 발생되는 벡터장도 구 대칭성을 띠어야 한다. 따라서 그 벡터장은 θ와 ϕ에 독립적이어야 하고 우선 $\mathbf{D}(\mathbf{r}) = D_R(R)\mathbf{a}_R + D_\theta(R)\mathbf{a}_\theta + D_\phi(R)\mathbf{a}_\phi$의 형태를 가져야 한다. 이와 더불어 $D_\theta(R)\mathbf{a}_\theta$와 $D_\phi(R)\mathbf{a}_\phi$는 모두 영이어야 하는데 그 이유는 이들 항이 x-축을 중심으로 180° 회전되면 그 방향이 반전되기 때문이다(구대칭이 존재하는 경우 이러한 회전 후에도 벡터장에는 변화가 없다). 결론적으로 구대칭이 존재하는 경우 발생되는 벡터장은 다음과 같은 형태로 주어져야 한다.

$$\mathbf{D}(\mathbf{r}) = D_R(R)\mathbf{a}_R \tag{1.63}$$

구좌표계의 한 점 p_1에서 요소 벡터 $\mathbf{A}$가 주어진다면([그림 1-31] 참조), $\mathbf{A}$는 p_1에서의 베이스벡터에 의해 다음과 같이 전개된다.

$$\mathbf{A} = A_R\mathbf{a}_R + A_\theta\mathbf{a}_\theta + A_\phi\mathbf{a}_\phi \tag{1.64}$$

만약 식 (1.64)가 단독 벡터가 아닌 하나의 벡터장을 표시한다면, 그 스칼라 성분들 A_R, A_θ, A_ϕ는 일반적으로 R, θ, ϕ에 대한 함수이다. 여기서 세 베이스벡터 $\mathbf{a}_R$, $\mathbf{a}_\theta$, $\mathbf{a}_\phi$는 모두 θ와 ϕ에 대한 함수이다.

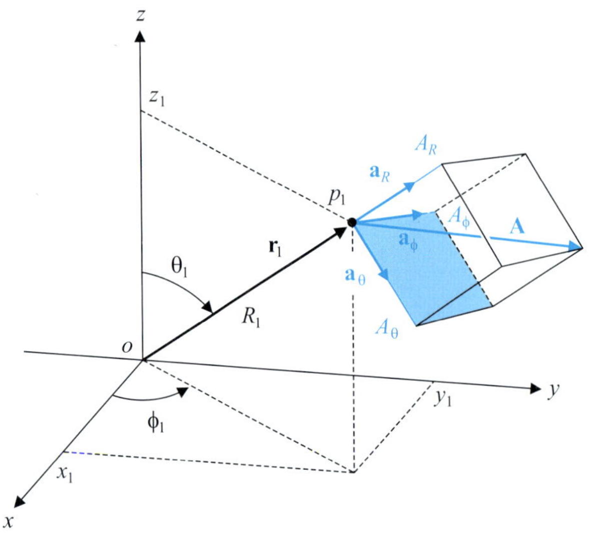

[그림 1-31] 요소 벡터 **A**가 구좌표계의 한 점 p_1:(R_1, θ_1, ϕ_1)에서 정의됨

두 벡터 **A**와 **B**가 구좌표계의 한 점에서 주어질 때 이들은 다음과 같은 성분형태로 표시된다.

$$\mathbf{A} = A_R\mathbf{a}_R + A_\theta\mathbf{a}_\theta + A_\phi\mathbf{a}_\phi \tag{1.65a}$$

$$\mathbf{B} = B_R\mathbf{a}_R + B_\theta\mathbf{a}_\theta + B_\phi\mathbf{a}_\phi \tag{1.65b}$$

여기서 $\mathbf{a}_R$, $\mathbf{a}_\theta$, $\mathbf{a}_\phi$는 주어진 점에서의 세 베이스벡터들이다.

■ 성분형태로 전개된 벡터 연산

벡터들이 식 (1.65)와 같은 성분형태로 표시될 때 구좌표계에서 벡터 연산의 법칙들이 어떻게 표시되는지 알아보자. 구좌표계에서 **A**와 **B**의 덧셈은 다음과 같다.

$$\mathbf{A} + \mathbf{B} = (A_R + B_R)\mathbf{a}_R + (A_\theta + B_\theta)\mathbf{a}_\theta + (A_\phi + B_\phi)\mathbf{a}_\phi \tag{1.66}$$

구좌표계에서 **A**와 **B**의 점곱은 다음과 같다.

$$\mathbf{A} \cdot \mathbf{B} = A_R B_R + A_\theta B_\theta + A_\phi B_\phi \tag{1.67}$$

구좌표계에서 **A**와 **B**의 가위곱은 아래의 행렬식으로 표시된다.

$$\mathbf{A} \times \mathbf{B} = \begin{vmatrix} \mathbf{a}_R & \mathbf{a}_\theta & \mathbf{a}_\phi \\ A_R & A_\theta & A_\phi \\ B_R & B_\theta & B_\phi \end{vmatrix} \tag{1.68}$$

일부 자연계 법칙들은 공간상 서로 다른 두 점에 위치한 벡터들 사이의 가위곱으로 표현된다. 이 경우 두 벡터는 공간상의 한 점, 즉 우리의 관찰점에서의 베이스벡터로 전개된 후 벡터 가위곱이 계산된다.

■ 미분 길이벡터와 미분 면적벡터

수학적 정의에 의해 미분 길이벡터 $d\mathbf{l}$은 구좌표계의 한 점 $p_1:(R_1, \theta_1, \phi_1)$에서 인접한 또 다른 점 $p_2:(R_1 + dR, \theta_1 + d\theta, \phi_1 + d\phi)$로 향한다. 다른 좌표계에서와 마찬가지로 $d\mathbf{l}$은 점 p_1에서의 베이스벡터로 전개되어야 한다. [그림 1-32]에서 보듯이 $d\mathbf{l}$의 $\mathbf{a}_R$, $\mathbf{a}_\theta$, $\mathbf{a}_\phi$ 방향으로의 투영은 각각 dR, $R_1 d\theta$, $R_1 \sin\theta_1 d\phi$를 발생시킨다. 여기서 주목해야 할 것은, 미분좌표들 $d\theta$와 $d\phi$가 미분길이로 환산되며, 이러한 환산을 위해 각각 R_1과 $R_1 \sin\theta_1$이 사용된다는 점이다. 이들을 **메트릭상수**(metric coefficient)라 부른다. 첨자 1을 생략하면 구좌표계의 미분 길이벡터는 다음과 같다.

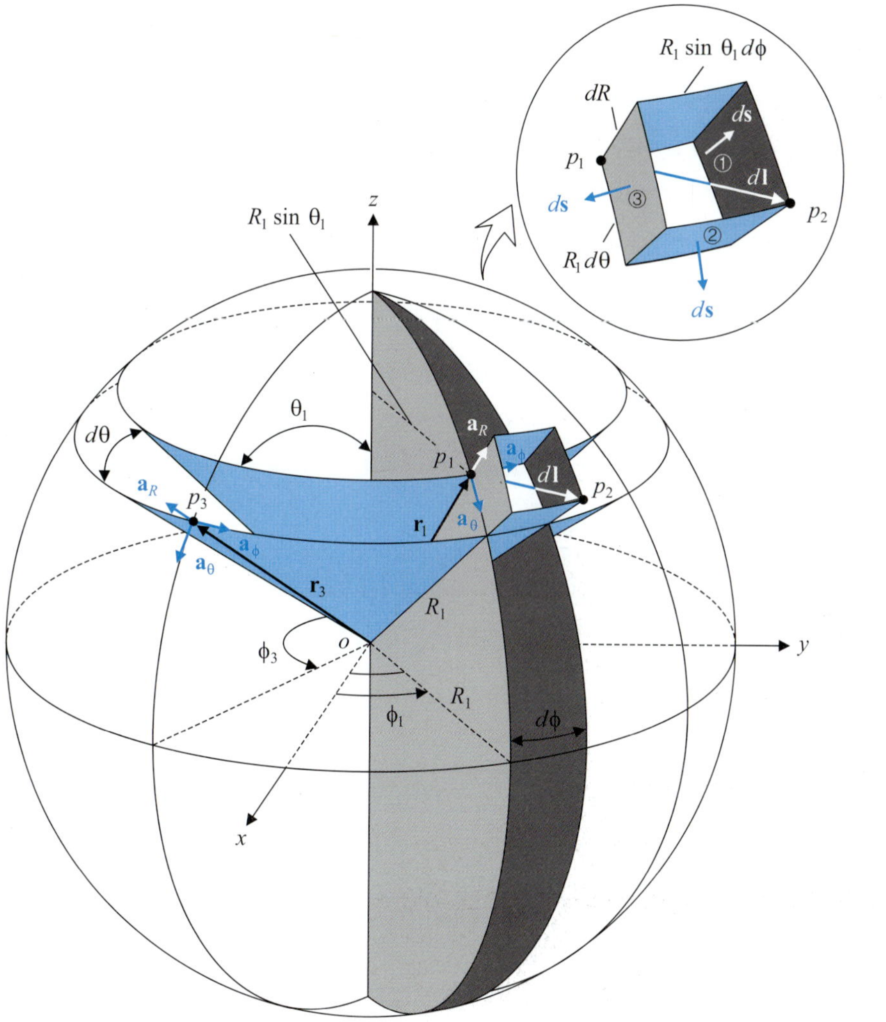

[그림 1-32] 구좌표계의 미분 길이벡터 $d\mathbf{l}$, 미분 면적벡터 $d\mathbf{s}$, 미분체적 dv

$$d\mathbf{l} = dR\,\mathbf{a}_R + R\,d\theta\,\mathbf{a}_\theta + R\sin\theta\,d\phi\,\mathbf{a}_\phi \tag{1.69}$$

경우에 따라 $d\mathbf{l}$은 더 간략한 식으로 축약될 수 있다. 예를 들면 원점에 중심을 둔 구면에서의 $d\mathbf{l}$은 dR이 영이다.

미분 길이벡터 $d\mathbf{l}$의 양 끝점은 여섯 개의 상수좌표면과 연관되어 있다. 이 면들은 [그림 1-32]에서 보듯이 구좌표계의 미분체적 dv를 정의한다. dv는 구좌표계에서 주어지는 하나의 체적을 여러 개의 조각들로 나누는 데 사용되는 기본틀이고, 또한 그 반대로도 마찬가지이다. $|d\mathbf{l}|$가 매우 작다는 것을 고려하면 dv는 직각육면체로 간주된다. 즉 가로, 세로, 높이가 각각 dR, $R_1 d\theta$, $R_1 \sin\theta_1 d\phi$이고 체적은 $R_1^2 \sin\theta_1\, dR\, d\theta\, d\phi$이다. 첨자 1을 생략하면 구좌표계의 미분체적은 다음과 같다.

$$dv = R^2 \sin\theta\, dR\, d\theta\, d\phi \quad [\mathrm{m}^3] \tag{1.70}$$

여기서 유의할 점은 dv의 값이 R과 θ에 대한 함수라는 것이다.

미분체적 dv를 둘러싸는 여섯 개의 미소 면들은 미분 면적벡터 $d\mathbf{s}$를 이용하면 매우 쉽게 표시할 수 있다. $d\mathbf{s}$의 크기는 해당 면의 면적을 나타내고 그 단위벡터는 해당 면에 수직이며 미분체적 바깥으로 향한다. 미분체적이 매우 작다는 것을 고려하면 그 미소 면들이 직각사각형이라고 가정할 수 있다. [그림 1-32]에 주어진 여섯 개의 미소 면들에 대한 미분 면적벡터들은 다음과 같다.

$$d\mathbf{s} = R_1^2 \sin\theta_1\, d\theta\, d\phi\, \mathbf{a}_R \quad (\text{면 ①}) \tag{1.71a}$$

$$d\mathbf{s} = R_1 \sin\theta_1\, dR\, d\phi\, \mathbf{a}_\theta \quad (\text{면 ②}) \tag{1.71b}$$

$$d\mathbf{s} = -R_1\, dR\, d\theta\, \mathbf{a}_\phi \quad (\text{면 ③}) \tag{1.71c}$$

$$d\mathbf{s} = -R_1^2 \sin\theta_1\, d\theta\, d\phi\, \mathbf{a}_R \tag{1.71d}$$

$$d\mathbf{s} = -R_1 \sin\theta_1\, dR\, d\phi\, \mathbf{a}_\theta \tag{1.71e}$$

$$d\mathbf{s} = R_1\, dR\, d\theta\, \mathbf{a}_\phi \tag{1.71f}$$

위 식의 미분 면적벡터는 구좌표계의 상수좌표면을 여러 개의 조각들로 나누는 데 매우 유용하며, 그 반대로도 마찬가지이다. 그러나 상수좌표면이 아니라면 위의 미분 면적벡터를 사용할 수 없다. 예를 들면, $z = 1$ 평면 혹은 중심이 원점에서 벗어난 구면 위의 미소 면 등이 그 예이다.

예제 1-14

[그림 1-31]을 참조하여 점 p_1에서의 세 베이스벡터 $\mathbf{a}_R$, $\mathbf{a}_\theta$, $\mathbf{a}_\phi$를 또 다른 베이스벡터 $\mathbf{a}_x$, $\mathbf{a}_y$, $\mathbf{a}_z$로 투영한 값을 구하라.

풀이

$\mathbf{a}_R$을 $z = 0$ 평면으로 투영하면 $\sin\theta_1$을 얻는다.

연속투영법을 이용하여 $\mathbf{a}_R$을 다음의 단위벡터들에 투영하면 다음과 같다.

$$\mathbf{a}_x : \sin\theta_1 \cos\phi_1 \tag{1.72a}$$

$$\mathbf{a}_y : \sin\theta_1 \sin\phi_1 \tag{1.72b}$$

$$\mathbf{a}_z : \cos\theta_1 \tag{1.72c}$$

이 결과들을 정리하여 다음의 식을 얻는다.

$$\mathbf{a}_R = \sin\theta_1 \cos\phi_1 \mathbf{a}_x + \sin\theta_1 \sin\phi_1 \mathbf{a}_y + \cos\theta_1 \mathbf{a}_z \tag{1.72d}$$

$\mathbf{a}_\theta$를 $z = 0$ 평면에 투영하면 $\cos\,\theta_1$을 얻는다.

연속투영법을 이용하여 $\mathbf{a}_\theta$를 다음의 단위벡터들에 투영하면 다음과 같다.

$$\mathbf{a}_x : \cos\theta_1 \cos\phi_1 \tag{1.72e}$$

$$\mathbf{a}_y : \cos\theta_1 \sin\phi_1 \tag{1.72f}$$

$$\mathbf{a}_z : -\sin\theta_1 \tag{1.72g}$$

이 결과들을 정리하여 다음의 식을 얻는다.

$$\mathbf{a}_\theta = \cos\theta_1 \cos\phi_1 \mathbf{a}_x + \cos\theta_1 \sin\phi_1 \mathbf{a}_y - \sin\theta_1 \mathbf{a}_z \tag{1.72h}$$

$\mathbf{a}_\phi$를 $\mathbf{a}_x$, $\mathbf{a}_y$, $\mathbf{a}_z$에 투영하면 다음과 같다.

$$\mathbf{a}_x : -\sin\phi_1 \tag{1.72i}$$

$$\mathbf{a}_y : \cos\phi_1 \tag{1.72j}$$

$$\mathbf{a}_z : 0 \tag{1.72k}$$

이 결과들을 정리하여 다음의 식을 얻는다.

$$\mathbf{a}_\phi = -\sin\phi_1 \mathbf{a}_x + \cos\phi_1 \mathbf{a}_y \tag{1.72l}$$

위 식들 (1.72d, h, l)은 다음 절에서 다룰 '좌표 변환'에서 매우 유용하게 쓰인다.

예제 1-15

벡터장 $\mathbf{A}(\mathbf{r}) = (\cos\phi)\,\mathbf{a}_z$가 원통좌표계에서 주어지고 또 다른 벡터장 $\mathbf{B}(\mathbf{r}) = R^2\mathbf{a}_R$이 구좌표계에서 주어질 때, 다음의 벡터 연산 값들을 반경이 $R = 2$이고 원점에 중심을 둔 구면 위에서 구하라.

(a) $\mathbf{A} \cdot \mathbf{B}$

(b) $\mathbf{A} \times \mathbf{B}$

풀이

주어진 구면 위에서 두 벡터장의 값들은 다음과 같다.

$$\mathbf{A}(2, \theta, \phi) = (\cos\phi)\mathbf{a}_z$$
$$\mathbf{B}(2, \theta, \phi) = 4\mathbf{a}_R$$

식 (1.72d)를 이용하여 계산하면 다음과 같다.

$$\mathbf{A}\cdot\mathbf{B} = 4\cos\phi\left(\mathbf{a}_z\cdot\mathbf{a}_R\right) = 4\cos\phi\cos\theta$$
$$\mathbf{A}\times\mathbf{B} = 4\cos\phi\left(\mathbf{a}_z\times\mathbf{a}_R\right) = 4\cos\phi\sin\theta\,\mathbf{a}_\phi$$

예제 1-16

안쪽 및 바깥 반지름이 각각 1과 3인 반 구 껍질이 [그림 1-33]과 같이 주어질 때 다음의 구좌표계 점들에서 $d\mathbf{s}$를 구하라.

(a) $p_1:(2, \pi/2, 0)$　　(b) $p_2:(1, 3\pi/4, 3\pi/2)$

(c) $p_3:(2, \pi/4, \pi)$　　(d) $p_4:(3, \pi/4, 3\pi/2)$

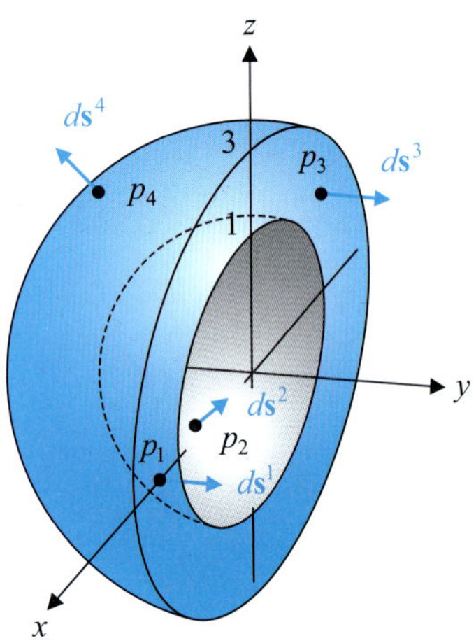

[그림 1-33] 반 구 껍질

풀이

(a) $d\mathbf{s}^1 = RdRd\theta\,\mathbf{a}_\phi = 2dRd\theta\,\mathbf{a}_\phi$

(b) $d\mathbf{s}^2 = -R^2\sin\theta\,d\theta\,d\phi\,\mathbf{a}_R = -\dfrac{1}{\sqrt{2}}d\theta\,d\phi\,\mathbf{a}_R$

(c) $d\mathbf{s}^3 = -RdRd\theta\,\mathbf{a}_\phi = -2dRd\theta\,\mathbf{a}_\phi$

(d) $d\mathbf{s}^4 = R^2\sin\theta\,d\theta\,d\phi\,\mathbf{a}_R = \dfrac{9}{\sqrt{2}}d\theta\,d\phi\,\mathbf{a}_R$

유제 1.23 직각좌표계의 한 점 $p_1:(-4, 4, 7)$에 대해 다음을 구하라.

(a) 구 좌표 (b) 구좌표계에서의 위치벡터

Ans (a) $p_1:(9, 38.9°, 135°)$, (b) $\mathbf{r} = 9\mathbf{a}_R$

유제 1.24 원점에 중심을 둔 반경이 $R = 3$인 구면에서 다음을 구하라.

(a) $d\mathbf{s}$ (b) $d\mathbf{l}$

Ans (a) $d\mathbf{s} = (9\sin\theta)d\theta d\phi \mathbf{a}_R$, (b) $d\mathbf{l} = 3d\theta\mathbf{a}_\theta + 3\sin\theta d\phi \mathbf{a}_\phi$

유제 1.25 [유제 1.24(b)]의 표현식을 직각좌표계에서 구하라.

Ans $d\mathbf{l} = dx\,\mathbf{a}_x + dy\,\mathbf{a}_y + dz\,\mathbf{a}_z = dx\,\mathbf{a}_x + dy\,\mathbf{a}_y - [(x/z)dx + (y/z)dy]\mathbf{a}_z$

여기서 $x^2 + y^2 + z^2 = 9$과 $x\,dx + y\,dy + z\,dz = 0$가 사용됨

유제 1.26 다음의 벡터장에서 구대칭을 띤 것은?

① $(1/R^2)\,\mathbf{a}_R$

② $\mathbf{a}_\phi \times \mathbf{a}_\theta$

③ $(\mathbf{r} \cdot \mathbf{a}_z)\,\mathbf{a}_R$

Ans ①, ②

복습문제

Q1.13 직교 좌표계를 설명하라. **A** 식 (1.23)

Q1.14 오른손 좌표계를 설명하라. **A** 식 (1.24)

Q1.15 베이스벡터를 정의하라. **A** [그림 1-16]

Q1.16 점곱 $\mathbf{A} \cdot \mathbf{B}$를 위해 $\mathbf{A}$와 $\mathbf{B}$가 공간상 동일한 점에 위치해야 하는가? **A** 식 (1.42), (1.51)

Q1.17 세 좌표계에서 위치벡터의 일반적인 표현식은? **A** 식 (1.25), (1.44), (1.62)

Q1.18 세 좌표계에서 $d\mathbf{l}$의 일반적인 표현식은? **A** 식 (1.36), (1.53), (1.69)

Q1.19 세 좌표계에서 dv 의 일반적인 표현식은? **A** 식 (1.37), (1.54), (1.70)

Q1.20 $d\mathbf{l}$과 $\mathcal{R}_{1\text{-}2}$ 사이의 차이점은? **A** [유제 1.17]

Q1.21 폐곡면 위에서 $d\mathbf{s}$는 어느 방향을 가리키나? **A** [그림 1-18]

1.4 좌표 변환

지금까지 세 좌표계에 대해 자세히 설명하였다. 각 좌표계는 공간상의 한 점 혹은 벡터를 표시하기 위해 저마다의 방법을 사용하지만, 어느 한 좌표계가 다른 것들에 비해 어떤 대칭성을 지닌 문제를 푸는 데 특히 유용할 수 있다. 공간상의 점들과 벡터들은 어느 좌표계를 사용하는 지에 무관하게 항상 일정하므로, 주어진 형상에 잘 맞는 좌표계를 선택해야 한다.

때로는 섞음 좌표계를 이용하면 원천과 이때 발생되는 벡터장을 서로 독립적으로 다룰 수 있어 매우 편리하다. 따라서 한 점의 좌표를 하나의 좌표계에서 다른 좌표계로 변환시킬 수 있어야 하며, 이를 **좌표 변환**(coordinate transformation)이라 부른다. 마찬가지로 한 벡터의 성분들을 한 좌표계에서 다른 좌표계로 변환시킬 수 있어야 한다. 서로 다른 좌표계는 서로 다른 베이스벡터를 기지므로, 벡터 성분에 대한 표시는 좌표계들에서 서로 다르다. 이 경우 엄밀히 말하면 벡터의 좌표 변환이 아니라 **벡터 성분의 좌표 변환**(coordinate transformation of the components of a vector)이라 불러야 한다.

1.4.1 직각-직각 좌표 변환

우선 하나의 직각좌표계에서 또 다른 직각좌표계로의 좌표 변환을 알아보자. [그림 1-34]는 **프라임 좌표계**(primed coordinate system)가 **정상 좌표계**(unprimed coordinate system)에 대해 z-축을 중심으로 반시계방향으로 각도 φ 만큼 회전되었음을 보여준다. 공간상 한 점 p_1은 정상 좌표계에서 $p_1:(x_1, y_1, z_1)$으로 표시되고, 프라임 좌표계에서는 $p_1:(x_1', y_1', z_1')$으로 표시된다. 이 점에서의 세 베이스벡터는 각각 $\mathbf{a}_x$, $\mathbf{a}_y$, $\mathbf{a}_z$ 및 $\mathbf{a}_{x'}$, $\mathbf{a}_{y'}$, $\mathbf{a}_{z'}$으로 주어진다. 벡터 $\mathbf{A}$가 점 p_1에서 정의된다면 그 벡터는 다음과 같은 성분형태로 표시된다.

$$\mathbf{A} = A_x\mathbf{a}_x + A_y\mathbf{a}_y + A_z\mathbf{a}_z \tag{1.73a}$$

혹은

$$\mathbf{A} = A_{x'}\mathbf{a}_{x'} + A_{y'}\mathbf{a}_{y'} + A_{z'}\mathbf{a}_{z'} \equiv \mathbf{A}' \tag{1.73b}$$

위의 두 식은 동일한 벡터에 대한 다른 표현식들이다. 혼동을 피하기 위해 식 (1.73b)의 벡터를 $\mathbf{A}'$ 으로 표기한다.

벡터 성분을 다른 좌표계로 변환하기 위해서는 벡터 $\mathbf{A}$를 새로운 좌표계의 베이스벡터에 투영하면 된다. 예를 들어 스칼라 성분 $A_{x'}$을 얻기 위해 $\mathbf{A}$를 $\mathbf{a}_{x'}$에 투영하면 된다.

$$\begin{aligned}\mathbf{A}\cdot\mathbf{a}_{x'} &= A_{x'} \\ &= \left(A_x\mathbf{a}_x + A_y\mathbf{a}_y + A_z\mathbf{a}_z\right)\cdot\mathbf{a}_{x'} = A_x\cos\varphi + A_y\sin\varphi\end{aligned} \tag{1.74}$$

여기서 [그림 1-34]를 이용해 쉽게 구할 있는 식들, 즉 $\mathbf{a}_x \cdot \mathbf{a}_{x'} = \cos\phi$, $\mathbf{a}_y \cdot \mathbf{a}_{x'} = \sin\phi$, $\mathbf{a}_z \cdot \mathbf{a}_{x'} = 0$를 사용하였다. 비슷한 방법으로 $A_{y'}$과 $A_{z'}$을 각각 $\mathbf{A} \cdot \mathbf{a}_{y'}$ 및 $\mathbf{A} \cdot \mathbf{a}_{z'}$을 이용해 구할 수 있다. 결론적으로, **A**의 스칼라 성분을 정상 좌표계에서 프라임 좌표계로 다음과 같이 변환할 수 있다.

$$\begin{bmatrix} A_{x'} \\ A_{y'} \\ A_{z'} \end{bmatrix} = \begin{bmatrix} \cos\varphi & \sin\varphi & 0 \\ -\sin\varphi & \cos\varphi & 0 \\ 0 & 0 & 1 \end{bmatrix} \begin{bmatrix} A_x \\ A_y \\ A_z \end{bmatrix} \tag{1.75}$$

여기서 φ는 프라임 좌표계의 회전각인데 정상 좌표계를 기준으로 반시계방향으로 회전되었을 때 양의 값을 갖는다. 식 (1.75)의 3×3 행렬을 **변환행렬**(transformation matrix)이라 부르며 문자 **T**로 표시한다. 따라서 좌표 변환은 간단한 행렬식 $\mathbf{A}' = \mathbf{TA}$로 표시할 수 있다.

여기서 주목할 것은, 식 (1.75)의 변환행렬 **T**는 벡터 **A**의 공간상 위치와 무관하다는 사실이다. 이것은 **T**가 임의의 벡터(예를 들면, 위치벡터 등)에 적용될 수 있다는 것을 의미한다. 위치벡터의 스칼라 성분은 주어진 점의 직각 좌표와 동일하므로 정상 좌표계에서 위치벡터는 $\mathbf{r}_1 = x_1\mathbf{a}_x + y_1\mathbf{a}_y + z_1\mathbf{a}_z$이고 프라임 좌표계에서 위치벡터는 $\mathbf{r}_1' = x_1'\mathbf{a}_{x'} + y_1'\mathbf{a}_{y'} + z_1'\mathbf{a}_{z'}$이다. 이 표현식들을 식 (1.75)에 대입하면, 정상 좌표계에서 프라임 좌표계로의 공간상 한 점에 대한 좌표 변환을 수행할 수 있다.

$$\begin{bmatrix} x' \\ y' \\ z' \end{bmatrix} = \begin{bmatrix} \cos\varphi & \sin\varphi & 0 \\ -\sin\varphi & \cos\varphi & 0 \\ 0 & 0 & 1 \end{bmatrix} \begin{bmatrix} x \\ y \\ z \end{bmatrix} \tag{1.76}$$

여기서 일반화를 위하여 첨자 1이 생략되었다. 식 (1.75)와 (1.76)의 변환행렬에서 φ의 부호를 반전시키면 해당 좌표 변환의 방향도 반전된다.

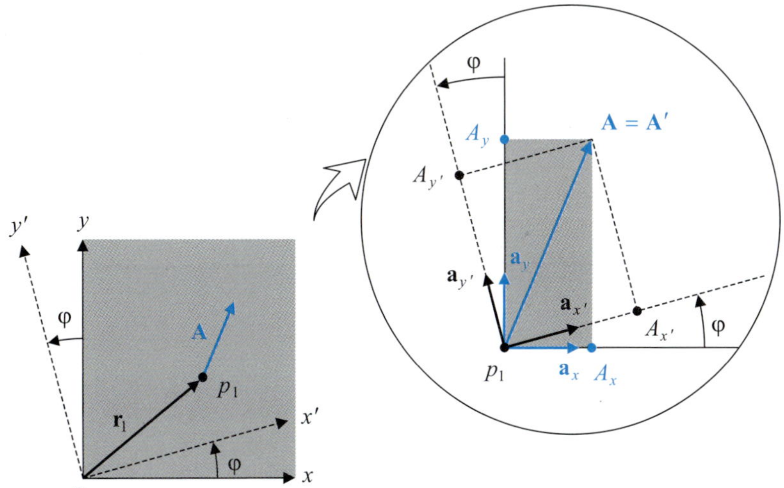

[그림 1-34] 프라임 좌표계가 정상 좌표계에 대해 z-축을 중심으로 회전됨

예제 1-17

벡터장 $\mathbf{A} = 2x\mathbf{a}_x$ 를 z-축을 중심으로 φ 만큼 회전된 프라임 좌표계로 좌표 변환하라.

풀이

주어진 벡터장을 식 (1.75)에 대입하면 다음을 얻을 수 있다.

$$\begin{bmatrix} A_{x'} \\ A_{y'} \\ A_{z'} \end{bmatrix} = \begin{bmatrix} \cos\varphi & \sin\varphi & 0 \\ -\sin\varphi & \cos\varphi & 0 \\ 0 & 0 & 1 \end{bmatrix} \begin{bmatrix} 2x \\ 0 \\ 0 \end{bmatrix} \tag{1.77a}$$

이를 정리하여 나타내면 다음과 같다.

$$\begin{aligned} \mathbf{A}' &= A_{x'}\mathbf{a}_{x'} + A_{y'}\mathbf{a}_{y'} + A_{z'}\mathbf{a}_{z'} \\ &= 2x\cos\varphi\,\mathbf{a}_{x'} - 2x\sin\varphi\,\mathbf{a}_{y'} \end{aligned} \tag{1.77b}$$

식 (1.76)에서 φ 대신에 $-\varphi$를 사용하고, (x, y, z)와 (x', y', z')의 역할을 서로 바꾸면 다음의 관계식을 구할 수 있다.

$$x = x'\cos\varphi - y'\sin\varphi \tag{1.77c}$$

식 (1.77c)를 식 (1.77b)에 대입하면 다음과 같다.

$$\mathbf{A} = 2(x'\cos\varphi - y'\sin\varphi)\cos\varphi\,\mathbf{a}_{x'} - 2(x'\cos\varphi - y'\sin\varphi)\sin\varphi\,\mathbf{a}_{y'} \tag{1.77d}$$

위 식에서 벡터 $\mathbf{A}$의 스칼라 성분들이 완벽하게 프라임 좌표로 표시되었다.

유제 1.27 벡터 $\mathbf{A} = 4\mathbf{a}_x + 2\mathbf{a}_y + 3\mathbf{a}_z$ 가 점 p:(2, 1, 3)에 주어질 때 이것의 성분들을 $\varphi = 30°$로 회전된 프라임 좌표계로 변환하라.

Ans $\mathbf{A} = (2\sqrt{3}+1)\mathbf{a}_{x'} + (-2+\sqrt{3})\mathbf{a}_{y'} + 3\mathbf{a}_{z'}$

유제 1.28 직각좌표계 (x, y, z)에서 $(\bar{x}, \bar{y}, \bar{z})$ 좌표계로의 좌표 변환을 위한 변환행렬 $\mathbf{T}$를 구하라.

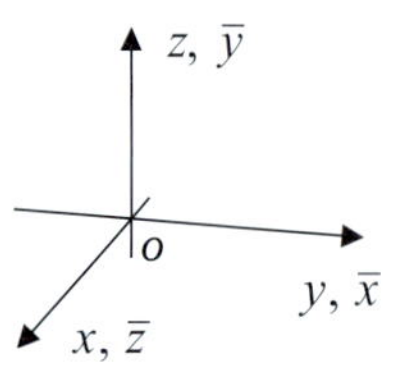

Ans $\begin{bmatrix} 0 & 1 & 0 \\ 0 & 0 & 1 \\ 1 & 0 & 0 \end{bmatrix}$

1.4.2 원통-직각 좌표 변환

하나의 벡터 **A**가 원통좌표계의 한 점 p_1:(ρ_1, ϕ_1, z_1)에 주어질 때, 베이스벡터 $\mathbf{a}_\rho$와 $\mathbf{a}_\phi$가 각각 $\mathbf{a}_x$와 $\mathbf{a}_y$에 대해 z-축을 중심으로 ϕ_1 만큼 회전되어 있다([그림 1-23] 참조). [그림 1-23]과 [그림 1-34]의 좌표축들을 비교하면 벡터 **A**의 성분들이 직각좌표계에서 원통좌표계로 식 (1.75)의 변환행렬에 따라 좌표 변환될 수 있다는 것을 알 수 있다. 이때 물론 φ는 ϕ_1으로 대치되어야 한다. 따라서 직각좌표계에서 원통좌표계로의 벡터 성분의 좌표 변환은 다음과 같은 식으로 나타낼 수 있다.

$$\begin{bmatrix} A_\rho \\ A_\phi \\ A_z \end{bmatrix} = \begin{bmatrix} \cos(\phi_1) & \sin(\phi_1) & 0 \\ -\sin(\phi_1) & \cos(\phi_1) & 0 \\ 0 & 0 & 1 \end{bmatrix} \begin{bmatrix} A_x \\ A_y \\ A_z \end{bmatrix} \tag{1.78}$$

여기서 주목해야 할 사항은, 식 (1.78)의 **각도 ϕ_1은 벡터 A가 위치한 점의 ϕ 좌표**라는 사실이다. 각도 ϕ_1의 부호를 바꾸면 좌표 변환의 방향이 반전된다. 따라서 원통좌표계에서 직각좌표계로의 벡터 성분의 좌표 변환은 다음과 같이 주어진다.

$$\begin{bmatrix} A_x \\ A_y \\ A_z \end{bmatrix} = \begin{bmatrix} \cos(-\phi_1) & \sin(-\phi_1) & 0 \\ -\sin(-\phi_1) & \cos(-\phi_1) & 0 \\ 0 & 0 & 1 \end{bmatrix} \begin{bmatrix} A_\rho \\ A_\phi \\ A_z \end{bmatrix} \tag{1.79}$$

식 (1.78)에서와 마찬가지로 ϕ_1은 벡터 **A**가 위치한 점의 ϕ 좌표이다.

공간상 한 점의 좌표를 원통좌표계에서 직각좌표계로 혹은 그 반대 방향으로 변환하는 경우 식 (1.79)나 식 (1.78)을 사용할 수 있다. 만약 완벽하게 변환을 하려면 추가로 피타고라스 정리 및 삼각법을 사용해야 한다. 이러한 복잡한 과정을 피하기 위해 한 점에 대한 좌표 변환은 직각 좌표와 원통 좌표 사이의 관계식을 이용하는 게 더 편리하다. 피타고라스 정리와 삼각법을 이용하면 다음의 관계식들을 얻을 수 있다.

$$\begin{aligned} x &= \rho\cos\phi \\ y &= \rho\sin\phi \\ z &= z \end{aligned} \tag{1.80}$$

이를 ρ, ϕ, z에 대한 식으로 나타내면 다음과 같다.

$$\begin{aligned} \rho &= \sqrt{x^2 + y^2} \\ \phi &= \tan^{-1}(y/x) \\ z &= z \end{aligned} \tag{1.81}$$

식 (1.81)에서 역탄젠트(arctangent)인 $\tan^{-1}$을 계산할 때 각도 ϕ가 올바른 사분면에 위치하는지 주의를 기울여 확인해야 한다.

그 이유는 $\tan^{-1}$의 주 각도가 $-\pi/2 < \phi \le \pi/2$이기 때문이다. 대부분의 전자계산기는 $\tan^{-1}(1/(-1))$의 값을 135°가 아닌 −45°로 계산한다.

예제 1-18

다음의 벡터들을 직각좌표계로 좌표 변환하라.

(a) $\mathbf{A} = 2\mathbf{a}_\rho + 3\mathbf{a}_\phi + \sqrt{3}\,\mathbf{a}_z$가 $(\rho, \phi, z) = (4, 60°, 5)$에 위치함

(b) $\mathbf{B} = 2\mathbf{a}_\rho + 3\mathbf{a}_\phi + \sqrt{3}\,\mathbf{a}_z$가 $(x, y, z) = (\sqrt{2}, 2, 1)$에 위치함

(c) **C**는 원점에서 점 $(\rho, \phi, z) = (3, 45°, 4)$로 향함

풀이

(a) 식 (1.79)로부터 벡터 성분의 좌표 변환을 나타내면 다음과 같다.

$$\begin{bmatrix} A_x \\ A_y \\ A_z \end{bmatrix} = \begin{bmatrix} \cos(-60^o) & \sin(-60^o) & 0 \\ -\sin(-60^o) & \cos(-60^o) & 0 \\ 0 & 0 & 1 \end{bmatrix} \begin{bmatrix} 2 \\ 3 \\ \sqrt{3} \end{bmatrix} = \begin{bmatrix} 1/2 & -\sqrt{3}/2 & 0 \\ \sqrt{3}/2 & 1/2 & 0 \\ 0 & 0 & 1 \end{bmatrix} \begin{bmatrix} 2 \\ 3 \\ \sqrt{3} \end{bmatrix}$$

따라서 벡터 **A**를 구하면 다음과 같다.

$$\mathbf{A} = \left(1 - \frac{3}{2}\sqrt{3}\right)\mathbf{a}_x + \left(\sqrt{3} + \frac{3}{2}\right)\mathbf{a}_y + \sqrt{3}\,\mathbf{a}_z$$

(b) 식 (1.81)에 $(x, y, z) = (\sqrt{2}, 2, 1)$을 대입하면 다음과 같다.

$$\phi_1 = \tan^{-1}(2/\sqrt{2})$$

그러므로 다음을 얻는다.

$$\sin\phi_1 = 2/\sqrt{6}\,, \; \cos\phi_1 = 1/\sqrt{3} \tag{1.82}$$

식 (1.82)를 식 (1.79)에 대입하면 다음과 같다.

$$\begin{bmatrix} B_x \\ B_y \\ B_z \end{bmatrix} = \begin{bmatrix} \cos(-\phi_1) & \sin(-\phi_1) & 0 \\ -\sin(-\phi_1) & \cos(-\phi_1) & 0 \\ 0 & 0 & 1 \end{bmatrix} \begin{bmatrix} 2 \\ 3 \\ \sqrt{3} \end{bmatrix} = \begin{bmatrix} 1/\sqrt{3} & -2/\sqrt{6} & 0 \\ 2/\sqrt{6} & 1/\sqrt{3} & 0 \\ 0 & 0 & 1 \end{bmatrix} \begin{bmatrix} 2 \\ 3 \\ \sqrt{3} \end{bmatrix}$$

여기서 벡터 **B**를 구하면 다음과 같다.

$$\mathbf{B} = \left(\frac{2}{\sqrt{3}} - \sqrt{6}\right)\mathbf{a}_x + \left(\frac{4}{\sqrt{6}} + \sqrt{3}\right)\mathbf{a}_y + \sqrt{3}\,\mathbf{a}_z$$

(c) **C**는 위치벡터이므로 식 (1.80)에 $(\rho, \phi, z) = (3, 45°, 4)$를 대입하면 다음의 값들을 얻을 수 있다.

$$x = 3\cos 45^o = 3/\sqrt{2}$$
$$y = 3\sin 45^o = 3/\sqrt{2}$$
$$z = 4$$

그러므로 $\mathbf{C} = \frac{3}{\sqrt{2}}\mathbf{a}_x + \frac{3}{\sqrt{2}}\mathbf{a}_y + 4\mathbf{a}_z$이다.

유제 1.29 단위벡터 $\mathbf{a}_\phi$를 식 (1.79)와 (1.81)을 이용하여 직각좌표계로 변환한 후 점 $(x, y, z) = (1, 1, 1)$에서의 값을 구하라.

Ans $(-1/\sqrt{2})\,\mathbf{a}_x + (1/\sqrt{2})\,\mathbf{a}_y$

1.4.3 구–직각 좌표 변환

하나의 벡터 **A**가 점 p_1:(R_1, θ_1, ϕ_1)에 주어질 때 **A**는 직각좌표계 혹은 구좌표계에서 다음과 같은 성분 형태로 주어진다 ([그림 1-31] 참조).

$$\mathbf{A} = A_x\mathbf{a}_x + A_y\mathbf{a}_y + A_z\mathbf{a}_z \tag{1.83a}$$

$$\mathbf{A} = A_R\mathbf{a}_R + A_\theta\mathbf{a}_\theta + A_\phi\mathbf{a}_\phi \equiv \mathbf{A}' \tag{1.83b}$$

벡터 $\mathbf{A}'$의 성분들을 직각좌표계로 좌표 변환하기 위해 $\mathbf{A}'$을 세 베이스벡터 $\mathbf{a}_x$, $\mathbf{a}_y$, $\mathbf{a}_z$로 투영한 값들을 얻으면 된다. 예를 들면 $\mathbf{A}'$과 $\mathbf{a}_x$ 사이의 점곱은 스칼라 성분 A_x를 의미한다.

$$\begin{aligned} A_x &= \mathbf{A}' \cdot \mathbf{a}_x \\ &= \left(A_R\mathbf{a}_R + A_\theta\mathbf{a}_\theta + A_\phi\mathbf{a}_\phi\right)\cdot \mathbf{a}_x \\ &= A_R \sin\theta_1\cos\phi_1 + A_\theta\cos\theta_1\cos\phi_1 - A_\phi\sin\phi_1 \end{aligned}$$

여기서 $\mathbf{a}_R \cdot \mathbf{a}_x = \sin\theta_1\cos\phi_1$, $\mathbf{a}_\theta \cdot \mathbf{a}_x = \cos\theta_1\cos\phi_1$, $\mathbf{a}_\phi \cdot \mathbf{a}_x = -\sin\phi_1$이다(식 (1.72) 참조). 앞의 A_x 계산과 마찬가지로 A_y와 A_z는 각각 점곱 $\mathbf{A}'\cdot\mathbf{a}_y$와 $\mathbf{A}'\cdot\mathbf{a}_z$로부터 얻을 수 있다. 그리하여 벡터 **A**의 스칼라 성분을 구좌표계에서 직각좌표계로 변환하기 위해 다음의 행렬을 사용한다.

$$\begin{bmatrix} A_x \\ A_y \\ A_z \end{bmatrix} = \begin{bmatrix} \sin\theta_1\cos\phi_1 & \cos\theta_1\cos\phi_1 & -\sin\phi_1 \\ \sin\theta_1\sin\phi_1 & \cos\theta_1\sin\phi_1 & \cos\phi_1 \\ \cos\theta_1 & -\sin\theta_1 & 0 \end{bmatrix}\begin{bmatrix} A_R \\ A_\theta \\ A_\phi \end{bmatrix} \tag{1.84}$$

위 식의 변환행렬은 θ_1과 ϕ_1에 대한 함수인데 이들은 벡터 **A**가 위치한 점의 구 좌표들이다.

비슷한 방법으로 **A**의 스칼라 성분을 직각좌표계에서 구좌표계로 좌표 변환하기 위해 다음의 행렬을 이용한다.

$$\begin{bmatrix} A_R \\ A_\theta \\ A_\phi \end{bmatrix} = \begin{bmatrix} \sin\theta_1\cos\phi_1 & \sin\theta_1\sin\phi_1 & \cos\theta_1 \\ \cos\theta_1\cos\phi_1 & \cos\theta_1\sin\phi_1 & -\sin\theta_1 \\ -\sin\phi_1 & \cos\phi_1 & 0 \end{bmatrix} \begin{bmatrix} A_x \\ A_y \\ A_z \end{bmatrix} \tag{1.85}$$

위 식의 변환행렬은 유니테리 행렬(unitary matrix)이다. 즉 $\mathbf{T}^T = \mathbf{T}^{-1}$이다. 여기서 T는 자리바꿈(transpose)을 의미하고 -1은 역행렬(inverse)을 의미한다. 식 (1.85)의 변환행렬은 식 (1.84)의 변환행렬의 역행렬이고 또한 자리바꿈 행렬이다.

한 점에 대한 좌표 변환은 구 좌표와 직각 좌표 사이의 관계식을 이용하여 다음과 같이 나타낼 수 있다.

$$\begin{aligned} x &= R\sin\theta\cos\phi \\ y &= R\sin\theta\sin\phi \\ z &= R\cos\theta \end{aligned} \tag{1.86}$$

이를 R, θ, ϕ에 대한 식으로 나타내면 다음과 같다.

$$\begin{aligned} R &= \sqrt{x^2+y^2+z^2} \\ \theta &= \tan^{-1}\left(\sqrt{x^2+y^2}\ /\ z\right) \\ \phi &= \tan^{-1}(y/x) \end{aligned} \tag{1.87}$$

여기서 일반화를 위해 첨자 1이 생략되었다.

예제 1-19

단위벡터 $\mathbf{a}_R$을 $\mathbf{a}_x$, $\mathbf{a}_y$, $\mathbf{a}_z$로 전개한 다음 아래의 항을 증명하라.

(a) $\dfrac{\partial \mathbf{a}_R}{\partial\theta} = \mathbf{a}_\theta$　　　(b) $\dfrac{\partial \mathbf{a}_R}{\partial\phi} = \sin\theta\,\mathbf{a}_\phi$

풀이

단위벡터 $\mathbf{a}_R$을 직각좌표계로 좌표 변환하면 다음과 같다.

$$\begin{bmatrix} A_x \\ A_y \\ A_z \end{bmatrix} = \begin{bmatrix} \sin\theta\cos\phi & \cos\theta\cos\phi & -\sin\phi \\ \sin\theta\sin\phi & \cos\theta\sin\phi & \cos\phi \\ \cos\theta & -\sin\theta & 0 \end{bmatrix} \begin{bmatrix} 1 \\ 0 \\ 0 \end{bmatrix}$$

위 식에서 A_x는 등호 오른쪽 변환행렬의 첫째 행과 (1, 0, 0) 열을 곱하여 얻을 수 있다. 비슷한 방법으로 A_y와 A_z를 구한 후 이들을 조합하면 다음과 같다.

$$\begin{aligned}\mathbf{a}_R &= A_x\mathbf{a}_x + A_y\mathbf{a}_y + A_z\mathbf{a}_z \\ &= \sin\theta\cos\phi\,\mathbf{a}_x + \sin\theta\sin\phi\,\mathbf{a}_y + \cos\theta\,\mathbf{a}_z\end{aligned} \tag{1.88a}$$

식 (1.88a)를 θ와 ϕ에 대해 미분하면 다음과 같다.

$$\frac{\partial\mathbf{a}_R}{\partial\theta} = \cos\theta\cos\phi\,\mathbf{a}_x + \cos\theta\sin\phi\,\mathbf{a}_y - \sin\theta\,\mathbf{a}_z \tag{1.88b}$$

$$\frac{\partial\mathbf{a}_R}{\partial\phi} = -\sin\theta\sin\phi\,\mathbf{a}_x + \sin\theta\cos\phi\,\mathbf{a}_y \tag{1.88c}$$

(a) 식 (1.88b)의 벡터를 다시 구좌표계로 좌표 변환하면 다음과 같다.

$$\begin{bmatrix}A_R\\A_\theta\\A_\phi\end{bmatrix} = \begin{bmatrix}\sin\theta\cos\phi & \sin\theta\sin\phi & \cos\theta\\ \cos\theta\cos\phi & \cos\theta\sin\phi & -\sin\theta\\ -\sin\phi & \cos\phi & 0\end{bmatrix}\begin{bmatrix}\cos\theta\cos\phi\\ \cos\theta\sin\phi\\ -\sin\theta\end{bmatrix}$$

이것을 정리하면 $A_R = 0$, $A_\theta = 1$, $A_\phi = 0$이므로 다음과 같이 나타낼 수 있다.

$$\begin{aligned}\frac{\partial\mathbf{a}_R}{\partial\theta} &= A_R\mathbf{a}_R + A_\theta\mathbf{a}_\theta + A_\phi\mathbf{a}_\phi \\ &= \mathbf{a}_\theta\end{aligned} \tag{1.88d}$$

(b) 식 (1.88c)의 벡터를 다시 구좌표계로 좌표 변환하면 다음과 같다.

$$\begin{bmatrix}A_R\\A_\theta\\A_\phi\end{bmatrix} = \begin{bmatrix}\sin\theta\cos\phi & \sin\theta\sin\phi & \cos\theta\\ \cos\theta\cos\phi & \cos\theta\sin\phi & -\sin\theta\\ -\sin\phi & \cos\phi & 0\end{bmatrix}\begin{bmatrix}-\sin\theta\sin\phi\\ \sin\theta\cos\phi\\ 0\end{bmatrix}$$

이것을 정리하면 $A_R = 0$, $A_\theta = 0$, $A_\phi = \sin\theta\sin^2\phi + \sin\theta\cos^2\phi = \sin\theta$이므로 다음과 같이 나타낼 수 있다.

$$\begin{aligned}\frac{\partial\mathbf{a}_R}{\partial\phi} &= A_R\mathbf{a}_R + A_\theta\mathbf{a}_\theta + A_\phi\mathbf{a}_\phi \\ &= \sin\theta\,\mathbf{a}_\phi\end{aligned} \tag{1.88e}$$

유제 1.30 단위벡터 $\mathbf{a}_R$을 식 (1.84)와 (1.87)을 이용하여 직각좌표계로 좌표 변환한 다음 점 $(x, y, z) = (\sqrt{3}, 1, 2\sqrt{3})$에서 그 값을 구하라.

Ans $(\sqrt{3}/4)\mathbf{a}_x + (1/4)\mathbf{a}_y + (\sqrt{3}/2)\mathbf{a}_z$

복습문제

Q1.22 식 (1.75)의 φ는 무엇을 의미하는가? **A** [그림 1-34]

Q1.23 식 (1.75)의 변환행렬 $\mathbf{T}$는 위치벡터에도 사용 가능한가? **A** 식 (1.76)

Q1.24 식 (1.79)의 ϕ_1은 무엇을 의미하는가? **A** [그림 1-23]

Q1.25 직각 좌표와 원통 좌표 사이의 관계식은? **A** 식 (1.80), (1.81)

Q1.26 식 (1.84)의 θ_1과 ϕ_1은 무엇을 의미하는가? **A** [그림 1-31]

Q1.27 직각 좌표와 구 좌표 사이의 관계식은? **A** 식 (1.86), (1.87)

연습문제

추상적 형태의 벡터연산 법칙들

1.1 식 (1.5a)에 보인 벡터 덧셈의 결합법칙을 [그림 1-35]의 세 벡터를 이용해 증명하라.

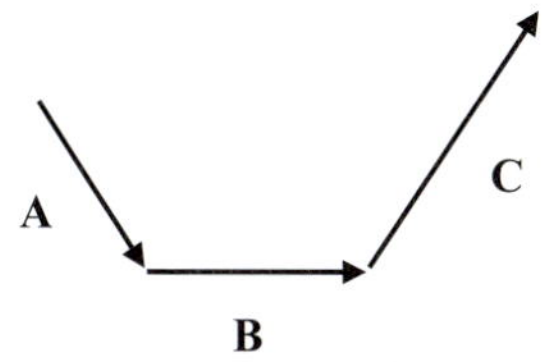

[그림 1-35] 세 벡터들 (문제 1.1)

1.2 두 벡터 **A**와 **B**가 만드는 평행사변형에 대해

(a) 대각선의 표현식을 **A**와 **B**를 이용해 구하라.

(b) 두 대각선이 수직이 되기 위한 조건을 구하라.

1.3 [그림 1-36(a)]에서 15개의 단위벡터가 사잇각 24°로 펼쳐져서 어느 두 벡터들도 서로를 상쇄시키지 못한다. 반면에 [그림 1-36(b)]에서는 벡터 $\mathbf{a}_3$가 사라졌다. 두 경우에 대해 벡터 총합을 구하라.

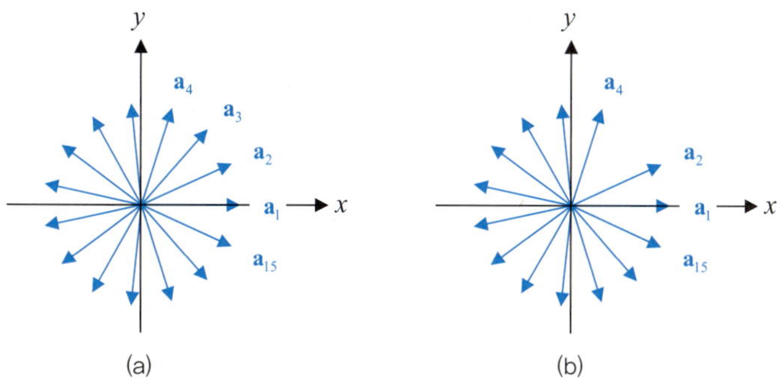

[그림 1-36] (a) 총 15개의 단위벡터들, (b) $\mathbf{a}_3$가 존재하지 않음 (문제 1.3)

연습문제

1.4 한 평면 위의 세 벡터에 대한 점곱 배분법칙이 [예제 1-2]에서 증명되었다. 이것을 확장하여 [그림 1-37]에서와 같은 3차원 공간상의 세 벡터 **A**, **B**, **C**에 대해 점곱 배분법칙을 증명하라.

HINT 연속투영법

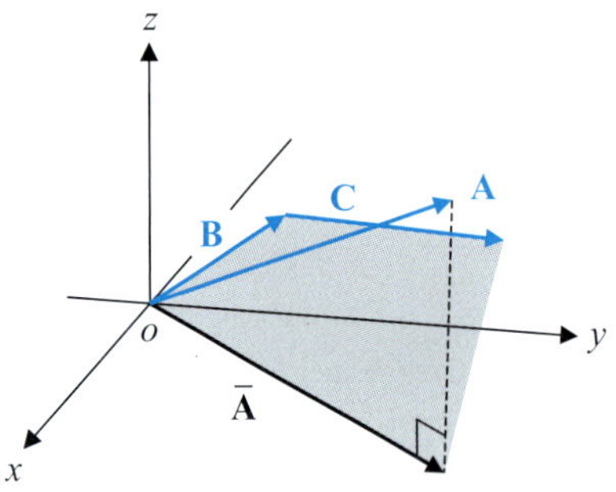

[그림 1-37] 점곱 배분법칙 (문제 1.4)

1.5 [그림 1-9]에 보인 평면 위의 세 벡터에 대해 가위곱의 배분법칙을 도식적으로 증명하라.

1.6 두 벡터 **A**와 **B**가 만드는 평행사변형이 [그림 1-38]에서와 같이 $z = 0$ 평면으로 투영되었다. 이 투영이 **A**와 **B**의 $z = 0$ 평면으로의 투영들이 만드는 평행사변형과 동일함을 증명하라.

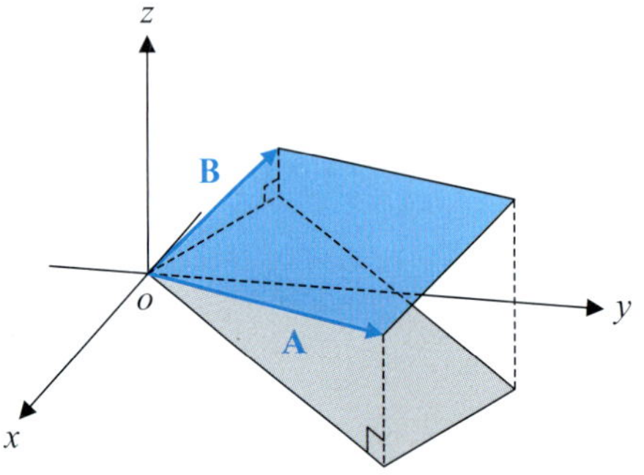

[그림 1-38] 3차원 공간상의 한 평행사변형의 $z = 0$ 평면으로의 투영 (문제 1.6, 문제 1.10, 문제 1.34)

1.7 벡터 **A**, **B**, **C** = **A** − **B**가 만드는 삼각형에 대해 다음을 증명하라.

(a) 어느 두 벡터가 만드는 평행사변형의 넓이는 항상 동일하다.

(b) 세 변 A, B, C를 마주한 각도가 각각 θ_A, θ_B, θ_C일 때 아래의 사인 법칙을 증명하라.

$$\frac{A}{\sin\theta_A} = \frac{B}{\sin\theta_B} = \frac{C}{\sin\theta_C}$$

1.8 식 $\mathbf{A} \cdot \mathbf{B} = \mathbf{A} \cdot \mathbf{C}$ 혹은 식 $\mathbf{A} \times \mathbf{B} = \mathbf{A} \times \mathbf{C}$가 단독으로 사용되면 $\mathbf{B} = \mathbf{C}$임을 확신하지 못한다. 그러나 이들이 동시에 사용되면 반드시 $\mathbf{B} = \mathbf{C}$여야 한다는 것을 증명하라.

1.9 세 벡터 **A**, **B**, **C**가 [그림 1-39]에서처럼 하나의 평행육면체를 만들 때, 두 인접한 평행사변형의 넓이의 합은 대각선 방향 평행사변형 넓이와 동일하다는 것을 증명하라.

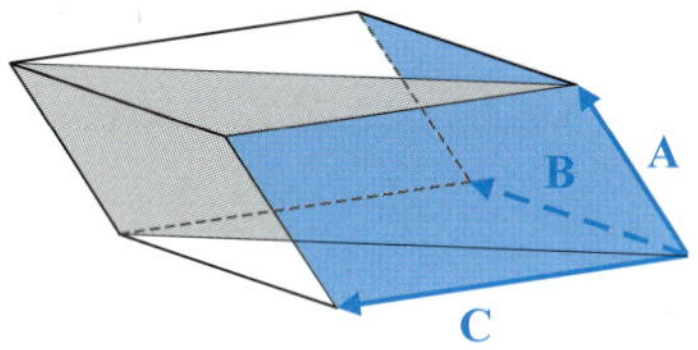

[그림 1-39] 평행육면체 (문제 1.9)

1.10 [그림 1-38]에서 $z = 0$ 평면에 형성된 평행사변형의 넓이는 $\mathbf{A} \times \mathbf{B}$를 z-축으로 투영한 값과 동일하다는 것을 증명하라. **HINT** 스칼라 삼중곱

벡터연산 법칙들

1.11 두 벡터 $\mathbf{A} = 3\mathbf{a}_x + \mathbf{a}_y + 2\mathbf{a}_z$, $\mathbf{B} = 2\mathbf{a}_x - 4\mathbf{a}_y$에 대해 $(\mathbf{A} \times \mathbf{B})(\mathbf{A} \cdot \mathbf{B})$를 계산하라.

1.12 두 벡터 $\mathbf{A} = 2\mathbf{a}_x + \mathbf{a}_y + 3\mathbf{a}_z$, $\mathbf{B} = -\mathbf{a}_x + 2\mathbf{a}_y + \mathbf{a}_z$에 대해 다음을 구하라.

(a) $\mathbf{a}_A$

(b) $\mathbf{B} - \mathbf{A}$

(c) $\mathbf{A} \cdot \mathbf{B}$

(d) $\mathbf{A} \times \mathbf{B}$

(e) θ_{AB}

(f) **A**에 평행인 **B**의 벡터 성분

(g) **A**에 수직인 **B**의 벡터 성분

연습문제

1.13 두 벡터 $\mathbf{A} = 2\mathbf{a}_R + \mathbf{a}_\theta + \mathbf{a}_\phi$, $\mathbf{B} = 3\mathbf{a}_R + 2\mathbf{a}_\theta - 4\mathbf{a}_\phi$가 구좌표계의 한 점 p:(5, 30°, 45°)에 주어질 때 다음을 구하라.

(a) $\mathbf{a}_A$

(b) $\mathbf{B} - \mathbf{A}$

(c) $\mathbf{A} \cdot \mathbf{B}$

(d) $\mathbf{A} \times \mathbf{B}$

(e) θ_{AB}

(f) **A**에 평행인 **B**의 벡터 성분

(g) **A**에 수직인 **B**의 벡터 성분

1.14 두 벡터장 $\mathbf{A} = 3\mathbf{a}_\rho + (4\sin\phi)\mathbf{a}_\phi$, $\mathbf{B} = \rho^2\mathbf{a}_\rho + (\rho + z + 2)\mathbf{a}_z$가 3차원 공간에 공존할 때 원통좌표계의 한 점 p_1:(2, 30°, 1)에서 다음을 구하라.

(a) $\mathbf{A} + \mathbf{B}$

(b) $\mathbf{A} \cdot \mathbf{B}$

(c) $\mathbf{A} \times \mathbf{B}$

1.15 두 벡터장 $\mathbf{A} = 36R^{-2}\cos^2\phi\,\mathbf{a}_R$, $\mathbf{B} = 27R^{-2}\mathbf{a}_R + 8\sin\theta\,\mathbf{a}_\phi$가 공존할 때 구좌표계의 한 점 p:(3, π/4, π/6)에서 다음을 구하라.

(a) $\mathbf{A} + \mathbf{B}$

(b) $\mathbf{A} \cdot \mathbf{B}$

(c) $\mathbf{A} \times \mathbf{B}$

벡터 성분

1.16 원점에서 점 $(x, y, z) = (4, 3, 12)$로 향하는 벡터의 성분형태 표현식을 다음의 좌표계에서 구하라.

(a) 직각

(b) 원통

(c) 구좌표계

1.17 벡터 $\mathbf{A} = 5\mathbf{a}_x + 5\mathbf{a}_y + 5\mathbf{a}_z$에 대해 다음의 조건을 만족하는 벡터 성분을 구하라.

(a) 평면 $z = 4$ 에서 식 $x + 2y = 3$로 정의되는 직선에 평행인 경우

(b) 평면 $z = 4$ 에서 식 $x + 2y = 3$로 정의되는 직선에 수직인 경우

1.18 벡터 $\mathbf{A} = -2\mathbf{a}_x + 3\mathbf{a}_y + \sqrt{3}\,\mathbf{a}_z$에 대해 (a) $\mathbf{A}$ 방향으로의 단위벡터, (b) 두 벡터 $\mathbf{A}$와 $\mathbf{a}_x$에 동시에 수직인 단위벡터를 구하라.

1.19 벡터 $\mathbf{A} = \mathbf{a}_x + 2\mathbf{a}_y + 2\mathbf{a}_z$가 점 $\mathbf{r} = 2\mathbf{a}_x + 3\mathbf{a}_y + \sqrt{3}\,\mathbf{a}_z$에 주어질 때 (a) $\mathbf{A}$, (b) $\mathbf{r}$이 직각좌표계의 세 축들과 만드는 각도를 구하라.

1.20 벡터장 $\mathbf{A} = (\rho/2)\mathbf{a}_\rho + (2\sin\phi)\mathbf{a}_\phi + z\,\mathbf{a}_z$가 원통좌표계에서 주어질 때 한 점 ($\rho = 4$, $\phi = 30°$, $z = 6$)에서 $\mathbf{A}$에 수직이고 xy-평면에 평행인 단위벡터를 구하라.

1.21 하나의 벡터장 $\mathbf{H}(\mathbf{r}) = (16/\rho^2)\mathbf{a}_\rho$가 원통좌표계에 존재할 때 $\mathbf{A}$는 점 p_1:(2, 30°, 5)에 위치한 요소 벡터이다. $\mathbf{A}$의 벡터 성분 중에서 점 p_2:(2, 90°, 5)로 향하는 것을 구하라.

1.22 벡터장 $\mathbf{F}(\mathbf{r}) = R\sin\phi\,\mathbf{a}_R + 3\cos\theta\,\mathbf{a}_\theta - 2R^2\mathbf{a}_\phi$가 구좌표계에 존재할 때 점 p_1:(1, 45°, 30°)는 반경이 1이고 원점이 중심인 구 표면에 위치한다. 이 점에서의 요소 벡터의 벡터 성분 중에서 구 표면에 (a) 법선방향, (b) 접선방향인 것을 구하라.

1.23 [연습문제 1.22]의 구면이 $\theta = 45°$인 원뿔면으로 대치되었다. 동일한 점 p_1에 위치한 요소 벡터의 벡터 성분 중에서 (a) 법선방향, (b) 접선방향인 것을 구하라.

위치벡터와 거리벡터

1.24 한 직선이 직각좌표계에서 z-축에 평행이고 점 p:(3, 4, 2)를 통과한다. 이 직선 위의 점들에 대한 위치벡터 표현식을 구하라.

1.25 직각좌표계의 $z = 1$ 평면 위의 한 점에서 점 p:(0, 0, 5)로 향하는 거리벡터 표현식을 구하라.

연습문제

1.26 한 직선이 두 점 p_1:(1, 1, 0)와 p_2:(3, 2, 2)를 통과할 때 다음을 구하라.

(a) 점 p_1에서 점 p_2로 향하는 단위벡터

(b) 점 p_1으로부터 거리 d에 위치한 이 직선 위의 점

1.27 두 직선이 점 p_o에서 수직으로 교차한다. 첫째 직선은 두 점 p_1:(1, −1, 3)와 p_2:(−1, 1, 2)를 통과하고, 둘째 직선은 점 p_3:(2, 1, 1)을 통과한다. p_o로부터 다음 점까지의 거리를 구하라.

(a) p_1　　　(b) p_3

1.28 두 점 p_1:(2, 90°, 0)와 p_2:(2, 60°, 0)가 [그림 1-40]에서처럼 반경이 $\rho = 2$인 원 위에 위치한다. 거리벡터 $\mathcal{R}_{1\text{-}2}$를 점 p_1에서의 베이스벡터를 이용해 표시하라.

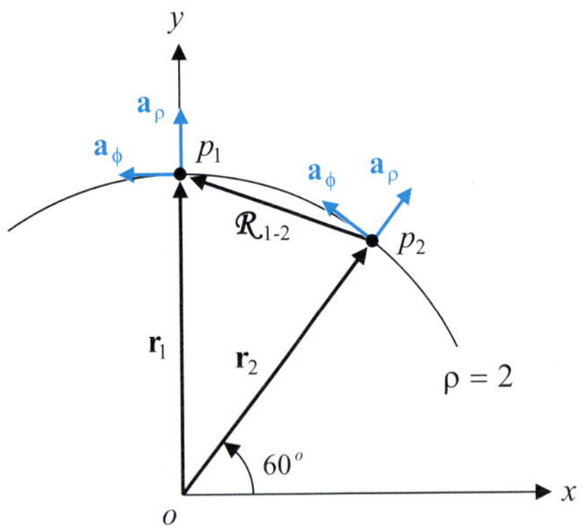

[그림 1-40] 원통좌표계에서의 거리벡터 (문제 1.28)

점곱 및 가위곱

1.29 xy-평면의 일사분면에 위치한 두 벡터를 이용하여 다음의 삼각함수 식 $\cos(\alpha - \beta) = \cos\alpha\cos\beta + \sin\alpha\sin\beta$를 증명하라.

1.30 주어진 식 $\mathbf{E} = p(2\cos\theta\,\mathbf{a}_R + \sin\theta\,\mathbf{a}_\theta)$에서 p는 상수이다. 벡터 $\mathbf{p} \equiv p\mathbf{a}_z$를 이용하여 이 식이 $\mathbf{E} = 3(\mathbf{p}\cdot\mathbf{a}_R)\mathbf{a}_R - \mathbf{p}$로 표시됨을 보여라.

1.31 3차원 공간에서 한 삼각형의 세 변이 다음의 세 벡터들로 표시된다. $\mathbf{A} = 2\mathbf{a}_x + \mathbf{a}_y - 3\mathbf{a}_z$, $\mathbf{B} = -\mathbf{a}_x + 2\mathbf{a}_y + 5\mathbf{a}_z$, $\mathbf{C} = \mathbf{a}_x + 3\mathbf{a}_y + 2\mathbf{a}_z$. 이 삼각형의 세 내각을 구하라.

1.32 직각좌표계에서 한 삼각형의 세 꼭지점이 $p_1:(2, 0, 1)$, $p_2:(-1, 1, 3)$, $p_3:(4, 2, -1)$인 경우 이 삼각형의 면적을 구하라.

1.33 한 직각육면체가 [그림 1-41]에서처럼 높이가 c이고 그 밑면은 한 변이 a인 정사각형이다. 인접한 두 옆면의 대각선들의 사잇각이 $\gamma = 45°$인 경우 c의 a에 대한 비를 구하라.

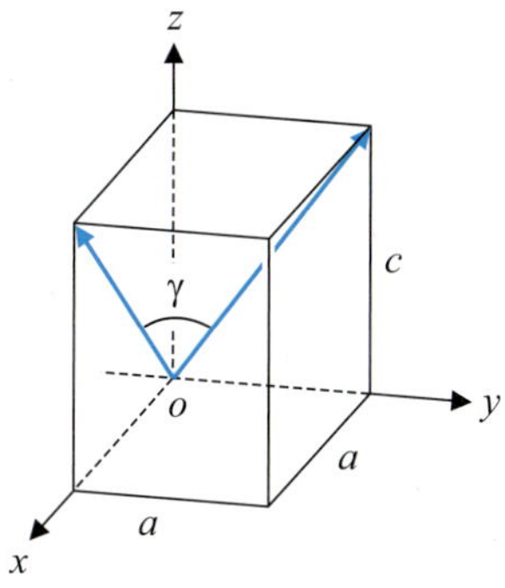

[그림 1-41] 정사각형 밑면을 가진 직각육면체 (문제 1.33)

1.34 [연습문제 1.10]을 **A**와 **B**의 성분형태 식을 이용하여 다시 풀어라.

1.35 네 점 $p_1:(2, 1, 3)$, $p_2:(4, 2, 1)$, $p_3:(3, 4, 3)$, $p_4:(1, 3, 2)$가 직각좌표계에서 주어질 때 ([그림 1-42] 참조), 두 삼각형 $\Delta p_1 p_2 p_4$와 $\Delta p_2 p_3 p_4$가 만드는 각도를 구하라.

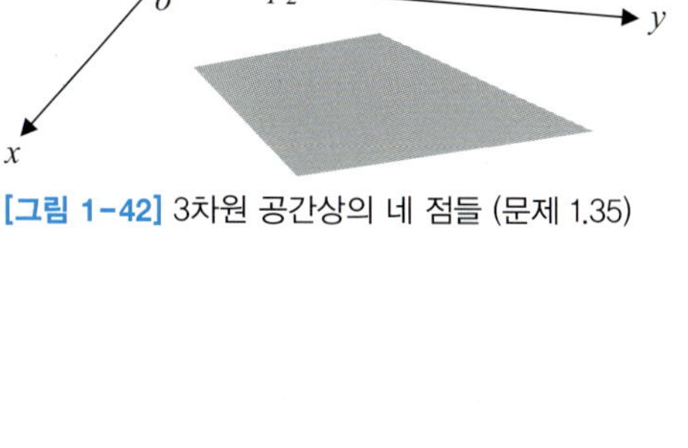

[그림 1-42] 3차원 공간상의 네 점들 (문제 1.35)

연습문제

1.36 하나의 레이저 빔이 벡터 $\mathbf{k}_i = -3\mathbf{a}_x + 4\mathbf{a}_y - 5\mathbf{a}_z$를 따라 진행하다가 $z = 0$ 평면에 입사한다([그림 1-43] 참조). 반사 후 레이저 빔은 벡터 $\mathbf{k}_r$을 따라 진행하는데, 이때 $\mathbf{k}_r$은 $\mathbf{k}_i$와 $z = 0$의 법선이 만드는 입사면에 놓인다. 반사법칙 $\theta_i = \theta_r$과 관계식 $|\mathbf{k}_i| = |\mathbf{k}_r|$를 이용하여 $\mathbf{k}_r$의 표현식을 구하라.

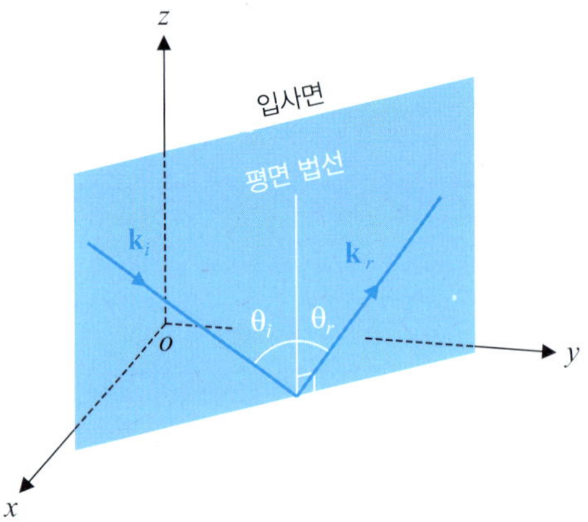

[그림 1-43] 레이저 빔의 반사 (문제 1.36)

선과 면

1.37 식 $3x - 4y = 12$로 정의되는 직선에 평행인 단위벡터를 구하라.

1.38 하나의 직선이 $z = 0$ 평면에서 $ax + by = c$ 혹은 $\mathbf{r} \cdot \mathbf{a}_n = p$로 표시될 수 있다. 여기서 $\mathbf{r} = x\mathbf{a}_x + y\mathbf{a}_y$이고 이것은 직선 위의 점에 대한 위치벡터이고, $\mathbf{a}_n$은 어떤 단위벡터이다. 이때 다음 질문에 답하라.

(a) p를 a, b, c를 이용해 표시하라.

(b) (a)에서 $\mathbf{a}_n$과 p의 기하학적 의미는 무엇인가?

1.39 두 직선이 $z = 0$ 평면에서 $3x + 2y = 1$과 $-x + y = 4$로 정의될 때 두 직선의 사잇각 중에서 작은 것을 구하라.

1.40 한 평면이 식 $ax + by + cz = d$ 혹은 $\mathbf{r} \cdot \mathbf{a}_n = p$로 표시될 수 있다. 여기서 $\mathbf{r} = x\mathbf{a}_x + y\mathbf{a}_y + z\mathbf{a}_z$이고 이것은 평면 위 점의 위치벡터이다 ([그림 1-44] 참조). 이때 다음 질문에 답하라.

(a) p를 a, b, c, d를 이용해 표시하라.

(b) 단위벡터 $\mathbf{a}_n$과 p의 기하학적 의미는 무엇인가?

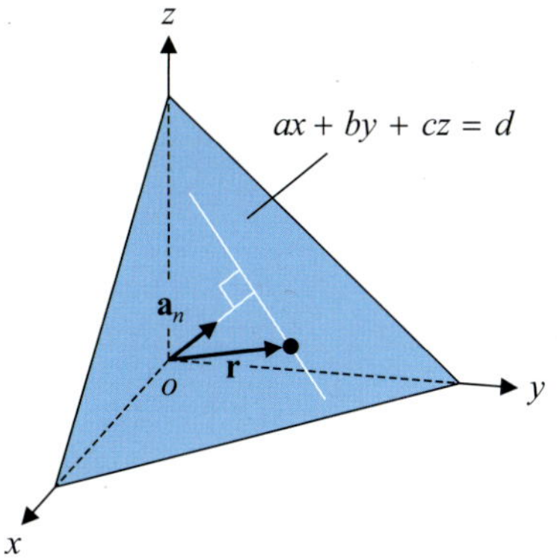

[그림 1-44] 3차원 공간상의 한 평면 (문제 1.40)

1.41 3차원 공간의 한 평면 $x + 2y + 2z = 8$과 한 직선 $3x + 2y = 5$에 대해 이 직선이 이 평면의 법선과 만드는 각도를 구하라.

1.42 직각좌표계의 한 평면이 세 점 $p_1 : (2, 0, 0)$, $p_2 : (0, 1, 0)$, $p_3 : (0, 0, 1)$에 의해 정의될 때 다음 질문에 답하라.

(a) 이 평면의 식을 $ax + by + cz = 1$의 형태로 표시하라.

(b) 원점으로부터 이 평면까지의 수직 거리를 구하라.

1.43 직각좌표계에서 한 평면이 벡터 $\mathbf{k} = \mathbf{a}_x + 2\mathbf{a}_y + 4\mathbf{a}_z$에 수직이고 점 $p_1 : (3, 1, 2)$를 지난다. 이 평면의 식을 구하라.

연습문제

미분 면적벡터

1.44 반쪽 원통 실린더가 다음과 같은 면들, 즉 $\rho = 4$, $\phi = 30°$, $\phi = 210°$, $z = 0$, $z = 5$에 의해 정의된다 ([그림 1-45] 참조). 다음의 점들에서 미분 면적벡터를 구하라.

(a) p_1

(b) p_2 ($\rho = 2$)

(c) p_3

(d) p_4

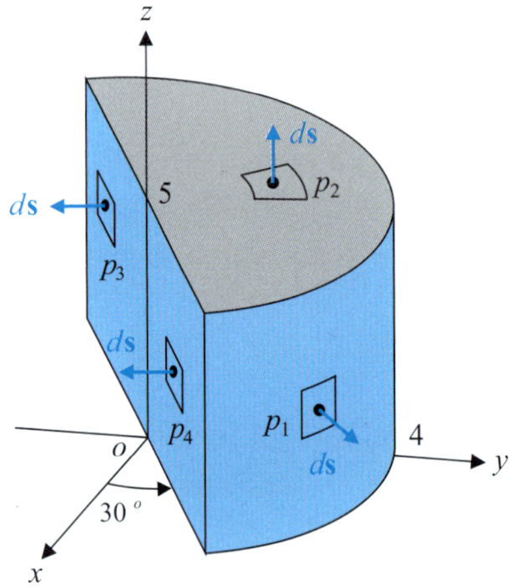

[그림 1-45] 반쪽 원통 실린더 (문제 1.44)

1.45 [그림 1-46]의 물체는 다음과 같은 상수좌표면들, 즉 $R = 6$, $\theta = 30°$, $\phi = 45°$, $\phi = 225°$에 의해 정의된다. 다음의 점들에서 미분 면적벡터 $d\mathbf{s}$를 구하라.

(a) p_1 ($\theta = 20°$)

(b) p_2 ($R = 4$)

(c) p_3 ($R = 4$)

(d) p_4 ($R = 5$)

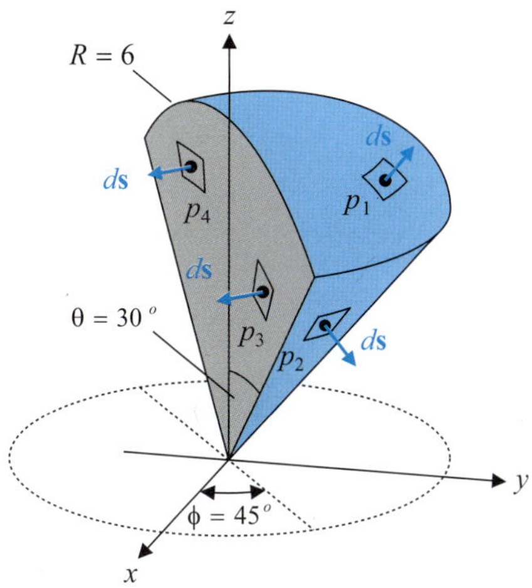

[그림 1-46] 반쪽 원뿔 (문제 1.45)

1.46 아래의 면들에 대한 $d\mathbf{s}$ 표현식을 구하라.

(a) $x = 0,\ 3 \le y \le 5,\ 0 \le z \le 2$

(b) $0 \le x \le 1,\ 0 \le y \le (1 - x),\ z = 2$

(c) $1 \le \rho \le 2,\ 0 \le \phi \le 30°,\ z = 1$

(d) $\rho = 2,\ 30° \le \phi \le 60°,\ 1 \le z \le 2$

(e) $2 \le \rho \le 4,\ \phi = 30°,\ 1 \le z \le 2$

(f) $R = 3,\ 20° \le \theta \le 50°,\ 0 \le \phi \le 30°$

(g) $2 \le R \le 5,\ 30° \le \theta \le 60°,\ \phi = 45°$

(h) $1 \le R \le 2,\ \theta = 30°,\ 10° \le \phi \le 20°$

좌표 변환

1.47 값이 I인 무한히 긴 직선 형태의 원천이 z-축에 따라 놓인 경우 이 원천은 원통좌표계에서 벡터장 $\mathbf{H} = (I/\rho)\mathbf{a}_\phi$를 발생시킨다. 이 직선 원천이 점 $p:(x_1, y_1, 0)$를 통과하도록 수평 이동했을 때 발생하는 $\mathbf{H}$의 표현식을 직각좌표계에서 구하라.

1.48 값이 q인 점원이 원점에 위치할 때 이 원천은 구좌표계에서 벡터장 $\mathbf{E} = (q/R^2)\mathbf{a}_R$을 발생시킨다. 이 점원이 점 $p:(x_1, y_1, z_1)$에 위치하도록 이동되었을 때 발생하는 $\mathbf{E}$의 표현식을 직각좌표계에서 구하라.

1.49 프라임 직각좌표계가 정상 직각좌표계에 대해 z-축을 중심으로 $\varphi = 30°$ 회전되어 있다. 벡터장 $\mathbf{A} = 4(x + y)\mathbf{a}_x$를 정상 좌표계에서 프라임 좌표계로 좌표 변환하라.

연습문제

1.50 한 점 $p:(-2, 4, 3)$가 직각좌표계에서 주어질 때 이것의 (a) 원통 좌표, (b) 구 좌표를 구하라.

1.51 단위벡터 $\mathbf{a}_x$가 다음의 점들에 주어질 때 이것을 $\mathbf{T}$ 행렬을 이용해 구좌표계로 좌표 변환하라.

(a) $(x, y, z) = (1, -2, 3)$　　(b) $(\rho, \phi, z) = (2, 30°, \sqrt{2})$

(c) $(R, \theta, \phi) = (2, 45°, 60)$

1.52 하나의 벡터 $\mathbf{A} = \mathbf{a}_x + \mathbf{a}_y + 0.5\mathbf{a}_z$가 점 (2, 2, 1)에 주어질 때 이것을 $\mathbf{T}$ 행렬을 이용해 (a) 원통좌표계, (b) 구좌표계로 좌표 변환하라.

1.53 벡터장 $\mathbf{H} = 2\mathbf{a}_\rho/\rho$를 변환행렬을 이용해 직각좌표계로 좌표 변환하라.

1.54 벡터장 $\mathbf{H} = \mathbf{a}_\theta/R^2$를 변환행렬을 이용해 직각좌표계로 좌표 변환하라.

1.55 두 점 $p_1:(1, 1, 3)$와 $p_2:(-1, 2, 1)$이 직각좌표계에서 주어질 때 점 p_1에서 점 p_2로 향하는 단위벡터를 원통좌표계로 좌표 변환하라.

1.56 변환행렬을 이용해 미분 길이벡터 $d\mathbf{l} = dx\,\mathbf{a}_x + dy\,\mathbf{a}_y + dz\,\mathbf{a}_z$를 원통좌표계로 좌표 변환하라.

1.57 직각좌표계의 위치벡터 $\mathbf{r} = x\mathbf{a}_x + y\mathbf{a}_y + z\mathbf{a}_z$를 변환행렬을 이용해 원통좌표계의 위치벡터 $\mathbf{r} = \rho\mathbf{a}_\rho + z\mathbf{a}_z$로 좌표 변환할 수도 있다. 이 경우 변환행렬의 사용이 어떤 문제를 발생시키나?

1.58 [그림 1-31]에서 보듯이 베이스벡터 $\mathbf{a}_R$, $\mathbf{a}_\theta$, $\mathbf{a}_\phi$를 구하기 위해 베이스벡터 $\mathbf{a}_x$, $\mathbf{a}_y$, $\mathbf{a}_z$를 z-축을 중심으로 각도 ϕ 만큼 회전시키고, 이어서 이때의 프라임 좌표계를 y'-축을 중심으로 각도 θ 만큼 회전시키면 된다. 이러한 절차를 변환행렬로 만들면 식 (1.85)의 $\mathbf{T}$ 행렬이 된다는 것을 증명하라.

1.59 벡터 성분의 좌표 변환은 행렬식 $\bar{\mathbf{A}}' = \mathbf{T}\bar{\mathbf{A}}$로 표시된다. 이것을 이용해 두 벡터 사이의 점곱이 좌표계에 무관하다는 것, 즉 $\mathbf{A}\cdot\mathbf{B} = \mathbf{A}'\cdot\mathbf{B}'$을 증명하라.

HINT $\mathbf{A}\cdot\mathbf{B} = \bar{\mathbf{A}}^T\bar{\mathbf{B}}$, 여기서 T는 행렬 자리바꿈이고, $\bar{\mathbf{A}}$와 $\bar{\mathbf{B}}$는 두 벡터 $\mathbf{A}$와 $\mathbf{B}$를 나타내는 1차원 열임

CHAPTER

02

벡터 미적분

Vector Calculus

선적분 및 면적분 2.1

지향성 도함수와 그레이디언트 2.2

선속 및 선속밀도 2.3

다이버전스 및 다이버전스 정리 2.4

컬 및 스토크스 정리 2.5

이중 델 연산 2.6

헬름홀츠 정리 2.7

연습문제

들어가기 전에

전기자기학에서는 3차원 공간에 산발적으로 분포하는 개별 벡터들뿐만 아니라 공간상에 연속적으로 분포하는 벡터들에 더 큰 관심을 둔다. 벡터들의 공간상 연속적인 분포를 벡터장이라 부르며, 벡터 함수를 이용해 수학적으로 표시된다. 벡터장의 요소 벡터들은 대부분 공간상 한 점에서 관찰되는 어떤 물리량 혹은 그 점의 주변에서 관찰되는 물리량을 표시한다. 실제 물리량은 경계면에서의 값들을 제외하면, 그 크기나 방향이 위치에 따라 급격히 변하지 않으므로 매끄런 공간 함수로 표시된다. 따라서 모든 점에서 미분 가능하다. 특히 이러한 미분은 새로운 물리적 의미와 관련이 있는데, 실제로 많은 벡터 연산자들이 벡터 물리량의 편미분과 그 점에 위치하는 원천과의 관계를 설명하기 위해 고안되었다.

이 장에서는 우선 3차원 공간에서 한 곡선을 따라 혹은 한 곡면 위에서 수행되는 벡터장의 적분에 대해 설명한다. 그 다음, 전기자기학 문제들을 위해 특별히 정의된 **그레이디언트**(gradient), **다이버전스**(divergence), **컬**(curl) 등의 벡터 연산자들을 설명한다. 비록 다이버전스와 컬은 주어진 벡터장의 폐면적분 혹은 폐선적분에 기초하여 정의되지만, 실제로는 공간상 한 점에서의 주어진 벡터장의 편미분을 이용하여 계산된다.

편미분은 공간상 한 점에서의 값이므로 편미분으로 표시된 전기자기 법칙들은 **미분형태**(differential form) 혹은 **점형태**(point form)로 표시되었다고 말한다. 이러한 형태의 법칙들은 **국소 현상**(local effect)을 설명하는 데 유용하다. 즉 공간상 한 점에서 관찰되는 어떤 현상은 그 점에 위치한 원천과 직접적으로 연관되어 있다. 반면에 **적분형태**(integral form)의 법칙들은 비국소 현상을 설명하는 데 유리하다. 즉 공간상 한 점에 위치한 원천은 그 점 주위에서 관찰되는 현상들의 합과 밀접한 관계가 있다.

그 다음, 다이버전스와 컬의 정의로부터 **다이버전스 정리**(divergence theorem)와 **스토크스 정리**(Stokes's theorem)가 어떻게 유도되는지 설명하고, 이들을 이용해 적분형태의 전기자기 법칙들이 어떻게 미분형태의 전기자기 법칙들로 전환되는지 혹은 그 반대로의 전환이 되는지를 설명한다. 마지막으로 헬름홀츠 정리를 이용하면 직관적으로 찾아낸 답이 어떻게 최종적으로 유일한 해가 될 수 있는지 설명한다.

2.1 선적분 및 면적분

3차원 공간에 존재하는 벡터장 $\mathbf{A}(\mathbf{r})$의 **선적분**(line integral)은 주어진 **적분길**(integration path)을 따라 $\mathbf{A}$의 접선성분과 미분길이의 곱을 모두 더하는 것을 의미한다. 주어진 적분길의 시작점과 끝점이 동일한 경우 적분길은 닫힌 곡선 혹은 폐곡선을 이룬다. 이때의 적분길을 C라 표기하면, 이러한 적분을 C 위에서의 $\mathbf{A}$의 폐선적분이라 한다. 이것은 또한 C 위에서의 $\mathbf{A}$의 **순환**(circulation)이라고도 불린다. 반면에 $\mathbf{A}$의 **면적분**(surface integral)은 주어진 곡면에서 $\mathbf{A}$의 법선성분과 그 곡면의 미분면적 사이의 곱을 모두 더하는 것을 의미한다. 만약 주어진 곡면의 테두리 혹은 입구가 존재하지 않으면 이때의 곡면은 닫힌 곡면 혹은 폐곡면을 이루는데, 이때의 적분을 $\mathbf{A}$의 폐면적분이라 한다.

2.1.1 곡선

곡선은 예를 들어, 하나의 전자가 통과하는 길을 나타낼 수 있다. 3차원 공간상의 하나의 곡선 C는 그 곡선 위 점들의 위치벡터를 하나의 도움변수 t를 이용해 표시하면 그 표현식이 된다.

$$\mathbf{r}(t) = x(t)\mathbf{a}_x + y(t)\mathbf{a}_y + z(t)\mathbf{a}_z \tag{2.1}$$

여기서 t는 시작점 $t = t_i$에서 시작해 끝점 즉 $t = t_t$에서 끝난다. 이것을 C의 **도움변수식**(parametric representation)이라 한다. 도움변수 t가 증가할 때 C 위에서 점의 이동 방향을 C의 **플러스 방향** 혹은 C 위의 **이동 방향**이라 한다.

한 곡선을 따라 그 접선의 크기와 방향이 갑자기 변하지 않는다면 이 곡선은 매끄런 곡선이고, 이것을 표시하는 도움변수식 $\mathbf{r}(t)$는 미분 가능한 함수이다. 따라서 $\mathbf{r}(t)$의 t에 대한 미분은 한 점 $t = t_1$에서 다음과 같이 표시된다.

$$\mathbf{r}'(t)\Big|_{t=t_1} = \frac{d\mathbf{r}}{dt}\Big|_{t=t_1} = \lim_{\Delta t \to 0} \frac{\mathbf{r}(t_1 + \Delta t) - \mathbf{r}(t_1)}{\Delta t} \tag{2.2}$$

여기서 맨 오른쪽 항의 분모는 도움변수 t의 변화를 의미하고, 분자는 곡선 C 위에서 인접한 두 점의 위치벡터들 사이의 뺄셈을 나타낸다. 즉, 하나는 $t = t_1$에서의 위치벡터이고, 다른 하나는 약간 진행된 $t = t_1 + \Delta t$에서의 위치벡터이다. 그러므로 분자는 곡선 C 위의 미분 길이벡터 $d\mathbf{l}$에 해당한다.

[그림 2-1]에서 보듯이 위치벡터 $\mathbf{r}(t_1)$과 $\mathbf{r}(t_1 + \Delta t)$는 곡선 위의 인접한 두 점 p_1과 p_2를 가리킨다. 직선 L은 이들 두 점을 통과하는데, 만약 $\Delta t \to 0$이면 L은 곡선 위의 점 p_1에서 그 곡선의 접선이 된다. 결론적으로 점 p_1에서의 $\mathbf{r}'(t_1)$은 곡선 C 위의 점 p_1에서의 접선벡터에 해당한다. 곡선 C 위의 $d\mathbf{l}$은 수학적으로 $d\mathbf{r}$과 동일하므로 다음의 식으로 나타낼 수 있다.

$$d\mathbf{l} = d\mathbf{r} = \mathbf{r}'(t)\,dt \tag{2.3}$$

여기서 $\mathbf{r}'(t) = d\mathbf{r}/dt$이다. 달리 말하면, 만약 $\mathbf{r}'(t)$가 t에 대한 **연속 함수**이면 C는 공간상의 **매끄런 곡선**이다.

위의 결과들을 이용하면, 한 곡선을 따라 그 접선방향으로 주어지는 단위벡터는 다음과 같이 표시된다.

$$\mathbf{a}_T = \frac{d\mathbf{l}}{|d\mathbf{l}|} = \frac{\mathbf{r}'}{|\mathbf{r}'|} \tag{2.4}$$

이 단위벡터는 주어진 곡선의 플러스 방향으로 향한다.

또 다른 방법으로, 곡선 C 위의 점의 x-좌표를 도움변수로 삼아 그 곡선의 도움변수식을 다음과 같이 쓸 수 있다.

$$\mathbf{r} = x\mathbf{a}_x + g(x)\mathbf{a}_y + h(x)\mathbf{a}_z \tag{2.5}$$

여기서 $g(x)$와 $h(x)$는 각각 곡선 C의 xy-평면과 xz-평면으로의 투영에 해당한다([그림 2-1] 참조).

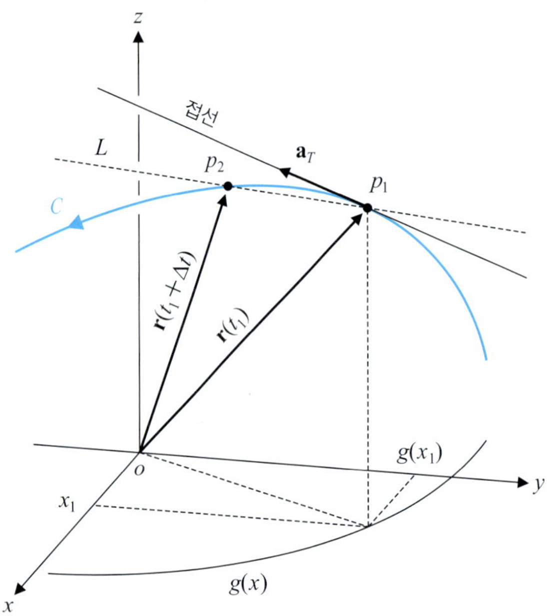

[그림 2-1] 3차원 공간상의 곡선

예제 2-1

하나의 원이 [그림 2-2]에서와 같이 식 $x^2 + y^2 = 16$으로 표시될 때, 이것의 도움변수식을 도움변수 (a) φ, (b) x를 이용해 구하고, 그 결과를 이용해 점 p_1:$(2, 2\sqrt{3}, 0)$에서 원에 접하는 단위벡터를 구하라.

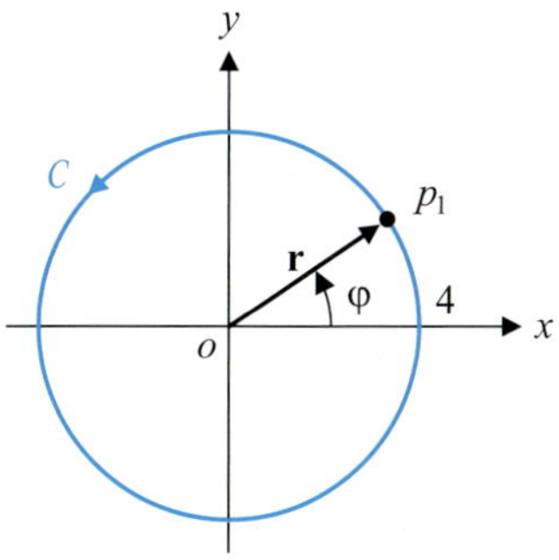

[그림 2-2] 반지름 4인 원형의 적분길

풀이

(a) φ를 도움변수로 삼아 원 위의 점의 위치벡터를 다음과 같이 표시한다.

$$\mathbf{r}(\varphi) = x\mathbf{a}_x + y\mathbf{a}_y = 4\cos\varphi\,\mathbf{a}_x + 4\sin\varphi\,\mathbf{a}_y \tag{2.6a}$$

(b) x를 도움변수로 삼아 원 위의 점의 위치벡터를 다음과 같이 표시한다.

$$\mathbf{r}(x) = x\mathbf{a}_x + y\mathbf{a}_y = x\mathbf{a}_x \pm \sqrt{16 - x^2}\,\mathbf{a}_y \quad (+,\ y > 0;\ -,\ y < 0) \tag{2.6b}$$

식 (2.6a)로부터 단위벡터를 나타내면 다음과 같다.

$$\mathbf{a}_T = \frac{\mathbf{r}'(\varphi)}{|\mathbf{r}'(\varphi)|} = \frac{-4\sin\varphi\,\mathbf{a}_x + 4\cos\varphi\,\mathbf{a}_y}{\sqrt{(4\sin\varphi)^2 + (4\cos\varphi)^2}} \tag{2.6c}$$

점 p_1에서 $\varphi = 60°$이므로 이것을 식 (2.6c)에 대입하면 그 점에서의 단위벡터는 다음과 같다.

$$\mathbf{a}_T = -(\sqrt{3}/2)\mathbf{a}_x + (1/2)\mathbf{a}_y \tag{2.6d}$$

식 (2.6b)를 x에 대해 미분하면 다음과 같다.

$$\mathbf{r}'(x) = \mathbf{a}_x \mp \frac{x}{\sqrt{16-x^2}}\mathbf{a}_y \tag{2.6e}$$

점 p_1에서 $y > 0$이고 $x = 2$이므로, 이를 식 (2.6e)에 대입하면 그 점에서의 단위벡터는 다음과 같다.

$$\mathbf{a}_T = \frac{\mathbf{r}'}{|\mathbf{r}'|} = (\sqrt{3}/2)\mathbf{a}_x - (1/2)\mathbf{a}_y \tag{2.6f}$$

식 (2.6a)에서 φ가 증가하면 점 p_1은 원 위에서 반시계방향으로 이동한다. 반면에 식 (2.6b)에서 x가 증가하면 점 p_1은 원 위에서 시계방향으로 이동한다. 따라서 식 (2.6d)와 (2.6f)의 단위벡터들은 서로 반대 방향으로 향한다.

유제 2.1 z-축에 평행이고 점$(x, y, z) = (2, 1, 3)$을 통과하는 무한 직선의 도움변수식을 구하라.

Ans $\mathbf{r}(t) = 2\mathbf{a}_x + \mathbf{a}_y + t\,\mathbf{a}_z \quad (-\infty < t < \infty)$

유제 2.2 만약 $\mathbf{r}(x)$가 $y = x$로 주어지는 직선인 경우 $|d\mathbf{r} / dx|$의 값을 구하라.

Ans $\sqrt{2}$

2.1.2 선적분

선적분(line integral)은 정적분을 3차원 공간으로 확장시킨 것이다. 적분길 C 위에서 벡터장 $\mathbf{E}(\mathbf{r})$의 선적분은 다음과 같이 표시된다.

$$\int_C \mathbf{E} \cdot d\mathbf{l} = \int_C E_t(x, y, z)\, dl \tag{2.7}$$

여기서 $d\mathbf{l}$은 적분길 C 위에서의 미분 길이벡터이고, E_t는 $\mathbf{E}$의 C 위에서의 접선성분이다. 식 (2.7)의 선적분은 $d\mathbf{l}$을 도움변수식 형태로 표시하면 정적분 형태로 변형된다.

[그림 2-3]에서와 같이 하나의 곡선을 N개의 직선 조각들로 나누면 각각의 조각은 미소 길이벡터 $\Delta\mathbf{l}_i$로 표시된다. 그리하여 C 위에서의 $\mathbf{E}$의 선적분은 다음과 같이 표시된다.

$$\int_C \mathbf{E} \cdot d\mathbf{l} = \lim_{\substack{N \to \infty \\ |\Delta\mathbf{l}| \to 0}} \sum_{i=1}^{i=N} \mathbf{E}(\mathbf{r}_i) \cdot \Delta\mathbf{l}_i \tag{2.8}$$

여기서 $N \to \infty$인 경우 $\Delta\mathbf{l}$은 미분 길이벡터가 된다.

$$d\mathbf{l} = d\mathbf{r} = \mathbf{r}'\,dt \tag{2.9}$$

식 (2.9)를 식 (2.8)에 대입하면 선적분은 다음과 같이 $\mathbf{E}$의 t에 대한 정적분으로 바뀐다.

$$\int_C \mathbf{E} \cdot d\mathbf{l} = \int_A^B \mathbf{E} \cdot \mathbf{r}'\,dt \tag{2.10}$$

여기서 A와 B는 각각 C의 시작점과 끝점이고, t는 도움변수이다. 위 식에서 등호의 오른쪽 항은 명확히 하나의 정적분을 의미한다.

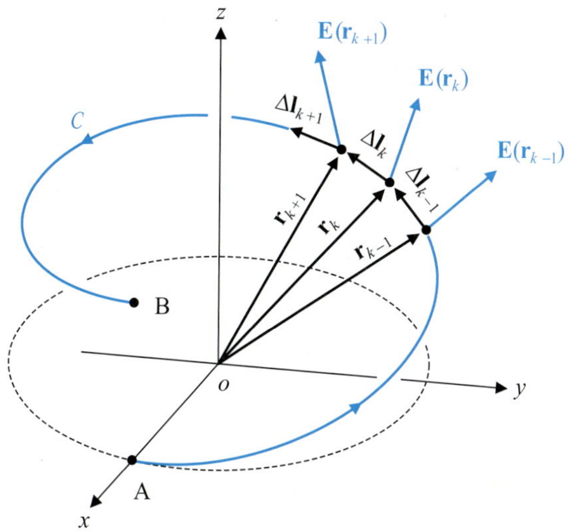

[그림 2-3] 적분길 C 위에서의 벡터장 $\mathbf{E}(\mathbf{r})$의 선적분

세 좌표계에서 적분길 C 위에서의 벡터장 $\mathbf{E}$의 선적분은 일반적으로 다음과 같이 표시된다.

❶ 직각좌표계

$$\begin{aligned}\int_C \mathbf{E}\cdot d\mathbf{l} &= \int_C \left(E_x\mathbf{a}_x + E_y\mathbf{a}_y + E_z\mathbf{a}_z\right)\cdot\left(dx\,\mathbf{a}_x + dy\,\mathbf{a}_y + dz\,\mathbf{a}_z\right)\\ &= \int_{x_1}^{x_2} E_x\,dx + \int_{y_1}^{y_2} E_y\,dy + \int_{z_1}^{z_2} E_z\,dz\end{aligned} \tag{2.11a}$$

❷ 원통좌표계

$$\begin{aligned}\int_C \mathbf{E}\cdot d\mathbf{l} &= \int_C \left(E_\rho\mathbf{a}_\rho + E_\phi\mathbf{a}_\phi + E_z\mathbf{a}_z\right)\cdot\left(d\rho\,\mathbf{a}_\rho + \rho d\phi\,\mathbf{a}_\phi + dz\,\mathbf{a}_z\right)\\ &= \int_{\rho_1}^{\rho_2} E_\rho\,d\rho + \int_{\phi_1}^{\phi_2} E_\phi\,\rho d\phi + \int_{z_1}^{z_2} E_z\,dz\end{aligned} \tag{2.11b}$$

❸ 구좌표계

$$\begin{aligned}\int_C \mathbf{E}\cdot d\mathbf{l} &= \int_C \left(E_R\mathbf{a}_R + E_\theta\mathbf{a}_\theta + E_\phi\mathbf{a}_\phi\right)\cdot\left(dR\,\mathbf{a}_R + Rd\theta\,\mathbf{a}_\theta + R\sin\theta\,d\phi\,\mathbf{a}_\phi\right)\\ &= \int_{R_1}^{R_2} E_R\,dR + \int_{\theta_1}^{\theta_2} E_\theta\,Rd\theta + \int_{\phi_1}^{\phi_2} E_\phi\,R\sin\theta\,d\phi\end{aligned} \tag{2.11c}$$

여기서 첨자 1과 2는 각각 적분길 C의 시작점과 끝점을 나타낸다.

만약 적분길 C가 직각좌표계의 $z = z_o$ 평면에서 식 $y = f(x)$로 표시된다면 미분 길이벡터 $d\mathbf{l}$은 $d\mathbf{l} = dx\,\mathbf{a}_x + dy\,\mathbf{a}_y$로 간략화된다. 이 경우 $\mathbf{E}$의 선적분은 다음과 같이 표시된다.

$$\begin{aligned}\int_C \mathbf{E} \cdot d\mathbf{l} &= \int_C \left(E_x \mathbf{a}_x + E_y \mathbf{a}_y + E_z \mathbf{a}_z\right) \cdot \left(dx\,\mathbf{a}_x + dy\,\mathbf{a}_y\right) \\ &= \int_{x1}^{x2} E_x(x, f(x), z_o)\,dx + \int_{y1}^{y2} E_y(f^{-1}(y), y, z_o)\,dy\end{aligned} \tag{2.12}$$

여기서 적분길의 시작점과 끝점을 각각 (x_1, y_1, z_o)와 (x_2, y_2, z_o)로 가정하였다. 만약 적분길이 x-축에 평행이고 점 $(0, y_o, z_o)$를 통과하는 직선이면, $\mathbf{E}$의 선적분은 다음과 같이 더욱 간략화하여 나타낼 수 있다.

$$\int_C \mathbf{E} \cdot d\mathbf{l} = \int_{x1}^{x2} E_x(x, y_o, z_o)\,dx \tag{2.13}$$

여기서 시작점과 끝점은 각각 (x_1, y_o, z_o)와 (x_2, y_o, z_o)이다.

만약 식 (2.13)의 선적분이 마이너스 x-방향을 따라 진행된다고 해도 미분 길이벡터는 $d\mathbf{l} = dx\,\mathbf{a}_x$이다($d\mathbf{l} = -dx\,\mathbf{a}_x$가 아님). 그 대신 적분의 시작점과 끝점을 뒤바꾸어 적분이 x_2에서 x_1으로 진행되는 것으로 바꾼다. 마찬가지로 식 (2.11)의 $d\mathbf{l}$의 수학적 형태는 선적분이 C의 마이너스 방향으로 수행되어도 변치 않으며 대신 적분 구간의 시작점과 끝점을 뒤바꾼다. 수학적 정의에 따르면, 정적분은 피적분 함수가 나타내는 곡선 아래의 면적을 의미하므로 이 경우 적분 상한은 항상 적분 하한보다 크다.

벡터장 $\mathbf{E}$의 선적분이 폐곡선 C를 따라 수행된다면 이러한 폐선적분은 적분 기호 위에 작은 동그라미를 붙여서 일반 선적분과 구별한다.

$$\oint_C \mathbf{E} \cdot d\mathbf{l} = \oint_C E_t\,dl \tag{2.14}$$

대부분 폐선적분은 한 곡면의 테두리를 따라 진행되는데, 이때 이 테두리 위의 $d\mathbf{l}$의 방향은 C의 플러스 방향 혹은 마이너스 방향으로 향할 수 있다. 그러나 만약 주어진 곡면 위의 $d\mathbf{s}$의 방향이 결정되었다면 $d\mathbf{l}$의 방향은 오른손규칙에 의해 어느 한 방향으로 결정된다. 즉 오른손 네 손가락이 C 위의 $d\mathbf{l}$의 방향으로 진행할 때 오른손 엄지는 그 곡면 위의 $d\mathbf{s}$의 방향을 가리킨다([그림 2-4] 참조). 폐선적분이 마이너스 C 방향으로 수행되는 경우 $d\mathbf{l}$의 부호를 바꾸는 대신 적분구간의 시작점과 끝점을 뒤바꾼다.

[그림 2-4] $d\mathbf{l}$과 $d\mathbf{s}$ 사이의 오른손규칙

예제 2-2

벡터장 $\mathbf{E} = y^2\mathbf{a}_x + (2xy + 4y)\mathbf{a}_y$의 선적분을 점 $A:(2,\ 0,\ 0)$에서 점 $B:(0,\ 2,\ 0)$까지 다음의 적분길을 따라 계산하라.

(a) 식 $y = -x + 2$로 정의되는 직선

(b) 식 $x^2 + y^2 = 4$로 정의되는 원의 호([그림 2-5] 참조)

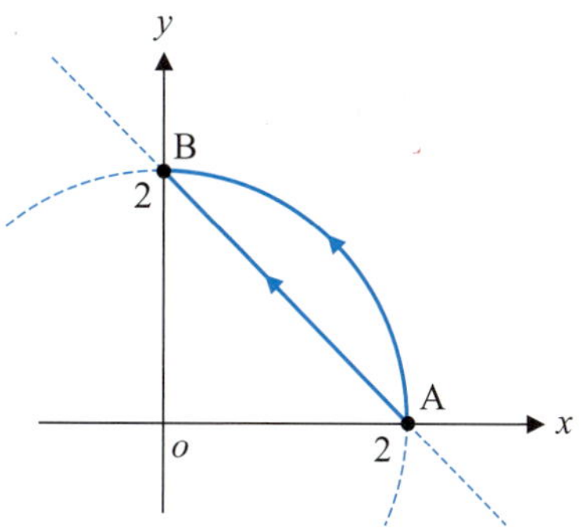

[그림 2-5] 두 점 A와 B 사이의 두 적분길

풀이

선적분은 다음과 같이 표시된다.

$$\begin{aligned}\int_C \mathbf{E} \bullet d\mathbf{l} &= \int_A^B \left[y^2\mathbf{a}_x + (2xy + 4y)\mathbf{a}_y\right] \bullet \left(dx\,\mathbf{a}_x + dy\,\mathbf{a}_y + dz\,\mathbf{a}_z\right) \\ &= \int_2^0 y^2 dx + \int_0^2 (2xy + 4y)\,dy\end{aligned} \qquad (2.15)$$

(a) 관계식 $y = -x + 2$를 식 (2.15)에 대입하면 다음과 같다.

$$\int_C \mathbf{E} \bullet d\mathbf{l} = \int_2^0 (-x + 2)^2\,dx + \int_0^2 [2y\,(2 - y) + 4y]\,dy = 8$$

(b) 관계식 $x^2 + y^2 = 4$를 식 (2.15)에 대입하면 다음과 같다.

$$\int_C \mathbf{E} \bullet d\mathbf{l} = \int_2^0 (4 - x^2)\,dx + \int_0^2 \left[+2y\sqrt{4 - y^2} + 4y\right] dy = 8$$

위의 두 선적분 값들은 동일하다. 즉, 주어진 벡터장 $\mathbf{E}$의 선적분은 적분길에 무관하다. 이러한 벡터장을 **보존장**(conservative field)이라 부른다.

예제 2-3

[그림 2-6]에 표시된 폐곡선을 따라 벡터장 $\mathbf{E} = \rho^2\mathbf{a}_\rho + 3\sin\phi\,\mathbf{a}_\phi + 5z\,\mathbf{a}_z$의 순환을 구하라.

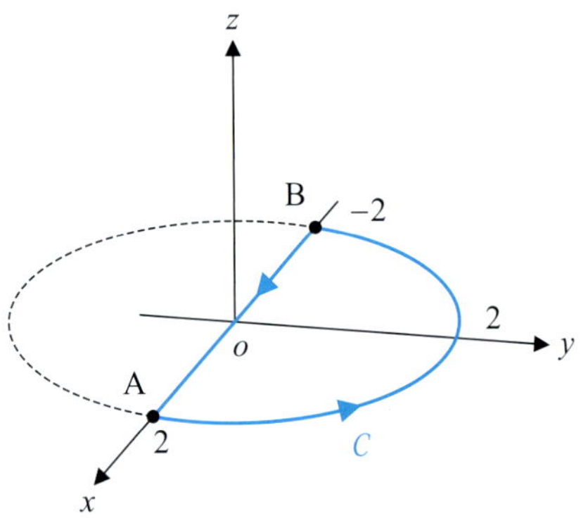

[그림 2-6] 폐곡선

풀이

폐선적분을 두 부분으로 나누면 다음과 같다.

$$\oint_C \mathbf{E}\cdot d\mathbf{l} = \int_A^B \mathbf{E}\cdot d\mathbf{l} + \int_B^A \mathbf{E}\cdot d\mathbf{l} \tag{2.16a}$$

반 원 위에서 $d\mathbf{l} = 2d\phi\,\mathbf{a}_\phi$이므로 식 (2.16a)의 오른쪽 첫째 항은 다음과 같이 계산된다.

$$\begin{aligned}\int_A^B \mathbf{E}\cdot d\mathbf{l} &= \int_A^B (\rho^2\mathbf{a}_\rho + 3\sin\phi\,\mathbf{a}_\phi + 5z\,\mathbf{a}_z)\cdot(2d\phi\,\mathbf{a}_\phi)\\ &= \int_{\phi=0}^{\phi=\pi} 6(\sin\phi)\,d\phi = 12\end{aligned} \tag{2.16b}$$

직선 위에서 $d\mathbf{l} = dx\,\mathbf{a}_x$, $\rho^2 = x^2$, $\mathbf{a}_\phi\cdot\mathbf{a}_x = \mathbf{a}_z\cdot\mathbf{a}_x = 0$인데, 여기서 주의할 것은 선분 $\overline{Bo}$ 위에서 $\mathbf{a}_\phi\cdot\mathbf{a}_x = -1$이고, 선분 $\overline{oA}$ 위에서 $\mathbf{a}_\phi\cdot\mathbf{a}_x = 1$이다. 따라서 식 (2.16a)의 오른쪽 둘째 항을 다시 쓰면 다음과 같다.

$$\begin{aligned}\int_B^A \mathbf{E}\cdot d\mathbf{l} &= \int_B^A \left(\rho^2\mathbf{a}_\rho + 3\sin\phi\,\mathbf{a}_\phi + 5z\,\mathbf{a}_z\right)\cdot(dx\,\mathbf{a}_x)\\ &= \int_{x=-2}^{x=0} -x^2dx + \int_{x=0}^{x=2} x^2dx = 0\end{aligned} \tag{2.16c}$$

그러므로 정답은 $\oint_C \mathbf{E}\cdot d\mathbf{l} = 12$이다.

유제 2.3 [예제 2-3]의 폐곡선이 z-축을 따라 수평 이동하여 $z = 4$ 평면에 위치하는 경우 $\mathbf{E}$의 폐선적분을 구하라.

Ans 12

유제 2.4 어떤 벡터장 $\mathbf{E}$가 단위 길이당 볼트 [V/m]로 표시되면 $\mathbf{E}$의 선적분의 단위는?

Ans 볼트 [V]

2.1.3 면적분

직각좌표계의 한 곡면은 일반적으로 $z = f(x, y)$ 혹은 $g(x, y, z) = k$로 표시된다. 여기서 k는 상수이다. 이것을 기초로 곡면 위의 점들에 대한 위치벡터는 다음과 같이 주어진다.

$$\mathbf{r} = x\mathbf{a}_x + y\mathbf{a}_y + f(x, y)\mathbf{a}_z \tag{2.17}$$

이 식을 곡면의 도움변수식이라 한다.

식 (2.17)의 도움변수식을 이용하면 임의 형태 곡면 위의 미분 면적벡터에 대한 일반적인 표현식을 구할 수 있다. [그림 2-7]의 기울어진 평면 S는 임의의 면으로 취급할 수 있는데, 그 이유는 S가 직각좌표계의 상수좌표면이 아니고, 따라서 식 (1.38)의 $d\mathbf{s}$를 사용할 수 없기 때문이다.

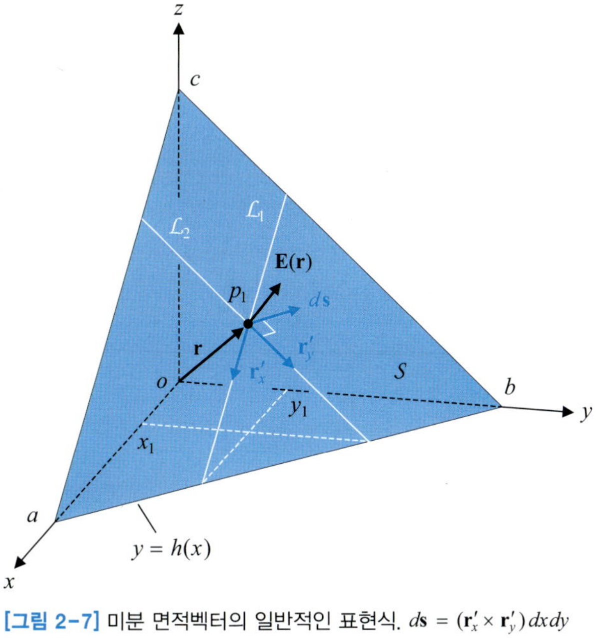

[그림 2-7] 미분 면적벡터의 일반적인 표현식. $d\mathbf{s} = (\mathbf{r}'_x \times \mathbf{r}'_y)\,dx\,dy$

그림에서 보듯이 S 위의 점 p_1은 세 평면들[1]의 교차점이고, x_1과 y_1은 점 p_1의 직각 좌표들이다. 또한 직선 $\mathcal{L}_1$과 $\mathcal{L}_2$는 S가 각각 $y = y_1$ 평면, $x = x_1$ 평면과 만나서 만들어지는 직선들이다.

x와 y를 도움변수로 이용하면 $\mathcal{L}_1$과 $\mathcal{L}_2$의 도움변수식은 다음과 같다.

$$\mathbf{r}(x) = x\mathbf{a}_x + y_1\mathbf{a}_y + f(x, y_1)\mathbf{a}_z \qquad (\text{직선 } \mathcal{L}_1) \tag{2.18a}$$

$$\mathbf{r}(y) = x_1\mathbf{a}_x + y\mathbf{a}_y + f(x_1, y)\mathbf{a}_z \qquad (\text{직선 } \mathcal{L}_2) \tag{2.18b}$$

그 다음, 식 (2.18a)와 (2.18b)를 각각 x와 y에 대해 편미분한 후 이들을 이용하여 직선 $\mathcal{L}_1$과 $\mathcal{L}_2$ 위의 미분 길이벡터를 구한다.

$$d\mathbf{l}^1 = \left.\frac{\partial \mathbf{r}}{\partial x}\right|_{y=y_1} dx \equiv \mathbf{r}'_x\, dx \tag{2.19a}$$

$$d\mathbf{l}^2 = \left.\frac{\partial \mathbf{r}}{\partial y}\right|_{x=x_1} dy \equiv \mathbf{r}'_y\, dy \tag{2.19b}$$

여기서 위 첨자 1과 2는 각각 $\mathcal{L}_1$과 $\mathcal{L}_2$를 나타내고, $\mathbf{r}'_x$과 $\mathbf{r}'_y$은 각각 $\mathbf{r}$의 x와 y에 대한 편미분을 나타낸다. 두 미분 길이벡터 $d\mathbf{l}^1$과 $d\mathbf{l}^2$는 그 면적이 $|d\mathbf{l}^1 \times d\mathbf{l}^2|$인 평행사변형을 의미하므로 S 위의 미분 면적벡터를 다음과 같이 표시할 수 있다.

$$d\mathbf{s} = d\mathbf{l}^1 \times d\mathbf{l}^2 = (\mathbf{r}'_x \times \mathbf{r}'_y)\,dx\,dy \tag{2.20}$$

이 식은 주어진 곡면의 곡률에 관계없이 사용할 수 있다. 1장에서 설명한 미분 면적벡터 표현식들은 식 (2.20)에 주어진 일반 표현식이 간략화된 것들이다. 예를 들어, 직각좌표계의 $z = 1$ 평면에서 식 (2.20)을 이용하면 $d\mathbf{s} = (\mathbf{a}_x \times \mathbf{a}_y)\,dx\,dy = dx\,dy\,\mathbf{a}_z$로 나타낼 수 있다.

따라서 면 S 위에서의 벡터장 $\mathbf{E}$의 면적분은 다음과 같이 표시된다.

$$\int_S \mathbf{E}(\mathbf{r}) \bullet d\mathbf{s} = \int_S E_n\, ds \tag{2.21}$$

여기서 $d\mathbf{s}$는 면 S 위의 미분 면적벡터이고, E_n은 S에 수직인 방향으로의 $\mathbf{E}$의 스칼라 성분이다. **S 위에서의 $\mathbf{E}$의 면적분은 $\mathbf{E}$의 법선성분과 미분면적 사이의 곱들을 더한 것이다.** 식 (2.20)을 식 (2.21)에 대입하면 면적분에 대한 일반적인 표현식을 다음과 같이 구할 수 있다.

$$\int_S \mathbf{E}(\mathbf{r}) \bullet d\mathbf{s} = \int_{x=0}^{x=a}\int_{y=0}^{y=h(x)} \mathbf{E}\big(x, y, f(x, y)\big) \bullet \left(\mathbf{r}'_x \times \mathbf{r}'_y\right) dy\,dx \tag{2.22}$$

1 S 평면, $x = x_1$ 평면, $y = y_1$ 평면을 의미한다.

3차원 공간상의 면적분은 주어진 면 S를 xy-평면에 투영한 영역에서 이중적분으로 계산할 수 있다. 식 (2.22)는 직각좌표계 제 1 팔분공간에 위치한 기울어진 평면에 대한 면적분이다([그림 2-7] 참조).

만약 면 S가 직각좌표계의 $z = z_o$ 평면 상의 직사각형 형태라면(네 변이 x- 혹은 y-축에 평행) 식 (2.22)의 면적분은 다음과 같이 단순해진다.

$$\int_S \mathbf{E} \bullet d\mathbf{s} = \int_{x1}^{x2} \int_{y1}^{y2} E_z(x, y, z_o)\, dy dx \tag{2.23}$$

여기서 $d\mathbf{s} = dx dy\, \mathbf{a}_z$이고, x와 y는 서로 독립적인 변수들이다.

예제 2-4

[그림 2-7]에 보인 평면 S가 $a = c = 1$이고 $b = 1/2$인 경우 그 면적을 구하라.

풀이

평면 S의 표현식은 다음과 같다.

$$x + 2y + z = 1 \tag{2.24a}$$

따라서 S의 도움변수식은 다음과 같다.

$$\mathbf{r} = x\mathbf{a}_x + y\mathbf{a}_y + (1 - x - 2y)\mathbf{a}_z$$

$\mathbf{r}$의 x와 y에 대한 편미분을 구하면 다음과 같다.

$$\mathbf{r}'_x = \mathbf{a}_x - \mathbf{a}_z \tag{2.24b}$$

$$\mathbf{r}'_y = \mathbf{a}_y - 2\mathbf{a}_z \tag{2.24c}$$

식 (2.24b)와 (2.24c)를 식 (2.20)에 대입하면 다음과 같다.

$$d\mathbf{s} = (\mathbf{a}_x - \mathbf{a}_z) \times (\mathbf{a}_y - 2\mathbf{a}_z)\, dx dy = (\mathbf{a}_x + 2\mathbf{a}_y + \mathbf{a}_z)\, dx dy \tag{2.24d}$$

평면 S를 xy-평면으로 투영하면 직각삼각형이 되는데 그 빗변은 다음과 같이 표시된다.

$$x + 2y = 1 \tag{2.24e}$$

식 (2.24d)와 (2.24e)를 이용하면 평면 S의 면적은 다음과 같이 계산된다.

$$A = \int_S |d\mathbf{s}| = \int_{x=0}^{x=1} \int_{y=0}^{y=(1-x)/2} \sqrt{6}\, dy dx = \frac{\sqrt{6}}{4}$$

예제 2-5

[그림 2-8]과 같이 반지름이 5인 반 구 표면에서 벡터장 $\mathbf{A} = 2\mathbf{a}_z$를 면적분하기 위해 우선 $d\mathbf{s}$를 $d\mathbf{l}^1$과 $d\mathbf{l}^2$를 이용해 표시하라.

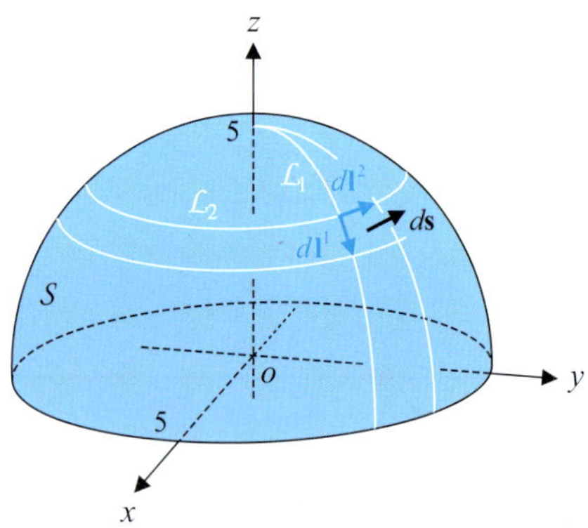

[그림 2-8] 반 구 표면

풀이

구좌표계에서 미분 길이벡터 $d\mathbf{l}^1$과 $d\mathbf{l}^2$는 다음과 같이 주어진다.

$$d\mathbf{l}^1 = R\,d\theta\,\mathbf{a}_\theta = 5\,d\theta\,\mathbf{a}_\theta \tag{2.25a}$$

$$d\mathbf{l}^2 = R\sin\theta\,d\phi\,\mathbf{a}_\phi = 5\sin\theta\,d\phi\,\mathbf{a}_\phi \tag{2.25b}$$

따라서 반 구 표면에서의 미분 면적벡터는 다음과 같다.

$$d\mathbf{s} = d\mathbf{l}^1 \times d\mathbf{l}^2 = 25\sin\theta\,d\theta\,d\phi\,\mathbf{a}_R \tag{2.25c}$$

관계식 $\mathbf{a}_z \cdot \mathbf{a}_R = \cos\theta$를 이용하면 $\mathbf{A}$의 면적분은 다음과 같이 계산된다.

$$\begin{aligned}\int_S \mathbf{A}\cdot d\mathbf{s} &= \int_S (2\mathbf{a}_z)\cdot(25\sin\theta\,d\theta\,d\phi\,\mathbf{a}_R) = 50\int_{\phi=0}^{2\pi}\int_{\theta=0}^{\pi/2}\cos\theta\sin\theta\,d\theta\,d\phi \\ &= 50\pi\end{aligned}$$

이 문제에서 반 구 표면은 구좌표계의 상수좌표면이므로, 식 (2.25c)의 $d\mathbf{s}$는 식 (1.71a)의 $d\mathbf{s}$와 동일하다.

유제 2.5 한 평면의 식 $6x + 3y + 2z = 12$는 벡터형태로 $\mathbf{a}_n \cdot \mathbf{r} = c$로 표시된다. 여기서 $\mathbf{r}$은 위치벡터이고 $\mathbf{a}_n$은 단위벡터이다. 상수 c의 물리적 의미는?

Ans 원점에서 평면까지의 수직 거리

유제 2.6 반지름 5인 구의 중심이 원점에 있을 때 $z \geq 4$ 영역에서의 구면의 면적은?

Ans 10π

유제 2.7 만약 **D**가 단위 면적당 쿨롱 [C/m^2]으로 표시될 때 **D**의 면적분의 단위는?

Ans 쿨롱 [C]

복습문제

Q2.1 한 곡선에 대한 도움변수식의 일반적인 형태는? **A** 식 (2.1)

Q2.2 한 곡선의 플러스 방향으로의 접선방향 단위벡터 표현식은? **A** 식 (2.4)

Q2.3 벡터장 **A**의 어떤 스칼라 성분이 **A**의 선적분에 사용되나? **A** 식 (2.7)

Q2.4 어떤 조건에서 선적분이 정적분으로 바뀌나? **A** 식 (2.9)

Q2.5 $d\mathbf{l}$과 $d\mathbf{s}$에 대한 오른손규칙은 무엇인가? **A** [그림 2-4]

Q2.6 한 면에 대한 도움변수식의 일반적인 형태는? **A** 식 (2.17)

Q2.7 벡터장 **A**의 어떤 스칼라 성분이 **A**의 면적분에 사용되나? **A** 식 (2.21)

Q2.8 어떤 조건에서 면적분이 이중적분으로 바뀌나? **A** 식 (2.20)

Q2.9 어떤 조건에서 식 (2.20)의 일반적인 표현식이 구좌표계의 $d\mathbf{s}$로 바뀌나? **A** [그림 2-8]

2.2 지향성 도함수와 그레이디언트

3차원 공간에 하나의 스칼라장이 존재한다고 가정해보자. 이것은 명백히 위치에 대한 연속 함수로 주어져야 한다. 그 이유는 공간상 각 점에서 관찰되는 값들이 실제의 어떤 물리량을 나타내기 때문이다. 대부분 스칼라장의 공간상 미분은 스칼라장 자체의 물리적 의미 외에 다른 물리적 의미를 내포한다. 이 장에서는 3차원 공간에서의 스칼라장의 미분에 대해 설명한다. 이때의 미분값은 그 미분이 취해지는 방향에 따라 다르다. 점 p에서 스칼라장 $V(\mathbf{r})$의 $\mathbf{a}_l$-방향으로의 **지향성 도함수**(directional derivative)는 점 p에서 $\mathbf{a}_l$-방향으로의 V의 공간상 미분을 의미한다. 이때 점 p에서 V의 지향성 도함수 중에서 최대값과 그것이 발생하는 방향을 묶어서 하나의 벡터량으로 표시할 수 있는데, 이를 점 p에서의 V의 **그레이디언트**(gradient)라 한다.

지향성 도함수는 dV/dl로 표기되며, 미분길이 dl이 증가하는 방향으로의 V의 미분을 의미한다. 위치벡터 $\mathbf{r}_1$의 점에서 V의 $\mathbf{a}_l$-방향으로의 지향성 도함수는 다음과 같이 표시된다.

$$\left.\frac{dV}{dl}\right|_{\mathbf{r}_1,\mathbf{a}_l} = \lim_{dl\to 0}\frac{V(\mathbf{r}_1 + dl\,\mathbf{a}_l) - V(\mathbf{r}_1)}{dl} \tag{2.26}$$

여기서 dl은 $\mathbf{a}_l$-방향으로의 미분길이이다. 여기서 유의할 것은, 지향성 도함수는 위치뿐만 아니라 방향에 따라 그 값이 다르다는 점이다.

점 p에서 계산되는 V의 그레이디언트는 하나의 벡터량인데, 이것의 크기는 p에서 관찰되는 V의 최대 지향성 도함수이고, 그 단위벡터는 최대 지향성 도함수가 발생하는 방향으로 향한다. V의 그레이디언트는 다음과 같이 표시된다.

$$grad\,V = \frac{dV}{dn}\mathbf{a}_n \tag{2.27}$$

여기서 $\mathbf{a}_n$은 단위벡터이고, dn은 $\mathbf{a}_n$-방향으로의 미분길이이다.

하나의 스칼라장 $V(\mathbf{r})$이 국소 원천에 의해 발생한다면 이는 원천 주위의 점들에서 연속 함수로 주어진다. 왜냐하면 공간상 V의 변화는 전적으로 관찰점과 고정된 원천점 사이의 거리에 대한 함수로 주어지는데, 이때 거리는 관찰점의 위치에 대한 연속 함수이기 때문이다. 따라서 V의 값이 상수 V_1인 점들은 원천 주위에서 매끄러운 곡면을 형성한다. 마찬가지로 V의 값이 $V = V_1 + dV$인 점들은 상수 V_1의 곡면 근처에 형성된다([그림 2-9] 참조). 스칼라장 V는 일가 함수(single-valued function)이므로 두 곡면은 공간상에서 서로 교차하지 않는다.

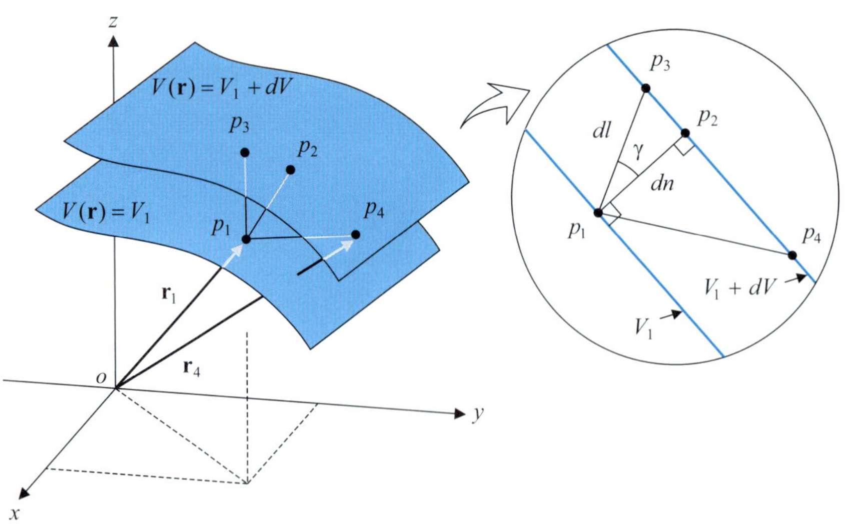

[그림 2-9] 상수 V 곡면

[그림 2-9]처럼 상수 V_1의 값을 갖는 점들이 형성하는 곡면, 즉 상수 V_1 곡면 위의 점 p_1에서 상수 $V_1 + dV$ 곡면 위의 점 p_2로 이동하는 것을 가정해 보자. 이때 관찰자는 V가 미분값 dV 만큼 변화한다는 것을 감지할 것이다. 이러한 결과는 최종 도착지가 p_3 혹은 p_4이어도 변치 않는다. 그 이유는 점 p_2, p_3, p_4가 모두 상수 $V_1 + dV$ 곡면에 위치하기 때문이다. 그러나 이 경우 고정된 출발점 p_1에서 서로 다른 도착점까지의 거리는 서로 다를 수 있다.

직선 선분 $\overline{p_1p_2}$는 두 상수 V 곡면에 수직이므로, 점 p_1에서 측정된 최단 거리를 나타낸다. 따라서 점 p_1에서 V의 지향성 도함수는 직선 선분 $\overline{p_1p_2}$를 따라 최대가 된다. 결론적으로 공간상 한 점에서 **V의 그레이디언트는 상수 V 곡면에 수직이다.**

공간상 한 점에서 V의 그레이디언트를 이용하면 실제 미분을 하지 않고도 임의 방향으로의 지향성 도함수를 쉽게 구할 수 있다. 수학의 연쇄법칙(chain rule)을 식 (2.27)에 적용하면 V의 지향성 도함수는 다음과 같이 주어진다.

$$\frac{dV}{dl} = \frac{dV}{dn}\frac{dn}{dl} = \frac{dV}{dn}\cos\gamma = \frac{dV}{dn}\mathbf{a}_n \bullet \mathbf{a}_l \qquad (2.28)$$

[그림 2-9]에서 알 수 있듯이, $dn/dl = \cos\gamma$이고 $\mathbf{a}_n \bullet \mathbf{a}_l = \cos\gamma$이다. 여기서 $\mathbf{a}_n$은 상수 V 곡면에 수직인 단위벡터이고, $\mathbf{a}_l$은 미분길이 dl이 증가하는 방향으로의 단위벡터이다.

식 (2.27)과 (2.28)을 결합하면 V의 임의의 방향 $\mathbf{a}_l$으로의 지향성 도함수는 다음과 같이 주어진다.

$$\frac{dV}{dl} = grad\,V \bullet \mathbf{a}_l \equiv \nabla V \bullet \mathbf{a}_l \qquad (2.29)$$

V의 그레이디언트는 $grad\ V$ 혹은 ∇V로 표기하고 "del" V로 읽는다. 결론적으로 V의 $\mathbf{a}_l$-방향으로의 지향성 도함수는 ∇V와 $\mathbf{a}_l$ 사이의 점곱으로 주어진다.

또한 식 (2.29)로부터 다음과 같은 관계식을 얻는다.

$$dV = \nabla V \bullet dl\,\mathbf{a}_l = \nabla V \bullet d\mathbf{l} \qquad (2.30)$$

여기서 $d\mathbf{l}$은 $\mathbf{a}_l$-방향으로의 미분 길이벡터이다. 결론적으로, V의 $\mathbf{a}_l$-방향으로의 전미분은 ∇V와 $d\mathbf{l}$ 사이의 점곱으로 주어진다. 여기서 주목할 것은, 식 (2.29)와 (2.30)은 그레이디언트의 중요한 두 사용처이다라는 사실이다.

직각좌표계에서 V의 전미분은 수학적으로 다음과 같이 주어진다.

$$\begin{aligned} dV &= \frac{\partial V}{\partial x}dx + \frac{\partial V}{\partial y}dy + \frac{\partial V}{\partial z}dz \\ &= \left(\frac{\partial V}{\partial x}\mathbf{a}_x + \frac{\partial V}{\partial y}\mathbf{a}_y + \frac{\partial V}{\partial z}\mathbf{a}_z\right)\bullet(dx\,\mathbf{a}_x + dy\,\mathbf{a}_y + dz\,\mathbf{a}_z) \\ &= \left[\frac{\partial V}{\partial x}\mathbf{a}_x + \frac{\partial V}{\partial y}\mathbf{a}_y + \frac{\partial V}{\partial z}\mathbf{a}_z\right]\bullet d\mathbf{l} \end{aligned} \tag{2.31}$$

여기서 점곱은 등호 오른쪽 항을 단순히 두 부분으로 나누기 위해 사용되었다(물리적 이유 없음).

두 식 (2.30)과 (2.31)을 비교하면 직각좌표계에서 ∇V가 다음과 같이 주어진다는 것을 알 수 있다.

$$\nabla V = \frac{\partial V}{\partial x}\mathbf{a}_x + \frac{\partial V}{\partial y}\mathbf{a}_y + \frac{\partial V}{\partial z}\mathbf{a}_z = \left(\mathbf{a}_x\frac{\partial}{\partial x} + \mathbf{a}_y\frac{\partial}{\partial y} + \mathbf{a}_z\frac{\partial}{\partial z}\right)V \tag{2.32}$$

이 식의 벡터 연산자 ∇은 수학적으로 다음과 같이 정의된다.

$$\nabla \equiv \mathbf{a}_x\frac{\partial}{\partial x} + \mathbf{a}_y\frac{\partial}{\partial y} + \mathbf{a}_z\frac{\partial}{\partial z} \tag{2.33}$$

이것은 벡터형태를 띠고 있지만 엄밀한 의미로 벡터가 아닌데 그 이유는 이것의 크기와 방향이 존재하지 않기 때문이다. 따라서 식 (1.9)와 (1.17)의 점곱 및 가위곱 정의을 따르지 않는다. 그러나 ∇은 식 (1.31)과 (1.34)의 벡터 연산규칙과 식 (2.32)의 규칙을 따른다.

원통좌표계에서 점 $p_1:(\rho_1, \phi_1, z_1)$에서의 V의 전미분은 다음과 같이 주어진다.

$$\begin{aligned} dV &= \frac{\partial V}{\partial \rho}d\rho + \frac{\partial V}{\partial \phi}d\phi + \frac{\partial V}{\partial z}dz \\ &= \left(\frac{\partial V}{\partial \rho}\mathbf{a}_\rho + \frac{\partial V}{\partial \phi}\mathbf{a}_\phi + \frac{\partial V}{\partial z}\mathbf{a}_z\right)\bullet(d\rho\,\mathbf{a}_\rho + d\phi\,\mathbf{a}_\phi + dz\,\mathbf{a}_z) \\ &= \left[\frac{\partial V}{\partial \rho}\mathbf{a}_\rho + \frac{1}{\rho_1}\frac{\partial V}{\partial \phi}\mathbf{a}_\phi + \frac{\partial V}{\partial z}\mathbf{a}_z\right]\bullet d\mathbf{l} \end{aligned} \tag{2.34}$$

이전과 마찬가지로, 식 (2.34)의 오른쪽 항은 두 부분으로 나뉘는데, 두번째 부분은 원통좌표계의 미분길이벡터와 동일하게 만들어졌다. 식 (2.30)과 (2.34)를 비교하면 원통좌표계에서의 ∇V는 식 (2.34)의 브라켓 항으로 주어진다는 것을 알 수 있다.

비슷한 방법으로 구좌표계에서 V의 전미분은 다음과 같이 주어진다. 이 식에서 브라켓 항은 구좌표계에서의 ∇V 표현식이다.

$$\begin{aligned} dV &= \frac{\partial V}{\partial R}dR + \frac{\partial V}{\partial \theta}d\theta + \frac{\partial V}{\partial \phi}d\phi \\ &= \left(\frac{\partial V}{\partial R}\mathbf{a}_R + \frac{\partial V}{\partial \theta}\mathbf{a}_\theta + \frac{\partial V}{\partial \phi}\mathbf{a}_\phi\right)\cdot(dR\,\mathbf{a}_R + d\theta\,\mathbf{a}_\theta + d\phi\,\mathbf{a}_\phi) \\ &= \left[\frac{\partial V}{\partial R}\mathbf{a}_R + \frac{1}{R_1}\frac{\partial V}{\partial \theta}\mathbf{a}_\theta + \frac{1}{R_1 \sin\theta_1}\frac{\partial V}{\partial \phi}\mathbf{a}_\phi\right]\cdot d\mathbf{l} \end{aligned} \tag{2.35}$$

벡터 연산자 ∇ 자체는 원통 및 구좌표계에서 어떤 일정한 형태를 갖고 있지 않지만(정의되지 않음), 이러한 좌표계에서도 ∇V는 여전히 V의 그레이디언트를 의미한다.

직각, 원통, 구좌표계에서 V의 그레이디언트는 다음과 같이 나타낼 수 있다.

$$\nabla V = \frac{\partial V}{\partial x}\mathbf{a}_x + \frac{\partial V}{\partial y}\mathbf{a}_y + \frac{\partial V}{\partial z}\mathbf{a}_z \quad \text{(직각)} \tag{2.36a}$$

$$\nabla V = \frac{\partial V}{\partial \rho}\mathbf{a}_\rho + \frac{1}{\rho}\frac{\partial V}{\partial \phi}\mathbf{a}_\phi + \frac{\partial V}{\partial z}\mathbf{a}_z \quad \text{(원통)} \tag{2.36b}$$

$$\nabla V = \frac{\partial V}{\partial R}\mathbf{a}_R + \frac{1}{R}\frac{\partial V}{\partial \theta}\mathbf{a}_\theta + \frac{1}{R\sin\theta}\frac{\partial V}{\partial \phi}\mathbf{a}_\phi \quad \text{(구)} \tag{2.36c}$$

여기서 일반화를 위해 첨자 1이 생략되었다.

일반적인 직교 좌표계 (u, v, w)에서 V의 그레이디언트는 다음과 같다.

$$\nabla V = \left(\mathbf{a}_u \frac{1}{h_1}\frac{\partial}{\partial u} + \mathbf{a}_v \frac{1}{h_2}\frac{\partial}{\partial v} + \mathbf{a}_w \frac{1}{h_3}\frac{\partial}{\partial w}\right)V \tag{2.37}$$

여기서 V의 전미분은 단순히 미분좌표들에 의해 표시되지만 V의 그레이디언트는 미분길이로 표시된다는 것에 주목해야 한다. 따라서 미분각도를 미분길이로 환산하기 위해 메트릭상수가 필요하다. 메트릭상수는 다음과 같이 주어진다.

$$h_1 = 1,\; h_2 = 1,\; h_3 = 1 \qquad (u, v, w) = (x, y, z) \tag{2.38a}$$

$$h_1 = 1,\; h_2 = \rho,\; h_3 = 1 \qquad (u, v, w) = (\rho, \phi, z) \tag{2.38b}$$

$$h_1 = 1,\; h_2 = R,\; h_3 = R\sin\theta \qquad (u, v, w) = (R, \theta, \phi) \tag{2.38c}$$

예제 2-6

주어진 스칼라장 $V(\mathbf{r}) = x^2 + 4yz$에 대해 점 $p:(4, -1, 3)$에서 다음 값을 구하라.

(a) V의 그레이디언트

(b) 벡터 $\mathbf{A} = 3\mathbf{a}_x - 2\mathbf{a}_y - \sqrt{3}\,\mathbf{a}_z$의 방향으로의 V의 지향성 도함수

풀이

(a) 식 (2.36a)로부터 V의 그레이디언트는 다음과 같이 나타낼 수 있다.

$$\nabla V = \frac{\partial V}{\partial x}\mathbf{a}_x + \frac{\partial V}{\partial y}\mathbf{a}_y + \frac{\partial V}{\partial z}\mathbf{a}_z = 2x\mathbf{a}_x + 4z\mathbf{a}_y + 4y\mathbf{a}_z \tag{2.39}$$

점 p의 좌표를 위 식에 대입하면 다음과 같다.

$$\nabla V = 8\mathbf{a}_x + 12\mathbf{a}_y - 4\mathbf{a}_z$$

(b) $\mathbf{A}$의 단위벡터는 다음과 같다.

$$\mathbf{a}_A = \frac{3}{4}\mathbf{a}_x - \frac{1}{2}\mathbf{a}_y - \frac{\sqrt{3}}{4}\mathbf{a}_z$$

따라서 V의 $\mathbf{a}_A$-방향으로의 지향성 도함수는 다음과 같이 주어진다.

$$\frac{dV}{dl} = \nabla V \cdot \mathbf{a}_A = (8\mathbf{a}_x + 12\mathbf{a}_y - 4\mathbf{a}_z)\cdot\left(\frac{3}{4}\mathbf{a}_x - \frac{1}{2}\mathbf{a}_y - \frac{\sqrt{3}}{4}\mathbf{a}_z\right) = \sqrt{3}$$

예제 2-7

$\nabla\frac{1}{\mathcal{R}}$을 거리벡터 $\boldsymbol{\mathcal{R}}$과 그 크기 $\mathcal{R} = |\mathbf{r} - \mathbf{r}'|$로 표시하라.

풀이

관찰점과 원천점의 위치벡터는 다음과 같다.

$$\mathbf{r} = x\mathbf{a}_x + y\mathbf{a}_y + z\mathbf{a}_z$$

$$\mathbf{r}' = x'\mathbf{a}_x + y'\mathbf{a}_y + z'\mathbf{a}_z$$

그러므로 거리벡터는 다음과 같다.

$$\boldsymbol{\mathcal{R}} = \mathbf{r} - \mathbf{r}' = (x - x')\mathbf{a}_x + (y - y')\mathbf{a}_y + (z - z')\mathbf{a}_z$$

$|\mathbf{r}-\mathbf{r}'|$의 역수를 나타내면 다음과 같다.

$$\frac{1}{|\mathbf{r}-\mathbf{r}'|}=\left[(x-x')^2+(y-y')^2+(z-z')^2\right]^{-1/2}$$

이 식의 x, y, z에 대한 편미분을 구하면 다음과 같다.

$$\frac{\partial}{\partial x}\frac{1}{|\mathbf{r}-\mathbf{r}'|}=-(x-x')\left[(x-x')^2+(y-y')^2+(z-z')^2\right]^{-3/2} \qquad (2.40a)$$

$$\frac{\partial}{\partial y}\frac{1}{|\mathbf{r}-\mathbf{r}'|}=-(y-y')\left[(x-x')^2+(y-y')^2+(z-z')^2\right]^{-3/2} \qquad (2.40b)$$

$$\frac{\partial}{\partial z}\frac{1}{|\mathbf{r}-\mathbf{r}'|}=-(z-z')\left[(x-x')^2+(y-y')^2+(z-z')^2\right]^{-3/2} \qquad (2.40c)$$

식 (2.40a) ~ (2.40c)를 식 (2.36a)에 대입하면 다음과 같다.

$$\nabla\frac{1}{|\mathbf{r}-\mathbf{r}'|}=-\frac{(x-x')\mathbf{a}_x+(y-y')\mathbf{a}_y+(z-z')\mathbf{a}_z}{\left[(x-x')^2+(y-y')^2+(z-z')^2\right]^{3/2}}$$

위 식을 정리하면, $\nabla\frac{1}{\mathcal{R}}$은 다음과 같이 표시된다.

$$\nabla\frac{1}{\mathcal{R}}=-\frac{\boldsymbol{\mathcal{R}}}{\mathcal{R}^3} \qquad (2.41)$$

위 식의 델 연산자는 변수 x, y, z에 작동하는데, 이 경우 x', y', z'은 상수로 취급된다.

예제 2-8

식 $x^2+y^2+z^2=9$으로 표시되는 구면 위의 점 $p:(2, 2, 1)$에서 바깥으로 향하는 단위벡터를 구하라.

풀이

문제에서 주어진 구는 다음의 구 집합(family of spheres), 즉 $f(x, y, z)=x^2+y^2+z^2$의 일원으로 $f(x, y, z)=9$에 해당한다.

∇f는 상수 f곡면에 수직이고, 그 단위벡터는 다음과 같이 주어진다.

$$\frac{\nabla f}{|\nabla f|}=\frac{x\mathbf{a}_x+y\mathbf{a}_y+z\mathbf{a}_z}{\sqrt{x^2+y^2+z^2}} \qquad (2.42a)$$

위 식에 $(x, y, z) = (2, 2, 1)$을 대입하면 단위벡터는 다음과 같다.

$$\frac{1}{3}\left(2\mathbf{a}_x + 2\mathbf{a}_y + \mathbf{a}_z\right) \tag{2.42b}$$

이는 주어진 구 표면에 수직이고 바깥 방향으로 향한다.

다른 방법으로, 구 대칭성을 고려하여 구좌표계에서 동심구들의 집합을 $g(R, \theta, \phi) = R^2$로 표시할 수 있다. 이것의 그레이디언트는 다음과 같다.

$$\nabla g = \frac{\partial g}{\partial R}\mathbf{a}_R + \frac{1}{R}\frac{\partial g}{\partial \theta}\mathbf{a}_\theta + \frac{1}{R\sin\theta}\frac{\partial g}{\partial \phi}\mathbf{a}_\phi = 2R\,\mathbf{a}_R \tag{2.42c}$$

따라서 바깥으로의 단위벡터는 구좌표계에서 단순히 $\mathbf{a}_R$로 주어진다.

예제 2-9

한 스칼라장이 $V = (x^2 + 3)y^2$로 주어질 때 [그림 2-10]의 사분원을 따라 다음 질문에 답을 구하라.

(a) 선적분 $\int_C \nabla V \cdot d\mathbf{l}$을 점 $p_1:(1, 0, 0)$에서 점 $p_2:(0, 1, 0)$까지 계산하라.

(b) ∇V의 선적분은 V에 관계없이 항상 적분길에 무관함을 증명하라.

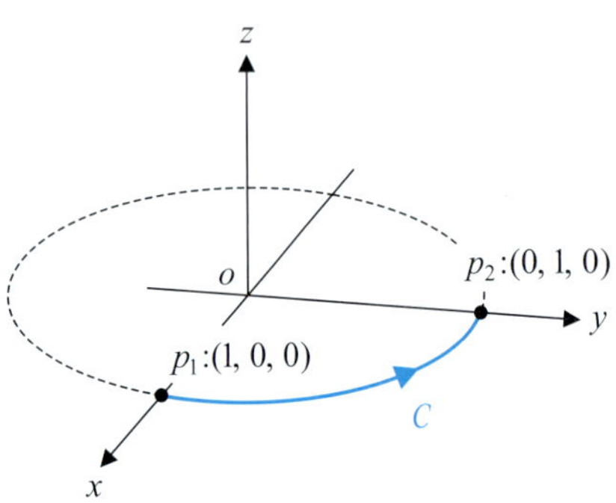

[그림 2-10] 사분원

풀이

(a) 직각좌표계에서 ∇V는 다음과 같다.

$$\nabla V = 2xy^2\mathbf{a}_x + 2y(x^2 + 3)\mathbf{a}_y$$

적분길은 식 $x^2 + y^2 = 1$으로 표시되므로, 선적분은 다음과 같이 계산된다.

$$\int_{p_1}^{p_2} \nabla V \cdot d\mathbf{l} = \int_{(1,0,0)}^{(0,1,0)} \left[2xy^2 \mathbf{a}_x + 2y(x^2 + 3)\mathbf{a}_y \right] \cdot (dx\,\mathbf{a}_x + dy\,\mathbf{a}_y)$$
$$= \int_{x=1}^{x=0} 2x(1 - x^2)\,dx + \int_{y=0}^{y=1} 2y(1 - y^2 + 3)\,dy = 3$$

(b) 일반적으로 스칼라장의 그레이디언트의 선적분은 다음과 같다.

$$\int_{p_1}^{p_2} \nabla V \cdot d\mathbf{l} = \int_{p_1}^{p_2} \left(\frac{\partial V}{\partial x}\mathbf{a}_x + \frac{\partial V}{\partial y}\mathbf{a}_y + \frac{\partial V}{\partial z}\mathbf{a}_z \right) \cdot (dx\,\mathbf{a}_x + dy\,\mathbf{a}_y + dz\,\mathbf{a}_z)$$
$$= \int_{p_1}^{p_2} \frac{\partial V}{\partial x}dx + \frac{\partial V}{\partial y}dy + \frac{\partial V}{\partial z}dz = \int_{p_1}^{p_2} dV$$
$$= V(p_2) - V(p_1)$$

스칼라장의 그레이디언트의 선적분은 적분길에 무관하다. 그 값은 단지 적분길의 시작점과 끝점에 따라 결정된다.

유제 2.8 스칼라장 V의 단위가 볼트이면 ∇V의 단위는?

Ans 단위 길이당 볼트 [V/m]

유제 2.9 공간상 한 점에서 $\nabla V = -3\mathbf{a}_x$일 때 다음 값을 구하라.

(a) V의 미분값 중에서 최대값

(b) 그 최대값이 발생하는 방향

Ans (a) 3, (b) $-x$-방향

유제 2.10 원통좌표계의 한 점 p:(4, 30°, 5)에서 $\nabla V = 10\mathbf{a}_\rho + 2\mathbf{a}_\phi$일 때 이 점에서 다음 값을 구하라.

(a) $dV/d\rho$

(b) $dV/d\phi$

Ans (a) 10, (b) 8

유제 2.11 $\mathbf{A} \cdot \mathbf{C} = \mathbf{B} \cdot \mathbf{C}$ 형태의 식에서 항상 $\mathbf{A} = \mathbf{B}$가 성립되지는 않는다. 그러나 식 (2.30)과 (2.31)에서 ∇V의 표현식을 식 $\nabla V \cdot d\mathbf{l} = [..] \cdot d\mathbf{l}$로부터 구할 수 있는 이유는 무엇인가?

Ans $d\mathbf{l}$이 임의의 값임

복습문제

Q2.10 ∇V의 크기와 방향은 무엇을 의미하는가? **A** 식 (2.27)

Q2.11 한 점에서 $V = 0$이면 그 점에서 $\nabla V = 0$인가? **A** 식 (2.27)

Q2.12 V의 지향성 도함수와 ∇V와의 관계는? **A** 식 (2.29)

Q2.13 전미분 dV와 ∇V와의 관계는? **A** 식 (2.30)

Q2.14 직각좌표계에서 델 연산자를 정의하라. **A** 식 (2.33)

Q2.15 ∇V를 세 좌표계에서 표시하라. **A** 식 (2.36)

Q2.16 세 좌표계에서 메트릭상수는? **A** 식 (2.38)

2.3 선속 및 선속밀도

한 벡터장이 국소원천에 의해 발생된다면 그 요소 벡터들은 원천에서 관찰점으로 향하는 거리벡터의 크기와 방향에 대한 함수로 주어진다. 거리벡터는 공간상에서 위치에 대한 매끄러운 함수이므로, 그 벡터장도 위치에 대한 매끄러운 함수여야 한다. 즉 요소 벡터의 크기와 방향은 공간상에서 갑자기 변하지 않는다.

이러한 벡터장을 그림으로 나타내기 위해, 요소 벡터들을 연결하여 공간상에서 매끄런 곡선을 그릴 수 있는데, 전기자기학에서 이를 **선속**(flux line)이라 부른다. 주어진 벡터장이 공간상에서 일가 함수이므로 선속은 공간상에서 서로 교차하지 않는다. 도식적으로 선속에 접한 직선은 주어진 점에서의 요소 벡터의 방향을 의미하고, 주어진 점 주위의 선속밀도는 그 점에서의 벡터의 크기를 나타낸다

일반적으로 **선속밀도**(flux density)는 단위 시간당 단위 면적을 통과하는 스칼라량을 표시한다. **총 선속**(total flux)은 단위 시간당 주어진 면을 통과하는 총 스칼라량을 의미한다. 전기자기학에서는 2개의 매우 중요한 선속밀도가 사용되는데, 하나는 단위 면적당 쿨롱으로 정의되는 **전속밀도**(electric flux density) $\mathbf{D}$이고, 다른 하나는 단위 면적당 웨버로 정의되는 **자속밀도**(magnetic flux density) $\mathbf{B}$이다.

선속밀도는 단위 면적을 통과하는 선속을 의미하고, 총 선속은 주어진 면을 통과하는 선속의 합이다. 여기서 선속밀도를 위한 단위 면적은 선속에 수직인 평면 위의 단위 면적을 의미한다. 선속밀도의 한 예로, 밀도 n_e [m^{-3}]의 전자 구름이 $\boldsymbol{v}$ [m/s]의 속도로 이동할 때 전자 이동을 나타내는 선속밀도는 다음과 같이 전자 밀도와 속도의 곱으로 주어진다.

$$\mathbf{N} = n_e \boldsymbol{v} \quad [\mathrm{m}^{-2} \cdot \mathrm{s}^{-1}] \tag{2.43}$$

전자 구름이 [그림 2-11]에서와 같이 면 S를 통과할 때, S 위의 미분면적 $|d\mathbf{s}|$를 전자 구름의 진행 방향에 수직인 평면 혹은 횡단면 위로 환산하면 그 값은 $|d\mathbf{s}| \cos\gamma$이다.

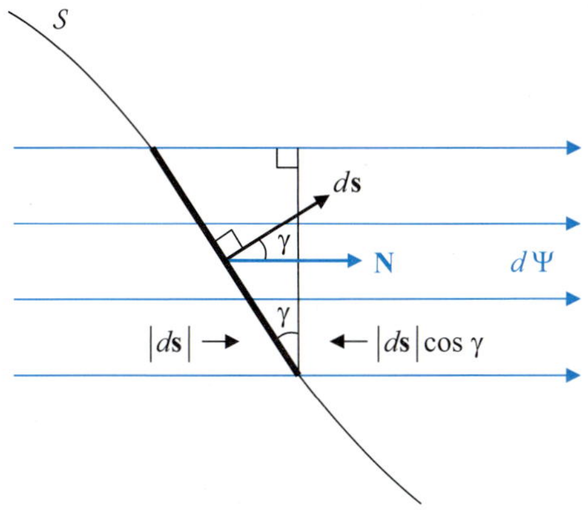

[그림 2-11] 미분면적 $|d\mathbf{s}|$를 통과하는 미분선속

따라서 $|d\mathbf{s}|$를 통과하는 미분선속은 다음과 같이 표시된다.

$$d\Psi = |\mathbf{N}||d\mathbf{s}|\cos\gamma = |\mathbf{N}||d\mathbf{s}|\mathbf{a}_N \cdot \mathbf{a}_s = \mathbf{N} \cdot d\mathbf{s}$$

여기서 $\cos\gamma$는 $\mathbf{a}_N$과 $\mathbf{a}_s$ 사이의 점곱으로 표시되는데, 이들은 각각 $\mathbf{N}$과 $d\mathbf{s}$ 방향으로의 단위벡터들이다. 그러므로 면 S를 통과하는 총 선속은 다음과 같다.

$$\Psi = \int_S d\Psi = \int_S \mathbf{N} \cdot d\mathbf{s} \tag{2.44}$$

위 식은 선속밀도를 면 S 위에서 면적분하여 이 면을 통과하는 총 선속을 구한다는 것을 보여준다. 여기서 점곱은 선속밀도 자체가 횡단면 위의 단위 면적당 선속으로 정의되기 때문에 $|d\mathbf{s}|$를 환산하기 위해 필요하다. [그림 2-12]는 선속의 다양한 예를 나타낸 것이다.

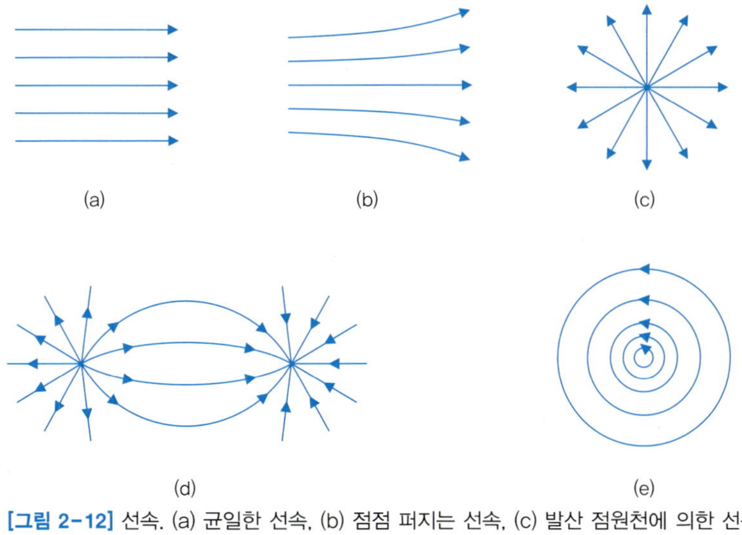

[그림 2-12] 선속. (a) 균일한 선속, (b) 점점 퍼지는 선속, (c) 발산 점원천에 의한 선속, (d) 점원천에 의한 선속이 점싱크에서 끝남, (e) 순환원천에 의한 동심원 형태의 선속

유제 2.12 [그림 2-12(c)]에서, 만약 3차원 공간상의 점원천의 총 선속이 A_o인 경우 그 선속밀도를 구좌표계에서 구하라. **HINT** 총 선속은 3차원 공간에서 보존됨

Ans $\mathbf{A} = A_o \mathbf{a}_R / 4\pi R^2$

유제 2.13 [그림 2-12(e)]에서, 페이지에 수직인 직선 원천에 의해 벡터장 **B**가 발생하고, 원천 주위로의 **B**의 순환이 B_o인 경우 **B**의 표현식을 원통좌표계에서 구하라.

HINT 원천 주위로의 **B**의 순환은 보존됨

Ans $\mathbf{B} = B_o \mathbf{a}_\phi / 2\pi\rho$

복습문제

Q 2.17 선속밀도의 일반적인 단위는? **A** 식 (2.43)

Q 2.18 총 선속과 선속밀도의 차이는 무엇인가? **A** 식 (2.44)

Q 2.19 식 (2.44)의 점곱은 왜 필요한가? **A** [그림 2-11]

2.4 다이버전스 및 다이버전스 정리

다이버전스(divergence)는 미분 연산자로, 단위 횡단면을 통과하는 스칼라량을 표시하는 벡터장에 작동한다. 다이버전스는 폐곡면 밖으로 빠져나오는 순선속을 폐곡면에 둘러싸인 원천과 연관시키기 위해 고안되었다. 이는 총 선속이 3차원 공간상에서 보존된다는 것과 선속밀도는 중첩의 원리를 만족한다는 사실에 기초하고 있다.

따라서 서로 다른 폐곡면이 동일한 원천을 둘러싸고 있다면 폐곡면 밖으로 빠져나오는 순선속은 폐곡면의 모양에 관계없이 일정하다. 또한 폐곡면이 어떠한 원천도 둘러싸고 있지 않다면 폐곡면 안쪽으로의 총 선속과 밖으로의 총 선속은 같다. 따라서 이 경우 밖으로의 순선속은 영이다.

다이버전스의 정의로부터 **다이버전스 정리**(divergence theorem)를 유도할 수 있는데 이것은 주어진 벡터장에 대한 폐면적분을 체적적분으로 변환시키는 데 매우 유용하고, 그 반대의 경우에도 마찬가지이다.

2.4.1 선속밀도의 다이버전스

선속밀도 **D**의 다이버전스는 *div* **D**로 표기하며, 그 결과로, 주어진 영역에 하나의 스칼라장이 생성된다.

공간상 한 점에서의 다이버전스를 계산하려면 그 점을 둘러싸는 가상의 폐곡면이 필요하다. 즉, 한 점 p_1에서 **D**의 다이버전스는 p_1에 중심을 둔 폐곡면 밖으로 빠져나오는 순선속을 그 폐곡면에 둘러싸인 체적으로 나눈 후 그 체적을 p_1 위의 한 점으로 줄일 때 얻어지는 극한으로 정의된다. **D**의 다이버전스는 수학적으로 다음과 같이 표시된다.

$$div\,\mathbf{D} \equiv \lim_{\Delta v \to 0} \frac{\oint_S \mathbf{D} \cdot d\mathbf{s}}{\Delta v} \tag{2.45}$$

적분 기호 위의 작은 원은 면 S가 주어진 점을 둘러싸는 폐곡면임을 의미하고, Δv는 S에 둘러싸인 미소 체적, 그리고 $d\mathbf{s}$는 S 위의 미분 면적벡터이며 Δv의 바깥으로 향한다. 간략히 말하면, **다이버전스는 공간상 한 점에서 단위 체적당 밖으로의 순선속이다.**

[그림 2-13]에 보인 점 p_1에 중심을 둔 직각육면체와 그것의 미분체적 $\Delta v = \Delta x \Delta y \Delta z$를 이용해 식 (2.45)의 폐면적분을 다음과 같이 여섯 개의 부분으로 나눌 수 있다.

$$\begin{aligned}
&\lim_{\Delta v \to 0} \oint_S \mathbf{D} \cdot d\mathbf{s} \\
&= \lim_{\Delta v \to 0} \left[\int_{S^1} \mathbf{D} \cdot d\mathbf{s} + \int_{S^2} \mathbf{D} \cdot d\mathbf{s} + \int_{S^3} \mathbf{D} \cdot d\mathbf{s} + \int_{S^4} \mathbf{D} \cdot d\mathbf{s} + \int_{S^5} \mathbf{D} \cdot d\mathbf{s} + \int_{S^6} \mathbf{D} \cdot d\mathbf{s} \right] \\
&= \lim_{\Delta v \to 0} \left[\mathbf{D}^1 \cdot d\mathbf{s}^1 + \mathbf{D}^2 \cdot d\mathbf{s}^2 + \mathbf{D}^3 \cdot d\mathbf{s}^3 + \mathbf{D}^4 \cdot d\mathbf{s}^4 + \mathbf{D}^5 \cdot d\mathbf{s}^5 + \mathbf{D}^6 \cdot d\mathbf{s}^6 \right]
\end{aligned} \tag{2.46}$$

여기서 $\mathbf{D}^i$는 i-번째 면의 중심에서의 **D** 값을 나타내고, $d\mathbf{s}^i$는 그 면을 나타내는 미분 면적벡터이다. 만약 $\Delta v \to 0$이면 **D**는 면 S^i 위에서 상수로 취급되어, **D**의 S^i 위에서의 적분은 $\mathbf{D}^i \cdot d\mathbf{s}^i$로 간단히 표시되는데, 이것은 면 S^i를 통과하여 밖으로 빠져나가는 선속을 의미한다. 미소 체적 Δv는 극한에서 결국 점 p_1으로 줄어들게 되므로 $\mathbf{D}^i$를 점 p_1에 중심을 둔 테일러 급수로 전개하면 매우 편리하다.

$$\mathbf{D}^1 \cdot d\mathbf{s}^1 = \left[\mathbf{D}_o + \frac{\Delta x}{2} \frac{\partial \mathbf{D}}{\partial x}\bigg|_{\text{at } p_1} \right] \cdot d\mathbf{s}^1, \quad d\mathbf{s}^1 = \Delta y \Delta z\, \mathbf{a}_x \tag{2.47a}$$

$$\mathbf{D}^2 \cdot d\mathbf{s}^2 = \left[\mathbf{D}_o + \frac{\Delta y}{2} \frac{\partial \mathbf{D}}{\partial y}\bigg|_{\text{at } p_1} \right] \cdot d\mathbf{s}^2, \quad d\mathbf{s}^2 = \Delta x \Delta z\, \mathbf{a}_y \tag{2.47b}$$

$$\mathbf{D}^3 \cdot d\mathbf{s}^3 = \left[\mathbf{D}_o - \frac{\Delta x}{2} \frac{\partial \mathbf{D}}{\partial x}\bigg|_{\text{at } p_1} \right] \cdot d\mathbf{s}^3, \quad d\mathbf{s}^3 = -\Delta y \Delta z\, \mathbf{a}_x \tag{2.47c}$$

$$\mathbf{D}^4 \cdot d\mathbf{s}^4 = \left[\mathbf{D}_o - \frac{\Delta y}{2} \frac{\partial \mathbf{D}}{\partial y}\bigg|_{\text{at } p_1} \right] \cdot d\mathbf{s}^4, \quad d\mathbf{s}^4 = -\Delta x \Delta z\, \mathbf{a}_y \tag{2.47d}$$

$$\mathbf{D}^5 \cdot d\mathbf{s}^5 = \left[\mathbf{D}_o + \frac{\Delta z}{2} \frac{\partial \mathbf{D}}{\partial z}\bigg|_{\text{at } p_1} \right] \cdot d\mathbf{s}^5, \quad d\mathbf{s}^5 = \Delta x \Delta y\, \mathbf{a}_z \tag{2.47e}$$

$$\mathbf{D}^6 \cdot d\mathbf{s}^6 = \left[\mathbf{D}_o - \frac{\Delta z}{2} \frac{\partial \mathbf{D}}{\partial z}\bigg|_{\text{at } p_1} \right] \cdot d\mathbf{s}^6, \quad d\mathbf{s}^6 = -\Delta x \Delta y\, \mathbf{a}_z \tag{2.47f}$$

여기서 $(\Delta x)^2$, $(\Delta y)^2$, $(\Delta z)^2$ 등을 포함하는 고차항들은 매우 작다고 가정하여 무시한다. 브라켓 내의 마이너스 부호는 주어진 면 S^i가 점 p_1에 대해 좌표축의 마이너스 방향으로 이동해 있음을 의미한다. 반면에 $d\mathbf{s}$ 표현식의 마이너스 부호는 $d\mathbf{s}$가 Δv의 바깥으로 향한다는 것을 의미한다. 여기서 주목할 것은, $\mathbf{D}_o$와 $\mathbf{D}$의 편미분은 Δv의 중심, 즉 점 p_1에서의 값들이지만 이들이 위 식에서처럼 브라켓으로 묶이면 면 S^i의 중심에서의 $\mathbf{D}$ 값을 의미한다. 즉 $\mathbf{D}^i$를 나타낸다.

식 (2.47)의 여섯 개 항들을 모두 더하면 다음과 같다.

$$\begin{aligned} &\mathbf{D}^1 \bullet d\mathbf{s}^1 + \mathbf{D}^2 \bullet d\mathbf{s}^2 + \mathbf{D}^3 \bullet d\mathbf{s}^3 + \mathbf{D}^4 \bullet d\mathbf{s}^4 + \mathbf{D}^5 \bullet d\mathbf{s}^5 + \mathbf{D}^6 \bullet d\mathbf{s}^6 \\ &= \Delta x \Delta y \Delta z \left[\left(\left.\frac{\partial \mathbf{D}}{\partial x}\right|_{\text{at } p_1} \right) \bullet \mathbf{a}_x + \left(\left.\frac{\partial \mathbf{D}}{\partial y}\right|_{\text{at } p_1} \right) \bullet \mathbf{a}_y + \left(\left.\frac{\partial \mathbf{D}}{\partial z}\right|_{\text{at } p_1} \right) \bullet \mathbf{a}_z \right] \\ &= \Delta x \Delta y \Delta z \left[\left.\frac{\partial D_x}{\partial x}\right|_{\text{at } p_1} + \left.\frac{\partial D_y}{\partial y}\right|_{\text{at } p_1} + \left.\frac{\partial D_z}{\partial z}\right|_{\text{at } p_1} \right] \end{aligned} \tag{2.48}$$

여기서 $\partial \mathbf{D} / \partial x = (\partial D_x / \partial x)\mathbf{a}_x + (\partial D_y / \partial x)\mathbf{a}_y + (\partial D_z / \partial x)\mathbf{a}_z$이고 다른 편미분들도 비슷한 방법으로 계산한다.

식 (2.46)과 (2.48)을 식 (2.45)에 대입하고 관계식 $\Delta v = \Delta x \Delta y \Delta z$를 사용하면, 직각좌표계에서 $\mathbf{D}$의 다이버전스는 다음과 같이 주어진다.

$$div\,\mathbf{D} = \frac{\partial D_x}{\partial x} + \frac{\partial D_y}{\partial y} + \frac{\partial D_z}{\partial z} \tag{2.49}$$

$div\,\mathbf{D}$는 3차원 공간에서 하나의 스칼라장을 형성한다. 또한 $div\,\mathbf{D}$는 비록 $\mathbf{D}$의 편미분으로 표시되지만, 이것은 수학적으로 단위 체적당 $\mathbf{D}$의 폐면적분이고, 물리적으로는 단위 체적당 바깥으로의 순선속을 의미한다. 따라서 공간상 한 점에서 다이버전스가 영이 아니면 그 점에 원천 혹은 싱크가 존재한다는 것을 의미한다. 만약 $div\,\mathbf{D}$가 영이면 $\mathbf{D}$는 **무 다이버전스**(divergenceless)라고 불린다.

델 연산자를 이용하면 $\mathbf{D}$의 다이버전스를 다음과 같이 더욱 간략한 형태로 표시할 수 있다.

$$div\,\mathbf{D} = \nabla \bullet \mathbf{D} \tag{2.50}$$

비슷한 방법으로 다른 좌표계에서의 $div\,\mathbf{D}$의 표현식을 구할 수 있는데 일반적인 직교 좌표계 (u, v, w)에서의 $\mathbf{D}$의 다이버전스는 다음과 같다.

$$\nabla \bullet \mathbf{D} = \frac{1}{h_1 h_2 h_3}\left[\frac{\partial}{\partial u}(h_2 h_3 D_u) + \frac{\partial}{\partial v}(h_1 h_3 D_v) + \frac{\partial}{\partial w}(h_1 h_2 D_w)\right] \tag{2.51}$$

여기서 h_1, h_2, h_3는 식 (2.38a) ~ (2.38c)에 주어진 메트릭상수들이다.

세 좌표계에서 **D**의 다이버전스를 다시 쓰면 다음과 같다.

$$\nabla \cdot \mathbf{D} = \frac{\partial D_x}{\partial x} + \frac{\partial D_y}{\partial y} + \frac{\partial D_z}{\partial z} \qquad \text{(직각)} \tag{2.52a}$$

$$\nabla \cdot \mathbf{D} = \frac{1}{\rho}\frac{\partial}{\partial \rho}(\rho D_\rho) + \frac{1}{\rho}\frac{\partial D_\phi}{\partial \phi} + \frac{\partial D_z}{\partial z} \qquad \text{(원통)} \tag{2.52b}$$

$$\nabla \cdot \mathbf{D} = \frac{1}{R^2}\frac{\partial}{\partial R}(R^2 D_R) + \frac{1}{R\sin\theta}\frac{\partial}{\partial \theta}(D_\theta \sin\theta) + \frac{1}{R\sin\theta}\frac{\partial D_\phi}{\partial \phi} \qquad \text{(구)} \tag{2.52c}$$

비록 델 연산자는 직각좌표계에서만 정의되지만, $\nabla \cdot \mathbf{D}$는 원통 혹은 구좌표계에서의 **D**의 다이버전스를 의미한다. 그러나 이때는 ∇과 **D** 사이의 점곱으로 해석하지 않는다.

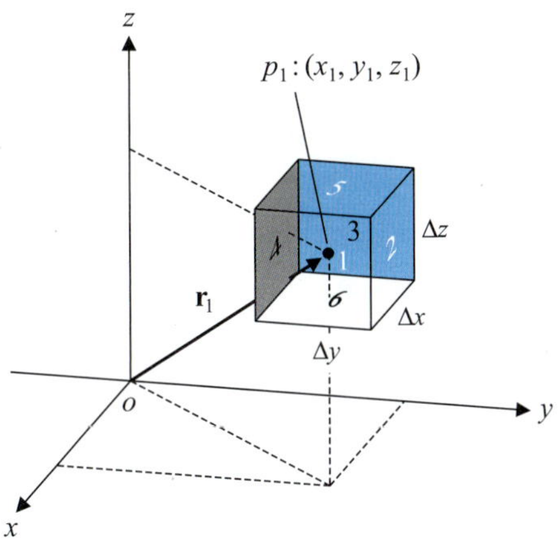

[그림 2-13] 미소체적 $\Delta v = \Delta x \Delta y \Delta z$의 직각육면체

예제 2-10

구좌표계의 영역 $R > 0$에서 다음 벡터장들의 다이버전스를 구하라.

(a) $\mathbf{D} = \frac{1}{R^2}\mathbf{a}_R$

(b) $\mathbf{A} = \frac{1}{R}\mathbf{a}_R$

풀이

(a) **D**의 다이버전스를 구하면 다음과 같다.

$$\nabla \cdot \mathbf{D} = \frac{1}{R^2}\frac{\partial}{\partial R}\left(R^2 \frac{1}{R^2}\right) = 0 \tag{2.53a}$$

다이버전스가 영인 벡터장을 **솔레노이드장**(solenoidal field)이라 부른다.

(b) **A**의 다이버전스를 구하면 다음과 같다.

$$\nabla \cdot \mathbf{A} = \frac{1}{R^2}\frac{\partial}{\partial R}\left(R^2 \frac{1}{R}\right) = \frac{1}{R^2} \tag{2.53b}$$

D와 **A**의 선속을 종이에 그리면 비록 [그림 2-12(c)]와 동일하게 보일 수 있지만, **D**와 **A**의 다이버전스는 공간상에서 그 값들이 서로 다르다. **D**의 다이버전스가 영이라는 것은 주어진 영역 $R > 0$에서 원천 혹은 싱크가 존재하지 않는다는 것을 의미한다. 반면에 **A**의 다이버전스는 영이 아닌데 이것은 벡터장 **A**의 원천이 주어진 영역에 분산되어 존재함을 의미한다. 그러면 과연 벡터장 **D**의 원천은 어디에 존재하는가? 원점을 둘러싸는 하나의 구면 위에서 **D**의 폐면적분을 계산하면 그 값은 항상 일정하다. 따라서 원점에 이 벡터장의 점형태 원천이 존재한다는 것을 알 수 있다 ([유제 2.17] 참조).

가장 간단한 다이버전스 원천은 3차원 공간에서 점형태로 주어진다. 이것으로부터 발생하는 벡터장은 원천으로부터 사방으로 내뻗치는데, 그 크기는 원천으로부터 거리의 제곱에 반비례해야 한다. 그 이유는 이 원천을 둘러싸는 구의 표면적은 거리 제곱에 비례하고, 이것을 통과하는 총 선속은 보존되기 때문이다. 위의 벡터장 **D**는 원점에 **특이점**(singularity)이 존재하고 이 점에서는 미분 불가능이다. 그러나 관찰점은 결코 원천점과 일치하지 않는다. 그 이유는 이미 원천에 의해 점령된 지점에 탐지기를 놓고 해당 벡터장을 측정할 수 없기 때문이다. 만약 많은 수의 점형태 원천이 주어진 영역에 밀집되어 있으면 이들을 연속적인 원천으로 취급하는 것이 더 편리하다. 이것을 **분산원천**(distributed source)이라 부르며 단위 체적당 원천의 개수로 측정한다. 만약 단위 원천이 단위 선속을 발생시킨다면 선속밀도의 다이버전스는 그 점의 분산원천의 값과 직접적으로 연관된다.

예제 2-11

벡터 항등식 $\nabla \cdot (V\mathbf{A}) = (\nabla V) \cdot \mathbf{A} + V(\nabla \cdot \mathbf{A})$를 증명하라.

풀이

일반적인 표현식 $\mathbf{A} = A_x \mathbf{a}_x + A_y \mathbf{a}_y + A_z \mathbf{a}_z$를 대입하면 다음과 같다.

$$\begin{aligned}\nabla \cdot (V\mathbf{A}) &= \left[\frac{\partial}{\partial x}(VA_x) + \frac{\partial}{\partial y}(VA_y) + \frac{\partial}{\partial z}(VA_z)\right] \\ &= \left[\frac{\partial V}{\partial x}A_x + \frac{\partial V}{\partial y}A_y + \frac{\partial V}{\partial z}A_z\right] + \left[V\frac{\partial A_x}{\partial x} + V\frac{\partial A_y}{\partial y} + V\frac{\partial A_z}{\partial z}\right]\end{aligned}$$

이것을 벡터형태로 정리하면 다음과 같다.

$$\nabla \cdot (V\mathbf{A}) = \left(\frac{\partial V}{\partial x}\mathbf{a}_x + \frac{\partial V}{\partial y}\mathbf{a}_y + \frac{\partial V}{\partial z}\mathbf{a}_z\right) \cdot \left(A_x\mathbf{a}_x + A_y\mathbf{a}_y + A_z\mathbf{a}_z\right) + V\left(\frac{\partial A_x}{\partial x} + \frac{\partial A_y}{\partial y} + \frac{\partial A_z}{\partial z}\right)$$

그러므로 다음 식이 성립되는 것을 알 수 있다.

$$\nabla \cdot (V\mathbf{A}) = (\nabla V) \cdot \mathbf{A} + V(\nabla \cdot \mathbf{A}) \tag{2.54}$$

유제 2.14 다음 벡터장들의 다이버전스를 점 $(x, y, z) = (1, 1, \sqrt{6})$에서 구하라.

(a) $\mathbf{A} = x^2\mathbf{a}_x + 3z\,\mathbf{a}_y + yz\,\mathbf{a}_z$

(b) $\mathbf{B} = (3\cos\phi / R^2)\mathbf{a}_R + (4\sin\theta / R)\mathbf{a}_\theta - 2\mathbf{a}_\phi$

Ans (a) 3, (b) $\sqrt{3}/2$

유제 2.15 **D**의 단위가 제곱 미터당 쿨롱이면 $\nabla \cdot \mathbf{D}$의 단위는?

Ans 세제곱 미터당 쿨롱

유제 2.16 벡터장 $\mathbf{D(r)} = \mathbf{A}\cos(\mathbf{k} \cdot \mathbf{r})$이 위치벡터 **r**과 상수 벡터 **A**와 **k**를 이용해 표시되었다. **D**가 솔레노이드장이 되기 위한 조건을 구하라.

Ans $\mathbf{A} \perp \mathbf{k}$

유제 2.17 [예제 2-10]에 주어진 벡터장 **D**와 **A**의 원천이 원점에 존재한다면 그 크기는 얼마인가? (단위 원천이 단위 선속을 발생시킨다고 가정).

Ans (a) $\oint_S \mathbf{D} \cdot d\mathbf{s} = 4\pi$, (b) $\oint_S \mathbf{A} \cdot d\mathbf{s} = 4\pi R$, $\lim_{\Delta v \to 0} \oint_S \mathbf{A} \cdot d\mathbf{s} \Rightarrow 0$

2.4.2 다이버전스 정리

다이버전스 정리는 다이버전스의 정의로부터 직접적으로 유도된다. 즉, $\nabla \cdot \mathbf{D}$의 체적적분은 그 체적을 둘러싼 폐곡면 위에서의 $\mathbf{D}$의 면적분과 동일하다. 다이버전스 정리는 수학적으로 다음과 같이 나타낼 수 있다.

$$\int_{\mathcal{V}} \nabla \cdot \mathbf{D}\, dv = \oint_S \mathbf{D} \cdot d\mathbf{s} \tag{2.55}$$

여기서 S는 체적 $\mathcal{V}$를 둘러싸는 폐곡면이고, $d\mathbf{s}$는 면 S에 수직인 미분 면적벡터인데 항상 주어진 체적의 바깥 방향으로 향한다.

다이버전스 정리를 증명하기 위해 [그림 2-14]와 같은 하나의 유한 체적 $\mathcal{V}$와 그것을 둘러싸는 폐곡면 S가 필요하다. 우선 주어진 체적을 많은 수의 작은 미소 체적들로 나눈다. 그림에서 세 미소 체적 Δv_{k-1}, Δv_k, Δv_{k+1}은 서로 맞닿아 있고 이들의 윗면은 면 S의 일부분에 해당한다. 이 경우 Δv_k의 여섯 경계면들 중에서 맨 윗면을 제외한 다섯 개는 인접한 두 미소 체적 사이의 경계면이기도 하다. 이렇게 공유된 경계면에서의 미분 면적벡터는 그 경계면이 어느 미소 체적에 속해 있는 지에 따라 그 방향이 정반대로 주어진다.

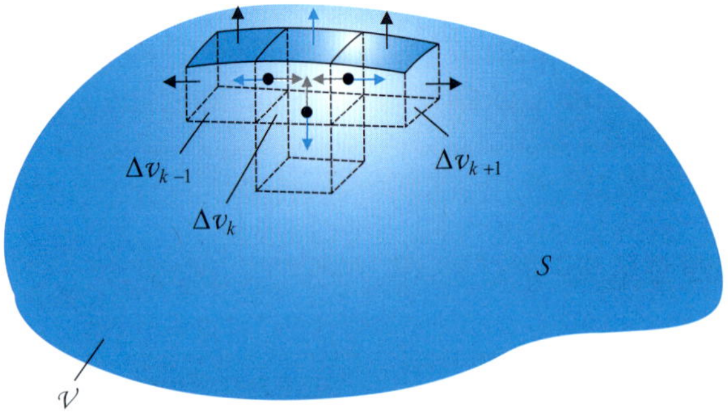

[그림 2-14] 폐곡면 S에 둘러싸인 체적 $\mathcal{V}$가 미소 체적들로 나뉨

미소 체적 Δv_k에서의 $\mathbf{D}$의 다이버전스는 다음과 같이 표시된다.

$$(\nabla \cdot \mathbf{D})_{\Delta v_k} = \lim_{\Delta v_k \to 0} \frac{\oint_{\Delta s_k} \mathbf{D} \cdot d\mathbf{s}}{\Delta v_k} \tag{2.56}$$

여기서 Δs_k는 Δv_k를 둘러싸는 경계면이다. 식 (2.56)의 양변에 Δv_k를 곱하면 다음과 같다.

$$\lim_{\Delta v_k \to 0}\left[(\nabla \cdot \mathbf{D})_{\Delta v_k} \Delta v_k\right] = \lim_{\Delta s_k \to 0}\left[\oint_{\Delta s_k} \mathbf{D} \cdot d\mathbf{s}\right] \tag{2.57}$$

오른쪽에 있는 브라켓 항은 Δv_k를 빠져나가는 선속을 의미한다. 이 선속은 공간상에서 보존되므로 결국 바깥 경계면 S를 손실없이 통과하게 된다. 이러한 논리에 의하면 면 S를 통과하는 총 선속은 각각의 미소 체적을 빠져나온 선속들의 합이다. 이를 수식으로 나타내면 다음과 같다.

$$\oint_S \mathbf{D} \cdot d\mathbf{s} = \sum_{k=1}^{k=N} \left[\oint_{\Delta s_k} \mathbf{D} \cdot d\mathbf{s} \right] \tag{2.58}$$

이 식을 수학적으로 다시 증명할 수 있다. 이 식의 오른쪽은 모든 미소 체적들의 모든 미소 면들 위에서의 $\mathbf{D}$의 면적분 값들의 합이다. 그런데 어떤 미소 면이 인접한 두 미소 체적에 의해 공유된다면 이 미소 면에서의 면적분은 서로 반대 방향의 $d\mathbf{s}$를 이용해 두 번 계산되고 따라서 이들 면적분은 서로 상쇄된다. 결론적으로 식 (2.58)의 오른쪽 항은 식 (2.58)의 왼쪽에 보인 것처럼 S 위에서의 $\mathbf{D}$의 폐면적분과 동일하다.

식 (2.57)을 모든 미소 체적에 적용하고 그들을 더한후 식 (2.58)을 이용하면 다음과 같다.

$$\lim_{N\to\infty} \sum_{k=1}^{k=N} \left[(\nabla \cdot \mathbf{D})_{\Delta v_k} \Delta v_k \right] = \oint_S \mathbf{D} \cdot d\mathbf{s} \tag{2.59}$$

만약 $N \to \infty$, $\Delta v_k \to 0$이면, 위 식의 왼쪽은 수학적 정의에 의해 $\nabla \cdot \mathbf{D}$의 $\mathcal{V}$에서의 체적적분이다. 따라서 다이버전스 정리는 증명된다.

예제 2-12

선속밀도 $\mathbf{A}(\mathbf{r}) = x^2 y \mathbf{a}_x - x^2 y \mathbf{a}_y + z \mathbf{a}_z$에 대해 한 변이 2이고 중심이 원점에 위치한 정육변체를 이용해 다이버전스 정리를 증명하라.

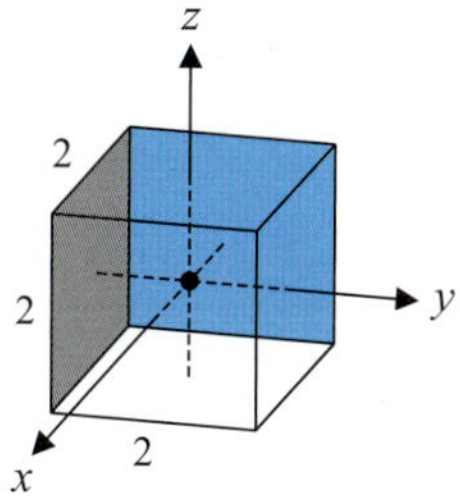

[그림 2-15] 정육면체

풀이

정육면체 각 면에서의 $\mathbf{A}$의 면적분은 다음과 같다.

• $x = 1$인 면

$$\int_{S_1} \mathbf{A} \cdot d\mathbf{s} = \int_{z=-1}^{z=1} \int_{y=-1}^{y=1} \left(x^2 y \mathbf{a}_x - x^2 y \mathbf{a}_y + z \mathbf{a}_z \right) \cdot (dy\,dz\,\mathbf{a}_x)$$
$$= (1)^2 \int_{y=-1}^{y=1} y\,dy \int_{z=-1}^{z=1} dz = 0$$

• $x = -1$인 면

$$\int_{S_2} \mathbf{A} \cdot d\mathbf{s} = \int_{z=-1}^{z=1}\int_{y=-1}^{y=1} \mathbf{A} \cdot (-dydz\,\mathbf{a}_x) = -(-1)^2\int_{y=-1}^{y=1} y\,dy \int_{z=-1}^{z=1} dz = 0$$

• $y = 1$인 면

$$\int_{S_3} \mathbf{A} \cdot d\mathbf{s} = \int_{z=-1}^{z=1}\int_{x=-1}^{x=1} \mathbf{A} \cdot (dxdz\,\mathbf{a}_y) = -(1)\int_{x=-1}^{x=1} x^2 dx \int_{z=-1}^{z=1} dz = -\frac{4}{3}$$

• $y = -1$인 면

$$\int_{S_4} \mathbf{A} \cdot d\mathbf{s} = \int_{z=-1}^{z=1}\int_{x=-1}^{x=1} \mathbf{A} \cdot (-dxdz\,\mathbf{a}_y) = (-1)\int_{x=-1}^{x=1} x^2 dx \int_{z=-1}^{z=1} dz = -\frac{4}{3}$$

• $z = 1$인 면

$$\int_{S_5} \mathbf{A} \cdot d\mathbf{s} = \int_{y=-1}^{y=1}\int_{x=-1}^{x=1} \mathbf{A} \cdot (dxdy\,\mathbf{a}_z) = (1)\int_{x=-1}^{x=1} dx \int_{y=-1}^{y=1} dy = 4$$

• $z = -1$인 면

$$\int_{S_6} \mathbf{A} \cdot d\mathbf{s} = \int_{y=-1}^{y=1}\int_{x=-1}^{x=1} \mathbf{A} \cdot (-dxdy\,\mathbf{a}_z) = -(-1)\int_{x=-1}^{x=1} dx \int_{y=-1}^{y=1} dy = 4$$

이 결과들을 결합하면 **A**의 폐면적분은 다음과 같다.

$$\oint_S \mathbf{A} \cdot d\mathbf{s} = \frac{16}{3} \tag{2.60a}$$

직각좌표계에서 **A**의 다이버전스는 다음과 같다.

$$\nabla \cdot \mathbf{A} = \frac{\partial}{\partial x}(x^2 y) + \frac{\partial}{\partial y}(-x^2 y) + \frac{\partial}{\partial z}(z) = 2xy - x^2 + 1$$

정육면체에서의 $\nabla \cdot \mathbf{A}$의 체적적분은 다음과 같다.

$$\begin{aligned}\int_V \nabla \cdot \mathbf{A}\, dv &= \int_{z=-1}^{z=1}\int_{y=-1}^{y=1}\int_{x=-1}^{x=1} (2xy - x^2 + 1)\, dxdydz \\ &= 2\int_{x=-1}^{x=1} x\,dx\int_{y=-1}^{y=1} y\,dy\int_{z=-1}^{z=1} dz - \int_{x=-1}^{x=1} x^2 dx\int_{y=-1}^{y=1} dy\int_{z=-1}^{z=1} dz \\ &\quad + \int_{x=-1}^{x=1} dx\int_{y=-1}^{y=1} dy\int_{z=-1}^{z=1} dz = \frac{16}{3}\end{aligned} \tag{2.60b}$$

식 (2.60a)와 (2.60b)의 결과는 동일하다. 따라서 다이버전스 정리가 증명됨을 알 수 있다.

예제 2-13

선속밀도 $\mathbf{B}(\mathbf{r}) = \sin\phi\,\mathbf{a}_\phi$에 대해 반지름 2, 높이 2, 중심이 원점에 위치한 원통을 이용해 다이버전스 정리를 증명하라.

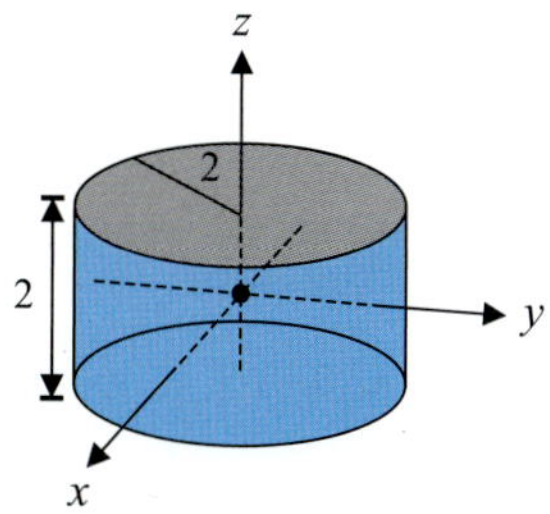

[그림 2-16] 원통

풀이

B의 폐면적분을 다음과 같이 세 부분으로 나눈다.

$$\int_{cylin} \mathbf{B} \cdot d\mathbf{s} = \int_{z=-1}^{z=1}\int_{\phi=0}^{\phi=2\pi} \sin\phi\,\mathbf{a}_\phi \cdot (2d\phi dz\,\mathbf{a}_\rho) = 0 \qquad \text{(원통면)}$$

$$\int_{top} \mathbf{B} \cdot d\mathbf{s} = \int_{\phi=0}^{\phi=2\pi}\int_{\rho=0}^{\rho=2} \sin\phi\,\mathbf{a}_\phi \cdot (\rho d\rho d\phi\,\mathbf{a}_z) = 0 \qquad \text{(윗면)}$$

$$\int_{bottom} \mathbf{B} \cdot d\mathbf{s} = \int_{\phi=0}^{\phi=2\pi}\int_{\rho=0}^{\rho=2} \sin\phi\,\mathbf{a}_\phi \cdot (-\rho d\rho d\phi\,\mathbf{a}_z) = 0 \qquad \text{(아랫면)}$$

따라서 **B**의 폐면적분을 구하면 다음과 같다.

$$\oint_S \mathbf{B} \cdot d\mathbf{s} = \int_{cylind} \mathbf{B} \cdot d\mathbf{s} + \int_{top} \mathbf{B} \cdot d\mathbf{s} + \int_{bottom} \mathbf{B} \cdot d\mathbf{s} = 0 \tag{2.61a}$$

원통좌표계에서 **B**의 다이버전스는 다음과 같다.

$$\nabla \cdot \mathbf{B} = \frac{1}{\rho}\frac{\partial}{\partial\rho}(\rho B_\rho) + \frac{1}{\rho}\frac{\partial B_\phi}{\partial\phi} + \frac{\partial B_z}{\partial z} = \frac{1}{\rho}\cos\phi \tag{2.61b}$$

따라서 $\nabla \cdot \mathbf{B}$의 원통 내에서의 체적적분은 다음과 같다.

$$\int_v \nabla \cdot \mathbf{B}\, dv = \int_{z=-1}^{z=1}\int_{\phi=0}^{\phi=2\pi}\int_{\rho=0}^{\rho=2} \frac{1}{\rho}(\cos\phi)\rho\, d\rho d\phi dz = 4\sin\phi\Big|_{\phi=0}^{\phi=2\pi} = 0 \tag{2.61c}$$

식 (2.61a)와 (2.61c)의 결과가 같으므로 다이버전스 정리가 증명됨을 알 수 있다.

식 (2.61c)와 같이 체적적분이 영이더라도, 식 (2.61b)에서 보듯이 원통 내에서 $\nabla \cdot \mathbf{B}$는 영이 아니다. 이것은 영역 $-\pi/2 < \phi < \pi/2$에 위치한 분산원천($\nabla \cdot \mathbf{B} > 0$)에 의한 선속이 영역 $\pi/2 < \phi < 3\pi/2$에 위치한 분산싱크($\nabla \cdot \mathbf{B} < 0$)에서 모두 끝난다는 것을 보여준다. 즉, 다이버전스는 공간 내의 원천 혹은 싱크의 존재 여부를 탐지하는 데 매우 유용하다.

예제 2-14

구좌표계에서 벡터장 $\mathbf{A}(\mathbf{r}) = (1/R^2)\mathbf{a}_R$이 주어질 [그림 2-17]과 같은 안쪽 반지름이 R_1, 바깥쪽 반지름이 R_2인 구 껍질 형태의 영역에서 다이버전스 정리를 증명하라.

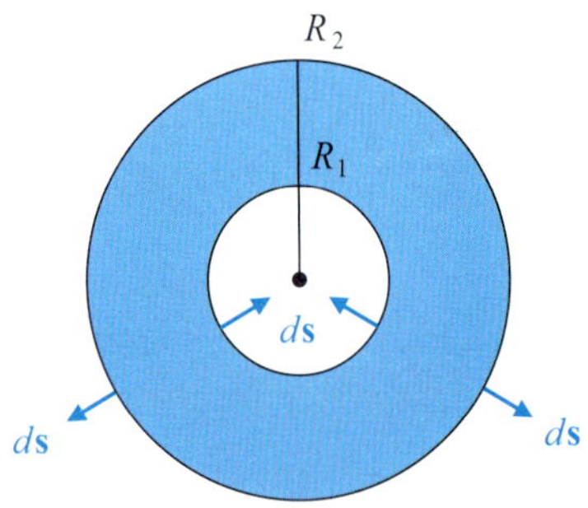

[그림 2-17] 구 껍질

풀이

미분 면적벡터는 항상 밖으로 향하므로 바깥 구에서 $d\mathbf{s}$는 $\mathbf{a}_R$ 방향으로, 안쪽 구에서는 $-\mathbf{a}_R$ 방향으로 향한다.

이런 경계면에서 $\mathbf{A}$의 면적분은 다음과 같이 주어진다.

$$\int_{outer} \mathbf{A} \cdot d\mathbf{s} = \int_{\phi=0}^{\phi=2\pi}\int_{\theta=0}^{\theta=\pi} \frac{1}{R_2^2}\mathbf{a}_R \cdot (R_2^2 \sin\theta\, d\theta d\phi\, \mathbf{a}_R) = 4\pi \tag{2.62a}$$

$$\int_{inner} \mathbf{A} \cdot d\mathbf{s} = \int_{\phi=0}^{\phi=2\pi}\int_{\theta=0}^{\theta=\pi} \frac{1}{R_1^2}\mathbf{a}_R \cdot (-R_1^2 \sin\theta\, d\theta d\phi\, \mathbf{a}_R) = -4\pi \tag{2.62b}$$

따라서 $\mathbf{A}$의 폐면적분은 다음과 같다.

$$\oint_S \mathbf{A} \cdot d\mathbf{s} = 4\pi - 4\pi = 0 \tag{2.62c}$$

그 다음, 구좌표계에서 $\mathbf{A}$의 다이버전스는 다음과 같다.

$$\nabla \cdot \mathbf{A} = \frac{1}{R^2}\frac{\partial}{\partial R}\left(R^2 \frac{1}{R^2}\right) = 0 \tag{2.62d}$$

그러므로 다이버전스 정리는 증명된다.

식 (2.62a)와 (2.62b)에서 보듯이 선속 4π가 안쪽 구를 통해 구 껍질 안으로 들어가고, 선속 4π가 바깥 구를 통해 밖으로 빠져나온다. 또한 구 껍질 내에서 $\nabla \cdot \mathbf{A} = 0$인데 이것은 이 영역에서 선속이 발생되거나 사라지지 않는다는 것을 의미한다.

유제 2.18 **A**가 체적 $\mathcal{V}$ 내에서 영이 아니더라도 어떤 조건에서 $\mathcal{V}$의 경계면에서 **A**의 폐면적분이 영이되는가?

Ans $\mathcal{V}$ 내에 원천 혹은 싱크가 없거나, 혹은 $\mathcal{V}$ 내의 원천에서 나온 선속이 모두 $\mathcal{V}$ 내의 싱크에서 끝남

복습문제

Q2.20 *div* **D**를 정의하라. **A** 식 (2.45)

Q2.21 공간상 한 점에서 $\nabla \cdot \mathbf{A} = 0$이면 그 점에서 $\mathbf{A} = 0$인가? **A** 식 (2.45)

Q2.22 세 좌표계에서 *div* **D**의 표현식은? **A** 식 (2.52)

Q2.23 솔레노이드장이 무엇인가? **A** [예제 2-10]

Q2.24 다이버전스 정리를 설명하라. **A** 식 (2.55)

Q2.25 $\nabla \cdot \mathbf{D}$가 **D**의 분산원천과 직접적으로 관련이 있는가? **A** 식 (2.57)

Q2.26 선속밀도의 분산원천은 어떤 단위를 가지나? **A** [유제 2.15]

Q2.27 선속밀도의 점원천을 어떻게 탐지하나? **A** [유제 2.17]

Q2.28 다이버전스 정리의 용도는 무엇인가? **A** 식 (2.55)

2.5 컬 및 스토크스 정리

앞에서 설명한 것처럼 한 점 p_1에서 하나의 벡터장 **H**의 C 위에서의 순환은 점 p_1에 중심을 둔 폐곡선 C를 따라 계산한 **H**의 폐선적분이다. 가장 간단한 **순환원천**(circulation source)은 직선 형태를 띠며 그 주위에 동심원 형태의 선속을 발생시킨다.

이 절에서 **컬**(curl)은 폐곡선 형태의 적분 경로가 동일한 순환원천을 둘러싸면 주어진 벡터장의 원천 주위로의 순환은 일정하다는 사실에 기초한다. 컬은 미분 연산자인데, 단위 길이당 스칼라량을 나타내는 벡터장에 적용되며, 주어진 벡터장의 순환을 적분 경로에 둘러싸인 순환원천에 직접적으로 연관시키는 목적으로 사용된다. **스토크스 정리**(Stokes's theorem)는 컬의 정의로부터 유도되는데, 이것은 폐선적분을 면적분으로 환산하는 데 매우 유용하고, 그 반대로도 마찬가지이다.

2.5.1 벡터장의 컬

벡터장 **H**의 컬은 *curl* **H**로 표기되는데, 이것은 공간상의 또 다른 벡터장이다. 컬의 정의는 공간상 주어진 점을 중심으로 하는 가상의 폐곡선 혹은 루프를 필요로 한다. 즉, 점 p_1에서 *curl* **H**의 $\mathbf{a}_k$-방향으로의 성분은 p_1을 포함하고 $\mathbf{a}_k$에 수직인 평면에서 중심이 p_1인 루프를 따라 계산한 **H**의 순환을 루프 면적으로 나눈 것의 극한값이다. 수학적으로 *curl* **H**의 k-방향 성분은 다음과 같이 표시된다.

$$(curl\,\mathbf{H})\bullet\mathbf{a}_k = \lim_{\Delta s\to 0}\frac{\oint_C \mathbf{H}\bullet d\mathbf{l}}{\Delta s} \tag{2.63}$$

여기서 C는 점 p_1을 지나면서 $\mathbf{a}_k$에 수직인 평면 위에서의 폐곡선이고, Δs는 그 폐곡선의 면적이다. 미소면 Δs에 수직인 미분 면석벡터 $d\mathbf{s}$의 방향(즉 $\mathbf{a}_k$의 방향)과 루프 C 위에서의 미분 길이벡터 $d\mathbf{l}$의 방향은 오른손규칙을 따른다. 즉, 오른손 네 손가락이 $d\mathbf{l}$ 방향으로 선회할 때 오른손 엄지는 $d\mathbf{s}$ 방향을 가리킨다.

식 (2.63)을 이용하여 구한 x-, y-, z-성분들을 조합하면 직각좌표계에서의 *curl* **H**를 구할 수 있다. *curl* **H**는 또 다른 방법으로 정의될 수 있다. 즉, 점 p_1에서 **H**의 컬은 하나의 벡터인데, 그 크기는 p_1 주위로의 단위 면적당 **H**의 순환 중에서 최대값이고, 그 방향은 이러한 값이 가능하도록 선택된 루프에 수직인 방향이다. 이것을 수학적으로 표시하면 다음과 같다.

$$curl\,\mathbf{H} = \lim_{\Delta s\to 0}\frac{\oint_C \mathbf{H}\bullet d\mathbf{l}}{\Delta s}\mathbf{a}_n \tag{2.64}$$

여기서 C는 점 p_1에 중심을 둔, 최대 순환이 발생할 때의 적분 경로이다. Δs는 이 루프의 면적이고, $\mathbf{a}_n$은 루프면에 수직인 방향으로 향하면서 오른손규칙을 따른다.

식 (2.63)에서는 단위벡터 $\mathbf{a}_k$가 먼저 주어지면 이것에 수직인 평면 위에서 루프를 선택하고, 이 루프를 따라 **H**의 순환을 계산하여 *curl* **H**의 $\mathbf{a}_k$-방향 성분을 구한다. 반면에 식 (2.64)에 따르면 단위 면적당 최대 순환이 얻어지는 루프의 방향을 정한 다음, 이 최대값에 루프면에 수직인 단위벡터 $\mathbf{a}_k$을 붙여서 *curl* **H**를 구한다. 그러면 여기서 한 가지 의문이 생기는데, 식 (2.63)에서 구한 *curl* **H**가 식 (2.64)에서와 같이 **단위 면적당 H의 최대 순환**을 의미하는 가이다.

이것을 증명하기 위해 [그림 2-18]을 사용한다.

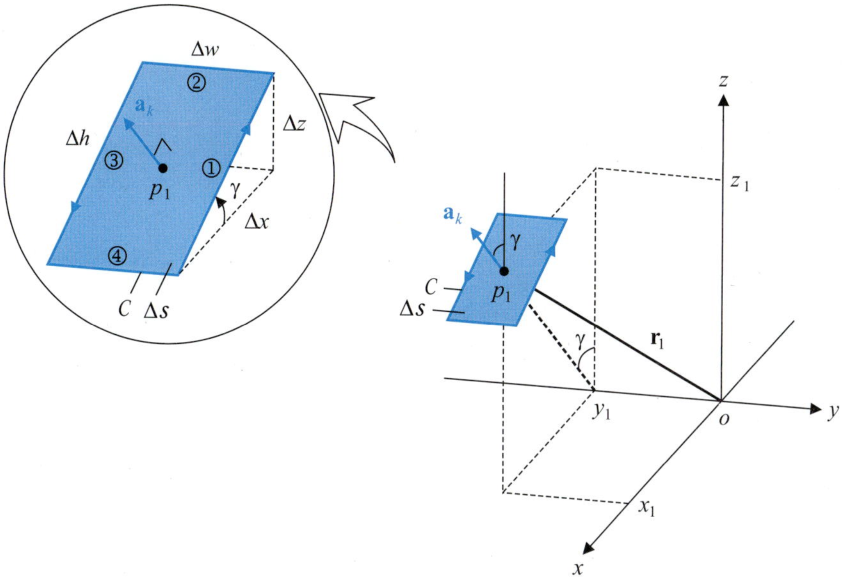

[그림 2-18] 직사각형 루프를 이용한 $(curl\ \mathbf{H}) \cdot \mathbf{a}_k$의 계산

우선 점 p_1에서 $curl\ \mathbf{H}$의 임의의 방향 $\mathbf{a}_k$로의 $curl\ \mathbf{H}$의 성분을 구하기 위해 이 점 주위로 하나의 직사각형 루프를 가정한다. 예를 들어 $\mathbf{a}_k = \sin\gamma\, \mathbf{a}_x + \cos\gamma\, \mathbf{a}_z$라고 했을 때 직사각형 루프는 p_1에 그 중심을 두고 그 표면이 $\mathbf{a}_k$에 수직이어야 한다. 이후에 이 루프는 점점 작아져서 점 p_1에 수렴하므로 이 루프 위에서의 $\mathbf{H}$의 순환을 다음과 같이 간단히 표시할 수 있다.

$$\lim_{\Delta s \to 0} \oint_C \mathbf{H} \cdot d\mathbf{l} = \lim_{\Delta s \to 0} \left[\mathbf{H}^1 \cdot d\mathbf{l}^1 + \mathbf{H}^2 \cdot d\mathbf{l}^2 + \mathbf{H}^3 \cdot d\mathbf{l}^3 + \mathbf{H}^4 \cdot d\mathbf{l}^4 \right] \tag{2.65}$$

여기서 위 첨자 1은 루프의 변 ①을 의미하며 이 변에서 $\mathbf{H}$는 상수로 가정한다. 즉, $\mathbf{H}^1$은 상수이다. 루프의 네 변은 점 p_1에 수렴하므로 이들 네 변에서의 $\mathbf{H}$ 값을 p_1을 중심으로 한 테일러 급수로 전개하면 편리하다.

$$\mathbf{H}^1 \cdot d\mathbf{l}^1 = \left[\mathbf{H}_o + \frac{\Delta w}{2} \frac{\partial \mathbf{H}}{\partial y}\bigg|_{\text{at } p_1} \right] \cdot d\mathbf{l}^1 \qquad (d\mathbf{l}^1 = -\Delta x\, \mathbf{a}_x + \Delta z\, \mathbf{a}_z) \tag{2.66a}$$

$$\mathbf{H}^2 \cdot d\mathbf{l}^2 = \left[\mathbf{H}_o - \frac{\Delta x}{2} \frac{\partial \mathbf{H}}{\partial x}\bigg|_{\text{at } p_1} + \frac{\Delta z}{2} \frac{\partial \mathbf{H}}{\partial z}\bigg|_{\text{at } p_1} \right] \cdot d\mathbf{l}^2 \qquad (d\mathbf{l}^2 = -\Delta w\, \mathbf{a}_y) \tag{2.66b}$$

$$\mathbf{H}^3 \cdot d\mathbf{l}^3 = \left[\mathbf{H}_o - \frac{\Delta w}{2} \frac{\partial \mathbf{H}}{\partial y}\bigg|_{\text{at } p_1} \right] \cdot d\mathbf{l}^3 \qquad (d\mathbf{l}^3 = \Delta x\, \mathbf{a}_x - \Delta z\, \mathbf{a}_z) \tag{2.66c}$$

$$\mathbf{H}^4 \cdot d\mathbf{l}^4 = \left[\mathbf{H}_o + \frac{\Delta x}{2} \frac{\partial \mathbf{H}}{\partial x}\bigg|_{\text{at } p_1} - \frac{\Delta z}{2} \frac{\partial \mathbf{H}}{\partial z}\bigg|_{\text{at } p_1} \right] \cdot d\mathbf{l}^4 \qquad (d\mathbf{l}^4 = \Delta w\, \mathbf{a}_y) \tag{2.66d}$$

여기서 테일러 급수의 고차항들은 무시한다. 비록 $\mathbf{H}_o$와 $\mathbf{H}$의 편미분들은 점 p_1에서 그 값들이 정해지지만, 위 식의 브라켓 항은 직사각형 루프의 해당 변에서의 $\mathbf{H}$ 값을 나타낸다. 식 (2.66a) ~ (2.66d)의 항들을 더하면 다음과 같다.

$$\begin{aligned}
&(\mathbf{H}^1 \cdot d\mathbf{l}^1 + \mathbf{H}^3 \cdot d\mathbf{l}^3) + (\mathbf{H}^2 \cdot d\mathbf{l}^2 + \mathbf{H}^4 \cdot d\mathbf{l}^4) \\
&= -\Delta w \Delta x \left(\mathbf{a}_x \cdot \left.\frac{\partial \mathbf{H}}{\partial y}\right|_{p1} \right) + \Delta w \Delta z \left(\mathbf{a}_z \cdot \left.\frac{\partial \mathbf{H}}{\partial y}\right|_{p1} \right) \\
&\quad + \Delta w \Delta x \left(\mathbf{a}_y \cdot \left.\frac{\partial \mathbf{H}}{\partial x}\right|_{p1} \right) - \Delta w \Delta z \left(\mathbf{a}_y \cdot \left.\frac{\partial \mathbf{H}}{\partial z}\right|_{p1} \right) \\
&= \Delta w \Delta z \left(\left.\frac{\partial H_z}{\partial y}\right|_{p1} - \left.\frac{\partial H_y}{\partial z}\right|_{p1} \right) + \Delta w \Delta x \left(\left.\frac{\partial H_y}{\partial x}\right|_{p1} - \left.\frac{\partial H_x}{\partial y}\right|_{p1} \right)
\end{aligned} \tag{2.67}$$

여기서 $\partial \mathbf{H}/\partial x = (\partial H_x/\partial x)\mathbf{a}_x + (\partial H_y/\partial x)\mathbf{a}_y + (\partial H_z/\partial x)\mathbf{a}_z$이고, y와 z에 대한 편미분도 비슷한 방법으로 계산한다.

그 다음, 식 (2.65)와 (2.67)을 식 (2.63)에 대입하고 관계식 $\Delta s = \Delta w \Delta h$를 사용하면 다음을 얻을 수 있다.

$$\begin{aligned}
(curl\,\mathbf{H})_k &= \lim_{\Delta s \to 0} \left\{ \frac{\Delta z}{\Delta h} \left(\left.\frac{\partial H_z}{\partial y}\right|_{p1} - \left.\frac{\partial H_y}{\partial z}\right|_{p1} \right) + \frac{\Delta x}{\Delta h} \left(\left.\frac{\partial H_y}{\partial x}\right|_{p1} - \left.\frac{\partial H_x}{\partial y}\right|_{p1} \right) \right\} \\
&= \sin\gamma \left(\frac{\partial H_z}{\partial y} - \frac{\partial H_y}{\partial z} \right) + \cos\gamma \left(\frac{\partial H_y}{\partial x} - \frac{\partial H_x}{\partial y} \right)
\end{aligned} \tag{2.68}$$

여기서 [그림 2-18]에서 구한 식 $\Delta z / \Delta h = \sin\gamma$와 $\Delta x / \Delta h = \cos\gamma$가 사용되었다.

식 (2.68)에 $\gamma = 90°$를 대입하면 $\mathbf{a}_k$는 $\mathbf{a}_x$-방향으로 향하므로 $curl\,\mathbf{H}$의 x-성분을 구할 수 있다.

$$(curl\,\mathbf{H})_x = \frac{\partial H_z}{\partial y} - \frac{\partial H_y}{\partial z} \tag{2.69a}$$

또한 식 (2.68)에 $\gamma = 0°$를 대입하면 z-방향 성분을 구할 수 있다.

$$(curl\,\mathbf{H})_z = \frac{\partial H_y}{\partial x} - \frac{\partial H_x}{\partial y} \tag{2.69b}$$

지금까지의 방법과 비슷한 방법으로 y-성분을 다음과 같이 구할 수 있다.

$$(curl\,\mathbf{H})_y = \frac{\partial H_x}{\partial z} - \frac{\partial H_z}{\partial x} \tag{2.69c}$$

여기서 식 (2.69a)와 (2.69b)를 식 (2.68)에 대입하고 관계식 $\mathbf{a}_x \cdot \mathbf{a}_k = \sin\gamma$와 $\mathbf{a}_z \cdot \mathbf{a}_k = \cos\gamma$를 사용한 후, 추가로 y-방향 성분을 포함시켜서 이 식을 3차원 공간의 임의의 방향 $\mathbf{a}_t$로 확장한다.

$$\begin{aligned}(curl\,\mathbf{H})_t &= (curl\,\mathbf{H})_x \mathbf{a}_x \cdot \mathbf{a}_t + (curl\,\mathbf{H})_y \mathbf{a}_y \cdot \mathbf{a}_t + (curl\,\mathbf{H})_z \mathbf{a}_z \cdot \mathbf{a}_t \\ &= \left[(curl\,\mathbf{H})_x \mathbf{a}_x + (curl\,\mathbf{H})_y \mathbf{a}_y + (curl\,\mathbf{H})_z \mathbf{a}_z\right] \cdot \mathbf{a}_t\end{aligned} \tag{2.70}$$

식 (2.70)은 $\mathbf{a}_t$-방향으로의 $curl$ $\mathbf{H}$의 성분을 식 (2.63)에 따라 구한 것인데, 이 식의 오른쪽 브라켓 항은 수학적으로 벡터 $curl$ $\mathbf{H}$의 성분형태 표시이다. 만약 임의의 단위벡터 $\mathbf{a}_t$가 벡터 $curl$ $\mathbf{H}$의 방향으로 향하면 식 (2.70)의 오른쪽은 최대치에 도달하고 그 왼쪽 항은 단위 면적당 $\mathbf{H}$ 순환의 최대치를 의미한다. 결론적으로 식 (2.63)과 (2.64)의 $curl$ $\mathbf{H}$에 대한 두 정의는 서로 같다.

식 (2.69a) ~ (2.69c)의 세 성분들을 조합하면 직각좌표계에서의 $curl$ $\mathbf{H}$의 표현식은 다음과 같다.

$$curl\,\mathbf{H} = \left(\frac{\partial H_z}{\partial y} - \frac{\partial H_y}{\partial z}\right)\mathbf{a}_x + \left(\frac{\partial H_x}{\partial z} - \frac{\partial H_z}{\partial x}\right)\mathbf{a}_y + \left(\frac{\partial H_y}{\partial x} - \frac{\partial H_x}{\partial y}\right)\mathbf{a}_z \tag{2.71}$$

또 다른 방법으로 $curl$ $\mathbf{H}$를 다음과 같이 표시할 수 있다.

$$curl\,\mathbf{H} = \nabla \times \mathbf{H} = \begin{vmatrix} \mathbf{a}_x & \mathbf{a}_y & \mathbf{a}_z \\ \dfrac{\partial}{\partial x} & \dfrac{\partial}{\partial y} & \dfrac{\partial}{\partial z} \\ H_x & H_y & H_z \end{vmatrix}$$

일반적인 직교 좌표계 (u, v, w)에서 $curl$ $\mathbf{H}$의 표현식은 다음과 같다.

$$\nabla \times \mathbf{H} = \frac{1}{h_1 h_2 h_3}\begin{vmatrix} h_1\mathbf{a}_u & h_2\mathbf{a}_v & h_3\mathbf{a}_w \\ \dfrac{\partial}{\partial u} & \dfrac{\partial}{\partial v} & \dfrac{\partial}{\partial w} \\ h_1 H_u & h_2 H_v & h_3 H_w \end{vmatrix} \tag{2.72}$$

여기서 h_1, h_2, h_3는 식 (2.38)에 주어진 메트릭상수들이다.

세 좌표계에서 $curl$ $\mathbf{H}$의 표현식은 다음과 같다.

$$\nabla \times \mathbf{H} = \begin{vmatrix} \mathbf{a}_x & \mathbf{a}_y & \mathbf{a}_z \\ \dfrac{\partial}{\partial x} & \dfrac{\partial}{\partial y} & \dfrac{\partial}{\partial z} \\ H_x & H_y & H_z \end{vmatrix} \quad \text{(직각)} \tag{2.73a}$$

$$\nabla \times \mathbf{H} = \frac{1}{\rho}\begin{vmatrix} \mathbf{a}_\rho & \rho\mathbf{a}_\phi & \mathbf{a}_z \\ \frac{\partial}{\partial \rho} & \frac{\partial}{\partial \phi} & \frac{\partial}{\partial z} \\ H_\rho & \rho H_\phi & H_z \end{vmatrix} \quad (\text{원통}) \tag{2.73b}$$

$$\nabla \times \mathbf{H} = \frac{1}{R^2 \sin\theta}\begin{vmatrix} \mathbf{a}_R & R\mathbf{a}_\theta & R\sin\theta\,\mathbf{a}_\phi \\ \frac{\partial}{\partial R} & \frac{\partial}{\partial \theta} & \frac{\partial}{\partial \phi} \\ H_R & RH_\theta & R\sin\theta\, H_\phi \end{vmatrix} \quad (\text{구}) \tag{2.73c}$$

원통 및 구좌표계에서도 $\mathbf{H}$의 컬을 $\nabla \times \mathbf{H}$로 표기하는데, 이것을 ∇과 $\mathbf{H}$ 사이의 가위곱으로 취급하면 안 된다.

예제 2-15

원통좌표계의 영역 $\rho > 0$에서 다음 벡터장의 컬을 구하라.

(a) $\mathbf{F}_1 = \rho^{-2}\mathbf{a}_\phi$　　(b) $\mathbf{F}_2 = \rho^{-1}\mathbf{a}_\phi$

(c) $\mathbf{F}_3 = \mathbf{a}_\phi$　　(d) $\mathbf{F}_4 = \rho^{2}\mathbf{a}_\phi$

풀이

식 (2.73b)를 이용하여 (a)~(d)에 주어진 벡터장의 컬을 구하면 다음과 같다.

$$\text{(a)}\ \nabla \times \mathbf{F}_1 = \frac{1}{\rho}\begin{vmatrix} \mathbf{a}_\rho & \rho\mathbf{a}_\phi & \mathbf{a}_z \\ \frac{\partial}{\partial \rho} & \frac{\partial}{\partial \phi} & \frac{\partial}{\partial z} \\ 0 & 1/\rho & 0 \end{vmatrix} = -\frac{1}{\rho^3}\mathbf{a}_z \qquad \text{(b)}\ \nabla \times \mathbf{F}_2 = \frac{1}{\rho}\begin{vmatrix} \mathbf{a}_\rho & \rho\mathbf{a}_\phi & \mathbf{a}_z \\ \frac{\partial}{\partial \rho} & \frac{\partial}{\partial \phi} & \frac{\partial}{\partial z} \\ 0 & 1 & 0 \end{vmatrix} = 0$$

$$\text{(c)}\ \nabla \times \mathbf{F}_3 = \frac{1}{\rho}\begin{vmatrix} \mathbf{a}_\rho & \rho\mathbf{a}_\phi & \mathbf{a}_z \\ \frac{\partial}{\partial \rho} & \frac{\partial}{\partial \phi} & \frac{\partial}{\partial z} \\ 0 & \rho & 0 \end{vmatrix} = \frac{1}{\rho}\mathbf{a}_z \qquad \text{(d)}\ \nabla \times \mathbf{F}_4 = \frac{1}{\rho}\begin{vmatrix} \mathbf{a}_\rho & \rho\mathbf{a}_\phi & \mathbf{a}_z \\ \frac{\partial}{\partial \rho} & \frac{\partial}{\partial \phi} & \frac{\partial}{\partial z} \\ 0 & \rho^3 & 0 \end{vmatrix} = 3\rho\,\mathbf{a}_z$$

이들 벡터장의 선속을 [그림 2-19]에 나타내었다.

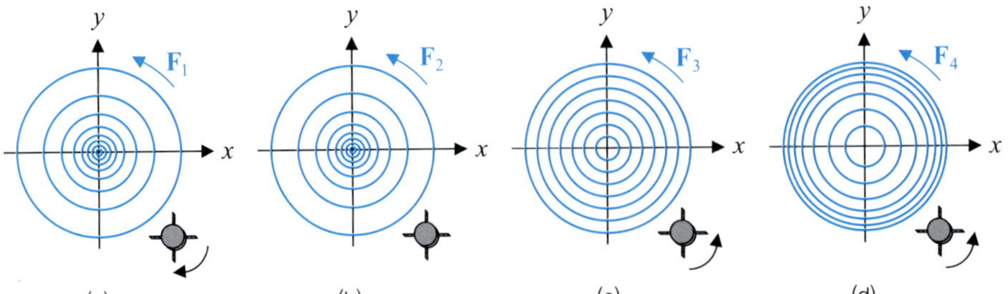

[그림 2-19] [예제 2-15]의 네 벡터장들의 선속. 하나의 외륜이 주어진 점에서의 순환원천의 존재를 탐지한다.

$\mathbf{F}_2$의 컬은 주어진 영역에서 영인데 이러한 벡터장을 **비회전장**(irrotational field) 혹은 **보존장**(conservative field)이라 부른다. 그러나 z-축 주위로의 $\mathbf{F}_2$의 순환은 적분길의 모양에 관계없이 영이 아닌데, 이것은 $\mathbf{F}_2$의 순환원천이 z-축을 따라 분포한다는 것을 의미한다. 반면에 벡터장 $\mathbf{F}_1$, $\mathbf{F}_3$, $\mathbf{F}_4$의 컬은 주어진 영역에서 영이 아닌데 이것은 이들 벡터장의 순환원천이 이 영역에 분산 분포해 있다는 것을 의미한다. 이들의 원천이 z-축 상에도 존재할 수 있다.

예를 들어 z-축에 중심을 둔 반경이 δ인 조그만 원을 따라 $\mathbf{F}_3$의 순환을 계산하면 다음과 같다.

$$\oint_C \mathbf{F}_3 \cdot d\mathbf{l} = 2\pi\delta$$

만약 $\delta \to 0$이면 이 폐선적분은 영이 되므로 z-축 상에 $\mathbf{F}_3$의 원천은 존재하지 않는다.

하나의 외륜(paddle wheel)은 컬 원천에 대한 검출기로 사용될 수 있다. 주어진 점에서 컬이 영이 아니면 그 점에 놓여진 외륜은 회전한다. 컬의 방향과 외륜의 회전 방향은 오른손규칙을 따른다. 즉 오른손 엄지가 컬의 방향으로 향하면 오른손 네 손가락은 외륜의 회전 방향을 가리킨다.

예제 2-16

벡터 항등식 $\nabla\times(V\mathbf{A}) = (\nabla V)\times\mathbf{A} + V(\nabla\times\mathbf{A})$를 직각좌표계에서 증명하라.

풀이

항등식 왼쪽에 $\mathbf{A} = A_x\mathbf{a}_x + A_y\mathbf{a}_y + A_z\mathbf{a}_z$를 대입하면 다음과 같다.

$$\begin{aligned}\nabla\times(V\mathbf{A}) &= \begin{vmatrix} \mathbf{a}_x & \mathbf{a}_y & \mathbf{a}_z \\ \dfrac{\partial}{\partial x} & \dfrac{\partial}{\partial y} & \dfrac{\partial}{\partial z} \\ VA_x & VA_y & VA_z \end{vmatrix} \\
&= \mathbf{a}_x\left\{\frac{\partial}{\partial y}(VA_z)-\frac{\partial}{\partial z}(VA_y)\right\} + \mathbf{a}_y\left\{\frac{\partial}{\partial z}(VA_x)-\frac{\partial}{\partial x}(VA_z)\right\} + \mathbf{a}_z\left\{\frac{\partial}{\partial x}(VA_y)-\frac{\partial}{\partial y}(VA_x)\right\} \\
&= \mathbf{a}_x\left(\frac{\partial V}{\partial y}A_z-\frac{\partial V}{\partial z}A_y\right) + \mathbf{a}_y\left(\frac{\partial V}{\partial z}A_x-\frac{\partial V}{\partial x}A_z\right) + \mathbf{a}_z\left(\frac{\partial V}{\partial x}A_y-\frac{\partial V}{\partial y}A_x\right) \\
&\quad + \mathbf{a}_xV\left(\frac{\partial A_z}{\partial y}-\frac{\partial A_y}{\partial z}\right) + \mathbf{a}_yV\left(\frac{\partial A_x}{\partial z}-\frac{\partial A_z}{\partial x}\right) + \mathbf{a}_zV\left(\frac{\partial A_y}{\partial x}-\frac{\partial A_x}{\partial y}\right)\end{aligned}$$

위 식을 다시 쓰면 다음과 같다.

$$\nabla\times(V\mathbf{A}) = \begin{vmatrix} \mathbf{a}_x & \mathbf{a}_y & \mathbf{a}_z \\ \dfrac{\partial V}{\partial x} & \dfrac{\partial V}{\partial y} & \dfrac{\partial V}{\partial z} \\ A_x & A_y & A_z \end{vmatrix} + V\begin{vmatrix} \mathbf{a}_x & \mathbf{a}_y & \mathbf{a}_z \\ \dfrac{\partial}{\partial x} & \dfrac{\partial}{\partial y} & \dfrac{\partial}{\partial z} \\ A_x & A_y & A_z \end{vmatrix} = (\nabla V)\times\mathbf{A} + V(\nabla\times\mathbf{A})$$

그러므로 문제에서 주어진 항등식이 성립함을 알 수 있다. 즉

$$\nabla\times(V\mathbf{A}) = (\nabla V)\times\mathbf{A} + V(\nabla\times\mathbf{A}) \qquad (2.74)$$

유제 2.19 벡터장 $\mathbf{H}(\mathbf{r}) = \mathbf{A}\sin(\mathbf{k}\cdot\mathbf{r})$의 컬을 구하라. 여기서 $\mathbf{r}$은 위치벡터이고, $\mathbf{A}$와 $\mathbf{k}$는 상수 벡터들이다.

Ans $\nabla\times\mathbf{H} = (\mathbf{k}\times\mathbf{A})\cos(\mathbf{k}\cdot\mathbf{r})$

유제 2.20 $\mathbf{H}$가 단위 길이당 암페어로 표시되면 $\nabla\times\mathbf{H}$의 단위는?

Ans 단위 면적당 암페어

유제 2.21 단위 원천이 단위 순환을 발생시킨다면 [예제 2-15]에 주어진 벡터장 $\mathbf{F}_2$의 z-축을 따라 존재하는 순환원천의 크기를 구하라.

Ans $\lim_{\delta\to 0}\oint_C \mathbf{F}_2\cdot d\mathbf{l} = \lim_{\delta\to 0}\frac{1}{\delta}2\pi\delta = 2\pi$

2.5.2 스토크스 정리

스토크스 정리는 컬의 정의로부터 유래하는데, **$\nabla\times\mathbf{H}$를 하나의 면 위에서 면적분한 것은 그 면의 테두리를 따라 계산한 $\mathbf{H}$의 폐선적분과 동일하다.**

$$\int_S(\nabla\times\mathbf{H})\cdot d\mathbf{s} = \oint_C \mathbf{H}\cdot d\mathbf{l} \qquad (2.75)$$

여기서 루프 C는 주어진 면 S의 테두리이다. C 위의 $d\mathbf{l}$의 방향과 S 위의 $d\mathbf{s}$의 방향은 오른손규칙에 의해 서로 연관되어 있다. 스토크스 정리를 증명하기 위해 주어진 열린 면 S를 여러 개의 미소 면들로 나눈다([그림 2-20] 참조).

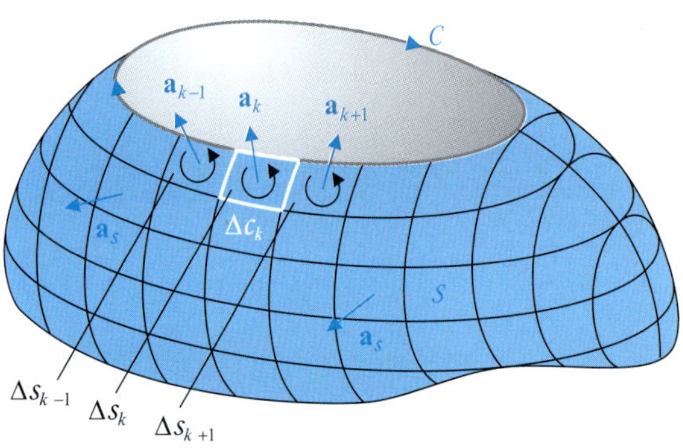

[그림 2-20] 열린 면 S와 그것의 테두리 C

여기서 세 미소 면들 Δs_{k-1}, Δs_k, Δs_{k+1}은 서로 맞닿아 있고, 이들의 윗변은 S의 테두리 즉 루프 C의 일부에 해당한다. 따라서 루프 C의 플러스 방향이 [그림 2-20]과 같이 주어지면 작은 루프 Δc_k의 플러스 방향은 반시계방향이다. 그러면 미소 면 Δs_k에 수직인 단위벡터 $\mathbf{a}_k$의 방향은 오른손규칙에 의해 결정되고, 또한 열린 면 S에 수직인 단위벡터 $\mathbf{a}_s$도 동일한 방향으로 주어진다. 두 루프 Δc_k와 Δc_{k+1}에서 폐선적분이 각각 반시계방향으로 수행될 때 이들 루프가 맞닿아 있는 변에서 선적분은 서로 반대 방향으로 두 번 수행된다.

미소 면 Δs_k에서의 $\mathbf{H}$의 컬은 식 (2.63)에 표시된 정의에 따라 다음과 같이 다시 쓸 수 있다.

$$\lim_{\Delta s_k \to 0}\left[(\nabla\times\mathbf{H})\cdot\mathbf{a}_k\Delta s_k\right]=\lim_{\Delta c_k\to 0}\left[\oint_{\Delta c_k}\mathbf{H}\cdot d\mathbf{l}\right] \tag{2.76}$$

여기서 루프 Δc_k는 미소 면 Δs_k의 테두리이고, $\mathbf{a}_k$는 Δs_k에 수직인 단위벡터이다. 식 (2.76)의 등호 왼쪽의 $\mathbf{a}_k\Delta s_k$는 미분 면적벡터이므로 브라켓 항은 미소 면 Δs_k를 통과하는 선속에 해당한다. 그러므로 주어진 면 S를 통과하는 총 선속은 다음과 같이 미소 면들을 통과하는 모든 선속들의 합으로 주어진다. 즉

$$\lim_{\substack{N\to\infty\\ \Delta s_k\to 0}}\left[\sum_{k=1}^{N}(\nabla\times\mathbf{H})\cdot(\mathbf{a}_k\Delta s_k)\right]=\lim_{\substack{N\to\infty\\ \Delta c_k\to 0}}\left[\sum_{k=1}^{N}\oint_{\Delta c_k}\mathbf{H}\cdot d\mathbf{l}\right] \tag{2.77}$$

위 식의 왼쪽은 수학적으로 $\nabla\times\mathbf{H}$의 면 S 위에서의 면적분이고, 오른쪽은 모든 미소 면의 모든 테두리를 따라 수행되는 선적분들의 합이다. 그러나 서로 맞닿아 있는 변에서의 선적분들은 상쇄되므로 이 식의 오른쪽은 결국 루프 C를 따라 계산되는 $\mathbf{H}$의 폐선적분을 의미한다. 따라서 스토크스 정리는 증명된다.

스토크스 정리의 중요한 용도는 면적분을 폐선적분으로 전환하는 것이고, 그 반대로도 마찬가지이다.

예제 2-17

[그림 2-21]은 반지름이 a인 1/4 원반이다. 원통좌표계의 벡터장 $\mathbf{A}=\rho\cos\phi\,\mathbf{a}_\phi$를 이 영역에 적용하여 스토크스 정리를 증명하라.

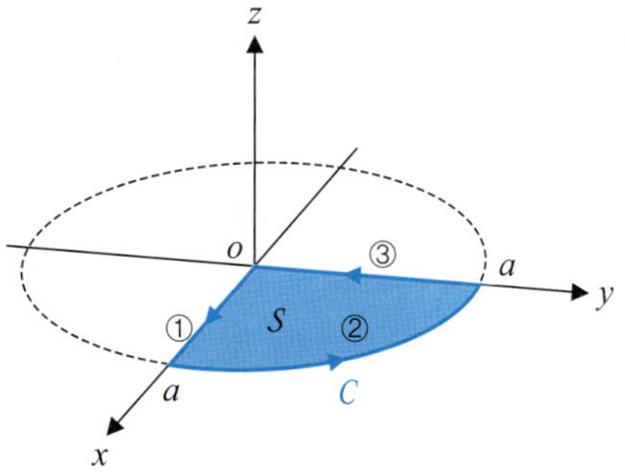

[그림 2-21] 1/4 원반

풀이

원통좌표계에서 $\nabla \times \mathbf{A}$를 계산하면 다음과 같다.

$$\nabla \times \mathbf{A} = \frac{1}{\rho}\begin{vmatrix} \mathbf{a}_\rho & \rho\,\mathbf{a}_\phi & \mathbf{a}_z \\ \dfrac{\partial}{\partial\rho} & \dfrac{\partial}{\partial\phi} & \dfrac{\partial}{\partial z} \\ 0 & \rho^2\cos\phi & 0 \end{vmatrix} = 2\cos\phi\,\mathbf{a}_z$$

$\nabla \times \mathbf{A}$를 주어진 면에서 적분하면 다음과 같다.

$$\int_S (\nabla \times \mathbf{A}) \cdot d\mathbf{s} = \int_{\phi=0}^{\phi=\pi/2}\int_{\rho=0}^{\rho=a}(2\cos\phi\,\mathbf{a}_z)\cdot(\rho\, d\rho\, d\phi\,\mathbf{a}_z) = a^2 \tag{2.78a}$$

그 다음, $\mathbf{A}$의 C 위에서의 순환을 다음과 같이 세 부분으로 나눈다.

$$\oint_C \mathbf{A}\cdot d\mathbf{l} = \int_{①}\mathbf{A}\cdot d\mathbf{l} + \int_{②}\mathbf{A}\cdot d\mathbf{l} + \int_{③}\mathbf{A}\cdot d\mathbf{l}$$

여기서

$$\int_{①}\mathbf{A}\cdot d\mathbf{l} = \int_{\rho=0}^{\rho=a}(\rho\cos 0^\circ\,\mathbf{a}_\phi)\cdot(d\rho\,\mathbf{a}_\rho) = 0$$

$$\int_{②}\mathbf{A}\cdot d\mathbf{l} = \int_{\phi=0}^{\phi=\pi/2}(a\cos\phi\,\mathbf{a}_\phi)\cdot(a\,d\phi\,\mathbf{a}_\phi) = a^2$$

$$\int_{③}\mathbf{A}\cdot d\mathbf{l} = \int_{\rho=a}^{\rho=0}(\rho\cos 90^\circ\,\mathbf{a}_\phi)\cdot(d\rho\,\mathbf{a}_\rho) = 0$$

이다. 따라서 $\mathbf{A}$의 폐선적분은 다음과 같다.

$$\oint_C \mathbf{A}\cdot d\mathbf{l} = a^2 \tag{2.78b}$$

식 (2.78a)와 (2.78b)의 두 결과는 동일하므로 스토크스 정리는 증명된다.

유제 2.22 스토크스 정리를 이용하여 배분법칙 $\nabla\times(\mathbf{A}+\mathbf{B}) = \nabla\times\mathbf{A} + \nabla\times\mathbf{B}$를 증명하라.

Ans $\int_S [\nabla\times(\mathbf{A}+\mathbf{B})]\cdot d\mathbf{s} = \oint_C \mathbf{A}\cdot d\mathbf{l} + \oint_C \mathbf{B}\cdot d\mathbf{l} = \int_S [(\nabla\times\mathbf{A}) + (\nabla\times\mathbf{B})]\cdot d\mathbf{s}$

복습문제

Q2.29 **A**의 순환이 *curl* **A**의 정의와 어떻게 연관되나? A 식 (2.64)

Q2.30 한 점에서 $\nabla \times \mathbf{A} = 0$이면 그 점에서 $\mathbf{A} = 0$인가? A 식 (2.64)

Q2.31 벡터 보존장을 설명하라. A [그림 2-19]

Q2.32 *curl* **A**의 성분형태 표현식은 단위 면적당 **A** 순환의 최대치를 의미하는가? A 식 (2.70)

Q2.33 스토크스 정리를 설명하라. A 식 (2.75)

Q2.34 **H**의 순환의 단위가 암페어이면 $\nabla \times \mathbf{H}$의 단위는? A 식 (2.76)

Q2.35 분산되지 않은 순환원천을 어떻게 탐지할 수 있나? A [유제 2.21]

2.6 이중 델 연산

앞서 설명한 연산자들(그레이디언트, 다이버전스, 컬)은 편미분들의 조합으로 이루어지며 각각 일정한 물리적 의미를 갖도록 고안되었다. 먼저 그레이디언트는 공간상 한 점에서의 지향성 미분의 최대값을 의미한다. 주어진 벡터장의 다이버전스는 단위 체적당 밖으로 향하는 선속을 의미하고, 컬은 단위 면적당 최대 순환을 의미한다. 또한 다이버전스와 컬은 각각 공간상에 퍼져 존재하는 다이버전스 원천과 소용돌이 원천(vortex source)의 존재 유무를 알 수 있도록 해준다. 이러한 연산자들은 ∇을 이용해 손쉽게 표시할 수 있다.

이러한 그레이디언트, 다이버전스, 컬에 또 다른 델 연산을 수행할 수도 있다. 비록 델 연산자 ∇은 직각좌표계에서 정의되지만, 이러한 추가적인 델 연산은 원통 및 구좌표계에서 추가적인 그레이디언트, 다이버전스 혹은 컬로 취급된다. 이중 델 연산은 당연히 추가로 편미분을 해야 한다. 이중 델 연산이 어떤 물리적 의미를 갖고 있지 않아도 이것은 수학적인 항등식으로써 매우 유용하게 사용된다. 전기자기학에서 널리 사용되는 이중 델 연산은 다음과 같다.

▪ 라플라시안

스칼라장 V의 그레이디언트에 대한 다이버전스는 또 다른 스칼라장이다. 여기서 주의할 것은, 영어에서는 이것을 항상 앞에서부터 읽는다. 즉 the divergence of the gradient of V. 이것을 직각좌표계에서 표시하면 다음과 같다.

$$\nabla \cdot \nabla V = \nabla \cdot \left(\frac{\partial V}{\partial x}\mathbf{a}_x + \frac{\partial V}{\partial y}\mathbf{a}_y + \frac{\partial V}{\partial z}\mathbf{a}_z \right) = \frac{\partial^2 V}{\partial x^2} + \frac{\partial^2 V}{\partial y^2} + \frac{\partial^2 V}{\partial z^2} \tag{2.79}$$

이것을 V의 **라플라시안**(Laplacian)이라 부른다.

직각좌표계에서 **라플라스 연산자**는 다음과 같이 정의된다.

$$\nabla^2 = \frac{\partial^2}{\partial x^2} + \frac{\partial^2}{\partial y^2} + \frac{\partial^2}{\partial z^2}$$

일반적인 직교 좌표계 (u, v, w)에서 라플라스 연산자는 다음과 같이 주어진다.

$$\begin{aligned}\nabla^2 = \nabla \cdot \nabla = &\frac{1}{h_1 h_2 h_3}\left[\mathbf{a}_u \frac{\partial}{\partial u}(h_2 h_3) + \mathbf{a}_v \frac{\partial}{\partial v}(h_1 h_3) + \mathbf{a}_w \frac{\partial}{\partial w}(h_1 h_2)\right] \\ &\cdot \left(\mathbf{a}_u \frac{1}{h_1}\frac{\partial}{\partial u} + \mathbf{a}_v \frac{1}{h_2}\frac{\partial}{\partial v} + \mathbf{a}_w \frac{1}{h_3}\frac{\partial}{\partial w}\right)\end{aligned} \quad (2.80)$$

여기서 메트릭상수는 다음과 같다.

$$h_1 = 1,\ h_2 = 1,\ h_3 = 1 \qquad (u, v, w) = (x, y, z) \qquad (\text{직각})$$
$$h_1 = 1,\ h_2 = \rho,\ h_3 = 1 \qquad (u, v, w) = (\rho, \phi, z) \qquad (\text{원통})$$
$$h_1 = 1,\ h_2 = R,\ h_3 = R\sin\theta \qquad (u, v, w) = (R, \theta, \phi) \qquad (\text{구})$$

라플라스 연산자에 포함된 점곱은 항상 미분에 선행한다. 예를 들어 다음과 같이 나타낼 수 있다.

$$\mathbf{a}_u \frac{\partial}{\partial u} \cdot \mathbf{a}_v \frac{\partial}{\partial v} = \mathbf{a}_u \cdot \mathbf{a}_v \frac{\partial}{\partial u}\frac{\partial}{\partial v} \neq \mathbf{a}_u \cdot \frac{\partial}{\partial u}\left(\mathbf{a}_v \frac{\partial}{\partial v}\right)$$

세 좌표계에서 V의 라플라시안은 다음과 같다.

$$\nabla^2 V = \frac{\partial^2 V}{\partial x^2} + \frac{\partial^2 V}{\partial y^2} + \frac{\partial^2 V}{\partial z^2} \qquad (\text{직각}) \qquad (2.81a)$$

$$\nabla^2 V = \frac{1}{\rho}\frac{\partial}{\partial \rho}\left(\rho \frac{\partial V}{\partial \rho}\right) + \frac{1}{\rho^2}\frac{\partial^2 V}{\partial \phi^2} + \frac{\partial^2 V}{\partial z^2} \qquad (\text{원통}) \qquad (2.81b)$$

$$\nabla^2 V = \frac{1}{R^2}\frac{\partial}{\partial R}\left(R^2 \frac{\partial V}{\partial R}\right) + \frac{1}{R^2 \sin\theta}\frac{\partial}{\partial \theta}\left(\sin\theta \frac{\partial V}{\partial \theta}\right) + \frac{1}{R^2 \sin^2\theta}\frac{\partial^2 V}{\partial \phi^2} \qquad (\text{구}) \qquad (2.81c)$$

■ 그레이디언트의 컬

하나의 스칼라장의 그레이디언트에 대한 컬은 항상 영이다.

$$\nabla \times (\nabla V) = 0 \qquad (2.82)$$

식 (2.82)의 왼쪽 항을 직접 계산하여 이 항등식을 증명할 수 있다.

또 다른 방법으로 식 (2.82)의 왼쪽에 스토크스 정리를 적용하고 식 (2.30)을 이용하면 다음과 같다.

$$\int_S [\nabla \times (\nabla V)] \cdot d\mathbf{s} = \oint_C \nabla V \cdot d\mathbf{l} = \oint_C dV \tag{2.83}$$

위 식 맨 오른쪽의 폐선적분은 항상 영인데, 그 이유는 닫힌 루프 C는 그 시작점과 끝점이 동일하고, 이러한 닫힌 루프를 따라 계산한 전미분 dV의 합은 영이기 때문이다. 그러므로 위 식 맨 왼쪽의 면적분은 S에 무관하게 사라져야 한다. 이것은 브라켓으로 표시된 피적분 함수가 항상 영이라는 의미이다. 따라서 벡터 항등식은 증명된다.

■ 컬의 다이버전스

하나의 벡터장의 컬에 대한 다이버전스는 항상 영이다.

$$\nabla \cdot (\nabla \times \mathbf{A}) = 0 \tag{2.84}$$

벡터장 $\mathbf{A}$를 성분형태로 표시하고 이것을 직접 대입하여 이 식을 증명할 수 있다. 또 다른 방법으로 다이버전스 정리와 스토크스 정리를 연속으로 적용하여 이 식을 증명할 수 있다.

$$\int_{\mathcal{V}} [\nabla \cdot (\nabla \times \mathbf{A})] dv = \oint_S (\nabla \times \mathbf{A}) \cdot d\mathbf{s} = \oint_C \mathbf{A} \cdot d\mathbf{l} \tag{2.85}$$

여기서 체적 $\mathcal{V}$의 경계면인 S는 폐곡면이므로 그 테두리가 존재하지 않는다. 즉 $C = 0$이다. 따라서 이 식 맨 오른쪽의 폐선적분은 영이고, 맨 왼쪽의 체적적분은 $\mathcal{V}$에 무관하게 항상 영이어야 한다. 이를 위해 브라켓으로 표시된 피적분 함수는 항상 영이고 따라서 이 벡터 항등식은 증명된다.

■ 다이버전스의 그레이디언트

하나의 벡터장의 다이버전스에 대한 그레이디언트는 항상 영이다. 이것을 직각좌표계에서 표시하면 다음과 같다.

$$\begin{aligned}\nabla\nabla \cdot \mathbf{E} &= \left(\mathbf{a}_x \frac{\partial}{\partial x} + \mathbf{a}_y \frac{\partial}{\partial y} + \mathbf{a}_z \frac{\partial}{\partial z}\right)\left(\frac{\partial E_x}{\partial x} + \frac{\partial E_y}{\partial y} + \frac{\partial E_z}{\partial z}\right) \\ &= \left(\frac{\partial^2 E_x}{\partial x^2} + \frac{\partial^2 E_y}{\partial x \partial y} + \frac{\partial^2 E_z}{\partial x \partial z}\right)\mathbf{a}_x + \left(\frac{\partial^2 E_x}{\partial y \partial x} + \frac{\partial^2 E_y}{\partial y^2} + \frac{\partial^2 E_z}{\partial y \partial z}\right)\mathbf{a}_y \\ &\quad + \left(\frac{\partial^2 E_x}{\partial z \partial x} + \frac{\partial^2 E_y}{\partial z \partial y} + \frac{\partial^2 E_z}{\partial z^2}\right)\mathbf{a}_z\end{aligned} \tag{2.86}$$

대부분의 경우 위 식의 오른쪽을 직접 계산하는 것보다 왼쪽과 같이 $\nabla \cdot \mathbf{E}$에 그레이디언트를 취하는 것이 더 쉽다.

■ **컬의 컬**

벡터장 **E**의 컬에 컬을 취하는 것은 **E**의 다이버전스에 그레이디언트를 취한 후 **E**의 라플라시안을 뺀 것과 동일하다.

$$\nabla \times \nabla \times \mathbf{E} = \nabla\nabla \cdot \mathbf{E} - \nabla^2 \mathbf{E} \tag{2.87}$$

여기서 라플라시안 $\nabla^2\mathbf{E}$는 **E**의 세 스칼라 성분 각각에 라플라시안을 적용하는 것을 의미한다.

$$\nabla^2\mathbf{E} = (\nabla^2 E_x)\mathbf{a}_x + (\nabla^2 E_y)\mathbf{a}_y + (\nabla^2 E_z)\mathbf{a}_z \tag{2.88}$$

원통 및 구좌표계에서의 $\nabla^2\mathbf{E}$는 다음과 같이 계산된다.

$$\nabla^2 \mathbf{E} = \nabla\nabla \cdot \mathbf{E} - \nabla \times \nabla \times \mathbf{E}$$

유제 2.23 스칼라장 $V = \sin x \cos y \sin z$의 라플라시안을 구하라.

Ans $-3\sin x \cos y \sin z$

유제 2.24 주어진 벡터장 $\mathbf{A} = (-2\mathbf{a}_x + \mathbf{a}_y + 3\mathbf{a}_z)\cos(x+2y)$에 대해 $\nabla^2\mathbf{A}$를 구하라.

Ans $\mathbf{A} = (10\mathbf{a}_x - 5\mathbf{a}_y - 15\mathbf{a}_z)\cos(x+2y)$

유제 2.25 다음의 표현식들이 가능한가?

(a) $\nabla\nabla V$　　(b) $\nabla \times \nabla \cdot \mathbf{D}$　　(c) $\nabla \cdot \nabla \times \mathbf{A}$

Ans (a) 아니요, (b) 아니요, (c) 예

유제 2.26 식 (2.82)와 (2.84)의 항등식을 직접 대입을 통하여 증명하라.

Ans 증명이 생략됨

2.7 헬름홀츠 정리

벡터장이 한 영역에서 독립적으로 정의되기 위해 그것의 **다이버전스와 컬이 주어져야 하고, 그것의 수직 성분이 경계면에서 주어져야 한다.** 만약 경계면이 없이 무한대에서 벡터장이 영이면, 벡터장은 다이버전스와 컬만으로 독립적으로 정의된다. 이것을 **헬름홀츠 정리**(Helmholtz's theorem)라 부른다.

벡터장들은 다이버전스와 컬에 의해 다음과 같이 네 부류로 분류된다.

$$(1)\ \nabla \cdot \mathbf{A} = 0,\ \nabla \times \mathbf{A} = 0 \tag{2.89a}$$

$$(2)\ \nabla \cdot \mathbf{A} = 0,\ \nabla \times \mathbf{A} \neq 0 \tag{2.89b}$$

$$(3)\ \nabla \cdot \mathbf{A} \neq 0,\ \nabla \times \mathbf{A} = 0 \tag{2.89c}$$

$$(4)\ \nabla \cdot \mathbf{A} \neq 0,\ \nabla \times \mathbf{A} \neq 0 \tag{2.89d}$$

어떤 벡터장의 다이버전스가 영이면 이것을 솔레노이드장이라 부르고, 만약 컬이 영이면 비회전장이라 부른다.

예제 2-18

벡터장 $\mathbf{A}$의 컬이 $\nabla \times \mathbf{A} = \mathbf{B}$로 주어지고 이것의 다이버전스는 주어지지 않으면 $\mathbf{A}$는 다가 함수이어야 한다는 것을 증명하라.

풀이

식 (2.82)를 이용하면 다음과 같다.

$$\nabla \times \mathbf{A} + \nabla \times (\nabla V) = \mathbf{B} \quad \rightarrow \quad \nabla \times (\mathbf{A} + \nabla V) = \mathbf{B}$$

여기서 $\mathbf{A} + \nabla V$의 컬은 V에 무관하게 항상 $\mathbf{B}$이므로 $\mathbf{A}$와 $\mathbf{A} + \nabla V$는 모두 $\nabla \times \mathbf{A} = \mathbf{B}$를 만족하므로 $\mathbf{A}$는 다가 함수이다.

예제 2-19

벡터장 $\mathbf{B}$의 다이버전스는 $\nabla \cdot \mathbf{B} = 0$로 주어지지만 이것의 컬이 주어지지 않으면 $\mathbf{B}$는 다가 함수이어야 함을 증명하라.

풀이

식 (2.84)를 이용하면 다음과 같다.

$$\nabla \cdot \mathbf{B} + \nabla \cdot (\nabla \times \mathbf{K}) = 0 \quad \rightarrow \quad \nabla \cdot (\mathbf{B} + \nabla \times \mathbf{K}) = 0$$

여기서 $\mathbf{B} + \nabla \times \mathbf{K}$는 $\mathbf{K}$에 무관하게 항상 솔레노이드장이므로 문제의 다이버전스 식을 만족하는 벡터장 $\mathbf{B}$는 다가 함수이다.

유제 2.27 다음의 벡터장이 솔레노이드장인지 비회전장인지 혹은 둘 다인지를 판별하라.

(a) $\mathbf{A} = -2xy\,\mathbf{a}_x + y^2\mathbf{a}_y + x^2\mathbf{a}_z$

(b) $\mathbf{B} = \cos\phi\,\mathbf{a}_\rho - \sin\phi\,\mathbf{a}_\phi$

(c) $\mathbf{C} = R^2\sin^3\theta\,\mathbf{a}_R + R^2\sin^2\theta\cos\theta\,\mathbf{a}_\theta$

Ans (a) 솔레노이드장, (b) 둘 다, (c) 비회전장

복습문제

Q 2.36 헬름홀츠 정리를 설명하라.

Q 2.37 솔레노이드장이 무엇인가? **A** 식 (2.89)

Q 2.38 비회전장이 무엇인가? **A** 식 (2.89)

연습문제

선 및 면

2.1 [그림 2-22]에 보인 타원 $x^2/16 + y^2/4 = 1$에 대한 도움변수식을 도움변수 ϕ를 이용해 쓰고, 점 $p_1:(2, \sqrt{3}, 0)$에서 접선 단위벡터를 구하라.

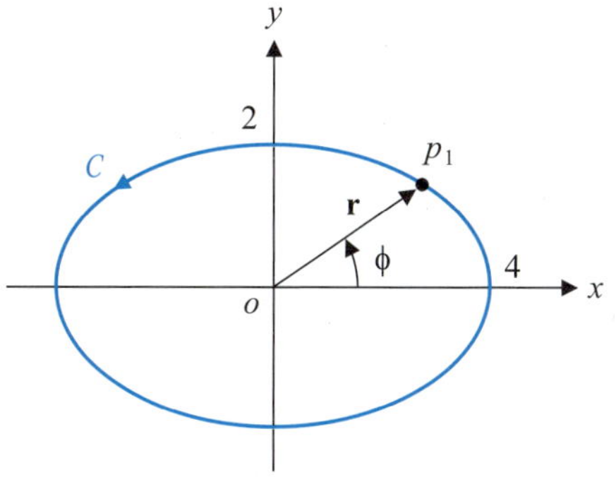

[그림 2-22] 타원 (문제 2.1, 문제 2.2)

2.2 도움변수로 x를 이용하여 [연습문제 2.1]을 다시 풀어라. 이때 타원 위에서의 진행 방향은 어느 방향인가?

2.3 반지름 0.5의 원형 루프 C가 xy-평면에 놓여 있고, 그 중심은 점 $p:(2, 1, 0)$에 놓여 있다고 할 때([그림 2-23] 참조) 다음 질문에 답을 구하라.

(a) C의 도움변수식을 구하라.

(b) φ를 도움변수로 삼아 C 위의 $d\mathbf{l}$에 대한 표현식을 구하라.

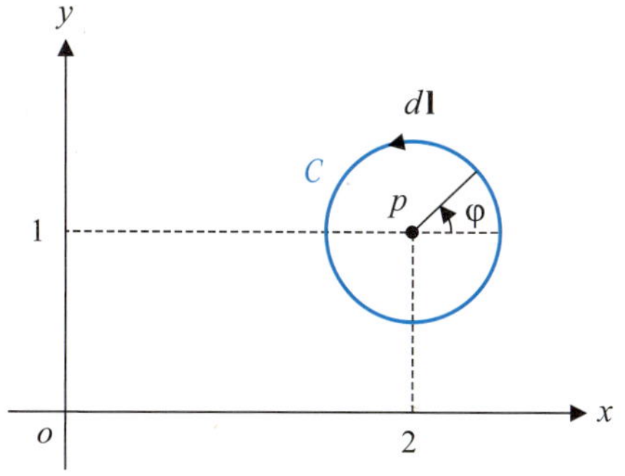

[그림 2-23] 원형 루프가 xy-평면에 놓여있음 (문제 2.3)

연습문제

2.4 반지름이 a이고 꼭지점이 $z = 2a$에 놓인 반 구가 두 평면 $y = y_1$, $x = x_1$과 만나서 각각 곡선 C_1과 C_2를 만든다([그림 2-24] 참조). 다음의 것들에 대한 표현식을 구하라.

(a) C_1, C_2

(b) $d\mathbf{l}^1$, $d\mathbf{l}^2$

(c) $d\mathbf{s}$

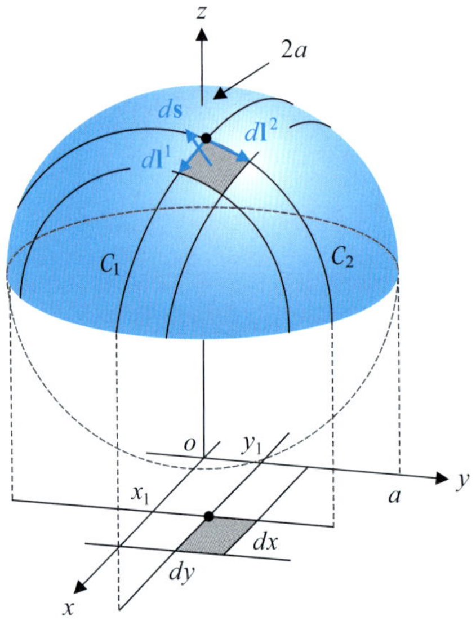

[그림 2-24] 반 구 (문제 2.4)

2.5 반지름 a인 원통 실린더의 중심축이 x-축에 따라 놓여있을 때 (a) 영역 $z \geq 0$에서 실린더 표면에 대한 도움변수식을 구하고, (b) $d\mathbf{s}$의 표현식을 구하라.

2.6 [그림 2-25]의 타원체가 $f = x^2 + y^2 + 4z^2 = 16$으로 표시되는데, (a) 영역 $z \geq 0$에서 이 표면의 도움변수식을 도움변수 ρ와 ϕ를 이용해 쓰고, (b) $d\mathbf{s}$의 표현식을 원통좌표계에서 구하라.

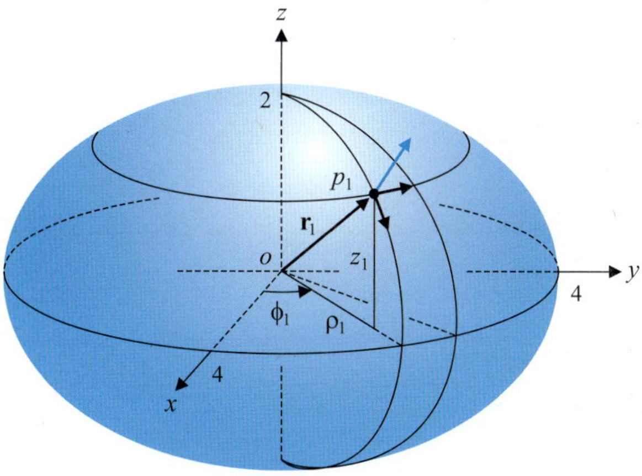

[그림 2-25] 타원체 (문제 2.6)

선적분

2.7 주어진 벡터장 $\mathbf{E} = (x + y)^2(\mathbf{a}_x + \mathbf{a}_y)$에 대해 점 A:(−1, 0, 0)에서 점 B:(1, 2, 0)까지의 선적분을 다음의 적분길을 따라 계산하라([그림 2-26] 참조).

(a) C_1

(b) C_2

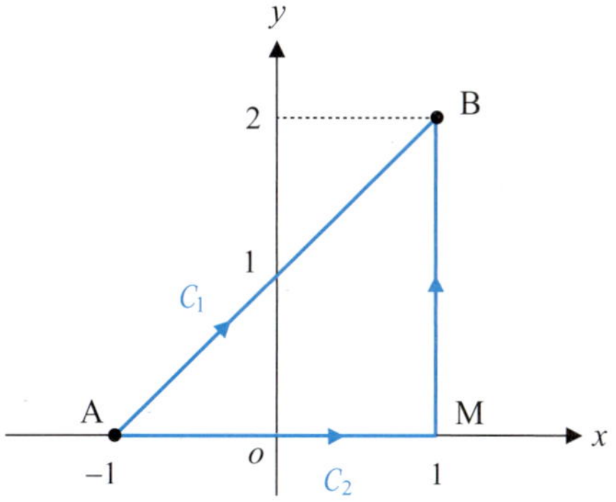

[그림 2-26] 두 적분길 (문제 2.7)

연습문제

2.8 벡터장 $\mathbf{E} = y\mathbf{a}_x + z\mathbf{a}_y + x\mathbf{a}_z$를 점 $A:(1, 0, 0)$에서 점 $B:(0, 1, \pi/2)$까지 $\mathbf{r}(\mathbf{t}) = \cos t\,\mathbf{a}_x + \sin t\,\mathbf{a}_y + t\,\mathbf{a}_z$로 표시되는 나선을 따라 선적분하라. **HINT** $\int t\cos t\,dt = \cos t + t\sin t$

2.9 평면 $z = 0$에 놓인 타원 $x^2/4 + y^2 = 1$에 대해 다음 질문에 답하라.

(a) 이것의 도움변수식을 쓰라.

(b) 벡터장 $\mathbf{E} = (1/\rho)\mathbf{a}_\rho$를 점 $A:(2, 0, 0)$에서 점 $B:(0, 1, 0)$까지 주어진 타원을 따라 반시계 방향으로 선적분하라.

2.10 벡터장 $\mathbf{A} = R\sin\theta\cos\phi\,\mathbf{a}_R + \cos\theta\cos\phi\,\mathbf{a}_\theta - \sin\phi\,\mathbf{a}_\phi$를 [그림 2-27]에 보인 폐곡선 C를 따라 적분하라.

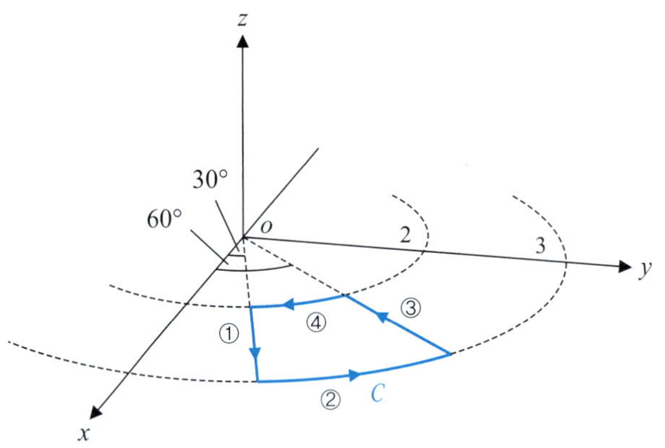

[그림 2-27] 폐곡선으로 주어진 적분길 (문제 2.10)

2.11 벡터장 $\mathbf{A} = \mathbf{a}_x$를 구좌표계에서 $R = 4,\ \theta = 30°,\ 0 \le \phi \le \pi/2$로 정의되는 하나의 호를 따라 선적분하라.

면적분

2.12 [그림 2-28]에 보인 반지름이 5인 구면 위 원형띠의 면적을 구하라.

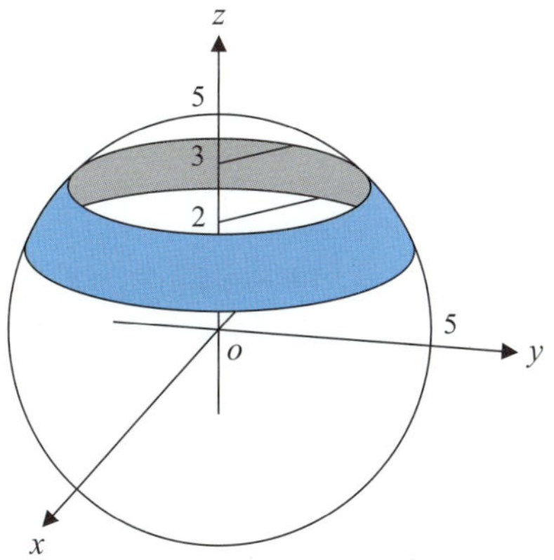

[그림 2-28] 구면 위의 원형띠 (문제 2.12)

2.13 벡터장 $\mathbf{A} = \rho\,\mathbf{a}_\rho - 3\rho\cos\phi\,\mathbf{a}_\phi - 2z\,\mathbf{a}_z$를 [그림 1-45]에 보인 반쪽 실린더 표면 ($0 \le \rho \le 4$, $30° \le \phi \le 210°$, $0 \le z \le 5$)에서 폐면적분하라.

2.14 벡터장 $\mathbf{D} = 3R^{-2}\mathbf{a}_R + \cos^2\phi\,\mathbf{a}_\phi$를 [그림 2-29]에 보인 구의 한 조각 표면에서 ($0 \le R \le 4$, $30° \le \phi \le 60°$) 폐면적분하라.

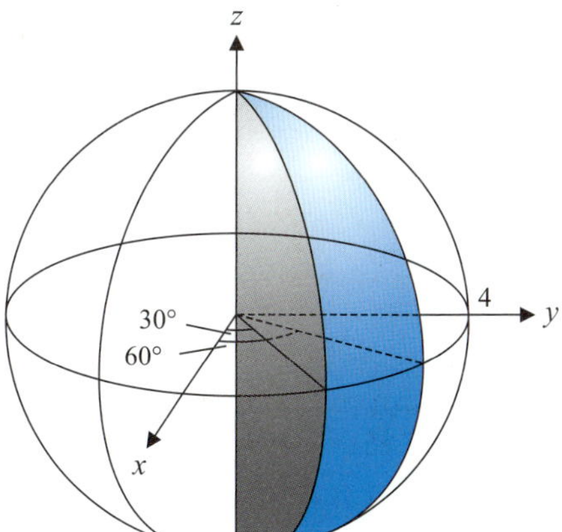

[그림 2-29] 구의 한 조각 (문제 2.14)

연습문제

그레이디언트

2.15 다음의 스칼라장에 대한 그레이디언트를 구하라.

(a) $U = 3ze^{2x+y} + 10$

(b) $V = 5\rho\sin\phi - \ln(z^2 + 1)$

(c) $W = R^{-2}\sin\theta\cos\phi$

2.16 [연습문제 2.15]에 주어진 스칼라장 U, V, W에 대해 다음의 선적분을 점 p_1:(2, 2, 0)에서 점 p_2:(0, 0, 2)까지 타원체 $x^2 + y^2 + 2z^2 = 8$이 $\phi = 45°$ 평면과 만나서 만드는 선분을 따라 적분하라.

(a) 직각좌표계에서 $\int_{p1}^{p2} \nabla U \cdot d\mathbf{l}$

(b) 원통좌표계에서 $\int_{p1}^{p2} \nabla V \cdot d\mathbf{l}$

(c) 구좌표계에서 $\int_{p1}^{p2} \nabla W \cdot d\mathbf{l}$

2.17 다음의 표현식들이 타당한가?

(a) $\nabla(UV) = V\nabla U + U\nabla V$

(b) $\nabla(U + V) = \nabla U + \nabla V$

(c) $\nabla(U^4) = 4U^3(\nabla U)$

(d) $\nabla(1/U) = -(\nabla U)/U^2$

2.18 스칼라 함수 $f(x, y)$를 $z = 0$ 평면에서 점 p:$(x_o, y_o, 0)$를 중심으로 한 테일러 급수로 전개할 수 있다. 즉 고차항을 무시하면

$$f(x,y) = f(x_o, y_o) + (x - x_o)\left.\frac{\partial f}{\partial x}\right|_{\substack{x=x_o \\ y=y_o}} + (y - y_o)\left.\frac{\partial f}{\partial y}\right|_{\substack{x=x_o \\ y=y_o}}$$

로 나타낼 수 있다. 이를 이용하여 $df = \nabla f \cdot d\mathbf{l}$임을 증명하라.

2.19 구좌표계의 한 점 p:(4, 30°, 45°)에서 $\nabla W = 5\mathbf{a}_R - 2\mathbf{a}_\theta + 3\mathbf{a}_\phi$일 때 이 점에서 다음 값들을 구하라.

(a) dW/dR

(b) $dW/d\theta$

(c) $dW/d\phi$

2.20 점 p에서 W의 지향성 도함수를 $\mathbf{a}_x + \mathbf{a}_y$, $\mathbf{a}_x - \mathbf{a}_z$, $-\mathbf{a}_y + \mathbf{a}_z$ 방향을 따라 구하면 각각 −4, 6, 6이다. 점 p에서 ∇W를 구하라.

2.21 8−비트 그레이 스케일 이미지가 [그림 2−30]에 주어졌다. 그레이 스케일이 점 p_o에서 $s = 255$로 주어지고, 영역 $R \le \ell$에서 지름 방향으로 선형적으로 감소하여 $s = 128$에 이른다. 또한 영역 $R \ge \ell + \Delta\ell$에서는 $s = 0$로 주어진다.

(a) 어떤 점에서 $\nabla s = 0$인가?

(b) 어떤 점에서 $|\nabla s|$가 최대인가?

(c) 점 $p_o \sim p_4$에서 ∇s의 방향을 표시하라.

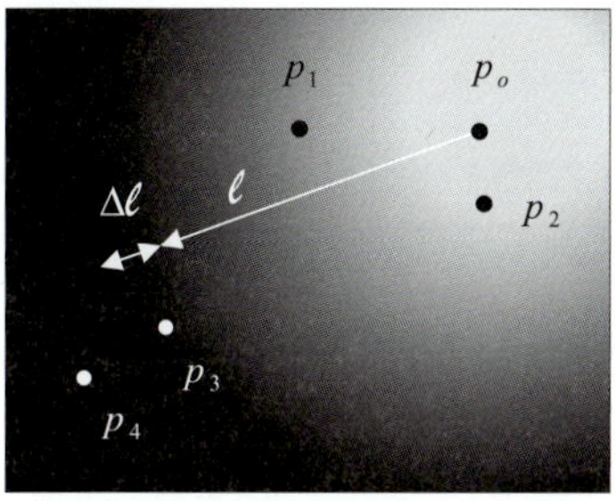

[그림 2−30] 8−비트 그레이 스케일 (문제 2.21)

2.22 다음의 두 방법으로 $V(\mathbf{r}) = 2z$에 대한 그레이디언트를 구하라.

(a) 직각좌표계에서 ∇V는?

(b) V를 구좌표계로 좌표 변환한 후 ∇V를 구하라.

(c) (b)에서 구한 ∇V를 다시 직각좌표계로 좌표 변환하라.

연습문제

2.23 직각좌표계의 ∇V를 z-축을 중심으로 φ 만큼 회전된 프라임 좌표계 (x', y', z')으로 좌표 변환하여 아래의 식을 증명하라.

$$\nabla V = \frac{\partial V}{\partial x'}\mathbf{a}_{x'} + \frac{\partial V}{\partial y'}\mathbf{a}_{y'} + \frac{\partial V}{\partial z'}\mathbf{a}_{z'}$$

2.24 직각좌표계에서 하나의 스칼라장이 $f(\mathbf{r}) = \mathbf{k} \cdot \mathbf{r}$로 주어진다. 여기서 $\mathbf{r}$은 위치벡터이고 $\mathbf{k}$는 상수 벡터이다. (a) ∇f, (b) c_1이 상수일 때 $f(\mathbf{r}) = c_1$은 어떤 기하학적 형태를 나타내는가? 그리고 (c) 상수 c_1의 의미는 무엇인가?

2.25 평면 $z = 0$에서 두 개의 원 집합이 상수 c_1과 c_2를 이용하여 다음과 같이 주어진다. $f(x, y) = x^2 + y^2 = c_1$, $g(x, y) = (x - 6)^2 + y^2 = c_2$, 점 p:(3, 4, 0)에서 두 원이 만나서 만드는 각도를 구하라.

2.26 하나의 타원체가 $x^2 + y^2 + z^2/2 = 12$로 표시될 때 점 p_1:(3, 1, 2)에서 다음 것들에 대한 표현식을 작성하라.

(a) 타원체에 수직이고 밖으로 향하는 단위벡터

(b) 접면

2.27 그레이디언트를 이용하면 미분 면적벡터 $d\mathbf{s}$를 구할 수 있다. 우선 [그림 2-25]를 참조하여 타원체 집합 $f = \rho^2 + 4z^2$를 구성한다. 이때 ∇f는 타원체 표면의 $d\mathbf{s}$에 평행이고, 또한 $d\mathbf{s}$의 z-성분은 $d\mathbf{s} \cdot \mathbf{a}_z = \rho\, d\rho\, d\phi$라는 것을 이용하여 $f = 16$으로 정의되는 타원체 표면의 $d\mathbf{s}$ 표현식을 구하라.

2.28 한 곡선이 타원체 집합 $f = x^2 + y^2 + 4z^2$를 수직으로 통과하고 또한 점 p:(2, 6, 32)를 통과한다. 도움변수 x를 사용하여 이 곡선의 도움변수식을 작성하라.

선속 및 선속밀도

2.29 공간상 선속밀도가 $\mathbf{D} = \mathbf{a}_R / R$로 주어질 때 반지름이 a이고 원점에 중심을 둔 구 밖으로 빠져나가는 총 선속을 구하라.

2.30 선속밀도 $\mathbf{A}$의 다이버전스가 $\nabla \cdot \mathbf{A} = e^{-2R} / R^2$로 주어질 때 반지름이 a이고 원점에 중심을 둔 구 밖으로 빠져나가는 총 선속을 구하라.

다이버전스 및 다이버전스 정리

2.31 직접 대입을 통하여 아래의 벡터 항등식을 증명하라.

(a) $\nabla \cdot (f\mathbf{A}) = f(\nabla \cdot \mathbf{A}) + \mathbf{A} \cdot (\nabla f)$

(b) $\nabla \cdot (\mathbf{A} \times \mathbf{B}) = \mathbf{B} \cdot (\nabla \times \mathbf{A}) - \mathbf{A} \cdot (\nabla \times \mathbf{B})$

2.32 다음 벡터장들의 다이버전스를 구하라.

(a) $\mathbf{A} = \dfrac{1}{\sqrt{x^2 + y^2 + z^2}}(\mathbf{a}_x + \mathbf{a}_y + \mathbf{a}_z)$

(b) $\mathbf{B} = \ln \rho \, \mathbf{a}_\rho + \rho \cos \phi \, \mathbf{a}_\phi + z^3 \mathbf{a}_z$

(c) $\mathbf{C} = \dfrac{1}{R^3} \mathbf{a}_R + Re^{-R} \sin \theta \, \mathbf{a}_\theta + (R \sin \theta \cos \phi)^2 \mathbf{a}_\phi$

2.33 벡터장 $\mathbf{D} = x\mathbf{a}_x$의 다이버전스를 각각의 방법으로 구하라.

(a) 직각좌표계에서 $\nabla \cdot \mathbf{D}$를 구하라.

(b) $\mathbf{D}$를 구좌표계로 좌표 변환한 후 다이버전스를 구하라.

2.34 다이버전스 정리를 증명하기 위해 벡터장 $\mathbf{A} = x^2 \mathbf{a}_x + y^2 \mathbf{a}_y + z^2 \mathbf{a}_z$를 이용하여 정육면체 $(0 \le x \le 1,\ 0 \le y \le 1,\ 0 \le z \le 1)$에서 아래의 항들을 계산하라.

(a) $\oint_S \mathbf{A} \cdot d\mathbf{s}$

(b) $\int_V \nabla \cdot \mathbf{A} dv$

2.35 벡터장 $\mathbf{A} = \rho \sin \phi (\sin \phi \, \mathbf{a}_\rho + \cos \phi \, \mathbf{a}_\phi)$를 이용하여 상수좌표면들, 즉 $\rho = 2$, $\rho = 4$, $z = 0$, $z = 3$에 둘러싸인 체적에서 아래의 항들을 계산하고 다이버전스 정리를 증명하라.

(a) $\oint_S \mathbf{A} \cdot d\mathbf{s}$

(b) $\int_V \nabla \cdot \mathbf{A} \, dv$

연습문제

2.36 벡터장 $\mathbf{D} = (\sin\phi / R)\mathbf{a}_R + \cos\phi\,\mathbf{a}_\phi$를 이용하여 [그림 2-31]에 보인 체적 ($1 \le R \le 2$, $\pi \le \phi \le 2\pi$)에서 아래의 항들을 계산하고 다이버전스 정리를 증명하라.

(a) $\oint_S \mathbf{D} \cdot d\mathbf{s}$ (b) $\int_v \nabla \cdot \mathbf{D}\, dv$

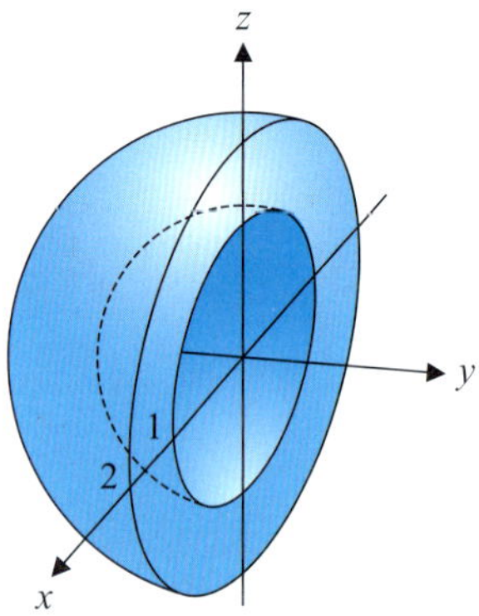

[그림 2-31] 반 구 껍질 (문제 2.36)

2.37 벡터장 $\mathbf{A} = y\,\mathbf{a}_y$를 이용하여 영역 $y \ge 0$에 놓인 반쪽 실린더(상수좌표면 $\rho = 2$, $y = 0$, $z = 0$, $z = 3$에 둘러싸인 체적)에서 다이버전스 정리를 증명하라.

2.38 벡터장 $\mathbf{D} = 3z^2\mathbf{a}_z$를 이용하여 평면 $z = 2$와 원점이 꼭지점이고 반쪽 각도가 $\theta = 30°$인 원뿔에 둘러싸인 체적에서 아래 항들을 계산하고 다이버전스 정리를 증명하라.

(a) $\oint_S \mathbf{D} \cdot d\mathbf{s}$ (b) $\int_v \nabla \cdot \mathbf{D}\, dv$

컬 및 스토크스 정리

2.39 벡터장 $\mathbf{A} = x^2\,\mathbf{a}_y - z\,\mathbf{a}_z$에 대한 컬을 다음의 두 방법으로 계산하라.

(a) 직각좌표계에서 $\nabla \times \mathbf{A}$를 구하라.

(b) $\mathbf{A}$를 원통좌표계로 좌표 변환한 후 $\nabla \times \mathbf{A}$를 구하라.

2.40 $\mathbf{H}$가 비회전장인 경우 스토크스 정리를 이용하여 다음을 증명하라.

(a) $\mathbf{H}$의 폐선적분은 항상 영이다.

(b) $\mathbf{H}$의 선적분은 적분길에 무관하다.

2.41 벡터장 $\mathbf{H} = [-(y-2)\mathbf{a}_x + x\mathbf{a}_y]/[x^2 + (y-2)^2]$가 xy-평면에서 정의될 때, $\mathbf{H}$의 순환은 그 적분길이 점 p:(0, 2, 0)에 위치한 특이점을 에워싸기만 하면 그 값은 적분길에 무관하다는 것을 다음의 절차를 이용해 증명하라 ([그림 2-32] 참조).

(a) 점 p를 제외한 영역에서 $\nabla \times \mathbf{H} = 0$임을 증명하라.

(b) 점 p를 에워싸지 않는 임의의 폐곡선 C_1에 대해 $\oint_{C_1} \mathbf{H} \cdot d\mathbf{l} = 0$임을 증명하라.

(c) 점 p를 에워싸는 임의의 폐곡선 C_2에 대해 $\oint_{C_2} \mathbf{H} \cdot d\mathbf{l} = 2\pi$임을 증명하라.

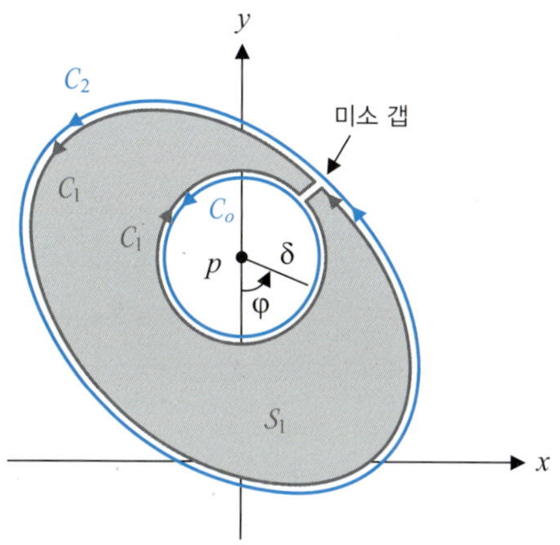

[그림 2-32] 폐곡선 C_1은 면 S_1의 경계선인데 점 p를 에워싸지 않는다. 갭이 영으로 줄어들면 C_1은 C_2와 C_o로 분리되는데 이들의 진행 방향은 서로 반대이다 (문제 2.41)

2.42 벡터장 $\mathbf{A} = (x - 2y^2)\mathbf{a}_x + (2xy + y^2)\mathbf{a}_y$를 이용하여 [그림 2-33]의 삼각형 영역에서 아래의 항들을 계산하고 스토크스 정리를 증명하라.

(a) $\oint_C \mathbf{A} \cdot d\mathbf{l}$

(b) $\int_S (\nabla \times \mathbf{A}) \cdot d\mathbf{s}$

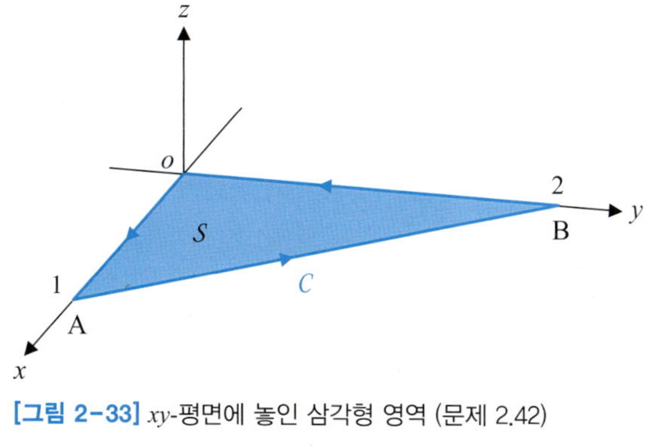

[그림 2-33] xy-평면에 놓인 삼각형 영역 (문제 2.42)

연습문제

2.43 벡터장 $\mathbf{H} = \rho^2\mathbf{a}_\rho + \rho\sin(\phi/2)\mathbf{a}_\phi$를 이용하여 xy-평면 위에 놓인 환형 영역 ([그림 2-34(a)] 참조)에서 아래의 항들을 계산하고 스토크스 정리를 증명하라.

(a) $\int_S (\nabla \times \mathbf{H}) \cdot d\mathbf{s}$

(b) $\oint_C \mathbf{H} \cdot d\mathbf{l}$

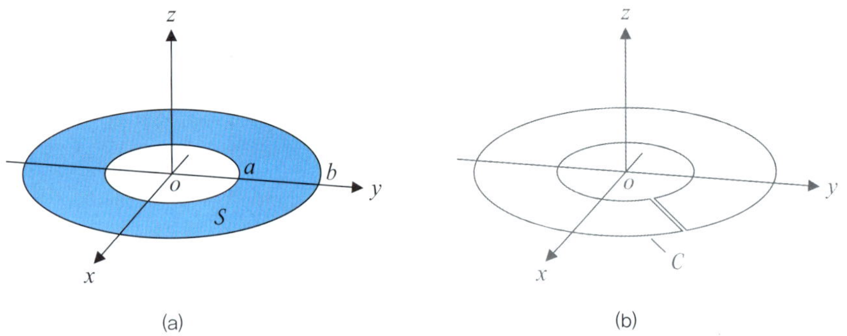

[그림 2-34] xy-평면 위의 환형 영역 (문제 2.43)

2.44 벡터장 $\mathbf{B} = (3\rho)^{-1}\mathbf{a}_\rho + \rho\cos^2\phi\,\mathbf{a}_\phi + \rho(1 + \sin\phi)\mathbf{a}_z$를 이용하여 [그림 2-35]에 보인 입구가 원형인 속이 빈 깡통 표면에서 스토크스 정리를 증명하라.

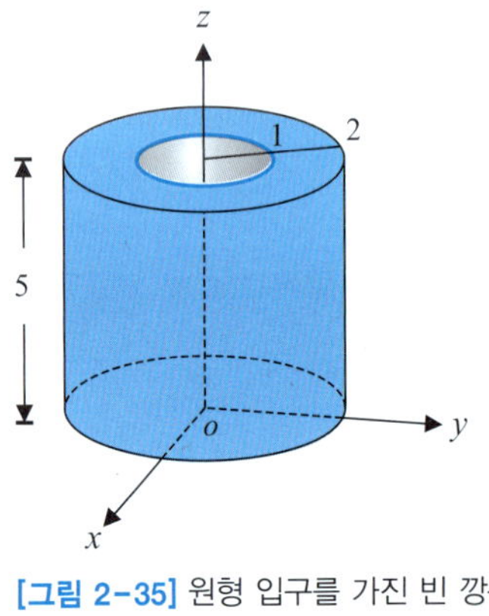

[그림 2-35] 원형 입구를 가진 빈 깡통 (문제 2.44)

2.45 벡터장 $\mathbf{H} = 2R^{-2}\cos\theta\,\mathbf{a}_R + R^{-2}\sin\theta\cos\phi\,\mathbf{a}_\theta$를 이용하여 [그림 2-36]에 보인 반지름이 4인 반 구 표면에서 아래의 항들을 계산하고 스토크스 정리를 증명하라.

(a) $\oint_C \mathbf{H}\cdot d\mathbf{l}$

(b) $\int_S (\nabla\times\mathbf{H})\cdot d\mathbf{s}$

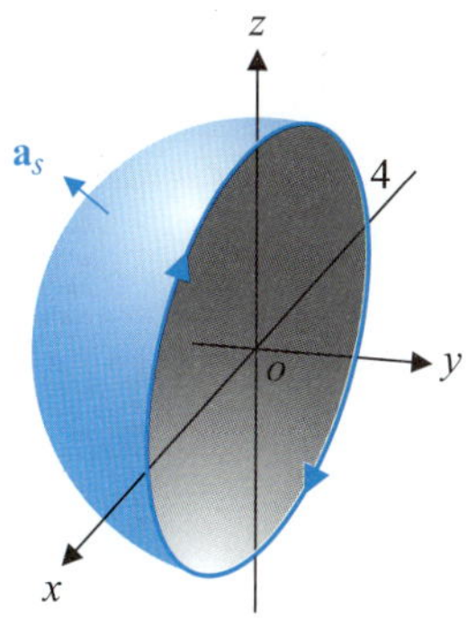

[그림 2-36] 반 구 표면 (문제 2.45)

2.46 벡터장 $\mathbf{H} = R\,\mathbf{a}_R + 3R\sin\theta\,\mathbf{a}_\phi$를 이용하여 [그림 2-37]에 보인 원뿔면에서 아래의 항들을 계산하고 스토크스 정리를 증명하라.

(a) $\oint_C \mathbf{H}\cdot d\mathbf{l}$

(b) $\int_S (\nabla\times\mathbf{H})\cdot d\mathbf{s}$

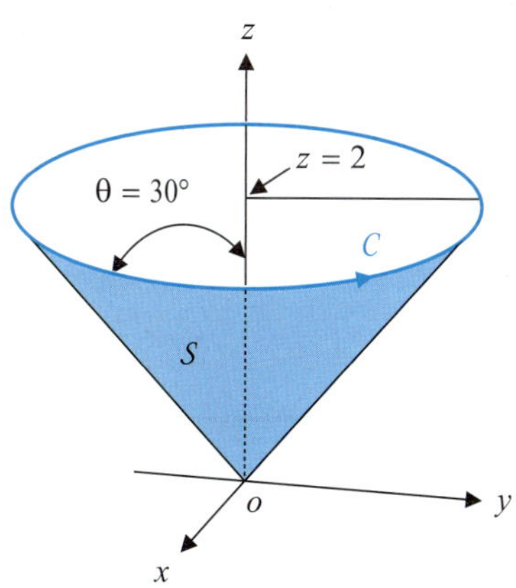

[그림 2-37] 원뿔면 (문제 2.46)

연습문제

라플라시안

2.47 아래에 주어진 스칼라장들의 라플라시안을 구하라.

(a) $V = x^2z + yz^2$

(b) $V = \rho^2 z \sin\phi$

(c) $V = R^2 \sin^2\theta \cos\phi$

헬름홀츠 정리

2.48 아래의 벡터장들이 솔레노이드장인지 비회전장인지 판별하라.

(a) $\mathbf{A} = x\mathbf{a}_x + y\mathbf{a}_y + z\mathbf{a}_z$

(b) $\mathbf{B} = (x\mathbf{a}_x + y\mathbf{a}_y)/(x^2 + y^2)$

(c) $\mathbf{C} = \cos\phi\,\mathbf{a}_\rho/\rho$

(d) $\mathbf{D} = 3\sin\phi\,\mathbf{a}_\phi$

(e) $\mathbf{E} = \sin\theta\,\mathbf{a}_\theta/R$

(f) $\mathbf{F} = 4\mathbf{a}_R/R^2$

2.49 하나의 벡터장이 $\mathbf{E}(x, y, z) = \mathbf{A}\cos(\mathbf{k}\cdot\mathbf{r})$로 주어질 때 $\mathbf{r}$은 위치벡터, $\mathbf{A}$와 $\mathbf{k}$는 상수 벡터이다. 어떤 조건에서 $\mathbf{E}$가 (a) 솔레노이드장이 되는가, (b) 비회전장이 되는가?

2.50 원통좌표계의 영역 $\rho \geq b$에서 $\nabla\cdot\mathbf{H} = 0$, $\nabla\times\mathbf{H} = 0$이다. 또한 $\rho = b$인 경계면에서 $\mathbf{H} = (A/b)\mathbf{a}_\phi$이다. 여기서 A는 상수임. 헬름홀츠 정리에 기초하여 주어진 영역에서의 $\mathbf{H}$의 표현식을 구하라.

2.51 구좌표계의 영역 $R \geq a$에서 $\nabla\cdot\mathbf{E} = 0$, $\nabla\times\mathbf{E} = 0$이다. 또한 $R = a$인 경계면에서 $\mathbf{E} = (A/a^2)\mathbf{a}_R$이다. 여기서 A는 상수임. 헬름홀츠 정리에 기초하여 주어진 영역에서의 $\mathbf{E}$의 표현식을 구하라.

CHAPTER

03

정전기학

Electrostatics

쿨롱 법칙 3.1

전기장 세기 3.2

전속밀도 및 가우스 법칙 3.3

전위 3.4

정전기장 내의 유전체 3.5

정전기장 내의 완전도체 3.6

정전기장의 포텐셜 에너지 3.7

경계값 문제 3.8

축전기 및 정전용량 3.9

연습문제

들어가기 전에

정전기학(electrostatics)은 전기자기학의 일부로 **정전하**(static electric charge)[1]에 의해 발생하는 전기현상, 즉 **정전기장**(static electric field)을 다룬다. 전기자기학의 또 다른 세부 분야로는 **정자기학**(magnetostatics)과 **전기역학**(electrodynamics)이 있다. 전자는 **정자기장**(static magnetic field)을 다루고 후자는 시간에 따라 변하는 전기장 및 자기장을 다룬다.

이 장에서는 정전기학에 대해 설명하는데, 이것은 단순히 전기자기학의 간략한 사례에 그치는 것이 아니다. 정전기학은 전기자기학의 여러 법칙을 이해하는 데 필수적이다. 예를 들어 잉크젯 프린터, LCD 디스플레이, FET 트랜지스터, 전기 도금, 심전도 기록 상치 등을 이해하는 데에도 필수적이다.

정전기학은 쿨롱에 의해 실험적으로 관찰되고 이론적으로 정립된, 두 전하 사이의 **전기력**(electric force)에 기초한다. 이를 **쿨롱 법칙**(Coulomb's law)이라 하며 정전기학의 기본 법칙 중 하나이다. 전기장 개념에 의하면 전하에 의한 전기력을 공간상에서 연속적으로 변하는 하나의 벡터량으로 취급할 수 있다. 따라서 전기장은 미분 및 적분이 가능하며, 이러한 전기장의 미분과 적분이 나타내는 물리적 의미를 찾아내고 이해하는 것이 이 장의 핵심이라고 할 수 있다.

중첩의 원리는 점 전하에 의한 전기장을 다수의 점 전하 혹은 연속적으로 분포하는 전하에 확장해서 적용할 수 있도록 해준다. **전속밀도**(electric flux density)는 단순매질에서 전기장에 상수를 곱해 얻을 수 있으므로 전기장과 중복된 개념인 것처럼 생각되지만, 매질 내의 자유 전하에만 직접적으로 연관되므로 전기장과는 다른 개념이다. 특별한 미분 연산자들을 이용하면 에너지 및 전속 보존법칙을 각각 전기장의 컬과 전속밀도의 다이버전스로 표시할 수 있다. 이들은 정전기학의 중요한 법칙들로 헬름홀츠 정리에 따라 주어진 영역에서 정전기장을 특정하기 위해 필요하다.

이 장의 후반부에서는 **전위**(electric potential), **전위 에너지**(electric potential energy), **경계값 문제**(boundary value problem), **축전기**(capacitor) 등을 설명한다.

정전기학과 연관된 대부분의 관계식들은 쿨롱 법칙과 가우스 법칙에 중첩의 원리를 이용하여 유도할 수 있다. 이러한 유도 과정은 수학적 혹은 물리적 법칙에 기초한 논리적 사고를 필요로 한다. 그러나 일부 과정들은 단순히 수학 정리를 적용한 일상적인 과정임에도 불구하고 어떤 물리적 의미를 부여하려는 데 지나치게 집착하여 스스로 혼란에 빠지곤 한다. 독자들은 문제의 전개 과정이 내포하는 물리적 의미를 이해하기 위해 논리적인 사고를 해야 하지만, 더불어 수학적인 법칙과 정리들은 단지 일상적인 것으로 취급하고 이들을 단순 적용하여 문제를 풀 수 있어야 한다.

1 정전하는 그 값이 시간에 따라 변치 않지만 이것이 공간상에 분포할 때 일반적으로 위치에 대한 함수로 주어진다.

3.1 쿨롱 법칙

정전기 현상은 고대 그리스인들에 의해 관찰되었는데, 호박(amber)을 모피나 비단에 문질렀을 때 솜부스러기나 짚오라기 등을 끌어당기는 현상을 보고 처음 발견되었다. **전자**(electron)는 호박의 그리스어에서 유래되었다. 이 현상이 정전하에 의해 발생한다는 것은 수세기가 지난 후에야 비로소 알게 된 사실이다. 가장 간단한 원자 모델에서 원자는 플러스(+) 전기를 띠고 있는 원자핵과 그 주위를 도는 마이너스(−) 전기를 띠고 있는 전자들로 구성되어 있다. 호박을 모피에 문지르면 모피의 **속박전자**(bound electron)를 호박에 떼어 주는 효과가 있어서, 모피는 플러스 전기를 띠게 되고 호박은 마이너스 전기를 띠게 된다.

쿨롱 법칙은 정전기학의 기초 법칙으로, 자유 공간 내에서, 서로 다른 두 점에 위치한 전하들 사이의 전기 현상에 대한 실험적 관찰에 기초한다. 즉 두 전하 사이의 전기력은 두 전하량의 곱에 비례하고 두 전하 사이의 거리의 제곱에 반비례한다. 쿨롱 법칙을 수식으로 표현하면 다음과 같다.

$$F = \frac{1}{4\pi\varepsilon_0}\frac{q_1 q_2}{\mathcal{R}^2} \quad [\mathrm{N}] \tag{3.1}$$

여기서 q_1과 q_2는 쿨롱 [C] 단위의 전하량이고, $\mathcal{R}$은 두 전하 사이의 거리이며 미터 단위로 표시된다. 비례상수 ε_0는 **자유 공간상의 유전율**(permittivity of free space)이며 단위 길이당 패러드 [F/m]로 표시된다.

$$\varepsilon_0 = 8.854\times 10^{-12} \quad [\mathrm{F/m}] \tag{3.2}$$

무시할만한 범위에서의 오차를 무시하면 $\varepsilon_0 \cong (1/36\pi)\times 10^{-9}$ [F/m]로 대치할 수 있다. 물질 내에서는 ε_0가 **유전율**(permittivity) ε으로 대치되는데, 자세한 내용은 3.5절에서 설명할 예정이다.

같은 극성(polarity)의 두 전하는 그들을 연결하는 직선상에서 서로 밀어내고, 반대 극성의 두 전하는 그 직선상에서 서로 잡아당긴다. **쿨롱힘**(Coulomb force)은 전하가 또 다른 전하에 미치는 전기력을 말한다.

벡터 표기법을 이용하면 전하 q_2에 의해 전하 q_1에 작용하는 쿨롱힘을 다음과 같이 쓸 수 있다.

$$\mathbf{F}_1 = \frac{q_1 q_2}{4\pi\varepsilon_0 \mathcal{R}_{1\text{-}2}^2}\mathbf{a}_{1\text{-}2} \quad [\mathrm{N}] \tag{3.3}$$

여기서 $\mathcal{R}_{1\text{-}2}$와 $\mathbf{a}_{1\text{-}2}$는 q_2의 위치에서 q_1의 위치로 향하는 거리벡터의 크기 및 단위벡터이다. 거리벡터는 수학적으로 표시하면 다음과 같다.

$$\mathcal{R}_{1\text{-}2} = \mathbf{r}_1 - \mathbf{r}_2 \tag{3.4}$$

여기서 $\mathcal{R}$의 아래 첨자 1−2는 벡터 $\mathcal{R}_{1\text{-}2}$가 '2에서 1'로 향한다는 것을 나타내고, 동시에 오른쪽의 벡터 뺄셈과 비슷한 모양으로 고안되었다. 이 책에서 아래 첨자 $a-b$는 그 무엇이 'b에서 a로' 향한다는 것을 나타낸다. 반면에 아래 첨자 ab는 그 무엇이 'a에서 b로' 향한다는 것을 나타낸다.

$\mathcal{R}_{1\text{-}2}$의 단위벡터는 위치벡터 $\mathbf{r}_1$과 $\mathbf{r}_2$를 이용하면 다음과 같이 표시된다.

$$\mathbf{a}_{1\text{-}2} = \frac{\mathcal{R}_{1\text{-}2}}{\mathcal{R}_{1\text{-}2}} = \frac{\mathbf{r}_1 - \mathbf{r}_2}{|\mathbf{r}_1 - \mathbf{r}_2|} \tag{3.5}$$

식 (3.5)를 식 (3.3)에 대입하면 전하 q_2에 의해 전하 q_1에 작용하는 쿨롱힘은 다음과 같이 표시된다.

$$\mathbf{F}_1 = \frac{q_1 q_2}{4\pi\varepsilon_0} \frac{\mathbf{r}_1 - \mathbf{r}_2}{|\mathbf{r}_1 - \mathbf{r}_2|^3} \quad \text{[N]} \tag{3.6}$$

여기서 $\mathbf{r}_1$과 $\mathbf{r}_2$는 각각 전하 q_1과 q_2가 위치한 점 p_1과 p_2를 표시하는 위치벡터들이다([그림 3−1] 참조). 이때 p_1을 **관찰점**(field point), p_2를 **원천점**(source point)이라 부른다. 관례적으로 관찰점과 원천점의 위치벡터를 각각 $\mathbf{r}_1$과 $\mathbf{r}_2$로 표기하거나 혹은 $\mathbf{r}$과 $\mathbf{r}'$으로 표기한다.

식 (3.6)의 $\mathbf{F}_1$은 점 p_1에서 관찰되는 벡터이므로 p_1의 좌표 및 베이스벡터를 이용해 표시해야 한다. 또한 식 (3.6)의 등호 오른쪽에 위치한 거리벡터 $\mathbf{r}_1 - \mathbf{r}_2$도 p_1에서의 베이스벡터를 이용해 표시해야 한다. 만약 $\mathbf{r}_2$가 점 p_2의 좌표와 베이스벡터로 표시되어 있어도 마찬가지이다. 관찰점과 원천점은 서로 독립적이므로 섞음 좌표계를 이용하여 관찰점은 정상 좌표를 이용해 표시하고 원천점은 프라임 좌표를 이용해 표시하면 편리하다.

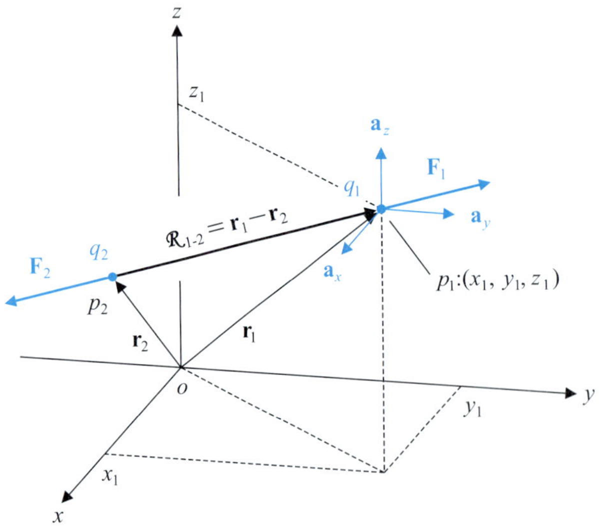

[그림 3−1] 전하 q_1과 q_2에 작용하는 쿨롱힘 혹은 전기력

전기력은 상호작용을 하는 힘이다. 전하 q_1에 의해 전하 q_2에 작용하는 힘은 $\mathbf{F}_1$과 동일한 크기를 갖지만, 반대 방향으로 향하는 벡터이다. 즉 $\mathbf{F}_2 = -\mathbf{F}_1$이다. 이것을 수학적으로 표시하면 다음과 같다.

$$\mathbf{F}_2 = \frac{q_2 q_1}{4\pi\varepsilon_0} \frac{\mathbf{r}_2 - \mathbf{r}_1}{|\mathbf{r}_2 - \mathbf{r}_1|^3} = -\mathbf{F}_1 \tag{3.7}$$

이 경우 p_2가 관찰점이므로 $\mathbf{F}_2$는 점 p_2에서의 베이스벡터로 전개되어야 한다.

예제 3-1

직각좌표계의 한 점 (1, 1, 3)에 위치한 점 전하 q_2에 의해, 점 (2, 3, 5)에 위치한 점 전하 q_1에 작용하는 전기력을 구하라. 여기서 모든 거리는 미터 단위로 표시된다.

풀이

전하 q_1과 q_2에 대한 위치벡터는 다음과 같다.

$$\mathbf{r}_1 = 2\mathbf{a}_x + 3\mathbf{a}_y + 5\mathbf{a}_z$$
$$\mathbf{r}_2 = \mathbf{a}_x + \mathbf{a}_y + 3\mathbf{a}_z$$

따라서 거리벡터는 $\mathcal{R}_{1\text{-}2} = \mathbf{r}_1 - \mathbf{r}_2 = \mathbf{a}_x + 2\mathbf{a}_y + 2\mathbf{a}_z$이고, 거리벡터의 크기와 단위벡터는 다음과 같다.

$$\mathcal{R}_{1\text{-}2} = |\mathbf{r}_1 - \mathbf{r}_2| = \sqrt{1 + 2^2 + 2^2} = 3 \tag{3.8a}$$

$$\mathbf{a}_{1\text{-}2} = \frac{1}{3}\mathbf{a}_x + \frac{2}{3}\mathbf{a}_y + \frac{2}{3}\mathbf{a}_z \tag{3.8b}$$

식 (3.8a)와 (3.8b)를 식 (3.3)에 대입하면 다음과 같다.

$$\mathbf{F}_1 = \frac{q_1 q_2}{108\pi\varepsilon_0}(\mathbf{a}_x + 2\mathbf{a}_y + 2\mathbf{a}_z)$$

유제 3.1 10 [cm] 떨어져 있는 어떤 점 전하로 인하여 전하 q에 작용하는 전기력이 2 [pN]이다. 이 전하에 작용하는 전기력이 50% 감소하려면 두 전하의 거리는 어떻게 되어야 하는가?

Ans 14.14 [cm]

3.2 전기장 세기

두 점 전하 q와 q' 사이의 전기력은 q'에 의한 영향이 이미 공간 전체에 퍼져 있고 우연히 공간상 한 점에 전하 q가 위치하게 되어 그 전하에 전기력이 작용한다고 생각할 수 있다. 이러한 개념을 일반화하면, 하나의 점 전하 q가 공간상에 위치할 경우 단위 전하가 각 점에서 받을 전기력을 공간상에서 하나의 연속 함수로 표시할 수 있다. 이러한 전기력을 전하 q의 **전기장 세기**(electric field intensity)라 부른다. 그러므로 점 전하 q가 위치벡터 $\mathbf{r}'$에 놓여 있을 때 위치벡터 $\mathbf{r}$에서의 전기장 세기는 다음과 같이 표시된다.

$$\mathbf{E}(\mathbf{r}) = \frac{q}{4\pi\varepsilon_0}\frac{\mathbf{r}-\mathbf{r}'}{|\mathbf{r}-\mathbf{r}'|^3} \quad [\mathrm{V/m}] \tag{3.9}$$

이것의 단위는 길이당 볼트이다. 여기서 주목할 것은, 전기장 세기는 $\mathbf{r} = \mathbf{r}'$인 점에서는 정의되지 않는다는 것이다. 그 이유는 이 점이 이미 원천에 의해 점유되어 있기 때문이다. [그림 3-2]는 식 (3.9)를 그림으로 나타낸 것이다. 여기서 음영은 단지 시각적 효과를 위한 것이다.

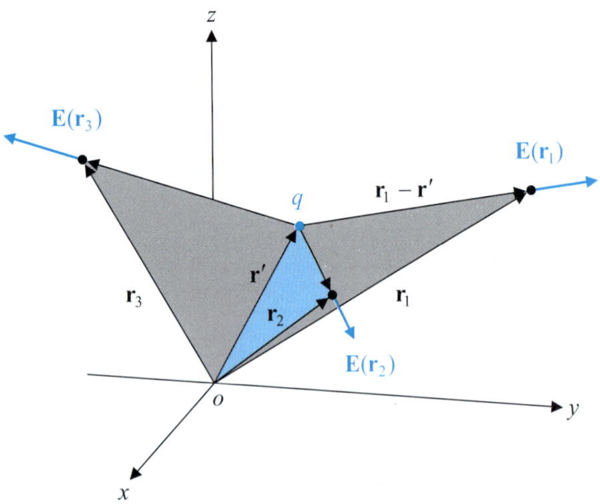

[그림 3-2] 위치벡터 $\mathbf{r}'$에 위치한 점 전하 q에 의한 전기장 세기

예제 3-2

원점에 위치한 점 전하 q에 의한 전기장의 표현식을 각각의 좌표계에서 구하라.

(a) 직각좌표계 (b) 구좌표계

풀이

(a) 관찰점 및 원천점에 대한 위치벡터는 다음과 같다.

$$\mathbf{r} = x\mathbf{a}_x + y\mathbf{a}_y + z\mathbf{a}_z$$

$$\mathbf{r}' = 0$$

따라서 거리벡터의 크기는 다음과 같다.

$$|\mathcal{R}| = |\mathbf{r} - \mathbf{r}'| = \sqrt{x^2 + y^2 + z^2}$$

식 (3.9)를 참고하여, 원점에 놓인 점 전하 q에 의한 전기장은 직각좌표계에서 다음과 같이 표시된다.

$$\mathbf{E}(\mathbf{r}) = \frac{q}{4\pi\varepsilon_0} \frac{x\mathbf{a}_x + y\mathbf{a}_y + z\mathbf{a}_z}{[x^2 + y^2 + z^2]^{3/2}} \tag{3.10}$$

(b) 구좌표계에서 원천점에서 관찰점까지의 거리벡터는 다음과 같이 표시된다.

$$\mathcal{R} = R\mathbf{a}_R$$

따라서 구좌표계에서의 전기장은 다음과 같다.

$$\mathbf{E}(\mathbf{r}) = \frac{q}{4\pi\varepsilon_0 R^2}\mathbf{a}_R \tag{3.11}$$

원점에 위치한 점 전하는 구대칭을 띠고 있다. 즉 관찰자가 θ 및 ϕ 값이 변하도록 점 전하 주위로 움직여도 점 전하의 모양에는 어떤 변화도 없다. 1장에서 설명한 것처럼 구대칭일 때 발생되는 벡터장은 θ 및 ϕ에 독립적이어야 하고, θ-성분 및 ϕ-성분을 가질 수 없다. 식 (3.11)에 보인 전기장은 이러한 구 대칭성의 결과에 부합한다.

유제 3.2 원점의 점 전하에 의한 전기장 $\mathbf{E}$는 $R > 0$ 영역에서 솔레노이드장이고 비회전장임을 증명하라.

Ans $\nabla \times \mathbf{E} = 0$, $\nabla \cdot \mathbf{E} = 0$ (식 (3.11) 참조)

3.2.1 다수의 전하에 의한 전기장

전기장 세기는 중첩의 원리를 따른다. 즉 다수의 전하에 의한 전체 $\mathbf{E}$는 각각의 전하에 의한 $\mathbf{E}$들을 벡터 덧셈하여 얻는다. 다시 말해, 하나의 전하에 의한 전기장은 다른 전하 혹은 다른 전기장의 영향을 받지 않는다. 만약 N개의 점 전하 $q_1, q_2, \cdots, q_N$이 각각 위치벡터 $\mathbf{r}_1, \mathbf{r}_2, \cdots, \mathbf{r}_N$에 위치할 때 위치벡터 $\mathbf{r}$인 관찰점에서의 전기장 세기는 다음과 같다.

$$\mathbf{E}(\mathbf{r}) = \sum_{i=1}^{N} \frac{q_i}{4\pi\varepsilon_0} \frac{\mathbf{r} - \mathbf{r}_i}{|\mathbf{r} - \mathbf{r}_i|^3} \tag{3.12}$$

예를 들어, [그림 3-3]과 같이 위치벡터 $\mathbf{r}$에서의 전기장 세기는 두 점 전하 q_1과 q_2에 의해 발생된 것들의 합이다. 여기서 음영은 단지 시각적 효과를 위한 것이다.

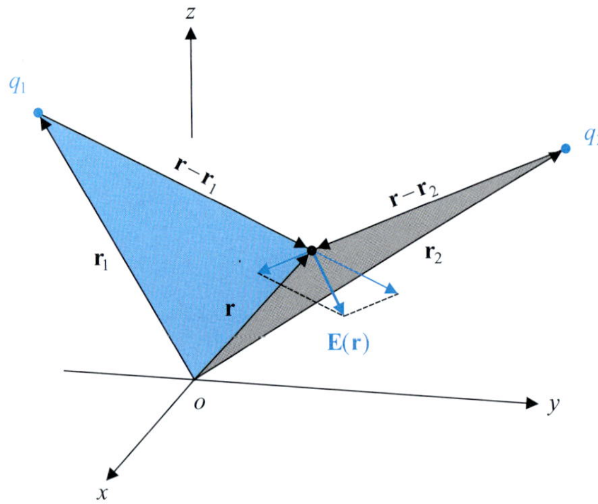

[그림 3-3] 두 점 전하에 의해 발생한 전기장 세기

예제 3-3

공간상 두 점 전하 $+q$와 $-q$ 사이의 거리가 d로 매우 짧으면 이것을 **전기 쌍극자**(electric dipole)라 부른다. [그림 3-4]를 참조하여 이 전기 쌍극자의 전기장 $\mathbf{E}$를 구하라.

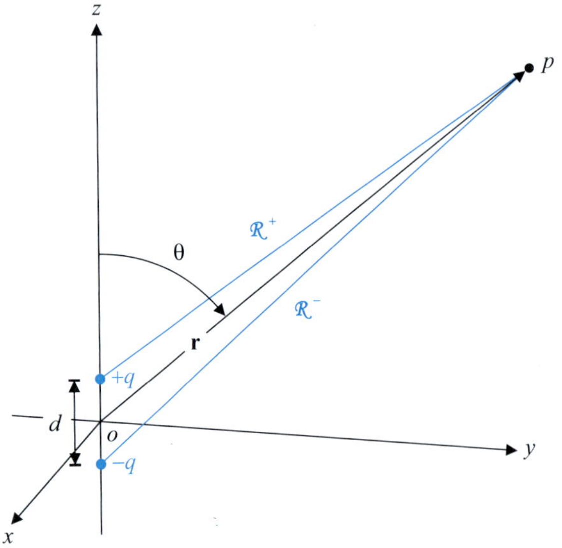

[그림 3-4] 반대 극성의 근접한 두 점 전하가 만드는 전기 쌍극자

풀이

전기 쌍극자에 의한 전기장 세기는 다음과 같다.

$$\mathbf{E}(\mathbf{r}) = \frac{q}{4\pi\varepsilon_0}\left[\frac{\mathcal{R}^+}{(\mathcal{R}^+)^3} - \frac{\mathcal{R}^-}{(\mathcal{R}^-)^3}\right] \tag{3.13a}$$

여기서 두 거리벡터는 다음과 같이 주어진다.

$$\mathcal{R}^+ \equiv \mathbf{r} - \mathbf{r}^+ = x\mathbf{a}_x + y\mathbf{a}_y + (z - d/2)\mathbf{a}_z \tag{3.13b}$$

$$\mathcal{R}^- \equiv \mathbf{r} - \mathbf{r}^- = x\mathbf{a}_x + y\mathbf{a}_y + (z + d/2)\mathbf{a}_z \tag{3.13c}$$

위 식에서 관찰점은 $\mathbf{r} = x\mathbf{a}_x + y\mathbf{a}_y + z\mathbf{a}_z$, 두 원천점은 $\mathbf{r}^+ = (d/2)\mathbf{a}_z$와 $\mathbf{r}^- = (-d/2)\mathbf{a}_z$이다. 코사인 법칙을 두 개의 삼각형 $(+q)op$와 $(-q)op$에 적용하면 다음과 같다.

$$\mathcal{R}^+ = \sqrt{r^2 + (d/2)^2 - 2r(d/2)\cos\theta} \tag{3.13d}$$

$$\mathcal{R}^- = \sqrt{r^2 + (d/2)^2 - 2r(d/2)\cos(\pi-\theta)} \tag{3.13e}$$

여기서 $|\mathbf{r}| \gg d$이므로 $(d/2)^2$는 r^2에 비해 매우 작아서 무시된다. 그 다음, **이항전개**(binomial expansion)를 이용하여 정리하면 다음과 같다.

$$\frac{1}{(\mathcal{R}^+)^3} \cong \frac{1}{[r^2 - rd\cos\theta]^{3/2}} \cong \frac{1}{r^3}\left[1 + \frac{3}{2}\frac{d}{r}\cos\theta\right] \tag{3.13f}$$

$$\frac{1}{(\mathcal{R}^-)^3} \cong \frac{1}{[r^2 + rd\cos\theta]^{3/2}} \cong \frac{1}{r^3}\left[1 - \frac{3}{2}\frac{d}{r}\cos\theta\right] \tag{3.13g}$$

식 (3.13b, c, f, g)를 식 (3.13a)에 대입하고 관계식 $|\mathbf{r}| = R$을 사용하면 다음과 같다.

$$\mathbf{E}(\mathbf{r}) = \frac{q}{4\pi\varepsilon_0 R^3}\left[-d\mathbf{a}_z + \left(x\mathbf{a}_x + y\mathbf{a}_y + z\mathbf{a}_z\right)3\frac{d}{R}\cos\theta\right] \tag{3.13h}$$

아래의 관계식을 이용하면 위 식을 구좌표계로 좌표 변환할 수 있다.

$$x\mathbf{a}_x + y\mathbf{a}_y + z\mathbf{a}_z = R\mathbf{a}_R \tag{3.13i}$$

$$-d\mathbf{a}_z = -d\cos\theta\,\mathbf{a}_R + d\sin\theta\,\mathbf{a}_\theta \tag{3.13j}$$

그러므로 원점에 놓인 전기 쌍극자의 전기장 세기는 다음과 같이 표시된다.

$$\mathbf{E}(\mathbf{r}) = \frac{qd}{4\pi\varepsilon_0 R^3}\left[2\cos\theta\,\mathbf{a}_R + \sin\theta\,\mathbf{a}_\theta\right] \tag{3.14}$$

전기 쌍극자는 전기적 원자 모델인데 주어진 물질과 외부 전기장과의 상호작용을 설명하고 그 물질의 전기적 특성을 표시하는 데 유용하다.

유제 3.3 동일한 두 개의 점 전하가 z-축 위에 놓였다. 하나는 $z = -1$에 다른 하나는 $z = 3$에 놓였을 때 $\mathbf{E}$가 영이 되는 위치를 찾아라.

Ans $z = 1$

유제 3.4 원점에 점 전하 q가 놓였을 때 점 $(2, 2, 1)$에서 전기장의 z-성분의 세기가 $E_z = 1$ [V/m]이다. 이때 q의 값은 얼마인가?

Ans 3 [nC]

유제 3.5 다음의 언급은 어떤 법칙에 근거하는가? 점 전하의 $\mathbf{E}$가 공간상 연속 함수이므로 다수의 점 전하에 의한 $\mathbf{E}$도 연속 함수이다.

Ans 중첩의 원리

3.2.2 연속적인 전하 분포에 의한 전기장

많은 수의 점 전하들이 공간상 한 영역에 몰려 있고 전하들 사이의 거리가 전하에서 관찰점까지의 거리보다 매우 작으면, 전하들의 불연속성을 무시하고 이들이 공간상에서 연속적으로 분포한다고 생각할 수 있다. 이러한 경우 주어진 영역을 여러 개의 미소 체적으로 나누어, 각 미소 체적은 많은 수의 전하를 포함할 정도로 크지만, 관찰점에서 보았을 때는 공간상 한 점으로 간주할 만큼 매우 작다고 가정한다. 따라서 각각의 미소 체적에 의한 전기장 세기는 쿨롱 법칙을 등가 점 전하에 적용하여 구하고, 관찰점에서의 총 전기장 세기는 중첩의 원리에 의해 각 미소 체적들의 전기장 세기를 합하여 구한다. 미소 체적이 영으로 수렴하면 관찰점에서의 전기장 세기는 체적적분 형태로 주어진다.

전하밀도는 체적 전하밀도 ρ_v, 면 전하밀도 ρ_s, 선 전하밀도 ρ_ℓ로 구분된다. 이들은 일반적으로 위치에 대한 함수로 주어지므로 각 전하밀도에 의한 전기장은 각각 체적, 면, 선적분으로 표시된다.

- 체적 전하밀도 ρ_v : 일정 부피 안에 얼마나 많은 전하가 있는지를 나타내며, 단위는 세제곱 미터당 쿨롱 [C/m^3]이다.
- 면 전하밀도 ρ_s : 일정 면적에 전하가 얼마나 분포하는지를 나타내며, 단위는 제곱 미터당 쿨롱 [C/m^2]이다.
- 선 전하밀도 ρ_ℓ : 일정 길이 안에 전하가 얼마나 있는지를 나타내며, 단위는 미터당 쿨롱 [C/m]이다.

위치벡터 $\mathbf{r}$이 표시하는 점에서의 체적 전하밀도는 다음과 같이 정의된다.

$$\rho_v(\mathbf{r}) = \lim_{\Delta v \to 0} \frac{\Delta q}{\Delta v} \quad [\text{C/m}^3] \tag{3.15}$$

여기서 Δv는 $\mathbf{r}$에 중심을 둔 미소 체적을 나타내며 전하 Δq를 지닌다. 체적 전하밀도는 평탄화 평균 밀도를 나타내므로 3차원 공간에서 연속 함수로 주어진다. 따라서 이것으로 인하여 전기자기학 법칙들은 **점형태**(point form) 혹은 **미분형태**(differential form)로 표시될 수 있다.

공간상에 체적 전하밀도 ρ_v [C/m^3]가 주어지면 위치벡터 $\mathbf{r}_i'$이 지시하는 점에 중심을 둔 미분체적은 그 전하량이 $q_i = \rho_v(\mathbf{r}_i')\Delta v(\mathbf{r}_i')$이다. 그런데 이 전하는 관찰점에서 보았을 때 **점원**(point source)으로 취급되므로 위치벡터 $\mathbf{r}$인 점에서의 전기장 세기는 다음과 같다.

$$\mathbf{E}(\mathbf{r}) = \lim_{\substack{N \to \infty \\ \Delta v \to 0}} \sum_{i=1}^{N} \frac{\rho_v(\mathbf{r}_i')\Delta v(\mathbf{r}_i')}{4\pi\varepsilon_0} \frac{\mathbf{a}_{\mathcal{R}}}{|\mathbf{r} - \mathbf{r}_i'|^2} \tag{3.16}$$

여기서 $\mathbf{a}_{\mathcal{R}}$은 거리벡터 $\mathcal{R} = \mathbf{r} - \mathbf{r}_i'$의 단위벡터이다([그림 3-5] 참조).

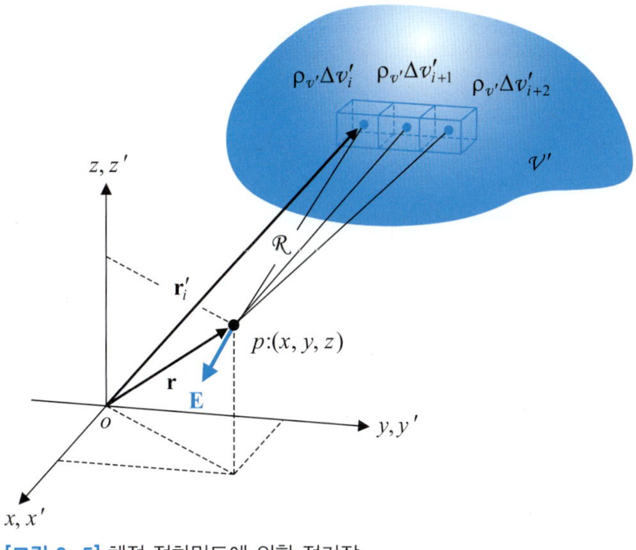

[그림 3-5] 체적 전하밀도에 의한 전기장

식 (3.16)의 오른쪽 항은 수학적으로 체적적분을 의미하므로 체적 전하밀도 ρ_v에 의한 전기장은 다음과 같이 표시된다.

$$\mathbf{E}(\mathbf{r}) = \frac{1}{4\pi\varepsilon_0} \int_{\mathcal{V}'} \frac{\rho_{v'}}{\mathcal{R}^2} \mathbf{a}_{\mathcal{R}} dv' \quad [\text{V/m}] \tag{3.17}$$

여기서 주목할 것은, 거리벡터가 $\mathcal{R} = \mathbf{r} - \mathbf{r}'$으로 정의되므로 $\mathcal{R}$과 $\mathbf{a}_{\mathcal{R}}$은 모두 $\mathbf{r}$과 $\mathbf{r}'$에 대한 함수라는 것이다. 또한 거리벡터 $\mathcal{R}$은 섞음 좌표계에서 표시되는데, 비록 정상 좌표계와 프라임 좌표계의 좌표축들이 서로 포개져 있더라도 정상 좌표계의 관찰점과 프라임 좌표계의 원천점은 서로 독립적이다. 따라서 프라임 좌표계에서 식 (3.17)의 적분을 계산하려면 관찰점은 고정되어 있다고 가정해야 한다. 단위벡터 $\mathbf{a}_{\mathcal{R}}$은 변수 $\mathbf{r}'$에 대한 함수이므로 적분 기호 밖으로 이동될 수 없다.

만약 전하들이 하나의 면에 전하밀도 ρ_s로 분포되어 있다고 가정해보자. 관찰점에서의 전기장 세기는 각각의 미분면에 포함된 전하에 의한 전기장 세기를 구한 후 이러한 전기장 세기들을 합하여 구한다. 이때 한 미분면에 포함된 미분전하는 $\rho_{s'}\,ds'$이고 이것은 관찰점에서 보았을 때 점 전하로 취급된다. 따라서 쿨롱 법칙과 중첩의 원리를 이용하면 면 전하밀도에 의한 관찰점에서의 전기장 세기는 다음과 같이 면적분 형태로 나타낼 수 있다.

$$\mathbf{E}(\mathbf{r}) = \frac{1}{4\pi\varepsilon_0}\int_{S'}\frac{\rho_{s'}}{\mathcal{R}^2}\mathbf{a}_{\mathcal{R}}\,ds' \quad [\text{V/m}] \tag{3.18}$$

비슷한 방법으로 만약 전하들이 하나의 선을 따라 선 전하밀도 ρ_ℓ로 분포되어 있다면, 관찰점에서의 전기장 세기는 각각의 미분길이에 포함된 전하에 의한 전기장 세기를 구한 후 이러한 전기장 세기들을 합하여 구한다. 하나의 미분길이에 포함된 미소 전하는 $\rho_{\ell'}\,d\ell'$이고 이것은 관찰점에서 보았을 때 점 전하로 취급된다. 앞에서 설명한 것과 마찬가지로, 쿨롱 법칙과 중첩의 원리를 이용하면 선 전하밀도에 의한 관찰점에서의 전기장 세기는 다음과 같은 선적분 형태로 나타낼 수 있다.

$$\mathbf{E}(\mathbf{r}) = \frac{1}{4\pi\varepsilon_0}\int_{L'}\frac{\rho_{\ell'}}{\mathcal{R}^2}\mathbf{a}_{\mathcal{R}}\,d\ell' \quad [\text{V/m}] \tag{3.19}$$

여기서 $\boldsymbol{\mathcal{R}} = \mathcal{R}\,\mathbf{a}_{\mathcal{R}} = |\mathbf{r} - \mathbf{r}'|\mathbf{a}_{\mathcal{R}}$이다.

예제 3-4

[그림 3-6]을 보면 무한 직선에 따라 놓인 선 전하밀도 ρ_ℓ이 z-축과 일치한다. 이때 전기장을 구하라.

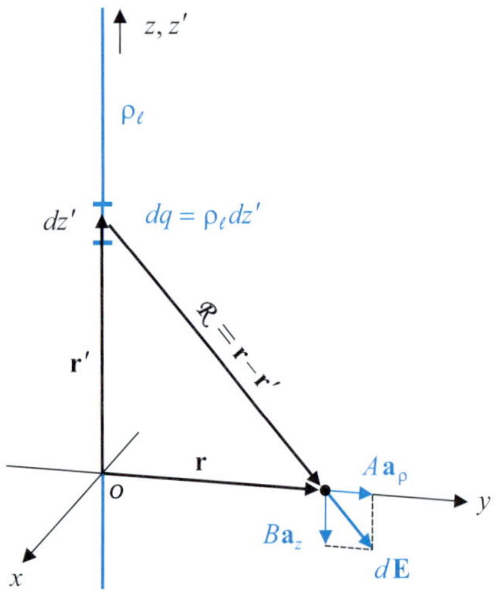

[그림 3-6] 무한 직선의 선 전하밀도

풀이

주어진 선 전하밀도가 원통대칭을 띠고 있으므로 편의상 y-축 위의 한 점을 관찰점으로 삼는다. 그러면 관찰점과 원천점의 위치벡터는 다음과 같다.

$$\mathbf{r} = \rho\mathbf{a}_\rho$$
$$\mathbf{r}' = z'\mathbf{a}_{z'}$$

거리벡터는 관찰점에서의 세 베이스벡터들 $\mathbf{a}_\rho$, $\mathbf{a}_\phi$, $\mathbf{a}_z$로 표시되어야 한다. 여기서 $\mathbf{a}_{z'} = \mathbf{a}_z$이므로 $\mathcal{R}$에 대한 식을 나타내면 다음과 같다.

$$\mathcal{R} = \mathbf{r} - \mathbf{r}' = \rho\mathbf{a}_\rho - z'\mathbf{a}_z \tag{3.20a}$$

원천점에서의 미분전하는 다음과 같다.

$$dq = \rho_\ell\, dz'$$

쿨롱 법칙을 이용하면 위치 $\mathbf{r}'$에 놓인 전하 dq에 의해 위치 $\mathbf{r}$에서 발생하는 전기장 세기 $d\mathbf{E}$는 다음과 같다.

$$d\mathbf{E} = \frac{dq}{4\pi\varepsilon_0}\frac{\mathcal{R}}{\mathcal{R}^3} = \frac{\rho_\ell\, dz'}{4\pi\varepsilon_0}\frac{\rho\mathbf{a}_\rho - z'\mathbf{a}_z}{(\rho^2 + z'^2)^{3/2}} \tag{3.20b}$$

[그림 3-6]에서 보듯이, 두 점 $z' = a$와 $z' = -a$에 위치한 두 미분전하에 의한 관찰점에서의 전기장 세기는 그 z-성분이 서로 상쇄되어 사라진다. 따라서 ρ-성분만이 존재하므로 관찰점에서의 전기장 세기는 다음과 같다.

$$\mathbf{E} = \int d\mathbf{E} = \frac{\rho_\ell\rho\mathbf{a}_\rho}{4\pi\varepsilon_0}\int_{-\infty}^{\infty}\frac{dz'}{(\rho^2 + z'^2)^{3/2}} = \frac{\rho_\ell\rho\mathbf{a}_\rho}{4\pi\varepsilon_0}\left[\left.\frac{z'/\rho^2}{\sqrt{\rho^2 + z'^2}}\right|_{z'=-\infty}^{z'=\infty}\right] \tag{3.20c}$$

그러므로 원통좌표계에서 선 전하밀도에 의한 전기장은 다음과 같다.

$$\boxed{\mathbf{E} = \frac{\rho_\ell}{2\pi\varepsilon_0\rho}\mathbf{a}_\rho} \quad [\text{V/m}] \tag{3.21}$$

여기서 선 전하밀도 ρ_ℓ과 원통좌표계의 좌표 ρ를 혼동하지 말아야 한다.

고찰

식 (3.20c)에서 사용된 부정적분은 전기장 계산에 자주 등장하므로 그 값을 기억하고 사용하면 편리하다.

$$\int \frac{dx}{(x^2 + a^2)^{3/2}} = \frac{x / a^2}{\sqrt{x^2 + a^2}} \tag{3.22}$$

여기서 [그림 3-6]에 보인 선 전하의 대칭성에 대해 알아보자. z-축에 따라 놓인 무한히 긴 선 전하는 원통대칭, z-방향으로의 병진대칭, x-축을 중심으로 한 2겹 회전대칭을 띠고 있다. 이러한 선 전하는 z-축을 중심으로 회전시키거나, z-방향으로 평행 이동시키거나, x-축을 중심으로 180° 회전시켜도 그 모양이 변치 않는다. 이러한 선 전하에 의해 발생하는 전기장은 ϕ와 z에 독립적이어야 하고, 그 전기장은 ϕ-성분과 z-성분을 가질 수 없다. 즉 $\mathbf{E}(\mathbf{r}) = E_\rho(\rho)\mathbf{a}_\rho$의 형태로 주어져야 하고, 식 (3.21)도 바로 이런 형태이다.

예제 3-5

균일한 선 전하밀도 $\rho_{\ell o}$의 전하가 $z = 0$ 평면에서 반지름이 a이고 그 중심이 원점인 원을 형성한다([그림 3-7] 참조). 이때 다음 질문에 답을 구하라.

(a) z-축 위의 한 점 p_1:$(0, 0, b)$에서 $\mathbf{E}$를 구하라.

(b) 만약 $b \to \infty$이면 이 전하는 원점에 놓인 하나의 점 전하로 취급될 수 있음을 증명하라.

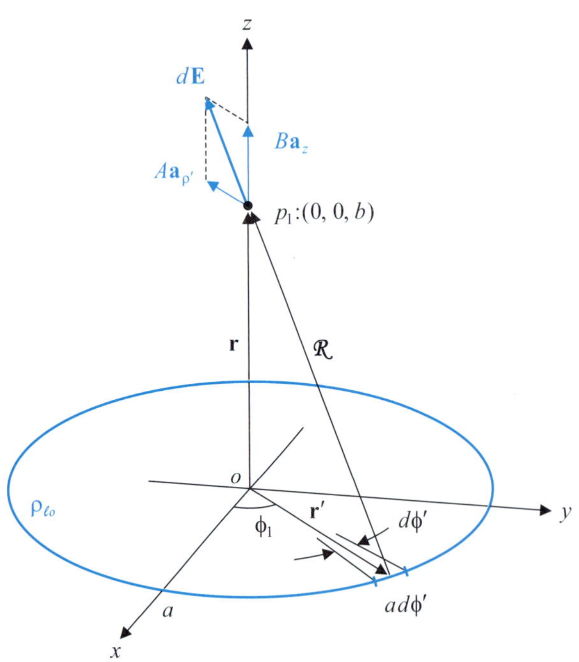

[그림 3-7] 원 형태의 선 전하

풀이

(a) 관찰점과 원천점의 위치벡터는 다음과 같다.

$$\mathbf{r} = b\,\mathbf{a}_z$$
$$\mathbf{r}' = a\,\mathbf{a}_{\rho'} = a(\cos\phi_1\,\mathbf{a}_x + \sin\phi_1\,\mathbf{a}_y)$$

거리벡터를 섞음 좌표계에서 표시하면 다음과 같다.

$$\mathcal{R} = \mathbf{r} - \mathbf{r}' = b\,\mathbf{a}_z - a\,\mathbf{a}_{\rho'}$$

원천점에서의 미분전하는 다음과 같다.

$$dq = \rho_{\ell o}\,a\,d\phi'$$

따라서 관찰점에서의 미분전기장은 다음과 같이 주어진다.

$$d\mathbf{E} = \frac{dq}{4\pi\varepsilon_0}\frac{\mathcal{R}}{\mathcal{R}^3} = \frac{\rho_{\ell o}\,a\,d\phi'}{4\pi\varepsilon_0}\frac{(-a\,\mathbf{a}_{\rho'} + b\,\mathbf{a}_z)}{(a^2 + b^2)^{3/2}} \tag{3.23a}$$

점 $\phi' = \phi_1$에 놓인 dq에 의한 $d\mathbf{E}$의 표현식과 점 $\phi' = \phi_1 + \pi$에 놓인 dq에 의한 $d\mathbf{E}$의 표현식은 동일하지만, 점 $\phi' = \phi_1$에서의 단위벡터 $\mathbf{a}_{\rho'}$과 점 $\phi' = \phi_1 + \pi$에서의 단위벡터 $\mathbf{a}_{\rho'}$을 비교하면 그 방향이 정반대이다. 따라서 관찰점에서 $\mathbf{E}$의 ρ-성분은 영이다.

$$\mathbf{E} = \int d\mathbf{E} = \frac{\rho_{\ell o}}{4\pi\varepsilon_0}\frac{ab\,\mathbf{a}_z}{(a^2 + b^2)^{3/2}}\int_{\phi'=0}^{\phi'=2\pi} d\phi' = \frac{\rho_{\ell o}}{2\varepsilon_0}\frac{ab\,\mathbf{a}_z}{(a^2 + b^2)^{3/2}} \tag{3.23b}$$

(b) 원 위에서의 총 전하는 다음과 같이 주어진다.

$$Q = 2\pi a\,\rho_{\ell o} \tag{3.23c}$$

식 (3.23c)를 식 (3.23b)에 대입하고, $b \to \infty$일 때 $(a^2 + b^2)^{3/2} \approx b^3$임을 고려하면 다음의 식을 얻을 수 있다.

$$\mathbf{E} = \frac{Q}{4\pi\varepsilon_0 b^2}\mathbf{a}_z \tag{3.23d}$$

이 식은 원점에 놓인 점 전하에 의한 전기장 세기와 그 형태가 동일하다.

유제 3.6 무한 직선의 균일한 선 전하밀도 ρ_ℓ이 직각좌표계에서 z-축에 평행이고 동시에 점 (0, 2, 0)을 통과한다. 점 $(x_1, y_1, 0)$에서 **E**를 구하라.

Ans $\mathbf{E} = (\rho_\ell / 2\pi\varepsilon_0)[x_1 \mathbf{a}_x + (y_1 - 2)\mathbf{a}_y] / [x_1^2 + (y_1 - 2)^2]$

유제 3.7 점 전하에 의한 **E**가 솔레노이드장 ($\nabla \cdot \mathbf{E} = 0$)이므로 선 전하에 의한 **E**도 솔레노이드장이라는 논리는 타당한가?

Ans 예. **E**는 중첩의 원리를 만족하고 다이버전스는 배분법칙을 만족한다.

유제 3.8 무한히 긴 반지름이 a인 원통 실린더 내의 체적 전하밀도가 ρ_v [C/m^3]일 때, 매우 먼 거리에서 이것을 바라볼 때의 등가 선 전하밀도를 구하라.

Ans $\rho_v \pi a^2$ [C/m]

복습문제

Q3.1 쿨롱 법칙을 설명하라. **A** 식 (3.1)

Q3.2 점 전하에 의한 전기장 세기의 표현식은? **A** 식 (3.9)

Q3.3 원천점과 관찰점을 설명하라. **A** [그림 3-2]

Q3.4 전기장의 중첩원리를 설명하라. **A** 식 (3.12)

Q3.5 전기 쌍극자가 무엇인가? **A** [그림 3-4]

Q3.6 전하밀도 ρ_v, ρ_s, ρ_ℓ의 단위는? **A** 식 (3.17), (3.18), (3.19)

Q3.7 점 전하, 전기 쌍극자, 무한히 긴 선 전하에 의한 전기장은 각각 어떤 모양으로 거리에 대한 함수인가? **A** 식 (3.11), (3.14), (3.21)

Q3.8 프라임 좌표계의 원천과 정상 좌표계의 전기장을 연관시키기 위해 사용되는 방법은? **A** [그림 3-5]

3.3 전속밀도 및 가우스 법칙

가장 간단한 전기장의 원천은 전자인데 이것은 대부분 점 전하로 취급된다. 점 전하는 사방으로 퍼져 나가는 형태의 전기장을 발생시키고, 공간상 각 점에서의 전기장 벡터는 전하가 위치한 점을 제외하면 공간상에서 연속적인 형태를 띤다. 다시 말해 전기장 벡터의 크기나 방향은 공간상 한 점에서 다른 점으로 급격히 변하지 않는다. 이러한 전기장을 [그림 3-8(a)]처럼 유한한 개수의 점에 놓인 벡터로 표시하면 전기장의 연속성과 상반된 인상을 주게 된다.

다른 방법으로, 전기장 벡터를 나타내는 미소 직선들을 각 점에서 표시하고 그 선들을 이어서 연속적인 선을 그릴 수 있다. 이를 **전기장선**(electric field line) 혹은 **전속선**(electric flux line)이라 부른다([그림 3-8(b)] 참조). 일반적으로 전기장선은 양 전하에서 음 전하로 향하는 연속적인 선을 의미한다. 한 점에서 전기장선의 접선은 그 점에서의 전기장 벡터의 방향을 나타내고, 그 점 주위의 전기장선의 밀도는 전기장 벡터의 크기를 나타낸다. 전기장은 위치에 대한 일가 함수이므로 전기장선들은 서로 교차하지 않는다.

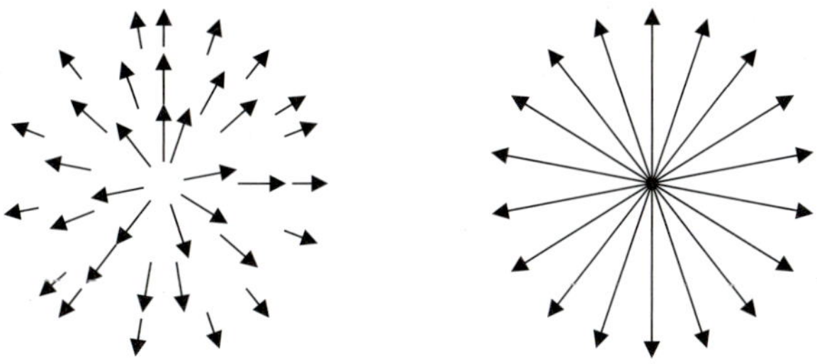
(a) (b)

[그림 3-8] 점 전하에 의한 (a) 전기장 벡터, (b) 전기장선

3.3.1 전속밀도

전속에 대한 개념은 [그림 3-9]에 보인 정전기 유도 실험에서 유래되었다. 완벽한 도체로 이루어진 두 동심구 사이를 **유전체**(dielectric) 혹은 **부도체**(insulator)로 채워서 이 영역에서 자유전자의 이동이 영이 되도록 한다. 이때 전하 $+Q$를 안쪽 구에 인가하면 이것은 그 표면에서 균일하게 분포하여 구 내부에 어떤 전기장도 발생시키지 않아야 한다. 그렇지 않으면 이러한 전기장은 무한 전류를 발생시켜 전하의 재분포를 일으키고 결국은 도체 내의 전기장은 영이 된다. 그 다음, 바깥 구를 잠시 접지에 연결하여 방전시킨 후 접지를 해제하면 바깥 구에 음 전하 $-Q$가 유도되는데, 이 유도 전하는 두 동심구 사이의 부도체에 관계없이 동일한 값으로 주어진다. 이러한 정전기 유도에 대해 초기의 선구자들은 그 무언가의 **변위**(displacement) 혹은 **전속**(electric flux)이 안쪽 구에서 시작해 바깥 구에서 끝나기 때문이라고 생각했다.

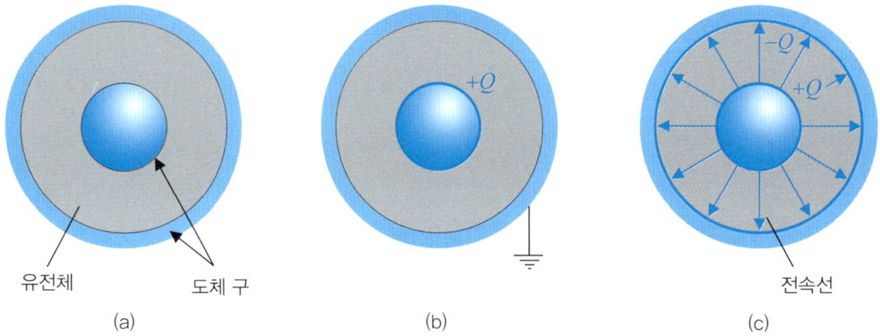

[그림 3-9] 정전기 유도 실험. 전속은 알짜 전하 $+Q$와 그 값이 동일하다.

안쪽 구에서 출발하는 총 전속 Ψ는 안쪽 구의 알짜 전하(net charge)와 동일하다.

$$\Psi = +Q \quad [\mathrm{C}] \tag{3.24}$$

여기서 Ψ의 단위는 쿨롱이다. **전속밀도**(electric flux density) $\mathbf{D}$는 단위 면적당 전속으로 정의되는데, 그 단위는 제곱 미터당 쿨롱이다. 전속밀도는 3차원 공간에서 하나의 벡터장을 형성하며 위치에 대한 연속 함수이다. 여기서 주목할 것은, 벡터 $\mathbf{D}$의 크기는 $\mathbf{D}$에 수직인 평면, 즉 횡단면에서 단위 면적을 통과하는 전속이다.

지금부터 잠시 완전도체인 구의 표면에 균일하게 분포하는 면 전하가 어떤 대칭성을 띠는 지를 살펴보자. 균일한 면 전하는 구 대칭성을 띠고 있다. 구 좌표 R을 고정하고 θ와 ϕ를 변화시키면서 관찰자가 구 주위를 돌아도 그 면 전하의 분포는 변치 않는 것처럼 보인다. 1장에서 설명한 것처럼 구 대칭성을 띤 전하에 의한 전기장 벡터는 θ와 ϕ에 독립적이고, θ-성분과 ϕ-성분을 가질 수 없다. 따라서 구 표면의 균일한 전하에 의해 발생하는 전속밀도는 반드시 $\mathbf{D} = G(R)\mathbf{a}_R$의 형태를 가져야 한다.

[그림 3-9(c)]의 두 동심구는 구대칭을 띠고 있는데, 완전도체 내의 전기장은 항상 영이라는 조건을 만족시키기 위해 알짜 및 유도된 전하는 역시 구대칭을 가지도록 분포되어야 한다. 즉 전속은 양 전하에서 음 전하로 연결되므로 알짜 전하는 안쪽 구의 표면에, 유도되는 전하는 바깥쪽 구의 안쪽 표면에 균일하게 분포해야 한다. 이 경우 전속밀도는 두 도체 사이의 공간에서 $\mathbf{D} = G(R)\mathbf{a}_R$의 형태로 주어지고 다른 영역에서는 모두 영이다.

두 도체 사이의 영역에 반지름이 R_o인 가상의 구를 가정해보자. 이 구 위에서 $\mathbf{D}$를 적분하면 안쪽 도체의 양 전하에서 시작해 이 가상 구를 통과하는 총 전속을 계산할 수 있다.

$$\Psi = \oint_S \mathbf{D} \cdot d\mathbf{s} = \int_{\phi=0}^{2\pi}\int_{\theta=0}^{\pi} D_R R_o^2 \sin\theta \, d\theta d\phi = 4\pi R_o^2 D_R \tag{3.25}$$

총 전속은 $\Psi = +Q$이므로 가상 구 위에서의 전속밀도는 다음과 같다.

$$\mathbf{D} = D_R \mathbf{a}_R = \frac{+Q}{4\pi R_o^2} \mathbf{a}_R \qquad (3.26)$$

만약에 두 구 사이의 유전체가 다른 종류로 바뀌거나, 안쪽 구가 영으로 줄어들거나, 바깥 구가 무한히 커지더라도, 도체가 지닌 전하의 양이 변치 않는다면 식 (3.26)의 **D**에는 어떤 변화도 발생하지 않는다. 이로부터 원점에 놓인 점 전하 q에 의한 전속밀도는 다음과 같이 표시된다.

$$\mathbf{D} = \frac{q}{4\pi R^2} \mathbf{a}_R \quad [\text{C/m}^2] \qquad (3.27)$$

여기서 주목할 것은, 식 (3.27)은 전하 주위의 유전체에 무관하다는 것이다. 또한 **D**는 역제곱 법칙을 따르므로 전하를 둘러싸는 구 위에서 **D**를 적분하면 그 값은 항상 상수이다.

3.2절에서 설명한 것처럼 자유 공간의 원점에 놓인 점 전하 q에 의한 전기장 세기는 다음과 같다.

$$\mathbf{E}(\mathbf{r}) = \frac{q}{4\pi\varepsilon_0 R^2} \mathbf{a}_R \qquad (3.11)$$

식 (3.27)과 (3.11)을 서로 비교하면 자유 공간에서 **D**와 **E** 사이의 **구조식**(constitutive relation)은 다음과 같이 주어진다.

$$\mathbf{D} = \varepsilon_0 \mathbf{E} \quad [\text{C/m}^2] \qquad (3.28)$$

여기서 ε_0는 자유 공간상의 유전율이다.

전기장에서와 마찬가지로 자유 공간상에 연속적으로 분포하는 체적, 면, 선 전하밀도에 의한 **D**는 다음과 같이 표시된다.

$$\mathbf{D}(\mathbf{r}) = \frac{1}{4\pi} \int_{\mathcal{V}'} \frac{\rho_{v'}}{\mathcal{R}^2} \mathbf{a}_{\mathcal{R}} \, dv' \qquad \text{(체적 전하밀도)} \qquad (3.29a)$$

$$\mathbf{D}(\mathbf{r}) = \frac{1}{4\pi} \int_{S'} \frac{\rho_{s'}}{\mathcal{R}^2} \mathbf{a}_{\mathcal{R}} \, ds' \qquad \text{(면 전하밀도)} \qquad (3.29b)$$

$$\mathbf{D}(\mathbf{r}) = \frac{1}{4\pi} \int_{L'} \frac{\rho_{\ell'}}{\mathcal{R}^2} \mathbf{a}_{\mathcal{R}} \, d\ell' \qquad \text{(선 전하밀도)} \qquad (3.29c)$$

여기서 $\mathcal{R}$과 $\mathbf{a}_{\mathcal{R}}$은 각각 거리벡터 $\boldsymbol{\mathcal{R}}$의 크기와 단위벡터이고, ρ_v, ρ_s, ρ_ℓ은 각각 체적, 면, 선 전하밀도이다.

자유 공간이 아닌 매질 내에서 **D**는 식 (3.29a) ~ (3.29c)와 동일하게 주어지지만 식 (3.28)의 구조식은 바뀌어야 한다. 유한 영역의 경계면이 **D**의 모양을 변화시킬 수 있지만 총 전속에는 변화가 없다. 이러한 특징은 다음 절에서 설명할 예정이다.

유제 3.9 알짜 전하 $+Q$ [C]이 정육면체 형태의 완전도체에 인가되었을 때 이 도체로부터 발생하는 총 전속은?

Ans $+Q$ [C]

유제 3.10 자유 공간의 원점에 위치한 점 전하에 의한 전속밀도의 다이버전스와 컬을 구하라.

Ans $\nabla \cdot \mathbf{D} = 0$, $\nabla \times \mathbf{D} = 0$ (원점을 제외한 영역)

유제 3.11 평면 $z = 0$에서 곡선의 식 $\mathbf{r}(t) = x(t)\mathbf{a}_x + y(t)\mathbf{a}_y$와 전속밀도의 식 $\mathbf{D} = D_x\mathbf{a}_x + D_y\mathbf{a}_y$를 이용하여 전속선에 대한 표현식을 미분 방정식 형태로 쓰라.

Ans $\dfrac{dy/dt}{dx/dt} = \dfrac{dy}{dx} = \dfrac{D_y}{D_x}$

3.3.2 가우스 법칙

점 전하에 의한 전속밀도는 그 전하가 위치한 점을 제외한 모든 영역에서 솔레노이드장을 형성하고 역제곱 법칙을 따른다. 전하의 위치에 중심을 둔 한 구의 표면적은 그 반경의 제곱에 비례하므로, 그 구면 위에서의 전속밀도의 적분은 구의 반지름에 무관하게 항상 상수이다. 따라서 전속은 3차원 공간상에서 보존된다. 이것은 임의의 형태의 폐곡면에 대해서도 마찬가지이다. 이것을 증명하기 위해 [그림 3-10(a)]에서와 같이 점 전하 q와 이 전하를 포함하지 않는 폐곡면 S_1을 생각해 보자.

여기서 S_1은 세 부분(임의의 형태의 바깥 면 S_2, q를 둘러싸는 작은 구 S_3, 이들을 연결하는 파이프 형태의 면)으로 나뉜다. $\mathbf{D}$는 솔레노이드장이므로 $\nabla \cdot \mathbf{D}$를 S_1에 의해 둘러싸인 체적에서 적분하면 당연히 영이고, 다이버전스 정리를 이용해 $\mathbf{D}$를 S_1 위에서 면적분하면 또한 영이 된다. 만약 파이프의 반지름이 영으로 줄어들면 파이프 표면 위에서의 $\mathbf{D}$의 면적분은 영이 된다. 이때 S_1 위에서의 면적분은 [그림 3-10(b)]에서 보이는 것처럼 S_2와 S_3 위에서의 두 면적분 사이의 빼기와 같으며, 그 값은 앞에서 설명한 것처럼 영이어야 한다. 앞에서 보인 것처럼 구 S_3 위에서의 $\mathbf{D}$의 면적분은 그 중심에 위치한 전하 q와 그 값이 동일하다. 이러한 결과를 종합하면, 임의의 폐곡면 S_2 위에서의 $\mathbf{D}$의 면적분은 그 내부의 전하 q와 동일하다는 결론에 도달한다.

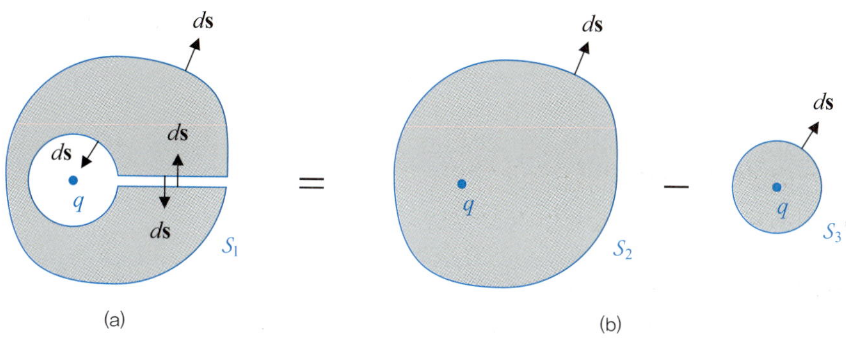

[그림 3-10] (a) 전하 q를 포함하지 않는 폐곡면 S_1. (b) 파이프의 반지름이 영으로 줄어들면 S_1은 두 폐곡면으로 분리된다. S_3에서의 $d\mathbf{s}$ 방향과 S_1의 안쪽 구면에서의 $d\mathbf{s}$ 방향은 정반대이므로 두 면적분은 빼기가 되어야 한다.

이를 다수 전하에 적용하고 중첩의 원리를 적용하면 가우스 법칙에 도달하게 된다. 즉 하나의 폐곡면 밖으로 빠져나오는 전속은 그 폐곡면에 둘러싸인 전하량과 동일하다. 가우스 법칙을 수학적으로 표시하면 다음과 같다.

$$\oint_S \mathbf{D} \cdot d\mathbf{s} = Q \quad [\mathrm{C}] \tag{3.30}$$

적분 기호 위의 동그라미는 폐곡면 위에서 적분이 이뤄짐을 의미한다. 또한 점곱은 S 위의 미분면적 $|d\mathbf{s}|$를 $\mathbf{D}$의 횡단면에서의 면적으로 환산하기 위해 필요하다. 여기서 $d\mathbf{s}$는 항상 주어진 체적 밖으로 향한다. 따라서 폐면적분이 양의 값이면 전속 Q가 주어진 체적 밖으로 빠져나옴을 의미한다. 체적 전하밀도를 이용하면 가우스 법칙은 다음과 같이 표시된다.

$$\oint_S \mathbf{D} \cdot d\mathbf{s} = \int_{\mathcal{V}} \rho_v \, dv \quad [\mathrm{C}] \tag{3.31}$$

여기서 $\mathcal{V}$는 S에 둘러싸인 체적이다.

가우스 법칙은 정전기학의 기본 법칙 중 하나로, 어떤 일정한 대칭성을 띤 전하 분포의 전속밀도를 구하는 데 매우 유용하다. 가우스 법칙을 적용하려면 폐면적분이 필요한데 이를 위해서는 폐곡면을 잘 선택해야 한다. 이것을 **가우시안면**(Gaussian surface)이라 부른다. 가우시안면을 잘 선택했다면 식 (3.31)의 폐면적분은 매우 간단한 산수식으로 바뀐다. 이때 가우시안면은 다음의 조건을 만족해야 한다.

❶ $\mathbf{D}$가 S에 수직이고 상수이다($\mathbf{D} \cdot d\mathbf{s}$가 S 위에서 상수).

❷ 그렇지 않으면 $\mathbf{D}$가 S에 접한다($\mathbf{D} \cdot d\mathbf{s}$가 S 위에서 영).

식 (3.31)의 적분형태 가우스 법칙을 점형태 혹은 미분형태로 바꿀 수 있다. 우선 미소 체적 Δv와 이것을 둘러싸는 미소 면 Δs를 이용하여 식 (3.30)의 양변을 Δv로 나눈 후 Δv가 영으로 줄어들 때의 극한값은 구하면 다음과 같다.

$$\lim_{\Delta v \to 0} \frac{\oint_{\Delta S} \mathbf{D} \cdot d\mathbf{s}}{\Delta v} = \lim_{\Delta v \to 0} \frac{Q}{\Delta v} \quad (3.32)$$

여기서 등호의 왼쪽은 수학적으로 **D**의 다이버전스를 의미하고, 오른쪽은 체적 전하밀도를 나타낸다. 그러므로 가우스 법칙을 점형태로 표시하면 다음과 같다.

$$\nabla \cdot \mathbf{D} = \rho_v \quad [\mathrm{C/m^3}] \quad (3.33)$$

다른 방법으로, 식 (3.31)의 왼쪽에 다이버전스 정리를 적용하면 다음과 같다.

$$\int_{\mathcal{V}} \nabla \cdot \mathbf{D}\, dv = \int_{\mathcal{V}} \rho_v\, dv \quad (3.34)$$

이 식은 주어진 전하를 포함하는 어떤 체적에 대해서도 만족해야 하므로 두 피적분 함수는 동일해야 한다. 즉 $\nabla \cdot \mathbf{D} = \rho_v$이다.

예제 3-6

균일한 체적 전하밀도 ρ_{vo}가 [그림 3-11]과 같이 안쪽 반지름 a, 바깥쪽 반지름 b의 구 껍질을 형성할 때 모든 영역에서 전기장을 구하라.

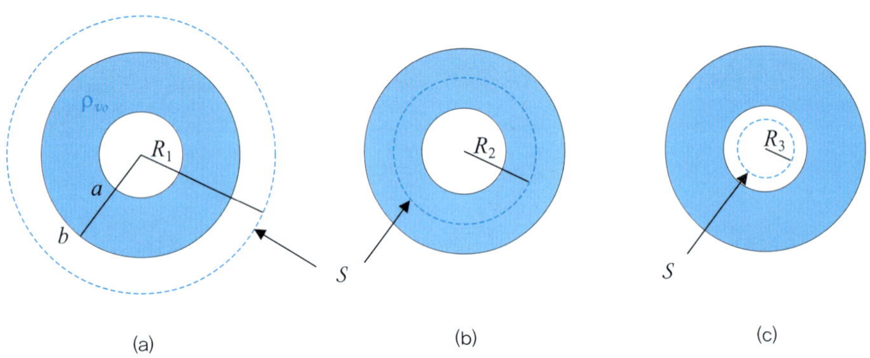

[그림 3-11] 구 껍질 형태의 균일 체적 전하밀도

풀이

주어진 체적 전하밀도가 구 대칭성을 띠고 있으므로 전속밀도는 $\mathbf{D} = D_R(R)\mathbf{a}_R$의 형태를 갖는다., 따라서 가상의 동심구 표면을 적합한 가우시안면으로 선택한다.

(a) 영역 $R \geq b$에서([그림 3-11(a)] 참조), 반지름 R_1의 가우시안면을 통과하는 전속은 다음과 같다.

$$\oint_S \mathbf{D} \cdot d\mathbf{s} = \int_{\phi=0}^{2\pi} \int_{\theta=0}^{\pi} D_R R_1^2 \sin\theta \, d\theta d\phi = D_R 4\pi R_1^2 \quad (3.35a)$$

여기서 $d\mathbf{s} = R_1^2 \sin\theta \, d\theta d\phi \, \mathbf{a}_R$이 사용되었다. 이때 가우시안면 내부의 총 전하는 다음과 같다.

$$Q = \int_{\mathcal{V}} \rho_v \, dv = \int_{\phi=0}^{2\pi} \int_{\theta=0}^{\pi} \int_{R=a}^{b} \rho_{vo} R^2 \sin\theta \, dR \, d\theta \, d\phi = \rho_{vo} \frac{4\pi}{3}(b^3 - a^3) \tag{3.35b}$$

여기서 $dv = R^2 \sin\theta \, dR \, d\theta \, d\phi$가 사용되었다. 그 다음, 식 (3.35a)와 (3.35b)를 결합하면 다음과 같다.

$$D_R = \frac{\rho_{vo}}{3R_1^2}(b^3 - a^3) \tag{3.35c}$$

따라서 영역 $R \geq b$에서 $\mathbf{D}$와 $\mathbf{E}$는 다음과 같이 주어진다.

$$\mathbf{D} = D_R \mathbf{a}_R = \frac{\rho_{vo}}{3R^2}(b^3 - a^3)\mathbf{a}_R \tag{3.35d}$$

$$\mathbf{E} = \frac{\mathbf{D}}{\varepsilon_0} = \frac{\rho_{vo}}{3\varepsilon_0 R^2}(b^3 - a^3)\mathbf{a}_R \tag{3.35e}$$

여기서 일반화를 위해 아래 첨자 1이 생략되었다.

(b) 영역 $a \leq R \leq b$에서([그림 3-11(b)] 참조) 반지름 R_2의 가우시안면을 통과하는 전속은 다음과 같다.

$$\oint_S \mathbf{D} \cdot d\mathbf{s} = \oint_S D_R \, \mathbf{a}_R \cdot d\mathbf{s} = D_R 4\pi R_2^2 \tag{3.35f}$$

이때 가우시안면 내의 총 전하는 다음과 같다.

$$\begin{aligned} Q &= \int_{\mathcal{V}} \rho_v \, dv = \int_{\phi=0}^{2\pi} \int_{\theta=0}^{\pi} \int_{R=a}^{R_2} \rho_{vo} R^2 \sin\theta \, dR \, d\theta \, d\phi \\ &= \rho_{vo} \frac{4\pi}{3}(R_2^3 - a^3) \end{aligned} \tag{3.35g}$$

식 (3.35f)와 (3.35g)를 결합하면 다음과 같다.

$$D_R = \frac{\rho_{vo}}{3R_2^2}(R_2^3 - a^3) \tag{3.35h}$$

따라서 영역 $a \leq R \leq b$에서 $\mathbf{D}$와 $\mathbf{E}$는 다음과 같이 주어진다.

$$\mathbf{D} = \frac{\rho_{vo}}{3R^2}(R^3 - a^3)\mathbf{a}_R \tag{3.35i}$$

$$\mathbf{E} = \frac{\mathbf{D}}{\varepsilon_0} = \frac{\rho_{vo}}{3\varepsilon_0 R^2}(R^3 - a^3)\mathbf{a}_R \tag{3.35j}$$

여기서 일반화를 위해 아래 첨자 2가 생략되었다.

(c) 영역 $R \leq a$에서([그림 3-11(c)] 참조) 가우시안면은 어떤 전하도 포함하지 않으므로 **D**의 폐면적분은 영이다. 그러나 초기에 **D**가 가우시안면에서 상수라고 가정했으므로, 폐면적분이 영이라는 것은 가우시안면 위에서 **D**가 모두 영이라는 것을 의미한다. 즉 이 영역에서

$$\mathbf{D} = 0 = \mathbf{E} \tag{3.35k}$$

이다. 여기서 명심할 것은, 일반적으로, **D**의 폐면적분이 영이라는 것이 **D**가 그 적분면 위에서 항상 영이라는 것을 의미하지는 않는다는 것이다.

식 (3.35e)를 다시 쓰면 다음과 같다.

$$\mathbf{E} = \frac{1}{4\pi\varepsilon_0 R^2}\left[\rho_{vo}\frac{4\pi}{3}(b^3 - a^3)\right]\mathbf{a}_R = \frac{Q}{4\pi\varepsilon_0 R^2}\mathbf{a}_R \tag{3.35l}$$

여기서 브라켓 항은 총 전하 Q를 나타낸다. 식 (3.35l)을 보면 영역 $R \geq b$에서의 전기장은 마치 점 전하 Q가 중심점에 놓여 있을 때의 전기장과 동일한 형태를 띠고 있는데, 이것은 주어진 체적 전하밀도와 중심점에 놓인 점 전하가 동일한 구 대칭성을 띠기 때문이다.

예제 3-7

무한히 길고, 직선이며 균일한 선 전하밀도 ρ_ℓ이 [그림 3-12]에서처럼 자유 공간에서 z-축에 따라 놓여 있다. 이때 가우스 법칙을 이용하여 전기장을 구하라.

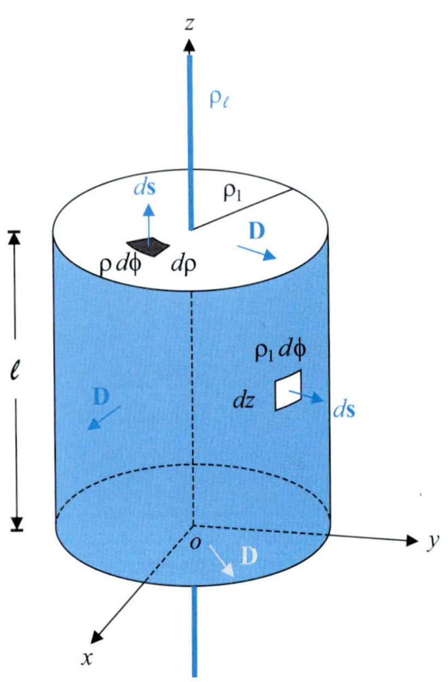

[그림 3-12] 무한히 긴 선 전하와 가우시안면

풀이

주어진 선 전하는 원통대칭, 병진대칭, 2겹 회전대칭을 띠고 있으므로 이것에 의한 전속밀도는 $\mathbf{D} = D_\rho(\rho)\mathbf{a}_\rho$의 형태로 주어져야 한다([예제 3-4] 참조). 그러므로 위, 아래가 막힌 원통 실린더 표면을 가우시안면으로 택한다.

실린더 옆면에서 $d\mathbf{s} = \rho_1\, d\phi dz\, \mathbf{a}_\rho$이므로 다음과 같은 관계식을 얻을 수 있다.

$$\mathbf{D} \cdot d\mathbf{s} = D_\rho \rho_1\, d\phi dz$$

위, 아랫면에서 $\mathbf{D}$는 $d\mathbf{s}$에 수직이므로 다음과 같다.

$$\mathbf{D} \cdot d\mathbf{s} = 0$$

이를 통해 가우시안면을 빠져나가는 총 전속은 다음과 같이 나타낼 수 있다.

$$\begin{aligned}\oint_S \mathbf{D} \cdot d\mathbf{s} &= \int_{side} \mathbf{D} \cdot d\mathbf{s} + \int_{top} \mathbf{D} \cdot d\mathbf{s} + \int_{bottom} \mathbf{D} \cdot d\mathbf{s} \\ &= \int_{z=-\ell/2}^{\ell/2} \int_{\phi=0}^{2\pi} D_\rho \rho_1\, d\phi dz = 2\pi D_\rho \rho_1 \ell\end{aligned} \tag{3.36a}$$

길이가 ℓ인 실린더에 둘러싸인 총 전하는 다음과 같다.

$$Q = \int_{z=-\ell/2}^{z=\ell/2} \rho_\ell\, dz = \rho_\ell \ell \tag{3.36b}$$

식 (3.36a)와 (3.36b)를 결합하면 다음과 같다.

$$D_\rho = \frac{\rho_\ell}{2\pi\rho_1} \tag{3.36c}$$

일반화를 위해 아래 첨자 1을 생략하면 $\mathbf{D}$와 $\mathbf{E}$는 다음과 같이 주어진다.

$$\mathbf{D} = D_\rho \mathbf{a}_\rho = \frac{\rho_\ell}{2\pi\rho}\mathbf{a}_\rho \tag{3.36d}$$

$$\mathbf{E} = \frac{\mathbf{D}}{\varepsilon_0} = \frac{\rho_\ell}{2\pi\varepsilon_0\rho}\mathbf{a}_\rho \tag{3.36e}$$

여기서 선 전하밀도 ρ_ℓ을 원통좌표계의 반지름 ρ와 혼동하면 안된다. 식 (3.36e)는 쿨롱 법칙을 이용해 얻은 식 (3.21)과 동일하다.

예제 3-8

균일한 면 전하밀도 ρ_s가 [그림 3-13]에서처럼 $z = 0$ 평면에 펼쳐져 있을 때 가우스 법칙을 이용하여 이것의 전기장을 구하라.

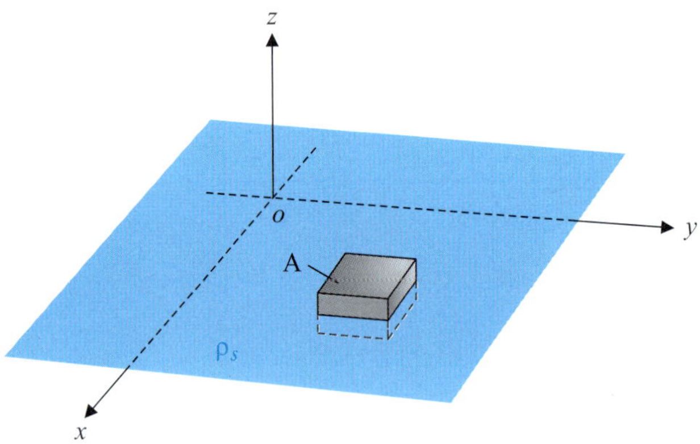

[그림 3-13] 무한 평면을 형성하는 균일 면 전하밀도

풀이

[그림 3-13]에서 이 면 전하는 x-축과 y-축으로의 병진대칭을 띠고 있으므로 이때의 $\mathbf{D}$는 x와 y에 독립적이다. 이 전하는 z-축으로의 회전대칭을 띠고 있으므로 $\mathbf{D}$는 x-성분과 y-성분을 가질 수 없다. 더 나아가, 이 면 전하는 x-축으로의 2겹 회전대칭을 띠므로 결과적으로 $\mathbf{D}$는 다음과 같은 형태로 주어져야 한다.

$$\mathbf{D} = D_z(z)\mathbf{a}_z \quad (z > 0), \qquad \mathbf{D} = -D_z(z)\mathbf{a}_z \quad (z < 0) \tag{3.37a}$$

이러한 $\mathbf{D}$의 형태를 고려하여 [그림 3-13]에서와 같이 $z = 0$ 평면이 중간에 끼인 직각육면체의 표면을 가우시안면으로 택한다.

직각육면체의 각 면을 통과하는 전속을 구하면 다음과 같다.

$$\int_T \mathbf{D} \cdot d\mathbf{s} = \int_T D_z\,\mathbf{a}_z \cdot dxdy\,\mathbf{a}_z = AD_z$$
$$\int_B \mathbf{D} \cdot d\mathbf{s} = \int_B -D_z\,\mathbf{a}_z \cdot (-dxdy)\mathbf{a}_z = AD_z$$
$$\int_S \mathbf{D} \cdot d\mathbf{s} = 0$$

여기서 T, B, S는 각각 윗면, 아랫면, 옆면을 나타낸다. 따라서 가우시안면을 통해 밖으로 빠져나오는 총 전속은 다음과 같다.

$$\oint_S \mathbf{D} \cdot d\mathbf{s} = 2AD_z \tag{3.37b}$$

가우시안면에 둘러싸인 총 전하는 다음과 같다.

$$Q = \int_A \rho_S \, ds = \rho_S A \qquad (3.37c)$$

두 식 (3.37b)와 (3.37c)를 결합하면 다음과 같다.

$$D_z = \frac{\rho_S}{2} \qquad (3.37d)$$

식 (3.37d)를 식 (3.37a)에 대입하면, 영역 $z > 0$에서 **D**와 **E**는 다음과 같이 주어진다.

$$\mathbf{D} = \frac{\rho_S}{2}\mathbf{a}_z \quad [\mathrm{C/m^2}] \qquad (3.38a)$$

$$\mathbf{E} = \frac{\rho_S}{2\varepsilon_0}\mathbf{a}_z \quad [\mathrm{V/m}] \qquad (3.38b)$$

비슷한 방법으로, 영역 $z < 0$에서 **D**와 **E**는 방향이 반전됨을 알 수 있다.

$$\mathbf{D} = -\frac{\rho_S}{2}\mathbf{a}_z \quad [\mathrm{C/m^2}] \qquad (3.38c)$$

$$\mathbf{E} = -\frac{\rho_S}{2\varepsilon_0}\mathbf{a}_z \quad [\mathrm{V/m}] \qquad (3.38d)$$

만약에 균일한 면 전하가 유한한 평면을 형성한다면 대칭성을 띠지 않으므로 적절한 가우시안면을 선택할 수 없어 가우스 법칙을 적용할 수 없다. 그러나 어떤 경우에도 수치 계산법을 사용하면 쿨롱 법칙으로부터 전기장을 구할 수 있다.

유제 3.12 자유 공간에서 두 평면 $z = 3$와 $z = 0$가 각각 균일 전하밀도 ρ_s와 $-\rho_s$의 면 전하를 가지고 있다. 모든 영역에서 **E**를 구하라.

Ans $\mathbf{E} = -(\rho_S / \varepsilon_0)\mathbf{a}_z$ $(0 < z < 3)$, $\mathbf{E} = 0$ ($z > 3$ 혹은 $z < 0$)

유제 3.13 전속밀도가 원통좌표계에서 $\mathbf{D} = 2\rho\mathbf{a}_\rho$로 주어질 때 이 영역에서의 체적 전하밀도 ρ_v를 구하라.

Ans $\rho_v = 4\ [\mathrm{C/m^3}]$

유제 3.14 하나의 구가 다음의 전하로 균일하게 채워진 경우 구 내에서 $\nabla \cdot \mathbf{D}$를 구하라.

(a) 다수의 동일한 점 전하　　(b) 체적 전하밀도 ρ_{vo}

Ans (a) 점 전하가 놓인 점들을 제외한 모든 지점에서 영, (b) ρ_{vo}

복습문제

Q3.9 구좌표계에서 점 전하에 의한 **D**의 표현식은? — **A** 식 (3.27)

Q3.10 자유 공간에서 **D**와 **E** 사이의 관계식은? — **A** 식 (3.28)

Q3.11 연속적인 전하 분포에 의한 **D**의 표현식은? — **A** 식 (3.29)

Q3.12 적분형태의 가우스 법칙을 쓰라? — **A** 식 (3.30), (3.31)

Q3.13 점형태의 가우스 법칙을 쓰라. — **A** 식 (3.33)

Q3.14 어떤 규칙에 따라 가우시안면을 선택하나? — **A** [그림 3-12]

Q3.15 점 전하에 의한 **D**의 다이버전스는 모든 영역에서 영인가? — **A** 식 (3.27)

Q3.16 자유 공간에서의 전속선은 항상 매끄러운가? — **A** [그림 3-8], 식 (3.12)

3.4 전위

주어진 전하 분포에 의한 전기장은 쿨롱 법칙 혹은 가우스 법칙을 이용하여 구할 수 있다. 그러나 쿨롱 법칙에서 벡터 덧셈은 어떤 경우 매우 까다로울 수 있고, 가우스 법칙은 일정한 대칭성이 존재하는 경우에만 사용할 수 있다. **전위**(electric potential)는 전기장을 구하는 데 사용되는 또 다른 방법이다. 전위는 수학적인 벡터 항등식을 통해 정의되지만, 그 자신이 중요한 물리적 의미를 갖는다. 즉 주어진 전기장 내에서 단위 전하를 무한대에서 공간상 한 점으로 이동할 때 **한 일의 양**(work done)을 의미한다. 전위는 스칼라 양인데 주어진 전하 분포로부터 구하거나 또 다른 전위로부터 구할 수 있다. 따라서 전위는 다루기가 훨씬 쉽다. 전위는 경계값 문제를 푸는 데에도 매우 유용하다. 즉, 주어진 영역 내의 전위는 경계면에서의 전하 분포 혹은 전위로부터 구할 수 있고, 전기장은 전위에 마이너스 그레이디언트를 취하여 얻을 수 있다. 전위는 정적분 혹은 선적분을 이용하여 계산될 수 있으므로 이 둘을 혼동하지 말아야 한다. 전위는 전기회로에서 마디 전압(node voltage)을 의미한다.

3.4.1 전하를 움직일 때 한 일의 양

전기장이 존재하는 상태에서 하나의 전하를 다른 지점으로 이동시키려면, 우선 그 전하에 작용하는 전기력을 외부의 힘을 이용해 상쇄시켜야 한다. 전기장 $\mathbf{E}$ 내에서 전하 q를 단위벡터 $\mathbf{a}_l$ 방향으로 움직이는 경우를 생각해 보자. 이때 전하에 작용하는 전기력은 다음과 같다.

$$\mathbf{F}_e = q\mathbf{E} \quad [\mathrm{N}] \tag{3.39}$$

이 전기력이 외부 힘 $\mathbf{F}_{ext}$에 의해 상쇄된다면 다음과 같은 관계식으로 나타낼 수 있다.

$$\mathbf{F}_e + \mathbf{F}_{ext} = 0 \tag{3.40}$$

이를 $\mathbf{F}_{ext}$에 대한 식으로 나타내면 다음과 같다.

$$\mathbf{F}_{ext} = -q\mathbf{E} \quad [\text{N}] \tag{3.41}$$

이때 외부 힘이 전하 q를 $\mathbf{a}_l$-방향으로 거리 dl 만큼 이동시키는 데 소모한 에너지 혹은 한 일의 양은 다음과 같다.

$$dW = \mathbf{F}_{ext} \bullet \mathbf{a}_l \, dl = -q\left(\mathbf{E} \bullet \mathbf{a}_l\right) dl \tag{3.42}$$

여기서 $\mathbf{E}$는 미분길이 dl 내의 모든 점에서 상수로 가정한다. 만약 전하에 걸리는 전기력과 외부 힘이 상쇄되어 그 전하가 정지 상태에 있다면 어떻게 전하를 거리 dl 만큼 이동시킬 수 있는지에 대한 의문이 들 것이다. 이 경우 추가의 외부 힘 $\Delta\mathbf{F}$가 전하에 인가되어 전하를 가속시키면 전하는 다른 지점으로 움직일 수 있다. 전하가 중간 지점에 도달하면 $-\Delta\mathbf{F}$의 힘이 인가되어 전하를 감속시키고 목표 지점에서 전하를 정지시킨다. 이러한 가속과 감속은 추가의 에너지 소모를 발생시키지 않으므로 식 (3.42)는 변치 않는다.

관계식 $d\mathbf{l} = dl\,\mathbf{a}_l$을 식 (3.42)에 대입하면 전기장 $\mathbf{E}$ 내에서 전하 q를 거리 $d\mathbf{l}$ 만큼 이동시키는 데 필요한 일의 양은 다음과 같다.

$$dW = -q\mathbf{E} \bullet d\mathbf{l} \quad [\text{J}] \tag{3.43}$$

전기장 $\mathbf{E}$ 내에서 전하 q를 점 B에서 점 A로 이동시키는 데 필요한 일의 총량은 다음과 같이 선적분으로 표시된다.

$$W = \int_B^A dW = -q\int_B^A \mathbf{E} \bullet d\mathbf{l} \quad [\text{J}] \tag{3.44}$$

이것은 줄(joules)로 표시되는 스칼라 양이지만 방향성을 포함한다. 이것의 플러스 값은 외부 힘 혹은 우리가 한 일의 양이고, 마이너스 값은 전기장이 한 일의 양을 의미한다.

유제 3.15 전기장 $\mathbf{E} = E_o\mathbf{a}_z$ 내에서 전하 q를 다음의 방향으로 거리 dl만큼 이동시키는 데 한 일의 양은?

(a) $\mathbf{a}_x$ (b) $\mathbf{a}_z$ (c) $3\mathbf{a}_y - 4\mathbf{a}_z$

Ans (a) 0, (b) $-qE_o\,dl$, (c) $0.8qE_o\,dl$

유제 3.16 전기장 $\mathbf{E} = -2\mathbf{a}_x + \mathbf{a}_y$ 내에서 전하가 $\mathbf{a}_l$-방향으로 단위 거리를 이동하였을 때 전기장이 한 일의 양의 최대치가 얻어지는 $\mathbf{a}_l$은?

Ans $\mathbf{a}_l = (2/\sqrt{5})\mathbf{a}_x - (1/\sqrt{5})\mathbf{a}_y$

3.4.2 전위 및 전위차

전위차(potential difference)는 플러스 단위 전하를 시작점 B에서 끝점 A로 움직이는 데 필요한 일의 양으로 정의되며 $V_{A\text{-}B}$로 표기된다. 전기장 $\mathbf{E}$ 내에서 두 점 A와 B 사이의 전위차는 다음과 같다.

$$V_{A\text{-}B} = -\int_B^A \mathbf{E} \cdot d\mathbf{l} \quad [\text{V}] \tag{3.45}$$

이것은 볼트(volt)의 단위를 가진다. 앞에서 설명한 것처럼 이 책에서 첨자 $A-B$는 "B에서 A로"의 개념을 표시하기 위해 사용되는데, 여기서는 선적분의 진행 방향을 나타낸다. $V_{A\text{-}B}$**는 점** B**를 기준으로 점** A**의 전위, 즉 점** A**와 점** B **사이의 전위차를 나타낸다.**

절대전위(absolute electric potential) 혹은 **전위**(electric potential)는 공간상 주어진 한 점과 **영전위 기준점**(zero reference point) 사이의 전위차를 의미한다. 영전위 기준점은 일반적으로 무한대에 놓여 있다. 그렇지 않다면 주어진 문제에서 그 위치가 공간상 어느 한 점, 선, 혹은 면으로 주어진다. 공간상 한 점 A의 전위는 일반적으로 다음과 같이 표시된다.

$$V_A = -\int_\infty^A \mathbf{E} \cdot d\mathbf{l} \quad [\text{V}] \tag{3.46}$$

전위는 공간상 위치에 대한 함수로 주어지는 스칼라장을 형성한다. 전위차는 전위를 이용해 다음과 같이 표시된다.

$$V_{A\text{-}B} = V_A - V_B = -\int_\infty^A \mathbf{E} \cdot d\mathbf{l} + \int_\infty^B \mathbf{E} \cdot d\mathbf{l} \quad [\text{V}] \tag{3.47}$$

주목할 것은, **전위차는 영전위 기준점에 무관하다**는 점이다.

가장 간단한 경우인 점 전하 q가 원점에 놓인 경우를 생각하면, 식 (3.11)의 전기장을 식 (3.46)에 대입하여 점 (R_1, θ_1, ϕ_1)에서의 전위를 다음과 같이 구할 수 있다.

$$V = -\int_\infty^A \mathbf{E} \cdot d\mathbf{l} = -\int_\infty^{R_1} \frac{q}{4\pi\varepsilon_0 R^2} dR = \frac{q}{4\pi\varepsilon_0 R_1} \tag{3.48}$$

여기서 $d\mathbf{l} = dR\,\mathbf{a}_R + R\,d\theta\,\mathbf{a}_\theta + (R\sin\theta)\,d\phi\,\mathbf{a}_\phi$이고 영전위 기준점은 무한대로 가정하였다. 따라서 원점의 점 전하 q에 의한 전위는 다음과 같다.

$$V = \frac{q}{4\pi\varepsilon_0 R} \quad [\text{V}] \tag{3.49}$$

여기서 아래 첨자 1은 생략되었다. 식 (3.49)에서 보듯이 V는 오직 R에 대한 함수이고 따라서 적분길에 무관하다. 점 전하에 의한 전기장은 $1/R^2$에 따라 변하지만 전위는 $1/R$에 따라 변한다.

[그림 3-14]를 이용해 전위차가 적분길에 무관하다는 사실이 에너지 보존법칙과 밀접한 관련이 있다는 것을 설명할 수 있다. 그림에서 보듯이 전기장 **E** 내의 두 점 A와 B를 잇는 서로 다른 2개의 길이 존재한다고 가정한다. **E**는 비회전장이므로 길 ①과 길 ②의 반대 길로 이루어진 폐곡선을 따라 계산한 **E**의 순환은 영이다. 이것은 **E**의 길 ① 위에서의 선적분과 길 ② 위에서의 선적분이 동일하다는 것을 의미한다. 만약 전위차 $V_{A\text{-}B}$가 적분길에 따라 값이 달라진다면 전하를 점 B에서 점 A까지 에너지를 덜 소모하는 길로 이동시킨 후, 다른 길을 따라 다시 점 A로 돌아오면 알짜 에너지를 얻을 수 있다. 이것은 분명히 에너지 보존법칙에 위배된다. **에너지 보존법칙에 따라 전위차는 적분길에 무관하다.**

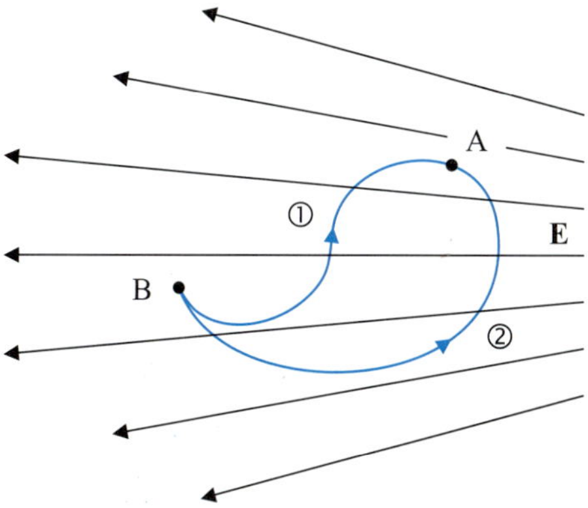

[그림 3-14] 전위차 $V_{A\text{-}B}$는 적분길에 무관하다.

전위는 전기장과 마찬가지로 중첩의 원리를 만족한다. 따라서 위치벡터 $\mathbf{r}_1$, $\mathbf{r}_2$, …, $\mathbf{r}_N$에 놓인 N 개의 점전하들 q_1, q_2, …, q_N에 의한 전위는 다음과 같이 표시된다.

$$V = \frac{1}{4\pi\varepsilon_0}\sum_{i=1}^{N}\frac{q_i}{|\mathbf{r}-\mathbf{r}_i|} \tag{3.50}$$

연속적으로 분포하는 전하에 대한 전위는 식 (3.50)으로부터 구할 수 있다. 이때 전하 q_i 대신에 전하 분포에 따라 $\rho_{v'}dv'$, $\rho_{s'}ds'$, $\rho_{\ell'}d\ell'$을 대입하고, $\mathbf{r}-\mathbf{r}_i$ 대신에 $\mathcal{R} = \mathbf{r}-\mathbf{r}'$을 사용한다. 그리하여 $N \to \infty$일 때의 극한값을 취하면 전위는 다음과 같이 표시된다.

$$V = \frac{1}{4\pi\varepsilon_0}\int_{v'}\frac{\rho_{v'}}{\mathcal{R}}dv' \quad \text{(체적 전하)} \tag{3.51a}$$

$$V = \frac{1}{4\pi\varepsilon_0}\int_{S'}\frac{\rho_{s'}}{\mathcal{R}}ds' \quad \text{(면 전하)} \tag{3.51b}$$

$$V = \frac{1}{4\pi\varepsilon_0}\int_{L'}\frac{\rho_{\ell'}}{\mathcal{R}}dl' \quad \text{(선 전하)} \tag{3.51c}$$

위 식에서 영전위 기준점은 무한대로 가정한다. 여기서 식 (3.46)의 전위는 **선적분**으로 표시되지만, 식 (3.51c)의 전위는 **정적분**으로 표시된다는 사실에 주목해야 한다. 양 전하에 대한 전위를 정적분을 이용해 계산하는 경우 그 값은 항상 양의 값이다. 그러나 선적분을 이용해 전위를 계산하는 경우 그 값은 영전위 기준점에 따라 음의 값이 될 수 있다.

예제 3-9

무한히 길고, 직선이며 균일한 선 전하밀도 ρ_ℓ이 [그림 3-15]에서처럼 z-축에 따라 놓여 있다고 하자. 이때 점 A:$(\rho_A, \phi_A, 0)$와 B:$(\rho_B, \phi_B, 0)$ 사이의 전위 $V_{A\text{-}B}$를 원통좌표계에서 구하라.

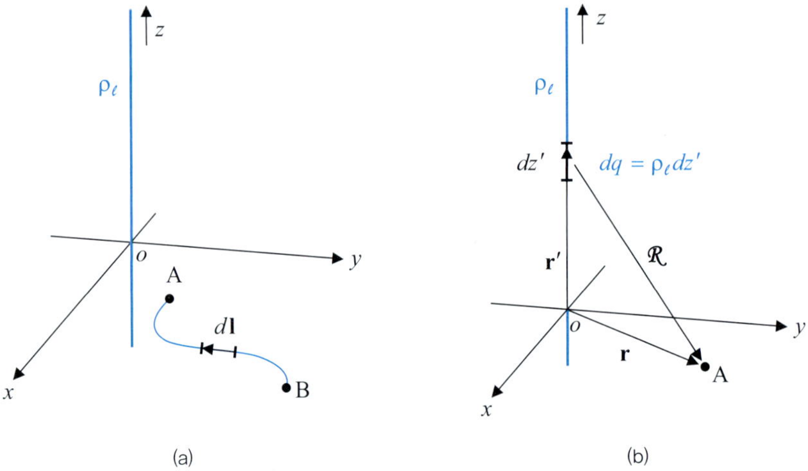

[그림 3-15] 무한히 긴 선 전하

풀이

식 (3.45)와 (3.51c)를 이용해 서로 다른 두 가지 방법으로 문제를 풀어보자.

[방법 1]

식 (3.36e)에 주어진 ρ_ℓ에 의한 $\mathbf{E}$의 표현식을 식 (3.45)에 대입하면 다음과 같다.

$$V_{A\text{-}B} = -\int_B^A \mathbf{E}\bullet d\mathbf{l} = -\int_B^A \frac{\rho_\ell}{2\pi\varepsilon_0\rho}\mathbf{a}_\rho \bullet \left(d\rho\,\mathbf{a}_\rho + \rho d\phi\,\mathbf{a}_\phi + dz\,\mathbf{a}_z\right)$$

$$= -\int_{\rho=\rho_B}^{\rho=\rho_A} \frac{\rho_\ell}{2\pi\varepsilon_0\rho} d\rho$$

따라서 전위차는 다음과 같이 나타낼 수 있다.

$$V_{A\text{-}B} = \frac{\rho_\ell}{2\pi\varepsilon_0}\ln\left(\frac{\rho_B}{\rho_A}\right) \tag{3.52}$$

여기서 ρ_A와 ρ_B는 원통좌표계의 반지름을 의미하고, ρ_ℓ은 선 전하밀도이다.

[방법 2]

관찰점과 원천점의 위치벡터는 각각 $\mathbf{r} = \rho_A \mathbf{a}_\rho$와 $\mathbf{r}' = z'\mathbf{a}_z$ 이므로 거리벡터는 다음과 같다.

$$\mathcal{R} = \mathbf{r} - \mathbf{r}' = \rho_A \mathbf{a}_\rho - z'\mathbf{a}_z \quad \text{그리고} \quad \mathcal{R} = \sqrt{\rho_A^2 + z'^2}$$

식 (3.51c)에 $dl' = dz'$을 대입하여 점 A에서의 전위를 다음과 같이 구한다.

$$V_A = \frac{1}{4\pi\varepsilon_0}\int_{z'=-\infty}^{z'=\infty} \frac{\rho_\ell \, dz'}{\sqrt{\rho_A^2 + z'^2}} = \frac{\rho_\ell}{4\pi\varepsilon_0}\ln\left[z' + \sqrt{\rho_A^2 + z'^2}\right]_{z'=-\infty}^{z'=\infty} = \infty$$

비슷한 방법으로 점 B에서의 전위는 다음과 같다.

$$V_B = \frac{1}{4\pi\varepsilon_0}\int_{z'=-\infty}^{z'=\infty} \frac{\rho_\ell \, dz'}{\sqrt{\rho_B^2 + z'^2}} = \infty$$

이 경우 두 전위가 모두 무한대이므로 뺄셈을 이용해 두 점 사이의 전위차를 구할 수 없다.

다음의 정적분은 전위 계산에 자주 등장하므로 이 값을 기억하고 사용하면 편리하다.

$$\int \frac{dx}{\sqrt{x^2 + a^2}} = \ln\left(x + \sqrt{x^2 + a^2}\right) \tag{3.53}$$

예제 3-10

균일한 선 전하밀도 ρ_ℓ이 [그림 3-16]에서처럼 $z = 0$ 평면에서 반지름 a인 사분원호를 형성한다고 하자. 이때 원점 위의 거리 b인 점의 V를 구하라.

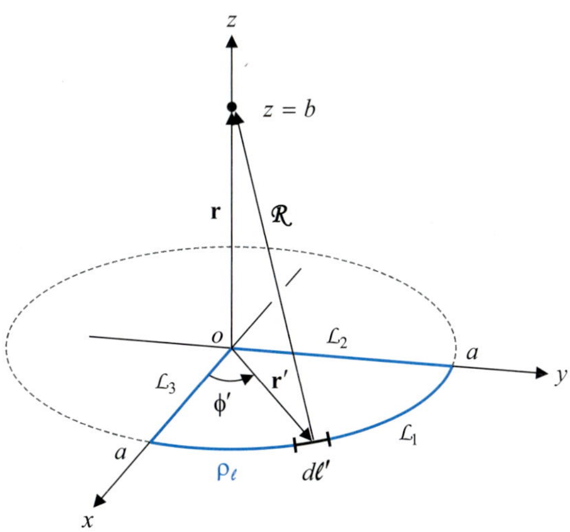

[그림 3-16] 사분원호 형태의 선 전하

풀이

관찰점의 위치벡터는 $\mathbf{r} = b\mathbf{a}_z$ 이다. 섞음 좌표계에서 원천점의 위치벡터는 다음과 같이 표시된다.

$$\mathbf{r}' = a\,\mathbf{a}_{\rho'} \qquad (\mathcal{L}_1 \text{ 위의 점})$$
$$\mathbf{r}' = y'\mathbf{a}_{y'} \qquad (\mathcal{L}_2 \text{ 위의 점})$$
$$\mathbf{r}' = x'\mathbf{a}_{x'} \qquad (\mathcal{L}_3 \text{ 위의 점})$$

거리벡터의 크기는 다음과 같다.

$$\mathcal{R} = |\mathbf{r} - \mathbf{r}'| = |b\mathbf{a}_z - a\mathbf{a}_{\rho'}| = \sqrt{b^2 + a^2} \qquad (\mathcal{L}_1 \text{ 위의 점}) \tag{3.54a}$$
$$\mathcal{R} = |\mathbf{r} - \mathbf{r}'| = |b\mathbf{a}_z - y'\mathbf{a}_{y'}| = \sqrt{b^2 + y'^2} \qquad (\mathcal{L}_2 \text{ 위의 점}) \tag{3.54b}$$
$$\mathcal{R} = |\mathbf{r} - \mathbf{r}'| = |b\mathbf{a}_z - x'\mathbf{a}_{x'}| = \sqrt{b^2 + x'^2} \qquad (\mathcal{L}_3 \text{ 위의 점}) \tag{3.54c}$$

미분길이는 다음과 같다.

$$dl' = a\,d\phi' \qquad (\mathcal{L}_1 \text{ 위의 점}) \tag{3.54d}$$
$$dl' = dy' \qquad (\mathcal{L}_2 \text{ 위의 점}) \tag{3.54e}$$
$$dl' = dx' \qquad (\mathcal{L}_3 \text{ 위의 점}) \tag{3.54f}$$

식 (3.51c)의 적분을 세 부분으로 나누면 다음과 같다.

$$V = \frac{1}{4\pi\varepsilon_0}\int_{\mathcal{L}'}\frac{\rho_\ell}{\mathcal{R}}\,dl' = \frac{\rho_\ell}{4\pi\varepsilon_0}\left[\int_{\mathcal{L}_1}\frac{1}{\mathcal{R}}\,dl' + \int_{\mathcal{L}_2}\frac{1}{\mathcal{R}}\,dl' + \int_{\mathcal{L}_3}\frac{1}{\mathcal{R}}\,dl'\right] \tag{3.54g}$$

식 (3.54g)의 맨 오른쪽은 하나의 폐선적분을 구성하는 세 구간이 아니라 세 개의 정적분임을 명심해야 한다. 그 이유는 양 전하에 의한 전위는 양의 값이기 때문이다. 따라서 식 (3.54g)의 적분은 선 전하를 따라 좌표 값이 증가하는 방향으로 계산해야 한다.

$$\begin{aligned} V &= \frac{\rho_\ell}{4\pi\varepsilon_0}\left[\int_{\phi'=0}^{\pi/2}\frac{1}{\sqrt{b^2+a^2}}\,a\,d\phi' + \int_{y'=0}^{a}\frac{1}{\sqrt{b^2+y'^2}}\,dy' + \int_{x'=0}^{a}\frac{1}{\sqrt{b^2+x'^2}}\,dx'\right] \\ &= \frac{\rho_\ell}{4\pi\varepsilon_0}\left[\frac{a\pi}{2\sqrt{b^2+a^2}} + \ln\left(y' + \sqrt{b^2+y'^2}\right)\Big|_{y'=0}^{a} + \ln\left(x' + \sqrt{b^2+x'^2}\right)\Big|_{x'=0}^{a}\right] \end{aligned}$$

위 식을 정리하면 다음과 같다.

$$V = \frac{\rho_\ell}{4\pi\varepsilon_0}\left[\frac{a\pi}{2\sqrt{b^2+a^2}} + 2\ln\left(a + \sqrt{b^2+a^2}\right) - 2\ln b\right]$$

요약하면, 전위는 주어진 전기장 혹은 전하 분포로부터 구할 수 있다. 전자는 선적분이 사용되고, 후자는 정적분이 사용된다.

유제 3.17 점 (1, 1, 0)에 위치한 점 전하에 의해 점 (4, 0, 0)에서 $V = 10$ [V]일 때 점 (2, 0, 0)에서의 V를 구하라.

Ans $V = 22.4$ [V]

유제 3.18 균일한 선 전하밀도 ρ_ℓ이 반지름 a의 원을 형성할 때 중심점 위, 거리 b에서의 V를 구하라([그림 3-7] 참조).

Ans $V = (\rho_\ell a / 2\varepsilon_0)(a^2 + b^2)^{-1/2}$

유제 3.19 구좌표계에서 전위가 $R\cos\theta$의 함수로 주어지면 이때의 전하 분포는 어떤 형태인가?

Ans 무한 평면 $z = 0$에 놓인 면 전하

3.4.3 보존장

전위가 적분길에 무관하다는 것을 이용하면 전기장의 폐선적분 혹은 컬은 항상 영임을 증명할 수 있다. [그림 3-14]에서처럼 단위 양 전하가 점 B에서 A로 길 ①을 따라 이동하고, 길 ②의 반대 방향으로 다시 B로 돌아오는 경우 한 일의 총량은 다음과 같다.

$$V_{A\text{-}B}^{①} + V_{B\text{-}A}^{②'} \Rightarrow -\int_B^{A①} \mathbf{E}\cdot d\mathbf{l} - \int_A^{B②'} \mathbf{E}\cdot d\mathbf{l} \tag{3.55}$$

여기서 ②′은 ②의 반대 방향 길을 나타낸다. 수학적으로 $V_{B\text{-}A}^{②'}$ 은 $-V_{A\text{-}B}^{②}$이고, 전위는 적분길에 무관하므로 $V_{A\text{-}B}^{①}$은 $V_{A\text{-}B}^{②}$이다. 따라서 식 (3.55)의 등호 왼쪽은 영이고, 오른쪽은 길 ①과 ②′으로 이루어진 폐곡선 위에서의 $\mathbf{E}$의 순환에 −1을 곱한 것이다. 즉 다음과 같이 나타낼 수 있다.

$$\oint_C \mathbf{E}\cdot d\mathbf{l} = 0 \tag{3.56}$$

점 A과 B 사이의 적분길은 임의의 길이므로 $\mathbf{E}$의 폐선적분은 항상 영이라는 결론에 도달한다. 식 (3.56)은 에너지 보존법칙의 결과로 이 식은 정전기학의 기본 법칙 중 하나이다. 그 다음, 스토크스 정리를 식 (3.56)에 적용하면 다음과 같다.

$$\int_S (\nabla\times\mathbf{E})\cdot d\mathbf{s} = 0$$

여기서 S는 폐곡선 C에 둘러싸인 면을 나타낸다.

이 관계식은 S에 관계없이 항상 만족되어야 하므로 그 피적분 함수는 영이 되어야 한다.

$$\nabla \times \mathbf{E} = 0 \tag{3.57}$$

이 식은 정전기장이 비회전장이고 따라서 보존장임을 나타낸다. 여기서 식 (3.56)과 (3.57)은 정전기장에만 적용된다. 전기장이 시간에 따라 변하는 경우 전기장의 폐선적분 혹은 컬은 영이 아니다.

식 (3.33)과 (3.57)에 주어진 두 관계식은 정전기장의 기본 법칙이다. 이것은 헬름홀츠 정리에 따라 하나의 벡터장이 주어진 영역에서 유일하게 정의되기 위해 다이버전스와 컬이 필요하다는 사실에 기초한다.

유제 3.20 식 (3.14)에 주어진 전기 쌍극자의 $\mathbf{E}$는 $\nabla \times \mathbf{E} = 0$이라는 것을 보여라.

Ans 증명이 생략됨

유제 3.21 만약 식 (3.14)의 $\mathbf{a}_\theta$항이 무시되면 그 나머지는 어떤 다른 원천에 의해 발생된 또 다른 정전기장일 수 있는가?

Ans 아니오, $\nabla \times \mathbf{E} \neq 0$

유제 3.22 식 (3.17)에 주어진 체적 전하밀도 ρ_v에 의한 $\mathbf{E}$는 $\nabla \times \mathbf{E} = 0$임을 보여라.

Ans $\nabla \times (\mathcal{R} / \mathcal{R}^3) = 0$

3.4.4 E는 V의 마이너스 그레이디언트

전위의 전미분은 단위 전하를 전기장 내에서 미분길이만큼 이동시키는 데 필요한 일의 양을 의미한다.

$$dV = -\mathbf{E} \cdot d\mathbf{l} \tag{3.58}$$

2.2절에서 설명한 것처럼 V의 전미분은 그레이디언트를 이용해 다음과 같이 표시된다. 이것은 그레이디언트의 정의로부터 유도되는 수학 정리이다.

$$dV = (\nabla V) \cdot d\mathbf{l} \tag{3.59}$$

식 (3.58)과 (3.59)를 비교하면 다음의 식을 얻을 수 있다.

$$\mathbf{E} = -\nabla V \quad [\text{V/m}] \tag{3.60}$$

정전기장은 전위의 그레이디언트에 −1을 곱한 것이다. 이것을 이용하면 주어진 전하 분포로부터 우선 V를 구하고, 이것의 마이너스 그레이디언트를 취해서 $\mathbf{E}$를 구할 수 있다. 또한 식 (3.60)은 $\mathbf{E}$가 비회전장이라는 사실에 부합하는데, 그 이유는 수학적으로 스칼라 함수의 그레이디언트에 대한 컬은 항상 영이기 때문이다. 즉 $\nabla \times \mathbf{E} = -\nabla \times (\nabla V) = 0$이다.

전위는 균일 매질에서 매끄러운 함수로 주어져야 한다. 그렇지 않으면 전위의 미분, 즉 전기장이 공간상의 한 점에서 그 크기와 방향이 갑자기 변한다는 것을 의미하므로 물리적으로 타당하지 않다. 따라서 V 값이 어떤 일정한 상수로 주어지는 점들은 공간상에서 매끄런 면을 형성해야 하고 이것을 **등전위면**(equipotential surface)이라 한다. 또한 전기장선은 등전위면에 항상 수직인데 그 이유는 등전위면 위에서 전하가 움직일 때 한 일의 양은 영이기 때문이다.

예제 3-11

자유 공간의 원점에 놓인 전기 쌍극자([그림 3-4] 참조)에 의한 전위와 전기장을 구하라.

풀이

두 전하로부터 관찰점까지의 거리가 $\mathcal{R}^{+}$와 $\mathcal{R}^{-}$이므로 중첩의 원리를 이용하면 관찰점에서의 전위는 다음과 같다.

$$V = \frac{q}{4\pi\varepsilon_0}\left(\frac{1}{\mathcal{R}^{+}} - \frac{1}{\mathcal{R}^{-}}\right) \tag{3.61a}$$

전기 쌍극자로부터 멀리 떨어진 점에서 $r \gg d$이므로 이산전개를 식 (3.13d)와 (3.13e)에 적용하면 다음과 같다

$$\mathcal{R}^{+} \cong r - \tfrac{1}{2}d\cos\theta \tag{3.61b}$$

$$\mathcal{R}^{-} \cong r + \tfrac{1}{2}d\cos\theta \tag{3.61c}$$

이들을 식 (3.61a)에 대입하면 다음과 같다.

$$V \cong \frac{q}{4\pi\varepsilon_0}\frac{d\cos\theta}{\left(r - \frac{1}{2}d\cos\theta\right)\left(r + \frac{1}{2}d\cos\theta\right)} \cong \frac{1}{4\pi\varepsilon_0}\frac{qd\cos\theta}{r^2} \tag{3.61d}$$

여기서 **전기 쌍극자모멘트**(electric dipole moment)를 $\mathbf{p} = q\mathbf{d}$로 정의한다. 여기서 $\mathbf{d}$는 음 전하에서 양 전하로의 거리벡터이다. $\mathbf{p}$와 위치벡터 $\mathbf{r} = R\mathbf{a}_R$을 이용하면 전기 쌍극자에 의한 전위는 구좌표계에서 다음과 같이 표시된다.

$$V = \frac{1}{4\pi\varepsilon_0}\frac{\mathbf{p}\cdot\mathbf{a}_R}{R^2} \quad \text{[V]} \tag{3.62}$$

구좌표계에서 V에 대한 마이너스 그레이디언트를 취하면 전기장은 다음과 같이 주어진다.

$$\mathbf{E} = -\nabla V = -\left(\mathbf{a}_R \frac{\partial}{\partial R} + \mathbf{a}_\theta \frac{1}{R}\frac{\partial}{\partial \theta} + \mathbf{a}_\phi \frac{1}{R\sin\theta}\frac{\partial}{\partial \phi}\right)\left(\frac{qd\cos\theta}{4\pi\varepsilon_0 R^2}\right)$$

따라서 원점에 놓인 전기 쌍극자에 의한 전기장은 영역 $R \gg d$에서 다음과 같다.

$$\mathbf{E} = \frac{p}{4\pi\varepsilon_0 R^3}\left(2\cos\theta\,\mathbf{a}_R + \sin\theta\,\mathbf{a}_\theta\right) \quad \text{[V/m]} \tag{3.63}$$

여기서 p는 전기 쌍극자모멘트의 크기이고, R은 원점으로부터의 거리이다. 식 (3.63)은 식 (3.14)와 일치한다. 전기 쌍극자에 의한 $\mathbf{E}$는 거리 세제곱에 반비례하고, 반면에 점 전하에 의한 $\mathbf{E}$는 거리 제곱에 반비례한다.

수치해석을 식 (3.63)에 적용해 전기 쌍극자의 전기장선 및 등전위면을 yz-평면상에서 계산하여 [그림 3-17]에 실측도를 표시했다. 전기장선은 등전위면에 항상 직각으로 주어진다. 또한 식 (3.62)에서 알 수 있듯이 **평면 $z = 0$는 전위가 영인 등전위면이다.** 이것은 $z = 0$에서 $\mathbf{p} \cdot \mathbf{a}_R = 0$이기 때문이다.

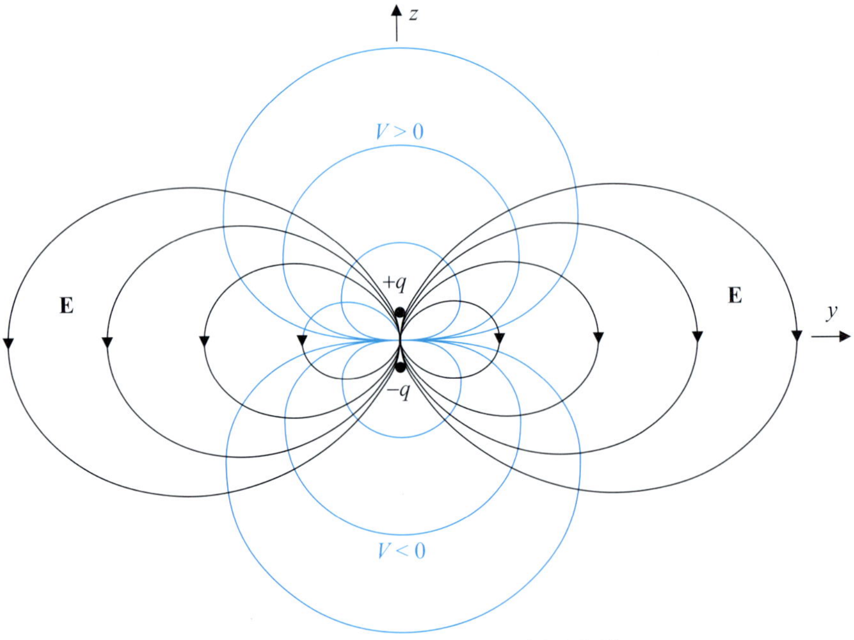

[그림 3-17] 전기 쌍극자의 전기장선(검은색 선)과 등전위면(파란색 선)

예제 3-12

균일한 면 전하밀도 ρ_s가 $z = 0$ 평면에서 반경이 a이고 원점이 중심인 원반을 형성한다고 할 때([그림 3-18] 참조) 점 $(0, 0, b)$에서 V와 $\mathbf{E}$를 구하라.

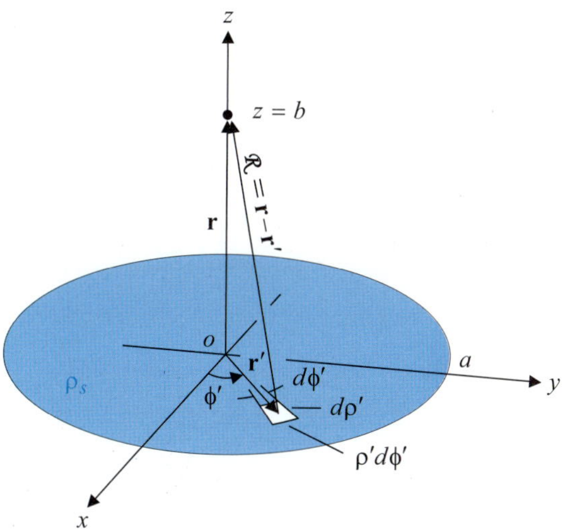

[그림 3-18] 원반 형태의 균일한 면 전하밀도 ρ_s

풀이

위치벡터 $\mathbf{r} = b\mathbf{a}_z$와 $\mathbf{r}' = \rho'\mathbf{a}_{\rho'}$을 이용하여 원천점과 관찰점 사이의 거리를 구하면 다음과 같다.

$$\mathcal{R} = |\mathbf{r} - \mathbf{r}'| = |b\mathbf{a}_z - \rho'\mathbf{a}_{\rho'}| = \sqrt{b^2 + \rho'^2}$$

원천점에서 미분면적은 다음과 같다.

$$ds' = \rho' d\rho' d\phi'$$

식 (3.51b)로부터 V에 관한 식을 쓰면 다음과 같다.

$$\begin{aligned} V &= \frac{1}{4\pi\varepsilon_0}\int_{S'}\frac{\rho_s}{\mathcal{R}}ds' = \frac{\rho_s}{4\pi\varepsilon_0}\int_{\phi'=0}^{2\pi}\int_{\rho'=0}^{a}\frac{\rho'}{\sqrt{b^2+\rho'^2}}d\rho' d\phi' \\ &= \frac{\rho_s}{2\varepsilon_0}\left[\sqrt{b^2+a^2} - b\right] \end{aligned} \tag{3.64a}$$

일반화를 위해 식 (3.64a)의 b를 z로 대치하면 다음과 같다.

$$V = \frac{\rho_s}{2\varepsilon_0}\left[\sqrt{z^2+a^2} - z\right] \tag{3.64b}$$

이 식은 $x = y = 0$를 가정하여 얻었으므로 $\mathbf{a}_x$-방향과 $\mathbf{a}_y$-방향으로의 지향성 도함수가 존재하지 않는다. 그럼에도 불구하고, 식 (3.64b)의 V에 대한 마이너스 그레이디언트는 $\mathbf{E}$에 해당한다. 그 이유는 이 면 전하가 z-축으로의 회전 대칭성을 띠므로 z-축 위의 $\mathbf{E}$는 x-성분과 y-성분을 갖지 못하기 때문이다.

$$E_z = -\frac{dV}{dz} = \frac{\rho_s}{2\varepsilon_0}\left[1 - \frac{z}{\sqrt{z^2 + a^2}}\right]$$

따라서 점 $(0, 0, b)$에서 전기장은 다음과 같다.

$$\mathbf{E} = \frac{\rho_s}{2\varepsilon_0}\left[1 - \frac{b}{\sqrt{b^2 + a^2}}\right]\mathbf{a}_z \tag{3.64c}$$

유제 3.23 주어진 전위 $V = 2xy^2 + 3z^2$에 대해 다음을 구하라.

(a) 전기장

(b) 3차원 공간의 체적 전하밀도

Ans (a) $\mathbf{E} = -2y^2\mathbf{a}_x - 4xy\,\mathbf{a}_y - 6z\,\mathbf{a}_z$ [V/m]

(b) $\rho_v = -\varepsilon_0(4x + 6)$ [C/m^3]

유제 3.24 [그림 3-19]에서 $V_1 > V_2$인가?

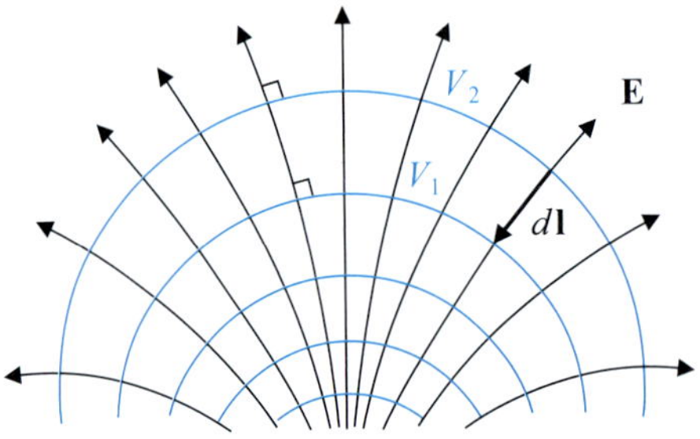

[그림 3-19] 등전위면(파란색 선)과 전기장선(검은색 선)은 항상 수직임.

Ans 예. $V_1 - V_2 = -\mathbf{E} \cdot d\mathbf{l}$

유제 3.25 전기 쌍극자에 대한 원거리장이 [그림 3-17]에 주어졌다. 식 (3.61a)를 참고하여 전기 쌍극자의 근접장을 그리시오.

Ans

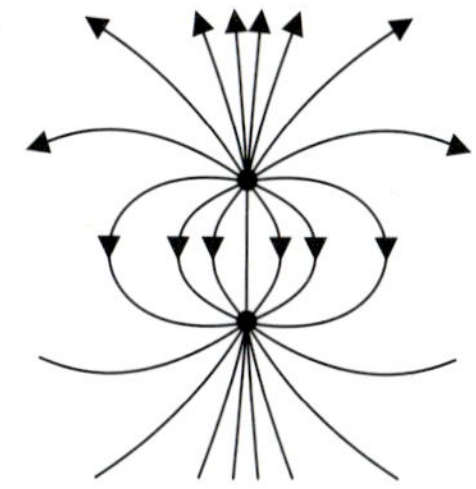

[그림 3-20] 전기 쌍극자의 근접장

복습문제

Q3.17 한 일의 양이 마이너스이면 무엇을 의미하는가? **A** 식 (3.43)

Q3.18 전위와 전위차를 설명하라. **A** 식 (3.47)

Q3.19 영전위 기준점이 무엇인가? **A** 식 (3.46)

Q3.20 공간상 한 점에서 $\mathbf{E} = 0$이면 그 점에서 $V = 0$인가? **A** 식 (3.46)

Q3.21 V를 계산하기 위한 두 적분 방식은 무엇인가? **A** 식 (3.46), (3.51)

Q3.22 식 (3.46)에 내포된 물리 법칙은 무엇인가? **A** 식 (3.43)

Q3.23 식 (3.51a)~(3.51c)에 내포된 법칙은 무엇인가? **A** 식 (3.50)

Q3.24 점 전하의 V는 R에 따라 어떻게 변하는가? **A** 식 (3.49)

Q3.25 전기 쌍극자의 V는 R에 따라 어떻게 변하는가? **A** 식 (3.62)

Q3.26 보존장이란 무엇인가? **A** 식 (3.57)

Q3.27 식 $\nabla \times \mathbf{E} = 0$에 내포된 물리 법칙은 무엇인가? **A** [그림 3-14]

Q3.28 정전기장의 두 기본 법칙은 무엇인가? **A** 식 (3.33), (3.57)

Q3.29 식 $\mathbf{E} = -\nabla V$의 마이너스 부호는 무엇을 의미하는가? **A** 식 (3.43)

3.5 정전기장 내의 유전체

앞에서는 자유 공간상의 정전기장에 대해 집중적으로 설명했다. 지금부터는 외부로부터 인가된 전기장 내에 놓인 유전체를 다룰 예정이다. 원자 모델에 의하면 하나의 물질은 자유 공간 내에서 3차원 격자 형태를 띠는 원자들의 집합으로 취급된다. 원자에 대한 **껍질 모델**(shell model)에서 전자들은 원자핵을 둘러싸는 껍질들을 일정한 순서로 채워 나간다. 가장 바깥 껍질에 위치하는 전자들을 **바깥전자**(valence electron)라 하는데 이들은 한 물질의 전기적 특성을 결정한다. 물질들은 그 전기적 특성에 의해 도체, 반도체, 부도체로 나뉜다.

도체에서는 바깥전자를 동여매는 힘이 약하기 때문에 전자들이 쉽게 원자로부터 떨어져 나와 다른 원자로 이주한다. 이러한 전자를 **자유전자**(free electron) 혹은 **전도전자**(conduction electron)라 부른다. 외부에서 인가된 전기장에 의해 자유전자들은 짧은 시간 동안 가속된 후 물질 내의 불순물 혹은 격자 결함에 의해 임의의 방향으로 산란된다. 이처럼 가속과 산란이 반복되면 자유전자는 일정한 속도로 움직이게 되어 도체 내에 **전도전류**(conduction current)를 형성하게 된다.

반면에 부도체 혹은 유전체에서는 바깥전자들이 원자 힘에 의해 매우 단단히 매여 있어 일반적인 외부 힘에 의해 떨어져 나오기 어렵다. 그럼에도 불구하고 외부의 전기장은 전자들이 플러스 전하를 띤 더 무거운 원자핵으로부터 거리상 더 멀어지게 하여 두 전하를 서로 분리시킨다. 이러한 전하를 **속박전하**(bound charge)라 부른다. 속박전하들은 전도전류를 발생시킬 수는 없지만 물질 내에 전기 쌍극자를 만들어 낸다. 여기서 전기 쌍극자는 극성이 서로 반대이고 서로 매우 가까이 위치한 동일한 크기의 두 전하를 지칭한다. 반도체는 비교적 적은 양의 자유전자를 포함하고 있어서 도체와 부도체 중간의 전기적 특성을 가진다.

유전체의 원자들은 정상상태에서는 전기적으로 중립이지만, 외부에서 가해진 전기장의 도움으로 전기 쌍극자모멘트를 발생시킨다. 각각의 전기 쌍극자의 불연속 특성이 무시되는 거시적인 관점에서 쌍극자의 전기장들은 더해져서 **분극장**(polarization field)을 형성한다. 이것은 일반적으로 물질 내에서 위치에 대한 함수로 주어진다. 분극장은 외부 전기장에 반대 방향으로 형성되므로, 두 전기장을 합한 **내부 전기장**(internal electric field)은 항상 외부 전기장보다 그 크기가 작다. 외부 전기장과 내부 전기장 사이의 비는 주어진 물질의 **상대유전율**(relative permittivity)이라 불린다. 이것은 유전체의 특징을 나타내는 상수로서 물질의 전기적 특성을 표시한다.

어떤 유전체의 극성 분자(polar molecule)들은 외부 전기장이 없어도 영구 전기 쌍극자를 형성하는데, 이것은 분자 결합 내에서 바깥전자들이 비대칭적으로 공유되기 때문이다. 예를 들어, 물분자는 극성 분자인데 각각의 수소-산소 결합은 구부러진 형태의 극성 공유결합(polar covalent bond) 형태로 존재한다. 외부 전기장이 없으면 극성 분자들은 임의의 방향으로 향하기 때문에 전체적으로 알짜 쌍극자 모멘트가 생성되지 않는다. 그러나 외부에서 인가된 전기장이 존재하는 경우 극성 분자들은 전기장 방향에 따라 정렬하기 때문에 알짜 쌍극자 모멘트를 만들어낸다. 외부 전기장이 사라지면 비극성 분자들은 원래의 중립 상태로 원위치되지만, 극성 분자들은 물질에 따라 무작위 상태로 되돌아갈 수도 있고 그렇지 않을 수도 있다.

3.5.1 전기분극

전기 쌍극자는 $+q$와 $-q$의 두 전하가 매우 짧은 거리 d에 서로 떨어져 위치하는 것을 지칭한다. 이것에 대한 전기 쌍극자모멘트는 하나의 벡터로 다음과 같이 정의된다.

$$\mathbf{p} = q\,\mathbf{d} \quad [\mathrm{C \cdot m}] \tag{3.65}$$

여기서 $\mathbf{d}$는 전하 $-q$에서 $+q$로의 거리벡터이다.

전기 쌍극자의 불연속 특성이 무시되는 거시적 관점에서 **전기분극**(electric polarization) 혹은 전기 쌍극자 밀도는 다음과 같이 정의된다.

$$\mathbf{P}(\mathbf{r}) = \lim_{\Delta v \to 0} \frac{1}{\Delta v} \sum_{i=1}^{n\Delta v} \mathbf{p}_i \quad [\mathrm{C/m^2}] \tag{3.66}$$

여기서 n은 전기 쌍극자의 개수 밀도, 즉 단위 체적당 원자의 수를 나타내고, Δv는 위치벡터 $\mathbf{r}$에 중심을 둔 미소 체적이다. 쌍극자 모멘트 $\mathbf{p}_i$는 공간상 불연속 벡터들이지만 전기분극 $\mathbf{P}(\mathbf{r})$은 공간상 연속 함수로 주어지는 벡터장이다. 한 물질이 한 종류의 원자로 이루어져 있고 각 원자는 전기 쌍극자모멘트 $\mathbf{p} = q\mathbf{d}$를 가진다면 전기분극은 단순히 다음과 같이 주어진다.

$$\mathbf{P} = nq\,\mathbf{d} \tag{3.67}$$

전기분극은 유전체 표면에 면 전하를 발생시킨다. 만약 [그림 3-21]과 같이 외부 전기장이 $\mathbf{a}_p$-방향으로 인가되고, 유도된 모든 전기 쌍극자가 $\mathbf{a}_p$-방향으로 정렬되어 있다면 이 유전체 내의 전기분극은 영이 아니다. 이때 이 유전체는 **분극**(polarized)되었다고 말한다. 이 경우 이 유전체는 **등방성**(isotropic) 물체임이 틀림없다. 그 이유는 비등방성 물체에서는 유도된 쌍극자모멘트가 인가된 외부 전기장과 평행하지 않기 때문이다.

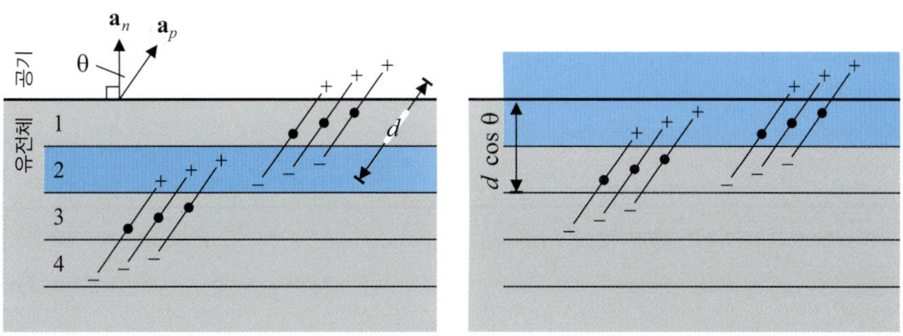

[그림 3-21] 전기분극에 의해 유도된 면 전하. (a) 층 2의 알짜 전하는 영. (b) 층 1과 자유 공간의 알짜 전하가 곧 유전체의 표면의 면 전하이다.

그림에서 검은색 점은 전기 쌍극자의 중앙을 나타내고 쌍극자의 두 전하는 각각 플러스, 마이너스 기호로 표시되며 이들의 거리는 d이다. 편의상 주어진 유전체를 두께가 두께가 $(d/2)\cos\theta$인 여러 개의 가상 층들로 나누는데, 여기서 θ는 $\mathbf{a}_p$와 유전체 표면에 수직인 단위벡터 $\mathbf{a}_n$ 사이의 각도이다.

[그림 3-21(a)]에서 보듯이 층 2는 동일한 양의 플러스 전하와 마이너스 전하를 포함하는데, 이들은 중심이 층 3 혹은 층 1에 위치한 전기 쌍극자들에 의한 전하들이다. 반면, [그림 3-21(b)]에서 보듯이 층 1과 자유 공간에는 알짜 플러스 전하 만이 존재하는데, 이들은 중심이 층 2 혹은 층 1에 위치한 쌍극자들에 의한 전하들이다. 그리하여 층 1과 자유 공간상의 알짜 플러스 전하는 유전체 표면 위에 유도된 면 전하를 의미한다.

유전체 표면 위의 미소 면 Δs 내에 유도된 전하는 다음과 같이 주어진다.

$$\begin{aligned}\Delta Q &= qn[d\,\Delta s\cos\theta] \\ &= (qnd)(\Delta s)\mathbf{a}_p\cdot\mathbf{a}_n = \mathbf{P}\cdot\mathbf{a}_n(\Delta s)\end{aligned} \tag{3.68}$$

여기서 전기분극은 $\mathbf{P} = (qnd)\mathbf{a}_p$이다. 위 식의 브라켓 항은 밑면이 Δs이고 높이가 $d\cos\theta$인 직육면체의 체적을 의미한다. 위 식의 양변을 Δs로 나누고 $\Delta s \to 0$일 때의 극한을 취하면 **분극 면 전하밀도**(polarization surface charge density)를 다음과 같이 표시할 수 있다.

$$\rho_{ps} = \mathbf{P}\cdot\mathbf{a}_n \quad [\mathrm{C/m^2}] \tag{3.69}$$

여기서 $\mathbf{P}$는 유전체 표면에서의 전기분극 값이고, $\mathbf{a}_n$은 유전체 표면에 수직이고 바깥으로 향하는 단위벡터이다.

분극 면 전하(polarization surface charge)는 유전체 표면에 유도된 총 면 전하를 의미한다. 즉 분극 면 전하밀도를 유전체 표면에서 적분한 값으로 이를 식으로 나타내면 다음과 같다.

$$\begin{aligned}Q_{ps} &= \oint_S \rho_{ps}\,ds \\ &= \oint_S (\mathbf{P}\cdot\mathbf{a}_n)\,ds = \oint_S \mathbf{P}\cdot d\mathbf{s}\end{aligned} \tag{3.70}$$

여기서 S는 유전체를 둘러싸는 경계면이다.

전하 보존법칙에 따라 유전체 내의 알짜 전하는 보존되어야 한다. 즉 전하는 생성되거나 사라지지 않는다. 따라서 분극 면 전하는 유전체 내의 **분극 체적 전하**(polarization volume charge) Q_{pv}에 의해 상쇄되어야 한다.

$$\begin{aligned}Q_{pv} = -Q_{ps} &= -\oint_S \mathbf{P}\cdot d\mathbf{s} \\ &= -\int_V \nabla\cdot\mathbf{P}\,dv\end{aligned} \tag{3.71}$$

위 식에서 다이버전스 정리가 사용되었다.

식 (3.71)의 체적적분의 피적분 함수를 **분극 체적 전하밀도**(polarization volume charge density)라고 부르며 다음과 같이 표시한다.

$$\rho_{pv} = -\nabla \cdot \mathbf{P} \quad [\mathrm{C/m^3}] \tag{3.72}$$

만약 유전체 내의 **P**가 상수이면 유전체 내의 ρ_{pv}는 당연히 영이고 따라서 Q_{pv}와 Q_{ps}도 영이다. 그럼에도 불구하고 분극 면 전하밀도는 유전체의 모든 경계면에서 반드시 영일 필요는 없다.

분극 전하밀도 ρ_{ps}와 ρ_{pv}는 동시에 **분극 전기장**(polarization field)을 발생시킨다.

$$\mathbf{E}_p = \frac{1}{4\pi\varepsilon_0}\oint_{S'}\frac{\rho_{ps'}}{\mathcal{R}^2}\mathbf{a}_{\mathcal{R}}\,ds' + \frac{1}{4\pi\varepsilon_0}\int_{\mathcal{V}'}\frac{\rho_{pv'}}{\mathcal{R}^2}\mathbf{a}_{\mathcal{R}}\,dv' \tag{3.73}$$

여기서 $\mathcal{R} = \mathbf{r} - \mathbf{r}' = \mathcal{R}\mathbf{a}_{\mathcal{R}}$은 거리벡터이다. 이때 식 (3.73)에서 사용된 자유 공간의 유전율 ε_0는 분극 전하들이 자유 공간에 놓여 있다고 가정하고 분극 전기장 $\mathbf{E}_p$가 계산된다는 것을 보여준다.

예제 3-13

반지름 a, 높이 b인 유전체 실린더가 z-축에 따라 놓여 있다. 이것이 균일 전기분극 $\mathbf{P} = P_o\,\mathbf{a}_z$를 가질 때 다음을 구하라.

(a) ρ_{ps}와 ρ_{pv} (b) Q_{ps}와 Q_{pv}

풀이

(a) 식 (3.69)로부터 분극 면 전하밀도를 구하면 다음과 같다.

$$\rho_{ps} = \mathbf{P}\cdot\mathbf{a}_n = (P_o\,\mathbf{a}_z)\cdot\mathbf{a}_\rho = 0 \quad (\text{옆면})$$

$$\rho_{ps} = (P_o\,\mathbf{a}_z)\cdot(\pm\mathbf{a}_z) = \pm P_o \quad (\pm,\ \text{윗면 및 아랫면})$$

식 (3.72)로부터 분극 체적 전하밀도를 구하면 다음과 같다.

$$\rho_{pv} = -\nabla\cdot\mathbf{P} = -\nabla\cdot(P_o\,\mathbf{a}_z) = 0$$

(b) 분극 면 전하는 다음과 같다.

$$Q_{ps} = \oint_S \rho_{ps}\,ds = \int_{side}\rho_{ps}\,ds + \int_{top}\rho_{ps}\,ds + \int_{bottom}\rho_{ps}\,ds$$
$$= 0 + P_o\pi a^2 - P_o\pi a^2 = 0$$

분극 체적 전하는 다음과 같다.

$$Q_{pv} = \int_{\mathcal{V}}\rho_{pv}\,dv = 0$$

이 경우 전기분극은 유전체의 윗면과 아랫면에서만 분극 면 전하를 발생시킨다.

유제 3.26 유전체 구에서 $\mathbf{P} = P_o \mathbf{a}_z$일 때 분극 면 전하밀도 ρ_{ps}를 구하라.

Ans $\rho_{ps} = P_o \cos\theta$

유제 3.27 [유제 3.26]에서 전기 쌍극자들이 쌍극자모멘트 $\mathbf{p} = qd\,\mathbf{a}_z$를 가진다면 속박 전하의 양 전하들의 체적 전하밀도는?

Ans $\rho_v = P_o / d$ [C/m^3]

유제 3.28 식 (3.69)와 식 (3.72)의 두 **P** 사이의 차이는?

Ans 첫째는 표면에서의 값, 둘째는 내부에서의 값

3.5.2 유전상수

알짜 전하 ρ_v[C/m^3]가 하나의 유전체에 주입되면 이것의 전기장은 외부 전기장으로서 전기분극 **P**를 발생시키고, 내부에 분극 체적 전하밀도 ρ_{pv}를 발생시킨다. ρ_v에 의한 외부 전기장과 ρ_{pv}에 의한 분극 전기장의 합은 유전체 내에서 내부 전기장을 형성한다. 이 경우 가우스 법칙을 이용해 내부 전기장 **E**와 유전체 내의 전하들 사이의 관계를 다음과 같이 쓸 수 있다.

$$\begin{aligned}\nabla \cdot (\varepsilon_0 \mathbf{E}) &= \rho_v + \rho_{pv} \\ &= \rho_v - \nabla \cdot \mathbf{P}\end{aligned} \tag{3.74}$$

여기서 식 (3.72)가 사용되었다. 위 식에서 자유공간 유전율 ε_0는 두 체적 전하밀도 ρ_v와 ρ_{pv}가 자유 공간에 놓여 있다고 가정한다는 것을 보여준다. 식 (3.74)를 정리하여 나타내면 다음과 같다.

$$\nabla \cdot (\varepsilon_0 \mathbf{E} + \mathbf{P}) = \rho_v \tag{3.75}$$

여기서 유전체 내의 전속밀도를 다음과 같이 새로이 정의한다.

$$\mathbf{D} = \varepsilon_0 \mathbf{E} + \mathbf{P} \quad [\text{C/m}^2] \tag{3.76}$$

새로이 정의된 전속밀도를 이용하면 유전체 내의 가우스 법칙은 다음과 같이 표시된다.

$$\nabla \cdot \mathbf{D} = \rho_v \quad [\text{C/m}^3] \tag{3.77}$$

여기서 ρ_v는 알짜 전하의 체적 밀도인데 가우스 법칙은 외견상 분극 전하밀도와 무관하다. 식 (3.77)의 가우스 법칙은 자유 공간상의 가우스 법칙과 모양이 동일하다.

D에 대한 새로운 정의로 인해 결론적으로 가우스 법칙은 전하 주위의 유전체에 무관하다는 사실을 알 수 있다. 식 (3.77)에 다이버전스 정리를 적용하면 적분형태의 가우스 법칙을 얻을 수 있다.

$$\oint_S \mathbf{D} \cdot d\mathbf{s} = Q \tag{3.78}$$

가우스 법칙에 의하면 폐곡면 밖으로 빠져나오는 전속은 그 곡면에 둘러싸인 알짜 전하의 양과 같고 이것은 전하 주위의 물체에 무관하다.

유전체 중에서도 **균질**(homogeneous)이고, **선형성**(linear)을 띠며, **등방성**(isotropic)을 나타내면 단순매질이라 부른다. 이러한 매질에서 전기분극은 내부 전기장 세기에 직접적으로 비례한다.

$$\mathbf{P} = \varepsilon_0 \chi_e \mathbf{E} \quad [\text{C/m}^2] \tag{3.79}$$

여기서 비례상수 χ_e는 **전기감수율**(electric susceptibility)이다. 식 (3.79)의 **E**는 내부 전기장으로서 외부 전기장과 구별되어야 한다. 일반적으로 χ_e는 위치에 대한 함수(비균일 매질에서)이고, $|\mathbf{E}|$, $|\mathbf{E}|^2$ 등에 대한 함수(비선형 매질에서)이고, 전기장의 방향에 대한 함수(비등방성 매질에서)이다. 비등방성 유전체에서 **P**는 **E**에 평행하지 않다. 즉 $P_x = \varepsilon_0 \chi'_e E_x$, $P_y = \varepsilon_0 \chi''_e E_y$, $P_z = \varepsilon_0 \chi'''_e E_z$ 와 같이 주어진다. 이 책에서는 주로 단순매질을 다루므로 이 경우 χ_e는 상수이다.

식 (3.79)를 식 (3.76)에 대입하면 다음과 같다.

$$\mathbf{D} = \varepsilon_0 (1 + \chi_e)\mathbf{E} \equiv \varepsilon_0 \varepsilon_r \mathbf{E} \equiv \varepsilon \mathbf{E} \quad [\text{C/m}^2] \tag{3.80}$$

따라서 매질의 **구조식**(constitutive relation)은 다음과 같이 주어진다.

$$\mathbf{D} = \varepsilon \mathbf{E} \tag{3.81}$$

식 (3.80)과 (3.81)에서 ε은 물질의 **유전율**(permittivity)이고, ε_r은 **상대유전율**(relative permittivity) 혹은 **유전상수**(dielectric constant)이다. 그리고 ε_0는 **자유공간 유전율**(permittivity of free space)이다. 유전상수는 물질의 전기적 특성을 표시하는 상수이다. 만약 어떤 물질의 ε_r이 주어지면 그것의 전기감수율은 $\chi_e = \varepsilon_r - 1$으로 구할 수 있다.

외부 전기장이 존재하는 상태에서, 유전체 내의 유도된 전기분극을 계산하여 내부 전기장을 구할 수 있을까? 식 (3.79)에서 보듯이 전기분극은 유전체 내의 내부 전기장이 주어질 때 비로소 그 값을 알 수 있다. 즉, 내부 전기장이 알려지면 그로 인해 유도된 전기분극을 계산할 수 있지만, 반대로 전기분극을 모르면 위치에 대한 함수인 내부 전기장을 구하는 것이 불가능하다. 이러한 순환적인 관계를 가우스 법칙을 이용하여 유전체 내의 알짜 전하로부터 전속밀도를 구하면 즉시 해결할 수 있다. 이때 내부 전기장은 식 (3.81)로부터 구할 수 있다.

예를 들어 [그림 3-22]에서처럼 균일한 외부 전기장 내에 크기가 유한한 유전체 판을 수직으로 위치시키는 경우를 살펴보자. 이때 즉흥적으로 유전체 내의 전기분극이 외부 전기장과 평행하고, 균일하게 유도될 것이라 생각하면 안된다. 만약 실제로 균일한 전기분극이 존재하여 분극 면 전하가 유전체 윗면과 아랫면에 균일하게 유도되더라도, 이에 의한 분극 전기장은 결코 외부 전기장에 평행이거나, 유전체 내에서 균일할 수 없다. 그 이유는 유한한 표면 위의 전하밀도가 균일하더라도 필연적으로 전기장 휘어짐 현상이 발생하기 때문이다. 결론적으로 내부 전기장은 절대로 균일하지 않고 이것에 의해 발생하는 전기분극도 균일하지 않다. 이 경우 내부 전기장과 전기분극은 수치해석의 되풀이법을 이용해서 구해야 한다.

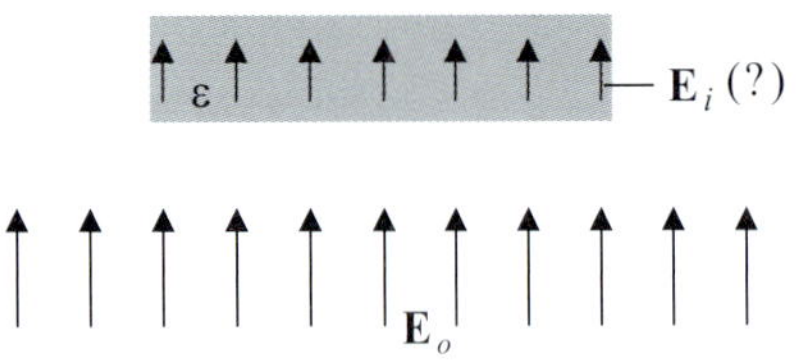

[그림 3-22] 유한한 유전체 판이 균일한 외부 전기장에 수직으로 놓여 있다.

매우 강한 외부 전기장이 하나의 유전체에 인가되면 전자들이 원자로부터 떨어져 나와 전기장에 의해 가속된다. 그러면 이 물체는 이제 큰 전도성을 가진 물체로 변한다. 가속된 전자들은 격자를 이루고 있는 원자들과 맹렬히 충돌하여 격자 구조에 영구적인 손상을 입힌다. 이런 현상을 **유전성 깨짐**(dielectric breakdown)이라 한다. **유전세기**(dielectric strength)는 유전성 깨짐이 발생하지 않는 최대 전기장 세기를 의미한다. 유전세기는 물질 구성에 따라 다를 뿐만 아니라 외부 요인(온도, 습도 등)에 의해 영향을 받는다. 공기 중에서 유전세기는 약 3 [MV/m]이고 이것보다 큰 전기장에서는 스파크 현상이 발생한다.

예제 3-14

알짜 전하 $+Q$ [C]이 반지름이 a인 완전도체 구에 인가된 후 내부, 외부 반지름이 각각 b와 c인 동심의 유전체 구 껍질에 둘러싸였다. 여기서 유전체의 유전상수는 ε_r이다([그림 3-23(a)] 참조). 이때 유전체 표면에 유도되는 ρ_{ps}를 구하라.

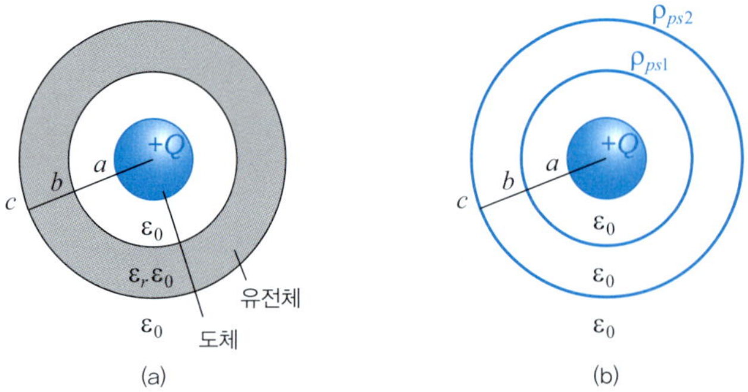

[그림 3-23] 알짜 전하를 지닌 도체 구가 유전체 구 껍질에 둘러싸여 있다.

풀이

[방법 1]

구 대칭성을 가지도록 알짜 전하는 도체 구 표면에 균일하게 분포하여 그 결과로 도체 내의 전기장이 영이 되어야 한다. 그러므로 **D**는 모든 영역에서 $\mathbf{D} = D_R(R)\mathbf{a}_R$의 형태로 주어진다. 가우스 법칙을 영역 $b \le R \le c$에 적용하면 다음과 같다.

$$4\pi R^2 D_R = 4\pi R^2 (\varepsilon_0 \varepsilon_r E_R) = +Q$$

그러므로 **E**에 대한 식을 나타내면 다음과 같다.

$$\mathbf{E} = E_R \mathbf{a}_R = \frac{Q}{4\pi\varepsilon_0\varepsilon_r R^2}\mathbf{a}_R \tag{3.82a}$$

식 (3.82a)를 식 (3.79)에 대입하고 관계식 $\chi_e = \varepsilon_r - 1$을 이용하면 다음과 같다.

$$\mathbf{P} = \varepsilon_0 \chi_e \mathbf{E} = \frac{\varepsilon_r - 1}{\varepsilon_r}\frac{Q}{4\pi R^2}\mathbf{a}_R \tag{3.82b}$$

식 (3.82b)를 식 (3.69)에 대입하고, $R = b$에서 $\mathbf{a}_n = -\mathbf{a}_R$을 이용하면 다음과 같다.

$$\rho_{ps1} = \mathbf{P} \cdot \mathbf{a}_n = -\frac{\varepsilon_r - 1}{\varepsilon_r}\frac{Q}{4\pi b^2} \qquad (R = b) \tag{3.82c}$$

비슷함 방법으로 $R = c$에서 $\mathbf{a}_n = \mathbf{a}_R$을 이용하면 다음과 같다.

$$\rho_{ps2} = \mathbf{P} \cdot \mathbf{a}_n = \frac{\varepsilon_r - 1}{\varepsilon_r}\frac{Q}{4\pi c^2} \qquad (R = c) \tag{3.82d}$$

[방법 2]

전기장에 관한 유전체 껍질은 자유 공간에 위치한 분극 전하로 대치될 수 있다([그림 3-23(b)] 참조). 가우스 법칙을 영역 $b < R < c$에 적용하면 다음과 같다.

$$4\pi R^2 (\varepsilon_0 E_R) = Q + 4\pi b^2 \rho_{ps1} \tag{3.83a}$$

식 (3.82c)를 식 (3.83a)에 대입하면 다음과 같다.

$$\mathbf{E} = \frac{Q}{4\pi\varepsilon_0\varepsilon_r R^2}\mathbf{a}_R \qquad (b < R < c) \tag{3.83b}$$

위 결과는 식 (3.82a)와 동일하다. 이 영역에서 **D**는 주어진 **E**에 유전율 $\varepsilon = \varepsilon_0\varepsilon_r$을 곱하여 구한다. 주목할 것은, 식 (3.83a)에서 **E** 대신 **D**를 사용하면 안된다.

예제 3-15

일반적으로 [그림 3-22]에서 보듯이 유전체 내의 전기장은 외부 전기장의 모양을 따라가지 않는다. 그러나 균일한 외부 전기장 내에 놓인 유전체 구의 내부 전기장은 균일하게 주어진다([그림 3-24] 참조). 이때 내부 전기장과 균일한 외부 전기장 사이의 관계식을 구하라.

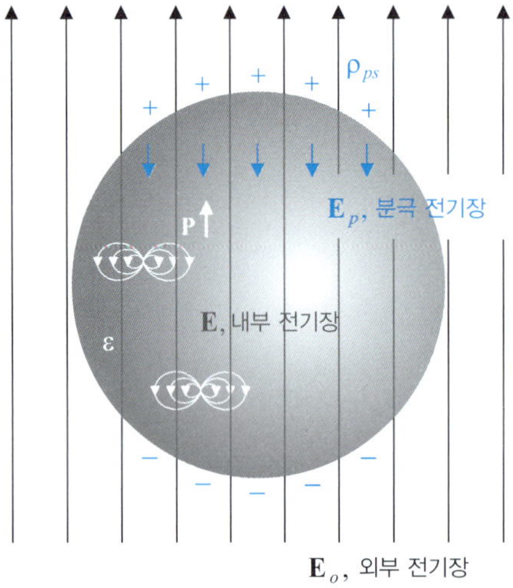

[그림 3-24] 내부 전기장은 외부 전기장과 분극 전기장의 합이다.

풀이

우선 반지름이 a이고 균일한 체적 전하밀도 ρ_v와 $-\rho_v$를 가지는 두 구가 중첩된 경우를 생각해 보자([그림 3-25(a)] 참조). 여기서 중첩된 영역에서의 $\mathbf{E}$를 먼저 구하고, 두 구의 중첩이 거의 완벽한 경우, 즉 $d \to 0$인 경우를 가정하면 반지름이 a인 구 위에 존재하는 면 전하밀도를 구할 수 있다([그림 3-25(b)] 참조).

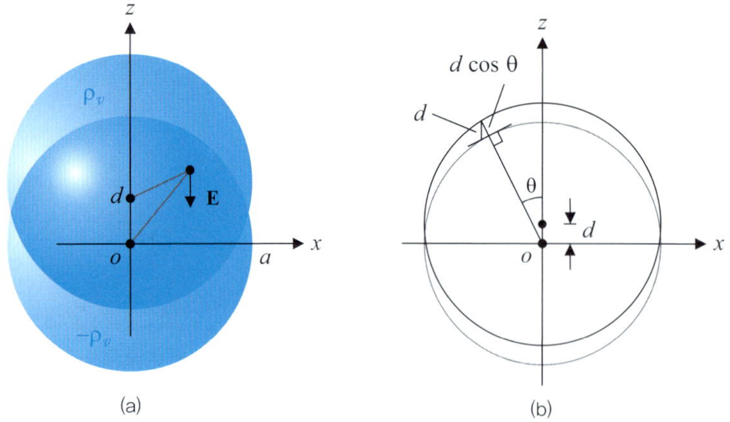

[그림 3-25] 중첩된 구형태의 체적 전하

우선 윗구를 제거하고 아랫구의 전하밀도 $-\rho_v$에 의해 구 내부에 발생되는 전기장 $\mathbf{E}_1$에 대해 알아본다. 첫째로, 식 (3.35j)에 $\rho_{vo} = -\rho_v$와 $a = 0$를 대입하여 다음의 결과를 얻는다.

$$\mathbf{E}_1 = -\frac{\rho_v R}{3\varepsilon_0}\mathbf{a}_R = -\frac{\rho_v}{3\varepsilon_0}\left(\rho\,\mathbf{a}_\rho + z\,\mathbf{a}_z\right) \tag{3.84a}$$

여기서 관계식 $R\mathbf{a}_R = \rho\mathbf{a}_\rho + z\mathbf{a}_z$가 사용되었다. 식 (3.84a)에서 보듯이 $\mathbf{E}_1$의 ρ-성분은 z에 독립이므로 또 다른 전하 ρ_v와 중첩되는 영역에서는 ρ-성분의 전기장은 서로 상쇄되어 영이다. 따라서 두 구가 중첩되는 영역에서의 전기장은 $\mathbf{E} = E_z(z)\,\mathbf{a}_z$의 형태를 지닌다. 그런데 이 영역에서 전하는 영이므로 $\nabla \cdot \mathbf{D} = 0$이다. 결론적으로 중첩 영역에서 $\mathbf{E}$는 z-성분만을 가지며 **상수**이다. 점 $(0, 0, d/2)$에서의 $\mathbf{E}$는 중첩 영역에서의 $\mathbf{E}$를 대표하므로, 식 (3.84a)로부터 중첩 영역의 전기장을 다음과 같이 구할 수 있다.

$$\mathbf{E} = \mathbf{E}_1(z = d/2) + \mathbf{E}_2(z = d/2) = \frac{-\rho_v d}{3\varepsilon_0}\mathbf{a}_z \tag{3.84b}$$

여기서 $\mathbf{E}_2$는 ρ_v에 의한 전기장인데, ρ_v의 중앙에서 z-축을 따라 $-d/2$로 이동한 점에서의 전기장이다(이 점은 원점을 기준으로 $d/2$로 이동한 점임).

그 다음, [그림 3-25(b)]에서 보듯이 구 표면 위의 전하의 두께는 $d\cos\theta$이다. 따라서 d가 매우 작을 때, 구 위의 전하는 다음과 같이 면 전하밀도로 표시된다.

$$\rho_s = \rho_v d\cos 0 \tag{3.84c}$$

식 (3.84b)와 (3.84c)의 결과들을 정리하면 다음과 같은 결론에 도달한다. 즉, 하나의 구 표면에 전하밀도가 $\rho_s = \rho_o\cos\theta$로 주어지면 그 구 내부의 전기장은 균일하며 다음과 같이 표시된다.

$$\mathbf{E} = -\frac{\rho_o}{3\varepsilon_0}\mathbf{a}_z \tag{3.85}$$

그 다음, 유전체 구 내의 전기장 $\mathbf{E}$는 균일하다고 가정해보자([그림 3-24] 참조). 이때 유도된 전기분극과 분극 면 전하밀도는 다음과 같다.

$$\mathbf{P} = (\varepsilon - \varepsilon_0)\mathbf{E} \tag{3.86a}$$

$$\rho_{ps} = \mathbf{P} \cdot \mathbf{a}_n = (\varepsilon - \varepsilon_0)E\cos\theta \tag{3.86b}$$

식 (3.86b)와 (3.84c)를 비교하고 식 (3.84b)를 이용하면 구 내부의 균일한 분극 전기장을 다음과 같이 구할 수 있다.

$$\mathbf{E}_p = -\frac{(\varepsilon - \varepsilon_0)}{3\varepsilon_0}E\,\mathbf{a}_z \tag{3.86c}$$

식 (3.86c)를 관계식 $\mathbf{E} = \mathbf{E}_o + \mathbf{E}_p$에 대입하면 균일한 외부 전기장 $\mathbf{E}_o$ 내에 놓인 유전체 구의 내부 전기장은 다음과 같다.

$$\mathbf{E} = \frac{3}{\chi + 3}\mathbf{E}_o \tag{3.87}$$

위 식은 '내부 전기장이 균일하다'는 초기 가정이 타당하다는 것을 말해준다. 구 내부의 전기장이 균일하더라도 외부 전기장과 분극 전기장을 합하면 구 외부 영역에서 전기장은 절대로 균일하지 않다.

유제 3.29 물의 ε_r이 온도에 따라 감소하는 것을 정전기 현상을 이용해 설명하라.

Ans 물분자들의 열교란(thermal agitation)에 의한 무작위 정렬

유제 3.30 왜 ρ_{ps}는 식 (3.74)에 포함되지 않는가?

Ans ρ_{ps}에 의한 $\mathbf{E}_1$은 $\nabla \cdot (\varepsilon_0 \mathbf{E}_1) = 0$이다.

유제 3.31 단순매질에 알짜 전하가 없으면 $\rho_{pv} = 0$임을 증명하라.

Ans $\nabla \cdot \mathbf{D} = \nabla \cdot (\varepsilon_r \mathbf{P} / \chi_e) = 0$, 따라서 $\nabla \cdot \mathbf{P} = 0$

유제 3.32 조그만 유전체 원통이 영구 전기분극 $\mathbf{P} = P_o\,\mathbf{a}_z$를 가지고 자유 공간에 놓여 있을 때 이것의 전기장선과 전속선을 그려라.

Ans

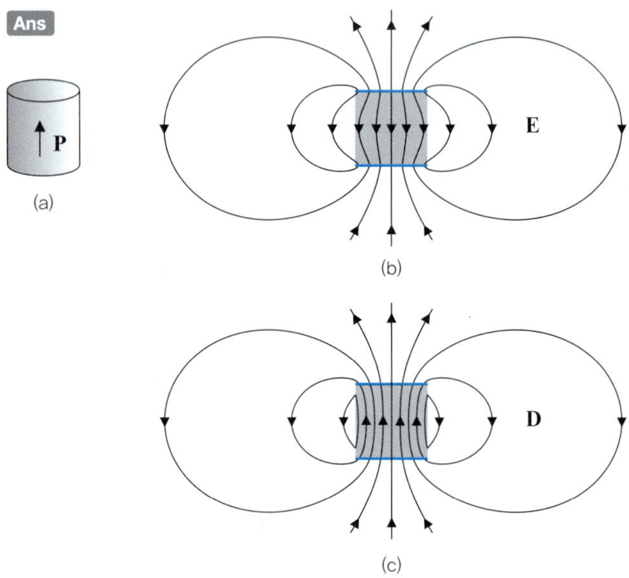

[그림 3-26] (a) 균일 $\mathbf{P}$를 가진 유전체 원통. (b) ρ_{ps}의 전기장선. (c) 전속선은 $\mathbf{D} = \varepsilon_0 \mathbf{E} + \mathbf{P}$로 주어진다. $\mathbf{E}$와 $\mathbf{D}$는 원통 내에서 대략 반대 방향이지만 외부에서는 동일한 형태이다.

3.5.3 유전체 표면에서의 경계면 조건

앞의 절에서 정전기장에 대한 두 기본식을 가우스 법칙과 전기장의 비회전장 성질로부터 유도하였다.

$$\oint_S \mathbf{D} \cdot d\mathbf{s} = Q, \quad \oint_C \mathbf{E} \cdot d\mathbf{l} = 0 \tag{3.88}$$

위의 두 식은 헬름홀츠 정리에 따라 주어진 영역에서 전기장을 유일하게 정의하는 데 필요한 다이버전스와 컬을 나타낸다. 주목할 것은, 이 두 관계식들은 자유 공간과 물체의 내부뿐만 아니라 서로 다른 물질의 경계면에서도 항상 만족되어야 한다는 점이다. 비록 전기장은 균일 매질에서 위치에 대한 매끈한 연속 함수이지만, 서로 다른 유전율을 가진 두 매질 사이의 경계면에서는 반드시 그렇지 않다. 이러한 경계면에서 **E**와 **D**가 위의 두 기본 관계식을 만족하기 위해 필요한 조건들을 **경계면 조건**(boundary condition)이라 부른다.

E와 **D**에 대한 경계면 조건을 유도하기 위해 유전율이 각각 ε_1과 ε_2인 두 유전체 사이의 경계면을 고려해 보자([그림 3-27] 참조). 우선 **E**의 직각사각형 루프 *abcda* 위에서의 순환을 계산하기 위해 윗변과 아랫변에서의 전기장 세기를 각각 상수 $\mathbf{E}_1$과 $\mathbf{E}_2$라고 가정한다. 직각사각형의 높이 Δh가 이후에 영으로 줄어들면 결국 $\mathbf{E}_1$과 $\mathbf{E}_2$는 각각 경계면 바로 위와 바로 아래에서의 전기장 세기를 나타낸다. 전기장의 비회전장 성질로 인하여 **E**의 직사각형 루프 위에서의 순환은 영이 되어야 한다.

$$\begin{aligned}\oint_{abcda} \mathbf{E} \cdot d\mathbf{l} &= \int_a^b \mathbf{E} \cdot d\mathbf{l} + \int_b^c \mathbf{E} \cdot d\mathbf{l} + \int_c^d \mathbf{E} \cdot d\mathbf{l} + \int_d^a \mathbf{E} \cdot d\mathbf{l} \\ &= (E_{1t})\Delta w + \int_b^c \mathbf{E} \cdot d\mathbf{l} + (-E_{2t})\Delta w + \int_d^a \mathbf{E} \cdot d\mathbf{l} \\ &= 0\end{aligned} \tag{3.89}$$

여기서 아래 첨자 t는 접선성분을 의미한다. 직사각형의 높이가 영으로 수렴할 때 직사각형 왼쪽 및 오른쪽 변 *bc*와 *da*에서의 선적분은 영이다. 따라서 식 (3.89)는 다음과 같이 단순하게 나타낼 수 있다.

$$(E_{1t})\Delta w + (-E_{2t})\Delta w = 0$$

여기서 E_{1t}와 E_{2t}는 해당 영역에서 경계면에 평행인 성분들을 나타낸다. 따라서 **E**의 경계면 조건은 다음과 같이 주어진다.

$$E_{1t} = E_{2t} \tag{3.90}$$

E의 접선성분은 서로 다른 두 유전체 사이의 경계면에서 연속이다.

식 (3.90)에 식 (3.81)을 대입하면 **D**의 경계면 조건은 다음과 같다.

$$\frac{D_{1t}}{\varepsilon_1} = \frac{D_{2t}}{\varepsilon_2} \tag{3.91}$$

즉 **D**의 접선성분은 경계면에서 불연속이다.

그 다음, [그림 3-27]에서처럼 경계면에 걸쳐서 위치한 단면이 Δs이고 높이가 Δh인 원통 표면을 가우시안면으로 삼아서 가우스 법칙을 적용할 것이다. 이 경우 원통 윗면과 아랫면에서 전속밀도가 각각 상수 $\mathbf{D}_1$과 $\mathbf{D}_2$라고 가정한다. 원통 높이 Δh가 영으로 줄어들 때 이들은 각각 경계면 바로 위와 바로 아래의 전속밀도를 나타낸다. 원통 표면에서의 $\mathbf{D}$의 면적분은 원통에 둘러싸인 알짜 전하와 같아야 한다.

$$\begin{aligned}\oint_S \mathbf{D}\cdot d\mathbf{s} &= \int_{top}\mathbf{D}\cdot d\mathbf{s} + \int_{bottom}\mathbf{D}\cdot d\mathbf{s} + \int_{side}\mathbf{D}\cdot d\mathbf{s}\\ &= D_{1n}\Delta s - D_{2n}\Delta s + \int_{side}\mathbf{D}\cdot d\mathbf{s}\\ &= \rho_s\Delta s\end{aligned} \tag{3.92}$$

여기서 아래 첨자 n은 법선성분을 나타내고, ρ_s는 경계면에 존재하는 면 전하밀도를 나타낸다. 원통 높이가 영으로 줄어들면 원통 옆면에서의 면적분은 영이므로 식 (3.92)는 다음과 같이 단순해진다.

$$D_{1n}\Delta s - D_{2n}\Delta s = \rho_s\Delta s$$

여기서 D_{1n}과 D_{2n}은 각각 경계면 바로 위와 아래에서의 전속밀도의 법선성분들이다. 따라서 $\mathbf{D}$에 대한 경계면 조건은 다음과 같다.

$$D_{1n} - D_{2n} = \rho \tag{3.93}$$

주목할 것은, 원통의 높이가 영으로 줄어 들더라도 면 전하밀도 ρ_s는 항상 원통 내에 존재하지만 체적 전하밀도는 그렇지 않다는 것이다. 경계면에 면 전하가 존재하지 않으면 $\mathbf{D}$에 대한 경계면 조건은 다음과 같다.

$$D_{1n} = D_{2n} \tag{3.94}$$

면 전하가 존재하지 않으면 서로 다른 매질 사이의 경계면에서 D의 법선성분은 연속이다.

식 (3.81)을 식 (3.94)에 대입하면 $\mathbf{E}$에 대한 경계면 조건을 다음과 같이 구할 수 있다.

$$\varepsilon_1 E_{1n} = \varepsilon_2 E_{2n} \tag{3.95}$$

즉 $\mathbf{E}$의 법선성분은 경계면에서 불연속이다.

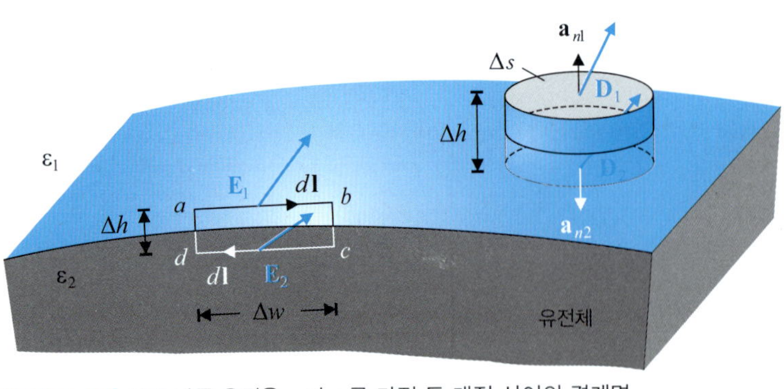

[그림 3-27] 서로 다른 유전율 ε_1과 ε_2를 가진 두 매질 사이의 경계면

예제 3-16

유전율 ε_1과 ε_2의 두 유전체 사이의 경계면 위, 아래에서 전기장 세기가 각각 $\mathbf{E}_1$과 $\mathbf{E}_2$일 때([그림 3-28] 참조), E_2와 θ_2를 E_1, θ_1, ε_1, ε_2를 이용해 표시하라.

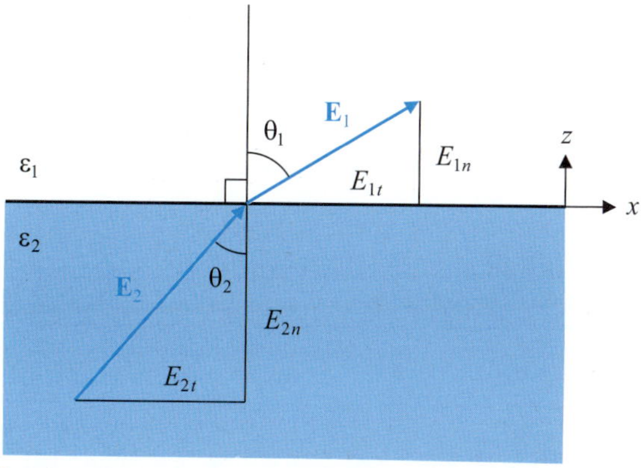

[그림 3-28] 두 유전체 사이의 경계면

풀이

경계면에서 $\mathbf{E}_1$의 법선성분과 접선성분은 다음과 같다.

$$E_{1n} = E_1 \cos\theta_1$$
$$E_{1t} = E_1 \sin\theta_1$$

$\mathbf{E}$의 접선성분은 경계면에서 연속이므로 다음과 같다.

$$E_{2t} = E_{1t} = E_1 \sin\theta_1 \tag{3.96a}$$

완전유전체 내에는 자유전자가 존재하지 않으므로 유전체 경계면에 면 전하를 형성시킬 현실적인 방법이 없다. 따라서 $\mathbf{D}$의 법선성분은 경계면에서 연속이다.

$$\begin{aligned} D_{2n} &= D_{1n} \\ &= \varepsilon_1 E_{1n} = \varepsilon_1 E_1 \cos\theta_1 \end{aligned} \tag{3.96b}$$

구조식 $D_{2n} = \varepsilon_2 E_{2n}$을 이용하여 식 (3.96b)를 다시 쓰면 다음과 같다.

$$E_{2n} = \frac{\varepsilon_1}{\varepsilon_2} E_1 \cos\theta_1 \tag{3.96c}$$

여기서 식 (3.96a)와 (3.96c)를 결합하면 다음과 같다.

$$E_2 = \sqrt{(E_{2t})^2 + (E_{2n})^2} = E_1\sqrt{\sin^2\theta_1 + (\varepsilon_1/\varepsilon_2)^2\cos^2\theta_1}$$

그 다음, 식 (3.96a)와 (3.96c)로부터 $\mathbf{E}_2$가 경계면의 법선과 만드는 각도를 다음과 같이 구할 수 있다.

$$\theta_2 = \tan^{-1}\frac{E_{2t}}{E_{2n}} = \tan^{-1}\left[\frac{\varepsilon_2}{\varepsilon_1}\tan\theta_1\right] \qquad (3.96d)$$

이것을 정리하여 다시 쓰면 다음과 같다.

$$\frac{\tan\theta_1}{\tan\theta_2} = \frac{\varepsilon_1}{\varepsilon_2} \qquad (3.96e)$$

[그림 3-28]에서처럼 $\theta_1 > \theta_2$이면 식 (3.96e)에서 보듯이 $\varepsilon_1 > \varepsilon_2$임을 알 수 있다.

유제 3.33 [그림 3-28]의 아래 영역이 체적 전하밀도 ρ_v를 가진 손실 유전체인데 면 전하는 가지고 있지 않다면 D_n에 대한 경계면 조건은 무엇인가?

Ans $D_{1n} = D_{2n}$

유제 3.34 [그림 3-28]의 경계면에 면 전하밀도 ρ_s가 존재하는 경우 **E**와 **D**에 대한 경계면 조건을 단위벡터 $\mathbf{a}_z$를 이용해 벡터형태로 표시하라.

Ans $(\mathbf{D}_1 - \mathbf{D}_2)\cdot\mathbf{a}_z = \rho_s$, $(\mathbf{E}_1 - \mathbf{E}_2)\times\mathbf{a}_z = 0$

유제 3.35 [그림 3-28]의 경계면이 면 전하를 가지지 않는 경우 다음의 전위에 대한 경계면 조건은 **E**와 **D**에 대한 경계면 조건과 일치한다는 것을 보여라.

$$V_1(z = 0^+) = V_2(z = 0^-),\ \varepsilon_1\frac{\partial V_1}{\partial z}\bigg|_{z=0^+} = \varepsilon_2\frac{\partial V_2}{\partial z}\bigg|_{z=0^-}$$

Ans 식 (3.90)과 (3.94)

복습문제

Q 3.30 전기 쌍극자모멘트와 전기분극을 설명하라. A 식 (3.65), (3.67)

Q 3.31 전기분극과 분극 전하와의 관계를 설명하라. A 식 (3.69), (3.72)

Q 3.32 유전체 내의 **D**를 정의하라. A 식 (3.76)

Q 3.33 유전체 내에서의 가우스 법칙을 설명하라. A 식 (3.77)

Q 3.34 유전체 내의 **P**와 **E** 사이의 관계식은? A 식 (3.79)

Q 3.35 유전체 내의 **D**와 **E** 사이의 관계식은? A 식 (3.81)

Q 3.36 정전기 조건하에서 단순매질의 ε_r은 항상 1보다 큰가? A 식 (3.76), (3.79), (3.81)

Q 3.37 내부 전기장이란 무엇인가? A [그림 3-24]

Q 3.38 유전체의 존재가 어떻게 전기장선을 변형시키나? A [그림 3-22]

Q 3.39 유전체 경계면에서 E_t와 D_n의 경계면 조건은? A 식 (3.90), (3.94)

Q 3.40 전기장선은 경계면에서 반사하는가? A [그림 3-28]

Q 3.41 **E**와 **D**에 대한 경계면 조건 중에 전속 보존법칙과 연관이 있는 것은? A 식 (3.94)

3.6 정전기장 내의 완전도체

정상상태에서 도체는 전기적으로 중성이다. 도체 내에서 자유전자들의 마이너스 전하는 이온화된 격자 원자들의 플러스 전하와 상쇄되기 때문이다. 외부에서 가해진 전기장이 없는 경우, 자유전자들은 격자의 불순물 혹은 결함들과 충돌한 후, 무작위 방향으로 산란되므로 자유전자들의 알짜 움직임은 영이다. 반면에 외부로부터 전기장이 가해지면 자유전자들은 충돌과 충돌 사이의 평균시간 동안 알짜 속도를 얻게 되어 도체 내에 전도전류를 발생시킨다. **전도도**(conductivity)는 물체 내에 전기장이 존재하는 경우 자유전자들이 어느 정도의 전도전류를 발생시키는지에 대한 비례상수이다. 완전도체는 전도도가 무한대이고($\sigma = \infty$), 완전유전체는 전도도가 영인 물체를 의미한다($\sigma = 0$).

만약 알짜 전하가 완전도체에 주입되면 같은 극성의 전하들 사이의 밀치는 힘에 의해 이 전하들은 균일한 지 아닌 지에 관계없이 도체 표면에 분포한다. 이들은 도체 내부에 어떤 전기장도 만들지 않아야 한다. 그렇지 않을 경우 무한의 전도전류가 발생하여 전하들을 즉각적으로 재분포시켜 결국 도체 내의 전기장은 영이 된다. 비슷한 논리로, 전기를 띠지 않은 도체를 전기장 내에 위치시키면 자유전자들은 외부 전기장의 반대 방향으로 이동하여 도체 표면에 쌓이고, 그 결과 이온화된 원자들은 그 맞은편 표면에 쌓이게 된다. 이러한 면 전하들은 또 다른 전기장을 유도하여 외부 전기장을 상쇄시켜서 도체 내의 전기장을 영으로 만든다. 따라서 전기를 띠지 않은 완전도체 내에서 항상 다음의 조건이 만족된다.

$$\mathbf{E} = 0 \tag{3.97}$$

$$\rho_v = 0 \tag{3.98}$$

여기서 ρ_v는 도체 내의 알짜 체적 전하밀도이다. 두 식은 완전도체의 기본 특성을 나타낸다. 이에 더하여 알짜 전하는 도체 표면에 분포해야 하며, 알짜 전하에 의한 전기장선은 항상 도체 표면에 수직이고, 양의 알짜 전하인 경우 전기장선은 바깥으로 향한다. 따라서 **도체 표면은 등전위면이다.**

유전체 경계면에서의 경계면 조건과 마찬가지로 완전도체 경계면에서의 **E**와 **D**에 대한 경계면 조건을 구할 수 있다. [그림 3-29]에서처럼 자유 공간에 놓인 완전도체를 고려하면 직사각형 루프 *abcda* 주위로의 **E**의 순환은 영이되어야 한다.

$$\begin{aligned}\oint_{abcda} \mathbf{E} \cdot d\mathbf{l} &= \int_a^b \mathbf{E} \cdot d\mathbf{l} + \int_b^c \mathbf{E} \cdot d\mathbf{l} + \int_c^d \mathbf{E} \cdot d\mathbf{l} + \int_d^a \mathbf{E} \cdot d\mathbf{l} \\ &= (E_{1t})\Delta w + \int_b^c \mathbf{E} \cdot d\mathbf{l} + 0 + \int_d^a \mathbf{E} \cdot d\mathbf{l} \\ &= 0\end{aligned} \tag{3.99}$$

여기서 아래 첨자 t는 접선성분을 나타낸다. 밑변 cd 위에서의 선적분은 영인데 그 이유는 완전도체 내의 **E**가 영이기 때문이다. 옆변들 da와 bc를 따라 계산되는 선적분도 영인데, 그 이유는 루프의 높이 Δh가 이후에 영으로 줄어들기 때문이다. 이러한 조건에서 식 (3.99)는 다음과 같이 단순해진다.

$$(E_{1t})\Delta w = 0$$

결론적으로 완전도체 표면에서 **E**의 접선성분은 항상 영이다.

$$E_t = 0 \tag{3.100}$$

식 (3.97)과 (3.100)에 의하면 완전도체의 내부 혹은 표면에서 하나의 전하를 움직일 때 한 일의 양은 영이다. 즉 **완전도체는 등전위 물체이다.**

그 다음, [그림 3-29]에서와 같이 그 반쪽이 도체에 잠긴 한 원통의 표면을 가우시안면으로 삼아서 가우스 법칙을 적용한다.

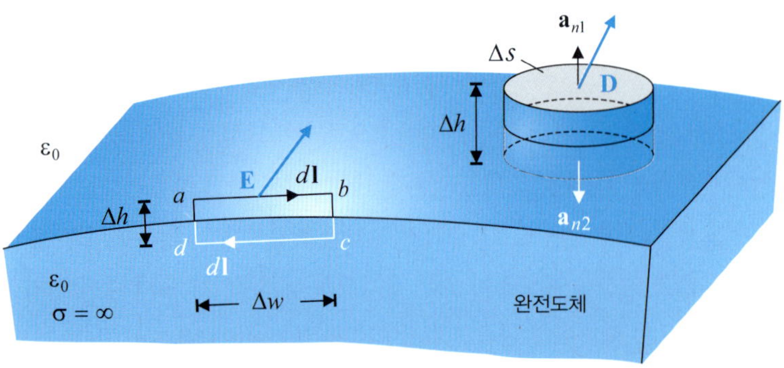

[그림 3-29] 자유 공간에 놓인 완전도체

이 원통 표면에서의 **D**의 폐면적분은 도체 표면에 위치하면서 원통에 둘러싸인 면 전하와 그 값이 같다.

$$\begin{aligned}\oint_S \mathbf{D} \cdot d\mathbf{s} &= \int_{top} \mathbf{D} \cdot d\mathbf{s} + \int_{bottom} \mathbf{D} \cdot d\mathbf{s} + \int_{side} \mathbf{D} \cdot d\mathbf{s} \\ &= D_{1n} \Delta s + 0 + \int_{side} \mathbf{D} \cdot d\mathbf{s} \\ &= \rho_s \Delta s\end{aligned} \tag{3.101}$$

여기서 아래 첨자 n은 법선성분을 나타낸다. 원통 밑면에서의 면적분은 영인데, 그 이유는 도체 내에서 $\mathbf{E} = 0 = \mathbf{D}$이기 때문이다. 또한 원통 옆면에서의 면적분도 영인데 그 이유는 이후에 원통 높이가 영으로 줄어들기 때문이다($\Delta h \to 0$). 그럼에도 불구하고 도체의 면 전하 $\rho_s \Delta s$는 항상 원통에 둘러싸인다. 따라서 식 (3.101)은 다음과 같이 단순해진다.

$$D_{1n} \Delta s = \rho_s \Delta s$$

즉 **완전도체 표면에서 D의 법선성분은 그 값이 면 전하밀도와 동일하다.**

$$D_n = \rho_s \tag{3.102}$$

예제 3-17

반지름이 a인 완전도체 구가 알짜 전하 $+Q$로 충전된 후 전하를 띠지 않은 내, 외부 반지름이 각각 b와 c인 도체 구 껍질에 둘러싸였다([그림 3-30(a)] 참조). 이때 다음 질문에 답하라.

(a) 구 껍질에 유도된 ρ_s를 구하고 그 원천을 설명하라.

(b) 구 껍질이 [그림 3-30(b)]처럼 접지되었을 때 문제 (a)를 반복하라.

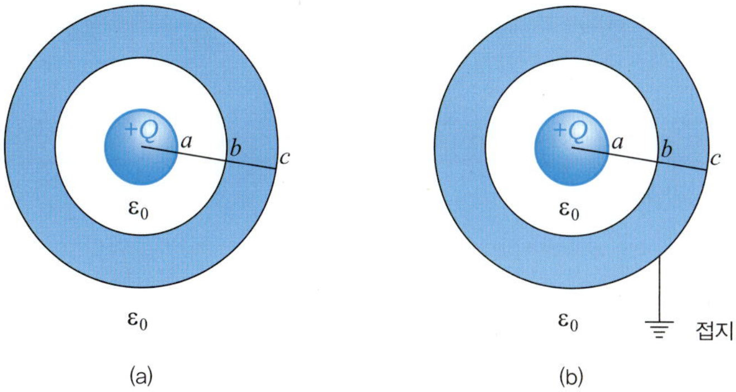

[그림 3-30] 충전된 도체 구가 동심 도체 구 껍질에 둘러싸여 있다.

풀이

구 대칭성에 의해 전속밀도는 모든 영역에서 $\mathbf{D} = D_R(R)\mathbf{a}_R$ 의 형태를 가져야 한다.

(a) 영역 $a < R \le b$에 가우스 법칙을 적용하면 다음과 같다.

$$4\pi R^2 D_R = +Q$$

따라서 두 도체 사이 공간에서 전속밀도는 다음과 같이 표시된다.

$$\mathbf{D} = D_R\mathbf{a}_R = \frac{Q}{4\pi R^2}\mathbf{a}_R \tag{3.103a}$$

위 식을 이용하여 구면 $R = b$에서 다음을 얻는다.

$$\mathbf{D} = \frac{Q}{4\pi b^2}\mathbf{a}_R \tag{3.103b}$$

이 구면에서 단위벡터 $\mathbf{a}_n = -\mathbf{a}_R$과 식 (3.102)를 이용하면 면 전하밀도는 다음과 같이 주어진다.

$$\rho_{s1} = -D_R = -\frac{Q}{4\pi b^2} \qquad (R = b\text{ 구면}) \tag{3.103c}$$

그 다음, 영역 $R \ge c$에서 가우시안면에 둘러싸인 알짜 전하는 $+Q$인데, 그 이유는 바깥 구 껍질이 알짜 전하를 갖지 않기 때문이다. 그리하여 이 영역에서 전속밀도 표현식은 식 (3.103a)와 동일하다. 따라서 구면 $R = c$에서 다음을 얻는다.

$$\mathbf{D} = \frac{Q}{4\pi c^2}\mathbf{a}_R \tag{3.103d}$$

이 구면에서 단위벡터 $\mathbf{a}_n = \mathbf{a}_R$과 식 (3.102)를 이용하면 면 전하밀도는 다음과 같다.

$$\rho_{s2} = D_R = \frac{Q}{4\pi c^2} \qquad (R = c\text{ 구면}) \tag{3.103e}$$

여기서 음 전하 ρ_{s1}은 바깥 구 껍질의 자유전자에 의한 것이고, 양 전하 ρ_{s2}는 이온화된 격자 원자들에 의한 것이다. 두 전하 $+Q$와 ρ_{s1}은 협동으로 구 껍질 내부의 전기장을 영으로 만든다.

(b) 바깥 구 껍질이 접지되었으므로 그 전위는 영이다. 따라서 구 껍질과 그라운드 사이에 전기장 선은 존재하지 않는다. 영역 $R \geq c$에서 전기장이 영이므로 다음과 같이 나타낼 수 있다.

$$D_n = 0 = \rho_{s2} \qquad (R = c \text{ 구면}) \tag{3.103f}$$

그 다음, 영역 $a < R \leq b$에서 $\mathbf{D}$의 표현식은 식 (3.103a)와 동일하다. 따라서 구면 $R = b$에서의 면 전하밀도는 식 (3.103c)와 동일하다.

$$\rho_{s1} = -\frac{Q}{4\pi b^2} \qquad (R = b \text{ 구면}) \tag{3.103g}$$

두 전하 $+Q$와 ρ_{s1}은 협동으로 영역 $R > b$에서 전기장을 영으로 만든다. 이 경우 면 전하밀도 ρ_{s1}은 그라운드에서 건너온 알짜 전하에 기인한다.

예제 3-18

반 무한의 유전체 표면이 $x = 0$ 평면과 일치한다. 알짜 전하 $+Q$ [C/m]를 가진 매우 긴 도체 원통이 이 유전체에 그 반쪽이 잠겨 있다([그림 3-31] 참조). 이 전하에 의한 전기장이 영역 $\rho \geq a$에서 $\mathbf{E} = E_o \mathbf{a}_\rho / \rho$의 형태를 갖는다고 가정하면 이 영역에서 두 기본식 $\nabla \cdot \mathbf{D} = 0$와 $\nabla \times \mathbf{E} = 0$를 만족한다. 이때 다음 질문에 답을 구하라.

(a) 주어진 $\mathbf{E}$가 경계면 조건을 만족하는가?

(b) E_o, 원통 위의 알짜 전하밀도 ρ_s, 분극 면 전하밀도 ρ_{ps}를 구하라.

(c) ρ_s와 ρ_{ps}의 합이 원통 표면에서 균일한지 확인하고, 초기에 가정한 $\mathbf{E}$의 형태는 타당한지 확인하라.

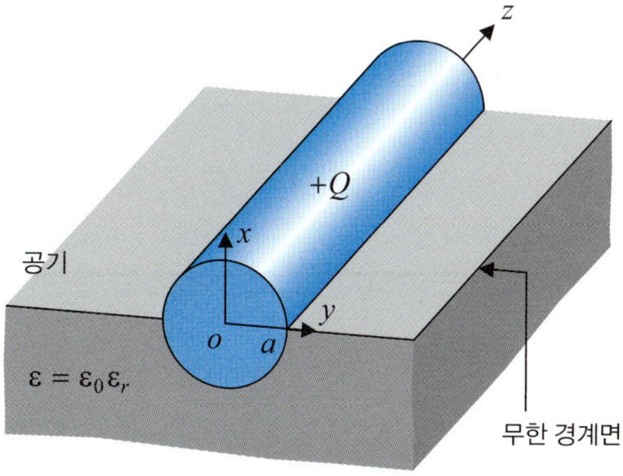

[그림 3-31] 긴 도체 원통의 반쪽이 반 무한의 유전체에 잠겨 있다.

풀이

(a) 문제에서 주어진 시범 전기장은 도체 표면에 수직이고, 공기–유전체 경계면($x = 0$ 평면)에서 연속이다.

(b) 영역 $\rho \geq a$에서 가우스 법칙에 의해 다음과 같이 나타낼 수 있다.

$$2\pi\rho\frac{1}{2}\left[\varepsilon_0\frac{E_o}{\rho} + \varepsilon_0\varepsilon_r\frac{E_o}{\rho}\right] = Q$$

따라서 **E**는 다음과 같이 주어진다.

$$\mathbf{E} = \frac{Q}{\varepsilon_0(\varepsilon_r + 1)\pi\rho}\mathbf{a}_\rho \qquad (\rho \geq a) \tag{3.104a}$$

식 (3.104a)를 이용하여 영역 $x > 0$에서 원통 표면 위의 알짜 전하밀도를 다음과 같이 구할 수 있다.

$$\rho_s = D_\rho = \frac{Q}{(\varepsilon_r + 1)\pi a} \qquad (x > 0) \tag{3.104b}$$

비슷한 방법으로 영역 $x < 0$에서 원통 표면 위의 알짜 전하밀도는 다음과 같다.

$$\rho_s = D_\rho = \frac{\varepsilon_r Q}{(\varepsilon_r + 1)\pi a} \qquad (x < 0) \tag{3.104c}$$

도체–유전체 경계면($\rho = a$)에서, 식 (3.104a)를 이용해 전기분극을 다음과 같이 구할 수 있다.

$$\mathbf{P} = \mathbf{D} - \varepsilon_0\mathbf{E} = \frac{(\varepsilon_r - 1)Q}{(\varepsilon_r + 1)\pi a}\mathbf{a}_\rho \tag{3.104d}$$

따라서 영역 $x < 0$에서 원통 표면의 분극 면 전하밀도는 다음과 같다.

$$\rho_{ps} = \mathbf{P} \cdot (-\mathbf{a}_\rho) = \frac{-(\varepsilon_r - 1)Q}{(\varepsilon_r + 1)\pi a} \tag{3.104e}$$

(c) 식 (3.104c)와 (3.104e)를 통해 면 전하밀도의 합을 구하면 그 값은 식 (3.104b)와 동일하다. 달리 말하면, 원통 표면에서의 총 전하밀도는 균일하기 때문에 전기장은 원통 대칭성을 띠게 되고 그 형태는 문제에서 주어진 시범 전기장과 동일하다.

식 (3.104a)의 전기장은 헬름홀츠 정리에 따라 유일한 해이다. 즉 이 전기장은 다이버전스와 컬이 영역 $\rho \geq a$에서 영이고 경계면 조건을 만족한다.

유제 3.36 무한 평판 도체 위 방향에 점 전하 q가 위치할 때 평판 (a) 윗면과 (b) 아랫면에서 각각 유도되는 총 전하량은?

Ans (a) $-q$, (b) $+q$

유제 3.37 [유제 3.36]에서 유도된 전하들은 평판 표면에서 비균일하지만 그러나 어떤 일정한 형태로 분포해야 하는데 어떤 조건을 만족해야 하나?

Ans $\mathbf{E}$는 도체 표면에 수직이고 도체 내에서는 영이다.

유제 3.38 [그림 3-32]와 같이 충전되지 않은 도체 구 내에 조그만 구 형태의 공동이 존재하고 그 중심에 점 전하 q가 놓여 있다고 할 때 다음 값을 구하라.

(a) ρ_{sa}와 ρ_{sb}

(b) 영역 $R \geq b$에서의 전기장

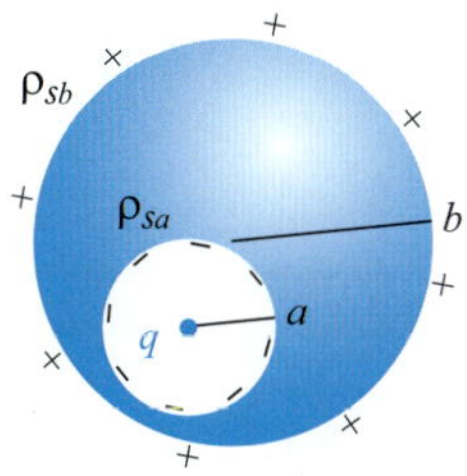

[그림 3-32] 구 형태의 공동이 도체 구 내에 존재함

Ans (a) $\rho_{sa} = -q/4\pi a^2$, $\rho_{sb} = q/4\pi b^2$, (b) $\mathbf{E} = q\mathbf{a}_R/4\pi\varepsilon_0 R^2$

복습문제

Q3.42 완전도체의 정전기적 특성은 무엇인가? **A** 식 (3.97), (3.98)

Q3.43 완전도체 표면에서의 $\mathbf{E}$와 $\mathbf{D}$에 대한 경계면 조건은? **A** 식 (3.100), (3.102)

Q3.44 알짜 전하가 도체 내에서 중성화되는 과정을 설명하라. **A** [그림 3-32]

3.7 정전기장의 포텐셜 에너지

앞에서 설명한 것처럼 공간상 한 점의 전위는 단위 전하를 무한대에서 주어진 점까지 전기장을 거슬러서 가져올 때 한 일의 양이다. 다시 말해 주어진 점에서의 전위와 그 점에 존재하는 전하량의 곱은 그 전하의 포텐셜 에너지이다. 그러나 이 전하가 제 위치에 계속 머무르기 위해 전기력에 대응되는 외부 힘, 예를 들면 기계적인 힘이 가해져서 두 힘이 상쇄되어야 한다. 만약 이러한 외부 힘이 제거되면 전하의 포텐셜 에너지가 운동 에너지로 변환되어 전하는 가속이 되기 때문에 다시 무한대로 원위치된다. 이러한 개념을 여러 전하들의 집합에 확장하여 적용하면, 전하들을 집합시키는 데 한 일의 양은 이 전하 집합의 포텐셜 에너지로 저장된다.

자유 공간상 점 전하들의 집합에 대해 그 포텐셜 에너지를 계산하기 위해 각각의 전하를 무한대에서 지정된 장소로 옮겨오는 데 한 일의 양을 계산하고 더하면 된다. 예를 들면 세 점 전하로 이루어진 집합에 대해 첫째 전하 q_1을 지정된 지점에 위치시키는 데에는 에너지 소모가 영인데 그 이유는 주변의 전기장이 영이기 때문이다.

$$W_1 = 0 \tag{3.105a}$$

그 다음, 두번째 전하 q_2를 무한대에서 전하 q_1 근처의 한 점으로 이동시킬 때 한 일의 양은 다음과 같다.

$$W_2 = q_2\left[\frac{q_1}{4\pi\varepsilon_0 \mathcal{R}_{2\text{-}1}}\right]$$

여기서 브라켓 항은 q_1에 의한 q_2가 놓인 지점에서의 전위이다. 관계식 $\mathcal{R}_{2\text{-}1} = |\mathbf{r}_2 - \mathbf{r}_1| = \mathcal{R}_{1\text{-}2}$를 사용하면 W_2를 다음과 같이 다시 쓸 수 있다.

$$W_2 = \frac{1}{2}\frac{q_2 q_1}{4\pi\varepsilon_0 \mathcal{R}_{2\text{-}1}} + \frac{1}{2}\frac{q_1 q_2}{4\pi\varepsilon_0 \mathcal{R}_{1\text{-}2}} \tag{3.105b}$$

비슷한 방법으로, 셋째 전하 q_3를 무한대에서 지정된 위치로 이동시킬 때 한 일의 양은 다음과 같다.

$$\begin{aligned} W_3 &= q_3\left[\frac{q_1}{4\pi\varepsilon_0 \mathcal{R}_{3\text{-}1}}\right] + q_3\left[\frac{q_2}{4\pi\varepsilon_0 \mathcal{R}_{3\text{-}2}}\right] \\ &= \frac{1}{2}\left[\frac{q_3 q_1}{4\pi\varepsilon_0 \mathcal{R}_{3\text{-}1}} + \frac{q_3 q_2}{4\pi\varepsilon_0 \mathcal{R}_{3\text{-}2}}\right] + \frac{1}{2}\left[\frac{q_1 q_3}{4\pi\varepsilon_0 \mathcal{R}_{1\text{-}3}} + \frac{q_2 q_3}{4\pi\varepsilon_0 \mathcal{R}_{2\text{-}3}}\right] \end{aligned} \tag{3.105c}$$

따라서 세 전하 집합의 포텐셜 에너지는 다음과 같이 표시된다.

$$
\begin{aligned}
&W_1 + W_2 + W_3 \\
&= \frac{q_1}{2}\left[\frac{q_2}{4\pi\varepsilon_0\mathcal{R}_{1\text{-}2}} + \frac{q_3}{4\pi\varepsilon_0\mathcal{R}_{1\text{-}3}}\right] + \frac{q_2}{2}\left[\frac{q_1}{4\pi\varepsilon_0\mathcal{R}_{2\text{-}1}} + \frac{q_3}{4\pi\varepsilon_0\mathcal{R}_{2\text{-}3}}\right] \\
&\quad + \frac{q_3}{2}\left[\frac{q_1}{4\pi\varepsilon_0\mathcal{R}_{3\text{-}1}} + \frac{q_2}{4\pi\varepsilon_0\mathcal{R}_{3\text{-}2}}\right] \\
&= \frac{1}{2}\left(q_1 V_1 + q_2 V_2 + q_3 V_3\right)
\end{aligned}
\tag{3.106}
$$

여기서 V_1은 다른 두 전하에 의해 발생하여 q_1이 위치한 점에서 측정되는 전위이다.

이러한 과정을 N개 전하들의 집합에 적용하면 이 집합의 포텐셜 에너지는 다음과 같다.

$$W_E = \frac{1}{2}\sum_{i=1}^{N} q_i V_i \quad [\text{J}] \tag{3.107}$$

여기서 V_i는 다른 모든 전하에 의해 발생하여 q_i가 위치한 점에서 측정되는 전위이다.

비슷한 방법으로, 연속 전하에 저장된 에너지를 구할 수 있다. 체적 전하밀도 ρ_v에 대해 우선 그 영역을 N개의 미소 체적으로 나눈다. 그 다음, 식 (3.107)의 q_i를 미소 전하 $\rho_v\,\Delta v_i$로 대치하고 $N \to \infty$와 $\Delta v \to 0$일 때의 극한값을 취하면 저장된 에너지를 구할 수 있다.

$$W_E = \lim_{\substack{N\to\infty \\ \Delta v\to 0}} \frac{1}{2}\sum_{i=1}^{N} \rho_v\,\Delta v_i\,V_i \tag{3.108}$$

위 식의 오른쪽은 수학적으로 $\rho_v V$에 대한 체적적분이다. 그러므로 체적 전하밀도 ρ_v의 정전기 포텐셜 에너지는 다음과 같이 주어진다.

$$W_E = \frac{1}{2}\int_{\mathcal{V}} \rho_v V\,dv \quad [\text{J}] \tag{3.109}$$

여기서 $\mathcal{V}$는 전하가 존재하는 영역의 체적이고 V는 전위를 나타낸다.

대부분의 경우, ρ_v가 알려지지 않은 상태에서 전위를 $\mathbf{E}$와 $\mathbf{D}$를 이용해 표시하면 더 편리하다. 우선 식 (3.109)에 가우스 법칙을 적용하면 다음 식을 얻을 수 있다.

$$W_E = \frac{1}{2}\int_{\mathcal{V}} (\nabla\cdot\mathbf{D})V\,dv \tag{3.110}$$

벡터 항등식 $\nabla\cdot(V\mathbf{D}) = V(\nabla\cdot\mathbf{D}) + \mathbf{D}\cdot(\nabla V)$를 이용해 식 (3.110)을 다시 쓰면 다음과 같다.

$$\begin{aligned} W_E &= \frac{1}{2}\int_{\mathcal{V}} \nabla \cdot (V\mathbf{D})\,dv - \frac{1}{2}\int_{\mathcal{V}} \mathbf{D} \cdot (\nabla V)\,dv \\ &= \frac{1}{2}\oint_S V\mathbf{D} \cdot d\mathbf{s} + \frac{1}{2}\int_{\mathcal{V}} \mathbf{D} \cdot \mathbf{E}\,dv \end{aligned} \tag{3.111}$$

여기서 다이버전스 정리 및 관계식 $\mathbf{E} = -\nabla V$가 사용되었다.

비록 식 (3.111)의 S는 체적 $\mathcal{V}$의 경계면을 나타내는 폐곡면이지만, 이것이 주어진 전하를 모두 둘러싼다면 임의로 무한히 클 수 있다. 단순히 이것이 반지름 R인 구 표면이라고 가정하는 경우, R이 무한대로 커지면 피적분 함수의 V, $|\mathbf{D}|$, $|d\mathbf{s}|$는 각각 $1/R$, $1/R^2$, R^2에 따라 변한다. 따라서 $R \to \infty$일 때 위 식의 폐면적분은 영이되고 정전기 포텐셜 에너지는 다음과 같이 주어진다.

$$W_E = \frac{1}{2}\int_{\mathcal{V}} \mathbf{D} \cdot \mathbf{E}\,dv \quad [\mathrm{J}] \tag{3.112}$$

여기서 $\mathcal{V}$는 전기장이 영이 아닌 모든 공간을 포함한다. 구조식 $\mathbf{D} = \varepsilon\mathbf{E}$를 식 (3.112)에 적용하면 다음과 같다.

$$W_E = \frac{1}{2}\int_{\mathcal{V}} \varepsilon E^2\,dv \quad [\mathrm{J}] \tag{3.113}$$

식 (3.112)를 참고하여 정전기 에너지밀도를 다음과 같이 정의한다.

$$w_e = \frac{1}{2}\mathbf{D} \cdot \mathbf{E} \quad [\mathrm{J/m^3}] \tag{3.114}$$

이것은 세제곱 미터당 줄 $[\mathrm{J/m^3}]$ 단위로 표시된다.

예제 3-19

체적 전하가 균일 전하밀도 ρ_v를 가지고 자유 공간에서 [그림 3-33]과 같이 안쪽, 바깥쪽 반지름이 각각 a, b로 주어지는 구 껍질을 형성할 때 포텐셜 에너지를 구하라.

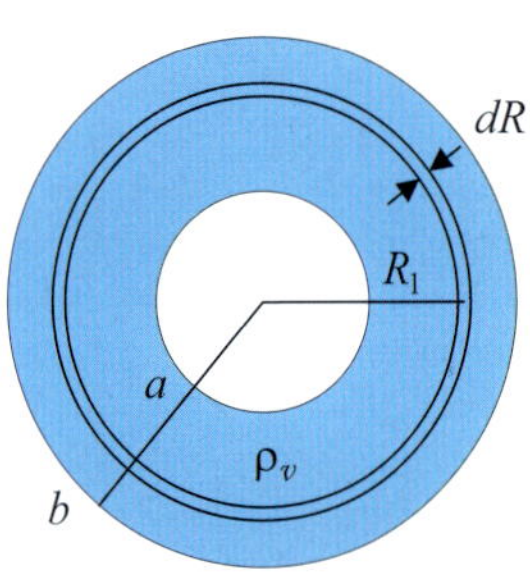

[그림 3-33] 균일 체적 전하밀도에 의한 구 껍질

풀이

매우 얇은 구 껍질 형태의 전하를 하나씩 덧붙여 쌓을 때의 한 일을 계산하고 이들을 더하여 답을 구한다. 우선 바깥쪽 반지름이 b보다 작은 R_1으로 주어지는 구 껍질 내의 총 전하는 다음과 같다.

$$Q = \rho_v \frac{4\pi}{3}\left(R_1^3 - a^3\right)$$

영역 $R > R_1$에 전하가 존재하지 않는다고 가정하면, $R = R_1$인 점의 전위는 전하 Q가 모두 원점에 위치해 있을 때의 전위와 동일하다.

$$V = \frac{Q}{4\pi\varepsilon_0 R_1} = \frac{1}{4\pi\varepsilon_0 R_1}\left[\rho_v \frac{4\pi}{3}\left(R_1^3 - a^3\right)\right] \tag{3.115a}$$

그 다음, 반지름이 R_1이고 두께가 dR인 매우 얇은 구 껍질에 포함된 총 전하는 다음과 같이 나타낼 수 있다.

$$dq = \rho_v 4\pi R_1^2 dR \tag{3.115b}$$

전하 dq를 무한대에서 $R = R_1$인 점으로 이동시킬 때 한 일의 양은 식 (3.115a)와 (3.115b)를 이용해 다음과 같이 구할 수 있다.

$$dW = V\,dq = \left[\rho_v^2 \frac{4\pi}{3\varepsilon_0} R_1\left(R_1^3 - a^3\right)\right]dR$$

그리하여 총 한 일의 양은 다음과 같다.

$$\begin{aligned} W_E = \int dW &= \rho_v^2 \frac{4\pi}{3\varepsilon_0}\int_{R=a}^{R=b} R\left(R^3 - a^3\right)dR \\ &= \rho_v^2 \frac{4\pi}{3\varepsilon_0}\left[\frac{1}{5}(b^5 - a^5) - a^3\frac{1}{2}(b^2 - a^2)\right] \end{aligned} \tag{3.115c}$$

만약 식 (3.115c)의 a를 영으로 놓으면 반지름이 b인 구에 전하가 균일하게 채워진 경우에 대한 포텐셜 에너지를 의미하고, 그 형태는 kb^5로 주어진다. 여기서 k는 상수이다. 만약 중첩의 원리가 적용된다면 문제에서 주어진 구 껍질의 포텐셜 에너지는 $k(b^5 - a^5)$의 형태로 주어져야 하지만 실제는 그렇지 않다.

여기서 주목할 것은, 전위는 중첩의 원리를 따르지만 정전기 포텐셜 에너지는 중첩의 원리를 따르지 않는다는 것이다.

예제 3-20

[그림 3-34]에는 두 평행 도체판이 면적이 A이고, 거리 d에 서로 떨어져서, 전하 $+Q$와 $-Q$를 지니고 있다. 이들 사이 공간의 반은 유전상수 ε_r의 유전체로 채워져 있다. 거리 d가 도체판의 한 변보다 매우 작다고 가정하여 다음을 구하라.

(a) W_E

(b) 유전체가 제거된 경우의 W_E

(c) 전자의 값이 후자보다 더 작은 이유

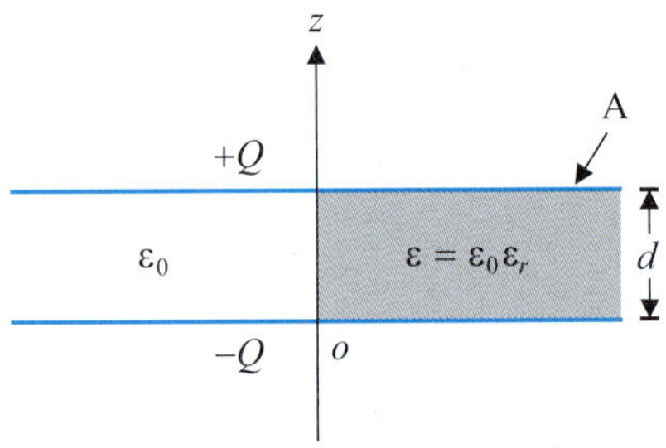

[그림 3-34] 두 평행 도체판이 전하 $+Q$와 $-Q$를 지님

풀이

만약 도체판 가장자리에서의 전기장 휘어짐 현상을 무시하면 도체판 사이 공간에서 시범 전기장을 $\mathbf{E} = -E_o\mathbf{a}_z$로, 그 이외의 영역에서는 영으로 가정할 수 있다. 여기서 E_o는 상수임. 이 시범 전기장은 도체판에 수직이고 공기-유전체 경계면에서 연속이므로 모든 경계면 조건을 만족한다.

(a) 위 평판에 가우스 법칙을 적용하면 다음과 같다.

$$\frac{A}{2}\varepsilon_0 E_o + \frac{A}{2}\varepsilon_0\varepsilon_r E_o = +Q$$

따라서 $\mathbf{E}$는 다음과 같이 나타낼 수 있다.

$$\mathbf{E} = -\frac{2Q}{A\varepsilon_0(\varepsilon_r + 1)}\mathbf{a}_z \equiv -E_o\mathbf{a}_z$$

포텐셜 에너지는 다음과 같이 주어진다.

$$W_E = \frac{1}{2}\frac{Ad}{2}\varepsilon_0 E_o^2 + \frac{1}{2}\frac{Ad}{2}\varepsilon_0\varepsilon_r E_o^2 = \frac{Q^2 d}{A\varepsilon_0(\varepsilon_r + 1)} \qquad (3.116a)$$

(b) 식 (3.116a)에 $\varepsilon_r = 1$을 대입하면 유전체가 제거되었을 때의 포텐셜 에너지를 구할 수 있다.

$$W_E = \frac{Q^2 d}{2A\varepsilon_0} \tag{3.116b}$$

(c) 유전체 내에 전기분극을 발생시킬 때 정전기 포텐셜 에너지의 일부가 사용된다.

유제 3.39 전하 q가 반지름 a의 구 표면에 균일하게 분포할 때 그 포텐셜 에너지를 구하라.

Ans $W_E = q^2 / 8\pi\varepsilon_0 a$

유제 3.40 동일한 점 전하 $+q$가 [그림 3-35]와 같이 위치할 때 각각의 W_E를 구하라. 그리고 (c)의 W_E가 (a)와 (b)의 합으로 표시되는지 확인하라.

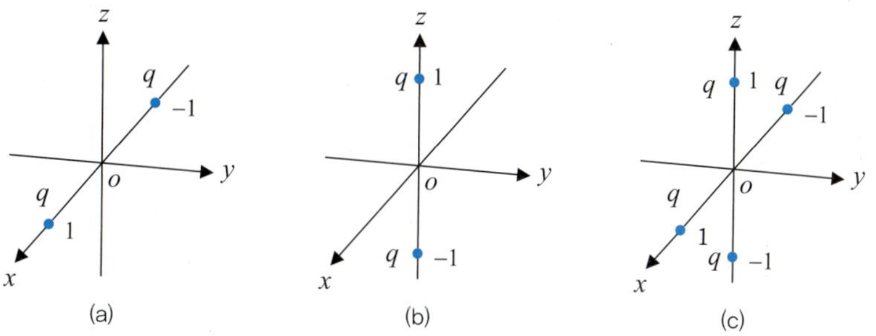

[그림 3-35] 점 전하들의 배열

Ans (a), (b) $q^2 / 8\pi\varepsilon_0$, (c) $q^2(2\sqrt{2}+1)/4\pi\varepsilon_0$, (d) 아니오

유제 3.41 [그림 3-35(a)]의 두 점 전하가 동일한 질량 m을 가진다. 만약 이들에 대한 제약이 풀려서 자유롭게 서로 반대 방향으로 움직인다면 무한대에서의 이들의 속도를 구하라.

Ans $\boldsymbol{v} = \pm q\,\mathbf{a}_x / (8\pi\varepsilon_0 m)^{1/2}$

복습문제

Q3.45 qV의 물리적 의미는 무엇인가? **A** 식 (3.107)

Q3.46 체적 전하에 대한 포텐셜 에너지 표현식은? **A** 식 (3.109)

Q3.47 포텐셜 에너지를 벡터장을 이용해 표시하라. **A** 식 (3.112)

Q3.48 정전기 포텐셜 에너지를 정의하라. **A** 식 (3.114)

Q3.49 정전기 포텐셜 에너지가 중첩의 원리를 만족하는가? **A** [그림 3-35]

3.8 경계값 문제

공간상 한 영역에서 전하 분포가 주어지면 쿨롱 법칙, 가우스 법칙, 전위 등을 이용하여 전기장, 전속밀도, 전위 등을 구할 수 있다. 그러나 대부분 실제의 상황에서 전하 분포 혹은 전위 분포가 그 영역의 경계에서 주어지므로 이러한 법칙들을 직접적으로 이용할 수 없다. 예를 들면, 매우 긴 두 평행의 원통이 각각 일정한 전위를 띠고 있는 경우 이들 사이의 공간에서 전기장을 구하고 원통 표면의 전하 분포를 구하는 것은 매우 어렵다. 이 절에서는 푸아송 방정식, 라플라스 방정식, 이미지 방법 등을 설명한다. 이들을 이용하면 경계면에서의 전하 분포 혹은 전위 분포를 이용해 주어진 영역 내에서의 전위 및 전기장을 구할 수 있다. 경계면에서의 값이 주어지는 정전기 문제를 **경계값 문제**(boundary value problem)라 부른다.

3.8.1 푸아송 및 라플라스 방정식

푸아송 방정식의 유도는 매우 간단하다. 우선 다음과 같이 정전기장의 두 기본 법칙들로부터 출발한다.

$$\nabla \cdot \mathbf{D} = \rho_v \tag{3.117}$$

$$\nabla \times \mathbf{E} = 0 \tag{3.118}$$

여기서 균질의, 선형의, 등방성을 지닌 단순매질에 관심을 둔다면 **E**와 **D** 사이의 구조식은 다음과 같이 나타낼 수 있다.

$$\mathbf{D} = \varepsilon \mathbf{E} \tag{3.119}$$

여기서 유전율 ε은 상수이므로 전기장 **E**의 크기 및 방향에 무관하다. 또한 **E**와 V 사이의 관계는 다음과 같다.

$$\mathbf{E} = -\nabla V \tag{3.120}$$

식 (3.119)와 (3.120)을 식 (3.117)에 대입하면 다음과 같다.

$$-\nabla \cdot \varepsilon(\nabla V) = \rho_v \tag{3.121}$$

단순매질에서 ε은 상수이므로 이것은 다이버전스 연산자 밖으로 빠져나올 수 있다.

$$\nabla^2 V = -\frac{\rho_v}{\varepsilon} \tag{3.122}$$

이 식을 **푸아송 방정식**(Poisson's equation)이라 부른다. 라플라시안 연산자 ∇^2는 주어진 스칼라장에 대한 그레이디언트에 다이버전스를 취한 것인데, 영어에서는 우리말과 표현하는 순서가 정반대이다.[1]

1 the divergence of the gradient of the scalar field라고 나타내며, 의미는 동일하다.

주어진 영역에 알짜 체적 전하가 존재하지 않는다면 푸아송 방정식은 아래의 **라플라스 방정식**(Laplace's equation)으로 축소된다.

$$\nabla^2 V = 0 \tag{3.123}$$

대부분의 문제에서 변수 분리법을 사용하면 라플라스 방정식을 쉽게 풀 수 있다. 이 방법에 의하면 2차 편미분 방정식을 세 개의 2차 상미분 방정식으로 변환시킬 수 있다. 이 경우 각각의 2차 상미분 방정식은 독립된 두 개의 경계면 조건이 필요한데, 그 이유는 두 개의 적분상수를 찾기 위함이다. 체적 전하가 존재하지 않는 영역에서 라플라스 방정식은 점, 선, 면 전하들을 경계값으로 취급하여 영역 내의 전위를 계산하도록 해준다.

직각좌표계에서 라플라스 방정식은 다음과 같다.

$$\frac{\partial^2 V}{\partial x^2} + \frac{\partial^2 V}{\partial y^2} + \frac{\partial^2 V}{\partial z^2} = 0 \qquad \text{(직각좌표계)} \tag{3.124a}$$

다른 좌표계에서 V의 라플라시안은 V의 그레이디언트에 다이버전스를 취하면 된다.

$$\frac{1}{\rho}\frac{\partial}{\partial \rho}\left(\rho \frac{\partial V}{\partial \rho}\right) + \frac{1}{\rho^2}\left(\frac{\partial^2 V}{\partial \phi^2}\right) + \frac{\partial^2 V}{\partial z^2} = 0 \qquad \text{(원통좌표계)} \tag{3.124b}$$

$$\frac{1}{R^2}\frac{\partial}{\partial R}\left(R^2 \frac{\partial V}{\partial R}\right) + \frac{1}{R^2 \sin\theta}\frac{\partial}{\partial \theta}\left(\sin\theta \frac{\partial V}{\partial \theta}\right) + \frac{1}{R^2 \sin^2\theta}\frac{\partial^2 V}{\partial \phi^2} = 0 \qquad \text{(구좌표계)} \tag{3.124c}$$

유제 3.42 다음의 전위가 라플라스 방정식을 만족한다는 것을 보여라.

(a) $V = e^{-2x}\cos(2y)$

(b) $V = R\cos\theta$

(c) $V = \ln\left[\tan(\theta/2)\right]$

Ans 증명이 생략됨

유제 3.43 다음에서 올바르지 않은 것은?

① $\nabla^2 R^{-1} = 0$

② $\nabla^2 (R-2)^{-1} = 0$

③ $\nabla^2 [(x-2)^2 + y^2 + z^2]^{-1/2} = 0$

Ans ②

3.8.2 유일성 정리

미적분학에 의하면 2차 상미분 방정식의 해는 두 개의 적분상수를 갖는다. 만약 이들이 경계값에 의해 결정되면 이 해는 주어진 공간에서의 유일한 해이다. 이와 비슷하게 푸아송 방정식에 대해서도 유일성 정리가 존재한다. 즉 **푸아송 방정식의 해가 모든 경계면에서 V의 경계값들을 만족시키면 이 해는 주어진 영역 내에서의 유일한 해이다.** 유일성 정리를 이용하면 푸아송 방정식을 직관적인 방법으로 풀 수 있는데, 예를 들어 어떤 시범 전위가 푸아송 방정식을 만족하고 또한 모든 경계값들을 만족시키면 이것은 주어진 영역에서의 유일한 해이다.

유일성 정리를 증명하기 위해 서로 다른 전위 V_1과 V_2가 영역 $\mathscr{R}$에서 푸아송 방정식을 동시에 만족한다고 가정한다. 이 영역의 체적은 $\mathcal{V}$이고 그 경계면은 S이다.

$$\nabla^2 V_1(\mathbf{r}) = -\frac{\rho_v}{\varepsilon} \tag{3.125a}$$

$$\nabla^2 V_2(\mathbf{r}) = -\frac{\rho_v}{\varepsilon} \tag{3.125b}$$

만약 V_1과 V_2가 동일한 경계값을 만족시킨다면 우리는 다음 식을 쓸 수 있다.

$$V_1(\mathbf{r}_s) = V_2(\mathbf{r}_s) = V_s \tag{3.125c}$$

여기서 $\mathbf{r}_s$는 경계면 위의 점에 대한 위치벡터이고, V_s는 경계값이다. 그 다음, 또 다른 하나의 스칼라장을 다음과 같이 정의한다.

$$\tilde{V}(\mathbf{r}) \equiv V_1(\mathbf{r}) - V_2(\mathbf{r}) \tag{3.126a}$$

즉, 식 (3.125a) ~ (3.125c)를 이용하여 $\tilde{V}(\mathbf{r})$이 유일해가 되는 하나의 경계값 문제를 새로이 만든다. $\tilde{V}(\mathbf{r})$에 대한 라플라스 방정식과 경계면 조건은 다음과 같다.

$$\nabla^2 \tilde{V}(\mathbf{r}) = 0 \tag{3.126b}$$

$$\tilde{V}(\mathbf{r}_s) = 0 \tag{3.126c}$$

두 함수 $\tilde{V}(\mathbf{r})$과 $\nabla\tilde{V}(\mathbf{r})$이 항등식 $\nabla \cdot (A\mathbf{V}) = A(\nabla \cdot \mathbf{V}) + \mathbf{V} \cdot (\nabla A)$에서 A와 $\mathbf{V}$를 각각 대치하면 다음의 식을 얻을 수 있다.

$$\nabla \cdot (\tilde{V}\nabla\tilde{V}) = \tilde{V}(\nabla \cdot \nabla\tilde{V}) + (\nabla\tilde{V}) \cdot (\nabla\tilde{V})$$

위 식의 양변을 체적 $\mathcal{V}$에서 적분하면 다음과 같다.

$$\int_{\mathcal{V}} \nabla \cdot (\tilde{V}\nabla\tilde{V})\, dv = \int_{\mathcal{V}} \tilde{V}(\nabla \cdot \nabla\tilde{V})\, dv + \int_{\mathcal{V}} (\nabla\tilde{V}) \cdot (\nabla\tilde{V})\, dv \tag{3.127}$$

위 식 등호 오른쪽의 첫째항은 식 (3.126b)에 의해 영이 된다. 또한 위 식 왼쪽에 다이버전스 정리와 식 (3.126c)의 경계값을 적용하면 다음의 결과를 얻게 된다.

$$\int_{\mathcal{V}} \nabla \cdot (\tilde{V} \nabla \tilde{V})\, dv = \oint_S (\tilde{V} \nabla \tilde{V}) \cdot d\mathbf{s} = 0$$

따라서 식 (3.127)은 다음과 같이 단순해진다.

$$\int_{\mathcal{V}} (\nabla \tilde{V}) \cdot (\nabla \tilde{V})\, dv = 0$$

위 식의 피적분 함수는 양의 값이므로 $\mathcal{V}$의 모든 점에서 $\nabla \tilde{V} = 0$여야 한다. 다시 말해 $\tilde{V}(\mathbf{r})$은 주어진 영역에서 상수이다.

$$\tilde{V}(\mathbf{r}) = V_1(\mathbf{r}) - V_2(\mathbf{r}) = c \tag{3.128}$$

여기서 c는 상수이다. 식 (3.128)은 주어진 영역 내에서 뿐만 아니라 경계면에서도 만족되어야 한다. 그러면 식 (3.126c)에 따라 $c = 0$임을 알 수 있다. 즉

$$V_1(\mathbf{r}) = V_2(\mathbf{r})$$

이 결과는 유일성 정리를 증명한다. 푸아송 방정식의 유일성 정리는 체적 전하의 유무에 관계없이 성립하므로 라플라스 방정식에 대한 유일성 정리도 증명된다. 라플라스 방정식의 해가 시행착오에 의해 구해지더라도 그것이 경계값을 만족시키면 그 해는 주어진 영역에서의 유일한 해이다.

유제 3.44 두 무한 평판이 각각 $y = \pm a$ 평면에 놓여 있고 동시에 전위 $V = 0$로 유지되고 있다. 이들 사이 공간의 $x = 0$ 평면에 폭이 $2a$ 보다 약간 작고 매우 긴 칸막이가 놓여 있는데 이것은 전위는 $V = V_o$이다. 아래의 함수 $V(x, y)$가 영역 $x > 0$에서 유일한 해임을 보여라.

$$V(x, y) = \sum_{n=1,3,5..}^{\infty} c_n e^{-n\pi x/2a} \cos(n\pi y/2a)$$

Ans 평판 사이 공간에서 $\nabla^2 V = 0$이고, $V(x, y = \pm a) = 0$이므로 경계값을 만족한다. 평면 $x = 0$에서 c_n은 폭 $2a$, 높이 V_o인 직사각형 함수의 푸리에 계수이다. 또한 $x = \infty$일 때 $V = 0$이므로 주어진 V는 모든 경계값을 만족한다.

예제 3-21

두 평행 도체판이 [그림 3-36]에서처럼 거리 d에 떨어져서 각각 전위 $V = 0$와 $V = V_o$를 띠고 있다. 도체 사이 공간에 밀도 $\rho_v = \rho_o \sin(\pi z / d)$ $[\mathrm{C/m^3}]$의 체적 전하가 채워진 경우 다음을 구하라.

(a) 도체 평판 사이 공간에서의 V

(b) 도체 평판 위에 유도된 ρ_s

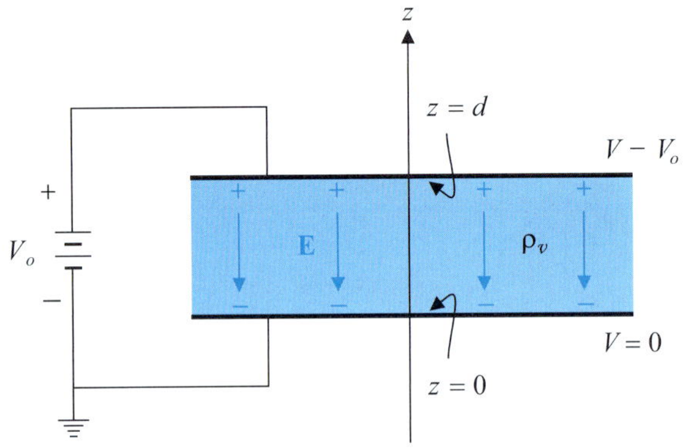

[그림 3-36] 체적 전하로 채워진 두 평행 도체판

풀이

(a) 가장자리에서의 전기장 휘어짐 현상을 무시하면 이것은 무한 평행판의 일부분이고 이때 평판 위의 V는 상수이므로 이것은 x와 y에 독립이다. 이 경우 푸아송 방정식은 다음과 같이 단순해진다.

$$\frac{d^2V}{dz^2} = -\frac{\rho_o}{\varepsilon_0}\sin\left(\frac{\pi}{d}z\right)$$

위 식의 양변을 z에 따라 적분하면 다음과 같다.

$$V = \frac{\rho_o}{\varepsilon_0}\left(\frac{d}{\pi}\right)^2 \sin\left(\frac{\pi}{d}z\right) + c_1 z + c_2 \tag{3.129a}$$

여기서 c_1과 c_2는 적분상수이다. 그 다음, 식 (3.129a)에 경계값을 대입하면 다음과 같다.

$$V(z = 0) = 0 = c_2$$
$$V(z = d) = V_o = c_1 d$$

따라서 도체 사이 공간에서 V는 다음과 같이 주어진다.

$$V = \frac{\rho_o}{\varepsilon_0}\left(\frac{d}{\pi}\right)^2 \sin\left(\frac{\pi}{d}z\right) + \frac{V_o}{d}z \tag{3.129b}$$

(b) 식 (3.129b)를 이용하면 도체 사이 공간에서 **E**를 구할 수 있다.

$$\mathbf{E} = -\nabla V = -\left[\frac{\rho_o d}{\varepsilon_0 \pi}\cos\left(\frac{\pi}{d}z\right) + \frac{V_o}{d}\right]\mathbf{a}_z$$

도체 표면 $z = 0$와 $z = d$에서 전속밀도를 구하면 다음과 같다.

$$\mathbf{D}(0) = \varepsilon_0 \mathbf{E}(0) = \varepsilon_0\left[-\frac{\rho_o d}{\varepsilon_0 \pi} - \frac{V_o}{d}\right]\mathbf{a}_z$$

$$\mathbf{D}(d) = \varepsilon_0 \mathbf{E}(d) = \varepsilon_0\left[\frac{\rho_o d}{\varepsilon_0 \pi} - \frac{V_o}{d}\right]\mathbf{a}_z$$

식 (3.102)를 이용하고, 평면 $z = 0^+$와 $z = d^-$에서 바깥으로의 수직 단위벡터가 각각 $\mathbf{a}_n = \mathbf{a}_z$와 $\mathbf{a}_n = -\mathbf{a}_z$이므로, 이들 평면에서의 면 전하밀도는 다음과 같다.

$$\rho_s = D_z(0) = -\frac{\rho_o d}{\pi} - \frac{\varepsilon_0 V_o}{d} \qquad (z = 0^+) \tag{3.129c}$$

$$\rho_s = -D_z(d) = -\frac{\rho_o d}{\pi} + \frac{\varepsilon_0 V_o}{d} \qquad (z = d^-) \tag{3.129d}$$

식 (3.129c)와 (3.129d)의 두 면 전하밀도는 동일하지 않은데, 항 $\pm\varepsilon_0 V_o/d$는 전위차 V_o를 발생시키는 전하이고, 추가 전하 $-\rho_o d/\pi$는 도체 사이 공간에 존재하는 총 전하 $2\rho_o d/\pi$와 함께 얇은 도제 평판 내부의 전기장을 영으로 만든다.

예제 3-22

두 개의 반 무한 도체판이 [그림 3-37]에서처럼 쐐기 형태를 띠며 x-축에 대해 각각 각도 ϕ_1과 ϕ_2로 회전된 상태이다. 이들은 매우 작은 공기 간격으로 서로 떨어져 있으며 각각 전위 V_1과 V_2를 띠고 있다. 다음의 영역에서 V를 구하라.

(a) $\phi_1 \le \phi \le \phi_2$

(b) $\phi_2 \le \phi \le (\phi_1 + 2\pi)$

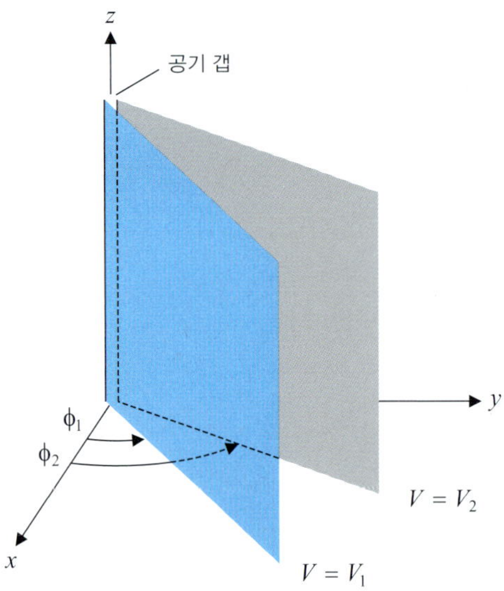

[그림 3-37] 쐐기 형태를 이루는 두 개의 반 무한 도체판

풀이

평면 $\phi = \phi_1$과 $\phi = \phi_2$가 등전위면이므로 우선 생각할 수 있는 시범해로서 상수 ϕ의 어떠한 반 무한 평면도 등전위면이라고 가정한다. 이러한 가정에 따라 V는 ρ와 z에 독립적이어야 한다. 따라서 라플라스 방정식은 원통좌표계에서 다음과 같이 단순해진다.

$$\nabla^2 V = \frac{1}{\rho^2}\frac{\partial^2 V}{\partial \phi^2} = 0$$

위 식을 ϕ에 대해 두 번 적분하면 다음과 같다.

$$V = c_1\phi + c_2 \qquad (c_1\text{과 } c_2\text{는 상수}) \tag{3.130a}$$

(a) 영역 $\phi_1 \le \phi \le \phi_2$에서 경계값들을 식 (3.130a)에 대입하면 다음과 같다.

$$V(\phi_1) = V_1 = c_1\phi_1 + c_2$$
$$V(\phi_2) = V_2 = c_1\phi_2 + c_2$$

위 식들을 풀면 다음을 구할 수 있다.

$$c_1 = \frac{V_1 - V_2}{\phi_1 - \phi_2},\ c_2 = V_1 - \frac{V_1 - V_2}{\phi_1 - \phi_2}\phi_1$$

따라서 V에 대한 식으로 나타내면 다음과 같다.

$$V = \frac{V_1 - V_2}{\phi_1 - \phi_2}(\phi - \phi_1) + V_1 \qquad (\phi_1 \le \phi \le \phi_2) \tag{3.130b}$$

(b) 영역 $\phi_2 \le \phi \le (\phi_1 + 2\pi)$에서 경계값들을 식 (3.130a)의 일반해에 적용하면 다음과 같다.

$$V(\phi_2) = V_2 = c_1\phi_2 + c_2$$
$$V(\phi_1 + 2\pi) = V_1 = c_1(\phi_1 + 2\pi) + c_2$$

위 식들을 풀면 다음을 구할 수 있다.

$$c_1 = \frac{V_2 - V_1}{\phi_2 - \phi_1 - 2\pi},\ c_2 = V_2 - \frac{V_2 - V_1}{\phi_2 - \phi_1 - 2\pi}\phi_2$$

따라서 V에 대한 식으로 나타내면 다음과 같다.

$$V = \frac{V_2 - V_1}{\phi_2 - \phi_1 - 2\pi}(\phi - \phi_2) + V_2 \qquad (\phi_2 \le \phi \le (\phi_1 + 2\pi)) \tag{3.130c}$$

식 (3.130b)와 (3.130c)의 전위는 유일한 해인데 그 이유는 이들이 각각의 영역에서 라플라스 방정식을 만족하고 또한 경계면에서의 경계값들을 만족하기 때문이다.

예제 3-23

전하를 띠지 않은 반지름이 a인 도체 구가 균일 전기장 $\mathbf{E}_o = E_o\mathbf{a}_z$에 놓여 있다([그림 3-38] 참조). 이 경우 면 전하밀도 ρ_s가 유도되어 구 내부의 전기장을 영으로 만들어야 한다. 매우 먼 거리에서 ρ_s는 하나의 전기 쌍극자처럼 보이고 이것은 식 (3.61d)와 같은 형태의 전위를 발생시킨다. 이때 다음 질문에 답하라.

(a) V의 시범해를 찾아서 이것으로부터 유일해를 구하라.
(b) 구 표면 위의 ρ_s를 구하라.

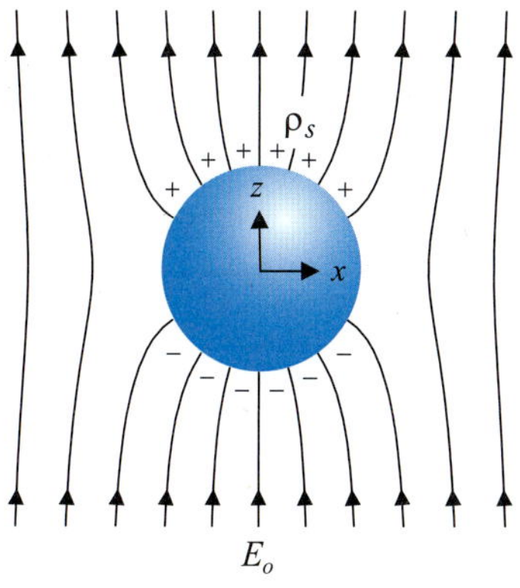

[그림 3-38] 전하를 띠지 않은 도체 구가 균일한 전기장 내에 놓여 있다.

풀이

(a) 다음의 V를 시범해로 사용한다.

$$V = -E_o R\cos\theta + c_1 \cos\theta / R^2 \tag{3.131a}$$

위 식 등호 오른쪽 첫째 항은 균일 전기장에 의한 전위이고($z = R\cos\theta$), 둘째 항은 전기 쌍극자에 의한 전위를 나타낸다. 여기서 c_1은 상수이다. 이 시범해는 구좌표계에서 라플라스 방정식을 만족한다.

도체 표면은 등전위면이므로 경계면 조건 $V(R = a) = V_o$(상수)를 식 (3.131a)에 대입하여 상수값 c_1을 얻는다.

$$c_1 = V_o \frac{a^2}{\cos\theta} + E_o a^3$$

따라서 구 바깥 영역에서 전위는 다음과 같다.

$$V = -E_o R\cos\theta + E_o a^3 \frac{\cos\theta}{R^2} + V_o \frac{a^2}{R^2}$$

도체 구에 알짜 전하가 없으므로 $V(R = a) = 0$이고 따라서 위 식에서 $V_o = 0$를 얻는다. 결론적으로 다음과 같이 나타낼 수 있다.

$$V = -E_o R\cos\theta + E_o a^3 \frac{\cos\theta}{R^2} \tag{3.131b}$$

위 식의 V는 유일한 해인데 그 이유는 이것이 라플라스 방정식과 경계면 조건을 모두 만족하기 때문이다.

(b) 구 표면 $R = a$에서 전기장 세기는 다음과 같다.

$$\mathbf{E}(R = a) = -\nabla V\big|_{R=a} = 3E_o \cos\theta\, \mathbf{a}_R$$

따라서 면 전하밀도는 다음과 같다.

$$\rho_s = D_n = 3\varepsilon_0 E_o \cos\theta \tag{3.131c}$$

[예제 3-15]의 식 (3.85)에서 알 수 있듯이 식 (3.131c)의 ρ_s는 구 내부에 균일 전기장 $\mathbf{E} = -E_o \mathbf{a}_z$를 만들어 외부 전기장을 완벽하게 상쇄시킨다. 그러나 구 외부에서는 면 전하에 의해 발생한 전기장은 외부 전기장과 더해진다([그림 3-38] 참조).

3.8.3 영상법

전기 쌍극자의 전기장선들은 [그림 3-39(a)]에서처럼 중앙에 위치한 무한 평면에 대해 상하 대칭이고 항상 이 평면에 수직이다. 따라서 이 평면은 등전위면이다. 무한대에서의 전위는 영이므로, 이 중앙 평면은 전위 영의 등전위면이다. 이러한 사실은 식 (3.62)로부터 증명된다.

[그림 3-39(b)]에 보인 하나의 경계값 문제를 생각해 보자. 그림을 보면 점 전하 $+q$가 완전도체이고, 접지되고, 전위가 영인 무한 평면 윗방향, 거리 $d/2$에 위치한다. 포텐셜 이론에 의하면 전기장선들은 점 전하에서 시작해 도체 평면에 수직으로 끝난다. 이때 도체 평판에서의 전기장선들은 [그림 3-39(a)]의 중앙 평면에서의 전기장선들과 동일한 모양을 가진다. 즉, 두 경우 동일한 경계면 조건을 만족시킨다. 라플라스 방정식의 해가 경계면 조건을 만족하기만 하면 유일해이므로, [그림 3-39(b)]의 전기장선들은 [그림 3-39(a)]의 중앙 평면 위 방향의 전기장선들과 정확히 일치해야 한다.

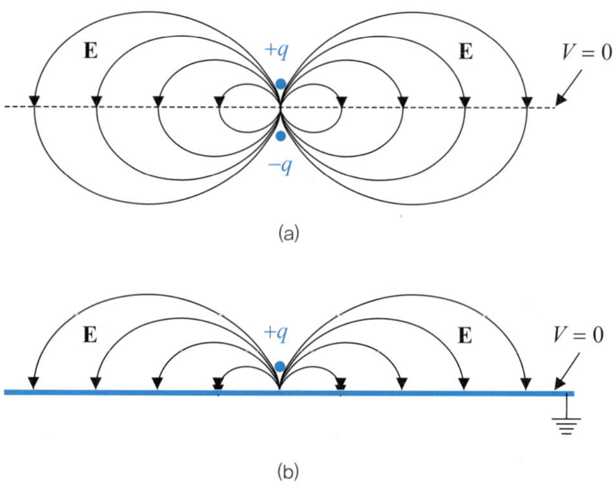

[그림 3-39] (a) 전기 쌍극자의 전기장선. (b) 접지된 무한 도체 위 방향의 전하

접지된 무한 평면 위 방향에 위치한 전하에 의한 **E**와 V를 구하기 위해 라플라스 방정식을 직접 푸는 대신에 이미지 전하를 이용하여 경계면 조건을 만족시키는 방법을 사용할 수 있다. 다시 말해, 주어진 영역의 전기장을 원래 전하와 그 이미지 전하를 조합하여 계산하는데, 이때 무한 도체 평면은 제거하고 계산한다. 이것을 **영상법**(method of images)이라 부른다.

전기장의 중첩원리에 따라 영상법은 연속적인 전하 분포 혹은 등전위면 등이 접지된 무한 평면 위 방향에 존재하는 경우에도 적용될 수 있다([그림 3-40] 참조). 결론적으로 영상법은 전하 분포의 대칭성을 이용해 **E**와 V를 손쉽게 구할 수 있도록 해준다. 주목할 것은, 영상법은 이미지 전하가 없는 영역에서의 전기장 및 전위를 구하는 데 사용된다는 점이다.

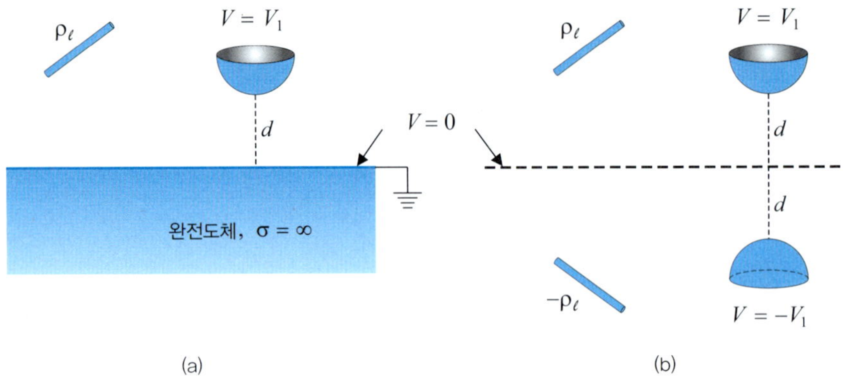

[그림 3-40] (a) 경계값 문제, (b) 영상법

예제 3-24

완전도체 평면 $z = 0$가 전위 $V = 0$로 유지되며 그 위 방향 거리 d에 점 전하 q가 놓여 있다. 도체 평면에 유도되는 면 전하밀도를 구하라.

풀이

위치 $z = -d$에 이미지 전하 $-q$가 놓여 있다고 가정하고 도체 평면을 걷어낸 후 이 두 전하에 의한 전하를 영역 $z \geq 0$에서 구한다.

$$V(x, y, z) = \frac{q}{4\pi\varepsilon_0}\left[\frac{1}{\sqrt{x^2+y^2+(z-d)^2}} - \frac{1}{\sqrt{x^2+y^2+(z+d)^2}}\right] \tag{3.132a}$$

식 (3.102)를 이용해 $z = 0$ 평면에서의 면 전하밀도를 다음과 같이 구한다.

$$\rho_s(x, y, 0) = -\varepsilon_0 \left.\frac{\partial V}{\partial z}\right|_{z=0} = -\frac{q}{2\pi}\frac{d}{(x^2+y^2+d^2)^{3/2}} \tag{3.132b}$$

식 (3.132a)의 등호 오른쪽 첫째 항을 식 $\mathbf{D} = \varepsilon_o \mathbf{E} = -\varepsilon_o \nabla V$에 대입하면 원래 전하 q에 의한 전속밀도 $\mathbf{D}$를 구할 수 있다. 이것을 이용해 식 (3.131b)를 다음과 같이 표시할 수 있다.

$$\begin{aligned}\rho_s(x, y, 0) &= 2\left[\frac{q}{4\pi(x^2+y^2+d^2)}\left\{\frac{x\mathbf{a}_x + y\mathbf{a}_y - d\mathbf{a}_z}{(x^2+y^2+d^2)^{1/2}}\right\}\right]\bullet \mathbf{a}_z \\ &= 2\mathbf{D}(x, y, 0)\bullet \mathbf{a}_z\end{aligned} \tag{3.132c}$$

여기서 중괄호(brace)는 전하 q에서 도체 위 한 점까지의 거리벡터에 대한 단위벡터이고, 브라켓은 오직 전하 q에 의한 도체 위에서의 전속밀도, $\mathbf{a}_z$는 도체 평면에서 위 방향으로의 수직 단위벡터이다.

■ 선 전하

무한히 길고 평행인 두 선 전하의 극성이 서로 반대이면 이들에 의한 전기장선은 중앙 평면을 중심으로 대칭이다. 이 경우 등전위면은 동심 원통면 형태로 주어지고 중앙 평면에 대해 대칭이다. 등전위면을 이루는 동심 원통면들의 두 축은 서로 분리되어 있는데, 플러스 전위를 나타내는 동심 원통면들은 플러스 선 전하를 둘러싸며, 마이너스 전위의 동심 원통면들은 마이너스 선 전하를 둘러싼다. 이러한 등전위면들은 원통 형태의 도체 혹은 직선 형태의 전하를 포함하는 경계값 문제를 푸는 데 매우 유용하다.

우선 두 선 전하가 균일한 밀도 ρ_ℓ과 $-\rho_\ell$을 가지며 거리 $2d$에 서로 떨어진 경우를 생각해 보자([그림 3-41] 참조). 점 p에서의 전위는 식 (3.52)를 이용해 다음과 같이 구할 수 있다.

$$V = \frac{\rho_\ell}{2\pi\varepsilon_0}\left[\ln\frac{\mathcal{R}_{1o}}{\mathcal{R}_1} - \ln\frac{\mathcal{R}_{2o}}{\mathcal{R}_2}\right] \tag{3.133}$$

여기서 $\mathcal{R}_1$과 $\mathcal{R}_2$는 관찰점 p에서 두 선 전하까지의 수직 거리이고, $\mathcal{R}_{1o}$와 $\mathcal{R}_{2o}$는 영전위 기준점에서 두 선 전하까지의 수직 거리이다. 평면 $x = 0$에 위치한 중앙 평면의 전위를 영으로 가정하면 위 식에서 $\mathcal{R}_{1o} = \mathcal{R}_{2o}$이다. 이 경우 식 (3.133)은 다음과 같이 단순해진다.

$$V = \frac{\rho_\ell}{2\pi\varepsilon_0}\ln\frac{\mathcal{R}_2}{\mathcal{R}_1}$$

여기서 $\mathcal{R}_1$과 $\mathcal{R}_2$를 직각좌표계로 표시하면 위 식은 다음과 같이 표시된다.

$$V = \frac{\rho_\ell}{4\pi\varepsilon_0}\ln\left[\frac{(x+d)^2 + y^2}{(x-d)^2 + y^2}\right] \tag{3.134}$$

위 식을 다시 써서 매개변수 K를 다음과 같이 정의한다.

$$\exp\left[\frac{4\pi\varepsilon_0 V}{\rho_\ell}\right] = \frac{(x+d)^2 + y^2}{(x-d)^2 + y^2} \equiv K \tag{3.135}$$

위 식의 두번째 등호를 다시 쓰면 다음과 같다.

$$(x+d)^2 + y^2 = K\left[(x-d)^2 + y^2\right]$$

위 식을 정리하면 전위 V의 등전위면에 대한 표현식을 구할 수 있다.

$$(x-\alpha)^2 + y^2 = \beta^2 \tag{3.136a}$$

여기서 α, β, K는 다음과 같이 주어진다.

$$\alpha = d\frac{K+1}{K-1} \tag{3.136b}$$

$$\beta = \frac{2d\sqrt{K}}{K-1} \tag{3.136c}$$

$$K = \exp\left[\frac{4\pi\varepsilon_0 V}{\rho_\ell}\right] \tag{3.136d}$$

식 (3.136a)에서 보듯이 전위 V의 등전위면은 무한히 긴, 반지름이 β이고, 그 축이 $x = \alpha$에 위치한 원통면으로 주어진다.

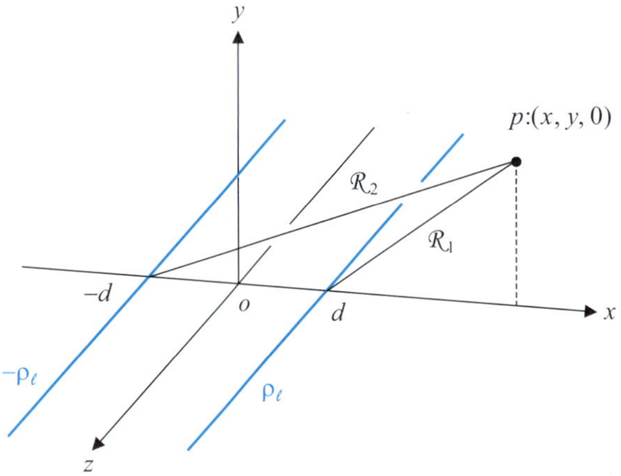

[그림 3-41] 두 무한 평행 선 전하가 서로 반대 극성으로 주어짐

식 (3.136)을 다시 쓰면 다음과 같다.

$$d^2 = \alpha^2 - \beta^2 \tag{3.137a}$$

$$\sqrt{K} = \frac{\alpha + d}{\beta} \tag{3.137b}$$

위 관계식들은 경계값 문제를 푸는 데 매우 유용하다. 예를 들면 두 평행의 원통이 동일한 반지름 β를 가지고, 축간 거리 2α에 서로 떨어져 있고, 각각이 전위 $-V$와 $+V$로 유지되어 있다고 하자. 이때 두 등가 선 전하들 사이의 거리 $2d$를 식 (3.137a)로부터 구할 수 있고, 등가 선 전하밀도 ρ_ℓ을 식 (3.137b)와 (3.136d)로부터 구할 수 있다. 이러한 선 전하밀도에 의한 등전위면들 중에서 두 개는 반드시 문제에서 주어진 두 원통면에 일치하여 경계면 조건이 저절로 만족된다. 이러한 선 전하밀도를 이용하면 원통 바깥 영역에서 **E**와 V를 쉽게 구할 수 있다.

식 (3.136b) ~ (3.136d)에서 $V = 0$이면 $K = 1$이고, $\alpha = \beta = \infty$가 된다. 이것은 평면 $x = 0$, 즉 중앙 평면이 전위 영을 띠고 있음을 의미한다. 따라서 초기의 가정이 옳다는 것이 증명된다. 전위 $V > 0$(혹은 $K > 1$)의 등전위면들은 영역 $x > 0$에서 플러스 선 전하를 둘러싸고 있으며, 전위 $V < 0$의 등전위면들은 영역 $x < 0$에서 마이너스 선 전하를 둘러싸고 있다.

전하밀도 $\rho_\ell = \pm 1$ [nC/m]를 띤 매우 긴 평행의 두 직선이 자유 공간에서 서로 2 [m] 떨어져 있다면, 등전위면은 식 (3.136a)를 이용하여 구할 수 있고 이들을 xy-평면에 그리면 [그림 3-42]와 같이 주어진다.

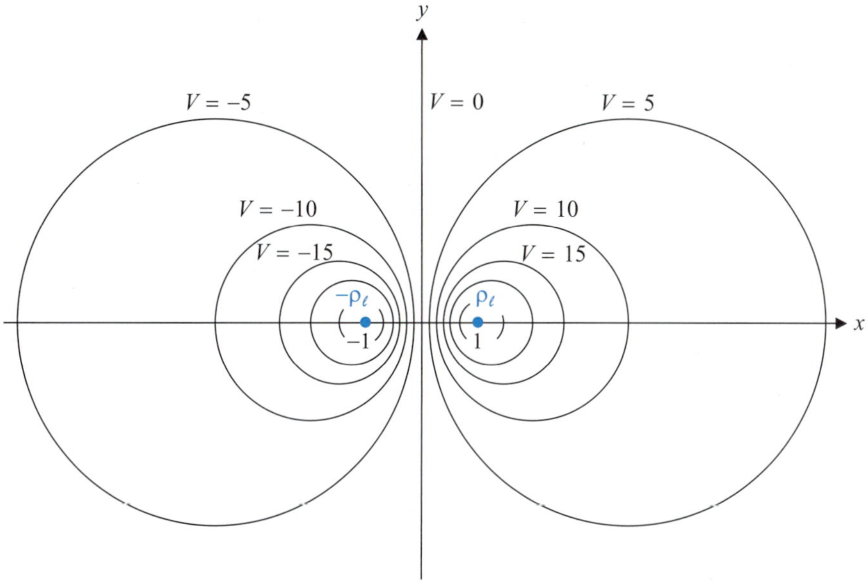

[그림 3-42] 두 평행의 선 전하(파란색 점)에 의한 등전위면

만약에 하나의 경계값 문제가 [그림 3-42]에서처럼 접지된 무한 도체 평면과 무한히 긴 직선 혹은 원통 형태의 도체를 포함한다면 이 문제는 식 (3.136a) ~ (3.136d)를 이용하여 쉽게 풀 수 있다.

예제 3-25

접지된 도체 평판이 평면 $x = 0$에 놓여 있고, 무한히 긴 반지름 $\beta_1 = 0.1$ [m]의 도체 원통이 거리 $\alpha_1 = 0.125$ [m]에 떨어져 위치한다([그림 3-43(a)] 참조). 만약 원통의 전위가 $V_1 = 40$ [V]일 때 원통 외부에서의 전위를 구하라.

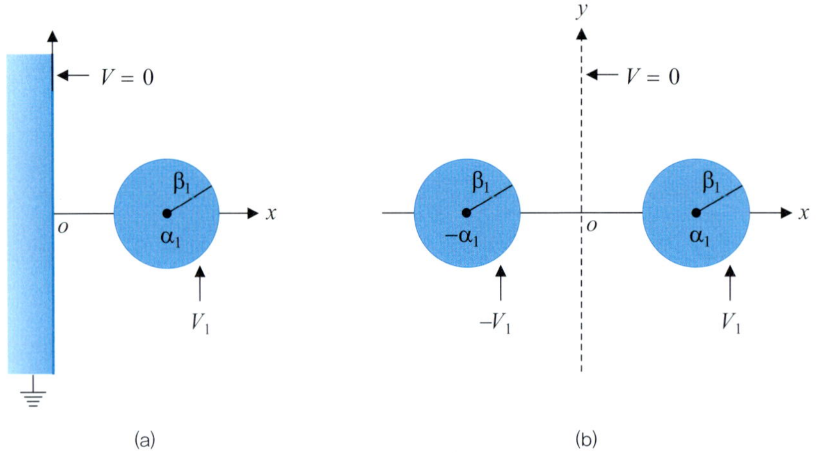

[그림 3-43] (a) 무한히 긴 도체 원통이 접지된 도체 평판에 평행. (b) 영상법

풀이

문제에서 주어진 접지된 평판을 [그림 3-43(b)]에서처럼 전위 $-V_1$의 이미지 원통으로 대치한 후 등가 선 전하를 찾아낸다. 그리고 이것에 의한 등전위면들 중에서 두 개가 이들 두 원통면에 일치하도록 만든다.

식 (3.137a)로부터 두 등가 선전하 사이 거리의 절반을 다음과 같이 구한다.

$$d = \sqrt{\alpha_1^2 - \beta_1^2} = 0.75 \text{ [m]}$$

식 (3.137b)로부터 $K = 4$를 구하고, 식 (3.136d)로부터 다음을 구한다.

$$\rho_\ell = \frac{4\pi\varepsilon_0 V_1}{\ln K_1} = 3.21 \text{ [nC/m]}$$

식 (3.134)로부터 원통 외부의 전위를 다음과 같이 구한다.

$$V = 28.85\left[\ln\frac{(x+d)^2 + y^2}{(x-d)^2 + y^2}\right] \text{[V]} \qquad (3.138)$$

원통과 접지된 평판 위에 유도되는 면 전하를 식 (3.138)을 이용해 구할 수 있는데, 이들은 협동으로 모든 도체 내의 전기장을 영으로 만든다.

예제 3-26

전하밀도 −3.0 [nC/m]의 선 전하가 알짜 전하 3.0 [nC/m]를 가진 도체 원통에 평행이다([그림 3−44] 참조). 만약에 원통의 반지름이 $\beta = 0.1$ [m]이고 두 도체 사이의 간격이 $\ell = 0.5$ [m]일 때 이미지 선 전하의 위치 및 도체 외부에서의 전위를 구하라.

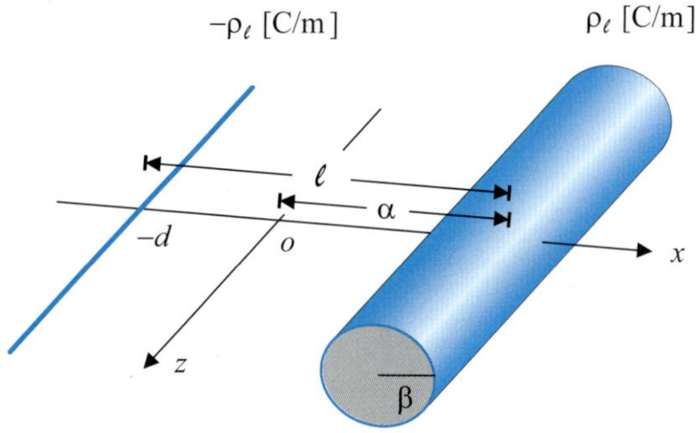

[그림 3−44] 매우 긴 선 전하와 전하를 띤 원통이 서로 평행임

풀이

두 도체가 동일한 양의 서로 다른 극성의 전하를 띠고 있고, 원통 표면은 항상 등전위면이므로, 영상법을 이용하면 이 경계값 문제를 쉽게 풀 수 있다. 우선 도체 원통을 $x = d$에 놓여 있는 선 전하 ρ_ℓ로 대치한다. 여기서 d는 미지수이다.

식 (3.137b)에 $\alpha + d = 0.5$ 및 $\beta = 0.1$을 대입하여 $K = 25$를 얻는다. 이들과 식 (3.136b)를 이용하여 $\alpha = 0.26$와 $d = 0.24$를 얻는다. 따라서 이미지 선 전하는 주어진 선 전하에 대해 0.48 [m] 떨어져 위치한다.

식 (3.134)를 이용하면 원통 외부에서의 전위를 다음과 같이 구할 수 있다.

$$V = 26.96\left[\ln\frac{(x+0.24)^2 + y^2}{(x-0.24)^2 + y^2}\right] \tag{3.139}$$

검증을 위해 ρ_ℓ의 전속이 평면 $x = 0$에서 z-방향으로의 단위 길이당 얼마 만큼 통과하는 지를 다음과 같이 계산한다.

$$\begin{aligned}\Psi &= \int_{-\infty}^{\infty} \varepsilon_0(-\nabla V|_{x=0}) \cdot (-\mathbf{a}_x)\,dy \\ &= 26.96\,\varepsilon_0\int_{-\infty}^{\infty}\frac{0.96}{(0.24)^2 + y^2}dy = 3.0 \text{ [nC/m]}\end{aligned}$$

이 값은 선 전하밀도 ρ_ℓ과 동일하므로 식 (3.139)의 전위는 정확하다.

유제 3.45 점 전하 q가 [그림 3-39(b)]와 같이 접지된 평판에 대해 거리 d에 떨어져 있을 때 다음 값을 구하라.

(a) q에 작용하는 힘

(b) 포텐셜 에너지

Ans (a) $F_e = q^2/16\pi\varepsilon_0 d^2$, (b) $W_E = -q^2/16\pi\varepsilon_0 d$

유제 3.46 [그림 3-42]에 보인 전기장선들 중 일부가 원형 길을 따라 ρ_ℓ에서 $-\rho_\ell$로 진행하고 있는가?

Ans 예. 반지름이 d이고 중심이 원점인 원이 등전위면을 수직으로 통과한다 (식 (3.137a) 참조).

복습문제

Q3.50 푸아송 및 라플라스 방정식을 쓰시오. **A** 식 (3.122), (3.123)

Q3.51 푸아송 및 라플라스 방정식이 오직 단순매질에서만 유효한 이유는 무엇인가? **A** 식 (3.121)

Q3.52 원통 및 구좌표계에서 라플라스 방정식을 쓰시오. **A** 식 (3.124)

Q3.53 전위에 대한 유일성 정리를 정의하라. **A** 식 (3.125c)

Q3.54 일차원 공간에서 V를 구하기 위해 몇 개의 독립적인 경계면 조건이 필요한가? **A** 식 (3.129a)

Q3.55 영상법은 어떠한 가정에 기초하고 있는가? **A** [그림 3-39]

3.9 축전기 및 정전용량

3.9.1 축전기

두 도체가 유전체를 사이에 두고 서로 분리되어 있다면, 이들은 모양과 크기에 관계없이 항상 하나의 **축전기**(capacitor)를 형성한다. 축전기는 두 도체가 지닌 알짜 전하에 의해 유전체 내에 형성되는 전기장에 전기 에너지를 저장할 수 있다. [그림 3-45]는 전기적으로 중성인 두 도체가 유전율이 ε인 유전체에 둘러싸여 있는 것을 보여준다. 여기서 도체 1의 일부 전자를 떼어 도체 2에 주입하는 상황을 가정해 보자. 그러면 도체 2는 주입된 전자에 의해 마이너스 전하를 띠게 되고, 도체 1은 이온화된 격자 원자들로 인하여 플러스 전하를 띠게 된다. 따라서 두 도체는 똑같은 크기의, 부호가 반대인 알짜 전하를 가지게 된다. 실제의 상황에서는 두 도체에 연결된 DC 전압원천에 의해 전하의 분리가 이루어진다.

앞에서 설명한 것처럼, 도체의 알짜 전하들은 도체 표면에 위치하여 도체 내의 전기장을 영으로 만들어야 한다. 이러한 이유로 두 도체는 등전위 물체들이다. 이들 알짜 전하는 유전체 내에 전위차 V와 전기장 $\mathbf{E}$를 발생시킨다. 만약 두 도체 위의 알짜 전하가 증가한다면 도체 위의 면 전하밀도는 그 값이 증가할뿐 그 분포에는 어떤 변화도 없어야 한다. 그렇지 않으면 도체 내에 전기장이 영이 될 수 없다. 즉 분리된 전하량이 k배만큼 증가하면 ρ_s, $\mathbf{E}$, V의 크기도 모두 똑같이 k배만큼 증가한다. 이것은 앞에서 설명한 식들 $\rho_s = D_n = \varepsilon E_n$과 $\mathbf{E} = -\nabla V$를 살펴보면 쉽게 이해할 수 있다. 따라서 도체 위의 알짜 전하와 두 도체 사이의 전위차의 비는 항상 일정해야 한다.

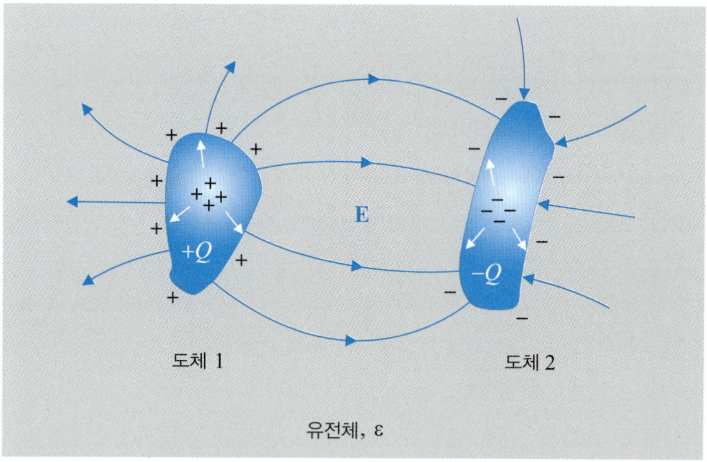

[그림 3-45] 유전체 내의 두 도체

두 도체 사이에서 전하를 분리할 때 에너지가 소모되는데, 그 이유는 전하가 분리될 때 이미 유전체 내에 존재하는 전기장을 거슬러서, 즉 전기장의 반대 방향으로 이동하기 때문이다. 이때 한 일의 양은 축전기의 포텐셜 에너지로 저장된다. 도체의 알짜 전하에 의해 유전체 내에 발생되는 $\mathbf{E}$는 유전체의 유전율뿐만 아니라 도체의 모양, 크기, 도체 사이의 거리에 따라 다르다.

■ 정전용량

축전기의 **정전용량**(capacitance)은 두 도체 사이에 $1V$의 전위차를 형성시키기 위해 필요한 도체 위의 알짜 전하량으로 정의된다.

$$C = \frac{Q}{V} \quad [\mathrm{F}] \tag{3.140}$$

정전용량은 패럿 [F] 단위로 표시되며, 이것은 단위 볼트당 쿨롱을 의미한다. 여기서 정전용량은 알짜 전하 Q와 두 도체 사이의 전위차 V에 독립적이다.

두 도체 사이의 정전용량은 다음의 절차에 따라 구할 수 있다.

1. 두 도체가 각각 전하 $+Q$와 $-Q$를 띠고 있다고 가정한다.
2. 대칭성을 고려하여 적절한 좌표계 시스템을 결정한다.
3. Q에 의한 전기장 $\mathbf{E}$를 쿨롱 법칙, 가우스 법칙, 혹은 다른 방법 등을 이용하여 구한다.
4. $\mathbf{E}$의 선적분에 마이너스 부호를 붙여서 V를 구한다.
5. 비 Q/V로부터 C를 구한다.

또 다른 방법으로는 다음과 같다.

1. 두 도체가 각각 전위 V_1과 V_2를 띠고 있다고 가정한다.
2. 라플라스 방정식을 풀어서 두 도체 사이의 V를 계산한다.
3. V의 그레이디언트에 마이너스 부호를 붙여서 $\mathbf{E}$를 구한다.
4. 식 $\rho_s = \varepsilon E_n$으로부터 면 전하밀도를 계산하고 총 면 전하 Q를 구한다.
5. 비 $Q/(V_1 - V_2)$로부터 C를 구한다.

3.9.2 평행판 축전기

평행판 축전기는 면적이 S인 두 개의 평행 평판 도체가 거리 d에 서로 떨어져 있는 형태이며, 이들 사이 공간은 유전율 ε인 유전체로 채워져 있다([그림 3-46] 참조). 평행판 축전기의 정전용량을 구하기 위해 위, 아래 도체에 각각 $+Q$와 $-Q$의 전하가 주어졌다고 가정한다. 도체 사이의 간격 d가 평판의 한 변보다 매우 작으면 도체 가장자리에서의 전기장 휘어짐 현상을 무시할 수 있다. 따라서 마치 평판이 무한대인 것으로 가정하여 두 평판 사이의 전기장을 구할 수 있다. 이 경우 그 전기장은 균일하며, 평판 위의 전하도 균일하므로 면 전하밀도는 다음과 같다.

$$\rho_s = \pm\frac{Q}{S}$$

식 (3.38)에 주어진 무한 면 전하에 의한 전기장에 중첩의 원리를 적용하면 축전기 바깥에서의 전기장은 영이고 두 평판 사이의 전기장은 다음과 같다.

$$\mathbf{E} = \frac{-\rho_s}{\varepsilon}\mathbf{a}_z \tag{3.141}$$

두 평판 사이의 전위차는 다음과 같이 주어진다.

$$V_{1\text{-}2} = -\int_2^1 \mathbf{E} \cdot d\mathbf{l} = \frac{\rho_s}{\varepsilon}d$$

따라서 평행판 축전지의 정전용량은 다음과 같다.

$$C = \frac{Q}{V_{1\text{-}2}} = \frac{\varepsilon S}{d} \quad [\text{F}] \tag{3.142}$$

정전용량은 평판의 면적 및 유전체의 유전율에 비례하지만, 두 평판 사이의 거리에 반비례한다. 식 (3.141)을 식 (3.112)에 대입하면 축전기의 전기 포텐셜 에너지를 다음과 같이 구할 수 있다.

$$\begin{aligned} W_E &= \frac{1}{2}\int_{\mathcal{V}} \mathbf{D} \bullet \mathbf{E}\, dv = \frac{\varepsilon}{2}\int_{\mathcal{V}} E^2\, dv \\ &= \frac{\rho_s^2}{2\varepsilon} Sd = \frac{1}{2}\left(\frac{\varepsilon S}{d}\right)\left[\frac{\rho_s d}{\varepsilon}\right]^2 \end{aligned}$$

여기서 괄호는 정전용량을 나타내고, 브라켓 항은 축전기 양단의 전위차이므로 축전기의 포텐셜 에너지를 다음과 같이 표시할 수 있다.

$$W_E = \frac{1}{2}CV^2 \quad [\text{J}] \tag{3.143}$$

즉, 축전기에 저장된 에너지는 정전용량 및 전위차의 제곱에 비례한다.

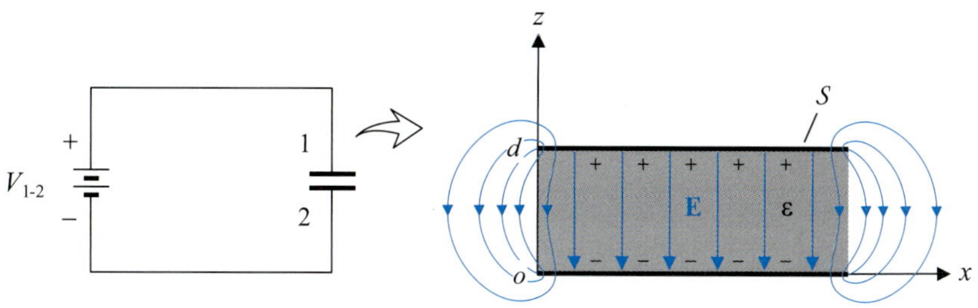

[그림 3-46] 평행판 축전기

만약 평판 위의 총 전하량을 고정시킨채 평판의 면적을 증가시키면 평판 위의 ρ_s와 평판 사이의 **E**는 모두 감소한다. 이는 평판 양단의 전위차를 $1V$로 유지하기 위해 더 많은 전하가 분리되어야 함을 의미하며, 결과적으로 정전용량이 증가한다.

만약 평판 사이의 유전체를 유전율이 더 큰 것으로 교체하면 유전체 내의 전기장 세기는 감소한다. 그리하여 전위차 $1V$를 위해 더 많은 전하 분리가 이루어져야 하므로 정전용량은 증가한다.

비록 두 평판 사이의 거리가 감소하여도 두 평판 사이의 전기장 세기는 변하지 않는다. 그러나 이 경우 전위차를 계산하기 위한 적분길이 짧아져 전위차 $1V$를 위한 전하 분리가 증가해야 하고 따라서 정전용량도 증가한다.

■ 가상변위 원리

쿨롱 법칙을 이용하면 전하를 띤 물체에 의해 또 다른 물체에 작용하는 전기력을 계산할 수 있다. 그런데 이러한 전기력은 에너지 보존법칙을 이용하여 구할 수도 있다. 이를 **가상변위 원리**(principle of virtual displacement)라 한다.

[그림 3-46]의 평행판 축전기는 평판 면적이 S이고 평판 사이의 공기 간격이 d이다. 평판 양단의 전위차가 V_o이고, 또한 위, 아래 평판의 전하가 각각 $+Q$와 $-Q$일 때 이 축전기가 배터리로부터 분리되었다. 이때 이들 전하에 의해 위 평판에 전기력 $\mathbf{F}$가 작용한다고 가정한다. 만약 위 평판이 $\mathbf{F}$에 의해 미분길이 $d\mathbf{l}$ 만큼 이동한다면(이것을 가상변위라 부른다), 이 시스템의 에너지는 다음과 같이 그 값이 감소한다.

$$-dW_E = \mathbf{F} \cdot d\mathbf{l} \tag{3.144}$$

여기서 마이너스 부호는 평판의 변위가 축전기에 저장된 에너지의 소모로 인하여 발생한 것임을 나타낸다.

미적분학에 의하면 스칼라인 W_E의 전미분은 W_E의 그레이디언트를 이용해 다음과 같이 표시할 수 있다.

$$dW_E = \nabla W_E \cdot d\mathbf{l} \tag{3.145}$$

식 (3.144)와 (3.145)를 비교하면 다음의 결과식을 얻을 수 있다.

$$\mathbf{F} = -\nabla W_E \tag{3.146}$$

결론적으로 위 평판에 작용하는 힘은 축전기에 저장된 에너지의 그레이디언트에 마이너스 부호를 붙여서 구할 수 있다. 식 (3.143)을 식 (3.146)에 대입하고 관계식 $Q = CV$를 이용하면 위 평판에 작용하는 전기력을 다음과 같이 구할 수 있다.

$$\mathbf{F} = -\frac{dW_E}{dz}\mathbf{a}_z = \frac{Q^2}{2C^2}\frac{dC}{dz}\mathbf{a}_z = -\frac{V_o^2}{2}\frac{\varepsilon_0 S}{d^2}\mathbf{a}_z \tag{3.147}$$

위의 계산에서 전하 Q는 상수로 취급한다. 여기서 가상변위를 가정하지 않고 실제로 평판이 움직이는 상황을 고려하여 계산하면 되지 않을까? 라는 의문이 들 수도 있다. 그렇게 되면 식 (3.144)에서 우리가 구하고자 하는 $\mathbf{F}$가 변위 $d\mathbf{l}$에 대한 함수로 주어지므로 $\mathbf{F}$에 대한 계산이 불필요하게 복잡해진다. 그러나 이 경우 $d\mathbf{l} \to 0$의 극한값을 취하면 이전과 동일한 결과를 얻는다.

그 다음, 축전기가 V_o [V]의 배터리에 연결되면 식 (3.144)는 배터리가 한 일의 양을 포함해야 하므로 다음과 같이 수정된다.

$$-dW_E + V_o\,dQ = \mathbf{F} \cdot d\mathbf{l} \tag{3.148}$$

dQ는 평판 변위가 발생할 때 평판 양단의 전위를 V_o로 유지하기 위해 배터리가 공급한 미분전하이다.

관계식 $\mathbf{F} \cdot d\mathbf{l} = F\,dz$를 식 (3.148)에 대입하여 정리하면 다음의 식을 얻을 수 있다.

$$F = -\frac{dW_E}{dz} + V_o\frac{dQ}{dz} = -\frac{1}{2}V_o^2\frac{dC}{dz} + V_o^2\frac{dC}{dz} \tag{3.149a}$$

$$= \frac{1}{2}V_o^2\frac{dC}{dz} \tag{3.149b}$$

여기서 식 (3.142)와 (3.143)이 사용되었고, 전위차 V_o는 상수로 취급된다. 관계식 $C = \varepsilon_0 S/d$를 이용하여 식 (3.149b)를 다시 쓰면 다음과 같다.

$$\mathbf{F} = -\frac{V_o^2}{2}\frac{\varepsilon_0 S}{d^2}\mathbf{a} \tag{3.150}$$

두 식 (3.147)과 (3.150)의 결과는 동일하다. 이때 후자에서의 한 일의 양은 배터리에 의한 것이다.

예제 3-27

길이 ℓ의 동축 축전기가 반지름이 각각 a와 b인 두 동축 원통면으로 이루어져 있고, 두 도체 사이의 공간은 유전율 ε의 유전체로 채워져 있다([그림 3-47] 참조). 도체 가장자리에서의 전기장 휘어짐 현상을 무시하고 다음의 절차에 따라 정전용량을 구하라.

(a) 두 도체 위의 전하를 $\pm Q$로 가정

(b) 두 도체의 전위를 $\pm V_1$으로 가정

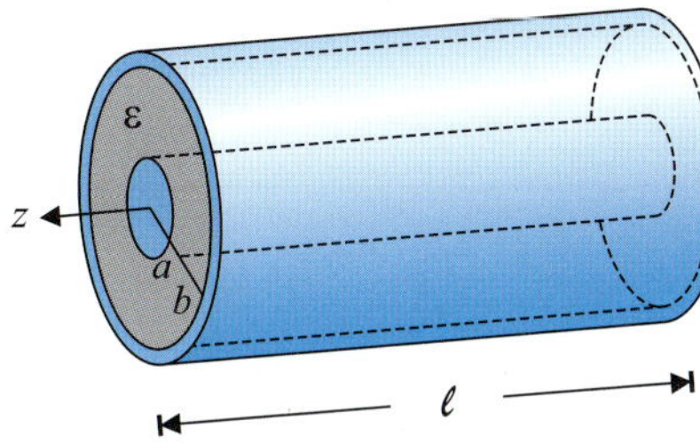

[그림 3-47] 동축 축전기

풀이

(a) 안쪽, 바깥쪽 원통의 전하를 각각 $+Q$와 $-Q$로 가정한다. 가장자리에서의 휘어짐 현상을 무시하면 두 도체 사이의 전기장은 동축 축전기가 무한히 긴 경우의 전기장과 동일한 형태를 띠게 된다. 이 경우 대칭성을 고려하면 전기장은 모든 영역에서 $\mathbf{E} = E_\rho(\rho)\mathbf{a}_\rho$의 형태를 지닌다.

영역 $a < \rho < b$에서 가우스 법칙을 이용하면 $\varepsilon E_\rho 2\pi\rho\ell = Q$이다. 그러므로 두 도체 사이의 전기장은 다음과 같다.

$$\mathbf{E} = E_\rho\mathbf{a}_\rho = \frac{Q}{2\pi\varepsilon\rho\ell}\mathbf{a}_\rho$$

따라서 두 도체 사이의 전위차는 다음과 같다.

$$V_{a\text{-}b} = -\int_{\rho=b}^{\rho=a} \mathbf{E} \cdot d\mathbf{l} = -\int_{\rho=b}^{\rho=a} \frac{Q}{2\pi\varepsilon\rho\ell} \mathbf{a}_\rho \cdot \left(\mathbf{a}_\rho d\rho\right) = \frac{Q}{2\pi\varepsilon\ell} \ln\left(\frac{b}{a}\right)$$

따라서 동축 축전기의 정전용량은 다음과 같다.

$$C = \frac{Q}{V_{a\text{-}b}} = \frac{2\pi\varepsilon\ell}{\ln(b/a)} \quad [\text{F}] \tag{3.151}$$

(b) 안쪽, 바깥쪽 도체의 전위를 각각 $+V_1$, $-V_1$으로 가정한다. 시범해로서 z-축에 중심을 둔 모든 원통면을 등전위면으로 가정한다. 그러면 V는 ϕ와 z에 독립적이므로 원통좌표계에서 라플라스 방정식은 다음과 같이 단순해진다.

$$\frac{1}{\rho}\frac{\partial}{\partial\rho}\left(\rho\frac{\partial V}{\partial\rho}\right) = 0$$

위 식의 일반해는 상수 c_1과 c_2를 이용하면 다음과 같이 표시된다.

$$V = c_1 \ln\rho + c_2$$

V에 대한 경계면 조건을 위 식에 적용하면 다음과 같다.

$$V_1 = c_1 \ln a + c_2 \quad (\rho = a)$$
$$-V_1 = c_1 \ln b + c_2 \quad (\rho = b)$$

이들을 풀어서 c_1과 c_2를 구하면 두 도체 사이의 전위를 구할 수 있다.

$$V = V_1 - 2V_1 \frac{\ln(\rho/a)}{\ln(b/a)}$$

V의 그레이디언트에 마이너스 부호를 붙이면 전기장 및 전속밀도를 구할 수 있다.

$$\mathbf{E} = \frac{2V_1}{\ln(b/a)}\frac{1}{\rho}\mathbf{a}_\rho$$

$$\mathbf{D} = \varepsilon\mathbf{E} = \frac{2\varepsilon V_1}{\ln(b/a)}\frac{1}{\rho}\mathbf{a}_\rho$$

그 다음, $\rho = a$로 정의되는 원통면에서의 면 전하밀도 ρ_s와 총 면 전하 Q를 다음과 같이 구할 수 있다.

$$\rho_s = D_\rho = \frac{2\varepsilon V_1}{\ln(b/a)}\frac{1}{a}$$

$$Q = 2\pi a\ell\rho_s = \frac{4\pi\varepsilon V_1\ell}{\ln\left(b/a\right)}$$

따라서 정전용량은 다음과 같다.

$$C = \frac{Q}{2V_1} = \frac{2\pi\varepsilon\ell}{\ln(b/a)} \quad [\text{F}] \tag{3.152}$$

두 식 (3.151)과 (3.152)의 결과는 동일하다.

예제 3-28

자유 공간에 놓여 있는 반지름이 a인 도체 구의 정전용량을 구하라.

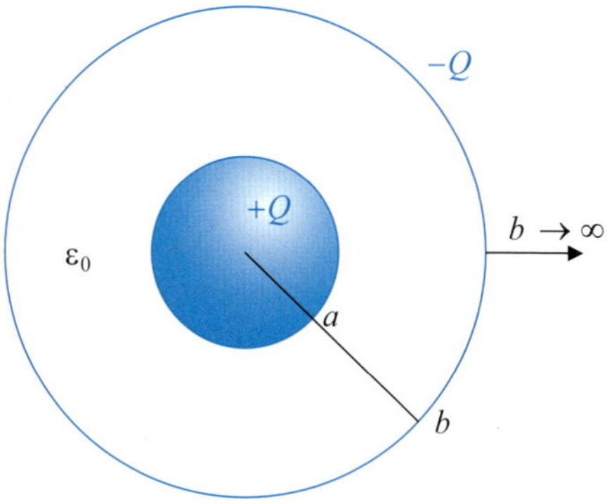

[그림 3-48] 자유 공간상의 도체 구

풀이

우선 반지름이 각각 a와 b인 동심구 축전기의 정전용량을 구한 후 바깥 구의 반지름을 무한대로 보낼 것이다([그림 3-48] 참조). 두 도체 위의 전하를 각각 $+Q$와 $-Q$로 가정하고 구 대칭성을 고려하면 이들 전하에 의한 전기장은 모든 영역에서 $\mathbf{E} = E_R(R)\mathbf{a}_R$의 형태로 주어진다.

영역 $a < R < b$에 가우스 법칙을 적용하면 식 $D_R 4\pi R^2 = Q$를 얻는다. 따라서 $\mathbf{E}$는 다음과 같다.

$$\mathbf{E} = E_R\,\mathbf{a}_R = \frac{Q}{4\pi\varepsilon_0 R^2}\mathbf{a}_R$$

두 도체 사이의 전위차는 다음과 같이 주어진다.

$$V_{a\text{-}b} = -\int_{R=b}^{R=a} \mathbf{E}\cdot d\mathbf{l} = -\int_{R=b}^{R=a} \frac{Q}{4\pi\varepsilon_0 R^2}\mathbf{a}_R\cdot(\mathbf{a}_R dR) = \frac{Q}{4\pi\varepsilon_0}\left(\frac{1}{a} - \frac{1}{b}\right)$$

따라서 동심구 축전기의 정전용량은 다음과 같다.

$$C = \frac{Q}{V_{a\text{-}b}} = 4\pi\varepsilon_0\left(\frac{1}{a} - \frac{1}{b}\right)^{-1} \quad [\text{F}] \tag{3.153a}$$

그 다음, 극한 $b \to \infty$에서 고립된 도체 구의 정전용량을 다음과 같이 구할 수 있다.

$$C = 4\pi\varepsilon_0 a \text{ [F]} \tag{3.153b}$$

예제 3-29

반지름 β_1, 길이 ℓ인 두 평행 원통 도체가 자유 공간에서 중심거리 $2\alpha_1$에 떨어져 있다([그림 3-49] 참조). 가장자리에서의 전기장 휘어짐 현상을 무시하고 두 도체 사이의 정전용량을 구하라.

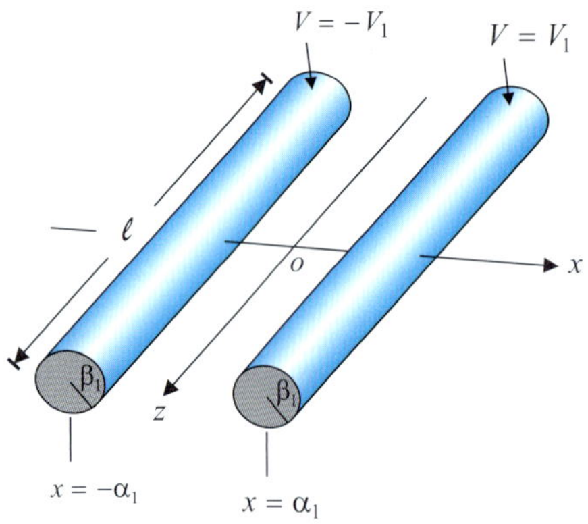

[그림 3-49] 두 평행 원통 도체

풀이

두 도체의 전위를 각각 V_1과 $-V_1$으로 가정한 후 [그림 3-43(b)]에서와 같은 영상법을 이용하여 이 경계값 문제를 풀 것이다. 식 (3.136d)로부터 등가 선 전하밀도를 다음과 같이 구할 수 있다.

$$\rho_\ell = \frac{4\pi\varepsilon_0 V_1}{\ln K_1}$$

도체 위의 총 전하는 다음과 같다.

$$Q = \rho_\ell \ell = \frac{4\pi\varepsilon_0 V_1}{\ln K_1}\ell \tag{3.154a}$$

식 (3.137b)를 식 (3.154a)에 대입하고 식 (3.137a)를 이용하면 정전용량을 다음과 같이 구할 수 있다.

$$C = \frac{Q}{2V_1} = \frac{\pi\varepsilon_0 \ell}{\ln\left[\alpha_1 + \sqrt{\alpha_1^2 - \beta_1^2}\right] - \ln\beta_1} \tag{3.154b}$$

$a > 1$일 때 성립하는 관계식 $\ln[a + (a^2 - 1)^{1/2}] = \cosh^{-1} a$를 이용해 위의 정전용량을 다음과 같이 표시할 수 있다.

$$C = \frac{\pi\varepsilon_0 \ell}{\cosh^{-1}(\alpha_1 / \beta_1)} \tag{3.154c}$$

만약 $\alpha_1 \gg \beta_1$이면 정전용량은 다음과 같이 표시된다.

$$C = \frac{\pi\varepsilon_0 \ell}{\ln(2\alpha_1 / \beta_1)} \text{ [F]} \tag{3.154d}$$

유제 3.47 평행판 축전기에서 도체 평판에서의 경계면 조건, 즉 $D_n = \rho_S$를 이용해 그 정전용량을 구하라.

Ans $\frac{\rho_S}{D_n} = \frac{Q/S}{\varepsilon V/d} = 1$, $C = \frac{Q}{V} = \frac{\varepsilon S}{d}$

유제 3.48 식 (3.151)에 주어진 동축 축전기의 정전용량은 조건 $b/a \approx 1$ 하에서 평행판 축전기의 그것과 동일함을 보여라.

HINT $\ln(b/a) \approx (b/a) - 1$

Ans 증명이 생략됨

유제 3.49 반지름 a의 도체 구가 알짜 전하 Q를 띠고 자유 공간에 놓여 있을 때 다음을 구하라.

(a) 정전기 에너지 W_E

(b) W_E로부터 정전용량

Ans (a) $W_E = Q^2/8\pi\varepsilon_0 a$, (b) $C = 4\pi\varepsilon_0 a$

복습문제

Q3.56 정전용량을 정의하라. **A** 식 (3.140)

Q3.57 평행판 축전기, 동축 축전기, 동심구 축전기의 정전용량을 표시하라. **A** 식 (3.142), (3.151), (3.153)

Q3.58 정전용량은 유전세기에 영향을 받는가? **A** 식 (3.142)

Q3.59 축전기에 저장된 정전기 에너지를 표시하라. **A** 식 (3.143)

Q3.60 가상변위 원리를 설명하라. **A** 식 (3.146)

연습문제

쿨롱 법칙

3.1 세 개의 점 전하가 자유 공간에서 x-축을 따라 다음과 같이 정렬되어 있다. $q_1 = +Q$ [C]이 $x = 1$에, 알려지지 않은 전하 q_2가 $x = 2$에, 전하 $q_3 = 4Q$ [C]이 $x = 3$에 위치한다. 전하 q_1에 작용하는 힘이 영이 되도록 전하 q_2의 값을 결정하라.

3.2 점 전하 q_1이 점 (0, 2, 0)에 고정된 반면, 점 전하 q_2는 x-축을 따라 움직일 수 있다. 두 전하량이 동일할 경우, q_2에 작용하는 전기력의 $+x$-방향 성분이 최대가 되도록 전하 q_2의 값을 구하라.

3.3 양 및 음 전하가 한 변이 a인 정육면체의 모서리에 서로 번갈아 놓여 있다([그림 3-50] 참조). 원점에 놓인 전하에 작용하는 전기력을 구하라.

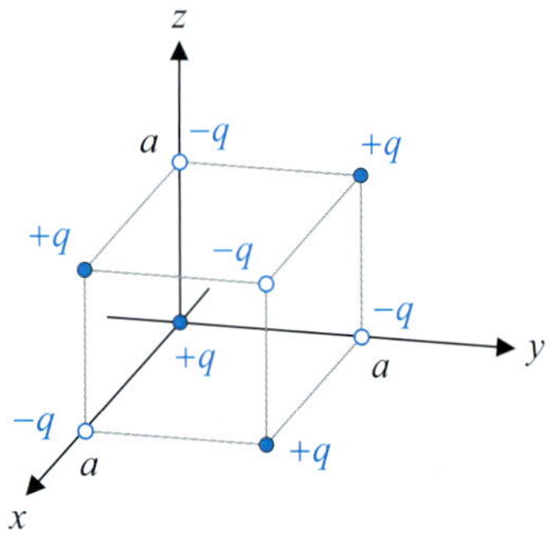

[그림 3-50] 정육면체 모서리에 놓인 8개의 점 전하 (문제 3.3)

3.4 두 점 전하 $q_1 = 15$ [nC]과 $q_2 = 10$ [nC]이 z-축을 따라 각각 $z = 2$와 $z = -3$에 놓여 있다. 여기에 더하여 $z = 0$ 평면에 면 전하밀도 $\rho_s = -40$ [pC/m^2]가 균일하게 분포되어 있다. 두 점 전하에 작용하는 전기력을 구하라.

전기장 세기

3.5 무한히 긴 선 전하가 밀도 ρ_ℓ을 가지고 자유 공간에서 y-축에 평행이고 동시에 점 (2, 3, 1)을 지나고 있다. 원점에서의 **E**를 구하라.

3.6 선 전하밀도 $\rho_{\ell o}$가 자유 공간에서 $z = z_1$에서 $z = z_2$까지 펼쳐져 있다([그림 3-51] 참조). 평면 $z = 0$에서, 선 전하로부터 거리 ρ에 떨어진 점 p에서 관찰되는 $\mathbf{E}$를 표시하기 위해 $\rho_{\ell o}$의 양단과 점 p가 만드는 삼각형의 내각을 이용하라.

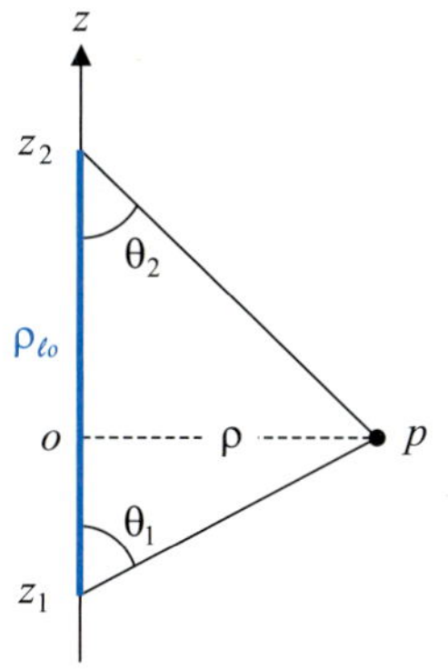

[그림 3-51] 영역 $z_1 \le z \le z_2$에 펼쳐진 선 전하밀도 (문제 3.6)

3.7 무한히 긴 평행의 두 선 전하가 동일한 밀도 ρ_ℓ을 가지고 평면 $z = 0$에서 반지름이 a인 원을 통과한다([그림 3-52] 참조). 이들은 평면 $y = 0$에 대해 서로의 거울상이다. 점 $(a, 0, 0)$에서 $\mathbf{E}$를 구하고 이것이 ϕ_1에 독립임을 증명하라. [답. $\mathbf{E} = \mathbf{a}_x \rho_\ell / 2\pi\varepsilon_0 a$]

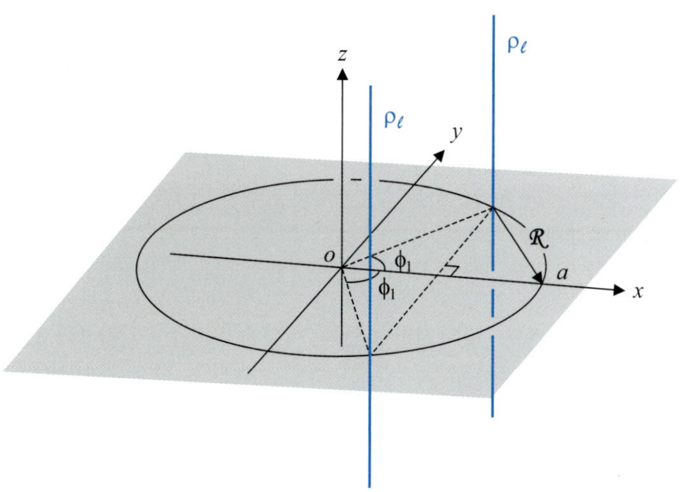

[그림 3-52] 두 평행의 선 전하밀도 (문제 3.7, 문제 3.10)

연습문제

3.8 균일한 면 전하밀도 ρ_s가 자유 공간에서 영역 $-a \le x \le a$, $y = 0$, $-\infty < z < \infty$로 정의되는 좁고 긴 띠를 형성한다. 점 (0, b, 0)에서 **E**를 구하기 위해 우선 이 면 전하를 무한히 길고 매우 작은 폭 dx를 가진 띠로 나눈 후 이들을 선 전하로 취급하여 **E**를 구하라.

HINT $\int (x^2 + a^2)^{-1} dx = a^{-1} \tan^{-1}(x/a)$

3.9 반지름 a의 원통이 $z = -b$에서 $z = b$ 사이에 놓여 있다(그 중심은 z-축에 놓임). 이것이 균일한 면 전하밀도 ρ_s를 띠고 있는 경우 z-축 위에서의 **E**를 구하기 위해 우선 이 면 전하를 폭 dz의 원형 띠로 나눈 후 이들을 원형 선 전하로 취급하여 중첩의 원리를 적용하라.

3.10 반지름 a의 무한히 긴 원통면이 z-축에 따라 놓여 있으며 균일한 면 전하밀도 ρ_s를 지니고 있다. 원통면 위에서의 **E**를 구하기 위해 이 면 전하를 매우 작은 폭 $a\,d\phi$의 무한히 긴 띠로 나눈 후 이들을 선 전하로 취급하여 [연습문제 3.7]의 결과를 이용하라.

3.11 알짜 전하 Q [C]이 평면 $z = 0$에서 반지름이 a이고 그 중심이 원점인 원반에 균일하게 분포한다. 원점의 위 방향, 거리 b에서 다음을 구하라.

(a) 전기장 **E**

(b) 만약 Q가 모두 원점에 몰려 있다고 가정할 때 z-축 위에서의 전기장은 $\mathbf{E}_1$으로 표시된다. z-축 위의 어떤 관찰점에서 **E**가 오차 1% 이하로 $\mathbf{E}_1$에 근접하는가?

(c) 만약 면 전하밀도가 같을 때 원반의 반지름이 무한대로 커지면 이때의 z-축 위의 전기장은 $\mathbf{E}_2$로 표시된다. z-축 위의 어떤 관찰점에서 **E**가 오차 1% 이하로 $\mathbf{E}_2$에 접근하는가?

3.12 자유 공간에서 한 평면이 $6x + 3y + 2z = 12$로 정의되며 균일한 면 전하밀도 ρ_s를 지니고 있다. 점 p:(1, 1, 1)에서 **E**를 구하라.

3.13 균일한 체적 전하밀도 ρ_v가 [그림 2-30]에서처럼 안쪽, 바깥쪽 반지름이 각각 1과 2인 반 구껍질을 형성한다. 원점에서의 **E**를 구하라.

3.14 다음의 식 $\mathbf{E}(\mathbf{r}) = (qd/4\pi\varepsilon_0 R^3)(2\cos\theta\,\mathbf{a}_R + \sin\theta\,\mathbf{a}_\theta)$는 자유 공간의 원점에 놓인 전기 쌍극자의 전기장을 나타낸다. 평면 $\phi = 0$에서 전기장선에 대한 표현식을 구하라.

HINT $dR/(R\,d\theta) = E_R/E_\theta$

전속

3.15 무한히 긴, 균일 선 전하밀도 20 [nC/m]가 x-축에 따라 놓여 있을 때 원점에 중심을 둔 반지름 10 [cm]의 가상 구면을 통과하는 총 선속을 구하라.

3.16 점 전하 $+q$ [C]이 원점에 놓여 있을 때 [그림 3-53]의 제 1 팔분 공간에 놓인 삼각형을 통과하는 총 선속을 구하라.

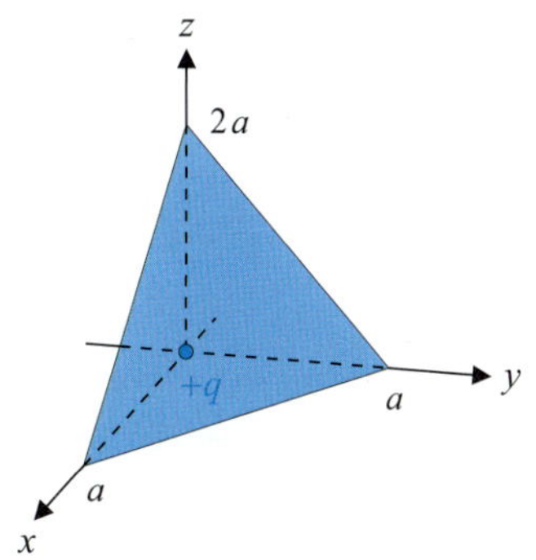

[그림 3-53] 원점의 점 전하와 제 1 팔분 공간의 삼각형 (문제 3.16)

3.17 점 전하 q가 자유 공간의 원점에 위치할 때 평면 $z = a$를 통과하는 총 선속을 구하라.

3.18 점 전하 5 [μC]이 한 변이 40 [cm]인 정육면체 유전체의 중앙에 위치한다. 만약 이 유전체의 유전율이 ε이면 유전체 밖으로 빠져나오는 총 선속은 얼마인가?

연습문제

가우스 법칙

3.19 두 평행 도체 평판의 두께가 동일하게 t이고 각각 전하 $+Q$와 $-Q$를 띠고 있다([그림 3-54] 참조). 가장자리에서의 전기장 휘어짐을 무시하면 이들 전하는 균일하게 분포하여야 한다. 이때 작은 그림에 표시한 것처럼, 이들 전하가 각 평판의 위, 아랫면에 균일하게 분포할 것으로 착각할 수 있다.

(a) 이러한 전하 분포가 잘못되었다는 것을 확인하기 위해 이것에 의해 발생하는 **E**를 도체 내부를 포함한 모든 영역에서 구하라.

(b) 각 평판에서의 올바른 전하 분포를 설명하라.

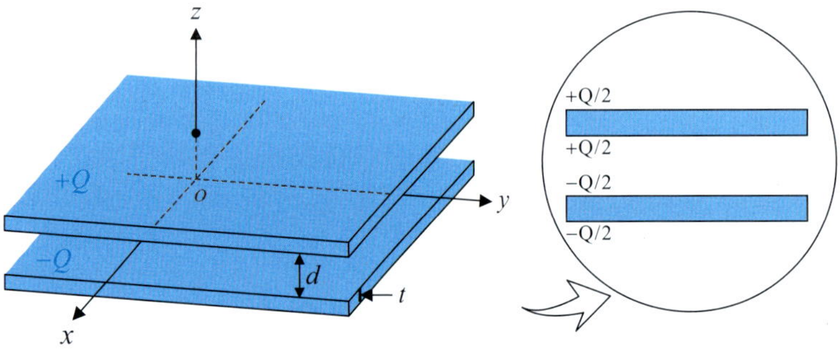

[그림 3-54] 두 평행 도체판 위에 놓인 반대 극성의 전하들 (문제 3.19)

3.20 자유 공간에 존재하는 체적 전하밀도 $\rho_v = e^{-|z|}$에 의한 전속밀도 **D**를 모든 영역에서 구하라.

3.21 자유 공간에서, 균일한 체적 전하밀도 ρ_v가 안쪽, 바깥쪽 반지름이 각각 a와 b $(a < b)$인 원통 껍질을 형성한다. 이것의 중심이 z-축에 따라 놓여 있을 때 모든 영역에서 **D**를 구하라.

3.22 반지름이 각각 a와 b $(a < b)$인 두 동심구가 원점에 그 중심을 두고 있으며 이들은 각각 면 전하밀도 ρ_{s1}과 ρ_{s2}를 지니고 있다. 모든 영역에서 **D**를 구하라.

3.23 반지름이 0.1 [m]인 구가 면 전하밀도 5 [μC/m^2]를 띠고 있으며 그 중심은 점 (0, 0, −2)에 놓여 있다. 여기에 더하여 무한히 긴 선 전하밀도 0.1 [μC/m]가 x-축에 평행이며 동시에 점 (0, 0, 2)를 통과한다. 점 p:(0, 1, 0)에서 **D**을 구하라.

3.24 전속밀도 $\mathbf{D} = \mathbf{a}_R / (4\pi\varepsilon_0 R)$이 존재할 때 반지름이 각각 a와 b ($b > a$)이고 그 중심이 원점인 두 동심구 사이의 영역에서 체적 전하밀도 및 총 전하를 점형태의 가우스 법칙을 이용하여 구하라.

전위

3.25 한 변이 2이고 원점이 그 중심인 정사각형이 평면 $z = 0$에서 그 두 꼭짓점을 점 $(-1, -1, 0)$와 $(1, 1, 0)$에 두고 있다. 벡터장 $\mathbf{K} = \mathbf{a}_x + 2x^2\mathbf{a}_y$가 존재하는 상태에서 $\mathbf{K}$의 정사각형 주위로의 폐선적분이 영임을 보여라. $\mathbf{K}$는 보존장인가?

3.26 주어진 두 벡터장 $\mathbf{E}_1 = e^{-|z|}\mathbf{a}_x$와 $\mathbf{E}_2 = \mathbf{a}_\theta / R^2 (R > 0)$에 대해, 이들이 자유 공간에서의 전기장인지를 이들의 컬을 계산하여 확인하라.

3.27 자유 공간에 전기장 $\mathbf{E} = y\mathbf{a}_x + x\mathbf{a}_y$가 존재할 때 점 전하 3 [μC]을 점 p_1:(3, 4, 0)에서 점 p_2:(0, 1, 0)로 이동시킬 때 한 일의 양을 다음의 적분길을 이용하여 계산하라.

(a) 포물선 $y = (x - 1)^2$

(b) 직선 $y = x + 1$

3.28 두 점 전하 q와 $-q$가 자유 공간의 점 $(3, 2, \sqrt{3})$와 $(5, 3, -\sqrt{2})$에 각각 위치하고 있을 때, 원점의 전위를 영으로 가정하고 점 p:(4, 1, 0)에서의 전위를 구하라.

3.29 평면 $z = 0$ 위에서 반지름이 a이고 원점이 중심인 원을 따라 전하 Q [C]이 N 개의 점 전하로 나뉘어 등간격으로 위치할 때 x-축 위에서의 V를 구하라.

연습문제

3.30 평면 $z = 0$에서 선 전하밀도 $\rho_{\ell o}$가 [그림 3-55]에서처럼 반 원을 형성한다. 원점 위, 거리 b에서의 V를 구하라.

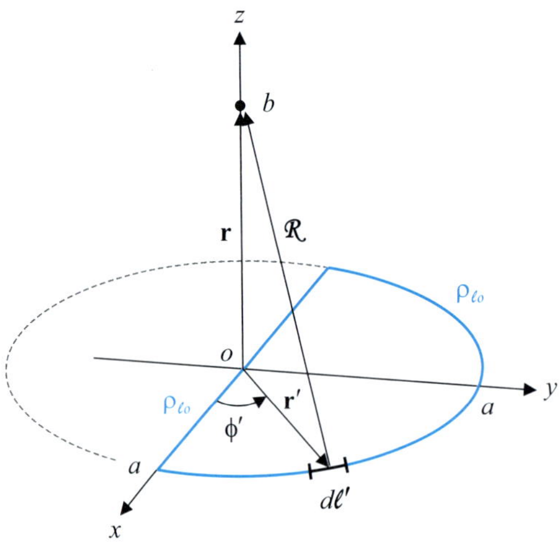

[그림 3-55] 반 원을 형성하는 선 전하 (문제 3.30, 문제 3.31)

3.31 [그림 3-55]에 보인 선 전하에 대해, z-축 위에서의 전기장은 z-축 위에서의 전위의 그레이디언트에 마이너스 부호를 붙여서 구할 수 없음을 설명하라. 즉 $\mathbf{E}(0, 0, z) \neq -\nabla V(0, 0, z)$임을 설명하라.

3.32 무한히 긴, 동축의, 얇은 두 도체 원통면이 자유 공간에서 z-축에 따라 놓여 있다. 이들은 반지름이 각각 0.2 [m]와 0.4 [m]이고, 안쪽 원통은 균일한 면 전하밀도 3 [μC/m^2]를 띠고 있고, 바깥 원통은 접지되어 있다. 모든 영역에서 V를 구하라.

3.33 완전도체 구가 반지름이 a이고 알짜 전하 Q를 띠고 있으며 유전율 ε의 유전체 구에 둘러싸여 있다([그림 3.56] 참조). 모든 영역에서 V를 구하라.

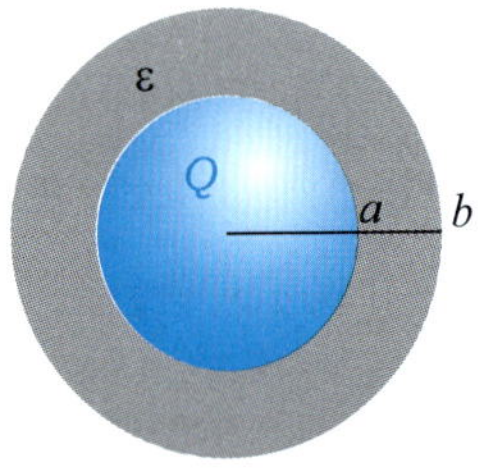

[그림 3-56] 전하 Q를 띤 도체 구가 유전체 구에 둘러싸임 (문제 3.33)

3.34 전하밀도 ρ_v의 체적 전하가 자유 공간에서 반지름이 a인 구를 형성할 때 구의 정전기 포텐셜 에너지를 구하라.

3.35 아래의 식으로 주어지는 전위에 대해 이것의 영전위 기준점을 찾아라.

$$V = 8\ln[\{(x+2)^2 + (y+3)^2\}^{1/2} / \{(x-2)^2 + (y-3)^2\}^{1/2}]$$

3.36 3차원 공간상 전위가 $V = xy^2 - 2yz + 3$으로 주어질 때, 평면 $z = 0$에서 점 p:(2, 1, 0)를 지나는 등전위선의 표현식을 구하라.

3.37 식 (3.62)에 주어진 전기 쌍극자의 전위를 이용해 평면 $x = 0$에서의 등전위선에 대한 표현식을 구하라.

3.38 전기장선이 [그림 3-57]과 같이 주어질 때 점 p를 중심으로 가상의 원을 그릴 수 있다. 이때 다음 질문에 답하라.

(a) 점 p의 전위는 점 A와 E의 전위보다 낮은가?

(b) 점 B, C, D 중에서 전위가 가장 낮은 점은?

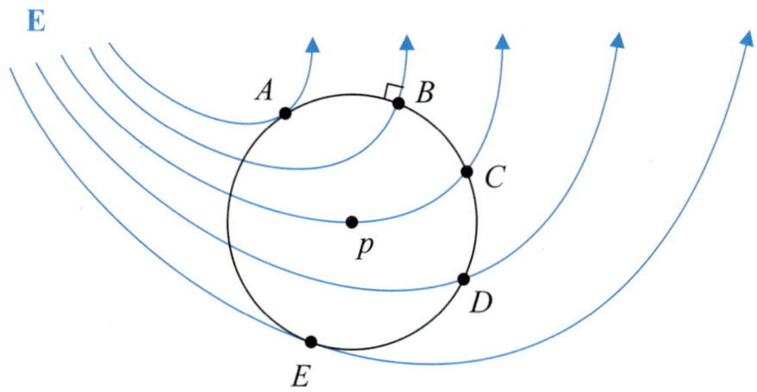

[그림 3-57] 전기장선 내의 가상의 원 (문제 3.38)

전기분극

3.39 점 전하 q [C]이 반지름 a, 유전상수 ε_r의 유전체 구 중심에 위치할 때 다음을 구하라.

(a) 구 내부의 **D**, **E**, **P**

(b) 분극 전하밀도 ρ_{ps}와 ρ_{pv}

(c) 분극 전하가 $Q_{ps} = (\varepsilon_r - 1)q/\varepsilon_r$이고 $Q_{pv} = 0$임을 보여라.

연습문제

3.40 [연습문제 3.39]에서처럼 유전체 구 중심에 알짜 전하 q가 위치하면 이때의 분극 면 전하 Q_{ps}는 전하 보존법칙에 따라 유전체 중심에 전하 $-Q_{ps}$를 유도해야 한다. 이때 $-Q_{ps}$가 유전상수 ε_r과 직접적으로 연관되어 있음을 보여라.

3.41 무한히 긴 선 전하밀도 ρ_ℓ이 z-축에 놓여 있으며, 안쪽과 바깥쪽 반지름이 각각 b와 c이고 유전상수가 ε_r인 파이프 형태의 유전체에 둘러싸여 있다. 원통면 $\rho = b$와 c에서의 ρ_{ps}를 구하라.

3.42 유전상수 ε_r의 유전체 구가 외부 전기장 $\mathbf{E}_o = 10\mathbf{a}_z$ 내에 놓이면 내부 전기장은 $\mathbf{E}_i = 7.5\mathbf{a}_z$로 주어진다. 미지의 상수 ε_r을 이용해 다음을 표시하라.

(a) 전기분극

(b) 분극 면 전하밀도

(c) 분극 전기장

(d) 이들을 이용해 $\varepsilon_r = 2$임을 보여라.

3.43 두 동심 도체 구가 같은 양의, 반대 극성의 전하를 띠고 있다([그림 3-58] 참조). 이들 사이 공간의 아래 절반이 유전상수 ε_r의 유전체로 채워져 있을 때 다음 질문에 답을 구하라.

(a) 영역 $a \le R \le b$에서의 $\mathbf{E}$를 구하라.

(b) 구면 S_{a2}와 S_{b2}에서의 분극 면 전하밀도 ρ_{ps}를 구하라.

(c) 알짜 전하 $+Q$에 의한 구면 S_{a1}과 S_{a2}에서의 면 전하밀도 ρ_s를 구하라.

(d) (a)에서 구한 $\mathbf{E}$가 유일해인가?

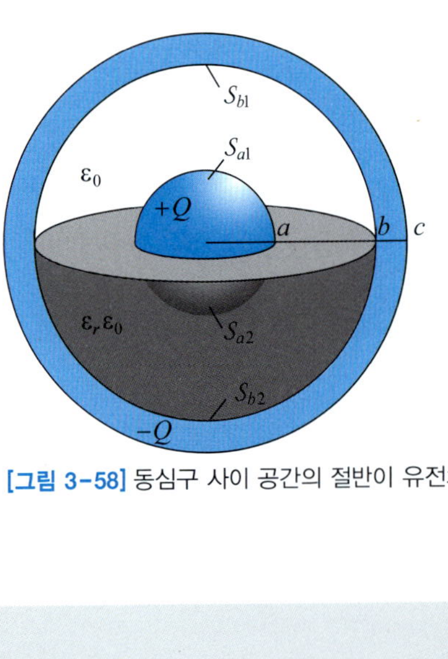

[그림 3-58] 동심구 사이 공간의 절반이 유전체로 채워짐 (문제 3.43)

경계면 조건

3.44 평면 $z = 0$는 서로 다른 두 유전체 사이의 경계면에 해당한다(영역 $z > 0$에서 $\varepsilon_r = 2$이고, 영역 $z < 0$에서 $\varepsilon_r = 3$). 만약 윗방향 영역에서 전기장이 $\mathbf{E}_1 = 3\mathbf{a}_x - 2\mathbf{a}_y + 6\mathbf{a}_z$로 주어질 때 다음 질문에 답을 구하라.

(a) 아래 영역에서의 전기장 $\mathbf{E}_2$를 구하라.

(b) 분극 면 전하밀도를 구하라.

(c) 두 영역에서의 분극 전기장 $\mathbf{E}_{ps1}$과 $\mathbf{E}_{ps2}$ 를 구하라.

(d) 식 $\mathbf{E}_1 - \mathbf{E}_{\mathrm{ps1}} = \mathbf{E}_2 - \mathbf{E}_{\mathrm{ps2}}$가 성립됨을 보여라.
(이 식 양변은 각각 외부 전기장을 나타낸다).

3.45 영역 $z < 0$의 자유 공간에서 전위가 $V = -y - 3z$로 주어질 때 영역 $z \geq 0$에 존재하는 유전상수가 $\varepsilon_r = 3$인 유전체 내의 V를 구하라.

3.46 반 무한 유전체가 $\varepsilon_r = 3$의 유전상수와 $\rho_{ps} = 2$ [nC/m^2]의 분극 면 전하밀도를 가질 때 그 표면에서의 $\mathbf{E}$의 수직성분을 구하라.

3.47 두 평면 $z = 0$와 $z = 0.2$ [m]가 각각 면 전하밀도 -4.5 [nC/m^2]와 4.5 [nC/m^2]를 띠고 있다. 이들 사이의 절반 영역 ($0 < z \leq 0.1$ [m])은 유전상수 $\varepsilon_r = 1.5$의 유전체로 채워져 있고, 평면 $z = 0$는 전위 $V = 0$로 주어질 때 다음을 구하라.

(a) 영역 $0 < z \leq 0.2$에서의 $\mathbf{D}$, $\mathbf{E}$, $\mathbf{P}$

(b) 평면 $z = 0$, 0.1, 0.2 [m]에서 각각의 총 전하밀도

3.48 [연습문제 3.42]에서와 같이 외부 전기장 내에 놓여 있는 유전체 구의 바로 바깥에서의 전기장 세기를 구하라.

연습문제

3.49 두께 d, 유전상수 $\varepsilon_r = 1.732$의 무한 유전체 평판이 균일 외부 전기장 $\mathbf{E}_o$ 내에 놓이면 내부 전기장은 $\mathbf{E}_2 = 5\mathbf{a}_x + 5\mathbf{a}_z$로 주어진다([그림 3-59] 참조). 이때 다음 질문에 답을 구하라.

(a) 분극 면 전하밀도 ρ_{ps}

(b) 평판 바로 바깥에서의 전기장 $\mathbf{E}_1$

(c) 일반적인 경우와 달리 전기장 $\mathbf{E}_1$이 $\mathbf{E}_o$와 동일한 이유는?

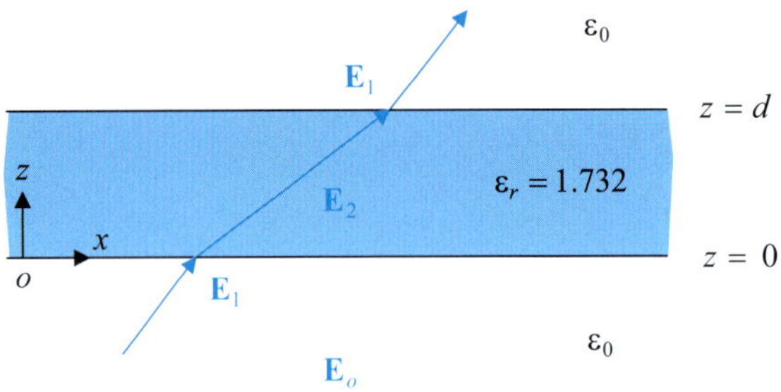

[그림 3-59] 외부 전기장 내의 유전체 평판 (문제 3.49)

3.50 [그림 3-60]에서 보듯이 두 개의 무한한 평행판들이 면 전하밀도 $\rho_s = \pm 5.77\varepsilon_0\,[\text{C/m}^2]$를 지니고 외부 전기장 $\mathbf{E}_o = 5\mathbf{a}_x + 5\sqrt{3}\,\mathbf{a}_z$ 내에 놓여 있다. 이때 다음 질문에 답하라.

(a) 이들 사이 공간에서의 $\mathbf{E}_i$를 구하라.

(b) 이들 사이 공간이 유전상수 ε_r의 유전체로 채워진 후 두 평판이 제거되면 전기장 세기에는 어떤 변화도 없다. 이 경우 ε_r값을 구하라.

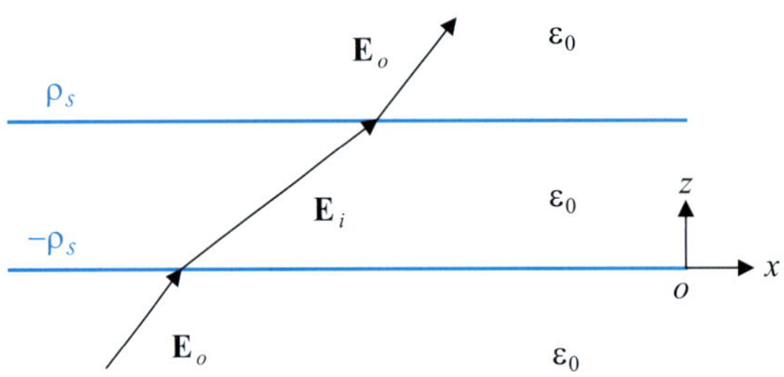

[그림 3-60] 외부 전기장 내의 전하를 띤 두 평행판 (문제 3.50)

3.51 점 전하 q가 유전체–유전체 경계면의 위 방향에 위치할 때 이것의 거울상을 아래 유전체에 위치시키면 두 유전체 내의 전기장을 쉽게 구할 수 있다([그림 3–61] 참조). 이 경우 두 유전체 내의 전기장은 각각 다음과 같이 주어진다.

$$\mathbf{E}_o + \mathbf{E}_1 = \frac{q}{4\pi\varepsilon_1}\left[\frac{\mathbf{r} - \mathbf{r}'}{|\mathbf{r} - \mathbf{r}'|^{3/2}} + A\frac{\mathbf{r} - \mathbf{r}''}{|\mathbf{r} - \mathbf{r}''|^{3/2}}\right] \ (z \geq 0)$$

$$\mathbf{E}_2 = \frac{q}{4\pi\varepsilon_2} B\frac{\mathbf{r} - \mathbf{r}'}{|\mathbf{r} - \mathbf{r}'|^{3/2}} \ (z \leq 0)$$

여기서 아래의 수식들을 증명하라.

$$A = \frac{\varepsilon_1 - \varepsilon_2}{\varepsilon_1 + \varepsilon_2},\ B = \frac{2\varepsilon_2}{\varepsilon_1 + \varepsilon_2},\ \rho_{ps} = 2\varepsilon_0 A[\mathbf{E}_o|_{z=o} \cdot (-\mathbf{a}_z)]$$

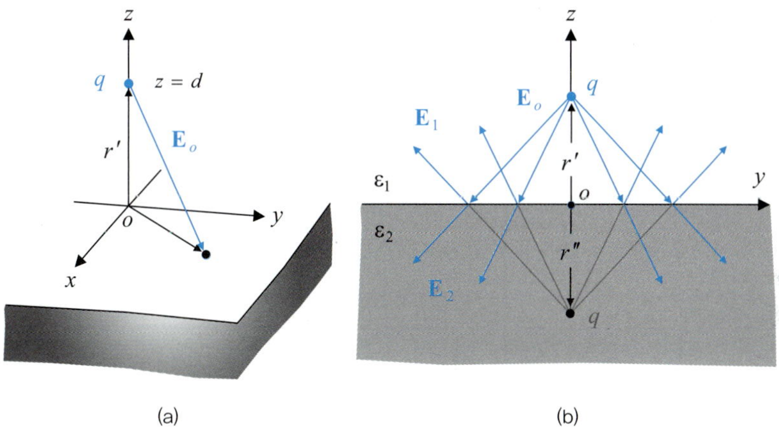

[그림 3–61] 유전체–유전체 경계면 위 방향의 전하 q와 이것의 거울상에 해당하는 이미지 전하 q (문제 3.51, 문제 3.52)

3.52 유전율 ε_2의 반 무한 유전체 위 방향(자유 공간), 거리 d에 점 전하 q가 위치할 때([그림 3–61(a)] 참조) 전하 q에 작용하는 전기력을 구하라.

연습문제

정전기 포텐셜 에너지

3.53 자유 공간의 세 점 (1, 0, 0), (0, 0, 0), (0, 1, 0)로 정의되는 직각삼각형의 세 꼭짓점에 각각 5 [nC]의 점 전하가 위치할 때(거리는 모두 m 단위임), 이 시스템의 포텐셜 에너지를 구하라.

3.54 자유 공간에서 반지름 a인 구가 균일한 면 전하밀도 ρ_{so}를 지니고 있다. 이때 (a) 모든 영역에서 **E**를 구하고, 구면 $R = a$에서 V를 구하라. 그리고 포텐셜 에너지를 (b) **E**, (c) V를 이용해 구한 후, (d) 미소 면 전하들을 무한대에서 구면으로 이동시키는 데 한 일의 양을 계산하여 포텐셜 에너지를 계산하라.

3.55 자유 공간에서 반지름이 a인 구가 균일한 체적 전하밀도 ρ_v로 채워져 있을 때 전기장을 계산하여 이 시스템의 포텐셜 에너지를 구하라.

경계값 문제

3.56 $x^2 + y^2 + (z - 2)^2 = 4$의 도체 구가 자유 공간에서 전위 10 [V]를 띠고 있다. 다음의 세 시범해가 경계면 조건을 만족하도록 만들어졌다고 할 때 올바른 전위 표현식은 어느 것인가?

① $V = 20\{x^2 + y^2 + (z - 2)^2\}^{-1/2}$

② $V = 40\{x^2 + y^2 + (z - 2)^2\}^{-1}$

③ $V = 160\{x^2 + y^2 + (z - 2)^2\}^{-2}$

3.57 자유 공간에서 전위가 $V = V_o e^{-2R} / R$로 표시될 때 전체 영역에 존재하는 총 전하를 구하라.

3.58 다음의 대칭성이 존재하는 경우 라플라스 방정식의 일반해는 어떤 형태를 띠는가?

(a) 구대칭

(b) 원통대칭 및 z-축으로의 병진대칭이 동시에 존재

3.59 두 평행 도체면이 $2x + y + 3z = 6$와 $2x + y + 3z = 12$로 표시되며 각각 전위 $V = 10$ [V]와 $V = 0$ [V]를 띠고 있다. 모든 영역에서의 V를 구하라.

3.60 [그림 3-62]에서 보듯이 원뿔면이 전위 $V = V_o$를 띠고 있으며 접지된 평면에 대해 매우 작은 간격으로 떨어져 있다. 이들이 모두 완전도체 면일 때 영역 $\theta_o \leq \theta \leq \pi/2$에서의 V를 구하라.

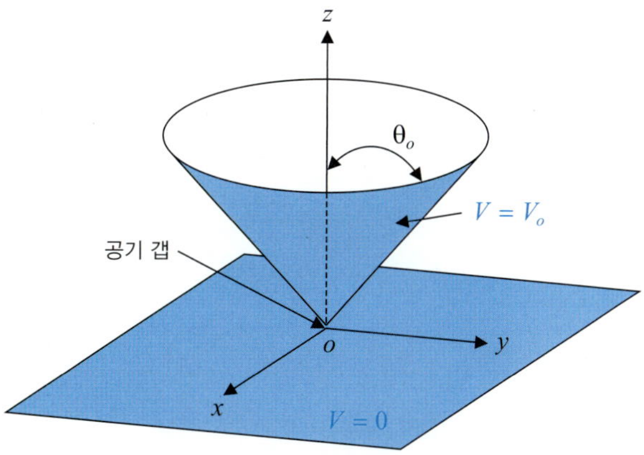

[그림 3-62] 무한의 도체 평면 및 원뿔면 (문제 3.60)

3.61 반지름이 각각 a와 $b\,(b > a)$인 동심구 사이의 공간이 유전율 ε의 유전체로 채워져 있고, 그 중심에 점 전하 $+q$가 위치해 있으며, 안쪽 및 바깥쪽 구들은 각각 전위 V_1과 V_2를 띠고 있다. 모든 영역에서 V를 구하라.

영상법

3.62 평면 $z = 0$는 접지된 도체 평면에 해당하고, 무한히 긴 두 선 전하가 전하밀도 3 [nC/m]를 가지고 z-축 위의 점 $z = 1$ [m]에서 서로 수직으로 교차하여 각각 x-축과 y-축에 평행이다. z-축 위의 점 $z = 2$ [m]에서 $\mathbf{E}$를 구하라.

3.63 접지된 무한 도체면이 $z = 0$ 평면에 해당하는데, 두 점 전하가 동일한 전하 q [C]을 가지고 z-축 위의 점 $z = 1$ [m] 와 $z = -2$ [m]에 위치한다. 점 p:(0, 1, 1)에서 $\mathbf{E}$를 구하라.

3.64 접지된 무한 도체면이 90°로 구부러져 있고 점 전하 q가 [그림 3-63]에서처럼 xy-평면에 놓여 있다. 영상법을 이용하여 일사분면에서의 V를 구하고 도체 표면의 전하밀도 ρ_s를 구하라.

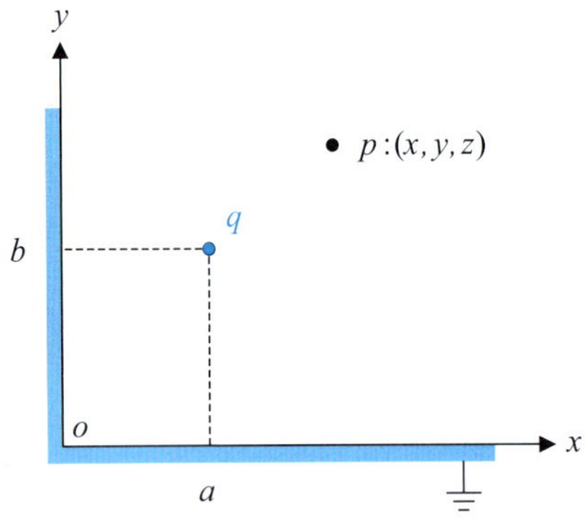

[그림 3-63] 90° 구부러지고 접지된 도체면과 점 전하 (문제 3.64)

3.65 매우 긴, 평행의, 두 원통 도체가 반지름이 0.1 [m]이고 축간 거리가 1 [m]이다([그림 3-64] 참조). 이들이 각각 전위 −100 [V]와 100 [V]를 띠고 있을 때 도체 외부의 V와 동일한 V를 발생시키는 등가 선 전하를 구하라.

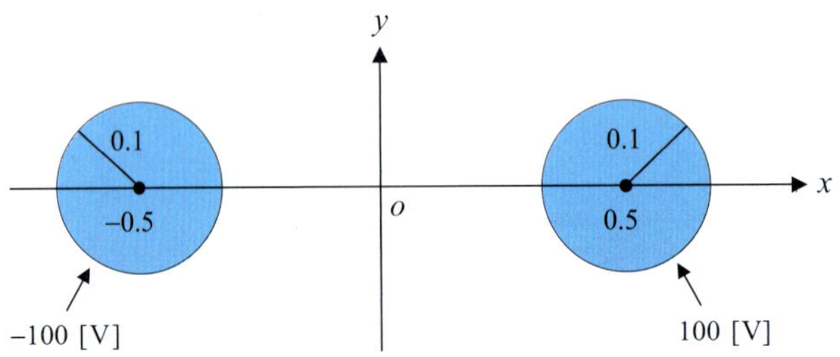

[그림 3-64] 두 평행의 원통 도체 (문제 3.65, 문제 3.70)

정전용량

3.66 평행판 축전기의 평판 면적이 S이고 평판 사이의 거리가 d이다([그림 3-65] 참조). 평판 사이 공간의 반이 유전율 ε_1의 유전체로 채워져 있을 때 가장자리에서의 전기장 휘어짐을 무시하고 정전용량을 구하라.

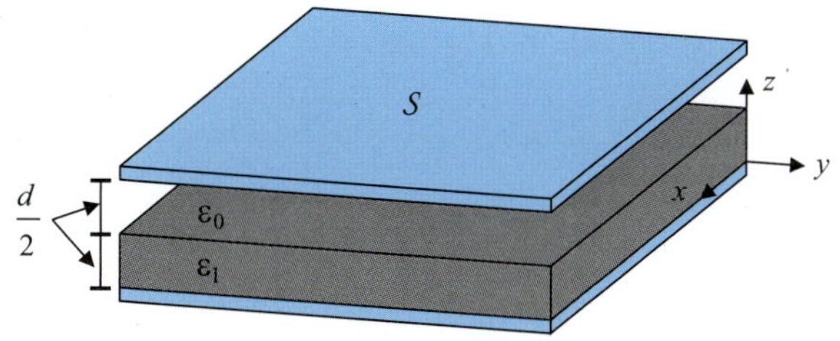

[그림 3-65] 평행판 축전기 (문제 3.66)

3.67 평행판 축전기의 두 평판 사이 공간의 반이 [그림 3-66]에서처럼 유전율 ε_1의 유전체로 채워져 있다. 가장자리에서의 전기장 휘어짐을 무시하고 정전용량을 구하라.

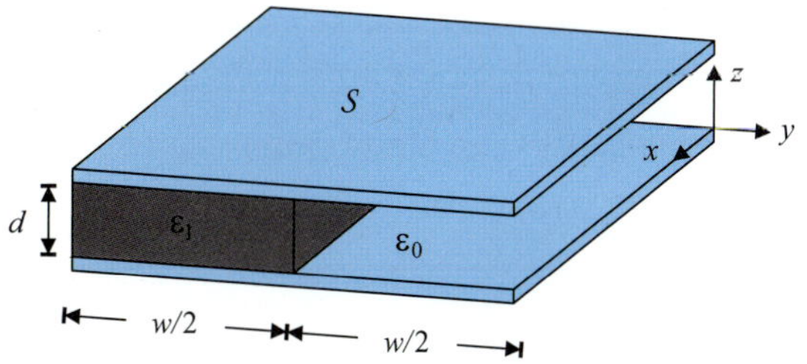

[그림 3-66] 평행판 축전기 (문제 3.67)

3.68 하나의 평행판 축전기가 평판 면적이 S이고 평판 사이 거리가 d이며 평면 $z = 0$ 위에 놓여 있다. 평판 사이 공간이 비균일 유전율 $\varepsilon = \varepsilon_1 \exp(-z)$의 유전체로 채워져 있을 때 가장자리에서의 전기장 휘어짐을 무시하고 정전용량을 구하라.

연습문제

가상변위 원리

3.69 하나의 평행판 축전기가 [그림 3-67]에서처럼 서로 다른 두 유전체 평판으로 채워져 있는데, 이들 유전체를 고정시킨 후 두 도체 양단의 전위차가 V_o가 되도록 충전되었다. 이때 스위치가 열리면 유전율 ε_2의 유전체 평판이 두 도체 사이의 공간을 모두 차지한다. 이때 다음 질문에 답하라.

(a) 스위치가 열린 직후 유전체 평판에 작용하는 힘을 구하라.

(b) 스위치가 열린 상태에서 두 도체 양단의 최종 전위차를 구하라.

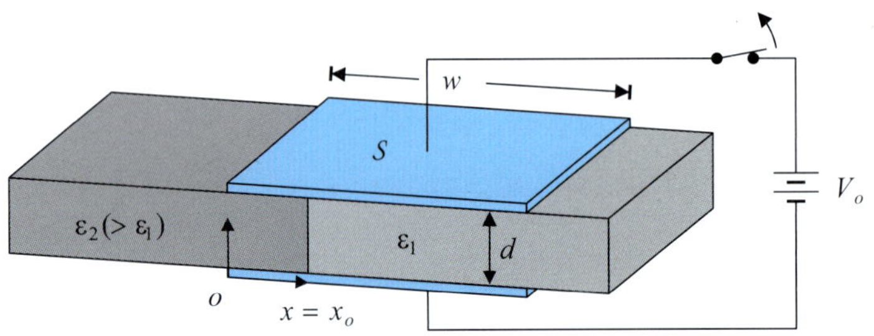

[그림 3-67] 서로 다른 유전체 평판으로 채워진 평행판 축전기 (문제 3.69)

3.70 [그림 3-64]에서와 같은 두 원통 도체의 전위가 ±100 [V]가 되었을 때 배터리가 분리되면 두 도체는 전하밀도 ±2.43 [nC/m]로 충전된다. 이때 다음 질문에 답하라.

(a) 이 시스템의 단위 길이당 포텐셜 에너지를 구하라.

(b) 두 원통 도체가 미소 거리 dx 만큼 서로 멀어질 때 발생하는 포텐셜 에너지의 변화를 계산하라.

(c) 원통 도체에 작용하는 전기력을 계산하라.

CHAPTER

04

정전류

Steady Electric Current

대류전류 4.1

전도전류와 옴 법칙 4.2

연속방정식 4.3

경계면에서의 정전류 4.4

전하완화 원리 4.5

저항 4.6

전력 손실과 줄의 법칙 4.7

D와 **J** 사이의 유사성 4.8

연습문제

들어가기 전에

3장에서는 오직 한 공간에 고정되어 있고 시간에 대해 변치 않는 정전하에 대해서만 설명했으며, 그렇지 않은 경우에는 전하들이 순식간에 정적인 상태의 분포를 취한다고 가정하였다. 하지만 전하는 전기장의 영향을 받아 움직일 수 있다. 도체 내에서 움직이는 전하는 **전도전류**(conduction current)를 형성하고, 진공 내에서 움직이는 전하는 **대류전류**(convection current)를 형성한다. 회로이론에서는 하나의 저항기에 걸리는 전압은 저항 값과 그것에 흐르는 전류의 곱으로 주어진다는 **옴의 법칙**(Ohm's law)을 설명한다. 여러분은 아마 이러한 법칙에 따라 작동하는 전도전류에 이미 익숙할 것이다. 전하 보존법칙에 의하면 전하는 생성되거나 파괴될 수 없는데, 이 법칙은 전기자기학에서는 **연속방정식**(equation of continuity)으로 나타나고, 회로이론에서는 전기회로의 한 접합으로 흘러 들어가는 모든 전류의 합은 영이 된다는 키르히호프 전류법칙(Kirchhoff's current law)으로 나타난다.

회로이론에서, 도선에 흐르는 전류는 단위 시간 동안 기준점을 통과하는 전하량으로 정의된다. 하지만 전기자기학에서는 **체적 전류밀도**(volume current density)에 더 큰 관심을 두며, 이는 기준점에서 단위 시간 동안 단위 면적을 통과하는 전하량으로 정의된다. 만약 전류가 주어진 도체 표면을 따라 흐른다면, 그 표면 위의 한 기준점에서 단위 시간당 단위 길이를 통과하는 전하량으로 정의되는 **표면 전류밀도**(surface current density)를 사용하여 전류를 표현한다.

이후 6장에서는 시간에 따라 변하는 전기장 및 자기장을 다루는데, 이때 전속밀도의 시간에 대한 미분은 **변위 전류밀도**(displacement current density)로 정의된다. 이것은 전하의 움직임과 전혀 연관이 없는 일종의 등가 전류인데, 시간에 따라 변하는 자기장을 발생시킨다는 점에서는 대류전류 혹은 전도전류와 동일한 역할을 한다.

4.1 대류전류

우선 [그림 4-1]에 보인 것처럼 자유 공간에서 체적 전하밀도 ρ_v [C/m^3]의 전하가 속도 $\boldsymbol{v}$로 기울어진 면 S를 통과하는 상황을 가정한다. 이때 시간 Δt 동안에 미소 면 Δs를 통과하는 전하량은 다음과 같다.

$$\Delta Q = \rho_v |\boldsymbol{v}| \Delta t \Delta s \cos\theta \tag{4.1}$$

여기서 $\Delta s \cos\theta$는 미소 면 Δs를 벡터 $\boldsymbol{v}$에 수직인 평면에 투영하여 얻은 값이다. 관계식 $\cos\theta = \mathbf{a}_v \cdot \mathbf{a}_s$를 쓸 수 있는데 $\mathbf{a}_v$는 $\boldsymbol{v}$ 방향으로의 단위벡터이고, $\mathbf{a}_s$는 미소 면 Δs에 수직인 단위벡터이다. 이것을 이용하여 식 (4.1)을 다시 쓰면 다음과 같다.

$$\Delta Q = \rho_v \boldsymbol{v} \cdot \Delta \mathbf{s} \Delta t \tag{4.2}$$

여기서 $\boldsymbol{v} = |\boldsymbol{v}|\mathbf{a}_v$이고 $\Delta \mathbf{s} = \Delta s\, \mathbf{a}_s$ 이다.

따라서 미소 면 Δs를 통과하는 미소 전류는 다음과 같이 표시된다.

$$\Delta I = \frac{\Delta Q}{\Delta t} = \rho_v \boldsymbol{v} \cdot \Delta \mathbf{s} \equiv \mathbf{J} \cdot \Delta \mathbf{s} \tag{4.3}$$

여기서 체적 전류밀도(혹은 간단히 전류밀도)는 다음과 같이 정의된다.

$$\mathbf{J} \equiv \rho_v \boldsymbol{v} \quad [\mathrm{A/m^2}] \tag{4.4}$$

위 식에서 ρ_v는 체적 전하밀도이고 $\boldsymbol{v}$는 전하의 이동 속도이다. 체적 전류밀도는 제곱 미터당 암페어 [A/m^2] 혹은 제곱 미터당 단위 시간당 쿨롱 [C/m$^2\cdot$s]의 단위로 표시된다. 전류밀도 $\mathbf{J}$는벡터인데 그 단위벡터는 전류가 흐르는 방향을 나타내고, 그 크기는 단위 시간당 단위 면적을 통과하는 전하량을 나타낸다. 여기서 단위 면적은 벡터 $\mathbf{J}$에 수직인 평면에서의 단위 면적을 의미한다.

따라서 주어진 면 S을 통과하는 총 전류는 $\mathbf{J}$의 S 위에서의 면적분으로 주어진다.

$$I = \int_S \mathbf{J} \cdot d\mathbf{s} \quad [\mathrm{A}] \tag{4.5}$$

전류 I는 스칼라인 반면에 전류밀도 $\mathbf{J}$는 벡터로서 일반적으로 위치에 대한 함수이다.

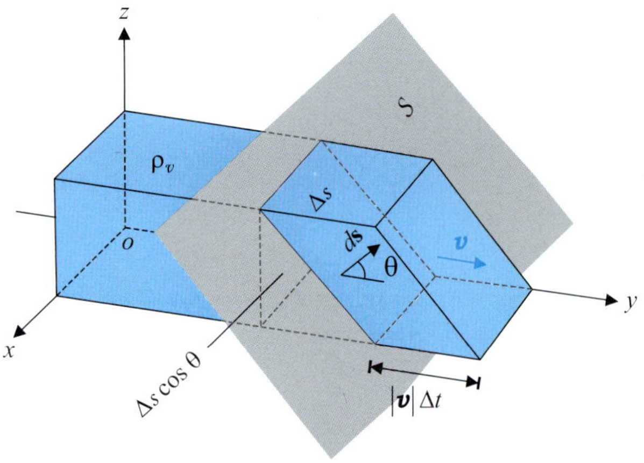

[그림 4-1] 전하밀도 ρ_v의 체적 전하가 $\boldsymbol{v}$의 속도로 이동

예제 4-1

평면 $y = 0$는 전위 영의 음극(cathode)을, 평면 $y = d$는 전위 V_o의 양극(anode)를 나타낸다. 두 전극 사이 공간으로 열전자 방출이 일어나면 이들은 [그림 4-2]에서와 같이 양극을 향해 가속된다. 정상상태에서 전류밀도는 일정하다고 가정하고 이 공간에서의 체적 전하밀도와 전위를 구하라.

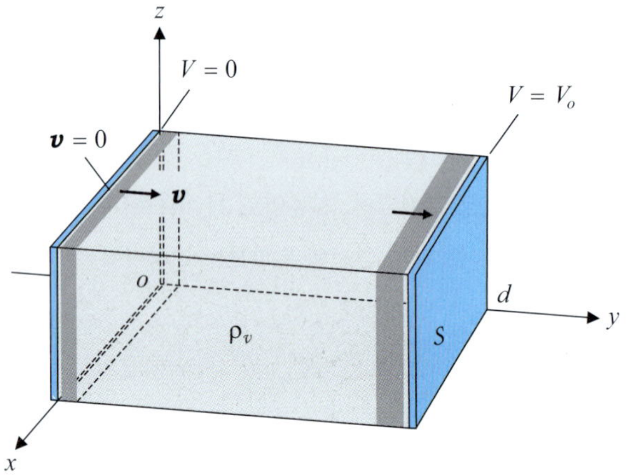

[그림 4-2] 전자구름이 두 전극 사이에서 가속됨

풀이

질량 m과 전하 e를 가진 전자의 가속도는 $a = eE/m$으로 주어진다. 여기서 E는 전기장 세기이다. 이 식을 다음의 관계식들을 이용하여 다시 쓸 수 있다. 즉 $v = dy/dt$, $a = dv/dt$, $E = -dV/dy$이다. 여기서 v는 전자의 속도이고 V는 전위를 나타낸다. 따라서 다음의 식을 얻을 수 있다.

$$v\,dv = -\frac{e}{m}dV \tag{4.6a}$$

위 식의 양변을 적분하면 다음과 같다.

$$\frac{1}{2}mv^2 = -eV \tag{4.6b}$$

여기서 적분상수는 모두 영으로 놓을 수 있는데, 그 이유는 V와 v는 평면 $y = 0$에서 모두 영이기 때문이다.

전극 사이 공간에서 푸아송 방정식은 다음과 같이 간단히 주어진다.

$$\frac{d^2V}{dy^2} = -\frac{\rho_v}{\varepsilon_0} \tag{4.6c}$$

식 (4.6c)에 식 (4.6b)를 대입하고 관계식 $\mathbf{J} = \rho_v v \mathbf{a}_y$를 이용하면 다음과 같다.

$$\frac{d^2V}{dy^2} = \frac{|J|}{\varepsilon_0\sqrt{2|e|/m}}V^{-1/2} \equiv AV^{-1/2} \tag{4.6d}$$

여기서 A는 상수이고, J와 e는 모두 음수임을 기억해야 한다. 식 (4.6d)의 양단에 $G \equiv dV/dy$를 곱한 후 y를 따라 적분하면 다음과 같다.

$$\int G\frac{dG}{dy}dy = \int AV^{-1/2}\frac{dV}{dy}dy \rightarrow \frac{1}{2}G^2 = 2AV^{1/2}$$

이 식을 정리하여 다음과 표시할 수 있다.

$$V^{-1/4}\frac{dV}{dy} = 2\sqrt{A} \tag{4.6e}$$

식 (4.6e)의 양단을 y를 따라 다시 적분하면 다음과 같다.

$$V = \left[\frac{3}{2}\sqrt{A}\right]^{4/3} y^{4/3} \tag{4.6f}$$

경계면 조건, 즉 $y = d$에서 $V = V_o$를 식 (4.6f)에 적용하면 다음과 같은 관계식을 구할 수 있다.

$$V = V_o\left(\frac{y}{d}\right)^{4/3} \tag{4.6g}$$

그리하여 전극 사이 공간에서의 전기장은 다음과 같다.

$$\mathbf{E} = -\nabla V = -\frac{4}{3}\frac{V_o}{d}\left(\frac{y}{d}\right)^{1/3}\mathbf{a}_y \tag{4.6h}$$

가우스 법칙을 이용하면 전극 사이에서 전하밀도는 다음과 같이 구해진다.

$$\rho_v = -\frac{4}{9}\frac{\varepsilon_0 V_o}{d^2}\left(\frac{y}{d}\right)^{-2/3} \tag{4.6i}$$

정상상태에서 전류밀도 **J**는 y-축을 따라 상수로 주어져야 한다. 그렇지 않으면 $\nabla \cdot \mathbf{J}$가 양의 값인 지점에서 전자들의 축적이 발생한다. 식 (4.6b, f, i)를 관계식 $\mathbf{J} = \rho_v v \mathbf{a}_y$에 대입하면 전극 사이 공간에서 **J**가 상수임을 증명할 수 있다. 반면에 식 (4.6h)의 **E**는 전극 사이 공간에서 위치에 대한 함수이다. 다시 말해 **J**와 **E**는 하나의 비례 상수에 의해 서로 연관되지 않는다. 결론적으로 **대류전류는 옴 법칙을 따르지 않는다.**

유제 4.1 전극 양단의 전위차와 전극 사이에 흐르는 대류전류 사이의 관계는?

Ans $V_o \sim I^{2/3}$

유제 4.2 한 변이 1 [m]인 정사각형의 두 변은 각각 y-축과 z-축에 놓여 있다. 주어진 전류밀도 $\mathbf{J} = 4R\sin\theta\,\mathbf{a}_\phi$에 대해 이 정사각형을 통과하는 전류를 구하라.

Ans $I = 2$ [A]

복습문제

Q 4.1 전류밀도와 체적 전하밀도 사이의 관계를 설명하라. **A** 식 (4.4)

Q 4.2 전류를 전류밀도를 이용해 표시하라. **A** 식 (4.5)

Q 4.3 정전류는 항상 전하의 일정한 움직임이 있어야 하나? **A** [그림 4-2]

4.2 전도전류와 옴 법칙

양도체(good conductor)는 **전도도**(conductivity)가 매우 큰 도체를 통칭한다. 대표적인 양도체로는 도체 구리가 있다. 한 개의 바깥전자(valence electron)를 가진 구리 원자들은 면심입방 결정구조(face-centered cubic crystal)를 이루며 규칙적으로 배열되어 있다. 느슨하게 매여 있는 바깥전자들은 격자 원자들로부터 쉽게 분리되어 도체 내에서 전자 구름을 형성한다. 이러한 전자들을 **전도전자**(conduction electron) 혹은 **자유전자**(free electron)라 부른다. 마이너스 전하의 전자 구름과 플러스 전하의 구리 이온 사이의 정전기력은 도체 구리에서 금속 결합을 형성하는 원동력이 된다. 도체의 열 에너지로 인하여 자유전자들은 원자와 원자 사이를 이동하고, 이러한 과정에서 결정 결함, 불순물, 특히 진동하고 있는 격자 원자들과 충돌한다. 외부 전기장이 없는 경우 자유전자들은 무작위 방향으로 움직이므로 알짜 변위가 영이다. 그러나 외부 전기장이 있다면 자유전자들은 격자에 충돌하기 전까지 가속된다. 이러한 가속과 무작위 충돌의 끝없는 반복 하에서 자유전자는 정속도를 가지게 되는데 이것을 **표류속도**(drift velocity)라 부른다. 이로 인하여 자유전자는 도체 내에 전도전류라 불리는 정전류를 형성한다.

외부 전기장 $\mathbf{E}$의 영향으로 하나의 자유전자는 격자와 충돌하기 직전까지 도체 내에서 가속되어 최종 속도 $\boldsymbol{v}$에 다다른다. 이것을 수학적으로 표시하면 다음과 같다.

$$\boldsymbol{v} = \boldsymbol{v}_o + \frac{e\mathbf{E}}{m_e}t_o \quad [\text{m/s}] \tag{4.7}$$

여기서 $\boldsymbol{v}_o$는 충돌 직후의 자유전자의 속도이고, t_o는 충돌과 그 다음 충돌 사이의 시간이다. 그리고 e와 m은 각각 전자의 전하와 질량이다. 이를 이용하여 전도전자의 평균 속도를 나타내면 다음과 같다.

$$\bar{\boldsymbol{v}} = \frac{1}{N}\sum_{i=1}^{N}\left[\boldsymbol{v}_{oi} + \frac{e\mathbf{E}}{m}t_{oi}\right] = \frac{e\mathbf{E}}{m}\,\bar{t}_o \quad [\text{m/s}] \tag{4.8}$$

초기속도 $\boldsymbol{v}_{oi}$의 평균은 영인데 그 이유는 충돌 직후의 전자 속도가 무작위이기 때문이다. 위 식에서 $\bar{t}_o$는 충돌 사이의 평균 시간(mean time between collisions)이고, 평균 속도 $\bar{\boldsymbol{v}}$는 전자의 **표류속도**(drift velocity)에 해당한다. 식 (4.8)에서 보듯이 표류속도는 도체 내의 전기장 세기에 직접적으로 연관되어 있다.

$$\boldsymbol{v} = -\mu\mathbf{E} \quad [\text{m/s}] \tag{4.9}$$

여기서 μ는 **전자 이동도**(electron mobility)로 단위 시간당 단위 볼트당 제곱 미터로 표시된다. 단순화를 위해 기호 $\boldsymbol{v}$ 위의 작은 선분은 무시했다. 예를 들어, 구리와 은의 μ값은 각각 0.0032 $[\text{m}^2/\text{V}\cdot\text{s}]$와 0.0056 $[\text{m}^2/\text{V}\cdot\text{s}]$이다. 여기서 전자 이동도 μ를 투자율 μ와 혼동하면 안된다. 전기자기학에서 이들 두 값은 동일한 기호 μ로 표기된다.

식 (4.9)를 식 (4.4)에 대입하면 전류밀도를 다음과 같이 구할 수 있다.

$$\mathbf{J} = -\rho_v\mu\mathbf{E} \quad [\text{A/m}^2] \tag{4.10}$$

여기서 ρ_v는 전도전자의 체적 전하밀도를 나타내며 다음과 같이 표시된다.

$$\rho_v = ne \tag{4.11}$$

여기서 n은 전도전자의 체적 밀도, 즉 단위 체적당 전자의 개수이고, 전자의 전하는 $e = -1.602\times10^{-19}$ [C]이다. 식 (4.10)의 $\mathbf{J}$는 마이너스 부호를 포함하지만 ρ_v가 음수이므로 $\mathbf{J}$는 항상 $\mathbf{E}$에 평행이다.

식 (4.11)을 식 (4.10)에 대입하면 다음과 같이 **점형태 옴 법칙**(point form of Ohm's law)을 구할 수 있다.

$$\mathbf{J} = \sigma \mathbf{E} \quad [\text{A/m}^2] \tag{4.12}$$

여기서 금속 도체의 전도도는 다음과 같이 정의된다.

$$\sigma = -ne\mu \quad [\text{S/m}] \tag{4.13}$$

이것은 미터당 지멘스 [S/m] 혹은 미터당 볼트당 암페어 [A/V·m]로 측정된다. 식 (4.13)에서 n은 전도전자의 밀도이고 μ는 전자 이동도이다. 주목할 것은, 전자의 전하가 음수이므로 전도도는 항상 양수라는 점이다. 전도도는 전류밀도 혹은 전기장 세기에 관계없이 대부분 상수로 주어진다. 그러나 금속 도체에서 전도도는 상온 근처에서 온도가 감소하면 선형적으로 증가한다. 예를 들어, 구리의 전도도는 $\sigma = 5.8\times10^7$ [S/m]이고 은의 전도도는 $\sigma = 6.17\times10^7$ [S/m]이다. **완전도체**(perfect conductor)는 전도도가 무한대이고 **완전유전체**(perfect dielectric)는 전도도가 영이다.

반도체에는 전자와 **양공**(hole)이라는 두 종류의 **전하 운반자**(charge carrier)가 있다. 이들은 다음과 같이 전도도에 영향을 미친다.

$$\sigma = n_e|e|\mu_e + n_h|e|\mu_h \quad [\text{S/m}] \tag{4.14}$$

여기서 $|e|$는 전자 전하의 절대값이고, n_e와 n_h는 각각 전자와 양공의 체적 밀도이고, μ_e와 μ_h는 각각 전자와 양공의 이동도이다. 진성 반도체(intrinsic semiconductor)에서 전도도는 온도에 따라 증가하지만 금속 도체에서는 감소한다. 그 이유는 진성 반도체에서 전하 운반자의 개수가 온도에 따라 증가하지만, 금속 도체에서 전자 이동도가 온도에 따라 감소하기 때문이다. 반도체의 전도도는 $10 \sim 10^{-10}$ [S/m]의 범위에 있다. 상온이라고 할 때 진성 실리콘에서 $n_e = n_h = 1.0\times10^{16}$ [m^{-3}], $\mu_e = 0.14$ [m^2/V·s], $\mu_h = 0.045$ [m^2/V·s]이고, 진성 게르마늄에서 $n_e = n_h = 2.3\times10^{19}$ [m^{-3}], $\mu_e = 0.39$ [m^2/V·s], $\mu_h = 0.19$ [m^2/V·s]이다.

예제 4-2

지름 2 [mm]의 구리 도선에서 전도도는 $\sigma = 5.8\times10^7$ [S/m]이고 전자 이동도는 $\mu = 0.0032$ [m^2/V·s]일 때 다음 값을 구하라.

(a) 전도전자의 밀도

(b) 도선에 25 [A]의 전류가 흐를 때 전도전자의 표류속도

풀이

(a) 식 (4.13)으로부터 n을 구하면 다음과 같다.

$$n = \frac{\sigma}{|e|\mu} = \frac{5.8\times10^{7}}{(1.6\times10^{-19})(0.0032)} = 1.13\times10^{29}\ [\text{m}^{-3}] \tag{4.15a}$$

(b) 도선 내의 전류밀도는 다음과 같이 계산된다.

$$J = \frac{\text{전류}}{\text{단면적}} = \frac{25}{\pi(10^{-3})^{2}} = 7.96\times10^{6}\ [\text{A/m}^{2}]$$

식 (4.4)로부터 표류속도는 다음과 같다.

$$\begin{aligned} v &= \frac{J}{\rho_v} = \frac{J}{n|e|} \\ &= \frac{7.96\times10^{6}}{1.13\times10^{29}\times1.6\times10^{-19}} = 4.4\times10^{-4}\ [\text{m/s}] \end{aligned} \tag{4.15b}$$

도선에 25 [A]의 전류가 흐를 때 전도전자의 표류속도는 0.44 [mm/s]에 불과하다. 이것은 전류 펄스의 속도가 진공에서의 빛의 속도 $c = 3\times10^{8}$ [m/s]에 근접한다는 것을 고려하면 매우 작은 값이다.

유제 4.3 구리 도선의 전도전류를 증가시키기 위해 무엇이 필요한가?

① 전기장 세기　② 표류속도

③ 이동도　④ 전도도

⑤ 전도전자의 밀도　⑥ 전자 충돌 사이의 평균 시간

Ans ①, ②

유제 4.4 고체 구리와 은 내의 전도전자 밀도 사이의 비를 알려진 σ와 μ의 값들을 이용하여 구하라.

Ans $n_{\text{Cu}} / n_{\text{Ag}} = 1.65$

유제 4.5 진성 실리콘이 300K의 온도를 띠고 있을 때 전자와 양공이 전도도에 미치는 영향을 비교하라.

Ans $\sigma_e / \sigma_h = 3.1$

복습문제

Q4.4 금속 도체의 전도전자들이 외부 전기장에 의해 가속됨에도 불구하고 정속도로 이동하는 이유는 무엇인가? **A** 식 (4.8)

Q4.5 전도전자의 이동도를 설명하라. **A** 식 (4.9)

Q4.6 점형태의 옴 법칙에 대해 설명하라. **A** 식 (4.12)

Q4.7 도체들 사이의 전도도가 다른 이유는? **A** 식 (4.13)

Q4.8 Ag의 전도도가 Cu의 그것보다 큰 이유는? (n, μ, 혹은 둘 다) **A** 식 (4.13)

Q4.9 전도전류와 대류전류의 차이는 무엇인가? **A** 식 (4.13)

Q4.10 물체를 도체, 부도체, 반도체로 나누는 기준은 무엇인가? **A** 식 (4.14)

4.3 연속방정식

전하 보존법칙에 의하면 전하는 생성되거나 소멸될 수 없다. 전하는 오로지 플러스 전하와 마이너스 전하의 쌍으로만 분리되어 생성되고, 결합되어 사라진다. 따라서 전기적으로 중성인 도체에서 자유전자의 마이너스 전하는 이온화된 격자 원자의 플러스 전하와 균형을 이루고 있다. 전하 보존법칙은 다른 자연법칙으로부터 유도될 수 없다. 전기자기학에서 전하 보존법칙은 연속방정식 형태로 주어진다.

하나의 폐곡면 S를 통과하는 총 전류는 전류밀도 $\mathbf{J}$를 그 폐곡면 위에서 적분하여 구할 수 있다.

$$I = \oint_S \mathbf{J} \cdot d\mathbf{s} \tag{4.16}$$

문제를 간단히 하기 위해 전류가 전자 대신에 플러스 전하의 이동에 의해 발생한다고 가정한다. 만약 하나의 폐곡면 밖으로의 총 전류가 영이 아니면 그 폐곡면에 둘러싸인 총 전하는 시간에 따라 줄어야 한다(전하 보존법칙). 이것을 수학적으로 표시하면 다음과 같다.

$$I = -\frac{dQ}{dt} = -\frac{d}{dt}\int_{\mathcal{V}} \rho_v \, dv \tag{4.17}$$

여기서 I는 바깥으로의 총 전류이고, Q는 폐곡면에 둘러싸인 총 전하, ρ_v는 체적 전하밀도, $\mathcal{V}$는 S에 둘러싸인 체적이다. 식 (4.16)과 (4.17)을 결합하면 다음의 식을 얻을 수 있다.

$$\oint_S \mathbf{J} \cdot d\mathbf{s} = -\frac{d}{dt}\int_{\mathcal{V}} \rho_v \, dv \tag{4.18}$$

폐곡면 바깥으로의 총 전류는 그 폐곡면에 둘러싸인 전하에 대한 시간 미분에 마이너스 부호를 붙인 것과 동일하다. 다이버전스 정리를 이용하면 식 (4.18)을 다음과 같이 다시 쓸 수 있다.

$$\int_{\mathcal{V}} \nabla \cdot \mathbf{J} \, dv = \int_{\mathcal{V}} \left(-\frac{d\rho_v}{dt} \right) dv \tag{4.19}$$

여기서 체적 $\mathcal{V}$는 시간에 독립적이므로, 시간에 대한 미분은 적분 기호 안으로 이동할 수 있다. 또한 $\mathcal{V}$는 모든 전하를 둘러싸기만 한다면 무작위일 수 있으므로 식 (4.19)의 등호 양쪽의 두 피적분 함수는 $\mathcal{V}$ 내의 모든 점에서 그 값이 일치해야 한다. 따라서 일반적인 식으로 표시하면 다음과 같다.

$$\nabla \cdot \mathbf{J} = -\frac{\partial \rho_v}{\partial t} \tag{4.20}$$

위 식은 연속방정식이라 불린다. 여기서 전류밀도 $\mathbf{J}$는 전도전류 혹은 대류전류 혹은 둘 다일 수 있다.

정적조건(static condition)에서 전하밀도는 시간에 독립적이므로 이때의 연속방정식은 다음과 같이 주어진다.

$$\nabla \cdot \mathbf{J} = 0 \tag{4.21}$$

위 식의 양변을 체적 $\mathcal{V}$에서 적분하고 다이버전스 정리를 이용하면 다음의 식을 얻을 수 있다.

$$\oint_S \mathbf{J} \cdot d\mathbf{s} = 0 \tag{4.22a}$$

만약 폐곡면 S를 여러 개의 면들로 나눌 수 있다면 식 (4.22a)의 폐면적분은 다음과 같이 여러 면적분들의 합으로 표시될 수 있다.

$$\int_{S_1} \mathbf{J} \cdot d\mathbf{s} + \int_{S_2} \mathbf{J} \cdot d\mathbf{s} + \int_{S_3} \mathbf{J} \cdot d\mathbf{s} + \cdots = 0 \tag{4.22b}$$

위 식에서 등호 왼쪽의 각 항은 각 면을 통과하는 전류에 해당한다([그림 4-3] 참조).

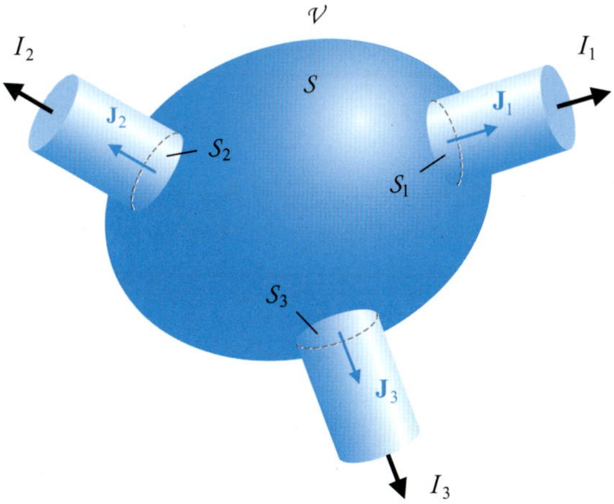

[그림 4-3] 키르히호프 법칙

이러한 전류들을 이용해 식 (4.22b)를 다시 쓰면 우리는 키르히호프 전류법칙을 유도할 수 있다.

$$\sum_i I_i = 0 \tag{4.23}$$

이것은 한 접합으로부터 흘러 나가는 모든 전류의 합은 영이 됨을 의미한다.

4.3.1 완화시간

앞의 3장에서 설명한 것처럼 도체에 주입된 알짜 전하는 도체 표면에 분포하여 도체 내의 전기장을 영으로 만들어야 한다. 즉 도체 내에서 $\rho_v = 0$ 그리고 $\mathbf{E} = 0$이다. 도체 내의 알짜 전하가 그 지점에서 사라질 때 걸리는 시간은 연속방정식을 이용하면 쉽게 구할 수 있다. 우선 유전율 ε의 도체 내에 체적 전하 ρ_v를 위치시키는 경우, 이 전하는 가우스 법칙에 따라 전기장을 발생시킨다.

$$\nabla \cdot \mathbf{E} = \frac{\rho_v}{\varepsilon} \tag{4.24}$$

점형태로 나타낸 옴의 법칙인 $\mathbf{J} = \sigma \mathbf{E}$를 이용하면 위 식을 다음과 같이 표시할 수 있다.

$$\nabla \cdot \mathbf{J} = \frac{\sigma}{\varepsilon}\rho_v \tag{4.25}$$

여기서 전도도 σ는 균질의, 등방의, 선형성의 물체 내에서 상수로 주어진다.

식 (4.25)와 식 (4.20)을 비교하면 다음의 식을 얻을 수 있다.

$$\frac{\partial \rho_v}{\partial t} + \frac{\sigma}{\varepsilon}\rho_v = 0 \tag{4.26}$$

위 식을 풀어서 ρ_v의 일반해를 구한 후 초기 조건 $\rho_v(t = 0) = \rho_o$를 적용하면 다음의 결과식을 얻을 수 있다.

$$\rho_v(t) = \rho_o e^{-(\sigma/\varepsilon)t} \tag{4.27}$$

알짜 전하는 도체 내에서 시간에 따라 사방으로 분산되는데, 초기 전하 ρ_o는 시간에 따라 지수적으로 감소한다. 이때 초기 값에 대해 $1/e$(혹은 36.8%)로 줄어드는 시간을 **완화시간**(relaxation time)이라 한다. 식 (4.27)로부터 완화시간은 다음과 같이 정의된다.

$$\tau = \frac{\varepsilon}{\sigma} \quad [\text{s}] \tag{4.28}$$

예를 들어, 구리에서 $\sigma = 5.80\times10^{7}$ [S/m]와 $\varepsilon \cong \varepsilon_0 = 8.854\times10^{-12}$ [F/m]를 식 (4.28)에 대입하면 완화시간이 $\tau = 1.53\times10^{-19}$ [s]로 계산되는데, 이 값은 전기자기학의 그 어떤 값들보다 작은 값이다.

여기서 완화시간은 알짜 전하가 도체 내부에서 표면으로 이동하는 시간이 아니라는 점에 주의해야 한다. 식 (4.25)의 양변을 미소 체적 Δv로 곱하면, 식 오른쪽은 전하 $\rho_v \Delta v$가 시간 시간 ε/σ 동안에 완화되는 양을 나타내고, 왼쪽은 미소 체적 Δv 밖으로의 전류를 나타낸다. 즉, 완화시간은 유도된 전류 펄스의 크기와 연관이 있지만, 전하의 이동 속도와는 전혀 무관하다.

이 전류 펄스가 시간 영역에서 직사각형 형태를 띠고 $\mathbf{a}_R$-방향으로 진행한다고 가정했을 때 ε/σ는 시간 영역에서의 펄스의 폭이고, $\rho_v \Delta v \sigma/\varepsilon$은 펄스의 크기를 나타낸다. 비록 이 전류 펄스는 도체 내에서 진공 중의 빛의 속도와 비슷한 속도로 이동하지만, 펄스 내의 전도전자는 약 10^{-4} [m/s]의 표류속도를 가지고 매우 느리게 움직인다. 예를 들면, 펄스 전방 1 [m]에 존재하는 전도전자들은 약 $1/c$ [s]의 시간이 흐른 후에야 움직이기 시작할 것이다. 이러한 전류 펄스가 도체 표면에 도달하여 알짜 전하를 표면에 전달하면 비로소 정상상태에 도달한다.

유제 4.6 호박(amber)의 유전상수가 2.7이고 비저항(resistivity)이 5×10^{14} [$\Omega\cdot$m]라고 할 때 완화시간을 구하라.

Ans 3.3 h

유제 4.7 구리와 은의 완화시간 사이의 비를 구하라.

Ans $\tau_{Cu}/\tau_{Ag} = 1.06$

복습문제

Q4.11 연속방정식을 설명하라. **A** 식 (4.20)

Q4.12 정적조건에서의 연속방정식을 설명하라. **A** 식 (4.21)

Q4.13 키르히호프 전류법칙을 설명하라. **A** 식 (4.23)

Q4.14 도체의 완화시간을 설명하라. **A** 식 (4.28)

Q4.15 완화시간이 전류 펄스의 폭을 결정하는가? **A** 식 (4.28)

Q4.16 유전율이 커지면 완화시간이 증가하는가? **A** [그림 3-24]

4.4 경계면에서의 정전류

전류밀도는 하나의 벡터장을 형성하는데, 헬름홀츠 정리에 의해 주어진 영역에서 다이버전스와 컬이 주어지면 유일한 해를 구할 수 있다. 식 (4.21)에 주어진 연속방정식은 **J**의 다이버전스를 정의한다.

$$\nabla \cdot \mathbf{J} = 0 \tag{4.29}$$

이 식은 주어진 영역에 존재하는 물체에 관계없이 항상 성립한다.

그 다음, 정전기학의 기본 법칙인 $\nabla \times \mathbf{E} = 0$와 점형태 옴 법칙 $\mathbf{J} = \sigma\mathbf{E}$를 결합하여 다음의 식을 얻는다.

$$\nabla \times \frac{\mathbf{J}}{\sigma} = 0 \tag{4.30}$$

여기서 전도도 σ를 컬 연산자 밖으로 보낼 수 없는데, 그 이유는 σ가 위치에 따라 달라질 수 있기 때문이다. 더 나아가 σ는 서로 다른 두 도체의 경계면에서 갑자기 변할 수도 있다.

식 (4.29)와 (4.30)은 정전류에 대한 두 기본식이다. 이들은 다이버전스 정리와 스토크스 정리를 이용하면 다음과 같은 적분형태로 표시된다.

$$\oint_S \mathbf{J} \cdot d\mathbf{s} = 0 \tag{4.31a}$$

$$\oint_C (\mathbf{J}/\sigma) \cdot d\mathbf{l} = 0 \tag{4.31b}$$

식 (4.31a)의 폐곡면 S와 식 (4.31b)의 폐곡선 C는 어떤 관계도 없이 서로 무관하다. 식 (4.31b)의 전도도 σ는 만약 C가 서로 다른 전도도의 도체들을 통과한다면 적분 기호 밖으로 빠져나올 수 없다.

E와 **D**의 경계면 조건을 구할 때와 동일한 절차를 사용하여, 전도도 σ_1과 σ_2의 두 도체 사이의 경계면에서 **J**의 경계면 조건을 다음과 같이 구할 수 있다.

$$J_{1n} = J_{2n} \tag{4.32a}$$

$$\frac{J_{1t}}{\sigma_1} = \frac{J_{2t}}{\sigma_2} \tag{4.32b}$$

여기서 아래 첨자 n과 t는 각각 법선성분과 접선성분을 나타낸다. 위 식에 따르면 **J**의 법선성분은 경계면에서 연속이지만, 접선성분은 연속적이지 않다.

예제 4-3

평면 $z = 0$는 [그림 4-4]에서와 같이 두 손실 유전체 사이의 경계면에 해당한다. 영역 $z \le 0$에서 $\mathbf{J}_1 = b\mathbf{a}_y + c\mathbf{a}_z$ [A/m²]인 경우 다음을 구하라.

(a) 영역 $z \ge 0$에서의 $\mathbf{J}_2$

(b) $\mathbf{E}_1$과 $\mathbf{E}_2$

(c) 경계면에 유도된 면 전하밀도

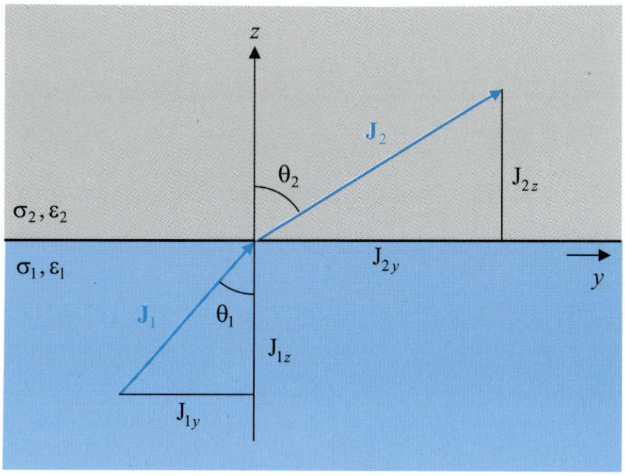

[그림 4-4] 두 물체를 통과해 흐르는 정전류

풀이

(a) 영역 $z \ge 0$에서의 일반해를 $\mathbf{J}_2 = J_{2y}\mathbf{a}_y + J_{2z}\mathbf{a}_z$로 가정하고, 경계면 조건을 $\mathbf{J}_1$과 $\mathbf{J}_2$에 적용하면 다음과 같다.

$$J_{2y} = \frac{\sigma_2}{\sigma_1} b \qquad \text{(접선성분)}$$

$$J_{2z} = c \qquad \text{(법선성분)}$$

이들 성분을 조합하여 아래의 결과식을 얻는다.

$$\mathbf{J}_2 = \frac{\sigma_2}{\sigma_1} b\mathbf{a}_y + c\mathbf{a}_z$$

(b) 점형태 옴 법칙을 이용하면 두 영역에서의 전기장을 구할 수 있다.

$$\mathbf{E}_1 = \frac{\mathbf{J}_1}{\sigma_1} = \frac{b}{\sigma_1}\mathbf{a}_y + \frac{c}{\sigma_1}\mathbf{a}_z$$

$$\mathbf{E}_2 = \frac{\mathbf{J}_2}{\sigma_2} = \frac{b}{\sigma_1}\mathbf{a}_y + \frac{c}{\sigma_2}\mathbf{a}_z$$

(c) 경계면에서 **D**의 법선성분은 다음과 같이 주어진다.

$$D_{1z} = \varepsilon_1 E_{1z} = \varepsilon_1 \frac{c}{\sigma_1}$$

$$D_{2z} = \varepsilon_2 E_{2z} = \varepsilon_2 \frac{c}{\sigma_2}$$

경계면에서 **D**의 법선성분은 경계면에 면 전하밀도를 유도한다.

$$\rho_S = D_{2z} - D_{1z} = c\left(\frac{\varepsilon_2}{\sigma_2} - \frac{\varepsilon_1}{\sigma_1}\right) \quad [\text{C/m}^2] \tag{4.33}$$

위 식에 의하면, 정전류가 경계면을 통과해 흐르면 경계면에 면 전하가 쌓인다. 이때 면 전하밀도는 두 물체의 완화시간 사이의 차이에 직접적으로 비례한다.

유제 4.8 [그림 4-4]의 σ_1과 σ_2 사이의 비를 θ_1과 θ_2를 이용해 표시하라.

Ans $\sigma_1 / \sigma_2 = \tan\theta_1 / \tan\theta_2$

유제 4.9 무한히 긴 원통 도선이 z-축에 따라 놓여 있을 때 원통대칭, 병진대칭, 절반 회전대칭성에 의해 그 내부의 전류밀도는 $\mathbf{J} = J_\phi(\rho)\mathbf{a}_\phi + J_z(\rho)\mathbf{a}_z$ 형태로 예상되지만 결국 **J**는 도선 내부에서 균일하다는 것을 보여라.

Ans $\nabla \times (\mathbf{J}/\sigma) = 0$

따라서 **J**는 균일하고 상수이다.

복습문제

Q4.17 **J**에 관한 두 기본식은 무엇인가? — **A** 식 (4.29), (4.30)

Q4.18 **J**에 대한 경계면 조건을 설명하라. — **A** 식 (4.32a), (4.32b)

Q4.19 도체-도체 경계면에 유도되는 면 전하는 **D**의 어떤 성분과 연관이 있는가? — **A** 식 (4.33)

4.5 전하완화 원리

정전류가 매우 긴 직선의 도선에 흐를 때 식 (4.29)와 (4.30)에 주어진 두 기본식과 대칭성을 고려하면 전기장은 도선 내에서 균일하고 도선에 평행인 방향으로 형성되어야 한다. 여기에 더하여 전기장의 경계면 조건에 의하면 도선 바깥에서 전기장은 영이 아니고, 도선 표면에 전하가 유도되어야 한다. 그렇다면 여기서 한 가지 의문이 드는데, 도선 내에서 도선 표면으로 향하는 전기장 혹은 전류가 없음에도 불구하고 도선의 표면에 전하가 유도되고 또한 유지되는 이유는 무엇인가? 이는 **전하완화**(charge relaxation)로 설명할 수 있다. 이 원리에 따르면 도선 내의 전도전류는 전극에 쌓여 있는 전하들이 완화시간 동안 제자리에서 모두 이탈하여 도체 내의 전속을 따라 움직이는 것으로 설명할 수 있다.

우선 하나의 전극으로부터 출발한 정전류가 서로 다른 도체 사이의 경계면을 향해 흐르는 경우를 생각해 보자([그림 4-5] 참조). 문제를 간단히 하기 위해 점형태의 전극이 직각좌표계의 점 $(0,\ -a,\ b)$에 위치하고, 평면 $y = 0$는 전도도가 각각 σ_1과 σ_2인 두 도체 사이의 경계면에 해당한다고 가정한다. 점 전극에서의 알짜 전하는 항상 q [C]으로 유지되는데, 이 전하는 완화시간 ε_1/σ_1 동안에 도체 내로 모두 퍼져 나가 크기가 $q(\varepsilon_1/\sigma_1)^{-1}$ [C/s]인 정전류를 발생시킨다. 전극 전하는 전기장과 정전류를 두 도체 내에 발생시키는데, 경계면 조건과 연속방정식에 따르면 $\mathbf{E}$의 접선성분과 $\mathbf{J}$의 법선성분은 도체 사이 경계면에서 연속이어야 한다. 여기서 전극 전하의 이미지 전하를 도체 2에서 가정하면 이들 두 조건을 쉽게 만족시킬 수 있다.

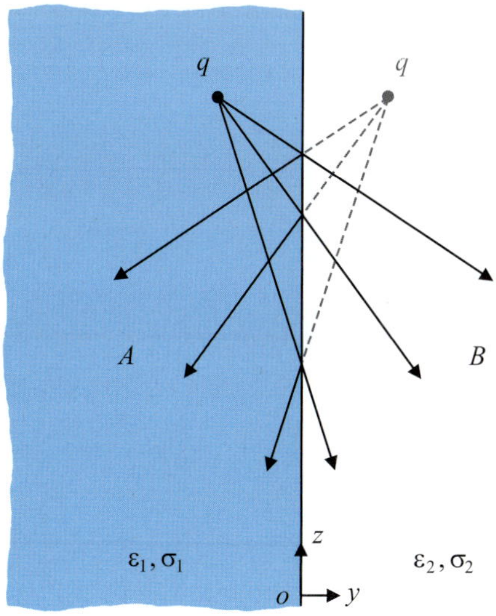

[그림 4-5] 점 전극의 전하 q와 이것의 이미지 전하 (회색 점)가 전하완화 원리에 따라 두 도체 내에 정전류를 발생시킨다.

도체 2 내에 이미지 전하 q가 점 $(0,\ a,\ b)$에 위치한다고 가정한다. 그 다음, 도체 1에서의 전속은 원천 전하(전극 전하)와 이미지 전하로부터 발생한 전속들의 합이고, 도체 2에서의 전속은 이미지 전하를 무시하고 전적으로 원천 전하에 의해 발생된다고 가정한다. 이것을 수식으로 표시하면 다음과 같다.

$$\mathbf{D}_1 = \frac{q}{4\pi}\left[\frac{x\mathbf{a}_x + (y+a)\mathbf{a}_y + (z-b)\mathbf{a}_z}{[x^2 + (y+a)^2 + (z-b)^2]^{3/2}} + A\frac{x\mathbf{a}_x + (y-a)\mathbf{a}_y + (z-b)\mathbf{a}_z}{[x^2 + (y-a)^2 + (z-b)^2]^{3/2}}\right] \tag{4.34a}$$

$$\equiv \mathbf{D}_1^s + \mathbf{D}_1^i$$

$$\mathbf{D}_2 = \frac{q}{4\pi}B\frac{x\mathbf{a}_x + (y+a)\mathbf{a}_y + (z-b)\mathbf{a}_z}{[x^2 + (y+a)^2 + (z-b)^2]^{3/2}} \tag{4.34b}$$

$$= B\,\mathbf{D}_1^s$$

여기서 A와 B는 차후에 결정될 상수들이다. $\mathbf{D}_1^s$와 $\mathbf{D}_1^i$는 도체 1에서의 전속밀도인데 각각 식 (4.34a)의 브라켓 안의 첫째와 둘째 항을 나타낸다. 여기서 위 첨자 s와 i는 각각 원천 및 이미지 전하를 의미한다.

식 (4.34a)와 (4.34b)의 전속선은 [그림 4-5]에 표시되었다. 그림에서 보듯이 전속선이 원천 전하에서 발생하여 경계면을 향해 전진한 후 경계면에서 반사하는 형태로 생각할 수 있다. 수학적으로, 경계면 $y = 0$에서의 $\mathbf{D}_1$과 $\mathbf{D}_2$의 법선성분들을 $\mathbf{D}_1^s$의 법선성분만을 이용하여 표시할 수 있다. 여기서 $\mathbf{D}_1^s$는 오직 원천 전하에 의해 발생한 전속밀도이다. 식 (4.34a)와 (4.34b)를 이용하면 경계면 좌우에서의 전속밀도의 법선성분은 다음과 같이 표시될 수 있다.

$$D_{1n} = \mathbf{D}_1\big|_{y=0} \bullet \mathbf{a}_n = (1 - A)\,D_{1n}^s \tag{4.35a}$$

$$D_{2n} = \mathbf{D}_2\big|_{y=0} \bullet \mathbf{a}_n = B D_{1n}^s \tag{4.35b}$$

여기서 n은 법선성분을 나타내고, 단위벡터 $\mathbf{a}_n = \mathbf{a}_y$인데 경계면에 수직이고 원천 전하에 대해 반대 방향으로 향한다. 비슷하게 $\mathbf{D}_1$과 $\mathbf{D}_2$의 접선성분들은 다음과 같이 표시될 수 있다.

$$D_{1t} = (1 + A)\,D_{1t}^s \tag{4.36a}$$

$$D_{2t} = B D_{1t}^s \tag{4.36b}$$

여기서 t는 접선성분을 나타낸다.

전하완화 원리에서 전속의 흐름은 곧 전류의 흐름이므로 식 (4.35)는 $\mathbf{J}$와 $\mathbf{E}$에 대한 경계면 조건을 만족해야 한다. 가우스 법칙에서 총 전속은 총 전하와 동일하므로, 전속밀도에 σ/ε을 곱하면, 즉 **전속밀도를 완화시간으로 나누면 전류밀도가 된다.** 경계면에서 $\mathbf{J}$의 법선성분은 연속임을 이용하여 다음의 식을 얻을 수 있다.

$$\frac{\sigma_1}{\varepsilon_1}(1 - A) = \frac{\sigma_2}{\varepsilon_2}B \tag{4.37a}$$

비슷한 방법으로 식 (4.36)을 이용하여 $\mathbf{E}$의 접선성분은 경계면에서 연속이어야 한다는 것을 이용하여 다음의 식을 얻는다.

$$\frac{1}{\varepsilon_1}(1 + A) = \frac{1}{\varepsilon_2}B \tag{4.37b}$$

두 식을 풀면 다음과 같은 관계식을 구할 수 있다.

$$A = \frac{1 - \sigma_2/\sigma_1}{1 + \sigma_2/\sigma_1} \tag{4.38a}$$

$$B = 2\frac{\varepsilon_2/\varepsilon_1}{1 + \sigma_2/\sigma_1} \tag{4.38b}$$

가우스 법칙에 의하면 경계면에 면 전하가 존재하여야 하는데 이것을 수식으로 표시하면 $\rho_s = D_{2n} - D_{1n}$이다. 식 (4.35a)와 (4.35b)로부터 유도된 면 전하밀도는 다음과 같다.

$$\rho_s = (A + B - 1)D_{1n}^s \tag{4.39}$$

여기서 D_{1n}^s는 경계면에서의 $\mathbf{D}_1^s$의 법선성분인데, 이것은 원천 전하에 의해 발생한 것이고 그 방향은 원천 전하의 반대 방향으로 향한다. A와 B는 "전속계수"로 불리는 상수들로 식 (4.38a)와 (4.38b)같이 주어진다. 식 (4.35b)를 이용하여 식 (4.39)를 다시 쓰면 다음과 같다.

$$\rho_s = \frac{(A + B - 1)}{B}D_{2n} \tag{4.40}$$

여기서 D_{2n}은 경계면에서의 $\mathbf{D}_2$의 법선성분으로 원천 전하의 반대 방향으로 향한다.

이 시점에서 이미지 전하는 경계면에 유도되는 면 전하를 잘 설명하므로 더 이상 $\mathbf{J}$와 $\mathbf{E}$에 대한 경계면 조건을 만족시키기 위한 수단으로 사용할 필요가 없다. 지금부터는 두 도체에 유도되는 전기장이 이미지 전하를 제외하고, 원천 전하(전극 전하)와 경계면 전하에 의해 발생한다고 간주한다. 식 (4.34a)의 전기장 $\mathbf{E}_1^i = \mathbf{D}_1^i/\varepsilon_1$은 처음에는 이미지 전하에 의해 발생한다고 간주했으나 지금부터는 식 (4.39) 혹은 (4.40)의 경계면 전하에 의해 발생한다고 간주한다. 대칭성을 고려하면 면 전하밀도 ρ_s에 의해 영역 $y \geq 0$에서 발생한 전기장은 $\mathbf{E}_1^i$의 거울상에 해당한다. 이를 $\overline{\mathbf{E}}_1^i$로 표기하는데, $\mathbf{E}_1^i$의 표현식에서 $y - a$를 $y + a$로 대치하면 쉽게 구할 수 있다. 따라서 영역 $y \geq 0$에서의 총 전기장은 $\mathbf{E}_1^s(y \geq 0) + \overline{\mathbf{E}}_1^i(y \geq 0)$로 주어진다. 이것은 식 (4.34b)에 주어진 $\mathbf{E}_2$, 즉 $\mathbf{D}_2/\varepsilon_2$와 정확히 일치함을 알 수 있다.

유한한 길이의 도선을 2차원에서 모델링하기 위해 너비 $2a$, 높이 $2c$, 그리고 x-방향으로 무한히 긴 도체 평판을 생각해 보자([그림 4-6] 참조). 이 도체 평판 내에 무한히 긴 평행의 직선 필라멘트가 내장되어 있으며 정전류가 한 필라멘트에서 다른 필라멘트로 $-z$-방향으로 흐른다고 가정한다. 이들 필라멘트는 완전도체이고 배터리가 무한대에서 연결되어 있다. 이러한 조건에서 정전류가 흐르더라도 필라멘트에서 전하의 분포는 항상 균일하며, 단위 길이당 전하는 시간에 불변인 상수로 가정한다. 이러한 2차원 모델을 이용하여 전기장, 면 전하밀도, 등전위면 등을 수치해석을 이용해 yz-평면 위에서 구할 것이다.

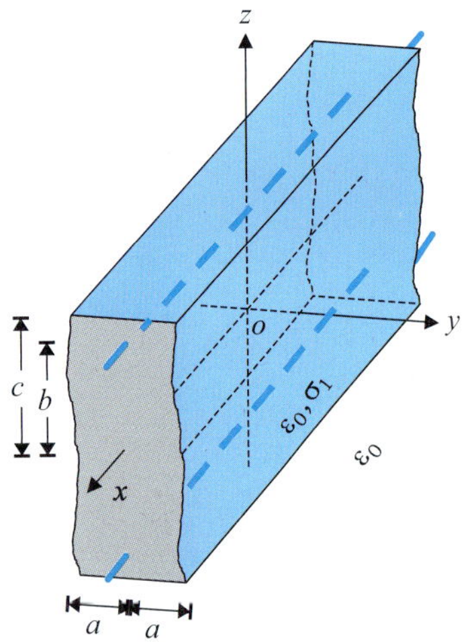

[그림 4-6] 유한한 길이의 도선에 대한 2차원 모델. 두 필라멘트 사이에 정전류가 $-z$-방향으로 흐른다.

두 필라멘트 전극 위의 전하를 각각 $\pm 2\pi$ [mC/m]로 가정하고, $a = 1$ [cm], $b = 9$ [cm], $c = 10$ [cm], $\varepsilon_1 = \varepsilon_0$, 그리고 σ_1은 유한한 값, $\sigma_2 = 0$라고 해보자. 우선 과도상태에서 전극 전하 및 표면 전하에 의해 발생하는 전기장을 쿨롱 법칙을 이용해 평판 표면 위의 점들에서 계산한다. 이러한 전기장은 식 (4.39)에 따라 표면에 새로운 면 전하밀도를 발생시킨다. 이러한 절차를 반복하여 전기장 및 면 전하밀도를 반복 계산할 수 있다. 이때 표면 전하의 분포에 무시할 수준의 변화만이 나타나면 계산을 중단한다.

정상상태에서 표면 전하 분포를 도체 평판의 윗면 중앙으로부터의 거리에 대한 함수로 그리면 [그림 4-7(a)]와 같다. 표면 전하는 도체의 모서리에서는 피크 형태로 주어지지만 도체의 중앙 부근에서는 거의 선형적으로 변한다. 전기장과 전위를 전극 및 표면 전하들로부터 구하여 yz-평면에서 그리면 [그림 4-7(b)]와 같다. 전기장은 도체 내부에서 전극 근처를 제외하고 균일하게 주어진다.

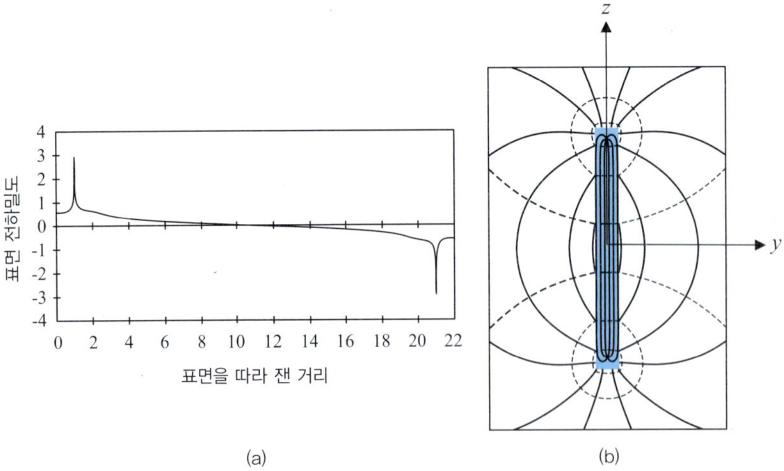

[그림 4-7] (a) 면 전하밀도[c/m^2]를 도체 윗면 중앙에서 아랫면 중앙까지 표면을 따라 잰 거리[m]에 대한 함수로 표시. (b) 전기장선은 실선으로 등전위면은 점선으로 표시됨

예제 4-4

전류밀도가 영역 $z \le 0$에서 $\mathbf{J}_1 = b\mathbf{a}_y + c\mathbf{a}_z$ [A/m^2]로 주어진다([그림 4-4] 참고). 이때 식 (4.39)를 이용하여 경계면에서의 면 전하밀도를 구하여라.

풀이

경계면에서의 $\mathbf{D}_1$의 법선성분은 다음과 같다.

$$D_{1z} = \frac{\varepsilon_1}{\sigma_1}c \tag{4.41a}$$

식 (4.34a)에 따르면, 식 (4.41a)의 전속은 무한대에 놓여 있는 원천과 경계면의 표면 전하에 의한 것이다. 그런데 식 (4.35a)에 따르면 $\mathbf{D}$의 법선성분은 다음과 같이 표시된다.

$$D_{1z} = (1 - A)D_{1n}^{s} \tag{4.41b}$$

두 식 (4.41a)와 (4.41b)를 결합하고 식 (4.39)를 이용하면 면 전하밀도는 다음과 같다.

$$\rho_s = \frac{A + B - 1}{1 - A}\frac{\varepsilon_1}{\sigma_1}c = c\left(\frac{\varepsilon_2}{\sigma_2} - \frac{\varepsilon_1}{\sigma_1}\right) \tag{4.41c}$$

이를 통해 두 식 (4.33)과 (4.41c)의 결과는 동일함을 알 수 있다.

유제 4.10 [그림 4-5]에 보인 공기-도체 경계면에서 전속계수 A와 B를 구하라. 여기서 $\sigma_2 = 0$이고 $\varepsilon_1 = \varepsilon_2 = \varepsilon_0$이다.

Ans $A = 1,\ B = 2$

복습문제

Q 4.20 완화시간 동안의 전하의 완화가 전도전류에 해당하는 이유는? **A** 식 (4.25)

Q 4.21 정전류가 흐르는 도선 표면의 전하들의 원천은 무엇인가? **A** 식 (4.39)

Q 4.22 정전류가 흐르는 도선 내의 전기장이 균일하게 되는 원인은? **A** [그림 4-7]

4.6 저항

유한한 전도도를 가지는 도체를 **저항기** 혹은 **저항**(resistor)이라 부른다. 저항기 양단에 전압이 가해지면 내부에 전기장이 형성되고 따라서 전도전류가 두 전극 사이에서 흐르게 된다. 과도상태에서 전류는 도체 표면을 향해 흐른 후 전하를 축적시킨다. 정상상태에서 전기장은 전극 및 표면 전하들에 의해 형성된다. 전류가 흐르는 도체의 내부에는 알짜 전하가 영이므로 내부 전기장은 두 기본 법칙 $\nabla \cdot \mathbf{D} = 0$와 $\nabla \times \mathbf{E} = 0$를 만족시켜야 한다. 일반적으로 전기장과 전류를 구하기 위해 라플라스 방정식을 풀어야 한다. 하지만 전위에 대한 경계면 조건 혹은 도체 표면에서의 전하 분포를 알지 못하므로 이 방법은 유효하지 않다. 대신 전하완화(4.5절 참조)에 의한 전류 흐름을 수치해석으로 계산하면 도체 내의 전기장과 전류를 구할 수 있다. 일반적으로 도체 내의 정전류는 도체 표면에 평행하게 흐르고, 전기장은 도체 내에서 균일하다고 가정할 수 있다.

일직선의 저항기에 정전류가 흐르면([그림 4-8] 참조) 내부 전류는 균일하고 저항기 표면에 평행이어야 한다. 그렇지 않으면 시간에 따라 표면에 전하가 축적되어 정상상태가 아니기 때문이다. 전기장은 균일하다는 전제하에 두 기본식은 만족되고 또한 양단의 전극 표면에서 경계면 조건이 만족된다. 이때 도체 단면을 통과하는 총 전류는 다음과 같다.

$$I = \int_S \mathbf{J} \cdot d\mathbf{s} = JS = \sigma E S \tag{4.42}$$

여기서 σ는 전도도이고 S는 단면적이다. 전위차에 대한 정의에 의하면 저항기 양단의 전압과 전기장 사이의 관계는 다음과 같다.

$$V_{a\text{-}b} = -\int_b^a \mathbf{E} \cdot d\mathbf{l} = E\ell \tag{4.43}$$

여기서 ℓ은 저항기의 길이이다. 식 (4.42)와 (4.43)을 결합하면 다음과 같은 전압-전류 관계식을 얻을 수 있다.

$$R = \frac{V_{a\text{-}b}}{I} = \frac{\ell}{\sigma S} \quad [\Omega] \tag{4.44}$$

전압과 전류의 비를 **저항**(resistance)이라 부르고 R로 표시한다. 이것은 옴[Ω] 단위로 측정된다. 저항은 또한 ρ로 표시되는 **비저항**(resistivity)을 이용해 다음과 같이 표시할 수 있다.

$$R = \frac{\rho \ell}{S} \quad [\Omega] \tag{4.45}$$

비저항은 전도도의 역수이다. 즉 $\rho = 1/\sigma$로 나타낼 수 있다. 이것은 옴 미터 [Ω·m] 단위로 측정된다. 이때 비저항 ρ를 원통좌표계의 반지름 거리 또는 전하밀도와 혼동하면 안된다.

식 (4.44)로부터 옴 법칙을 유도할 수 있다.

$$V = RI \quad [\text{V}] \tag{4.46}$$

여기서 아래 첨자 $a-b$는 생략되었다. 옴 법칙에 따르면 저항기 양단의 전압은 저항과 전류의 곱이다.

전도율(conductance)은 G로 표기되며 저항 R의 역수이다.

$$G = \frac{1}{R} = \frac{\sigma S}{\ell} \quad [\text{S}] \tag{4.47}$$

전도율은 지멘스 [S] 단위로 측정되고, 전도도는 미터당 지멘스 [S/m] 단위로 측정된다.

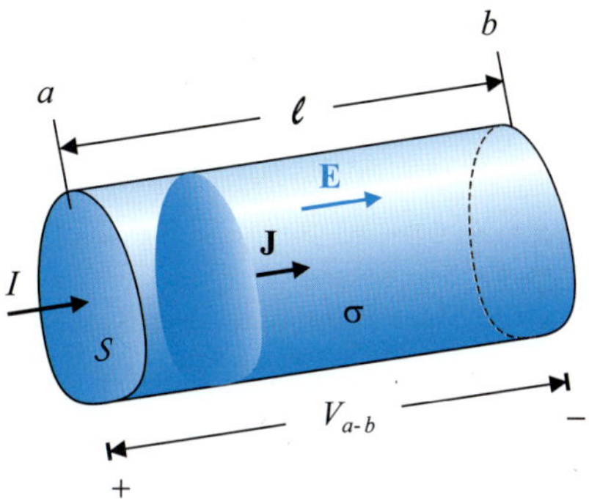

[그림 4-8] 일직선의 저항기

균질 도체의 저항은 경계값 문제를 풀어서 구할 수 있다. 대부분의 경우 다음 절차에 따라 저항을 구할 수 있다.

❶ 도체의 양단에 전위차 V_o를 가정한다.
❷ 좌표계를 선택한다.
❸ 라플라스 방정식을 풀어서 V를 구한다.
❹ 식 $\mathbf{E} = -\nabla V$로부터 전기장을 구한다.
❺ 식 $\mathbf{J} = \sigma\mathbf{E}$로부터 전류밀도를 계산하고 총 전류 I를 계산한다.
❻ 식 $R = V_o/I$로부터 저항을 구한다.

예제 4-5

전도도 σ의 도체가 직각사각형 형태의 단면을 가진 반원 형태의 저항기로 만들어졌고([그림 4-9(a)] 참조), 동일한 재질로 만들어진 또 다른 일직선의 저항기는 동일한 단면적 및 체적을 가진다고 할 때([그림 4-9(b)] 참조) 두 저항기의 저항을 구하라.

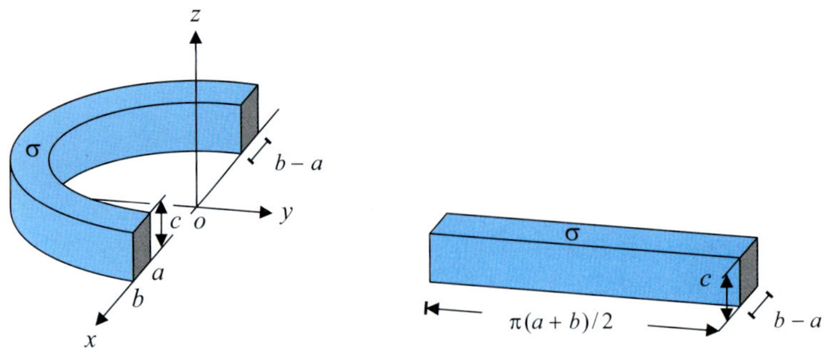

(a) (b)

[그림 4-9] 두 저항기의 단면적 및 체적은 동일하다.

풀이

(a) 반원의 형태를 고려하여 상수 ϕ의 평면을 등전위면으로 가정하면 경계면 조건이 저절로 만족된다. 평면 $\phi = \pi$에서의 전위를 $V = V_o$, 평면 $\phi = 2\pi$에서의 전위를 $V = 0$로 가정한다. 이때 라플라스 방정식은 다음과 같이 간단히 나타낼 수 있다.

$$\frac{d^2V}{d\phi^2} = 0$$

이것의 일반해를 상수 c_1과 c_2를 이용해 표시하면 다음과 같다.

$$V = c_1\phi + c_2 \tag{4.48a}$$

위 식에 경계면 조건을 적용하여 다음의 식을 쓴다.

$$V(\phi = \pi) = V_o = \pi c_1 + c_2$$
$$V(\phi = 2\pi) = 0 = 2\pi c_1 + c_2$$

이들을 풀어서 c_1과 c_2를 구하면 전위는 다음과 같다.

$$V = -\frac{V_o}{\pi}\phi + 2V_o$$

그 다음, 전기장과 전류밀도를 다음과 같이 구한다.

$$\mathbf{E} = -\nabla V = \frac{V_o}{\rho\pi}\mathbf{a}_\phi \tag{4.48b}$$

$$\mathbf{J} = \sigma\mathbf{E} = \frac{\sigma V_o}{\rho\pi}\mathbf{a}_\phi \tag{4.48c}$$

위의 전기장은 등전위면인 저항기 끝면에 수직이고 도체 표면에 평행으로 주어지므로 경계면 조건을 만족시킨다. 따라서 이것은 유일해이다.

저항기 내의 총 전류는 다음과 같다.

$$I = \int_S \mathbf{J} \cdot d\mathbf{s} = \int_{\rho=a}^{\rho=b} \int_{z=0}^{z=c} \frac{\sigma V_o}{\rho\pi} \mathbf{a}_\phi \cdot (dz\, d\rho\, \mathbf{a}_\phi) = \frac{\sigma V_o}{\pi} c \ln(b/a) \tag{4.48d}$$

따라서 반원 형태 저항기의 저항은 다음과 같다.

$$R_1 = \frac{V_o}{I} = \frac{\pi}{\sigma c \ln(b/a)} \tag{4.48e}$$

(b) 균일한 내부 전기장은 이 경계값 문제의 유일한 해이다. 따라서 식 (4.44)로부터 이 저항기의 저항을 다음과 같이 구할 수 있다.

$$R_2 = \frac{\ell}{\sigma S} = \frac{\pi(a+b)}{2\sigma c(b-a)} \tag{4.48f}$$

수치해석을 이용하면 두 저항 사이에 $R_2 > R_1$의 관계가 있음을 증명할 수 있다.

유제 4.11 스펙 No. 10 AWG로 주어지는 구리 도선의 지름이 2.588 [mm]이고 저항은 3.277 [Ω/km]로 등록되어 있다. 이 저항 값을 계산하라.

유제 4.12 주어진 한 도선의 길이가 ℓ 에서 2ℓ이 되도록 늘려졌다. 이때 체적은 동일하다고 가정하고 새로운 도선의 저항 값을 기존 저항 값과 비교하라.

Ans $R_{new} = 4R$

복습문제

Q 4.23 전도도를 이용해 저항을 표시하라. **A** 식 (4.44)

Q 4.24 옴 법칙을 설명하라. **A** 식 (4.46)

Q 4.25 저항과 비저항을 구별하여 설명하라. **A** 식 (4.45)

Q 4.26 전도도와 전도율을 구별하여 설명하라. **A** 식 (4.47)

4.7 전력 손실과 줄의 법칙

도체가 외부 전기장 내에 놓이면 도체의 자유전자들은 충돌과 충돌 사이의 시간 동안 가속된 후 격자 원자와 충돌하여 무작위 방향으로 산란된다. 이러한 가속과 충돌이 발생하는 동안 전자들은 전기장으로부터 운동 에너지를 얻고 이것을 다시 열 에너지로 방출한다. 전기장 입장에서 보면 전기장의 포텐셜 에너지가 전자의 운동 에너지로 변환된 후 열로 사라지는 것과 같다.

회론이론에서 전력은 전압과 전류의 곱이라는 것을 배워 알고 있을 것이다. 이 절에서는 전력이 에너지와 힘 사이의 일반적인 관계식에 의해 설명될 수 있음을 보인다. 전기장 $\mathbf{E}$가 하나의 자유전자에 전기력을 가하여 이것을 미소 거리 $d\mathbf{l}$ 만큼 이동시키는 경우에 대해 살펴보자. 만약 전자의 변위가 매우 짧은 시간 dt 동안에 발생했다면 전자에 전달된 전력은 다음과 같이 주어진다.

$$p = \frac{e\mathbf{E} \cdot d\mathbf{l}}{dt} = e\mathbf{E} \cdot \boldsymbol{v} \quad [\mathrm{W}] \tag{4.49}$$

여기서 e는 전자의 전하이고, $\boldsymbol{v} = d\mathbf{l}/dt$는 전자의 표류속도이다. 이때 e가 음수이므로 $\boldsymbol{v}$는 $\mathbf{E}$의 정반대 방향으로 향한다. 그리하여 미소 체적 dv 내의 전자들에 전달된 총 전력은 다음과 같다.

$$\begin{aligned} dP &= (n\,dv)p = (n\,dv)e\mathbf{E} \cdot \boldsymbol{v} \\ &= \mathbf{E} \cdot \mathbf{J}\,dv \end{aligned} \quad [\mathrm{W}] \tag{4.50}$$

여기서 n은 자유전자의 체적 밀도이고, $\mathbf{J}$는 전류밀도를 나타낸다. 따라서 체적 $\mathcal{V}$ 내에서 소모되는 총 전력은 다음과 같다.

$$P = \int_{\mathcal{V}} \mathbf{E} \cdot \mathbf{J}\,dv \quad [\mathrm{W}] \tag{4.51}$$

이것을 **줄의 법칙**(Joule's law)이라 한다. 전력은 와트 [W] 혹은 단위 시간당 줄로 표시된다.

식 (4.51)을 고려하여 체적 전력밀도를 다음과 같이 정의할 수 있다.

$$\frac{dP}{dv} = \mathbf{E} \cdot \mathbf{J} \quad [\mathrm{W/m^3}] \tag{4.52}$$

이것을 **점형태** 혹은 **미분형태의 줄의 법칙**이라 한다.

식 (4.51)의 줄의 법칙은 좀더 익숙한 형태, 즉 $P = VI$로 변환될 수 있다. 직선 형태의 도선에서 미소 체적은 $dv = d\ell\,ds$로 표시되는데, 여기서 $d\ell$은 도선 방향으로의 미소 거리이고, ds 미소 단면적이다.

전기장이 도선 방향으로 향하며 도선 내에서 균일하므로 식 (4.51)을 다음과 같이 다시 쓸 수 있다.

$$P = \int_{\mathcal{V}} \mathbf{E} \cdot \mathbf{J}\, dv = \left(\int_{L} E\, d\ell\right)\left(\int_{S} J\, ds\right) = VI \quad \text{[W]} \tag{4.53}$$

옴의 법칙 $V = IR$을 식 (4.53)에 대입하면 그 유명한 **옴 전력 손실**(ohmic power loss)에 대한 표현식을 유도할 수 있다. 이는 저항 R에서 소모된 전력을 의미한다.

$$P = I^2 R \quad \text{[W]} \tag{4.54}$$

예제 4-6

슬로우 블로우 타입(slow-blow type)의 은 퓨즈에 정격 전류보다 두 배 큰 전류가 흐르면 이 퓨즈는 10초 이내에 회로를 차단해야 한다. 금속 은의 밀도는 10.49 [g/cm^3]이고, 비저항이 1.59×10^{-8} [Ω·m], 비열(specific heat)이 0.233 [J/g·K], 녹는 점이 1235 [K]이다. 이러한 계수들이 온도에 무관하다고 가정하여 정격 전류 20 [A]의 은 퓨즈의 지름을 구하라.

풀이

은 퓨즈의 단면적이 S [m^2]이고 길이가 ℓ [m]로 가정해보자. 이때 퓨즈의 온도를 상온 293K에서 녹는점 1235 [K]까지 올리는 데 필요한 열 에너지는 다음과 같다.

$$\begin{aligned} W_T &= 0.233\left[\frac{\text{J}}{\text{g}\cdot\text{K}}\right] \times 10.49\left[\frac{\text{g}}{\text{cm}^3}\right] \times (S \times \ell \times 10^6)\ [\text{cm}^3] \times (1235 - 293)\ [\text{K}] \\ &= (S\ell) \times 2.30 \times 10^9\ [\text{J}] \end{aligned}$$

저항 R에서 DC 전류 40 [A]가 10초 동안 흐를 때 소모되는 전기 에너지는 다음과 같다.

$$W_E = I^2 R \times 10\ [\text{s}] = 40^2 \times \frac{1.59 \times 10^{-8} \ell}{S} \times 10 = 2.54 \times 10^{-4} \frac{\ell}{S}\ [\text{J}]$$

위의 두 값 W_T와 W_E는 동일해야 하므로 다음의 식을 얻을 수 있다.

$$S^2 = (\pi D^2 / 4)^2 = 1.10 \times 10^{-13}$$

그러므로 은 퓨즈의 지름은 다음과 같다.

$$D = 0.65\ [\text{mm}]$$

예제 4-7

점 전하 Q [C]이 시간 $t = 0$에서 전도도 σ의 도체 구 중심에 놓였다. 이 전하가 완화되면서 두께 $(\varepsilon_0/\sigma)c$의 구 껍질 형태로 시간에 따라 퍼져 진행한다. 이 두께는 완화시간과 빛의 속도의 곱이다([그림 4-10] 참조).

(a) 구 내의 **J**와 **E**를 R과 t에 대한 함수로 표시하라.

(b) 구 내에서 소모된 총 에너지를 구하라.

(c) (b)의 결과는 $t = 0$에서의 전하의 포텐셜 에너지와 $t = \infty$에서의 표면 전하의 포텐셜 에너지 사이의 차이임을 보여라.

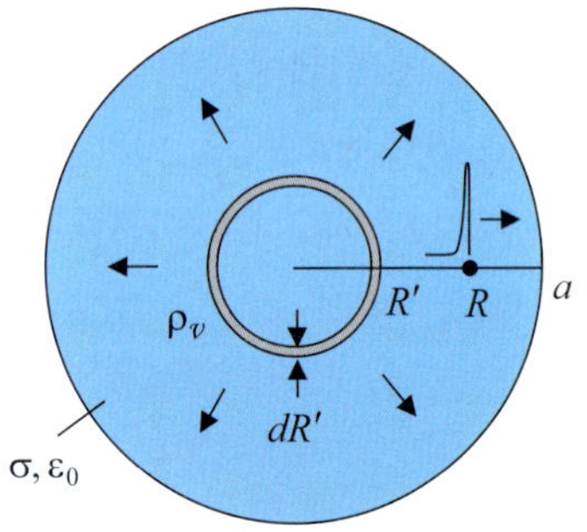

[그림 4-10] 점 전하의 시간에 따른 완화는 구 껍질 형태의 전류 펄스를 만드는데 이것은 도체 구 내에서 빛의 속도로 진행한다.

풀이

(a) 시간에 따른 전하의 완화는 다음과 같이 주어진다.

$$q(t) = Q\,e^{-(\sigma/\varepsilon_0)t}$$

관계식 $I = -dq/dt$를 이용하면 구 껍질의 반지름이 R'일 때의 전류밀도를 다음과 같이 구할 수 있다.

$$\mathbf{J}(R') = \mathbf{a}_R \frac{I}{4\pi R'^2} = \mathbf{a}_R \frac{\sigma Q}{4\pi\varepsilon_0 R'^2} e^{-(\sigma/\varepsilon_0)t'}$$

도체 구 중앙에서 전류 펄스가 발생하기 시작하는 시점은 $t = 0$이고, 거리 R'의 지점에 전류 펄스가 도달한 시점은 $t' = 0$로 가정한다. 따라서 위 식은 고정된 위치 R'에서 시간에 따라, 즉 $t' \geq 0$일 때 전류가 어떻게 변하는 지를 보여줄 따름이다. 실제로 어떤 위치 R에서는 시간이 R/c [s] 만큼 지난 후에 비로소 전류 펄스가 도착한다.

따라서 일반적으로 도체 구 내에서 전류 펄스의 **J**는 다음과 같이 표시된다.

$$\mathbf{J}(R, t) = \mathbf{a}_R \frac{\sigma Q}{4\pi\varepsilon_0 R^2} e^{-(\sigma/\varepsilon_0)[t - R/c]} \qquad (R/c \le t < \infty) \tag{4.55a}$$

예를 들어, 고정된 위치 R_o에서, 위 식은 반지름이 R_o인 구를 통과하는 전류가 시간 $t = R_o/c$에서부터 시작하여 시간에 따라 어떻게 변하는 지를 보여준다. 또한 고정된 시간 $t_o = R_o/c$에서, 위 식은 영역 $R \le R_o$에서 전류가 공간상에서 어떻게 분포하는 지를 보여준다. 이때 전류 펄스는 구 중심 방향으로 지수적으로 감소한다.

결론적으로 점형태 옴 법칙을 사용하면 도체 구 내의 전기장은 다음과 같이 주어진다.

$$\mathbf{E}(R, t) = \frac{\mathbf{J}}{\sigma} = \mathbf{a}_R \frac{Q}{4\pi\varepsilon_0 R^2} e^{-(\sigma/\varepsilon_0)[t - R/c]} \qquad (R/c \le t < \infty) \tag{4.55b}$$

(b) 도체 구 내에서 소모된 총 에너지는 다음의 일반식으로 표시된다.

$$W = \int_T \int_{\mathcal{V}} \mathbf{E} \cdot \mathbf{J} \; dv\, dt$$

여기서 t는 0에서부터 ∞까지의 값을 가지며, $\mathcal{V}$는 두께 $(\varepsilon_0/\sigma)c$ [m]인 구 껍질 형태의 전류 펄스의 체적이다. 위 식을 이용하면, 전류 펄스가 반지름이 R인 구를 통과할 때 체적 $4\pi R^2 dR$의 얇은 구 껍질 내에서 소모되는 미소 에너지를 다음과 같이 구할 수 있다.

$$\begin{aligned}\Delta W &= \int_{t=R/c}^{t=\infty} (4\pi R^2 dR)\sigma \left(\frac{Q}{4\pi\varepsilon_0 R^2} \right)^2 e^{-2(\sigma/\varepsilon_0)[t - R/c]} \, dt \\ &= \frac{Q^2}{8\pi\varepsilon_0 R^2} dR\end{aligned}$$

여기서 식 (4.55a)와 (4.55b)가 사용되었다. 구 껍질 형태의 펄스는 그 꼬리가 $t = \infty$까지 펼쳐지므로 위 식에서 적분 영역의 끝은 완화시간 $t = \varepsilon_0/\sigma$가 아니라 $t = \infty$이다.

ΔW를 도체 구 내에서 적분하면 소모된 총 에너지를 구할 수 있다.

$$\begin{aligned}W &= \int_{R=\delta}^{R=a} \Delta W \\ &= \lim_{\delta \to 0} \frac{Q^2}{8\pi\varepsilon_0} \left(\frac{1}{\delta} - \frac{1}{a} \right)\end{aligned} \tag{4.55c}$$

여기서 δ는 구 중심에 위치한 특이점을 제외하고 W를 계산하기 위해 사용된다.

(c) 시간 t = 0에서 전하는 모두 구 중심에 몰려 있다. [유제 3.39]의 결과를 이용하면 구 중심의 점 전하 Q의 포텐셜 에너지는 다음과 같다.

$$W_1 = \lim_{\delta \to 0} \frac{Q^2}{8\pi\varepsilon_0 \delta} \tag{4.55d}$$

정상상태(t = ∞)에서 전하는 모두 구 표면에 균일하게 분포하는데 이때의 포텐셜 에너지는 다음과 같다.

$$W_2 = \frac{Q^2}{8\pi\varepsilon_0 a} \tag{4.55e}$$

두 에너지 차이 $W_1 - W_2$는 도체에서 소모된 에너지, 즉 식 (4.55c)의 W와 정확하게 일치한다.

유제 4.13 스펙 No. 10 AWG인 구리 도선의 정격 전류가 30 [A]이다([유제 4.11] 참조). 이 도선의 킬로 미터당 최대 전력 소모를 구하라.

Ans 2.95 [kW]

유제 4.14 110 [V]와 220 [V]의 두 전압원이 동일한 저손실 도선을 통해 동일한 부하에 동일한 전력을 공급한다. 두 도선에서 다음 값들 사이의 비를 구하라.

(a) 전류

(b) 소모된 전력

Ans (a) $I_{110} / I_{220} = 2$, (b) $P_{110} / P_{220} = 4$

유제 4.15 두 저항이 (a) 병렬 혹은 (b) 직렬로 연결되어 있을 때 소모된 총 전력이 각각의 저항에서 소모된 전력들의 합인가?

Ans (a) 예, (b) 예

복습문제

Q4.27 줄의 법칙을 설명하라 — **A** 식 (4.51)

Q4.28 옴 전력 손실에 대한 표현식을 쓰라. — **A** 식 (4.53), (4.54)

Q4.29 높은 전압이 전력 전송에 더 유리한 이유는? — **A** [유제 4.14]

4.8 D와 J 사이의 유사성

유전율은 유전체의 특성을 표시하는 파라미터이고, 전도도는 도체의 특성을 표시하는 파라미터이다. 유전율 ε, 전도도 σ의 물체 내부에 전기장이 존재하면 전속밀도는 유전율에 의해 전기장과 연관되고, 전류밀도는 전도도에 의해 전기장과 연관된다.

$$\mathbf{D} = \varepsilon \mathbf{E} \tag{4.56a}$$

$$\mathbf{J} = \sigma \mathbf{E} \tag{4.56b}$$

또한 **D**의 폐면적분은 내부의 총 전하 Q에 해당하고, **J**의 폐면적분은 밖으로의 총 전류에 해당한다. 이것을 수학적으로 표시하면 다음과 같다.

$$\oint_S \mathbf{D} \cdot d\mathbf{s} = Q \tag{4.57a}$$

$$\oint_S \mathbf{J} \cdot d\mathbf{s} = I \tag{4.57b}$$

경계면 조건에 의하면 **D**와 **J**는 모두 도체 표면에 수직으로 주어져야 한다. 이러한 상황으로부터 **D**, ε, Q는 각각 **J**, σ, I와 유사하다는 것을 알 수 있다.

두 도체가 손실 유전체에 둘러싸여서 DC 전압원에 연결되어 있는 경우를 살펴보자([그림 4-11] 참조).

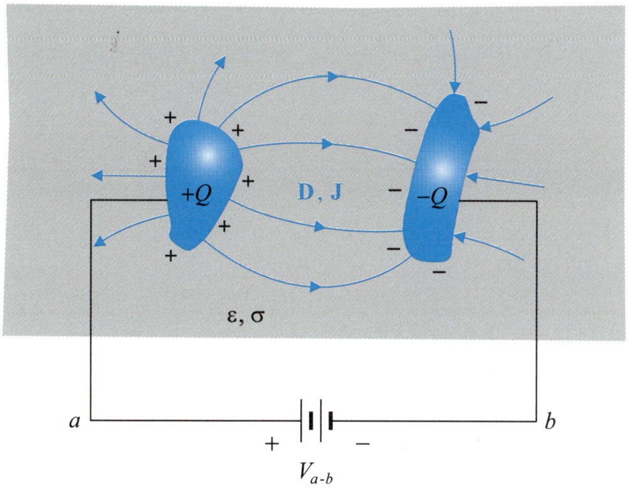

[그림 4-11] D와 J 사이의 유사성

D와 **J** 사이의 유사성으로부터 두 도체 사이의 정전용량과 누출저항 사이의 관계식을 유도할 수 있다. 이 식을 이용하면 알려진 저항으로부터 정전용량을 찾아내거나 혹은 그 반대의 경우에 매우 유용하게 사용될 수 있다.

두 도체 사이의 전위차는 다음과 같이 표시된다.

$$V_{a\text{-}b} = -\int_b^a \mathbf{E} \cdot d\mathbf{l} \tag{4.58}$$

식 (4.57b)와 (4.58)를 이용하여 두 도체 사이의 누출저항을 다음과 같이 표시할 수 있다.

$$R = \frac{V_{a\text{-}b}}{I} = \frac{-\int_b^a \mathbf{E} \cdot d\mathbf{l}}{\oint_S \mathbf{J} \cdot d\mathbf{s}} \tag{4.59}$$

그 다음, 식 (4.57a)와 (4.58)을 이용하여 두 도체 사이의 정전용량을 다음과 같이 표시한다.

$$C = \frac{Q}{V_{a\text{-}b}} = \frac{\oint_S \mathbf{D} \cdot d\mathbf{s}}{-\int_b^a \mathbf{E} \cdot d\mathbf{l}} \tag{4.60}$$

단순매질에서는 ε과 σ가 상수이므로 식 (4.59)와 (4.60) 사이의 곱하기에 식 (4.56)을 사용하면 다음의 식을 얻을 수 있다.

$$RC = \frac{\varepsilon}{\sigma} \tag{4.61}$$

두 도체를 포함하는 시스템에서 누출저항과 정전용량을 곱한 값은 두 도체 사이에 존재하는 물질의 완화시간과 동일하다. 위 식은 알려진 정전용량으로부터 누출저항을 구하거나 그 반대의 경우에 매우 유용하게 사용된다.

관계식 $R = 1/G$를 사용하여 식 (4.61)을 다시 쓰면 다음과 같다.

$$\frac{C}{G} = \frac{\varepsilon}{\sigma} \tag{4.62}$$

주목할 것은, 식 (4.61)과 (4.62)는 서로 다른 두 유전체 사이의 경계면이 존재하는 경우에는 사용할 수 없다는 점이다.

예제 4-8

동축 축전기가 유전율 ε, 전도도 σ의 손실 유전체로 채워져 있을 때 단위 길이당 누출저항을 구하라. 여기서 안쪽, 바깥쪽 원통의 반지름은 각각 a와 b $(a < b)$이다.

풀이

식 (3.151)로부터 동축 축전기의 단위 길이당 정전용량은 다음과 같다.

$$C = \frac{2\pi\varepsilon}{\ln(b/a)} \ [\text{F/m}]$$

식 (4.61)을 이용하면 누출저항은 다음과 같다.

$$R = \frac{\varepsilon}{\sigma}\frac{1}{C} = \frac{\ln(b/a)}{2\pi\sigma} \ [\Omega] \tag{4.63}$$

이 값은 4.6절에서 설명한 R의 계산 절차에 따라 계산한 값과 정확하게 일치한다.

유제 4.16 정전용량 0.01 [μF]의 평행판 축전기의 갭은 $\varepsilon_r = 2.5$, $\sigma = 10^{-3}$ [S/m]의 손실 유전체로 채워져 있다. 이것의 누출저항을 구하라.

Ans 2.2 [Ω]

복습문제

Q 4.30 무슨 이유로 **D**와 **J**의 벡터장선들이 동일한 형태인가? **A** 식 (4.56)

Q 4.31 **D**와 **J** 사이의 유사성에 대해 설명하라. **A** [그림 4-11]

Q 4.32 정전용량과 누출저항 사이의 관계를 설명하라. **A** 식 (4.61)

연습문제

전류 및 전류밀도

4.1 전류밀도가 $\mathbf{J} = 0.3\mathbf{a}_y + 0.4\mathbf{a}_z$ [A/cm^2]로 주어질 때 [그림 4-12]와 같이 $\rho = 2$ [cm], $0 \le \phi \le \pi$, $0 \le z \le 2$ [cm]로 정의되는 원통면을 통과하는 총 전류를 구하라.

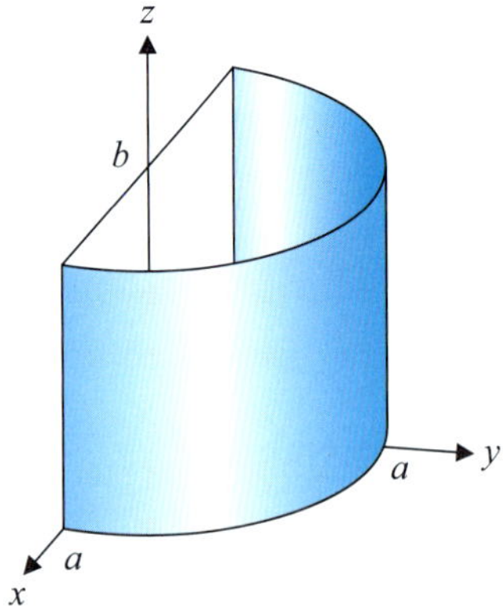

[그림 4-12] 원통면 (문제 4.1)

4.2 전류밀도가 원통좌표계에서 $\mathbf{J} = 20e^{-10\rho^2}\mathbf{a}_z$ [A/m^2]로 주어질 때 [그림 4-13]과 같이 $R = 0.4$ [m], $0 \le \theta \le 50°$, $0 \le \phi \le 2\pi$로 정의되는 구면을 통과하는 총 전류를 구하라.

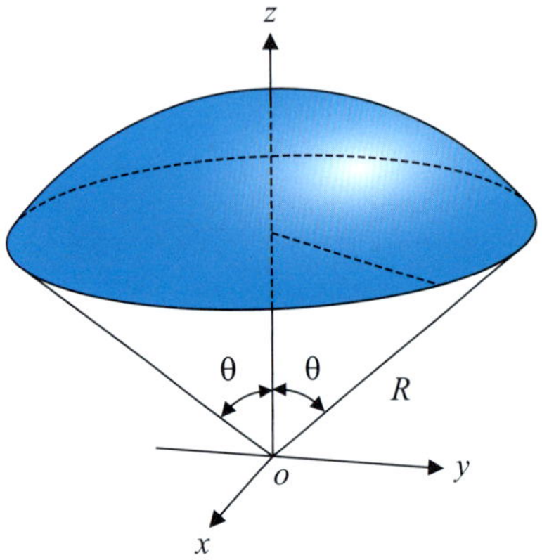

[그림 4-13] 구면의 일부분 (문제 4.2, 문제 4.3)

4.3 전류밀도가 $\mathbf{J} = 6\cos(\rho^2)\mathbf{a}_z$ [A/m^2]로 주어질 때 [연습문제 4.2]에 주어진 구면을 통과하는 총 전류를 구하라. **HINT** 연속방정식

4.4 지름이 3 [mm]인 구리 도선에 정전류 1.6 [A]가 흐를 때 구리 도선에 대해 45° 기울어진 단면을 통과하는 단위 시간당 전도전자의 수를 계산하라.

전도도

4.5 길이가 10 [mm]이고 단면이 직사각형 4 [mm] × 2 [mm]인 실리콘 막대는 300 [K]일 때 $\mu_e = 0.14\,[\text{m}^2/\text{V}\cdot\text{s}]$, $\mu_h = 0.045\,[\text{m}^2/\text{V}\cdot\text{s}]$, 그리고 $n_e = n_h = 1.0\times10^{16}\,[\text{m}^{-3}]$이다. 이 막대 양단의 전위차가 5 [V]일 때 다음 값을 구하라.

(a) 전도도

(b) 총 전류

(c) 저항

(d) 소모된 전력

4.6 진성 실리콘이 소량의 도너로 도핑되었을 때 온도 300 [K]에서 전자 밀도가 10% 증가하였다. 알려진 파라미터 값들을 이용하여 전도도가 얼마나 증가했는지 계산하라.

저항

4.7 반지름 a, 전도도 σ_1의 원통 도선이 전도도 σ_2의 도체로 코팅되어 외부 반지름이 $\rho = b$가 되었다고 할 때([그림 4-14] 참조), 두 매질에서의 전류가 동일한 값을 갖게 되는 반지름 b를 구하라.

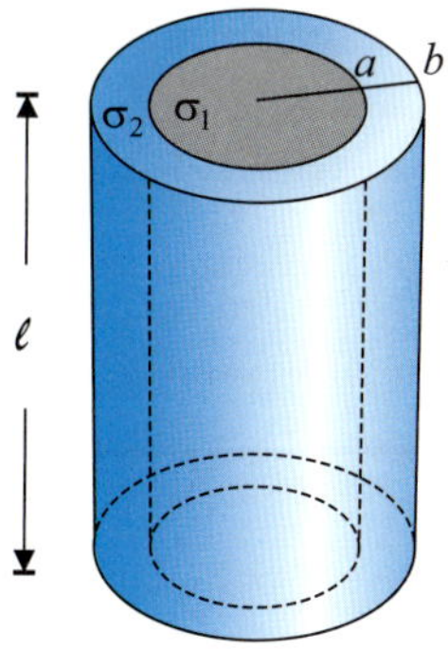

[그림 4-14] 코팅된 원통 도선 (문제 4.7, 문제 4.14)

연습문제

4.8 길이 10 [cm]의 동축 저항기는 안쪽, 바깥쪽 원통의 반지름이 각각 $a = 5$ [cm], $b = 6$ [cm]이고 그 갭이 전도도 $\sigma = 7 \times 10^4$ [S/m]의 흑연으로 채워졌다. 두 원통면 사이의 저항을 라플라스 방정식을 풀어서 구하라.

4.9 [연습문제 4.8]의 동축 저항기의 안쪽, 바깥쪽 원통면이 각각 전위 10 [V], 0 [V]를 띠고 있다. 그 갭에서 식 $\nabla \cdot \mathbf{E} = 0$를 풀어서 저항을 구하라.

4.10 전도도 σ의 옴 매실이 [그림 4-15]에서처럼 인쪽, 비깥쪽 반지름이 각각 a, b인 반 구 껍질을 형성한다. 두 반 구면 사이의 저항을 구하라.

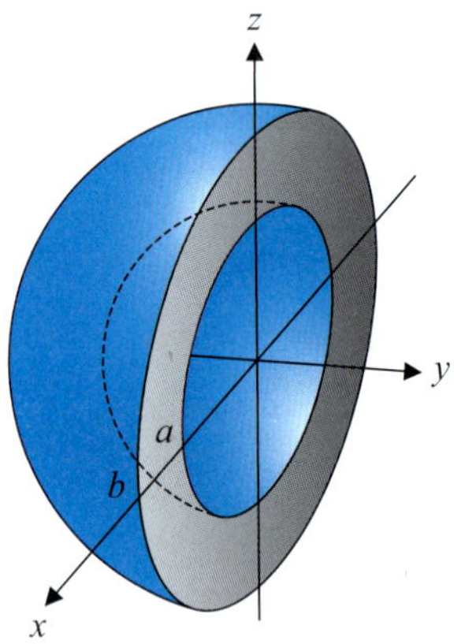

[그림 4-15] 옴 매질로 채워진 반 구 껍질 (문제 4.10)

4.11 탄소 합성물이 지름 2.4 [mm], 길이 6.7 [mm]의 원통을 형성한다. 만약 이것의 저항이 1 [MΩ]일 때 이 합성물의 전도도를 구하라.

4.12 구리의 전도도는 섭씨 온도 T에 따라 $\sigma = \sigma_o[1 + \alpha(T - T_o)]^{-1}$으로 변한다. 여기서 $\sigma = 5.8 \times 10^7$ [S/m], $T_o = 20°\text{C}$, $\alpha = 0.0039°$ [C^{-1}]이다. 길이가 10 [m]이고 지름이 0.2 [mm]인 구리 도선의 저항을 다음의 조건에서 구하라.

(a) $T = -30°\text{C}$

(b) $T = 40°\text{C}$

4.13 동축 축전기의 갭이 [그림 4-16]에서처럼 두 손실 유전체로 채워져 있다. 이것이 V_o [V]의 배터리에 연결되었을 때 다음 값을 구하라.

(a) 전류밀도

(b) $\rho = a$, $\rho = b$, $\rho = c$에서의 면 전하밀도

(c) 저항

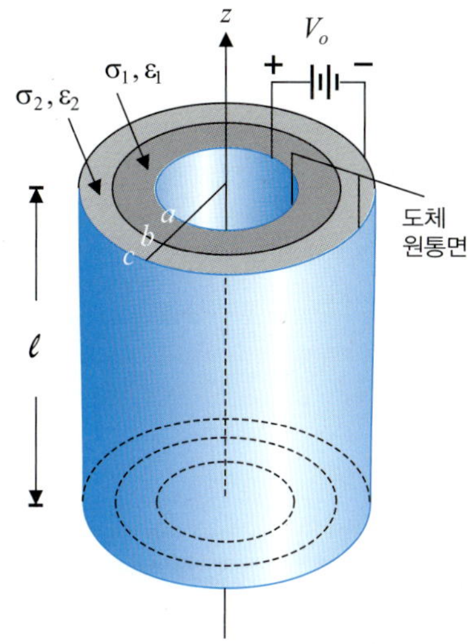

[그림 4-16] 두 손실 유전체로 채워진 동축 축전기 (문제 4.13, 문제 4.15)

4.14 [그림 4-14]에 보인 코팅된 도선에 대해 두 영역의 저항이 동일할 때의 외부 반지름 b를 구하라.

4.15 [그림 4-16]에 보인 두 겹 원통에서 $\rho = a$와 $\rho = c$에 위치한 전극면을 제거한 후 새로이 원통 위와 아래에 원반 형태의 전극을 붙여서 저항기를 완성하였다. 이것의 저항을 구하라.

4.16 면적 S인 두 평행 도체판이 각각 $z = d$와 $z = 0$ 평면에 놓여 있으며, 각각 전위 $V = V_o$와 $V = 0$를 띠고 있다. 두 도체 사이 공간이 전도도 $\sigma = \sigma_o[1 + (z/d)]^{1/2}$의 비균질 물질로 채워져 있다. 가장자리에서의 전기장 휘어짐을 무시하고 전류밀도, 전기장, 저항을 구하라.

연습문제

4.17 원뿔 형태의 도체가 전도도 σ이고, 구면 형태의 양단이 완전도체로 코팅되었다([그림 4-17] 참조). 이때 정전류는 도체의 모양에 맞추어 흐른다. 즉 $\mathbf{J}$가 양단의 전극면에 수직이고 원뿔면에 평행일 때 다음 값을 구하라.

(a) 양단 구면 전극의 곡률 반지름

(b) 양 전극 사이의 저항

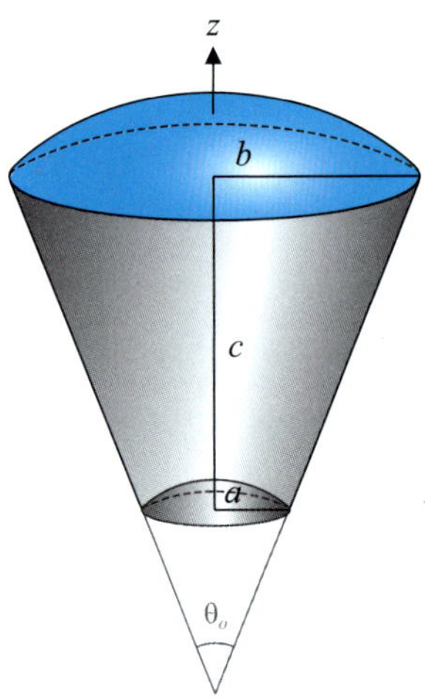

[그림 4-17] 정전류가 원뿔 형태 도체에 흐름 (문제 4.17)

경계면 조건

4.18 평면 $z = 0$는 두 손실 유전체 사이의 경계면에 해당한다(영역 $z < 0$에서 σ_1와 ε_1이고, 영역 $z > 0$에서 σ_2와 ε_2이다). 영역 $z < 0$에서 전류밀도가 $\mathbf{J}_1 = 2\mathbf{a}_y + 3\mathbf{a}_z\,[\mathrm{A/m^2}]$일 때 다음 값을 구하라.

(a) 영역 $z > 0$에서 $\mathbf{J}_2$

(b) 모든 영역에서 $\mathbf{E}$

(c) 경계면에서 ρ_s

4.19 두 평행 도체 평판 사이의 공간이 [그림 4-18]에서와 같이 서로 다른 손실 유전체로 채워져 있다. 가장자리 현상을 무시하고 다음 값을 구하라.

(a) 전위차 V_o를 가정하고 갭에서의 $\mathbf{J}$와 $\mathbf{E}$

(b) 면 전하밀도 ρ_{so}, ρ_{s1}, ρ_{s2}

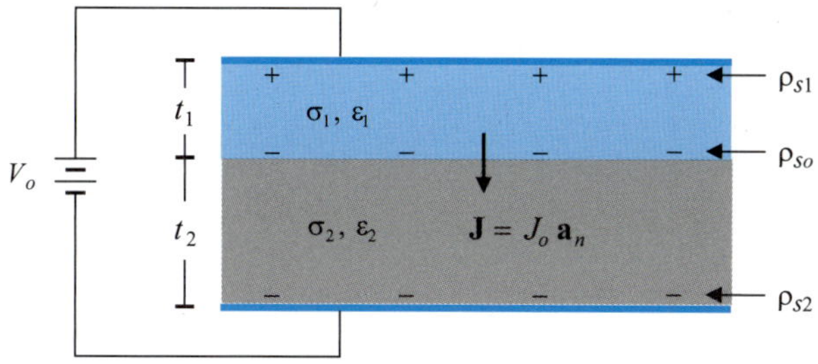

[그림 4-18] 두 손실 유전체로 채워진 평행 평판 (문제 4.19, 문제 4.24, 문제 4.25)

전하완화

4.20 한 도선이 전도도 σ, 유전율 ε을 가지며 그 양 끝에 매우 가는 필라멘트가 연결되어 있다. 필라멘트에 연결된 배터리에 의해 도선 양 끝의 접점에 항상 전하 $\pm q$ [C]이 유지된다. 도선에 흐르는 전류를 구하라.

4.21 유전상수 $\varepsilon_r = 10$의 물체 내에서 알짜 전하 q [C/m^3]가 1 [ns] 동안에 $0.01q$로 감소한다면 이 물체의 전도도는?

4.22 완화시간은 부도체의 성능을 평가하는 지표로 사용될 수 있다. 다음 중 더 좋은 부도체는 무엇인가?

① $\varepsilon_r = 81$, $\sigma = 10^{-3}$ [S/m]의 증류수

② $\varepsilon_r = 4$, $\sigma = 10^{-4}$ [S/m]의 건조한 모래

4.23 구리 구의 반지름이 0.2 [m]인데 1 [C]으로 충전된 후 매우 가는 니크롬선(반지름 1 [mm], 전도도 6.70×10^5 [S/m])을 통해 접지되었다. 방전 중에도 전하는 구 표면에 균일하게 분포한다고 가정하고 니크롬선에 흐르는 과도 전류를 구하라.

연습문제

4.24 [그림 4-18]과 같은 두 평행 평판 사이에 전류밀도가 $\mathbf{J} = J_o \mathbf{a}_n$일 때 식 (4.40)을 이용하여 두 손실 유전체 사이 경계면에서 면 전하밀도를 구하라.

4.25 [그림 4-18]의 두 평행 평판의 전도도가 σ_0 ($< \sigma_1$)이고 유전율이 ε_1이다. 두 평판 사이 공간에서의 전류밀도가 $\mathbf{J} = J_o \mathbf{a}_n$일 때 식 (4.40)을 이용하여 위 평판에서의 면 전하밀도 ρ_{s1}을 구하라. 위 평판의 전위가 아래 평판보다 높음에도 불구하고 이것이 음 전하로 충전되어 있음을 확인하라.

CHAPTER

05

정자기학

Magnetostatics

로렌츠 힘 5.1
비오-사바르 법칙 5.2
암페어 법칙 5.3
자속밀도 5.4
벡터 자기포텐셜 5.5
자기 쌍극자 5.6
자성체 5.7
유도용량 및 인덕터 5.8
자기 에너지 5.9
자기력 및 자기 회전력 5.10
연습문제

들어가기 전에

3장에서는 정전기학에 초점을 맞추어 정적 전하 분포에 의해 유전체에 유도되는 전기장과 전속밀도, 그리고 이에 관련된 여러 전기 현상을 다루었다. 이 장에서는 정전류 분포에 의해 자성체에 유도되는 자기장과 자속밀도, 그리고 이에 관련된 여러 자기 현상에 대해 논의할 것이다. 전기장에 관련된 여러 법칙들이 쿨롱 법칙과 중첩의 원리에 기초하고 있는 것처럼 자기장에 관련된 여러 법칙들은 비오-사바르 법칙과 중첩의 원리에 기초하고 있다.

전기장과 자기장 사이에는 유사성이 존재한다. 전속밀도와 전기장이 유전율에 의해 $\mathbf{D} = \varepsilon\mathbf{E}$의 관계를 갖는 것처럼, 자속밀도와 자기장도 **투자율**(permeability)에 의해 $\mathbf{B} = \mu\mathbf{H}$로 나타낼 수 있다. 이러한 유사성은 정자기학의 개념을 이해하는 데 어느 정도 도움을 줄 수는 있지만, 정자기학을 공부할 때 이에 지나치게 의존해서는 안 된다. 예를 들면, 전하에 작용하는 전기력은 **E**와 연관이 있고, 움직이고 있는 전하에 작용하는 자기력은 **B**와 연관이 있다. 또한 유전체에서 **D**가 정의되는 것처럼, 자성체에서 정의되는 **H**는 자유전류에 연관이 있을 뿐 자성체의 유무와는 무관하다. 물리적 관점에서 보면 **B**와 **H**는 각각 **E**와 **D**에 연관되어 있다.

자성(magnetism)은 철 조각 등을 끌어당기는 로드스톤(lodestone)의 고유한 특성으로, 고대인들에 의해 발견되었다. 로드스톤은 천연 자성을 띠는 철광석 조각이며, 번개의 영향을 받아 자성을 띤다는 의견이 있다. 이들은 주로 고대 도시 마그네시아 근처에서 발견되었다. **자석**(magnet)은 마그네시아의 돌이라는 그리스어에서 유래되었다. 오랜 시간 동안, 자성은 전기와 무관하다고 여겨졌다. 그러나 1819년에 한스 크리스천 에르스텟(Hans Christian Oersted)은 전류가 흐르는 도선 근처에서 나침반의 바늘이 움직이는 것을 발견하여 자기장과 전기장 사이의 연관성을 처음으로 밝혀냈다. 즉 전기장이 하나의 도선에 전류를 흐르게 하면 그 전류에 의해 자기장이 발생된다는 것이다. 그러나 정자기장은 정전기장을 발생시키지 못하기 때문에 정전기장과 정자기장 사이의 상호 관련이 없다. 6장에서는 시간에 따라 변하는 **B**가 시간에 따라 변하는 **E**를 발생시킨다는 것을 배우게 되는데, 이때 비로소 자기장과 전기장의 연관성을 완벽하게 이해할 수 있다.

정자기장에 대한 논의는 비오–사바르 법칙에서 출발하는데, 이 법칙에 따르면 **정전류**(steady current) 혹은 **직류 전류**(direct current)는 정자기장을 발생시킨다. 가우스 법칙이 쿨롱 법칙의 특별한 경우라면, 암페어 법칙은 비오–사바르 법칙의 특별한 경우임을 배운다. 암페어 법칙은 주어진 문제의 형상이 어떤 대칭성을 띨 때 매우 유용하게 이용된다. 외부에서 인가된 자기장과 자성 물질과의 상호작용을 설명하기 위해 **자기화 벡터**(magnetization vector)라는 개념을 적용해야 한다. 이를 통해 물질 내의 자기장 벡터 $\mathbf{H}$가 새로이 정의되며 암페어 법칙은 그 물질에 흐르는 자유전류에만 연관성을 갖게된다. 이 장에서는 정자기장에 대한 두 기본식 $\nabla \cdot \mathbf{B} = 0$와 $\nabla \times \mathbf{H} = \mathbf{J}$로부터 서로 다른 자성체 사이의 경계면에서 $\mathbf{B}$와 $\mathbf{H}$에 대한 경계면 조건을 유도하고 논의한다. 그 다음, 계속해서 **유도용량**(inductance), **자기 에너지**(magnetic energy), **회전력**(torque) 등에 대해 논한다.

5.1 로렌츠 힘

전하 q는 그것이 정지해 있던지 움직이던 지에 관계없이 전기장 $\mathbf{E}$ 내에서 전기력의 영향을 받게 된다.

$$\mathbf{F}_e = q\mathbf{E} \quad [\mathrm{N}] \tag{5.1}$$

여기서 전기장이 단위 전하에 작용하는 전기력으로 정의되는 것처럼, **자속밀도**(magnetic flux density)는 단위 전하가 단위 속도로 움직일 때 받는 힘으로 정의된다. 실험 관찰에 의하면 자속밀도 $\mathbf{B}$ 내에서 전하 q가 속도 $\boldsymbol{v}$로 움직일 때 받는 **자기력**(magnetic force)은 다음과 같이 표시된다.

$$\mathbf{F}_m = q\boldsymbol{v}\times\mathbf{B} \quad [\mathrm{N}] \tag{5.2}$$

자속밀도는 태슬라 [T] 혹은 제곱 미터당 웨버 [$\mathrm{Wb/m^2}$]로 표시된다.

전하 q가 전기장 $\mathbf{E}$와 자기장 $\mathbf{B}$ 내에서 $\boldsymbol{v}$의 속도로 움직인다면 그 전하에 작용하는 힘은 다음과 같다.

$$\mathbf{F} = \mathbf{F}_e + \mathbf{F}_m = q(\mathbf{E} + \boldsymbol{v}\times\mathbf{B}) \quad [\mathrm{N}] \tag{5.3}$$

이것을 **로렌츠 힘의 식**(Lorentz force equation)이라 한다. 전기력 $\mathbf{F}_e$는 전하의 움직임과 아무런 관련이 없지만, 자기력 $\mathbf{F}_m$은 오직 움직이는 전하에만 작용한다.

여기서 $\mathbf{F}_m$은 항상 전하가 움직이는 방향에 수직이므로 비록 전하가 자기력에 의해 움직이더라도 자기 에너지는 소모되지 않는다. 다시 말해 $\mathbf{B}$에 저장된 에너지가 전하의 운동 에너지로 변환되지 않는다. 즉 **자기 에너지는 일을 하지 않는다.** 자기장은 전하의 속력을 변화시키지 않고 단지 전하가 움직이는 방향을 바꾼다.

예제 5-1

균일한 자속밀도가 존재하는 상태에서($\mathbf{B} = B_o\mathbf{a}_z$), 하나의 전자가 시간 $t = 0$일 때 속도 $\boldsymbol{v} = v_o\mathbf{a}_y$로 x-축을 통과하고 있다([그림 5-1] 참조). 시간 $t \geq 0$일 때 전자가 그리는 원의 반지름을 구하라.

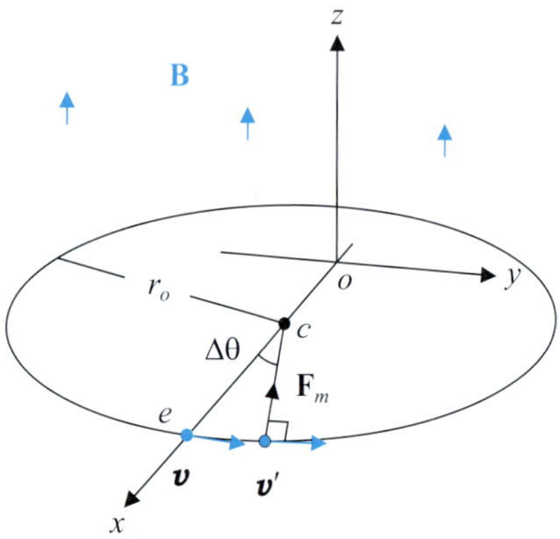

[그림 5-1] 하나의 전자가 $\mathbf{B}$ 내에서 원 운동을 함

풀이

전자에 작용하는 자기력은 다음과 같다.

$$\mathbf{F}_m = e\boldsymbol{v}\times\mathbf{B} \tag{5.4a}$$

여기서 전자의 전하 e는 음수이고, $\mathbf{F}_m$은 xy-평면에서 항상 $\boldsymbol{v}$에 수직이다. 이때 질량 m의 전자에 가해진 가속도는 다음과 같다.

$$\mathbf{a} = \mathbf{F}_m / m \tag{5.4b}$$

여기서 가속도는 $\mathbf{a} = d\boldsymbol{v}/dt$이다. [그림 5-1]에서처럼 인접한 두 점, 즉 $\boldsymbol{v}$의 점과 $\boldsymbol{v}'$의 점 사이의 각도가 $\Delta\theta$이면 수학적 정의에 의해 다음 식을 쓸 수 있다.

$$|\mathbf{a}| = \lim_{\Delta t\to 0}\left|\frac{\boldsymbol{v}' - \boldsymbol{v}}{\Delta t}\right| = \lim_{\Delta t\to 0}\frac{\Delta\theta\, v_o}{\Delta t}$$

$$\frac{|\mathbf{a}|}{v_o} = \frac{\Delta\theta}{\Delta t} \equiv \omega \tag{5.4c}$$

여기서 $|\boldsymbol{v}| = v_o$이고, 각속도 ω는 $\omega\, r_o = v_o$로 정의된다. 식 (5.4a)와 (5.4b)를 식 (5.4c)의 왼쪽 항에 사용하고 관계식 $\omega = v_o / r_o$를 오른쪽 항에 사용하여 원의 반지름을 다음과 같이 구한다.

$$r_o = \frac{m v_o}{|e| B_o} \tag{5.4d}$$

유제 5.1 [그림 5-1]의 전자에 전기장 $\mathbf{E}$를 추가로 가했다고 하자. 시간 $t \geq 0$에서 전자가 직선 운동을 하도록 하려면 $\mathbf{E}$는 어떤 값을 가져야 하나?

Ans $\mathbf{E} = -v_o B_o \mathbf{a}_x$

유제 5.2 [그림 5-1]의 전자에 전기장 $\mathbf{E} = E_o \mathbf{a}_z$를 추가로 가했을 때 전자가 움직이는 길은 어떤 모양인가?

Ans 나선형

복습문제

Q 5.1 자기장의 에너지가 움직이고 있는 전하에 전달되지 않는다는 사실은 어떤 법칙에 기초하는가?

A 식 (5.2)

Q 5.2 로렌츠 힘의 식을 설명하라.

A 식 (5.3)

5.2 비오-사바르 법칙

앞에서 자속밀도는 하나의 벡터장으로서, 움직이는 전하에 작용하는 힘으로 정의하였다. 지금부터는 정전류에 의해 발생하는 또 다른 벡터장, 즉 자기장을 살펴볼 것이다. **비오-사바르 법칙**(Biot-Savart law)에 의하면 직선 토막 $d\mathbf{l}'$에 흐르는 정전류 I에 의해 발생하는 자기장은 다음과 같다.

$$d\mathbf{H} = \frac{I\,d\mathbf{l}' \times \mathbf{a}_{\mathcal{R}}}{4\pi\mathcal{R}^2} \quad [\mathrm{A/m}] \tag{5.5}$$

여기서 $\mathbf{a}_{\mathcal{R}}$은 거리벡터 $\boldsymbol{\mathcal{R}}$의 단위벡터이며, $\boldsymbol{\mathcal{R}}$은 $I\,d\mathbf{l}'$이 위치한 원천점으로부터 $d\mathbf{H}$가 관찰되는 관찰점으로 향하는 벡터이다. 도선의 두께가 무시되면 이것을 지금부터 **필라멘트**라 부른다. 위 식에서 필라멘트 전류 I는 암페어 [A] 단위로 표시되고 자기장은 미터당 암페어 [A/m] 단위로 표시된다.

식 (5.5)의 가위곱은 오른손규칙을 따르지만, 자기장은 어떠한 회전과도 무관하다. 여기서의 가위곱은 하나의 수학적 기호로, 이것은 두 벡터 $d\mathbf{l}'$과 $\mathbf{a}_{\mathcal{R}}$이 포함되는 평면에 수직인 방향이고(오른손규칙을 따름), 그 크기는 이들 두 벡터 사잇각의 사인에 비례한다는 것을 나타낼 뿐이다. 이때 $d\mathbf{l}' \times \mathbf{a}_{\mathcal{R}}$은 관찰점에 위치한 하나의 벡터량이지만 이 표현식에는 원천점에 위치한 벡터 $d\mathbf{l}'$이 포함된다는 사실에 주목해야 한다. 이 가위곱을 $|d\mathbf{l}'|\mathbf{a}_{dl'} \times \mathbf{a}_{\mathcal{R}}$ 형태로 다시 쓰면 이해하기가 쉽다. 이때 단위벡터 $\mathbf{a}_{dl'}$은 단지 방향을 표시하므로 원천점에서 관찰점으로 자유롭게 이동할 수 있다([그림 5-2] 참조).

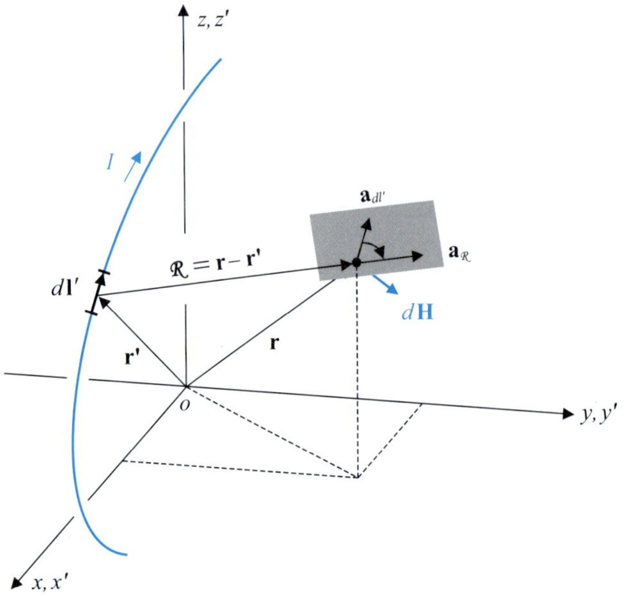

[그림 5-2] 원천점 $\mathbf{r}'$에 놓인 미분전류에 의한 관찰점 $\mathbf{r}$에서의 미분자기장

전기장이 전하로부터 관찰점까지의 거리 제곱에 반비례하는 것처럼, 자기장도 전류토막으로부터 관찰점까지의 거리 제곱에 반비례한다. 또한 전기장과 자기장 모두 원천의 크기에 비례한다. 그러나 전기장이

원천점으로부터 관찰점까지의 거리벡터에 평행인 방향으로 발생되는 반면, 자기장은 거리벡터에 항상 수직인 방향으로 발생된다.

중첩의 원리에 따라 필라멘트 전류 I에 의한 자기장은 모든 전류토막들에 의해 발생한 자기장들의 벡터 덧셈으로 주어진다.

$$\mathbf{H} = \int_{C'} \frac{I\,d\mathbf{l}' \times \mathbf{a}_{\mathcal{R}}}{4\pi \mathcal{R}^2} \quad \text{[A/m]} \tag{5.6}$$

여기서 C'은 적분길이며 전류 I가 흐르는 필라멘트를 의미한다. 이 적분길에서의 플러스 방향은 곧 전류가 흐르는 방향이다.

4장에서 설명한 것처럼 전류가 3차원 공간에서 전하의 움직임에 의해 발생하는 경우 체적 전류밀도를 이용해 표시하면 매우 편리하다. 체적 전류밀도는 제곱 미터당 암페어로 표시되며, 단위 시간당 단위 면적을 통과하는 전하량으로 정의된다. 비슷한 방법으로, 만약 전류가 한 표면에 퍼져 분포하는 전하들의 움직임에 의한 것이라면 이것을 표면 전류밀도를 이용해 표시하면 편리하다. 표면 전류밀도는 미터당 암페어로 표시되며, 단위 시간당 단위 길이를 통과하는 전하량으로 정의된다.

주어진 공간상의 한 영역에 체적 전류밀도 $\mathbf{J}$ 혹은 표면 전류밀도 $\mathbf{J}_s$가 주어지면 우선 해당 영역을 미소 체적 혹은 미소 면들로 나눈다. 이들의 전류는 미소 체적 혹은 미소 면의 한쪽 치수가 영으로 줄어드는 극한에서 하나의 전류토막으로 취급된다. 따라서 비오–사바르 법칙의 전류토막 $I\,d\mathbf{l}'$은 $\mathbf{J}'dv'$ 혹은 $\mathbf{J}_s'\,ds'$으로 대치될 수 있다. 이를 통해 다음의 등가식을 쓸 수 있다.

$$I\,d\mathbf{l}' = \mathbf{J}'dv' = \mathbf{J}_s'\,ds' \tag{5.7}$$

여기서 미분체적 dv' 혹은 미분면 ds'은 $d\mathbf{l}'$과 마찬가지로 원천점 $\mathbf{r}'$에 그 중심을 두고 있다. 식 (5.7)을 식 (5.6)에 대입하면 유도되는 자기장을 다음과 같이 표시할 수 있다.

$$\mathbf{H} = \int_{v'} \frac{\mathbf{J}' \times \mathbf{a}_{\mathcal{R}}\,dv'}{4\pi \mathcal{R}^2} \quad \text{[A/m]} \tag{5.8}$$

$$\mathbf{H} = \int_{S'} \frac{\mathbf{J}_s' \times \mathbf{a}_{\mathcal{R}}\,ds'}{4\pi \mathcal{R}^2} \quad \text{[A/m]} \tag{5.9}$$

여기서 $\mathcal{R}$ 과 $\mathbf{a}_{\mathcal{R}}$은 각각 거리벡터 $\boldsymbol{\mathcal{R}} = \mathbf{r} - \mathbf{r}'$의 크기와 그 단위벡터를 나타낸다. 여기서 주목할 것은, 식 (5.6), (5.8), (5.9)에서 섞음 좌표계가 사용된다는 것인데, 3차원 공간상에서 프라임 좌표계와 정상 좌표계는 정확하게 서로 일치한다. 만약 어느 적분이 프라임 좌표계에서 이루어진다면 정상 좌표계에서 표시된 모든 값들은 상수로 취급된다. 또한 위 식의 가위곱은 정상 좌표계의 관찰점에서 계산된다는 것을 명심해야 한다.

예제 5-2

무한히 긴 필라멘트가 z-축에 따라 놓여 있고 거기에 정전류 I가 흐른다고 하자([그림 5-3] 참조). 이때 발생되는 자기장 $\mathbf{H}$를 구하라.

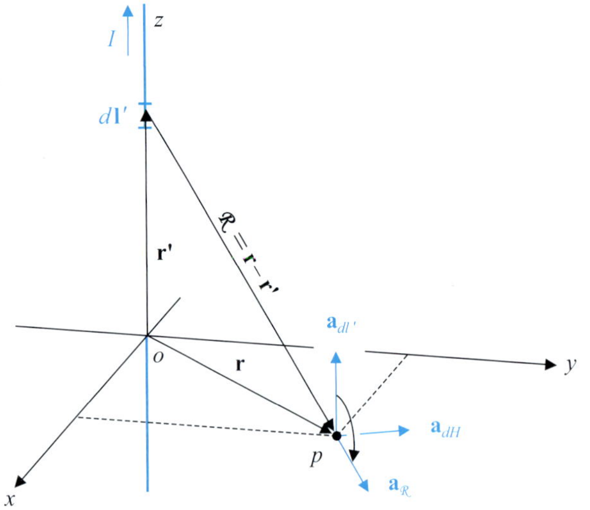

[그림 5-3] 무한히 긴 필라멘트 전류 I

풀이

대칭성을 고려하면 일반적인 관찰점 p가 원통좌표계의 평면 $z = 0$에 위치한다고 가정할 수 있다. 거리벡터를 p에서의 베이스벡터로 표시하면 다음과 같다.

$$\begin{aligned}\mathcal{R} = \mathbf{r} - \mathbf{r}' &= \rho\,\mathbf{a}_\rho - z'\mathbf{a}_{z'} \\ &= \rho\,\mathbf{a}_\rho - z'\mathbf{a}_z\end{aligned}$$

필라멘트를 따라 미분 길이벡터를 다음과 같이 표시할 수 있다.

$$d\mathbf{l}' = dz'\mathbf{a}_z$$

그 다음, 비오-사바르 법칙에 따라 다음과 같이 쓸 수 있다.

$$\begin{aligned}\mathbf{H} &= \int_{z'=-\infty}^{z'=+\infty} \frac{I\,dz'\mathbf{a}_z \times \left(\rho\,\mathbf{a}_\rho - z'\mathbf{a}_z\right)}{4\pi\mathcal{R}^3} \\ &= \frac{I\,\mathbf{a}_\phi}{4\pi}\int_{z'=-\infty}^{z'=+\infty} \frac{\rho\,dz'}{(\rho^2 + z'^2)^{3/2}} = \mathbf{a}_\phi \frac{I\rho}{4\pi}\frac{z'/\rho^2}{\sqrt{\rho^2 + z'^2}}\Bigg|_{z'=-\infty}^{z'=+\infty}\end{aligned} \tag{5.10}$$

여기서 $\mathbf{a}_\phi$가 적분 기호 밖으로 빠져나오는데 그 이유는 z'에 독립적이기 때문이다. 따라서 무한히 긴 필라멘트 전류 I에 의한 자기장은 다음과 같이 주어진다.

$$\mathbf{H} = \frac{I}{2\pi\rho}\mathbf{a}_\phi \quad [\text{A/m}] \tag{5.11}$$

자기장 **H**의 방향과 전류 I의 방향은 오른손규칙을 따른다. 즉 오른손 엄지가 I의 방향을 가리키면 네 손가락은 **H**의 방향으로 회전한다.

[예제 5-2]가 포함하고 있는 대칭성을 살펴보고 이로 인해 **H**의 어떤 특성들이 드러나는 지를 살펴보자. 무한히 긴 필라멘트는 원통 대칭성을 띠고 있고(z-축을 중심으로 회전시켜도 그 모양에 변화가 없음) 또한 z-축을 따라 병진 대칭성을 띠고 있다(z-축을 따라 이동시켜도 변화가 없음). 따라서 유도되는 **H**는 ϕ와 z 좌표에 독립적이어야 한다. 게다가 가위곱 $d\mathbf{l}' \times \mathbf{a}_{\mathcal{R}}$은 항상 $\mathbf{a}_\phi$-방향으로 향한다. 결론적으로 유도되는 **H**는 오직 ϕ-성분만을 가지며 오직 ρ에 대한 함수로 주어져야 한다. 이러한 추리는 식 (5.11)의 결과식과도 일치한다.

유한한 필라멘트가 $z = z_1$에서 $z = z_2$에 펼쳐져 있고, 여기에 정전류 I가 흐르는 경우([그림 5-4] 참조) 이로 인해 발생하는 **H**를 구하는 식을 유도할 것이다. 평면 $z = 0$ 위에서 필라멘트로부터 수직 거리 ρ에 떨어진 점에서의 **H**는 다음과 같이 계산된다.

$$\mathbf{H} = \mathbf{a}_\phi \frac{I}{4\pi\rho}\left(\frac{z'}{\sqrt{\rho^2 + z'^2}} \Bigg|_{z'=z_1}^{z'=z_2} \right) = \mathbf{a}_\phi \frac{I}{4\pi\rho}\left(\frac{z_2}{\sqrt{\rho^2 + z_2^2}} - \frac{z_1}{\sqrt{\rho^2 + z_1^2}} \right) \tag{5.12}$$

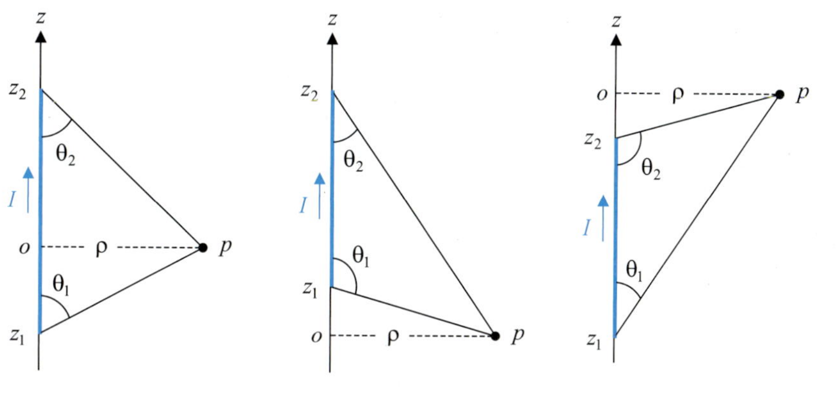

[그림 5-4] 유한한 길이의 필라멘트 전류에 의한 **H**

삼각형 $\Delta p z_1 z_2$의 두 내각 θ_1과 θ_2를 이용하여 위 식을 다시 쓰면 다음과 같다.

$$\mathbf{H} = \frac{I}{4\pi\rho}\left[\cos\theta_1 + \cos\theta_2\right]\mathbf{a}_\phi \quad [\text{A/m}] \tag{5.13}$$

위 식은 평면 $z = 0$를 기준으로 점 z_1과 z_2의 상대적인 위치에 무관하다. **H**의 방향은 오른손규칙을 따른다. 즉 오른손 엄지가 전류 I의 방향을 가리키면 네 손가락은 **H**의 방향으로 회전한다.

식 (5.13)의 $\mathbf{H}$는 비회전장이 아니다. 즉 $\nabla \times \mathbf{H} \neq 0$이며 이는 주어진 $\mathbf{H}$가 실제의 자기장이 아님을 의미한다. 그럼에도 불구하고 식 (5.13)은 폐곡선을 이루는 필라멘트 전류 혹은 무한한 길이의 필라멘트 전류의 일부분에 의한 $\mathbf{H}$를 구하는 데 매우 유용하다. 식 (5.5)의 $d\mathbf{H}$도 비회전장이 아닌데, 이것은 자기장의 점 원천이 존재하지 않음을 의미한다(5.3절 참조).

예제 5-3

무한히 긴 필라멘트가 [그림 5-5]에서처럼 L자 형태로 구부러져 있으며 여기에 정전류 I가 흐른다고 할때, 점 $p:(a,\ b,\ 0)$에서의 $\mathbf{H}$를 구하라.

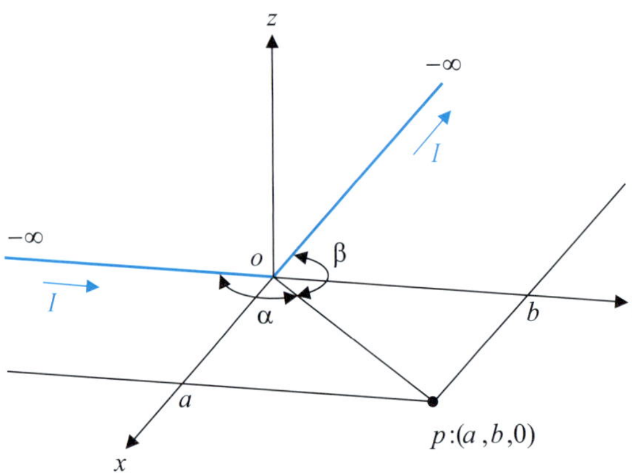

[그림 5-5] L자 형태의 필라멘트에 흐르는 정전류 I

풀이

y-축에 따라 놓여 있는 반 무한의 필라멘트에 대해 $\theta_1 = 0$, $\theta_2 = \alpha$, $\rho = a$를 식 (5.13)에 대입한다.

$$\mathbf{H}_1 = \frac{I}{4\pi a}\left[1 + \cos\alpha\right](-\mathbf{a}_z)$$

비슷한 방법으로, x-축에 따라 놓여 있는 반 무한의 필라멘트에 대해 $\theta_1 = \beta$, $\theta_2 = 0$, $\rho = b$를 이용하여 다음의 식을 얻는다.

$$\mathbf{H}_2 = \frac{I}{4\pi b}\left[\cos\beta + 1\right](-\mathbf{a}_z)$$

위의 $\mathbf{H}_1$과 $\mathbf{H}_2$의 방향은 오른손규칙을 따른다. 그 다음, [그림 5-5]로부터 다음을 구할 수 있다.

$$\cos\alpha = -\sin(\alpha - 90°) = -\frac{b}{\sqrt{a^2 + b^2}}$$

$$\cos\beta = -\sin(\beta - 90°) = -\frac{a}{\sqrt{a^2 + b^2}}$$

그리하여 점 p에서의 자기장은 다음과 같다.

$$\mathbf{H} = \mathbf{H}_1 + \mathbf{H}_2 = \frac{I}{4\pi a}\left[1 - \frac{b}{\sqrt{a^2 + b^2}}\right](-\mathbf{a}_z) + \frac{I}{4\pi b}\left[-\frac{a}{\sqrt{a^2 + b^2}} + 1\right](-\mathbf{a}_z)$$
$$= \mathbf{a}_z \frac{I}{4\pi ab}\left[\sqrt{a^2 + b^2} - (a + b)\right]$$

예제 5-4

하나의 필라멘트가 xy-평면에서 반지름이 a인 원을 이루고 있으며 거기에 정전류 I가 흐를 때([그림 5-6] 참조), 점 p:(0, 0, b)에서 $\mathbf{H}$를 구하라.

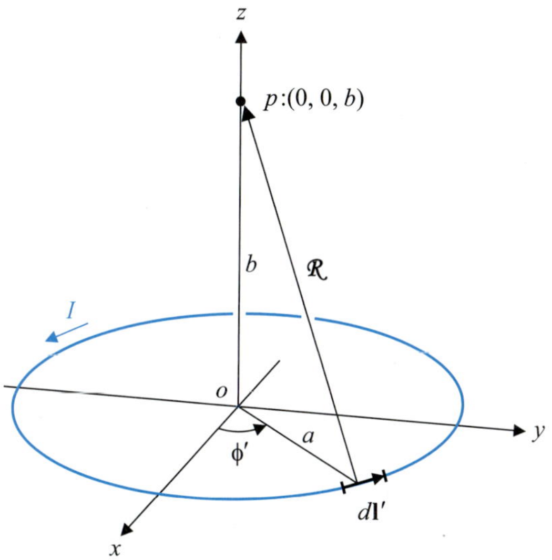

[그림 5-6] 정전류 I가 흐르는 원형 필라멘트

풀이

원통좌표계에서 다음을 얻는다.

$$d\mathbf{l}' = a\,d\phi'\mathbf{a}_{\phi'}$$
$$\mathcal{R} = \mathbf{r} - \mathbf{r}' = b\mathbf{a}_z - a\mathbf{a}_{\rho'}$$

위 값들을 식 (5.6)에 대입하면 다음을 얻을 수 있다.

$$\mathbf{H} = \int_{C'} \frac{I d\mathbf{l}' \times \mathbf{a}_{\mathcal{R}}}{4\pi \mathcal{R}^2} = \int_{\phi'=0}^{\phi'=2\pi} \frac{I a\,d\phi'\mathbf{a}_{\phi'} \times (b\mathbf{a}_z - a\mathbf{a}_{\rho'})}{4\pi \mathcal{R}^3} \qquad (5.14a)$$

이것을 다시 쓰면 다음과 같다.

$$\mathbf{H} = \frac{Ia b}{4\pi(a^2+b^2)^{3/2}}\int_{\phi'=0}^{\phi'=2\pi}\mathbf{a}_{\rho'}\,d\phi' + \frac{Ia^2\mathbf{a}_z}{4\pi(a^2+b^2)^{3/2}}\int_{\phi'=0}^{\phi'=2\pi}d\phi' \qquad (5.14b)$$

식 (5.14b)의 등호 오른쪽 첫째 적분을 살펴보면, ϕ'을 0에서 2π로 증가시키면 단위벡터 $\mathbf{a}_{\rho'}$은 한 바퀴를 회전하므로 이것의 적분은 영이다.

따라서 반지름 a의 원형 루프에 정전류 I가 흐를 때 그 윗방향, 거리 b에서의 자기장은 다음과 같이 주어진다.

$$\mathbf{H} = \frac{Ia^2}{2(a^2+b^2)^{3/2}}\mathbf{a}_z \quad [\text{A/m}] \qquad (5.15)$$

유제 5.3 식 (5.11)에 보인 무한히 긴 필라멘트 전류에 의한 자기장의 컬은 영임을 증명하라.

Ans $\nabla\times\mathbf{H} = 0 \ (\rho > 0)$

유제 5.4 한 변이 a이고 그 중심이 원점인 정사각형 필라멘트가 xy-평면 놓여 있고 여기에 정전류 I가 반시계방향으로 흐른다. 원점에서의 $\mathbf{H}$를 구하라.

Ans $\mathbf{H} = \mathbf{a}_z I2\sqrt{2}/(\pi a)$

유제 5.5 [그림 5-4]에 보인 전류가 흐르는 필라멘트에 대해, 점 p에서의 $\mathbf{H}$는 두 토막, 즉 $\overline{z_1z_3}$와 $\overline{z_3z_2}$ ($z_1 < z_3 < z_2$)에 의한 $\mathbf{H}$들을 더한 것임을 보여라.

Ans $\cos\theta + \cos(\pi-\theta) = 0$

유제 5.6 아래 그림의 두 점들은 두 평행 도선에 동일한 전류가 흐르는 것을 나타낸다. 그림의 자기장선을 보고 두 도선에 흐르는 전류의 방향을 찾아라.

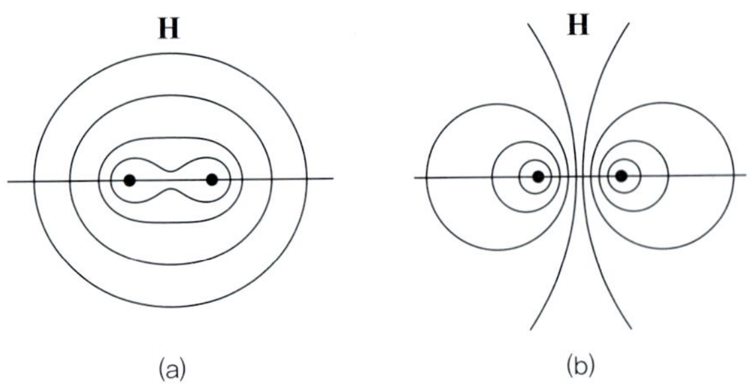

Ans 두 전류가 (a) 같은 방향, (b) 반대 방향으로 흐름.

복습문제

Q5.3 비오-사바르 법칙 표현식에서 프라임 좌표계와 정상 좌표계의 용도는 무엇인가? **A** [그림 5-2]

Q5.4 $d\mathbf{l}' \times \mathbf{a}_R$은 공간상 한 점에 위치한 벡터량인가? **A** [그림 5-2]

Q5.5 중첩의 원리가 자기장에 적용되는가? **A** 식 (5.6)

Q5.6 체적 및 표면전류의 전류토막을 정의하라. **A** 식 (5.7)

Q5.7 무한히 긴 필라멘트의 전류에 의한 **H**는 거리에 따라 어떻게 변하나? **A** 식 (5.11)

Q5.8 유한한 필라멘트의 전류에 의한 **H**는 어떻게 표시되나? **A** 식 (5.13)

Q5.9 원형 루프의 전류에 의한 **H**는 그 중심 윗방향으로 먼 거리에서 거리에 따라 어떻게 변하나? **A** 식 (5.15)

5.3 암페어 법칙

암페어 법칙(Ampere's circuital law)은 정전기학의 가우스 법칙과 유사하게, 주어진 문제가 어떤 대칭성을 띠고 있다면 간단한 산수식을 이용해 **H**를 구할 수 있도록 해준다. 암페어 법칙은 비오-사바르 법칙의 특수한 케이스로 5.5절에서 보듯이 비오-사바르 법칙으로부터 유도될 수 있다. 미분형태의 가우스 법칙이 **D**의 다이버전스와 공간상 전하 분포 사이의 연관성을 나타내는 것처럼, 암페어 법칙은 **H**의 길과 공간상 전류 분포 사이의 연관성을 나타낸다.

암페어 법칙에 의하면 폐곡선 위에서의 **H**의 선적분은 그 폐곡선에 둘러싸인 전류와 같다. 암페어 법칙을 수학적으로 표시하면 다음과 같다.

$$\oint_C \mathbf{H} \cdot d\mathbf{l} = I \tag{5.16}$$

폐곡선 C 위에서의 플러스 방향과 전류 I의 방향은 오른손규칙을 따른다. 오른손 네 손가락이 C의 플러스 방향으로 회전하면 엄지 손가락은 전류가 흐르는 방향을 가리킨다.

여기서 "폐곡선에 둘러싸인 전류"의 의미를 확실히 할 필요가 있다. 만약 전류가 흐르는 도선이 한 폐곡선에 둘러싸인 면을 통과하면, 도선이 그 면에 수직인지 아닌 지에 관계없이 도선에 흐르는 전류가 폐곡선에 둘러싸인 전류이다.

예제 5-5

[그림 5-7]에서 보인 닫힌 루프 C_1, C_2, C_3 위에서의 **H**의 선적분은 모두 z-축을 따라 흐르는 전류와 동일하다는 것을 증명하라.

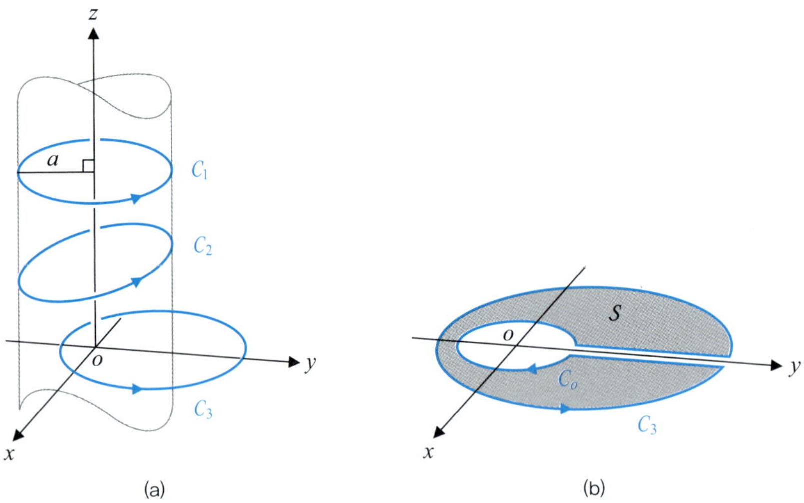

[그림 5-7] (a) 반지름이 a인 가상 원통면 주위로의 루프 C_1과 C_2. (b) 가는 관통 구멍을 가진 면 S는 안쪽 경계선 C_o (원점에 중심을 둔 원)와 바깥쪽 경계선 C_3 (무작위 루프)에 둘러싸여 있다.

풀이

식 (5.11)에 주어진 **H**의 C_1과 C_2 위에서의 선적분은 다음과 같다.

$$\oint_{C_1} \mathbf{H} \cdot (a\, d\phi\, \mathbf{a}_\phi) = \frac{I}{2\pi}\int_{\phi=0}^{\phi=2\pi} d\phi = I \tag{5.17a}$$

$$\oint_{C_2} \mathbf{H} \cdot (a\, d\phi\, \mathbf{a}_\phi + dz\, \mathbf{a}_z) = \frac{I}{2\pi}\int_{\phi=0}^{\phi=2\pi} d\phi = I \tag{5.17b}$$

면 S의 경계선 C는 루프 C_o, C_3, 관통 구멍의 경계선들로 이루어져 있다. S는 전류가 흐르는 필라멘트를 포함하지 않으므로, 스토크스 정리와 [유제 5.3]을 이용하면 그 경계선 위에서의 **H**의 폐선적분은 영이다.

$$\oint_C \mathbf{H} \cdot d\mathbf{l} = \int_S (\nabla \times \mathbf{H}) \cdot d\mathbf{s} = 0 \tag{5.17c}$$

관통 구멍이 영으로 줄어들면 식 (5.17c)의 왼쪽은 다음과 같이 두 폐선적분으로 나뉜다

$$\oint_C \mathbf{H} \cdot d\mathbf{l} = \oint_{C_3} \mathbf{H} \cdot d\mathbf{l} + \oint_{C_o} \mathbf{H} \cdot d\mathbf{l} = 0 \tag{5.17d}$$

C_o는 C_1과 마찬가지로 z-축에 중심을 둔 원이다. C_o 위에서 시계방향인 **H**의 선적분은 C_1 위에서 반시계방향인 **H**의 선적분에 해당하므로 그 값에 −1을 곱한다. 따라서 다음과 같이 나타낼 수 있다.

$$\oint_{C_3} \mathbf{H} \cdot d\mathbf{l} = -\oint_{C_o} \mathbf{H} \cdot d\mathbf{l} = I \tag{5.17e}$$

결론적으로, 필라멘트 전류가 루프면을 통과한다면 루프의 모양이나 방향에 관계없이 이것이 바로 루프에 둘러싸인 전류이다.

체적 전류밀도 **J**가 존재하는 상태에서 "C에 둘러싸인 전류"는 C에 둘러싸인 면 위에서의 **J**의 면적분에 해당한다. [그림 5-8(a)]에 보인 닫힌 반 구의 경계면이 하나의 폐곡면 S_o를 형성하고, 체적을 $\mathcal{V}$ 라고 가정한다. 정전류에 대한 연속방정식 $\nabla \cdot \mathbf{J} = 0$와 다이버전스 정리를 이용하면 다음의 식을 쓸 수 있다.

$$\int_{\mathcal{V}} \nabla \cdot \mathbf{J}\, dv = \oint_{S_o} \mathbf{J} \cdot d\mathbf{s} = 0 \tag{5.18}$$

위 식의 폐면적분은 다음과 같이 두 면적분으로 나뉜다.

$$\oint_{S_o} \mathbf{J} \cdot d\mathbf{s} = \int_{\substack{hemi-\\sphere}} \mathbf{J} \cdot d\mathbf{s} + \int_{disk} \mathbf{J} \cdot d\mathbf{s} = 0 \tag{5.19}$$

일반적으로 $d\mathbf{s}$는 주어진 체적 밖으로 향하지만 이것을 **J**와 동일한 방향으로 맞추면 위 식을 다음과 같이 다시 쓸 수 있다.

$$\int_{\substack{hemi-\\sphere}} \mathbf{J} \cdot d\mathbf{s} = \int_{disk} \mathbf{J} \cdot d\mathbf{s} = I \tag{5.20}$$

여기서 I는 루프면을 통과하는 총 전류이다. 이 식이 의미하는 바는, 동일한 테두리를 가진 임의의 면을 통과하는 전류는 동일하다는 것이다. 그 다음, 반 구의 밑면(디스크)을 제거하면 반 구의 표면은 열린 면이고 그 테두리는 C에 해당한다([그림 5-8(b)] 참조). 결론적으로 **루프에 둘러싸인 전류는 이 루프를 테두리로 하는 면을 통과하는 전류이다.**

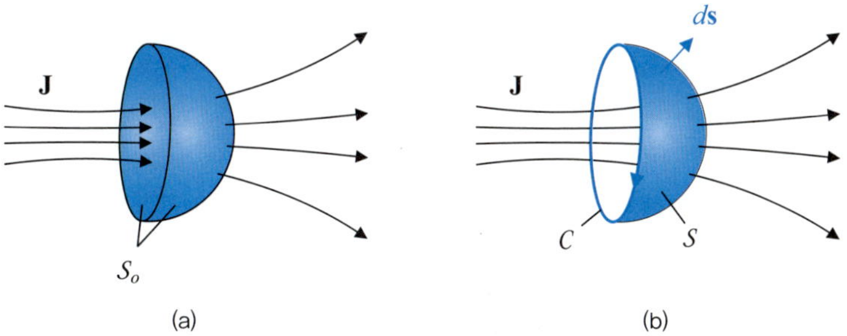

[그림 5-8] 루프 C에 둘러싸인 전류는 루프면 S를 통과하는 전류이다.

암페어 법칙은 체적 전하밀도 **J**를 이용해 다음과 같이 표시할 수 있다.

$$\oint_C \mathbf{H} \cdot d\mathbf{l} = \int_S \mathbf{J} \cdot d\mathbf{s} \tag{5.21}$$

여기서 S는 루프 C가 그 테두리인 면이다. C 위에서의 $d\mathbf{l}$의 방향과 S 위에서의 $d\mathbf{s}$의 방향은 오른손규칙을 따른다. 즉 오른손 엄지가 $d\mathbf{s}$의 방향을 가리키면 네 손가락은 $d\mathbf{l}$의 방향을 따라간다. 암페어 법칙에 따르면 $\mathbf{H}$의 한 루프 위에서의 선적분은 그 루프가 테두리인 면을 통과하는 전류와 같다. 스토크스 정리를 식 (5.21)의 왼쪽에 적용하면 다음과 같다.

$$\int_S \nabla \times \mathbf{H} \cdot d\mathbf{s} = \int_S \mathbf{J} \cdot d\mathbf{s} \tag{5.22}$$

여기서 면 S는 무작위이므로 식 (5.22)의 두 면적분은 S 위의 모든 점에서 동일해야 한다. 따라서 다음과 같은 미분형태의 암페어 법칙을 유도할 수 있다.

$$\nabla \times \mathbf{H} = \mathbf{J} \tag{5.23}$$

위 식은 정자기장에 대한 두 기본식 중의 하나라는 것을 명심해야 한다. 그러나 모든 것이 시간에 따라 변하는 조건에서 암페어 법칙은 마이클 패러데이에 의해 발견된 전자기 유도 현상을 고려하여 수정되어야 한다(6장 참조).

식 (5.21)에 표시된 암페어 법칙은 자기장을 구하는 데 매우 유용한 식이다. 이때 **적분길 C 위의 자기장 $\mathbf{H}$는 C의 접선방향으로 향하는 상수이거나, 그렇지 않으면 C의 법선방향으로 향해야 한다.** 이러한 적분길을 **암페어길**(Amperian path)이라 부른다.

예제 5-6

무한히 긴 필라멘트가 z-축에 따라 놓여 있으며 여기에 정전류 I가 $+z$-방향으로 흐른다. 암페어 법칙을 이용해 $\mathbf{H}$를 구하라.

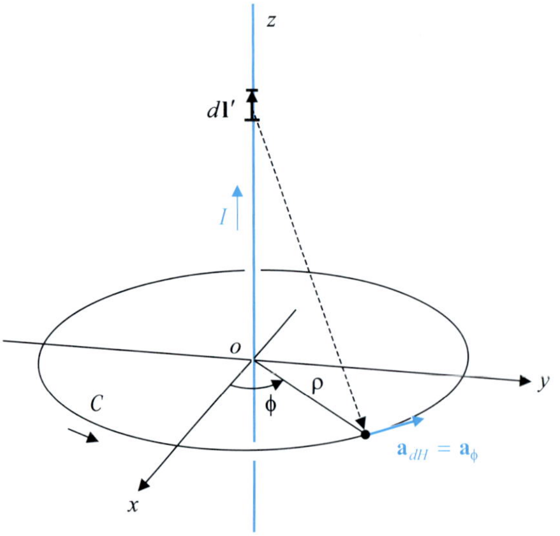

[그림 5-9] 무한히 긴 필라멘트의 전류와 암페어길

풀이

이 선 전류는 원통 및 병진대칭을 띠고 있다. 비오-사바르 법칙에 따르면 $d\mathbf{H}$는 항상 $\mathbf{a}_\phi$ 방향으로 향한다. 따라서 유도되는 자기장은 $\mathbf{H} = H_\phi(\rho)\mathbf{a}_\phi$의 형태를 가져야 한다. 이것을 고려하여 z-축을 중심으로 한 원을 암페어길로 선택한다. 암페어 법칙을 반지름 ρ의 암페어길에 적용하면 다음과 같다.

$$\oint_C \mathbf{H} \cdot d\mathbf{l} = \int_{\phi=0}^{2\pi} H_\phi(\rho)\mathbf{a}_\phi \cdot \left(\rho\, d\phi\, \mathbf{a}_\phi\right) = H_\phi(\rho) 2\pi\rho$$
$$= I$$

따라서 $\mathbf{H}$는 다음과 같이 주어진다.

$$\mathbf{H} = H_\phi(\rho)\mathbf{a}_\phi = \frac{I}{2\pi\rho}\mathbf{a}_\phi \quad (5.24)$$

위의 결과는 식 (5.11)의 비오-사바르 법칙을 이용하여 얻은 결과와 동일하다.

예제 5-7

무한히 긴 동축 케이블이 반지름이 a인 원통과 안쪽 및 바깥쪽 반지름이 각각 b와 c인 원통 껍질로 이루어져 있다([그림 5-10] 참조). 정전류 I가 두 도체 내에서 서로 반대 방향으로 균일하게 흐를 때 모든 영역에서 $\mathbf{H}$를 구하라.

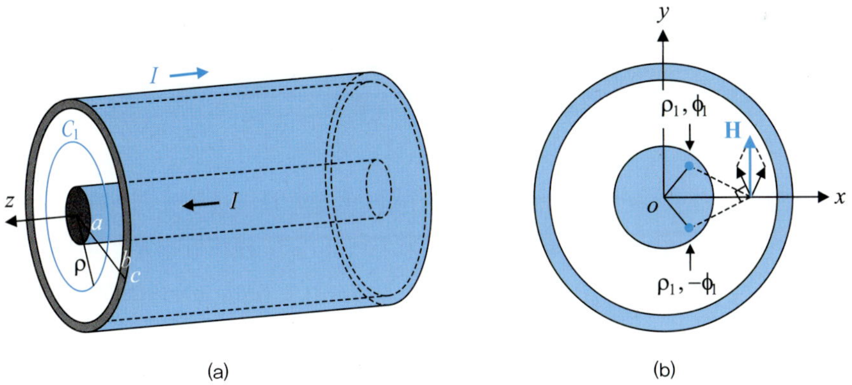

[그림 5-10] 동축 케이블

풀이

균일한 전류가 흐르는 동축 케이블은 원통 및 병진대칭을 띠고 있다. 따라서 유도되는 $\mathbf{H}$는 ϕ와 z에 독립적이어야 한다. 중앙 도체를 동일한 선 전류가 흐르는 필라멘트들의 다발로 가정할 수 있다. 무한히 긴 필라멘트 전류에 의한 자기장은 필라멘트 주위의 원주를 따라 형성되므로, 두 점 (ρ_1, ϕ_1)과 $(\rho_1, -\phi_1)$을 통과하는 두 필라멘트에 의한 $\mathbf{H}$는 [그림 5-10(b)]에서 보듯이 $\mathbf{a}_\phi$ 방향으로 향한다.

이것은 바깥 도체의 전류에 대해서도 마찬가지이다. 따라서 이 동축 케이블에서 발생하는 자기장은 모든 영역에서 영이 아닌 경우 $\mathbf{H} = H_\phi(\rho)\mathbf{a}_\phi$ 의 형태로 주어져야 한다.

영역 $0 < \rho \le a$ 에서 반지름이 ρ인 원을 암페어길로 택하면 다음의 식을 쓸 수 있다.

$$\oint_C \mathbf{H}\cdot d\mathbf{l} = \int_{\phi=0}^{2\pi} H_\phi(\rho)\mathbf{a}_\phi \cdot (\rho\, d\phi\, \mathbf{a}_\phi) = 2\pi\rho H_\phi(\rho) \tag{5.25a}$$

이 경우, 적분길에 둘러싸인 전류는 $\rho^2 I/\pi a^2$ 이므로 이 영역에서 자기장은 다음과 같이 주어진다.

$$\mathbf{H} = H_\phi \mathbf{a}_\phi = \frac{I\rho}{2\pi a^2}\mathbf{a}_\phi \qquad (0 < \rho \le a) \tag{5.25b}$$

다른 영역에서도 $\mathbf{H}$의 폐선적분은 식 (5.25a)와 동일하게 주어진다. 그러나 적분길에 둘러싸인 전류 값은 다음과 같이 영역에 따라 다르다.

$$I \qquad (a \le \rho \le b)$$
$$I\frac{c^2-\rho^2}{c^2-b^2} \qquad (b \le \rho \le c)$$
$$0 \qquad (\rho \ge c)$$

결론적으로, 각 영역에서의 자기장은 다음과 같다.

$$\mathbf{H} = \frac{I}{2\pi\rho}\mathbf{a}_\phi \qquad (a \le \rho \le b) \tag{5.25c}$$

$$\mathbf{H} = \frac{I}{2\pi\rho}\frac{c^2-\rho^2}{c^2-b^2}\mathbf{a}_\phi \qquad (b \le \rho \le c) \tag{5.25d}$$

$$\mathbf{H} = 0 \qquad (\rho \ge c) \tag{5.25e}$$

위 식에서 보듯이 자기장은 동축 케이블 외부에서 영이다. 일반적으로 $\mathbf{H}$의 순환이 영이라고 해서 적분길 위의 모든 점에서 $\mathbf{H}$가 영인 것은 아니다. 그러나 이 문제의 경우, $\mathbf{H}$가 암페어길 위에서 접선방향의 상수이므로 $\mathbf{H}$의 순환이 영이면 적분길 위의 모든 점에서 $\mathbf{H} = 0$이고 따라서 주어진 영역의 모든 점에서 $\mathbf{H} = 0$이다.

예제 5-8

평균 반지름이 a인 공기 심에 총 N번의 감김을 가진 토로이드 코일에 정전류 I가 흐른다([그림 5-11] 참조). 모든 영역에서 $\mathbf{H}$를 구하라.

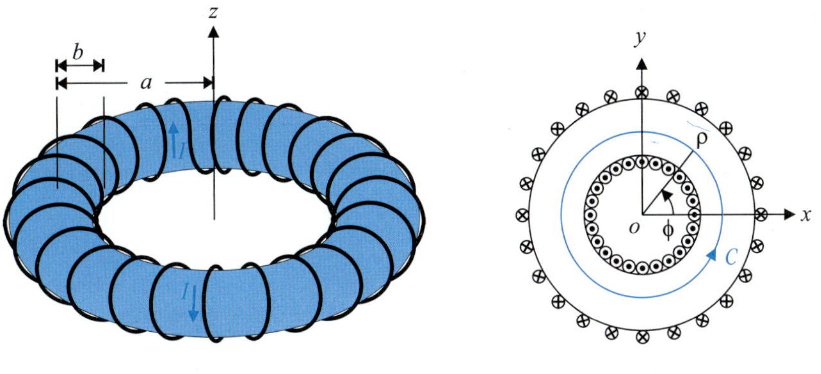

(a) (b)

[그림 5-11] 토로이드 코일

풀이

이 토로이드 코일은 z-축을 중심으로 원통대칭을 띠고 있으므로 발생하는 **H**는 ϕ에 독립적이다. 만약 전류의 방향이 정반대로 바뀌면 공간상 모든 점에서 **H**의 방향도 정반대로 바뀌어야 한다. 이 토로이드 코일이 위, 아래가 뒤바뀌도록 회전되면, 즉 x-축을 중심으로 180° 회전되면 마치 전류가 정반대로 흐르는 것과 같은 효과가 있다. 그러나 이 경우 **H**의 ρ-성분은 그 방향이 변치 않으므로 이 성분은 존재할 수 없다. 즉, 자기장은 $\mathbf{H} = H_\phi(\rho, z)\mathbf{a}_\phi + H_z(\rho, z)\mathbf{a}_z$ 의 형태로 주어져야 한다.

다음으로, $\phi = \phi_1$ 평면 위의 직사각형 루프를 따라 **H**의 순환을 생각해 보자. 이때 직사각형의 네 변이 각각 $z = z_1$, $z = z_2$, $\rho = \rho_1$, $\rho = \rho_2$에 해당하고, 토로이드가 이 루프를 관통한다고 가정한다. 이 경우 직사각형 루프 위의 미분 길이벡터는 $d\mathbf{l} = d\rho\,\mathbf{a}_\rho$ 혹은 $d\mathbf{l} = dz\,\mathbf{a}_z$ 이다. 따라서 직사각형 루프 주위로의 순환은 다음과 같다.

$$\begin{aligned}\oint_C \mathbf{H}\cdot d\mathbf{l} &= \oint_C \left(H_\phi \mathbf{a}_\phi + H_z \mathbf{a}_z\right)\cdot d\mathbf{l} \\ &= \int_{z=z_1}^{z=z_2} H_z(\rho_1, z)\,dz - \int_{z=z_1}^{z=z_2} H_z(\rho_2, z)\,dz\end{aligned} \tag{5.26a}$$

여기서 직사각형 루프를 통과하여 흐르는 전류는 영인데, 그 이유는 이상적인 토로이드 코일의 전류는 상수 ϕ 평면 위에서만 흐르기 때문이다. 그러므로 식 (5.26a)에 보인 **H**의 순환은 영이고 따라서 H_z는 모든 영역에서 ρ에 독립적이다. 그런데 무한대에서 토로이드 코일은 한 점으로 보이고 따라서 무한대에서 자기장은 영이다. 그러므로 H_z는 모든 점에서 영이어야 한다. 결론적으로, **H**가 영인 경우를 제외하면 자기장은 $\mathbf{H} = H_\phi(\rho, z)\mathbf{a}_\phi$ 의 형태로 주어진다는 것을 알 수 있다.

토로이드 내부에서 반지름이 ρ인 원을 암페어길로 택하면 그 위에서의 미분 길이벡터는 $d\mathbf{l} = \rho\, d\phi\,\mathbf{a}_\phi$ 이고 따라서 **H**의 순환은 다음과 같다.

$$\oint_C \mathbf{H}\cdot d\mathbf{l} = \rho H_\phi \int_0^{2\pi} d\phi = 2\pi\rho H_\phi \tag{5.26b}$$

이때 루프 C는 총 전류 NI를 둘러싸고 있으므로 토로이드 내부의 자기장은 다음과 같이 계산된다.

$$\mathbf{H} = \frac{NI}{2\pi\rho}\mathbf{a}_\phi \qquad \text{(내부)} \qquad (5.26c)$$

토로이드 외부에서 z-축 주위로의 암페어길은 어떤 전류도 둘러싸지 않으므로 자기장은 영이다.

$$\mathbf{H} = 0 \qquad \text{(외부)} \qquad (5.26d)$$

유제 5.7 매우 긴 원통의 반지름이 a이고, 원통의 중심축은 z-축과 일치하며, 균일 전류밀도 $\mathbf{J}_s = J_o\mathbf{a}_z$ [A/m]를 지니고 있을 때 모든 점에서의 $\mathbf{H}$를 구하라.

Ans $\mathbf{H} = 0\ (\rho < a)$, $\mathbf{H} = \mathbf{a}_\phi J_o a/\rho\ (\rho > a)$

유제 5.8 직사각형 단면을 가진 토로이드 코일 내부의 $\mathbf{H}$는 어떤 형태인가?

Ans $\mathbf{H} = H_\phi(\rho)\mathbf{a}_\phi$

유제 5.9 자기장 $\mathbf{H} = y\mathbf{a}_x + 2x\mathbf{a}_y$ 내에 직사각형 영역이 $0 \le x \le 1,\ 0 \le y \le 2,\ z = 0$로 정의된다. 이 직사각형 테두리에 둘러싸인 전류를 다음의 식을 이용해 구하라.

(a) 식 (5.16)

(b) 식 (5.23)

Ans (a) $\oint_C \mathbf{H} \cdot d\mathbf{l} = 2$, (b) $\int_S \nabla \times \mathbf{H} \cdot d\mathbf{s} = 2$

복습문제

Q5.10 암페어 법칙을 설명하라. — **A** 식 (5.16)

Q5.11 루프에 둘러싸인 전류의 의미는 무엇인가? — **A** [그림 5-7], [그림 5-8]

Q5.12 식 (5.16)에서 적분길 C의 플러스 방향은 어떻게 결정되나? — **A** [그림 5-8]

Q5.13 $d\mathbf{l}$과 $d\mathbf{s}$의 방향은 어떻게 서로 연관되는가? — **A** [그림 5-8]

Q5.14 암페어길이 가져야 하는 조건은? — **A** [그림 5-9]

Q5.15 전류토막에 암페어 법칙을 적용하여 $\mathbf{H}$를 구할 수 있나? — **A** 식 (5.13)

Q5.16 어떤 조건하에서 $\mathbf{H}$의 순환이 영이라는 것이 적분길 위의 모든 점에서 $\mathbf{H} = 0$ 임을 의미하나? — **A** [예제 5-7]

Q5.17 미분형태의 암페어 법칙을 쓰라. — **A** 식 (5.23)

5.4 자속밀도

자유 공간의 구조식 $\mathbf{D} = \varepsilon_0 \mathbf{E}$에 의해 **D**와 **E**가 서로 연관되듯이, 자속밀도 **B**와 자기장 **H**는 자유 공간에서 다음의 구조식에 의해 서로 연관된다.

$$\mathbf{B} = \mu_0 \mathbf{H} \quad [\text{T}] \text{ 혹은 } [\text{Wb/m}^2] \tag{5.27}$$

자속밀도는 테슬라 [T] 혹은 제곱 미터당 웨버 [Wb/m²] 단위로 표시된다. 여기서 비례상수 μ_0는 **자유공간의 투자율**(permeability of free space)로 그 값은 $\mu_0 = 4\pi \times 10^{-7}$ [H/m]이다.

한 면을 통과하는 **자속**(magnetic flux)은 그 면 위에서의 **B**의 면적분과 동일하다.

$$\Phi = \int_S \mathbf{B} \cdot d\mathbf{s} \quad [\text{Wb}] \tag{5.28}$$

자속은 웨버 [Wb] 단위로 표시된다. 식 (5.28)에서 점곱은 면 S 위의 미소 면적 $|d\mathbf{s}|$를 벡터 **B**에 수직인 단면에서의 등가 면적으로 환산하기 위해 필요하다. 왜냐하면 스칼라인 $|\mathbf{B}|$가 **B**에 수직인 평면에서의 단위 면적당 자속으로 정의되기 때문이다.

정전기학에서 전속선들은 양 전하에서 출발하여 음 전하에서 끝난다. 따라서 한 폐곡면이 그 내부에 알짜 양 전하를 포함하고 있다면 폐곡면 밖으로의 알짜 전속은 영이 아니다. 자속선들은 항상 폐곡선 형태로 주어지는데, 이것은 독립된 자기 전하가 존재하지 않기 때문이다. 예를 들어 영구 자석의 극성을 분리하고자 이것을 매우 작은 조각들로 분쇄해도 각 조각은 항상 북극과 남극을 가진다.

식 (5.5)에 보인 비오-사바르 법칙에 의하면 전류토막에 의해 발생한 자기장선들은 동심원 형태를 띠고 있고, 총 자기장은 식 (5.6)에 보인 것처럼 각 전류토막에 의한 자기장들의 합으로 주어진다. 따라서 모든 자기장은 위치에 대한 연속 함수이고 자기장선들은 폐곡선 형태로 주어진다.

자기 가우스 법칙(Gauss's law of magnetism)에 의하면 폐곡면 밖으로의 총 자속은 항상 영이다. 이것을 수학적으로 표시하면 다음과 같다.

$$\oint_S \mathbf{B} \cdot d\mathbf{s} = 0 \tag{5.29}$$

위 식은 독립된 자기 전하가 존재하지 않는다는 사실, 혹은 자속 보존법칙에 대한 수학적 표현식이다. 다이버전스 정리를 식 (5.29)에 적용하면 미분형태 자기 가우스 법칙을 유도할 수 있다.

$$\nabla \cdot \mathbf{B} = 0 \tag{5.30}$$

명심해야 할 것은, 식 (5.23)과 (5.30)은 자기장에 대한 두 기본식이라는 것이다.

3장에서 **E**의 컬과 **D**의 다이버전스를 정의하고, 이들이 정전기장의 유일해를 구하기 위해 필요한 두 식이라고 설명하였다. 편의를 위해 정전기장과 정자기장에 대한 기본식을 정리하여 나타내면 다음과 같다.

$$\begin{aligned} \nabla\times\mathbf{E} &= 0 \\ \nabla\cdot\mathbf{D} &= \rho_v \\ \nabla\times\mathbf{H} &= \mathbf{J} \\ \nabla\cdot\mathbf{B} &= 0 \end{aligned} \tag{5.31}$$

다이버전스 정리와 스토크스 정리를 이용하면 위 식들을 적분형태로 표시할 수 있다.

$$\begin{aligned} \oint_C \mathbf{E}\cdot d\mathbf{l} &= 0 \\ \oint_S \mathbf{D}\cdot d\mathbf{s} &= \int_v \rho_v\, dv \\ \oint_C \mathbf{H}\cdot d\mathbf{l} &= \int_S \mathbf{J}\cdot d\mathbf{s} \\ \oint_S \mathbf{B}\cdot d\mathbf{s} &= 0 \end{aligned} \tag{5.32}$$

정전기장과 정자기장 사이에 상호 관련이 없다. 그러나 시간에 따라 변하는 전기장과 자기장은 상호 관련이 있어서, 시간에 따라 변하는 전기장이 시간에 따라 변하는 자기장을 발생시킨다. 또한 그 반대로도 마찬가지이다. 시간에 따라 변하는 경우에도 식 (5.31)의 두 다이버전스 식들은 여전히 유효하지만, 두 컬 식들은 패러데이의 전자기 유도 및 맥스웰의 **변위 전류** 개념을 포함하도록 수정되어야 한다.

예제 5-9

매우 얇은, 반지름이 a인 구 껍질이 [그림 5-12]에서처럼 두 직선 필라멘트에 연결되어 있다. 필라멘트 전류 I는 구 표면에서 $\mathbf{J}_s = J_o \mathbf{a}_\theta$의 표면전류가 된다. 적당한 시범해를 구한 후 헬름홀츠 정리를 적용하여 **H**를 구하라.

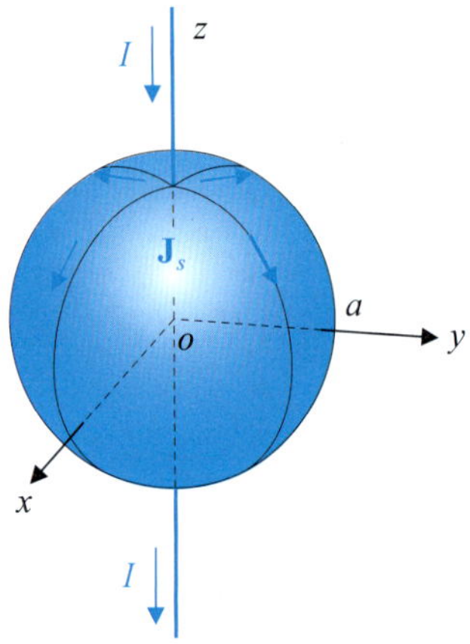

[그림 5-12] 얇은 구 껍질이 직선 필라멘트에 연결됨

풀이

매우 먼 거리에서 이 시스템은 단지 무한히 긴 직선 필라멘트에 정전류 I가 흐르는 형태로 보인다. 따라서 구 외부 영역에서의 시범해를 다음과 같이 가정한다.

$$\mathbf{H} = -\frac{I}{2\pi\rho}\mathbf{a}_\phi \tag{5.33a}$$

구 내부에서 원형의 암페어길은 어떤 전류도 둘러싸지 않으므로, 구 내부에서 **H**는 영이다. 구 외부에서 식 (5.33a)는 다음의 두 기본식을 만족한다.

$$\nabla \cdot \mathbf{B} = 0,\ \nabla \times \mathbf{H} = 0 \tag{5.33b}$$

전류가 구 표면에서 $\mathbf{a}_\phi$-방향으로 균일해야 하므로 표면 전류밀도는 $\mathbf{J}_s = I\mathbf{a}_\theta/(2\pi a \sin\theta)$로 표시된다. 여기서 $2\pi a \sin\theta$는 구 위에 그려진, 중심이 z-축에 놓인 한 원의 원주이다. 식 (5.96)에 주어지는 **H**의 경계면 조건에 의하면 구 표면에서 자기장은 $\mathbf{H} = -|\mathbf{J}_s|\,\mathbf{a}_\phi$이다. 식 (5.33a)의 시범해에 $\rho = a\sin\theta$를 대입하면 구 표면에서 자기장은 $\mathbf{H} = -I\mathbf{a}_\phi/(2\pi a\sin\theta)$로 주어진다. 다시 말해 위의 시범해는 자기장의 두 기본식을 만족할 뿐만 아니라 **H**의 경계면 조건도 만족시킨다. 결론적으로 위의 시범해는 유일해이다.

$$\mathbf{H} = -\frac{I}{2\pi\rho}\mathbf{a}_\phi \qquad (\text{외부}) \tag{5.33c}$$

$$\mathbf{H} = 0 \qquad (\text{내부}) \tag{5.33d}$$

복습문제

Q5.18	자유 공간에서 **B**와 **H**는 어떻게 서로 연관되나?	A 식 (5.27)
Q5.19	자속을 정의하라.	A 식 (5.28)
Q5.20	자기 가우스 법칙을 설명하라.	A 식 (5.29), (5.30)
Q5.21	자기장선은 항상 폐곡선 형태를 이룬다는 것에 대한 수학적 표현식은?	A 식 (5.29), (5.30)
Q5.22	자속 보존법칙에 대한 수학적 표현식은?	A 식 (5.29), (5.30)
Q5.23	정자기장에 대한 두 기본식은?	A 식 (5.31), (5.32)
Q5.24	원천이 존재하지 않는 유한 영역에서의 시범해가 $\nabla \cdot \mathbf{B} = 0$와 $\nabla \times \mathbf{H} = 0$를 만족하면 이것은 유일해인가?	A [그림 5-12]

5.5 벡터 자기포텐셜

3장에서 $\mathbf{E}$의 비회전장 성질이 기본식 $\nabla\times\mathbf{E} = 0$로 표시되고 이것에 기초하여 전기 포텐셜 V가 식 $\mathbf{E} = -\nabla V$로 정의될 수 있음을 배웠다. 또한 전기 포텐셜은 스칼라이므로 $\mathbf{E}$보다 취급하기가 더 수월하다는 것을 경험하였다. 즉 주어진 전하 분포로부터 V를 구하고, 이것에 마이너스 그레이디언트를 취하여 $\mathbf{E}$를 구하게 된다. 비슷한 방법으로, 스칼라 자기포텐셜 V_m을 식 $\mathbf{H} = -\nabla V_m$으로 정의할 수 있다. 그러나 $\mathbf{H}$는 보존장이 아니므로 V_m은 다가 함수(multivalued function)가 된다.

예를 들면, 무한히 긴 필라멘트의 전류에 의해 발생한 자기장 내에서 스칼라 자기포텐셜은 $V_m = -I\phi/(2\pi)$로 주어진다. 그러나 이것은 ϕ 값이 2π 보다 커지면 공간상 한 점에서 여러 값을 가지게 된다. 식 $\nabla\times\mathbf{H} = \nabla\times(-\nabla V_m) = \mathbf{J}$에서 V_m은 오직 체적전류 $\mathbf{J}$가 존재하지 않는 영역에서만 유용하다는 것을 알 수 있다.

이 절에서는 **벡터 자기포텐셜**(vector magnetic potential) $\mathbf{A}$에 대해 설명하는데, 이것은 주어진 영역에서 체적전류의 유무에 관계없이 $\mathbf{B}$를 구하는 데 매우 유용하다. 벡터 자기포텐셜에 대한 논의는 $\mathbf{B}$의 솔레노이드장 성질, 즉 $\nabla\cdot\mathbf{B} = 0$의 관계식으로부터 출발한다. 벡터 항등식 $\nabla\cdot(\nabla\times\mathbf{U}) = 0$로부터 우리는 벡터 자기포텐셜을 다음과 같이 정의한다.

$$\mathbf{B} = \nabla\times\mathbf{A} \tag{5.34}$$

여기서 $\mathbf{A}$의 단위는 미터당 웨버 [Wb/m]이다. 주어진 전류 분포로부터 벡터 자기포텐셜을 구하면 자속밀도는 이것의 컬을 취하여 구할 수 있다.

벡터 자기포텐셜과 체적 전류밀도 사이의 관계는 비오-사바르 법칙으로부터 구할 수 있다. 우선 자속밀도에 대한 비오-사바르 법칙을 쓰면 다음과 같다.

$$\mathbf{B} = \frac{\mu_0}{4\pi}\int_{C'}\frac{I\,d\mathbf{l}'\times\boldsymbol{\mathcal{R}}}{\mathcal{R}^3} \tag{5.35}$$

식 (2.41)을 다시 쓰면 다음과 같다.

$$\nabla\frac{1}{\mathcal{R}} = -\frac{\boldsymbol{\mathcal{R}}}{\mathcal{R}^3}$$

여기서 $\boldsymbol{\mathcal{R}} = \mathbf{r} - \mathbf{r}'$은 거리벡터이다. 이것을 식 (5.35)에 대입하여 다음을 얻는다.

$$\mathbf{B} = -\frac{\mu_0 I}{4\pi}\int_{C'}d\mathbf{l}'\times\left(\nabla\frac{1}{\mathcal{R}}\right) \tag{5.36}$$

벡터 항등식 $\nabla\times(f\mathbf{U}) = (\nabla f)\times\mathbf{U} + f(\nabla\times\mathbf{U})$에 $f = 1/\mathcal{R}$과 $\mathbf{U} = d\mathbf{l}'$을 대입하고 이것을 위 식에 사용하면 다음을 얻을 수 있다.

$$\mathbf{B} = \frac{\mu_0 I}{4\pi}\int_{C'}\left[\nabla\times\left(\frac{d\mathbf{l}'}{\mathcal{R}}\right) - \frac{1}{\mathcal{R}}(\nabla\times d\mathbf{l}')\right] = \nabla\times\int_{C'}\frac{\mu_0 I\, d\mathbf{l}'}{4\pi\mathcal{R}} \tag{5.37}$$

여기서 $\nabla\times d\mathbf{l}' = 0$인데 그 이유는 컬 연산자가 오직 정상 좌표에 작동하기 때문이다. 위 식의 또 다른 컬 연산자는 선적분 밖으로 빠져나올 수 있는데 그 이유는 컬 연산자는 프라임 좌표계의 적분길 C'에 무관하기 때문이다. 두 식 (5.37)과 (5.34)를 비교하여 벡터 자기포텐셜에 대한 표현식을 다음과 같이 구할 수 있다.

$$\mathbf{A} = \frac{\mu_0}{4\pi}\int_{C'}\frac{I\,d\mathbf{l}'}{\mathcal{R}} \quad [\text{Wb/m}] \qquad (\text{선 전류}) \tag{5.38a}$$

여기서 C'은 선 전류 I가 흐르는 길을 나타낸다.

전류가 체적 $\mathcal{V}$에 분포하거나 면 S에 퍼져 흐르는 경우 벡터 자기포텐셜은 식 (5.7)에 보인 등가 전류토막을 식 (5.38a)에 대입하여 구할 수 있다.

$$\mathbf{A} = \frac{\mu_0}{4\pi}\int_{\mathcal{V}'}\frac{\mathbf{J}'}{\mathcal{R}}dv' \quad [\text{Wb/m}] \qquad (\text{체적전류}) \tag{5.38b}$$

$$\mathbf{A} = \frac{\mu_0}{4\pi}\int_{S'}\frac{\mathbf{J}_s'}{\mathcal{R}}ds' \quad [\text{Wb/m}] \qquad (\text{표면전류}) \tag{5.38c}$$

여기서 $\mathcal{R}$ 은 거리벡터의 크기이다. **A**의 표현식은 비오-사바르 법칙과 달리 두 벡터 사이의 가위곱이 포함되지 않으므로 매우 간단하다.

지금까지의 벡터 자기포텐셜은 다가 함수인데, 그 이유는 $\nabla\cdot\mathbf{A}$가 아직 결정되지 않았기 때문이다. 예를 들면, 식 $\mathbf{B} = \nabla\times\mathbf{A}$에 **A** 대신에 $\mathbf{A} + \nabla\varphi$ 를 대입해도 **B**에는 변화가 없다. 정적인 조건에서 $\varphi = 0$ 로 가정하여 $\nabla\cdot\mathbf{A} = 0$를 사용하면 편리하다. 자세한 내용은 5.5.1절을 참고하기 바란다.

벡터 자기포텐셜은 물리적 의미를 가지고 있다. **A**의 폐선적분은 그 적분길에 둘러싸인 면을 통과하는 자속과 같다. 면 S를 통과하는 자속은 다음과 같다.

$$\Phi = \int_S \mathbf{B}\cdot d\mathbf{s} \tag{5.39}$$

식 $\mathbf{B} = \nabla\times\mathbf{A}$를 위 식에 대입하고 스토크스 정리를 사용하면 다음을 얻을 수 있다.

$$\Phi = \int_S(\nabla\times\mathbf{A})\cdot d\mathbf{s} = \oint_C \mathbf{A}\cdot d\mathbf{l} \tag{5.40}$$

두 식 (5.39)와 (5.40)을 합치면 다음과 같다.

$$\oint_C \mathbf{A}\cdot d\mathbf{l} = \int_S \mathbf{B}\cdot d\mathbf{s} \tag{5.41}$$

식 (5.41)을 보면, **A의 하나의 루프 위에서의 순환은 그 루프에 둘러싸인 자속과 같다**는 것을 알 수 있다.

5.5.1 비오–사바르 법칙으로부터 암페어 법칙 유도

벡터 자기포텐셜을 이용하면 비오–사바르 법칙으로부터 미분형태 암페어 법칙을 유도할 수 있다. 우선 두 식 $\mathbf{B} = \mu_0 \mathbf{H}$와 $\mathbf{B} = \nabla \times \mathbf{A}$를 이용하여 자유 공간에서 $\mathbf{H}$의 컬을 다음과 같이 표시한다.

$$\nabla \times \mathbf{H} = \frac{1}{\mu_0} \nabla \times \mathbf{B} = \frac{1}{\mu_0} \nabla \times \nabla \times \mathbf{A} \tag{5.42}$$

벡터 항등식 $\nabla \times \nabla \times \mathbf{A} = \nabla(\nabla \cdot \mathbf{A}) - \nabla^2 \mathbf{A}$를 식 (5.42)에 적용하면 다음과 같다.

$$\nabla \times \mathbf{H} = \frac{1}{\mu_0}\left[\nabla(\nabla \cdot \mathbf{A}) - \nabla^2 \mathbf{A}\right] \tag{5.43}$$

여기서 잠시 벡터 자기포텐셜의 다이버전스는 항상 영이라는 것을 증명한다. 식 (5.38b)의 양변에 다이버전스를 취하면 다음의 식을 얻을 수 있다.

$$\nabla \cdot \mathbf{A} = \frac{\mu_0}{4\pi} \int_{\mathcal{V}'} \nabla \cdot \left(\frac{\mathbf{J}'}{\mathcal{R}}\right) dv' \tag{5.44}$$

여기서 다이버전스 연산자는 $\mathcal{V}'$에 독립적이므로 체적적분 안으로 이동하였다. 위 식의 체적적분이 영임을 증명하기 위해 다음의 벡터 항등식을 생각해보자.

$$\nabla \cdot \left(\frac{\mathbf{J}'}{\mathcal{R}}\right) = \left(\nabla \frac{1}{\mathcal{R}}\right) \cdot \mathbf{J}' + \frac{1}{\mathcal{R}} \nabla \cdot \mathbf{J}' \tag{5.45a}$$

$$\nabla' \cdot \left(\frac{\mathbf{J}'}{\mathcal{R}}\right) = \left(\nabla' \frac{1}{\mathcal{R}}\right) \cdot \mathbf{J}' + \frac{1}{\mathcal{R}} \nabla' \cdot \mathbf{J}' \tag{5.45b}$$

여기서 $\nabla \cdot \mathbf{J}' = 0$인데 그 이유는 ∇이 프라임 좌표에 독립적이기 때문이다. 또한 $\nabla' \cdot \mathbf{J}' = 0$인데 이것은 정적인 조건하에서의 연속방정식이다. 항등식 $\nabla(1/\mathcal{R}) = -\nabla'(1/\mathcal{R})$을 이용하여 식 (5.45a)와 (5.45b)를 결합하면 다음과 같다.

$$\nabla \cdot \left(\frac{\mathbf{J}'}{\mathcal{R}}\right) = -\nabla' \cdot \left(\frac{\mathbf{J}'}{\mathcal{R}}\right) \tag{5.46}$$

식 (5.46)을 식 (5.44)에 대입하고 다이버전스 정리를 이용하면 다음을 얻을 수 있다.

$$\nabla \cdot \mathbf{A} = -\frac{\mu_0}{4\pi} \int_{\mathcal{V}'} \nabla' \cdot \left(\frac{\mathbf{J}'}{\mathcal{R}}\right) dv' = -\frac{\mu_0}{4\pi} \oint_{S'} \frac{\mathbf{J}' \cdot d\mathbf{s}'}{\mathcal{R}} \tag{5.47}$$

여기서 체적 $\mathcal{V}'$을 전류 $\mathbf{J}'$과 그 주위의 빈 공간을 포함하도록 택한다. 그러면 그 경계면 S'을 통과하는 전류는 영이다. 따라서 위 식의 폐면적분은 영이다. 따라서 다음을 얻는다.

$$\nabla \cdot \mathbf{A} = 0 \tag{5.48}$$

결론적으로 벡터 자기포텐셜은 솔레노이드장이다.

식 (5.48)을 이용하여 식 (5.43)을 다시 쓰면 다음과 같다.

$$\nabla \times \mathbf{H} = -\frac{1}{\mu_0}\nabla^2 \mathbf{A} \tag{5.49}$$

H의 컬은 **A**의 라플라시안에 선형적으로 비례한다.

그 다음, 주어진 전류 **J**에 대해 **A**의 라플라시안이 어떻게 주어지는지 생각해 보자. **A**의 라플라시안을 성분형태로 표시하면 다음과 같다.

$$\nabla^2 \mathbf{A} = (\nabla^2 A_x)\mathbf{a}_x + (\nabla^2 A_y)\mathbf{a}_y + (\nabla^2 A_z)\mathbf{a}_z \tag{5.50}$$

식 (5.38b)의 **A**를 식 (5.50)에 대입하고 $\mathbf{a}_x$ 항들을 모으면 다음과 같다.

$$\nabla^2 A_x = \frac{\mu_0}{4\pi}\int_{\mathcal{V}'} J'_x \left(\nabla^2 \frac{1}{\mathcal{R}}\right) dv' \tag{5.51}$$

여기서 ∇^2는 프라임 좌표에 독립적이므로 적분 안으로 이동할 수 있다. 다른 성분들에 대한 라플라시안도 비슷한 방법으로 구할 수 있다.

식 (5.51)의 체적적분을 계산하기 위해 관찰점 **r** 주위의 작은 영역을 생각해 보자. 원천점 **r**′이 관찰점에 가까워지면 $\nabla^2(1/\mathcal{R})$의 값은, 전류 J_x'에 비해 매우 커서, **r**′ → **r**일 때 무한대가 된다. 그러므로 위의 체적적분은 관찰점을 둘러싸는 극소 영역 Δ에서 계산해도 된다. 또한 관찰점 한 점 만을 제외하고 계산해도 그 체적적분에는 전혀 영향이 미치지 않는다. 다시 말해, **r**′ = **r**일 때 $\nabla^2(1/\mathcal{R})$은 무한대이므로 이 점을 제외하고 체적적분을 수행한다.

이를 고려하여 영역 Δ′에서 체적적분을 계산할 것이다. [그림 5-13]에서 보듯이 Δ′은 안쪽, 바깥쪽 반지름이 각각 δ와 α인 구 껍질 형태이다. 이때 바깥 반지름은 Δ′ 내에서 J_x'이 상수로 취급되도록 충분히 작고, 반면에 바깥 경계면에서 $\nabla^2(1/\mathcal{R})$이 영으로 취급되도록 충분히 크다고 가정한다. 위 식에 $J'_x(\mathbf{r}') = J'_x(\mathbf{r})$을 대입하고 이 전류 항을 체적적분 밖으로 이동시켜서 다음의 식을 얻는다.

$$\nabla^2 A_x = \frac{\mu_0 J_x}{4\pi}\int_{\Delta'} \left(\nabla^2 \frac{1}{\mathcal{R}}\right) dv' = \frac{\mu_0 J_x}{4\pi}\lim_{\delta\to 0}\oint_{S_1+S_2}\left(\nabla \frac{1}{\mathcal{R}}\right)\cdot d\mathbf{s}' \tag{5.52}$$

여기서 항등식 $\nabla^2 U = \nabla \cdot \nabla U$와 다이버전스 정리가 사용되었다. 면 $S_1 + S_2$는 영역 Δ′의 경계면을 나타낸다. $\nabla(1/\mathcal{R})$은 바깥 경계면 S_2에서 무시할 수 있을 정도로 작으므로 식 (5.52)의 오른쪽 항은 면 S_1 위에서의 폐면적분만으로 표시된다. 항등식 $\nabla(1/\mathcal{R}) = -(\mathbf{a}_{\mathcal{R}}/\mathcal{R}^2)$를 식 (5.52)에 대입하는데, $\mathbf{a}_{\mathcal{R}}$은 면 S_1의 미분 면적벡터에 평행이라는 것을 명심해야 한다. 즉 단위벡터 $\mathbf{a}_s$와 동일하다.

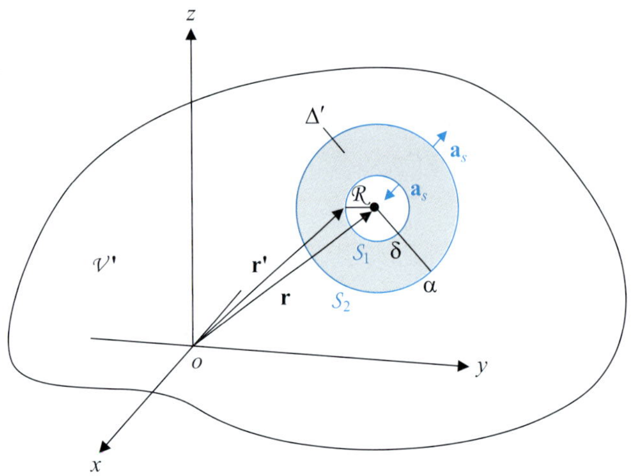

[그림 5-13] 두 동심구 S_1과 S_2 사이의 미소 체적 Δ'은 관찰점을 제외한다.

$$\begin{aligned}\nabla^2 A_x &= -\frac{\mu_0 J_x}{4\pi}\lim_{\delta\to 0}\oint_{S_1}\frac{\mathbf{a}_{\mathcal{R}}}{\mathcal{R}^2}\bullet d\mathbf{s}' = -\frac{\mu_0 J_x}{4\pi}\lim_{\delta\to 0}\left[\frac{4\pi\delta^2}{\delta^2}\right] \\ &= -\mu_0 J_x\end{aligned} \tag{5.53}$$

여기서 $4\pi\delta^2$는 S_1의 면적이다.

A_x에서와 마찬가지로 A_y와 A_z의 라플라시안을 다음과 같이 구할 수 있다.

$$\nabla^2 A_y = -\mu_0 J_y \tag{5.54a}$$

$$\nabla^2 A_z = -\mu_0 J_z \tag{5.54b}$$

지금까지의 결과를 종합하여 **벡터 푸아송 방정식**(vector Poisson's equation)을 다음과 같이 구한다.

$$\nabla^2 \mathbf{A} = -\mu_0 \mathbf{J} \tag{5.55}$$

그 다음, 식 (5.55)를 식 (5.49)에 대입하여 미분형태 암페어 법칙을 유도한다.

$$\nabla \times \mathbf{H} = \mathbf{J} \tag{5.56}$$

앞에서 설명한 것처럼, 비오-사바르 법칙은 원천점의 전류토막 $I d\mathbf{l}'$과 관찰점의 자기장 $d\mathbf{H}$ 사이의 관계를 정의한다. 반면에 미분형태 암페어 법칙은 공간상 한 점에서 $\mathbf{H}$의 컬과 그 점에서의 전류밀도 사이의 관계를 정의한다. 따라서 이것은 정자기학에서 국소현상을 설명하는 데 매우 유용하다.

예제 5-10

무한 평면 $z = 0$에 표면 전류밀도 $\mathbf{J}_s = J_o \mathbf{a}_y$가 균일하게 퍼져 있다. 벡터 자기포텐셜을 이용하여 z-축 위에서 자기장을 구하라.

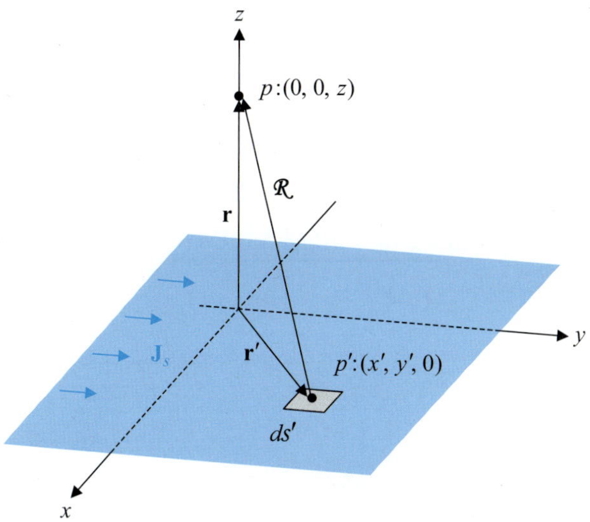

[그림 5-14] 무한 평면의 균일 표면전류

풀이

식 (5.38c)로부터 원천점 p'에 놓인 전류토막 $\mathbf{J}_s ds'$에 의해 발생하여 관찰점 p에서 관찰되는 벡터 자기포텐셜을 구하면 다음과 같다.

$$d\mathbf{A} = \frac{\mu_0 J_o \mathbf{a}_y}{4\pi \mathcal{R}} ds'$$

따라서 관찰점에서 벡터 자기포텐셜은 다음과 같이 표시된다.

$$\mathbf{A} = \int_{x'=-\infty}^{\infty} \int_{y'=-\infty}^{\infty} \frac{\mu_0 J_o \mathbf{a}_y}{4\pi \mathcal{R}} dx'dy' \tag{5.57a}$$

그 다음, 자속밀도를 다음과 같이 구한다.

$$\mathbf{B} = \nabla \times \mathbf{A} = \frac{\mu_0 J_o}{4\pi} \int_{x'=-\infty}^{\infty} \int_{y'=-\infty}^{\infty} \nabla \times \frac{\mathbf{a}_y}{\mathcal{R}} dx'dy' \tag{5.57b}$$

식 $\mathcal{R} = [(x-x')^2 + (y-y')^2 + z^2]^{1/2}$를 이용하여 위 식의 가위곱을 계산한다.

$$\nabla \times \frac{\mathbf{a}_y}{\mathcal{R}} = \begin{vmatrix} \mathbf{a}_x & \mathbf{a}_y & \mathbf{a}_z \\ \dfrac{\partial}{\partial x} & \dfrac{\partial}{\partial y} & \dfrac{\partial}{\partial z} \\ 0 & \left[(x-x')^2 + (y-y')^2 + z^2\right]^{-1/2} & 0 \end{vmatrix}$$
$$= \left[z\,\mathbf{a}_x - (x-x')\,\mathbf{a}_z\right]\left[(x-x')^2 + (y-y')^2 + z^2\right]^{-3/2} \tag{5.57c}$$

식 (5.57c)를 식 (5.57b)에 대입하여 다음을 구한다.

$$\mathbf{B} = \frac{\mu_0 J_o}{4\pi}\int_{x'=-\infty}^{\infty}\int_{y'=-\infty}^{\infty}\frac{[z\,\mathbf{a}_x - (x-x')\,\mathbf{a}_z]\;dx'dy'}{\left[(x-x')^2 + (y-y')^2 + z^2\right]^{3/2}} \tag{5.57d}$$

위 식의 적분 구간이 $-\infty$에서 ∞까지이므로 두 항들 $(x - x')$과 $(y - y')$은 각각 $-x'$과 $-y'$으로 대치될 수 있다.

$$\mathbf{B} = \frac{\mu_0 J_o}{4\pi}\int_{x'=-\infty}^{\infty}\int_{y'=-\infty}^{\infty}\frac{[z\,\mathbf{a}_x + x'\,\mathbf{a}_z]\;dx'dy'}{\left[(x')^2 + (y')^2 + z^2\right]^{3/2}} \tag{5.57e}$$

식 (5.57e)에서 분자의 둘째 항은 x'에 대한 홀함수이므로 그 적분은 영이다. 그 다음, 첫째 항을 원통좌표계에서 적분하면 다음과 같다.

$$\mathbf{B} = \frac{\mu_0 J_o z\,\mathbf{a}_x}{4\pi}\int_{\phi'=0}^{2\pi}\int_{\rho'=0}^{\infty}\frac{\rho'\,d\rho'\,d\phi'}{\left[(\rho')^2 + z^2\right]^{3/2}} = \frac{\mu_0 J_o z\,\mathbf{a}_x}{2|z|}$$

결론적으로 다음을 얻는다.

$$\mathbf{B} = +\frac{1}{2}\mu_0 J_o\,\mathbf{a}_x,\ \mathbf{H} = +\frac{1}{2}J_o\,\mathbf{a}_x \qquad (z > 0) \tag{5.57f}$$

$$\mathbf{B} = -\frac{1}{2}\mu_0 J_o\,\mathbf{a}_x,\ \mathbf{H} = -\frac{1}{2}J_o\,\mathbf{a}_x \qquad (z < 0) \tag{5.57g}$$

비록 관찰점이 z-축 위에 놓여 있지만, 식 (5.57c)에서 보듯이 $\mathcal{R}$ 의 표현식에서는 관찰점이 $(0, 0, z)$가 아니라 (x, y, z)로 표시되었다. 그렇지 않으면 z-축 위에서 $(\mathbf{a}_y / \mathcal{R})$의 x 혹은 y에 대한 미분이 영이므로 부정확한 해가 얻어진다.

예제 5-11

무한히 긴, 반지름이 a인 원통 도선이 z-축에 따라 놓여 있으며 여기에 균일한 체적전류 $\mathbf{J} = J_o \mathbf{a}_z$ [A/m^2]가 흐를 때 모든 영역에서 $\mathbf{A}$를 구하라.

풀이

주어진 전류의 대칭성 및 $\mathbf{A}$의 방향은 전류의 방향과 일치한다는 사실로부터 벡터 자기포텐셜은 $\mathbf{A} = A_z(\rho)\mathbf{a}_z$의 형태로 주어져야 한다. 따라서 벡터 푸아송 방정식은 다음과 같이 단순해진다.

$$\nabla^2 A_z(\rho) = \frac{1}{\rho}\frac{\partial}{\partial\rho}\left(\rho\frac{\partial A_z(\rho)}{\partial\rho}\right) = -\mu_0 J_o$$

이것을 풀어서 일반해를 다음과 같이 구한다.

$$A_z(\rho) = -\mu_0 J_o \frac{1}{4}\rho^2 + c_1 \qquad (\rho \le a) \tag{5.58a}$$

$$A_z(\rho) = c_2 \ln\rho + c_3 \qquad (\rho \ge a) \tag{5.58b}$$

식 $\nabla\times\mathbf{A} = \mu_0\mathbf{H}$로부터 다음을 구한다.

$$H_\phi = \frac{J_o\rho}{2} \qquad (\rho \le a) \tag{5.58c}$$

$$H_\phi = -\frac{c_2}{\mu_0\rho} \qquad (\rho \ge a) \tag{5.58d}$$

$\mathbf{H}$에 대한 경계면 조건을 원통면 $\rho = a$에 적용하면 다음을 구할 수 있다(경계면에 표면전류가 없을 때 $\mathbf{H}$의 접선성분은 연속이다).

$$c_2 = -\frac{\mu_0 J_o a^2}{2}$$

원통면 $\rho = a$에서 $\mathbf{A}$에 대한 경계면 조건은 $A_z(a^-) = A_z(a^+)$인데, 이것은 식 (5.34)가 의미하는 것처럼, 경계면에 걸쳐 있는 직사각형 루프 위에서의 $\mathbf{A}$의 순환은 영이라는 사실에 기초한다. 이 경계면 조건을 식 (5.58a)와 (5.58b)에 적용하여 다음 식을 얻는다.

$$c_1 = \frac{1}{4}\mu_0 J_o a^2, \; c_3 = \frac{1}{2}\mu_0 J_o a^2 \ln a$$

따라서 **A**는 다음과 같다.

$$\mathbf{A} = -\frac{1}{4}\mu_0 J_o(\rho^2 - a^2)\mathbf{a}_z \qquad (\rho \le a) \tag{5.58e}$$

$$\mathbf{A} = -\frac{1}{2}\mu_0 J_o a^2 \ln(\rho / a)\mathbf{a}_z \qquad (\rho \ge a) \tag{5.58f}$$

유제 5.10 반지름 a의 원형 루프가 평면 $z = 0$에서 그 중심을 원점에 두고 있다. 여기에 정전류 I가 흐를 때 z-축 위에서의 **A**를 구하라.

Ans 0

유제 5.11 [그림 5-14]에 보인 무한 평면의 표면전류에 의해 발생하는 **A**의 일반해를 다음의 식을 풀어서 구하라. **HINT** 병진대칭, $\mathbf{J} = 0$

(a) 식 (5.38c)

(b) 식 (5.55)

Ans (a) $\mathbf{A} = A_y(z)\mathbf{a}_y$, (b) $\mathbf{A} = (c_1 z + c_2)\mathbf{a}_y$

유제 5.12 **A**에 대한 경계면 조건을 식 (5.34)와 (5.48)을 이용해 구하라.

Ans **A**의 접선 및 법선성분은 경계면에서 연속이다.

복습문제

Q 5.25 벡터 자기포텐셜을 정의하라. **A** 식 (5.34)

Q 5.26 **A**와 이것의 원천과의 관계를 수식으로 표시하면? **A** 식 (5.38)

Q 5.27 벡터 푸아송 방정식의 표현식은? **A** 식 (5.55)

Q 5.28 식 (5.38a)~(5.38c) 중에서 벡터 푸아송 방정식의 해는? **A** 식 (5.38b)

Q 5.29 **A**에 대한 두 기본식을 쓰라. **A** 식 (5.34), (5.48)

5.6 자기 쌍극자

자기 쌍극자(magnetic dipole)는 정전류가 흐르는 크기가 매우 작은 루프를 지칭한다. 전기 쌍극자가 원자의 전기 모델인 것처럼, 자기 쌍극자는 원자의 가장 간단한 자기 모델이다. 자기 쌍극자를 이용하면 자성체와 자기장과의 상호 작용을 쉽게 이해할 수 있고, 자성체의 특성을 잘 설명할 수 있다. 자기 쌍극자는 **자기 쌍극자모멘트**(magnetic dipole moment)에 의해 특정되는데, 이것은 루프의 면적과 루프 전류 사이의 곱으로 정의된다.

자기 쌍극자에 대해 자세히 알아보기 위해 [그림 5-15]처럼 $z = 0$인 평면에서 중심을 원점에 두고, 반지름이 a이며, 전류 I가 흐르는 작은 원형 루프를 생각해 보자. 편의상 관찰점 p가 yz-평면에 놓여 있다고 가정한다. 점 p'은 전류토막 $I\,d\mathbf{l}'$이 놓여 있는 원천점을 나타낸다. 식 (5.38a)를 이용하여 점 p에서의 벡터 자기포텐셜을 다음과 같이 표시한다.

$$\mathbf{A} = \frac{\mu_0 I}{4\pi}\oint_{C'}\frac{d\mathbf{l}'}{\mathcal{R}}$$

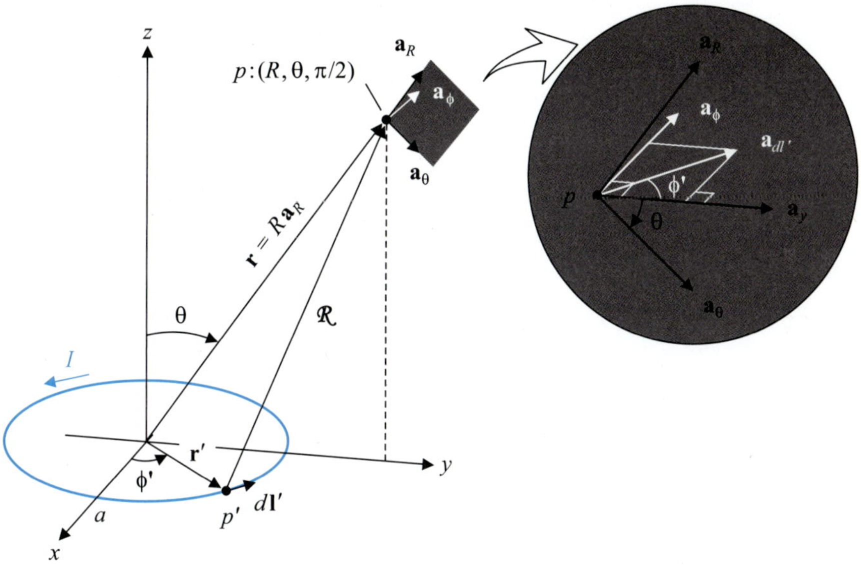

[그림 5-15] 자기 쌍극자

섞음 좌표계에서 벡터 $\mathbf{r}$, $\mathbf{r}'$, $\mathcal{R}$은 직각좌표계의 베이스벡터를 이용하고, 이들의 스칼라 성분은 구 좌표를 이용해 표시한다.

$$\mathbf{r} = R\sin\theta\,\mathbf{a}_y + R\cos\theta\,\mathbf{a}_z \tag{5.59a}$$

$$\mathbf{r}' = a\cos\phi'\,\mathbf{a}_x + a\sin\phi'\,\mathbf{a}_y \tag{5.59b}$$

$$\mathcal{R}^{-1} = |\mathbf{r} - \mathbf{r}'|^{-1} = [R^2 + a^2 - 2aR\sin\theta\sin\phi']^{-1/2} \tag{5.59c}$$

매우 먼 거리에서($R \gg a$) 이산전개를 이용하면 $\mathcal{R}^{-1}$을 다음과 같이 근사화 할 수 있다.

$$\begin{aligned}\mathcal{R}^{-1} &= \frac{1}{R}\left[1 + \frac{a^2}{R^2} - \frac{2a}{R}\sin\theta\sin\phi'\right]^{-1/2} \\ &\cong \frac{1}{R}\left(1 + \frac{a}{R}\sin\theta\sin\phi'\right)\end{aligned} \tag{5.60}$$

여기서 $(a/R)^2$, $(a/R)^3$ 등의 고차항은 무시되었다.

루프 위의 점 p'에서 미분 길이벡터는 $d\mathbf{l}' = a\,d\phi'\,\mathbf{a}_{\phi'}$으로 표시되는데 이것을 점 p에서의 베이스벡터를 이용해 표시하면 다음과 같다.

$$d\mathbf{l}' = a\,d\phi'\left(\cos\phi'\sin\theta\,\mathbf{a}_R + \cos\phi'\cos\theta\,\mathbf{a}_\theta + \sin\phi'\,\mathbf{a}_\phi\right) \tag{5.61}$$

그 다음, 식 (5.60)과 (5.61)을 식 (5.38a)에 대입하여 다음을 얻는다.

$$\begin{aligned}\mathbf{A} &= \frac{\mu_0 I}{4\pi}\int_{\phi'=0}^{2\pi}\frac{1}{R}\left(1 + \frac{a}{R}\sin\theta\sin\phi'\right)a\,d\phi'\left(\cos\phi'\sin\theta\,\mathbf{a}_R\right. \\ &\qquad\qquad \left. + \cos\phi'\cos\theta\,\mathbf{a}_\theta + \sin\phi'\,\mathbf{a}_\phi\right) \\ &= \frac{\mu_0 I}{4\pi}\frac{a}{R}\mathbf{a}_\phi\int_{\phi'=0}^{2\pi}\left(\frac{a}{R}\sin\theta\sin\phi'\right)\sin\phi'\,d\phi' \\ &= \frac{\mu_0 I a^2}{4R^2}\sin\theta\,\mathbf{a}_\phi\end{aligned} \tag{5.62}$$

자기 쌍극자모멘트 $\mathbf{m}$을 가진 자기 쌍극자에 의해 발생하는 벡터 자기포텐셜은 다음과 같은 벡터형태로 표시할 수 있다.

$$\mathbf{A} = \frac{\mu_0}{4\pi}\frac{\mathbf{m}\times\mathbf{a}_R}{R^2} \quad [\text{Wb/m}] \tag{5.63}$$

여기서 자기 쌍극자모멘트는 다음과 같이 정의된다.

$$\mathbf{m} = I\pi a^2\mathbf{a}_z = IS\,\mathbf{a}_z \quad [\text{A}\cdot\text{m}^2] \tag{5.64}$$

자기 쌍극자모멘트는 그 크기는 루프 면적과 전류의 곱이고, 그 단위벡터는 루프면에 수직이며 그 방향은 오른손규칙을 따른다. 즉 오른손 엄지가 $\mathbf{m}$의 방향을 가리키면 네 손가락은 전류의 방향으로 회전한다.

구좌표계에서 식 (5.63)에 주어진 **A**에 대한 컬을 취하면 자기 쌍극자에 의한 자속밀도를 구할 수 있다.

$$\mathbf{B} = \frac{\mu_0 m}{4\pi R^3}\left(2\cos\theta\,\mathbf{a}_R + \sin\theta\,\mathbf{a}_\theta\right) \quad [\mathrm{T}] \tag{5.65}$$

여기서 **B**는 두 기본식을 만족한다. 즉 $\nabla \cdot \mathbf{B} = 0$이고 $\nabla \times \mathbf{H} = 0$이다. 위 식에서 보듯이 자기 쌍극자에 의한 **B**는 전기 쌍극자에 의한 **E**와 그 형태가 매우 유사하다. **B** 표현식에서 m과 μ_0를 각각 p와 $1/\varepsilon_0$로 대치하면 식 (3.63)의 **E** 표현식과 일치한다. 여기서 주목할 것은, 식 (3.63)와 (5.65)는 각각 $R \gg d$와 $R \gg a$의 조건이 만족되는 먼 거리에서의 결과들이라는 것이다. 이들을 **원거리장**(far-field pattern)이라 한다.

비교를 해보기 위해, 전기 쌍극자의 전기장선과 자기 쌍극자의 자기장선을 이산전개와 같은 근사화를 하지 않고 수치해석을 통해 정확하게 계산한 후 [그림 5-16]에 표시하였다.

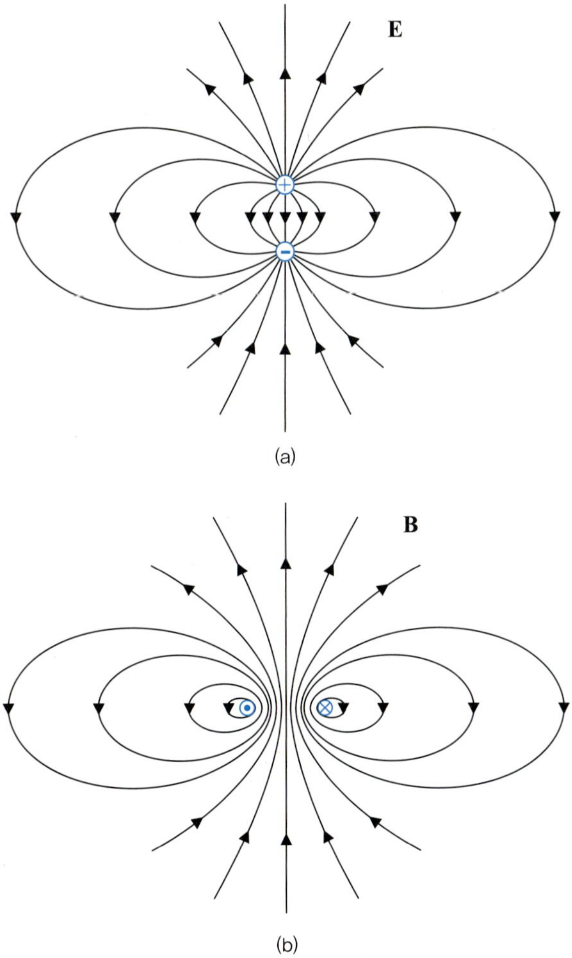

[그림 5-16] 근거리장. (a) 전기 쌍극자와 (b) 자기 쌍극자에 의한 전기장선 및 자기장선

예제 5-12

매우 긴, 반지름이 a인 원통이 z-축에 따라 놓여 있고 여기에 표면전류 $\mathbf{J}_s = J_o \mathbf{a}_\phi$ [A/m]가 흐른다. 이것을 반지름 a의, 동일한 전류가 흐르는, 원형 루프들이 쌓인 더미로 가정한 후 벡터 자기포텐셜과 자속밀도를 구하라.

풀이

평면 $z' = 0$에 놓인 하나의 루프에 선 전류 $J_o dz$가 흐른다고 가정한다. 이것에 의해 발생한 $\mathbf{A}$를, z-축으로부터 매우 먼 거리에서, 식 (5.62)를 이용해 다음과 같이 구한다.

$$\mathbf{A} = \frac{\mu_0 J_o dz a^2}{4} \frac{\rho}{(\rho^2 + z^2)^{3/2}} \mathbf{a}_\phi \qquad (\rho \gg a) \tag{5.66a}$$

서로 다른 z' 평면에 놓인 루프들에 의한 값들을 모두 더하여 다음을 얻는다.

$$\begin{aligned} \mathbf{A}_2 &= \frac{\mu_0 J_o a^2 \rho}{4} \mathbf{a}_\phi \int_{z'=-\infty}^{z'=\infty} \frac{dz'}{[\rho^2 + (z'-z)^2]^{3/2}} \\ &= \frac{\mu_0 J_o a^2}{2\rho} \mathbf{a}_\phi \end{aligned} \qquad (\rho \gg a) \tag{5.66b}$$

이것을 영역 $\rho \ge a$에서의 $\mathbf{A}$의 시범해로 택한다. 그리고 영역 $\rho \le a$에서의 시범해를 다음과 같이 가정한다.

$$\mathbf{A}_1 = \left(c_2 \rho^2 + c_1 \rho + c_o\right) \mathbf{a}_\phi \qquad (\rho \le a) \tag{5.66c}$$

여기서 c_o, c_1, c_2는 상수들이다. 위의 시범해를 이용하여 $\mathbf{B}$에 대한 표현식을 다음과 같이 쓸 수 있다.

$$\mathbf{B}_1 = \nabla \times \mathbf{A}_1 = \left(3c_2 \rho + 2c_1 + c_o \rho^{-1}\right) \mathbf{a}_z \qquad (\rho \le a) \tag{5.66d}$$

$$\mathbf{B}_2 = \nabla \times \mathbf{A}_2 = 0 \qquad (\rho \ge a) \tag{5.66e}$$

식 (5.66d)는 자기장의 두 기본식을 만족해야 한다.

$$\nabla \cdot \mathbf{B}_1 = 0 \tag{5.66f}$$

$$\nabla \times \mathbf{H}_1 = -\frac{1}{\mu_0}\left(3c_2 - c_o \rho^{-2}\right) \mathbf{a}_\phi = 0 \tag{5.66g}$$

원통 내의 전류는 영이므로 $\nabla \times \mathbf{H}_1 = 0$이다. 따라서 다음과 같은 관계식을 얻을 수 있다.

$$c_2 = c_o = 0$$

그 다음, $\mathbf{A}$에 대한 경계면 조건을 이용하여, 즉 $\mathbf{A}_1(\rho = a) = \mathbf{A}_2(\rho = a)$를 식 (5.66b)와 (5.66c)에 대입하여 다음을 얻는다.

$$c_1 = \frac{1}{2}\mu_0 J_o$$

따라서 벡터 자기포텐셜과 자속밀도는 다음과 같다.

$$\mathbf{A}_1 = \frac{\mu_0 J_o \rho}{2}\mathbf{a}_\phi, \quad \mathbf{B}_1 = \mu_0 J_o \mathbf{a}_z \quad (\rho \le a) \tag{5.66h}$$

$$\mathbf{A}_2 = \frac{\mu_0 J_o a^2}{2\rho}\mathbf{a}_\phi, \quad \mathbf{B}_2 = 0 \quad (\rho \ge a) \tag{5.66i}$$

식 (5.66h)와 (5.66i)에 주어진 자기장들은 경계면 $\rho = a$에서 $\mathbf{H}$에 대한 경계면 조건을 만족한다. 즉 $H_2 - H_1 = J_o$이다.

유제 5.13 자기 쌍극자모멘트 $\mathbf{m} = m\mathbf{a}_z$가 원점에 놓여 있을 때 $|\mathbf{B}|$의 최대값이 나타나는 방향은?

Ans $+z$-방향과 $-z$-방향

유제 5.14 하나의 전자가 [그림 5-1]에서와 같이 원 운동을 한다면 루프에 흐르는 선 전류의 크기와 이때의 자기 쌍극자모멘트를 구하라.

Ans $I = |e|\omega / 2\pi$, $\mathbf{m} = -\mathbf{a}_z m v_o^2 / 2B$

유제 5.15 원점에 놓인 자기 쌍극자에 의한 자속선을, 원점에서 먼 거리에서, yz-평면 위에서 표시하기 위해 필요한 미분 방정식을 구하라.

Ans $\dfrac{dz}{dy} = \dfrac{B_z}{B_y} = \dfrac{2\cos^2\theta - \sin^2\theta}{3\sin\theta\cos\theta}$, 여기서 $\theta = \tan^{-1}(y/z)$이다.

복습문제

Q 5.30 자기 쌍극자가 무엇인가? **A** [그림 5-15]

Q 5.31 자기 쌍극자모멘트를 정의하라. **A** 식 (5.64)

Q 5.32 전기 및 자기 쌍극자에 의한 원거리장은 거리에 따라 어떤 함수로 주어지는가? **A** 식 (3.63), (5.65)

Q 5.33 전기 및 자기 쌍극자에 의한 근거리장을 그려라. **A** [그림 5-16]

5.7 자성체

가장 간단한 원자 모델에서, 플러스 전하를 띤 원자핵 주위를 마이너스 전하를 띤 전자들이 돌고 있다. 궤도를 돌고 있는 전자는 원자의 자기 쌍극자모멘트를 만들어낸다. 전자 스핀 및 원자핵 스핀은 자기 쌍극자모멘트를 발생시키는 또 다른 요인으로 양자역학에 기초하고 있다. 그러나 원자핵 스핀에 의한 모멘트는 궤도 전자와 전자 스핀에 의한 모멘트보다 세자리 수 이하의 매우 작은 값이므로 대부분의 경우 무시된다.

어떤 물질의 자기 성질은 격자를 이루는 원자들과 외부에서 가해진 자기장과의 상호작용에 의해 결정된다. 일반적인 상태에서 원자들의 궤도 자기모멘트는 무작위 방향으로 향하므로 서로 상쇄된다. 외부 자기장은 궤도 전자에 원심력 혹은 구심력을 인가한다. 그러나 원자의 궤도는 양자화되어 고정되어 있으므로 이러한 자기력은 단지 전자의 속도에 변화를 일으킨다. 이로 인하여 원자는 추가의 궤도 자기모멘트를 가지는데, 외부 자기장에 대해 정반대 방향으로 향한다. 이러한 형태의 자화를 겪는 물체를 **반자성체**(diamagnetic material)라 한다.

■ 반자성체의 자화

반자성체의 자화 절차를 자세히 이해하기 위해 정반대의 자기 쌍극자모멘트 $\mathbf{m} = \pm \mathbf{m}_o \mathbf{a}_z$를 가진 동일한 두 원자가 균일한 자기장 $\mathbf{B} = B_o \mathbf{a}_z$ 내에 놓인 경우를 살펴보자([그림 5-17] 참조). 이 자기 모멘트가 xy-평면에서 반지름 r_o인 원을 따라 돌고 있는 전자에 의해 발생한다면, 전자의 운동 방정식은 원통좌표계에서 다음과 같이 주어진다.

$$\frac{-q^2}{4\pi\varepsilon_0 r_o^2}\mathbf{a}_\rho \pm (v_o + \Delta v)qB_o\mathbf{a}_\rho + m_e\frac{(v_o+\Delta v)^2}{r_o}\mathbf{a}_\rho = 0 \tag{5.67}$$

여기서 Δv는 전자 속도의 변화량이다. 위 식에서 등호 왼쪽의 첫째 항과 둘째 항들은 각각 전자에 작용하는 전기력과 자기력을 나타내고, 셋째 항은 질량 m_e의 전자에 작용하는 원심력을 나타낸다. 둘째 항에서

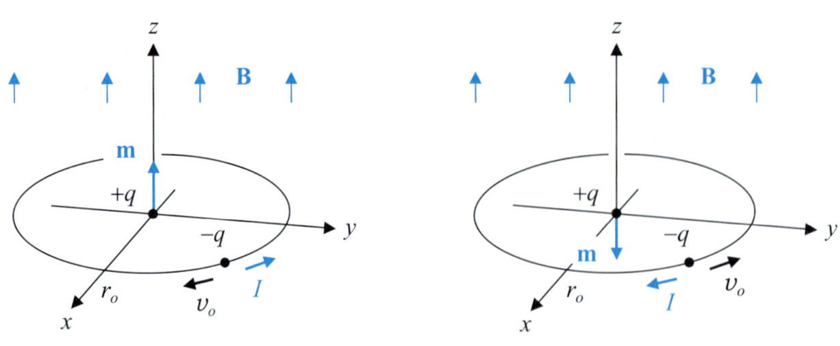

[그림 5-17] 원자핵 주위를 도는 전자

전자가 시계방향으로 회전하면 플러스 부호를 사용하고, 반시계방향으로 회전하면 마이너스 부호를 사용한다([그림 5-17] 참조).

Δv는 $\mathbf{B}$에 의해 발생하므로 $B_o = 0$이면 Δv도 영이다. 이와 더불어 $\Delta v \ll v_o$라고 가정하면 식 (5.67)은 다음과 같이 간단해진다.

$$\pm q v_o B_o \mathbf{a}_\rho = -m_e \frac{2v_o \Delta v}{r_o} \mathbf{a}_\rho$$

따라서 다음의 결과를 얻을 수 있다.

$$\Delta v = \mp q B_o \frac{r_o}{2m_e} \tag{5.68}$$

위 식에서 마이너스 부호는 전자 속도와 자기 쌍극자모멘트가 모두 감소하는 것을 의미한다([그림 5-17(a)] 참조). 반면에 플러스 부호는 [그림 5-17(b)]처럼 자기 모멘트가 $\mathbf{B}$로 인하여 증가함을 의미한다. 어떤 경우이던 증감된 자기 모멘트의 방향은 항상 $\mathbf{B}$에 정반대 방향이다. 다시 말해 외부 자기장 내에서 반자성체의 자기 모멘트는 외부 자기장에 정반대 방향으로 향한다.

■ 반자성체와 상자성체의 자기화

금, 은, 구리, 납, 실리콘과 같은 반자성체는 마이너스 부호의 **자기 감수율**(magnetic susceptibility)을 가지는데 대략 -10^{-5}로 주어진다. 따라서 **상대투자율**(relative permeability)은 1보다 약간 작은 값을 가진다. 초전도체(superconductor)는 완벽한 반자성체로 감수율이 $\chi_m = -1$이고 상대투자율이 영이다. 어떤 자속도 초전도체 안에 존재할 수 없는데, 이것은 초전도체가 자기장을 완벽하게 밀어내며, 외부 자기장에 의해 공중 부양될 수 있음을 의미한다. 모든 물질은 항상 반자성체 현상을 지니고 있다. 그러나 다른 강력한 자기 현상에 파묻혀서 드러나지 않을 뿐이다.

반자성 현상(diamagnetism)은 짝수 개의 전자들을 가진 원자의 궤도 자기모멘트에 기인한다. 참고로 전자들은 파울리 배타 원리에 의해 서로 반대 방향의 스핀을 지닌 쌍으로 존재한다. 반면에 **상자성 현상**(paramagnetism)은 홀수 개의 전자들을 가진 원자의 **궤도** 및 **스핀** 자기모멘트에 기인한다. 상자성체에서 두 자기 모멘트는 서로 완벽하게 상쇄되지 않기 때문에 원자들은 영구 자기 쌍극자모멘트를 가진다. 정상적인 상태에서 영구 자기모멘트들은 임의의 방향을 가리키므로 상자성체에 알짜 자기모멘트가 존재하지 않는다. 그러나 외부 자기장이 걸리면 영구 자기모멘트들은 이 자기장에 정렬하여 물체 내에 알짜 자기모멘트를 발생시키고 이것은 다시 물체 내의 자기장 세기를 증가시킨다. 반면에, 3장에서 설명한 것처럼, 외부 전기장에 정렬된 전기 쌍극자모멘트는 내부 전기장의 감소를 초래한다.

공기, 알루미늄, 백금, 티타늄, 텅스텐과 같은 상자성체는 자기 감수율이 대략 10^{-5}로 주어지므로 상대 투자율이 1보다 약간 크다. 대부분의 경우 반자성체와 상자성체의 투자율을 $\mu = \mu_0$로 가정하여 이들을 비자성체로 취급할 수 있다.

반자성체 및 상자성체의 자기화는 외부 자기장이 존재하는 상태에서만 유지되지만, **강자성체**(ferromagnetic material)는 외부 자기장이 없어도 항상 자기화를 유지한다. 강자성체의 원자들은 강력한 전자 스핀에 의해 매우 큰 영구 자기모멘트를 가진다. 양자역학에서 설명하는 것처럼 외부 자기장이 없는 경우 이러한 자기 쌍극자들은 원자간 힘에 의해 서로 결합되어 **자기구역**(magnetic domain)이라 불리는 아주 작은 영역에서 서로 완벽하게 정렬한다. 이러한 자기구역들은 완벽하게 자기화된 상태이다. 정상적인 상태에서 서로 다른 스핀 방향을 가진 각각의 자기구역들은 무작위로 분포하므로 물체 내에 알짜 자기모멘트를 발생시키지 못한다. 그러나 외부 자기장 내에서는, 외부 자기장과 동일한 방향의 자기 쌍극자모멘트를 가진 자기구역은 주위의 다른 자기구역들을 축소시키고 대신 자신의 영역을 확장한다. 그 결과 큰 알짜 자기모멘트가 만들어진다. 외부 자기장이 충분히 큰 경우 하나의 자기구역이 다른 것들에 대해 절대적인 우위를 차지하는데 이 경우 주어진 물체는 **포화**(saturated)되었다고 말한다.

철, 코발트, 니켈 같은 강자성체의 상대투자율은 250~5000 사이의 큰 값을 가지며, 이들의 합금인 퍼멀로이(permalloy), 뮤메탈(mumetal) 등은 상대투자율이 10^5까지 올라간다. 반자성체 혹은 상자성체와 달리 강자성체는 비선형 물질인데, 이것의 상대투자율은 자기장 세기에 따라 변할 뿐만 아니라 그 물체의 이전 자기상태에 따라 달라진다.

5.7.1 자기화 및 자화전류

물질의 원자 모델에 의거하여, 하나의 자기화된 물체는 그 격자 원자들이 자기 쌍극자로 대치되어 진공 중에 놓인 것이라고 생각할 수 있다. 물체의 거시적 자기 성질을 설명하기 위해 **자기화**(magnetization) $\mathbf{M}$을 단위 부피당 자기 쌍극자모멘트로 정의한다.

$$\mathbf{M} = \lim_{\Delta v \to 0} \frac{1}{\Delta v} \sum_{i=1}^{n\Delta v} \mathbf{m}_i \quad [\text{A/m}] \tag{5.69}$$

여기서 n은 격자 원자 혹은 자기 쌍극자의 밀도를 나타내고, $\mathbf{m}_i$는 미소 체적 Δv 내의 원자들의 자기 모멘트를 나타낸다. 여기서 주목해야 할 것은, $\mathbf{m}_i$는 개별 벡터들로 공간상 독립된 점들에 위치하지만, $\mathbf{M}$은 위치에 대한 연속 함수라는 것이다. 자기화는 미터당 암페어 단위로 표시된다. $\mathbf{M}$이 영이 아닌 물체를 **자화**(magnetized) 되었다고 말한다.

자기화는 주어진 물체의 표면에 전류를 유도한다. 이것을 이해하기 위해 [그림 5-18]에서 보듯이 영역 $z \le 0$의 자성체와 그 위의 자유 공간(혹은 공기) 사이의 경계면에 대해 생각해 보자. 편의상 하나의 자기 쌍극자를 전류 I가 흐르는 한 변이 a인 정사각형 루프로 가정한다. 그림에서 루프의 중앙은 검은색 점으로 표시되었다. 전류가 흐르는 루프의 쌍극자모멘트 $\mathbf{m}$은 단위벡터 $\mathbf{a}_m$에 평행인데, 이것은 자성체 표면에 수직이고 밖으로 향하는 단위벡터 $\mathbf{a}_n$과 각도 θ를 이루고 있다. 이러한 사실은 이 자성체가 $\mathbf{a}_m$ 방향으로 걸린 외부 자기장에 의해 완전히 자화되었다는 것을 나타낸다. 다시 말해 물체 내의 외부 자기장, 자기화 벡터, 자기 쌍극자모멘트들이 모두 단위벡터 $\mathbf{a}_m$에 평행이다.

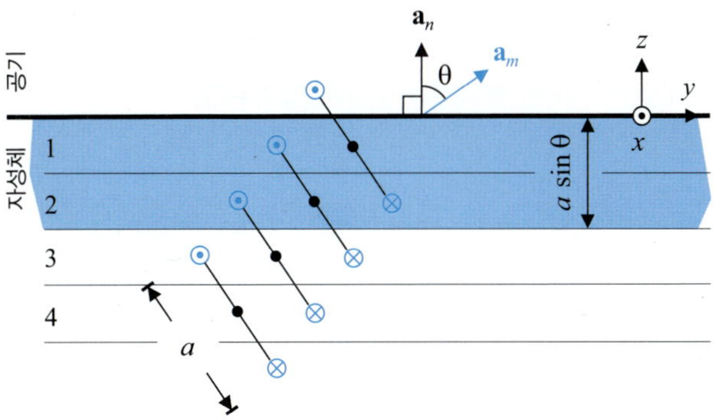

(a)

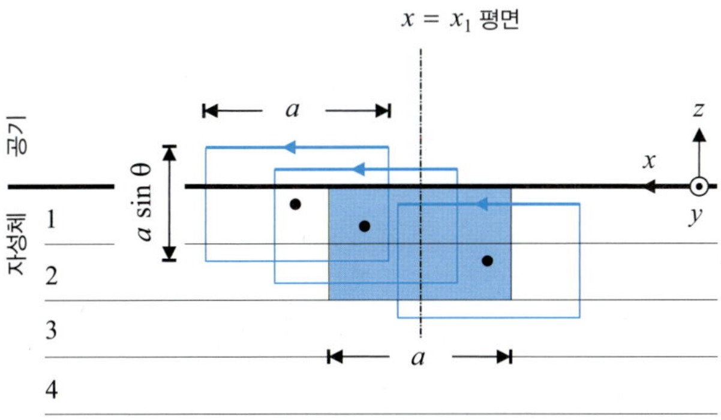

(b)

[그림 5-18] 자화 표면전류. 자기 쌍극자가 정사각형 루프로 표시됨.
(a) 옆에서 바라본 그림, (b) 앞에서 바라본 그림

이해를 돕기 위해, 주어진 자성체를 두께가 $(a/2)\sin\theta$인 여러 개의 가상 층으로 나눈다. 이러한 물체의 옆 모양이 [그림 5-18(a)]에 표시되었다. 여기서 작은 동그라미 안의 점(혹은 가위)은 정사각형 루프의 윗변(혹은 아랫변)에서의 전류 흐름을 표시한다.

[그림 5-18(a)]에서 보듯이 자기 쌍극자가 그 중심을 층 1 혹은 3에 두고 있다면, 이러한 쌍극자들은 동시에 층 2에 전류를 공급하는데, 두 전류들이 서로 정반대 방향으로 흐르므로 이들은 완전히 상쇄된다. 비슷한 이유로 층 2 아래의 영역에서 알짜 전류는 영이다. 그러나 그 중심을 층 1 혹은 2에 둔 자기 쌍극자들은 층 1과 그 위 공간(공기)에 알짜 전류를 공급하여 자기화에 의해 표면전류가 발생한다.

물체의 앞면을 보여주는 [그림 5-18(b)]를 참조하면 물체의 표면에 유도되는 표면 전류밀도를 계산할 수 있다. 그림에서 자기 쌍극자모멘트 $\mathbf{m}$은 물체 표면에 수직인 단위벡터 $\mathbf{a}_n$에 대해 회전되어 있으므로 정사각형 루프는 $a \times a \sin\theta$의 직사각형으로 보인다. 앞에서 설명한 것처럼, 그 중심을 오직 층 1 혹은 2에 둔 쌍극자들, 즉 직사각형 루프만이 표면전류에 기여한다. 그러나 그 중심을 그림의 파란색 영역에 둔 직사각형 루프만이 평면 $x = x_1$으로 대표되는 기준점을 통과해 흐르는 전류에 기여한다. 그리하여 표면 전류밀도는 기준 평면 $x = x_1$ 위에서 y-축으로의 단위 길이를 통과하는 전류로 정의된다.

$$J_{ms} = In(a^2 \sin\theta) = n|\mathbf{m}|\sin\theta \tag{5.70}$$

여기서 n은 자기쌍극자 밀도이고, $a^2 \sin\theta$는 [그림 5-18(b)]에 보인 파란색 영역의 면적이다. 자기화의 정의 $\mathbf{M} = n\mathbf{m}$을 이용하고, 사인항을 두 단위벡터 $\mathbf{a}_m$과 $\mathbf{a}_n$ 사이의 가위곱으로 표시하면, **자화 표면 전류밀도**(magnetization surface current density)는 다음과 같이 표시된다.

$$\mathbf{J}_{ms} = \mathbf{M} \times \mathbf{a}_n \quad [\text{A/m}] \tag{5.71}$$

여기서 $\mathbf{M}$은 물체 표면에서의 자기화 값이라는 것에 주목해야 한다. $\mathbf{a}_n$은 물체 표면에 수직이고 물체 밖으로 향하는 단위벡터이다.

자기화 $\mathbf{M}$은 물체 내부에 **자화 전류밀도**(magnetization current density) $\mathbf{J}_m$ [A/m^2]를 유도하는데, 이것은 제곱 미터당 암페어로 표시된다. 자기화 $\mathbf{M}$의 물체가 영역 $z \le 0$에 존재할 때 그 표면에는 앞에서 설명한 것처럼 자화 표면전류가 흐른다([그림 5-19] 참조). 이 표면에 가상의 원형 루프 C를 그린 후 이 루프 밖으로 빠져나가는 총 자화 표면전류를 계산해 보자. 만약 이 값이 영이 아니면(양의 값을 갖는다면) 연속방정식에 의해 물체 내부에서 루프면으로 올라오는 체적전류가 존재해야 한다. 이런 전류를 **자화전류**(magnetization current)라 부른다. 자화전류와 자화 표면전류는 둘 다 자기 쌍극자의 전류에 기인한다. [그림 5-19]에서 보듯이 자기 쌍극자를 나타내는 정사각형 루프의 전류는 물체 내에서는 자화전류에 기여하고, 물체 표면에서는 표면 자화전류에 기여한다.

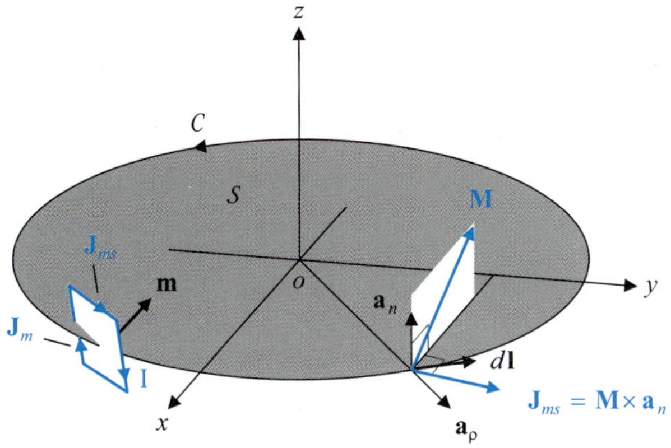

[그림 5-19] 자화 전류밀도 $\mathbf{J}_m$ 및 자화 표면 전류밀도 $\mathbf{J}_{ms}$

이제 $\mathbf{J}_m$에 대한 표현식을 구할 것이다. [그림 5-19]에서 보듯이 물체 표면에 그려진 원 위의 작은 토막 $|d\mathbf{l}|$을 통과하는 표면전류는 다음과 같이 표시된다.

$$dI_{ms} = \mathbf{J}_{ms} \cdot \mathbf{a}_\rho |d\mathbf{l}| = (\mathbf{M} \times \mathbf{a}_n) \cdot \mathbf{a}_\rho |d\mathbf{l}| \tag{5.72}$$

여기서 단위벡터 $\mathbf{a}_\rho$는 원 위의 미분 길이벡터 $d\mathbf{l}$에 수직이다. 그리고 $\mathbf{a}_n$은 루프면에 수직이고 $+z$-방향으로 향한다. 스칼라 삼중곱 $(\mathbf{A} \times \mathbf{B}) \cdot \mathbf{C} = \mathbf{A} \cdot (\mathbf{B} \times \mathbf{C})$를 식 (5.72)에 적용하여 다음을 얻는다.

$$dI_{ms} = \mathbf{M} \cdot (\mathbf{a}_n \times \mathbf{a}_\rho)|d\mathbf{l}| = \mathbf{M} \cdot d\mathbf{l} \tag{5.73}$$

여기서 $\mathbf{a}_n \times \mathbf{a}_\rho = \mathbf{a}_\phi$가 사용되었다. 원 밖으로 빠져나오는 총 표면전류는 다음과 같이 표시된다.

$$I_{ms} = \oint_C \mathbf{M} \cdot d\mathbf{l} = \int_S (\nabla \times \mathbf{M}) \cdot d\mathbf{s} \quad [\text{A}] \tag{5.74}$$

여기서 스토크스 정리가 사용되었고, 면 S는 루프 C에 둘러싸여 있다. 연속방정식에 의하여 총 표면전류 I_{ms}에 해당하는 체적전류가 물체 내부에서 루프면으로 올라와야 한다. 이를 식으로 나타내면 다음과 같다.

$$I_{ms} = \int_S \mathbf{J}_m \cdot d\mathbf{s} \quad [\text{A}] \tag{5.75}$$

식 (5.74)와 (5.75)를 서로 비교하면 이들의 두 피적분 함수는 물체 표면의 모든 점에서 항상 같아야 한다. 따라서 자화 전류밀도는 다음과 같이 정의된다.

$$\mathbf{J}_m = \nabla \times \mathbf{M} \quad [\text{A/m}^2] \tag{5.76}$$

단순매질 내에 체적전류가 영이면 $\nabla \times \mathbf{H} = 0$이고 따라서 $\nabla \times \mathbf{M} = 0$이다. 그 이유는 $\mathbf{M}$은 $\mathbf{H}$와 선형적인 관계를 가지기 때문이다(식 (5.87) 참조). 따라서 물체 내에 자화 전류도 영이다. 그러나 물체 내의 자기화가 영이 아니면 자화 표면 전류밀도는 모든 표면에서 영일 수 없다.

예제 5-13

영구자석이 반지름 a, 높이 b의 원통 형태를 띠고 있으며 균일한 자기화 $\mathbf{M} = M_o \mathbf{a}_z$를 가지고 있다. 이것에 의한 $\mathbf{J}_m$과 $\mathbf{J}_{ms}$를 구하라.

풀이

식 (5.76)으로부터 다음을 구한다.

$$\mathbf{J}_m = \nabla \times \left(M_o \mathbf{a}_z \right) = 0$$

식 (5.71)로부터 다음을 구한다.

$$\begin{aligned} \mathbf{J}_{ms} &= \mathbf{M} \times \mathbf{a}_n \\ &= M_o \mathbf{a}_z \times \mathbf{a}_z = 0 \qquad \text{(윗면)} \\ \mathbf{J}_{ms} &= M_o \mathbf{a}_z \times (-\mathbf{a}_z) = 0 \qquad \text{(아랫면)} \\ \mathbf{J}_{ms} &= M_o \mathbf{a}_z \times \mathbf{a}_\rho = M_o \mathbf{a}_\phi \qquad \text{(옆면)} \end{aligned} \tag{5.77}$$

이 결과에 따르면, 자기장에 관한한, 문제의 영구자석은 자유 공간에 놓인 반지름 a, 높이 b의 원통면이 표면 전류밀도 $\mathbf{J}_s = M_o \mathbf{a}_\phi$를 지닌 것으로 취급할 수 있다. 이 경우 $\mathbf{J}_{ms}$와 $\mathbf{J}_s$에 의한 자기장은 동일하게 주어진다.

예제 5-14

자기화 $\mathbf{M}$에 의한 벡터 자기포텐셜을 구하라.

풀이

자기화 $\mathbf{M}$으로 자화된 자성체에서 미분체적 dv' 내의 자기 쌍극자모멘트는 $\mathbf{M}\,dv'$이다. 이것을 식 (5.63)에 대입하면 미분 벡터 자기포텐셜은 다음과 같다.

$$d\mathbf{A} = \frac{\mu_0}{4\pi} \frac{dv' \mathbf{M} \times \mathbf{a}_{\mathcal{R}}}{\mathcal{R}^2} \tag{5.78a}$$

식 (2.41)의 항등식과 식 $\nabla(1/\mathcal{R}) = -\nabla'(1/\mathcal{R})$을 이용하여 위 식을 다시 쓰면 다음과 같다.

$$d\mathbf{A} = \frac{\mu_0}{4\pi} \mathbf{M} \times \left(\nabla' \frac{1}{\mathcal{R}} \right) dv' \tag{5.78b}$$

항등식 $\nabla \times \left(f\mathbf{U} \right) = f\left(\nabla \times \mathbf{U} \right) - \mathbf{U} \times \left(\nabla f \right)$를 이용하여 위 식의 $d\mathbf{A}$를 체적 $\mathcal{V}'$에서 적분하면 다음과 같다.

$$\mathbf{A} = \frac{\mu_0}{4\pi}\int_{\mathcal{V}'}\left[\frac{1}{\mathcal{R}}\nabla'\times\mathbf{M} - \nabla'\times\left(\frac{\mathbf{M}}{\mathcal{R}}\right)\right]dv' \tag{5.78c}$$

항등식 $\nabla\cdot(\mathbf{G}\times\mathbf{K}) = \mathbf{K}\cdot(\nabla\times\mathbf{G}) - \mathbf{G}\cdot(\nabla\times\mathbf{K})$에서 $\mathbf{G}$가 상수이면 이 식은 $\nabla\cdot(\mathbf{G}\times\mathbf{K}) = -\mathbf{G}\cdot(\nabla\times\mathbf{K})$가 된다. 이 식에 $\mathbf{K} = \mathbf{M}/\mathcal{R}$를 대입한 후 식 (5.78c)에 사용하고, 그 양변을 체적 적분하면 다음을 얻을 수 있다.

$$\begin{aligned}\int_{\mathcal{V}'}\mathbf{G}\cdot\nabla'\times\left(\frac{\mathbf{M}}{\mathcal{R}}\right)dv' &= -\int_{\mathcal{V}'}\nabla'\cdot\left(\mathbf{G}\times\frac{\mathbf{M}}{\mathcal{R}}\right)dv' \\ &= -\oint_{S'}\left(\mathbf{G}\times\frac{\mathbf{M}}{\mathcal{R}}\right)\cdot d\mathbf{s}' \\ &= -\oint_{S'}\mathbf{G}\cdot\frac{\mathbf{M}}{\mathcal{R}}\times d\mathbf{s}'\end{aligned} \tag{5.78d}$$

여기서 스토크스 정리와 스칼라 삼중곱이 사용되었다. 위 식에서 상수 $\mathbf{G}$가 적분 밖으로 빠져나올 수 있으므로 다음의 식을 쓸 수 있다.

$$-\int_{\mathcal{V}'}\nabla'\times\left(\frac{\mathbf{M}}{\mathcal{R}}\right)dv' = \oint_{S'}\frac{\mathbf{M}}{\mathcal{R}}\times d\mathbf{s}' \tag{5.78e}$$

식 (5.78e)를 식 (5.78c)에 대입하여 다음을 얻는다.

$$\mathbf{A} = \frac{\mu_0}{4\pi}\int_{\mathcal{V}'}\frac{1}{\mathcal{R}}\nabla'\times\mathbf{M}\,dv' + \frac{\mu_0}{4\pi}\oint_{S'}\frac{1}{\mathcal{R}}\mathbf{M}\times\mathbf{a}_n\,ds' \tag{5.78f}$$

여기서 $\mathbf{a}_n$은 표면에 수직이고 밖으로 향하는 단위벡터이다.

식 (5.71)과 (5.76)을 사용하여 식 (5.78f)를 다음과 같이 다시 쓸 수 있다.

$$\mathbf{A} = \frac{\mu_0}{4\pi}\int_{\mathcal{V}'}\frac{\mathbf{J}'_m}{\mathcal{R}}dv' + \frac{\mu_0}{4\pi}\oint_{S'}\frac{\mathbf{J}'_{ms}}{\mathcal{R}}ds' \tag{5.79}$$

식 (5.79)와 식 (5.38b) 그리고 (5.38c)를 비교하면 $\mathbf{J}_m$과 $\mathbf{J}_{ms}$가 합동으로 $\mathbf{A}$, 따라서 $\mathbf{B}$를 발생시키는데 이것은 마치 자유 공간에서 전류 $\mathbf{J}$와 표면전류 $\mathbf{J}_s$가 자기장을 발생시키는 것과 동일한 개념이다.

유제 5.16 자기화 $\mathbf{M} = M_o\mathbf{a}_z$를 가진 자성체가 반지름 a인 구를 형성한다. 구 표면에서의 $\mathbf{J}_{ms}$를 구하라.

Ans $(M_o \sin\theta)\mathbf{a}_\phi$ [A/m]

복습문제

Q 5.34 반자성, 상자성, 강자성 현상을 설명하라. **A** [그림 5-17]

Q 5.35 자기화를 정의하라. **A** 식 (5.69)]

Q 5.36 $\mathbf{J}_{ms}$와 $\mathbf{J}_m$이 어떻게 자기화와 연관되나? **A** 식 (5.71), (5.76)]

Q 5.37 $\mathbf{J}_{ms}$와 $\mathbf{J}_m$의 단위는? **A** 식 (5.71), (5.76)]

Q 5.38 자성체 내에서 $\mathbf{J}_m = 0$이면 자성체 내부에서 $\mathbf{M} = 0$를 의미하는가? **A** 식 (5.76)

Q 5.39 비록 $\mathbf{J}_m$이 영이더라도 $\mathbf{J}_{ms}$는 자성체의 모든 경계면에서 영일 수는 없는가? **A** [예제 5-13]

5.7.2 투자율

자성체 내의 자기화와 내부 자기장 사이의 관계는 유전체 내의 전기분극과 내부 전기장 사이의 관계와 유사하다. 자성체가 외부 자기장 내에 놓이면 유도된 자기화가 자화전류를 발생시킨다. 이 자화전류는 다시 자기장을 발생시키는데 이를 **자화 자기장**(magnetization field)이라 부른다. 외부 자기장과 자화 자기장은 더해져서 내부 자기장을 만든다. 이 절에서는 물체 내의 **H**가 물체 내의 자유전류에만 연관되도록 이것을 새로이 정의한다. 여기서 자유전류는 전류 원천의 스위치를 켰을 때 흐르는 전류를 의미한다.

자유전류와 자화전류는 물체 내에 각각 자기장을 발생시키는데, 총 자기장은 암페어 법칙을 이용하면 다음과 같이 표시된다.

$$\nabla \times \frac{\mathbf{B}}{\mu_0} = \mathbf{J} + \mathbf{J}_m = \mathbf{J} + \nabla \times \mathbf{M} \qquad (5.80)$$

여기서 **J**는 자유전류인데, 이는 전도전류나 대류전류, 혹은 둘 다일 수 있다. 그리고 $\mathbf{J}_m$은 자화전류이다. 이들은 모두 전류밀도로 표시된다. 위 식의 상수 μ_0로부터 우리는 두 전류 **J**와 $\mathbf{J}_m$이 자유 공간에 위치한다는 것을 알 수 있다. 이러한 사실은 물체의 원자 모델에 기초하고 있다. 즉 하나의 자성체는 자유 공간에서 자기 쌍극자들이 격자를 이루는 형태이다. 자화 표면전류 $\mathbf{J}_{ms}$도 자기장을 발생시키지만 이것은 식 (5.80)에서 제외된다. 그 이유는 이 전류가 국소현상에 관여하지 않기 때문이다. 대신 $\mathbf{J}_{ms}$는 유일해를 구할 때 필요한 경계면 조건으로 사용될 것이다. 식 (5.80)을 다음과 같이 다시 쓸 수 있다.

$$\nabla \times \left(\frac{\mathbf{B}}{\mu_0} - \mathbf{M} \right) = \mathbf{J} \qquad (5.81)$$

여기서 자성체 내의 **H**를 다음과 같이 새로이 정의한다.

$$\mathbf{H} \equiv \frac{\mathbf{B}}{\mu_0} - \mathbf{M} \qquad (5.82)$$

이를 **B**에 관한 식으로 나타내면 다음과 같다.

$$\mathbf{B} = \mu_0(\mathbf{H} + \mathbf{M}) \quad [\mathrm{T}] \tag{5.83}$$

새로이 정의된 **H**를 사용하면 미분형태의 암페어 법칙을 자유전류 **J** 만을 이용하여 다음과 같이 표시할 수 있다.

$$\nabla \times \mathbf{H} = \mathbf{J} \quad [\mathrm{A/m^2}] \tag{5.84}$$

명심할 것은, 식 (5.84)의 **암페어 법칙은 자성체 유무에 관계없이 항상 성립한다**는 것이다.

그 다음, 식 (5.84)의 양변을 하나의 면 S 위에서 적분하여 다음을 얻는다.

$$\int_S (\nabla \times \mathbf{H}) \cdot d\mathbf{s} = \int_S \mathbf{J} \cdot d\mathbf{s} \tag{5.85}$$

위 식의 왼쪽에 스토크스 정리를 사용하고, 오른쪽은 면 S를 통과하는 총 전류임을 고려하면, 암페어 법칙은 다음과 같이 표시된다.

$$\oint_C \mathbf{H} \cdot d\mathbf{l} = I \quad [\mathrm{A}] \tag{5.86}$$

여기서 루프 C는 면 S의 경계선을 나타낸다. 주목할 것은, 식 (5.82)의 **H**를 이용함으로써 암페어 법칙은 자성체에 유도된 자화전류 및 자화 표면전류에 무관하게 된다는 점이다.

자기화는 물체 내의 총 자기장, 즉 내부 자기장과 직접 연관되어 있다. 이 둘의 관계는 다음과 같다.

$$\mathbf{M} = \chi_m \mathbf{H} \quad [\mathrm{A/m}] \tag{5.87}$$

여기서 χ_m은 **자기 감수율**(magnetic susceptibility)이다. 이것은 균질 매질 내에서는 모든 점에서 같은 값을 갖고, 선형 매질 내에서는 **H**의 크기에 독립적이며, 등방성 매질 내에서는 **H**의 방향에 독립적이다. 이 세 가지를 모두 만족하는 매질을 편의상 **단순매질**이라 부른다.

식 (5.87)을 식 (5.83)에 대입하면 **H**와 **B** 사이의 관계를 정의하는 구조식을 다음과 같이 얻는다.

$$\mathbf{B} = \mu_0(1 + \chi_m)\mathbf{H} = \mu_0 \mu_r \mathbf{H} = \mu \mathbf{H} \quad [\mathrm{T}] \tag{5.88}$$

여기서 μ는 **투자율**(permeability)로 미터당 헨리 [H/m]로 표시되며, μ_0는 **자유공간 투자율**(permeability in free space)이고, μ_r은 **상대투자율**(relative permeability)인데 단순매질에서는 상수이다.

식 (5.88)로부터 χ_m과 μ 사이의 관계를 다음과 같이 표시할 수 있다.

$$\chi_m = \frac{\mu}{\mu_0} - 1 \tag{5.89}$$

위 식은 실제 문제를 풀 때 매우 유용하다.

자성체는 상대투자율에 따라 다음과 같이 분류된다.

$$\mu_r \leq 1 \quad \text{(반자성체)} \tag{5.90a}$$

$$\mu_r \geq 1 \quad \text{(상자성체)} \tag{5.90b}$$

$$\mu_r \gg 1 \quad \text{(강자성체)} \tag{5.90c}$$

χ_m의 대략적인 값은 반자성체에서 -10^{-6}에서 -10^{-4} 사이이고, 상자성체에서는 10^{-5}에서 10^{-3} 사이이고, 강자성체에서는 10^{1}에서 10^{5} 사이이다.

정리하면, 암페어 법칙과 자기 가우스 법칙은 정자기장에 대한 두 기본식인데 이들과 더불어 적절한 경계면 조건을 적용하면, 헬름홀츠 정리에 따라, 주어진 영역에서 물체의 존재 여부에 관계없이 자기장의 유일해를 구할 수 있다. 이들은 적분형태 혹은 미분형태로 다음과 같이 표시된다.

$$\oint_C \mathbf{H} \cdot d\mathbf{l} = I \tag{5.91a}$$

$$\oint_S \mathbf{B} \cdot d\mathbf{s} = 0 \tag{5.91b}$$

$$\nabla \times \mathbf{H} = \mathbf{J} \tag{5.91c}$$

$$\nabla \cdot \mathbf{B} = 0 \tag{5.91d}$$

B와 **H**는 구조식에 의거 다음과 같이 서로 연관되어 있다.

$$\mathbf{B} = \mu \mathbf{H} \tag{5.92}$$

여기서 μ는 주어진 자성체의 투자율이다.

예제 5-15

[그림 5-20]에서처럼 매우 긴 필라멘트에 전류 I가 z-축을 따라 흐르는데 이것은 투자율이 μ_1인 공동 원통에 둘러싸여 있다. 이때 다음 값을 구하라.

(a) 모든 영역에서 **H**와 **B**

(b) $\mathbf{J}_m$과 $\mathbf{J}_{ms}$

풀이

대칭성을 고려하면, 모든 영역에서 자기장은 $\mathbf{H} = H_\phi(\rho)\mathbf{a}_\phi$ 의 형태를 가지므로 이에 적절한 암페어길은 z-축 주위로의 원이다.

(a) 암페어 법칙은 물체에 무관하므로 모든 영역에서 $\mathbf{H}$는 다음과 같이 주어진다.

$$\mathbf{H} = \frac{I}{2\pi\rho}\mathbf{a}_\phi \qquad \text{(모든 영역)}$$

구조식을 이용하면 자속밀도를 다음과 같이 구할 수 있다.

$$\mathbf{B} = \mu_0\mathbf{H} = \frac{I\mu_0}{2\pi\rho}\mathbf{a}_\phi \qquad (0 < \rho < a) \tag{5.93a}$$

$$\mathbf{B} = \mu_1\mathbf{H} = \frac{I\mu_1}{2\pi\rho}\mathbf{a}_\phi \qquad (a \le \rho \le b) \tag{5.93b}$$

$$\mathbf{B} = \mu_0\mathbf{H} = \frac{I\mu_0}{2\pi\rho}\mathbf{a}_\phi \qquad (\rho > b) \tag{5.93c}$$

(b) 공동 원통의 자기화는 식 (5.87)로부터 다음과 같이 표시된다.

$$\mathbf{M} = \chi_m\mathbf{H} = \left(\frac{\mu_1}{\mu_0} - 1\right)\frac{I}{2\pi\rho}\mathbf{a}_\phi \tag{5.93d}$$

위 식의 $\mathbf{M}$에 컬을 취하면 영이므로 자화전류는 영이다.

$$\mathbf{J}_m = 0$$

공동 원통의 표면에서, 즉 식 (5.93d)에 $\rho = a$ 혹은 $\rho = b$를 대입하면 이들 표면에서의 자기화를 구할 수 있다.

$$\mathbf{M}_a = \left(\frac{\mu_1}{\mu_0} - 1\right)\frac{I}{2\pi a}\mathbf{a}_\phi \qquad (\rho = a) \tag{5.93e}$$

$$\mathbf{M}_b = \left(\frac{\mu_1}{\mu_0} - 1\right)\frac{I}{2\pi b}\mathbf{a}_\phi \qquad (\rho = b) \tag{5.93f}$$

표면에 수직이고 밖으로 향하는 단위벡터는 $\rho = a$에서 $\mathbf{a}_n = -\mathbf{a}_\rho$이고, $\rho = b$에서 $\mathbf{a}_n = \mathbf{a}_\rho$이다. 따라서 자화 표면 전류밀도는 다음과 같다.

$$\mathbf{J}_{ms1} = \mathbf{M}_a \times (-\mathbf{a}_\rho) = \left(\frac{\mu_1}{\mu_0} - 1\right)\frac{I}{2\pi a}\mathbf{a}_z \qquad (\rho = a) \tag{5.93g}$$

$$\mathbf{J}_{ms2} = \mathbf{M}_b \times \mathbf{a}_\rho = -\left(\frac{\mu_1}{\mu_0} - 1\right)\frac{I}{2\pi b}\mathbf{a}_z \qquad (\rho = b) \tag{5.93h}$$

여기서, 공동 원통의 두 표면에서 자화 표면전류의 크기는 동일하고 방향은 정반대이다.

공동 원통을 이루는 물체 내의 자기장은, $\mathbf{J}_m$이 영이므로, 오직 필라멘트 전류와 자화 표면전류에 기인한다.

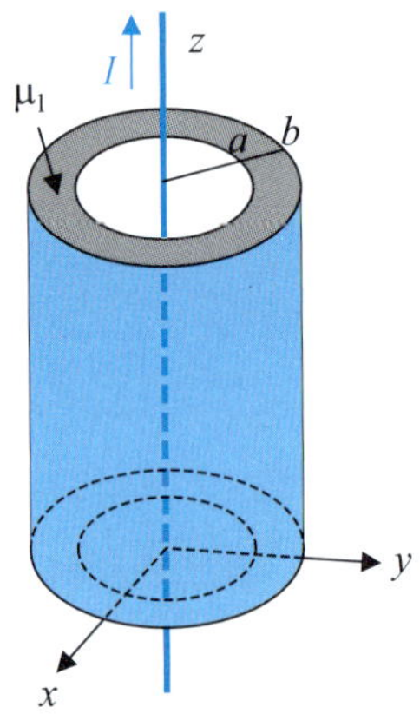

[그림 5-20] 필라멘트 전류가 공동 원통에 둘러싸임

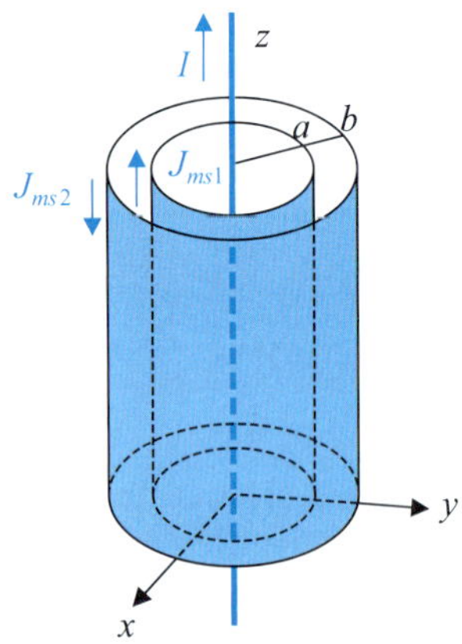

[그림 5-21] 자유 공간에서 동축 원통면에 흐르는 표면전류

예제 5-16

[예제 5-15]의 자화 표면전류 $\mathbf{J}_{ms1}$과 $\mathbf{J}_{ms2}$는 [그림 5-21]처럼, 공동 원통이 제거된 상태에서 진공 중에 놓여 있다고 생각할 수 있다. 모든 영역에서 $\mathbf{B}$를 구하여 앞의 결과와 비교하라.

풀이

대칭성을 고려하면 자속밀도는 $\mathbf{B} = B_\phi(\rho)\mathbf{a}_\phi$의 형태로 주어진다. 암페어 법칙으로부터 다음을 구한다.

$$\oint_C (\mathbf{B}/\mu_0)\cdot d\mathbf{l} = I \qquad (0 < \rho < a) \tag{5.94a}$$

$$\oint_C (\mathbf{B}/\mu_0)\cdot d\mathbf{l} = I + 2\pi a J_{ms1} \qquad (a \le \rho \le b) \tag{5.94b}$$

$$\oint_C (\mathbf{B}/\mu_0)\cdot d\mathbf{l} = I + 2\pi a J_{ms1} - 2\pi b J_{ms2} \qquad (\rho > b) \tag{5.94c}$$

식 (5.93g)와 (5.93h)의 $\mathbf{J}_{ms1}$과 $\mathbf{J}_{ms2}$를 위 식에 대입하여 $\mathbf{B}$를 구한다.

$$\mathbf{B} = \frac{I\mu_0}{2\pi\rho}\mathbf{a}_\phi \qquad (0 < \rho < a) \tag{5.94d}$$

$$\mathbf{B} = \frac{I\mu_1}{2\pi\rho}\mathbf{a}_\phi \qquad (a \le \rho \le b) \tag{5.94e}$$

$$\mathbf{B} = \frac{I\mu_0}{2\pi\rho}\mathbf{a}_\phi \qquad (\rho > b) \tag{5.94f}$$

이 결과들은 [예제 5-15]의 **B**와 동일하다. 여기서 주목해야할 것은, 식 (5.86)의 암페어 법칙은 이 문제에서 사용될 수 없다는 것이다. 그 이유는 **H**는 자기화 혹은 자화 표면전류에 연관되지 않기 때문이다. 다시 말해 **암페어 법칙의 H는 오직 자유전류에만 연관된다.**

매우 큰 투자율을 가진 원통 형태의 자성체가 [그림 5-22(a)]와 같이 균일한 자기장 내에 놓여 있다. 이때 균일한 외부 자기장으로 인하여 원통 내에 균일한 자기화가 유도될 것이라고 잘못 생각할 수 있다. 만약 균일한 자기화가 유도되어 자화 표면전류를 발생시키면 이것에 의한 자화 자기장은 결코 균일하지 않다. 그 이유는 자화 표면전류가 유한한 영역에 분포하여 모서리에서 필연적으로 자기장 휘어짐이 발생하기 때문이다. 실제 내부 자기장은 비균일하며 따라서 자기화도 비균일하다. 문제를 간략화하기 위해 자화 표면전류를 하나의 원형 루프에 흐르는 전류로 가정하고, 수치해석을 통해 원통 내부와 외부에 해당하는 영역에서 자기장선을 구하여 [그림 5-22(b)]에 표시하였다. 그림을 보면 자기장선들은 원통 내에 집중되어 있는 것을 볼 수 있는데, 이를 통해 매우 큰 투자율의 물체로 만들어진 구조물이 자기장을 그 내부에 가두어 자기장선의 흐름을 제어할 수 있다는 것을 알 수 있다.

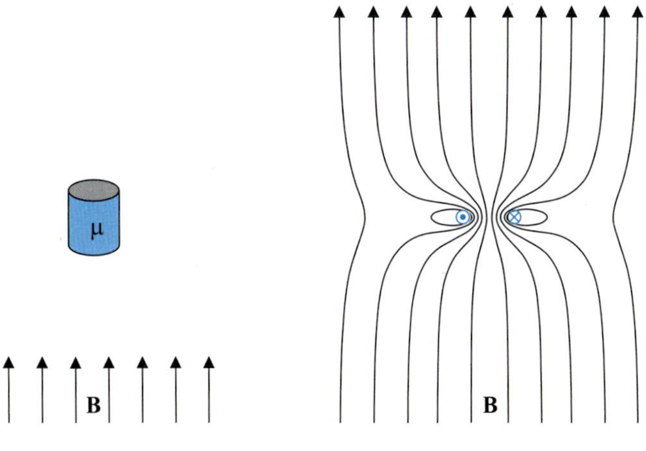

[그림 5-22] (a) 매우 큰 투자율의 자성체 원통이 균일 자기장 내에 위치함. (b) $\mathbf{J}_{ms}$를 원형 루프 형태로 가정한 후 계산한 자기장선

예제 5-17

매우 긴, 반지름이 a인 원통이 균일한 영구 자기화 $\mathbf{M} = M_o\,\mathbf{a}_z$를 가지고 있다([그림 5-23(a)] 참조). 이것의 작은 부분이 분리되어 영구자석으로 사용된다. 이때 나머지 부분에서의 자속선을 수치 해석을 이용해 계산하여 [그림 5-23(b)]에 표시하였다. 이를 이용해 영구자석의 **B**와 **H**를 그려라.

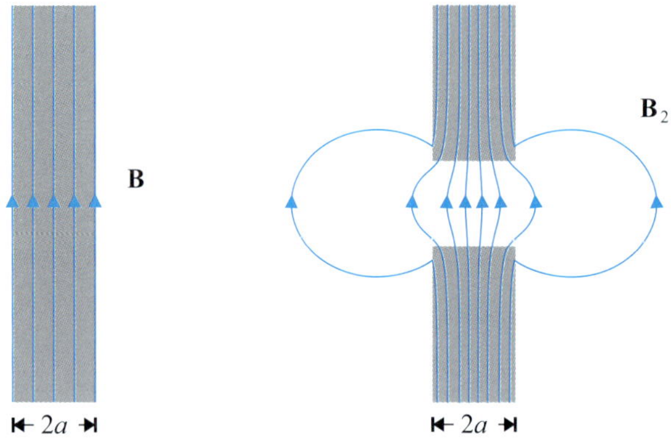

[그림 5-23] 자속선. (a) 매우 긴 원통이 자기화 $\mathbf{M} = M_o\,\mathbf{a}_z$를 가짐. (b) 작은 일부분이 제거된 후의 나머지 원통

풀이

영구 자기화가 $\mathbf{M} = M_o\,\mathbf{a}_z$이므로, [그림 5-23(a)]의 원통 내부에서 $\mathbf{B} = \mu_0\mathbf{M}$, $\mathbf{H} = 0$이고, 원통 외부에서는 $\mathbf{B} = \mathbf{H} = 0$이다. 그 다음, 중첩의 원리에 의해 영구자석의 내부에서 $\mathbf{B}_1 = \mathbf{B} - \mathbf{B}_2$이고 외부에서 $\mathbf{B}_1 = -\mathbf{B}_2$이다([그림 5-24] 참조). 이때 자속선들은 폐루프를 형성하지만 영구자석의 옆 경계면에서는 급격히 변한다.

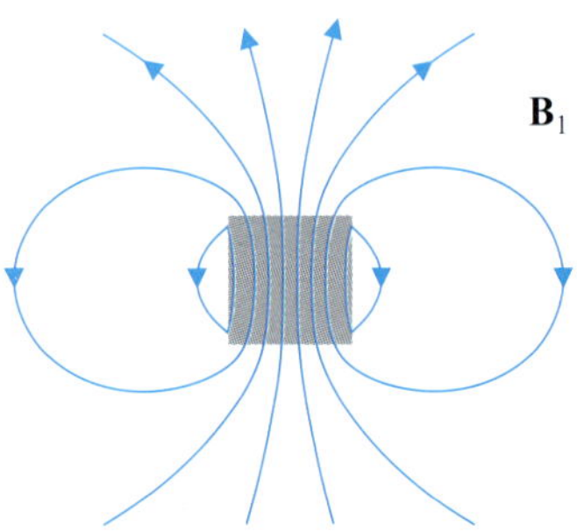

[그림 5-24] 자기화 $\mathbf{M} = M_o\,\mathbf{a}_z$를 가진 영구자석의 자속선

기존의 원통 내에서 **H**는 영이지만 영구자석 내에서는 영이 아니다. 이것은 다음과 같이 설명된다. 즉 중첩의 원리에 따라 기존의 원통에서 영구자석이 빠져나갈 자리에서 $\mathbf{B} = \mathbf{B}_1 + \mathbf{B}_2 = \mu_0\mathbf{M}$이고 $\mathbf{H} = 0$이다. **H**의 일반적인 정의에 따라서, 영구자석 내에서 식 $\mathbf{H}_1 = \mathbf{B}_1/\mu_0 - \mathbf{M}$을 쓸 수 있다. 이 두 식들을 조합하면 영구자석 내에서 $\mathbf{H}_1 = -\mathbf{B}_2/\mu_0$을 얻는다.

영구자석 외부는 자유 공간이므로 [그림 5-25]와 같이 $\mathbf{H}_1 = \mathbf{B}_1/\mu_0$이다.

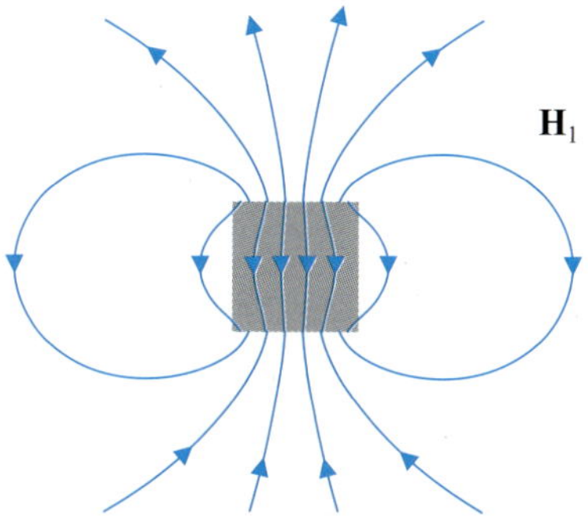

[그림 5-25] 영구 자기화 $\mathbf{M} = M_o\mathbf{a}_z$를 가진 영구자석의 **H** 선들

여기서 주목할 것은, 영구자석의 **H** 선들은 폐곡선을 이루지 않는다는 것이다. 이들은 영구자석의 윗면에서 출발해서 아랫면에서 끝난다. **B**는 물리량인 반면에 **H**는 수학적으로 도입된 값이다. 따라서 많은 사람들이 **H**를 자기장 및 자기장선이라 부르지 않고, **B**를 자기장 및 자기장선이라 부르기도 한다. 이때 **H**는 단지 알파벳 **H**로 부른다.

유제 5.17 어느 단순매질의 **M**이 내부의 **H**보다 10배 클 때 μ_r을 구하라.

Ans $\mu_r = 11$

유제 5.18 상태투자율 $\mu_r = 250$인 고체 니켈 내부에서 $|\mathbf{B}| = 0.02$ [T]일 때 χ_m, H, M을 구하라.

Ans $\chi_m = 249$, $H = 63.7$ [A/m], $M = 15.9\times10^3$ [A/m]

유제 5.19 무한히 긴 원통이 χ_m의 자성체로 채워져 있고 그 표면에 균일한 전류 $\mathbf{J}_s = J_o\mathbf{a}_\phi$가 흐른다. 모든 영역에서 **B**를 구하라.

Ans 내부에서 $\mathbf{B} = \mu_0(\chi_m + 1)J_o\mathbf{a}_z$, 외부에서 $\mathbf{B} = 0$

복습문제

Q5.40 물체 내의 $\mathbf{H}$를 정의하라. **A** 식 (5.82)

Q5.41 자속밀도와 자기화 사이의 관계를 설명하라. **A** 식 (5.83)

Q5.42 $\mathbf{H}$와 자성체 내의 자유전류 사이의 관계를 설명하라. **A** 식 (5.84)

Q5.43 자성체 내에서의 암페어 법칙은? **A** 식 (5.86)

Q5.44 χ_m, μ_r, μ를 정의하라. **A** 식 (5.87), (5.88), (5.89)

Q5.45 자성체를 상대투자율에 따라 세 가지로 분류하라. **A** 식 (5.90a)~(5.90c)

Q5.46 외부 자기장을 이용하여 작은 원통 자성체가 균일 자기화를 갖도록 만들 수 있는가? **A** [그림 5-22]

Q5.47 구의 표면전류 $\mathbf{J}_s = \sin\theta\,\mathbf{a}_\phi$는 구 내부에 균일한 $\mathbf{H}$를 유도한다는 사실을 고려하면 균일한 외부 자기장을 이용하여 자성체 구 내부에 균일한 자기화를 유도할 수 있는가? **A** [유제 5.16], [연습문제 5.27]

5.7.3 강자성체의 히스테리시스

외부 자기장은 강자성체를 매우 강하게 자화시킬 수 있다. 강자성체의 독특한 자기 성질은 물체 내의 **자기구역**(magnetic domain)에 기인한다. 강자성체에서 $\mathbf{B}$와 $\mathbf{H}$ 사이의 관계는 매우 비선형적인데, 이것의 상대투자율은 내부 자기장의 크기에 영향을 받는다. 또한 외부 자기장이 사라진 이후에도 이 물체는 큰 값의 자기화를 유지한다.

강자성체의 원자들은 전자 스핀에서 유래하는 매우 큰 영구 자기 쌍극자모멘트를 가진다. 이들 자기 모멘트들은 강력한 원자간 힘에 의해 자기구역이라 불리는 작은 영역에서 서로 정렬하려는 성질을 가진다([그림 5-26(a)] 참조). 자기구역은 마이크로 미터에서 밀리 미터까지 매우 다양한 크기와 모양을 가진다. 각각의 자기구역은 완전히 자화되어 모든 자기 모멘트들은 한 방향으로 향하여 균일한 자기화를 가진다. 외부 자기장이 없는 경우 자기구역들은 임의의 방향으로 향하므로 전체적으로 알짜 자기모멘트는 영이다. 그러나 외부 자기장이 걸리면, 자기화 벡터가 외부 자기장과 평행한 자기구역이 주위의 다른 자기구역을 침범하여 자신들의 영역을 확장한다. 그 결과 물체 내에 매우 큰 알짜 자기모멘트가 생성된다([그림 5-26(b)] 참조). 이때 외부 자기장이 사라지면 이러한 자기구역이 다시 나뉘어 원래의 무작위 상태로 되돌아 가는 것은 불가능하다. 대신 잔류 자기모멘트가 물체 안에 남게 된다. 이러한 현상을 **자기 히스테리시스**(magnetic hysteresis)라 부른다. 즉 물체의 현재 자기 상태는 이전 자기 상태에 따라 달라진다. 그러나 큐리 온도보다 높은 온도에서 강자성체는 상자성체처럼 행동한다. 즉 자기구역을 형성하지 못하고 개별적인 자기 쌍극자모멘트들이 임의의 방향으로 향한다. 예를 들면, 철의 큐리 온도는 770℃이다.

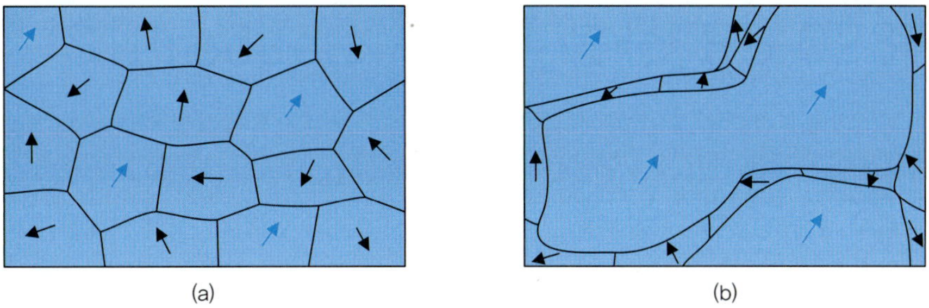

[그림 5-26] 강자성체의 자기구역. (a) 외부 $\mathbf{H}$가 영인 경우, (b) 강한 외부 $\mathbf{H}$가 파란색 화살표 방향으로 걸림

강자성체의 자기 성질은 $B-H$ **자화곡선**(magnetization curve)을 이용해 잘 설명할 수 있다. 이것은 물체 안에서 측정되는 자속밀도 B를 물체에 가해진 자기장 세기 H의 함수로 표시한 것이다([그림 5-27] 참조). 여기서 완전한 비자화 강자성체를 이용해 논의해보자.

우선 이 물체의 외부 자기장을 0에서 H_1으로 증가시킨다. 이것은 주어진 물체를 솔레노이드 코일 안에 넣고 코일의 전류를 증가시키는 실제 상황과 동일하다. 그러면 물체 내의 자속밀도는 [그림 5-27(a)]에서 보듯이 0에서 B_1까지 **초기 자화곡선**(initial magnetization curve)이라 불리는 점선을 따라 증가한다. 이때 만약 H를 H_1에서 0까지 감소시켜도 물체 내의 B는 0으로 줄어들지 않고 $B-H$ 곡선의 윗쪽 길을 따라 B_r이 된다. 이 값을 **잔류 자속밀도**(residual flux density)라 한다. 자기화가 자기장을 따라잡지 못하고 뒤처지는 현상을 **히스테리시스**(hysteresis)라고 하는데 이것은 그리스어로 "뒤처짐"을 의미한다. 물체 내의 잔류 자속밀도를 영으로 만들기 위해 **강제자기장**(coercive field intensity) H_c를 반대 방향으로 걸어야 한다. 강자성체에서 B_r과 H_c는 최대 자기장 세기 H_1에 따라 다르다.

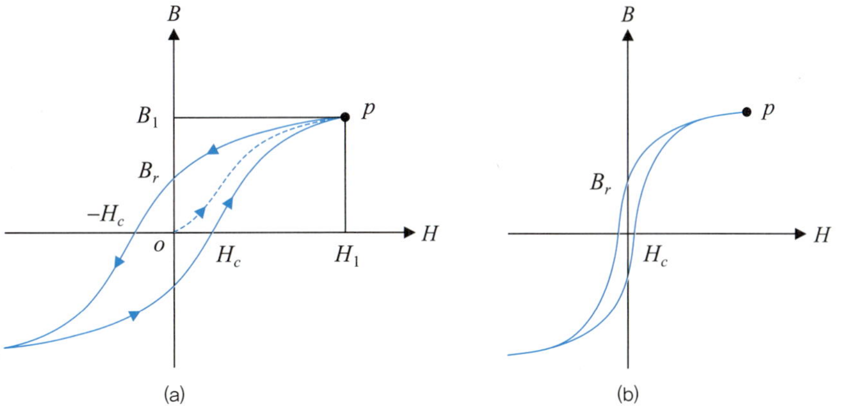

[그림 5-27] 전형적인 히스테리시스 루프. (a) 경질, (b) 연질 강자성체

만약 외부 자기장이 두 최대값 $\pm H_1$ 사이에서 주기적으로 변한다면 B의 변화는 $B-H$ 도표에서 폐곡선으로 표시되는데, 이것을 히스테리시스 루프라 부른다. H가 플러스 방향으로 변할 때의 B의 길과 마이너스 방향으로 변할 때의 B의 길은 서로 다르다. 즉 강자성체의 자기화는 자기장 세기에 따라 다를 뿐만 아니라 이전의 자기 상태에 따라 다르다. 히스테리시스 루프의 모양과 크기는 강자성체에 따라 다르고 또한 물체에 걸리는 최대 자기장 세기에 따라 다르다. 히스테리시스 루프는 B와 H 사이에 존재하는 비선형 관계 때문에 발생한다.

강자성체의 투자율은 $B-H$ 도표에서 비 B/H에 해당하는데 이것은 히스테리시스 루프 위의 접선의 기울기가 아님을 명심해야 한다. 히스테리시스 루프의 면적은 주기적으로 변화하는 자기화의 한 주기 동안에 단위 체적당 열에너지로 소모되는 에너지에 해당한다. 경질 강자성체는 [그림 5-27(a)]에서처럼 넓은 히스테리시스 루프를 가지고, 연질 강자성체는 [그림 5-27(b)]에서처럼 좁은 히스테리시스 루프를 가진다. 강자성체에는 잔류 자속밀도가 존재하기 때문에 영구자석을 형성할 수 있다. 매우 큰 강제자기장을 가진 경질 강자성체를 이용하면 더 좋은 영구자석을 만들 수 있는데, 그 이유는 잔류 자속밀도가 손쉽게 사라지지 않기 때문이다.

만약 외부 자기장이 매우 강해서 모든 자기 쌍극자모멘트가 H에 정렬되면 이 강자성체는 포화되었다고 말한다. 이때 H를 더욱 증가시켜도 자기화에는 아무런 영향이 없다. 그러나 포화점을 지나서도 B가 증가할 수 있는데 이것은 오로지 외부 자기장에 의한 자속이 더해지기 때문이다.

유제 5.20 철의 원자 밀도는 $8.5\times10^{28}\,[\mathrm{m}^{-3}]$이고 포화 자기화는 $7.9\times10^{5}\,[\mathrm{A/m}]$이다. 이때 각 원자의 자기 쌍극자모멘트를 구하라.

Ans $9.3\times10^{-24}\,[\mathrm{A\cdot m^2}]$

유제 5.21 [그림 5-27(b)]에서 포화점 p에서의 접선이 H-축에 대해 7° 기울어져 있고, 원점에서 p까지의 직선은 45° 기울어져 있다. 점 p에서의 μ_r을 구하라.

Ans $\mu_r = \tan 45^o / \tan 7^o = 8.1$ (분자는 μ이고 분모는 μ_0임)

유제 5.22 강자성체에 대한 언급으로 올바른 것은?

① μ_r이 상수이다.
② 포화 이후에 히스테리시스 루프는 직선이 된다.
③ 히스테리시스 루프의 면적은 에너지 소모와 연관이 있다.

Ans ②, ③

복습문제

Q5.48 자기구역이 무엇인가? **A** [그림 5-26]

Q5.49 큐리 온도가 무엇인가? **A** [그림 5-26]

Q5.50 히스테리시스 루프가 무엇인가? **A** [그림 5-27]

Q5.51 잔류 자속밀도와 강제자기장을 설명하라. **A** [그림 5-27]

Q5.52 경질 강자성체가 무엇인가? **A** [그림 5-27]

5.7.4 자기 경계면 조건

자기 가우스 법칙은 자기장의 두 기본식 중 하나로 자속 보존법칙에 기초한다. 주변의 물체에 관계없이 하나의 폐곡면 밖으로 빠져나오는 알짜 자속은 항상 영이다. 암페어 법칙도 주변의 물체에 무관하게 성립되는데, 자기장의 폐선적분은 그 적분길에 둘러싸인 자유전류와 같다. 이들 두 식은 서로 다른 물체 사이의 경계면에서도 만족되어야 한다. **B**와 **H**에 대한 경계면 조건은 **D**와 **E**에 대한 경계면 조건을 구하는 방법과 동일한 방법을 이용하여 구할 수 있다.

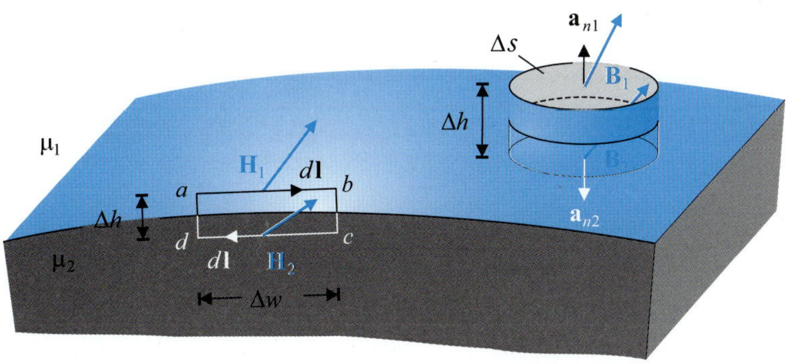

[그림 5-28] 투자율 μ_1과 μ_2를 가진 두 자성체 사이의 경계면

[그림 5-28]을 참고하여, 암페어 법칙을 두 물체에 걸쳐 있는 직사각형 루프 *abcda*에 적용해 다음과 같이 표시할 수 있다.

$$\begin{aligned}\oint_C \mathbf{H}\cdot d\mathbf{l} &= H_{1t}\Delta w - H_{2t}\Delta w + \int_b^c \mathbf{H}\cdot d\mathbf{l} + \int_d^a \mathbf{H}\cdot d\mathbf{l} \\ &= J_{sn}\Delta w\end{aligned} \tag{5.95}$$

여기서 아래 첨자 t는 접선성분을 나타내고, J_{sn}은 루프면을 수직으로 통과하는 표면 전류밀도이다. 직사각형 옆변에서의 선적분은 무시되는데, 그 이유는 이 직사각형의 높이가 영으로 줄어들기 때문이다. 이때 직사각형 윗변과 아랫변은 각각 경계면 바로 위와 바로 아래에서의 **H**를 표시하기 위해 사용된다. 위 식으로부터 **H**의 접선성분에 대한 경계면 조건을 구하면 다음과 같다.

$$H_{1t} - H_{2t} = J_{sn} \tag{5.96}$$

H의 두 접선성분의 차이는 경계면을 따라 흐르는 표면전류에 연관된다. 경계면에 수직인 단위벡터 $\mathbf{a}_{1\text{-}2}$가 물체 2에서 1로 향할 때 이것을 이용하여 식 (5.96)을 벡터형태로 다시 쓰면 다음과 같다([그림 5-29] 참조).

$$\mathbf{a}_{1\text{-}2} \times (\mathbf{H}_1 - \mathbf{H}_2) = \mathbf{J}_s \tag{5.97}$$

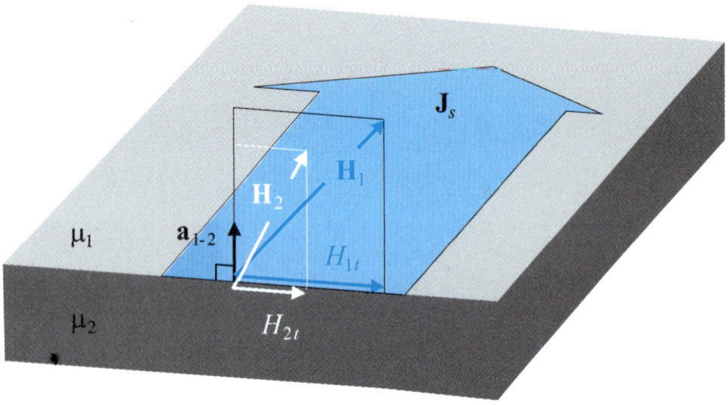

[그림 5-29] 표면전류가 흐르는 경계면에서의 **H**에 대한 경계면 조건

서로 다른 전도도의 두 물체 사이 경계면을 통과하여 체적전류가 흐르는 경우(4장 참조), 그 경계면에면 전하가 쌓일 수 있지만, 경계면을 따라 흐르는 표면전류는 존재하지 않는다. 만약 경계면에 표면전류가 존재하지 않으면 **H**의 접선성분에 대한 경계면 조건은 다음과 같다.

$$H_{1t} = H_{2t} \tag{5.98}$$

H의 접선성분은 경계면에서 연속이다. 구조식 $\mathbf{B} = \mu\mathbf{H}$를 식 (5.98)에 적용하면 **B**의 접선성분에 대한 경계면 조건을 구할 수 있다.

$$\frac{B_{1t}}{\mu_1} = \frac{B_{2t}}{\mu_2} \tag{5.99}$$

B의 접선성분을 경계면에서 연속적이지 않다. 그 다음, 자기 가우스 법칙을 [그림 5-28]에서 보듯이 두 물체에 걸쳐 있는 원통면에 적용하여 **D**의 경계면 조건을 구할 때와 동일한 방법을 사용하면, **B**의 법선성분에 대한 경계면 조건을 다음과 같이 구할 수 있다.

$$B_{1n} = B_{2n} \tag{5.100}$$

B의 법선성분은 경계면에서 연속이다. 구조식 $\mathbf{B} = \mu\mathbf{H}$를 위 식에 적용하면 **H**의 법선성분에 대한 경계면 조건을 구할 수 있다.

$$\mu_1 H_{1n} = \mu_2 H_{2n} \qquad (5.101)$$

H의 법성성분은 경계면에서 연속적이지 않다.

예제 5-18

투자율 $\mu = 1000\mu_0$의 철과 자유 공간 사이의 경계면이 [그림 5-30]에 표시되었다. 자유 공간에서 $\mathbf{B}_1$이 경계면의 법선에 대해 $\theta_1 = 1.0°$의 각도로 기울어져 있다. 이때 다음 값을 구하라.

(a) 철에서의 $\mathbf{B}_2$의 방향

(b) 비 B_2/B_1

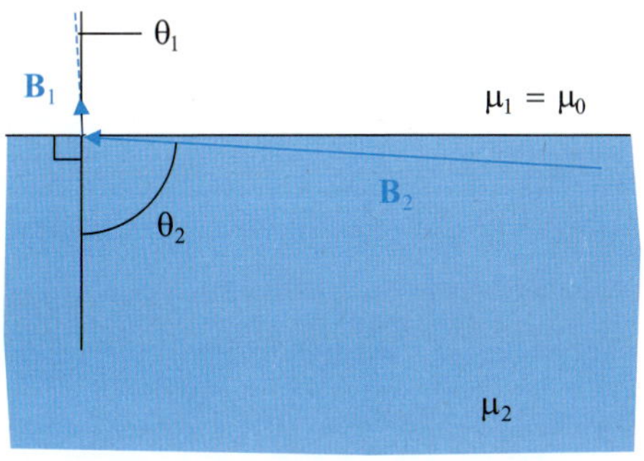

[그림 5-30] 자유 공간과 철 사이의 경계면

풀이

(a) **H**와 **B**의 경계면 조건을 이용하여 다음의 식을 쓸 수 있다.

$$\frac{1}{\mu_2}B_{2t} = \frac{1}{\mu_0}B_1\sin(1^o) \qquad (5.102a)$$

$$B_{2n} = B_1\cos(1^o) \qquad (5.102b)$$

철 내부에서 다음의 식을 쓸 수 있다.

$$\tan\theta_2 = \frac{B_{2t}}{B_{2n}} = \frac{(\mu_2/\mu_0)B_1\sin(1^o)}{B_1\cos(1^o)} = 17.46$$

따라서 $\theta_2 = 86.7^o$이다.

(b) 식 (5.102a)와 (5.102b)를 합치면 다음과 같다.

$$B_2 = \sqrt{(B_{2t})^2 + (B_{2n})^2} = B_1\sqrt{(1000)^2\sin^2(1^o) + \cos^2(1^o)}$$

따라서 $B_2/B_1 = 17.48$이다.

예제 5-19

매우 긴 필라멘트에 흐르는 정전류 I_o가 반지름 a, 투자율 $\mu = \mu_0 \mu_r$의 유전체 구를 통과하고 있다([그림 5-31] 참조). 헬름홀츠 정리를 이용해 자기장 $\mathbf{H} = (I_o / 2\pi\rho)\mathbf{a}_\phi$가 $\rho = 0$을 제외한 모든 영역에서 유일해임을 보여라.

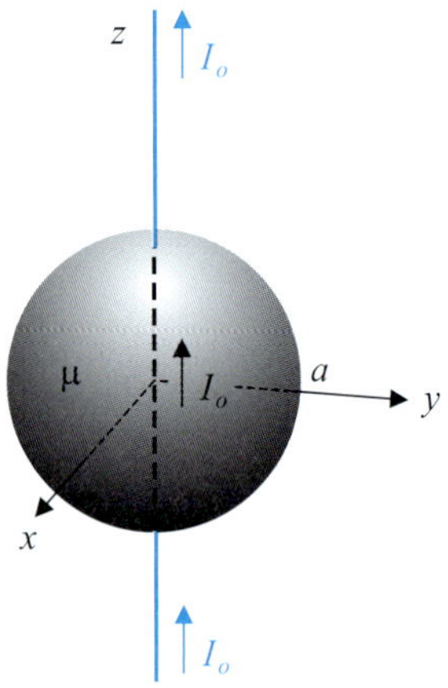

[그림 5-31] 매우 긴 필라멘트 전류가 유전체 구를 통과한다.

풀이

주어진 시범해가 두 기본식을 만족한다. 즉 구의 내부, 외부에서 $\nabla \times \mathbf{H} = 0$와 $\nabla \cdot \mathbf{B} = 0$이고, 무한대에서 시범해는 그 값이 영이다. 또한 주어진 시범해는 구면에서 접선방향이고 경계면에서 연속적이므로 경계면 조건을 만족한다. 따라서 이 해는 헬름홀츠 정리에 의해 유일해이다.

만약 이 유전체가 정육면체의 형태를 띠고 있다면 주어진 시범해는 올바르지 않다. 왜냐하면 시범해가 정육면체 표면에서 **H**와 **B**에 대한 경계면 조건을 만족시키지 못하기 때문이다.

유제 5.23 [그림 5-30]에 보인 두 물체의 투자율이 두 자속밀도의 방향을 표시하는 각도와 어떤 관계를 갖는가?

Ans $\tan\theta_1 / \tan\theta_2 = \mu_1 / \mu_2$

유제 5.24 자속 보존법칙과 연관이 있는 경계면 조건은 무엇인가?

Ans $B_{1n} = B_{2n}$

유제 5.25 투자율이 무한대에 가까운 자성체 표면에서의 **B**의 특징은 무엇인가?

Ans **B**는 표면에 수직이다.

유제 5.26 [그림 5-22(a)]의 균일한 **B** 내에 놓인 원통에 균일한 **M**이 유도되고 원통 외부의 **B**에는 어떤 변화도 없다고 주장하면 다른 무엇이 잘못되어 나타나는가?

Ans H_t에 대한 경계면 조건이 만족되지 않는다.

복습문제

Q 5.53 표면전류가 존재하지 않는 경계면에서의 **H**의 경계면 조건은 무엇인가? **A** 식 (5.98) ~ (5.101)

Q 5.54 자속은 경계면에서 항상 보존되나? **A** 식 (5.100)

Q 5.55 자속선은 경계면에서 갑자기 변할 수 있는가? **A** 식 (5.99), (5.100)

5.8 유도용량 및 인덕터

자기장에 그 에너지를 축적하는 **인덕터**(inductor)는 전기장에 그 에너지를 축적하는 축전기와 유사하다. 일반적인 인덕터는 도선을 여러 번 감아서 만드는데, 한 번 감긴 도선은 가장 간단한 형태의 인덕터이다. 루프에 흐르는 전류에 의해 발생하는 자속선들은 그 루프면을 통과하면서 폐곡선을 형성한다. 정전용량이 도체에 축적된 전하와 두 도체 사이의 전위차 사이의 비로 정의되는 것처럼 **유도용량**(inductance)은 루프에 걸린 자속과 루프에 흐르는 전류 사이의 비로 정의된다.

[그림 5-32]에서 보듯이 전류 I_1이 흐르는 루프 C_1과 그 옆에 놓인 루프 C_2에 대해 생각해 보자. 전류 I_1에 의해 자속 $\mathbf{B}_1$이 발생하면 이 자속의 일부가 루프 C_2의 면을 통과한다. 여기서 **상호자속**(mutual flux) Φ_{12}는 전류 I_1에 의해 발생하여 루프 C_2에 걸리는 자속, 즉 루프 C_2의 면을 통과하는 자속으로 정의한다. 이를 수식으로 나타내면 다음과 같다.

$$\Phi_{12} = \int_{S_2} \mathbf{B}_1 \cdot d\mathbf{s} \tag{5.103}$$

여기서 S_2는 루프 C_2에 둘러싸인 면이다. 만약 C_2가 감김수가 N_2인 코일이라면 **연계자속**(magnetic flux linkage) Λ_{12}는 다음과 같이 정의된다.

$$\Lambda_{12} = N_2 \Phi_{12} \tag{5.104}$$

여기서 Φ_{12}는 C_2의 한 번 감긴 루프에 걸린 자속이다. 명심할 것은, 첨자 '12'는 그 무엇이 '1로부터 2로'를 의미한다는 것이다.

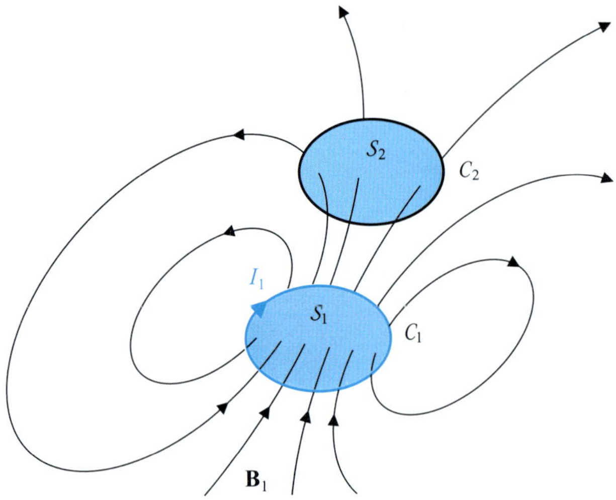

[그림 5-32] 두 루프 사이의 자기 결합

루프 C_2가 여러 번 감긴 코일이라면, C_2의 연계자속은 C_2를 펴서 하나의 큰 루프로 만들었을 때 그 면을 통과하는 총 자속이다. 예를 들어, 주어진 루프가 [그림 5-33]에서처럼 두 번 감긴 코일이고, Σ_1과 Σ_2는 한 번 감긴 두 고리들 각각의 면적이라고 가정하자. 만약 이 루프를 펴서 하나의 큰 루프로 만들면 전체 면적은 $S = \Sigma_1 + \Sigma_2$이고, 자속 Φ_{12}는 이 면을 같은 방향으로 두 번 통과한다. 따라서 이 루프의 연계자속은 $2\Phi_{12}$이다. 일반적으로 연계자속은 한 번 감긴 고리에 걸린 자속에 루프의 감김수를 곱한 것이다.

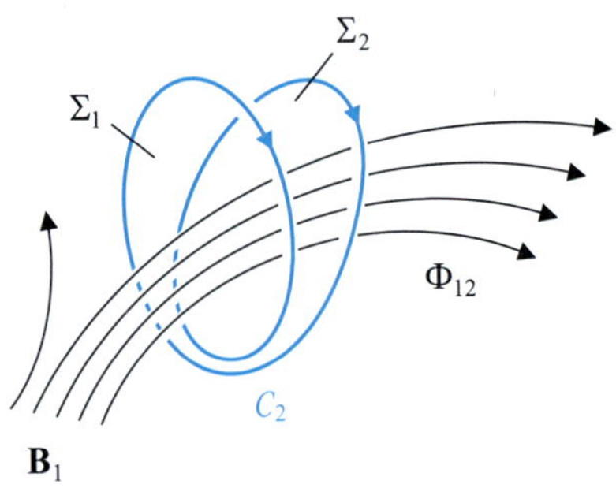

[그림 5-33] 두 번 감긴 코일의 연계자속

[그림 5-32]에서처럼 인접한 두 루프는 상호자속에 의해 자기적으로 연결되어 있다. 자기 연결을 설명하기 위해 두 루프 사이의 **상호 유도용량**(mutual inductance)을 다음과 같이 정의한다.

$$M_{12} = \frac{\Lambda_{12}}{I_1} = \frac{N_2}{I_1}\int_{S_2} \mathbf{B}_1 \cdot d\mathbf{s} \quad [\mathrm{H}] \tag{5.105}$$

여기서 N_2는 루프 C_2의 감김수, S_2는 루프 C_2 중에서 한 번 감긴 고리의 면적, $\mathbf{B}_1$은 C_1의 전류에 의해 발생한 자속밀도이다. 상호 유도용량은 헨리 [H] 단위로 표시되며, 자기화 $\mathbf{M}$과 혼동하지 말아야 한다. 단순매질에서 투자율은 상수이므로 자기장의 크기와 방향에 독립적이다. 이런 조건하에서 $\mathbf{B}_1$은 C_1의 전류에 따라 선형적으로 변한다. 이러한 사실은 암페어 법칙에 기초하고 있다. 즉 $\nabla\times(\mathbf{B}/\mu) = \mathbf{J}$이다. 결론적으로 상호 유도용량은 전류에 독립적이다.

비슷한 방법으로, 상호 유도용량 M_{21}은 루프 C_1의 연계자속과 루프 C_2의 전류 사이의 비이다. 선형 매질에서 다음의 관계가 성립된다.

$$M_{12} = M_{21} \quad [\mathrm{H}] \tag{5.106}$$

위 식은 5.9절에서 설명하는 상호 에너지 개념을 이용하여 증명할 수 있다.

루프 C_1에 흐르는 전류에 의해 발생한 자속은 그 루프에 연계되며 이때의 연계자속을 Λ_{11}으로 표기한다. 한 루프의 **자기 유도용량**(self-inductance) 혹은 단순히 **유도용량**은 그 루프의 연계자속과 그 루프의 전류 사이의 비로 정의한다.

$$L_1 = \frac{\Lambda_{11}}{I_1} = \frac{N_1}{I_1}\int_{S_1} \mathbf{B}_1 \cdot d\mathbf{s} \quad [\mathrm{H}] \tag{5.107}$$

여기서 N_1은 루프 C_1의 감김수이고, S_1은 C_1 중에서 한 번 감긴 고리의 면적이다. 유도용량은 헨리 [H] 단위로 표시된다. 비록 유도용량이 전류에 독립적이지만 루프의 형상 및 루프 주위 물체의 투자율에 따라 매우 다른 값을 갖는다.

주어진 인덕터의 유도용량은 다음의 절차를 따라 구할 수 있다.

1. 도체에 전류 I가 흐른다고 가정한다.
2. 대칭성을 고려하여 적절한 좌표계를 선택한다.
3. 비오-사바르 혹은 암페어 법칙을 이용해 전류 I에 의한 $\mathbf{B}$를 구한다.
4. 연계자속을 구한다. 즉 $\Lambda = N\Phi = N\int \mathbf{B} \cdot d\mathbf{s}$
5. 유도용량을 구한다. 즉 $L = \Lambda / I$

[그림 5-34]에는 전류가 흐르는 루프에 발생된 연계자속을 도식적으로 나타내었다. 루프 전류에 의해 발생한 자속선들은 루프 주위로 폐곡선 형태를 띠고 있다. 이때 루프의 유도용량은, 등가적으로, 루프에 걸려있는 자속선의 수와 루프 전류 사이의 비이다. 루프의 모양이 바뀌면 루프에 걸리는 자속선의 수도 바뀌어 유도용량이 바뀐다.

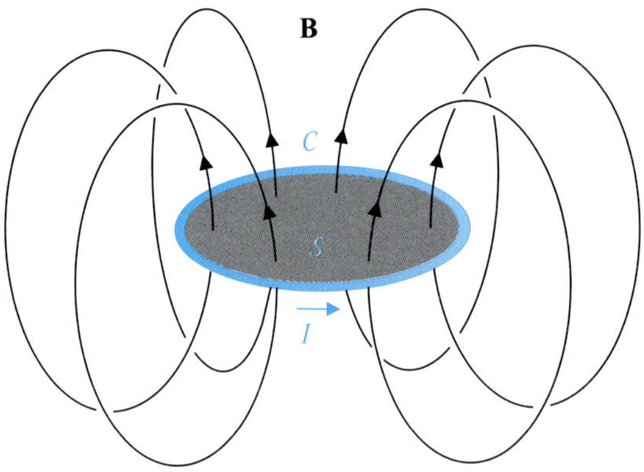

[그림 5-34] 전류가 흐르는 루프의 연계자속

예제 5-20

자유 공간에 놓인 매우 긴 직선 도선과 직사각형 루프 사이의 상호 유도용량을 구하라([그림 5-35] 참조).

[그림 5-35] 자유 공간상의 매우 긴 직선 도선과 직사각형 루프

풀이

정전류 I가 직선 도선에 흐르면 이때 발생하는 $\mathbf{B}$는 다음과 같다.

$$\mathbf{B} = \frac{\mu_0 I}{2\pi\rho}\mathbf{a}_\phi$$

따라서 직사각형 루프의 연계자속은 다음과 같다.

$$\Lambda_{12} = \Phi_{12} = \int_{S_2} \mathbf{B} \cdot d\mathbf{s} = \int_{\rho=a}^{\rho=b} \frac{\mu_0 I}{2\pi\rho} \mathbf{a}_\phi \cdot \left(h\, d\rho\, \mathbf{a}_\phi \right) = \frac{\mu_0 I h}{2\pi} \ln \frac{b}{a} \tag{5.108a}$$

따라서 상호 유도용량은 다음과 같다.

$$M_{12} = \frac{\Lambda_{12}}{I} = \frac{\mu_0 h}{2\pi} \ln \frac{b}{a} \quad [\mathrm{H}] \tag{5.108b}$$

만약, 전류 I가 루프에 흐른다고 가정하고, 직선 도선의 연계자속을 구한다고 하자. 이 연계자속으로부터 상호 유도용량 M_{21}을 구하려 한다면 계산은 매우 복잡하고 어려워진다. 그러나 우리는 M_{21}과 M_{12}의 값이 동일하다는 것을 알고 있으므로 이러한 계산을 할 필요가 없다.

예제 5-21

매우 긴 솔레노이드가 반지름 a의 공기 코어에 단위 길이당 N번 도선이 감겨 있다. 이때 단위 길이당 자기 유도용량을 구하라.

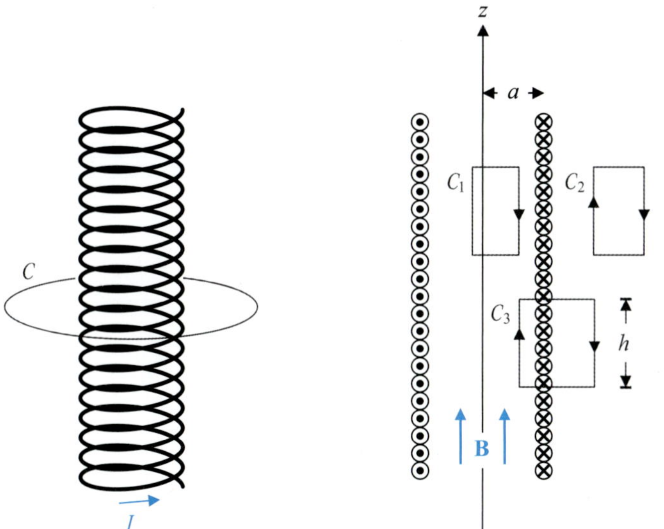

[그림 5-36] 매우 긴 솔레노이드

풀이

이 코일의 대칭성에 대해 알아보자.

솔레노이드는 원통 및 병진 대칭성을 띠고 있어서 발생한 자속밀도는 ϕ와 z에 독립적이다.

$$\mathbf{B} = B_\rho(\rho)\mathbf{a}_\rho + B_\phi(\rho)\mathbf{a}_\phi + B_z(\rho)\mathbf{a}_z$$

만약 이 코일의 전류 방향이 뒤바뀌면 모든 영역에서 **B**의 방향도 정반대로 바뀌어야 한다. 이는 코일과 **B**를 동시에 위 아래가 뒤바뀌도록 180도 회전시킨 것과 동일하다. 그러나 **B**의 ρ-성분, 즉 $B_\rho(\rho)\mathbf{a}_\rho$는 이러한 회전에도 그 방향이 변하지 않는다. 이것은 코일에 의해 발생되는 **B**는 ρ-성분을 가질 수 없다는 것을 의미한다.

이상적인 솔레노이드에서 전류는 오직 $\mathbf{a}_\phi$-방향으로 흐른다. 따라서 [그림 5-36]에서처럼 xy-평면 위의 루프 C를 통과하여 흐르는 전류는 영이다. 암페어 법칙을 루프 C에 적용하면 다음 식에서 보듯이 $B_\phi = 0$이다.

$$\oint_C \mathbf{H} \cdot d\mathbf{l} = \int_{\phi=0}^{2\pi} B_\phi(\rho)\mathbf{a}_\phi \cdot (\rho\, d\phi\, \mathbf{a}_\phi) = 0$$

지금까지의 논리에 의하면, 자속밀도는 $\mathbf{B} = B_z(\rho)\mathbf{a}_z$의 형태로 주어져야 한다. 암페어 법칙을 [그림 5-36]에 보인 루프 C_1과 C_2에 적용하면 **B**는 ρ에 독립적이라는 것을 알 수 있다. 다시 말해 **B**는 모든 영역에서 상수이다. 즉 $\mathbf{B} = B_o\mathbf{a}_z$이다. 매우 먼 거리에서 솔레노이드는 전류가 흐르지 않는 단순한 직선 도선으로 보인다. 따라서 수평 방향 무한대에서 **B**는 영이고, 이로부터 솔레노이드 외부에서 **B**는 영이라는 결론에 도달한다.

암페어 법칙을 루프 C_3에 적용하여 다음을 얻는다.

$$hH_z = NIh$$

따라서 솔레노이드 내부에서 다음을 얻는다.

$$\mathbf{H} = NI\,\mathbf{a}_z \tag{5.109a}$$

$$\mathbf{B} = \mu_0 NI\,\mathbf{a}_z \tag{5.109b}$$

솔레노이드 단면을 통과하는 총 자속은 다음과 같다.

$$\Phi = B\pi a^2 = \mu_0 NI\pi a^2$$

그러므로 솔레노이드의 단위 길이당 연계자속은 다음과 같다.

$$\Lambda = N\Phi = \mu_0 N^2 I\pi a^2$$

결론적으로, 솔레노이드의 단위 길이당 자기 유도용량은 다음과 같다.

$$L = \frac{\Lambda}{I} = \mu_0 N^2 \pi a^2 \quad [\text{H/m}] \tag{5.109c}$$

예제 5-22

매우 긴 동축 케이블이 반지름 a의 안쪽 원통과 반지름 b의 바깥쪽 원통면으로 이루어져 있다([그림 5-37] 참조). 정전류가 안쪽, 바깥쪽 도체에서 각각 균일한 체적전류, 표면전류를 형성하며 정 반대 방향으로 흐를 때 단위 길이당 유도용량을 구하라.

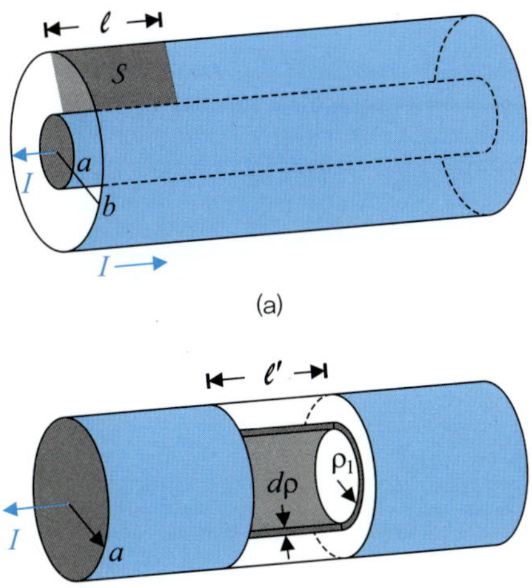

[그림 5-37] 동축 케이블의 안쪽 원통과 바깥쪽 원통면

풀이

대칭성을 고려하면, **B**는 모든 영역에서 $B_\phi(\rho)\mathbf{a}_\phi$의 형태로 주어진다. 암페어 법칙으로부터 다음을 구한다.

$$\mathbf{B} = 0 \qquad (\rho > b) \tag{5.110a}$$

$$\mathbf{B} = \frac{\mu_0 I}{2\pi\rho}\mathbf{a}_\phi \qquad (a < \rho < b) \tag{5.110b}$$

$$\mathbf{B} = \frac{\mu_0 \rho I}{2\pi a^2}\mathbf{a}_\phi \qquad (0 \le \rho \le a) \tag{5.110c}$$

영역 $a < \rho < b$에서 [그림 5-37]에 보인 평면 S를 통과하는 총 자속은 다음과 같다.

$$\Phi = \int_S \mathbf{B}\cdot d\mathbf{s} = \int_{\rho=a}^{\rho=b} \frac{\mu_0 I}{2\pi\rho}\ell\, d\rho = \frac{\mu_0 I\ell}{2\pi}\ln\frac{b}{a}$$

따라서 안쪽 원통의 단위 길이당 연계자속은 다음과 같다.

$$\Lambda_1 = \frac{\Phi}{\ell} = \frac{\mu_0 I}{2\pi}\ln\frac{b}{a} \tag{5.110d}$$

영역 $0 \le \rho \le a$에서, [그림 5-37(b)]에서 보듯이, 원통 도체에 파묻힌 안쪽 반지름 ρ_1, 길이 ℓ', 두께 $d\rho$의 원형 파이프를 생각해 보자. 이 파이프의 벽 내에 존재하는 자속은 식 (5.110c)를 이용하여 다음과 같이 구할 수 있다.

$$d\Phi = B_\phi \ell' d\rho = \frac{\mu_0 \rho_1 I}{2\pi a^2}\ell' d\rho \qquad (5.110e)$$

이 자속은 영역 $\rho \le \rho_1$에 흐르는 전류에 의해 발생한 것이다. 즉 $I_1 = \rho_1^2 I / a^2$이다. 주목할 것은, 유도용량은 전체 전류 I에 연계된 자속과 연관이 있다. 따라서 식 (5.110e)의 $d\Phi$는 I에 연관된 등가 자속 $d\Phi'$으로 변환되어야 한다. 5.9절에서 설명하는 것처럼, 자기 에너지는 연계자속에 전류와 1/2을 곱한 값이다. 따라서 파이프의 얇은 벽에 저장된 자기 에너지는 $dW_m = \frac{1}{2}I_1\,d\Phi = \frac{1}{2}(\rho_1^2 I / a^2)\,d\Phi \equiv \frac{1}{2}I\,d\Phi'$으로 표시된다. 이 식에서 $d\Phi$와 $d\Phi'$과의 관계식을 구하고 이것을 이용해 파이프의 단위 길이당 연계자속을 다음과 같이 구할 수 있다.

$$d\Lambda = \frac{d\Phi'}{\ell'} = \frac{d\Phi}{\ell'}\frac{\rho_1^2}{a^2} = \frac{\mu_0 \rho_1^3 I}{2\pi a^4}d\rho$$

따라서 안쪽 원통의 단위 길이당 내부 연계자속은 다음과 같다.

$$\Lambda_2 = \int d\Lambda = \int_{\rho=0}^{\rho=a}\frac{\mu_0 \rho^3 I}{2\pi a^4}d\rho = \frac{\mu_0 I}{8\pi} \qquad (5.110f)$$

결론적으로, 동축 케이블의 단위 길이당 연계자속은 Λ_1 더하기 Λ_2이고, 단위 길이당 유도용량은 다음과 같다.

$$\begin{aligned} L &= \frac{\Lambda_1 + \Lambda_2}{I} = \frac{\mu_0}{2\pi}\ln\frac{b}{a} + \frac{\mu_0}{8\pi} \quad [\mathrm{H/m}] \\ &\equiv L_{ex} + L_{in} \end{aligned} \qquad (5.110g)$$

여기서 L_{ex}는 **외부 유도용량**(external inductance), L_{in}은 **내부 유도용량**(internal inductance)이다.

예제 5-23

매우 긴, 평행의 두 원통 도선이 동일한 반지름 a를 가지고 축간 거리 $b\,(b \gg a)$에 떨어져 자유 공간에 놓여 있다([그림 5-38] 참조). 두 도체에 동일한 전류가 그 단면에 균일하게 퍼져서 서로 정반대 방향으로 흐른다고 할 때 단위 길이당 외부, 내부 유도용량을 구하라.

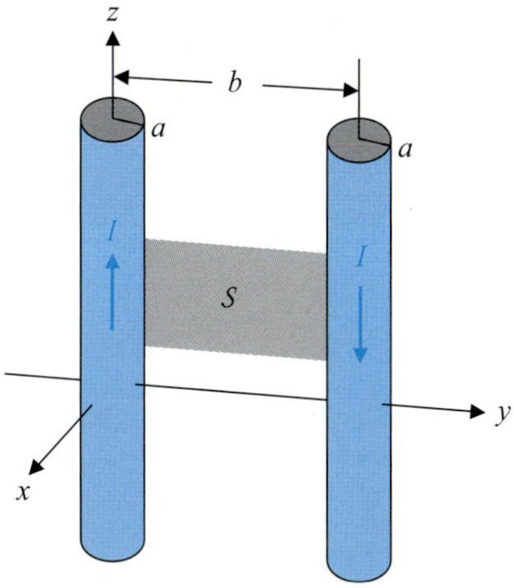

[그림 5-38] 두 평행 도선에 동일한 전류가 서로 반대 방향으로 흐른다.

풀이

[그림 5-38]의 회색 면 S는 $x = 0$, $a < y < (b - a)$, 그리고 단위 높이로 정의되는데, 이 면에서 두 도선 전류에 의한 자기장들이 중첩되어 다음과 같이 주어진다.

$$\mathbf{B} = \mathbf{B}_1 + \mathbf{B}_2 = -\frac{\mu_0 I}{2\pi y}\mathbf{a}_x - \frac{\mu_0 I}{2\pi(b-y)}\mathbf{a}_x$$

단위 길이당 연계자속은 다음과 같다.

$$\Lambda_{ex} = \int_S (\mathbf{B}_1 + \mathbf{B}_2) \cdot d\mathbf{s} = \frac{\mu_0 I}{2\pi}\int_{y=a}^{y=b-a}\left[\frac{1}{y} + \frac{1}{b-y}\right]dy \cong \frac{\mu_0 I}{\pi}\ln\frac{b}{a}$$

따라서 단위 길이당 외부 유도용량은 다음과 같다.

$$L_{ex} = \frac{\Lambda_{ex}}{I} = \frac{\mu_0}{\pi}\ln\frac{b}{a} \tag{5.111a}$$

$b \gg a$일 때, 도체 내부의 한 점에서 다른 도체의 전류에 의한 $\mathbf{B}$는 매우 작아서 무시할 수 있다. 따라서 한 도체의 단위 길이당 내부 유도용량은 식 (5.110f)에서 구한 값과 동일하다. 두 개의 도체를 고려하면 단위 길이당 내부 유도용량은 다음과 같다.

$$L_{in} = \frac{\mu_0}{4\pi} \tag{5.111b}$$

결론적으로, 두 평행 도선의 단위 길이당 유도용량은 다음과 같다.

$$L = L_{ex} + L_{in} = \frac{\mu_0}{\pi}\left[\ln\frac{b}{a} + \frac{1}{4}\right] \quad \text{[H/m]} \tag{5.111c}$$

유제 5.27 [그림 5-37]의 동축 케이블이 투자율 μ_1의 도체로 만들어졌고, 투자율 μ_2의 부도체로 채워져 있을 때, 외부 및 내부 유도용량을 구하라.

Ans $L_{ex} = (\mu_2/2\pi)\ln(b/a)$, $L_{in} = \mu_1/8\pi$

유제 5.28 [그림 5-11]의 토로이드가 $a \gg b$ 조건에서 $\mathbf{B}$는 단면에서 균일한 것으로 가정할 수 있다. 이것의 유도용량을 구하라.

Ans $L = \mu_0 N^2 b^2/2a$

유제 5.29 두 루프에서 상호 유도용량 M_{12}와 M_{21}이 서로 다른 이유로 영인데 그 이유를 설명하라.

Ans $M_{12} = 0$, C_1의 전류에 의해 $\mathbf{B}$가 발생하지 않음. $M_{21} = 0$, C_1의 면적이 영임

복습문제

Q 5.56 연계자속을 설명하라. **A** 식 (5.104), [그림 5-34]

Q 5.57 상호 및 자기 유도용량을 설명하라. **A** 식 (5.105), (5.107)

Q 5.58 외부 및 내부 유도용량을 설명하라. **A** 식 (5.110g)

5.9 자기 에너지

3.7절에서, 주어진 전하 분포의 전기 포텐셜 에너지는 각 전하를 무한대에서 주어진 위치로 이동시킬 때 한 일의 양이고, 이 에너지는 전기장에 밀도 $w_e = \varepsilon E^2/2$로 저장된다는 것을 배웠다. 전류를 도체 루프에 흘려서 자기장을 발생시킬 때에도 에너지가 소모된다. 이 에너지는 자기장에 밀도 $w_m = \mu H^2/2$로 저장된다. 패러데이 법칙에 따르면, 전류가 흐르는 루프 주위로 자기장이 형성될 때, 루프 전류의 시간에 대한 변화를 저지하기 위해 전류의 반대 방향으로 전기장이 루프 위에서 유도된다. 이러한 전기장에 대응하여 전류를 계속 흐르게 하기 위해 에너지가 소모된다.

5.9.1 인덕터의 자기 에너지

인덕터는 도체 소자로서 자기 유도용량을 가지고 있으며 자기장에 에너지를 저장한다. 회로이론에서 교류 전류 i가 인덕터에 흐를 때 인덕터 양단의 전위차는 $v = L di/dt$라는 것을 배웠을 것이다. 이러한 $v-i$ 관계는 다음의 6장에서 패러데이 법칙을 이용해 유도할 수 있다. 그러나 여기서는 이 관계식이 인덕터에 저장되는 자기 에너지를 구하기 위해 단순히 사용된다. 지금부터 시간에 따라 변하는 양은 필기체를 이용하여 표시한다.

우선 유도용량 L의 하나의 도체 루프를 생각해 보자. 루프에 전류 i가 영에서 상수 I까지 증가할 때, 이 전류는 연계자속을 발생시킬 뿐만 아니라 루프의 전류에 저항하는 전압 v를 유도한다(패러데이 유도법칙). 여기서 전압과 전류의 곱 vi는 전류 원천으로부터 루프에 전달된 전력, 또는 단위 시간당 자기장에 저장되는 에너지를 의미한다. 따라서 인덕터에 저장되는 자기 에너지는 다음과 같이 주어진다.

$$W_m = \int v i \, dt = \int i L \frac{di}{dt} dt = L \int_{i=0}^{i=I} i \, di$$

이를 정리하여 나타내면 다음과 같다.

$$W_m = \frac{1}{2} L I^2 \quad [\text{J}] \tag{5.112}$$

관계식 $L = \Lambda / I = N\Phi / I$를 위 식에 대입하면 인덕터에 저장되는 에너지를 다음과 같이 표시할 수 있다.

$$W_m = \frac{1}{2} \Lambda I = \frac{1}{2} N I \Phi \quad [\text{J}] \tag{5.113}$$

여기서 I는 정전류이고, N은 루프의 감김수, Φ는 한 번 감긴 고리의 연계자속이고, Λ는 루프의 총 연계자속이다.

그 다음, 인접한 두 루프 C_1과 C_2에 각각 전류 I_1과 I_2가 흐르는 경우를 생각해 보자([그림 5-39] 참조).

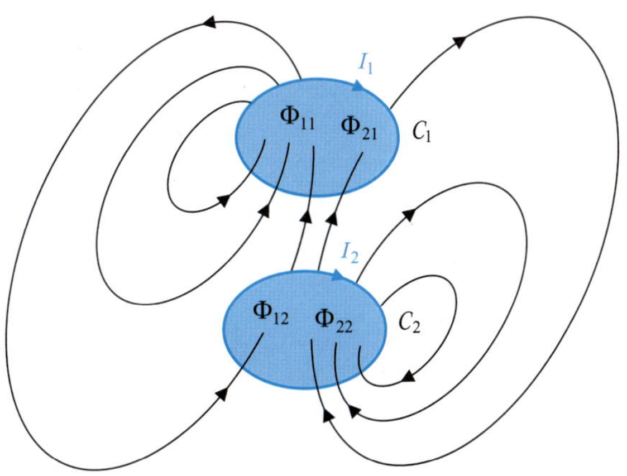

[그림 5-39] 두 인접한 루프의 전류가 같은 방향으로 흐른다. (파란색 면은 단지 시각 효과를 위한 것임)

이들 루프의 연계자속은 다음과 같이 표시된다.

$$\Lambda_1 = N_1(\Phi_{11} + \Phi_{21}) \tag{5.114a}$$

$$\Lambda_2 = N_2(\Phi_{12} + \Phi_{22}) \tag{5.114b}$$

여기서 N_1과 N_2는 각각 루프 C_1과 C_2의 감김수이다. Φ_{12}는 C_1의 전류에 의해 발생한 자속 중 C_2에 연계된 것이고, Φ_{21}은 C_2의 전류에 의해 발생한 자속 중 C_1에 연계된 것이다. 비슷하게, Φ_{11}과 Φ_{22}는 각각 C_1과 C_2에 의해 발생된 자속 중에서 각각 자신의 루프에 연계된 것을 의미한다. 식 (5.114a)와 (5.114b)를 식 (5.113)에 대입하면 두 루프 시스템에 저장된 자기 에너지는 다음과 같이 표시된다.

$$W_m = \frac{1}{2}(\Lambda_1 I_1 + \Lambda_2 I_2) = \frac{1}{2}N_1 I_1(\Phi_{11} + \Phi_{21}) + \frac{1}{2}N_2 I_2(\Phi_{12} + \Phi_{22})$$

여기서 I_1과 I_2는 각각 루프 C_1과 C_2에 흐르는 전류이다. $L_1 = N_1\Phi_{11}/I_1$, $L_2 = N_2\Phi_{22}/I_2$, 그리고 $M_{12} = N_2\Phi_{12}/I_1$, $M_{21} = N_1\Phi_{21}/I_2$, $M_{12} = M_{21}$을 이용하면 두 루프 시스템의 자기 에너지는 다음과 같이 표시된다.

$$W_m = \frac{1}{2}L_1 I_1^2 + \frac{1}{2}L_2 I_2^2 \pm M_{12} I_1 I_2 \quad [\text{J}] \tag{5.115}$$

여기서 M_{12} 앞의 플러스 부호는 I_1과 I_2가 같은 방향인 경우이고, 마이너스 부호는 그 반대의 경우이다.

식 (5.115)의 등호 오른쪽 항들의 물리적 의미를 파악하기 위해, 시간 $t = 0$에서 두 루프에 어떤 전류도 흐르지 않는 경우를 시작점으로 가정한다. 여기서 C_1의 전류는 계속 영인 상태에서 C_2의 전류 i_2가 영에서 I_2로 증가하는 경우를 생각해 보자. 이때 C_2에 연결된 원천이 한 일의 양은 식 (5.115)의 오른쪽 둘째 항으로 표시되었다. 루프 C_1에서는 상호자속 Φ_{21}에 의한 *emf* (기전력)[1]가 발생한 후 사라지므로 C_1에서 한 일의 양은 영이다. 그 다음, C_2의 전류를 I_2로 고정한 후 C_1에서의 전류 i_1을 영에서 I_1으로 증가시키면, C_1에 연결된 원천이 한 일의 양은 식 (5.115)의 오른쪽의 첫째 항으로 표시된다. 그러나 전류 I_1이 형성되는 과정에서 시간에 따라 변하는 Φ_{12}는 C_2에 전압 v_{12}를 발생시킴으로써 C_2의 총 연계자속 $(\Phi_{22} + \Phi_{12})$의 변화에 저항하려 한다. 따라서 C_2에 흐르는 전류를 I_2로 유지시키기 위해 C_2에 연결된 원천은 추가로 에너지를 소모해야 한다. 관계식 $v_{12} = M_{12}\,di_1/dt$를 이용하면 추가적인 에너지 소모를 다음과 같이 표시할 수 있다.

$$W_{12} = \int v_{12} I_2\, dt = M_{12} I_2 \int_{i_1=0}^{i_1=I_1} di_1 = M_{12} I_1 I_2 \tag{5.116}$$

이것은 식 (5.115)의 오른쪽 셋째 항에 해당한다. 만약 I_1과 I_2가 서로 반대 방향으로 흐르면, Φ_{12}는 C_2의 연계자속을 감소시키므로 이때의 v_{12}는 C_2의 전류를 증가시키는 방향으로 유도되고, C_2에 연결된 원천은 그 전류 값을 줄이게 된다. 즉 원천에서의 추가적인 에너지 소모는 음의 값이다($W_{12} < 0$).

1 *emf*는 Φ_{21}의 시간 미분에 해당한다.

W_m을 구하는 과정에서 $i_2 = 0$를 유지한 채 i_1을 영에서 I_1으로 증가시켜도 식 (5.115)와 동일한 결과를 얻는다. 단지 이 경우 M_{12}가 M_{21}으로 대치될 뿐이다. 이러한 사실은 관계식 $M_{12} = M_{21}$이 성립한다는 것을 증명한다.

5.9.2 자기장 에너지

전기 에너지를 **D**와 **E**로 표시할 수 있는 것처럼, 자기 에너지를 **B**와 **H**를 이용해 표시하면 편리하다. [그림 5-40]에서 보듯이 평면 $z = 0$에 놓인 직사각형 루프 C'에 전류 I가 흐르는 것을 생각해 보자. 자기장선들은 C'에 둘러싸인 면 S'을 통과면서 3차원 공간에서 폐곡선을 형성한다. 이러한 자기장선들 중에서 하나를 폐곡선 C로 표시하고 이것을 암페어길로 삼는다. 암페어 법칙을 루프 C에 적용하면 다음과 같다.

$$\oint_C \mathbf{H} \cdot d\mathbf{l} = NI \tag{5.117}$$

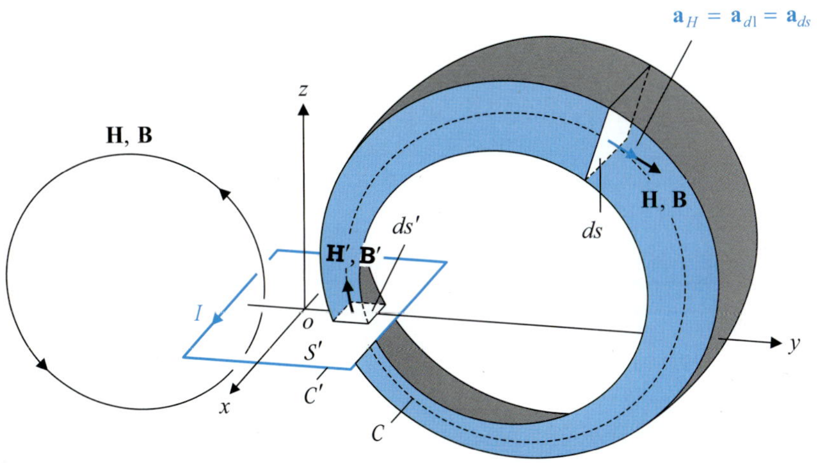

[그림 5-40] 링 형태를 띠고 있는 자기장선 다발

여기서 N은 루프 C'의 감김수이다. $d\mathbf{l}$은 루프 C에 따라 놓인 미분 길이벡터인데, 이것은 단순매질 내에서 항상 **H**와 **B**에 평행이다. 그 이유는, 루프 C가 하나의 자기장선이고 단순매질에서 **H**와 **B**는 서로 평행하기 때문이다.

루프 C'에 둘러싸인 총 자속은 다음과 같다.

$$\Phi = \int_{S'} \mathbf{B}' \cdot d\mathbf{s}'$$

여기서 프라임 기호는 평면 $z = 0$에 놓인 면 S'에서의 여러 벡터들을 표시하기 위해 사용된다. 식 (5.113)으로부터 루프 C'에 흐르는 전류 I의 자기 에너지는 다음과 같다.

$$W_m = \frac{1}{2} NI \int_{S'} \mathbf{B}' \cdot d\mathbf{s}' \tag{5.118}$$

식 (5.117)을 식 (5.118)에 대입하면 다음과 같다.

$$W_m = \frac{1}{2}\left[\oint_C \mathbf{H} \cdot d\mathbf{l}\right]\left[\int_{S'} \mathbf{B}' \cdot d\mathbf{s}'\right] = \int_{S'} \frac{1}{2}\oint_C \left[(\mathbf{B}' \cdot d\mathbf{s}')\mathbf{H} \cdot d\mathbf{l}\right] \equiv \int_{S'} dW \tag{5.119}$$

여기서 명심할 것은, $d\mathbf{s}'$과 $\mathbf{B}'$은 면 S' 위의 벡터들이고 $d\mathbf{l}$과 $\mathbf{H}$는 루프 C 위의 벡터들로서, 전자와 후자는 서로 독립적이라는 것이다. 따라서 위 식의 폐선적분은 면적분 안으로 이동할 수 있다. 편의상 면적분의 피적분 함수를 dW로 표기한다.

[그림 5-40]에서 보듯이 자기장선 다발이 면 S' 위의 미소 면 $d\mathbf{s}'$을 통과한 후 3차원 공간에서 링 형태를 이루고 있다. 이때 자속 보존법칙에 의해 다음의 식이 성립된다.

$$d\Phi = \mathbf{B}' \cdot d\mathbf{s}' = \mathbf{B} \cdot d\mathbf{s} \tag{5.120}$$

여기서 $d\mathbf{s}$는 자기장선 다발의 단면적이다. 미분 면적벡터 $d\mathbf{s}'$은 면 S'에서 $+z$-방향이지만, $d\mathbf{s}$의 크기와 방향은 링을 따라 위치에 대한 함수로 주어진다. $|d\mathbf{s}'|$와 $|d\mathbf{s}|$는 동일한 자속이 흐르는 링 내에서 서로 다른 위치에서의 단면적들이다. 식 (5.120)을 식 (5.119)에 대입하면 다음을 얻을 수 있다.

$$dW = \frac{1}{2}\oint_C \left[(\mathbf{B} \cdot d\mathbf{s})\mathbf{H} \cdot d\mathbf{l}\right]$$

$\mathbf{B}$, $\mathbf{H}$, $d\mathbf{l}$, $d\mathbf{s}$는 모두 루프 C 위의 한 점에서 접선방향으로 향하므로 dW는 다음과 같이 표시된다.

$$dW = \frac{1}{2}\oint_C \left[(\mathbf{B} \cdot \mathbf{H})d\mathbf{s} \cdot d\mathbf{l}\right] = \oint_C \frac{1}{2}(\mathbf{B} \cdot \mathbf{H})\,ds\,dl \tag{5.121}$$

여기서 $ds\,dl$은 링의 미분체적이므로, 위 식의 오른쪽 항은 $(\mathbf{B} \cdot \mathbf{H})/2$를 링 내에서 체적적분한 것에 해당한다. 결론적으로 식 (5.119)의 면적분은 $(\mathbf{B} \cdot \mathbf{H})/2$를 자기장이 영이 아닌 모든 영역에서 체적적분한 것이다. 따라서 자기 에너지는 다음과 같이 주어진다.

$$W_m = \frac{1}{2}\int_v \mathbf{B} \cdot \mathbf{H}\, dv \quad [\text{J}] \tag{5.122}$$

단순매질에서 투자율은 상수이므로 식 (5.122)를 다음과 같이 쓸 수 있다.

$$W_m = \frac{\mu}{2}\int_v H^2\, dv = \frac{1}{2\mu}\int_v B^2\, dv \quad [\text{J}] \tag{5.123}$$

여기서의 체적적분은 3차원 모든 공간에서 수행한다. 식 (5.122)를 참고하여 자기 에너지밀도를 $(\mathbf{B} \cdot \mathbf{H})/2$로 정의할 수 있다. 이것은 세제곱 미터당 줄의 단위로 표시된다.

하나의 도체 소자의 자기 에너지가 식 (5.123)으로부터 구해지면 식 (5.112)를 이용하여 그것의 유도용량을 다음과 같이 구할 수 있다.

$$L = \frac{2W_m}{I^2} \quad [\text{J}] \tag{5.124}$$

예제 5-24

[그림 5-37]에 보인 동축 케이블에 대해 단위 길이당 자기 에너지를 구하고, 이것을 이용하여 단위 길이당 유도용량을 구하라.

풀이

식 (5.110b)를 식 (5.122)에 대입하여 영역 $a < \rho < b$에 저장된 자기 에너지를 구한다.

$$W_{m1} = \frac{1}{2\mu_0}\int_{\rho=a}^{\rho=b}\int_{\phi=0}^{\phi=2\pi}\left[\frac{\mu_0 I}{2\pi\rho}\right]^2 \rho\, d\rho\, d\phi = \frac{\mu_0 I^2}{4\pi}\ln\frac{b}{a} \tag{5.125a}$$

비슷한 방법으로 식 (5.110c)를 식 (5.122)에 대입하여 영역 $0 \le \rho \le a$에 저장된 자기 에너지를 구한다.

$$W_{m2} = \frac{1}{2\mu_0}\int_{\rho=0}^{\rho=a}\int_{\phi=0}^{\phi=2\pi}\left[\frac{\mu_0 \rho I}{2\pi a^2}\right]^2 \rho\, d\rho\, d\phi = \frac{\mu_0 I^2}{16\pi} \tag{5.125b}$$

식 (5.124)로부터 동축 케이블의 단위 길이당 유도용량을 다음과 같이 구할 수 있다.

$$L = \frac{2}{I^2}\left(W_{m1} + W_{m2}\right) = \frac{\mu_0}{2\pi}\ln\frac{b}{a} + \frac{\mu_0}{8\pi} \quad \text{[H/m]} \tag{5.125c}$$

이 결과는 식 (5.110g)와 동일하다.

예제 5-25

매우 긴 두 개의 솔레노이드가 z-축에 대해 동축이고, 반지름이 a와 b인 공기 코어에 단위 길이당 각각 N_1과 N_2의 감김수를 가진 코일 형태이다([그림 5-41] 참조). 이때 다음의 값을 계산하여 자기 및 상호 유도용량을 구하라.

(a) 연계자속 (b) 자기 에너지

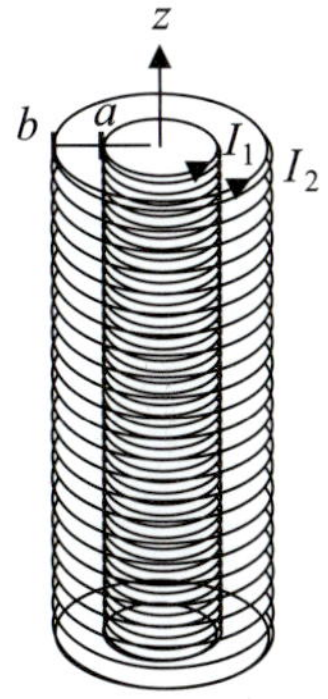

[그림 5-41] 자유 공간상의 두 솔레노이드

풀이

솔레노이드 내부에서 **H**는 균일하고 외부에서는 영이다.

안쪽 솔레노이드에 대해 다음을 구할 수 있다.

$$\begin{aligned}\mathbf{H}_1 &= N_1 I_1 \mathbf{a}_z \qquad (0 \le \rho < a)\\ &= 0 \qquad (\rho > a)\end{aligned}$$

바깥쪽 솔레노이드에 대해 다음을 구할 수 있다.

$$\begin{aligned}\mathbf{H}_2 &= N_2 I_2 \mathbf{a}_z \qquad (0 \le \rho < b)\\ &= 0 \qquad (\rho > b)\end{aligned}$$

(a) 위의 자기장을 이용해 다음과 같이 단위 길이당 자속을 구한다.

$$\Phi_{11} = \mu_0 N_1 I_1 \pi a^2, \quad \Phi_{12} = \mu_0 N_1 I_1 \pi a^2$$
$$\Phi_{22} = \mu_0 N_2 I_2 \pi b^2, \quad \Phi_{21} = \mu_0 N_2 I_2 \pi a^2$$

따라서 단위 길이당 자기 유도용량은 다음과 같다.

$$L_1 = \frac{N_1 \Phi_{11}}{I_1} = \mu_0 N_1^2 \pi a^2, \; L_2 = \frac{N_2 \Phi_{22}}{I_2} = \mu_0 N_2^2 \pi b^2 \tag{5.126a}$$

단위 길이당 상호 유도용량은 다음과 같다.

$$M_{12} = \frac{N_2 \Phi_{12}}{I_1} = \mu_0 N_1 N_2 \pi a^2, \; M_{21} = \frac{N_1 \Phi_{21}}{I_2} = \mu_0 N_1 N_2 \pi a^2 \tag{5.126b}$$

위 식으로부터 $M_{12} = M_{21}$임을 알 수 있다.

(b) 단위 길이당 자기 에너지는 두 영역 $a < \rho < b$와 $0 \le \rho < a$에서의 값들의 합이다.

$$\begin{aligned}W_m &= \frac{\mu_0}{2}(N_2 I_2)^2 \pi (b^2 - a^2) + \frac{\mu_0}{2}(N_1 I_1 + N_2 I_2)^2 \pi a^2\\ &= \frac{1}{2}\mu_0 \pi \left[(N_1 I_1)^2 a^2 + (N_2 I_2)^2 b^2 + 2 N_1 N_2 I_1 I_2 a^2 \right]\end{aligned} \tag{5.126c}$$

식 (5.126c)와 (5.115)를 비교하여 다음을 얻는다.

$$L_1 = \mu_0 N_1^2 \pi a^2, \; L_2 = \mu_0 N_2^2 \pi b^2 \tag{5.126d}$$

$$M_{12} = \mu_0 N_1 N_2 \pi a^2 \tag{5.126e}$$

위의 결과는 (a)의 결과와 동일함을 알 수 있다.

유제 5.30 솔레노이드 코어 및 코일에 관련된 다음 값들이 2배 증가하면 W_m은 몇 배 증가하나?

(a) 반지름 (b) 길이

(c) 전류 (d) 감김수

(e) 투자율

Ans (a) 4, (b) 2, (c) 4, (d) 4, (e) 2

복습문제

Q 5.59 자기 에너지를 유도용량을 이용해 표시하면? **A** 식 (5.112)

Q 5.60 자기 에너지를 연계자속을 이용해 표시하면? **A** 식 (5.113)

Q 5.61 자기 에너지를 자기장을 이용해 표시하면? **A** 식 (5.122)

Q 5.62 두 루프 시스템의 자기 에너지 표현식은? **A** 식 (5.115)

5.10 자기력 및 자기 회전력

로렌츠 힘의 식에 따르면, 전하 q가 속도 $\boldsymbol{v}$로 자기장 $\mathbf{B}$ 내에서 움직이면 이 전하는 $\mathbf{F}_m = q\boldsymbol{v}\times\mathbf{B}$의 자기력을 받는다. 그런데 전류가 흐르는 도선에는 필연적으로 전도전자의 움직임이 동반되므로, 도선이 자기장 내에 고정되어 있어도 자기력이 작용된다.

5.10.1 도선에 작용하는 자기력

자기장 $\mathbf{B}$ 내에 놓인 전류가 흐르는 도선의 한 토막이 단면적 S, 길이 $|d\mathbf{l}|$이다. 이 도선에 밀도 n [$\mathrm{m^{-3}}$]의 전도전자가 $\boldsymbol{v}$ [m/s]의 속도로 움직인다면 이 도선 토막에 작용하는 자기력은 다음과 같다.

$$\begin{aligned} d\mathbf{F}_m &= enS|d\mathbf{l}|\,\boldsymbol{v}\times\mathbf{B} \\ &= -enS|\boldsymbol{v}|\,d\mathbf{l}\times\mathbf{B} \end{aligned} \tag{5.127}$$

여기서 e는 그 값이 -1.6×10^{-19} [C]인 전자의 전하이고, $enS|d\mathbf{l}|$는 도선 토막의 총 전하이다. $d\mathbf{l}$의 방향은 전류의 방향과 동일하므로 전자 움직임과는 반대 방향이다.

전류밀도 $\mathbf{J} = en\boldsymbol{v}$와 전류 $I = |\mathbf{J}|S$를 이용하여 식 (5.127)을 다음과 같이 표시할 수 있다.

$$d\mathbf{F}_m = \mathbf{J} \times \mathbf{B}\, dv \tag{5.128a}$$

$$d\mathbf{F}_m = I\, d\mathbf{l} \times \mathbf{B} \tag{5.128b}$$

여기서 $dv = S|d\mathbf{l}|$가 사용되었다. 따라서 전류밀도 $\mathbf{J}$ 혹은 필라멘트 전류 I가 흐르는 도체에 작용하는 자기력은 다음과 같이 표시된다.

$$\mathbf{F}_m = \int_{\mathcal{V}} \mathbf{J} \times \mathbf{B}\, dv \quad \text{[N]} \tag{5.129a}$$

$$\mathbf{F}_m = I \oint_C d\mathbf{l} \times \mathbf{B} \quad \text{[N]} \tag{5.129b}$$

여기서 $d\mathbf{l}$은 전류가 흐르는 방향으로 향하는데 루프 C의 플러스 방향과 일치한다.

전류가 흐르는 두 도선이 자유 공간에 위치한다면, 이들의 평행 유무와는 상관없이 첫번째 도선은 두번째 도선의 전류가 발생시킨 자기장에 의해 자기력을 받게 된다. 그리고 그 반대로도 마찬가지이다. 우선 도선 C_1 위의 점 $\mathbf{r}_1$에서 도선 C_2의 전류 I_2에 의해 발생한 $\mathbf{B}$를 비오-사바르 법칙을 이용해 다음과 같이 표시한다.

$$\mathbf{B}_{1\text{-}2} = \frac{\mu_0 I_2}{4\pi} \oint_{C_2} \frac{d\mathbf{l}_2 \times \mathbf{a}_{\mathcal{R}}}{\mathcal{R}^2} \tag{5.130}$$

여기서 $\mathbf{a}_{\mathcal{R}}$은 원천점 $\mathbf{r}_2$에서 관찰점 $\mathbf{r}_1$으로 향하는 단위벡터이다. 자기장 $\mathbf{B}_{1\text{-}2}$ 내에 위치한 전류 I_1이 흐르는 도선 C_1에 작용하는 자기력은 다음과 같다.

$$\mathbf{F}_1 = I_1 \oint_{C_1} d\mathbf{l}_1 \times \mathbf{B}_{1\text{-}2} \tag{5.131}$$

식 (5.130)을 식 (5.131)에 대입하여 다음을 얻는다.

$$\mathbf{F}_1 = \frac{\mu_0}{4\pi} I_1 I_2 \oint_{C_1} \oint_{C_2} \frac{d\mathbf{l}_1 \times (d\mathbf{l}_2 \times \mathbf{a}_{\mathcal{R}})}{\mathcal{R}^2} \quad \text{[N]} \tag{5.132}$$

위의 이중 선적분을 한꺼번에 계산하기는 쉽지 않다. 대부분의 경우, 위 식을 식 (5.130) 및 (5.131)과 같이 두 부분으로 나누어 계산하면 더 쉽다.

예제 5-26

하나의 전송선이 [그림 5-42]에서처럼 매우 긴 두 평행 도선으로 이루어지며, 자유 공간에서 거리 d에 서로 떨어져 위치한다. 두 도선에 정전류 I [A]가 서로 반대 방향으로 흐를 때 각 도선이 단위 길이당 받는 자기력을 구하라.

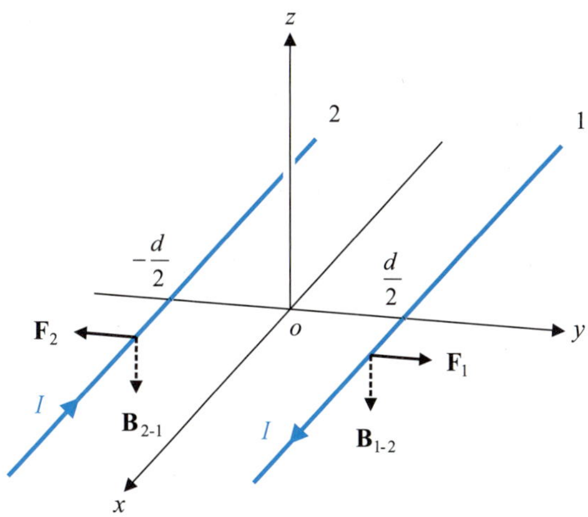

[그림 5-42] 두 평행 도선에 서로 반대 방향의 정전류가 흐름

풀이

암페어 법칙에 따라 도선 2의 전류 I에 의해 발생하여 도선 1에 걸리는 **B**를 다음과 같이 구할 수 있다.

$$\mathbf{B}_{1\text{-}2} = -\frac{\mu_0 I}{2\pi d}\mathbf{a}_z$$

도선 1 위의 미분 길이벡터는 다음과 같다.

$$d\mathbf{l}_1 = dx\,\mathbf{a}_x$$

따라서 도선 1의 단위 길이당 자기력은 다음과 같다.

$$\begin{aligned}\mathbf{F}_1 &= I\oint_{C_1} d\mathbf{l}_1 \times \mathbf{B}_{1\text{-}2} = I\int_{x=0}^{x=1} dx\,\mathbf{a}_x \times \left(-\frac{\mu_0 I}{2\pi d}\mathbf{a}_z\right) \\ &= \frac{\mu_0 I^2}{2\pi d}\mathbf{a}_y\end{aligned} \tag{5.133a}$$

자기력은 상호작용하는 힘이다. 따라서 도선 2에 작용하는 자기력은 다음과 같다.

$$\mathbf{F}_2 = -\mathbf{F}_1 = -\frac{\mu_0 I^2}{2\pi d}\mathbf{a}_y \tag{5.133b}$$

유제 5.31 원점 주위로의 원형 루프가 xy-평면에 놓여 있다. 자기장 $\mathbf{B} = B_o \mathbf{a}_z$ 내에서 이 루프에 정전류 I가 흐를 때 루프에 작용하는 총 자기력은?

Ans 영

5.10.2 가상 일과 자기력

앞에서 로렌츠 힘의 식을 이용해 자기장 내에서 움직이는 전하 혹은 전류가 흐르는 도선에 작용하는 자기력을 구했다. 여기서 자기력을 구하는 또 다른 방법에 대해 설명한다. 이 방법은 **가상변위 원리**(method of virtual displacement)라 불리며, 에너지–힘의 기본 관계식에 기초한다. 즉, 에너지는 힘의 선적분에 해당한다.

[그림 5–43]에서 보듯이 전자석의 코일에 전류가 흐르면 심(core), 간극(gap), 전기자(armature)에 자속밀도 **B**가 유도된다. 가장자리에서의 자기장 휘어짐 현상을 무시하면 간극에서의 **B**는 균일하다. 전기자에 외부 힘 **F**를 가하여 아래 방향으로 미소 거리만큼 이동시키면, 이때 한 일의 양은 증가한 간극의 미소 체적에 자기 에너지로 저장된다. 반대로, 전기자에 작용하는 끌림 힘을 계산하기 위해 전기자가 위 방향으로, 미소 거리만큼 움직였다고 가정하고 줄어든 간극의 체적 내의 자기 에너지를 계산하면 된다. 이때 가상변위 방법에서 간극이 변하더라도 **B**는 변치 않는다고 가정하는 것이 필요하다.

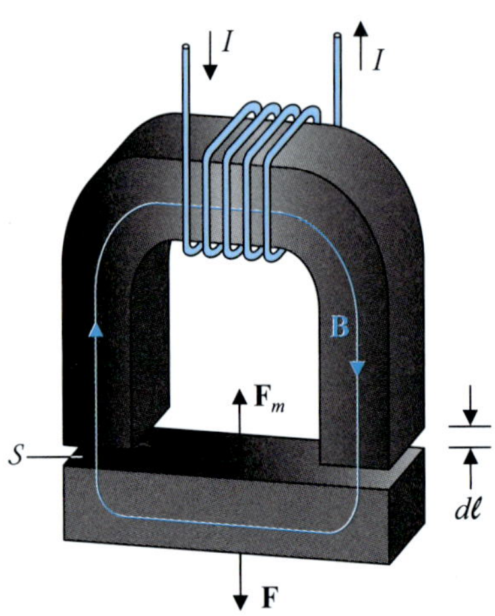

[그림 5–43] 전자석과 전기자

전자석의 끌림 힘 $\mathbf{F}_m$이 전기자를 위 방향으로 미분길이 $d\mathbf{l}$ 만큼 이동시키면 이 시스템에 저장된 자기 에너지가 감소한다. 이것을 수학적으로 표시하면 다음과 같다.

$$\mathbf{F}_m \cdot d\mathbf{l} = -dW_m \tag{5.134}$$

여기서 $-dW_m$은 간극에 저장된 자기 에너지의 감소를 나타낸다. 미적분학에서 한 스칼라 함수의 전미분은 그레이디언트를 이용하여 $dW = (\nabla W) \cdot d\mathbf{l}$로 표시된다. 이것을 이용해 식 (5.134)를 다시 쓰면 다음과 같다.

$$\mathbf{F}_m \cdot d\mathbf{l} = -(\nabla W_m) \cdot d\mathbf{l} \qquad (5.135)$$

여기서 $d\mathbf{l}$은 무작위이므로 다음의 식이 만족되어야 한다.

$$\mathbf{F}_m = -\nabla W_m \quad \text{[N]} \qquad (5.136)$$

전기자의 끌림 힘은 간극에 저장된 자기 에너지의 그레이디언트에 마이너스 부호를 붙여서 구할 수 있다.

예제 5-27

[그림 5-43]에 보인 전자석에서 자기력 $\mathbf{F}_m$을 $\mathbf{B}$를 이용해 표시하라.

풀이

전기자가 윗방향으로 거리 $d\ell$ 만큼 가상적으로 이동했다면 간극의 자기 에너지는 다음과 같이 감소할 것이다.

$$dW_m = -2\left[\frac{B^2}{2\mu_0} S\, d\ell\right] \qquad (5.137a)$$

두 식 (5.137a)와 (5.134)를 비교하고 식 $d\mathbf{l} = d\ell\, \mathbf{a}_z$를 이용하면 다음을 얻을 수 있다.

$$\mathbf{F}_m = \frac{B^2 S}{\mu_0} \mathbf{a}_z \quad \text{[N]} \qquad (5.137b)$$

유제 5.32 [그림 5-43]에서 면 S의 단위 면적당 견인 힘은 간극에서의 자기 에너지밀도와 동일함을 보여라.

Ans $P = |\mathbf{F}_m| / 2S = B^2 / 2\mu_0$ [N/m^2]

5.10.3 자기 회전력

모든 물체는 회전축을 중심으로 회전될 수 있다. **모멘트 지렛대**(moment arm) **r**은 회전축으로부터 힘이 가해지는 지점까지의 거리벡터이다. 한 물체의 **각 가속도**(angular acceleration)는 모멘트 지렛대의 길이와 모멘트 지렛대에 수직 방향으로 가해진 힘에 대한 함수로 주어진다. **토크**(torque)는 모멘트 지렛대와 가해진 힘 사이의 가위곱으로 정의된다.

$$\mathbf{T} = \mathbf{r} \times \mathbf{F} \quad [\mathrm{N \cdot m}] \tag{5.138}$$

여기서 **F**와 **r**은 회전축에 수직인 평면에 놓인다고 가정한다. 그렇지 않으면, 회전축은 **T**의 방향으로 새로이 설정된다. 토크는 뉴턴-미터 [N · m] 단위로 표시된다.

예를 들어, [그림 5-44]에서 하나의 막대기가 원점으로부터 점 p까지 xy-평면 위에 놓여 있으며, 점 p에 가해진 외부 힘 **F**에 의해 z-축을 중심으로 회전한다고 가정해보자. 식 (5.138)로부터 토크의 크기를 구하면 다음과 같다.

$$T = rF_\phi = Fd \tag{5.139}$$

여기서 r은 모멘트 지렛대의 길이이고, F_ϕ는 외부 힘 **F**의 **r**에 수직인 방향으로의 성분이고, d는 **등가 모멘트 지렛대**(effective moment arm), 즉 원점으로부터 벡터 **F**까지의 수직 거리이다. 토크의 방향은 오른손규칙을 따른다. 오른손 엄지가 토크의 방향으로 향하면 네 손가락은 물체의 회전 방향을 가리킨다.

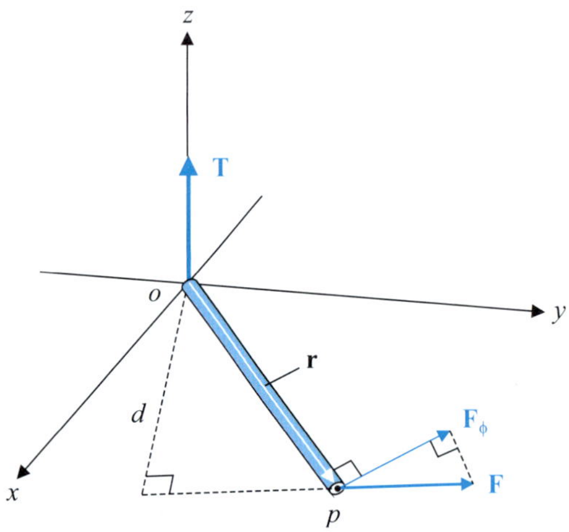

[그림 5-44] 막대기에 작용하는 토크 **T**

외부 자기장은 전류가 흐르는 루프에 토크를 가하여 이것이 회전축을 중심으로 회전하도록 만든다. 다시 말해, 루프의 자기 쌍극자모멘트는 외부 자기장에 평행이 되도록 정렬한다.

[그림 5-45]에서처럼 전류 I가 흐르는 작은 직사각형 루프를 생각해보자. **B**가 y-방향으로 주어질 때 이 루프는 x-축을 중심으로 회전하도록 되어있다.

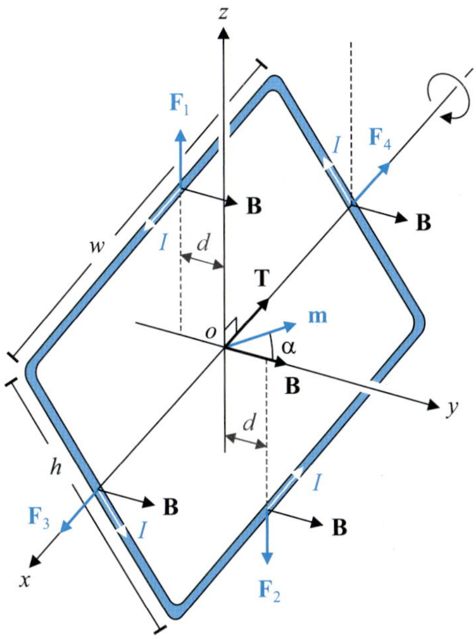

[그림 5-45] 전류 I가 흐르는 직사각형 루프가 **B** 내에서 x-축을 중심으로 회전한다.

시간 $t = 0$일 때 루프의 자기 쌍극자모멘트 **m**은 y-축에 대해 각도 α 만큼 기울어져 있다. 로렌츠 힘의 식에 따라 루프의 네 변에 각각 자기력이 작용한다. 위와 아래 변에 작용하는 힘 $\mathbf{F}_1$과 $\mathbf{F}_2$는 루프에 토크를 가한다. 그러나 왼쪽과 오른쪽 변에 작용하는 힘 $\mathbf{F}_3$와 $\mathbf{F}_4$는 회전축에 대해 평행이므로 토크에 기여하지 못한다. 따라서 루프에 작용하는 토크는 다음과 같이 주어진다.

$$\mathbf{T} = -d\left(F_1 + F_2\right)\mathbf{a}_x \tag{5.140}$$

여기서 d는 위와 아래 변에서의 등가 모멘트 지렛대이다. 식 (5.129b)로부터 $\mathbf{F}_1$과 $\mathbf{F}_2$의 크기를 구할 수 있다.

$$F_1 = F_2 = IwB \tag{5.141}$$

여기서 w는 직사각형 루프의 너비이다. 식 (5.141)과 식 $d = (h/2)\sin\alpha$를 식 (5.140)에 대입하면 루프에 작용하는 토크를 다음과 같이 표시할 수 있다.

$$\mathbf{T} = -hwIB\sin\alpha\,\mathbf{a}_x = -mB\sin\alpha\,\mathbf{a}_x \tag{5.142}$$

여기서 m은 자기 쌍극자모멘트, 즉 $\mathbf{m} = hwI\,\mathbf{a}_n$의 크기이다. 이때 토크는 벡터형태를 빌려서 자기 쌍극자모멘트와 자속밀도 사이의 가위곱으로 표시할 수 있다.

$$\mathbf{T} = \mathbf{m} \times \mathbf{B} \quad [\mathrm{N \cdot m}] \tag{5.143}$$

토크는 전류가 흐르는 루프를 회전시켜서 루프의 자기 쌍극자모멘트가 외부 자기장에 정렬되도록 만든다.

예제 5-28

전류 I가 흐르는 폐루프가 균일한 자기장 $\mathbf{B}$ 내에서 [그림 5-46]과 같이 xy-평면에 놓여 있다. 원점을 중심으로 회전하는 루프의 토크는 루프의 모양에 관계없이 항상 $\mathbf{T} = \mathbf{m} \times \mathbf{B}$로 주어진다는 것을 보여라.

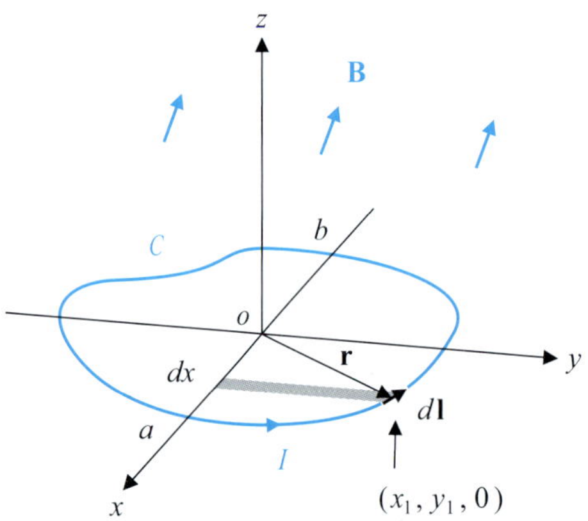

[그림 5-46] 전류가 흐르는 임의의 모양의 루프가 균일한 **B** 내에 놓여 있다.

풀이

루프의 한 점에서 자기장 $\mathbf{B} = B_1 \mathbf{a}_x + B_2 \mathbf{a}_y + B_3 \mathbf{a}_z$에 의한 자기력은 $d\mathbf{F} = I\, d\mathbf{l} \times \mathbf{B}$로 주어진다. 여기서 $d\mathbf{l} = dx\, \mathbf{a}_x + dy\, \mathbf{a}_y$이다.

$$d\mathbf{F} = I \begin{vmatrix} \mathbf{a}_x & \mathbf{a}_y & \mathbf{a}_z \\ dx & dy & 0 \\ B_1 & B_2 & B_3 \end{vmatrix} = I\left[dy B_3 \mathbf{a}_x - dx B_3 \mathbf{a}_y + (dx B_2 - dy B_1) \mathbf{a}_z \right] \tag{5.144a}$$

식 $d\mathbf{T} = \mathbf{r} \times d\mathbf{F}$와 위치벡터 $\mathbf{r} = x\, \mathbf{a}_x + y\, \mathbf{a}_y$를 이용하여 미분토크를 나타내면 다음과 같다.

$$\begin{aligned} d\mathbf{T} &= \mathbf{r} \times (I\, d\mathbf{l} \times \mathbf{B}) \\ &= I \begin{vmatrix} \mathbf{a}_x & \mathbf{a}_y & \mathbf{a}_z \\ x & y & 0 \\ dy B_3 & -dx B_3 & (dx B_2 - dy B_1) \end{vmatrix} \\ &= I\left[(y dx B_2 - y dy B_1) \mathbf{a}_x - (x dx B_2 - x dy B_1) \mathbf{a}_y + (-x dx B_3 - y dy B_3) \mathbf{a}_z \right] \end{aligned} \tag{5.144b}$$

전체 토크를 구하기 위해 $d\mathbf{T}$를 루프 위에서 적분하면 된다. 이 경우 루프 위에서의 xdx 혹은 ydy를 적분하면 영인데, 그 이유는 루프가 폐곡선이기 때문이다.

$$\oint_C xdx = \frac{x^2}{2}\bigg|_{x=a}^{x=b} + \frac{x^2}{2}\bigg|_{x=b}^{x=a} = 0\text{, 마찬가지로 } \oint_C ydy = 0 \quad (5.144c)$$

ydx를 루프 위에서 적분하면 루프 면적 A에 마이너스 부호를 붙인 값이 된다.

$$\oint_C ydx = \int_{x=a}^{x=b} ydx + \int_{x=b}^{x=a} ydx = -A \quad (5.144d)$$

위 식에서 a에서 b로의 적분은 영역 $y > 0$에 위치한 루프의 면적에 -1을 곱한 값인데, 이것은 dx가 음수이기 때문이다. 이에 더하여 b에서 a로의 적분은 영역 $y < 0$에 위치한 루프의 면적에 -1을 곱한 값인데, 이는 y가 이 영역에서 음수이기 때문이다. 비슷한 논리로 xdy의 루프 위에서의 적분은 루프 면적에 해당한다. 그리하여 루프에 작용하는 총 토크는 다음과 같다.

$$\mathbf{T} = IA\left[-B_2\mathbf{a}_x + B_1\mathbf{a}_y\right] = IA\mathbf{a}_z \times \mathbf{B} \quad (5.144e)$$

여기서 $IA\mathbf{a}_z$는 자기 쌍극자모멘트 $\mathbf{m}$에 해당하므로 전류가 흐르는 루프의 토크는 루프의 모양에 관계없이 항상 $\mathbf{T} = \mathbf{m} \times \mathbf{B}$로 주어진다.

예제 5-29

[그림 5-46]에 보인 루프에 작용하는 토크는 그 회전 중심점이 원점 이외의 점에 위치하여도 항상 $\mathbf{T} = \mathbf{m} \times \mathbf{B}$로 주어짐을 보여라.

풀이

거리벡터 $\mathcal{R}$은 임의의 회전 중심점으로부터 원점으로 향한다. 위치벡터 $\mathbf{r}$인 루프 위의 점에서 $d\mathbf{F}_m$에 의한 미분토크는 다음과 같이 표시된다.

$$d\mathbf{T} = (\mathcal{R} + \mathbf{r}) \times d\mathbf{F}_m = (\mathcal{R} + \mathbf{r}) \times (Id\mathbf{l} \times \mathbf{B}) \quad (5.145a)$$

여기서 식 $d\mathbf{F} = Id\mathbf{l} \times \mathbf{B}$가 사용되었다. BAC–CAB 규칙을 이용하여, 식 (5.145a)의 맨 오른쪽 항의 두 가위곱 중 하나를 다음과 같이 다시 쓸 수 있다.

$$\mathcal{R} \times (Id\mathbf{l} \times \mathbf{B}) = Id\mathbf{l}(\mathcal{R} \cdot \mathbf{B}) - I\mathbf{B}(\mathcal{R} \cdot d\mathbf{l}) \quad (5.145b)$$

위 식에서 I, $\mathcal{R}$, $\mathbf{B}$는 모두 상수이므로, 등호 오른쪽 첫째 항의 $d\mathbf{l}$과 둘째 항의 $\mathcal{R} \cdot d\mathbf{l}$을 폐곡선 위에서 적분하면 모두 영이다.

예를 들어, 만약 $\mathcal{R}$이 x-축에 평행이고 루프가 x-축을 x_1과 x_2에서 교차한다면, $\mathcal{R} \cdot d\mathbf{l}$을 x_1에서 x_2까지 루프를 따라 선적분하면 그 값은 x_1과 x_2 사이의 거리에 해당한다. 또한 루프의 나머지 부분을 따라 수행한 선적분은 앞의 선적분 값에 마이너스 부호를 붙인 값이 된다. 따라서 식 (5.145a)는 식 (5.144b)와 같아지고, 토크는 $\mathbf{T} = \mathbf{m} \times \mathbf{B}$로 표시된다. 이를 응용하면, 회전 중심점이 루프 밖에 위치해도 토크는 동일한 값으로 주어진다는 것을 알 수 있다.

유제 5.33 면적이 0.5 [cm^2]인 작은 루프에 200 [mA]의 전류가 흐를 때 이 루프는 미지의 자기장 내에서 최대 1 [μN·m]의 토크를 받는다. 이때 $|\mathbf{B}|$의 값은?

Ans 0.1 [Wb/m^2]

유제 5.34 정사각형과 원형 루프가 동일한 둘레를 가지며 이들에 동일한 전류가 흐른다. 이들이 균일한 **B** 내에서 받는 토크를 비교하라.

Ans $T_{square} / T_{circle} = \pi / 4$

복습문제

Q 5.63 균일한 자기장 내에 놓인 전류가 흐르는 도선에 작용하는 자기력에 대한 표현식은? **A** 식 (5.129b)

Q 5.64 자기 에너지를 이용해 자기력을 표시하라. **A** 식 (5.136)

Q 5.65 토크와 힘 사이 관계를 수식으로 표시하면? **A** 식 (5.138)

Q 5.66 모멘트 지렛대와 등가 모멘트 지렛대를 설명하라. **A** [그림 5-44]

Q 5.67 자기장 내에 놓인 자기 쌍극자에 작용하는 토크에 대한 표현식은? **A** 식 (5.143)

Q 5.68 자기장 내에서 전류가 흐르는 루프에 작용하는 토크가 영이면 루프의 모든 점에서 자기력이 영인가? **A** [그림 5-46]

로렌츠 힘의 식

5.1 균일한 자속밀도 $\mathbf{B} = \mathbf{B}_o \mathbf{a}_z$ 내에서 점 전하 q가 시간 $t = 0$일 때 속도 $\boldsymbol{v} = a\,\mathbf{a}_x + b\mathbf{a}_y$를 가지고 있다. 이 전하가 시간 $t \geq 0$에서 직선을 따라 움직이도록 하기 위해 필요한 전기장을 구하라.

5.2 전하 q, 질량 m의 미립자가 전류 I가 흐르는 직선 필라멘트 주위를 반지름이 ρ인 나선형을 따라 움직인다([그림 5-47] 참조). 이 미립자의 각속도가 ω일 때 수직 방향 속도 v_o를 구하라.

HINT 구심 가속도는 $\mathbf{a} = -\rho\omega^2\mathbf{a}_\rho$

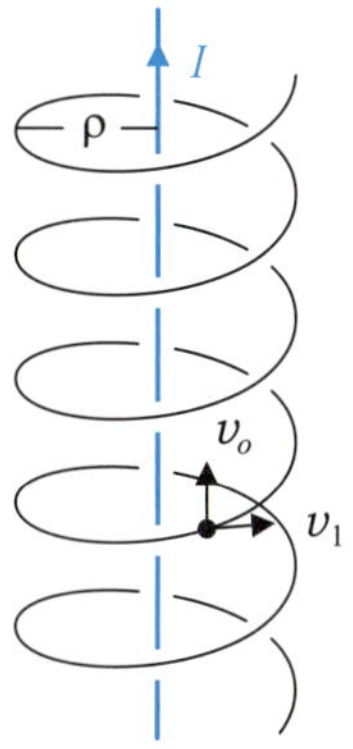

[그림 5-47] 필라멘트 주위로 전하가 나선형으로 움식인다. (문제 5.2)

5.3 긴 도체 막대가 균일한 자속밀도 $\mathbf{B} = \mathbf{B}_o \mathbf{a}_z$ 내에서 y-축에 따라 놓여 있으며 그 직사각형 단면에 전류 I [A]가 균일하게 분포한다([그림 5-48] 참조). 만약 이 전류가 밀도 n [m^{-3}]를 가진 양공의 움직임에 의해 형성되었다면 다음의 값들은 어떻게 주어지는가?

(a) 양공의 표류속도

(b) 자기력에 의해 발생한 전기장 $\mathbf{E}_H$

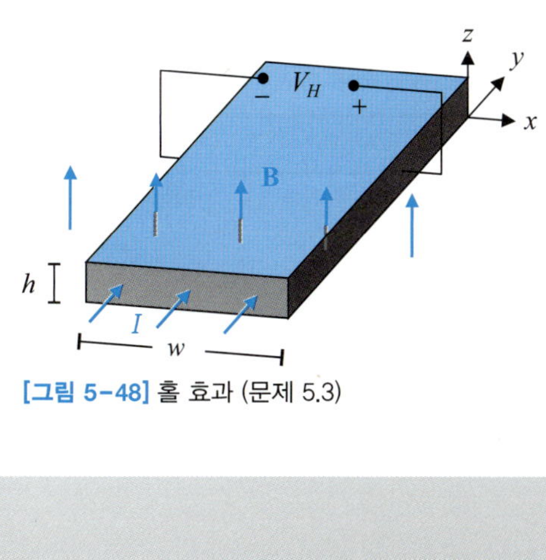

[그림 5-48] 홀 효과 (문제 5.3)

연습문제

비오-사바르 법칙

5.4 무한히 긴 필라멘트가 $y = a$인 점에서 y-축과 교차하며 z-축에 평행이다([그림 5-49] 참조). 여기에 전류 I가 $+z$-방향으로 흐를 때 점 $p_1:(x_1, y_1, 0)$에서 $\mathbf{H}$를 구하라.

HINT z-축을 따라 흐르는 전류 I에 의한 자기장은 $\mathbf{H} = I\mathbf{a}_\phi / 2\pi\rho$.

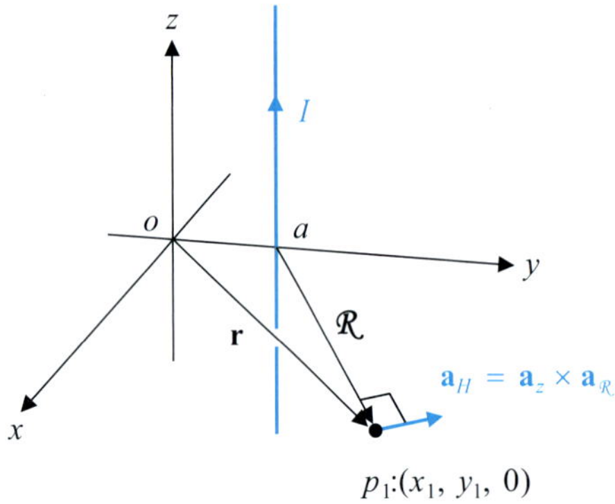

[그림 5-49] z-축에 평행인 필라멘트 전류 (문제 5.4)

5.5 매우 긴, 서로 평행인 세 개의 도선에 동일한 전류 I가 흐른다([그림 5-50] 참조). 점 p에서 (a) 중앙 필라멘트, (b) 양 옆의 두 필라멘트에 의한 $\mathbf{H}$를 각각 구하라. (c) 두 $\mathbf{H}$ 값이 같은 경우 필라멘트의 간격 a를 구하라.

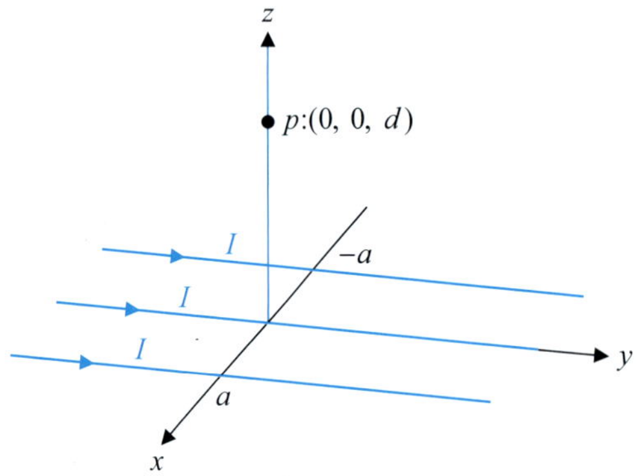

[그림 5-50] 세 개의 평행한 필라멘트 (문제 5.5)

5.6 하나의 도선이 xy-평면에서 한 변이 a이고 원점이 중심인 정삼각형을 이룬다([그림 5-51] 참조). 정전류 I가 반시계방향으로 흐를 때 원점에서의 $\mathbf{H}$를 구하라.

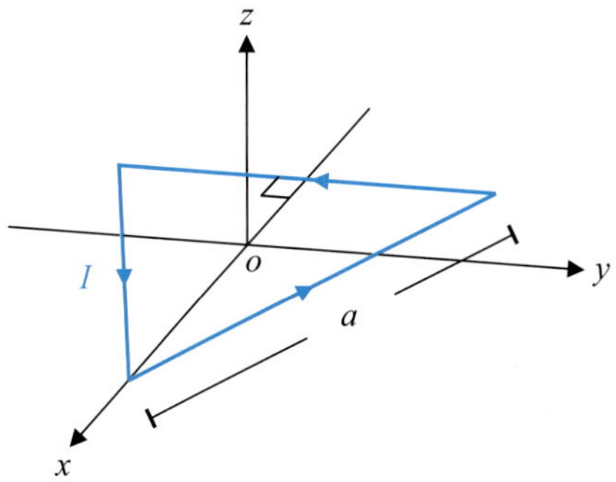

[그림 5-51] 원점이 중심인 정삼각형 도선 (문제 5.6)

5.7 정전류 I가 [그림 5-52]에서처럼 반 원 및 직사각형으로 이루어진 폐곡선을 따라 흐른다. 원점에서의 $\mathbf{H}$를 구하라.

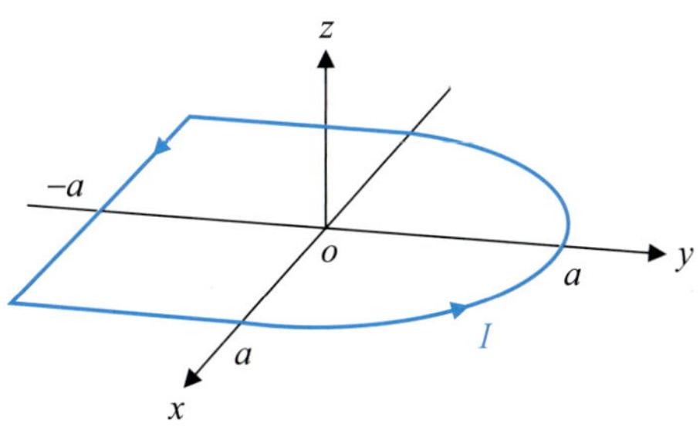

[그림 5-52] 전류가 흐르는 루프 (문제 5.7, 문제 5.47)

연습문제

5.8 직각 이등변삼각형 형태의 도선에 정전류 I가 흐르고, 점 p는 이 삼각형의 빗변에 수직인 선상에 놓여 있다([그림 5-53] 참조). 만약 $t = 2$이고 $a = 1$인 경우 점 p에서의 $\mathbf{H}$를 구하라.

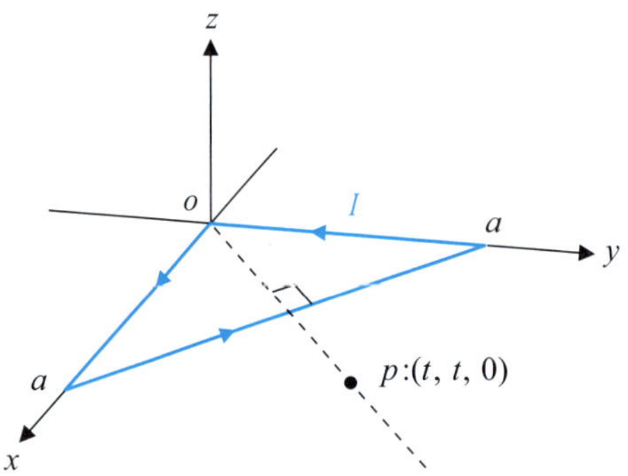

[그림 5-53] 직각 이등변삼각형에 전류 I가 흐른다. (문제 5.8)

5.9 중심이 원점인 정사각형 루프가 xy-평면에 놓여 있고 여기에 전류 I가 흐른다고 할 때([그림 5-54] 참조), (a) 점 p와 (b) 점 q에서 $\mathbf{H}$를 구하라.

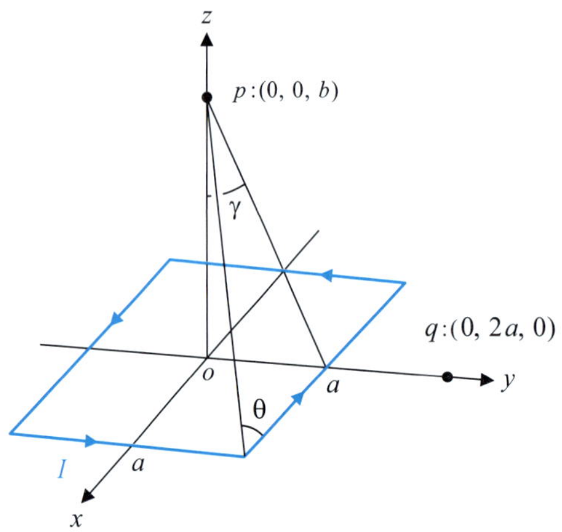

[그림 5-54] 전류가 흐르는 정사각형 루프 (문제 5.9)

5.10 반지름 a의 원형 루프에 전류 I가 흐른다([그림 5-55] 참조). 전류토막 $I\,d\ell$에 의해 점 p:(0, 0, b)에서 관찰되는 $d\mathbf{H}$를 구하기 위해 식 (5.13)을 삼각형 Δpmn에 적용하여 $d\mathbf{H}$를 a와 b에 대한 함수로 표시하고, 점 p에서의 최종적인 $\mathbf{H}$를 구하라.

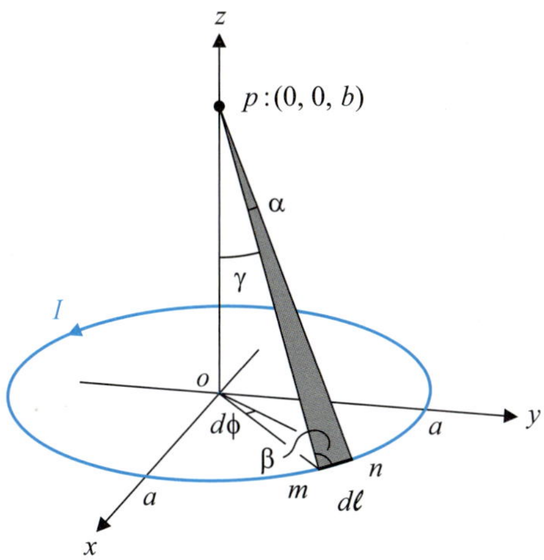

[그림 5-55] 전류가 흐르는 원형 루프 (문제 5.10)

5.11 표면전류 $\mathbf{J}_s = J_o \mathbf{a}_y$가 평면 $z = 0$ 위의 무한히 긴 띠 영역($-a \le x \le a$, $-\infty < y < \infty$)에 퍼져 흐른다([그림 5-56] 참조). 비오-사바르 법칙을 이용해 원점 위 방향, 거리 b에서 $\mathbf{H}$를 구하라.

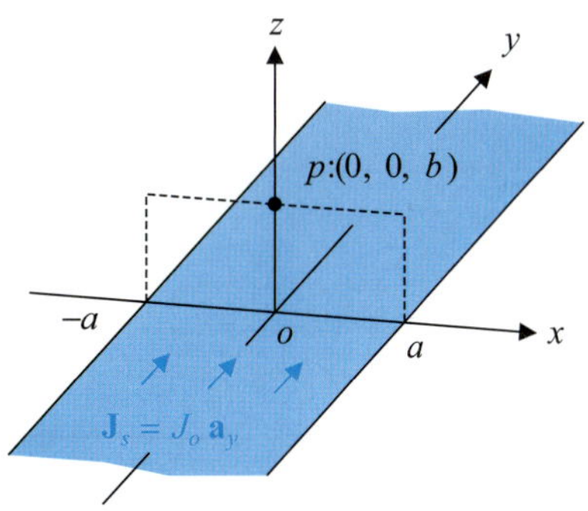

[그림 5-56] 무한히 긴 띠 모양의 표면전류 (문제 5.11, 문제 5.12)

5.12 [그림 5-56]의 표면전류를 폭이 dx이고 전류 $J_o dx$가 흐르는 매우 좁고 긴 띠들의 합으로 생각할 수 있다. 무한히 긴 필라멘트 전류에 의한 자기장 표현식을 이용하여 점 p에서의 $\mathbf{H}$를 구하라.

5.13 균일한 표면전류 $\mathbf{J}_s = J_o \mathbf{a}_\phi$ [A/m]가 반지름 a, 두께 c의 원형 띠에 퍼져 흐를 때 원점 위 방향, 거리 b에서 $\mathbf{H}$를 구하라([그림 5-57] 참조).

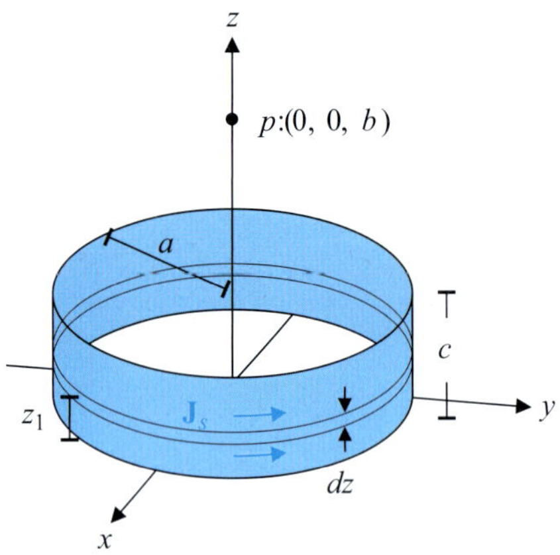

[그림 5-57] 균일한 표면전류가 흐르는 원형 띠 (문제 5.13)

5.14 [그림 5-58]에 보인 고리 모양 영역에 균일한 면 전하 ρ_s [C/m^2]가 퍼져 존재한다. 이것이 z-축을 중심으로 각속도 ω [rad/s]로 회전할 때 다음 값을 구하라.

(a) 표면 전류밀도

(b) 비오-사바르 법칙을 이용해 점 p에서의 $\mathbf{H}$

(c) 이 고리 영역을 폭이 $d\rho$인 좁은 원형 띠들로 분리한 후 식 (5.15)를 이용해 점 p에서의 $\mathbf{H}$

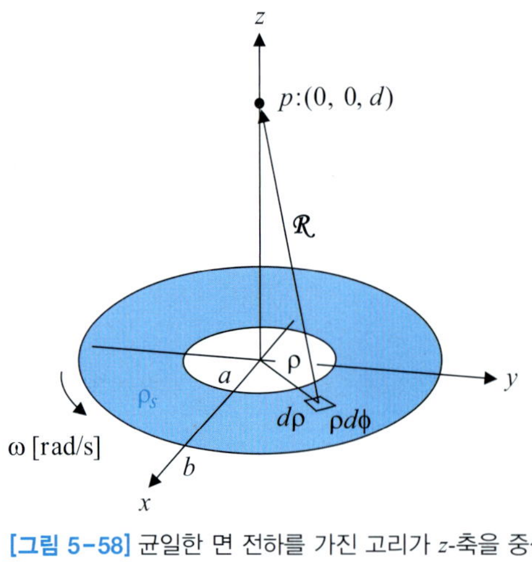

[그림 5-58] 균일한 면 전하를 가진 고리가 z-축을 중심으로 회전한다. (문제 5.14)

5.15 식 (5.6)에 표시한 $\mathbf{H}$의 컬은 적분길, 즉 전류가 흐르는 필라멘트가 폐곡선을 이루거나 무한히 긴 직선이면 영이 된다는 것을 보여라.

HINT $\nabla \times (\mathbf{A} + \mathbf{B}) = \mathbf{A}(\nabla \cdot \mathbf{B}) - \mathbf{B}(\nabla \cdot \mathbf{A}) + (\mathbf{B} \cdot \nabla)\mathbf{A} - (\mathbf{A} \cdot \nabla)\mathbf{B}$

암페어 법칙

5.16 무한 평면 $z = 0$에 균일한 표면전류 $\mathbf{J}_s = J_o \mathbf{a}_y$가 흐른다([그림 5-59] 참조). 대칭성을 고려하면 영역 $z > 0$에서 $\mathbf{H} = H_x(z)\mathbf{a}_x$, 영역 $z < 0$에서 $\mathbf{H} = -H_x(|z|)\mathbf{a}_x$로 주어진다는 것을 보여라. 그리고 모든 영역에서 $\mathbf{H}$를 구하라.

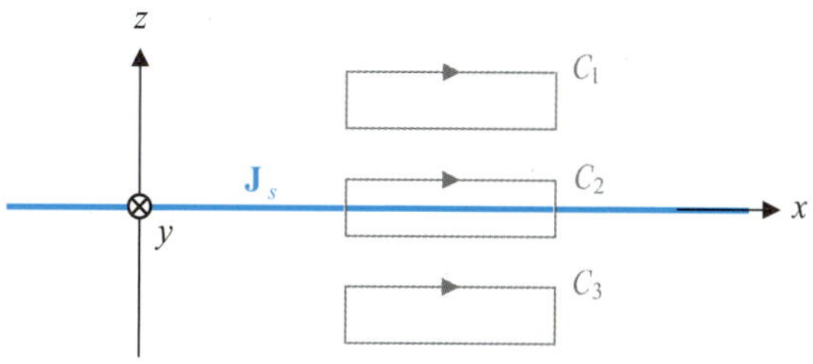

[그림 5-59] 무한 평면을 이루는 표면전류와 이에 적절한 암페어길 (문제 5.16)

5.17 체적전류가 $\mathbf{J} = J_o \mathbf{a}_y\,[\text{A/m}^2]$의 밀도를 가지고 [그림 5-60]에서처럼 $-d \le z \le d$와 $-\infty < (x, y) < \infty$로 정의되는 무한 평판에 균일하게 흐른다. 대칭성을 고려한 일반해는 영역 $z > 0$에서 $\mathbf{H} = H_x(z)\mathbf{a}_x$, 영역 $z < 0$에서 $\mathbf{H} = -H_x(|z|)\mathbf{a}_x$로 주어진다. 모든 영역에서 $\mathbf{H}$를 구하라.

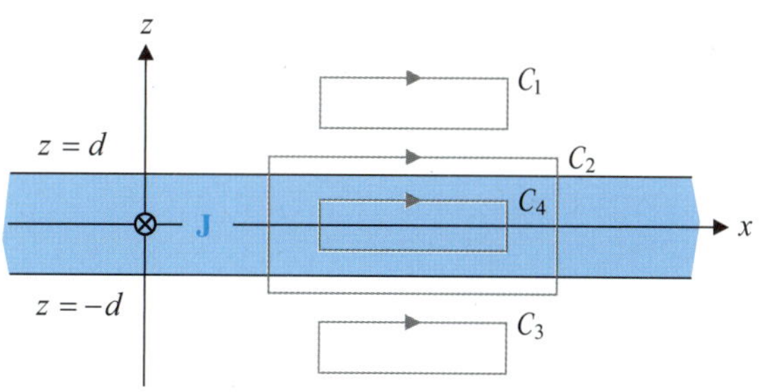

[그림 5-60] 무한 평판을 이루는 균일한 체적전류와 이에 적절한 암페어길 (문제 5.17)

연습문제

자기장, 자속밀도, 유일해

5.18 다음의 벡터장들이 자유 공간에서의 자기장을 나타내는가?

(a) $\mathbf{K} = \dfrac{1}{x^2 + y^2}(-y\,\mathbf{a}_x + x\,\mathbf{a}_y)$

(b) $\mathbf{L} = \dfrac{1}{\rho\sqrt{\rho^2 + 1}}\mathbf{a}_\phi$

(c) $\mathbf{N} = \dfrac{\sin\theta}{R^2}\mathbf{a}_\phi$

(d) $\mathbf{O} = \dfrac{1}{R^3}\left(2\cos\theta\,\mathbf{a}_R + \sin\theta\,\mathbf{a}_\theta\right)$

5.19 매우 긴, 반지름 a의 도선이 z-축에 따라 놓여 있으며 그 단면에 전류 I가 균일하게 분포한다. (a) 전류밀도 $\mathbf{J}$를 구하고 암페어 법칙을 이용하여 $\mathbf{H}$를 구하라. (b) 도선 내에 $\nabla\times\mathbf{H} = \mathbf{J}$임을 보여라.

5.20 [그림 5-11]에 보인 토로이드 코일에 대해 모든 영역에서 자기장 시범해를 $\mathbf{H} = H_\phi(\rho, \phi, z)\mathbf{a}_\phi$로 생각할 수 있다. 이때 다음 질문에 답하라.

(a) $\mathbf{H}$에 대한 두 기본식을 이용하여 H_ϕ는 ϕ와 z에 독립임을 보여라.

(b) 암페어 법칙과 경계면 조건을 이용하여 모든 영역에서 $\mathbf{H}$를 구하라.

5.21 $-z$-방향으로 흐르는 필라멘트 전류 I가 평면 $z = 0$에서 표면전류 $\mathbf{J}_s = J_o(\rho)\mathbf{a}_\rho$가 된다([그림 5-61] 참조). 평면 위 방향 공간에서 자기장의 시범해를 $\mathbf{H} = -I\mathbf{a}_\phi/(2\pi\rho)$로 가정하여 (a) 이것이 유일한 해임을 보이고, (b) 평면 아래 공간에서 $\mathbf{H}$를 구하라.

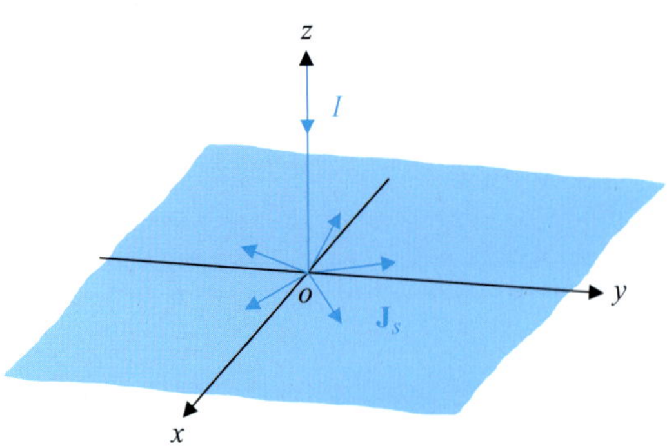

[그림 5-61] 필라멘트 전류가 표면전류로 바뀜 (문제 5.21)

5.22 닫힌 도체 원통이 [그림 5-62]에서와 같이 두 개의 매우 긴 직선 도선에 연결되어 있고, 도선의 전류 I는 원통면에서 표면전류가 된다. 원통 밖에서의 시범해 $\mathbf{H} = -I\mathbf{a}_\phi/(2\pi\rho)$를 이용하여 다음 질문에 답하라.

(a) 표면 전류밀도 $\mathbf{J}_{s1}(\rho)$, $\mathbf{J}_{s2}$, $\mathbf{J}_{s3}(\rho)$를 구하라.

(b) 시범해가 원통면에서 경계면 조건을 만족함을 보여라.

(c) 시범해가 유일해임을 보여라.

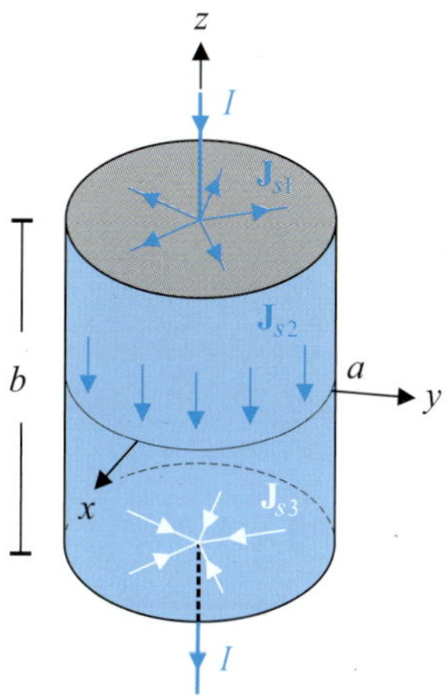

[그림 5-62] 도체 원통이 두 직선 도선에 연결되어 있다. (문제 5.22)

벡터 자기포텐셜

5.23 직선 도선이 $z = -a$에서 시작해 $z = a$에서 끝나는데 여기에 전류 I가 $+z$-방향으로 흐른다. 원통좌표계에서 벡터 자기포텐셜 $\mathbf{A}$를 구하고 이로부터 $\mathbf{H}$를 구하라.

연습문제

5.24 무한히 긴 도선에 전류 I가 흐른다. [그림 5-63]에 보인 인접한 직사각형 루프를 따라 **A**의 선적분을 계산하고, 경계면 조건이 $\mathbf{A}(\rho = a) = 0$로 주어질 때 모든 영역에서 **A**를 구하라.

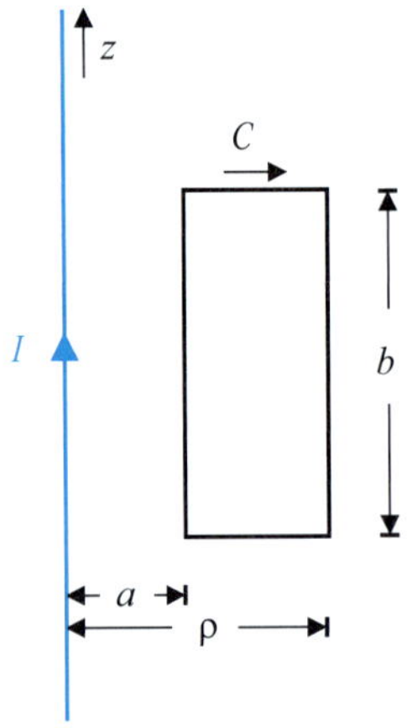

[그림 5-63] 무한히 긴 도선의 전류와 인접한 닫힌 루프 (문제 5.24)

5.25 전류 I가 z-축을 따라 흐를 때 발생된 **B**를 식 $\mathbf{B} = \nabla \times \mathbf{A}$에 대입하여 **A**를 구하라.

5.26 매우 긴 솔레노이드가 반지름 a인 공기 코어를 가지며 단위 길이당 N의 감김수를 가지고 z-축에 따라 놓여 있다. 여기에 전류 I가 흐를 때 다음 질문에 답하라.

(a) 대칭성을 고려하면 일반해가 $\mathbf{A} = A_\phi(\rho)\mathbf{a}_\phi$로 주어짐을 보여라.

(b) 솔레노이드 내부에서 $\mathbf{B} = \mu_0 NI\,\mathbf{a}_z$, 외부에서 $\mathbf{B} = 0$임을 이용해 모든 영역에서 **A**를 구하라.

5.27 반지름 a인 구면에 면 전하 ρ_s [C/m^2]가 균일하게 분포하며, z-축을 중심으로 각속도 ω [rad/s]로 회전한다([그림 5-64] 참조). 식 (5.62)와 $\mathbf{A}$에 대한 경계면 조건을 고려하면 시범해를 구 외부에서 $\mathbf{A}_2 = \mathbf{a}_\phi c_2 R^{-2} \sin\theta$, 내부에서 $\mathbf{A}_1 = \mathbf{a}_\phi c_1 R \sin\theta$로 가정할 수 있다. 이때 다음 질문에 답하라.

(a) 모든 영역에서 $\mathbf{A}$와 $\mathbf{B}$를 구하라.

(b) $\mathbf{B}$가 구 내부에서 균일함을 보여라.

(c) 구 위에서 표면 전류밀도가 $\mathbf{B} \times \mathbf{a}_n$에 비례함을 보여라.
여기서 $\mathbf{a}_n$은 구면에 수직인 단위벡터이다.

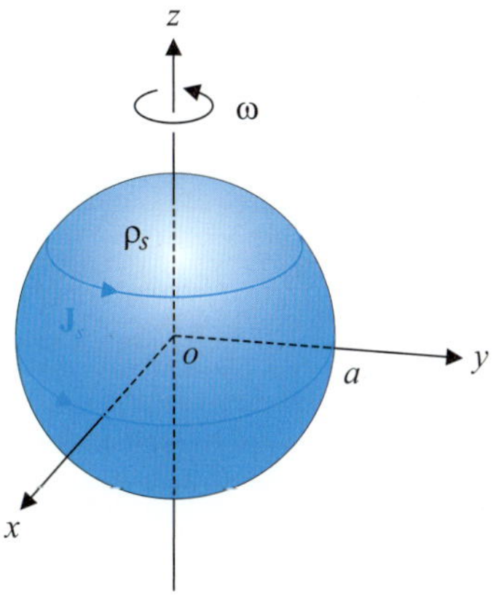

[그림 5-64] 면 전하밀도 ρ_s를 가진 구가 z-축을 중심으로 회전한다. (문제 5.27, 문제 5.48)

자기화 및 투자율

5.28 니켈이 몰질량 58.69 [g/mol], 밀도 8.91 [g/cm^3], 투자율 $\mu_r = 250$를 가지는데 그 내부 자기장이 $B = 1.2$ [T]로 측정된다. 이때 각각의 크기를 구하라.

(a) 자기화

(b) 각 원자의 자기 쌍극자모멘트

5.29 일정한 두께의 매우 넓은 자성체 평판이 xy-평면 위에 놓여 있다. 평판 내의 자기화가 $\mathbf{M} = 10^5 \mathbf{a}_z$ [A/m]일 때 평판 바로 밑에서 자기장이 $\mathbf{H} = 1.02 \times 10^5 \mathbf{a}_z$ [A/m]로 주어진다. 이 평판의 투자율을 구하라.

연습문제

5.30 매우 긴 동축의 두 도체 원통면 사이 공간이 [그림 5-65]에서처럼 서로 다른 두 물체로 채워져 있다(영역 $0 < \phi < \pi$에서 μ_1이고, 영역 $\pi < \phi < 2\pi$에서 μ_2). 전류 I가 두 원통면에서 서로 반대 방향으로 흐를 때 두 원통면 사이 공간에서 시범해를 $\mathbf{B} = B_\phi \mathbf{a}_\phi$로, 영역 $\rho < a$에서 $\mathbf{B} = 0$로 택하여 다음 질문에 답을 구하라.

(a) 두 원통면 사이 공간에서 **B**와 **H** 를 구하라.

(b) 원통면 $\rho = a$에서 $\mathbf{J}_s$와 $\mathbf{J}_{ms}$를 구하라.

(c) **B**가 유일해임을 증명하라.

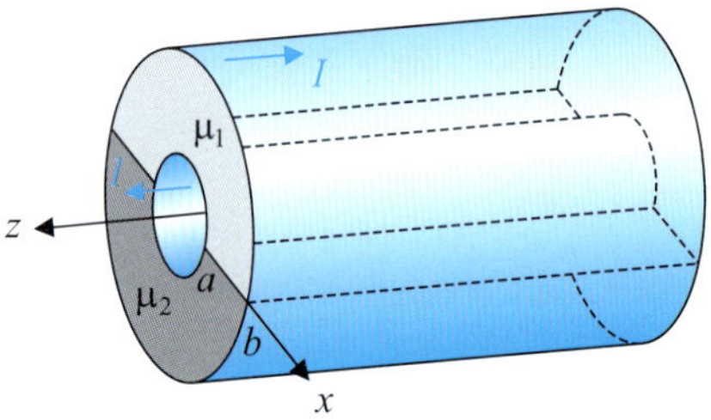

[그림 5-65] 서로 두 다른 물체로 채워진 동축 케이블 (문제 5.30, 문제 5.43)

자기 경계면 조건

5.31 한 평면이 $\mathbf{k} \cdot \mathbf{r} = 1$으로 정의되는데, 여기서 $\mathbf{k} = 2\mathbf{a}_x + 2\mathbf{a}_y + \mathbf{a}_z$이고 $\mathbf{r}$은 위치벡터이다. 이 평면은 두 물체 사이의 경계면이다(영역 $\mathbf{k} \cdot \mathbf{r} > 1$에서 $\mu_1 = 10\ \mu_0$, 영역 $\mathbf{k} \cdot \mathbf{r} < 1$에서 $\mu_2 = 20\ \mu_0$). 첫째 영역에서 $\mathbf{H}_1 = 12\mathbf{a}_x + 24\mathbf{a}_y + 21\mathbf{a}_z$일 때 둘째 영역의 자기장 $\mathbf{H}_2$를 구하라.

5.32 평면 $z = 0$는 영역 $z \leq 0$에 존재하는 자성체와 그 위 자유 공간 사이의 경계면인데 여기에 자화 표면전류 $\mathbf{J}_{ms} = J_o\, \mathbf{a}_x$가 유도된다. 자성체 내의 자속밀도가 $\mathbf{B} = B_o\, \mathbf{a}_y$일 때 자유 공간의 **B**를 구하라.

5.33 z-축을 따라 전류 I가 흐를 때 직사각형 단면을 가진 투자율 μ의 토로이드가 이 전류를 둘러싸고 있다([그림 5-66] 참조). 모든 영역에서 $\mathbf{B}$를 구하라.

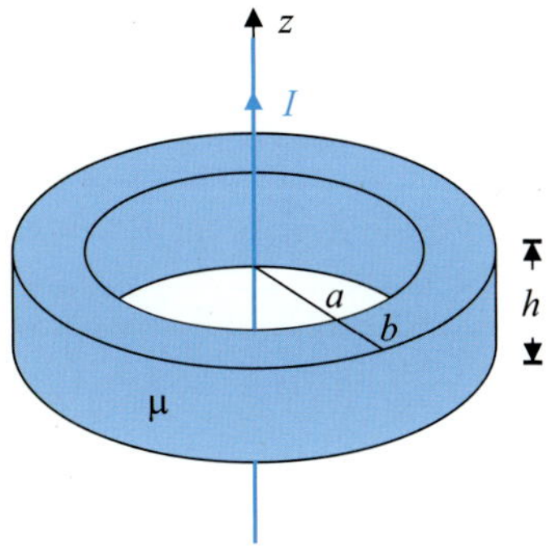

[그림 5-66] 필라멘트 전류를 둘러싸는 토로이드 (문제 5.33)

5.34 두께가 d이고 투자율이 μ인 무한 자성체 평판이 평면 $z = 0$ 위에 놓여 있다([그림 5-67] 참조). 만약 $\mathbf{B}_1$이 z-축에 대해 각도 θ_1 만큼 기울어져 있다면 다음의 것들을 B_1, θ_1, μ를 이용해 표시하라.

(a) B_2와 θ_2

(b) B_3과 θ_3

(c) 평면 $z = 0$와 $z = d$에서의 $\mathbf{J}_{ms}$

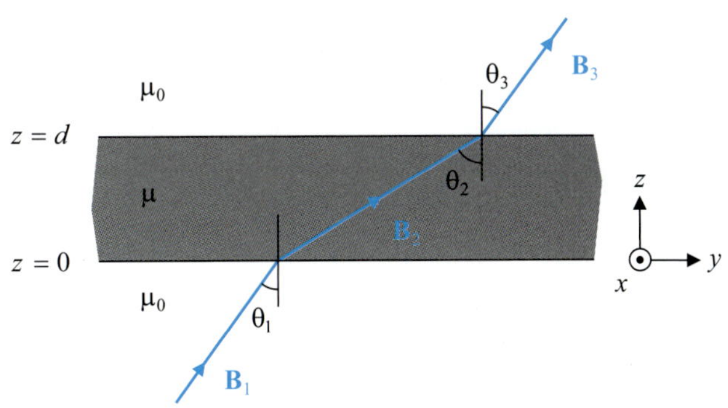

[그림 5-67] 무한의 자성체 평판 (문제 5.34)

연습문제

유도용량과 자기 에너지

5.35 직사각형 단면에 투자율이 μ인 토로이드에 코일이 총 N번 감겨 있다([그림 5-68] 참조). 이것의 유도용량을 구하라.

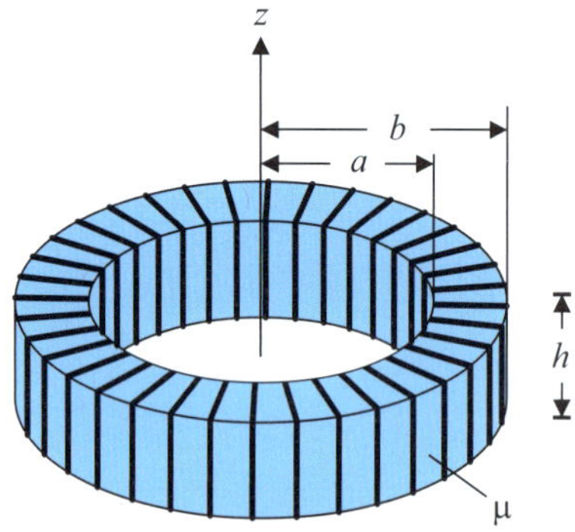

[그림 5-68] 토로이드 코일 (문제 5.35)

5.36 서로 다른 자성체로 만들어진 동일한 모양의 두 토로이드가 [그림 5-69]에서처럼 겹쳐져 있고 그 주위로 N번의 코일이 감겨 있다. 이것의 유도용량을 구하라.

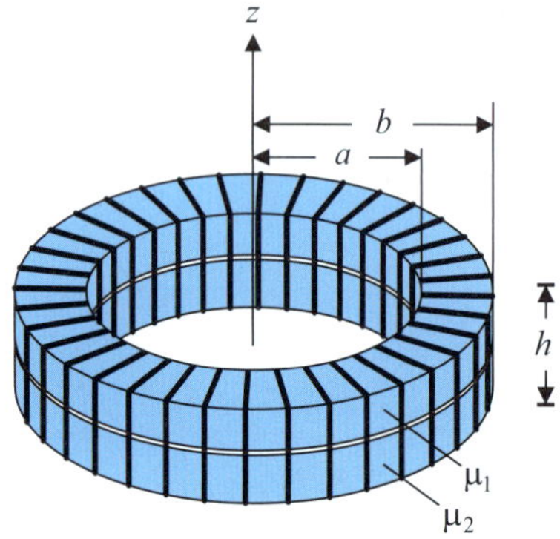

[그림 5-69] 겹쳐진 두 토로이드에 감긴 코일 (문제 5.36)

5.37 반으로 나뉘고, 서로 다른 자성체로 만들어진 토로이드에 총 N번의 코일이 감겨 있다([그림 5-70] 참조). 매우 작은 갭에서의 자기장 휘어짐을 무시하고 다음 값을 구하라.

(a) 코일의 자기 에너지

(b) 유도용량

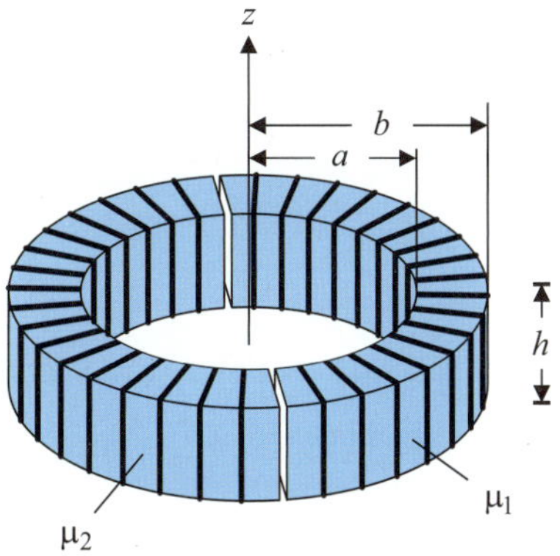

[그림 5-70] 서로 다른 자성체로 이루어진 토로이드에 감긴 코일 (문제 5.37)

5.38 서로 다른 두 자성체로 만들어진 원통에 단위 길이당 N번 감긴 솔레노이드가 [그림 5-71]과 같이 주어지는데, 여기에 전류 I가 흐를 때 양단에서의 자기장 휘어짐을 무시하고 다음 질문에 답을 구하라.

(a) 두 코어 영역에서의 **B**와 **H**를 구하라.

(b) 자기 에너지를 구해 단위 길이당 유도용량을 계산하라.

(c) 연계자속을 구해 단위 길이당 유도용량을 계산하라.

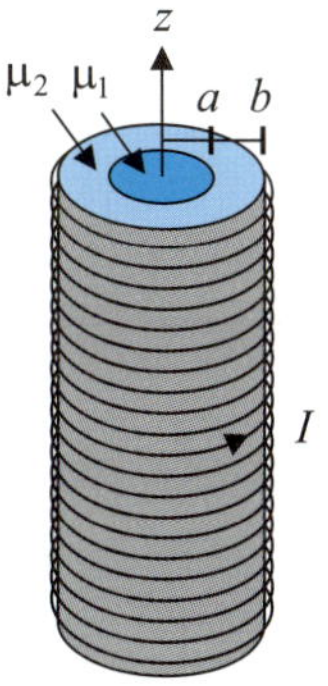

[그림 5-71] 두 자성체로 이루어진 원통에 감긴 솔레노이드 (문제 5.38)

연습문제

5.39 동축의 두 도체 원통면 사이 공간이 [그림 5-72]에서처럼 서로 다른 두 자성체로 채워져 있다. 가장자리에서의 자기장 휘어짐을 무시하고 단위 길이당 유도용량을 구하라.

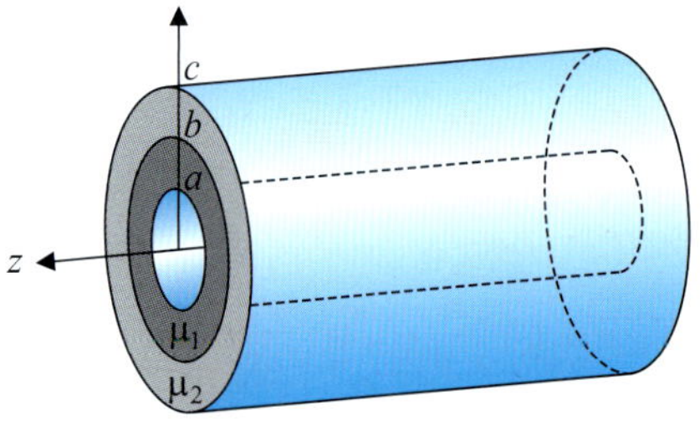

[그림 5-72] 서로 다른 자성체로 채워진 동축 케이블 (문제 5.39)

5.40 동일한 원형의 두 도체 루프가 [그림 5-73]에서처럼 z-축에 따라 놓여 있다. 조건 $b \gg a$를 가정하고 자기 쌍극자에 대한 벡터 자기포텐셜을 이용하여 상호 유도용량이 $M_{12} = \pi\mu_0 a^4 / 2b^3$임을 보여라.

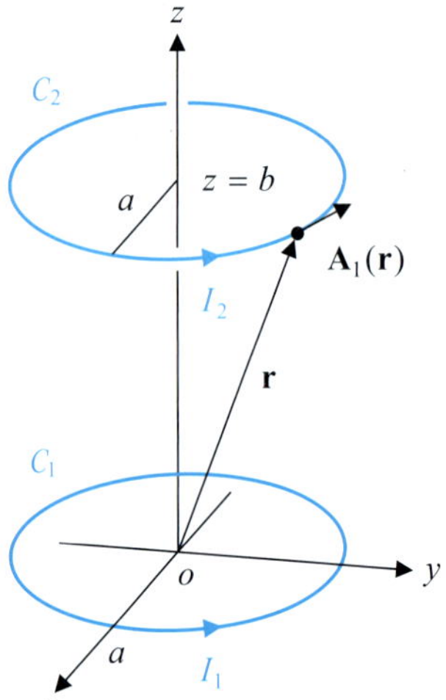

[그림 5-73] 동일한 두 원형 루프 (문제 5.40, 문제 5.46)

5.41 공기 코어에, 감김수가 n_T이고, 길이가 ℓ인 솔레노이드에 전류 I가 흐를 때 자기 에너지가 W_m이다. 이와 비슷한 솔레노이드들이 동일한 반지름과 전류를 가지지만 [그림 5-74]에서처럼 서로 다른 길이와 감김수를 가진다. 이들의 자기 에너지를 구하라.

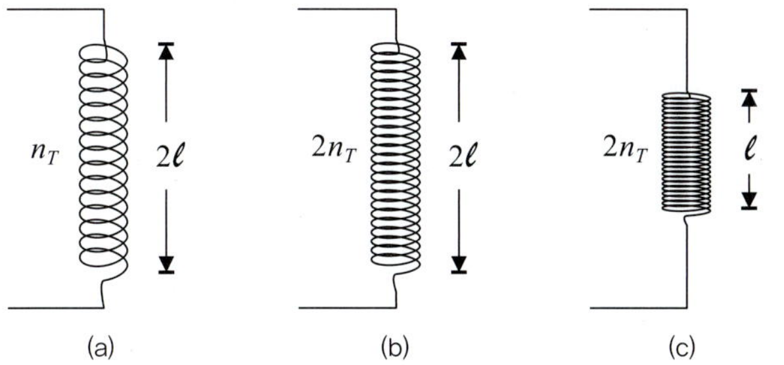

[그림 5-74] 동일한 반지름과 전류를 가지는 솔레노이드들 (문제 5.41)

5.42 [그림 5-10]에 보인 동축 케이블의 반지름이 $a = 2$ [cm], $b = 4$ [cm], $c = 5$ [cm]이고 전류 I가 두 도체의 단면에 각각 균일하게 분포한다. 바깥쪽 도체의 단위 길이당 내부 유도용량을 구하여 이것을 안쪽 도체의 그것과 비교하라.

5.43 [그림 5-65]에 보인 동축 케이블에 전류 I가 흐를 때 다음 값을 구하라.

(a) 저장된 에너지 (b) 단위 길이당 유도용량

자기력 및 토크

5.44 인접한 두 도체가 [그림 5-75]와 같이 주어질 때 (a) 직사각형 루프, (b) 직각 이등변삼각형에 작용하는 자기력을 구하라.

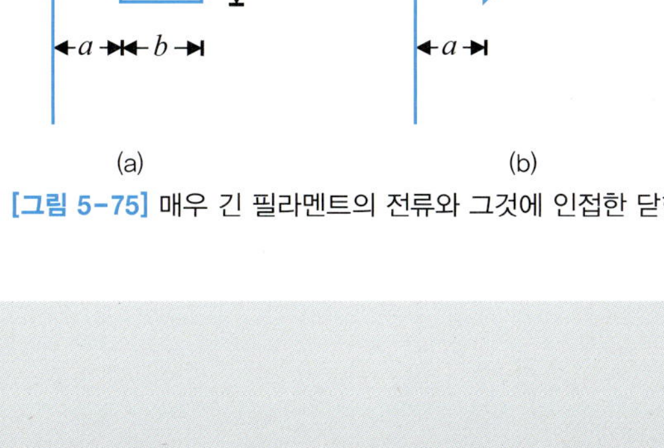

[그림 5-75] 매우 긴 필라멘트의 전류와 그것에 인접한 닫힌 루프 (문제 5.44)

연습문제

5.45 조그만 간격 d로 서로 떨어져 있는 반지름 a의 두 철심 막대 주위로 단위 길이당 N번 감긴 솔레노이드가 [그림 5-76]과 같이 주어진다. 조건 $d \ll a$를 가정하고 또한 가장자리에서의 자기장 휘어짐을 무시하고 두 철심 사이에 작용하는 힘을 구하라.

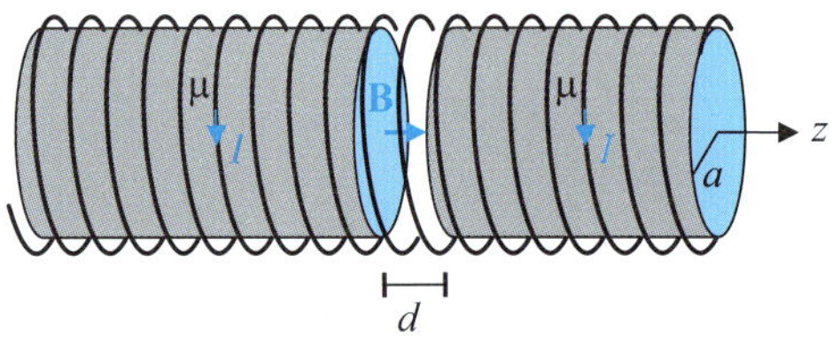

[그림 5-76] 작은 간격으로 떨어진 두 철심 막대를 코어로 하는 솔레노이드 (문제 5.45)

5.46 [그림 5-73]에 보인 두 루프에 대해 조건 $b \gg a$를 가정하고 다음을 이용해 전류 I_1에 의해 루프 C_2에 작용하는 $\mathbf{F}_m$을 구하라.

(a) 식 (5.129b)

(b) 가상변위 원리 및 M_{12}

5.47 전류가 흐르는 루프가 [그림 5-52]에서처럼 자기장 $\mathbf{B} = B_2\mathbf{a}_y + B_3\mathbf{a}_z$ 내에 놓인 경우 원점을 중심축으로 한 루프의 토크를 구하라.

5.48 균일한 면 전하밀도 ρ_s [C/m^2]를 지닌 구가 [그림 5-64]에서처럼 각속도 ω [rad/s]로 회전할 때 자기 쌍극자모멘트를 구하라.

5.49 유한한 길이의 반지름이 a이고 감김수 N의 솔레노이드가 z-축에 따라 놓여 있다. 외부 자기장 $\mathbf{B} = B_o\,\mathbf{a}_x$ 내에서 솔레노이드 전류 I가 ϕ-방향으로 흐를 때 솔레노이드 중심에서의 토크를 구하라.

5.50 두 자기 쌍극자가 동일한 자기 모멘트 $\mathbf{m} = m_o\,\mathbf{a}_z$를 가지고 각각 원점과 점 p:$(1, \sqrt{2}, 1)$에 위치한다. 점 p에 위치한 자기 쌍극자에 작용하는 토크를 구하라.

5.51 하나의 회로 기판이 [그림 5-77]에서처럼 x-축을 중심으로 회전하도록 만들어져 있다. 균일 자기장 $\mathbf{B} = B_o\,\mathbf{a}_y$ 내에서 정전류 I가 정삼각형 형태의 회로에 흐를 때 발생하는 토크를 구하라.

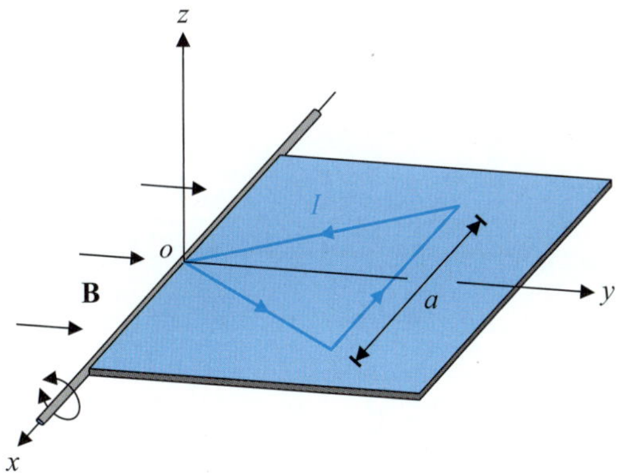

[그림 5-77] 균일한 **B** 내에 놓인 회로 기판 (문제 5.51)

CHAPTER

06

시변 전자기장과 맥스웰 방정식

Time-Varying Fields and Maxwell's Equations

패러데이 법칙 6.1

변위 전류밀도 6.2

맥스웰 방정식 6.3

지연 전위 6.4

연습문제

들어가기 전에

3~5장에서는 시간에 따라 그 값이 변치 않는 정전기장 및 정자기장에 대해 배웠다. 배운 내용을 간단히 요약하자면, 주어진 정전하 분포에 의해 발생하는 전기장과 전속밀도는 구조식 $\mathbf{D} = \varepsilon\mathbf{E}$에 의해 서로 연관되는데, 여기서 유전율 ε은 주어진 물체의 전기적 성질을 나타내는 지표이다. 전기장의 비회전장 성질, 즉 $\nabla\times\mathbf{E} = 0$는 에너지 보존법칙으로부터 유래되고, 가우스 법칙 $\nabla\cdot\mathbf{D} = \rho_v$는 쿨롱 법칙에 기초한다. 이들은 정전기장에 대한 두 기본식으로, 적절한 경계면 조건이 만족되면 이들은 주어진 영역에서 전기장의 유일해를 구할 수 있도록 해준다. 비슷하게 정전류 분포에 의해 발생하는 자기장과 자속밀도는 구조식 $\mathbf{B} = \mu\mathbf{H}$에 의해 서로 연관되는데, 여기서 투자율 μ는 주어진 물체의 자기적 성질을 나타내는 지표이다. 자기장선의 솔레노이트장 성질, 즉 $\nabla\cdot\mathbf{B} = 0$는 자기장선들이 폐루프를 형성한다는 것에 유래하고, 암페어 법칙 $\nabla\times\mathbf{H} = \mathbf{J}$는 비오–사바르 법칙에 기초한다. 이들은 정자기장에 대한 두 기본식으로, 적절한 경계면 조건이 만족되면 이들은 주어진 영역에서 자기장의 유일해를 구할 수 있도록 해준다.

정전기장과 정자기장은 상호작용을 하지 않는다. 그러나 이들은 하나의 도체 내에서 동시에 존재할 수 있다. 예를 들어 하나의 정전기장이 도체 내에 정전류를 발생시키면 그 주위로 정자기장이 발생한다. 정자기장은 정전기장을 발생시키지 못하지만, 시간에 따라 변하는 전기장 및 자기장은 서로 결합되어 주어진 매질 내에서 전자파를 형성한다.

이 장에서는 시간에 따라 변하는 '시변' 전기장 및 자기장에 대해 설명하며, 이후 7장에서는 **파동**(wave motion)에 대해 설명하고, 8장에서는 서로 다른 매질을 진행하는 전자기파에 대해 논의한다. 지금부터는 혼동을 피하기 위해 시간에 따라 변하는 벡터 전기장 및 자기장을 각각 볼드 필기체 $\mathscr{E}$와 $\mathscr{H}$로 표시한다. 그 이외의 시변 벡터장 및 스칼라장, 예를 들면 시변 전류밀도와 전하밀도는 각각 볼드 이탤릭 $\boldsymbol{J}$와 이탤릭 ρ_v로 표시한다.

시변 전자기장은 단순히 시간에 따라 변한다는 사실 외에도 여러 면에서 정전기장 및 정자기장과 구별된다. 첫째로 시변 전자기장은 가속되고 있는 전자들 혹은 시간에 따라 변하는 전류에 의해 발생된다. 둘째로 시변 전기장과 자기장은 서로 결합되어, 전기장이 자기장을 유도하고, 반대로 자기장이 전기장을 유도한다. 정전기장 혹은 정자기장이 그것의 다이버전스와 컬에 의해 정의되는 것처럼, 시변 전기장 및 자기장도 그들의 다이버전스와 컬에 의해 정의된다. 이때 가우스 법칙과 자기 가우스 법칙은 계속 성립된다. 즉 $\nabla\cdot\mathscr{D} = \rho_v$ 그리고 $\nabla\cdot\mathscr{B} = 0$이다. 그러나 $\mathscr{E}$와 $\mathscr{H}$에 대한 두 컬 식은 각각 패러데이의 전자기 유도 및 맥스웰의 변위 전류밀도 개념을 포함하도록 수정되어야 한다. 이러한 $\mathscr{E}$의 컬, $\mathscr{H}$의 컬, $\mathscr{D}$의 다이버전스, $\mathscr{B}$의 다이버전스의 식을 모아서 맥스웰 방정식이라 부른다. 이들은 시변 전자기장에 대한 네 가지 기본식으로 시간에 따라 변하는 전자기장은 항상 이들 식을 모두 다 만족해야 한다.

6.1 패러데이 법칙

영국의 물리학자 마이클 패러데이는 영구자석이 하나의 도체 루프 근처에서 움직이거나 혹은 루프가 영구자석 근처에서 움직이면 그 도체 루프에 **기전력**(electromotive force, *emf*)이 유도된다는 것을 발견하였다. 기전력은 도체 루프에 유도된 전압을 의미한다. 그러나 '기전력'이라는 이름은 부적절한 표현이다. 왜냐하면 기전력은 힘이 아니라 에너지의 단위를 가지기 때문이다. 그리하여 이것을 단순히 *emf* 라 부른다. **패러데이의 전자기 유도법칙**(Faraday's law of electromagnetic induction)에 의하면 도체 루프에 유도되는 기전력은 그 루프에 연계된 자속의 시간에 대한 미분에 마이너스 부호를 붙인 값이다.

감김수 N의 루프에 유도되는 *emf* 는 수학적으로 다음과 같이 표시된다.

$$emf = -\frac{d\Lambda}{dt} = -N\frac{d\Phi}{dt} \quad [\mathrm{V}] \tag{6.1}$$

여기서 Λ는 루프의 총 연계자속이고, Φ는 한 번 감긴 고리에 연계된 자속이다. 수학적으로 *emf* 는 루프에 유도된 전기장의 선적분으로 표시된다.

$$emf = \oint_C \mathscr{E} \cdot d\mathbf{l} \quad [\mathrm{V}] \tag{6.2}$$

여기서 $\mathscr{E}$는 유도된 전기장이고, C는 도체 루프를 나타낸다. 위 식의 *emf*와 $\mathscr{E}$는 시간에 따라 변하는 자기장에 의해 유도되지만, 이들은 시간에 따라 변하거나 그렇지 않을 수 있다. 정전기장은 비회전장이므로 보존장에 해당하지만, $\mathscr{E}$의 폐선적분은 영이 아니므로 비보존장에 해당한다. 따라서 전위의 마이너스 그레이디언트로부터 구할 수 없다.

식 (6.1)과 (6.2)를 결합하여 *emf*에 대한 일반적인 표현식을 나타내면 다음과 같다.

$$emf = \oint_C \mathscr{E} \cdot d\mathbf{l} = -\frac{d}{dt}\int_S \mathscr{B} \cdot d\mathbf{s} \tag{6.3}$$

만약 루프가 여러 번 감긴 코일 형태이면, 위의 선적분은 각각의 감김에 대해 계산을 하고, 면적분은 각각의 감김에 둘러싸인 모든 면에서 계산한다. 루프 C 위의 $d\mathbf{l}$과 루프면 S에서의 $d\mathbf{s}$는 오른손규칙을 따른다. 즉 오른손 엄지가 $d\mathbf{s}$의 방향으로 향하면 네 손가락은 $d\mathbf{l}$의 방향을 가리킨다.

식 (6.3)의 마이너스 부호는 **렌츠 법칙**(Lenz's law)에 의한 것이다. 즉 *emf*는 루프에 전류를 발생시키고 이 전류는 추가의 전속을 발생시켜 루프에 연계된 **총 자속의 변화**를 저지한다. 놀랍게도 식 (6.3)은 도체 루프가 아닌 가상의 루프에서도 사용할 수 있다.

[그림 6-1]은 간단한 전자기 유도실험을 보여준다. [그림 6-1(a)]에서 영구자석이 열린 루프를 향해 움직이면 루프의 연계자속이 시간에 따라 증가한다. 이 경우 패러데이 법칙와 렌츠 법칙에 의해 전기장 $\mathscr{E}$와 전류 i는 루프에서 시계방향으로 발생한다. 그러나 루프가 열려 있으므로 유도된 전류는 흐르지 못하고, 대신 단자 1에 플러스 전하를 단자 2에 마이너스 전하를 축적한다. 이들 전하는 단자 전압 $v_{1\text{-}2}$를 발생시켜 *emf*와 균형을 이루므로 루프에는 더 이상 전류가 흐르지 않는다. 만약 저항 R이 양 단자에 연결되면 옴 전류 i가 단자 1에서 단자 2로 저항을 통과해 흐른다. 이 전류는 닫힌 루프에서 시계방향으로 흐르는 전도전류가 된다.

유도된 *emf*의 극성은 전자기 유도를 이해하는 데 많은 혼동을 준다. 이때 *emf*의 극성은 루프 C의 플러스 방향과 깊은 관련이 있다. 플러스 *emf*는 유도된 $\mathscr{E}$가 $d\mathbf{l}$ 방향으로, 즉 루프 C의 플러스 방향으로 향한다는 것을 의미한다. 예를 들면, [그림 6-1(a)]에서 루프 C의 플러스 방향을 정반대로 설정하면 *emf*의 극성이 뒤바뀐다. 그러나 단자 전압 $v_{1\text{-}2}$에는 어떠한 변화도 발생하지 않는다.

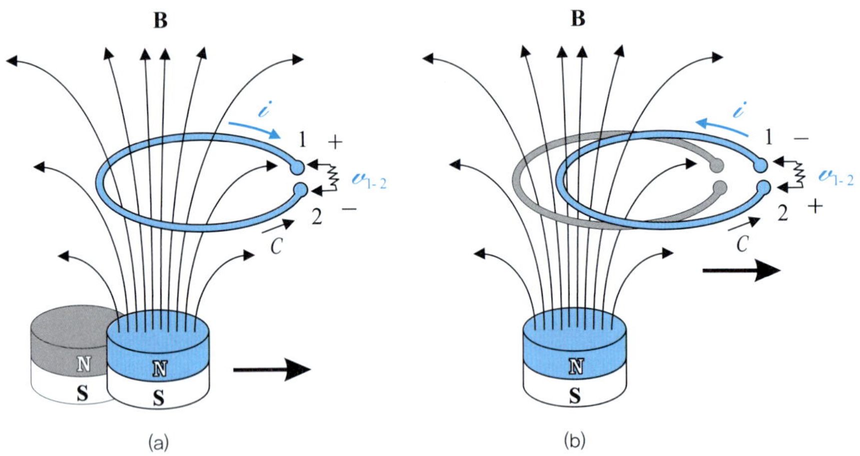

[그림 6-1] 전자기 유도실험. 유도된 *emf*는 전류 i를 발생시키고 따라서 단자 전압 $v_{1\text{-}2}$를 발생시킨다.
(a) $v_{1\text{-}2} > 0$, $emf < 0$, (b) $v_{1\text{-}2} < 0$, $emf > 0$

유제 6.1 외부 자기장의 시간 미분, 즉 $\partial\mathscr{B}/\partial t$가 공간상 균일하고 상수일 때, 이 안에 놓인 유한한 길이의 도선이 (a) 하나의 폐루프, (b) 두 번 감긴 작은 폐루프를 형성할 때 두 *emf*를 비교하라.

Ans (a)의 *emf*가 (b)의 그것보다 2배 크다.

6.1.1 변압기 기전력

만약 미소 전속, 즉 $\Delta\Phi = \mathscr{B} \cdot \Delta\mathbf{s}$에 의해 *emf*가 식 (6.3)에 따라 발생한다면 $\Delta\Phi$의 시간 미분이 영이 아닌 경우는 다음과 같다.

❶ 시변 자기장 내에서 루프가 고정됨: $d(\Delta\Phi)/dt = (d\mathscr{B}/dt) \cdot \Delta\mathbf{s}$

❷ 정자기장 내에서 루프가 움직임: $d(\Delta\Phi)/dt = \mathbf{B} \cdot d(\Delta\mathbf{s})/dt$

❸ 시변 자기장 내에서 루프가 움직임: $d(\Delta\Phi)/dt = d(\mathscr{B} \cdot \Delta\mathbf{s})/dt$

변압기 기전력(transformer emf)은 시간에 따라 변하는 자기장 내에 놓인 고정된 루프에서 발생한다(❶). 이때 $d\mathbf{s}$는 시간에 독립적이므로 변압기 기전력은 다음과 같이 표시된다.

$$emf_t = \oint_C \mathscr{E} \cdot d\mathbf{l} = -\int_S \frac{\partial \mathscr{B}}{\partial t} \cdot d\mathbf{s} \quad [\mathrm{V}] \tag{6.4}$$

여기서 아래 첨자 t는 변압기 기전력을 의미한다. 이때 시간 미분이 적분 기호 안으로 들어가서 편미분으로 바뀐다는 것에 주목해야 한다. 스토크스 정리를 식 (6.4)의 선적분에 적용하면 다음의 식을 얻을 수 있다.

$$\int_S (\nabla \times \mathscr{E}) \cdot d\mathbf{s} = -\int_S \frac{\partial \mathscr{B}}{\partial t} \cdot d\mathbf{s} \tag{6.5}$$

여기서 면 S는 루프 C에 둘러싸이기만 하면 무작위일 수 있으므로, 위 식의 두 피적분 함수는 S 위의 모든 점에서 동일해야 한다. 따라서 미분형태 패러데이 법칙을 다음과 같이 유도할 수 있다.

$$\nabla \times \mathscr{E} = -\frac{\partial \mathscr{B}}{\partial t} \tag{6.6}$$

위 식은 맥스웰 방정식의 네 가지 식 중 하나이다.

예제 6-1

[그림 6-2]에서처럼 시변 자기장 $\mathscr{B}(t) = \mathbf{a}_z B_o \cos(\omega t)$ 내에서 반지름 a의 원형 루프가 xy-평면에 고정되어 있다. 이 루프에 유도되는 *emf*를 구하라.

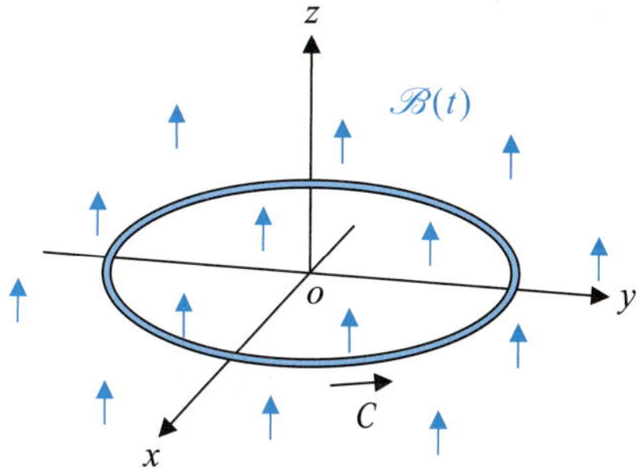

[그림 6-2] 시변 자기장 내 고정된 루프

풀이

반시계방향을 이 루프의 플러스 방향으로 택한다. 그러면 $d\mathbf{s}$는 오른손규칙에 따라 $+z$-방향으로 향해야 한다. 이때 루프의 연계자속은 다음과 같다.

$$\begin{aligned}\Phi &= \int_S \mathscr{B} \cdot d\mathbf{s} = \int_{\phi=0}^{\phi=2\pi} \int_{\rho=0}^{\rho=a} \mathbf{a}_z B_o \cos(\omega t) \cdot \left(\mathbf{a}_z \rho\, d\rho\, d\phi\right) \\ &= \pi B_o a^2 \cos(\omega t)\end{aligned}$$

따라서 변압기 기전력은 다음과 같다.

$$emf_t = -\frac{d\Phi}{dt} = \pi B_o a^2 \omega \sin(\omega t) \qquad (6.7)$$

만약 $emf_t > 0$이면 유도된 전기장은 C의 플러스 방향으로 향한다. 즉 반시계방향이다.

연계자속과 변압기 기전력을 1로 정규화하여 시간에 대한 함수로 나타낼 수 있다. 이를 그래프로 나타내면 [그림 6-3]과 같다. 파란색 영역에서는 Φ가 시간에 따라 감소하므로 emf_t는 양수로 주어진다. 그림에서 보듯이 유도된 emf는 항상 연계자속에 대해 시간위상이 90° 지연된다.

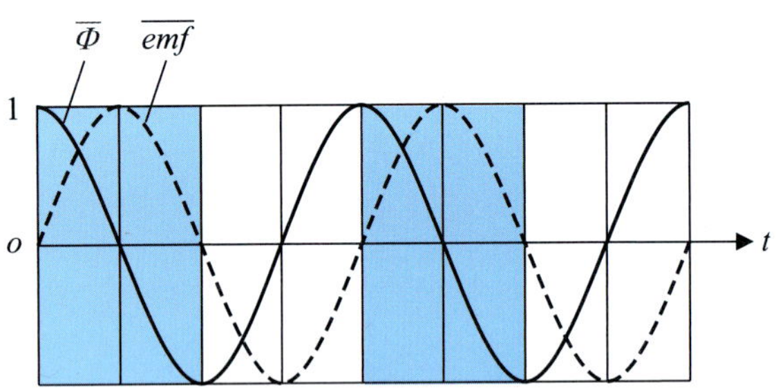

[그림 6-3] 정규화된 연계자속과 변압기 기전력

유제 6.2 반지름 a의 원형 루프와 한 변이 b인 정사각형 루프가 서로 분리되어 시변 자기장 $\mathscr{B}(t) = \mathbf{a}_z B_o \cos \omega t$ 내에 놓여 있다. 이때 두 루프의 (a) emf, (b) $\mathscr{E}$가 동일해지기 위한 비 a/b를 구하라.

Ans (a) 0.56, (b) 0.5

이상적인 변압기

변압기는 교류용 소자로서 패러데이 전자기 유도법칙에 따라 작동한다. [그림 6-4]에서 보듯이 변압기는 하나의 **자기철심**(magnetic core)에 두 개의 코일이 감긴 형태로 주어진다. 이상적인 변압기의 자기철심은 무한대 투자율의 무손실 자성체로 만들어진다. 따라서 모든 자속이 자기철심 내부에 머물며, 자속의 손실 없이 두 코일이 자기적으로 결합된다. 변압기는 1차 코일에서의 전압, 전류, 임피던스 등을 2차 코일에서의 값들로 변환시킬 수 있다.

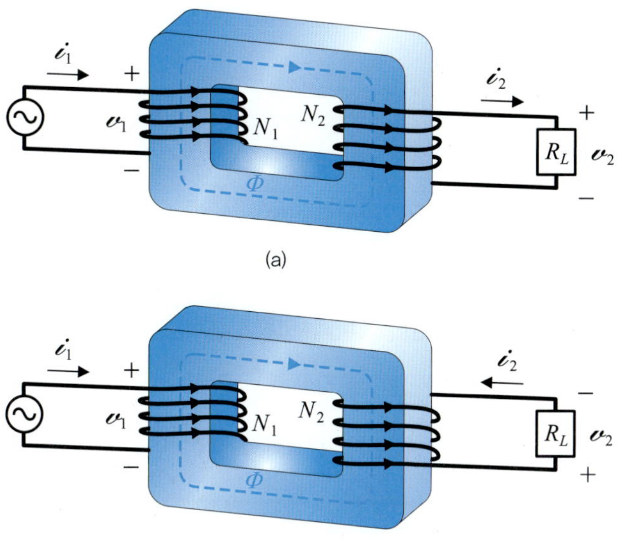

[그림 6-4] 두 개의 이상적인 변압기에서 2차 코일이 서로 반대 방향으로 감겨져서 (b)의 v_2와 i_2는 (a)의 그것들에 대해 반대 극성을 가진다.

감김수 N_1의 1차 코일이 교류 전압 원천 $v_1(t)$에 연결되고, 감김수 N_2의 2차 코일이 부하 저항 R_L에 연결된 경우를 생각해 보자. 원천 전압 $v_1(t)$는 자기철심에 자속 Φ를 발생시키고 이것은 1차 및 2차 코일에 동시에 연계된다. 이때 패러데이 법칙에 따라 두 코일에 유도되는 *emf*는 다음과 같이 표시된다.

$$emf_1 = -N_1 \frac{d\Phi}{dt} \equiv -v_1 \tag{6.8a}$$

$$emf_2 = -N_2 \frac{d\Phi}{dt} \equiv -v_2 \tag{6.8b}$$

여기서 v_1과 v_2는 각각 1차 및 2차 코일의 단자 전압이다. 여기서 주목할 것은, 단자 전압의 극성과 유도된 *emf*의 극성은 서로 반대이다라는 점이다. 예를 들어, [그림 6-4(a)]에서 보듯이 2차 코일에 표시된 화살표는 *emf*에 의한 전기장 방향인데, 위 방향으로 향하고 있다. 반면에 부하 저항 내부의 전기장은 단자 전압에 의한 것인데, 아래 방향으로 향한다. 따라서 이들의 극성은 서로 반대이다.

비슷한 논리로, [그림 6-4(a)]의 1차 코일에 표시된 화살표는 원천에 의한 전기장의 방향인데, 코일의 아래 방향으로 향한다. 만약 $v_1(t)$가 시간에 따라 증가하여 자기철심 내의 자속을 증가시키면, 이때 유도되는 *emf*는 1차 코일에 표시된 화살표의 반대 방향으로 향해야 한다. 즉 단자 전압과 *emf*의 극성은 서로 반대이다. 이때 *emf*에 의한 전류는 원천에 의한 전류를 상쇄시킨다. 그렇지 않으면, 두 전류 사이의 차이는 자기철심 내의 자속을 증가 혹은 감소시켜 두 전류 사이에 완전한 상쇄가 일어나도록 만든다. 이때 2차 코일의 emf_2가 부하 R_L에 전압 v_2를 인가하면 옴 법칙에 의해 전류 i_2가 흐르게 된다.

에너지 보존법칙에 의해 변압기 1차 회로에서의 전력 소모는 2차 회로에서의 전력 소모와 일치해야 한다.

$$\begin{aligned} P_1 &= v_1 i_1 \\ &= P_2 = v_2 i_2 \end{aligned} \tag{6.9}$$

식 (6.8)과 (6.9)로부터 다음의 식을 얻을 수 있다.

$$\frac{v_1}{v_2} = \frac{i_2}{i_1} = \frac{N_1}{N_2} \equiv \alpha \tag{6.10}$$

이 비를 **감김비**(turns ratio)라 부른다. 전압비 v_1/v_2는 감김비에 비례하고, 전류비 i_1/i_2는 감김비에 반비례한다.

변압기는 전압 및 전류뿐만 아니라 회로의 임피던스도 변환할 수 있다. 1차 회로에서 변압기는 임피던스 Z_1의 등가 부하로 취급된다.

$$Z_1 = \frac{v_1}{i_1} = \frac{(N_1/N_2)\,v_2}{(N_2/N_1)\,i_2} \tag{6.11}$$

2차 회로에 연결된 부하의 임피던스는 $Z_2 = v_2/i_2$이므로, 1차 회로에서 원천이 변압기를 바라볼 때의 등가 임피던스는 다음과 같이 주어진다.

$$Z_1 = \left(\frac{N_1}{N_2}\right)^2 Z_2 \tag{6.12}$$

이를 **임피던스 변환**(impedance transformation)이라 부르며, 이는 감김비의 제곱과 연관된다.

예제 6-2

전류 $i_1(t) = I_1 \cos(\omega t)$의 원천이 유도용량이 L_1인 변압기 1차 코일에 연결되면([그림 6-4(a)] 참조), 전류 i_2가 유도용량이 L_2인 2차 코일에 흐른다. 이때 다음 값을 구하라.

(a) v_1, v_2, i_2

(b) 1차 및 2차 회로에서 소모된 시간평균 전력

풀이

(a) 만약 2차 회로의 단자가 열린 상태이면 1차 코일은 단순한 인덕터로 작용한다. 유도용량의 정의 $L_1 i_1 = N_1 \Phi_o$를 이용하면 자기철심 내의 자속과 1차 회로에서 *emf*에 의한 전압은 각각 다음과 같이 주어진다.

$$\Phi_o = \frac{L_1 I_1}{N_1}\cos(\omega t) \tag{6.13a}$$

$$v_o = N_1 \frac{d\Phi_o}{dt} = -L_1 I_1 \omega \sin(\omega t) \tag{6.13b}$$

그 다음, 2차 회로의 단자가 부하 R_L에 연결되면 자속 Φ_o는 2차 코일에 연계된다. 이 연계자속은 2차 회로에 전압 v_2를 유도하고, 따라서 옴의 법칙에 의해 부하 저항에는 전류 i_2가 흐른다.

$$v_2 = N_2 \frac{d\Phi_o}{dt} = -\frac{N_2}{N_1} L_1 I_1 \omega \sin(\omega t) \tag{6.13c}$$

$$i_2 = \frac{v_2}{R_L} = -\frac{N_2}{N_1}\frac{L_1 I_1 \omega}{R_L}\sin(\omega t) \tag{6.13d}$$

이때 전류 i_2는 자기철심에 추가의 자속 Φ'을 발생시켜서 Φ_o의 변화를 저지한다.

$$\Phi' = \frac{L_2 i_2}{N_2} = -\frac{1}{N_1}\frac{L_1 L_2 I_1 \omega}{R_L}\sin(\omega t) \tag{6.13e}$$

이 추가 자속은 1차 코일에 *emf*를 발생시키고 따라서 다음과 같은 추가 단자 전압이 발생한다.

$$v' = N_1 \frac{d\Phi'}{dt} = -\frac{L_1 L_2 I_1 \omega^2}{R_L}\cos(\omega t) \tag{6.13f}$$

자속 Φ'과 Φ_o는 서로 반대 방향으로 흐르므로 1차 회로에서의 총 단자 전압은 다음과 같이 주어진다.

$$v_1 = v_o - v' = -L_1 I_1 \omega \sin(\omega t) + \frac{L_1 L_2 I_1 \omega^2}{R_L}\cos(\omega t) \tag{6.13g}$$

(b) 1차 및 2차 회로에서 시간평균 전력 소모를 계산하면 다음과 같다.

$$P_{av1} = \frac{1}{T}\int i_1 v_1 \, dt = \frac{L_1 L_2 I_1^2 \omega^2}{2R_L} \tag{6.13h}$$

$$P_{av2} = \frac{1}{T}\int i_2 v_2 \, dt = \left(\frac{N_2}{N_1}\right)^2 \frac{L_1^2 I_1^2 \omega^2}{2R_L} \tag{6.13i}$$

여기서 $i_1(t) = I_1 \cos(\omega t)$가 사용되었다. 관계식 $L_2/L_1 = (N_2/N_1)^2$를 이용하면 식 (6.13h)와 (6.13i)의 결과가 동일함을 증명할 수 있다. 따라서 에너지 보존법칙이 만족된다.

유제 6.3 [예제 6-2]의 변압기에 대해 (a) 상호자속 Φ_{12}를 구하고, (b) $\mathscr{v}_2$를 Φ_{12}를 이용해 표시하고 이것이 식 (6.13c)와 동일한지 확인하라.

Ans (a) $\Phi_{12} = (L_1 I_1 / N_1)\cos(\omega t)$, (b) $\mathscr{v}_2 = N_2\, d\Phi_{12}/dt$

6.1.2 운동 기전력

운동 기전력(motional emf)은 정자기장 내에서 움직이는 루프에 발생하는 기전력을 의미한다. 예를 들어, 균일한 정자기장 내에서 도체 루프가 회전하거나 혹은 균일하지 않은 정자기장 내에서 도체 루프가 직선으로 움직이면 그 루프에 운동 기전력이 발생한다. 운동 기전력은 다음과 같이 표시된다.

$$emf_m = \oint_C \mathscr{E} \cdot d\mathbf{l} = -\frac{d}{dt}\int_S \mathbf{B} \cdot d\mathbf{s} \quad [\text{V}] \tag{6.14}$$

여기서 첨자 m은 운동 기전력을 나타낸다. 한 예로, 영역 $y \geq y_o$에 균일 정자기장 $\mathbf{B} = B_o\,\mathbf{a}_z$가 존재할 때 하나의 직사각형 루프가 속도 $\boldsymbol{v} = v_o\,\mathbf{a}_y$로 움직이며 들어가는 경우를 생각해 보자([그림 6-5] 참조). 시간 $0 \leq t \leq y_o / v_o$에서 루프에 유도되는 운동 기전력은 다음과 같다.

$$\begin{aligned} emf_m &= -\frac{d}{dt}\int_S \mathbf{B} \cdot d\mathbf{s} \\ &= -\frac{d}{dt}\left(B_o x_o v_o t\right) = -B_o x_o v_o \end{aligned} \tag{6.15}$$

여기서 x_o와 y_o는 루프의 두 변의 길이를 나타낸다. $d\mathbf{s}$가 $+z$-방향으로 향한다고 설정하면 반시계방향이 루프의 플러스 방향이다. 식 (6.15)의 마이너스 부호는 전기장과 전류가 루프에서 시계방향으로 유도된다는 것을 의미한다.

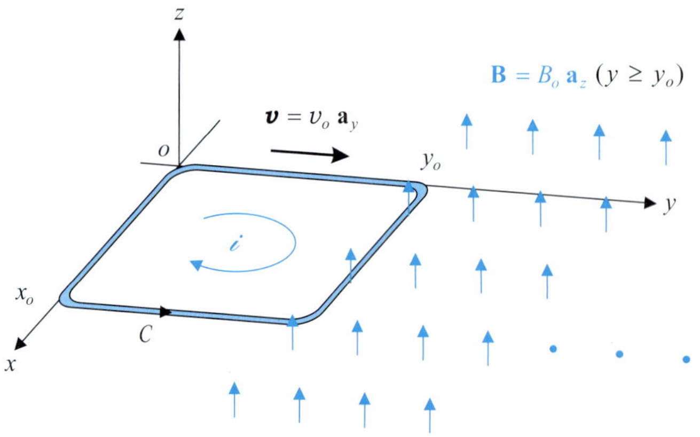

[그림 6-5] 하나의 루프가 정자기장 내로 진입한다.

운동 기전력은 도선과 함께 움직이는 전도전자에 작용하는 자기력과 직접적인 관계가 있다. 정자기장 **B** 내에서 속도 $\boldsymbol{v}$로 움직이는 하나의 전도전자에 대해 알아보자. 로렌츠 힘의 식으로부터 전도전자에 작용하는 자기력은 다음과 같다.

$$\boldsymbol{F}_m = e\boldsymbol{v}\times\mathbf{B} \tag{6.16}$$

여기서 e는 -1.6×10^{-19} [C]인데 전자의 전하이다. 도선 내에서 단위 전하에 작용하는 자기력을 **운동 전기장**(motional electric field)이라 정의한다.

$$\mathscr{E}_m = \frac{\boldsymbol{F}_m}{e} = \boldsymbol{v}\times\mathbf{B} \tag{6.17}$$

루프 위에서 $\mathscr{E}_m$을 적분하면 운동 기전력을 구할 수 있다.

$$emf_m = \oint_C \mathscr{E}_m \cdot d\mathbf{l} = \oint_C (\boldsymbol{v}\times\mathbf{B})\cdot d\mathbf{l} \quad \text{[V]} \tag{6.18}$$

여기서 $\boldsymbol{v}$는 루프의 이동 속도이고 **B**는 자속밀도이다.

운동 기전력을 구하는 데 식 (6.18)이 어떻게 사용되는지 살펴보기 위해 [그림 6-5]의 직사각형 루프를 다시 사용해 보자. 그림에서 보듯이 루프의 오른쪽 변만이 emf_m에 기여한다. 구체적으로, 윗변과 아랫변에서는 $\mathscr{E}_m$이 도선에 수직인 방향이고, 왼쪽 변은 시간 $0 < t < y_o / v_o$에서 자기장이 영인 영역에 머물고 있으므로 이들에 의한 기전력은 영이다. 따라서 식 (6.18)로부터 운동 기전력은 다음과 같이 주어진다.

$$\begin{aligned} emf_m &= \int_{x=x_o}^{x=0} (\boldsymbol{v}\times\mathbf{B})\cdot d\mathbf{l} \\ &= \int_{x=x_o}^{x=0} v_o B_o \mathbf{a}_x \cdot \mathbf{a}_x dx = -B_o x_o v_o \end{aligned} \tag{6.19}$$

여기서 $d\mathbf{l} = dx\,\mathbf{a}_x$이다. 식 (6.19)는 앞에서 패러데이 법칙을 이용해 구한 식 (6.15)와 동일하다.

운동 기전력에 관한 유명한 예를 [그림 6-6]에 나타내었다.

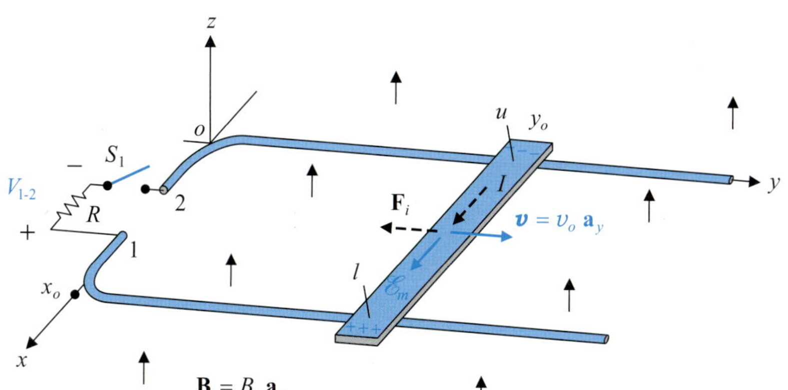

[그림 6-6] 도체 레일 위의 도체 미끄럼 막대

균일한 자속밀도 $\mathbf{B} = B_o\,\mathbf{a}_z$ 내에서 도체인 미끄럼 막대가 평행한 두 도체 레일 위에서 외부 힘에 의해 정속도 $\boldsymbol{v} = v_o\,\mathbf{a}_y$로 움직이고 있다. 만약 스위치 S_1이 열리면 유도된 *emf*는 단자 전압으로 나타난다. 식 (6.18)을 이용하여 미끄럼 막대에 유도된 운동 기전력을 구하면 다음과 같다.

$$\begin{aligned} emf_m &= \int_u^l (\boldsymbol{v} \times \mathbf{B}) \bullet d\mathbf{l} \\ &= \int_{x=0}^{x=x_o} v_o\,B_o\,\mathbf{a}_x \bullet \mathbf{a}_x\,dx = v_o\,B_o\,x_o \end{aligned} \tag{6.20}$$

여기서 u와 l은 각각 미끄럼 막대의 위와 아래 접점을 나타낸다. 미끄럼 막대, 레일, 단자 1과 2는 하나의 폐루프를 형성하는데, 시계방향이 이 루프의 플러스 방향에 해당한다. 즉 식 (6.20)의 *emf*가 플러스 값이면 유도된 $\mathscr{E}_m$이 미끄럼 막대에서 $+x$-방향으로 향한다는 것을 의미한다. 따라서 단자 전압은 다음과 같다.

$$V_{1\text{-}2} = v_o\,B_o\,x_o \tag{6.21}$$

여기서 $V_{1\text{-}2}$는 플러스 값이므로 단자 1이 단자 2 보다 높은 전위에 있다는 것을 의미한다.

과도상태에서, 미끄럼 막대 내의 운동 전기장은 전도전류를 발생시켜서 점 u에는 마이너스 전하가, 점 l에는 플러스 전하가 쌓이도록 한다. 정상상태에서 이들 전하에 의한 전기장은 운동 전기장을 상쇄시킨다. 도체 레일은 등전위에 있으므로 이들 전하에 의해 단자 1은 단자 2보다 높은 전위를 띠게 된다.

운동 기전력은 식 (6.14)의 패러데이 법칙을 이용해 직접 구할 수 있다.

$$\begin{aligned} emf_m &= -\frac{d}{dt}\int_S \mathbf{B} \bullet d\mathbf{s} \\ &= -\frac{d}{dt}\int_{y=0}^{y=y_o}\int_{x=0}^{x=x_o} B_o\,\mathbf{a}_z \bullet (-dx\,dy\,\mathbf{a}_z) = B_o\,x_o\,\frac{dy_o}{dt} \end{aligned} \tag{6.22}$$

레일, 미끄럼 막대, 단자로 이루어진 폐루프에서 시계방향이 플러스 방향이므로 오른손규칙에 의해 $d\mathbf{s}$는 $-z$-방향으로 향한다. 위 식에서 S는 이러한 루프에 둘러싸인 면을 나타낸다. 위 식에 $y_o = v_o\,t$를 대입하면 그 결과는 식 (6.20)과 동일하다.

그 다음, 미끄럼 막대가 외부 힘에 의해 이전과 동일한 속도로 레일 위에서 움직일 때 스위치 S_1이 닫히는 상황에 대해 알아본다. 이때 미끄럼 막대에 유도된 운동 기전력은 레일, 미끄럼 막대, 저항 R로 이루어진 폐루프에 전류가 흐르도록 한다. 따라서 자기장 내에서 움직이는 미끄럼 막대에 전류가 흐르고, 식 (5.129b)에 따라 $\boldsymbol{v}$의 반대 방향으로 자기력이 작용한다. 달리 말하면, 미끄럼 막대를 움직이기 위해 에너지가 소모되어야 한다.

이 경우 미끄럼 막대에 작용하는 자기력은 다음과 같다.

$$\begin{aligned}\mathbf{F}_i &= I\int_C d\mathbf{l}\times\mathbf{B} \\ &= I\int_{x=0}^{x=x_o} B_o(-\mathbf{a}_y)\,dx = -IB_o x_o\,\mathbf{a}_y \quad [\mathrm{N}]\end{aligned} \tag{6.23}$$

여기서 $\mathbf{B} = B_o\,\mathbf{a}_z$와 $d\mathbf{l} = dx\,\mathbf{a}_x$가 사용되었다. 또한 전류의 방향에 맞춰 시계방향을 루프의 플러스 방향으로 선택하였다.

식 (6.23)의 자기력은 미끄럼 막대의 움직임을 저지하므로, 미끄럼 막대를 정속도 $\boldsymbol{v}$로 움직이기 위해 기계적인 전력 소모가 요구된다. 이것을 식으로 나타내면 다음과 같다.

$$P_{me} = -\mathbf{F}_i\cdot\boldsymbol{v} = IB_o x_o v_o \quad [\mathrm{W}] \tag{6.24}$$

여기서 $-\mathbf{F}_i$는 자기력에 대응하기 위한 기계적인 힘 혹은 외부 힘이다.

그 다음, 식 (6.21)의 $V_{1\text{-}2}$를 사용하면 저항에서의 전기적인 전력 소모를 구할 수 있다.

$$P_{el} = IV_{1\text{-}2} = IB_o x_o v_o \quad [\mathrm{W}] \tag{6.25}$$

두 식 (6.24)와 (6.25)의 결과는 동일하다. 즉 에너지 보존법칙이 만족된다.

예제 6-3

직사각형 도체 루프에 배터리가 연결되어 정전류 I_2가 흐르고, 그 옆에 놓인 매우 긴 필라멘트에는 정전류 I_1이 흐른다([그림 6-7] 참조). 이때 각 질문에 답하라.

(a) 식 (5.115)의 W_m과 가상변위 원리를 이용해 루프에 작용하는 힘 $\mathbf{F}$를 구하고, 외부 힘을 이용해 루프를 $-y$-방향으로 미소 거리 dy 만큼 움직일 때 한 일의 양을 구하라.

$$W_m = \frac{1}{2}L_1 I_1^2 + \frac{1}{2}L_2 I_2^2 \pm M_{12}I_1 I_2 \tag{5.115}$$

(b) 외부 힘이 루프를 $\boldsymbol{v} = -v_o\,\mathbf{a}_y$의 속도로 움직이게 한다. 패러데이 법칙을 이용해 $y_1 = a$일 때 루프에 유도된 emf를 구하고, 루프가 $-y$-방향으로 미소 거리 dy 만큼 움직일 때 전류를 I_2로 유지하기 위해 배터리가 소모한 전력을 구하라.

(c) 위의 (a)에서 한 일의 양과 (b)에서의 전력 소모가 동일함을 확인하라.

(d) 루프가 $\boldsymbol{v} = -v_o\,\mathbf{a}_y$의 속도로 움직이는 경우, 로렌츠 힘의 식을 이용하여 루프에 작용하는 자기력 $\mathbf{F}_m$이 루프를 움직이게 하고, 이때 $\mathbf{F}_m = -\mathbf{F}$임을 보여라.

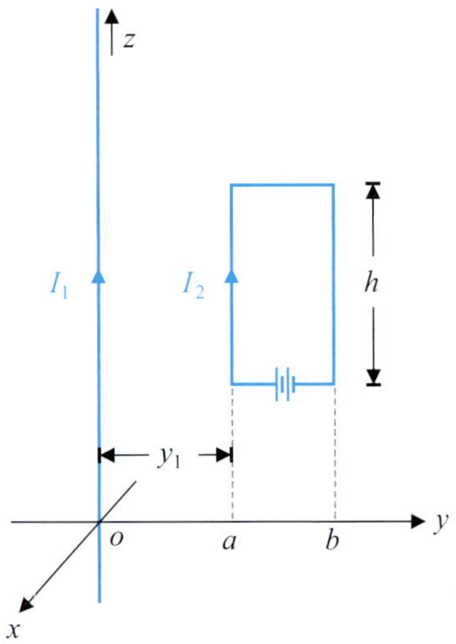

[그림 6-7] 전류가 흐르는 두 도체

풀이

이 시스템의 자기 에너지 W_m은 식 (5.115)와 같이 표시된다. 두 도체의 자기 유도용량은 변수 y_1에 독립적이다. 반면에, 두 도체 사이의 상호 유도용량은 식 (5.108b)로 주어진다.

$$M_{12} = \frac{\Lambda_{12}}{I} = \frac{\mu_0 h}{2\pi}\ln\frac{b}{a} \tag{5.108b}$$

(a) 위 식을 현재의 문제에 들어맞도록 다시 쓰면 다음과 같다.

$$M_{12} = \frac{\mu_0 h}{2\pi}\ln\left(\frac{y_1 + b - a}{y_1}\right) \tag{6.26a}$$

가상변위 원리를 이용해 루프에 작용하는 힘을 계산하면 다음과 같다.

$$\begin{aligned}\mathbf{F} &= -\nabla W_m\big|_{y=a} \\ &= -\mathbf{a}_y\left[\frac{d}{dy}(M_{12}I_1I_2)\right]_{y=a} = \mathbf{a}_y I_1 I_2 \frac{\mu_0 h}{2\pi}\left(\frac{1}{a} - \frac{1}{b}\right)\end{aligned} \tag{6.26b}$$

여기서 단순화를 위해 y_1 대신 y를 사용하였다. **F**가 $+y$-방향으로 향하므로, 루프를 $-y$-방향으로 미소 거리 dy 만큼 움직이기 위해 외부 힘 $-\mathbf{F}$가 필요하다. 이때 한 일의 양은 다음과 같다.

$$\Delta W = -\mathbf{F}\cdot(-dy\,\mathbf{a}_y) = I_1 I_2 \frac{\mu_0 h}{2\pi}\left(\frac{1}{a} - \frac{1}{b}\right)dy \tag{6.26c}$$

이 값이 양수이므로 시스템 에너지가 증가한다는 것을 의미한다.

(b) 외부 힘에 의해 루프가 필라멘트에 가까워질수록 루프의 연계자속이 시간에 따라 증가하고 따라서 루프에 다음과 같은 *emf*가 유도된다.

$$\begin{aligned} emf &= -\frac{d\Phi}{dt} \\ &= -\frac{d}{dt}\left(M_{12} I_1\right) = -I_1 \frac{dM_{12}}{dy}\frac{dy}{dt} \\ &= -I_1\left[\frac{\mu_0 h}{2\pi}\left(\frac{1}{a} - \frac{1}{b}\right)\right] v_o \end{aligned} \tag{6.26d}$$

여기서 $dy/dt = -v_o$이다. 위 식의 마이너스 부호는 *emf*에 의한 전류가 반시계방향, 즉 전류 I_2의 반대 방향으로 흐른다는 것을 나타낸다. 루프의 전류를 I_2로 유지하기 위해 배터리가 에너지를 소모해야 한다. 배터리의 소모 전력은 다음과 같다.

$$\Delta P = |emf| \times I_2 = I_1 I_2 \left[\frac{\mu_0 h}{2\pi}\left(\frac{1}{a} - \frac{1}{b}\right)\right]\left|\frac{dy}{dt}\right| \tag{6.26e}$$

(c) 식 (6.26e)의 ΔP는 식 (6.26c)의 ΔW를 Δt로 나눈 값이다. 이들 두 값이 동일하므로, 시스템의 자기 에너지는 배터리에서 기인한다는 것을 말해 준다.

(d) 전류 I_1에 의한 자속밀도는 다음과 같다.

$$\mathbf{B} = \frac{\mu_0 I_1}{2\pi\rho}\mathbf{a}_\phi$$

로렌츠 힘의 식을 루프의 왼쪽과 오른쪽 변에 적용하면 자기력은 각각 다음과 같다.

$$\mathbf{F}_{m,l} = I_2 h\, \mathbf{a}_z \times \mathbf{B} = I_2 h \frac{\mu_0 I_1}{2\pi a}(-\mathbf{a}_y)$$

$$\mathbf{F}_{m,r} = I_2 h \frac{\mu_0 I_1}{2\pi b}\mathbf{a}_y$$

루프의 윗변과 아랫변에서의 힘은 서로 상쇄되므로 루프에 걸리는 총 자기력은 다음과 같다.

$$\mathbf{F}_m = \mathbf{F}_{m,l} + \mathbf{F}_{m,r} = -\frac{\mu_0 h I_1 I_2}{2\pi}\left[\frac{1}{a} - \frac{1}{b}\right]\mathbf{a}_y \tag{6.26f}$$

여기서 자기력 $\mathbf{F}_m$은 $-\mathbf{a}_y$ 방향으로 향하고 $\mathbf{F}_m = -\mathbf{F}$이다. 즉 가상변위의 힘과 동일한 크기이고 정반대 방향으로 향한다. 배터리 전류 I_2에 의해 자기력 $\mathbf{F}_m$이 발생하여 루프는 필라멘트를 향해 당겨진다. 즉 자기력은 베터리에 의해 공급되는 전류에 기인한다. 이때 루프의 움직이는 속도에 비례하여 시스템의 자기 에너지는 증가한다(식 (6.26e) 참조). 결론적으로, 자기력과 자기 에너지는 도체에 흐르는 전류에서 기인한다는 사실을 알 수 있다. 즉 자기장은 직접적으로 일을 하지 않는다.

고찰

여기서 주목할 것은, 가상변위에 의한 힘 **F**는 자기력이 아니라는 사실이다. 이것은 자기 에너지가 등가의 외부 힘에 의해 축적되었을 때를 가정하여 구한 힘이다. 다시 말해, (a)에서처럼 등가의 외부 힘 −**F**를 이용하여 한 일의 양을 계산하면, 이것은 (b)에서처럼 실제로 배터리가 한 일의 양을 계산할 수 있다는 의미이다. (d)에서 보인 자기력 $\mathbf{F}_m$이 실제로 루프를 움직이게 하고, 이로 인하여 시스템 에너지가 증가하는데, 이 모든 것은 배터리의 전류에서 기인한다.

유제 6.4 어떤 종류의 기전력이 [그림 6-1(a)]와 [그림 6-1(b)]의 루프에 유도되는가?

Ans (a) 변압기 기전력, (b) 운동 기전력

유제 6.5 [그림 6-1(a)]에 보인 루프의 연계자속이 $\Phi = \Phi_o[1 - \cos(\omega t)]$로 주어질 때 다음 값을 구하라.

(a) 기전력

(b) 저항 R에 흐르는 전류

Ans (a) $emf = -\omega\Phi_o \sin(\omega t)$, (b) $i = (\omega\Phi_o / R)\sin(\omega t)$

유제 6.6 [그림 6-6]의 부하 저항 R이 두 배로 커지면 소모 전력은 몇 배 커지나?

Ans 0.5배

6.1.3 시변 자기장 내에서 움직이는 루프

시간에 따라 변하는 자기장 내에서 루프가 움직이거나 회전하는 일반적인 경우에 대해 알아보자. 이 경우 총 기전력은 변압기와 운동 기전력의 합으로 주어진다.

$$\begin{aligned} emf &= \oint_C \mathscr{E} \cdot d\mathbf{l} \\ &= -\int_S \frac{\partial \mathscr{B}}{\partial t} \cdot d\mathbf{s} + \oint_C (\boldsymbol{v} \times \mathscr{B}) \cdot d\mathbf{l} \end{aligned} \quad \text{[V]} \tag{6.27}$$

여기서 C는 $\mathscr{B}$ 내에서 속도 $\boldsymbol{v}$로 움직이는 폐루프를 나타내고, S는 C에 둘러싸인 면을 나타낸다. $d\mathbf{s}$와 $d\mathbf{l}$의 방향은 오른손규칙을 따른다. 식 (6.27)의 아래 식에서 등호 오른쪽의 면적분은 변압기 기전력을 의미한다. 이때 루프가 공간에서 고정되어 있다고 가정하고 계산한다. 반면에 폐선적분은 운동 기전력을 나타내는데, $\mathscr{B}$가 상수라고 가정하고 계산한다. 총 기전력은 일반적으로 식 (6.3)으로 표시할 수 있다.

스토크스 정리를 식 (6.27)에 적용하면 다음을 얻을 수 있다.

$$\nabla\times\mathscr{E} = -\frac{\partial\mathscr{B}}{\partial t} + \nabla\times(\boldsymbol{v}\times\mathscr{B}) \tag{6.28}$$

위 식에서 등호 오른쪽의 첫째 항은 변압기 기전력에서 기인하고, 둘째 항은 운동 기전력에서 기인한다.

예제 6-4

직사각형 루프가 시변 자기장 $\mathscr{B} = B\sin(\omega t)\,\mathbf{a}_y$ 내에서 x-축을 중심으로 각속도 ω_o로 회전하고 있다([그림 6-8] 참조). 시간 $t = t_1$일 때 루프면에 수직인 단위벡터가 $+y$-축에 대해 각도 $\varphi = \omega_o t_1$을 이루고 있다. 이때 다음 값을 구하라.

(a) 변압기 *emf* (b) 운동 *emf* (c) 총 *emf*

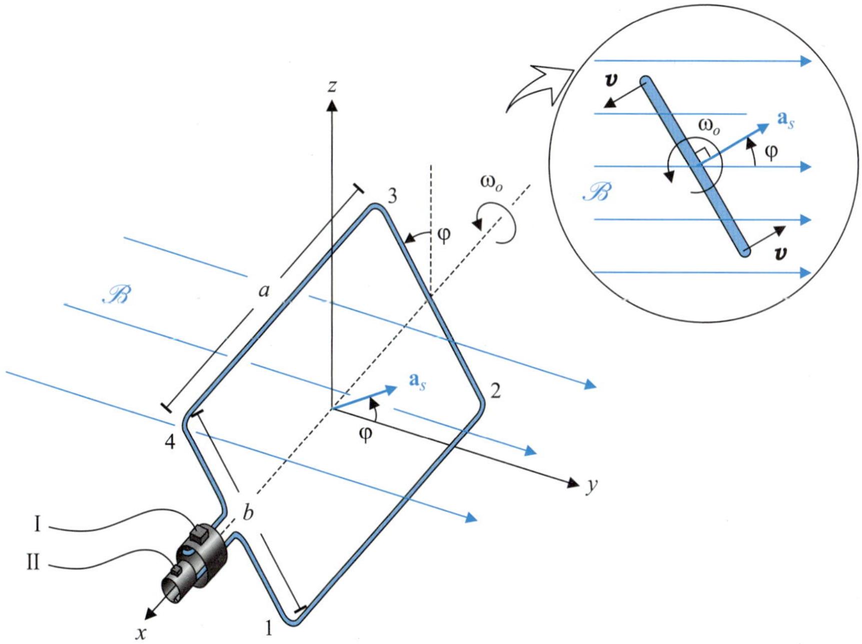

[그림 6-8] 직사각형 루프가 시변 자기장 내에서 회전하고 있다.

풀이

(a) 크기가 $a\times b$로 주어지는 직사각형 루프의 연계자속은 다음과 같다.

$$\begin{aligned}\Phi &= \int\mathscr{B}\cdot d\mathbf{s} = B\sin(\omega t)\,\mathbf{a}_y\cdot(ab\,\mathbf{a}_s) \\ &= abB\sin(\omega t)\cos\varphi\end{aligned} \tag{6.29a}$$

변압기 *emf*를 구하기 위해 φ를 상수로 가정하여 Φ의 시간 미분을 구한 후 이것에 마이너스 부호를 붙인다.

$$emf_t = -\left.\frac{d\Phi}{dt}\right|_{\varphi=\text{constant}} = -\omega abB\cos(\omega t)\cos\varphi \qquad (6.29b)$$

[그림 6-8]의 $\mathbf{a}_s$의 방향을 보면, emf_t를 구하기 위해 $\mathscr{E}$의 폐선적분을 반시계방향으로 수행해야 함을 알 수 있다. 따라서 emf_t의 플러스 값은 단자 I이 단자 II 보다 높은 전위에 있다는 것을 의미한다.

(b) 운동 emf는 식 (6.18)을 이용하여 구할 수 있는데 이때 $\mathscr{B}$는 상수로 취급한다.

$$\begin{aligned} emf_m &= \oint_C (\boldsymbol{v}\times\mathscr{B})\cdot d\mathbf{l} \\ &= \int_1^2 \left[\omega_o\left(\tfrac{1}{2}b\right)\mathbf{a}_s\times\mathbf{a}_y B\sin(\omega t_1)\right]\cdot(dx\mathbf{a}_x) \\ &\quad + \int_3^4 \left[\omega_o\left(\tfrac{1}{2}b\right)(-\mathbf{a}_s)\times\mathbf{a}_y B\sin(\omega t_1)\right]\cdot(dx\mathbf{a}_x) \end{aligned} \qquad (6.29c)$$

여기서 $\boldsymbol{v} = \omega_o(b/2)(\pm\mathbf{a}_s)$인데, 루프 아래 변에서는 플러스 부호를, 위 변에서는 마이너스 부호를 사용한다([그림 6-8] 참조). 그러나 루프 왼쪽과 오른쪽 변에서 emf는 영인데 그 이유는 벡터 $\boldsymbol{v}\times\mathscr{B}$가 이들 변에 수직이기 때문이다. 따라서 다음과 같이 나타낼 수 있다.

$$emf_m = \omega_o abB\sin(\omega t_1)\sin\varphi \qquad (6.29d)$$

(c) 일반적인 경우, 루프의 시변 연계자속은 $\varphi = \omega_o t$를 식 (6.29a)에 대입하면 얻을 수 있다.

$$\Phi = abB\sin(\omega t)\cos(\omega_o t) \qquad (6.29e)$$

따라서 시간 $t = t_1$에서 총 emf는 다음과 같다.

$$\begin{aligned} emf &= -\left.\frac{d\Phi}{dt}\right|_{t=t_1} \\ &= -\omega abB\cos(\omega t_1)\cos(\omega_o t_1) + \omega_o abB\sin(\omega t_1)\sin(\omega_o t_1) \end{aligned} \qquad (6.29f)$$

여기서 ω와 ω_o를 혼동하면 안된다. ω는 자기장 $\mathscr{B}$의 각주파수이고, ω_o는 회전하는 루프의 각속도이다. $\omega_o t_1$이 곧 φ이므로 식 (6.29f)는 식 (6.29b)와 (6.29d)에 보인 두 결과의 합과 동일하다.

유제 6.7 [그림 6-6]의 미끄럼 막대가 자기장 $\mathscr{B} = \mathbf{a}_z B_o\cos(\omega_o t - y)$ 내에서 시간 $t = 0$일 때 $y = 0$의 선을 통과하여 속도 $\boldsymbol{v} = v_o\mathbf{a}_y$로 움직인다. 변압기 및 운동 기전력을 구하라.

Ans $emf_t = x_o B_o\omega_o[\cos(\omega_o t - v_o t) - \cos(\omega_o t)]$,
$emf_m = -v_o x_o B_o\cos(\omega_o t - v_o t)$

복습문제

Q6.1	패러데이의 전자기 유도법칙을 설명하라.	A 식 (6.1)
Q6.2	렌츠 법칙을 설명하라.	A 식 (6.1)
Q6.3	*emf*의 값이 음수이면 무엇을 의미하나?	A [그림 6-1]
Q6.4	변압기 기전력을 설명하라.	A 식 (6.4)
Q6.5	패러데이 법칙을 미분형태로 쓰라.	A 식 (6.6)
Q6.6	감김비가 무엇인가?	A 식 (6.10)
Q6.7	이상적인 변압기에서의 임피던스 변환식을 쓰라.	A 식 (6.12)
Q6.8	운동 기전력을 설명하라.	A 식 (6.18)
Q6.9	운동 전기장은 어떻게 정의되나?	A 식 (6.17)
Q6.10	시변 전기장의 컬을 정의하라.	A 식 (6.28)

6.2 변위 전류밀도

6.1절에서 시변 전기장은 보존장이 아니라는 것을 배웠다. 따라서 주어진 시스템이 시간에 따라 변하는 경우 정전기장의 비회전장 성질, 즉 식 $\nabla\times\mathbf{E} = 0$는 패러데이의 전자기 유도법칙에 따라 $\nabla\times\mathbf{E} = -\partial\mathscr{B}/\partial t$로 수정되어야 한다. 비슷하게 암페어 법칙, 즉 $\nabla\times\mathbf{H} = \mathbf{J}$는 맥스웰의 변위 전류밀도 개념을 포함하도록 수정되어야 한다.

시변 자기장에 대한 기존의 암페어 법칙은 연속방정식을 만족시키지 못한다. 기존의 암페어 법칙은 다음과 같다.

$$\nabla\times\mathbf{H} = \mathbf{J} \tag{6.30}$$

위 식의 양변에 다이버전스를 적용하면 다음과 같다.

$$\nabla\bullet\nabla\times\mathbf{H} = \nabla\bullet\mathbf{J} \tag{6.31}$$

위 식 등호의 왼쪽은 벡터 항등식 $\nabla\bullet\nabla\times\mathbf{U} = 0$에 따라 항상 영이다. 따라서 다음 식으로 나타낼 수 있다.

$$\nabla\bullet\mathbf{J} = 0$$

연속방정식은 $\nabla\bullet\boldsymbol{J} = -\partial\rho_v/\partial t$로 주어지므로, 식 (6.30)의 암페어 법칙은 주어진 시스템이 시간에 따라 변치 않는 경우에만 적용된다는 것을 알 수 있다(즉 $\partial\rho_v/\partial t = 0$인 경우).

예를 들면, 암페어 법칙은 평행판 축전기가 시간에 따라 증가하는 전류 i에 의해 충전될 때 여러 모순을 드러낸다. [그림 6-9]에서와 같이 축전기 도선 주위로 하나의 폐루프 C를 가정하고 이것에 둘러싸인 서로 독립적인 두 면 S_1과 S_2를 생각해 보자. [그림 6-9(a)]의 면 S_1은 평면이고, [그림 6-9(b)]의 면 S_2는 마치 묶이지 않은 풍선 모양으로 그 면이 축전기의 두 평판 사이를 지나가도록 설치되었다. 암페어 법칙을 루프 C와 그것에 둘러싸인 면 S_1에 적용하면 $\mathbf{H}$의 C 위에서의 선적분은 영이 아니다. 그 이유는 전도전류 i가 루프면을 통과하기 때문이다. 그러나 암페어 법칙을 루프 C와 그것에 둘러싸인 면 S_2에 적용하면 전도전류가 루프면을 직접 통과하지 않으므로 $\mathbf{H}$의 C 위에서의 선적분은 영이라는 상반된 결론에 도달한다.

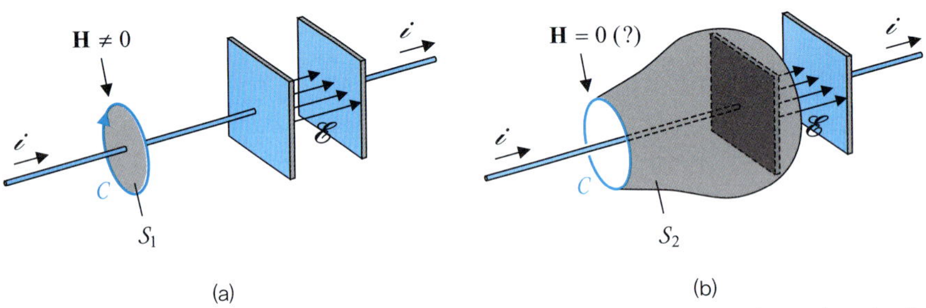

[그림 6-9] 평행판 축전기가 시간에 따라 증가하는 전도전류 i에 의해 충전된다. 두 면 S_1과 S_2는 동일한 폐루프 C에 둘러싸여 있다.

전도전류가 시변 자기장의 유일한 원천은 아니다. 만약 i가 시간에 따라 증가하면 축전기 두 도체 사이의 공간에서 전도전류가 영이더라도 여기에 시변 자기장이 유도된다. 만약 축전기가 전하 Q [C]으로 충전될 때 두 평판 사이의 공기 영역에서 전기장 세기는 다음과 같다.

$$\mathscr{E} = \frac{Q}{\varepsilon_0 A}\mathbf{a}_z \tag{6.32}$$

여기서 A는 z-축에 수직인 평판의 면적이고, 공기가 부도체로 사용되었으며, 가장자리에서의 자기장 휘어짐이 무시되었다. 위 식의 양변을 시간에 대해 미분하고 관계식 $i = dQ/dt$를 이용하면 다음 식을 얻는다.

$$\frac{\partial(\varepsilon_0 \mathscr{E})}{\partial t} = \frac{i}{A}\mathbf{a}_z \tag{6.33}$$

위 식에서 오른쪽 항의 단위를 고려하면, 왼쪽 항은 전류밀도를 나타냄을 알 수 있다. 따라서 **변위 전류 밀도**(displacement current density) $\boldsymbol{J}_d$는 전속밀도 $\mathscr{D}$의 시간 미분으로 정의된다.

$$\boldsymbol{J}_d \equiv \frac{\partial \mathscr{D}}{\partial t} \quad [\text{A/m}^2] \tag{6.34}$$

비록 변위 전류밀도가 전자들의 실제 움직임과는 무관하지만, 시간에 따라 변하는 자기장과 관련해서는 전도전류 혹은 대류전류와 동일한 역할을 수행한다. 평판 축전기에서 전도전류는 축전기 도선 주위에 자기장을 발생시키고, 변위 전류밀도는 두 도체 사이의 공간에 자기장을 발생시킨다. 손실 유전체나 유한한 전도도의 도체 내에는 전도전류와 변위전류가 동시에 존재하여 자기장을 발생시키는 데 영향을 미친다. 그러나 양도체 내에서 변위전류는 전도전류에 비해 매우 작아서 무시될 수 있다.

전자기장이 시간에 따라 변하는 경우, 미분형태의 암페어 법칙은 다음과 같이 변위 전류밀도를 포함해야 한다.

$$\nabla \times \mathscr{H} = \boldsymbol{J} + \frac{\partial \mathscr{D}}{\partial t} \tag{6.35}$$

위 식을 **일반화 암페어 법칙**(generalized Ampere's law) 혹은 간단히 **암페어 법칙**이라 부른다. 이 식에서 전류밀도는 전도전류, 대류전류 혹은 둘 다를 의미한다. 스토크스 정리를 위 식에 적용하면 적분형태의 암페어 법칙을 얻을 수 있다.

$$\oint_C \mathscr{H} \cdot d\mathbf{l} = \int_S \left(\boldsymbol{J} + \frac{\partial \mathscr{D}}{\partial t} \right) \cdot d\mathbf{s} \tag{6.36}$$

여기서 식 (6.35)가 연속방정식을 만족하는지 살펴보자. 식 (6.35)의 양변에 다이버전스를 적용하면 다음의 식을 얻을 수 있다.

$$\nabla \cdot \nabla \times \mathscr{H} = \nabla \cdot \boldsymbol{J} + \frac{\partial}{\partial t}(\nabla \cdot \mathscr{D}) \tag{6.37}$$

다이버전스와 시간 미분은 서로 독립적이므로, 식 (6.37)의 등호 오른쪽에서 보듯이, 이 둘은 서로 위치가 바뀔 수 있다. 그 다음, 벡터 항등식 $\nabla \cdot \nabla \times \mathbf{U} = 0$와 가우스 법칙 $\nabla \cdot \mathscr{D} = \rho_v$를 사용하여 식 (6.37)을 다음과 같이 다시 쓸 수 있다.

$$0 = \nabla \cdot \boldsymbol{J} + \frac{\partial \rho_v}{\partial t} \tag{6.38}$$

이 식은 다름 아닌 연속방정식이다.

예제 6-5

원천 전압 $v(t) = V_o \sin(\omega t)$가 평행판 축전기에 공급되었다. 축전기의 두 평행판 면적이 S이고, 이들 사이 간격이 d이며, 그 공간은 유전율 ε의 무손실 유전체로 채워져 있다. 가장자리에서의 전기장 휘어짐을 무시하고, 두 평행판 사이 공간의 변위전류는 축전기 도선에서의 전도전류와 그 크기가 같다는 것을 보여라.

풀이

축전기의 위 평판이 아래 평판보다 높은 전위에 있다면 두 평판 사이에서 전속밀도는 다음과 같다.

$$\mathscr{D} = -\mathbf{a}_z \varepsilon \frac{V_o}{d} \sin(\omega t)$$

따라서 변위 전류밀도는 다음과 같다.

$$\boldsymbol{J}_d = \frac{\partial \mathscr{D}}{\partial t} = -\mathbf{a}_z \omega \varepsilon \frac{V_o}{d} \cos(\omega t)$$

$-z$-방향으로의 총 변위전류는 다음과 같다.

$$\begin{aligned} i_d &= \int_S J_d \, ds = S \omega \varepsilon \frac{V_o}{d} \cos(\omega t) \\ &= C V_o \omega \cos(\omega t) \end{aligned} \tag{6.39a}$$

여기서 $C = \varepsilon S / d$가 사용되었다. 회로이론에 의하면 축전기 도선의 전도전류는 다음과 같다.

$$i_c = C \frac{dv(t)}{dt} = C V_o \omega \cos(\omega t) \tag{6.39b}$$

식 (6.39a)와 (6.39b)의 결과는 동일하다.

유제 6.8 축전기의 두 평행판 사이 공간에서 변위 전류밀도는 그 공간을 채우는 유전체에 영향을 받는가?

Ans 아니요

유제 6.9 단위 길이의 동축 축전기의 정전용량이 C이다. 안쪽과 바깥쪽 도체 사이 전압이 $v = V_o \cos(\omega t)$일 때 가장자리 현상을 무시하고 두 도체 사이에서 변위 전류밀도를 구하라.

Ans $\boldsymbol{J}_d = -\mathbf{a}_\rho \omega C V_o \sin(\omega t) / (2\pi\rho)$ [A/m^2]

복습문제

Q6.11 $\partial \mathscr{D} / \partial t$의 단위는? **A** 식 (6.34)

Q6.12 변위 전류밀도의 물리적 의미는? **A** 식 (6.35)

Q6.13 변위 전류밀도는 어떤 물리 법칙에 기초하고 있나? **A** 식 (6.38)

6.3 맥스웰 방정식

1873년에 제임스 클락 맥스웰은 실험적으로 알려진 쿨롱, 가우스, 암페어, 패러데이 법칙 등에 변위 전류밀도 개념을 추가하여 통합된 전자기 이론을 발표하였다. 이 이론은 시간에 따라 변하는 전기장 및 자기장이 물체의 유무에 관계없이 항상 만족시켜야 하는 네 개의 기본식으로 이루어져 있는데 이것을 **맥스웰 방정식**(Maxwell's equations)이라 부른다. 맥스웰 방정식은 적분형태 혹은 미분형태로 표시될 수 있으며, 적분형태는 주어진 식의 물리적 의미를 표현하는 데 유리하고, 미분형태는 3차원 공간상 한 점에서 전기장 및 자기장 현상을 설명하는 데 유용하다.

6.3.1 미분형태의 맥스웰 방정식

맥스웰 방정식을 미분형태로 나타내면 다음과 같다.

$$\nabla\times\mathscr{E} = -\frac{\partial\mathscr{B}}{\partial t} \tag{6.40a}$$

$$\nabla\times\mathscr{H} = \boldsymbol{J} + \frac{\partial\mathscr{D}}{\partial t} \tag{6.40b}$$

$$\nabla\bullet\mathscr{D} = \rho_v \tag{6.40c}$$

$$\nabla\bullet\mathscr{B} = 0 \tag{6.40d}$$

이들은 각각 패러데이, 암페어, 가우스, 자기 가우스 법칙이라 불린다.

여러 전자기 문제를 풀기 위해 보조식들이 필요하다. $\mathscr{D}$와 $\mathscr{E}$ 사이의 관계식 혹은 $\mathscr{B}$와 $\mathscr{H}$ 사이의 관계식인 구조식이 그것이다.

$$\mathscr{D} = \varepsilon\mathscr{E} \tag{6.41a}$$

$$\mathscr{B} = \mu\mathscr{H} \tag{6.41b}$$

여기서 ε과 μ는 각각 유전율과 투자율이다. 전도전류와 대류전류는 각각 다음과 같이 정의된다.

$$\boldsymbol{J} = \sigma\mathscr{E} \tag{6.42a}$$

$$\boldsymbol{J} = \rho_v\boldsymbol{v} \tag{6.42b}$$

여기서 σ는 전도도이고, ρ_v는 체적 전하밀도이고, $\boldsymbol{v}$는 전하의 이동 속도이다. $\mathscr{E}$와 $\mathscr{B}$가 존재하는 상태에서 $\boldsymbol{v}$의 속도로 움직이는 전하 q에 작용하는 힘은 로렌츠 힘의 식에 따라 다음과 같이 표시된다.

$$\boldsymbol{F} = q\left(\mathscr{E} + \boldsymbol{v}\times\mathscr{B}\right) \tag{6.43}$$

시간에 따라 변하는 시스템에서 연속방정식은 다음과 같다.

$$\nabla \cdot \boldsymbol{J} = -\frac{\partial \rho_v}{\partial t} \tag{6.44}$$

이 식은 전하 보존법칙에 기초하고 있다.

예제 6-6

자유 공간에서 $\mathscr{E} = E_o \mathbf{a}_x \cos(\omega t - kz)$, $\mathscr{H} = E_o \mathbf{a}_y \sqrt{\varepsilon_0 / \mu_0} \cos(\omega t - kz)$이다. 여기서 $k = \omega\sqrt{\mu_0 \varepsilon_0}$ 일 때 $\mathscr{E}$와 $\mathscr{H}$는 맥스웰 방정식을 만족하고, 따라서 하나의 전자기장임을 보여라.

풀이

주어진 $\mathscr{E}$와 $\mathscr{H}$를 식 (6.40a)에 대입하면 다음과 같다.

$$kE_o \mathbf{a}_y \sin(\omega t - kz) = \omega E_o \mathbf{a}_y \sqrt{\mu_0 \varepsilon_0} \sin(\omega t - kz) \tag{6.45a}$$

비슷하게 $\mathscr{E}$와 $\mathscr{H}$를 식 (6.40b)에 대입하고, 자유 공간에서 $\boldsymbol{J} = 0$임을 고려하면, 다음의 식을 얻을 수 있다.

$$-kE_o \mathbf{a}_x \sqrt{\varepsilon_0 / \mu_0} \sin(\omega t - kz) = -\omega \varepsilon_0 E_o \mathbf{a}_x \sin(\omega t - kz) \tag{6.45b}$$

관계식 $k = \omega\sqrt{\mu_0 \varepsilon_0}$ 를 이용하면 식 (6.45a)와 (6.45b)는 항상 만족된다는 것을 알 수 있다.

식 (6.40c)로부터, 자유 공간에서 공간에서 $\rho_v = 0$임을 고려하면 다음의 식을 얻을 수 있다.

$$\nabla \cdot \mathscr{D} = \nabla \cdot \left[\varepsilon_0 E_o \mathbf{a}_x \cos(\omega t - kz)\right] = 0 \tag{6.45c}$$

식 (6.40d)로부터 다음과 같이 나타낼 수 있다.

$$\nabla \cdot \left[\mu_0 E_o \mathbf{a}_y \sqrt{\varepsilon_0 / \mu_0} \cos(\omega t - kz)\right] = 0 \tag{6.45d}$$

문제에서 주어진 $\mathscr{E}$와 $\mathscr{H}$는 맥스웰 방정식을 모두 만족하므로 자유 공간에서 하나의 전자기장을 나타낸다. 만약 이들의 코사인 함수의 인수가 $\omega t + kz$로 바뀌어도 $\mathscr{E}$와 $\mathscr{H}$는 자유 공간에서 또 다른 전자기장을 나타낸다.

유제 6.10 다음의 것들 중에서 어떤 것이 자유 공간에서의 시변 전기장 혹은 자기장을 나타내는가?

① $\mathscr{E} = \mathbf{a}_x E_o e^{(\omega t - kz)}$ ② $\mathscr{H} = \mathbf{a}_\phi (I/2\pi\rho)\cos(\omega t)$

③ $\mathscr{E} = \mathbf{a}_z E_o \sin(\omega t - kz)$ ④ $\mathscr{E} = \mathbf{a}_z E_o \cos(ky)\cos(\omega t)$

⑤ $\mathscr{H} = \mathbf{a}_z H_o \rho^{-1} \cos(\omega t - k\rho)$

Ans $(k/\omega)^2 = \varepsilon_0 \mu_0$일 때 ①과 ④

6.3.2 적분형태의 맥스웰 방정식

앞서 미분형태의 맥스웰 방정식이 식 (6.40)에 주어졌다. 이 식에 다이버전스 및 스토크스 정리를 적용하면 다음과 같이 적분형태의 맥스웰 방정식을 얻을 수 있다.

$$\oint_C \mathscr{E} \cdot d\mathbf{l} = -\int_S \frac{\partial \mathscr{B}}{\partial t} \cdot d\mathbf{s} \tag{6.46a}$$

$$\oint_C \mathscr{H} \cdot d\mathbf{l} = \int_S \left[\boldsymbol{J} + \frac{\partial \mathscr{D}}{\partial t} \right] \cdot d\mathbf{s} \tag{6.46b}$$

$$\oint_S \mathscr{D} \cdot d\mathbf{s} = \int_V \rho_v \, dv \tag{6.46c}$$

$$\oint_S \mathscr{B} \cdot d\mathbf{s} = 0 \tag{6.46d}$$

여기서 $d\mathbf{l}$과 $d\mathbf{s}$의 방향은 오른손규칙을 따른다. 즉, 면 S 위의 $d\mathbf{s}$가 오른손 엄지 방향으로 향하면 루프 C 위의 $d\mathbf{l}$은 네 손가락 방향으로 회전한다.

6.3.3 전자기장의 경계면 조건

정전기장 및 정자기장에 연관된 벡터장들, 즉 **E**, **D**, **H**, **B**에 대한 경계면 조건을 구하는 방법과 동일한 방법을 이용하여, 서로 다른 두 매질 사이의 경계면에서 시변 벡터장들 $\mathscr{E}$, $\mathscr{D}$, $\mathscr{H}$, $\mathscr{B}$에 대한 경계면 조건을 유도할 수 있다. $\mathscr{E}$와 $\mathscr{H}$의 접선성분에 대한 경계면 조건은 각각 패러데이 법칙과 암페어 법칙으로부터 구할 수 있고, $\mathscr{D}$와 $\mathscr{B}$의 법선성분에 대한 경계면 조건은 각각 가우스 법칙과 자기 가우스 법칙으로부터 구할 수 있다.

$\mathscr{E}$ 혹은 $\mathscr{H}$에 대한 폐선적분은, 경계면에 걸쳐 있으며 윗변과 아랫변이 각각 서로 다른 물체를 통과하는 루프 위에서 수행된다. 이때 루프면이 영으로 수렴할 때의 극한값을 취하게 되므로, 패러데이 법칙의 $\partial\mathscr{B}/\partial t$에 대한 면적분과 암페어 법칙의 $\partial\mathscr{D}/\partial t$에 대한 면적분은 모두 영이 된다. 따라서 $\mathscr{E}$와 $\mathscr{H}$의 접선성분에 대한 경계면 조건은 다음과 같다.

$$\mathscr{E}_{1t} = \mathscr{E}_{2t} \tag{6.47a}$$

$$\mathscr{H}_{1t} - \mathscr{H}_{2t} = J_s \tag{6.47b}$$

여기서 t는 접선성분을 나타내고, J_s는 경계면을 따라 흐르면서 루프면에 수직인 표면전류를 나타낸다.

비슷한 방법으로 $\mathscr{D}$와 $\mathscr{B}$의 법선성분에 대한 경계면 조건은 다음과 같이 주어진다.

$$\mathscr{D}_{1n} - \mathscr{D}_{2n} = \rho_s \tag{6.47c}$$

$$\mathscr{B}_{1n} = \mathscr{B}_{2n} \tag{6.47d}$$

여기서 n은 법선성분을 나타내고, ρ_s는 경계면에 퍼져서 존재하는 면 전하밀도이다.

자주 접하게 되는 두 경계면은, 두 무손실 유전체 사이의 경계면과 무손실 유전체와 완전도체 사이의 경계면이다. 그런데 무손실 유전체는 전도도가 영이므로 경계면에서 면 전하 혹은 표면전류는 영이다.

$$\rho_s = J_s = 0 \tag{6.48}$$

두 무손실 유전체 사이 경계면에서 전자기장 경계면 조건은 다음과 같다.

$$\mathscr{E}_{1t} = \mathscr{E}_{2t} \tag{6.49a}$$

$$\mathscr{H}_{1t} = \mathscr{H}_{2t} \tag{6.49b}$$

$$\mathscr{D}_{1n} = \mathscr{D}_{2n} \tag{6.49c}$$

$$\mathscr{B}_{1n} = \mathscr{B}_{2n} \tag{6.49d}$$

위 식에서 보듯이 전자기장의 접선 및 법선성분은 유전체-유전체 경계면에서 항상 연속이다.

완전도체는 무한대의 전도도를 가진다. 은, 구리, 금, 알루미늄과 같은 양도체들은 전도도가 $\sigma \sim 10^7$[S/m] 근처의 매우 큰 값을 가지므로, 대부분 완전도체로 취급된다. 무한대 전도도는 완전도체의 여러 특성들과 밀접한 연관이 있다. 첫째로 완전도체 내의 전기장은 항상 영이다. 따라서 완전도체의 알짜 전하는 표면에 위치하여야 하고 전류는 그 표면에서 흘러야 한다. 시간에 따라 변하는 $\mathscr{E}$와 $\mathscr{H}$는 서로 밀접하게 연결되어 있으므로 완전도체 내의 시변 자기장도 영이어야 한다([그림 6-10] 참조).

$$\mathscr{E}_2 = 0 = \mathscr{D}_2 \tag{6.50a}$$

$$\mathscr{H}_2 = 0 = \mathscr{B}_2 \tag{6.50b}$$

여기서 아래 첨자 2는 완전도체로 채워진 영역 2를 나타낸다. 영역 1의 무손실 유전체와 영역 2의 완전도체 사이 경계면에서의 경계면 조건은 다음과 같이 주어진다.

$$\mathscr{E}_{1t} = 0 \tag{6.51a}$$

$$\mathscr{H}_{1t} = J_s \tag{6.51b}$$

$$\mathscr{D}_{1n} = \rho_s \tag{6.51c}$$

$$\mathscr{B}_{1n} = 0 \tag{6.51d}$$

여기서 t와 n은 각각 접선 및 법선성분을 나타낸다. 여기서 도체 표면에서의 수직 단위벡터는 도체 밖으로 향한다. 예를 들면, $\mathscr{D}_{1n}$은 도체 표면에서의 $\mathscr{D}$의 법선성분이며, 도체 밖으로 향한다.

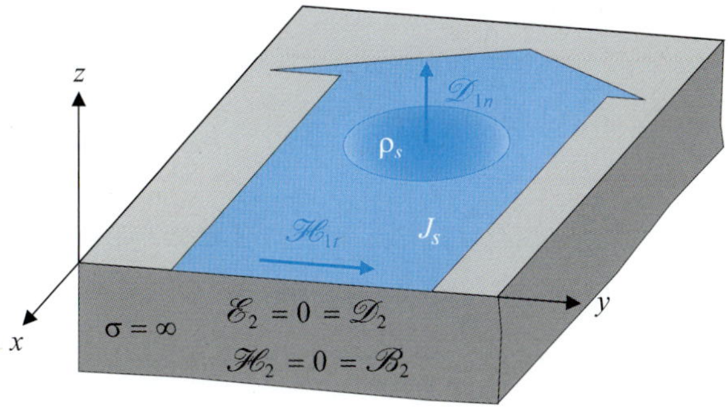

[그림 6-10] 완전도체와 무손실 유전체 사이의 경계면

예제 6-7

도체 위의 자유 공간($z > 0$)에서 시변 전기장은 다음과 같이 주어진다.

$$\begin{aligned}\mathscr{E} &= a\{\sin\theta\,\mathbf{a}_y + \cos\theta\,\mathbf{a}_z\}\cos(ky\cos\theta - kz\sin\theta - \omega t)\\ &\quad + a\{-\sin\theta\,\mathbf{a}_y + \cos\theta\,\mathbf{a}_z\}\cos(ky\cos\theta + kz\sin\theta - \omega t)\end{aligned}$$

그리고 자기장은 $+x$-방향으로 향한다. 표면 $z = 0$에서 면 전하밀도 및 표면 전류밀도를 구하라.

풀이

전속밀도는 표면 $z = 0$에서 다음과 같다.

$$\mathscr{D} = \varepsilon_0 \mathscr{E}(z=0) = \mathbf{a}_z \varepsilon_0 2a\cos\theta\ \cos(ky\cos\theta - \omega t)$$

그러므로 유도되는 면 전하밀도는 다음과 같다.

$$\rho_s = \mathscr{D}_n = \varepsilon_0 2a\cos\theta\cos(ky\cos\theta - \omega t) \tag{6.52a}$$

자기장의 일반적인 표현식 $\mathscr{H} = H_x(\mathbf{r},t)\mathbf{a}_x$를 패러데이 법칙에 대입하여 다음의 식을 얻는다.

$$\mathbf{a}_y\frac{\partial H_x}{\partial z} - \mathbf{a}_z\frac{\partial H_x}{\partial y} = \frac{\partial \mathscr{D}}{\partial t}$$

문제에서 주어진 $\mathscr{E}$ 및 $\mathscr{H}$의 일반적인 표현식 $\mathscr{H} = H_x(\mathbf{r},t)\mathbf{a}_x$를 식 (6.40b)의 암페어 법칙에 대입한다. 이 경우 자유 공간에서 $\boldsymbol{J}$는 영임을 명심해야 한다. 평면 $z = 0$에서 다음의 식을 얻는다.

$$-\frac{\partial H_x}{\partial y} = \omega\varepsilon_0 2a\cos\theta\sin(ky\cos\theta - \omega t) \tag{6.52b}$$

식 (6.52b)를 y를 따라 적분하여 다음을 얻는다.

$$H_x = \frac{\omega}{k}\varepsilon_0 2a\cos(ky\cos\theta - \omega t)$$

따라서 표면 전류밀도는 다음과 같다.

$$\boldsymbol{J}_s = \mathbf{a}_z \times \mathscr{H}_t = \mathbf{a}_y\frac{\omega}{k}\varepsilon_0 2a\cos(ky\cos\theta - \omega t) \tag{6.52c}$$

식 (6.52a)와 (6.52c)의 면 전하밀도 및 표면 전류밀도는 식 $\boldsymbol{J}_s = \rho_s\boldsymbol{v}_p$에 의해 서로 연관된다. 여기서 주목할 것은, 면 전하밀도는 속도 $\boldsymbol{v}_p = \omega/(k\cos\theta)$로 진행하지만, 전하 그 자체는 표면을 따라 이동하지 않는다는 것이다. 이러한 현상은 7장의 파동 개념을 이용해 설명할 수 있다.

유제 6.11 영역 $z \le 0$가 완전도체로 채워져 있고, 그 위 자유 공간에 두 자기장 $\mathscr{H}_1 = \mathbf{a}_x H_o\cos(\omega t - kz)$, $\mathscr{H}_2 = \mathbf{a}_x H_o\cos(\omega t + kz)$가 존재한다. 이때 평면 $z = 0$에서 $\boldsymbol{J}_s$를 구하라.

Ans $\boldsymbol{J}_s = \mathbf{a}_y 2H_o\cos(\omega t)$ [A/m]

복습문제

Q6.14	미분형태의 맥스웰 방정식을 쓰라.	**A** 식 (6.40)
Q6.15	적분형태의 맥스웰 방정식을 쓰라.	**A** 식 (6.46)
Q6.16	무엇에 의해 전기와 자기에 대한 통합 이론이 성립하는가?	**A** 식 (6.34)
Q6.17	연속방정식은 맥스웰 방정식에 포함이 되는가?	**A** 식 (6.40b)
Q6.18	시간에 따라 변하는 $\mathscr{E}$와 $\mathscr{H}$에 대한 경계면 조건을 쓰라.	**A** 식 (6.47)
Q6.19	완전도체 내에서 $\mathscr{E}$와 $\mathscr{H}$가 동시에 영인 이유는?	**A** 식 (6.50)
Q6.20	완전도체 표면에서의 전자기장에 대한 경계면 조건은?	**A** 식 (6.51)

6.4 지연 전위

3장과 5장에서 체적 전하에 의한 전기 포텐셜, 즉 전위는 식 (3.51a)로 표시되고, 체적 정전류에 의한 벡터 자기포텐셜은 식 (5.38b)로 표시된다는 것을 배웠다. 이들을 여기에 다시 쓰면 다음과 같다.

$$V(\mathbf{r}) = \int_{\mathcal{V}'} \frac{\rho_v(\mathbf{r}')\, dv'}{4\pi\varepsilon \mathcal{R}} \quad [\mathrm{V}] \tag{6.53a}$$

$$\mathbf{A}(\mathbf{r}) = \int_{\mathcal{V}'} \frac{\mu\, \mathbf{J}(\mathbf{r}')\, dv'}{4\pi \mathcal{R}} \quad [\mathrm{Wb/m}] \tag{6.53b}$$

여기서 $\mathcal{R} = |\mathbf{r} - \mathbf{r}'|$는 원천점과 관찰점 사이의 거리이다.

만약 원천 전하 혹은 전류가 시간에 따라 변하면, 위 식의 $\rho_v(\mathbf{r}')$과 $\mathbf{J}(\mathbf{r}')$을 각각 $\rho_v(\mathbf{r}', t)$와 $\boldsymbol{J}(\mathbf{r}', t)$로 대치시켜 시간에 따라 변하는 포텐셜을 구할 수 있다고 생각할 수 있다. 그러나 이들의 마이너스 그레이디언트 혹은 컬은 시변 $\mathscr{E}$ 혹은 $\mathscr{B}$를 나타내지 못한다. 그 이유는 이들이 맥스웰 방정식을 만족하지 않기 때문이다. 실제로, 원천에서 멀리 떨어진 점에서의 포텐셜은 원천과 동시에 그 값이 변하지 않는다. 그 이유는 전자기파가 관찰점에 도달하는 데 시간이 필요하기 때문이다. 원천점 $\mathbf{r}'$에서의 변화는 약간 늦은 시간에 관찰점 $\mathbf{r}$에 나타난다. 이때 시간이 $\mathcal{R}/v$ 만큼 지연되는데, 여기서 $\mathcal{R}$은 두 점 사이의 거리이고 v는 전자기파가 진행하는 속력이다. 시간 $t = t_1$에서의 포텐셜 $V(\mathbf{r}, t_1)$과 $A(\mathbf{r}, t_1)$은 이보다 약간 이른 시간 $t = t_1 - \mathcal{R}/v$일 때의 원천에 의해 발생한 것들이다. 즉 원천 $\rho_v(\mathbf{r}', t_1 - \mathcal{R}/v)$와 $\boldsymbol{J}(\mathbf{r}', t_1 - \mathcal{R}/v)$에 의해 발생한다. 이들을 수학적으로 표시하면 다음과 같다.

$$V(\mathbf{r}, t) = \int_{\mathcal{V}'} \frac{\rho_v(t - \mathcal{R}/v)\, dv}{4\pi\varepsilon \mathcal{R}} \quad [\mathrm{V}] \tag{6.54a}$$

$$\boldsymbol{A}(\mathbf{r}, t) = \int_{\mathcal{V}'} \frac{\mu\, \boldsymbol{J}(t - \mathcal{R}/v)}{4\pi \mathcal{R}} dv' \quad [\mathrm{Wb/m}] \tag{6.54b}$$

이들은 각각 **지연 스칼라 포텐셜**(retarded scalar potential)과 **지연 벡터 포텐셜**(retarded vector potential)이라 불린다. 자유 공간에서 빛의 속도는 $v = c = 1/\sqrt{\varepsilon_0 \mu_0}$이다. 여기서 ε_0는 자유 공간의 유전율이고, μ_0는 자유 공간의 투자율이다. 지연 포텐셜은 10장의 전자기 복사 문제를 푸는 데 매우 유용하다.

벡터 자기포텐셜의 정의로부터 지연 포텐셜에 관한 여러 식들을 유도할 수 있다. 정적인 상태에서 벡터 자기포텐셜이 자속밀도의 솔레노이드장 특성과 벡터 항등식 $\nabla \cdot (\nabla \times \mathbf{U}) = 0$로부터 정의되는 것처럼, 시변 벡터 자기포텐셜 $\boldsymbol{A}$는 다음과 같이 정의된다.

$$\mathscr{B} = \nabla \times \boldsymbol{A} \tag{6.55}$$

식 (6.55)를 패러데이 법칙에 대입하면 다음을 얻을 수 있다.

$$\nabla\times\mathscr{E} = -\frac{\partial}{\partial t}(\nabla\times\boldsymbol{A}) \qquad (6.56)$$

위 식에서 등호 오른쪽의 시간 미분과 컬의 위치를 바꾸면 다음과 같다.

$$\nabla\times\left(\mathscr{E} + \frac{\partial\boldsymbol{A}}{\partial t}\right) = 0 \qquad (6.57)$$

항등식 $\nabla\times(\nabla W) = 0$를 고려하여, 시변 스칼라 포텐셜 V를 다음과 같이 정의한다.

$$\mathscr{E} + \frac{\partial\boldsymbol{A}}{\partial t} = -\nabla V \qquad (6.58)$$

따라서 $\mathscr{E}$는 다음과 같이 나타낼 수 있다.

$$\mathscr{E} = -\nabla V - \frac{\partial\boldsymbol{A}}{\partial t} \qquad (6.59)$$

정적인 상태에서 위 식은 우리가 잘 알고 있는 식 $\mathbf{E} = -\nabla V$로 바뀐다.

그 다음, 식 (6.55)를 식 (6.40b)의 암페어 법칙에 적용하면 다음과 같다.

$$\nabla\times\nabla\times\boldsymbol{A} = \mu\boldsymbol{J} + \mu\frac{\partial\mathscr{D}}{\partial t} \qquad (6.60)$$

위 식에 벡터 항등식 $\nabla\times\nabla\times\mathbf{U} = \nabla(\nabla\bullet\mathbf{U}) - \nabla^2\mathbf{U}$를 적용하고 식 (6.59)를 이용하면 다음의 식을 얻을 수 있다.

$$\nabla^2\boldsymbol{A} - \mu\varepsilon\frac{\partial^2\boldsymbol{A}}{\partial t^2} = -\mu\boldsymbol{J} + \nabla\left(\nabla\bullet\boldsymbol{A} + \mu\varepsilon\frac{\partial V}{\partial t}\right) \qquad (6.61)$$

여기서 구조식 $\mathscr{D} = \varepsilon\mathscr{E}$가 사용되었다.

헬름홀츠 정리에 의해 벡터장 $\boldsymbol{A}$의 유일해를 구하기 위해 이것의 다이버전스와 컬을 알고 있어야 한다. $\boldsymbol{A}$의 컬은 이미 식 (6.55)에 주어졌다. 식 (5.48)에 주어진 $\boldsymbol{A}$의 다이버전스와 일관성을 유지하기 위해 다음과 같은 식을 사용한다.

$$\nabla\bullet\boldsymbol{A} = -\mu\varepsilon\frac{\partial V}{\partial t} \qquad (6.62)$$

이것은 **로렌츠 조건**(Lorentz condition)이라 불린다. 이러한 조건에서 식 (6.61)은 다음과 같은 식으로 바뀐다. 이 식을 **벡터 자기포텐셜에 대한 비등차 파동방정식**(inhomogeneous wave equation for the vector magnetic potential)이라고 한다.

$$\nabla^2\boldsymbol{A} - \mu\varepsilon\frac{\partial^2\boldsymbol{A}}{\partial t^2} = -\mu\boldsymbol{J} \qquad (6.63)$$

정적인 상태에서 식 (6.62)는 식 (5.48)에서처럼 $\nabla \cdot \mathbf{A} = 0$으로 바뀌고, 식 (6.63)은 식 (5.55)에서처럼 벡터 푸아송 방정식으로 바뀐다.

식 (6.59)를 가우스 법칙에 대입하면 다음과 같다.

$$\begin{aligned}\frac{\rho_v}{\varepsilon} &= \nabla \cdot \left(-\nabla V - \frac{\partial \boldsymbol{A}}{\partial t}\right) \\ &= -\nabla^2 V - \frac{\partial}{\partial t}(\nabla \cdot \boldsymbol{A})\end{aligned} \tag{6.64}$$

식 (6.62)의 로렌츠 조건을 식 (6.64)에 적용하면 **스칼라 포텐셜에 대한 비등차 파동방정식**(inhomogeneous wave equation for the scalar potential)을 얻을 수 있다.

$$\nabla^2 V - \mu\varepsilon\frac{\partial^2 V}{\partial t^2} = -\frac{\rho_v}{\varepsilon} \tag{6.65}$$

정적인 상태에서 위 식은 푸아송 방정식이 된다. 식 (6.63)과 (6.65)에서 보듯이 $\boldsymbol{A}$와 V에 대한 파동방정식들이 로렌츠 조건에 의해 서로 분리되어 두 식은 서로 대칭이 된다.

만약 $\rho_v = 0 = \boldsymbol{J}$이면 식 (6.63)과 (6.65)는 $\boldsymbol{A}$와 V에 대한 등차 미분 파동방정식이 되고 이들의 일반해는 각각 $\boldsymbol{U}(t \pm \mathcal{R}/v)$와 $W(t \pm \mathcal{R}/v)$로 주어진다. 7장에서 배우겠지만 이들은 속도 $v = 1/\sqrt{\mu\varepsilon}$으로 진행하는 **파**(wave)를 의미한다.

예제 6-8

원점에 위치한 길이 h의 미소 전류토막에 전류 $i(t) = I_o \cos(\omega t)$가 흐를 때 이것에 의한 지연 벡터 자기포텐셜을 [그림 6-11]에 보인 점 p에서 구하라.

풀이

식 (6.54b)를 선 전류에 대한 식으로 다시 쓰고, 자유 공간의 빛의 속도 $c = 1/\sqrt{\varepsilon_0\mu_0}$를 사용하면 다음의 식을 얻을 수 있다.

$$\boldsymbol{A}(\mathbf{r},t) = \int_{L'} \frac{\mu_0}{4\pi\mathcal{R}} i(t - \mathcal{R}/c)\,\mathbf{a}_z\,dl' \tag{6.66a}$$

여기서 h는 매우 작은 값이므로 $\mathcal{R}$ 대신에 구좌표계의 반지름 거리 R로 대치할 수 있다.

$$\boldsymbol{A}(\mathbf{r},t) = \frac{\mu_0 h}{4\pi R} I_o \cos[\omega(t - R/c)]\mathbf{a}_z \tag{6.66b}$$

거리 R에서의 벡터 자기포텐셜은 원점의 전류 원천에 대해 시간이 R/c 만큼 지연되어 나타난다.

이 지연 시간은 전자기파가 원천에서 관찰점까지 진행하는 데 소요되는 시간이다.

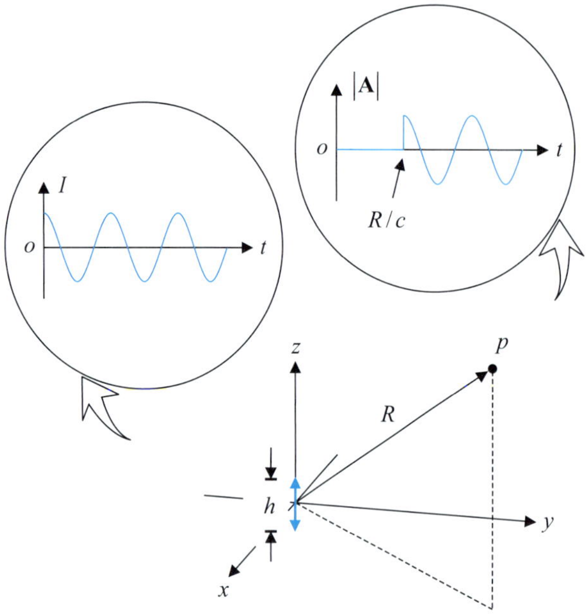

[그림 6-11] 원점의 전류 원천에 의한 지연 포텐셜

유제 6.12 시간에 따라 변하는 $\mathscr{H}$를 식 (5.8)의 $\mathbf{J}'$을 단순히 $\boldsymbol{J}'(t - \mathcal{R}/v)$로 대치해서 구할 수 없는 이유는?

Ans 변위 전류밀도가 포함되어야 함

유제 6.13 식 (6.59)의 오른쪽 둘째 항이 패러데이 전자기 유도와 직접 연관이 있는가?

Ans 예, $\mathbf{A}$와 $\mathscr{E}$의 순환이 각각 Φ와 emf에 해당함

복습문제

Q6.21 $\mathscr{E}$와 $\mathscr{B}$가 어떻게 V와 A로부터 구해지는가? **A** 식 (6.55), (6.59)

Q6.22 로렌츠 조건이 무엇인가? **A** 식 (6.62)

Q6.23 V와 A에 대한 비동차 파동방정식을 쓰라. **A** 식 (6.63), (6.65)

Q6.24 시간에 따라 변하는 시스템에서 V와 A는 공간을 진행하는 파인가? **A** 식 (6.63), (6.65)

연습문제

패러데이 법칙

6.1 한 변이 a인 동일한 두 정사각형 루프가 [그림 6-12]와 같이 저항 R에 연결되어 있다. 하나는 전압 V_o의 배터리에 연결되고, 다른 하나는 시간에 따라 선형적으로 증가하는 자기장 $\mathscr{B} = B_o t\,\mathbf{a}_z$ 내에 놓여 있다. 이들에 동일한 전류가 흐를 때 B_o를 V_o와 a를 이용해 표시하라.

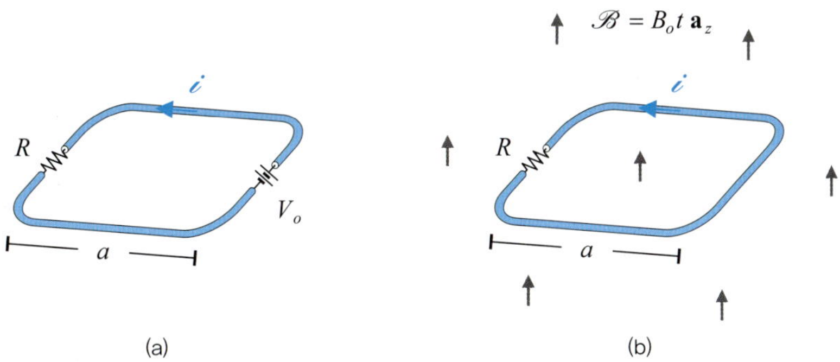

[그림 6-12] 두 정사각형 루프에 동일한 전류가 흐른다 (문제 6.1)

6.2 저항 R이 연결된 직사각형 루프가 [그림 6-13]에서처럼 시변 자기장 $\mathscr{B} = \mathbf{a}_x B_o \sin(\pi y/2a) \sin(\omega t)$ 내에서 yz-평면에 놓여 있다고 할 때 루프에 유도되는 기전력 및 전류를 구하라.

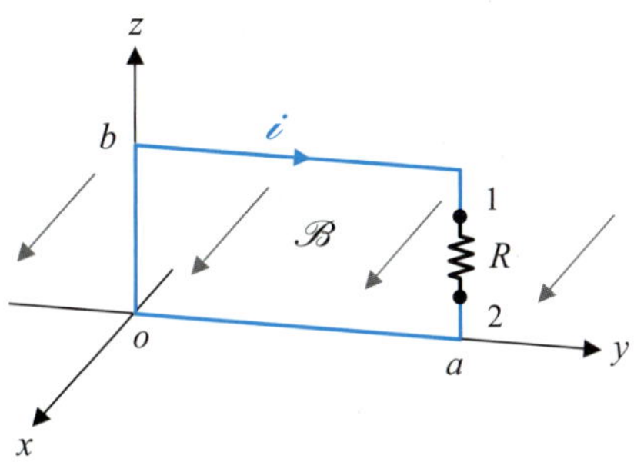

[그림 6-13] 직사각형 도체 루프 (문제 6.2)

6.3 자기 모멘트 $\mathbf{m} = \mathbf{a}_z m_o \cos\omega t$를 가진 자기 쌍극자가 원점에 놓여 있을 때, (a) 준 정적상태를 가정하여 시간 지연을 무시하고, $\mathscr{B}$와 $\boldsymbol{A}$를 모든 영역에서 구하라. (b) 평면 $z = d$에서 z-축을 중심으로 반지름이 a인 원형 루프에 유도되는 기전력을 구하라.

연습문제

6.4 직사각형 루프가 [그림 6-14]에서처럼 정자기장 $\mathbf{B} = B_o \mathbf{a}_x$ 내에서 왼쪽 변을 중심으로 각속도 ω_o로 회전할 때 유도되는 기전력을 (a) 운동 전기장을 이용해 구하고, (b) 패러데이 법칙의 일반식을 이용해 구하라.

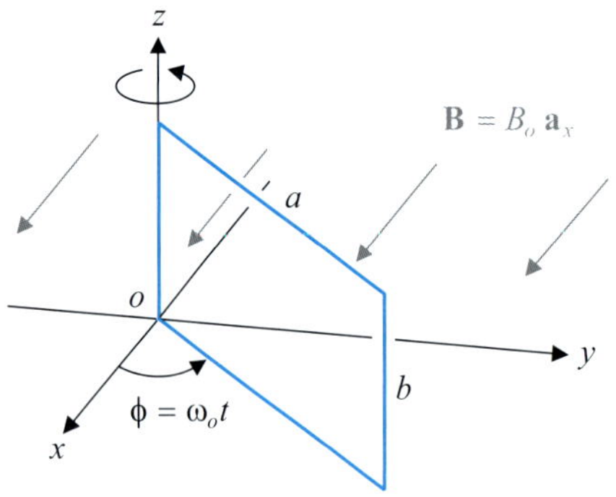

[그림 6-14] 정자기장 **B** 내에서 회전하는 도체 루프 (문제 6.4)

6.5 정자기장 $\mathbf{B} = B_o \mathbf{a}_z$ 내에서, xy-평면에 놓인 구부러진 도선이 z-축을 중심으로 각속도 ω_o로 회전한다([그림 6-15] 참조). 이때 유도되는 기전력은 도선의 모양에 무관함을 보여라.

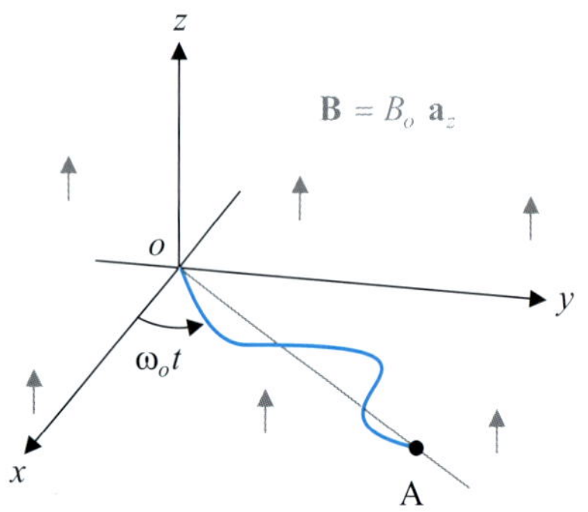

[그림 6-15] 구부러진 도선이 정자기장 내에서 회전한다 (문제 6.5)

6.6 정자기장 $\mathbf{B} = B_o\,\mathbf{a}_z$ 내에서 정전류 I가 두 평행 레일과 미끄럼 막대에 흐른다([그림 6-16] 참조). 미끄럼 막대가 속도 $\boldsymbol{v} = v_o\,\mathbf{a}_y$로 움직일 때 다음 질문에 답하라.

(a) 운동 기전력을 구하라.

(b) 회로에서 소모되는 전력을 $P_{el} = I \times emf$를 이용해 구하라.

(c) 미끄럼 막대에 작용하는 자기력 $\mathbf{F}_m$을 구하라.

(d) 미끄럼 막대에서 소모되는 전력을 $P_m = \mathbf{F}_m \cdot \boldsymbol{v}$를 이용해 구하라.

(e) 두 소모 전력이 동일함을 보여라($P_{el} = P_m$).

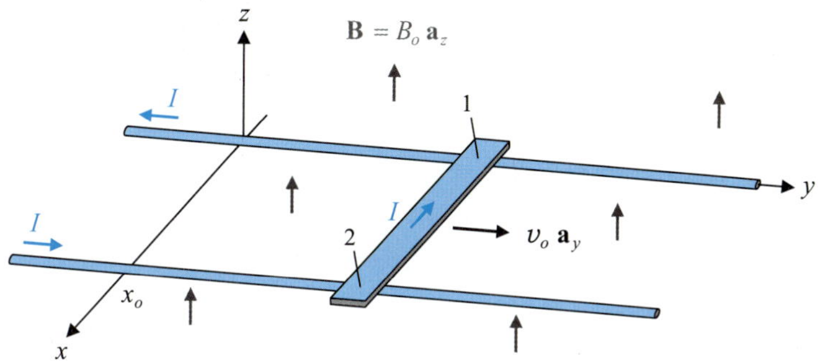

[그림 6-16] 레일 건 (문제 6.6)

6.7 전류가 흐르는 직선 도선 근처에서 내부 저항 R [Ω]의 직사각형 루프가 외부 힘에 의해 속도 $\boldsymbol{v} = v_o\,\mathbf{a}_y$로 움직인다([그림 6-17] 참조). 이때 루프에 유도되는 (a) 기전력, (b) 전류, (c) 자기력, (d) 외부 힘에 의한 기계적 소모 전력, (e) 전류 원천의 전기적 소모 전력을 구하라.

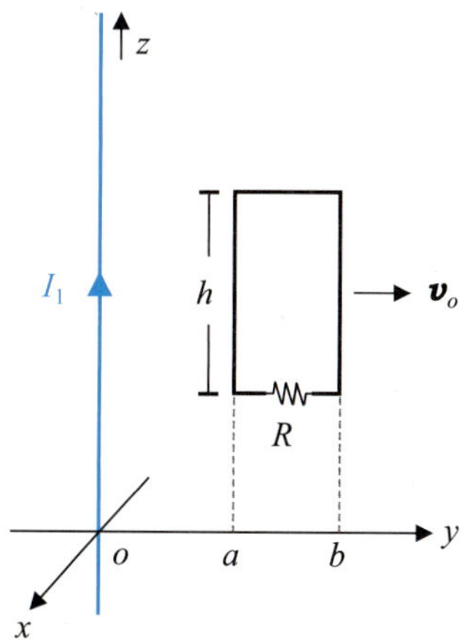

[그림 6-17] 전류가 흐르는 도선 근처에서 움직이는 도체 루프 (문제 6.7)

6.8 [그림 6-18]에서처럼 정자기장 $\mathbf{B} = B_o\,\mathbf{a}_z$ 내에서 반지름 a인 도체 원반이 각속도 ω_o로 회전한다. 회전축의 두께를 무시하고 두 미끄럼 접점 1과 2 사이에 유도되는 기전력을 구하라.

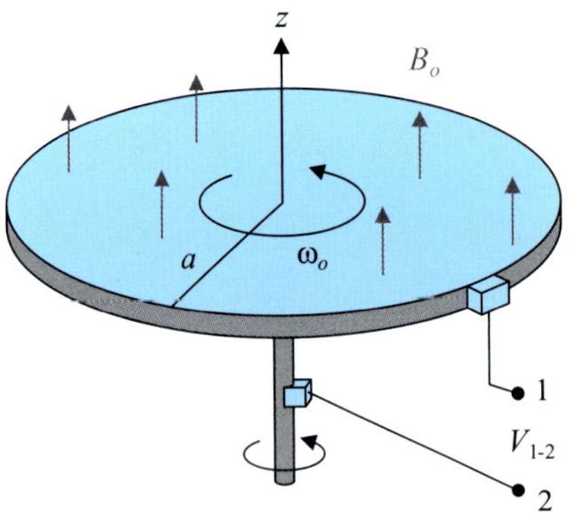

[그림 6-18] 정자기장 내에서 회전하는 도체 원반 (문제 6.8)

6.9 시변 자기장 $\mathscr{B} = \mathbf{a}_z B_o \cos(\omega t)$ 내에서 두께가 h이고, 전도도가 σ인 얇은 도체 원반이 xy-평면에 놓여 있다([그림 6-19] 참조). 이때 다음 값을 구하라.

(a) 원반 위의 반지름 ρ인 원을 따라 유도되는 기전력

(b) 원반에서의 시간평균 총 소모 전력

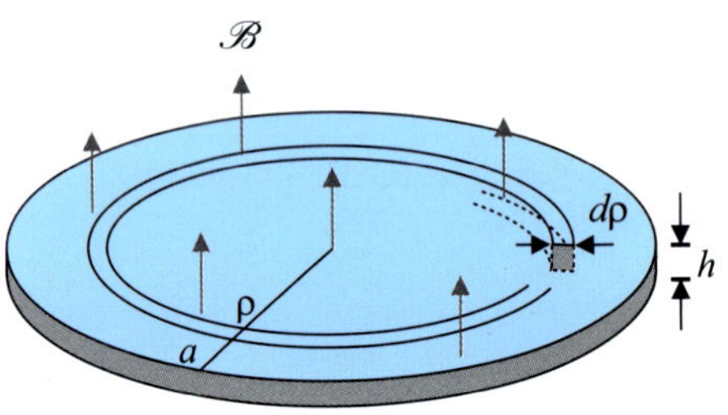

[그림 6-19] 시변 자기장 내의 얇은 도체 원반 (문제 6.9)

변위 전류

6.10 전도도 σ와 유전율 ε을 가진 도체 내에 전기장 $\mathscr{E} = E_o\,\mathbf{a}_x e^{-\alpha z}\cos(\omega t - kz)$가 존재할 때 다음 값을 구하라.

(a) 전도 전류밀도 $\boldsymbol{J}_c$

(b) 변위 전류밀도 $\boldsymbol{J}_d$

(c) $\boldsymbol{J}_c$와 $\boldsymbol{J}_d$ 크기 사이의 비

6.11 동작 주파수가 10 [GHz]일 때 $\varepsilon_r = 1$, $\sigma = 5.8\times10^7$ [S/m]인 구리 도선에서 $|\boldsymbol{J}_c/\boldsymbol{J}_d|$를 구하라.

6.12 길이 ℓ의 동축 축전기가 반지름이 a와 b ($a < b$)인 도체 원통면으로 만들어졌으며 이들 사이 공간은 유전율 ε과 투자율 μ_0를 가진 유전체로 채워져 있다. 이것이 전압 원천 $v = V_o \cos(\omega t)$에 연결되었을 때 가장자리에서의 전자기장 휘어짐을 무시한다. 또한 준 정적상태를 가정하여 시간 지연을 무시하고 다음 값을 구하라. HINT [예제 3-27]

(a) 전도전류

(b) 두 원통 사이의 변위 전류밀도

6.13 [그림 6-20]에 보인 축전기가 시간 $t \geq 0$에서 충전되고 있다. 도선의 전류가 $i_c = (V_o/R)\, e^{-t/RC}$로 주어지고, 준 정적인 상태에서 전하가 반지름 a의 원형 평판에 균일하게 분포한다고 가정하고 다음 질문에 답을 구하라.

(a) 평판의 면 전하밀도 ρ_s를 구하라.

(b) 평판 사이 공간에서 $\mathscr{D}_2$, $\boldsymbol{J}_d$, $\mathscr{H}_2$를 구하라.

(c) 평판에서의 표면 전류밀도 $\boldsymbol{J}_s(\rho)$를 구하라.

(d) 영역 $z > 0$에서 자기장이 $\mathscr{H}_1 = (i_c/2\pi\rho)(-\mathbf{a}_\phi)$로 주어진다. 이것과 경계면 조건을 이용해 평판 사이 공간에서 $\mathscr{H}_2$를 구하라.

(e) (b)와 (d)의 두 $\mathscr{H}_2$를 비교하라.

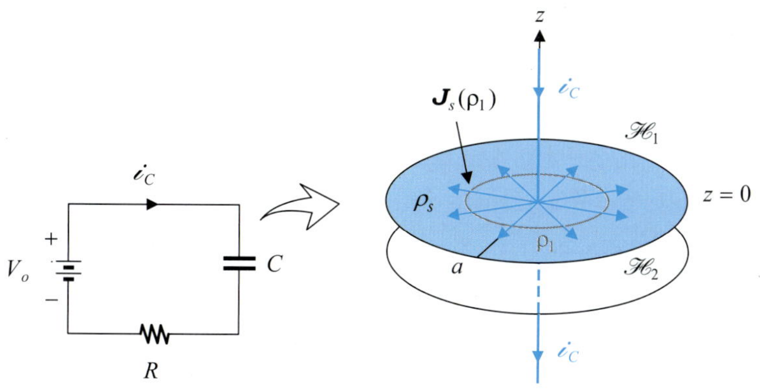

[그림 6-20] 배터리에 의해 충전되는 축전기 (문제 6.13)

연습문제

맥스웰 방정식

6.14 시간에 따라 변하지만 공간상 균일한 벡터장 $\mathscr{E}(t) = E_o \mathbf{a}_x \cos(\omega t)$가 전자기장이 아니라는 것을 다음의 절차를 이용해 증명하라.

> **[1단계]** 패러데이 법칙을 이용해 $\mathscr{E}$로부터 $\mathscr{H}$를 구하라.
> **[2단계]** 암페어 법칙을 이용해 1단계의 $\mathscr{H}$로부터 $\mathscr{E}$를 구하라.
> **[3단계]** 2단계의 $\mathscr{E}$와 문제에서 주어진 $\mathscr{E}$를 비교하라.

6.15 자유 공간에서 $\mathscr{E} = \mathbf{a}_x f(t - z\sqrt{\mu_0\varepsilon_0})$인데 여기서 f는 시간 및 공간 상에서 미분 가능한 함수이다. 패러데이 법칙을 이용해 $\mathscr{E}$로부터 $\mathscr{H}$를 구하라. 이 두 함수가 맥스웰 방정식의 암페어, 가우스, 자기 가우스 법칙을 만족한다는 것을 보여라.

6.16 무손실 유전체가 유전율 ε과 투자율 μ_0를 가진다. 이때 다음 질문에 답하라.

(a) 미분형태 맥스웰 방정식을 쓰라.

(b) 만약 $\mathscr{E} = (E_1\mathbf{a}_x + E_2\mathbf{a}_y)\cos(\omega t - kz)$일 때 $\mathscr{H}$를 구하라.

(c) k를 ω, ε, μ_0를 이용해 표시하라.

6.17 자유 공간에서 전기장이 $\mathscr{E} = \mathscr{E}_x(z, t)\mathbf{a}_x$ 형태로 주어질 때 맥스웰 방정식을 이용해 $\mathscr{E}$가 만족시켜야 하는 2차 미분 방정식을 구하라.

전자기 경계면 조건

6.18 무손실 유전체의 유전율과 투자율이 각각 $\varepsilon = n^2\varepsilon_0$와 μ_0이며, 영역 $z \geq 0$에 채워져 있다. 여기서 n은 상수이다. 이 유전체 내에서 $\mathscr{E}_1 = E_t \mathbf{a}_x \cos(\omega t - zn\omega\sqrt{\mu_0\varepsilon_0})$이고, 영역 $z < 0$, 즉 자유 공간에서 $\mathscr{E}_o = E_i \mathbf{a}_x \cos(\omega t - z\omega\sqrt{\mu_0\varepsilon_0}) + E_r \mathbf{a}_x \cos(\omega t + z\omega\sqrt{\mu_0\varepsilon_0})$이다. 이때 $\mathscr{H}_1 = n\sqrt{\varepsilon_0/\mu_0} E_t \mathbf{a}_y \cos(\omega t - zn\omega\sqrt{\mu_0\varepsilon_0})$이고 $\mathscr{H}_o = \sqrt{\varepsilon_0/\mu_0}\{E_i \mathbf{a}_y \cos(\omega t - z\omega\sqrt{\mu_0\varepsilon_0}) - E_r \mathbf{a}_y \cos(\omega t + z\omega\sqrt{\mu_0\varepsilon_0})\}$임을 보여라. 그 다음, 경계면 조건을 이용하여 E_t와 E_r을 E_i를 이용해 표시하라.

6.19 평면 $z = 0$는 자유 공간($z > 0$)과 완전도체($z < 0$) 사이의 경계면이다. 자유 공간에 두 전기장 $\mathscr{E}_1 = E_1 \mathbf{a}_x \cos(\omega t - k_y y - k_z z)$, $\mathscr{E}_2 = E_2 \mathbf{a}_x \cos(\omega t - k_y y + k_z z)$가 공존할 때, 다음 값을 구하라.

(a) E_1/E_2

(b) 자유 공간의 $\mathscr{H}$

(c) 도체 표면 위의 전류밀도

6.20 자유 공간에 벡터 자기포텐셜이 $\boldsymbol{A} = A_o \mathbf{a}_x \cos[\omega(t - z/c)]$로 주어질 때 다음을 이용해 $\mathscr{E}$를 구하라.

(a) $\mathscr{B} = \nabla \times \boldsymbol{A}$와 $\nabla \times \mathscr{H} = \partial \mathscr{D} / \partial t$

(b) $\nabla \cdot \boldsymbol{A} = -\mu_0 \varepsilon_0 (\partial V / \partial t)$와 $\mathscr{E} = -\nabla V - \partial \boldsymbol{A} / \partial t$

6.21 자유 공간에 $\boldsymbol{A} = A_o \mathbf{a}_z (1/R) \cos[\omega(t - R/c)]$로 주어지는데, 여기서 $c = 1/\sqrt{\varepsilon_0 \mu_0}$이고 R은 반지름 거리이다. 매우 먼 거리에서 $\mathscr{E} = -A_o \omega \mathbf{a}_\theta (\sin\theta / R) \sin[\omega(t - R/c)]$이고 $\mathscr{H} = -A_o \omega \sqrt{\varepsilon_0/\mu_0}\, \mathbf{a}_\phi (\sin\theta / R) \sin[\omega(t - R/c)]$임을 보여라.

CHAPTER

07

파동

Wave Motion

1차원 파 7.1

3차원 공간의 평면파 7.2

전자기 평면파 7.3

연습문제

들어가기 전에

6장에서 시간에 따라 변하는 전기장은 시간에 따라 변하는 자기장을 유도하고, 그 반대로도 마찬가지라는 것을 배웠다. 이들은 서로 결합되어 공간상의 진행파를 형성한다. 파동의 특성을 설명하기 위해 파동함수가 사용되지만, 파동함수만으로는 파동의 개념을 이해하기가 어렵다. 왜냐하면 파동은 시공간에서 위치와 시간에 따라 동시에 변하기 때문이다. 더 나아가 매질 자체는 공간에서 이동하지 않지만, 매질의 변형인 파는 진행한다는 개념을 이해하는 데 많은 노력이 필요하다.

이 장에서는 1차원 파동을 설명하고 이것을 3차원 공간으로 확대하여 3차원 공간을 진행하는 **균일 평면파**(uniform plane wave)에 대해 설명한다. 그 다음 전기장과 자기장이 시공간에서 진동하여 형성되는 전자기파에 대해 설명한다. 이때 전자기파는 언제 어디서나 항상 맥스웰 방정식을 만족해야 한다는 것을 명심해야 한다. 전자기 균일 평면파는 가장 기본적인 파인데, 이들을 조합하면 어떤 형태의 전자기파도 만들어 낼 수 있다. 전자기 균일 평면파는 세 개의 벡터를 포함한다. 즉 진폭벡터, 위치벡터, 파수벡터이다. 이들을 구별하여 이해한다면 3차원 공간을 진행하는 전자기 균일 평면파를 완벽하게 이해할 수 있다.

만약 파동의 개념을 이해하기 어렵다면 호수 위에 형성된 물결파를 머릿속에 그리면 된다. 호수 중앙에서 발생된 물결파는 호숫가로 진행하지만, 물위에 떠있는 나뭇잎은 제자리에서 시간에 따라 단순히 상하로 움직인다.

7.1 1차원 파

매질에 가해진 변형이 공간상에서 모양이 변치 않고 일정한 속도로 진행하는 것을 **파**(wave)라고 부른다. 스프링의 물질파, 호수 표면 위의 물결파, 공기의 음파 등은 진행파의 좋은 예이다. 파에는 두 종류가 있다. 예를 들어, [그림 7-1(a)]에 보인 스프링 파는 **종파**(longitudinal wave)인데 매질, 즉 스프링의 코일이 움직이는 방향과 파가 진행하는 방향이 서로 평행이다. 반면 [그림 7-1(b)]에 보인 스프링 파는 **횡파**(transverse wave)인데 매질이 움직이는 방향과 파가 진행하는 방향이 서로 수직이다. 파는 에너지를 공간상 한 점에서 다른 점으로 전달할 수 있지만, 이때 매질 자체는 이동하지 않는다. 그렇기 때문에 파는 매우 빠른 속도로 진행할 수 있다.

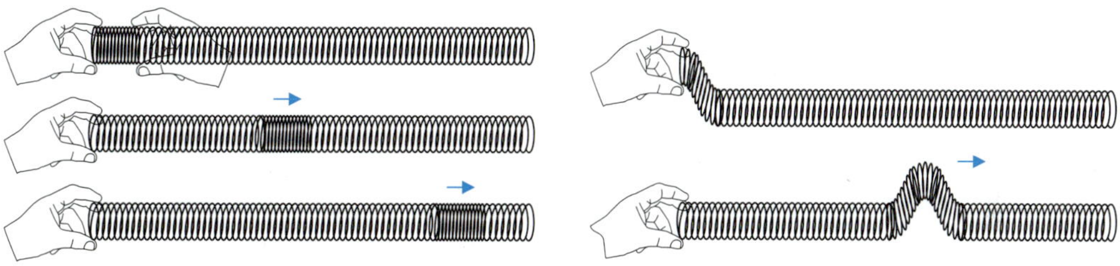

(a) (b)

[그림 7-1] 스프링 파. (a) 종파, (b) 횡파

수평축을 따라 진행하는 스프링 파가 [그림 7-1(b)]에 표시되었다. 이 경우 공간상에서 스프링의 변화, 즉 매질의 변화는 수평축인 x-축을 따라 나타나므로 이러한 파를 1차원 파라고 부른다. 매질의 변화를 수학적으로 표시한 것을 **파동함수**(wavefunction)라 하는데, 일반적으로 시간과 위치에 대한 함수로 주어진다.

$$\psi = f(x, t) \tag{7.1}$$

여기서 f는 두 변수 x와 t에 대한 매끄러운 함수이며, x와 t에 대해 미분 가능하다. 파동함수는 주어진 파에 대한 모든 정보를 담고 있다. 예를 들어 파의 모양, 진행 방향, 진행 속도 등이 포함된다.

진행파는 파동함수로 설명할 수 있지만, 이를 종이 위에 그리는 것은 불가능하다. 왜냐하면 진행파는 시공간에서 동시에 변하기 때문이다. 이러한 어려움을 고려하여 시간 t를 한 값으로 고정하고 ψ를 위치에 대한 함수로 그린다. 이것을 **파 단면도**(wave profile)라 부르는데, 이것은 마치 고정된 시간에 파의 사진을 찍은 것과 동일하다. 또 다른 방법으로 변수 x를 한 값으로 고정하고 ψ를 시간에 대한 함수로 그려서 파의 특성을 살펴볼 수도 있다.

[그림 7-2]에 표시된 서로 다른 시간 $t = 0$와 $t = t_1$에서의 파 단면도를 살펴보자. 이들은 각각 함수 $f(x)$와 $\bar{f}(x)$로 표시된다.

$$\psi(x, 0) = f(x) \tag{7.2a}$$

$$\psi(x, t_1) = \bar{f}(x) \tag{7.2b}$$

여기서 함수 $\bar{f}$는 함수 f가 오른쪽으로 거리 vt_1 만큼 이동한 것과 동일한데, 여기서 v는 파의 진행 속도이다. 따라서 시간 t_1에서의 파동함수는 함수 f를 이용해 다음과 같이 표시할 수 있다.

$$\psi(x, t_1) = f(x - vt_1) \tag{7.3}$$

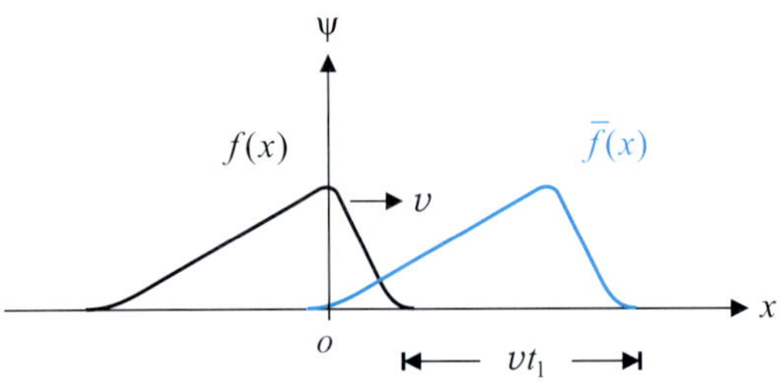

[그림 7-2] 시간 $t = 0$와 $t = t_1$에서의 파 단면도

만약 t_1이 상수가 아닌 시간을 나타내는 변수이면 식 (7.3)은 다음과 같이 파에 대한 일반적인 표현식이 된다.

$$\psi(x, t) = f(x - vt) \tag{7.4}$$

파동함수 인수에 있는 마이너스 부호는 주어진 파가 $+x$-방향으로 진행한다는 것을 나타낸다. 만약 파가 반대 방향으로 진행한다면 파동함수는 당연히 다음과 같이 표시된다.

$$\psi(x, t) = f(x + vt) \tag{7.5}$$

여기서 식 (7.4)와 (7.5)에 표시된 두 파는 동일한 파 단면도를 가지지만 서로 반대 방향으로 진행한다 ([그림 7-3] 참조).

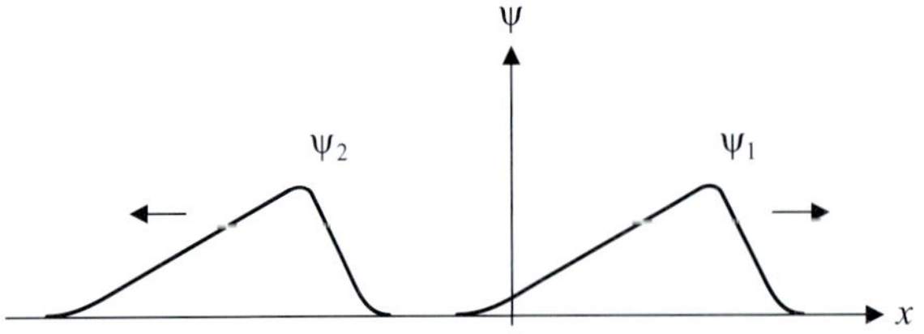

[그림 7-3] $\psi_1 = f(x - vt)$와 $\psi_2 = f(x + vt)$는 동일한 파 단면도를 가진다.

미분 파동방정식(differential wave equation)은 맥스웰 방정식이 등장하기 전부터 이미 잘 알려진 식으로, 여러 매질에서의 파동을 설명하기 위해 사용되었다. 이 식은 2차 편미분 방정식의 형태를 가진다. 7.3절에서 설명하겠지만 맥스웰 방정식의 식들을 서로 조합하면 3차원 미분 파동방정식을 얻을 수 있다. 여기서는 우선 1차원 공간을 진행하는 파에 초점을 맞추어 파동을 설명할 것이다. 이 경우 모든 파는 아래에 주어진 1차 미분 파동방정식을 만족해야 한다.

$$\frac{\partial^2 \psi}{\partial x^2} = \frac{1}{v^2}\frac{\partial^2 \psi}{\partial t^2} \tag{7.6}$$

파의 속도 v는 균질하고 선형적인 매질에서 상수이다. 직접대입 방법을 이용하면 위의 미분 파동방정식은 두 개의 서로 독립적인 해를 가진다는 것을 알 수 있다. 즉, 다음과 같이 나타낼 수 있다.

$$\psi = f(x \pm vt) \tag{7.7}$$

위 식은 다음과 같이 표시될 수도 있다.

$$\psi = f(vt \pm x) \tag{7.8}$$

여기서 f는 2차 미분이 가능하다면 어떤 형태의 함수여도 무방하다. 단 인수는 반드시 $x \pm vt$ 혹은 $vt \pm x$의 형태여야 한다. 여기서 플러스 부호는 주어진 파가 $-x$-방향으로 진행한다는 것을 의미하고, 마이너스 부호는 $+x$-방향으로 진행한다는 것을 의미한다.

예제 7-1

다음의 함수들이 균질이고 선형적인 매질을 진행하는 파를 나타내는가?

(a) $\psi = \exp[-(x-3t)^2]$　　　　(b) $\psi = \sin(2xt)$

풀이

(a) 주어진 파동함수를 x와 t에 대해 2차 미분하면 다음과 같다.

$$\frac{\partial^2 \psi}{\partial x^2} = -2e^{-(x-3t)^2} + 4(x-3t)^2 e^{-(x-3t)^2} \tag{7.9a}$$

$$\frac{\partial^2 \psi}{\partial t^2} = -18e^{-(x-3t)^2} + 36(x-3t)^2 e^{-(x-3t)^2} \tag{7.9b}$$

두 식 사이의 비를 구하면 다음과 같다.

$$v^2 = \frac{\partial^2 \psi}{\partial t^2} \Big/ \frac{\partial^2 \psi}{\partial x^2} = 9$$

위 식에서 v는 상수이므로, 문제에서 주어진 함수는 속도 3 [m/s]으로 진행하는 파를 나타낸다.

(b) ψ에 대한 2차 미분을 구하면 다음과 같다.

$$\frac{\partial^2 \psi}{\partial x^2} = -(2t)^2 \sin(2xt) \tag{7.9c}$$

$$\frac{\partial^2 \psi}{\partial t^2} = -(2x)^2 \sin(2xt) \tag{7.9d}$$

위 식들의 비를 구하면 다음과 같다.

$$\frac{\partial^2 \psi}{\partial t^2} / \frac{\partial^2 \psi}{\partial x^2} = \left(\frac{x}{t}\right)^2 \neq \text{상수} \tag{7.9e}$$

이 비는 파의 진행 속도와 연관이 있는데, 상수가 아니므로 문제에서 주어진 함수는 진행파를 의미하지 않는다.

유제 7.1 다음의 파동함수로 표시되는 파의 진행 방향은?

(a) $\psi = f(-x - t)$

(b) $\psi = 10\sin^2(-z + 5t)$

(c) $\psi = \cos(4z - 3t + 10)$

Ans (a) $-x$, (b) $+z$, (c) $+z$-방향

유제 7.2 직접대입 방법을 이용하여 다음의 함수가 미분 파동방정식을 만족하는지 확인하라.

(a) $\psi = f(-x - vt)$

(b) $\psi = f(t + x/v)$

(c) $\psi = f(t - x/v)$

Ans 증명이 생략됨

유제 7.3 다음의 ψ는 종파 혹은 횡파 중 어떤 것을 나타내나?

(a) $\psi = 5\mathbf{a}_x \cos(2x - 3t)$

(b) $\psi = 4\mathbf{a}_y \cos(-2x - 3t)$

Ans (a) 종파, (b) 횡파

복습문제

Q7.1 종파와 횡파를 설명하라. **A** [그림 7-1]

Q7.2 파동함수가 시간과 공간 영역에서 매끄러운 함수인 이유는 무엇인가? **A** 식 (7.6)

Q7.3 파동함수에서 파의 진행 방향을 결정하는 것은 무엇인가? **A** 식 (7.7)

Q7.4 파동함수는 일반 함수와 비교하여 어떤 특징을 가지는가? **A** 식 (7.6)

7.1.1 조화파

조화파(harmonic wave)는 단면도가 사인 혹은 코사인 곡선으로 표시되는 파이다. 관례상 코사인 함수가 조화파의 파동함수로 사용된다. 조화파에 대한 일반적인 표현식은 다음과 같다.

$$\psi = A\cos\left[k(x - vt) + \varphi_o\right] = A\cos\left[kx - \omega t + \varphi_o\right] \tag{7.10}$$

여기서 A는 **진폭**(amplitude), k는 **전파상수**(propagation constant)이다. ω는 **각주파수**(angular frequency)이며, 주파수에 2π를 곱한 값이다. 즉 $\omega = 2\pi f$이다.

식 (7.10)의 코사인 함수 인수를 **위상**(phase)이라 부른다. 위상은 일반적으로 위치와 시간에 대한 함수이다.

$$\varphi = kx - \omega t + \varphi_o \tag{7.11}$$

여기서 φ_o는 **초기 위상**이다.

하나의 전자기 시스템의 입력과 출력이 모두 시작과 끝이 존재하지 않는 조화파로 표시된다면 이 시스템은 **사인꼴 정상상태**(sinusoidal steady state)에 있다고 말한다. 이러한 조건에서 위상은 사인꼴 움직임의 현재 상태를 0에서 2π 사이의 값으로 표시한다. 식 (7.11)에서 보듯이 위상은 위치 x와 시간 t에 대한 함수이다. 만약 x가 변했을 때, 새로운 위치에서 φ가 2π만큼 증가한다면, 이들 두 지점에서의 시간상 사인꼴 움직임은 **위상맞음**(in phase)이라고 말한다. 즉, 사인꼴 정상상태에서는 서로 다른 지점에서 동일한 시간에 관찰되는 두 **마루**(crest)[1]들을 구별하기 않고 동일한 위상, 즉 위상 값 0를 갖는다고 말한다. 이후 시간상 사인꼴의 움직임을 **조화시변**(time harmonic) 움직임이라 부른다.

조화파의 **위상속도**(phase velocity)는 주어진 파의 마루가 파의 진행 방향으로 이동하는 속도이다. 예를 들어, 하나의 조화파가 위상속도 v_p로 $+x$-방향으로 진행하는 경우를 살펴보자. 시간 $t = t_1$일 때 위치 $x = x_1$에 있는 마루는 이후 시간 $t = t_1 + \Delta t$일 때 새로운 위치 $x = x_1 + \Delta x$에서 관찰된다. 여기서 Δx와 Δt는 위상속도 v_p에 의해 $\Delta x = v_p \Delta t$의 형태로 연관성을 가진다. 이때 서로 다른 두 위치에서 서로 다른 두 시간에 관찰되는 두 파동은 동일한 위상을 갖는다.

1 파동의 가장 높은 부분을 의미한다.

이를 식으로 나타내면 다음과 같다.

$$\varphi_1 = kx_1 - \omega t_1 + \varphi_o = k(x_1 + \Delta x) - \omega(t_1 + \Delta t) + \varphi_o \tag{7.12}$$

위 식으로부터 다음을 얻을 수 있다.

$$k\Delta x - \omega \Delta t = 0 \tag{7.13}$$

위상속도 $v_p = \Delta x / \Delta t$를 식 (7.13)에 대입하면 다음과 같이 나타낼 수 있다.

$$v_p = \frac{\omega}{k} \quad [\text{m/s}] \tag{7.14}$$

즉 위상속도는 각주파수와 전파상수 사이의 비이다.

조화파는 x-축을 따라 일정한 간격을 두고 그 모양이 반복된다. 이때의 주기를 **공간주기** 혹은 **파장**(wavelength)이라 부르고 λ로 표기한다. 조화파는 시간 영역에서도 일정한 간격을 두고 그 모양이 반복되는데, 이때의 주기를 **시간주기**라 부르고 τ로 표기한다. 파장은 인접한 두 마루 사이의 거리를 나타내고, 시간주기는 공간상 한 점을 첫째 마루가 지나간 후 둘째 마루가 도착하는 시간을 나타낸다. 한 파장만큼 서로 떨어진 공간상의 두 점, 예를 들면 $x = x_1$과 $x = x_1 + \lambda$에서 조화파는 동일한 시간상 움직임을 보여야 한다.

$$A\cos[k(x_1 + \lambda) - \omega t] = A\cos(kx_1 - \omega t) \tag{7.15}$$

이 식으로부터 관계식 $k\lambda = 2\pi$를 얻을 수 있다. 비슷하게, 한 시간주기만큼 차이나는 두 시점, 예를 들면 $t = t_1$과 $t = t_1 + \tau$에서 관찰되는 두 공간상 변화들은 정확하게 일치해야 한다.

$$A\cos[kx - \omega(t_1 + \tau)] = A\cos(kx - \omega t_1) \tag{7.16}$$

위 식으로부터 관계식 $\omega\tau = 2\pi$를 얻을 수 있다. 따라서 한 조화파의 전파상수와 각주파수는 각각 다음과 같이 표시된다.

$$k = \frac{2\pi}{\lambda} \quad [\text{rad/m}] \tag{7.17a}$$

$$\omega = \frac{2\pi}{\tau} = 2\pi f \quad [\text{rad/s}] \tag{7.17b}$$

여기서 λ는 파장, τ는 시간주기, f는 주파수이다. 식 (7.17a)와 (7.17b)를 식 (7.14)에 대입하면 다음과 같다.

$$v_p = f\lambda \quad [\text{m/s}] \tag{7.18}$$

즉 조화파의 위상속도는 주파수와 파장 사이의 곱이다.

조화파의 시간상 움직임과 공간상 움직임 사이의 관계를 알아보기 위해 [그림 7-4]에서 보인 속도 v로 진행하는 조화파를 생각해보자. 이 파는 위치 $x = 0$에 놓인 원천에 의해 발생하여 시간 $0 \le t \le t_1$ 동안 x-축을 따라 이동하였다.

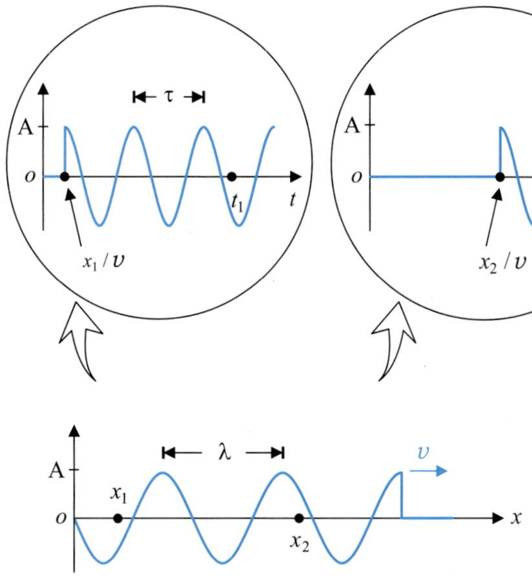

[그림 7-4] 조화파가 $x = 0$에 놓인 원천에 의해 발생해 오른쪽으로 진행한다.

이 그림은 고정된 시간 $t = t_1$에서 파의 공간상 분포를 표시한다. 맨 오른쪽의 수직선은 파의 시작점을 표시한다. 윗쪽에는 서로 다른 두 점 $x = x_1$과 $x = x_2$에서의 시간상 파동을 나타냈다. 그림에서 보듯이, 시간 영역에서의 파 모양은 공간 영역에서의 파 단면도가 반전된 형태이다. 이러한 형태가 나타나는 이유는 식 (7.10)과 같이 파동함수의 인수에 마이너스 부호가 붙기 때문이다. 두 점 $x_1 = 3\lambda/8$과 $x_2 = 15\lambda/8$에서의 시간상 파동을 살펴보면, 점 x_2는 점 x_1보다 $1.5\lambda/v$초 지연된다(원 안의 두 그림 참고). 즉 1.5τ초가 지연된다고 볼 수 있다.

사인꼴 정상상태를 가정하면 파의 시작과 끝이 존재하지 않으므로, 점 x_2에서의 파는, 점 x_1에서의 파에 대해 시간위상이 π 라디안 지연된다고 말한다. 이것은 시간 1.5τ초를 $1.5 \times 2\pi$ 라디안으로 환산한 것이다.

예제 7-2

조화파가 $\psi = -4\cos[2\pi(0.2x - 3t)]$로 주어질 때 다음 값을 구하라.

(a) 진폭　　(b) 진행 방향
(c) 파장　　(d) 시간주기
(e) 주파수　　(f) 위상속도

풀이

(a) 4

(b) $+x$-방향

(c) $k = 2\pi/\lambda = 2\pi \times 0.2 \rightarrow \lambda = 5\,[\text{m}]$

(d) $\omega = 2\pi/\tau = 2\pi \times 3 \rightarrow \tau = 0.33\,[\text{s}]$

(e) $\omega = 2\pi f = 2\pi \times 3 \rightarrow f = 3\,[\text{s}^{-1}]$

(f) $v_p = \omega / k = f\lambda \rightarrow v_p = 15\,[\text{m/s}]$

유제 7.4 조화파가 $+x$-축을 따라 속도 $v_p = 10\,[\text{m/s}]$로 진행할 때 점 $x = 0$에서의 시간상 파동이 [그림 7-5]에 표시되었다. 이 파의 파동함수를 구하라.

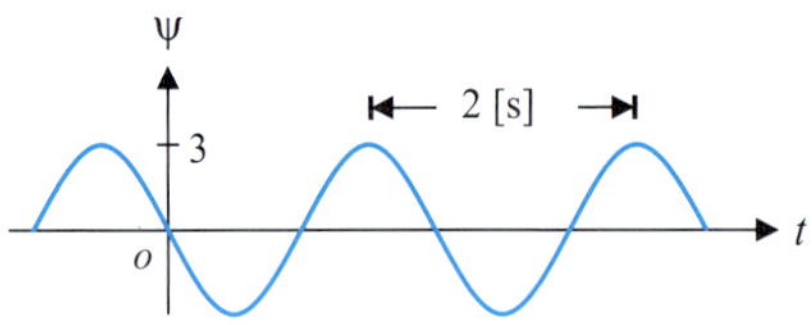

[그림 7-5] 점 $x = 0$에서의 조화파의 시간상 파동

Ans $\psi = 3\cos(0.1\pi x - \pi t - \pi/2)$

7.1.2 복소형태 조화파

조화파는 일반적으로 코사인 함수를 이용해 표시하는데, 이러한 파동함수를 다루기 위해 여러 가지 삼각함수 공식들이 사용되어야 한다. 이러한 어려움을 해결하기 위해 코사인 함수 대신에 복소 지수함수를 이용할 수 있다. 복소 지수함수는 조화파의 중첩을 표시하거나 위상과 임피던스를 계산할 때 매우 편리하다.

복소수 $\hat{z}$는 실수부와 허수부로 이루어져 있다.

$$\hat{z} = x + iy \tag{7.19}$$

여기서 $i = \sqrt{-1}$이고 x와 y는 모두 실수이다. 지수함수 $\exp(x)$를 **오일러 공식**(Euler formula)을 이용해 복소 평면으로 연장하면 복수 지수함수 $\exp(\hat{z})$가 된다. 여기서 오일러 공식은 다음과 같다.

$$e^{\pm i\theta} \equiv \cos\theta \pm i\sin\theta \tag{7.20}$$

위 식으로부터 다음 식을 얻을 수 있다.

$$\cos\theta = \text{Re}\left[e^{i\theta}\right] = \frac{1}{2}\left[e^{i\theta} + e^{\ i\theta}\right] \tag{7.21a}$$

$$\sin\theta = \text{Im}\left[e^{i\theta}\right] = \frac{1}{2i}\left[e^{i\theta} - e^{-i\theta}\right] \tag{7.21b}$$

여기서 Re[ ]과 Im[ ]은 각각 $e^{i\theta}$의 실수부와 허수부를 나타낸다. 코사인을 이용하면 조화파는 다음과 같이 표시된다.

$$\psi(x,t) = A\cos(kx - \omega t + \varphi_o) = \mathrm{Re}\left[Ae^{i(kx - \omega t + \varphi_o)}\right] \tag{7.22}$$

이러한 형태를 조화파의 **실순시형태**(real instantaneous form)라 부른다.

지금부터, 실제 파는 항상 실수값을 가진다거나 최종적으로 실수부만을 취해야 한다는 것을 염두에 두고, 조화파를 단순히 다음과 같이 표시한다.

$$\psi = Ae^{i(kx - \omega t + \varphi_o)} \tag{7.23}$$

이것을 조화파의 **복소형태**(complex form)라 부른다. 사인꼴 정상상태에서 모든 계산은 복소형태의 조화파를 이용해 복소 평면에서 이루어진다. 그 다음 계산된 결과의 실수부를 취하여 최종적으로 실순시형태의 답을 얻는다.

복소형태의 조화파는 다음과 같이 표시될 수 있다.

$$\psi = \left[\left(Ae^{i\varphi_o}\right)e^{ikx}\right]e^{-i\omega t} \equiv \left[\hat{A}e^{ikx}\right]e^{-i\omega t} \tag{7.24}$$

여기서 $\hat{A}$는 **복소 진폭**(complex amplitude)으로 다음과 같이 정의된다.

$$\hat{A} \equiv Ae^{i\varphi_o} \tag{7.25}$$

여기서 A는 진폭, φ_o은 초기 위상이다. 이 책에서 복소수는 그 위쪽에 기호 ˆ를 붙여 표시하는데 이것을 캐럿(caret) 혹은 햇(hat)이라 부른다.

하나의 조화파가 서로 다른 선형 매질을 통과하더라도 그 주파수는 변치 않는다. 이러한 사실을 염두에 두고 식 (7.24)에서 **조화시변 항** $e^{-i\omega t}$를 생략하여 조화파를 간략하게 나타내면 다음과 같다.

$$\psi = \hat{A}e^{ikx} \tag{7.26}$$

만약 조화파가 식 (7.26)에서처럼 시간에 독립적인 복소형태로 주어진다면 이것에 $e^{-i\omega t}$를 곱한 후 그 실수부를 취하여 최종적인 실순시 값을 얻는다.

유제 7.5 만약 $\hat{A}_1 = 2e^{i2.353}$이고 $\hat{A}_2 = 3.46e^{i3.924}$일 때 $\hat{A}_1 + \hat{A}_2$의 진폭과 위상을 구하라.

Ans $4.00e^{i3.400}$

7.1.3 위상자형태 조화파

식 (7.22)에서 i 대신에 $-i$를 사용해도 실순시 값은 변하지 않는다. 일부 상황에서는 i를 사용하는 것이 분명한 이점이 있지만, 실제로 전자기학 문제를 풀 때는 $-i$를 사용하는 것이 더 좋다. 예를 들어, 식 (7.26)의 $\hat{A}e^{ikx}$는 $+x$-방향으로의 진행파이고, $\hat{A}e^{-ikx}$는 $-x$-방향으로의 진행파를 나타낸다. 만약 $-i$를 사용한다면 이들은 각각 $\hat{A}e^{-ikx}$와 $\hat{A}e^{ikx}$로 표시되어야 한다. 이러한 혼동을 피하기 위해 $-i$ 대신에 $-j$로 표기한다. 여기서 물론 $j = \sqrt{-1}$이다. 따라서 조화파는 다음과 같이 표시된다.

$$\psi(x,t) = \hat{A}\,e^{j(\omega t - kx)} \tag{7.27}$$

앞서 $e^{-i\omega t}$를 쓸 때와 마찬가지로 조화시변 항 $e^{j\omega t}$를 식 (7.27)에서 생략할 수 있는데, 그 이유는 조화파의 수파수는 한번 결정되면 이후에 변하지 않는다고 가정하기 때문이다. 따라서 조화파는 다음과 같이 표시될 수 있다.

$$\psi = \hat{A}\,e^{-jkx} \tag{7.28}$$

이것은 조화파의 **위상자형태**(phasor form)라 부르며, 단순히 **위상자**(phasor)라고도 한다. 위상자는 복소수인데 그 크기는 x-축 위의 한 점에서의 조화시변 운동의 진폭을 나타내고, 위상각은 조화시변 운동의 위상이다.

실순시 값은 위상자에 $e^{j\omega t}$를 곱한 후 그 실수부를 취하여 구한다.

$$\psi = \mathrm{Re}\left[\hat{A}\,e^{-jkx}\,e^{j\omega t}\right] = A\cos\left(\omega t - kx + \varphi_o\right) \tag{7.29}$$

여기서 $\hat{A} = Ae^{j\varphi_o}$는 복소 진폭이다.

식 (7.26)과 (7.28)에 보인 두 복소형태는 각기 다른 장단점을 가진다. 식 (7.26)의 복소형태는 주어진 한 시점에서 공간상 파의 분포, 즉 단면도를 잘 보여준다. 이후 시점 $t_1 + \Delta t$에서의 파의 단면도는 이전 시점 t_1에서의 파의 단면도를 단순히 파가 진행하는 방향으로 거리 $v\Delta t$ 만큼 이동시킨 것이다. 반면에 식 (7.28)의 위상자형태는 서로 다른 지점에서 조화시변 파동의 시간 지연을 표시하는 데 매우 유용하다. 이때 위상이 플러스 값이면 파동이 시간상 앞선다는 것을 의미하고, 마이너스 값이면 파동이 시간상 지연된다는 것을 의미한다. 위상자는 임피던스를 직접적으로 표시하도록 돕는데, 예를 들어 고유 임피던스의 위상각이 플러스 값이면 전기장이 자기장에 대해 시간위상이 앞선다는 것을 의미한다. 결론적으로 조화시변 항 $\exp(-i\omega t)$를 사용하는 경우 식 (7.26)의 복소형태는 주어진 한 시점에서의 공간상 위상 분포를 보여준다. 반면에 조화시변 항 $\exp(j\omega t)$를 사용하는 경우 식 (7.28)의 위상자는 공간상의 서로 다른 지점에서의 시간위상을 표시한다.

문제를 풀 때, 조화시변 항은 복소형태와 위상자형태 중 하나를 일관성 있게 사용하는 것이 중요하다. 지금부터는 위상자형태를 주로 사용할 것이다.

예제 7-3

전파상수 k를 가진 조화파가 영역 $x \geq 0$에 채워진 매질의 표면에서 반사한다([그림 7-6] 참조). 투과파도 같은 주파수의 조화파이지만 전파상수가 k'이다. 입사파에 대한 **반사계수**(reflection coefficient)와 **투과계**(transmission coefficient)를 구하라. 이때 파동함수와 그 함수의 x에 대한 미분은 경계면에서 연속임을 이용하라.

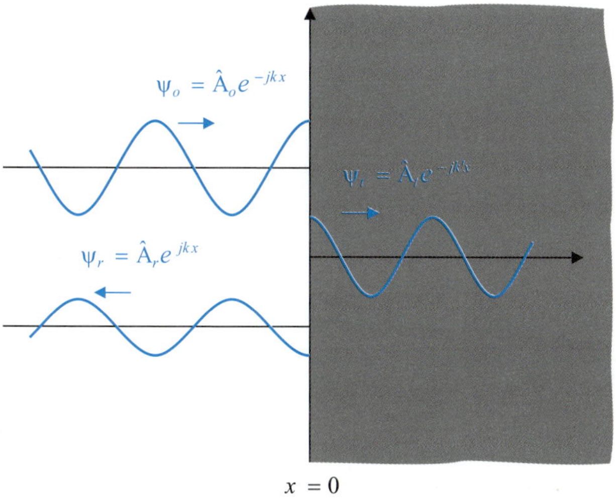

[그림 7-6] 경계면에서 조화파의 반사와 투과

풀이

영역 $x \leq 0$에서 매질의 총 변형은 입사파와 반사파에 의한 것들의 합으로 나타낼 수 있다.

$$\psi = \psi_o + \psi_r = \hat{A}_o e^{-jkx} + \hat{A}_r e^{jkx}$$

경계면($x = 0$)에 경계면 조건을 적용하면 다음의 식을 얻을 수 있다.

$$\hat{A}_o + \hat{A}_r = \hat{A}_t$$
$$-k\hat{A}_o + k\hat{A}_r = -k'\hat{A}_t$$

위 식들을 풀어 복소 진폭 $\hat{A}_r$과 $\hat{A}_t$를 구한 다음, 반사계수 Γ와 투과계수 τ를 구하면 다음과 같다.

$$\Gamma = \frac{\hat{A}_r}{\hat{A}_o} = \frac{k - k'}{k + k'} \tag{7.30a}$$

$$\tau = \frac{\hat{A}_t}{\hat{A}_o} = \frac{2k}{k + k'} \tag{7.30b}$$

예제 7-4

파동함수 $\psi = Ae^{-j0.5\pi x + j\omega t}$로 주어지는 조화파가 자유 공간에서 $+x$-방향으로 진행한다. [그림 7-7]은 시간 $t = 0$일 때 $\psi(x)$를 나타낸 것이다. 이때 다음 질문에 답하라.

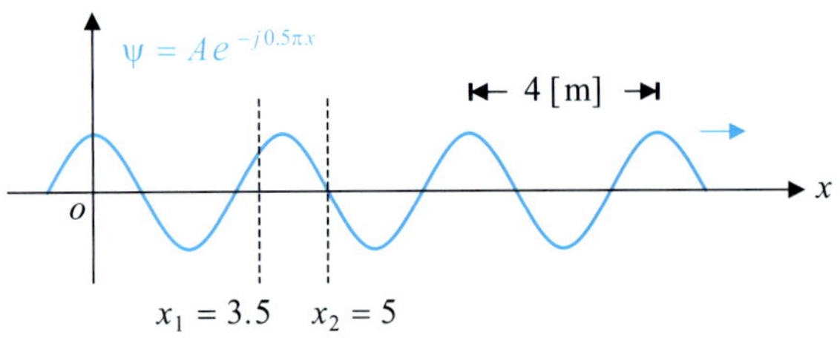

[그림 7-7] 시간 $t = 0$일 때의 조화파

(a) 시간 $t \geq 0$에서 점 $x = x_1$과 $x = x_2$에서 ψ를 ωt에 대한 함수로 그려라.

(b) $\psi(x_2, t)$는 $\psi(x_1, t)$에 대해 시간위상이 얼마나 지연되나?

풀이

(a) 두 점 $x = x_1$과 $x = x_2$에서 매질의 변형은 다음과 같이 나타낼 수 있다.

$$\psi(x_1) = Ae^{-j0.5\pi \times 3.5} = Ae^{-j1.75\pi}$$

$$\psi(x_2) = Ae^{-j0.5\pi \times 5} = Ae^{-j2.5\pi}$$

실순시형태를 이용하면, 두 점 $x = x_1$과 $x = x_2$에서 시간상 파의 움직임은 다음과 같이 표시된다.

$$\psi(x_1, t) = A\cos(\omega t - 1.75\pi)$$

$$\psi(x_2, t) = A\cos(\omega t - 2.5\pi)$$

이들을 ωt에 대한 함수로 그리면 [그림 7-8]과 같다.

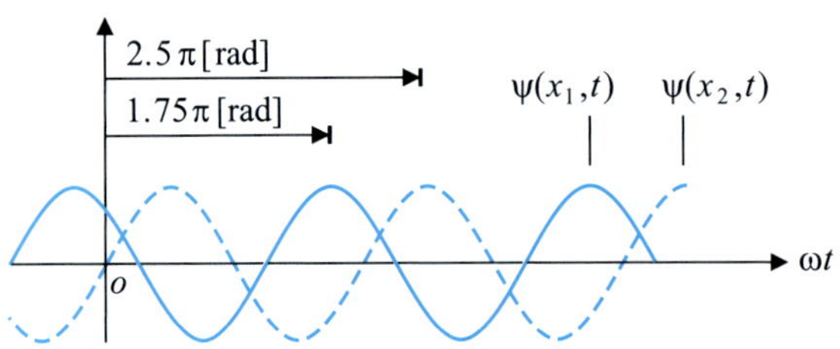

[그림 7-8] 두 점 $x = x_1$과 $x = x_2$에서의 시간상 파동

(b) 두 점 $x = x_1$과 $x = x_2$에서의 두 파의 시간위상차는 다음과 같다.

$$\begin{aligned}\Delta\varphi = \varphi_2 - \varphi_1 &= (\omega t - 2.5\pi) - (\omega t - 1.75\pi) \\ &= -0.75\pi\end{aligned} \tag{7.31}$$

마이너스 부호는 $\psi(x_2, t)$가 $\psi(x_1, t)$에 대해 시간위상이 0.75π [rad] 지연됨을 의미한다.

유제 7.6 위상자가 $\psi = 2e^{j4.3}$로 주어질 때 이것의 실순시 값을 구하라.

Ans $\psi = 2\cos(\omega t + 4.3)$

유제 7.7 다음의 위상자 쌍에 대해 ψ_2가 ψ_1에 대해 시간위상이 얼마 지연되는가?

(a) $\psi_1 = 2e^{j4.3}$, $\psi_2 = 3e^{j2.1}$

(b) $\psi_1 = 4e^{j\pi}$, $\psi_2 = -4e^{j1.2\pi}$

(c) $\psi_1 = 6e^{j0.7\pi}$, $\psi_2 = 5e^{j1.8\pi}$

(d) $\psi_1 = 2e^{-j0.6}$, $\psi_2 = 2e^{-j1.8}$

Ans (a) 2.2 [rad], (b) 0.8π [rad], (c) 0.9π [rad], (d) 1.2 [rad]

복습문제

Q7.5	1차원 조화파의 위상을 정의하라.	A 식 (7.11)
Q7.6	조화파의 위상속도를 정의하라.	A 식 (7.14), (7.18)
Q7.7	조화파의 전파상수와 그 단위를 설명하라.	A 식 (7.17a)
Q7.8	오일러 공식을 쓰라.	A 식 (7.20)
Q7.9	복소 진폭이 무엇인가?	A 식 (7.26)
Q7.10	조화파를 위상자형태로 표시하라.	A 식 (7.28)
Q7.11	시간위상이 무엇인가?	A 식 (7.28)
Q7.12	위상자로부터 파의 진행 속도를 구할 수 있나?	A 식 (7.14), (7.28)
Q7.13	위상자로부터 실순시 값을 어떻게 구하나?	A 식 (7.29)

7.2 3차원 공간의 평면파

식 (7.6)에 주어진 미분 파동방정식을 3차원으로 확장하면 다음과 같은 3차원 미분 파동방정식을 얻을 수 있다.

$$\nabla^2\psi = \frac{1}{v^2}\frac{\partial^2\psi}{\partial t^2} \tag{7.32}$$

여기서 ∇^2는 라플라스 연산자이고, v는 파의 진행 속도이다. 3차원 공간에서의 파의 진행은 전적으로 식 (7.32)에 의해 결정된다.

지금부터 식 (7.32)에 보인 미분 파동방정식의 가장 간단한 해는 **균일 평면파**(uniform plane wave) 혹은 **평면파**(plane wave)임을 증명할 것이다. 즉 3차원 공간상에서 같은 위상을 가진 점들이 하나의 평면을 형성하는데, 이러한 평면을 **위상평면**(phase front) 혹은 **파면**(wavefront)이라 한다. 이러한 평면 위에서 매질의 변형은 위치에 독립적이다, 즉 균일하다. 실제 파의 위상평면은 그 크기가 유한하여 파가 진행함에 따라 그 에너지는 위상평면 위에서 횡방향으로 점점 퍼지게 되므로 3차원 공간에서 원래의 형태를 유지하지 못한다. 반면 균일 평면파는 공간상 모든 점에서 동일한 형태의 위상평면을 유지하며 횡방향 무한대까지 펼쳐진다. 이러한 특성 때문에 균일 평면파는 수학적으로 정의된 이상적인 진행파로 간주된다. 균일 평면파를 중첩하면 임의의 모양의 파가 형성되고 미분 파동방정식을 정확히 만족하게 된다. 이것은 마치 시간 영역에서 임의의 함수가 푸리에 변환에 의해 여러 조화시변 함수들의 중첩으로 표시되는 것과 마찬가지 원리이다.

3차원 공간에서 미분 파동방정식의 일반해는 다음과 같이 표시된다.

$$\psi = A_o \cos\left[\left(k_x x + k_y y + k_z z\right) \pm \omega t + \varphi_o\right] \tag{7.33}$$

여기서 φ_o는 상수 위상이다. 위 식은 직접대입 방법을 이용해 증명할 수 있다. 식 (7.33)에 보인 두 독립해, 즉 ωt 앞의 플러스와 마이너스 부호로 표시된 두 해를 중첩하여 주어진 경계면 조건이 만족되도록 만들 수 있다. 그러면 중첩된 해는 유일성 정리에 의해 주어진 영역에서 유일해가 된다. 이때 복소 진폭 $A_o \exp(i\varphi_o)$의 값과 $\mathbf{k} = k_x \mathbf{a}_x + k_y \mathbf{a}_y + k_z \mathbf{a}_z$로 정의되는 **파수벡터**(wavevector)의 방향을 찾는 것이 중요한 과제 중의 하나이다. 만약 파의 진행이 x-방향으로 제한된다면 식 (7.33)의 3차원 파는 식 (7.10)의 1차원 파로 변한다.

식 (7.33)에 주어진 파를 복소형태로 표시하면 다음과 같다.

$$\psi = \hat{A} e^{i\mathbf{k}\cdot\mathbf{r} \pm i\omega t} \tag{7.34}$$

여기서 복소 진폭은 일반적으로 $\hat{A} = A_o \exp(i\varphi_o)$로 표시된다. 파수벡터 $\mathbf{k}$는 직각좌표계에서 다음과 같이 표시된다.

$$\mathbf{k} = k_x \mathbf{a}_x + k_y \mathbf{a}_y + k_z \mathbf{a}_z \tag{7.35a}$$

$$|\mathbf{k}| = \sqrt{k_x^2 + k_y^2 + k_z^2} = \frac{2\pi}{\lambda} \tag{7.35b}$$

여기서 λ는 파장이다. 식 (7.34)의 위치벡터 $\mathbf{r}$은 직각좌표계에서 다음과 같이 주어진다.

$$\mathbf{r} = x\mathbf{a}_x + y\mathbf{a}_y + z\mathbf{a}_z \tag{7.36}$$

파가 3차원 공간을 진행할 때 파의 위상은 공간상에서 하나의 스칼라장을 형성하며, 주어진 시점에서 위치에 따라 연속적으로 변하는 함수로 나타난다. 따라서 동일한 위상의 점들은 공간상에서 연속적인 면, 즉 매끄러운 파면을 형성한다. 식 (7.34)에 주어진 파의 파면에 대해 생각해 보자. 이 파의 위상은 파수벡터 $\mathbf{k}$와 위치벡터 $\mathbf{r}$ 사이의 점곱으로 표시된다. 즉 $\varphi = \mathbf{k} \cdot \mathbf{r}$로 나타낸다. 여기서 $\mathbf{k}$는 이미 알고 있는 상수 벡터이고, $\mathbf{r}$은 위치에 대한 함수이다. 예를 들어, 공간상에서 위상 값이 a로 주어지는 점들의 위치 $\mathbf{r}$은 다음의 식을 만족한다.

$$\mathbf{k} \cdot \mathbf{r} = a \tag{7.37}$$

만약 $\mathbf{r}_o$가 식 (7.37)을 만족하는 하나의 위치벡터이면, 즉 $\mathbf{k} \cdot \mathbf{r}_o = a$이면 식 (7.37)을 다음과 같이 다시 쓸 수 있다.

$$\mathbf{k} \cdot (\mathbf{r} - \mathbf{r}_o) = 0 \tag{7.38}$$

[그림 7-9]를 이용하면 $\mathbf{r}$ 값을 구할 수 있다. 위 식에서 점곱은 벡터 $\mathbf{r} - \mathbf{r}_o$와 상수 벡터 $\mathbf{k}$가 항상 수직이어야 한다는 것을 보여준다. 따라서 $\mathbf{r}$은 $\mathbf{k}$에 수직이고 점 $\mathbf{r}_o$를 포함하는 평면 위의 점이다. 달리 말해, 식 (7.34)의 파는 그 파면이 벡터 $\mathbf{k}$에 수직인 평면이며, 따라서 평면파라 불린다.

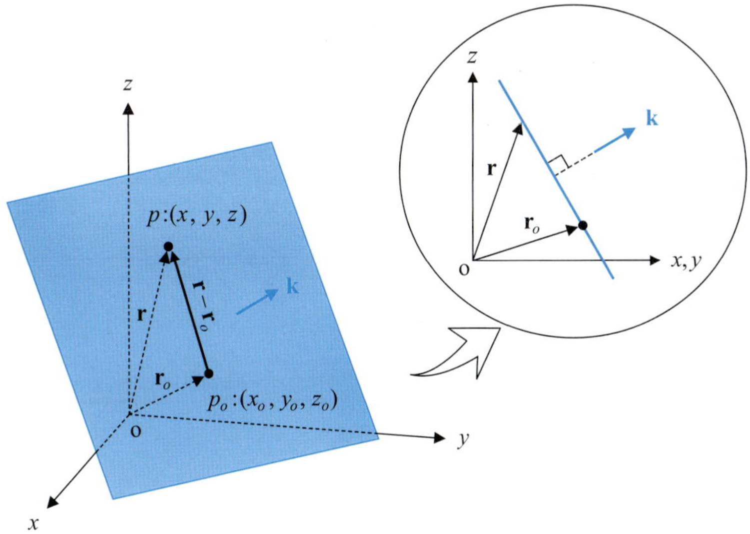

[그림 7-9] 파수벡터 $\mathbf{k}$에 수직인 파면

균일 평면파의 파면은 파수벡터의 방향으로 주기적인 패턴을 형성한다. 파수벡터에 평행한 하나의 선 위의 두 점 $\mathbf{r}$과 $\mathbf{r} + \lambda \mathbf{a}_k$는 거리가 λ 만큼 떨어져 있다. 조화파의 주기적 성질에 의해 이들 두 점에서의 위상은 동일하다. 따라서 다음의 식을 쓸 수 있다.

$$\hat{A} e^{i\mathbf{k} \cdot \mathbf{r}} = \hat{A} e^{i\mathbf{k} \cdot (\mathbf{r} + \lambda \mathbf{a}_k)} \tag{7.39}$$

위 식이 성립되기 위해 조건 $\lambda \mathbf{k} \cdot \mathbf{a}_k = 2\pi$가 만족되어야 한다. 따라서 다음과 같이 나타낼 수 있다.

$$k = \frac{2\pi}{\lambda} \quad \text{[rad/m]} \tag{7.40}$$

여기서 k를 **파수**(wavenumber)라 부른다. [그림 7-10]에 보인 두 평행 파면은 $\mathbf{k}$에 수직이고 거리 λ만큼 서로 떨어져 있다. 따라서 이들 두 파면의 모든 점에서 위상은 같은 값이다.

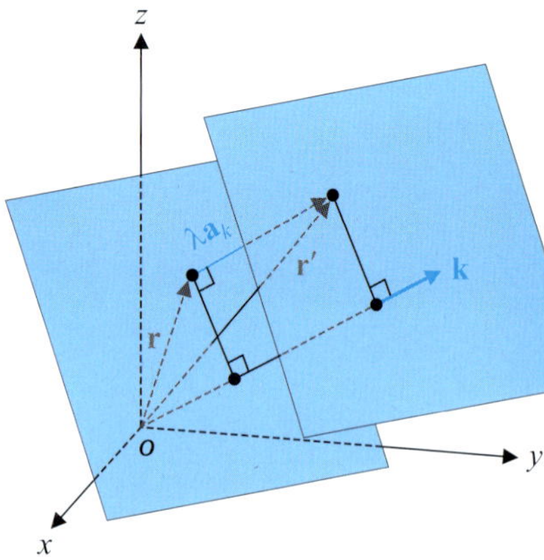

[그림 7-10] 한 파장만큼 서로 떨어진 두 파면

균일 평면파를 3차원 공간에서 그리면 [그림 7-11]과 같다. 여기서 횡방향으로 무한히 큰 평행 평면들은 서로 다른 위상을 갖는 파면들을 나타내는데, 이들은 파수벡터 $\mathbf{k}$에 수직이고 시간이 흐름에 따라 동시에 $\mathbf{k}$ 방향으로 이동한다. 이때 하나의 코사인 곡선을 이용해 3차원 파면들을 손쉽게 나타낼 수 있다. 즉 코사인 곡선의 각 점들은 그 점을 지나면서 수평축을 수직으로 가로지르는 하나의 파면을 나타낸다. 코사인 곡선의 수평축은 위상을 의미하고 수직축은 매질 변형의 크기를 의미한다.

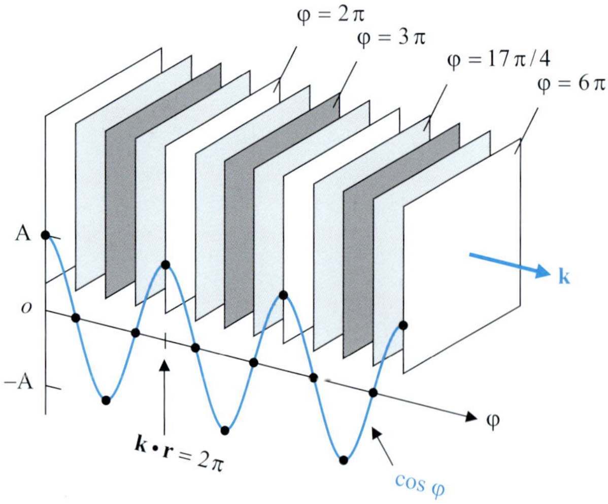

[그림 7-11] 무한 평면의 파면들이 시간에 따라 동시에 **k** 방향으로 움직인다.

예제 7-5

진폭 A의 평면파가 파수벡터 $\mathbf{k}$ 방향으로 진행하는데, [그림 7-12]에서 보듯이 $\mathbf{k}$는 yz-평면에서 y-축에 대해 각도 θ를 이룬다. 이때 (a) 복소형태의 파동함수와 (b) y-축과 z-축을 따라 측정되는 공간주기 λ_y와 λ_z를 구하라.

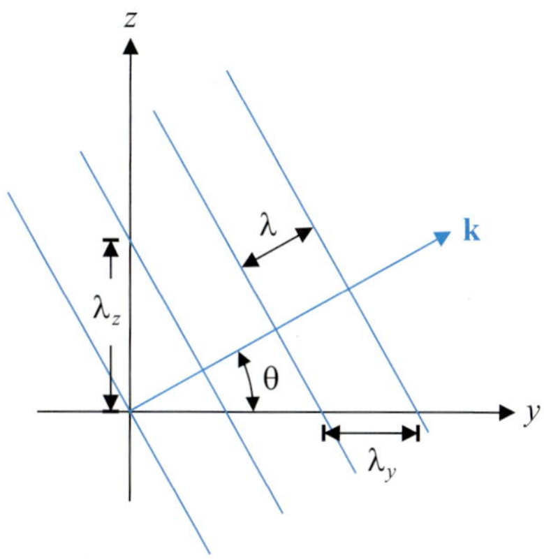

[그림 7-12] 평면파의 파면

풀이

(a) 파수벡터는 다음과 같다.

$$\mathbf{k} = \frac{2\pi}{\lambda}\left(\cos\theta\,\mathbf{a}_y + \sin\theta\,\mathbf{a}_z\right)$$

따라서 복소형태 파동함수는 다음과 같다.

$$\psi = Ae^{i\frac{2\pi}{\lambda}(y\cos\theta + z\sin\theta) - i\omega t} \tag{7.41a}$$

(b) 식 (7.41a)로부터 점 $y = y_1$과 $y = y_1 + \lambda_y$에서의 위상은 다음과 같다.

$$\varphi_1 = \frac{2\pi}{\lambda}y_1\cos\theta - \omega t \qquad (\text{점 } y = y_1\text{에서}) \tag{7.41b}$$

$$\varphi_2 = \frac{2\pi}{\lambda}\left(y_1 + \lambda_y\right)\cos\theta - \omega t \qquad (\text{점 } y = y_1 + \lambda_y\text{에서}) \tag{7.41c}$$

위상차가 $\varphi_2 - \varphi_1 = 2\pi$여야 하므로 다음의 결과를 얻는다.

$$\lambda_y = \frac{\lambda}{\cos\theta}$$

비슷한 방법으로 다음을 얻을 수 있다.

$$\lambda_z = \frac{\lambda}{\sin\theta}$$

유제 7.8 [그림 7-9]의 파면이 세 점 $x = a$, $y = b$, $z = c$에서 좌표축들과 만난다. 파면과 원점 사이의 위상차를 구하라.

Ans $ka^2(a^2 + b^2 + c^2)^{-1/2}$

유제 7.9 [그림 7-12]의 평면파가 각주파수 ω를 가질 때 z-축을 따라 측정한 위상속도를 구하라.

Ans $\omega\lambda_z / 2\pi$

유제 7.10 하나의 평면파가 $4e^{-j(2x+2y+z)}$로 주어질 때 그 파면이 평면 $z = 0$와 이루는 각도를 구하라.

Ans 70.5°

유제 7.11 하나의 평면파가 $\tilde{\mathbf{E}} = \sqrt{2}(\mathbf{a}_x + 2\mathbf{a}_y)\exp(-jkz)$로 표시될 때 평면 $z = 0$ 위에서 전기장 벡터의 분포를 다음의 시점에서 그려라.

(a) $\omega t = 0$

(b) $\omega t = 3\pi/4$

Ans

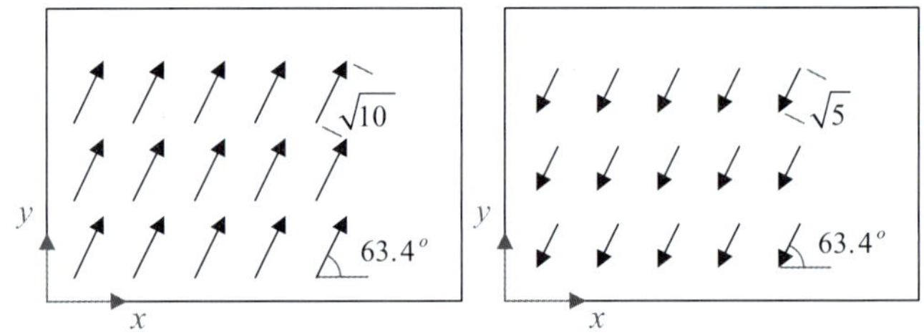

(a) $\omega t = 0$ (b) $\omega t = 3\pi/4$

복습문제

Q7.14 3차원 미분 파동방정식을 쓰라. **A** 식 (7.32)

Q7.15 균일 평면파에 대한 표현식을 쓰라. **A** 식 (7.33), (7.34)

Q7.16 파수벡터는 주어진 파에 대한 어떤 정보를 제공하나? **A** 식 (7.35)

Q7.17 2차원 평면 위의 코사인 곡선이 어떻게 3차원 평면파를 표시할 수 있나? **A** [그림 7-11]

Q7.18 균일 평면파의 위상속도가 측정 방향에 따라 다른 이유는? **A** [그림 7-12]

7.3 전자기 평면파

7.3.1 전자기파의 기본 특성

자유 전하와 전류가 존재하지 않는 자유 공간에서 맥스웰 방정식은 다음과 같이 주어진다.

$$\nabla \times \mathscr{E} = -\mu_0 \frac{\partial \mathscr{H}}{\partial t} \tag{7.42a}$$

$$\nabla \times \mathscr{H} = \varepsilon_0 \frac{\partial \mathscr{E}}{\partial t} \tag{7.42b}$$

$$\nabla \cdot \mathscr{E} = 0 \tag{7.42c}$$

$$\nabla \cdot \mathscr{H} = 0 \tag{7.42d}$$

여기서 ε_0와 μ_0는 각각 자유 공간의 유전율과 투자율이다.

식 (7.42a)의 양변에 컬을 적용하고 식 (7.42b)를 이용하면 다음 식을 얻을 수 있다.

$$\nabla \times \nabla \times \mathscr{E} = -\varepsilon_0 \mu_0 \frac{\partial^2 \mathscr{E}}{\partial t^2} \tag{7.43}$$

항등식 $\nabla \times \nabla \times \mathbf{U} = \nabla\nabla \cdot \mathbf{U} - \nabla^2 \mathbf{U}$와 식 (7.42c)를 식 (7.43)에 대입하면 다음의 3차원 미분 파동방정식을 유도할 수 있다.

$$\nabla^2 \mathscr{E} = \varepsilon_0 \mu_0 \frac{\partial^2 \mathscr{E}}{\partial t^2} \tag{7.44}$$

$\mathscr{E}$의 세 벡터 성분은 서로 독립적이므로 식 (7.44)는 다음과 같은 세 스칼라 미분 파동방정식으로 분리될 수 있다. 이들을 직각좌표계에서 표시하면 다음과 같다.

$$\nabla^2 \mathscr{E}_x = \varepsilon_0 \mu_0 \frac{\partial^2 \mathscr{E}_x}{\partial t^2} \tag{7.45a}$$

$$\nabla^2 \mathscr{E}_y = \varepsilon_0 \mu_0 \frac{\partial^2 \mathscr{E}_y}{\partial t^2} \tag{7.45b}$$

$$\nabla^2 \mathscr{E}_z = \varepsilon_0 \mu_0 \frac{\partial^2 \mathscr{E}_z}{\partial t^2} \tag{7.45c}$$

이들의 해는 각각 다음과 같은 균일 평면파 형태를 지닌다.

$$\mathscr{E}_x(\mathbf{r}, t) = E_1 \cos\left(\mathbf{k}_1 \cdot \mathbf{r} - \omega t + \varphi_1\right) \tag{7.46a}$$

$$\mathscr{E}_y(\mathbf{r}, t) = E_2 \cos\left(\mathbf{k}_2 \cdot \mathbf{r} - \omega t + \varphi_2\right) \tag{7.46b}$$

$$\mathscr{E}_z(\mathbf{r}, t) = E_3 \cos\left(\mathbf{k}_3 \cdot \mathbf{r} - \omega t + \varphi_3\right) \tag{7.46c}$$

여기서 세 파수벡터 $\mathbf{k}_1$, $\mathbf{k}_2$, $\mathbf{k}_3$는 그 크기가 $\omega\sqrt{\varepsilon_0 \mu_0}$로 동일하다. $\mathbf{r}$은 위치벡터이고, ω는 각주파수, 그리고 φ_1, φ_2, φ_3는 상수 위상들이다. 식 (7.46)에 주어진 세 성분들을 합하면 하나의 진행파가 되어야 하므로 $\mathbf{k}_1 \cdot \mathbf{r} = \mathbf{k}_2 \cdot \mathbf{r} = \mathbf{k}_3 \cdot \mathbf{r}$이 공간상 모든 점에서 만족되어야 하는데 이것은 오직 $\mathbf{k}_1 = \mathbf{k}_2 = \mathbf{k}_3$일 때 가능하다. 따라서 3차원 미분 파동방정식의 해는 다음과 같이 균일 평면파로 주어진다.

$$\mathscr{E}(\mathbf{r},t) = \mathrm{Re}\left[\hat{\mathbf{E}}_o\, e^{i\mathbf{k}\cdot\mathbf{r} - i\omega t}\right] \tag{7.47}$$

일반적으로 $\hat{\mathbf{E}}_o = E_1 e^{i\varphi_1}\mathbf{a}_x + E_2 e^{i\varphi_2}\mathbf{a}_y + E_3 e^{i\varphi_3}\mathbf{a}_z$인데, 선형 편광인 경우 $\varphi_1 = \varphi_2 = \varphi_3 = \varphi_o$의 조건을 만족한다(8장 참조).

$$\hat{\mathbf{E}}_o = E_o e^{j\varphi_o}\mathbf{a}_E \tag{7.48}$$

여기서 E_o는 진폭이고, φ_o는 위상각이고, $\mathbf{a}_E$는 전기장 방향으로의 단위벡터이다. 주목할 것은, $\hat{\mathbf{E}}_o$는 그 스칼라 성분들이 복소수인 하나의 벡터이다.

식 (7.47)의 파동함수는 식 (7.34)와 마찬가지로 시공간에서 균일 평면파의 움직임을 설명하지만, 전자기파는 반드시 식 (7.47)의 전기장 벡터 $\hat{\mathbf{E}}_o$가 파수벡터 $\mathbf{k}$에 수직이어야 한다. 이러한 사실은 다음의 절에서 증명될 것이다.

자유 공간에서 전자기 평면파는 $\mathbf{k}$의 방향으로 다음의 위상속도로 진행한다.

$$v_p = \frac{\omega}{k} = \frac{1}{\sqrt{\varepsilon_0 \mu_0}} \cong 3\times 10^8 \text{ [m/s]} \tag{7.49}$$

자유 공간에서의 위상속도는 빛의 속도 c와 동일하므로 파수는 다음과 같이 주어진다.

$$k = \frac{\omega}{c} \tag{7.50}$$

물체 내에서 c는 v_p로 대치되며, 위상속도는 물체의 특징을 나타내는 하나의 파라미터이다.

$\mathscr{E}$에 적용한 동일한 방법을 이용해 맥스웰 방정식으로부터 자기장에 대한 미분 파동방정식을 다음과 같이 구할 수 있다.

$$\nabla^2 \mathscr{H} = \varepsilon_0 \mu_0 \frac{\partial^2 \mathscr{H}}{\partial t^2} \tag{7.51}$$

위 식의 가장 간단한 해는 식 (7.47)과 동일한 형태로 주어진다.

$$\mathscr{H}(\mathbf{r},t) = \mathrm{Re}\left[\hat{\mathbf{H}}_o\, e^{i\mathbf{k}\cdot\mathbf{r} - i\omega t}\right] \tag{7.52}$$

여기서 $\hat{\mathbf{H}}_o$는 복소 진폭이다. 주목할 것은, $\mathscr{E}$와 $\mathscr{H}$의 크기가 비례상수에 의해 서로 연관된다는 점이다. 즉 자유 공간에서 $\mathscr{E}/\mathscr{H} = \sqrt{\mu_0/\varepsilon_0}$이다. 이러한 사실을 통해 식 (7.44)와 (7.51) 중에서 하나만 풀고 나머지 전기장 혹은 자기장은 맥스웰 방정식을 이용해 구하면 된다.

유제 7.12 식 (7.44)의 또 다른 해는 $\mathscr{E}(\mathbf{r}, t) = \text{Re}[\mathbf{E}_o \exp(i\mathbf{k} \cdot \mathbf{r} + i\omega t)]$임을 증명하라.

Ans 증명이 생략됨

유제 7.13 자유 공간에서 비 $|\mathbf{E}_o/\mathbf{B}_o|$를 구하라.

Ans c(자유 공간의 빛의 속도)

유제 7.14 파수벡터는 자유 공간을 진행하는 전자기파의 어떤 정보를 지니는가?

Ans 진행 방향, 파장, 주파수

7.3.2 전자기파의 횡파 특성

하나의 균일 평면파가 $+z$-방향으로 진행한다면 무한 평면 형태로 주어지는 파면은 xy-평면에 일치하며 전기장 벡터들은 그 파면에서 균일하게 분포해야 한다. 이 경우 전기장 $\mathscr{E}$는 x와 y에 독립적이다. 즉 다음과 같이 나타낼 수 있다.

$$\frac{\partial \mathscr{E}(\mathbf{r}, t)}{\partial x} = \frac{\partial \mathscr{E}(\mathbf{r}, t)}{\partial y} = 0 \tag{7.53}$$

따라서 직각좌표계에서 $\mathscr{E}$는 다음과 같이 표시된다.

$$\mathscr{E}(\mathbf{r}, t) = \mathscr{E}_x(z, t)\mathbf{a}_x + \mathscr{E}_y(z, t)\mathbf{a}_y + \mathscr{E}_z(z, t)\mathbf{a}_z \tag{7.54}$$

위의 전기장 표현식은 맥스웰 방정식을 만족해야 한다. 식 (7.54)를 식 (7.42c)에 대입하여 다음을 얻는다.

$$\nabla \cdot \mathscr{E} = \frac{\partial \mathscr{E}_z}{\partial z} = 0 \tag{7.55}$$

$\mathscr{E}_z$가 모든 공간에서 상수이면 위 식을 만족한다. 그러나 전자기파의 전기장은 시간 및 위치에 대한 함수이기 때문에 상수일 수 없다. 만약 $\mathscr{E}_z$가 영이면 이러한 문제가 모두 해결된다.

$$\mathscr{E}_z = 0 \tag{7.56}$$

이에 따라 식 (7.54)는 다음과 같이 단순해진다.

$$\mathscr{E} = \mathscr{E}_x(z,t)\mathbf{a}_x + \mathscr{E}_y(z,t)\mathbf{a}_y \tag{7.57}$$

즉 전기장은 전자기파가 진행하는 방향에 수직이다. 그 다음, 식 (7.57)을 식 (7.42a)에 대입하면 다음과 같다.

$$-\frac{\partial \mathscr{E}_y}{\partial z}\mathbf{a}_x + \frac{\partial \mathscr{E}_x}{\partial z}\mathbf{a}_y = -\mu_0\frac{\partial \mathscr{H}_x}{\partial t}\mathbf{a}_x - \mu_0\frac{\partial \mathscr{H}_y}{\partial t}\mathbf{a}_y - \mu_0\frac{\partial \mathscr{H}_z}{\partial t}\mathbf{a}_z \tag{7.58}$$

$\mathscr{H}_z$가 시간에 대해 상수이면 위 식을 만족하지만, 상수는 전자기파의 자기장이 될 수 없으므로 영이어야 한다.

$$\mathscr{H}_z = 0 \tag{7.59}$$

이 결과는 자기장도 전자기파가 진행하는 방향에 수직이어야 한다는 것을 말해준다. 두 식 (7.56)과 (7.59)에 따르면 **전자기파는 횡파**라는 결론에 도달한다.

전자기파의 시변 전기장 및 자기장은 서로 수직이고 동시에 파수벡터에 수직이다([그림 7-13] 참조). 오른손규칙에 따라 오른손 엄지가 $\mathbf{k}$의 방향으로 향하면 네 손가락은 $\mathscr{E}$에서 $\mathscr{H}$ 쪽으로 회전한다.

$$\mathbf{a}_E \times \mathbf{a}_H = \mathbf{a}_k \tag{7.60}$$

여기서 $\mathbf{a}_E$, $\mathbf{a}_H$, $\mathbf{a}_k$는 각각 $\mathscr{E}$, $\mathscr{H}$, $\mathbf{k}$ 방향으로의 단위벡터들이다. 식 (7.60)은 모든 공간에서 항상 만족된다.

예제 7-6

자유 공간의 조화시변 전기장 $\mathscr{E} = E_o\mathbf{a}_x\cos(kz - \omega t)$에 대응되는 조화시변 자기장을 구하라.

풀이

주어진 $\mathscr{E}$를 식 (7.42a)에 대입하면 다음을 얻을 수 있다.

$$\mathbf{a}_y E_o \frac{\partial}{\partial z}\cos(kz - \omega t) = -\mu_0\frac{\partial}{\partial t}\left(\mathscr{H}_x\mathbf{a}_x + \mathscr{H}_y\mathbf{a}_y + \mathscr{H}_z\mathbf{a}_z\right) \tag{7.61a}$$

위 식이 만족되기 위해 $\mathscr{H}_x = \mathscr{H}_z = 0$여야 한다. 따라서 식 (7.61a)는 다음과 같이 단순해진다.

$$kE_o \sin(kz - \omega t) = \mu_0 \frac{\partial \mathscr{H}_y}{\partial t} \tag{7.61b}$$

위 식의 양변을 t에 따라 적분하고 관계식 $k = \omega\sqrt{\varepsilon_0 \mu_0}$를 이용하면 다음의 식을 얻을 수 있다.

$$\mathscr{H}_y = \sqrt{\frac{\varepsilon_0}{\mu_0}} E_o \cos(kz - \omega t) \tag{7.61c}$$

따라서 자기장은 다음과 같이 주어진다.

$$\boldsymbol{\mathscr{H}} = \sqrt{\frac{\varepsilon_0}{\mu_0}} E_o \mathbf{a}_y \cos(kz - \omega t) \tag{7.61d}$$

여기서 적분상수는 영인데, 왜냐하면 상수는 전자기파가 될 수 없기 때문이다. 주목할 것은, $\boldsymbol{\mathscr{E}}$와 $\boldsymbol{\mathscr{H}}$의 표현식이 진폭을 제외하고 정확하게 같다는 점이다. $\boldsymbol{\mathscr{H}}$의 진폭은 $\boldsymbol{\mathscr{E}}$의 그것에 비해 $\sqrt{\varepsilon_0 / \mu_0}$ 배 크고 이 비례상수는 실수이다. 따라서 자유 공간에서 전기장과 자기장은 위상맞음 상태이다. 여기에 더하여 전기장과 자기장은 서로 수직이고 $\boldsymbol{\mathscr{E}} \times \boldsymbol{\mathscr{H}}$는 전자기파가 진행하는 방향, 즉 파수벡터 방향을 가리킨다.

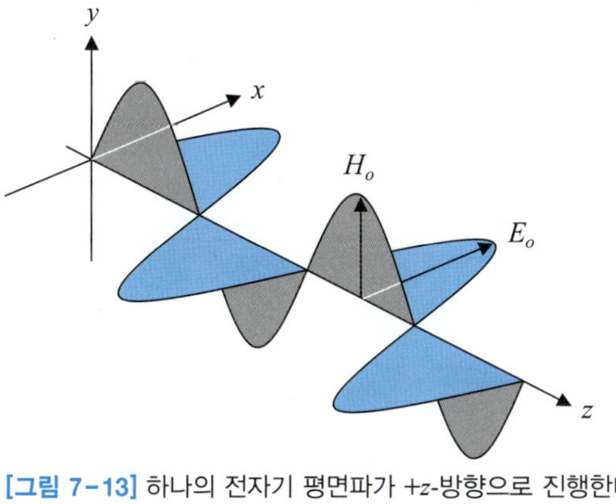

[그림 7-13] 하나의 전자기 평면파가 +z-방향으로 진행한다.

유제 7.15 임의의 조화시변 함수 $\mathscr{E}(\mathbf{r}, t)$가 비록 식 (7.44)를 만족하여도 이것이 전자기파의 파동함수가 아닐 수도 있는데 그 이유는 무엇인가?

Ans 전자기파는 횡파이다.

유제 7.16 하나의 전자기 평면파의 파수벡터가 $\mathbf{a}_x + 2\mathbf{a}_y$에 평행이고 그 전기장 $\mathscr{E}$는 $\mathbf{a}_z$에 평행일 때 자기장 $\mathscr{H}$의 방향은?

Ans $2\mathbf{a}_x - \mathbf{a}_y$

유제 7.17 다음 함수들이 자유 공간의 전자기파 파동함수가 될 수 없는 이유는?

(a) $\mathscr{E} = (3\mathbf{a}_x + 5\mathbf{a}_z)\cos(2x - 6\times10^8 t)$

(b) $\mathscr{E} = 4\mathbf{a}_z \cos(2x + 3y - 3\times10^8 t)$

Ans (a) 전자기파는 횡파여야 함, (b) 진행 속도가 빛의 속도여야 함

복습문제

Q7.19 자유 공간에서 맥스웰 방정식을 쓰라. **A** 식 (7.42)

Q7.20 자유 공간에서 $\mathscr{E}$에 대한 미분 파동방정식을 쓰라. **A** 식 (7.44)

Q7.21 파수를 정의하라. **A** 식 (7.40), (7.50)

Q7.22 $\mathscr{H}$와 $\mathscr{E}$는 동일한 형태의 미분 파동방정식을 만족시킴에도 다른 점이 있다. 무엇이 다른가? **A** 식 (7.42a), (7.42b)

Q7.23 파수벡터 $\mathbf{k}$의 방향은 어떻게 $\mathscr{E}$와 $\mathscr{H}$에 의해 결정되나? **A** 식 (7.60)

Q7.24 자유 공간에서 $|\mathscr{E}|$와 $|\mathscr{H}|$ 사이의 비례상수는? **A** 식 (7.61d)]

Q7.25 자유 공간에서 $\mathscr{E}$와 $\mathscr{H}$는 항상 위상맞음 상태인가? **A** [그림 7-13]

연습문제

1차원 파

7.1 다음 중 자유 공간의 진행파를 나타내는 것은?

① $\psi = (2x - 3t)^2$

② $\psi = \sin(2x^2 - 3t^2)$

③ $\psi = \cos(x^2 + t^2 + 2xt)$

④ $\psi = e^{-3x}\cos(2t - x)$

조화파

7.2 주어진 진행파 $\psi = e^{2 + j1.2} e^{j100\pi t - j0.02\pi z}$ [cm]에 대해 다음 값을 구하라.

(a) 진폭　(b) 파장

(c) 주파수　(d) 위상속도

(e) 진행 방향 (특정되지 않으면 SI 단위가 사용된다)

7.3 하나의 조화파가 위상속도 $v_p = 15$ [m/s]로 $+x$-방향으로 진행하고 있다. 시간 $t = 0.4$ [s]일 때 파 단면도가 [그림 7-14]에 표시되었다. 이것의 파동함수를 코사인을 이용해 표시하라.

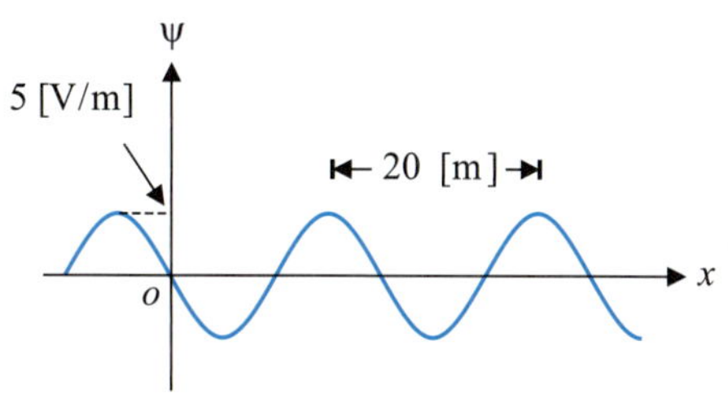

[그림 7-14] 시간 $t = 0.4$ [s]일 때 조화파의 단면도 (문제 7.3)

연습문제

7.4 조화시변 항이 $\exp(j\omega t)$인 경우 자유 공간에서 하나의 조화파가 $\psi = A_o \exp(-jkx)$로 표시된다. [그림 7-15]에서 보듯이 경계면 $x = x_3$에서 반사된 파가 $\psi' = A'_o \exp(jkx)$로 주어진다. 경계면에서의 경계면 조건이 $\psi'/\psi = -0.5$일 때 다음 질문에 답하라.

(a) A'_o을 구하라.

(b) 점 $x = x_1$과 $x = x_2$에서 $\psi_T = \psi + \psi'$의 값을 구하라.

(c) $\psi_T(x_1)$에 대해 $\psi_T(x_2)$의 위상 지연은 얼마인가?

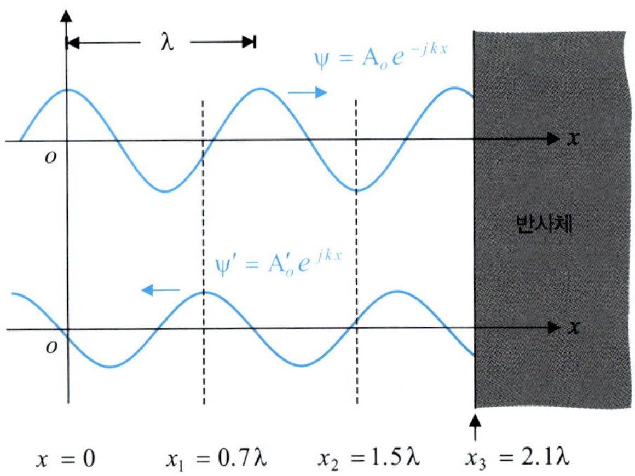

[그림 7-15] 경계면에 입사하는 조화파의 반사 (문제 7.4)

7.5 [그림 7-6]의 경계면이 평면 $x = 0$가 아닌 평면 $x = a$에 해당할 때 $\hat{A}_r / A_o$와 $\hat{A}_t / A_o$를 Γ, τ, a를 이용해 표시하라.

7.6 조화파 ψ_1이 유전체 평판에 수직으로 입사한다([그림 7-16] 참조). 투과파는 평판 내에서 앞 뒤로 무한정 반사하는데, 이때 앞으로 진행하는 모든 파의 합은 ψ_3이고 뒤로 진행하는 모든 파의 합은 ψ_3'으로 표기된다. 평판을 빠져나온 파는 ψ_4가 된다. 복소 진폭들을 A_1을 이용해 표시하기 위해 식 (7.30)과 경계면 조건을 이용하라(ψ와 $\partial\psi/\partial x$가 경계면에서 연속이다).

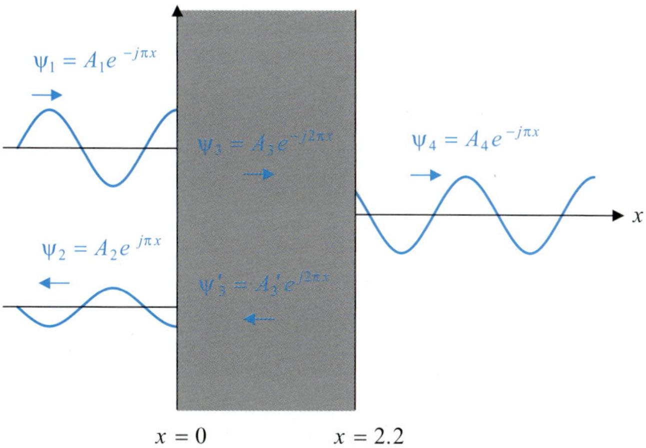

[그림 7-16] 유전체 평판에 입사하는 조화파 (문제 7.6)

7.7 하나의 조화파가 위상속도 $v_p = 10$ [m/s]로 $+x$-방향으로 진행할 때 점 $x = 4$ [m]에서 시간상 파동이 [그림 7-17]에 표시되었다. 다음 값을 구하라.

(a) 각주파수

(b) 전파상수

(c) 코사인 함수를 이용한 파동함수

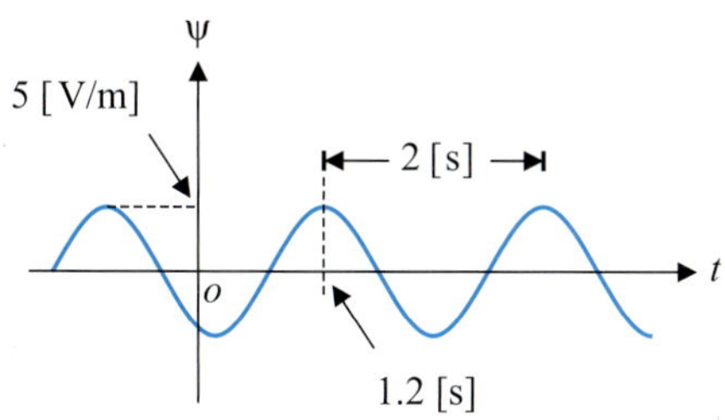

[그림 7-17] 조화파의 시간상 파동 (문제 7.7)

7.8 파장 18.57 [m]의 평면파가 자유 공간을 진행할 때 점 (2, 4, 0)과 (1, 1, 0)에서의 파동은 원점에 대해 시간위상이 각각 0.44π [rad]과 0.14π [rad] 지연된다. 일반적인 표현식 $Ae^{-j\mathbf{k}\cdot\mathbf{r}+j\omega t}$를 이용해 파수벡터를 구하라.

연습문제

평면파

7.9 자유 공간을 진행하는 균일 평면파의 주파수는 60 [Hz]이고 파수벡터는 $\mathbf{k} = 5\mathbf{a}_x + 3\mathbf{a}_y + \sqrt{2}\mathbf{a}_z$ 이다. 이때 다음 값을 구하라.

(a) 위상속도

(b) x-축을 따라 측정한 위상속도

7.10 하나의 균일 평면파의 파수벡터가 $\mathbf{k} = 10(\mathbf{a}_x + 2\mathbf{a}_y + 2\mathbf{a}_z)$일 때 다음 값을 구하라.

(a) 파장

(b) x-축을 따라 측정한 공간주기

7.11 자유 공간에서 파장 $\lambda = 0.25\pi$ [m]의 균일 평면파가 원점으로부터 멀어져 진행한다. 시간 $t = t_o$일 때 그 파면이 직각좌표계의 세 축 위의 점들 $x = 1/2$, $y = 1/\sqrt{3}$, $z = 1/3$를 통과한다. 조화시변 항이 $e^{-i\omega t}$인 경우 다음 값을 구하라.

(a) 파수벡터

(b) 이 파면과 원점 사이의 위상차

7.12 시간 $t = 0$일 때 평면파의 한 파면이 직각좌표계의 세 축과 각각 $x = 3$, $y = 2\sqrt{3}$, $z = 2$에서 만난다. 이 파면은 시간 $t = 0.2$ [s]일 때 원점을 지난다. 다음 값을 구하라.

(a) 파의 진행 방향

(b) 위상속도

7.13 하나의 평면파가 $\psi = 5\exp[i40\pi(x + 2y + 2z) - i\omega t]$로 주어지며 위상속도 $v_p = 50$ [m/s]로 진행한다. 이것의 파면이 시간 $t = 0$일 때 x-축과 $x = 0.5$ [m]에서 만난다. 시간 $t = 0.02$ [s]일 때 이 파면이 x-축과 만나는 점을 구하라.

7.14 파장 λ의 균일 평면파가 평면 $z = 0$의 경계면에 입사하여 일부는 반사하고 나머지는 투과한다 ([그림 7-18] 참조). 이 경우 경계면 조건에 의하면 y-축으로의 공간주기는 경계면에서 연속이다. 이것을 이용해 $\theta_r = \theta_i$ 그리고 $\sin\theta_i = n\sin\theta_t$임을 보여라.

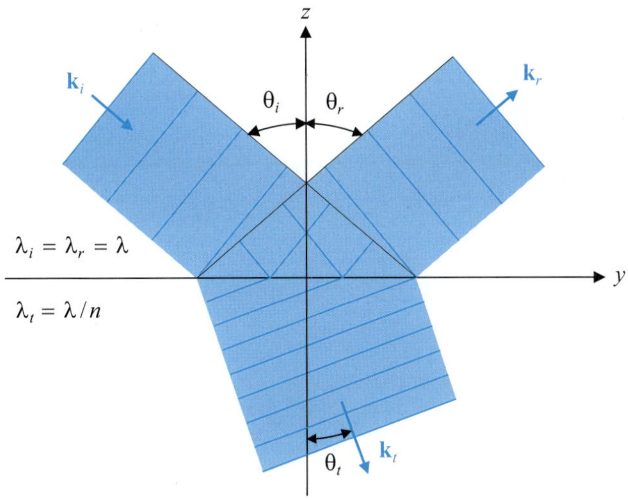

[그림 7-18] 입사, 반사, 투과파들의 파수벡터들은 모두 yz-평면에 놓여 있다. (문제 7.14)

전자기 평면파

7.15 다음의 함수들에 대해 이것이 자유 공간을 진행하는 전자기파를 나타내는가? 그렇지 않다면 그 이유는 무엇인가? 이때 거리, 시간의 단위는 각각 미터, 초이다.

(a) $\mathscr{E} = (2\mathbf{a}_x + 3\mathbf{a}_y)\sin(z - 3\times10^8 t)$

(b) $\mathscr{E} = 10\mathbf{a}_z\cos(0.1x - 3\times10^6 t)$

(c) $\mathscr{E} = 4\cos(3x + 9\times10^8 t)$

(d) $\mathscr{E} = (3\mathbf{a}_x + \mathbf{a}_z)\sin(0.1z + 3\times10^7 t)$

(e) $\mathscr{E} = 2\mathbf{a}_y\cos(100x + 3\times10^{10} t + 0.2)$

(f) $\mathscr{E} = 6\mathbf{a}_z\cos(4x)\cos(12\times10^8 t)$

(g) $\mathscr{E} = 0.5\mathbf{a}_z\cos(3x - 4y + 15\times10^8 t)$

연습문제

7.16 다음 중 어느 것이 자유 공간을 진행하는 횡파 특성을 가진 전자기파인가?

① $\psi = (\mathbf{a}_x - i2\mathbf{a}_y)e^{i10z}$

② $\psi = (1 + i0.5)\mathbf{a}_x e^{-i12.5z + i0.3}$

③ $\psi = 3e^{i1.4}\mathbf{a}_x e^{i(2y - 5z)}$

④ $\psi = (15\mathbf{a}_x + 12\mathbf{a}_y)e^{i(4x - 5y + 3z)}$

⑤ $\psi = (15\mathbf{a}_x - 12\mathbf{a}_y)e^{i(4x - 5y - 3z)}$

⑥ $\psi = (15\mathbf{a}_x + i12\mathbf{a}_y)e^{i(4x - 5y + 3z)}$

⑦ $\psi = 15\mathbf{a}_x e^{i(4x - 5y + 3z)}$

7.17 자유 공간의 전자기파가 $\mathscr{E} = \mathbf{E}_o \cos(3x + 4y - \omega t)$ [V/m]로 표시된다고 하자. $\mathbf{E}_o = 12\mathbf{a}_x + b\mathbf{a}_y + 10\mathbf{a}_z$ [V/m]일 때 다음 값을 구하라.

(a) ω (b) $\mathbf{E}_o$

7.18 자유 공간을 진행하는 전자기파의 전기장이, 조화시변 항이 $e^{-i\omega t}$인 경우, 복소형태로 $\mathbf{E} = (3\mathbf{a}_x + 4\mathbf{a}_y)\exp(i10^6 z)$로 주어진다. 이때 (a) $\mathscr{E}$와 (b) $\mathscr{H}$의 실순시 값을 구하라.

7.19 조화시변 항이 $e^{-i\omega t}$인 경우 자유 공간의 전자기파가 복소형태로 $\mathbf{E} = [(1 + i2)\mathbf{a}_x + \mathbf{a}_y]\exp(i10^4 z - i0.8)$으로 표시된다. 이때 (a) ω를 구하고, (b) $\mathscr{E}$와 $\mathscr{H}$를 실순시형태로 표시하라.

7.20 주파수 10 [MHz]의 전자기 평면파가 자유 공간에서 $3\mathbf{a}_x + 4\mathbf{a}_y$의 방향으로 진행한다. 이것의 전기장은 z-방향으로 향하는데, 시간 $t = 0$일 때 y-축 위의 점 $y = 6$에서 최대값 2 [V/m]를 가진다. 이때 $\mathscr{E}(\mathbf{r}, t)$의 표현식을 구하라.

7.21 자유 공간을 진행하는 $\omega = 9\times10^9$ [rad/s]인 전자기 평면파의 전기장 및 자기장 진폭이 각각 $20\mathbf{a}_z$ [V/m]와 $(1/90\pi)(9\mathbf{a}_x - 12\mathbf{a}_y)$ [A/m]로 주어진다. 이때 $\mathscr{E}$와 $\mathscr{H}$를 구하라.

CHAPTER

08

전자기 조화파

Time-Harmonic Electromagnetic Wave

위상자 8.1

균질 매질 내의 전자기파 8.2

경계면에서의 전자기 평면파 8.3

분산매질 내의 전자기파 8.4

연습문제

들어가기 전에

7장에서 파동의 개념에 대해 설명하였다. 배운 내용을 간단히 요약하자면, 파동은 전적으로 미분 파동방정식에 의해 좌우되며, 미분 파동방정식의 가장 일반적인 해는 균일 평면파이다. 또한 맥스웰 방정식을 결합하면 3차원 미분 파동방정식을 유도할 수 있는데, 시간에 따라 변하는 전기장과 자기장은 항상 이 식을 만족해야 한다. 전자기파는 횡파이고 이것의 주파수는 서로 다른 선형 매질에서 변치 않으므로, **사인꼴 정상상태**(sinusoidal steady state)에서 위상자를 이용하면 전기장과 자기장의 **조화시변**(time-harmonic) 특성을 설명하는 데 매우 유용하다.

이 장에서는 사인꼴 정상상태를 가성하고, 저손실 유전체와 **양도체**(good conductor) 내에서 전자기파가 어떻게 진행하는지에 대해 논의한다. 모든 진행파는 하나의 주파수를 가진 평면파이고 조화시변 항이 $e^{j\omega t}$로 주어진다고 가정한다. 우선 위상자형태의 맥스웰 방정식에 대해 설명하고, 손실 유전체의 **감폭**(damping) 및 자유전자가 맥스웰 방정식과 파동함수에 어떠한 영향 혹은 변형을 미치는 지에 대해 설명한다. 그 다음에는 물질 특성을 나타내는 변수들, 예를 들어 **고유 임피던스**(intrinsic impedance), **감쇠상수**(attenuation constant), **위상상수**(phase constant) 등을 설명한다. 이후 편광벡터와 포인팅 벡터를 설명하고 시변 전기장과 자기장에 대한 경계면 조건을 맥스웰 방정식으로부터 유도한다. 이를 이용해 평면 경계면에 경사 입사하는 전자기파의 **반사계수**(reflection coefficient)와 **투과계수**(transmission coefficient)를 유도하고 **브루스터각**(Brewster angle)과 **임계각**(critical angle)을 설명한다.

8.1 위상자

완전유전체에는 자유전하 및 전류가 존재하지 않는다. 즉 $\rho_v = 0$이고 $\boldsymbol{J} = 0$이다. 만약에 주어진 매질이 **균질**(homogeneous)이고 **선형**(linear)적이며, **등방성**(isotropic)을 띠고 있다면 유전율과 투자율은 상수이므로 이들은 전기장 혹은 자기장의 방향 및 크기에 독립적이다. 이러한 조건에서 맥스웰 방정식은 다음과 같이 주어진다.

$$\nabla \times \mathscr{E} = -\mu \frac{\partial \mathscr{H}}{\partial t} \tag{8.1a}$$

$$\nabla \times \mathscr{H} = \varepsilon \frac{\partial \mathscr{E}}{\partial t} \tag{8.1b}$$

$$\nabla \cdot \mathscr{E} = 0 \tag{8.1c}$$

$$\nabla \cdot \mathscr{H} = 0 \tag{8.1d}$$

여기서 $\mathscr{E}$와 $\mathscr{H}$는 각각 전기장과 자기장의 실순시 값이고, ε은 유전율, μ는 투자율이다.

맥스웰 방정식을 결합하면 다음과 같이 $\mathscr{E}$에 대한 3차원 미분 파동방정식을 유도할 수 있다.

$$\nabla^2 \mathscr{E} = \mu\varepsilon \frac{\partial^2 \mathscr{E}}{\partial t^2} \tag{8.2}$$

어떤 매질이 무한정 펼쳐져 있다면 이것을 무한 매질(unbounded)이라 부르고, 이러한 매질에서는 균일 평면파가 미분 파동방정식의 일반해가 된다.

$$\mathscr{E}(\mathbf{r}, t) = \mathrm{Re}\left[\hat{\mathbf{E}}_o e^{-j\mathbf{k}\cdot\mathbf{r} + j\omega t}\right] \tag{8.3}$$

여기서 $j = \sqrt{-1}$이다. $\hat{\mathbf{E}}_o$는 세 개의 스칼라 성분으로 이뤄진 벡터로, 이 성분들은 복소수이다. 지금부터 복소수는 기호 ^(hat)을 이용해 표시한다. 앞 장에서 설명한 것처럼 식 (8.3)의 지수, 즉 $-\mathbf{k}\cdot\mathbf{r}$은 주어진 파의 **위상평면**(phase front) 혹은 **파면**(wavefront)이 무한 평면이고 **파수벡터**(wavevector) $\mathbf{k}$에 수직이라는 것을 의미한다. 여기서 $\hat{\mathbf{E}}_o$는 상수인데, 이것은 전기장의 크기, 방향, 위상이 파면에서 모두 상수이고 균일하다는 것을 의미한다. 이런 파를 **균일 평면파**(uniform plane wave)라 한다. 식 (8.3)의 조화시변 항 $e^{j\omega t}$는 $\mathscr{E}$가 시간에 따라 주기적으로 변한다는 것을 나타낸다. 따라서 이런 파를 **조화파**(time harmonic wave)라 부른다. 파수벡터는 다음과 같이 정의된다.

$$\mathbf{k} = \omega\sqrt{\mu\varepsilon}\,\mathbf{a}_k \tag{8.4}$$

여기서 ω는 각주파수이다. 미분 파동방정식인 식 (8.2)에서는 ε와 μ를 통해 $\mathbf{k}$의 크기를 알려주지만, 방향에는 아무런 제약이 없다. 무한 매질에서 $\mathbf{k}$의 방향은 전적으로 관찰점에 대한 원천의 상대적 위치에 의해 결정된다.

8.1.1 전기장 및 자기장 위상자

하나의 균일 평면파가 서로 다른 매질 사이의 평면 경계면에 입사하면 일부는 반사하여 되돌아 가므로, 첫째 매질에서의 총 전기장은 입사파와 반사파 전기장들의 합이다.

$$\mathscr{E}(\mathbf{r}, t) = \text{Re}\left[\left(\hat{\mathbf{E}}_o^i e^{-j\mathbf{k}_i \cdot \mathbf{r}} + \hat{\mathbf{E}}_o^r e^{-j\mathbf{k}_r \cdot \mathbf{r}}\right) e^{j\omega t}\right] \tag{8.5}$$

여기서 i와 r은 각각 입사파와 반사파를 나타낸다. 반사파의 진행 방향은 입사파에 반대 방향이지만, 두 파에 대한 표현식은 식 (8.5)에서 보듯이 동일한 형태를 띠고 있다. 이 경우 반사파의 뒤집힌 방향은 파수벡터 $\mathbf{k}_r$에 포함되어 있다고 생각한다. 직접대입 방법을 사용하면 식 (8.5)의 일반해는 $|\mathbf{k}_i| = |\mathbf{k}_r| = \omega\sqrt{\mu\varepsilon}$일 때 미분 파동방정식을 만족한다는 사실을 확인할 수 있다. 입사파의 파수벡터 $\mathbf{k}_i$와 복소 진폭 $\hat{\mathbf{E}}_o^i$는 원천에 의해 결정되므로 이들은 이미 알려진 값들이다. 반면에 $\mathbf{k}_r$의 방향과 진폭 $\hat{\mathbf{E}}_o^r$은 미지의 상수이므로 $\mathscr{E}$에 대한 경계면 조건을 이용하여 찾아야 한다.

식 (8.5)를 좀더 일반적인 식으로 표시하면 다음과 같다.

$$\mathscr{E}(\mathbf{r}, t) = \text{Re}\left[\tilde{\mathbf{E}}(x, y, z)\, e^{j\omega t}\right] \tag{8.6}$$

위 식에서 공간 좌표와 시간 변수는 서로 독립적인데, 그 이유는 시간에 독립적인 **전기장 위상자**(electric field phasor), 즉 $\tilde{\mathbf{E}}(x, y, z)$를 사용하기 때문이다. 전기장 위상자는 조화시변 전기장의 진폭과 위상을 위치에 대한 함수로 표시한다. 전기장 위상자를 위상자 진폭 $\hat{\mathbf{E}}_o^i$ 및 $\hat{\mathbf{E}}_o^r$과 혼동하면 안된다(이는 문자 위의 기호 ~와 ^를 구별하면 쉽다). 위상자 진폭은 상수이고 복소수이다. 전기장에 대한 실순시 값은 위상자에 조화시변 항 $e^{j\omega t}$을 곱한 후 그 실수값을 취하면 된다.

$\mathscr{E}$에 적용한 것과 동일한 절차에 따라 맥스웰 방정식을 결합하여 $\mathscr{H}$에 대한 미분 파동방정식을 유도할 수 있는데, 이는 식 (8.2)와 동일한 형태를 가진다. 또한 $\mathscr{H}$에 대한 일반해도 식 (8.6)과 동일한 형태를 가진다.

$$\mathscr{H}(\mathbf{r}, t) = \text{Re}\left[\tilde{\mathbf{H}}(x, y, z)\, e^{j\omega t}\right] \tag{8.7}$$

여기서 $\tilde{\mathbf{H}}(x, y, z)$는 **자기장 위상자**(magnetic field phasor)이다.

예제 8-1

위상자 $\tilde{\mathbf{E}} = \mathbf{a}_y\, 2E_o \cos(k_1 x) e^{-jk_3 z}$는 두 개의 균일 평면파로 분리될 수 있는데 이들의 피면을 영역 $z \le 0$에서 그려라.

풀이

오일러 공식을 이용해 주어진 위상자를 다음과 같이 표시한다.

$$\begin{aligned}\tilde{\mathbf{E}} &= \mathbf{a}_y 2E_o \frac{1}{2}\left[e^{jk_1 x} + e^{-jk_1 x}\right]e^{-jk_3 z} \\ &= \mathbf{a}_y E_o\, e^{-j(-k_1 x + k_3 z)} + \mathbf{a}_y E_o\, e^{-j(k_1 x + k_3 z)} \\ &\equiv \tilde{\mathbf{E}}' + \tilde{\mathbf{E}}''\end{aligned}$$

여기서 $\tilde{\mathbf{E}}'$과 $\tilde{\mathbf{E}}''$은 각각 파수벡터 $\mathbf{k}' = -k_1\mathbf{a}_x + k_3\mathbf{a}_z$와 $\mathbf{k}'' = k_1\mathbf{a}_x + k_3\mathbf{a}_z$를 가진 두 평면파를 나타낸다. 이들은 동일한 매질에서 진행하므로 동일한 파수를 가진다. 즉 $|\mathbf{k}'| = |\mathbf{k}''| = (k_1^2 + k_3^2)^{1/2}$이다. 따라서 이들의 파장은 $\lambda = 2\pi/(k_1^2 + k_3^2)^{1/2}$로 주어진다. 이들의 파면은 [그림 8-1]에서 보듯이 x-축과 각도 $\theta = \tan^{-1}(k_1/k_3)$를 이룬다. 그림에서 보듯이 x-축 위의 검은색 점에서 위상자는 $\tilde{\mathbf{E}} = \mathbf{a}_y 2E_o$이고, 두 파들 사이에 보강간섭이 발생한다. 또한 두 검은색 점들 사이의 중간 지점에서 위상자는 $\tilde{\mathbf{E}} = -\mathbf{a}_y 2E_o$이고 여기에서도 보강간섭이 발생한다.

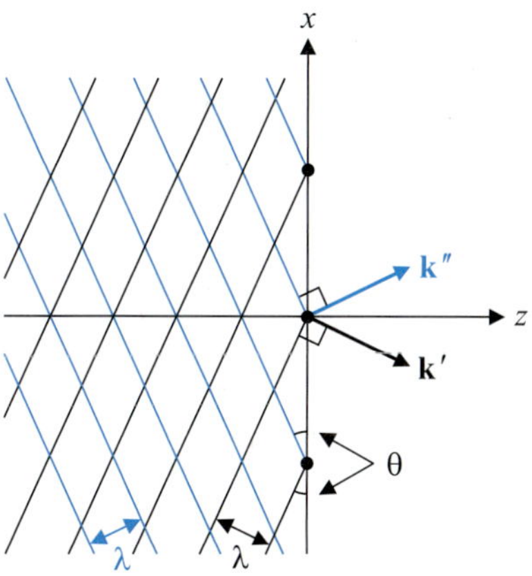

[그림 8-1] 두 균일 평면파의 중첩

유제 8.1 위상자 $\tilde{\mathbf{A}} = \mathrm{A}_o(\mathbf{a}_x + j\mathbf{a}_y)$의 실순시 값을 구하라. 이것이 공간을 진행하는 전자기파를 나타내는가?

Ans $\mathscr{A} = \mathrm{A}_o\mathbf{a}_x\cos(\omega t) - \mathrm{A}_o\mathbf{a}_y\sin(\omega t)$, 아니요

유제 8.2 주어진 함수 $\mathscr{B} = B_o\mathbf{a}_x\cos(10t)\cos(15t - 30z)$를 위상자형태로 표시할 수 있는가? 그렇지 않으면 그 이유는 무엇인가?

Ans 아니요. 이 함수가 두 주파수 $\omega = 5$와 $\omega = 25$를 가짐

8.1.2 위상자형태의 맥스웰 방정식

사인꼴 정상상태에서 전기장, 자기장, 그리고 이들의 원천은 모두 시간에 따라 주기적으로 변한다. 따라서 맥스웰 방정식은 위상자형태로 표시될 수 있다. 우선 식 (8.6)과 (8.7)을 식 (8.1a)에 대입하면 다음과 같다.

$$\nabla \times \mathrm{Re}\left[\tilde{\mathbf{E}}(x, y, z)\, e^{j\omega t}\right] = -\mu \frac{\partial}{\partial t} \mathrm{Re}\left[\tilde{\mathbf{H}}(x, y, z)\, e^{j\omega t}\right] \qquad (8.8)$$

여기서 컬, 시간 미분, 실수부들은 서로 독립적이므로 위 식을 다음과 같이 다시 쓸 수 있다.

$$\mathrm{Re}\left[e^{j\omega t}\, \nabla \times \tilde{\mathbf{E}}(x, y, z)\right] = -\mu\, \mathrm{Re}\left[\tilde{\mathbf{H}}(x, y, z)\, j\omega\, e^{j\omega t}\right]$$

실순시 값을 얻기 위해 주어진 위상자와 시간항 $e^{j\omega t}$를 곱한 후 그 실수부를 취하면 된다. 이러한 절차는 너무 당연하므로 지금부터 Re[ ] 기호와 시간항 $e^{j\omega t}$를 생략하고, 다음과 같이 간단한 위상자형태의 식을 사용할 것이다.

$$\nabla \times \tilde{\mathbf{E}} = -j\omega\mu \tilde{\mathbf{H}}$$

이러한 절차에 따라 맥스웰 방정식을 위상자형태로 표시할 수 있다. 균질, 선형, 등방성의 완전유전체에서 위상자형태의 맥스웰 방정식은 다음과 같다.

$$\nabla \times \tilde{\mathbf{E}} = -j\omega\mu \tilde{\mathbf{H}} \qquad (8.9a)$$

$$\nabla \times \tilde{\mathbf{H}} = j\omega\varepsilon \tilde{\mathbf{E}} \qquad (8.9b)$$

$$\nabla \cdot \tilde{\mathbf{E}} = 0 \qquad (8.9c)$$

$$\nabla \cdot \tilde{\mathbf{H}} = 0 \qquad (8.9d)$$

여기서, 전기장 및 자기장 위상자 $\tilde{\mathbf{E}}$와 $\tilde{\mathbf{H}}$는 시간에 독립적이지만 위치에 대한 함수라는 점을 명심해야 한다. 이들은 벡터이고 그 스칼라 성분들은 일반적으로 복소수이다.

$\mathscr{E}$ 혹은 $\mathscr{H}$에 대한 미분 파동방정식을 유도할 때와 동일한 절차에 따라, 위상자형태의 맥스웰 방정식으로부터 $\tilde{\mathbf{E}}$ 혹은 $\tilde{\mathbf{H}}$에 대한 2차 미분 방정식을 유도할 수 있다. 식 (8.9a)에 컬을 적용하고 식 (8.9b)를 이용하면 다음 식을 얻을 수 있다.

$$\begin{aligned} \nabla \times \nabla \times \tilde{\mathbf{E}} &= -j\omega\mu \nabla \times \tilde{\mathbf{H}} \\ &= \omega^2 \mu\varepsilon \tilde{\mathbf{E}} \end{aligned} \qquad (8.10)$$

식 (8.10)의 맨 왼쪽 항에 벡터 항등식 $\nabla\times\nabla\times\mathbf{U} = \nabla\nabla\bullet\mathbf{U} - \nabla^2\mathbf{U}$를 적용하고 식 (8.9c)를 이용하면 우리는 **벡터 헬름홀츠 식**(vector Helmholtz equation)을 다음과 같이 구할 수 있다.

$$\nabla^2\tilde{\mathbf{E}} + k^2\tilde{\mathbf{E}} = 0 \tag{8.11}$$

파수 k는 다음과 같이 정의된다.

$$k = \omega\sqrt{\mu\varepsilon} = \frac{\omega}{v} = \frac{2\pi}{\lambda} \quad \text{[rad/m]} \tag{8.12}$$

여기서 ω는 각주파수, μ는 투자율, ε은 유전율, 그리고 λ는 파장이다. 물체 내의 위상속도는 다음과 같다.

$$v = \frac{1}{\sqrt{\mu\varepsilon}} = \frac{c}{\sqrt{\mu_r\varepsilon_r}}$$

여기서 μ_r은 상대투자율, ε_r은 상대유전율이다. 그리고 자유 공간에서 빛의 속도는 $c = 1/\sqrt{\mu_0\varepsilon_0}$이다.

유제 8.3 다음 중 전기장 위상자로부터 구할 수 있는 값은 무엇인가?

① 파의 진행 방향　② 파의 진폭
③ 편광 상태　④ 파장
⑤ 위상속도　⑥ 주파수

Ans ①~④

유제 8.4 파장 $\lambda = 0.4$ [m]의 전자기파가 공기 중을 진행하다가 비자성 유전체에 입사하면 파장이 $\lambda = 0.2$ [m]로 변한다. 이 매질의 ε_r을 구하라.

Ans 4

복습문제

Q8.1 조화시변 전기장을 일반적인 위상자형태로 표시하라. **A** 식 (8.6)

Q8.2 자유 공간에서 위상자형태의 맥스웰 방정식을 쓰라. **A** 식 (8.9)

Q8.3 벡터 헬름홀츠 식을 쓰라. **A** 식 (8.11)

8.2 균질 매질 내의 전자기파

균질 매질 내의 유전율과 투자율은 위치에 대해 상수인데, 이는 주어진 매질이 무제한이라는 의미이다. 따라서 어떤 경계면도 없으므로 하나의 균일 평면파는 반사나 굴절 없이 앞으로 진행한다.

8.2.1 무손실 유전체 내의 균일 평면파

무손실 유전체는 완전유전체로, 전자기파는 어떠한 에너지 손실없이 진행한다. 이 경우 파의 진행은 매질의 유전율과 투자율에 영향을 받으며, 그 파수는 $k = \omega\sqrt{\varepsilon\mu}$로 주어진다. 물체 내에서 조화파의 진행을 위상자를 이용해 설명하려면 직각좌표계에서의 벡터 헬름홀츠 식을 이용한다.

$$\nabla^2\left(\tilde{E}_x\mathbf{a}_x + \tilde{E}_y\mathbf{a}_y + \tilde{E}_z\mathbf{a}_z\right) + k^2\left(\tilde{E}_x\mathbf{a}_x + \tilde{E}_y\mathbf{a}_y + \tilde{E}_z\mathbf{a}_z\right) = 0 \tag{8.13}$$

여기서 $\tilde{E}_x$, $\tilde{E}_y$, $\tilde{E}_z$는 전기장 위상자의 세 스칼라 성분들이다. 직각좌표계의 베이스벡터들은 서로 독립적이므로 식 (8.13)은 다음과 같이 세 헬름홀츠 식으로 분리될 수 있다.

$$\nabla^2\tilde{E}_x + k^2\tilde{E}_x = 0 \tag{8.14a}$$

$$\nabla^2\tilde{E}_y + k^2\tilde{E}_y = 0 \tag{8.14b}$$

$$\nabla^2\tilde{E}_z + k^2\tilde{E}_z = 0 \tag{8.14c}$$

직각좌표계에서 식 (8.14a)를 다음과 같이 표시할 수 있다.

$$\frac{\partial^2\tilde{E}_x}{\partial x^2} + \frac{\partial^2\tilde{E}_x}{\partial y^2} + \frac{\partial^2\tilde{E}_x}{\partial z^2} + k^2\tilde{E}_x = 0 \tag{8.15}$$

직접대입 방법을 이용하면 균일 평면파가 식 (8.15)의 일반해임을 쉽게 증명할 수 있다.

$$\tilde{E}_x = \hat{E}_{ox}e^{-j(k_x x + k_y y + k_z z)} = E_{ox}e^{-j\mathbf{k}\cdot\mathbf{r}} \tag{8.16a}$$

여기서 $\hat{E}_{ox}$는 복소 진폭이고, $\mathbf{r}$은 위치벡터이다. $\mathbf{k}$는 파수벡터로 크기는 $|\mathbf{k}| = k = (k_x^2 + k_y^2 + k_z^2)^{1/2}$이다. 비슷한 방법을 이용하여 $\hat{\mathbf{E}}$의 y-성분과 z-성분을 구할 수 있다.

$$\tilde{E}_y = \hat{E}_{oy}e^{-j\mathbf{k}\cdot\mathbf{r}} \tag{8.16b}$$

$$\tilde{E}_z = \hat{E}_{oz}e^{-j\mathbf{k}\cdot\mathbf{r}} \tag{8.16c}$$

식 (8.16a) ~ (8.16c)의 세 성분들은 파수벡터가 동일하면 서로 결합되어 벡터 헬름홀츠 식의 한 해가 될 수 있다. 반면에 동일하지 않으면 이들은 서로에 대해 독립적인 세 진행파를 나타낸다. 결론적으로 무한한 무손실 유전체 내에서 벡터 헬름홀츠 식의 일반해는 파수벡터 $\mathbf{k}$를 가진 균일 평면파이다.

비록 벡터 헬름홀츠 식의 파수 k 혹은 $|\mathbf{k}|$는 주어진 매질에 의해 결정되지만, $\mathbf{k}$의 방향은 매질과 무관하며 원천이 놓여 있는 지점의 방향에 의해 결정된다.

전기장 위상자는 여러 형태를 띨 수 있다. 예를 들어 다음과 같이 나타낼 수 있다.

$$\tilde{\mathbf{E}} = \tilde{E}_x \mathbf{a}_x + \tilde{E}_y \mathbf{a}_y + \tilde{E}_z \mathbf{a}_z = \left(\hat{E}_{ox} \mathbf{a}_x + \hat{E}_{oy} \mathbf{a}_y + \hat{E}_{oz} \mathbf{a}_z\right) e^{-j\mathbf{k}\cdot\mathbf{r}}$$

좀 더 일반적인 형태로 전기장 위상자를 표시하면 다음과 같다.

$$\tilde{\mathbf{E}} = \hat{\mathbf{E}}_o e^{-j\mathbf{k}\cdot\mathbf{r}} \tag{8.17}$$

위상자 진폭 $\hat{\mathbf{E}}_o$는 조화시변 전기장의 진폭과 방향을 알려준다. $\hat{\mathbf{E}}_o$의 일반적인 형태는 다음과 같다.

$$\hat{\mathbf{E}}_o = \hat{E}_o \mathbf{a}_E = E_o e^{j\varphi_o} \mathbf{a}_E \tag{8.18}$$

여기서 $\hat{E}_o$는 복소 진폭이고, E_o는 진폭, φ_o는 위상각이다. 그리고 $\mathbf{a}_E$는 $\hat{\mathbf{E}}_o$ 방향으로의 단위벡터이다. 무한한 매질에서 진행하는 전자기파의 상수 위상 φ_o는 어떠한 물리적 의미도 가지지 않는다. 따라서 대부분의 경우 편의상 영으로 가정한다.

식 (8.17)에서 보듯이 $\tilde{\mathbf{E}}$에 대한 일반식은 세 개의 벡터를 포함하며, 이들을 구별하여 이해할 필요가 있다. 먼저 파수벡터 $\mathbf{k}$는 파장과 파의 진행 방향을 알려준다. 위치벡터 $\mathbf{r}$은 관찰점의 위치를 표시하는데, 이 점에서 조화시변 전기장의 시간에 따른 변화를 관찰한다. 특히 이 점에서 조화시변 파동의 상대적 시간위상이 $-\mathbf{k}\cdot\mathbf{r}$로 주어진다. 마지막으로 위상자 진폭 $\hat{\mathbf{E}}_o$는 조화시변 전기장의 진폭과 그 진동 방향을 표시한다.

식 (8.17)의 균일 평면파가 벡터 헬름홀츠 식을 만족한다고 해도, 맥스웰 방정식(그 중에서도 가우스 법칙)을 만족해야만 비로소 전자기파라고 말할 수 있다. 식 (8.17)을 식 (8.9c)에 대입하면 다음과 같다.

$$\nabla\cdot\tilde{\mathbf{E}} = -j\left(\mathbf{k}\cdot\hat{\mathbf{E}}_o\right)e^{-j\mathbf{k}\cdot\mathbf{r}} = 0$$

따라서 다음과 같은 식을 얻을 수 있다.

$$\mathbf{k}\cdot\hat{\mathbf{E}}_o = 0 \tag{8.19}$$

위 식으로부터 $\hat{\mathbf{E}}_o$는 항상 파수벡터에 수직이라는 것을 알 수 있다. 다시 말해, $\hat{\mathbf{E}}_o$는 파수벡터에 수직인 파면에 놓여 있다. 따라서 전자기파는 횡파이다.

앞에서, 전자기 균일 평면파는 전기장 위상자를 이용해 표시할 수 있다는 것을 설명하였다. 전자기파는 전기장과 자기장의 결합이므로 전기장이 주어지면 자기장은 맥스웰 방정식을 이용해 구할 수 있다.

식 (8.17)의 전기장 위상자를 식 (8.9a)에 대입하면 다음과 같다.

$$\begin{aligned} \nabla \times \tilde{\mathbf{E}} &= -j\mathbf{k} \times \hat{\mathbf{E}}_o e^{-j\mathbf{k}\cdot\mathbf{r}} \\ &= -j\omega\mu\tilde{\mathbf{H}} \end{aligned} \tag{8.20}$$

위 식에 $k = \omega\sqrt{\mu\varepsilon}$을 사용하면 전기장과 자기장 위상자 사이의 관계를 다음과 같이 구할 수 있다.

$$\tilde{\mathbf{H}} = \frac{1}{\eta}\left(\mathbf{a}_k \times \tilde{\mathbf{E}}\right) \tag{8.21}$$

여기서 $\mathbf{a}_k$는 파수벡터 방향으로의 단위벡터이다. 투자율 μ와 유전율 ε의 매질에서 **고유 임피던스**는 다음과 같이 정의된다.

$$\eta = \sqrt{\frac{\mu}{\varepsilon}} \quad [\Omega] \tag{8.22}$$

이것은 매질의 특성을 나타내는 중요한 파라미터이다.

그 다음 식 (8.17)을 식 (8.21)에 사용하면, 전기장과 자기장은 동일한 형태를 띠며 서로 밀접하게 연관되어 있다는 것을 알 수 있다.

$$\begin{aligned} \tilde{\mathbf{H}} &= \frac{1}{\eta}\left(\mathbf{a}_k \times \hat{\mathbf{E}}_o\right)e^{-j\mathbf{k}\cdot\mathbf{r}} \\ &\equiv \hat{\mathbf{H}}_o e^{-j\mathbf{k}\cdot\mathbf{r}} \end{aligned} \tag{8.23}$$

여기서 위상자 진폭 $\hat{\mathbf{H}}_o$는 다음과 같이 정의된다.

$$\begin{aligned} \hat{\mathbf{H}}_o &= \frac{\hat{E}_o}{\eta}\left(\mathbf{a}_k \times \mathbf{a}_E\right) \\ &\equiv \hat{H}_o \mathbf{a}_H \end{aligned} \tag{8.24}$$

위 식을 보면, 고유 임피던스가 두 복소 진폭 $\hat{E}_o$와 $\hat{H}_o$ 사이의 비라는 것을 알 수 있다. 고유 임피던스는 옴 [Ω] 단위로 측정되는데 자유 공간에서는 $\eta_o = \sqrt{\mu_0/\varepsilon_0} = 120\pi \cong 377$ [Ω]의 값을 가진다. 무손실 유전체에서 η는 실수이다. 따라서 자기장은 전기장과 항상 위상맞음 상태에 있다. 반면에 손실 유전체에서 η는 복소수이므로 자기장은 전기장과 일반적으로 위상어긋남 상태이다. 그럼에도 불구하고 세 벡터들 $\hat{\mathbf{E}}_o$, $\hat{\mathbf{H}}_o$, $\mathbf{k}$는 항상 서로 수직이고 오른손규칙을 따른다. 즉 오른손 손가락이 전기장에서 자기장 방향으로 회전하면 그 엄지는 파수벡터 방향을 가리킨다. 이를 식으로 나타내면 다음과 같다.

$$\mathbf{a}_k = \mathbf{a}_E \times \mathbf{a}_H \tag{8.25}$$

위 식은 전기장과 자기장이 모두 파수벡터에 수직인 파면에 놓여 있다는 것을 의미하며 전자기파가 횡파라는 사실을 보여준다.

해당 위상자들로부터 전기장과 자기장의 실순시 값을 다음과 같이 구할 수 있다.

$$\mathscr{E}(\mathbf{r}, t) = \mathbf{a}_E E_o \cos(\omega t - \mathbf{k} \cdot \mathbf{r}) \tag{8.26a}$$

$$\mathscr{H}(\mathbf{r}, t) = \mathbf{a}_H \frac{E_o}{\eta} \cos(\omega t - \mathbf{k} \cdot \mathbf{r}) \tag{8.26b}$$

여기서 편의상 $\hat{\mathbf{E}}_o$의 위상각을 영으로 가정한다.

앞에서 설명한 것처럼, 무손실 유전체 내에서 전기장과 자기장은 항상 위상맞음 상태를 유지하여 $\mathbf{k}$의 방향으로 진행한다. 이러한 사실을 [그림 8-2]에 표시하였다.

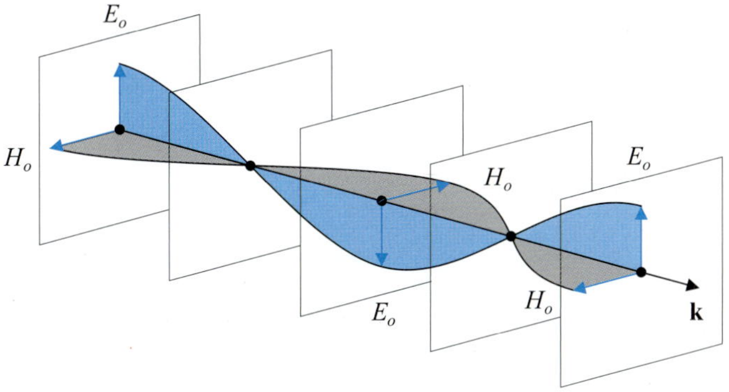

[그림 8-2] 무손실 유전체 내의 균일 평면파

예제 8-2

전기장 위상자 $\tilde{\mathbf{E}} = \mathbf{a}_x E_o (1 + j) e^{-jkz}$의 전자기파가 $\varepsilon_r = 4$와 $\mu_r = 1$인 유전체 내에서 진행한다. 이것의 주파수가 2 [GHz]인 경우 다음 값을 구하라.

(a) η

(b) k

(c) $\mathscr{E}$와 $\mathscr{H}$

풀이

(a) 식 (8.22)로부터 고유 임피던스는 다음과 같다.

$$\eta = \sqrt{\frac{\mu_0}{\varepsilon_0 \varepsilon_r}} = 188.50 \ [\Omega]$$

(b) 식 (8.12)로부터 다음과 같이 계산할 수 있다.

$$k = \omega\sqrt{\varepsilon\mu} = \frac{2\pi \times 2 \times 10^9 \times 2}{3 \times 10^8} = 83.78 \ [\text{rad/m}]$$

(c) 주어진 위상자를 다시 쓰면 다음과 같다.

$$\tilde{\mathbf{E}} = \mathbf{a}_x E_o \sqrt{2}\, e^{j\pi/4}\, e^{-jkz} \qquad (8.27)$$

이것의 실순시 값은 다음과 같다.

$$\begin{aligned}\mathscr{E} &= \mathrm{Re}\left[\mathbf{a}_x E_o \sqrt{2}\, e^{j\pi/4}\, e^{-jkz}\, e^{j\omega t}\right] \\ &= \mathbf{a}_x E_o \sqrt{2}\cos\left(1.26\times 10^{10} t - 83.78z + \pi/4\right)\end{aligned}$$

식 (8.27)을 식 (8.21)에 대입하여 다음의 식을 얻는다.

$$\tilde{\mathbf{H}} = \frac{1}{\eta}(\mathbf{a}_z \times \mathbf{a}_x) E_o \sqrt{2}\, e^{j\pi/4}\, e^{-jkz} = \frac{1}{\eta}\mathbf{a}_y E_o \sqrt{2}\, e^{j\pi/4}\, e^{-jkz}$$

이것의 실순시 값은 다음과 같다.

$$\mathscr{H} = \mathbf{a}_y 7.50\times 10^{-3} E_o \cos\left(1.26\times 10^{10} t - 83.78 z + \pi/4\right)$$

유제 8.5 비록 $\tilde{\mathbf{E}}$와 $\tilde{\mathbf{H}}$가 동일한 형태의 벡터 헬름홀츠 식을 만족시키지만 이들은 서로 독립적이지 않다. 그 이유는 무엇인가?

Ans 식 (8.21)

유제 8.6 전기장 위상자 $\tilde{\mathbf{E}} = 4(2\mathbf{a}_x + j\mathbf{a}_y)e^{-j600z}$가 $\eta = 200$의 매질에서 주어질 때 자기장 위상자를 구하라.

Ans $\tilde{\mathbf{H}} = 0.02(-j\mathbf{a}_x + 2\mathbf{a}_y)e^{-j600z}$

복습문제

Q8.4 위상자형태의 균일 평면파 표현식은? **A** 식 (8.17)

Q8.5 전기장 위상자의 진폭에 대한 일반적인 표현식은? **A** 식 (8.18)

Q8.6 전자기파는 항상 횡파인가? **A** 식 (8.19)

Q8.7 $\tilde{\mathbf{H}}$와 $\tilde{\mathbf{E}}$는 어떻게 연관되나? **A** 식 (8.21)

Q8.8 고유 임피던스를 정의하라. **A** 식 (8.22)

Q8.9 $\mathbf{a}_k$는 어떻게 $\mathbf{a}_E$와 $\mathbf{a}_H$에 연관되나? **A** 식 (8.25)

8.2.2 전력 전달과 포인팅 벡터

3장과 5장에서 에너지가 정전기장 및 정자기장에 각각 에너지밀도 $(1/2)\mathbf{D}\bullet\mathbf{E}$와 $(1/2)\mathbf{B}\bullet\mathbf{H}$로 저장된다는 것을 배웠다. 에너지는 시변 전기장 및 자기장에도 저장될 수 있다. 이 경우 저장된 에너지는 파수 벡터 $\mathbf{k}$의 방향으로 전자기파의 진행 속도와 동일한 속도로 진행한다. 따라서 전자기파는 공간상 두 점 사이에서 에너지를 전달하며 부하에 전력을 전달할 수 있다.

이 절에서는 전자기파의 전력밀도 및 공간에서의 전력 전달에 대해 설명한다. 우선 맥스웰 방정식에 포함된 두 컬 식을 다시 쓰면 다음과 같다.

$$\nabla\times\mathscr{E} = -\frac{\partial\mathscr{B}}{\partial t} \tag{8.28a}$$

$$\nabla\times\mathscr{H} = \boldsymbol{J} + \frac{\partial\mathscr{D}}{\partial t} \tag{8.28b}$$

다음의 벡터 항등식은 매끄런 두 벡터장에 항상 적용된다.

$$\nabla\bullet\left(\mathscr{E}\times\mathscr{H}\right) = \mathscr{H}\bullet\left(\nabla\times\mathscr{E}\right) - \mathscr{E}\bullet\left(\nabla\times\mathscr{H}\right) \tag{8.29}$$

식 (8.28a)와 (8.28b)를 식 (8.29)에 대입하면 다음과 같다.

$$-\nabla\bullet\left(\mathscr{E}\times\mathscr{H}\right) = \mathscr{E}\bullet\boldsymbol{J} + \mathscr{E}\bullet\frac{\partial\mathscr{D}}{\partial t} + \mathscr{H}\bullet\frac{\partial\mathscr{B}}{\partial t} \tag{8.30}$$

단순매질에서 ε, μ, σ는 모두 상수이므로, 위 식에서 등호 오른쪽의 둘째와 셋째 항을 다음과 같이 다시 쓸 수 있다.

$$\mathscr{E}\bullet\frac{\partial\mathscr{D}}{\partial t} = \frac{\varepsilon}{2}\frac{\partial}{\partial t}\left(\mathscr{E}\bullet\mathscr{E}\right) = \frac{1}{2}\frac{\partial}{\partial t}\left(\mathscr{D}\bullet\mathscr{E}\right) \tag{8.31a}$$

$$\mathscr{H}\bullet\frac{\partial\mathscr{B}}{\partial t} = \frac{\mu}{2}\frac{\partial}{\partial t}\left(\mathscr{H}\bullet\mathscr{H}\right) = \frac{1}{2}\frac{\partial}{\partial t}\left(\mathscr{B}\bullet\mathscr{H}\right) \tag{8.31b}$$

식 (8.31a)와 (8.31b)를 다시 식 (8.30)에 대입하면 다음과 같다.

$$-\nabla\bullet\left(\mathscr{E}\times\mathscr{H}\right) = \mathscr{E}\bullet\boldsymbol{J} + \frac{1}{2}\frac{\partial}{\partial t}\left(\mathscr{D}\bullet\mathscr{E}\right) + \frac{1}{2}\frac{\partial}{\partial t}\left(\mathscr{B}\bullet\mathscr{H}\right) \tag{8.32}$$

위 식의 양변을 체적 $\mathcal{V}$에서 적분하고 다이버전스 정리를 적용하면 다음의 식을 얻을 수 있다.

$$-\oint_S\left(\mathscr{E}\times\mathscr{H}\right)\bullet d\mathbf{s} = \int_{\mathcal{V}}\mathscr{E}\bullet\boldsymbol{J}\,dv + \frac{\partial}{\partial t}\left[\int_{\mathcal{V}}\frac{1}{2}\left(\mathscr{D}\bullet\mathscr{E}\right)dv\right] + \frac{\partial}{\partial t}\left[\int_{\mathcal{V}}\frac{1}{2}\left(\mathscr{B}\bullet\mathscr{H}\right)dv\right] \tag{8.33}$$

여기서 등호 오른쪽의 첫째 항은 체적 $\mathcal{V}$ 내에서 옴 법칙에 의한 전력 손실을 나타낸다. 두 브라켓 항은 주어진 체적 내에서 각각 $\mathscr{E}$와 $\mathscr{H}$에 저장된 에너지를 나타낸다. 따라서 오른쪽의 둘째 항과 셋째 항의 합은 주어진 체적 내에 저장되는 총 에너지의 시간에 따른 증가를 의미한다. 이로 인하여, 등호 왼쪽 항은 주어진 체적 안으로 들어가는 실순시 전력을 의미한다. 이 전력의 일부는 체적 내의 옴 전력 손실로 사라지고 나머지는 전자기파 에너지로 저장된다. 식 (8.33)을 **포인팅 정리**(Poynting's theorem)라고 부르며, **주어진 체적 안으로 들어가는 알짜 전력은 그 체적 내의 옴 전력 손실과 그 체적 내에 저장되는 전자기파 에너지의 시간당 증가량을 합한 것**을 의미한다.

체적 $\mathcal{V}$ 안으로 들어가는 알짜 전력은, 식 (8.33)에서 보듯이 $\mathscr{E} \times \mathscr{H}$를 $\mathcal{V}$를 둘러싸는 경계면에서 적분하여 얻는다. 따라서 $\mathscr{E} \times \mathscr{H}$는 **전력밀도**(power density)에 해당하며, 이것은 단위 면적당 와트로 표시된다. 전자기파의 전기장 $\mathscr{E}$와 자기장 $\mathscr{H}$를 이용하여 **포인팅 벡터**(Poynting vector)를 다음과 같이 정의한다.

$$\mathbf{S} = \mathscr{E} \times \mathscr{H} \quad [\mathrm{W/m^2}] \tag{8.34}$$

포인팅 벡터는 전기장 및 자기장 벡터에 수직이고 따라서 파수벡터 방향으로 향한다. 다시 말해, 전자기파의 전력은 파수벡터 방향으로 흐른다.

전력밀도는 $\mathscr{E}$와 $\mathscr{H}$에 대한 함수이므로 시간에 따라 매우 빨리 변한다. 실제로 시간평균 값이 실순시 값보다 더 의미가 있다. 더구나 $|\mathbf{S}|$는 $\mathscr{E}$의 제곱에 비례하므로 이 둘 사이의 관계는 비선형적이다. 우리가 다루는 전자기학에 국한하면 이런 비선형 현상은 매우 드문 경우이다. 따라서 전력밀도는 위상자를 이용해 단순히 $\tilde{\mathbf{S}} = \tilde{\mathbf{E}} \times \tilde{\mathbf{H}}$로 표시할 수 없다.

포인팅 벡터의 정확한 위상자형태를 유도하기 전에 진폭 E_o, 복소 진폭 $\hat{E}_o$, 위상자 진폭 $\hat{\mathbf{E}}_o$, 그리고 위상자 $\tilde{\mathbf{E}}$가 실순시 값 $\mathscr{E}$를 표시하는 데 어떻게 사용되는지 알아보자. 일반적으로 조화시변 전기장은 다음과 같이 표시된다.

$$\begin{aligned}
\mathscr{E} &= \mathbf{a}_E E_o \cos(\omega t - \mathbf{k} \cdot \mathbf{r} + \varphi_e) \\
&= \frac{1}{2}\left[\mathbf{a}_E \left(E_o e^{j\varphi_e}\right) e^{j\omega t - j\mathbf{k}\cdot\mathbf{r}} + \mathbf{a}_E \left(E_o e^{-j\varphi_e}\right) e^{-j\omega t + j\mathbf{k}\cdot\mathbf{r}}\right] \\
&\equiv \frac{1}{2}\left[\left(\mathbf{a}_E \hat{E}_o\right) e^{-j\mathbf{k}\cdot\mathbf{r}} e^{j\omega t} + \left(\mathbf{a}_E E_o^*\right) e^{j\mathbf{k}\cdot\mathbf{r}} e^{-j\omega t}\right] \\
&\equiv \frac{1}{2}\left[\hat{\mathbf{E}}_o e^{-j\mathbf{k}\cdot\mathbf{r}} e^{j\omega t} + \mathbf{E}_o^* e^{j\mathbf{k}\cdot\mathbf{r}} e^{-j\omega t}\right] \\
&\equiv \frac{1}{2}\left[\tilde{\mathbf{E}} e^{j\omega t} + \tilde{\mathbf{E}}^* e^{-j\omega t}\right]
\end{aligned} \tag{8.35}$$

여기서 *는 공액 복소수(complex conjugate)를 나타낸다.

비슷한 방법으로 자기장의 실순시 값은 다음과 같이 표시된다.

$$\mathscr{H} = \mathbf{a}_H H_o \cos(\omega t - \mathbf{k} \cdot \mathbf{r} + \varphi_h) = \frac{1}{2}\left[\tilde{\mathbf{H}} e^{j\omega t} + \tilde{\mathbf{H}}^* e^{-j\omega t}\right] \tag{8.36}$$

식 (8.35)와 (8.36)을 식 (8.34)에 대입하면 다음의 식을 얻을 수 있다.

$$\begin{aligned}\mathbf{S} &= \frac{1}{2}\left[\tilde{\mathbf{E}} e^{j\omega t} + \tilde{\mathbf{E}}^* e^{-j\omega t}\right] \times \frac{1}{2}\left[\tilde{\mathbf{H}} e^{j\omega t} + \tilde{\mathbf{H}}^* e^{-j\omega t}\right] \\ &= \frac{1}{4}\left[\tilde{\mathbf{E}} \times \tilde{\mathbf{H}} e^{j2\omega t} + \tilde{\mathbf{E}}^* \times \tilde{\mathbf{H}}^* e^{-j2\omega t} + \tilde{\mathbf{E}} \times \tilde{\mathbf{H}}^* + \tilde{\mathbf{E}}^* \times \tilde{\mathbf{H}}\right]\end{aligned} \tag{8.37}$$

일반적인 조화시변 항 **G**의 시간평균은 다음과 같이 정의된다.

$$\langle \mathbf{G} \rangle = \frac{1}{T}\int_{-T/2}^{T/2} \mathbf{G}\, dt$$

여기서 T는 **G**의 시간주기이다. **시간평균 전력밀도** 혹은 **시간평균 포인팅 벡터**는 다음과 같이 표시된다.

$$\langle \mathbf{S} \rangle = \frac{1}{2}\mathrm{Re}\left[\tilde{\mathbf{E}} \times \tilde{\mathbf{H}}^*\right] \quad [\mathrm{W/m^2}] \tag{8.38}$$

여기서 $\tilde{\mathbf{E}}$와 $\tilde{\mathbf{H}}$는 각각 전기장 및 자기장의 위상자이고, *는 공액 복소수를 나타낸다.

식 (8.32)의 필기체 항들은 모두 조화시변 값들이므로, 등호 오른쪽의 둘째와 셋째 항들의 시간평균은 모두 영이다. 그러므로 다음과 같이 나타낼 수 있다.

$$-\nabla \cdot \langle \mathscr{E} \times \mathscr{H} \rangle = \langle \mathscr{E} \cdot \mathbf{J} \rangle \tag{8.39}$$

여기서 $\langle\ \rangle$은 시간평균을 나타낸다. 위 식을 위상자형태로 다시 쓰면 다음과 같다.

$$-\nabla \cdot \langle \mathbf{S} \rangle = \frac{1}{2}\mathrm{Re}\left[\tilde{\mathbf{E}} \cdot \tilde{\mathbf{J}}^*\right] \tag{8.40}$$

시간평균 포인팅 벡터에 대한 마이너스 다이버전스는 단위 체적당 시간평균 옴 전력 손실을 나타낸다.

예제 8-3

하나의 매질에서 전자기파가 자기장 $\mathscr{H}(\mathbf{r}, t) = \mathbf{a}_y E_o \sqrt{\varepsilon / \mu} \cos(\omega t - kz)$와 전기장 $\mathscr{E}(\mathbf{r}, t) = \mathbf{a}_x E_o \cos(\omega t - kz)$를 가진다. 다음의 값들을 이용하여 $\langle \mathbf{S} \rangle$를 구하라.

(a) $\mathscr{E}$와 $\mathscr{H}$

(b) $\tilde{\mathbf{E}}$와 $\tilde{\mathbf{H}}$

풀이

(a) 식 (8.34)로부터 다음의 식을 얻는다.

$$\mathbf{S} = \mathscr{E} \times \mathscr{H} = \mathbf{a}_z E_o^2 \sqrt{\varepsilon / \mu} \cos^2(\omega t - kz)$$

삼각함수 공식을 이용해 **S**를 다시 쓰면 다음과 같다.

$$\mathbf{S} = \mathbf{a}_z E_o^2 \sqrt{\varepsilon / \mu}\, \tfrac{1}{2}\left[1 + \cos(2\omega t - 2kz)\right]$$

S의 시간평균은 다음과 같다.

$$\langle \mathbf{S} \rangle = \mathbf{a}_z \frac{E_o^2}{2} \sqrt{\frac{\varepsilon}{\mu}} \tag{8.41a}$$

(b) 위상자형태의 전기장 및 자기장은 다음과 같다.

$$\tilde{\mathbf{E}} = \mathbf{a}_x E_o e^{-jkz}, \quad \tilde{\mathbf{H}} = \mathbf{a}_y E_o \sqrt{\varepsilon / \mu}\, e^{-jkz}$$

이를 식 (8.38)에 대입하면 다음의 식을 얻을 수 있다.

$$\begin{aligned} \langle \mathbf{S} \rangle &= \tfrac{1}{2}\mathrm{Re}\left[\tilde{\mathbf{E}} \times \tilde{\mathbf{H}}^*\right] = \tfrac{1}{2}\mathrm{Re}\left[\left(\mathbf{a}_x E_o e^{-jkz}\right) \times \left(\mathbf{a}_y E_o \sqrt{\varepsilon / \mu}\, e^{-jkz}\right)^*\right] \\ &= \mathbf{a}_z \frac{E_o^2}{2} \sqrt{\frac{\varepsilon}{\mu}} \end{aligned} \tag{8.41b}$$

이 결과는 식 (8.41a)과 일치한다.

식 (8.41b)를 다시 쓰면 다음과 같다.

$$\langle \mathbf{S} \rangle = \mathbf{a}_z \left(\varepsilon \frac{E_o^2}{2}\right) \frac{1}{\sqrt{\varepsilon \mu}} \tag{8.41c}$$

시간평균 전력밀도는 시간평균 에너지밀도 곱하기 위상속도이다.

유제 8.7 자유 공간을 진행하는 전자기파 $\tilde{\mathbf{E}} = 10\mathbf{a}_x e^{-j600(3y + 4z)}$에 대해 평면 $z = 0$ 위의 단위 면적을 통과하는 시간평균 전력을 구하라.

Ans 0.11 [W]

유제 8.8 무손실 유전체를 진행하는 전자기파의 전기장과 자기장에 저장된 에너지밀도 사이의 비를 구하라.

Ans 1

유제 8.9 **S**의 크기는 $\mathscr{E}$와 $\mathscr{H}$에 저장된 두 에너지밀도의 합에 위상속도를 곱한 것임을 보여라.

Ans $(2\sqrt{\varepsilon\mu})^{-1}(\varepsilon\mathscr{E}^2 + \mu\mathscr{H}^2)$는 $\mathscr{E}^2/\eta$, 즉 $|\mathbf{S}|$와 같다.

복습문제

Q8.10 포인팅 정리를 설명하라. **A** 식 (8.33)

Q8.11 포인팅 벡터를 $\mathscr{E}$와 $\mathscr{H}$를 이용해 표시하라. **A** 식 (8.34)

Q8.12 시간평균 전력밀도를 $\tilde{\mathbf{E}}$와 $\tilde{\mathbf{H}}$를 이용해 표시하라. **A** 식 (8.38)

8.2.3 균일 평면파의 편광

전자기파는 횡파이므로 전기장 벡터는 파의 진행 방향에 수직인 평면에 놓여 있다. 조화시변 전기장은 반 주기 내에 그 방향이 뒤바뀐다. 이때 전기장의 방향은 파면 위에서 시간에 따라 연속적으로 변한다. 진행파의 **편광**(polarization)은 전기장 벡터가 파면 위에서 시간에 따라 어떻게 변하는지를 말해준다.

만약 전기장 벡터의 끝이 시간에 따라 한 직선 위에서 왔다 갔다 한다면 이 파는 **선형 편광**(linearly polarized)되어 있다고 말한다([그림 8-3] 참조). 그리고 전기장 벡터 끝의 궤적이 시간에 따라 원을 형성한다면 이 파는 **원형 편광**(circularly polarized)되어 있다고 말한다([그림 8-4], [그림 8-5] 참조). 일반적으로 전기장 벡터 끝의 궤적은 파면에서 타원을 이룬다. 편광에 대해 논의할 때 전기장 벡터만 추적하면 되는데, 그 이유는 자기장 벡터는 식 (8.21)에 의해 전기장 벡터와 직접적으로 관련이 있기 때문이다.

■ 선형 편광

균일 평면파가 $+z$-방향으로 진행할 때 전기장 벡터는 xy-평면 위에 놓이고 전기장 위상자는 다음과 같이 표시된다.

$$\tilde{\mathbf{E}} = \hat{\mathbf{E}}_o e^{-jkz} = \left(\hat{E}_{ox}\mathbf{a}_x + \hat{E}_{oy}\mathbf{a}_y\right)e^{-jkz} \tag{8.42}$$

여기서 $\hat{E}_{ox}$와 $\hat{E}_{oy}$는 각각 x-성분과 y-성분의 복소 진폭을 나타낸다.

만약에 진폭이 실수이면, 즉 $\hat{E}_{ox} = E_{ox}$이고 $\hat{E}_{oy} = E_{oy}$이면 전기장의 실순시 값은 다음과 같다.

$$\begin{aligned} \mathscr{E} &= \text{Re}\left[\left(E_{ox}\,\mathbf{a}_x + E_{oy}\,\mathbf{a}_y\right) e^{-jkz} e^{j\omega t}\right] \\ &= \left(E_{ox}\,\mathbf{a}_x + E_{oy}\,\mathbf{a}_y\right)\cos(\omega t - kz) \end{aligned} \tag{8.43}$$

이 경우, 공간상 한 점 $z = z_1$에서 전기장은 $E_{ox}\,\mathbf{a}_x + E_{oy}\,\mathbf{a}_y$에 평행인 직선을 따라 진동한다. 이것을 파의 **편광벡터**라 부른다. 따라서 이 파는 $E_{ox}\,\mathbf{a}_x + E_{oy}\,\mathbf{a}_y$ 방향으로 선형 편광되어 있다고 말한다. 이때 파는 두 평면파의 합이다. 즉, 하나는 $\mathbf{a}_x$-방향으로 선형 편광되어 있고 다른 하나는 $\mathbf{a}_y$-방향으로 선형 편광되어 있다([그림 8-3] 참조). 두 진폭 E_{ox}와 E_{oy}는 실수이므로 두 성분파들은 위상맞음 상태이다. 다시 말하면, 이들을 표시하는 두 코사인 곡선이 z-축 위의 한 점에서 동시에 z-축과 교차한다.

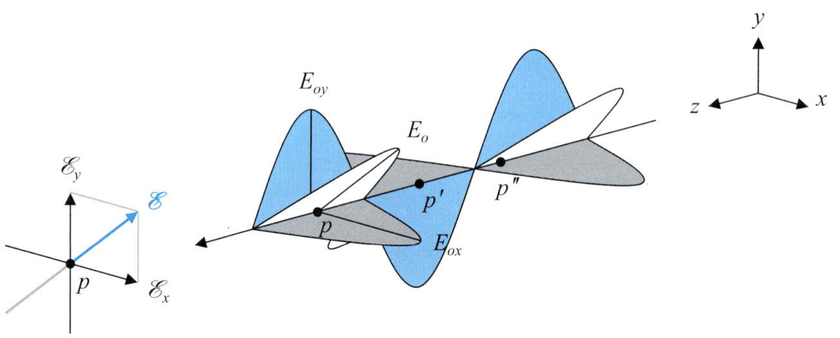

[그림 8-3] 선형 편광파와 두 성분파

예제 8-4

위상자 $\tilde{\mathbf{E}} = E_o(\mathbf{a}_x + \sqrt{3}\,\mathbf{a}_y)e^{-jkz}$로 표시되는 선형 편광파가 자유 공간을 진행할 때 다음 값을 구하라.

(a) 전기장 벡터와 x-축 사이의 각도

(b) 시간평균 전력밀도

풀이

(a) 편광벡터 $\mathbf{a}_x + \sqrt{3}\,\mathbf{a}_y$가 x-축에 대해 회전된 각도는 다음과 같다.

$$\theta = \tan^{-1}(\sqrt{3}) = 60°$$

(b) 식 (8.21)로부터 자기장 위상자를 다음과 같이 구할 수 있다.

$$\tilde{\mathbf{H}} = \sqrt{\frac{\varepsilon_0}{\mu_0}}\,\mathbf{a}_z \times E_o\left(\mathbf{a}_x + \sqrt{3}\,\mathbf{a}_y\right)e^{-jkz} = E_o\sqrt{\frac{\varepsilon_0}{\mu_0}}\left(\mathbf{a}_y - \sqrt{3}\,\mathbf{a}_x\right)e^{-jkz}$$

식 (8.38)로부터 다음의 식을 얻는다.

$$\begin{aligned}\langle \mathbf{S} \rangle &= \frac{1}{2}\mathrm{Re}\left[E_o\left(\mathbf{a}_x + \sqrt{3}\,\mathbf{a}_y\right)e^{-jkz} \times \left\{E_o\sqrt{\frac{\varepsilon_0}{\mu_0}}\left(\mathbf{a}_y - \sqrt{3}\,\mathbf{a}_x\right)e^{-jkz}\right\}^*\right] \\ &= \frac{1}{2}E_o^2\sqrt{\frac{\varepsilon_0}{\mu_0}}\left(\mathbf{a}_x + \sqrt{3}\,\mathbf{a}_y\right)\times\left(\mathbf{a}_y - \sqrt{3}\,\mathbf{a}_x\right) \\ &= \frac{1}{2}E_o^2\sqrt{\frac{\varepsilon_0}{\mu_0}}(1+3)\mathbf{a}_z\end{aligned}$$

이 결과에 따르면 주어진 파의 시간평균 전력밀도는 두 성분파의 그것들의 합이다.

유제 8.10 다음의 파들이 선형 편광되어 있나?

(a) $\tilde{\mathbf{E}} = 4(\mathbf{a}_x e^{j0.2} - \mathbf{a}_y e^{j0.2})e^{-j30z}$

(b) $\tilde{\mathbf{E}} = 2(\mathbf{a}_x e^{j0.3} + \mathbf{a}_y e^{-j0.3})e^{-j40z}$

(c) $\tilde{\mathbf{E}} = [\mathbf{a}_x \sin(30°) + \mathbf{a}_y \cos(30°)]\, e^{-j50z}$

(d) $\tilde{\mathbf{E}} = (3\mathbf{a}_x + j\mathbf{a}_y)e^{j60z}$

(e) $\tilde{\mathbf{E}} = (3 + j)\mathbf{a}_x e^{j70z}$

(f) $\tilde{\mathbf{E}} = (\mathbf{a}_x + \mathbf{a}_y e^{j\pi})e^{-j80z}$

Ans (a) 예, (b) 아니요, (c) 예, (d) 아니요, (e) 예, (f) 예

유제 8.11 [그림 8-3]에 보인 선형 편광파에 대해, 세 지점 p, p', p''에서 z-축에 수직인 세 평면 위에서 전기장 벡터의 분포를 그려라.

Ans

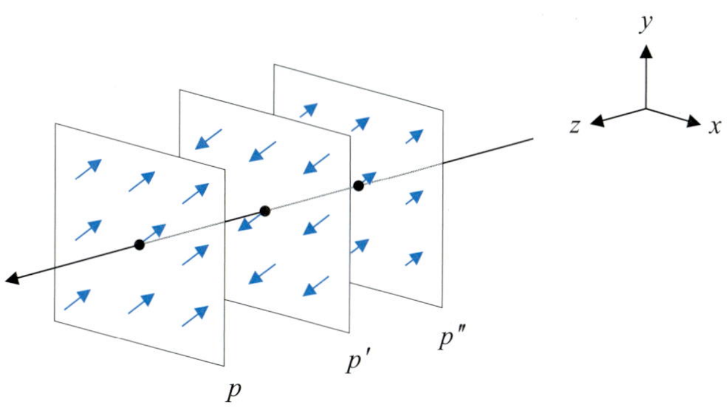

■ 원형 편광

두 복소 진폭의 크기는 동일하지만, 즉 $|\hat{E}_{ox}| = |\hat{E}_{oy}| = E_o$, y-성분이 x-성분에 대해 시간위상이 90° 지연되는 경우를 살펴보자. 이러한 파를 **오른손 원형 편광파**(right-hand circularly polarized wave)라 부른다. 만약 이 파가 $+z$-방향으로 진행한다면 이것의 전기장 위상자는 다음과 같다.

$$\tilde{\mathbf{E}} = \left(E_o \mathbf{a}_x - jE_o \mathbf{a}_y\right)e^{-jkz} = \left(E_o \mathbf{a}_x + E_o e^{-j\pi/2} \mathbf{a}_y\right)e^{-jkz} \tag{8.44}$$

전기장의 실순시 값은 다음과 같다.

$$\mathscr{E}(z,t) = \mathbf{a}_x E_o \cos\left(\omega t - kz\right) + \mathbf{a}_y E_o \cos\left(\omega t - kz - \pi/2\right) \tag{8.45}$$

전기장 벡터가 하나의 횡단면, 간단히 평면 $z = 0$ 위에서 시간에 따라 어떻게 움직이는지 살펴보자. 이 경우 $\mathscr{E}$는 다음과 같이 단순해진다.

$$\mathscr{E}(0,t) = \mathbf{a}_x E_o \cos(\omega t) + \mathbf{a}_y E_o \sin(\omega t) \tag{8.46}$$

서로 다른 두 시점에서의 전기장 벡터를 살펴보자. 예를 들어, $\mathscr{E}(0, t=0) = E_o \mathbf{a}_x$와 $\mathscr{E}(0, t=\pi/2\omega) = E_o \mathbf{a}_y$로 주어지지만, 이들의 크기는 항상 동일하다. 즉 $|\mathscr{E}(0,t)| = E_o$이다. 이를 통해 전기장 벡터는 xy-평면에서 시간에 따라 반시계방향으로 회전하고, 이것의 끝점은 [그림 8-4]에서 보듯이 하나의 원을 형성함을 알 수 있다. 전기장 벡터는 ωt가 영에서 2π까지 증가하면 한바퀴 회전한다. 이러한 파를 오른손 원형 편광파라 부른다. 편광 방향은 전기장 벡터의 회전 방향과 파의 진행 방향에 의해 결정된다. 오른손 엄지가 파의 진행 방향을 가리키면 네 손가락은 전기장 벡터의 회전 방향을 따라가므로 이것을 오른손 원형 편광파라 부른다.

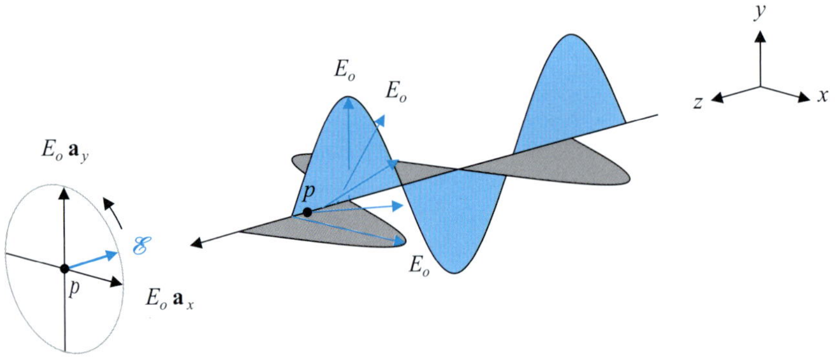

[그림 8-4] 오른손 원형 편광파와 두 성분파. 파란색 화살은 z-축에 따라 놓여 있는 전기장 벡터를 나타낸다.

[그림 8-4]는 $+z$-방향으로 진행하는 오른손 원형 편광파를 보여준다. 이때 y-성분파는 x-성분파에 대해 시간위상이 90° 지연된다. 다시 말해 y-성분파의 피크는 x-성분파의 피크보다 시간주기의 1/4에 해당하는 시간만큼 늦게 점 p에 도달한다. 한 시점에서 보면, y-성분파의 곡선이 x-성분파의 곡선보다 파장의

1/4에 해당하는 거리만큼 뒤로, 즉 $-z$-방향으로 밀려 있다. 이러한 두 성분파는 동일한 위상속도 및 방향으로 진행하므로 이 둘 사이의 위상 관계는 공간상의 모든 점에서 언제나 동일하게 유지된다. 그러나 위상차는 상대적이므로 y-성분파가 x-성분파에 대해 시간위상이 270° 선행한다고 말할 수도 있다.

만약 y-성분이 x-성분에 대해 시간위상이 90° 선행하고 이들이 동일한 진폭을 가진다면 이 파를 **왼손 원형 편광파**(left-hand circularly polarized wave)라 부른다. 즉, 왼손 네 손가락이 전기장 벡터의 회전을 따라가면 엄지는 파의 진행 방향을 가리킨다. 이 파의 전기장 위상자는 다음과 같이 표시된다.

$$\tilde{\mathbf{E}} = \left(E_o \mathbf{a}_x + jE_o \mathbf{a}_y\right)e^{-jkz} = \left(E_o \mathbf{a}_x + E_o e^{j\pi/2} \mathbf{a}_y\right)e^{-jkz} \tag{8.47}$$

이때 실순시 전기장은 다음과 같다.

$$\mathscr{E}(z,t) = \mathbf{a}_x E_o \cos\left(\omega t - kz\right) + \mathbf{a}_y E_o \cos\left(\omega t - kz + \pi/2\right) \tag{8.48}$$

위 식에 $z = 0$를 대입하고 이 횡단면에서 전기장 벡터가 시간에 따라 어떻게 움직이는지 살펴보자. 이 평면에서 전기장 벡터는 다음과 같이 주어진다.

$$\mathscr{E}(0,t) = \mathbf{a}_x E_o \cos(\omega t) - \mathbf{a}_y E_o \sin(\omega t) \tag{8.49}$$

서로 다른 두 시점에서의 전기장 벡터, 예를 들어, $\mathscr{E}(0,0) = E_o \mathbf{a}_x$와 $\mathscr{E}(0, t = \pi/2\omega) = -E_o \mathbf{a}_y$를 생각해 보자. 진폭이 $|\mathscr{E}(0,t)| = E_o$임을 고려하면 우리는 다음과 같은 결론에 도달한다. 즉 전기장 벡터는 xy-평면에서 시계방향으로 회전하는데, 이것의 끝점은 ωt가 2π만큼 변할 때마다 하나의 원 위에서 한바퀴를 돈다.

[그림 8-5]는 왼손 원형 편광파가 $+z$-방향으로 진행하는 것을 보여준다. 이것의 y-성분이 x-성분에 대해 시간위상이 90° 선행하므로, y-성분의 피크가 x-성분의 피크보다 시간주기의 1/4에 해당하는 시간만큼 더 일찍 점 p에 도달한다. 한 시점에서 바라보면, y-성분의 곡선이 x-성분의 곡선에 대해 파장의 1/4에 해당하는 거리만큼 앞으로, 즉 $+z$-방향으로 전진한 상태이다.

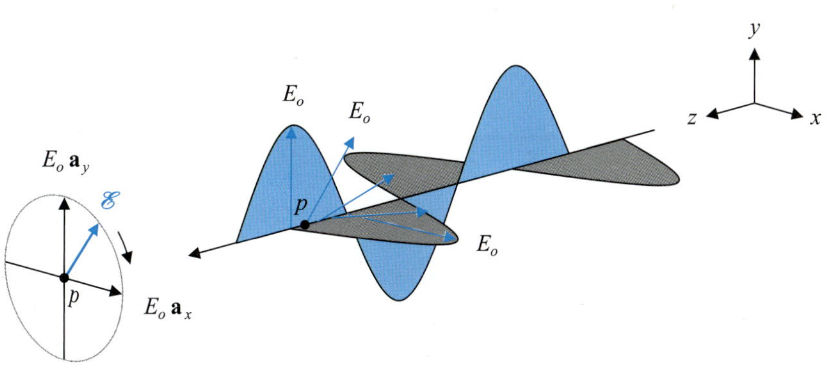

[그림 8-5] 왼손 원형 편광파와 두 성분파. 파란색 화살은 z-축에 따라 놓여 있는 전기장 벡터를 나타낸다.

예제 8-5

위상자 $\tilde{\mathbf{E}}_1 = E_o \mathbf{a}_x e^{-jkz}$로 표시되는 하나의 선형 편광파를 두 원형 편광파로 분리하라.

풀이

주어진 위상자에 $(jE_o/2)\mathbf{a}_y$를 각각 더하고 빼면 다음과 같은 식을 얻을 수 있다.

$$\tilde{\mathbf{E}}_1 = \frac{1}{2}\left[\left(E_o \mathbf{a}_x - jE_o \mathbf{a}_y\right) + \left(E_o \mathbf{a}_x + jE_o \mathbf{a}_y\right)\right]e^{-jkz} \tag{8.50}$$

브라켓의 첫째 항은 오른손 원형 편광파를 나타내고 둘째 항은 왼손 원형 편광파를 나타낸다.

역으로 생각하면, 두 원형 편광파가 동일한 진폭을 가지고, 이들의 전기장 벡터가 서로 반대 방향으로 회전하면서 y-축을 동시에 통과한다면, 이들의 합은 y-축으로의 선형 편광파가 된다.

유제 8.12 다음에 주어진 원형 편광파들의 회전 방향은?

(a) $\tilde{\mathbf{E}} = (j\mathbf{a}_x + \mathbf{a}_y)e^{-j30z}$ (b) $\tilde{\mathbf{E}} = 2(j\mathbf{a}_y - \mathbf{a}_z)e^{-j40x}$

(c) $\tilde{\mathbf{E}} = 3(\mathbf{a}_x - j\mathbf{a}_y)e^{j50z}$

Ans (a) 오른손, (b) 왼손, (c) 왼손

■ 타원 편광

하나의 전자기파가 선형 편광 혹은 원형 편광되어 있지 않다면 이것은 분명히 **타원 편광**(elliptically polarized)되어 있다. 이것의 전기장 벡터의 끝점은 횡단면에서 시간에 따라 하나의 타원을 그린다. 선형 편광 혹은 원형 편광은 타원 편광의 특수한 경우이다. 타원 편광파의 전기장 위상자는 일반적으로 다음과 같이 표시된다.

$$\tilde{\mathbf{E}} = \left(E_{ox}\mathbf{a}_x + E_{oy}e^{j\varphi}\mathbf{a}_y\right)e^{-jkz} \tag{8.51}$$

여기서 진폭 E_{ox}와 E_{oy}는 양의 실수이고, 위상각 φ는 두 성분파 사이의 위상차이다. 이때 실순시 값은 다음과 같이 주어진다.

$$\mathscr{E} = E_{ox}\mathbf{a}_x\cos(\omega t - kz) + E_{oy}\mathbf{a}_y\cos(\omega t - kz + \varphi) \tag{8.52}$$

위 식으로부터, 시간에 따라 전기장 벡터의 크기와 방향이 동시에 변한다는 것을 알 수 있다. 횡단면 $z = 0$에서 $\mathscr{E}$의 두 성분은 다음과 같다.

$$\mathscr{E}_x = E_{ox}\cos(\omega t) \tag{8.53a}$$

$$\mathscr{E}_y = E_{oy}\cos(\omega t + \varphi) \tag{8.53b}$$

위 식으로부터, $\mathscr{E}$의 끝점이 만드는 타원 궤적은 두 변이 $2E_{ox}$와 $2E_{oy}$인 직사각형에 내접한다는 것을 알 수 있다. 시점 $t = 0$에서 $\mathscr{E}_x = E_{ox}$이고 $\mathscr{E}_y = E_{oy}\cos\varphi$이므로 $\mathscr{E}$의 끝점은, $0 < \varphi < \pi$를 가정하면, 직사각형의 오른쪽 변에 위치한다는 것을 알 수 있다. 이보다 약간 늦은 시점 $\omega t = \pi/2$에서 $\mathscr{E}_x = 0$이고 $\mathscr{E}_y = -E_{oy}\sin\varphi$이므로 $\mathscr{E}$의 끝점은 $-y$-축 위에 위치한다는 것을 알 수 있다. 벡터 $\mathscr{E}$는 xy-평면에서 시간에 따라 시계방향으로 회전하므로 이 파는 **왼손 타원 편광파**이다. 또한 이 타원은 $0 < \varphi < \pi/2$일 때 오른쪽으로 기울어지고, $\pi/2 < \varphi < \pi$일 때 왼쪽으로 기울어진다([유제 8.13] 참조). 만약 위상각이 $-\pi < \varphi < 0$의 범위에 있다면 이 파는 **오른손 타원 편광파**가 된다.

편광 타원의 모양은 진폭 비 E_{oy}/E_{ox}와 위상각 φ에 대한 함수이다. [그림 8-6]에 보인 타원의 장축은 $2E'_{ox}$이고 단축은 $2E'_{oy}$이다. 여기서 타원의 장축이 수평축와 이루는 각도 θ에 대해 알아볼 것이다. 이때 $\theta \neq \tan^{-1}(E_{oy}/E_{ox})$이다. 그림을 보면 하나의 왼손 타원 편광파가 만드는 궤적이 표시되어 있다.

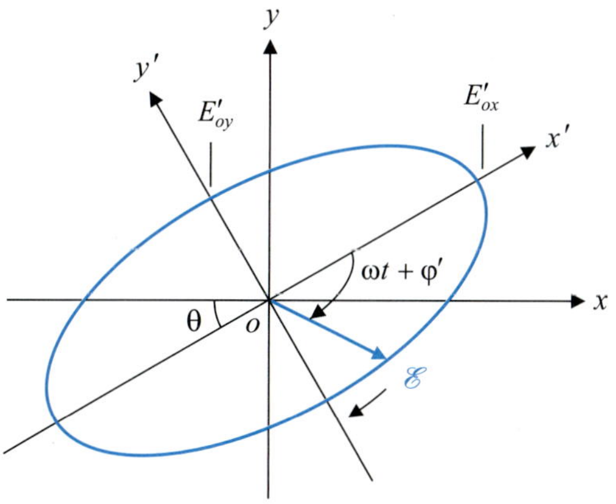

[그림 8-6] 전기장 벡터가 만드는 타원이 각도 θ로 회전되어 있다.

이때 전기장은 프라임 좌표계에서 다음과 같이 표시된다.

$$\mathscr{E}'_x = E'_{ox}\cos(\omega t + \varphi') \tag{8.54a}$$

$$\mathscr{E}'_y = -E'_{oy}\sin(\omega t + \varphi') \tag{8.54b}$$

여기서 마이너스 부호는 전기장 벡터가 $x'y'$-평면에서 시계방향으로 회전한다는 것을 나타낸다. E'_{ox}, E'_{oy}, φ'을 E_{ox}, E_{oy}, φ로 표시하기 위해 식 (8.53a)와 (8.53b)를 프라임 좌표계로 좌표 변환하면 다음과 같다.

$$\mathscr{E}'_x = E_{ox}\cos(\omega t)\cos\theta + E_{oy}\cos(\omega t + \varphi)\sin\theta \tag{8.55a}$$

$$\mathscr{E}'_y = -E_{ox}\cos(\omega t)\sin\theta + E_{oy}\cos(\omega t + \varphi)\cos\theta \tag{8.55b}$$

식 (8.54)와 (8.55)를 비교하고, 삼각함수 공식을 이용하면 다음의 결과를 얻을 수 있다.

$$\tan(2\theta) = \frac{2E_{ox}E_{oy}\cos\varphi}{(E_{ox})^2 - (E_{oy})^2} \tag{8.56}$$

만약 $\varphi = 0$이면 위 관계식은 $\tan\theta = E_{oy} / E_{ox}$로 단순해지는데, 이것은 선형 편광파를 나타낸다.

예제 8-6

자유 공간의 한 평면파의 전기장 위상자가 $\tilde{\mathbf{E}} = (E_{ox}\mathbf{a}_x + E_{oy}e^{j\varphi}\mathbf{a}_y)e^{-jkz}$로 표시될 때 시간평균 전력밀도를 구하라.

풀이

식 (8.21)로부터 자기장 위상자를 다음과 같이 표시할 수 있다.

$$\begin{aligned}\tilde{\mathbf{H}} &= \frac{1}{\eta_o}\left(\mathbf{a}_k \times \tilde{\mathbf{E}}\right) = \frac{1}{\eta_o}\mathbf{a}_z \times \left(E_{ox}\mathbf{a}_x + E_{oy}e^{j\varphi}\mathbf{a}_y\right)e^{-jkz} \\ &= \frac{1}{\eta_o}\left(E_{ox}\mathbf{a}_y - E_{oy}e^{j\varphi}\mathbf{a}_x\right)e^{-jkz}\end{aligned}$$

시간평균 전력밀도는 다음과 같다.

$$\begin{aligned}\langle \mathbf{S} \rangle &= \frac{1}{2}\mathrm{Re}\left[\tilde{\mathbf{E}} \times \tilde{\mathbf{H}}^*\right] \\ &= \frac{1}{2\eta_o}\mathrm{Re}\left[\left(E_{ox}\mathbf{a}_x + E_{oy}e^{j\varphi}\mathbf{a}_y\right)e^{-jkz} \times \left(E_{ox}\mathbf{a}_y - E_{oy}e^{-j\varphi}\mathbf{a}_x\right)e^{jkz}\right] \\ &= \frac{1}{2\eta_o}\left(E_{ox}^2 + E_{oy}^2\right)\mathbf{a}_z\end{aligned}$$

즉 시간평균 전력밀도는 선형 편광된 두 성분파의 시간평균 전력밀도를 합한 값이다.

유제 8.13 식 (8.51)의 $\tilde{\mathbf{E}}$에서 $E_{ox} = 2E_{oy}$이고 $0 \le \varphi \le 2\pi$인 경우 $\tilde{\mathbf{E}}$의 끝점이 만드는 궤적을 표시하라.

Ans

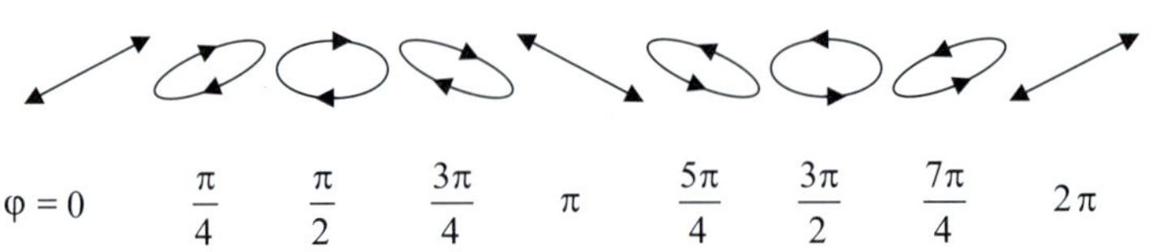

유제 8.14 전기장 벡터 $\mathscr{E} = 3\mathbf{a}_x \sin(\omega t - kz - 30°) + 2\mathbf{a}_y \cos(\omega t - kz)$의 끝점이 xy-평면에서 시간에 따라 다음과 같은 타원 궤적을 형성할 때 각각의 값을 구하라.

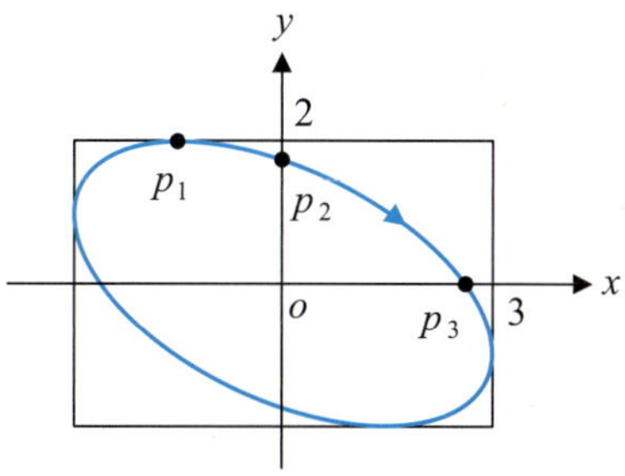

(a) 점 p_1의 x-좌표

(b) 두 점 p_2와 p_3 사이의 시간위상 차이(놀랍게도 이 값은 $\pi/2$가 아니다)

Ans (a) −1.5, (b) p_2에서 $\omega t - kz = \pi/6$, p_3에서 $\pi/2$이므로 $\Delta\varphi = \pi/3$

유제 8.15 오른손 타원 편광파가 $\tilde{\mathbf{E}} = (2E_o\mathbf{a}_x - jE_o\mathbf{a}_y)\, e^{-jkz + j\pi/4}$로 주어질 때 평면 $z = 0$에서 두 시점 $\omega t = 0$와 $\omega t = 3\pi/4$에서 전기장 벡터의 분포를 그려라.

Ans

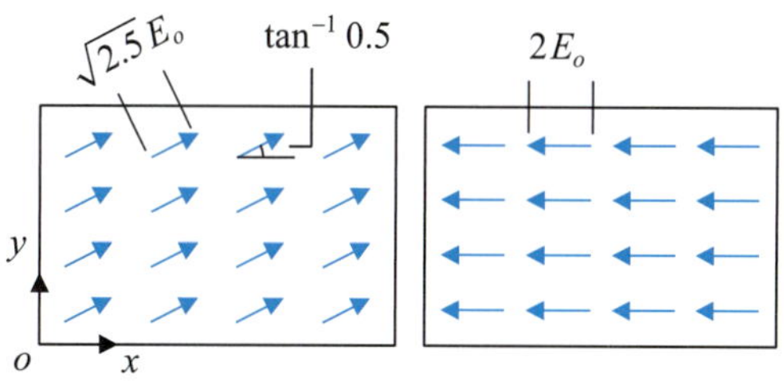

(a) $\omega t = 0$ (b) $\omega t = 3\pi/4$

복습문제

Q8.13 전자기파의 편광을 설명하라. **A** 식 (8.51)

Q8.14 선형 편광 혹은 원형 편광인 균일 평면파의 일반적인 표현식을 쓰라. **A** 식 (8.42), (8.44), (8.47)

Q8.15 하나의 원형 편광파가 두 개의 선형 편광파로 분리될 수 있는가? **A** 식 (8.44), (8.47)

Q8.16 하나의 타원 편광파가 두 개의 원형 편광파로 분리될 수 있는가? **A** 식 (8.44), (8.47), (8.51)

Q8.17 타원 편광파의 전기장 위상자에 −1을 곱하면 그 회전 방향이 뒤바뀌나? **A** 식 (8.51)

Q8.18 타원 편광파의 전기장 벡터는 시간에 따라 일정한 각속도로 회전하나? **A** [유제 8.14]

8.2.4 손실 매질 내의 전자기파

이 절에서는 손실 매질을 진행하는 전자기파에 대해 설명한다. 전자기파가 손실 매질을 진행할 때 필연적으로 감쇠가 발생한다.

손실 유전체에서의 전력 손실은 매질의 **감폭**(damping)과 유한한 전도도(finite conductivity)에 의해 발생한다. 전자기파가 유전체 내에서 진행할 때 전기장은 물체 내에 전기 쌍극자를 발생시킨다. 이때 속박 전하들은 조화시변 전기장과 동일한 주파수로 진동한다. 그러나 서로 인접한 원자들 사이에는 강한 상호작용이 일어나 전기 쌍극자들이 전기장과 동위상으로 진동하도록 허락하지 않는다. 따라서 전기 쌍극자는 전기장에 대해 시간위상이 지연된다. 이것을 감폭 진동이라 부른다. 전기 감수율은 전기분극과 전기장 사이의 비례상수인데 감폭 진동에서 이것은 복소수로 주어진다. 이러한 감폭 진동에 대응하여 입사파는 에너지를 소모해야 하고, 따라서 물체 내를 진행함에 따라 그 진폭은 감소한다.

만약 주어진 매질이 자유전자를 가진다면 입사파의 전기장은 전도전류를 유도하고 물체 내에서 옴 전력 손실을 유발한다. 이러한 매질은 유한한 전도도를 가진다고 말한다. 전력 손실은 입사파의 전력밀도의 거리당 감소를 의미하므로 진행파는 감쇠한다.

진행파의 자기장도 자기 쌍극자모멘트를 통해 격자 원자들과 상호작용할 수 있으므로 자기 쌍극자의 감폭 현상에 의한 추가적인 전력 손실이 발생할 수 있다. 앞에서와 마찬가지로 투자율을 복소수라고 가정하면, 자기 쌍극자에 의한 전력 손실을 설명할 수 있다. 그러나 대부분 실제의 매질에서 이러한 전력 손실은 전기 쌍극자에 의한 전력 손실에 비해 무시할 수 있으므로 대부분의 경우 투자율은 실수라고 가정한다.

이 절에서는 손실 유전체에서 복소유전율을 정의하고 이것의 허수부를 이용하여 입사파의 감쇠를 설명한다.

■ 감폭 손실 매질

균질 매질에서는 유전율 ε과 투자율 μ가 모든 공간에서 상수이다. 만약 선형 매질이면 ε과 μ는 $\mathscr{E}$와 $\mathscr{H}$의 크기에 독립적이고, 등방성 매질이면 ε과 μ는 $\mathscr{E}$와 $\mathscr{H}$의 방향에 독립적이다. 이러한 단순매질에 감폭 손실이 존재하면 유전율은 복소수로 주어진다. 그러면 위상자형태의 맥스웰 방정식은 다음과 같이 표시된다.

$$\nabla\times\tilde{\mathbf{E}} = -j\omega\mu\tilde{\mathbf{H}} \tag{8.57a}$$

$$\begin{aligned}\nabla\times\tilde{\mathbf{H}} &= j\omega\hat{\varepsilon}\tilde{\mathbf{E}} \\ &= j\omega(\varepsilon' - j\varepsilon'')\tilde{\mathbf{E}} = j\omega\varepsilon_0(\varepsilon_r' - j\varepsilon_r'')\tilde{\mathbf{E}}\end{aligned} \tag{8.57b}$$

$$\nabla\cdot\tilde{\mathbf{E}} = 0 \tag{8.57c}$$

$$\nabla\cdot\tilde{\mathbf{H}} = 0 \tag{8.57d}$$

여기서 $\hat{\varepsilon}$는 복소유전율인데 이것의 실수부는 ε'으로, 허수부는 ε''으로 표시한다. 또한 ε_r'과 ε_r''은 각각 상대유전율 ε_r의 실수부와 허수부이다. 위 식에서는 주어진 매질 내에 자유전자 혹은 전도전류가 존재하지 않는다고 가정하였다. 전기 쌍극자의 감폭 현상은 맥스웰 방정식에 내제된 ε'' 혹은 ε_r''을 이용해 쉽게 설명된다.

손실 매질 내에서 벡터 헬름홀츠 식을 쓰면 다음과 같다.

$$\nabla^2 \tilde{\mathbf{E}} + \hat{k}^2 \tilde{\mathbf{E}} = 0 \tag{8.58}$$

여기서 **복소파수**(complex wavenumber)는 다음과 같이 정의된다.

$$\hat{k} = \omega\sqrt{\mu\hat{\varepsilon}} = \omega\sqrt{\mu\varepsilon'}\sqrt{1 - j\left(\frac{\varepsilon''}{\varepsilon'}\right)} \tag{8.59}$$

식 (8.58)은 복소파수를 제외하면 식 (8.11)과 같다. 따라서 균일 평면파가 식 (8.58)의 일반해라는 것을 알 수 있다.

$$\tilde{\mathbf{E}} = \hat{\mathbf{E}}_o e^{-j\hat{k}\mathbf{a}_k \cdot \mathbf{r}} \tag{8.60}$$

여기서 $\mathbf{a}_k$는 파의 진행 방향으로의 단위벡터이다. 일반성을 해치지 않고 무한의 매질에서 $\mathbf{a}_k = \mathbf{a}_z$를 가정할 수 있다. 이때 전기장 위상자는 단순히 다음과 같이 표시된다.

$$\tilde{\mathbf{E}} = \hat{\mathbf{E}}_o e^{-j\hat{k}z} \equiv \hat{\mathbf{E}}_o e^{-\gamma z} \tag{8.61}$$

여기서 **전파상수**(propagation constant)는 다음과 같이 정의된다.

$$\begin{aligned}\gamma &= j\hat{k} = j\omega\sqrt{\mu(\varepsilon' - j\varepsilon'')} \\ &\equiv \alpha + j\beta\end{aligned} \quad [\mathrm{m}^{-1}] \tag{8.62}$$

여기서 **감쇠상수**(attenuation constant) α는 미터당 네퍼 [Np/m], **위상상수**(phase constant) β는 미터당 라디안 [rad/m] 단위로 측정된다. 식 (8.62)로부터 α와 β에 대한 식을 유도할 수 있다.

$$\alpha = \omega\sqrt{\frac{\mu\varepsilon'}{2}}\left[\sqrt{1 + \left(\frac{\varepsilon''}{\varepsilon'}\right)^2} - 1\right]^{1/2} \quad [\mathrm{Np/m}] \tag{8.63}$$

$$\beta = \omega\sqrt{\frac{\mu\varepsilon'}{2}}\left[\sqrt{1 + \left(\frac{\varepsilon''}{\varepsilon'}\right)^2} + 1\right]^{1/2} \quad [\mathrm{rad/m}] \tag{8.64}$$

명심할 것은, 비 α/β는 1을 초과할 수 없다는 점이다.

무손실 혹은 완전유전체에서 $\varepsilon'' = 0$이므로 감쇠상수는 영이다. 그렇지 않은 경우 ε'은 항상 ε''을 동반하여 α와 β의 표현식에 나타난다. 이러한 이유로 우리는 **손실 탄젠트**(loss tangent)를 다음과 같이 정의한다.

$$\tan\xi = \frac{\varepsilon''}{\varepsilon'} \tag{8.65}$$

여기서 각도 ξ[1]를 **손실각**(loss angle)이라 부른다. 손실 탄젠트는 손실 유전체에서 전력 손실을 표시하는 데 매우 유용하다. 손실각을 구하는 방법에는 여러 가지가 있는데, 비 α/β를 사용하거나, 이후에 설명하는 복소 고유임피던스를 사용할 수 있다.

지금부터는 감폭 유전체 내에서의 전자기파의 특성에 대해 알아보자. 식 (8.62)를 이용하여 이 진행파의 전기장을 다음과 같이 위상자형태와 실순시형태로 표시할 수 있다.

$$\tilde{\mathbf{E}} = \hat{E}_o \mathbf{a}_E\, e^{-\alpha z} e^{-j\beta z} \tag{8.66a}$$

$$\mathscr{E} = E_o \mathbf{a}_E e^{-\alpha z} \cos(\omega t - \beta z + \varphi) \tag{8.66b}$$

여기서 $\mathbf{a}_E$는 전기장 벡터 방향으로의 단위벡터이고, $\hat{E}_o$는 복소 진폭으로서 절대값 E_o와 위상각 φ를 가진다. 식 (8.66a)와 (8.66b)에서 보듯이 감쇠상수는 거리에 따라 파의 진폭이 어떻게 감소하는지를 보여주고, 위상상수는 위치에 따라 위상이 어떻게 변하는지를 보여준다. 감쇠상수는 파의 증폭이 발생하지 않는 수동 매질에서는 항상 양수이다.

만약 식 (8.66a)와 (8.66b)에 표시된 전기장이 거리 λ 만큼 서로 떨어진 z-축 위의 두 점에서 동위상이면 $\beta\lambda = 2\pi$이다. 따라서 다음 식을 얻는다.

$$\beta = \frac{2\pi}{\lambda} \quad [\text{rad/m}] \tag{8.67}$$

여기서 주목할 것은, 식 (8.64)에서 보듯이 손실 유전체 내의 파장 λ는 ε'과 ε''에 대한 함수라는 점이다. 진행파의 위상속도는 항상 다음과 같이 주어진다.

$$v_p = \frac{\omega}{\beta} \quad [\text{m/s}] \tag{8.68}$$

위상속도는 주어진 매질의 ε'과 ε''에 대한 함수이며, 이러한 관계는 식 (8.64)를 통해서도 확인할 수 있다. 그 다음, 식 (8.66a)의 전기장 위상자를 식 (8.57a)에 대입하면 자기장 위상자를 구할 수 있다.

$$\begin{aligned}\nabla \times \tilde{\mathbf{E}} &= \nabla \times \left(\hat{E}_o \mathbf{a}_E e^{-\gamma z}\right) = -\gamma \mathbf{a}_z \times \left(\hat{E}_o \mathbf{a}_E e^{-\gamma z}\right) \\ &= -j\omega\mu\tilde{\mathbf{H}}\end{aligned}$$

---

1 변수를 나타내는 기호로 “크사이”라고 읽는다.

따라서 자기장 위상자는 다음과 같다.

$$\tilde{\mathbf{H}} = \sqrt{\frac{\hat{\varepsilon}}{\mu}}\,\hat{E}_o\left(\mathbf{a}_z \times \mathbf{a}_E\right)e^{-\gamma z} = \frac{\hat{E}_o}{\hat{\eta}}\left(\mathbf{a}_z \times \mathbf{a}_E\right)e^{-\alpha z}e^{-j\beta z} \tag{8.69}$$

자기장 위상자를 일반적인 형태로 다음과 같이 표시할 수 있다.

$$\tilde{\mathbf{H}} = \frac{1}{\hat{\eta}}\mathbf{a}_k \times \tilde{\mathbf{E}} \tag{8.70}$$

여기서 $\mathbf{a}_k$는 파수벡터 방향으로의 단위벡터이다. 이것은 식 (8.21)과 동일한 형태이며, 단지 다음과 같이 정의되는 **복소 고유임피던스**(complex intrinsic impedance)가 사용된다.

$$\hat{\eta} = \sqrt{\frac{\mu}{\hat{\varepsilon}}} = \sqrt{\frac{\mu}{\varepsilon'(1 - j\varepsilon''/\varepsilon')}} \quad [\Omega] \tag{8.71}$$

이때 $\hat{\eta}$는 전기장과 자기장의 복소 진폭 사이의 비라는 사실을 기억해야 한다. 즉 $\hat{\eta} = \hat{E}_o / \hat{H}_o$이다. 식 (8.71)에서 보듯이 손실 매질 내의 모든 점에서 $\tilde{\mathbf{E}}$와 $\tilde{\mathbf{H}}$는 항상 위상어긋남 상태에 있다([그림 8-7] 참조). 식 (8.25)에 표시된 오른손규칙은 손실 매질에서도 성립된다.

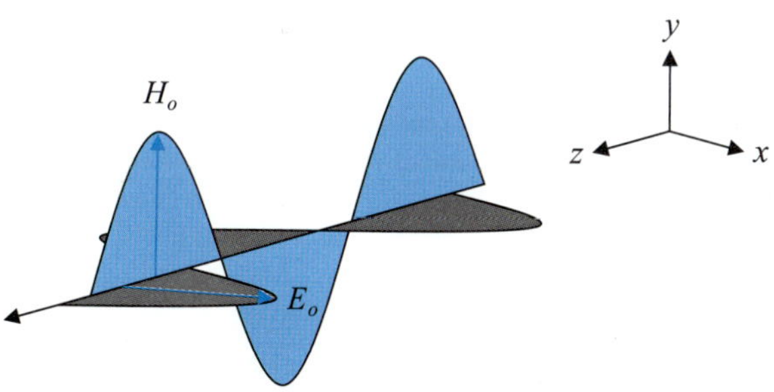

[그림 8-7] 손실 매질에서 $\tilde{\mathbf{H}}$는 $\tilde{\mathbf{E}}$에 대해 시간위상이 항상 지연된다.

복소유전율의 정의 $\hat{\varepsilon} = \varepsilon_0(\varepsilon_r' - j\varepsilon_r'')$과 손실 탄젠트 $\tan\xi = \varepsilon''/\varepsilon'$을 이용하여 식 (8.63), (8.64), (8.71)을 다시 쓰면 다음과 같다.

$$\alpha = \frac{\omega}{c}\sqrt{\frac{\mu_r\varepsilon_r'}{2}}\sqrt{\sec\xi - 1} \quad [\text{Np/m}] \tag{8.72a}$$

$$\beta = \frac{\omega}{c}\sqrt{\frac{\mu_r\varepsilon_r'}{2}}\sqrt{\sec\xi + 1} \quad [\text{rad/m}] \tag{8.72b}$$

$$\hat{\eta} = \eta_o\sqrt{\frac{\mu_r}{\varepsilon_r'}}\sqrt{\cos\xi}\; e^{j\xi/2} \quad [\Omega] \tag{8.72c}$$

여기서 삼각함수의 정의 $\sec\xi = 1/\cos\xi$가 사용되었다.

예제 8-7

전기장 위상자 $\tilde{\mathbf{E}} = \mathbf{a}_x 20 e^{-0.3z} e^{-j0.5z}$가 $\varepsilon' = 2\varepsilon_0$와 $\mu = \mu_0$의 손실 유전체에서 주어질 때 다음 값을 구하라.

(a) λ

(b) $\hat{\eta}$

(c) $\tilde{\mathbf{H}}$

풀이

(a) 문제에서 주어진 $\tilde{\mathbf{E}}$로부터 $\alpha = 0.3$이고 $\beta = 0.5$임을 알 수 있다. 따라서 다음과 같은 관계식을 얻는다.

$$\lambda = \frac{2\pi}{\beta} = 4\pi$$

(b) 식 (8.63)과 (8.64)로부터 다음의 식을 얻는다.

$$\left(\frac{\alpha}{\beta}\right)^2 = \frac{\sqrt{1 + (\varepsilon''/\varepsilon')^2} - 1}{\sqrt{1 + (\varepsilon''/\varepsilon')^2} + 1} \tag{8.73a}$$

(a)에서 구한 α와 β 값들을 식 (8.73a)에 대입하면 손실 탄젠트를 구할 수 있다.

$$\frac{\varepsilon''}{\varepsilon'} = 1.88 \tag{8.73b}$$

식 (8.73b)를 식 (8.71)에 대입하고 식 $\varepsilon' = 2\varepsilon_0$를 사용하면 다음의 식을 얻을 수 있다.

$$\hat{\eta} = \sqrt{\frac{\mu_0}{2\varepsilon_0}} \frac{1}{\sqrt{1 - j(\varepsilon''/\varepsilon')}} = \frac{120\pi}{\sqrt{2}} \frac{1}{\sqrt{1 - j1.88}} = 182.7 e^{j0.54}$$

(c) 식 (8.69)로부터 다음의 식을 얻는다.

$$\tilde{\mathbf{H}} = \mathbf{a}_y 0.11 e^{-j0.54} e^{-0.3z} e^{-j0.5z}$$

이 결과에 따르면 $\tilde{\mathbf{H}}$는 $\tilde{\mathbf{E}}$에 대해 시간위상이 0.54 라디안 지연된다.

유제 8.16 전자기파 $\mathscr{E} = -\mathbf{a}_y 0.5 e^{-0.3z} \sin(10^8 t + 2z)$에 대해 다음 값을 구하라.

(a) α (b) β

(c) v_p (d) 진행 방향

(e) 복소 진폭 $\hat{\mathbf{E}}_o$

Ans (a) $\alpha = 0.3$ [Np/m], (b) $\beta = 2$ [rad/m], (c) $v_p = 5\times10^7$ [m/s], (d) $-z$-방향, (e) $\hat{\mathbf{E}}_o = 0.5 e^{j\pi/2}$ [V/m]

유제 8.17 식 (8.62)를 참고하여 손실각을 α와 β를 이용해 표시하라.

Ans $\xi = \pi - 2\tan^{-1}(\beta/\alpha)$

■ 저 전도도의 손실 유전체

일반적으로 손실 유전체에서의 전력 손실은 전도전자에 의한 것이다. 어떤 매질의 전도도가 영이 아니면 대부분의 경우 매질의 감폭은 무시된다. 이러한 조건에서 맥스웰 방정식은 다음과 같이 표시된다.

$$\nabla\times\tilde{\mathbf{E}} = -j\omega\mu\tilde{\mathbf{H}} \tag{8.74a}$$

$$\nabla\times\tilde{\mathbf{H}} = \tilde{\mathbf{J}} + j\omega\varepsilon\tilde{\mathbf{E}} = (\sigma + j\omega\varepsilon)\tilde{\mathbf{E}} \tag{8.74b}$$

$$\nabla\cdot\tilde{\mathbf{E}} = 0 \tag{8.74c}$$

$$\nabla\cdot\tilde{\mathbf{H}} = 0 \tag{8.74d}$$

여기서 감폭 현상이 무시되었으므로 ε과 μ는 실수이다.

식 (8.74b)의 전도도를 다음과 같이 복소유전율을 이용하여 표시하면 매우 편리하다.

$$\begin{aligned}\nabla\times\tilde{\mathbf{H}} &= j\omega\left(\varepsilon - j\frac{\sigma}{\omega}\right)\tilde{\mathbf{E}}\\ &\equiv j\omega(\varepsilon' - j\varepsilon'')\tilde{\mathbf{E}} \equiv j\omega\hat{\varepsilon}\tilde{\mathbf{E}}\end{aligned} \tag{8.75}$$

전도도가 영이 아니면 복소유전율 $\hat{\varepsilon}$는 다음과 같이 새로이 정의된다.

$$\hat{\varepsilon} \equiv \varepsilon' - j\varepsilon'' = \varepsilon - j\frac{\sigma}{\omega} \quad \text{[F/m]} \tag{8.76}$$

여기서 $\hat{\varepsilon}$의 실수부와 허수부는 각각 매질의 유전율 ε과 전도도 σ에 직접 연관된다.

유한한 전도도의 손실 유전체를 진행하는 전자기 평면파는 식 (8.61)과 동일한 형태이다.

$$\tilde{\mathbf{E}} = \hat{\mathbf{E}}_o e^{-\gamma z} \tag{8.77}$$

식 (8.62) ~ (8.64)에 $\varepsilon' = \varepsilon$과 $\varepsilon'' = \sigma/\omega$를 대입하면 주어진 매질의 전파, 감쇠, 위상상수들을 구할 수 있다.

$$\gamma \equiv \alpha + j\beta = j\omega\sqrt{\mu\varepsilon}\sqrt{\left(1 - j\frac{\sigma}{\omega\varepsilon}\right)} \quad [\text{m}^{-1}] \tag{8.78}$$

$$\alpha = \omega\sqrt{\frac{\mu\varepsilon}{2}}\left[\sqrt{1 + \left(\frac{\sigma}{\omega\varepsilon}\right)^2} - 1\right]^{1/2} \quad [\text{Np/m}] \tag{8.79}$$

$$\beta = \omega\sqrt{\frac{\mu\varepsilon}{2}}\left[\sqrt{1 + \left(\frac{\sigma}{\omega\varepsilon}\right)^2} + 1\right]^{1/2} \quad [\text{rad/m}] \tag{8.80}$$

비슷한 방법으로, 식 (8.71)로부터 손실 유전체의 복소 고유임피던스를 다음과 같이 구할 수 있다.

$$\hat{\eta} = \sqrt{\frac{\mu}{\varepsilon}}\sqrt{\frac{1}{1 - j\sigma/(\omega\varepsilon)}} \quad [\Omega] \tag{8.81}$$

이 경우 손실 탄젠트는 다음과 같다.

$$\tan\xi = \frac{\sigma}{\omega\varepsilon} \tag{8.82}$$

감폭 유전체에서 손실 탄젠트는 $\varepsilon''/\varepsilon'$으로 정의되지만, 저 전도도의 유전체에서는 $\sigma/\omega\varepsilon$으로 정의된다. 전자의 경우 전도도는 영이고, 후자의 경우 유전율은 실수이다.

저손실 유전체는 $\tan\xi \ll 1$ 혹은 $\sigma \ll \omega\varepsilon$인 물체들이다. 예를 들면, $\tan\xi < 0.1$인 저손실 유전체에서 비 α/β는 0.05 보다 작고, $\hat{\eta}$의 위상각은 0.05 [rad] 보다 작다.

예제 8-8

비자성 전도 물체의 복소 고유임피던스가 $\hat{\eta} = 200\,e^{j0.5}$로 주어진다. 여기에 주파수 100 [MHz]의 전자기파가 진행할 때 감쇠 및 위상상수를 구하라.

풀이

식 (8.81)을 극형태(polar form)로 다시 쓰면 다음과 같다.

$$\hat{\eta} = \sqrt{\frac{\mu_0}{\varepsilon_0\varepsilon_r}}\frac{e^{j\xi/2}}{\left[1 + (\tan\xi)^2\right]^{1/4}} = 200\,e^{j0.5} \tag{8.83}$$

위 식의 위상각으로부터 $\xi = 1$임을 알 수 있다. 따라서 손실 탄젠트는 $\tan(1) = 1.56$이다. 오른쪽 항의 크기로부터 다음과 같이 계산할 수 있다.

$$\frac{377}{\sqrt{\varepsilon_r}} \frac{1}{\left[1 + (1.56)^2\right]^{1/4}} = 200$$

따라서 $\varepsilon_r = 1.92$이다. 그 다음 식 (8.79)로부터 계산하면 다음과 같다.

$$\begin{aligned}\alpha &= \omega\sqrt{\mu_0 \varepsilon_0}\sqrt{\frac{\varepsilon_r}{2}}\left[\sqrt{1 + (\sigma / \omega\varepsilon)^2} - 1\right]^{1/2} \\ &= \frac{2\pi \times 10^8}{3 \times 10^8}\sqrt{\frac{1.92}{2}}\left[\sqrt{1 + (1.56)^2} - 1\right]^{1/2} = 1.90 \text{ [Np/m]}\end{aligned}$$

비슷한 방법으로 식 (8.80)으로부터 계산하면 다음과 같다.

$$\begin{aligned}\beta &= \omega\sqrt{\mu_0 \varepsilon_0}\sqrt{\frac{\varepsilon_r}{2}}\left[\sqrt{1 + (\sigma / \omega\varepsilon)^2} + 1\right]^{1/2} \\ &= \frac{2\pi \times 10^8}{3 \times 10^8}\sqrt{\frac{1.92}{2}}\left[\sqrt{1 + (1.56)^2} + 1\right]^{1/2} = 3.47 \text{ [rad/m]}\end{aligned}$$

위 식으로부터 우리는 $\alpha / \beta = 0.55$를 구할 수 있는데 이 값은 0.05 보다 매우 크다. 따라서 주어진 물체는 고손실 매질이다.

예제 8-9

고유 임피던스가 $\hat{\eta} = 220 + j21$ [Ω]인 매질에서 진행하는 한 전자기파가 $\tilde{\mathbf{E}} = \mathbf{a}_x 300\, e^{-0.21z - j2.2z}$ [V/m]로 표시된다. 평면 $z = 0.5$ [m]에서 $\langle \mathbf{S} \rangle$를 구하라.

풀이

자기장 위상자는 다음과 같다.

$$\tilde{\mathbf{H}} = \frac{1}{\hat{\eta}}\left(\mathbf{a}_z \times \tilde{\mathbf{E}}\right) = \mathbf{a}_y \frac{300}{220 + j21} e^{-0.21z - j2.2z}$$

시간평균 전력밀도는 다음과 같다.

$$\begin{aligned}\langle \mathbf{S} \rangle &= \frac{1}{2}\text{Re}\left[\tilde{\mathbf{E}} \times \tilde{\mathbf{H}}^*\right] = \mathbf{a}_z \frac{1}{2}\text{Re}\left[\frac{300^2 e^{-0.42z}}{220 - j21}\right] \\ &= \mathbf{a}_z (202.7) e^{-0.42z}\end{aligned}$$

따라서 평면 $z = 0.5$ [m]에서 시간평균 전력밀도는 다음과 같다.

$$\langle \mathbf{S} \rangle = \mathbf{a}_z (202.7) e^{-0.42 \times 0.5} = 164.3 \mathbf{a}_z \ [\mathrm{W/m^2}]$$

유제 8.18 비자성 유전체 내의 전기장 위상자 $\tilde{\mathbf{E}} = \mathbf{a}_x 10\, e^{-0.3z - j2z}$를 이용하여 다음과 같은 진행파와 매질의 변수들을 알아낼 수 있나?

(a) α	(b) β	(c) λ
(d) 진행 방향	(e) 진폭	(f) 편광
(g) 손실 탄젠트	(h) ω	(i) ε
(j) v_p	(k) $\hat{\eta}$	(l) $\tilde{\mathbf{H}}$

Ans (a)~(g) 예, (h)~(l) 아니요

유제 8.19 [유제 8.18]의 미지수들 중에서 한 값이 결정되면 다른 값들도 따라서 결정되나?

Ans 예

유제 8.20 손실 매질에서 $\tilde{\mathbf{H}}$는 $\tilde{\mathbf{E}}$에 대해 얼마만큼의 시간위상이 지연되나?

Ans $\xi/2$

유제 8.21 $\tilde{\mathbf{E}}$에 대한 $\tilde{\mathbf{H}}$의 위상 지연의 최대치는?

Ans $45°$

복습문제

Q8.19 감쇠 및 위상상수를 정의하라. **A** 식 (8.63), (8.64), (8.79), (8.80)

Q8.20 손실 탄젠트를 정의하라. **A** 식 (8.65), (8.82)

Q8.21 무엇이 유전율을 복소수로 만드나? **A** 식 (8.57b), (8.74b)

Q8.22 손실 매질의 고유 임피던스를 정의하라. **A** 식 (8.71), (8.81)

Q8.23 손실 매질의 $\hat{\eta}$의 위상각은 항상 양수인가? **A** 식 (8.71), (8.81)

Q8.24 무엇 때문에 $\hat{\varepsilon}$의 허수부는 음수가 되나? **A** 식 (8.74b), (8.75)

Q8.25 저손실 유전체를 정의하라. **A** 식 (8.82)

■ 양도체 내의 평면파

양도체(good conductor)에서 전도도는 무한대가 아니지만 매우 큰 값으로 주어지기 때문에 손실 탄젠트 $\sigma/\omega\varepsilon$이 1보다 매우 크다. 반면에 손실 탄젠트가 1보다 매우 작으면 이런 매질은 부도체이다. 손실 탄젠트는 주파수에 역비례하므로 매질이 낮은 주파수에서는 양도체이지만 매우 높은 주파수에서는 저손실 유전체로 작용할 수 있다. 식 (8.74b)의 괄호 안에 보인 양도체의 변위전류는 전도전류에 비해 매우 작아서 무시된다. 양도체와 저손실 유전체를 비교하면, 양도체의 유전율은 자유 공간의 유전율에 근접하여 상대유전율이 1이라고 가정할 수 있지만, 유전체의 상대유전율은 일반적으로 1 보다 크다.

양도체에서 식 (8.78)의 전파상수는 다음과 같이 단순해진다.

$$\gamma \cong \frac{1+j}{\sqrt{2}}\sqrt{\omega\mu\sigma} \tag{8.84}$$

여기서 관계식 $\sqrt{-j} = e^{-j\pi/4} = (1-j)/\sqrt{2}$가 사용되었다. 위 식에서 보듯이 양도체에서 감쇠상수와 위상상수는 동일한 값을 가진다.

$$\alpha = \beta = \sqrt{\pi f \mu\sigma} \tag{8.85}$$

여기서 $\omega = 2\pi f$이다. 주목할 것은, α와 β는 모두 주파수와 전도도에 따라 증가한다는 점이다.

양도체를 통과하는 전자기파의 전기장은 다음과 같이 위상자 혹은 실순시형태로 표시될 수 있다.

$$\begin{aligned}\tilde{\mathbf{E}} &= \hat{\mathbf{E}}_o e^{-\alpha z} e^{-j\beta z} \\ &= (E_o \mathbf{a}_E)\, e^{-z\sqrt{\pi f\mu\sigma}}\, e^{-jz\sqrt{\pi f\mu\sigma}}\end{aligned} \tag{8.86a}$$

$$\mathscr{E} = (E_o \mathbf{a}_E) e^{-z\sqrt{\pi f\mu\sigma}} \cos(\omega t - z\sqrt{\pi f\mu\sigma}) \tag{8.86b}$$

여기서 항 $e^{-\alpha z}$는 파의 진폭이 z에 따라 지수적으로 감소한다는 것을 보여준다. 달리 말하면, 전자기파가 거리 $1/\alpha$ 만큼를 진행하면 진폭은 e^{-1}배만큼 감소한다. 이러한 거리를 δ로 표기하고, 이것을 도체의 **침투깊이**(depth of penetration) 혹은 **표피두께**(skin depth)라 부른다.

$$\delta = \frac{1}{\sqrt{\pi f\mu\sigma}} = \frac{1}{\alpha} = \frac{1}{\beta} \quad [\text{m}] \tag{8.87}$$

여기서 δ는 미터 단위로 표시된다. 이름에서 알 수 있듯이 δ는 전자기파가 주어진 도체에 얼마나 잘 침투하는지를 표시한다. 마이크로파와 같은 고주파수에서, 침투깊이는 매우 짧기 때문에 입사한 전기장과 이것에 의해 유도되는 전류가 도체 표면 아래 두께 δ의 매우 얇은 층에 모두 몰려 있다. 이것을 응용하면 은으로 코팅된 황동 도파관(waveguide)은 전체가 은으로 된 도파관에 비해 저렴한 비용으로 동일한 성능을 발휘할 수 있다.

관계식 $\beta = 2\pi / \lambda$를 이용하면 침투깊이를 다음과 같이 표시할 수 있다.

$$\delta = \frac{\lambda}{2\pi} \tag{8.88}$$

여기서 λ는 도체 내에서 측정되는 파장이다. 입사파의 한 주기 중 극히 일부분만이 침투깊이 내에 생존한다는 것을 알 수 있다. 양도체에서 전자기파의 침투를 알아보기 위해 양도체 내의 전기장 $\mathscr{E} = e^{-z/\delta}\cos(\omega t - z/\delta)$를 서로 다른 두 시점 $\omega t = 0$와 $\omega t = \pi/2$에서 도체 표면으로부터의 거리에 대한 함수로 표시하였다([그림 8-8] 참조).

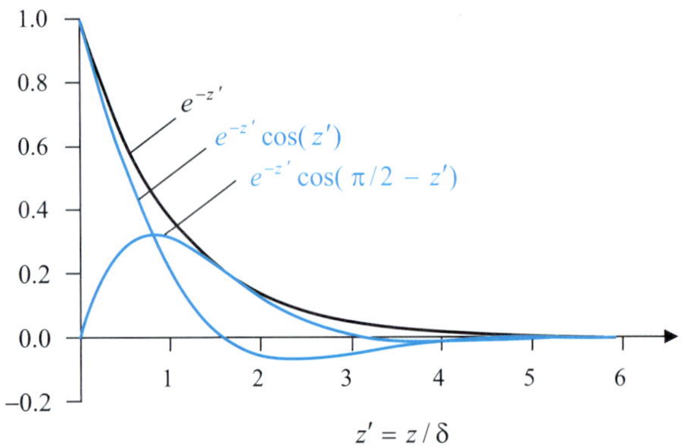

[그림 8-8] 도체 내의 전기장 $\mathscr{E} = e^{-z/\delta}\cos(\omega t - z/\delta)$가 두 시점 $\omega t = 0$와 $\omega t = \pi/2$에서 표면으로부터의 거리에 대한 함수로 표시되었다.

양도체 내의 위상속도는 항상 ω/β로 주어진다.

$$v_p = \frac{\omega}{\beta} = \frac{1}{\sqrt{\mu\varepsilon}}\frac{\sqrt{2}}{\sqrt{\tan\xi}} \quad [\text{m/s}] \tag{8.89}$$

위상속도는 손실각 ξ로 인하여 주파수에 대한 함수로 주어진다. 이것은 자유 공간에서의 빛의 속도보다 몇 차수 작은 크기의 값을 갖는다. 예를 들면, 주파수가 1 [GHz]일 때 구리에서의 위상속도는 $v_p = 1.3 \times 10^4$ [m/s]이다.

양도체에서는 조건 $\sigma/\omega\varepsilon \gg 1$이 성립하므로 식 (8.81)의 고유 임피던스는 다음과 같이 표시된다.

$$\hat{\eta} \cong \sqrt{\frac{\mu}{\varepsilon}}\sqrt{\frac{j\omega\varepsilon}{\sigma}} = \sqrt{\frac{\mu}{\varepsilon}}\frac{\sqrt{j}}{\sqrt{\tan\xi}} \tag{8.90}$$

이것은 무손실 매질의 η 보다 그 값이 매우 작다. 침투깊이를 이용하면 양도체의 고유 임피던스를 다음과 같이 표시할 수 있다.

$$\hat{\eta} = \frac{(1+j)}{\sigma\delta} \quad [\Omega] \tag{8.91}$$

위 식에서 보듯이 $\tilde{\mathbf{H}}$는 $\tilde{\mathbf{E}}$ 보다 시간위상이 $\pi/4$ [rad] 지연된다.

양도체에서 전자기파의 전력밀도를 생각해 보자. 이 파가 x-방향으로 선형 편광되어 있고 $+z$-방향으로 진행한다고 가정한다. 식 (8.87)을 이용하여 전기장 및 자기장 위상자를 다음과 같이 표시할 수 있다.

$$\tilde{\mathbf{E}} = \mathbf{a}_x E_o e^{-(1+j)z/\delta} \tag{8.92a}$$

$$\tilde{\mathbf{H}} = \frac{1}{\hat{\eta}}\left(\mathbf{a}_z \times \tilde{\mathbf{E}}\right) = \mathbf{a}_y \frac{\sigma\delta}{1+j} E_o e^{-(1+j)z/\delta} \tag{8.92b}$$

이 파가 평면 $z = 0$에 놓인 표면을 통과해 도체 안으로 들어간다고 가정한다. 그러면 시간평균 전력밀도는 다음과 같이 주어진다.

$$\langle \mathbf{S} \rangle = \frac{1}{2}\mathrm{Re}\left[\tilde{\mathbf{E}} \times \tilde{\mathbf{H}}^*\right] = \frac{1}{2}\mathrm{Re}\left[\mathbf{a}_z E_o^2 \frac{\sigma\delta(1+j)}{2} e^{-2z/\delta}\right]$$

이것을 정리하면 다음과 같다.

$$\langle \mathbf{S} \rangle = \mathbf{a}_z \frac{\sigma\delta}{4} E_o^2 e^{-2z/\delta} \quad [\mathrm{W/m^2}] \tag{8.93}$$

여기서 E_o는 도체 표면에서의 전기장 진폭, σ는 전도도, δ는 침투깊이이다. 위 식에서 보듯이 전력밀도는 전자기파가 진행함에 따라 그 값이 급격히 감소한다. 그리하여 표면으로부터 δ의 거리에서 $\langle \mathbf{S} \rangle$는 $1/e^2$ 배 감소한다.

침투깊이를 이용하면, 양도체에서의 전력 손실을 ***ac*-저항**(*ac*-resistance)을 이용하여 쉽게 표시할 수 있다. [그림 8-9]에서 보듯이 두께 d의 양도체 내에서 x-방향으로 선형 편광된 전자기 평면파가 $+z$-방향으로 진행하는 것을 생각해 보자.

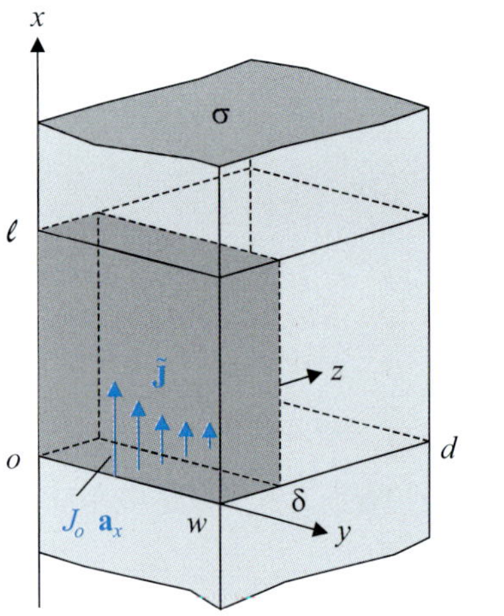

[그림 8-9] 도체에 침투한 평면파에 의한 전도전류

이때 이 파의 전기장은 도체 내에 전도전류를 유도하고 다음과 같은 전류밀도를 만든다.

$$\tilde{\mathbf{J}} = \mathbf{a}_x \sigma E_o e^{-(1+j)z/\delta} = \mathbf{a}_x J_o e^{-(1+j)z/\delta} \tag{8.94}$$

여기서 J_o는 도체 표면에서의 전류밀도의 진폭이다.

그 다음, 도체의 체적 $w \times \ell \times d$ [m^3]에서 발생하는 시간평균 전력 손실을 다음과 같이 계산할 수 있다.

$$\begin{aligned}\langle P \rangle = \int_v \frac{1}{2}\mathrm{Re}\left[\tilde{\mathbf{J}} \cdot \tilde{\mathbf{E}}^*\right] dv &= \frac{1}{2\sigma} w\ell\, \mathrm{Re}\left[\int_{z=0}^{z=d} \tilde{\mathbf{J}} \cdot \tilde{\mathbf{J}}^* \, dz\right] \\ &= \frac{1}{2\sigma} w\ell J_o^2 \int_{z=0}^{z=d} e^{-2z/\delta} \, dz\end{aligned} \tag{8.95}$$

도체의 침투깊이가 매우 작다고 가정하면($\delta \ll d$), 위 식의 적분 구간 상단을 $z = \infty$로 대치할 수 있다. 따라서 다음과 같은 결과를 얻는다.

$$\langle P \rangle = \frac{1}{4\sigma} w\ell\delta J_o^2 \quad \text{[W]} \tag{8.96}$$

여기서 $w\ell$은 전자기파가 입사하는 경계면에서의 도체 표면적이고, δ는 침투깊이이다. 명심할 것은, J_o는 도체 표면에서의 체적 전류밀도의 진폭이지 표면 전류밀도의 진폭이 아니라는 것이다.

도체 내에서 흐르는 총 전류를 구하기 위해 식 (8.94)를 평면 $x = 0$에 해당하는 횡단면에서 적분하면 다음과 같다.

$$\tilde{\mathrm{I}}_T = \int_S \tilde{\mathbf{J}} \cdot d\mathbf{s} = wJ_o \int_{z=0}^{z=d} e^{-(1+j)z/\delta}\, dz = \frac{w\delta J_o}{1+j} \text{ [A]} \tag{8.97}$$

여기서 $S = wd$는 횡단면의 면적이다. 전력의 관점에서 바라보면, 식 (8.96)의 전력 손실은 식 (8.97)와 동일한 전류가 흐르는 어떤 저항기에서의 전력 손실로 해석할 수 있다. 만약 값이 $\tilde{\mathrm{I}}_T$로 주어지는 전류가 저항 R_{ac}의 저항기에서 균일하게 흐른다면 이때의 전력 손실은 다음과 같다.

$$\langle P \rangle = \frac{1}{2} R_{ac} \,\mathrm{Re}\left[\tilde{\mathrm{I}}_T \tilde{\mathrm{I}}_T^*\right] \quad \text{[W]} \tag{8.98}$$

두 식 (8.96)과 (8.98)을 비교하고, 식 (8.97)을 사용하면 *ac*-저항을 다음과 같이 정의할 수 있다.

$$R_{ac} = \frac{\ell}{\sigma \delta w} \quad [\Omega] \tag{8.99}$$

R_{ac}는 단면적이 $w\delta$이고 길이가 ℓ인 매우 얇은 평판 도체의 저항에 해당한다. 따라서 한 도체에 전자기파가 입사하면, 이때의 옴 전력 손실은 도체 표면 아래의, 단면적이 $w\delta$이고 길이가 ℓ인 얇은 평판에 모든 전도전류가 몰려서 균일하게 흐를 때의 옴 전력 손실과 동일하다. 이때 침투깊이가 연관된다는 것에 주목해야 한다.

예제 8-10

공기 중의 균일 평면파가 영역 $z \geq 0$에 채워진 반 무한의 물체($\varepsilon = 2\varepsilon_0$, $\mu = \mu_0$, $\sigma = 5$ [S/m])에 수직으로 입사한다. 물체 내의 평면 $z = 0^+$에서 전기장이 주파수 100 [MHz]로 진폭 1 [V/m]를 가지고 x-축을 따라 진동한다고 할 때 물체 내에서 다음 값을 구하라.

(a) $\mathscr{E}$와 $\mathscr{H}$

(b) 위상속도

(c) 파장

(d) 침투깊이

풀이

(a) 손실 탄젠트를 구하여 주어진 물체가 양도체인지 아닌지를 판별한다.

$$\frac{\sigma}{\omega\varepsilon} = \frac{5}{2\pi \times 10^8 \times 2 \times (1/36\pi) \times 10^{-9}} = 450 \gg 1$$

이 결과는 주어진 물체가 양도체라는 것을 말해 준다. 식 (8.85)로부터 α와 β를 구한다.

$$\alpha = \beta = \sqrt{\pi f \mu \sigma} = \sqrt{\pi \times 10^8 \times 4\pi \times 10^{-7} \times 5} = 44.4$$

식 (8.91)을 이용하면 다음의 식을 얻을 수 있다.

$$\hat{\eta} = \frac{(1+j)}{\sigma\delta} = 12.6\, e^{j\pi/4}$$

전기장 진폭 1 [V/m]를 이용해 $\mathscr{E}$와 $\mathscr{H}$를 표시한다.

$$\mathscr{E} = \mathbf{a}_x\, e^{-44.4z} \cos(2\pi \times 10^8 t - 44.4z)\ [\text{V/m}]$$

$$\mathscr{H} = \mathbf{a}_y\, 79.4 e^{-44.4z} \cos(2\pi \times 10^8 t - 44.4z - \pi/4)\ [\text{mA/m}]$$

(b) 위상속도는 다음과 같다.

$$v_p = \frac{\omega}{\beta} = \frac{2\pi \times 10^8}{44.4} = 1.42 \times 10^7\ [\text{m/s}]$$

(c) 파장은 다음과 같다.

$$\lambda = \frac{2\pi}{\beta} = \frac{2\pi}{44.4} = 0.14\ [\text{m}]$$

(d) 침투깊이는 다음과 같다.

$$\delta = \frac{1}{\alpha} = \frac{1}{44.4} = 2.23\ [\text{cm}]$$

예제 8-11

전도도가 $\sigma = 5.8 \times 10^7$ [S/m]인 구리의 침투깊이를 주파수에 대한 함수로 표시하라.

풀이

식 (8.87)에 $\mu \approx \mu_0$을 대입하면 다음의 식을 얻을 수 있다.

$$\delta = \frac{1}{\sqrt{\pi f \mu_0 \sigma}} = \frac{1}{\sqrt{\pi f \times 4\pi \times 10^{-7} \times 5.8 \times 10^7}}$$

따라서 구리의 침투깊이는 다음과 같이 표시된다.

$$\delta = \frac{0.066}{\sqrt{f}}\ [\text{m}] \tag{8.100}$$

예를 들어, 주파수 1 [GHz]일 때 구리의 침투깊이는 고작 2.1 [μm]이다.

예제 8-12

전자기 평면파가 [그림 8-9]에서처럼 도체 표면에 수직으로 입사할 때, 면적 $w \times \ell$ [m^2]의 표면을 통과하여 들어가는 전자기파의 시간평균 전력을 계산하고, 이것이 도체 내의 시간평균 전력 손실과 동일함을 보여라.

풀이

평면 $z = 0^+$에서의 시간평균 전력밀도를 식 (8.93)을 이용하여 구한다.

$$\langle \mathbf{S} \rangle = \mathbf{a}_z \frac{\sigma\delta}{4} E_o^2$$

따라서 표면을 통과하는 총 전력은 다음과 같다.

$$\langle P \rangle = \int_{x=0}^{\ell}\int_{y=0}^{w} \langle \mathbf{S} \rangle \cdot d\mathbf{s} = \frac{1}{4}\sigma\delta E_o^2 w\ell = \frac{1}{4\sigma}\delta w \ell J_o^2 \tag{8.101}$$

여기서 관계식 $J_o = \sigma E_o$를 사용했고, $d\mathbf{s}$의 방향은 $\langle \mathbf{S} \rangle$의 방향과 평행이라고 가정한다(여기서 $d\mathbf{s}$는 도체 밖으로의 방향이 아니다). 식 (8.101)에 주어진 도체로의 입사전력은 식 (8.96)에 주어진 도체 내의 손실 전력과 동일하여 에너지 보존법칙을 만족한다.

예제 8-13

하나의 동축 케이블이 전도도 σ의 원통 도체들로 이루어져 있다. 안쪽 도체의 반지름, 바깥쪽 도체의 안쪽 반지름이 각각 a와 b이고, 이들은 침투깊이보다 매우 두껍다고 할 때, 단위 길이당 ac-저항을 구하라.

풀이

전도전류는 안쪽 도체의 표면과 바깥쪽 도체의 안쪽 표면에서 두께 δ의 매우 얇은 영역에서 균일하게 흐른다고 가정한다. 이때 단위 길이당 ac-저항은 다음과 같이 주어진다.

$$R_{ac} = \frac{1}{2\pi\delta\sigma}\left(\frac{1}{a} + \frac{1}{b}\right) \ [\Omega/\mathrm{m}] \tag{8.102}$$

유제 8.22 주파수가 100 [kHz]일 때, $\sigma = 4$ [S/m], $\varepsilon = 81\varepsilon_0$인 바닷물의 침투깊이를 구하라.

Ans 0.8 [m]

유제 8.23 투과파의 시간평균 전력밀도가 표면에서의 시간평균 전력밀도의 1%에 해당한다고 하자. 이때 투과파는 도체 표면으로부터 어느 정도의 거리에 있는가?

Ans $2.3 \times \delta$

유제 8.24 주파수 1 [GHz]에서 구리의 고유 임피던스의 크기를 구하라.

Ans 0.012 [Ω]

유제 8.25 전도도 σ는 무한대일 수 없으므로 α와 β는 동일한 값을 가질 수 없다. α와 β 사이의 오차가 1% 이내가 되는 손실 탄젠트의 범위를 구하라.

Ans $(\sigma / \omega\varepsilon) > 99.5$

복습문제

- **Q 8.26** 양도체와 부도체를 판별하는 기준은 무엇인가? — **A** 식 (8.82)
- **Q 8.27** 양도체에서 α와 β가 같은 값을 가지는가? — **A** 식 (8.85)
- **Q 8.28** 침투깊이가 무엇인가? — **A** 식 (8.87)
- **Q 8.29** 고 전도도의 도체와 완전유전체에서의 위상속도 사이의 비는 어떻게 주어지나? — **A** 식 (8.89)
- **Q 8.30** 양도체에서 $\hat{\eta}$의 위상각은 항상 45°인가? — **A** 식 (8.91)
- **Q 8.31** 고 전도도의 도체와 완전유전체의 고유 임피던스 사이의 비는? — **A** 식 (8.90)
- **Q 8.32** 양도체에서 전자기파의 시간평균 전력밀도 표현식을 쓰라. — **A** 식 (8.93)
- **Q 8.33** *ac*-저항이 무엇인가? — **A** 식 (8.99)

8.3 경계면에서의 전자기 평면파

전자기파가 서로 다른 매질 사이의 경계면에 입사하면, 이 파의 일부는 경계면으로부터 반사하고 나머지는 경계면을 통과하여 다른 매질로 진행한다. 이러한 세 진행파의 전기장과 자기장은 주어진 경계면에서 맥스웰 방정식이 요구하는 경계면 조건을 만족시켜야 한다. 이때 경계면 조건은 경계면 상의 모든 점에서 만족되어야 하므로 세 전기장들 사이의 위상 관계는 경계면 상의 모든 점에서 동일하게 유지되어야 한다. 이를 **위상맞춤 조건**(phase matching condition)이라 부른다.

이 절에서는 경계면 조건으로부터 반사법칙과 굴절법칙을 유도한다. 그 다음 경계면에 수직으로 입사하는 균일 평면파에 대해 살펴보고, **정재파**(standing wave)에 대해 설명한다. 이러한 개념을 확장하여, 평면 경계면에 경사 입사하는 균일 평면파에 대한 반사계수와 투과계수를 구한다. 즉, 이들을 표시하는 **프레넬 식**(Fresnel equation)을 유도할 것이다. 이어서 **반사율**(reflectance)과 **투과율**(transmittance)을 정의하고 이들을 이용해 반사 및 투과된 전자기파의 전력을 계산한다.

8.3.1 평면파의 수직 입사

서로 다른 무손실 유전체 사이에 무한 평면 경계면이 있다고 하자. [그림 8-10]과 같이 평면파가 이 경계면에 수직으로 입사하는 경우를 살펴볼 것이다. 이 평면파는 x-방향으로 선형 편광되어 있고, 매질 1에서 $+z$-방향으로 진행한 다음 $z = 0$에서 $z = \infty$ 영역에 채워진 매질 2로 투과하여 진행한다. 이때 입사파의 전기장 및 자기장 위상자는 다음과 같이 표시된다.

$$\tilde{\mathbf{E}}^i = \mathbf{a}_x E_o^i e^{-j\beta_1 z} \tag{8.103a}$$

$$\tilde{\mathbf{H}}^i = \mathbf{a}_y \frac{E_o^i}{\eta_1} e^{-j\beta_1 z} \tag{8.103b}$$

여기서 i는 입사파를 나타내고, 1은 매질 1을 나타낸다. 매질 1에서의 위상상수 β_1과 고유 임피던스 η_1은 모두 실수이다. 여기서 입사파의 진폭 E_o^i를 실수로 가정해도 일반성을 해치지 않는다.

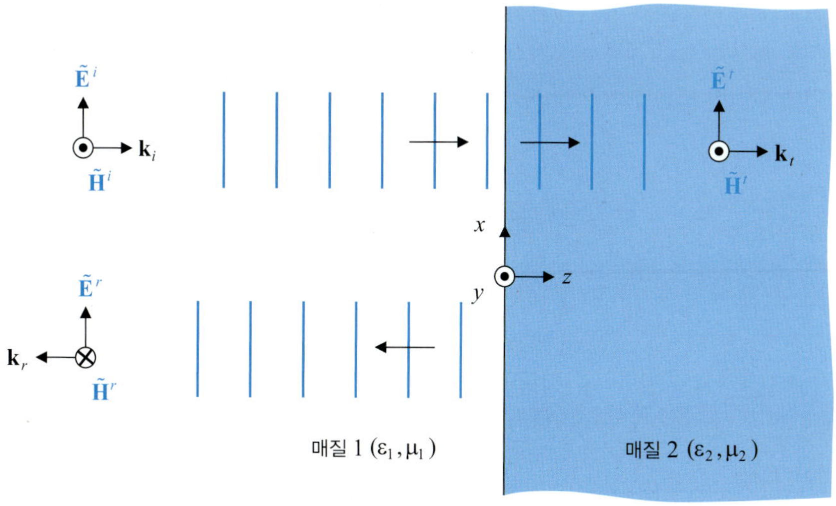

[그림 8-10] 평면 경계면에 수직 입사하는 균일 평면파

수직 입사의 경우 입사파의 파면은 평면 경계면과 정확히 일치한다. 따라서 $\tilde{\mathbf{E}}^i$의 시간위상은 경계면 위의 모든 점에서 동일한 값을 갖는다. 이때 반사파 $\tilde{\mathbf{E}}^r$과 투과파 $\tilde{\mathbf{E}}^t$의 시간위상도 경계면 위의 모든 점에서 각각 상수로 주어져야만 위상맞춤 조건을 만족시킬 수 있다. 따라서 반사파와 투과파는 균일 평면파이고 이들의 파수벡터는 경계면에 수직이어야 한다. 그러므로 $-z$-방향으로 진행하는 반사파의 전기장 및 자기장 위상자는 다음과 같이 표시된다.

$$\tilde{\mathbf{E}}^r = \mathbf{a}_x E_o^r e^{j\beta_1 z} \tag{8.104a}$$

$$\tilde{\mathbf{H}}^r = -\mathbf{a}_y \frac{E_o^r}{\eta_1} e^{j\beta_1 z} \tag{8.104b}$$

여기서 위 첨자 r은 반사파를 나타낸다. 편의상 $\tilde{\mathbf{E}}^r$은 $\tilde{\mathbf{E}}^i$와 마찬가지로 그 편광 방향이 $+x$-방향으로 향한다고 가정한다(이것을 파의 진행 방향과 혼동하면 안된다). 따라서 $\tilde{\mathbf{H}}^r$은 오른손규칙에 따라 $-y$-방향으로 향한다. 반사파와 입사파는 동일한 위상상수 및 고유 임피던스를 가진다. 그 이유는 이들 두 파가 동일한 매질에서 진행하기 때문이다. 진폭 E_o^r은 아직 미지수이기 때문에 그 값을 별도로 찾아내야 한다.

$+z$-방향으로 진행하는 투과파의 전기장 및 자기장 위상자는 다음과 같이 표시된다.

$$\tilde{\mathbf{E}}^t = \mathbf{a}_x E_o^t e^{-j\beta_2 z} \tag{8.105a}$$

$$\tilde{\mathbf{H}}^t = \mathbf{a}_y \frac{E_o^t}{\eta_2} e^{-j\beta_2 z} \tag{8.105b}$$

여기서 위 첨자 t는 투과파를 나타낸다. 편의상 $\tilde{\mathbf{E}}^t$의 편광 방향이 $+x$-방향으로 향한다고 가정한다. 앞에서와 마찬가지로 E_o^t는 미지수이기 때문에 별도로 그 값을 찾아내야 한다. 매질 2는 매질 1과 상이하므로 위상상수 β_2는 당연히 β_1과 같지 않다.

지금부터 전자기 경계면 조건을 경계면 상의 전기장 및 자기장에 적용하여 미지수인 E_o^r과 E_o^t를 이미 알고 있는 E_o^i에 대한 함수로 표시한다. 경계면 조건에 따르면 $\tilde{\mathbf{E}}$와 $\tilde{\mathbf{H}}$의 접선성분은 경계면에서 연속이다. 식 (8.103) ~ (8.105)에 주어진 모든 전기장 및 자기장은 이미 경계면에 평행이므로 경계면 조건에 의해 다음과 같이 나타낼 수 있다.

$$E_o^i + E_o^r = E_o^t \tag{8.106a}$$

$$\frac{E_o^i}{\eta_1} - \frac{E_o^r}{\eta_1} = \frac{E_o^t}{\eta_2} \tag{8.106b}$$

여기서 η_1과 η_2는 각각 매질 1과 2에서의 고유 임피던스이고, 경계면에는 표면전류가 흐르지 않는다고 가정하였다. 등호 왼쪽은 점 $z = 0^-$에서의 총 전기장 및 자기장을 의미하고, 오른쪽은 평면 $z = 0^+$에서의 전기장 및 자기장을 의미한다.

식 (8.106a)와 (8.106b)를 풀어 E_o^r과 E_o^t을 구하면 수직 입사하는 전자기파의 반사계수 Γ와 투과계수 τ를 다음과 같이 구할 수 있다.

$$\Gamma \equiv \frac{E_o^r}{E_o^i} = \frac{\eta_2 - \eta_1}{\eta_2 + \eta_1} \tag{8.107}$$

$$\tau \equiv \frac{E_o^t}{E_o^i} = \frac{2\eta_2}{\eta_2 + \eta_1} \tag{8.108}$$

만약 $\eta_1 > \eta_2$이면 반사계수는 음수가 되는데, 이는 경계면에서 반사파와 입사파의 위상이 180° 차이남을 의미한다. 반면에 투과계수 τ는 항상 양수인데, 이것은 경계면에서 투과파와 입사파는 항상 위상이 동일하다는 것을 의미한다. $\eta_2 > \eta_1$일 때 τ가 1 보다 크더라도 투과파의 전력이 매질 2에서 증가한다는 것을 의미하지는 않는다([예제 8-14] 참조).

식 (8.107)과 (8.108)에 주어진 Γ와 τ는 두 손실 매질 사이의 경계면에서도 사용할 수 있는데, 이 경우 η_1과 η_2를 해당 복소 고유임피던스로 대치하면 된다. 따라서 이때의 반사 및 투과계수는 모두 복소수이다.

식 (8.107)과 (8.108)로부터 다음과 같은 관계식이 성립한다는 것을 알 수 있다.

$$1 + \Gamma = \tau \tag{8.109}$$

대신, 이 관계식은 수직 입사하는 전자기파에만 적용된다는 것에 주목해야 한다.

예제 8-14

고유 임피던스 η_1과 η_2를 가진 두 무손실 유전체 사이의 경계면에 전자기 평면파가 수직 입사할 때 에너지 보존법칙을 이용하여 $|\Gamma|^2 + (\eta_1 / \eta_2)|\tau|^2 = 1$이 성립함을 보여라.

풀이

입사, 반사, 투과파의 시간평균 전력밀도는 다음과 같다.

$$\langle \mathbf{S}^i \rangle = \frac{1}{2}\mathrm{Re}\left[\tilde{\mathbf{E}}^i \times \tilde{\mathbf{H}}^{i*}\right] = \mathbf{a}_z \frac{1}{2\eta_1}\left|E_o^i\right|^2 \tag{8.110a}$$

$$\langle \mathbf{S}^r \rangle = -\mathbf{a}_z \frac{1}{2\eta_1}\left|E_o^r\right|^2 = -\mathbf{a}_z \frac{1}{2\eta_1}|\Gamma|^2\left|E_o^i\right|^2 \tag{8.110b}$$

$$\langle \mathbf{S}^t \rangle = \mathbf{a}_z \frac{1}{2\eta_2}\left|E_o^t\right|^2 = \mathbf{a}_z \frac{1}{2\eta_2}|\tau|^2\left|E_o^i\right|^2 \tag{8.110c}$$

에너지 보존법칙에 따라 다음의 식을 쓸 수 있다.

$$\left|\langle \mathbf{S}^i \rangle\right| = \left|\langle \mathbf{S}^r \rangle\right| + \left|\langle \mathbf{S}^t \rangle\right| \tag{8.110d}$$

식 (8.110a) ~ (8.110c)를 식 (8.110d)에 대입하면 다음의 식을 얻을 수 있다.

$$|\Gamma|^2 + \frac{\eta_1}{\eta_2}|\tau|^2 = 1 \tag{8.111}$$

예제 8-15

[그림 8-11]과 같이 두 평면 $z = 0$와 $z = \ell$은 연속된 세 무손실 매질 사이의 경계면에 해당한다. 매질 1에서의 균일 평면파 $\tilde{\mathbf{E}}^i = \mathbf{a}_x E_o e^{-j\beta_1 z}$가 $z = 0$에 놓인 경계면에 수직 입사하면, 투과파는 매질 2의 좌우 경계면에서 연속 반사하면서 왕복 운동을 한다. 매질 2에서의 모든 진행파들을 묶어서 전진파 $\tilde{\mathbf{E}}^f$와 후진파 $\tilde{\mathbf{E}}^b$로 표시할 때 다음 값을 구하라.

(a) $\tilde{\mathbf{E}}^f$와 $\tilde{\mathbf{E}}^b$

(b) 점 $z = 0^+$에서의 총 $\tilde{\mathbf{E}}$와 $\tilde{\mathbf{H}}$를 구하고 등가 고유임피던스 $\eta_{eff} = \tilde{E}/\tilde{H}$를 찾아라.

(c) $\tilde{\mathbf{E}}^r$과 $\tilde{\mathbf{E}}^t$

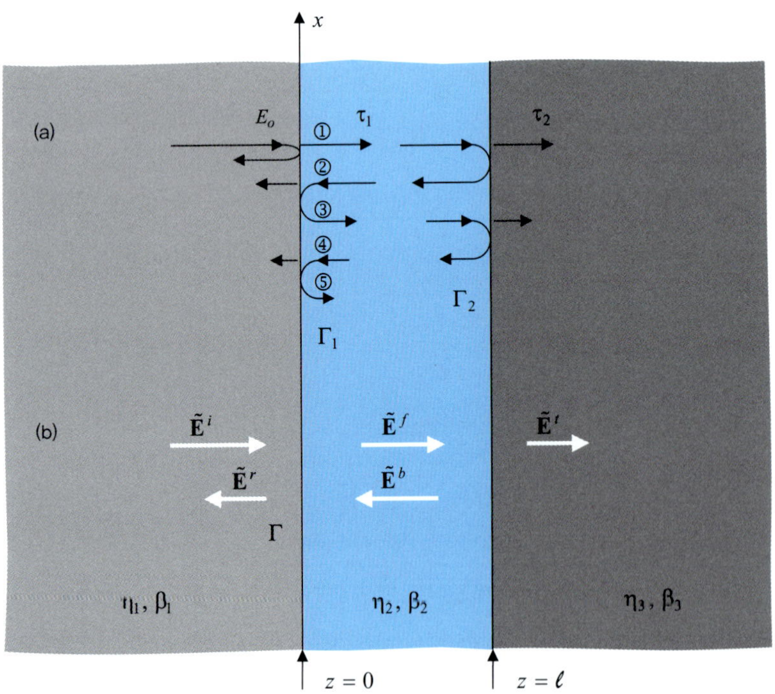

[그림 8-11] 연속된 세 무손실 매질. (a) 매질 2에서의 투과파의 연속 반사. (b) 세 영역에서의 5개의 평면파

풀이

모든 전기장이 x-방향으로 편광되어 있다고 가정해도 일반성을 해치지 않는다.

(a) 매질 2에서 홀수 파들의 합은 전진파 $\tilde{\mathbf{E}}^f$를 형성하고 짝수 파들의 합은 후진파 $\tilde{\mathbf{E}}^b$를 형성한다. 따라서 점 $z = 0^+$에서 다음의 식을 얻는다.

$$\begin{aligned}\tilde{E}^f(z=0^+) &= E_o\tau_1\left[1 + \Gamma_1\Gamma_2 e^{-j2\beta_2\ell} + (\Gamma_1\Gamma_2 e^{-j2\beta_2\ell})^2 + \cdots\right] \\ &= \frac{E_o\tau_1}{1 - \Gamma_1\Gamma_2 e^{-j2\beta_2\ell}} \equiv E_o^f\end{aligned} \tag{8.112a}$$

$$\begin{aligned}\tilde{E}^b(z=0^+) &= E_o\tau_1\Gamma_2 e^{-j2\beta_2\ell}\left[1 + \Gamma_1\Gamma_2 e^{-j2\beta_2\ell} + (\Gamma_1\Gamma_2 e^{-j2\beta_2\ell})^2 + \cdots\right] \\ &= \frac{E_o\tau_1\Gamma_2 e^{-j2\beta_2\ell}}{1 - \Gamma_1\Gamma_2 e^{-j2\beta_2\ell}} \equiv E_o^b\end{aligned} \tag{8.112b}$$

여기서 β_2는 매질 2에서의 위상상수이고, τ_1은 첫째 경계면에서의 투과계수이다. 그리고 Γ_1과 Γ_2는 각각 첫째와 둘째 경계면에서의 내부 반사계수이다([그림 8-11(a)] 참조). 식 (8.107)과 (8.108)을 이용하여 다음의 식을 얻는다.

$$\tau_1 = \frac{2\eta_2}{\eta_2 + \eta_1},\quad \Gamma_1 = \frac{\eta_1 - \eta_2}{\eta_1 + \eta_2},\quad \Gamma_2 = \frac{\eta_3 - \eta_2}{\eta_3 + \eta_2} \tag{8.112c}$$

여기서 Γ_1은 Γ와 반대 부호를 가지는데 그 이유는 이들이 서로 하나의 경계면 반대쪽에서의 반사계수이기 때문이다(식 (8.107) 참조). 매질 2에서의 두 진행파는 다음과 같이 주어진다.

$$\tilde{\mathbf{E}}^f = \mathbf{a}_x E_o^f e^{-j\beta_2 z},\quad \tilde{\mathbf{E}}^b = \mathbf{a}_x E_o^b e^{j\beta_2 z}$$

(b) 점 $z = 0^+$에서의 총 전기장은 식 (8.112a)와 (8.112b)를 이용해 구할 수 있다.

$$\begin{aligned}\tilde{E}(z=0^+) &= E_o^f + E_0^b \\ &= \frac{E_o\tau_1}{1 - \Gamma_1\Gamma_2 e^{-j2\beta_2\ell}}\left[1 + \Gamma_2 e^{-j2\beta_2\ell}\right]\end{aligned}$$

따라서 점 $z = 0^+$에서 총 전기장은 다음과 같다.

$$\tilde{\mathbf{E}} = \tilde{E}(z=0^+)\mathbf{a}_x$$

관계식 $\mathbf{a}_k = \mathbf{a}_E \times \mathbf{a}_H$와 매질 2의 고유 임피던스 η_2를 이용해 다음의 식을 구할 수 있다.

$$\begin{aligned}\tilde{H}(z=0^+) &= H_o^f + H_o^b = (E_o^f - E_o^b)/\eta_2 \\ &= \frac{1}{\eta_2}\frac{E_o\tau_1}{1 - \Gamma_1\Gamma_2 e^{-j2\beta_2\ell}}\left[1 - \Gamma_2 e^{-j2\beta_2\ell}\right]\end{aligned}$$

점 $z = 0^+$에서 총 자기장은 다음과 같다.

$$\tilde{\mathbf{H}} = \tilde{H}(z = 0^+)\mathbf{a}_y$$

점 $z = 0^+$에서 등가 고유임피던스는 다음과 같이 정의된다.

$$\eta_{eff} \equiv \frac{\tilde{E}(z=0^+)}{\tilde{H}(z=0^+)} = \eta_2 \frac{1 + \Gamma_2 e^{-j2\beta_2 \ell}}{1 - \Gamma_2 e^{-j2\beta_2 \ell}} \tag{8.112d}$$

(c) 첫째 경계면에서 입사파의 반사는 매질 1의 고유 임피던스 η_1과 등가 고유 임피던스 η_{eff}에 의해 결정된다. 식 (8.112c)를 참고하여 첫째 경계면에서의 반사계수를 다음과 같이 구할 수 있다.

$$\Gamma = \frac{\eta_{eff} - \eta_1}{\eta_{eff} + \eta_1} \tag{8.112e}$$

매질 1에서 반대 방향으로 진행하는 반사파는 다음과 같이 표시된다.

$$\tilde{\mathbf{E}}^r = \mathbf{a}_x \Gamma E_o e^{j\beta_1 z} \tag{8.112f}$$

비슷한 방법으로, 식 (8.112c)에 따라 둘째 경계면에서의 투과계수를 다음과 같이 구할 수 있다.

$$\tau_2 = \frac{2\eta_3}{\eta_3 + \eta_2} \tag{8.112g}$$

매질 3으로 들어간 투과파는 다음과 같다.

$$\begin{aligned}\tilde{\mathbf{E}}^t &= \mathbf{a}_x \tau_2 [E_o^f e^{-j\beta_2 \ell}] e^{-j\beta_3 (z - \ell)} \\ &= \mathbf{a}_x \frac{E_o \tau_1 \tau_2 e^{-j\beta_2 \ell}}{1 - \Gamma_1 \Gamma_2 e^{-j2\beta_2 \ell}} e^{-j\beta_3 (z - \ell)} \qquad (z \geq \ell)\end{aligned} \tag{8.112h}$$

위 식에서 브라켓 항은 점 $z = \ell^-$에서의 전진파의 전기장이다. 매질 3으로 들어간 투과파의 전력은 매질 1의 입사파의 전력에 $1 - |\Gamma|^2$를 곱한 것과 동일하다.

만약 조건 $\eta_{eff} = \eta_1$이 만족되면 첫째 경계면에서 입사파의 반사는 영이다. 그럼에도 불구하고 매질 2로 들어간 투과파는 좌우 두 경계면 사이에서 무한 반사하여 왕복 운동을 한다. 이런 조건하에 매질 2에서 왼쪽 경계면을 향해 진행하는 모든 파들은 점 $z = 0^+$에서 완벽하게 서로 상쇄되기 때문에 앞서 언급한 매질 1에서의 반사파가 영이라는 것을 확인시켜 준다.

유제 8.26 자유 공간($z < 0$)에서 주파수 2 [GHz]의 균일 평면파 $\tilde{\mathbf{E}}^i = \mathbf{a}_x 10 e^{-j\beta_1 z}$가 유전체($\varepsilon = 2\varepsilon_0, \mu_0$)에 수직 입사할 때 $\tilde{\mathbf{E}}^r$과 $\tilde{\mathbf{E}}^t$를 구하라.

Ans $\tilde{\mathbf{E}}^r = -\mathbf{a}_x 1.72\, e^{j41.9z}$, $\tilde{\mathbf{E}}^t = \mathbf{a}_x 8.28\, e^{-j59.2z}$

유제 8.27 파장 500 [nm]인 빛이 굴절율이 $n = 1.5$인 반 무한 유리에 수직 입사할 때 입사파 전력 중에서 몇 퍼센트가 반사되나?

Ans 4%

유제 8.28 두 무손실 유전체 사이의 경계면에 평면파가 수직 입사할 때 만약 $|\Gamma| = |\tau|$이면 투과전력과 반사전력 사이의 비는?

Ans 3

■ 정재파 비

[그림 8-10]과 같이 한 경계면이 주어지면, 매질 1에서의 입사파와 반사파의 전기장 위상자는 각각 식 (8.103a)와 (8.104a)로 표시된다. 이때 반사계수 Γ는 비 E_o^r / E_o^i에 해당한다. 이러한 사실로부터 매질 1에서의 총 전기장을 다음과 같이 표시할 수 있다.

$$\begin{aligned} \tilde{\mathbf{E}}_1 = \tilde{\mathbf{E}}^i + \tilde{\mathbf{E}}^r &= \mathbf{a}_x E_o^i\, e^{-j\beta_1 z}\left[1 + \Gamma\, e^{j2\beta_1 z}\right] \\ &\equiv \mathbf{a}_x \hat{E}_1 \end{aligned} \tag{8.113}$$

여기서 $\hat{E}_1$은 위상자 $\tilde{\mathbf{E}}_1$의 크기이다.

식 (8.107)에 주어진 반사계수는 두 손실 매질 사이의 경계면에서도 사용할 수 있는데 이때 단지 η_1과 η_2가 각각 해당 복소 고유임피던스로 대치되면 된다. 일반적으로 반사계수는 복소수이다.

$$\Gamma = |\Gamma|\, e^{j\phi} \tag{8.114}$$

여기서 ϕ는 위상각이다. ϕ를 계산할 때 주어진 점이 복소 평면의 정확한 사분면에 위치하는 지를 확인해야 한다. 예를 들어, 역 삼각함수 $y = \tan^{-1}(x)$는 $-\pi/2 \le y \le \pi/2$에 있는 값을 주된 값으로 삼는다. 그러나 대부분의 전자계산기는, 예를 들어 $\Gamma = -0.5 + j0.5$의 위상각을 $\arctan\{0.5/(-0.5)\} = -0.785$ [rad]으로 계산한다. 그러나 이 경우 Γ의 정확한 위상각은 $\phi = \pi - 0.785$ [rad]이다.

식 (8.114)를 식 (8.113)에 대입하면 매질 1에서의 전기장 위상자의 크기를 다음과 같이 구할 수 있다.

$$\hat{E}_1 = E_o^i e^{-j\beta_1 z}\left[1 + |\Gamma| e^{j(2\beta_1 z + \phi)}\right] \tag{8.115}$$

여기서 복소수 $\hat{E}_1$의 크기는 각주파수 ω로 진동하는 전기장의 진폭을 나타내고, $\hat{E}_1$의 위상각은 공간상 한 점에서 조화시변 전기장의 상대적 위상 지연을 나타낸다. 매질 1에서의 조화시변 전기장의 진폭은 위치에 대한, 즉 z에 대한 함수이다.

진폭의 최대치는 식 (8.115)에 표시된 브라켓의 둘째 항의 위상이 영 혹은 2π의 정수배일 때 나타난다. $|\hat{E}_1|$의 최대치는 경계면으로부터 거리 z_{max}에서 나타난다.

$$\left|\hat{E}_1\right|_{max} = E_o^i\left(1 + |\Gamma|\right) \tag{8.116a}$$

$$z_{max} = -\frac{1}{2\beta_1}(\phi + 2\pi n) \qquad (n = 0,\ \pm 1,\ \pm 2,\ \cdots) \tag{8.116b}$$

최대진폭은 $-z$-축 상에서 거리 λ/2 [m]마다 반복적으로 나타난다. 여기서 주목할 것은, $|\hat{E}_1|_{max}$는 Γ의 크기에 의해 결정되고, z_{max}는 Γ의 위상각에 의해 결정된다는 것이다. 매질 1이 $z = 0$에서 $-\infty$에 걸쳐 있으므로 z_{max}는 항상 음수로 주어진다. 따라서 정수 n의 부호를 적절히 선택해야 한다.

최소진폭은 최대진폭이 발생하는 지점과 지점 사이의 중간에 나타난다. $|\hat{E}_1|$의 최소치는 경계면으로부터 거리 z_{min}에서 나타나는데, 이것은 식 (8.115)에 표시된 브라켓의 둘째 항의 위상각이 $(2n + 1)\pi$인 경우에 해당한다.

$$\left|\hat{E}_1\right|_{min} = E_o^i\left(1 - |\Gamma|\right) \tag{8.117a}$$

$$z_{min} = -\frac{1}{2\beta_1}(\phi + 2\pi n + \pi) \qquad (n = 0,\ \pm 1,\ \pm 2,\ \cdots) \tag{8.117b}$$

최소진폭도 최대진폭과 마찬가지로 $-z$-축 상에서 거리 λ/2 [m]마다 반복적으로 나타난다. 따라서 최대치와 최소치 사이의 최소 거리는 λ/4 [m]이다.

식 (8.115)를 다음과 같이 다시 쓸 수 있다.

$$\begin{aligned}\hat{E}_1 &= E_o^i e^{-j\beta_1 z}\left[1 - |\Gamma| + |\Gamma| + |\Gamma| e^{j(2\beta_1 z + \phi)}\right] \\ &= E_o^i e^{-j\beta_1 z}\left(1 - |\Gamma|\right) + E_o^i |\Gamma| e^{j\phi/2}\left[2\cos(\beta_1 z + \phi/2)\right]\end{aligned}$$

이것을 실순시형태로 쓰면 다음과 같다.

$$\begin{aligned}\mathscr{E}_1 &= E_o^i\left(1 - |\Gamma|\right)\cos\left(\omega t - \beta_1 z\right) \\ &\quad + 2E_o^i|\Gamma|\cos\left(\beta_1 z + \phi/2\right)\cos\left(\omega t + \phi/2\right)\end{aligned} \tag{8.118}$$

등호 오른쪽의 첫째 항은 진폭이 $E_o^i\left(1 - |\Gamma|\right)$인 진행파를 의미한다. 반면에 둘째 항은 **정재파**(standing wave)를 나타내며 이는 매질 내에서 진행하지 않는다. 그럼에도 불구하고 정재파의 전기장은 공간상에서 진폭이 $2E_o^i|\Gamma|\cos\left(\beta_1 z + \phi/2\right)$이고 각주파수 ω로 시간에 따라 진동한다. 정재파는 서로 반대 방향으로 진행하는 동일한 진폭의 두 평면파의 합으로 생각할 수 있다. 이것은 공간상 한 점에서 다른 점으로 전력을 전달하지 못한다.

식 (8.118)에서 보듯이, 진폭 E_o^i의 입사파가 경계면에서 반사하면 진폭 $|\Gamma|E_o^i$의 반사파는 매질 1에서 입사파와 간섭하여 정재파를 발생시킨다. 그리고 나머지는 진폭 $E_o^i\left(1 - |\Gamma|\right)$의 진행파로서 아무런 제재 없이 $+z$-방향으로 진행한다. 이때 진행파의 진폭은 주어진 매질에서 상수인 반면 정재파의 진폭은 거리에 따라 $\cos\left(\beta_1 z + \phi/2\right)$의 형태로 변한다는 것을 명심해야 한다.

예를 들어, 식 (8.118)에 $|\Gamma| = 0.5$와 $\phi = 0$를 대입한 후 진행파와 정재파의 전기장을 서로 다른 세 시점 $\omega t = 0,\ 0.3\pi,\ 1.3\pi$에서 $\beta_1 z$의 함수로 나타내면 [그림 8-12]와 같다.

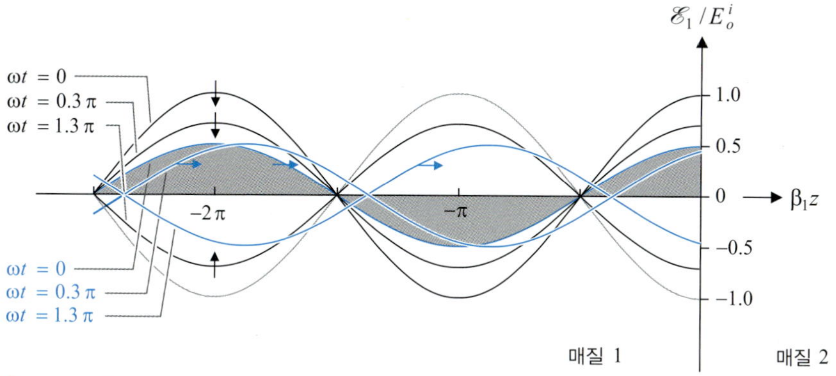

[그림 8-12] 매질 1에서의 진행파와 정재파 (진행파는 파란색, 정재파는 검은색으로 표시됨)

[그림 8-13]에는 매질 1에서의 전기장이 서로 다른 시점($\omega t = 0,\ \pi/4,\ \pi/2,\ 3\pi/4,\ \pi$)에서 $\beta_1 z$의 함수로의 함수로 표시되었다. 시점 $\omega t = 0$에서 전기장은 하나의 코사인 곡선으로 표시된다. 이 곡선은 시간이 지남에 따라 $+z$-방향으로 이동하는데, 시간 영역 $0 < \omega t < \pi/2$에서는 진폭이 감소하고 영역 $\pi/2 < \omega t < \pi$에서는 진폭이 증가한다. 이 곡선은 두 파란색 곡선 내로 한정되는데 두 파란색 곡선 사이의 수직 거리의 절반은 공간상 한 점에서의 조화시변 전기장의 진폭을 의미한다.

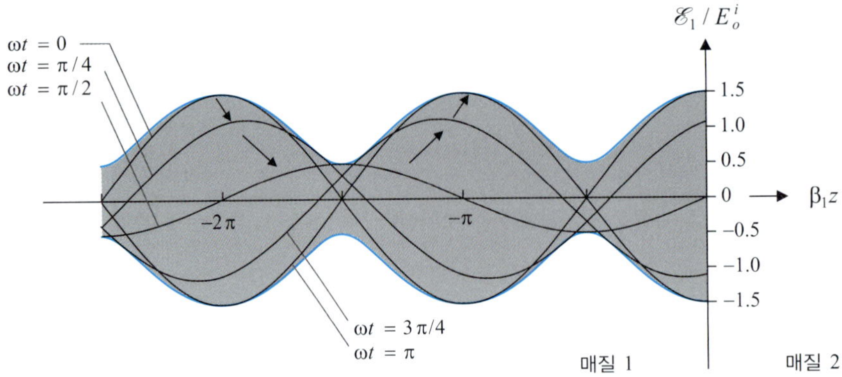

[그림 8-13] 매질 1에서의 총 전기장의 진폭

정재파 비(standing wave ratio)는 총 전기장의 최대진폭과 최소진폭 사이의 비이다.

$$S = \frac{|\hat{E}_1|_{max}}{|\hat{E}_1|_{min}} = \frac{1 + |\Gamma|}{1 - |\Gamma|} \tag{8.119}$$

여기서 S는 단위가 없는 양수이다. $|\Gamma|$가 0에서 1로 변할 때 S는 1에서 ∞로 변한다. 정재파 비는 로그 스케일로 표시할 수 있다. 즉 데시벨을 이용해 $20 \log_{10} S$ [dB]로 표시된다. 예를 들어, 정재파 비 $S = 4$는 12.04 [dB]에 해당한다. 이때 정재파 비를 포인팅 벡터 **S** 혹은 단위 지멘스 [S]와 혼동하면 안된다.

예제 8-16

자유 공간($z < 0$)에서 형성된 정재파가 $S = 4$를 가지며 첫번째 최대진폭은 $z = 0$의 경계면으로부터 거리 0.2 [m]에 위치하고, 인접한 두 최대치 사이의 거리는 0.5 [m]이다. 영역 $z \geq 0$에 채워진 매질의 고유 임피던스 η_2를 구하라.

풀이

인접한 두 최대치 사이의 거리는 반 파장에 해당한다. 즉 $\lambda = 1$이다. 따라서 다음과 같이 나타낼 수 있다.

$$\beta_1 = \frac{2\pi}{\lambda} = 2\pi$$

첫번째 최대진폭 위치는 식 (8.116b)에서 $n = 0$에 해당한다. 따라서 다음과 같다.

$$z_{max} = -\frac{1}{2\beta_1}\phi = -0.2 \text{ [m]}, \quad \text{따라서 } \phi = 0.8\pi$$

식 (8.119)로부터 계산하면 다음과 같다.

$$|\Gamma| = \frac{S-1}{S+1} = 0.6$$

따라서 반사계수는 다음과 같다.

$$\Gamma = 0.6\, e^{j0.8\pi} \tag{8.120a}$$

식 (8.107)을 다시 쓰면 다음과 같다.

$$\frac{\eta_2}{\eta_1} = \frac{1+\Gamma}{1-\Gamma} \tag{8.120b}$$

따라서 고유 임피던스는 다음과 같다.

$$\eta_2 = 377\frac{1+0.6\,e^{j0.8\pi}}{1-0.6\,e^{j0.8\pi}} = 154\,e^{j0.83}\ [\Omega]$$

예제 8-17

균일 평면파가 $\mathscr{E}^i = \mathbf{a}_x 20\cos(3\times10^9 t - 17.3z)$로 주어지며, 영역 $z<0$의 무손실 매질을 진행하다가 영역 $z>0$에 채워진 손실 매질($\varepsilon_r = 4$, $\sigma = 0.5$ [S/m])에 수직 입사한다. 두 매질이 비자성체라고 가정했을 때 Γ, S를 구한 후, 첫번째 최대진폭의 경계면으로부터의 거리를 구하라.

풀이

문제에서 주어진 값으로부터 입사파의 각주파수와 위상상수는 각각 $\omega = 3\times10^9$ [rad/s], $\beta_1 = 17.3$ [rad/m]임을 알 수 있다. $\beta_1 = \omega\sqrt{\mu_0\varepsilon_0\varepsilon_r}$이므로 $\varepsilon_r = (1.73)^2$이다. 이를 이용하여 η_1을 구하면 다음과 같다.

$$\eta_1 = \sqrt{\mu_0/\varepsilon_0\varepsilon_r} = 217.92\ [\Omega]$$

영역 $z>0$에서 식 (8.81)을 이용해 η_2를 다음과 같이 구한다.

$$\eta_2 = \sqrt{\frac{\mu_0}{\varepsilon}}\sqrt{\frac{1}{1-j\sigma/(\omega\varepsilon)}} = \frac{377}{2}\sqrt{\frac{1}{1-j0.5/(3\times10^9\times4\times8.854\times10^{-12})}}$$
$$= 85.90\,e^{j0.68}\ [\Omega]$$

η_1과 η_2를 식 (8.107)에 대입하여 반사계수를 구한다.

$$\Gamma = \frac{\eta_2-\eta_1}{\eta_2+\eta_1} = 0.55\,e^{j2.61}$$

식 (8.119)로부터 정재파 비를 구한다.

$$S = \frac{1 + |\Gamma|}{1 - |\Gamma|} = 3.44$$

식 (8.116b)에 $\phi = 2.61$, $\beta_1 = 17.3$, $n = 0$을 대입하여 첫번째 최대진폭의 위치를 구한다.

$$z_{\max} = -\frac{\phi}{2\beta_1} = -7.5 \text{ [cm]}$$

유제 8.29 [그림 8-10]에 보인 입사파 $\tilde{\mathbf{E}}^i$의 시간위상이 지연되었을 때 영역 $z < 0$에서 최대진폭의 위치가 변하는가?

Ans 아니요

(식 (8.116a)와 (8.116b) 참조)

유제 8.30 무손실 유전체 사이의 경계면에 수직 입사하는 균일 평면파가 만드는 정재파 비를 두 유전체의 η_1과 η_2를 이용해 표시하라.

Ans $S = \eta_2/\eta_1$ 혹은 η_1/η_2 중에서 1보다 큰 것

■ 완전도체가 포함된 경계면

완전도체는 무한대의 전도도를 가지므로 그 고유 임피던스가 영이다. 영역 $z < 0$의 무손실 유전체와 영역 $z \geq 0$의 완전도체 사이의 경계면에 대해 생각해 보자. 식 (8.107)에 $\eta_2 = 0$를 대입하면 $\Gamma = -1$을 얻을 수 있다. 따라서 입사파는 완전도체 표면에서 모두 반사하고, 반사파는 입사파에 대해 도체 표면에서 위상이 180° 어긋난 상태에 있다는 것을 알 수 있다. 이 경우 식 (8.103)과 (8.104)의 입사파와 반사파 표현식들은 계속 유효하다. 유전체 내에서의 전기장 및 자기장은 다음과 같이 주어진다.

$$\begin{aligned}\tilde{\mathbf{E}}_1 &= \tilde{\mathbf{E}}^i + \tilde{\mathbf{E}}^r = \mathbf{a}_x E_o^i \left[e^{-j\beta_1 z} - e^{j\beta_1 z} \right] \\ &= -\mathbf{a}_x j2E_o^i \sin(\beta_1 z)\end{aligned} \tag{8.121a}$$

$$\begin{aligned}\tilde{\mathbf{H}}_1 &= \tilde{\mathbf{H}}^i + \tilde{\mathbf{H}}^r = \mathbf{a}_y \frac{E_o^i}{\eta_1} \left[e^{-j\beta_1 z} + e^{j\beta_1 z} \right] \\ &= \mathbf{a}_y \frac{2E_o^i}{\eta_1} \cos(\beta_1 z)\end{aligned} \tag{8.121b}$$

이들의 실순시 값을 표시하면 다음과 같다.

$$\mathscr{E} = \mathbf{a}_x 2E_o^i \sin(\beta_1 z)\sin(\omega t) \tag{8.122a}$$

$$\mathscr{H} = \mathbf{a}_y \frac{2E_o^i}{\eta_1}\cos(\beta_1 z)\cos(\omega t) \tag{8.122b}$$

위 식에서 보듯이 두 변수 z와 t는 서로 분리되어 있는데, 이것은 입사파와 반사파가 서로 결합되어 정재파를 형성했다는 것을 의미한다. 정재파는 전력을 공간상 한 점에서 다른 점으로 전달할 수 없는데 이러한 사실은 식 (8.121a)와 (8.121b)를 식 (8.38)에 대입하면 $\tilde{\mathbf{E}}_1 \times \tilde{\mathbf{H}}_1^*$가 허수가 되므로 쉽게 증명된다. 다른 방법으로, 식 (8.108)에 $\eta_2 = 0$를 대입하면 $\tau = 0$를 얻는데 이것은 완전도체 내에서 투과파가 영이고, 따라서 전력이 전달되지 않는다는 것을 의미한다.

[그림 8-14]에는 정재파의 전기장과 자기장이 서로 다른 다섯 시점에서 $\beta_1 z$에 대한 함수로 표시되었다. 입사파가 x-방향으로 편광되어 도체 표면에 수직으로 입사하는 경우, 그림에서 볼 수 있듯이 도체 표면에서 전기장은 항상 영이다. 이는 전기장에 대한 경계면 조건을 이용하면 쉽게 설명할 수 있다. 즉, 완전도체 표면에서 전기장의 접선성분은 항상 영이다.

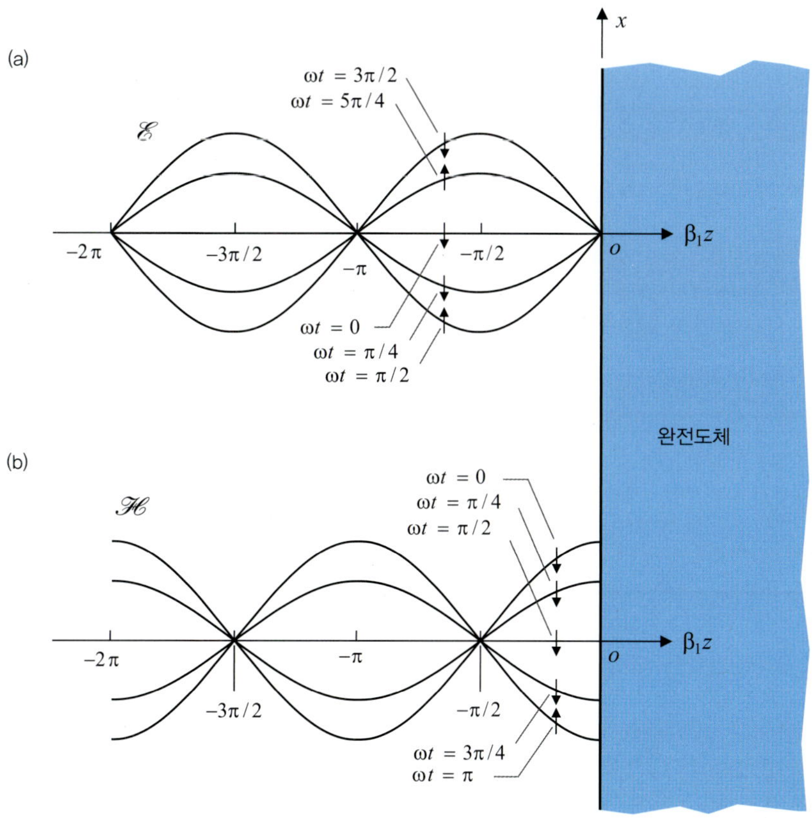

[그림 8-14] 완전도체 밖에서 형성된 정재파의 전기장과 자기장이 서로 다른 다섯 시점에서 그려졌다.

공간상에서 진폭이 영이 되는 점들을 교점(node)이라 부르는데 이들은 z-축을 따라 반 파장의 주기로 반복되어 나타난다. $\mathscr{H}$의 교점도 $\mathscr{E}$의 교점과 동일한 주기로 반복되는데, $\mathscr{H}$의 첫번째 교점은 완전도체 표면으로부터 거리 $\lambda/4$만큼 떨어져 있는 곳에 나타난다.

예제 8-18

자유 공간에서의 오른손 원형 편광된 전자기파 $\tilde{\mathbf{E}}^i = (E_o\mathbf{a}_x - jE_o\mathbf{a}_y)e^{-j\beta z}$가 영역 $z \geq 0$에 채워진 완전도체에 수직 입사한다. 다음 값을 구하라.

(a) $\tilde{\mathbf{E}}^r$과 이것의 편광 상태

(b) 도체 표면의 전류밀도

(c) 자유 공간에서의 전기장 표현식

풀이

(a) 반사계수가 $\Gamma = -1$이므로 도체 표면에서 반사파의 전기장과 진행 방향은 모두 뒤집어져 나타난다.

$$\tilde{\mathbf{E}}^r = \left(-E_o\mathbf{a}_x + jE_o\mathbf{a}_y\right)e^{j\beta z}$$

$$\mathscr{E}^r = -E_o\mathbf{a}_x\cos\left(\omega t + \beta z\right) - E_o\mathbf{a}_y\sin\left(\omega t + \beta z\right)$$

평면 $z = 0$에서 다음의 값들이 얻을 수 있다.

$$\mathscr{E}^r = -E_o\mathbf{a}_x \qquad (\omega t = 0) \tag{8.123a}$$

$$\mathscr{E}^r = -E_o\mathbf{a}_y \qquad (\omega t = \pi/2) \tag{8.123b}$$

왼손 네 손가락이 시간에 따라 회전하는 $\mathscr{E}^r$의 방향으로 향하면 엄지는 반사파가 진행하는 방향을 가리킨다([그림 8-15] 참조). 따라서 반사파는 왼손 원형 편광파이다. 원형 편광파가 완전도체 표면에서 반사하면 그 편광 상태가 뒤바뀐다.

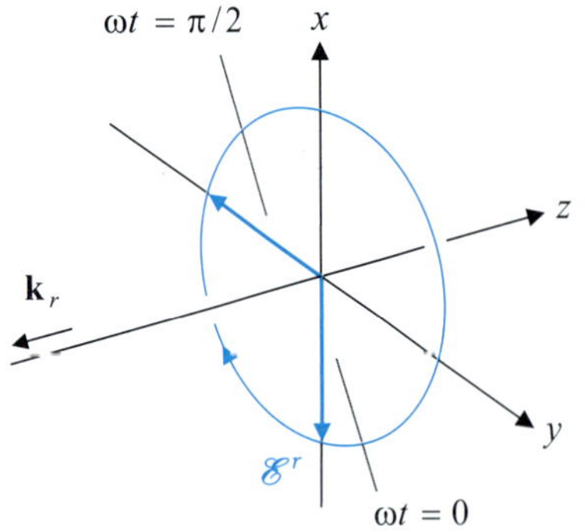

[그림 8-15] 반사파의 편광 상태

(b) 입사파와 반사파의 자기장은 다음과 같다.

$$\tilde{\mathbf{H}}^i = \frac{1}{\eta_o}\left(\mathbf{a}_k \times \tilde{\mathbf{E}}^i\right) = \frac{E_o}{\eta_o}\left(\mathbf{a}_y + j\mathbf{a}_x\right)e^{-j\beta z}$$

$$\tilde{\mathbf{H}}^r = \frac{1}{\eta_o}\left(\mathbf{a}_k \times \tilde{\mathbf{E}}^r\right) = \frac{E_o}{\eta_o}\left(\mathbf{a}_y + j\mathbf{a}_x\right)e^{j\beta z}$$

평면 $z = 0$에서 자기장은 다음의 값을 갖는다.

$$\tilde{\mathbf{H}}(0) = \tilde{\mathbf{H}}^i(0) + \tilde{\mathbf{H}}^r(0) = \frac{2E_o}{\eta_o}\left(\mathbf{a}_y + j\mathbf{a}_x\right)$$

도체 표면에 수직이고 바깥으로 향하는 단위벡터 $\mathbf{a}_n = -\mathbf{a}_z$를 이용하여 도체 위의 표면 전류밀도를 다음과 같이 표시할 수 있다.

$$\tilde{\mathbf{J}}_s = \mathbf{a}_n \times \tilde{\mathbf{H}}(0) = \frac{2E_o}{\eta_o}\left(\mathbf{a}_x - j\mathbf{a}_y\right) \tag{8.123c}$$

(c) 자유 공간에서의 전기장은 다음과 같다.

$$\tilde{\mathbf{E}} = \tilde{\mathbf{E}}^i + \tilde{\mathbf{E}}^r = -\mathbf{a}_x 2jE_o \sin(\beta z) - \mathbf{a}_y 2E_o \sin(\beta z)$$

$$\mathscr{E} = \mathrm{Re}\left[\tilde{\mathbf{E}}e^{j\omega t}\right] = 2E_o \sin(\beta z)\left[\mathbf{a}_x \sin(\omega t) - \mathbf{a}_y \cos(\omega t)\right]$$

식 (8.123c)에서 보듯이 **완전도체 표면에 유도되는 전류는 자기장에 의해 발생한다.** 이 경우 도체 표면에서 접선방향의 전기장은 영이므로 이 전류가 옴 법칙에 의해 발생하지 않는다는 것에 주목해야 한다.

유제 8.31 영역 $z \geq 0$에 채워진 완전도체로 인하여 자유 공간($z < 0$)에 각주파수 $\omega = 5\times10^8$ [rad/s]로 진동하는 정재파가 형성되었다. 이때 첫번째 최대진폭이 발생하는 위치는?

Ans $z = -0.94$ [m]

유제 8.32 [그림 8-14]에 보인 정재파에서 $\tilde{\mathbf{H}}$가 $\tilde{\mathbf{E}}$에 대해 시간위상이 얼마나 지연되는가?

Ans $\pi/2$ [rad]

복습문제

Q8.34 수직 입사의 경우 Γ와 τ는 어떻게 주어지나? **A** 식 (8.107), (8.108)

Q8.35 Γ와 τ에 어떤 경계면 조건이 개입되었나? **A** 식 (8.106)

Q8.36 수직 입사의 경우 τ가 어떻게 Γ와 연관되나? **A** 식 (8.109)

Q8.37 에너지 보존법칙을 Γ와 τ를 이용해 표시하라. **A** 식 (8.111)

Q8.38 정재파 비를 설명하라. **A** 식 (8.119)

Q8.39 정재파에서 인접한 두 최대진폭 사이의 거리는? **A** 식 (8.116)

Q8.40 완전도체 표면에서 Γ의 값은? **A** 식 (8.121)

Q8.41 입사 전자기파가 완전도체 표면에 표면전류를 유도하는 원리를 설명하라. **A** 식 (8.123c)

8.3.2 평면파의 경사 입사

이 절에서는 평면 경계면에 비스듬히 입사하는 평면파에 대해 논의한다. 수직 입사와 마찬가지로, 경사 입사하는 전자기파도 일부는 경계면에서 반사되며 나머지는 투과하여 진행한다. 입사파의 반사 및 투과는 경계면 양쪽 매질의 고유 임피던스에 영향을 받는데, 이에 더하여 입사파의 진행 방향과 편광 상태에 매우 크게 영향을 받는다. 심지어 어떤 조건에서는 입사파가 반사하지 않고 모두 투과할 수도 있다.

전기장과 자기장에 대한 경계면 조건을 이용하면 경계면에서의 반사파와 투과파의 진행 방향을 알 수 있다. 또한 반사계수와 투과계수를 구할 수 있으며, 이 파들의 진폭도 구할 수 있다. 반사 및 투과계수들은 **입사면**(plane of incidence)을 기준으로 정의되는데, 입사면은 입사파의 파수벡터와 경계면에 수직인 직선을 동시에 포함하는 평면으로 정의된다. 이후에 더 자세히 설명하겠지만 입사파, 반사파, 굴절파의 파수벡터들은 모두 입사면에 놓여야 한다. 따라서 파의 진행 방향을 파수벡터와 경계면에 수직인 직선 사이의 각도로 표시하면 편리하다. 입사각, 반사각, 투과각은 모두 영부터 90° 사이의 값을 가지는 양수이다.

진행파의 편광상태를 표시하기 위해 입사면을 사용하면 유용하다. 진행파의 전기장 벡터를 입사면에 수직인 성분과 평행인 성분으로 나눌 수 있다. 이때 전자를 **수직 편광**(perpendicular polarization), 후자를 **평행 편광**(parallel polarization)이라 부른다. 이 두 성분은 서로 직각이므로 독립적이다. 두 성분의 반사파를 각각 계산한 후 더하면 최종 반사파를 구할 수 있다. 비슷한 방법으로 최종 투과파도 구할 수 있다.

지금부터는 [그림 8-16]에서처럼 두 무손실 유전체($\alpha = 0$, $\mu = \mu_0$) 사이의 경계면이 평면 $z = 0$에 해당한다고 가정한다.

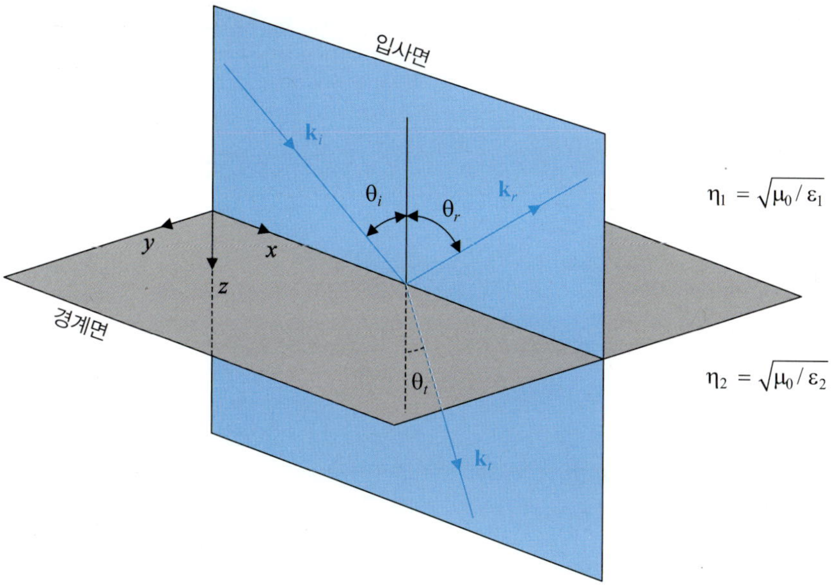

[그림 8-16] 입사면은 입사파, 반사파, 투과파의 파수벡터들을 모두 포함하는 평면이다.

이 경우 일반적으로 입사파, 반사파, 투과파에 대한 표현식은 다음과 같이 주어진다.

$$\tilde{\mathbf{E}}^i = \mathbf{E}_o^i e^{-j\mathbf{k}_i \cdot \mathbf{r}} = \mathbf{E}_o^i e^{-j[(k_i \sin\theta_i)x + (k_i \cos\theta_i)z]} \tag{8.124a}$$

$$\tilde{\mathbf{E}}^r = \mathbf{E}_o^r e^{-j\mathbf{k}_r \cdot \mathbf{r}} = \mathbf{E}_o^r e^{-j[(k_r \sin\theta_r)x - (k_r \cos\theta_r)z]} \tag{8.124b}$$

$$\tilde{\mathbf{E}}^t = \mathbf{E}_o^t e^{-j\mathbf{k}_t \cdot \mathbf{r}} = \mathbf{E}_o^t e^{-j[(k_t \sin\theta_t)x + (k_t \cos\theta_t)z]} \tag{8.124c}$$

여기서 i, r, t는 각각 입사파, 반사파, 투과파를 의미하고, k는 파수벡터 $\mathbf{k}$의 크기를 나타낸다. 이때 전기장 위상자 $\tilde{\mathbf{E}}^i$를 복소 진폭 $\mathbf{E}_o^i$와 혼동하지 않도록 주의해야 한다. 복소 진폭은 상수 벡터로 이것의 세 스칼라 성분은 복소수이다. 이 절에서는 반사파와 투과파에 연관된 미지수들 즉 $\mathbf{E}_o^r$, $\mathbf{E}_o^t$, k_r, k_t, θ_r, θ_t를 입사파에 연관되어 이미 알려진 값들, 즉 $\mathbf{E}_o^i$, k_i, θ_i를 이용해 표시하는 것이 목표이다. 이러한 목표는 전기장과 자기장에 대한 경계면 조건을 이용하여 달성할 것이다.

경계면 조건에 따르면 $\mathbf{E}$의 접선성분은 평면 $z = 0$로 정의되는 경계면에서 연속이다. 식 (8.124a) ~ (8.124c)에 $z = 0$을 대입하고 경계면 조건을 적용하면 다음의 식을 얻을 수 있다.

$$\left(\mathbf{E}_o^i\right)_{\tan} e^{-j(k_i \sin\theta_i)x} + \left(\mathbf{E}_o^r\right)_{\tan} e^{-j(k_r \sin\theta_r)x} = \left(\mathbf{E}_o^t\right)_{\tan} e^{-j(k_t \sin\theta_t)x} \tag{8.125}$$

여기서 아래 첨자 tan은 접선성분을 나타낸다. 위 식의 세 지수들이 동일해야만 비로소 경계면 상의 모든 점에서 이 식이 만족될 수 있다. 따라서 다음의 식을 얻는다.

$$k_i \sin\theta_i = k_r \sin\theta_r = k_t \sin\theta_t \tag{8.126}$$

이것을 **위상맞춤 조건**(phase matching condition)이라 부르는데, 이는 $\mathbf{k}_i$, $\mathbf{k}_r$, $\mathbf{k}_t$의 경계면 위에서의 접선성분의 크기가 동일해야 한다는 것을 의미한다.

여기서 잠시 무손실 비자성체 매질의 **굴절율**(index of refraction)을 정의한다.

$$n = \sqrt{\frac{\varepsilon}{\varepsilon_0}} = \sqrt{\varepsilon_r} \tag{8.127}$$

여기서 ε_r은 주어진 매질의 상대유전율 혹은 유전상수이다. 일반적으로 밀도가 높은 물체는 큰 상대유전율을 가진다. 굴절율을 이용하면 파수를 다음과 같이 표시할 수 있다.

$$k = \omega\sqrt{\mu_0 \varepsilon} = n\frac{\omega}{c} \tag{8.128}$$

위상속도는 다음과 같이 표시된다.

$$v_p = \frac{c}{n} \tag{8.129}$$

여기서 c는 진공 중의 빛의 속도이다. 그 다음, 주어진 매질의 고유 임피던스는 다음과 같이 표시된다.

$$\eta = \frac{\eta_o}{n} \tag{8.130}$$

여기서 $\eta_o = \sqrt{\mu_0 / \varepsilon_0}$는 자유 공간의 고유 임피던스이다.

입사파와 반사파는 동일 매질에서 진행하므로 그들의 파수는 동일해야 한다. 즉 $k_i = k_r$이다. 그러면 식 (8.126)으로부터 다음의 관계식을 얻을 수 있다.

$$\theta_i = \theta_r \tag{8.131}$$

이것을 **반사법칙**(law of reflection)이라 부른다.

그 다음, 식 (8.128)을 식 (8.126)에 대입하면 **스넬의 굴절법칙**(Snell's law of refraction)을 유도할 수 있다.

$$n_1 \sin\theta_i = n_2 \sin\theta_t \tag{8.132}$$

여기서 θ_i와 θ_t는 각각 입사각과 투과각이고, n_1과 n_2는 각각 매질 1과 2의 굴절율이다.

정리하면, 위에서 유도한 반사법칙과 굴절법칙은 모두 식 (8.126)에 보인 위상맞춤 조건에 기초하고 있으며, 입사파의 편광에 관계없이 성립한다. [그림 8-17]에는 반사법칙과 굴절법칙이 위상맞춤 조건과 어떤 관계를 이루는지를 나타낸다.

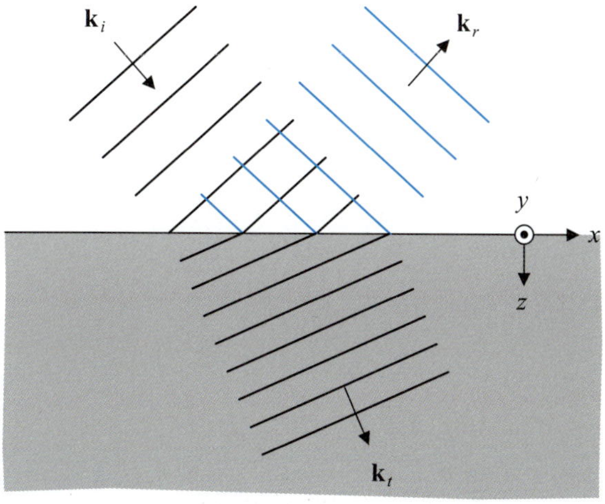

[그림 8-17] 입사파, 반사파, 투과파의 파면 (위상맞춤 조건)

세 진행파의 파면들은 경계면의 한 점에서 동일한 위상을 가지고 서로 만난다. 이러한 점들은 x-축을 따라 주기적으로 나타난다. 밀도가 높은 매질에서 투과파는 파장이 줄어들고 따라서 경계면에 수직인 직선을 향해 굽어서 그 파면이 경계면에서 입사파 및 반사파와 위상이 맞춤되도록 정렬된다. 이러한 논의는 세 진행파의 복소 진폭과 무관하다는 것을 명심해야 한다.

예제 8-19

균일 평면파가 파수벡터 $\mathbf{k}_i = \mathbf{a}_x + \sqrt{3}\,\mathbf{a}_y + 2\sqrt{3}\,\mathbf{a}_z$를 가지고 자유 공간을 진행하다가 영역 $z \geq 0$에 채워진 무손실 유전체($\varepsilon_r = 1.69$)를 만난다. 이 경우 (a) $\mathbf{k}_r$과 (b) $\mathbf{k}_t$를 구하라.

풀이

(a) 반사법칙은 다음과 같이 두 부분으로 이루어진다.

(I) $\theta_r = \theta_i$

(II) $\mathbf{k}_i$와 $\mathbf{k}_r$은 모두 입사면에 포함된다.

$|\mathbf{k}_r| = |\mathbf{k}_i|$임을 고려하면 $\mathbf{k}_r$을 다음과 같이 구할 수 있다.

$$\mathbf{k}_r = \mathbf{a}_x + \sqrt{3}\,\mathbf{a}_y - 2\sqrt{3}\,\mathbf{a}_z \tag{8.133a}$$

(b) 스넬의 굴절법칙도 두 부분으로 이루어진다.

(I) $n_i \sin\theta_i = n_t \sin\theta_t$

(II) $\mathbf{k}_i$와 $\mathbf{k}_t$는 모두 입사면에 포함된다.

여기서 (I)은 $\mathbf{k}_i$와 $\mathbf{k}_t$의 접선성분이 동일하다는 것을 의미한다. 미지수 k_{tz}를 이용하여 다음의 식을 쓸 수 있다.

$$\mathbf{k}_t = \mathbf{a}_x + \sqrt{3}\,\mathbf{a}_y + k_{tz}\,\mathbf{a}_z \tag{8.133b}$$

매질 2에서 파수는 $k_t = n_t k_i = \sqrt{1.69}\sqrt{1+3+12} = 5.2$이다. 이것을 식 (8.133b)에 대입하면 다음과 같다.

$$(5.2)^2 = 1 + (\sqrt{3})^2 + \left(k_{tz}\right)^2, \quad \text{따라서 } k_{tz} = 4.8$$

굴절파의 파수벡터는 다음과 같이 주어진다.

$$\mathbf{k}_t = \mathbf{a}_x + \sqrt{3}\,\mathbf{a}_y + 4.8\,\mathbf{a}_z \tag{8.133c}$$

유제 8.33 굴절율이 1.33인 잔잔한 호수 물에 태양 빛이 입사할 때 최대 투과각은 얼마인가?

Ans 48.8°

유제 8.34 균일 평면파가 파수벡터 $\mathbf{k}_i = 3\mathbf{a}_x + 4\mathbf{a}_y + 5\mathbf{a}_z$를 가지고 한 매질$(n = 1.2)$을 진행하다가 영역 $z \geq 0$에 채워진 또 다른 매질$(n = 2.4)$을 만난다. $\mathbf{k}_r$과 $\mathbf{k}_t$를 구하라.

Ans $\mathbf{k}_r = 3\mathbf{a}_x + 4\mathbf{a}_y - 5\mathbf{a}_z$, $\mathbf{k}_t = 3\mathbf{a}_x + 4\mathbf{a}_y + \sqrt{175}\,\mathbf{a}_z$

■ 수직 편광파의 경사 입사

경사 입사하는 균일 평면파의 전기장 벡터가 입사면에 수직이면 이 파를 **수직 편광** 혹은 **s-편광파**라 부른다. 이때 반사파 및 투과파도 균일 평면파이면서 수직 편광되어 있어야 한다. 그렇지 않으면 위상맞춤 조건과 경계면 조건이 만족될 수 없다. 따라서 세 진행파는 일반적으로 다음과 같이 표시된다.

$$\tilde{\mathbf{E}}^i = \mathbf{a}_y E_o^i\, e^{-j\mathbf{k}_i\cdot\mathbf{r}} = \mathbf{a}_y E_o^i\, e^{j\left[(k_i \sin\theta_i)x + (k_i \cos\theta_i)z\right]} \tag{8.134a}$$

$$\tilde{\mathbf{E}}^r = \mathbf{a}_y E_o^r\, e^{-j\mathbf{k}_r\cdot\mathbf{r}} = \mathbf{a}_y E_o^r\, e^{-j\left[(k_r \sin\theta_r)x - (k_r \cos\theta_r)z\right]} \tag{8.134b}$$

$$\tilde{\mathbf{E}}^t = \mathbf{a}_y E_o^t\, e^{-j\mathbf{k}_t\cdot\mathbf{r}} = \mathbf{a}_y E_o^t\, e^{-j\left[(k_t \sin\theta_t)x + (k_t \cos\theta_t)z\right]} \tag{8.134c}$$

여기서 E_o^i, E_o^r, E_o^t는 각각 입사파, 반사파, 투과파의 진폭이다. 위 식에서 이미 주어진 E_o^i를 이용해 E_o^r과 E_o^t를 표시해보자. 식 (8.134a) ~ (8.134c)를 식 (8.23)에 대입하면 자기장 위상자를 다음과 같이 얻을 수 있다.

$$\tilde{\mathbf{H}}^i = (\mathbf{a}_k^i \times \mathbf{a}_y)\frac{E_o^i}{\eta_1}e^{-j\mathbf{k}_i \cdot \mathbf{r}} = (-\mathbf{a}_x \cos\theta_i + \mathbf{a}_z \sin\theta_i)\frac{E_o^i}{\eta_1}e^{-j\mathbf{k}_i \cdot \mathbf{r}} \quad (8.135a)$$

$$\tilde{\mathbf{H}}^r = (\mathbf{a}_k^r \times \mathbf{a}_y)\frac{E_o^r}{\eta_1}e^{-j\mathbf{k}_r \cdot \mathbf{r}} = (\mathbf{a}_x \cos\theta_r + \mathbf{a}_z \sin\theta_r)\frac{E_o^r}{\eta_1}e^{-j\mathbf{k}_r \cdot \mathbf{r}} \quad (8.135b)$$

$$\tilde{\mathbf{H}}^t = (\mathbf{a}_k^t \times \mathbf{a}_y)\frac{E_o^t}{\eta_2}e^{-j\mathbf{k}_t \cdot \mathbf{r}} = (-\mathbf{a}_x \cos\theta_t + \mathbf{a}_z \sin\theta_t)\frac{E_o^t}{\eta_2}e^{-j\mathbf{k}_t \cdot \mathbf{r}} \quad (8.135c)$$

세 파수벡터 방향으로의 단위벡터는 다음과 같다.

$$\mathbf{a}_k^i = \mathbf{a}_x \sin\theta_i + \mathbf{a}_z \cos\theta_i$$
$$\mathbf{a}_k^r = \mathbf{a}_x \sin\theta_r - \mathbf{a}_z \cos\theta_r$$
$$\mathbf{a}_k^t = \mathbf{a}_x \sin\theta_t + \mathbf{a}_z \cos\theta_t$$

[그림 8-18]에서 보듯이 모든 자기장 벡터들은 입사면에 포함된다.

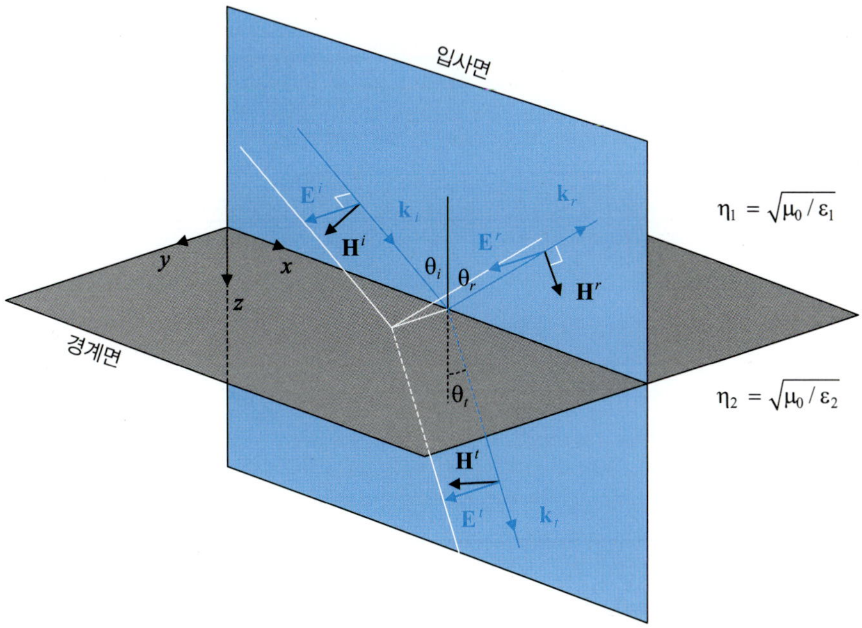

[그림 8-18] 경계면 위 아래의 유전체를 진행하는 수직 편광의 세 균일 평면파. 흰색 선은 시각 효과를 위한 것으로 벡터 $\mathbf{E}$의 끝점이 만드는 궤적이다.

전기장과 자기장에 대한 경계면 조건으로부터 다음의 식을 얻는다.

$$\tilde{\mathbf{E}}^i\Big|_{z=0,\tan} + \tilde{\mathbf{E}}^r\Big|_{z=0,\tan} = \tilde{\mathbf{E}}^t\Big|_{z=0,\tan} \tag{8.136a}$$

$$\tilde{\mathbf{H}}^i\Big|_{z=0,\tan} + \tilde{\mathbf{H}}^r\Big|_{z=0,\tan} = \tilde{\mathbf{H}}^t\Big|_{z=0,\tan} \tag{8.136b}$$

여기서 아래 첨자 tan은 접선성분을 나타낸다. 식 (8.134a) ~ (8.134c)와 식 (8.135a) ~ (8.135c)를 식 (8.136a)와 (8.136b)에 대입하고, 평면 $z = 0$에서 식 (8.126)에 주어진 위상맞춤 조건을 적용하면 다음과 같다.

$$E_o^i + E_o^r = E_o^t \tag{8.137a}$$

$$-\cos\theta_i \frac{E_o^i}{\eta_1} + \cos\theta_i \frac{E_o^r}{\eta_1} = -\cos\theta_t \frac{E_o^t}{\eta_2} \tag{8.137b}$$

여기서 반사법칙$(\theta_r = \theta_i)$이 사용되었다.

위 식들을 풀어서 E_o^r과 E_o^t를 구하면 수직 편광파에 대한 반사계수 $\Gamma_\perp$와 투과계수 $\tau_\perp$를 구할 수 있다.

$$\Gamma_\perp = \frac{E_o^r}{E_o^i} = \frac{\eta_2\cos\theta_i - \eta_1\cos\theta_t}{\eta_2\cos\theta_i + \eta_1\cos\theta_t} \tag{8.138}$$

$$\tau_\perp = \frac{E_o^t}{E_o^i} = \frac{2\eta_2\cos\theta_i}{\eta_2\cos\theta_i + \eta_1\cos\theta_t} \tag{8.139}$$

이들을 **수직 편광파의 프레넬 식**이라 부른다.

비자성 유전체에서는 관계식 $\eta = \eta_o / n$이 성립하므로 식 (8.138)과 (8.139)를 다음과 같이 다시 쓸 수 있다.

$$\Gamma_\perp = \frac{1 - CN}{1 + CN} \tag{8.140}$$

$$\tau_\perp = \frac{2}{1 + CN} \tag{8.141}$$

여기서 파라미터 C와 N은 다음과 같다.

$$C = \frac{\cos\theta_2}{\cos\theta_1} \tag{8.142a}$$

$$N = \frac{n_2}{n_1} \tag{8.142b}$$

여기서 단순한 표기를 위해 θ_i, θ_t 대신 θ_1, θ_2로 나타냈다.

식 (8.140)과 (8.141)로부터 다음의 식을 얻을 수 있다.

$$1 + \Gamma_\perp = \tau_\perp \tag{8.143}$$

이 식은 모든 입사각에 대해 성립한다.

수직 입사인 경우 $\theta_i = 0 = \theta_t$이므로 식 (8.138)과 (8.139)는 식 (8.107)과 (8.108)로 변한다.

매질 2가 완전도체이면 $\eta_2 = 0$이므로 입사각에 무관하게 항상 $\Gamma_\perp = -1$ 그리고 $\tau_\perp = 0$가 된다는 것을 알 수 있다. 이 경우 평면 $z = 0$에서 $\tilde{\mathbf{E}}^i + \tilde{\mathbf{E}}^r = 0$가 된다. 즉, 예상대로 완전도체 표면에서 전기장의 접선성분은 영이다.

예제 8-20

균일 평면파 $\mathscr{E}^i = 10\mathbf{a}_y \cos(\omega t - \sqrt{3}x - z)$가 자유 공간을 진행하다가 영역 $z \geq 0$에 채워진 무손실 유전체($\varepsilon_r = 4$)를 만난다. 다음 값을 구하라.

(a) $\mathbf{k}_i$와 θ_i
(b) $\mathscr{E}^r$
(c) 자유 공간에서의 전기장

풀이

(a) $\mathscr{E}^i$를 위상자형태로 표시하면 다음과 같다.

$$\tilde{\mathbf{E}}^i = 10\mathbf{a}_y e^{-j(\sqrt{3}x + z)} \tag{8.144a}$$

$\tilde{\mathbf{E}}^i$의 파수벡터는 다음과 같다.

$$\mathbf{k}_i = \sqrt{3}\mathbf{a}_x + \mathbf{a}_z$$

입사각은 $\mathbf{k}_i$와 경계면에 수직인 단위벡터 $\mathbf{a}_z$ 사이의 각도이다.

$$\theta_i = \tan^{-1}\frac{\sqrt{3}}{1} = 60^0$$

(b) $\theta_i = 60^\circ$, $n_1 = 1$, $n_2 = 2$를 스넬의 굴절법칙 $n_1 \sin\theta_i = n_2 \sin\theta_t$에 대입하면 다음과 같다.

$$\cos\theta_t = \sqrt{1 - (n_1 \sin\theta_i / n_2)^2} = 0.901$$

$C = \cos\theta_2 / \cos\theta_1 = 1.802$, $N = n_2 / n_1 = 2$를 식 (8.140)에 대입하면 다음과 같다.

$$\Gamma_\perp = \frac{1 - CN}{1 + CN} = -0.57$$

$k_r = k_i = 2$, $\theta_r = \theta_i = 60°$를 식 (8.134b)에 대입하면 다음과 같다.

$$\tilde{\mathbf{E}}^r = \mathbf{a}_y(-5.7)\, e^{-j(\sqrt{3}x - z)} \tag{8.144b}$$

$$\mathscr{E}^r = \mathbf{a}_y(-5.7)\cos(\omega t - \sqrt{3}x + z)$$

(c) $z < 0$에서 식 (8.144a)와 (8.144b)를 결합하면 다음과 같다.

$$\tilde{\mathbf{E}} = \tilde{\mathbf{E}}^i + \tilde{\mathbf{E}}^r = \mathbf{a}_y\, e^{-j\sqrt{3}x}\left[10e^{-jz} - 5.7e^{jz}\right]$$

전기장을 실순시형태로 표시하면 다음과 같다.

$$\begin{aligned}\mathscr{E} &= \mathrm{Re}\left[\tilde{\mathbf{E}}\, e^{j\omega t}\right] \\ &= \mathbf{a}_y\left[10\cos(\omega t - \sqrt{3}x - z) - 5.7\cos(\omega t - \sqrt{3}x + z)\right]\end{aligned}$$

유제 8.35 두 무손실 유전체 사이의 경계면에서 $\Gamma_\perp$가 음수가 되려면 어떤 조건을 가져야 하는가?

Ans $n_2 > n_1$

■ 평행 편광파의 경사 입사

경사 입사하는 균일 평면파의 전기장 벡터가 입사면에 평행이면 이 파를 **평행 편광** 혹은 ***p*-편광파**라 부른다. 수직 편광파에서와 동일한 방법으로 평행 편광파에 대한 반사계수와 투과계수를 구할 수 있다. 우선 전기장 벡터의 플러스 방향에 대한 일관성 있는 규칙이 필요한데, 경계면에서 **E**의 접선성분이 그 파수벡터의 접선성분과 같은 방향이면 이때 **E**의 방향을 플러스 방향으로 정의한다([그림 8-19] 참조). 그러면 오른손규칙 $\mathbf{a}_k = \mathbf{a}_E \times \mathbf{a}_H$에 따라 자기장 벡터의 플러스 방향이 결정되는데 **H**는 항상 입사면에 수직이다. 그러나 세 진행파의 자기장 벡터들은 서로 평행하지 않을 수 있다는 것을 명심해야 한다.

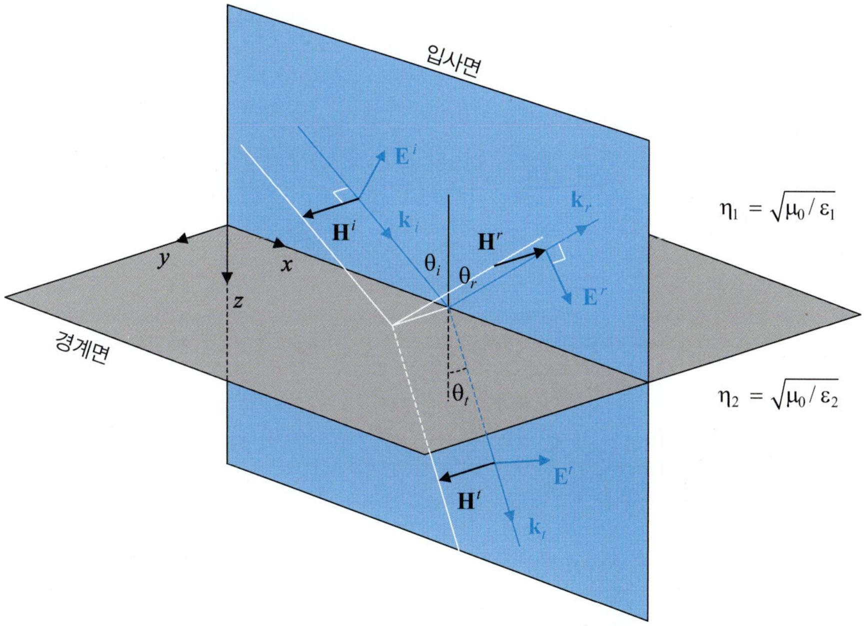

[그림 8-19] 경계면 위 아래 유전체를 진행하는 평행 편광의 세 균일 평면파. 흰색 선은 시각 효과를 위한 것으로 자기장 벡터의 끝점 혹은 시작점이 만든 궤적이다.

일부 교재(특히 물리학에서 사용되는 교재)에서는 세 진행파의 자기장 벡터들이 입사면에 수직이고 서로에 평행이 되도록 자기장의 플러스 방향을 정의한다. 이때 오른손규칙을 사용하여 전기장 벡터의 플러스 방향을 결정하는데, 이 경우 $\tilde{\mathbf{E}}^r$의 플러스 방향은 우리가 사용하는 것과 정반대이다. 이로 인하여 평행 편광파에 대한 반사계수 및 투과계수는 우리가 유도한 것과 그 형태가 다르다는 것을 명심해야 한다.

앞에서와 마찬가지로, 반사파 및 투과파는 입사파와 동일하게 평행 편광의 균일 평면파여야 한다. 그렇지 않으면 위상맞춤 조건 및 경계면 조건이 만족되지 않는다. 세 진행파는 일반적으로 다음과 같이 표시된다([그림 8-19] 참조).

$$\tilde{\mathbf{E}}^i = \{\mathbf{a}_x \cos\theta_i - \mathbf{a}_z \sin\theta_i\} E_o^i\, e^{-j[(k_i \sin\theta_i)x + (k_i \cos\theta_i)z]} \tag{8.145a}$$

$$\tilde{\mathbf{E}}^r = \{\mathbf{a}_x \cos\theta_r + \mathbf{a}_z \sin\theta_r\} E_o^r\, e^{-j[(k_r \sin\theta_r)x - (k_r \cos\theta_r)z]} \tag{8.145b}$$

$$\tilde{\mathbf{E}}^t = \{\mathbf{a}_x \cos\theta_t - \mathbf{a}_z \sin\theta_t\} E_o^t\, e^{-j[(k_t \sin\theta_t)x + (k_t \cos\theta_t)z]} \tag{8.145c}$$

위 식의 브라켓 항은 주어진 파의 위상을 나타내는데 수직 편광파의 그것과 동일하다. 또한 중괄호는 전기장 벡터의 방향을 표시한다.

식 (8.23)을 이용하여 자기장 위상자를 구할 수 있다.

$$\tilde{\mathbf{H}}^i = \mathbf{a}_y \frac{E_o^i}{\eta_1} e^{-j[(k_i \sin\theta_i)x + (k_i \cos\theta_i)z]} \tag{8.146a}$$

$$\tilde{\mathbf{H}}^r = -\mathbf{a}_y \frac{E_o^r}{\eta_1} e^{-j[(k_r \sin\theta_r)x - (k_r \cos\theta_r)z]} \quad (8.146b)$$

$$\tilde{\mathbf{H}}^t = \mathbf{a}_y \frac{E_o^t}{\eta_2} e^{-j[(k_t \sin\theta_t)x + (k_t \cos\theta_t)z]} \quad (8.146c)$$

전기장과 자기장에 대한 경계면 조건을 이용하면 다음의 식을 얻을 수 있다.

$$\tilde{\mathbf{E}}^i\Big|_{z=0,\tan} + \tilde{\mathbf{E}}^r\Big|_{z=0,\tan} = \tilde{\mathbf{E}}^t\Big|_{z=0,\tan} \quad (8.147a)$$

$$\tilde{\mathbf{H}}^i\Big|_{z=0,\tan} + \tilde{\mathbf{H}}^r\Big|_{z=0,\tan} = \tilde{\mathbf{H}}^t\Big|_{z=0,\tan} \quad (8.147b)$$

식 (8.145a) ~ (8.145c)와 식 (8.146a) ~ (8.146c)를 식 (8.147a)와 (8.147b)에 대입하고, 평면 $z = 0$에서 위상맞춤 조건을 적용하면 다음과 같다.

$$\cos\theta_i E_o^i + \cos\theta_r E_o^r = \cos\theta_t E_o^t \quad (8.148a)$$

$$\frac{E_o^i}{\eta_1} - \frac{E_o^r}{\eta_1} = \frac{E_o^t}{\eta_2} \quad (8.148b)$$

여기서 공통의 지수항은 무시되었다. 위 식을 풀어서 E_o^r과 E_o^t을 구하면 평행 편광파의 반사계수 $\Gamma_{\parallel}$과 투과계수 $\tau_{\parallel}$을 다음과 같이 구할 수 있다.

$$\Gamma_{\parallel} = \frac{E_o^r}{E_o^i} = \frac{\eta_2 \cos\theta_t - \eta_1 \cos\theta_i}{\eta_2 \cos\theta_t + \eta_1 \cos\theta_i} \quad (8.149)$$

$$\tau_{\parallel} = \frac{E_o^t}{E_o^i} = \frac{2\eta_2 \cos\theta_i}{\eta_2 \cos\theta_t + \eta_1 \cos\theta_i} \quad (8.150)$$

이 식들을 **평행 편광파의 프레넬 식**이라 부른다.

비자성 무손실 유전체에서 $\eta = \eta_o / n$이므로 위의 식들을 다음과 같이 다시 쓸 수 있다.

$$\Gamma_{\parallel} = \frac{C - N}{C + N} \quad (8.151)$$

$$\tau_{\parallel} = \frac{2}{C + N} \quad (8.152)$$

여기서 C와 N은 다음과 같다.

$$C = \frac{\cos\theta_2}{\cos\theta_1}, \quad N = \frac{n_2}{n_1}$$

이들은 수직 편광일 때와 동일한 값을 갖는다.

식 (8.149)와 (8.150)으로부터 다음의 관계식을 얻을 수 있다.

$$1 + \Gamma_{\parallel} = \tau_{\parallel}\left(\frac{\cos\theta_t}{\cos\theta_i}\right) \tag{8.153a}$$

$$1 + \Gamma_{\parallel} = \tau_{\parallel} C \tag{8.153b}$$

이전의 식 (8.143)에서와 달리 위 식 등호 오른쪽은 추가의 항이 포함된다.

수직 입사인 경우 $\theta_i = 0 = \theta_t$이므로 식 (8.149)와 (8.150)은 예상대로 식 (8.107)과 (8.108)로 변한다.

매질 2가 완전도체이면 $\eta_2 = 0$이므로 입사각에 무관하게 항상 $\Gamma_{\parallel} = -1$이고 $\tau_{\parallel} = 0$이다. 이 경우 도체 표면에서 전기장의 접선성분, 즉 x-성분은 영이지만 법선성분, 즉 z-성분은 영이 아니다.

매질 1에서 진행하는 파가 굴절율이 더 큰 매질 $2(n_2 > n_1)$에서 반사하면 이것을 **외부반사**(external reflection)라 부른다. 이것의 반대 경우는 **내부반사**(internal reflection)라 부른다. [그림 8-20]에서는 외부반사($n_1 = 1$, $n_2 = 1.5$)의 경우 반사계수와 투과계수가 입사각의 함수로 표시되었다. 반면에 [그림 8-21]에서는 내부반사($n_1 = 1.5$, $n_2 = 1$)의 경우 이들 계수가 입사각의 함수로 표시되었다. 그림에서 보듯이 $|\Gamma_{\perp}|$는 θ_i가 증가함에 따라 단조롭게 증가하여 1에 다다른다. 반면에 $|\Gamma_{\parallel}|$는 처음에는 감소하여 영이 된 후 다시 증가하여 1에 다다른다. 달리 말하면, 외부 혹은 내부반사에 관계없이 수직 편광파가 평행 편광파에 비해 더 잘 반사한다.

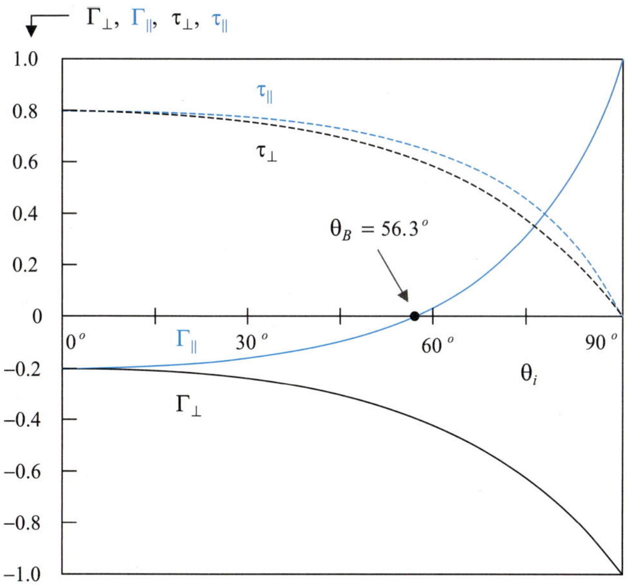

[그림 8-20] 외부반사 ($n_1 = 1$, $n_2 = 1.5$)

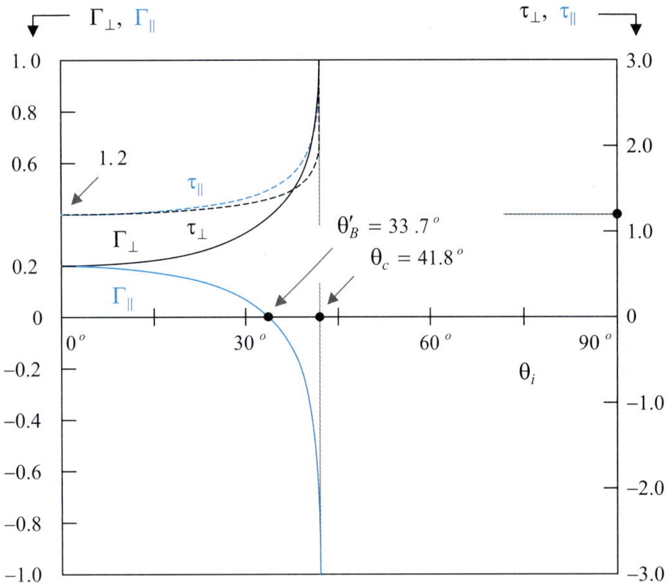

[그림 8-21] 내부반사 ($n_1 = 1.5$, $n_2 = 1$)

예제 8-21

자유 공간에서 진행하는 평행 편광의 균일 평면파가 $\tilde{\mathbf{E}}^i = 4\mathbf{a}_E e^{-j(2x+3z)}$로 주어지며 영역 $z \geq 0$에 채워진 무손실 유전체($\varepsilon_r = 2.25$)에 경사 입사한다. 이때 다음 값을 구하라.

(a) $\mathbf{a}_E$

(b) $\tilde{\mathbf{E}}^r$

(c) $\tilde{\mathbf{E}}^t$

풀이

(a) 주어진 위상자로부터 파수벡터 $\mathbf{k}_i = 2\mathbf{a}_x + 3\mathbf{a}_z$를 찾아내어 입사각을 다음과 같이 구한다.

$$\theta_i = \tan^{-1}\frac{2}{3} \cong 33.69^o$$

평행 편광인 경우 $(\mathbf{a}_E)_x \parallel (\mathbf{k}_i)_x$와 $\mathbf{a}_E \cdot \mathbf{k}_i = 0$의 조건이 만족되어야 한다. 식 $\mathbf{a}_E = 2\mathbf{a}_x + b\mathbf{a}_z$가 식 $\mathbf{a}_E \cdot \mathbf{k}_i = 0$를 만족해야 하므로 다음의 결과를 얻는다.

$$\mathbf{a}_E = \frac{1}{\sqrt{13}}(3\mathbf{a}_x - 2\mathbf{a}_z)$$

따라서 입사파는 다음과 같이 표시된다.

$$\tilde{\mathbf{E}}^i = (3.33\mathbf{a}_x - 2.22\mathbf{a}_z)e^{-j(2x+3z)} \tag{8.154a}$$

(b) 스넬의 굴절법칙에 $n_1 = 1$, $n_2 = \sqrt{2.25} = 1.5$를 대입하면 다음과 같다.

$$\theta_t = \sin^{-1}\left(\frac{1}{1.5}\sin 33.69^o\right) \cong 21.70^o$$

$C = \cos\theta_2 / \cos\theta_1 = 1.117$, $N = n_2 / n_1 = 1.5$를 식 (8.151)에 대입하여 반사계수를 구한다.

$$\Gamma_{\|} = \frac{1.117 - 1.50}{1.117 + 1.50} = -0.146$$

$E_o^i = 4$, $\Gamma_{\|} = -0.146$, $k_r = k_i = \sqrt{13}$, $\theta_r = \theta_i = 33.69^o$를 식 (8.145b)에 대입하면 다음과 같다.

$$\begin{aligned}\tilde{\mathbf{E}}^r &= (\mathbf{a}_x\cos\theta_r + \mathbf{a}_z\sin\theta_r)\Gamma_{\|}E_o^i\, e^{-j[(k_r\sin\theta_r)x - (k_r\cos\theta_r)z]} \\ &= -(0.49\mathbf{a}_x + 0.32\mathbf{a}_z)\, e^{-j(2x - 3z)}\end{aligned} \quad (8.154b)$$

(c) 식 (8.152)로부터 투과계수를 구한다.

$$\tau_{\|} = \frac{2}{1.117 + 1.50} = 0.764$$

다음의 값들 $\tau_{\|} = 0.764$, $k_t = k_i\sqrt{\varepsilon_r} = 1.5\sqrt{13}$, $\theta_t = 21.69^o$를 식 (8.145c)에 대입하면 다음과 같다.

$$\begin{aligned}\tilde{\mathbf{E}}^t &= (\mathbf{a}_x\cos\theta_t - \mathbf{a}_z\sin\theta_t)\tau_{\|}E_o^i\, e^{-j[(k_t\sin\theta_t)x + (k_t\cos\theta_t)z]} \\ &= (2.84\mathbf{a}_x - 1.13\mathbf{a}_z)\, e^{-j(2x + 5z)}\end{aligned} \quad (8.154c)$$

경계면 양쪽에서 $\tilde{\mathbf{E}}$의 접선성분을 비교하면 $3.33 - 0.49 = 2.84$이고, $\tilde{\mathbf{D}}$의 법선성분을 비교하면 $(-2.22 - 0.32) = 2.25\times(-1.13)$가 된다. 소수점 오차를 무시하면 경계면 조건이 만족된다.

유제 8.36 평행 편광의 평면파가 자유 공간에서 $\tilde{\mathbf{E}} = \mathbf{a}_E 10\, e^{-j(3x + 2y + 4z)}$로 표시되는데 평면 $z = 0$에 놓인 경계면에 경사 입사한다. 이때 $\mathbf{a}_E$를 구하라.

Ans $\mathbf{a}_E = (12\mathbf{a}_x + 8\mathbf{a}_y - 13\mathbf{a}_z)/\sqrt{377}$

■ 부르스터 각

평행 편광의 균일 평면파가 평면 경계면에 **부르스터 각**(Brewster angle)으로 불리는 어떤 일정한 입사각으로 경사 입사하면, 이 파는 전혀 반사하지 않고 모두 투과하여 진행한다. 그러나 수직 편광파에 대한 부르스터 각은 존재하지 않는다. 외부반사의 부르스터 각 θ_B는 내부반사의 부르스터 각 θ'_B과 상보관계에 있다. 즉 $\theta_B + \theta'_B = 90°$이다([그림 8-20]과 [그림 8-21] 참조). 부르스터 각은 **편광각**(polarizing angle)이라고도 불린다. 편광되지 않은 파가 경계면에 편광각으로 경사 입사하면 오직 수직 편광된 성분만이 반사하여 주어진 경계면은 마치 하나의 편광기(polarizer)처럼 작동한다.

식 (8.138)과 (8.149)에 주어진 스넬의 굴절법칙과 관계식 $\eta = \eta_o / n$을 이용하여 반사계수를 다음과 같이 나타낼 수 있다.

$$\Gamma_\perp = \frac{\sin(\theta_t - \theta_i)}{\sin(\theta_t + \theta_i)} \tag{8.155}$$

$$\Gamma_\parallel = \frac{\tan(\theta_t - \theta_i)}{\tan(\theta_t + \theta_i)} \tag{8.156}$$

식 (8.156)으로부터 $\theta_t + \theta_i = 90°$이면 $\Gamma_\parallel = 0$라는 것을 알 수 있다. 따라서 부르스터 각은 $\theta_B \equiv \theta_i = 90° - \theta_t$로 주어진다. 이 경우 스넬의 굴절법칙은 다음과 같이 주어진다.

$$\begin{aligned} n_1 \sin\theta_B &= n_2 \sin\theta_t \\ &= n_2 \sin(90° - \theta_B) \end{aligned}$$

이 식을 정리하면 브루스터 각과 굴절율 사이의 관계식을 구할 수 있다.

$$\tan\theta_B = \frac{n_2}{n_1} \tag{8.157}$$

위 식에서 1과 2의 역할을 뒤바꾸면 매질 2에서 매질 1로 진행하는 파에 대한 부르스터 각을 구할 수 있다.

$$\tan\theta'_B = \frac{n_1}{n_2} \tag{8.158}$$

두 식 (8.157)과 (8.158)로부터 두 부르스터 각이 서로 상보관계에 있다는 것을 알 수 있다.

$$\theta_B + \theta'_B = 90^o \tag{8.159}$$

식 (8.155)에 주어진 수직 편광파의 반사계수는 n_1과 n_2가 같지 않으면 절대로 영이 될 수 없으므로 수직 편광파에 대한 부르스터 각은 존재하지 않는다.

예제 8-22

평행 편광의 균일 평면파가 [그림 8-22]에서처럼 유전체 평판에 부르스터 각으로 입사한다. 이 경우 출구 표면에서도 반사가 전혀 발생하지 않는다는 것을 증명하라.

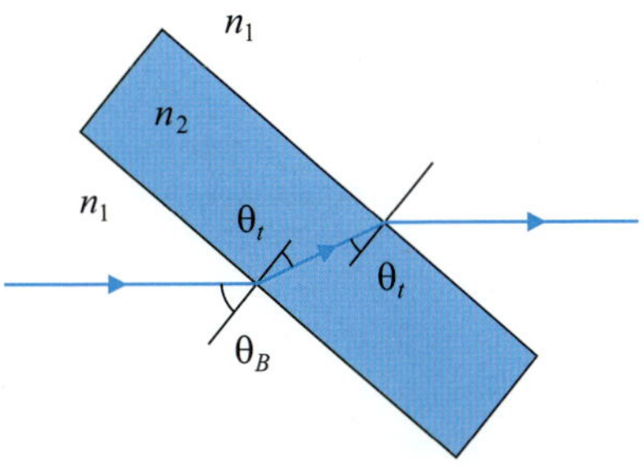

[그림 8-22] 유전체 평판에 부르스터 각으로 입사하는 균일 평면파

풀이

관계식 $\theta_B = 90° - \theta_t$를 이용하여 식 (8.157)을 다시 쓰면 다음과 같다.

$$\frac{n_2}{n_1} = \frac{\sin\theta_B}{\cos\theta_B} = \frac{\cos\theta_t}{\sin\theta_t} \tag{8.160}$$

두 식 (8.160)과 (8.158)을 비교하면 θ_t는 θ'_B에 해당한다. 따라서 평판 내부의 진행파도 출구 표면에 부르스터 각으로 입사한다.

유제 8.37 자유 공간에 놓인 다이아몬드 평판($n = 2.42$, $\mu = \mu_0$)의 θ_B와 θ'_B을 구하라.

Ans $\theta_B = 67.5°$, $\theta'_B = 22.5°$

유제 8.38 경계면에 부르스터 각으로 입사하는 평행 편광의 균일 평면파에 대해 $\tau_\parallel$을 두 매질의 굴절율을 이용해 표시하라.

Ans $\tau_\parallel = n_1 / n_2$

유제 8.39 부르스터 각으로 입사하는 경우 두 파수벡터 $\mathbf{k}_r$과 $\mathbf{k}_r$ 사이의 각도는?

Ans 90°

복습문제

Q8.42 입사면을 정의하라. A [그림 8-16]

Q8.43 수직 및 평행 편광을 정의하라. A [그림 8-18], [그림 8-19]

Q8.44 위상맞춤 조건을 설명하라. A 식 (8.126), [그림 8-17]

Q8.45 스넬의 굴절법칙을 설명하라. A 식 (8.132)

Q8.46 프레넬 식을 쓰라. A 식 (8.138), (8.139), (8.149), (8.150)

Q8.47 부르스터 각을 정의하라. A 식 (8.157)

8.3.3 전반사

지금부터 유전체-유전체 경계면에서 균일 평면파의 내부반사와 전반사를 중심으로 논의를 해보자. 내부반사는 굴절율이 n_1인 매질 1에서 진행하는 전자기파가, 더 작은 굴절율 n_2를 가진 매질 2에 입사하여 반사하는 것을 말한다. 이 경우 매질 2에서의 투과각은 매질 1에서의 입사각보다 항상 크다. 따라서 입사각을 0°에서부터 점차 증가시키면 이 값이 90°에 이르기 전에 투과각은 벌써 90°에 다다른다. 투과각이 $\theta_t = 90°$가 될 때의 입사각을 **임계각**(critical angle)이라 부르고 θ_c로 표기한다. 만약 입사각이 임계각보다 커지면 경계면을 통과해 매질 2로 들어가는 진행파는 존재하지 않고 입사파는 모두 경계면에서 반사한다. 이것을 **전반사**(total internal reflection, TIR)라 부른다.

스넬의 굴절법칙에 $\theta_t = 90°$를 대입하면 임계각을 구할 수 있다.

$$\sin\theta_c = \frac{n_2}{n_1} \tag{8.161}$$

여기서 $n_1 > n_2$이다.

전반사가 발생하는 경우, 전자기파 에너지가 매질 2로 전달되지 않지만 매질 2에는 잔류 전자기장이 존재해야 한다. 그렇지 않으면 경계면에서의 경계면 조건이 만족되지 않는다. 만약 $\theta_i > \theta_c$인 경우 스넬의 굴절법칙에 의하면 θ_t에 대한 실수해는 존재하지 않는다. 이를 확인하기 위해 삼각함수 항등식 $\sin^2\theta + \cos^2\theta = 1$을 이용하면 다음과 같이 나타낼 수 있다.

$$\cos\theta_t = \pm\sqrt{1 - \sin^2\theta_t} = \pm j\sqrt{(n_1/n_2)^2 \sin^2\theta_i - 1} \tag{8.162}$$

여기서 $j = \sqrt{-1}$이고 스넬의 굴절법칙이 사용되었다.

매질 2에서의 잔류 전기장을 구하기 위해 식 (8.162)를 식 (8.134c) 혹은 (8.145c)에 대입하면 다음의 식을 얻을 수 있다.

$$\begin{aligned}\tilde{\mathbf{E}}^t &= \mathbf{a}_E E_o^t\, e^{-j[(k_t \sin\theta_t)x + (k_t \cos\theta_t)z]} \\ &\equiv \mathbf{a}_E E_o^t\, e^{-\alpha_e z}\, e^{-j\beta_e x}\end{aligned} \tag{8.163}$$

여기서 $\mathbf{a}_E = \mathbf{a}_y$이면 수직 편광을 의미하고, $\mathbf{a}_E = (\mathbf{a}_x \cos\theta_t - \mathbf{a}_z \sin\theta_t)$이면 평행 편광을 의미한다. 스넬의 굴절법칙으로부터 다음의 식을 얻는다.

$$k_t \sin\theta_t = k_t (n_1 / n_2) \sin\theta_i \equiv \beta_e \tag{8.164a}$$

$$k_t \cos\theta_t = \pm jk_t \sqrt{(n_1 / n_2)^2 \sin^2\theta_i - 1} \equiv -j\alpha_e \tag{8.164b}$$

식 (8.164b)에서 마이너스 부호가 사용되는데 그 이유는 이후에 밝혀질 것이다. 식 (8.163)에 주어진 파를 **에버네센트 파**(evanescent wave)라 부르는데, 이것의 진폭은 $+z$-축을 따라 지수적으로 감소하지만 위상은 x-축을 따라 주기적으로 변한다. 따라서 에버네센트 파는 경계면에 수직인 방향으로 감소하는 진폭을 가지고 경계면을 따라 진행한다. 이 파는 경계면에 제한되어 진행하므로 표면파이다.

식 (8.162)를 식 (8.138)과 (8.149)에 대입하면 전반사에 대한 반사계수를 구할 수 있다.

$$\Gamma_\perp = \frac{\cos\theta_i + j\sqrt{\sin^2\theta_i - (n_2 / n_1)^2}}{\cos\theta_i - j\sqrt{\sin^2\theta_i - (n_2 / n_1)^2}} \tag{8.165a}$$

$$\Gamma_\parallel = \frac{j\sqrt{\sin^2\theta_i - (n_2 / n_1)^2} + (n_2 / n_1)^2 \cos\theta_i}{j\sqrt{\sin^2\theta_i - (n_2 / n_1)^2} - (n_2 / n_1)^2 \cos\theta_i} \tag{8.165b}$$

이로부터 다음과 같은 관계식을 얻을 수 있다.

$$|\Gamma_\perp| = |\Gamma_\parallel| = 1 \tag{8.166}$$

즉 입사파의 모든 에너지는 반사하여 매질 1로 되돌아 가는데, 이러한 현상은 입사파의 편광 상태 및 매질 2의 에버네센트 파에 무관하다.

예제 8-23

유전체 평판 도파관이 x-와 y-방향으로 무한대이고 굴절율이 $n_1 > n_2 > 1$으로 주어진다. [그림 8-23]에서 보듯이 코어와 클래딩 사이의 경계면에서 전반사가 발생하기 위한 최대 입사각 θ_m을 구하라.

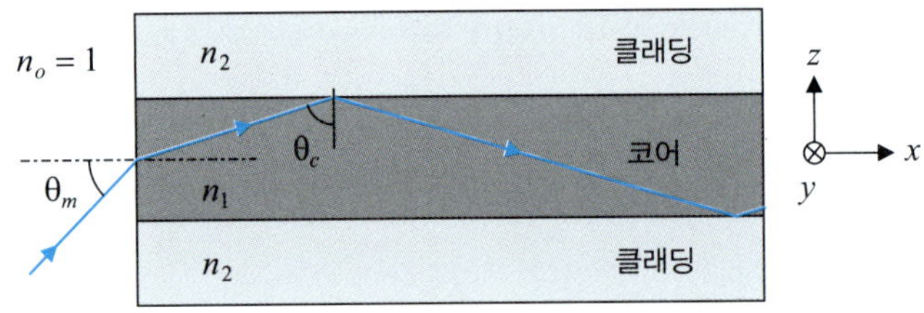

[그림 8-23] 유전체 평판 도파관

풀이

스넬의 굴절법칙을 입구 표면에 적용하여 다음의 식을 구한다.

$$\begin{aligned} n_o \sin\theta_m &= n_1 \sin(90° - \theta_c) \\ &= n_1 \cos\theta_c \end{aligned} \tag{8.167a}$$

식 (8.161)을 식 (8.167a)에 대입하면 다음과 같다.

$$n_o \sin\theta_m = n_1\sqrt{1-(n_2/n_1)^2}$$

따라서 최대 입사각은 다음과 같다.

$$\theta_m = \sin^{-1}\left[\frac{1}{n_o}\sqrt{n_1^2 - n_2^2}\right] \tag{8.167b}$$

만약 입사각이 θ_m보다 작으면 투과파는 코어 영역의 위와 아래 경계면에서 연속적으로 전반사하여 평판 도파로를 따라 진행한다.

유제 8.40 자유 공간에 놓인 굴절율 $n = 2.42$의 다이아몬드 평판에서의 θ_c를 구하라.

Ans $\theta_c = 24.4°$

복습문제

Q8.48 전반사를 설명하라. **A** [그림 8-23]

Q8.49 임계각을 설명하라. **A** 식 (8.161)

Q8.50 에버네센트 파를 설명하라. **A** 식 (8.163)

Q8.51 TIR에 대한 반사계수는 어떤 형태인가? **A** 식 (8.165)

8.3.4 반사율 및 투과율

전자기파의 시간평균 전력밀도는 시간평균 포인팅 벡터 $\langle \mathbf{S} \rangle$를 이용해 표시할 수 있다. 하나의 면에 도달하는 전자기 전력을 정의할 때 **조사밀도**(irradiance) I_e를 사용하는데, 이것은 단위 면적당 도달한 시간평균 전력을 의미한다.

$$I_e \equiv \langle \mathbf{S} \rangle \cdot \mathbf{a}_n \quad [\mathrm{W/m^2}] \tag{8.168}$$

여기서 $\mathbf{a}_n$은 주어진 면에 수직이고, 대체로 포인팅 벡터 쪽으로 향하는 단위벡터이다. 이것은 표면에 수직이고 바깥으로 향하는 이전의 단위벡터와 다르게 정의된다는 것을 명심해야 한다. 반면에 **세기**(intensity) I는 포인팅 벡터에 수직인 횡단면 위의 단위면적을 통과하는 시간평균 전력으로 정의한다. 대부분의 경우, 조사밀도와 세기를 따로 구별하지 않고 사용한다.

비자성 무손실 유전체에서 세기는 다음과 같이 주어진다.

$$I = \frac{n}{2\eta_o} E_o^2 \quad [\mathrm{W/m^2}] \tag{8.169}$$

여기서 n은 주어진 매질의 굴절율이고, η_o는 자유 공간의 고유 임피던스, E_o는 전기장 진폭이다.

유한한 횡단면을 가진 입사파, 반사파, 투과파가 [그림 8-24]에서처럼 하나의 경계면에서 서로 교차하는 경우를 생각해 보자.

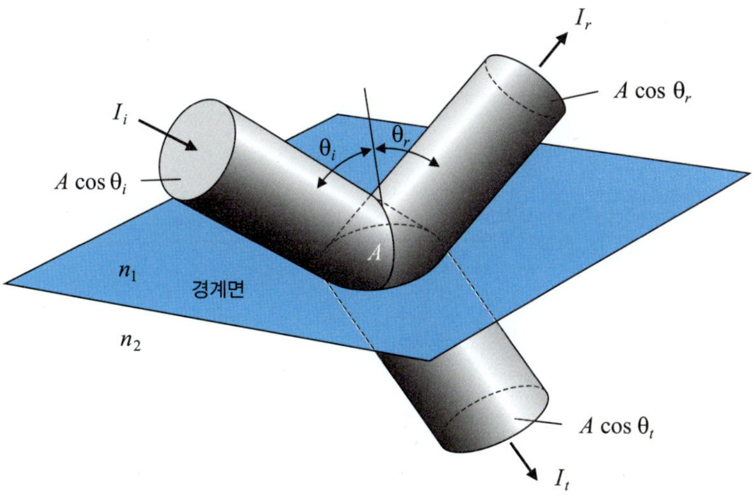

[그림 8-24] 경계면에서 서로 교차하는 세 진행파

만약 A가 경계면 위의 세 진행파의 단면이라면 입사파, 반사파, 투과파의 횡단면은 각각 $A\cos\theta_i$, $A\cos\theta_r$, $A\cos\theta_t$로 주어진다. 이들 진행파의 세기가 각각 I_i, I_r, I_t이면 영역 A에서 이들의 전력은 각각 $I_i A\cos\theta_i$, $I_r A\cos\theta_r$, $I_t A\cos\theta_t$로 주어진다. **반사율**(reflectance)은 반사전력과 입사전력 사이의 비로 정의된다.

$$R = \frac{I_r A\cos\theta_r}{I_i A\cos\theta_i} = \left(\frac{E_o^r}{E_o^i}\right)^2 \tag{8.170a}$$

여기서 식 (8.169)와 반사법칙 $\theta_r = \theta_i$가 사용되었다. 위 식으로부터 다음의 관계식을 얻을 수 있다.

$$R = \Gamma^2 \tag{8.170b}$$

즉, **반사율은 반사계수의 제곱에 해당한다.**

투과율(transmittance)는 투과전력과 입사전력 사이의 비이다.

$$T = \frac{I_t A\cos\theta_t}{I_i A\cos\theta_i} = \left(\frac{n_2\cos\theta_t}{n_1\cos\theta_i}\right)\tau^2 \tag{8.171a}$$

이 식을 정리하여 간략하게 나타내면 다음과 같다.

$$T = \tau^2 CN \tag{8.171b}$$

여기서 τ는 투과계수이고, C와 N은 식 (8.142a)와 (8.142b)에 주어진 것과 동일하다.

여기서 반사파와 투과파 전력의 합은 에너지 보존법칙에 따라 입사파 전력과 같아야 한다. 이것을 수학적으로 표시하면 다음과 같다.

$$I_i A\cos\theta_i = I_r A\cos\theta_r + I_t A\cos\theta_t \tag{8.172a}$$

반사법칙 $\theta_i = \theta_r$을 이용하여 위 식을 다시 쓰면 다음과 같다.

$$1 = \frac{I_r}{I_i} + \frac{I_t\cos\theta_t}{I_i\cos\theta_i} \tag{8.172b}$$

식 (8.170a)와 (8.170b) 그리고 식 (8.171a)와 (8.171b)를 식 (8.172b)에 대입하면 다음의 관계식을 얻을 수 있다.

$$1 = R + T \tag{8.173}$$

반사율과 투과율의 합은 항상 1인데 이것은 입사파의 편광 상태에 무관하다. 반사율은 $R = |\Gamma|^2$이므로 투과율을 $T = 1 - |\Gamma|^2$로 표시할 수 있다.

예제 8-24

[예제 8−21]의 식 (8.154a) ~ (8.154c)에 주어진 세 진행파를 살펴보고 질문에 답을 구하라.

(a) 경계면에서 단위 면적을 통과하는 세 진행파의 전력을 구하라.

(b) 에너지 보존법칙이 만족되는 것을 증명하라.

풀이

(a) 경계면의 단위 면적을 통과하는 입사전력은 다음과 같다.

$$\begin{aligned} I_i \cos\theta_i &= \frac{1}{2\eta_o}(E_o^i)^2 \cos\theta_i = \frac{1}{2\times 377}\left[(3.33)^2 + (2.22)^2\right]\cos(33.69^o) \\ &= 17.68\ [\text{mW}] \end{aligned}$$

경계면의 단위 면적을 통과하는 반사전력은 다음과 같다.

$$\begin{aligned} I_r \cos\theta_r &= \frac{1}{2\eta_o}(E_o^r)^2 \cos\theta_r = \frac{1}{2\times 377}\left[(0.49)^2 + (0.32)^2\right]\cos(33.69^o) \\ &= 0.38\ [\text{mW}] \end{aligned}$$

경계면의 단위 면적을 통과하는 투과전력은 다음과 같다.

$$\begin{aligned} I_t \cos\theta_t &= \frac{\sqrt{2.25}}{2\times 377}(E_o^t)^2 \cos\theta_t \\ &= \frac{1.5}{2\times 377}\left[(2.84)^2 + (1.13)^2\right]\cos(21.69^o) \\ &= 17.27\ [\text{mW}] \end{aligned}$$

(b) 입사전력은 17.68 [mW]이고 반사전력과 투과전력의 합은 17.65 [mW]로 계산된다. 이때 소수점 오차를 무시하면 에너지 보존법칙이 만족된다.

유제 8.41 부르스터 각으로 입사하는 균일 평면파의 투과계수가 $\tau_{\parallel} = n_1 / n_2$임을 고려하여 투과율을 계산하라.

Ans $T_{\parallel} = 1$

복습문제

Q 8.52 조사밀도를 정의하라. **A** 식 (8.168)

Q 8.53 전자기파의 세기를 정의하라. **A** 식 (8.169)

Q 8.54 반사율과 투과율을 정의하라. **A** 식 (8.170), (8.171)

Q 8.55 반사율과 투과율을 이용하여 에너지 보존법칙을 표시하라. **A** 식 (8.173)

8.4 분산매질 내의 전자기파

물질의 원자 모델에 의하면 하나의 유전체는 자유 공간상의 등가 격자점에 원자들이 놓여 있는 것으로 생각할 수 있다. 주파수 ω의 전자기파가 유전체에 입사하면 그 전기장은 물체 내에 동일 주파수 ω로 진동하는 전기 쌍극자모멘트를 발생시킨다. 이러한 전기 쌍극자는 물체 내에 2차파를 발생시키는데, 이것은 1차파(혹은 입사파)와 동일한 주파수를 가지고 1차파와 동일한 속도로 진행한다. 그러나 전기 쌍극자의 감폭으로 인하여 2차파는 1차파에 대해 위상 지연 혹은 선행을 겪게 된다. 그럼에도 불구하고 1차파와 2차파의 합은 물체 내에서 내부파를 형성하고, 이것은 시간이 지나면서 물체의 다른 위치에서 1차파로 작동하여 앞에서 언급한 절차를 반복한다. 1차파와 2차파 사이의 위상 지연 혹은 선행은 파가 진행함에 따라 누적되므로, 이로 인하여 물체 내의 위상속도는 자유 공간에서의 그것과 차이가 나게 된다. 전기 쌍극자의 감폭은 주파수에 대한 함수이므로 물체 내의 위상속도도 역시 주파수에 대한 함수로 주어진다. 이러한 현상을 **분산**(dispersion)이라 부른다. 식 (8.68)과 (8.80)에서 보듯이 손실 유전체는 필연적으로 분산매질이다.

지금까지 하나의 주파수를 가지고 무한한 매질에 펼쳐져서 진행하는 조화 평면파에 대해 논의하였다. 그러나 신호파가 정보를 전달하기 위해서는 디지털 펄스와 같이 그 길이가 유한해야 한다. **파동묶음**(wavepacket)은 하나의 진행파로서 시간과 공간에서 그 크기가 제한되어 있다. 푸리에 해석에 의하면 파동묶음은 하나의 주파수가 아닌 주파수 띠를 가지고 있다. 분산매질에서 서로 다른 주파수를 가진 진행파들은 서로 다른 위상속도로 진행하므로 파동묶음에 **퍼짐현상**(broadening)이 발생한다. 파동묶음은 **군속도**(group velocity)로 진행하는데 이것은 에너지가 실제로 전달되는 속도를 의미한다.

동일한 진폭을 가지지만 서로 약간 다른 각주파수 $\omega^- = \omega_o - \Delta\omega$와 $\omega^+ = \omega_o + \Delta\omega$를 가진 두 조화파의 간섭에 의해 발생되는 파동묶음에 대해 살펴본다. 이 두 조화파의 위상속도는 각각 $\beta^- = \beta_o - \Delta\beta$와 $\beta^+ = \beta_o + \Delta\beta$로 주어지므로 동일하지 않다. 이들이 모두 x-방향으로 선형 편광되어 있고 z-방향으로 진행한다고 가정하면 총 전기장은 다음과 같이 주어진다.

$$\mathscr{E}(z,t) = \mathbf{a}_x E_o \cos(\omega^- t - \beta^- z) + \mathbf{a}_x E_o \cos(\omega^+ t - \beta^+ z)$$
$$= \mathbf{a}_x 2E_o \cos(\Delta\omega\, t - \Delta\beta\, z) \cos(\omega_o t - \beta_o z) \quad (8.174)$$

여기서 사용된 관계식들은 다음과 같다.

$$\Delta\omega = \frac{1}{2}(\omega^+ - \omega^-) \quad (8.175a)$$

$$\Delta\beta = \frac{1}{2}(\beta^+ - \beta^-) \quad (8.175b)$$

$$\omega_o = \frac{1}{2}(\omega^+ + \omega^-) \quad (8.175c)$$

$$\beta_o = \frac{1}{2}(\beta^+ + \beta^-) \quad (8.175d)$$

식 (8.174)에서 보듯이 β_o가 큰 값이므로 전기장은 공간변수 z에 따라 매우 빨리 변한다. 반면에 $\Delta\beta$는 작은 값이므로 전기장의 **포락선**(envelope)은 z에 따라 천천히 변한다.

균일 평면파와 마찬가지로 파동묶음의 위상속도는 상수 위상을 가진 점, 예를 들면 마루가 이동하는 속도이다. 즉, 마루와 같이 이동하면서 관측한 이동거리 Δz와 그 때의 흐른 시간 Δt 사이의 비이다.

$$v_p = \frac{\omega_o}{\beta_o} \quad [\text{m/s}] \quad (8.176)$$

반면에 군속도는 포락선이 이동하는 속도이다. 위상속도에서와 마찬가지로 군속도는 포락선의 피크와 같이 이동하면서 측정한 이동거리와 그때의 흐른 시간 사이의 비로 정의된다. 식 (8.174)에서 포락선의 피크는 $(\Delta\omega t - \Delta\beta z) = 0$를 만족해야 한다. $\Delta\omega \rightarrow 0$와 $\Delta\beta \rightarrow 0$의 극한을 취하면 군속도는 다음과 같이 표시된다.

$$v_g = \frac{d\omega}{d\beta} \quad [\text{m/s}] \quad (8.177)$$

군속도는 파동묶음의 변조된 진폭, 즉 포락선이 진행하는 속도이자 파의 시간평균 에너지가 이동하는 속도이다. 반면에 위상속도는 상수 위상의 점, 즉 파면이 이동하는 속도이다. 이때, 하나의 주파수를 가진 균일 평면파의 위상속도와 군속도는 동일하다.

비록 분산매질에서 위상속도와 군속도가 모두 주파수에 대한 함수이지만, 이들은 주파수에 따라 매우 다른 특성을 나타낸다. **정상분산**(normal dispersion) 매질에서 굴절율은 주파수에 따라 증가하고, 군속도는 위상속도보다 느리다. 반면에 **비정상분산**(anomalous dispersion) 매질에서 굴절율은 주파수에 따라 감소하고, 군속도는 위상속도보다 항상 빠르다.

군속도와 위상속도 사이의 관계를 알아보기 위해 [그림 8-25]에 보인 파동묶음을 살펴보자. 이것은 서로 다른 각주파수 ω^+와 ω^-를 가진 두 조화파의 간섭에 의해 발생되었다. [그림 8-25(a)]의 세 점 A, B, C는 시점 $t = 0$에서 ω^+-파의 서로 다른 세 마루를 표시한다. ω^+-파와 ω^--파의 마루는 점 B에서 서로 일치하며, 이 점이 포락선의 피크에 해당한다([그림 8-25(b)] 참조). 정상분산인 경우 $n^+ > n^-$이므로 ω^--파의 위상속도가 ω^+-파의 위상속도보다 크기 때문에 더 빨리 이동한다. 따라서 이후의 시점 $t = \Delta t$에서 ω^+-파와 ω^--파의 마루는 점 A'에서 서로 일치한다([그림 8-25(c)] 참조). 이 점은 시간 Δt가 흐른 후에 오른쪽으로 이동한 점 A의 새로운 위치에 해당한다. 결국 점 B와 같이 움직이는 관찰자에게 군속도는 위상속도보다 작은 것으로 측정된다([그림 8-25(d)] 참조). 비정상분산의 경우 $n^+ < n^-$이므로 앞에서 설명한 것과 정반대의 결과가 얻어진다.

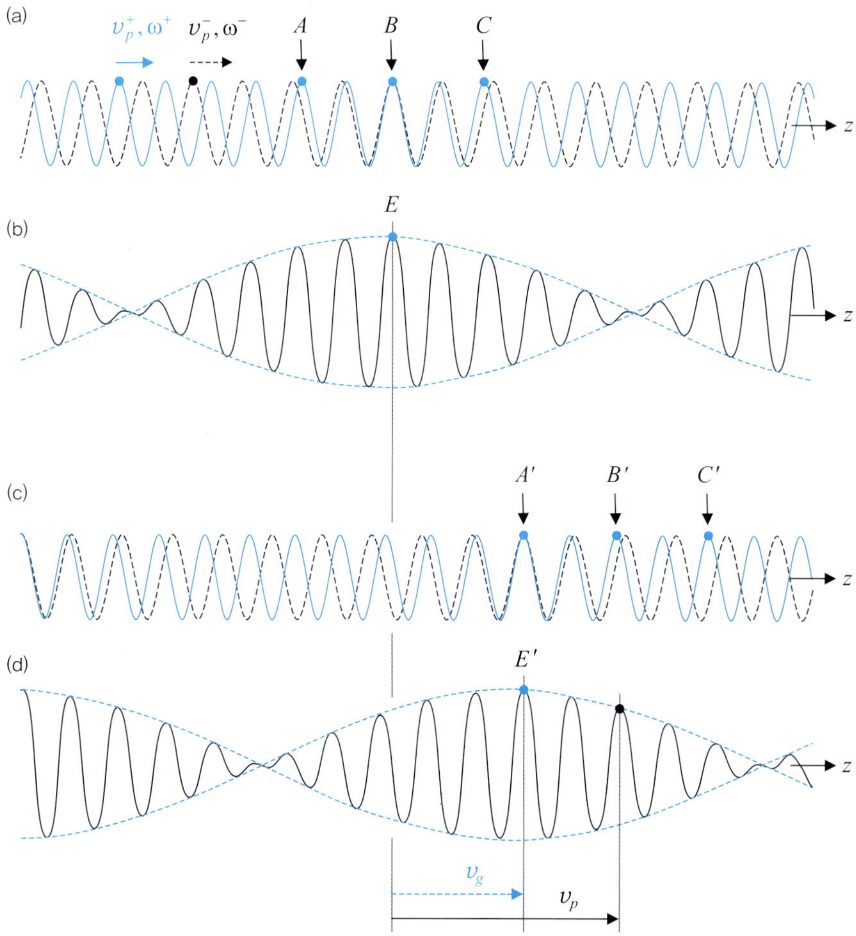

[그림 8-25] 서로 다른 주파수를 가진 두 진행파 사이의 간섭에 의해 발생한 연쇄 파동묶음. (a)와 (b)는 포락선 피크가 점 B에 형성되고, (c)와 (d)는 정상분산 매질에서 이후의 시간에 포락선 피크가 점 A'에 형성됨

[그림 8-26]의 ω-β 도표는 정상분산과 비정상분산의 특성을 잘 보여준다. 원점으로부터 곡선 위의 한 점까지의 직선의 기울기는 주어진 주파수에서의 위상속도를 나타내고, 곡선에 접하는 직선의 기울기는 평균 주파수 ω_o에서의 파동묶음의 군속도를 나타낸다.

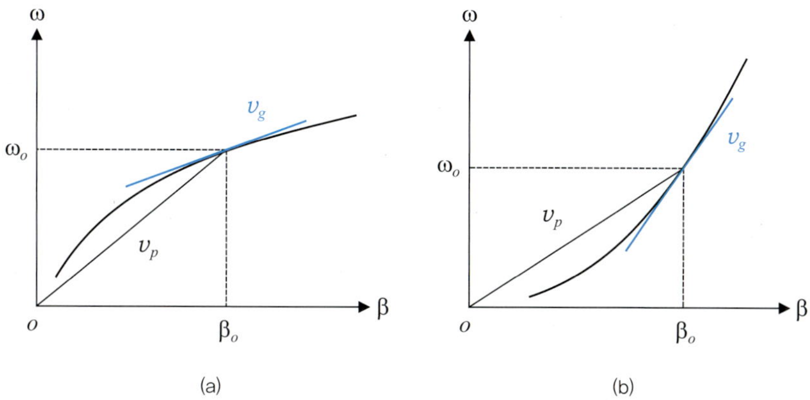

[그림 8-26] 분산매질에 대한 ω-β 도표. (a) 정상분산, (b) 비정상분산

예제 8-25

식 (8.174)에 주어진 파동묶음이 자유 공간을 진행할 때 다음 값을 구하라.

(a) $\mathscr{H}(z, t)$

(b) $\langle \mathbf{S} \rangle$

풀이

(a) 관계식 $|\mathscr{H}| = |\mathscr{E}|\sqrt{\varepsilon_0 / \mu_0}$와 $\mathbf{a}_k = \mathbf{a}_E \times \mathbf{a}_H$를 이용하여 다음의 식을 얻는다.

$$\mathscr{H}(z,t) = \mathbf{a}_y 2E_o \sqrt{\varepsilon_0 / \mu_0} \cos(\Delta\omega t - \Delta\beta z) \cos(\omega_o t - \beta_o z) \tag{8.178a}$$

(b) 식 (8.174)와 (8.178a)를 이용하여 포인팅 벡터를 다음과 같이 구한다.

$$\begin{aligned} \mathbf{S} &= \mathscr{E} \times \mathscr{H} \\ &= \mathbf{a}_z 4E_o^2 \sqrt{\varepsilon_0 / \mu_0} \cos^2(\Delta\omega t - \Delta\beta z) \cos^2(\omega_o t - \beta_o z) \end{aligned} \tag{8.178b}$$

시간평균 전력밀도는 다음과 같이 정의된다.

$$\langle \mathbf{S} \rangle = \frac{1}{T} \int_{-T/2}^{T/2} \mathbf{S}\, dt \tag{8.178c}$$

위 식에서 $\tau_1 \ll T \ll \tau_2$인데 여기서 $\tau_2 = 2\pi / \Delta\omega$이며, 이것은 포락선의 시간주기를 나타낸다. 반면에 $\tau_1 = 2\pi / \omega_o$이며, 이것은 위상의 시간주기다.

식 (8.178b)를 식 (8.178c)에 대입하여 다음의 식을 얻을 수 있다.

$$\langle \mathbf{S} \rangle = \mathbf{a}_z 2E_o^2 \sqrt{\varepsilon_0 / \mu_0} \cos^2(\Delta\omega t - \Delta\beta z) \tag{8.178d}$$

위 식에서 보듯이 파동묶음의 시간평균 전력밀도는 $\Delta\omega / \Delta\beta$의 속도, 즉 군속도로 진행한다.

유제 8.42 하나의 분산매질에서 굴절율이 $n = n_o(1 + \omega / \omega_o)$로 주어진다. $\omega = \omega_o$일 때의 위상속도와 군속도를 구하라. **HINT** $\beta = 2\pi n / \lambda,\ c = f\lambda$

Ans $v_p = c / 2n_o,\ v_g = c / 3n_o$

유제 8.43 군속도가 다음과 같이 표시될 수 있음을 보여라.

$$v_g = \frac{c}{n + \omega(dn / d\omega)}$$

복습문제

Q8.56 분산을 설명하라. **A** [그림 8-26]

Q8.57 군속도를 정의하라. **A** 식 (8.177)

Q8.58 $\omega - \beta$ 도포를 이용해 위상속도와 군속도를 정의하라. **A** [그림 8-26]

연습문제

균질 매질에서의 균일 평면파

8.1 다음의 전자기파에 대한 전기장 및 자기장 위상자를 구하라.

(a) $\mathscr{E} = \mathbf{a}_x E_o e^{-\alpha z} \sin(\omega t - \beta z + \pi / 4)$가 $\hat{\eta} = \eta_o e^{j\pi/4}$인 매질에서 진행

(b) $\mathscr{E} = -\mathbf{a}_x E_o e^{-\alpha z} \cos(\omega t + \beta z)$가 $\hat{\eta} = \eta_o e^{-j\pi/4}$인 매질에서 진행

(c) $\mathscr{E} = \mathbf{a}_y E_o \cos(kz) \cos(\omega t)$가 자유 공간에서 주어짐

(d) $\mathscr{E} = (\mathbf{a}_y + 2\mathbf{a}_z) E_o \cos(\omega t - kx)$가 자유 공간에서 진행

(e) $\mathscr{E} = \mathbf{a}_z E_o \sin(k_1 x) \cos(\omega t - k_2 y)$가 자유 공간에서 주어짐

8.2 자유 공간을 진행하는 전자기 평면파가 전기장 진폭 5.3 [V/m]를 가지며 벡터 $(2\mathbf{a}_x - \sqrt{3}\mathbf{a}_y)$의 방향으로 진행한다. 공간상 한 점에서 위상 차이가 2π로 주어지는 인접한 다른 점으로의 거리벡터가 $\mathscr{R} = \sqrt{3}\mathbf{a}_x + 2\mathbf{a}_y + 3\mathbf{a}_z$ [m]로 주어진다. $\mathscr{E}$의 표현식을 구하라.

8.3 주파수 200 [MHz]의 균일 평면파가 무손실 매질($\varepsilon_r = 12$, $\mu_r = 5$)을 진행한다. 이때 다음 값을 구하라.

(a) β

(b) λ

(c) v_p

(d) η

8.4 자유 공간을 진행하는 전자기 평면파가 $\tilde{\mathbf{E}} = 6\mathbf{a}_x e^{-j3y - j4z}$로 표시된다. 이때 다음 값을 구하라.

(a) 진행 방향

(b) 파장

(c) 주파수

(d) 자기장 위상자 $\tilde{\mathbf{H}}$

8.5 자기장 위상자가 $\tilde{\mathbf{H}} = (10 - j2)(3\mathbf{a}_y + j5\mathbf{a}_z) e^{-j20x}$인 전자기파가 무손실 매질($\varepsilon_r = 2.5$, $\mu_r = 4$)을 진행한다. 전기장 위상자 $\tilde{\mathbf{E}}$를 구하라.

연습문제

8.6 주파수 300 [MHz]의 전자기파가 무손실 매질에서 자기장 위상자 $\tilde{\mathbf{H}} = (2\mathbf{a}_x - \mathbf{a}_z)\, e^{-j20y}$ [A/m]를 가진다. 만약 $|\mathscr{E}| = 700$ [V/m]일 때 주어진 매질의 (a) η, (b) ε_r, (c) μ_r을 구하라.

8.7 유전율 ε, 투자율 μ의 무손실 매질에서 진행하는 전자기 평면파는 일반적으로 $\tilde{\mathbf{E}} = \mathbf{a}_E E_o\, e^{-j\mathbf{k}\cdot\mathbf{r}}$로 표시된다. 다음의 관계식들을 위상자형태 맥스웰 방정식을 이용하여 증명하라.

(a) $\mathbf{k}\times\tilde{\mathbf{E}} = \omega\mu\tilde{\mathbf{H}}$

(b) $\mathbf{k}\times(\mathbf{k}\times\tilde{\mathbf{E}}) = -\omega^2\mu\varepsilon\tilde{\mathbf{E}}$

(c) $\mathbf{k}\cdot\tilde{\mathbf{E}} = 0$

(d) $\mathbf{k}\cdot(\mathbf{k}\times\tilde{\mathbf{E}}) = 0$

8.8 원통좌표계에서 하나의 위상자가 $\tilde{\mathbf{E}} = E_o\,\rho^{-1} e^{-jkz}\mathbf{a}_\rho$로 주어진다. 여기서 $k = \omega\sqrt{\mu_0\varepsilon_0}$이다. 주어진 $\tilde{\mathbf{E}}$가 자유 공간을 진행하는 전자기파임을 (a) 맥스웰 방정식, (b) 헬름홀츠 식을 이용해 증명하라.

포인팅 벡터

8.9 [연습문제 8.1]에 주어진 파들의 시간평균 전력밀도를 구하라.

8.10 비자성 무손실 매질을 진행하는 균일 평면파의 전기장이 $\mathscr{E} = 2\mathbf{a}_x\cos(6\times10^8 t - 5z)$ [V/m]로 주어질 때 다음 값을 구하라.

(a) ε_r

(b) η

(c) 시간평균 전력밀도

(d) 원점에 중심을 둔 반지름 1 [m]의 구 안으로 들어가는 총 전력

8.11 유전상수가 $\varepsilon_r = 1.6$이고 미지의 투자율을 가진 무손실 유전체를 진행하는 전자기 평면파가 $\tilde{\mathbf{E}} = (4\mathbf{a}_z - j2\mathbf{a}_y)\, e^{j15x}$ [V/m]로 표시되며 $\langle \mathbf{S} \rangle = 30.6$ [mW/m^2]의 값을 가진다. 이 유전체에서 다음 값을 구하라.

(a) η

(b) μ_r

(c) $\tilde{\mathbf{H}}$

8.12 비자성 무손실 유전체를 진행하는 하나의 전자기파가 전기장 진폭 56 [V/m]와 시간평균 전력 밀도 7.2 [W/m^2]를 가진다. 이 파의 위상속도를 구하라.

8.13 하나의 레이저 포인터가 반지름이 1 [mm]인 원형 횡단면을 가지며 전력이 1 [mW]인 레이저 빔을 방출한다. 이 횡단면에서 빛이 균일하다고 가정하고 이 레이저 빔의 전기장을 구하라.

8.14 매우 짧은 전류토막 $I d\ell$이 자유 공간의 원점에 위치할 때 이것이 전기장 위상자가 $\tilde{\mathbf{E}} = j(30\beta I d\ell / R) \sin\theta\, e^{-j\beta R}\, \mathbf{a}_\theta$인 구면파를 발생시킨다. $\tilde{\mathbf{H}}$를 구하고 $\langle \mathbf{S} \rangle$가 ω^2에 비례함을 보여라.

전자기파의 편광

8.15 자유 공간의 전자기파 $\tilde{\mathbf{E}} = (E_o \mathbf{a}_x + jE_o \mathbf{a}_y)\, e^{jkz}$에 대해 (a) 진행 방향과 (b) 편광 상태를 설명하라.

8.16 하나의 선형 편광파 $\tilde{\mathbf{E}} = (E_{ox} \mathbf{a}_x + E_{oy} \mathbf{a}_y)\, e^{-jkz}$를 두 개의 원형 편광파로 분리하라.

8.17 얇은 수정 평판은 광학활성(optical activity) 현상을 띠는데, 수직 입사하는 오른손 원형 편광파는 출구 표면에서 θ_o [rad]의 위상 선행을 겪고, 반면에 왼손 원형 편광파는 출구 표면에서 θ_o [rad]의 위상 지연을 겪는다. 수직 입사하는 선형 편광파 $\tilde{\mathbf{E}} = E_o \mathbf{a}_x\, e^{-jkz}$에 대해 출구 표면에서의 편광 상태를 설명하라.

8.18 선형 편광파 $\tilde{\mathbf{E}} = E_o\mathbf{a}_y e^{-jkz}$가 [그림 8-27]에서처럼 사분파장 판(quarter-wave plate)에 수직 입사하는데, 이 판의 느린축은 x-축에 대해 30° 회전되어 있다. 전기장이 느린축에 평행인 입사파는 전기장이 느린축에 수직인 파에 대해 시간위상이 90° 지연된다. 투과파의 편광 상태를 설명하라.

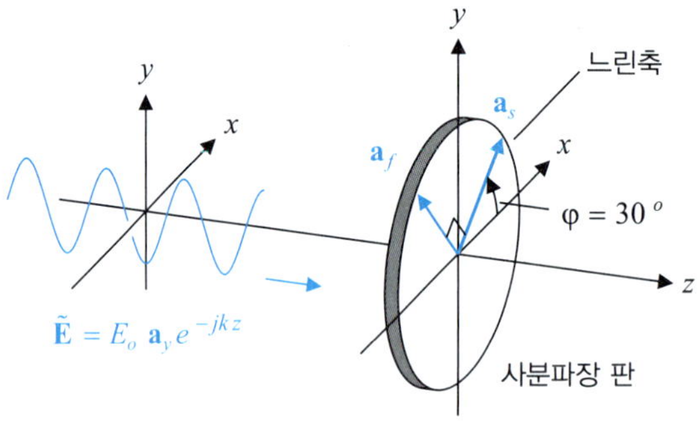

[그림 8-27] 사분파장 판 (문제 8.18)

8.19 주어진 전기장 $\mathscr{E} = 2\mathbf{a}_x \sin(\omega t - kz + 30°) + 3\mathbf{a}_y \cos(\omega t - kz)$에 대해 (a) 벡터 $\mathscr{E}$의 끝점이 xy-평면에서 만드는 궤적을 그리고, $\mathscr{E}$의 회전 방향을 설명하라. (b) $\mathscr{E}$의 무엇이 바뀌면 $\mathscr{E}$의 새로운 궤적과 회전 방향이 이전의 것과 비교하여 y-축에 대해 거울 대칭이 되는가?

8.20 오른손 타원 편광파가 자유 공간에서 $+z$-방향으로 진행할 때 전기장 벡터의 끝점은 시간에 따라 [그림 8-28]에서처럼 평면 $z = 0$ 위에서 타원을 그린다. 전기장 위상자 $\tilde{\mathbf{E}}$를 구하라.

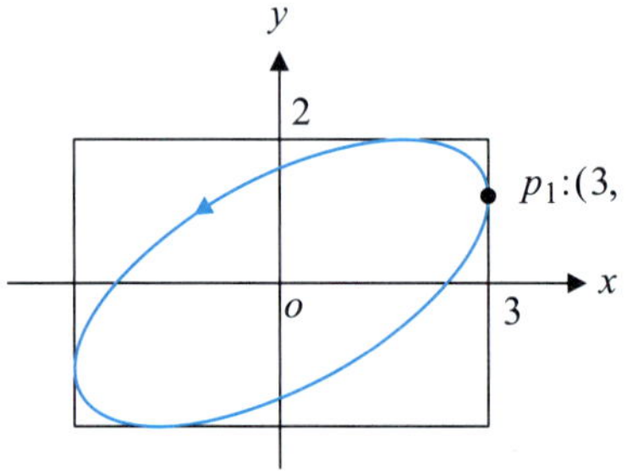

[그림 8-28] $\tilde{\mathbf{E}}$의 끝점이 시간에 따라 만든 타원 궤적 (문제 8.20)

감폭 손실의 유전체

8.21 주파수 $f = 1$ [GHz]의 균일 평면파가 저손실 유전체($\varepsilon = (2 - j0.3)\,\varepsilon_0$, $\mu = 1.2\,\mu_0$, $\sigma = 0$)에서 $+z$-방향으로 진행할 때 두 점 p_1:(2, 3, 5)와 p_2:(−4, 7, 8)에서 $\mathscr{E}$의 (a) 진폭과 (b) 위상을 비교하라.

8.22 주파수 100 [MHz]의 균일 평면파가 비자성 유전체를 진행할 때 전기장 위상자가 $\tilde{\mathbf{E}} = 2.4\mathbf{a}_x e^{-0.1z}\, e^{-j6z}$로 주어진다. 유전체의 ε_r'과 ε_r''을 구하고 자기장 위상자 $\tilde{\mathbf{H}}$를 구하라.

8.23 전자기 평면파가 비자성 유전체에서 주파수가 $\omega = 5\times10^8$이고 전기장 위상자가 $\tilde{\mathbf{E}} = (10\mathbf{a}_x + j5\mathbf{a}_y)\, e^{-3z - j4z}$로 주어진다. $\tilde{\mathbf{H}}$를 구하라.

8.24 유전율이 $\varepsilon = \varepsilon' - j\varepsilon''$인 유전체를 진행하는 전자기파의 자기장이 전기장에 대해 시간위상이 30° 지연된다. 비 β/α를 구하라.

8.25 다음의 값들이 손실 유전체를 진행하는 전자기파가 가질 수 있는 실제의 값들인지 확인하라.

(a) $\gamma = 0.2 + j1.8$ [m^{-1}], $\hat{\eta} = 400 + j50$ [Ω]

(b) $\gamma = 9.8 + j10$ [m^{-1}], $\hat{\eta} = 0.102 + j0.1$ [Ω]

8.26 하나의 전자기파가 비자성 유전체($\varepsilon_r' = 2.53$, $\tan\xi = 0.03$)에서 $+z$-방향으로 진행하면 $z = 0.5$ [m]인 점에서 전기장이 $\mathscr{E} = 400\mathbf{a}_x \sin(2\pi\times10^8 t - \pi/8)$으로 주어진다. $\mathscr{E}$의 표현식을 구하라.

8.27 비자성 유전체를 진행하는 각주파수 $\omega = 3\times10^9$ [rad/s]의 전자기파의 시간평균 전력이 거리 32.3 [cm]에서 10 [dB] 감소한다. 또한 $\tilde{\mathbf{H}}$는 $\tilde{\mathbf{E}}$에 대해 시간위상이 0.22 [rad] 지연된다. 이 매질의 $\hat{\eta}$를 구하라.

저 전도도의 유전체

8.28 두 비자성 유전체가 동일한 유전상수 $\varepsilon_r = 2.25$를 가지지만 서로 다른 전도도 $\sigma = 0$와 $\sigma = 50$ [S/m]를 가진다. 주파수 100 [MHz]의 전자기파가 이들 매질을 진행할 때 다음의 값들을 비교하라.

(a) β　　　(b) λ　　　(c) v_p

연습문제

8.29 한 매질이 실수의 ε과 μ_0를 가지는데 이 매질을 진행하는 전자기파의 전기장이 $\mathscr{E}(z,t) = \mathbf{a}_x 967.1\, e^{-\alpha z} \cos(1.5\times10^9 t - \beta z)$로 주어지고 자기장은 $\mathscr{H}(z,t) = \mathbf{a}_y 10\, e^{-\alpha z} \cos(1.5\times10^9 t - \beta z - 0.7194)$로 주어진다. 다음의 값들을 구하라.

(a) $\hat{\eta}$

(b) ε_r

(c) σ

(d) α

(e) β

8.30 실수 유전율을 가진 비자성 유전체를 진행하는 1 [GHz]의 전자기파가 $\alpha = 20.32$ [Np/m]와 $\beta = 38.85$ [rad/m]의 값을 가진다. 다음 값을 구하라.

(a) 손실 탄젠트

(b) 유전상수

(c) 고유 임피던스

8.31 손실 유전체($\varepsilon_r = 1.5$, $\mu_r = 1$) 내의 전자기 평면파가 주파수 50 [MHz]에서 $\beta = 120$ [rad/m]의 값을 갖는다. 이 매질의 (a) 손실 탄젠트와 (b) 전도도를 구하라.

8.32 고유 임피던스가 $\hat{\eta} = 220 + j21$ [Ω]인 매질에서 진행하는 전자기 평면파의 전기장 위상자가 $\tilde{\mathbf{E}} = \mathbf{a}_x 300\, e^{-0.21z - j2.2z}$ [V/m]로 표시된다. 다음 질문에 답을 구하라. **HINT** $\sigma = \mathrm{Re}[\gamma / \hat{\eta}]$

(a) $\langle \mathbf{S} \rangle$를 구하라.

(b) $-\nabla \cdot \langle \mathbf{S} \rangle$를 이용해 $z = 0.5$ [m]에서의 단위 체적당 옴 전력 손실을 구하라.

(c) $(1/2)\mathrm{Re}[\tilde{\mathbf{E}} \cdot \tilde{\mathbf{J}}^*]$를 이용해 (b)를 다시 계산하라.

양도체

8.33 주파수가 30 [MHz]인 전자기파의 전력밀도가 양도체 내에서 거리 0.15 [mm]를 진행함에 따라 10 [dB] 감소한다. 이 양도체를 비자성체로 가정하고 (a) σ, (b) $\hat{\eta}$를 구하라.

8.34 주파수가 100 [MHz]인 전자기파가 전도도 $\sigma = 10^7$ [S/m]이고 투자율 $\mu = \mu_0$인 양도체를 진행할 때 (a) δ, (b) v_p , (c) $\hat{\eta}$를 구하라.

8.35 하나의 양도체에서 파장이 $\lambda = 2$ [mm]인 전자기파가 위상속도 $v_p = 1.6\times10^5$ [m/s]로 진행한다면 이 물체의 전도도는 얼마인가?

8.36 전도도가 $\sigma = 4.1\times10^7$ [S/m]인 금에서 침투깊이가 1 [μm]이면 이때 입사파의 주파수는 얼마인가?

8.37 주파수가 200 [MHz]일 때 황동의 침투깊이가 9 [μm]이면 황동의 전도도는 얼마인가?

8.38 구리 도선의 지름이 1 [mm]이고 길이가 100 [m]일 때 주파수 10 [MHz]에서 *ac*-저항과 DC 저항을 비교하라.

8.39 위상자 $\tilde{\mathbf{E}} = \mathbf{a}_x E_o\, e^{-jkz}$로 표시되는 평면파가 공기 중을 진행하다가 영역 $z \geq 0$에 채워진 양도체(ε_0, μ_0, σ)에 수직 입사한다. 이때 도체 표면에 유도되는 전류를 표면 전류밀도 $\tilde{\mathbf{J}}_s = 2E_o / \eta_o$로 표시할 수 있음을 보여라. **HINT** 식 (8.97)과 (8.108)

8.40 전기장 위상자 $\tilde{\mathbf{E}} = \mathbf{a}_x E_o\, e^{-(1+j)z/\delta}$를 가진 전자기파가 침투깊이 δ, 전도도 σ인 양도체 내에서 진행할 때 (a) $\tilde{\mathbf{H}}$, (b) $\tilde{\mathbf{J}}$, (c) $\langle\mathbf{S}\rangle$를 구하고 (d) 관계식 $-d|\langle\mathbf{S}\rangle|/dz = (1/2)\,\mathrm{Re}[\tilde{\mathbf{E}} \bullet \tilde{\mathbf{J}}^*]$가 성립함을 보여라.

수직 입사

8.41 균일 평면파 $\mathscr{E}^i = 10\mathbf{a}_x \cos(3\times10^{15}t - 10^7 z)$가 매질 1 ($z < 0$)에서 진행하다가 비자성 무손실 유전체 ($z \geq 0$)에 수직 입사한다. 위상상수들 사이에 $\beta_2 = 1.5\,\beta_1$의 관계가 있을 때 다음 값을 구하라.

(a) 반사계수 Γ

(b) 정재파 비 S

(c) 반사전력과 입사전력 사이의 비

(d) $\mathscr{E}^r$과 $\mathscr{E}^t$의 표현식

연습문제

8.42 공기 중을 진행하는 평면파가 영역 $z \geq 0$에 채워진 물체에 수직 입사하여 반사한 후 공기 중에 다음과 같은 전기장을 만든다. $\tilde{\mathbf{E}} = (5.880 + j1.192)\mathbf{a}_x e^{-j1.6z} + (0.964 + j7.942)\mathbf{a}_x \cos(1.6z + 1.25)$. 반사계수를 구하고 이 물체의 고유 임피던스를 구하라.

8.43 하나의 균일 평면파가 두 무손실 매질 사이의 경계면에 수직 입사한다. 반사파와 투과파의 전력밀도가 동일할 때 (a) 비 η_2/η_1과 (b) 정재파 비를 구하라.

8.44 두 무손실 유전제 사이의 경세면에 균일 평면파가 수직 입사할 때, 비록 투과계수가 1보다 크더라도 경계면을 통과하는 전력은 항상 입사전력보다 작다는 것을 보여라.

8.45 전력밀도 5 [W/m^2]인 균일 평면파가 공기 내에서 +z-방향으로 진행하다가 영역 $z \geq 0$에 채워진 비자성 무손실 유전체 표면에서 반사한다. 정재파 비가 $S = 4.0$일 때 다음 값을 구하라.

(a) Γ
(b) τ
(c) η_2
(d) 투과파의 전력밀도

8.46 식 (8.107)과 (8.108)의 Γ와 τ는 공기 내의 평면파 $\tilde{\mathbf{E}}^i = 2\mathbf{a}_x e^{-j4z}$가 영역 $z \geq 0$에 채워진 손실 유전체($\varepsilon_r = 2$, $\mu = \mu_0$, $\tan\xi = 1.732$)에 수직 입사할 때에도 사용될 수 있다. (a) 유전체에서의 α, β, η 및 $\tilde{\mathbf{E}}^r$과 $\tilde{\mathbf{E}}^t$의 표현식을 구하고, (b) 경계면에서 세 진행파의 $\langle \mathbf{S} \rangle$를 구하라. 또한 에너지 보존법칙이 만족하는지 확인하라.

8.47 복소 고유임피던스 $\hat{\eta}_1$과 $\hat{\eta}_2$를 가진 두 손실 매질 사이의 경계면에서 식 (8.111)에 주어진 에너지 보존법칙의 표현식은 어떻게 바뀌어야 하는가?

8.48 파장이 630 [nm]인 빨간색 빛이 공기를 진행하다가 영역 $z \geq 0$에 채워진 전도도 $\sigma = 5\times10^7$ [S/m]의 양도체에 수직 입사한다. 이때 다음 값을 구하라.

(a) $|\Gamma|$
(b) 입사전력에 대한 투과전력의 비

8.49 공기중을 진행하는 주파수 500 [MHz]의 평면파가 유전율 $\varepsilon = 1.5\,\varepsilon_0$, 투사율 $\mu = \mu_0$, 그리고 비교적 작은 전도도 $\sigma = 10$ [S/m]를 가진 물체에 수직 입사한다. 입사전력에 대한 투과전력의 비를 구하라.

8.50 영역 $z \geq 0$에 채워진 손실 유전체에 수직으로 입사하는 진폭 E_o = 30 [V/m]의 평면파에 의해 도체 밖 공기에서 정재파 비가 4로 측정된다. 도체 내에서 횡단면이 1 [m] × 1 [m]이고 $z = 0$에서부터 $z = \infty$까지 펼쳐진 바 형태의 영역에서 소모되는 총 전력을 구하라.

8.51 [그림 8-11]에 보인 세 영역이 모두 무손실 매질이다. 매질 2의 두께는 $\ell = \lambda_2/4$인데 λ_2는 매질 2에서 측정되는 파장이다. 만약 $\eta_2 = (\eta_1\eta_3)^{1/2}$이면 평면 $z = 0$에 놓인 첫째 경계면에서 Γ = 0임을 보여라.

8.52 [그림 8-11]을 참조하여, [연습문제 8.51]에서와 같은 조건 $\eta_2 = (\eta_1\eta_3)^{1/2}$에서 (a) $\Gamma_1 = -\Gamma_2$임을 보인 다음, (b) $\eta_1 < \eta_3$인 경우 매질 2에서의 정재파 비를 구하라.

8.53 [그림 8-11]의 세 매질은 공기 중에 놓인 전도도가 3.82×10^7 [S/m]이고 두께가 $\ell = \delta$(침투깊이)인 얇은 알루미늄 호일을 나타낸다. 파장이 0.5 [μm]인 파란색 빛이 알루미늄 호일에 수직 입사할 때, 세 영역에서 $\varepsilon = \varepsilon_0$와 $\mu = \mu_0$를 가정하고, 입사파에 대한 최종 투과파의 전기장 진폭 비를 구하라.

경사 입사

8.54 두 유전체로 이루어진 무한 평판이 [그림 8-29]에서처럼 자유 공간에 놓여 있다. 레이저 빔이 입사각 θ_i로 평판에 입사할 때 (a) 투과빔이 입사빔에 평행임을 증명하고, (b) 두 빔 사이의 거리 d를 구하라.

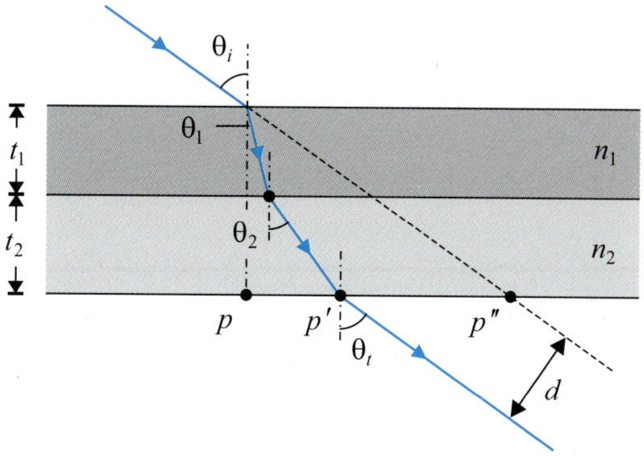

[그림 8-29] 이중 평판에서 레이저 빔의 굴절 (문제 8.54)

연습문제

8.55 자유 공간의 평면파 $\tilde{\mathbf{E}}^i = -300\,\mathbf{a}_y e^{-j(10x + 15z)}$가 영역 $z \geq 0$에 채워진 굴절율 $n = 1.30$의 유전체 표면에 입사한다. 이때 다음 값을 구하라.

(a) 입사각, 반사각, 투과각

(b) 세 진행파의 파수벡터

(c) 반사계수 및 투과계수

(d) $\tilde{\mathbf{E}}^r$과 $\tilde{\mathbf{E}}^t$의 표현식

8.56 자유 공간의 평행 편광의 전자기파 $\tilde{\mathbf{E}}^i = 100(-4\,\mathbf{a}_x + 3\,\mathbf{a}_z)\,e^{-j(9x + 12z)}$가 영역 $z \geq 0$에 채워진 굴절율 $n = 1.30$의 유전체에 경사 입사한다. 이때 다음 값을 구하라.

(a) 입사각, 반사각, 투과각

(b) 세 파의 파수벡터

(c) 반사파와 투과파의 편광벡터

(d) 반사계수와 투과계수

(e) $\tilde{\mathbf{E}}^r$과 $\tilde{\mathbf{E}}^t$의 표현식

8.57 자유 공간의 평면파 $\tilde{\mathbf{E}}^i = (2\,\mathbf{a}_x + 2\,\mathbf{a}_y - 4\,\mathbf{a}_z)\,e^{-j(4x + 8y + 6z)}$가 평면 $z = 0$에 입사할 때 이것을 수직 편광과 평행 편광의 두 성분파로 분리하라.

8.58 [연습문제 8.57]의 평면 $z = 0$가 완전도체 표면에 해당한다면 이때의 반사파를 수직 편광과 평행 편광의 두 성분파로 분리하라.

8.59 평행 편광의 평면파 $\tilde{\mathbf{E}}^i = (2\,\mathbf{a}_x - \mathbf{a}_z)30\sqrt{5}\,e^{-j(10x + 20z)}$가 공기를 진행하다가 영역 $z \geq 0$의 완전도체에 경사 입사한다. 이때 다음 값을 구하라.

(a) $\tilde{\mathbf{H}}^i$, $\tilde{\mathbf{E}}^r$, $\tilde{\mathbf{H}}^r$의 표현식

(b) 도체 표면에서의 $\tilde{\mathbf{E}}$와 $\tilde{\mathbf{H}}$

(c) 도체 표면에 유도된 $\tilde{\mathbf{J}}_s$

8.60 자유 공간의 평면파 $\tilde{\mathbf{E}}^i = 4\,\mathbf{a}_E\,e^{-j(x + \sqrt{3}z)}$가 영역 $z \geq 0$에 채워진 $\varepsilon_r = 2.25$인 유전체에 경사 입사한다. 수직 편광 성분파의 진폭이 3 [V/m]일 때 (a) $\tilde{\mathbf{E}}^i$, (b) $\tilde{\mathbf{E}}^r$을 구하라.

8.61 자유 공간의 평면파가 굴절율이 $n = 1.52$인 크라운 유리에 입사할 때 다음 값을 구하라.

(a) 부르스터 각

(b) 부르스터 각으로 입사는 수직 편광파의 반사계수

8.62 공기 중의 평면파가 영역 $z \geq 0$에 채워진 용융 석영($n = 1.46$)에 입사할 때 반사가 발생하지 않았다. xz-평면을 입사면으로 가정하고 다음 값을 구하라.

(a) 입사파의 진행 방향

(b) 입사파와 투과파의 편광벡터 방향

8.63 자유 공간의 왼손 원형 편광파가 영역 $z \geq 0$에 채워진 굴절율이 $n = 1.54$인 유전체에 부르스터 각으로 입사한다. xz-평면을 입사면으로 가정하고 반사파와 투과파의 편광 상태를 설명하라.

8.64 공기 중의 평면파 $\hat{\mathbf{E}} = (6\mathbf{a}_x - 8\mathbf{a}_z)\, e^{-j4\mathbf{a}_x - j3\mathbf{a}_z}$가 영역 $z \geq 0$의 무손실 유전체($n = 1.333$)에 부르스터 각으로 입사한다. 입사전력이 모두 유전체로 전달된다는 것을 보여라.

전반사

8.65 직각 프리즘이 굴절율이 $n = 1.52$인 크라운 유리로 만들어졌다([그림 8-30] 참조). 빗변에서 전반사가 일어나기 위한 입사각의 범위를 구하라.

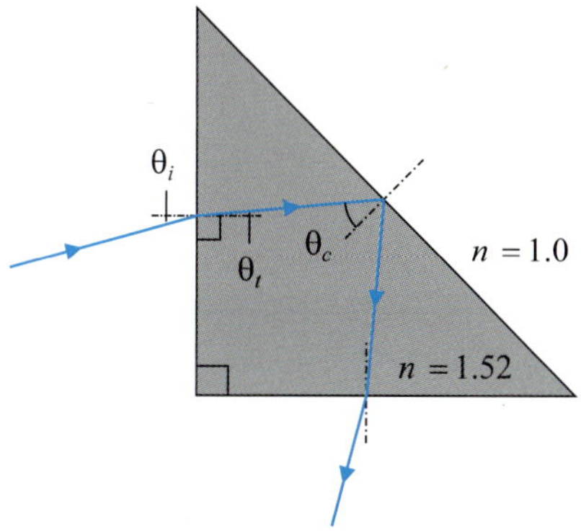

[그림 8-30] 직각 프리즘 (문제 8.65)

연습문제

8.66 굴절율이 n_1인 직각 프리즘의 빗변이 굴절율 n_2의 물체로 코팅되었다([그림 8-31] 참조). 조건 $n_1 > \sqrt{2}$가 만족되면 45°로 입사하는 빛은 n_1n_2-경계면, 아니면 n_2n_o-경계면에서 반드시 전반사가 발생한다는 것을 보여라.

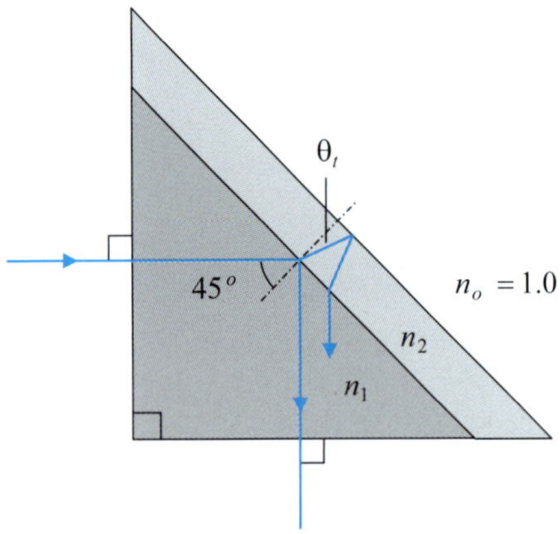

[그림 8-31] 코팅된 직각 프리즘 (문제 8.66)

8.67 영역 $z \geq 0$에 존재하는 에버네센트 파가 $\tilde{\mathbf{E}}^t = \mathbf{a}_y E_o^t e^{-\alpha_e z} e^{-j\beta_e x}$로 주어지는데 이것은 그 반대편에서 발생한 전반사에 기인한다. 이때 다음 질문에 답을 구하라.

(a) $\tilde{\mathbf{H}}^t$를 고유 임피던스 η_o를 이용해 표시하라.

(b) 영역 $z \geq 0$로 전력이 전달되지 않는다는 것을 보여라.

8.68 비자성 양도체에서 전도도가 주파수에 독립이라고 가정하고 도체 내의 (a) 위상속도와 (b) 군속도를 구하라.

CHAPTER

09

전송선로

Transmission Line

전송선로 방정식 9.1
전송선로의 파라미터 9.2
전송선로 위의 진행파 9.3
유한한 전송선로 9.4
스미스 차트 9.5
연습문제

들어가기 전에

지금껏 무제한의 매질을 진행하는 전자기 평면파 혹은 평면 경계면에 입사하는 평면파에 한해서만 다뤘다. 균일 평면파는 무제한의 파면을 가진, 인도되지 않는 진행파이다. 이 파의 전기장은 모든 공간에 퍼져 존재하며, 에너지는 공간상의 모든 지점에 펼쳐져 있다. 이러한 진행파는 라디오 혹은 TV 신호를 송출하기에는 적합할지라도 전자기 에너지 혹은 정보를 공간상의 한 지점에서 다른 지점으로 전달하기에는 비효율적이다.

전송선로(transmission line)는 일반적으로 평행한 두 도체로 이루어지며, 전자기 전력을 원천에서 부하까지 보다 효율적으로 전달한다. 널리 사용되는 전송선로에는 **동축 케이블**(coaxial cable), **도선 선로**(two-wire line), **평행판 선로**(parallel-plate line) 등이 있다([그림 9-1] 참조).

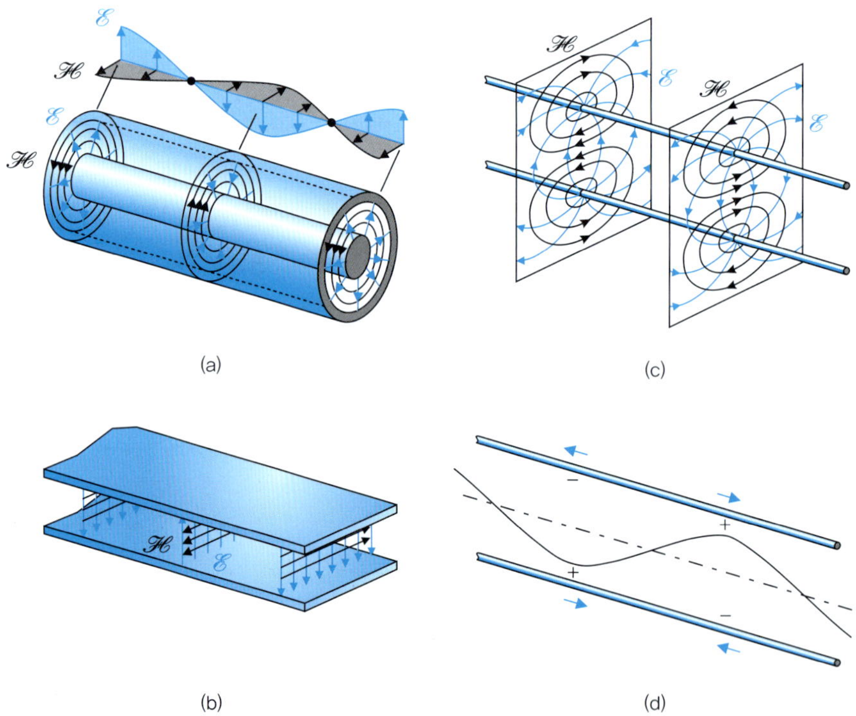

[그림 9-1] 널리 사용되는 세 전송선로. (a) 동축 케이블, (b) 평행판 선로, (c) 도선 선로, (d) 전송선로에 유도된 전하와 전류

전송선로에는 **수직 전자기파**(transverse electromagnetic wave, TEM)가 진행할 수 있다. 이 파의 전기장 및 자기장은 전송선로에 수직인 평면에 놓인다.

전송선로를 따라 진행하는 TEM 파는 무한 매질에서 진행하는 균일 평면파와 매우 비슷한 파동 특성을 가진다. TEM 파의 전기장과 자기장은 시간에 따라 주기적으로 변하며, 횡단면에서의 공간상 분포는 정전기장 혹은 정자기장의 경우와 동일하다. 예를 들면, 무한히 긴 동축 케이블이 z-축에 따라 놓여 있을 때 원통대칭과 병진대칭을 고려하면 케이블 내의 정전기장은 $\mathbf{E}_s = E_x(x, y)\mathbf{a}_x + E_y(x, y)\mathbf{a}_y$의 형태로 주어진다. 이를 조화시변의 경우로 확장하여 전기장 위상자를 $\tilde{\mathbf{E}} = \mathbf{E}_s e^{-jkz}$로 가정하면, 이 식은 벡터 헬름홀츠 식을 만족하며, 동축 케이블에서 진행하는 TEM 파임을 확인할 수 있다. 포인팅 벡터를 이용하면 시간평균 전력이 동축 케이블을 따라 진행하고 인도되어 에너지 손실이 발생하지 않는다는 것을 증명할 수 있다.

TEM 파가 완전도체인 두 평행 도선을 따라 진행할 때, 식 (6.51b)와 (6.51c)에 주어진 경계면 조건에 따라 전기장은 도선에 수직이고 자기장은 도선에 평행이어야 한다. 따라서 이들은 도선 표면에 각각 면 전하와 표면전류를 유도한다. 이들 값은 도선을 따라 변하는데, 코사인 곡선을 이용하여 표시하면 편리하다([그림 9-1(d)] 참조). 즉 코사인 곡선의 봉우리는, 윗쪽 도선의 해당 지점에서 양 전하의 밀도가 최대이고, 그 점에서 파의 진행 방향으로 향하는 전류밀도가 최대임을 나타낸다. 반면에 코사인 곡선의 골은 위쪽 도선에서 음 전하의 최대치 혹은 역방향 전류의 최대치가 발생하는 지점을 표시한다. 전자기파가 전송선을 따라 진행할 때 전하 및 전류도 전송선을 따라 진행한다. 손실 매질에서 $\mathscr{E}$와 $\mathscr{H}$가 위상어긋남 상태에 있는 것처럼 전하와 전류도 손실 전송선을 따라 진행할 때 일반적으로 위상어긋남 상태에 놓인다.

전송선을 따라 진행하는 전자기파의 특성을 설명하기 위해 전자기 이론 혹은 회로이론을 사용할 수 있다. 이미 알고 있듯이, 전자기 이론은 전기장과 자기장을 다룬다. 반면에 회로이론은 전압 및 전류를 다루는데, 이것들이 스칼라 값으로 주어지므로, 전자기 이론의 벡터들보다 다루기가 더 쉽다. 즉, 전송선의 전기장과 면 전하를 두 도체 사이에 형성된 축전기의 전압과 전하로 대치하여 설명하고, 자기장과 표면전류를 두 평행 도체 사이에 형성되는 인덕터의 연계자속 및 전류로 대치하여 설명한다.

들어가기 전에

전송선에서 진행하는 전류파는 낮은 주파수에서 작동하는 전기회로의 전류와 매우 다른 특성을 가진다는 것을 명심해야 한다. 매우 짧은 플러스 펄스가 전송선 왼쪽 끝단의 원천에서 발생하여 전송선을 따라 진행하는 경우를 생각해 보자. [그림 9-2(a)]에서 마이너스 펄스는 주어진 펄스와의 대조를 위해 그려졌다. 플러스 펄스는 동일한 양의 플러스 전하와 마이너스 전하가 각각 전송선의 위 아래 도체에 유도되었다는 것을 의미한다. 따라서 전송선에서 펄스의 진행은, 연속적으로 연결된 인덕터의 전류로 인하여 연속적으로 연결된 축전기가 충전과 방전을 반복하는 과정으로 해석할 수 있다. 달리 말하면, 펄스의 시작점에 있는 축전기가 충전되는 동안 끝점에 있는 축전기에서는 방전이 일어난다. 전송선의 윗쪽 도체의 플러스 전하와 아랫쪽 도체의 마이너스 전하는 전송선의 맨 오른쪽 끝이 열려 있더라도 전송선을 따라 동시에 오른쪽으로 진행할 수 있다([그림 9-2(b)] 참조). 펄스가 진행함에 따라 국지적인 전류가 위 아래 도체에서 동시에 발생하는데 이들의 방향은 서로 정반대이다. 왜냐하면 위 아래 도체에서 같은 방향으로 이동하는 전하들의 극성이 정반대이기 때문이다.

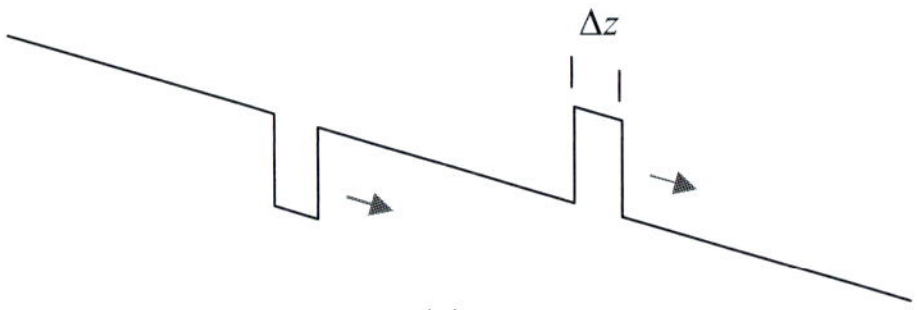

(a)

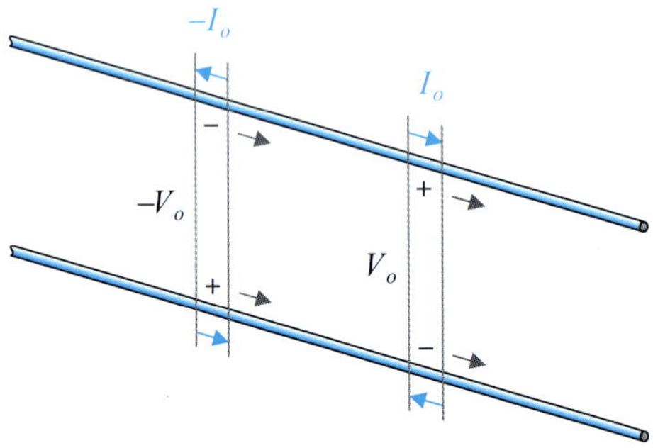

(b)

[그림 9-2] 하나의 플러스 펄스와 하나의 마이너스 펄스가 전송선을 따라 진행한다. +와 − 기호는 각각 플러스와 마이너스 전하를 나타내고, 파란색 화살표는 국지적인 전류를 나타낸다.

전송선로와 낮은 주파수에서 작동하는 전기회로를 비교하기 위해 [그림 9-3]과 같은 동일한 길이(ℓ = 15 [cm])의 두 회로를 생각해 보자. 그림에서 +, − 부호는 전하를, 회색 화살표는 전하의 이동을, 파란색 화살표는 국지적인 전류의 방향을 나타낸다. 이들 회로는 동일한 전압 원천에 연결되었지만 서로 다른 주파수, 즉 100 [kHz]와 2.5 [GHz]에서 동작한다. 만약 부하에서의 반사를 무시하고, 파의 진행 속도가 진공 중의 빛의 속도와 같다고 가정하면 이때의 전압파는 각각 $v_1 = V_o \cos(2\pi\times10^5 t - 2\pi\times10^{-3} z/3)$와 $v_2 = V_o \cos(5\pi\times10^9 t - 50\pi z/3)$로 주어진다. 예를 들면, 시간 t = 0에서 부하에 걸리는 전압은 각각 $v_1 = V_o \cos(-2\pi\times10^{-3}\times0.15/3) =$ 0.99999995 V_o와 v_2 = 0이고, 원천에서의 전압은 두 경우 모두 V_o이다.

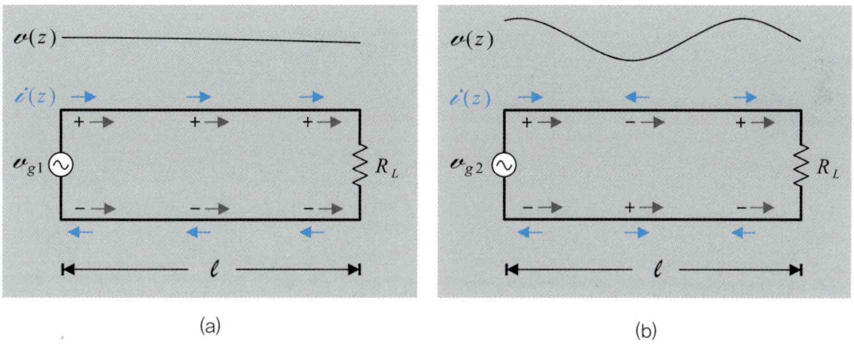

[그림 9-3] 동일한 두 회로가 서로 다른 주파수로 동작한다. (a) 저주파, (b) 고주파

저주파 회로에서 전압은 위치에 무관하게 일정하며, 회로의 모든 지점에서 동일한 진폭과 위상으로 시간에 따라 진동한다. 또한 원천에서의 전압의 변화는 즉시 부하에 나타난다. 고주파 회로에서는 파장이 회로 길이와 별 차이가 나지 않는다. 따라서 회로의 서로 다른 지점에서 조화시변 전압은 서로 위상이 어긋나 있다. 이 회로는 전송선로로 간주되는데, 이 전송선로의 특징은, 선로의 서로 다른 지점에서 시간에 따라 주기적으로 변하는 전압 간의 위상 차이가 존재하며, 특정한 경우를 제외하고 부하에서 전압파가 반사된다는 점이다. 이것은 전류 및 전류파에 대해서도 마찬가지이다.

9.1 전송선로 방정식

무한히 긴 두 평행 도체로 이루어진 전송선로를 생각해 보자. 3장과 5장에서 서로 떨어진 두 도체는 하나의 축전기를 형성하고, 전류가 흐르는 도체는 항상 연계자속이 존재한다는 것을 배웠다. 따라서 하나의 전송선로는 정전용량과 유도용량을 가지며 이 값들이 길이에 대한 함수로 주어진다는 것을 알 수 있다. 전송선로의 횡단면에서, 전기장과 자기장은 정적인 상태에서와 동일한 형태를 가지므로 정전용량은 두 도체가 상수 전위차를 유지한다고 가정하여 구할 수 있다. 마찬가지로 유도용량은 두 도체에 정전류가 흐른다고 가정하여 구할 수 있다. 실제 도체는 유한한 전도도를 가지므로 저항값이 존재한다. 또한 두 도체 사이의 절연체는 전도도가 절대적으로 영일 수 없다. 그러므로 전송선로는 정전용량 C와 유도용량 L 이외에도 직렬 저항 R과 **분로 컨덕턴스**(shunt conductance) G를 가진다([그림 9-4(a)] 참조). 여기서 주목할 것은, G는 R의 역수가 아니라는 것이다. 즉 $G \neq 1/R$이고 이들은 서로 독립적인 파라미터이다.

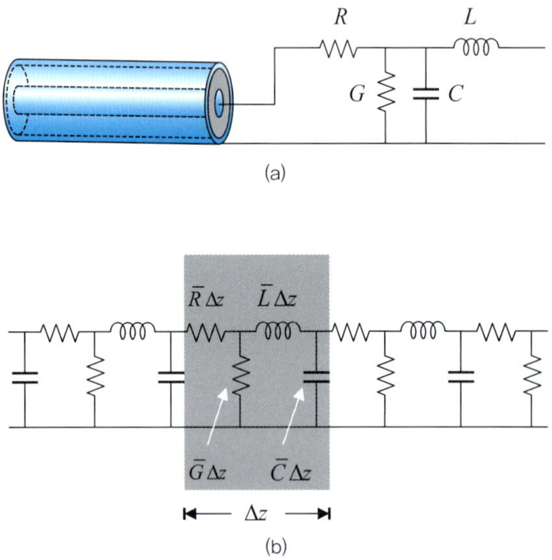

[그림 9-4] 전송선로 파라미터. (a) 등가의 묶음회로망, (b) 등가의 분산회로망

만약 하나의 펄스가 폭 Δz를 가지고 전송선로에서 진행한다면 이것과 연관된 전하와 전류는 작은 영역 Δz에 제한되어 있다([그림 9-2] 참조). 이때 전하와 전류는 저항 및 컨덕턴스뿐만 아니라 정전용량 및 유도용량에 의해 서로 연관된다. 이때 **분산변수**(distributed parameter) $\bar{R}$ [Ω/m], $\bar{L}$ [H/m], $\bar{G}$ [S/m], $\bar{C}$ [F/m]를 사용하면 매우 편리하다. 전송선로에서 펄스의 진행은 $\bar{R}\,\Delta z$, $\bar{L}\,\Delta z$, $\bar{G}\,\Delta z$, $\bar{C}\,\Delta z$ 값을 사용하면 매우 손쉽게 설명할 수 있다([그림 9-4(b)] 참조). 여기서 $\bar{R}\,\Delta z$와 $\bar{L}\,\Delta z$는 위와 아래 도선에서 흐르는 두 선류에 연관된 총 저항과 총 유도용량이다.

전송선로 방정식(transmission-line equation)은 한 쌍의 1차 편미분 방정식으로 구성되며, 전송선로 위에서 발생하는 파동의 특성을 설명하는 데 사용된다.

지금부터 [그림 9-5]에 보인 길이 Δz의 전송선로 구간에 대해 알아보자. 편의상 분산변수 위의 바 기호를 생략하였다.

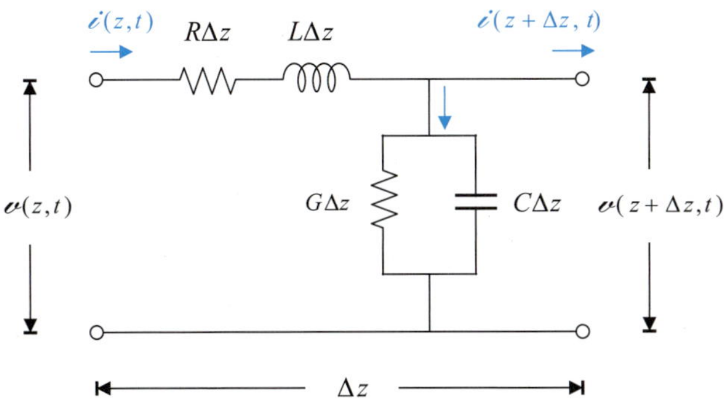

[그림 9-5] 길이 Δz인 전송선로 구간의 등가 묶음회로망

$v(z,t)$와 $i(z,t)$는 전송선로 구간의 왼쪽 끝에서 각각 실순시 전압 및 전류를 나타내고, $v(z+\Delta z,t)$와 $i(z+\Delta z,t)$는 전송선로 구간의 오른쪽 끝에서의 값들이다. 이 값들을 키르히호프 전압법칙에 사용하면 다음과 같은 관계식을 얻을 수 있다.

$$v(z,t) = R\Delta z\, i(z,t) + L\Delta z\frac{\partial i(z,t)}{\partial t} + v(z+\Delta z,t) \tag{9.1a}$$

위 식을 다시 쓰면 다음과 같다.

$$-\frac{v(z+\Delta z,t) - v(z,t)}{\Delta z} = R\, i(z,t) + L\frac{\partial i(z,t)}{\partial t} \tag{9.1b}$$

Δz가 영으로 갈 때의 극한값을 취하면 다음과 같다.

$$-\frac{\partial v(z,t)}{\partial z} = R\, i(z,t) + L\frac{\partial i(z,t)}{\partial t} \tag{9.2}$$

그 다음, 주어진 회로의 윗쪽 교점(node)에 키르히호프 전류법칙을 적용하면 다음과 같다.

$$i(z,t) = i(z+\Delta z,t) + G\Delta z\, v(z+\Delta z,t) + C\Delta z\frac{\partial v(z+\Delta z,t)}{\partial t} \tag{9.3a}$$

위 식을 다시 쓰면 다음과 같다.

$$-\frac{i(z+\Delta z,t) - i(z,t)}{\Delta z} = G\, v(z+\Delta z,t) + C\frac{\partial v(z+\Delta z,t)}{\partial t} \tag{9.3b}$$

$\Delta z \to 0$일 때의 극한값을 취하면 다음 식을 얻을 수 있다.

$$-\frac{\partial i(z,t)}{\partial z} = G\,v(z,t) + C\,\frac{\partial v(z,t)}{\partial t} \tag{9.4}$$

식 (9.2)와 (9.4)를 **전송선로 방정식**이라 부른다.

9.1.1 위상자형태 전송선로 방정식

사인꼴 정상상태에서, 전송선로에는 조화시변 전압 및 전류가 존재하는데 이들을 위상자형태로 표시하면 다음과 같다.

$$v(z,t) = \mathrm{Re}\left[\tilde{V}(z)\,e^{j\omega t}\right] \tag{9.5a}$$

$$i(z,t) = \mathrm{Re}\left[\tilde{I}(z)\,e^{j\omega t}\right] \tag{9.5b}$$

여기서 $\tilde{V}(z)$와 $\tilde{I}(z)$는 각각 전압과 전류 위상자로, 복소수이자 공간변수 z에 대한 함수이다. 그 다음, 식 (9.5a)와 (9.5b)를 식 (9.2)와 (9.4)에 대입한다. 이때 실순시 값 v와 i를 시간에 따라 미분한다는 것은 $\tilde{V}(z)$와 $\tilde{I}(z)$에 $j\omega$를 곱하는 것과 동일하다. 이러한 관계를 고려하면 전송선로 방정식을 다음과 같은 위상자형태로 나타낼 수 있다.

$$-\frac{\partial \tilde{V}}{\partial z} = (R + j\omega L)\tilde{I} \tag{9.6a}$$

$$-\frac{\partial \tilde{I}}{\partial z} = (G + j\omega C)\tilde{V} \tag{9.6b}$$

두 식을 결합하면 다음과 같은 2차 미분 방정식을 얻을 수 있다.

$$\frac{\partial^2 \tilde{V}}{\partial z^2} = (R + j\omega L)(G + j\omega C)\tilde{V} \tag{9.7a}$$

$$\frac{\partial^2 \tilde{I}}{\partial z^2} = (G + j\omega C)(R + j\omega L)\tilde{I} \tag{9.7b}$$

두 식을 더 간략한 형태로 나타내면 다음과 같다.

$$\frac{\partial^2 \tilde{V}}{\partial z^2} - \gamma^2 \tilde{V} = 0 \tag{9.8a}$$

$$\frac{\partial^2 \tilde{I}}{\partial z^2} - \gamma^2 \tilde{I} = 0 \tag{9.8b}$$

여기서 **전파상수**(propagation constant)는 다음과 같이 정의된다.

$$\begin{aligned}\gamma &= \sqrt{(R + j\omega L)(G + j\omega C)} \\ &\equiv \alpha + j\beta\end{aligned} \tag{9.9}$$

식 (9.8a)와 (9.8b)의 해를 구하면 코사인 함수가 나오는데, 이는 전압과 전류가 시변 조화파의 형태로 전송선로를 따라 진행한다는 것을 의미한다. 이들 파의 전파 특성은 전파상수에 의해 결정되는데, 전파상수의 실수부와 허수부는 각각 **감쇠상수**(attenuation constant) α [Np/m]와 **위상상수**(phase constant) β [rad/m]에 해당한다. 식 (9.8a)와 (9.8b)는 $\tilde{\mathbf{E}}$와 $\tilde{\mathbf{H}}$에 대한 헬름홀츠 식과 동일하므로 8장에서 유도된 $\tilde{\mathbf{E}}$와 $\tilde{\mathbf{H}}$에 대한 여러 관계식들이 전송선로 위의 $\tilde{V}$와 $\tilde{I}$에 적용될 수 있다.

9.1.2 파라미터 관계식

전파상수는 식 (9.9)에서 보듯이 분산 파라미터 R, L, G, C를 이용하여 표시된다. 이들 파라미터는 도체의 형태와 물체의 고유 변수들에 의해 결정된다. 파라미터 간에는 상호 관련이 있기 때문에, 실제 계산을 하지 않고도 특정 관계식만을 이용하여 값을 구할 수 있다.

전송선로의 도체들은 일반적으로 매우 높은 전도도를 가지므로 직렬 저항 R은 전파상수 표현식에서 무시될 수 있다. 이러한 전송선로에서 진행하는 파는 모두 TEM 파로 취급되며, 이 파는 무제한의 유전체에서 진행하는 균일 평면파와 전파 특성이 동일하다. 이런 조건에서 전파상수는 다음과 같다.

$$\gamma = \sqrt{j\omega L(G + j\omega C)} = j\omega\sqrt{LC}\sqrt{1 - j\frac{G}{\omega C}} \qquad \text{(전송선로)} \tag{9.10}$$

위 식을 무제한의 손실 유전체에서 진행하는 균일 평면파의 전파상수와 비교해 보자. 식 (8.78)을 다시 쓰면 다음과 같다.

$$\gamma = j\omega\sqrt{\mu\varepsilon}\sqrt{\left(1 - j\frac{\sigma}{\omega\varepsilon}\right)} \qquad \text{(유전체)} \tag{9.11}$$

여기서 σ는 도체가 아닌 유전체의 전도도라는 점에 유의해야 한다.

전송선로의 분로 컨덕턴스와 정전용량의 비는 식 (4.61)을 이용하여 다음과 같이 표시할 수 있다.

$$\frac{G}{C} = \frac{\sigma}{\varepsilon} \tag{9.12}$$

여기서 σ와 ε은 각각 도체 사이 유전체의 전도도와 유전율이다.

식 (9.10)과 (9.11)을 서로 비교하고 식 (9.12)를 사용하면 다음과 같은 관계식을 구할 수 있다.

$$LC = \mu\varepsilon \tag{9.13}$$

여기서 μ는 도체 사이 유전체의 투자율이다.

식 (9.12)와 (9.13)은 도체의 형태에 무관하며, 단지 도체 사이 유전체의 영향을 받는다는 사실에 주목해야 한다. 따라서 이 식들은 전송선로의 파라미터를 구할 때 편리하게 사용될 수 있다. 예를 들어 한 전송선로의 정전용량 C를 이미 알고 있다면 유도용량 L은 식 (9.13)을 이용해 구할 수 있다. 물론 반대로도 마찬가지이다.

유제 9.1 전송선로를 진행하는 파가 TEM 파인 것을 확인하기 위한 조건을 파라미터 R, L, G, C를 이용해 설명하라.

Ans $R = 0$

유제 9.2 식 (9.10)에서 손실 탄젠트에 해당하는 항은 어떤 것인가?

Ans $\tan\xi = G/\omega C$

유제 9.3 식 (9.13)의 L은 내부 유도용량을 포함하는가?

Ans 아니요
(TEM 파인 경우 도체 내부에서 $\mathbf{E} = 0$)

복습문제

Q9.1 전송선로와 전기회로의 차이는 무엇인가? — **A** [그림 9-3]

Q9.2 전송선로 방정식을 실순시와 위상자형태로 쓰라. — **A** 식 (9.2), (9.4), (9.6)

Q9.3 전송선로에서 $\tilde{V}$와 $\tilde{I}$에 대한 파동방정식을 쓰라. — **A** 식 (9.8)

Q9.4 전송선로에서 전파상수를 정의하라. — **A** 식 (9.9)

Q9.5 어떤 조건하에서 전송선로에서 TEM 파가 진행하는가? — **A** 식 (9.10)

Q9.6 전송선로의 파라미터와 물체의 특성 변수들 사이의 관계식을 쓰라. — **A** 식 (9.12), (9.13)

9.2 전송선로의 파라미터

앞서 이미 세 개의 일반적인 전송선로들에 대한 파라미터들을 구하였다. 만약 필요하다면 이외의 파라미터들은 식 (9.12)와 (9.13)을 이용하여 쉽게 구할 수 있다.

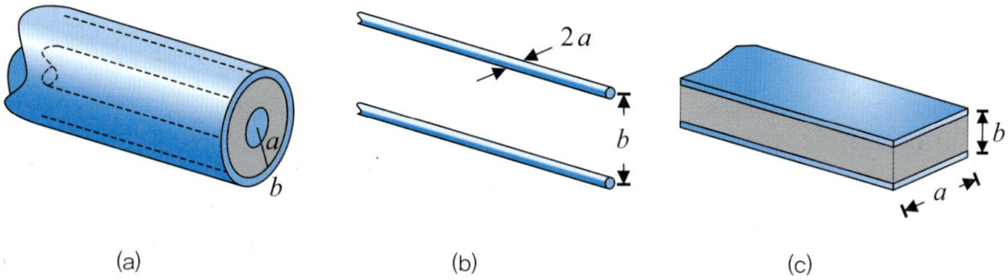

[그림 9-6] 세 개의 일반적인 전송선로. (a) 동축 선로, (b) 도선 선로, (c) 평행판 선로

9.2.1 동축 선로

동축 선로는 [그림 9-6(a)]에서 보듯이 반지름 a인 안쪽 도체와 안쪽 반지름이 b인 바깥 도체로 이루어져 있으며, 이들 사이 공간은 특성 변수 ε과 μ를 가진 유전체로 채워져 있다. 단위 길이당 정전용량은 식 (3.152)를 이용하여 다음과 같이 나타낼 수 있다.

$$C = \frac{2\pi\varepsilon}{\ln(b/a)} \quad [\text{F/m}] \tag{9.14a}$$

단위 길이당 외부 유도용량은 식 (5.110g)에 주어졌다. 또 다른 방법으로는 식 (9.13)과 (9.14a)를 이용하여 다음과 같이 구할 수 있다.

$$L = \frac{\mu}{2\pi}\ln(b/a) \quad [\text{H/m}] \tag{9.14b}$$

전송선로는 고주파에서 작동하므로 침투깊이가 짧아 자기장이 도체 내로 침투하기가 어렵다. 따라서 내부 유도용량은 무시된다. 식 (9.14a)를 식 (9.12)에 대입하면 단위 길이당 분로 컨덕턴스를 다음과 같이 구할 수 있다.

$$G = \frac{2\pi\sigma}{\ln\left(b/a\right)} \quad [\text{S/m}] \tag{9.14c}$$

여기서 σ는 두 도체 사이 유전체의 전도도이다.

식 (8.99)에 정의된 ac-저항을 이용하면 도체의 단위 길이당 직렬 저항을 쉽게 구할 수 있다. 이 경우 모든 전류가 침투깊이 안에서 균일하게 분포하여 흐른다고 가정한다. 그러면 전류가 흐르는 횡단면은 안쪽 및 바깥쪽 도체에서 각각 $S_i = 2\pi a\delta$와 $S_o = 2\pi b\delta$로 주어진다.

따라서 단위 길이당 직렬 저항은 다음과 같다.

$$R = \frac{1}{\sigma_c S_i} + \frac{1}{\sigma_c S_o} = \frac{1}{2\pi}\left(\frac{1}{a} + \frac{1}{b}\right)\sqrt{\frac{\pi f \mu_c}{\sigma_c}} \quad [\Omega/\text{m}] \tag{9.14d}$$

여기서 σ_c와 μ_c는 각각 도체의 전도도와 투자율인데, 이들은 도체 사이의 유전체와 무관하다. 식 (9.14d)를 보면 침투깊이가 안쪽 도체의 반지름과 바깥쪽 도체의 두께보다 매우 짧다고 가정하였다. 직렬 저항이 영이 아니라는 것은 전도도 σ_c가 무한대가 아니라는 것을 의미한다. 이 경우 도체 표면에서 전기장의 접선성분은 영이 아니고, 전송선로 위의 진행파는 TEM 파가 아니다.

9.2.2 도선 선로

도선 선로에는 반지름이 a인 두 평행 도선이 특성 변수 ε과 μ를 가진 유전체 내에서 중심축 거리 b만큼 서로 떨어져 있다([그림 9-6(b)] 참조). 식 (3.154c)로부터 단위 길이당 정전용량을 구하면 다음과 같다.

$$C = \frac{\pi\varepsilon}{\cosh^{-1}(b/2a)} \quad [\text{F/m}] \tag{9.15a}$$

식 (9.15a)를 식 (9.13)에 대입하면 단위 길이당 유도용량은 다음과 같다.

$$L = \frac{\mu}{\pi}\cosh^{-1}(b/2a) \quad [\text{H/m}] \tag{9.15b}$$

만약 $b \gg a$이면 $\cosh^{-1}(b/2a)$는 $\ln(b/a)$로 근사화된다. 식 (9.15b)는 식 (5.111a)와 동일하게 단위 길이당 외부 유도용량을 나타낸다.

식 (9.15a)를 식 (9.12)에 대입하면 다음과 같이 단위 길이당 분로 컨덕턴스를 구할 수 있다.

$$G = \frac{\pi\sigma}{\cosh^{-1}(b/2a)} \quad [\text{S/m}] \tag{9.15c}$$

만약 모든 전류가 침투깊이 내에서 균일하게 분포하여 흐른다고 가정하면 도선에서의 전류 길의 횡단면은 $S = 2\pi a\,\delta$로 주어진다. 식 (8.99)로부터 도선 선로의 단위 길이당 직렬 저항을 구하면 다음과 같다.

$$R = \frac{2}{2\pi a\,\delta\,\sigma_c} = \frac{1}{\pi a}\sqrt{\frac{\pi f \mu_c}{\sigma_c}} \quad [\Omega/\text{m}] \tag{9.15d}$$

여기서 조건 $\delta \ll a$가 사용되었다. 분자의 숫자 2는 도체가 두 개임을 나타내며, σ_c와 μ_c는 도체의 특성 변수이다.

9.2.3 평행판 선로

평행판 선로는 동일한 폭 a의 두 평행판 도체가 두께 b의 유전체에 의해 서로 분리되어 있는 형태이다([그림 9–6(c)] 참조). 식 (3.142)로부터 단위 길이당 정전용량을 구하면 다음과 같다.

$$C = \frac{\varepsilon a}{b} \quad [\mathrm{F/m}] \tag{9.16a}$$

여기서 $b \ll a$일 때를 가정하여 도체 가장자리에서의 전기장 휘어짐 현상을 무시하였다.

식 (9.16a)를 식 (9.13)에 대입하면 단위 길이당 유도용량은 다음과 같다.

$$L = \frac{\mu b}{a} \quad [\mathrm{H/m}] \tag{9.16b}$$

그 다음 식 (9.16b)를 식 (9.12)에 대입하여 단위 길이당 분로 컨덕턴스를 구하면 다음과 같다.

$$G = \frac{\sigma a}{b} \quad [\mathrm{S/m}] \tag{9.16c}$$

앞에서 사용했던 방법에 따라, 평판 도체에서 전류 길의 횡단면이 $S = a\delta$이므로 평판 선로의 단위 길이당 직렬 저항은 다음과 같다.

$$R = \frac{2}{a\delta\sigma_c} = \frac{2}{a}\sqrt{\frac{\pi f \mu_c}{\sigma_c}} \quad [\Omega/\mathrm{m}] \tag{9.16d}$$

여기서 침투깊이는 평판의 두께보다 매우 작다고 가정하였다. 분자의 숫자 2는 평판의 개수가 두 개임을 나타낸다.

식 (9.14) ~ (9.16)에서 직렬 저항 R은 주파수에 대한 함수이고, 고주파에서 내부 유도용량은 무시된다. 대부분의 경우 전송선로의 절연체는 비자성체($\mu = \mu_0$)로 가정할 수 있다.

유제 9.4 지름이 0.643 [mm]인 두 평행 도선이 중심축 사이 거리 1.214 [mm]로 떨어져서 비자성 유전체($\varepsilon_c = 2.25$, $\mu = \mu_0$)에 둘러싸여 있다. 이 전송선로의 단위 길이당 C와 L을 구하라.

Ans $C = 50$ [pF/m], $L = 500$ [nH/m]

유제 9.5 물체의 특성 변수들 ε, ε_c, μ, μ_c, σ, σ_c가 주파수에 독립적임에도 불구하고 전송선로의 파라미터들 R, L, G, C가 주파수에 대한 함수로 주어지나?

Ans 예, $R \sim \sqrt{f}$

유제 9.6 전송선로의 C를 알고 있을 때 R을 식 (4.61)에 주어진 관계식 $RC = \varepsilon / \sigma$로부터 구할 수 있는가?

Ans 아니요

9.3 전송선로 위의 진행파

식 (9.8a)와 (9.8b)에 주어진 파동방정식은 2차 미분 방정식으로, 각각은 두 개의 독립해를 갖는다. 파동방정식에 대한 일반해는 전송선로에서 서로 반대 방향으로 진행하는 두 시변 조화파의 선형 결합으로 표시할 수 있다.

$$\tilde{V}(z) = V_o^+ e^{-\gamma z} + V_o^- e^{+\gamma z} \equiv \tilde{V}^+(z) + \tilde{V}^-(z) \tag{9.17a}$$

$$\tilde{I}(z) = I_o^+ e^{-\gamma z} + I_o^- e^{+\gamma z} \equiv \tilde{I}^+(z) + \tilde{I}^-(z) \tag{9.17b}$$

여기서 V_o^+, V_o^-, I_o^+, I_o^-는 복소 진폭들인데 이 값들은 전송선로의 시작점과 끝점에서의 경계면 조건에 의해 결정된다. 전압 위상자 $\tilde{V}^+(z)$와 $\tilde{V}^-(z)$는 전송선로에서 각각 $+z$-와 $-z$-방향으로 진행하는 전압파를 나타낸다. 이들은 각각 **순방향파**(forward wave)와 **역방향파**(backward wave)라 불린다. 비슷하게, 전류 위상자 $\tilde{I}^+(z)$와 $\tilde{I}^-(z)$는 전송선로에서 각각 순방향과 역방향으로 진행하는 전류파를 나타낸다. 명심할 것은, 위상자 $\tilde{V}(z)$와 $\tilde{I}(z)$는 전송선로 위의 총 전압과 총 전류를 나타낸다는 사실이다. 즉 이들은 전송선로 위의 한 지점에서 시간에 따라 주기적으로 변하는, 즉 조화시변 전압 및 전류의 위상을 표시한다. 만약 전송선로가 무한히 길다면(엄밀한 의미로 반 무한이면), 그 왼쪽 끝은 전압 혹은 전류 원천이 연결되어 있으므로 오직 순방향으로 진행하는 파, 즉 $\tilde{V}^+(z)$와 $\tilde{I}^+(z)$ 만이 전송선로 위에 존재한다. 그 이유는 이들 파가 진행하는 도중 반사하지 않기 때문이다.

전송선로 위의 위상자 $\tilde{V}$와 $\tilde{I}$에 대한 부호 관례가 [그림 9-7]에 표시되었다. 오른쪽으로 이동하는 코사인 곡선은 $\tilde{V}^+(z)$ 혹은 $\tilde{I}^+(z)$를 나타내고, 반면에 왼쪽으로 이동하는 코사인 곡선은 $\tilde{V}^-(z)$ 혹은 $\tilde{I}^-(z)$를 나타낸다. 그림에서 +와 − 부호는 전압의 극성을 표시하고, 파란색 화살표는 전류의 방향을 표시한다.

전압파인 경우, 코사인 곡선의 봉우리는 그 지점에서 위 쪽 도선이 아래 쪽 도선보다 높은 전위에 있다는 것을 나타낸다. 이것은 코사인 곡선이 반대 방향으로 움직일 때에도 마찬가지이다. 반면에 전류파인 경우, 코사인 곡선의 봉우리는 위 쪽 도선의 해당 지점에서 전류가 전류파의 진행 방향으로 흐르며 그 값이 최대라는 것을 나타낸다. 요약하면, 코사인 곡선은 전송선로의 위 쪽 도선에서의 전압과 전류의 크기 및 극성(혹은 방향)을 표시한다.

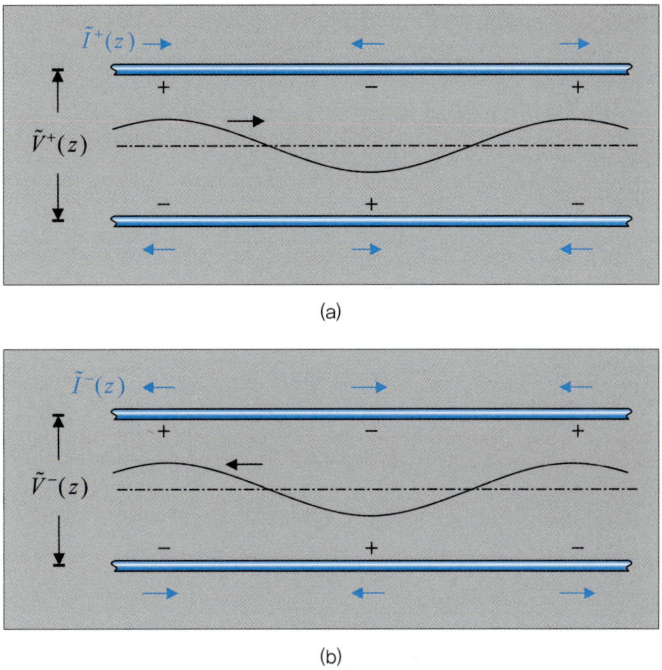

[그림 9-7] 전송선로의 $\tilde{V}$와 $\tilde{I}$에 대한 부호 규칙. 코사인 곡선은 전송선로를 진행하는 전압파 혹은 전류파를 나타내며, 위 쪽 도체에서의 전압 혹은 전류를 나타낸다. (a) 순방향 전압파 및 전류파, (b) 역방향 전압파 및 전류파

관례에 따라 전송선로의 왼쪽 끝은 원천에 연결되고, 오른쪽 끝은 부하에 연결된다. 부하에서의 경계면 조건은 두 값들 $\tilde{V}^+(z=\ell)$과 $\tilde{V}^-(z=\ell)$ 사이의 관계를 설정하게 해준다. 여기서 ℓ은 전송선로의 길이이다. 이것은 9.4절에서 자세히 설명된다. 여기서는 경계면 조건을 무시하고 단지 순방향으로 진행하는 $\tilde{V}^+(z)$와 $\tilde{I}^+(z)$사이의 관계를 설명할 것이다. 식 (9.17a)와 (9.17b)에 주어진 일반해를 식 (9.6a)의 전송선로 방정식에 대입하면 다음을 얻을 수 있다.

$$\gamma V_o^+ e^{-\gamma z} - \gamma V_o^- e^{+\gamma z} = (R + j\omega L)\left[I_o^+ e^{-\gamma z} + I_o^- e^{+\gamma z}\right] \tag{9.18}$$

위 식의 양변에서 $e^{-\gamma z}$ 항(혹은 $e^{+\gamma z}$ 항)의 계수들을 정리하면 전송선로의 **특성 임피던스**(characteristic impedance)를 다음과 같이 정의할 수 있다.

$$\begin{aligned} Z_o &\equiv \frac{V_o^+}{I_o^+} = -\frac{V_o^-}{I_o^-} \\ &= \sqrt{\frac{R + j\omega L}{G + j\omega C}} \equiv R_o + jX_o \end{aligned} \quad [\Omega] \tag{9.19}$$

특성 임피던스의 실수부는 **저항**(resistance)이고 허수부는 **반응저항**(reactance)이다. 여기서 저항 R_o는 옴의 단위로 주어지는데 이것을 미터당 옴으로 표시되는 직렬 저항 R과 혼동하면 안된다. 전송선로의 특성 임피던스는 매질의 고유 임피던스와 유사하다. 이들은 모두 두 복소 진폭 사이의 비인데, 특성 임피던스는 전압과 전류 진폭 사이의 비이고, 고유 임피던스는 전기장과 자기장 진폭 사이의 비이다.

전파상수 γ와 특성 임피던스 Z_o는 전송선로의 중요한 두 특성 변수들이다. 이들을 조합하면 전송선로 위의 모든 점에서 조화시변 전압 및 전류를 완벽히 설명할 수 있다. 이들은 주파수와 파라미터 R, L, G, C의 영향을 받지만 전송선의 길이에 무관하다. Z_o의 역수, 즉 $Y_o = 1/Z_o$를 **특성 어드미턴스**(characteristic admittance)라 부른다.

유제 9.7 전송선로가 $R = 20$ [Ω/m], $L = 0.4$ [μH/m], G = 50 [μS/m], C = 100 [pF/m]의 값을 가지고 주파수 10 [MHz]에서 동작할 때 γ와 Z_o를 구하라.

Ans $\gamma = 0.15 + j0.42$ [m^{-1}], $Z_o = 67.6 - j23.3$ [Ω]

유제 9.8 어떤 전송선로가 $\gamma = 0.15 + j0.35$ [m^{-1}]과 $Z_o = 110 + j80$ [Ω]의 값을 가진다면 이것은 실제 가능한 전송선로인가?

Ans 아니요. R이 음수가 될 수 없는데 $\gamma Z_o = R + j\omega L = -11.5 + j50.5$임

유제 9.9 특성 임피던스가 $Z_o = 100$ [Ω]인 하나의 전송선로에서 전압파가 $v(t) = 20\cos(10^7 t - 0.13z) + 10\cos(10^7 t + 0.13z)$ [V]일 때 전류파는?

Ans $i(t) = 0.2\cos(10^7 t - 0.13z) - 0.1\cos(10^7 t + 0.13z)$ [A]

9.3.1 무손실 전송선로

무손실 전송선로는 완전도체($\sigma_c = \infty$)와 완전유전체($\sigma = 0$)로 이루어진다. 전압파와 전류파는 무손실 전송선로에서 에너지 손실없이 진행한다. 무손실 전송선로는 다음의 조건을 만족한다.

$$R = 0 = G \tag{9.20}$$

다른 변수들은 다음과 같이 주어진다.

$$\gamma = j\beta = j\omega\sqrt{LC} = j\omega\sqrt{\mu\varepsilon} \quad \text{(전파상수)} \tag{9.21a}$$

$$Z_o = R_o = \sqrt{\frac{L}{C}} \quad \text{(특성 임피던스)} \tag{9.21b}$$

$$v_p = \frac{\omega}{\beta} = \frac{1}{\sqrt{LC}} = \frac{1}{\sqrt{\mu\varepsilon}} \quad \text{(위상속도)} \tag{9.21c}$$

여기서 식 (9.13)이 사용되었고, μ와 ε은 절연체의 투자율과 유전율이다. 위에서 보듯이 전파상수는 허수인데 이것은 감쇠상수가 영이라는 것을 의미한다. 달리 말하면, 무손실 전송선로를 진행하는 파는 감쇠없이 진행한다. 이때 특성 임피던스는 실수인데 이것은 무손실 전송선로의 모든 점에서 조화시변 전압과 전류의 시간위상이 서로 같다는 것을 의미한다. 식 (9.21c)로부터, 무손실 전송선로에서 진행하는 진행파의 위상속도는, 전송선로의 유전체가 무제한일 때 해당 유전체에서 전파되는 균일 평면파의 위상속도와 동일하다는 것을 알 수 있다.

예제 9-1

특성 임피던스 Z_o = 100 [Ω]의 무손실 전송선로가 200 [MHz]에서 동작할 때 위상상수 β가 5 [rad/m]로 주어진다. 이때 다음 값을 구하라.

(a) C와 L　　(b) v_p

(c) 비자성 절연체의 ε_r　　(d) 파장

풀이

(a) 식 (9.21a)와 (9.21b)로부터 다음을 얻는다.

$$\beta = \omega\sqrt{LC} = 2\pi\times2\times10^8\sqrt{LC} = 5 \text{ [rad/m]}$$

식 (9.21b)로부터 다음과 같이 계산할 수 있다.

$$Z_o = \sqrt{L/C} = 100 \text{ [}\Omega\text{]}$$

β와 Z_o를 곱하면 다음과 같다.

$$4\pi\times10^8 L = 500$$

따라서 다음 값을 얻는다.

$$L = 0.40 \text{ [}\mu\text{H/m]},\ \ C = 40 \text{ [pF/m]}$$

(b) 식 (9.21c)를 이용하여 다음을 얻는다.

$$v_p = \frac{\omega}{\beta} = \frac{4\pi\times10^8}{5} = 2.51\times10^8 \text{ [m/s]}$$

(c) 위상속도는 다음과 같다.

$$v_p = \frac{1}{\sqrt{\mu_0\varepsilon_0\varepsilon_r}} = 2.51\times10^8 \text{ [m/s]}$$

따라서 ε_r = 1.43이다.

(d) 관계식 $\beta = 2\pi / \lambda = 5$로부터 $\lambda = 1.26$ [m]를 구할 수 있다. 다른 방법으로 계산하면 다음과 같다.

$$\lambda = v_p / f = 1.26 \text{ [m]}$$

유제 9.10 무손실 전송선로가 $L = 1$ [μH/m]와 $C = 100$ [pF/m]를 가지고 주파수 50 [MHz]에서 동작할 때 (a) Z_o, (b) β, (c) v_p를 구하라.

Ans (a) 100 [Ω], (b) π [rad/m], (c) 10^8 [m/s]

유제 9.11 무손실 전송선로가 $\varepsilon = 2.25\,\varepsilon_0$인 비자성 유전체로 만들어졌다. 이 선로가 100 [MHz]에서 동작할 때 (a) v_p와 (b) β를 구하라.

Ans (a) 2×10^8 [m/s], (b) π [rad/m]

유제 9.12 무손실 평행판 선로의 폭이 a이고 평행판 사이 거리가 b라고 가정해 보자. 유전체의 유전율은 $\varepsilon = \varepsilon_0 \varepsilon_r$이다. 이 선로의 특성 임피던스를 구하라.

Ans $Z_o = 120\pi b / (a\sqrt{\varepsilon_r})$

9.3.2 비왜곡 전송선로

식 (9.9)에서 보듯이 전파상수와 주파수와의 관계는 비선형적이므로 위상상수와 주파수와의 관계도 비선형적이다. 따라서 위상속도는 주파수에 따라 변한다. 이처럼 주파수에 따라 파의 위상속도가 달라지는 전송선로를 **분산 전송선로**(dispersive line)라고 한다. 푸리에 변환에 의하면 짧은 펄스는 서로 다른 주파수를 가진 시변 조화파들의 합으로 주어진다. 따라서 이 펄스는 분산 전송선로를 따라 진행하면서 점차 퍼지게 되어 인접한 펄스들과 겹치게 되고 검출기에서 이들을 구별하기가 어려워진다. 펄스의 퍼짐은 데이터 전달율을 제한하는 주 요인 중 하나이다.

무손실 전송선로는 가장 이상적인 전송선로서 펄스 퍼짐이나 감쇠가 발생하지 않는다. 또한 감쇠상수가 영이고, 특성 임피던스가 상수이며 위상속도가 상수이다. 그러나 실제로 $R = 0 = G$의 조건을 만족하기가 불가능하다. 그럼에도 **비왜곡 전송선로**(distortionless line)를 제작하여, 감쇠상수를 제외하고 무손실 전송선로와 동일한 특성을 갖도록 만들 수 있다. 비왜곡 전송선로를 위한 필요조건은 다음과 같다.

$$\frac{R}{L} = \frac{G}{C} \tag{9.22}$$

이때 전파상수는 다음과 같다.

$$\gamma = \sqrt{LC\left(\frac{R}{L} + j\omega\right)\left(\frac{G}{C} + j\omega\right)} = \sqrt{LC}\left(\frac{R}{L} + j\omega\right) \tag{9.23a}$$
$$\equiv \alpha + j\beta$$

위 식으로부터 감쇠 및 위상상수를 다음과 같이 구할 수 있다.

$$\alpha = R\sqrt{\frac{C}{L}} = \sqrt{RG} \tag{9.23b}$$

$$\beta = \omega\sqrt{LC} = \omega\sqrt{\mu\varepsilon} \tag{9.23c}$$

이외의 다른 변수들은 다음과 같다.

$$Z_o = \sqrt{\frac{L(R/L + j\omega)}{C(G/C + j\omega)}} = \sqrt{\frac{L}{C}} \qquad \text{(특성 임피던스)} \tag{9.23d}$$

$$v_p = \frac{\omega}{\beta} = \frac{1}{\sqrt{LC}} = \frac{1}{\sqrt{\mu\varepsilon}} \qquad \text{(위상속도)} \tag{9.23e}$$

식 (9.23)에 주어진 비왜곡 전송선로의 특성 변수(β, Z_o, v_p)는 무손실 전송선로에서의 값과 동일한데 이때 감쇠상수 α는 예외이다.

예제 9-2

비왜곡 전송선로의 특성 임피던스가 $Z_o = 50$ [Ω]이고 전파상수가 $\gamma = 0.01 + j4.0$ [m^{-1}]인데 주파수 100 [MHz]에서 동작한다. 이때 다음 값을 구하라.

(a) 파라미터 R, L, G, C

(b) 위상속도

풀이

(a) 식 (9.22)를 식 (9.23b)와 (9.23d)에 대입하면 $\alpha Z_o = R$, $\alpha = GZ_o$를 구할 수 있다. 그 다음, 문제에서 주어진 값들을 이용하면 다음의 값들을 구할 수 있다.

$$R = 0.50\ [\Omega/\text{m}],\ \ G = 0.20\ [\text{mS/m}]$$

식 (9.23c)와 (9.23d)로부터 계산하면 다음과 같다.

$$\beta = \omega\sqrt{LC} = 4.0,\ \ Z_o = \sqrt{\frac{L}{C}} = 50$$

이 식들을 풀어서 다음의 결과를 얻는다.

$$L = 318.3\ [\text{nH/m}],\ \ C = 127.3\ [\text{pF/m}]$$

(b) 위상속도는 다음과 같다.

$$v_p = \frac{\omega}{\beta} = \frac{2\pi \times 10^8}{4} = 1.57 \times 10^8 \text{ [m/s]}$$

예제 9-3

전송선로에서 손실이 매우 작을 때($R \ll \omega L$, $G \ll \omega C$), α, β, Z_o에 대한 표현식을 구하고 이들을 비왜곡 전송선로의 값들과 비교하라.

풀이

식 (9.9)를 다시 쓰면 다음과 같다.

$$\gamma = \sqrt{(R + j\omega L)(G + j\omega C)} = j\omega\sqrt{LC}\sqrt{\left(1 + \frac{R}{j\omega L}\right)\left(1 + \frac{G}{j\omega C}\right)} \tag{9.24a}$$

식 (9.24a)에 이산급수를 적용하여 다음 식을 얻는다.

$$\gamma \simeq j\omega\sqrt{LC}\left(1 + \frac{R}{j2\omega L} + \frac{R^2}{8\omega^2 L^2}\right)\left(1 + \frac{G}{j2\omega C} + \frac{G^2}{8\omega^2 C^2}\right) \tag{9.24b}$$

위 식에서 고차항을 무시하고 실수항들과 허수항들을 모으면 다음의 결과를 얻을 수 있다.

$$\alpha \simeq \frac{1}{2}\left(R\sqrt{\frac{C}{L}} + G\sqrt{\frac{L}{C}}\right) \tag{9.24c}$$

$$\beta \simeq \omega\sqrt{LC} \tag{9.24d}$$

식 (9.19)를 다시 쓰면 다음과 같다.

$$Z_o = \sqrt{\frac{R + j\omega L}{G + j\omega C}} = \sqrt{\frac{L}{C}}\sqrt{\frac{1 + R/j\omega L}{1 + G/j\omega C}} \tag{9.24e}$$

위 식에 이항급수를 적용하면 다음과 같은 관계식을 얻을 수 있다.

$$Z_o \simeq \sqrt{\frac{L}{C}}\left[1 + \frac{j}{2}\left(\frac{G}{\omega C} - \frac{R}{\omega L}\right)\right] \tag{9.24f}$$

$R \ll \omega L$, $G \ll \omega C$일 때 식 (9.24f)의 2차 항은 무시할 수 있다. 그러면 β와 Z_o는 식 (9.23c)와 (9.23d)에 주어진 비왜곡 전송선로의 값과 동일하다. 결론적으로 **저손실 전송선로는 비왜곡 전송선로이다.**

유제 9.13 저손실 동축 선로에서 α = 1 [Np/km]이고 주파수 100 [MHz]에서 관계식 $R/L = G/C$를 만족시킨다고 할 때 주파수 200 [MHz]에서 α를 구하라.

HINT 식 (9.24c). 오직 R 만이 f의 영향을 받는다.

Ans 1.21 [Np/km]

유제 9.14 [유제 9.13]의 전송선로에 사용되는 유전체의 ε_r이 두 배로 커졌을 때 동작 주파수 100 [MHz]에서 α를 구하라.

Ans 1.06 [Np/km]

9.3.3 전력 전달 및 손실

전송선로를 따라 진행하는 파의 감쇠상수를 구하기 위해 선로를 따라 발생하는 전력 손실을 이용할 수 있다. 전송선로를 따라 어느 한 점에 전달되는 전력은 실순시 전압과 전류의 곱으로 주어진다.

$$\begin{aligned}\mathscr{P}(z,t) &= v(z,t)\,i(z,t)\\ &= \frac{1}{2}\Big[\tilde{V}^+e^{j\omega t} + (\tilde{V}^+)^*e^{-j\omega t}\Big]\frac{1}{2}\Big[\tilde{I}^+e^{j\omega t} + (\tilde{I}^+)^*e^{-j\omega t}\Big]\\ &= \frac{1}{4}\Big[\tilde{V}^+(\tilde{I}^+)^* + (\tilde{V}^+)^*\tilde{I}^+ + \tilde{V}^+\tilde{I}^+e^{j2\omega t} + (\tilde{V}^+\tilde{I}^+)^*e^{-j2\omega t}\Big]\\ &= \frac{1}{2}\mathrm{Re}\Big[\tilde{V}^+\tilde{I}^{+*} + \tilde{V}^+\tilde{I}^+e^{j2\omega t}\Big]\end{aligned} \tag{9.25}$$

여기서 $\tilde{V}^+$와 $\tilde{I}^+$는 각각 순방향 전압파 및 전류파의 위상자이다. 기호 *는 공액 복소수를 나타내는데, 모든 지점(지수 포함)에서 j 앞의 부호를 반대로 바꾸면 된다. 이때 실순시 전력 $\mathscr{P}$를 위상자를 이용하여 $\mathscr{P} = \mathrm{Re}[\tilde{V}^+e^{j\omega t}]\,\mathrm{Re}[\tilde{I}^+e^{j\omega t}]$로 표시하면 안되는데 그 이유는 $\mathscr{P}$와 $v(z,t)$(혹은 $i(z,t)$) 사이의 관계가 비선형적이기 때문이다.

시간평균 전력은 다음과 같이 정의된다.

$$\langle\mathscr{P}\rangle = \frac{1}{T}\int_0^T \mathscr{P}(z,t)\,dt \tag{9.26}$$

여기서 T는 조화시변 함수의 시간주기이다. 식 (9.25)를 식 (9.26)에 대입하면 시간평균 전력을 전압과 전류 위상자를 이용해 표시할 수 있다.

$$\langle\mathscr{P}\rangle = \frac{1}{2}\mathrm{Re}\Big[\tilde{V}^+\tilde{I}^{+*}\Big] \quad \text{[W]} \tag{9.27}$$

그 다음 $\tilde{V}^+$와 $\tilde{I}^+$를 식 (9.27)에 대입하면 다음과 같다.

$$\begin{aligned}\langle \mathscr{P} \rangle &= \frac{1}{2}\text{Re}\left[V_o^+ e^{-(\alpha + j\beta)z} I_o^{+*} e^{-(\alpha - j\beta)z}\right] = \frac{1}{2}\text{Re}\left[Z_o I_o^+ I_o^{+*} e^{-2\alpha z}\right] \\ &= \frac{1}{2}\left|I_o^+\right|^2 R_o e^{-2\alpha z}\end{aligned} \tag{9.28}$$

여기서 $V_o^+ / I_o^+ = Z_o = R_o + jX_o$이다. 식 (9.28)을 다시 쓰면 다음과 같다.

$$\langle \mathscr{P}(z) \rangle = \langle \mathscr{P}(0) \rangle e^{-2\alpha z} \quad [\text{W}] \tag{9.29}$$

시간평균 전력은 전송선로 위에서 거리에 따라 지수적으로 감소한다.

전송선로에서 단위 길이당 전력 손실은 전압파와 전류파의 거리에 따른 시간평균 전력의 감소로 정의된다.

$$P_L \equiv -\frac{d\langle \mathscr{P}(z) \rangle}{dz} = 2\alpha \langle \mathscr{P}(z) \rangle \tag{9.30}$$

여기서 식 (9.29)가 사용되었다. 따라서 감쇠상수는 다음과 같이 주어진다.

$$\alpha = \frac{P_L}{2\langle \mathscr{P}(z) \rangle} \tag{9.31}$$

여기서 P_L은 전송선로를 따라 측정한 단위 길이당 전력 손실이고, $\langle \mathscr{P}(z) \rangle$는 식 (9.27)에 주어진 전송선로 위의 한 점에서의 시간평균 전력이다.

전력 손실을 데시벨(dB)로 표시하면 편리한데, 이를 정의하면 다음과 같다.

$$\text{dB 전력 손실} \equiv -10 \log_{10}\left[\frac{\mathscr{P}(z)}{\mathscr{P}(0)}\right] \tag{9.32}$$

식 (9.29)를 식 (9.32)에 대입하면 다음과 같은 관계식을 얻을 수 있다.

$$\text{dB 전력 손실} = 8.686\,\alpha\ell \tag{9.33}$$

여기서 ℓ은 전송선로의 길이이다. 위 식을 이용하면 데시벨로 표시된 단위 길이당 전력 손실을 감쇠상수로 변환할 수 있다. 예를 들면, 1 [Np/m]는 8.686 [dB/m]에 해당한다.

서로 다른 전송선로들이 이어져 하나의 전송선로를 형성하는 경우 데시벨 값을 이용하면 총 전력 손실을 쉽게 구할 수 있다. 이 경우 총 데시벨 전력 손실은 각각의 전송선로의 데시벨 전력 손실을 합하여 구한다.

예제 9-4

전송선로에서 100 [m]마다 전력 손실이 1.5 [dB]일 때 다음 값을 구하라.

(a) 감쇠상수 (b) 입력단으로부터 1 [km] 떨어진 지점에 도달하는 전력의 비율

풀이

(a) 식 (9.33)으로부터 감쇠상수를 구하면 다음과 같다.

$$\alpha = \frac{1.5}{8.69 \times 100} = 0.0017 \text{ [Np/m]}$$

(b) 식 (9.29)로부터 전력의 비율을 구하면 다음과 같다.

$$\frac{\langle \mathscr{P}(1000) \rangle}{\langle \mathscr{P}(0) \rangle} = e^{-2 \times 0.0017 \times 1000} = 0.033$$

유제 9.15 전력 손실이 각각 2.3 [dB]와 1.8 [dB]인 두 전송선로가 연결되었을 때 그 이음매에서의 전력 손실은 3.5 [dB]이다. 이 전송선로에서의 총 전력 손실은?

Ans 7.6 [dB]

유제 9.16 전력 손실 1.737 [dB/m]에 해당하는 감쇠상수는?

Ans 0.2 [Np/m]

복습문제

Q9.7 전송선로에서 $\tilde{V}$와 $\tilde{I}$에 대한 일반적인 표현식을 쓰라. **A** 식 (9.17)

Q9.8 위상자 $\tilde{V}^+$(혹은 $\tilde{V}^-$)의 값이 최대일 때 전송선로의 해당 지점에서 전압의 극성은 어떻게 주어지나? **A** [그림 9-7]

Q9.9 위상자 $\tilde{I}^+$(혹은 $\tilde{I}^-$)가 최대일 때 그 지점에서 전류가 흐르는 방향은 어디인가? **A** [그림 9-7]

Q9.10 전송선로의 특성 임피던스를 정의하라. **A** 식 (9.19)

Q9.11 전송선로 파라미터 R과 특성 저항 R_o를 설명하라. **A** 식 (9.19)

Q9.12 무손실 전송선로가 구현될 때 특성 파라미터들은 어떻게 주어지나? **A** 식 (9.20), (9.21)

Q9.13 비왜곡 전송선로가 구현될 때 특성 파라미터들은 어떻게 주어지나? **A** 식 (9.22), (9.23)

Q9.14 무한히 긴 전송선로에서 시간평균 전력을 $\tilde{V}^+$와 $\tilde{I}^+$를 이용해 표시하라. **A** 식 (9.27)

Q9.15 감쇠상수 α와 데시벨 전력 손실은 어떤 관계인가? **A** 식 (9.33)

9.4 유한한 전송선로

유한한 길이의 전송선로는 왼쪽 끝단의 원천을 오른쪽 끝단의 부하에 연결하기 위해 사용된다([그림 9-8] 참조). 유한한 전송선로에서 전압과 전류는 식 (9.8a)와 (9.8b)에 주어진 파동방정식의 영향을 받는다. 이때 전압과 전류에 대한 일반적인 표현식은 다음과 같다.

$$\tilde{V}(z) \equiv \tilde{V}^{+}(z) + \tilde{V}^{-}(z) = V_o^{+} e^{-\gamma z} + V_o^{-} e^{\gamma z} \quad (9.34a)$$

$$\tilde{I}(z) \equiv \tilde{I}^{+}(z) + \tilde{I}^{-}(z) = \frac{V_o^{+}}{Z_o} e^{-\gamma z} - \frac{V_o^{-}}{Z_o} e^{\gamma z} \quad (9.34b)$$

여기서 γ와 Z_o는 각각 식 (9.9)와 (9.19)에 주어진 전파상수와 특성 임피던스이다. V_o^{+}과 V_o^{-}은 각각 순방향과 역방향 전압파의 복소 진폭이다. 이때 $\tilde{V}^{+}$와 V_o^{+}를 혼동하지 않도록 주의해야 한다. 전자는 순방향파의 위상자로서 z에 대한 함수이고, 후자는 상수로서 진폭을 나타낸다. 위상자 $\tilde{V}$(혹은 $\tilde{I}$)는 전송선로의 한 지점에서 각주파수 ω로 진동하는 총 전압(혹은 총 전류)의 진폭이다.

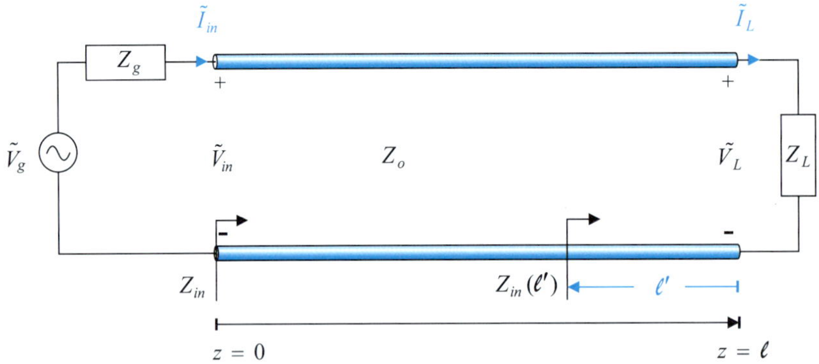

[그림 9-8] 길이가 ℓ이고 특성 임피던스가 Z_o인 유한한 전송선로가 내부 임피던스가 Z_g인 원천을 부하 임피던스 Z_L에 연결한다.

관례에 따르면, 길이가 ℓ인 전송선로에서 원천의 위치는 $z = 0$이고 부하의 위치는 $z = \ell$이다. 부하는 닫힌 회로나 열린 회로, 혹은 또 다른 전송선로일 수 있다. 하나의 순방향파가 전송선로에서 진행할 때 이것의 전압과 전류는 전적으로 전송선로의 특성 임피던스에 의해 상호 연관된다. 만약 부하 임피던스가 전송선로의 특성 임피던스와 같지 않으면 순방향파 하나로는 부하에서의 전압-전류 관계를 만족시킬 수 없다. 이처럼 부하에서 임피던스 어긋남이 발생하면 입사파의 반사가 발생하여 역방향파가 생기는데, 이때 부하에서 순방향파와 역방향파를 더한 총 전압과 총 전류 사이의 비는 부하 임피던스와 일치하게 된다.

점 $z = 0$에서 시작한 파는 내부 임피던스와 부하 임피던스 사이에서 무한 왕복을 하게 되는데, 그 이유는 점 $z = 0$와 점 $z = \ell$에 존재하는 임피던스 어긋남 때문이다. 이때 무한 반사를 각각 취급하지 않고, 순방향 반사를 모두 모아 진폭 V_o^{+}를 가진 **순방향파**로 취급하고, 역방향 반사를 모두 모아 진폭 V_o^{-}의 **역방**

향파로 취급한다. 따라서 순방향파는 부하에 입사하는 파를 의미하고, 역방향파는 부하에서 반사된 파를 나타낸다. 부하에서의 총 전압과 전류를 **부하전압**(load voltage)과 **부하전류**(load current)로 부르며 각각 $\tilde{V}_L$과 $\tilde{I}_L$로 표시한다. 식 (9.34a)와 (9.34b)에 $z = \ell$을 대입하면 각각의 값을 얻을 수 있다.

$$\tilde{V}_L = V_o^+ e^{-\gamma\ell} + V_o^- e^{\gamma\ell} \tag{9.35a}$$

$$\tilde{I}_L = \frac{V_o^+}{Z_o} e^{-\gamma\ell} - \frac{V_o^-}{Z_o} e^{\gamma\ell} \tag{9.35b}$$

부하전압과 전류는 $\tilde{V}_L = \tilde{I}_L Z_L$의 관계로 연관되어야 하는데, 이때 Z_L은 부하 임피던스이다. 식 (9.35a)와 (9.35b)를 풀면 진폭을 다음과 같이 구할 수 있다.

$$V_o^+ = \frac{\tilde{I}_L}{2}\left(Z_L + Z_o\right) e^{\gamma\ell} \tag{9.36a}$$

$$V_o^- = \frac{\tilde{I}_L}{2}\left(Z_L - Z_o\right) e^{-\gamma\ell} \tag{9.36b}$$

식 (9.36)을 식 (9.34a)와 (9.34b)에 대입하면 전송선로 위의 총 전압과 전류를 다음과 같이 구할 수 있다.

$$\tilde{V}(z) = \frac{\tilde{I}_L}{2}\left[\left(Z_L + Z_o\right) e^{\gamma(\ell - z)} + \left(Z_L - Z_o\right) e^{-\gamma(\ell - z)}\right] \quad [\text{V}] \tag{9.37a}$$

$$\tilde{I}(z) = \frac{\tilde{I}_L}{2Z_o}\left[\left(Z_L + Z_o\right) e^{\gamma(\ell - z)} - \left(Z_L - Z_o\right) e^{-\gamma(\ell - z)}\right] \quad [\text{A}] \tag{9.37b}$$

여기서 ℓ은 전송선로의 길이이다.

여기서 새로운 공간변수 ℓ'을 도입하는데, 이것은 $\ell' = \ell - z$로 정의되며 **부하로부터 원천 방향으로의 거리**(the distance from the load toward the generator) 혹은 단순히 **부하로부터 거리**라 부른다. 이때 공간변수인 ℓ'과 상수인 전송선로 길이 ℓ을 혼동하면 안된다.

변수 ℓ'을 이용하면 전송선로 위의 총 전압과 전류는 다음과 같이 표시된다.

$$\tilde{V}(\ell') = \frac{\tilde{I}_L}{2}\left[\left(Z_L + Z_o\right) e^{\gamma\ell'} + \left(Z_L - Z_o\right) e^{-\gamma\ell'}\right] \tag{9.38a}$$

$$\tilde{I}(\ell') = \frac{\tilde{I}_L}{2Z_o}\left[\left(Z_L + Z_o\right) e^{\gamma\ell'} - \left(Z_L - Z_o\right) e^{-\gamma\ell'}\right] \tag{9.38b}$$

여기서 $e^{\gamma\ell'}$은 순방향파를 나타내고 $e^{-\gamma\ell'}$은 역방향파를 나타낸다. 또한 부하의 위치는 $\ell' = 0$로 표시되고, 원천의 위치는 $\ell' = \ell$로 표시된다. 반사계수, 정재파 비, 입력 임피던스 등을 다룰 때 식 (9.34) 보다 식 (9.38)이 더 유용하다.

예제 9-5

유한한 전송선로의 길이가 ℓ이고 특성 임피던스가 Z_o이다([그림 9-8] 참조). 식 (9.34a)에 주어진 전압 위상자를 고려하여 다음의 항들을 V_o^+, V_o^-, Z_o, γ를 이용해 표시하라.

(a) 전류 위상자 $\tilde{I}$
(b) 입력전압 $\tilde{V}_{in}$
(c) 부하전압 $\tilde{V}_L$
(d) 입력 임피던스 Z_{in}
(e) 부하 임피던스 Z_L
(f) 전압 반사계수 Γ

풀이

(a) 식 (9.34b)를 이용하여 전류 위상자를 구하면 다음과 같다.

$$\tilde{I}(z) = \frac{V_o^+}{Z_o}e^{-\gamma z} - \frac{V_o^-}{Z_o}e^{\gamma z} \tag{9.39a}$$

(b)~(c) 식 (9.34a)를 이용하여 입력전압과 부하전압을 구하면 다음과 같다.

$$\tilde{V}_{in} = \tilde{V}(z=0) = V_o^+ + V_o^- \tag{9.39b}$$

$$\tilde{V}_L = \tilde{V}(z=\ell) = V_o^+ e^{-\gamma\ell} + V_o^- e^{\gamma\ell} \tag{9.39c}$$

(d)~(e) 식 (9.39a)로부터 $\tilde{I}_{in} = \tilde{I}(z=0)$와 $\tilde{I}_L = \tilde{I}(z=\ell)$을 구하고, 식 (9.39b)와 (9.39c)를 이용하여 입력 임피던스와 부하 임피던스를 구하면 다음과 같다.

$$Z_{in} = \frac{\tilde{V}_{in}}{\tilde{I}_{in}} = Z_o\frac{V_o^+ + V_o^-}{V_o^+ - V_o^-} \tag{9.39d}$$

$$Z_L = \frac{\tilde{V}_L}{\tilde{I}_L} = Z_o\frac{V_o^+ e^{-\gamma\ell} + V_o^- e^{\gamma\ell}}{V_o^+ e^{-\gamma\ell} - V_o^- e^{\gamma\ell}} \tag{9.39e}$$

(f) 식 (9.34a)를 이용하여 전압 반사계수를 구하면 다음과 같다.

$$\Gamma = \frac{V_o^- e^{\gamma\ell}}{V_o^+ e^{-\gamma\ell}} \tag{9.39f}$$

유제 9.17 다음의 항들 중에서 어느 것이 (a) 위치에 대한 함수인 위상자, (b) 상수 위상자인가?

HINT 기호 위에 부호 ~ 는 생략되었다.

① V^+ ② V^- ③ I^+ ④ I^- ⑤ V_{in} ⑥ I_{in} ⑦ V_L ⑧ I_L ⑨ V_g ⑩ V_o^+
⑪ V_o^- ⑫ I_o^+ ⑬ I_o^- ⑭ Z_o ⑮ Z_{in} ⑯ Z_L ⑰ Z_g ⑱ Γ

Ans (a) ①~⑨, (b) ⑤~⑨

복습문제

Q9.16 전송선로에 연관된 임피던스는 어떤 것들이 있는가? **A** [그림 9-8]

Q9.17 $\tilde{I}$ 를 $\tilde{V}$ 에 연관시키기 위해 Z_o가 어떻게 사용되는가? **A** 식 (9.34)

Q9.18 전압 위상자 $\tilde{V}(z)$에 대한 일반적인 표현식은? **A** 식 (9.34), (9.38), (9.42)

Q9.19 부하로부터 원천 방향으로의 거리가 무엇인가? **A** [그림 9-8]

9.4.1 반사계수 및 정재파 비

특성 임피던스가 Z_o인 전송선로를 진행하는 파는 부하 임피던스 Z_L이 특성 임피던스와 같지 않으면 부하에서 반드시 반사한다. 부하에서 반사 전압파와 입사 전압파의 진폭 사이의 비를 **전압 반사계수**(voltage reflection coefficient)라 부르고 Γ로 표기한다. 식 (9.38a)에 $\ell' = 0$를 대입하면 부하 임피던스의 전압 반사계수를 다음과 같이 구할 수 있다.

$$\Gamma = \frac{Z_L - Z_o}{Z_L + Z_o} \equiv |\Gamma| e^{j\phi} \tag{9.40}$$

여기서 Γ는 복소수이고 그 크기는 1보다 크지 않다.

식 (9.40)에서 보듯이 특성 임피던스와 부하 임피던스가 같으면 반사계수는 영이 되어 부하에서 입사파의 반사는 발생하지 않는다. 이 경우 **전송선로가 부하에 맞춤**되었다고 말한다.

식 (9.40)을 뒤집어서 다음과 같이 표시할 수 있다.

$$\frac{Z_L}{Z_o} = \frac{1 + \Gamma}{1 - \Gamma} \tag{9.41}$$

식 (9.36a)와 (9.36b) 그리고 식 (9.40)을 식 (9.37a)와 (9.37b)에 대입한 다음 반사계수를 이용하여 전압 및 전류 위상자를 나타내면 다음과 같다.

$$\tilde{V}(z) = V_o^+ e^{-\gamma z}\left[1 + \Gamma e^{-2\gamma \ell'}\right] \quad [\text{V}] \tag{9.42a}$$

$$\tilde{I}(z) = I_o^+ e^{-\gamma z}\left[1 - \Gamma e^{-2\gamma \ell'}\right] \quad [\text{A}] \tag{9.42b}$$

여기서 $I_o^+ = V_o^+ / Z_o$이고 $\ell' = \ell - z$이다. 식 (9.42a)에서 브라켓의 첫째 항은 위치 z에서의 혹은 부하로부터 거리 ℓ'에서의 순방향파를 나타내고, 둘째 항은 동일한 위치에서의 역방향파를 나타낸다. 비슷하게, 식 (9.42b)의 브라켓의 두 항은 각각 부하로부터 거리 ℓ'에서의 순방향 및 역방향 전류파를 나타낸다. 여기서 반사계수 앞에 있는 마이너스 부호는 반사파의 전류 방향이 입사파의 전류 방향과 반대라는 것을 의미한다. 지수 2는 역방향파가 전송선로 위의 한 점과 부하 사이를 왕복하였다는 것을 나타낸다.

식 (9.42a)는 다음과 같이 표시될 수 있다.

$$\begin{aligned}\tilde{V}(z) &= V_o^+ e^{-\gamma z}\left(1 - |\Gamma| + |\Gamma| + \Gamma e^{-2\gamma \ell'}\right)\\ &= V_o^+ e^{-\gamma z}\left(1 - |\Gamma|\right) + V_o^+ e^{-\gamma z}|\Gamma|\left(1 + e^{j\phi} e^{-2\gamma \ell'}\right)\\ &= V_o^+ e^{-\gamma z}\left(1 - |\Gamma|\right) + V_o^+ |\Gamma| e^{j\phi/2 - \gamma \ell}\left(e^{-j\phi/2} e^{\gamma \ell'} + e^{j\phi/2} e^{-\gamma \ell'}\right)\end{aligned} \tag{9.43}$$

여기서 $\Gamma = |\Gamma| e^{j\phi}$이다. 무손실 전송선로를 가정하면 $\gamma = j\beta$이므로 실순시 전압은 다음과 같이 주어진다.

$$\begin{aligned}\upsilon(z, t) &= V_o^+\left(1 - |\Gamma|\right)\cos(\omega t - \beta z)\\ &\quad + 2V_o^+|\Gamma|\cos(\beta \ell' - \phi/2)\cos(\omega t + \phi/2 - \beta \ell)\end{aligned} \tag{9.44}$$

등호 오른쪽 첫째 항은 $+z$-방향으로 진행하는 파를 나타내고, 둘째 항은 정재파를 나타낸다. 순방향파의 일부는 부하에서 반사한 다음 입사파와 간섭하여 정재파를 형성하고 나머지는 부하를 향해 진행한다.

정재파의 조화시변 전압은 그 진폭이 전송선로를 따라 변한다. 식 (9.42a)에 $\gamma = j\beta$를 대입하면 무손실 전송선로에서의 전압 위상자를 다음과 같이 나타낼 수 있다.

$$\tilde{V}(z) = V_o^+ e^{-j\beta z}\left[1 + |\Gamma| e^{j(\phi - 2\beta \ell')}\right] \tag{9.45}$$

위상자 $\tilde{V}$의 크기는 전적으로 식 (9.45)의 브라켓 항에 의해 결정된다. $|\tilde{V}|$의 최대치는 부하로부터 거리 ℓ'인 지점에서 발생하는데, 이 지점은 조건 $e^{j(\phi - 2\beta \ell')} = 1$이 만족되는 지점이다.

$$\phi - 2\beta \ell'_{\max} = 0, \pm 2\pi, \pm 4\pi, \cdots \tag{9.46a}$$

따라서 다음과 같은 관계식을 얻는다.

$$\ell'_{\max} = \frac{1}{2\beta}(\phi + 2m\pi) \qquad (m = 0, 1, 2, \cdots, \ -\pi \le \phi < \pi) \tag{9.46b}$$

여기서 β는 전송선로를 진행하는 파의 위상상수이고, ϕ는 Γ의 위상각이다. 이때 공간변수 ℓ'은 항상 양수이기 때문에 m은 음수일 수가 없다. 만약 $\phi > 0$이면 $m = 0$는 부하로부터의 첫번째 최대전압이 발생하는 지점을 나타낸다. 그러나 $\phi < 0$이면 $m = 1$이 부하로부터 첫번째 최대전압이 발생하는 지점이다. 최대전압은 전송선로를 따라 주기적으로 나타나며 인접한 두 최대전압 사이의 거리는 진행파 파장의 절반에 해당한다. 식 (9.46b)를 식 (9.45)에 대입하면 $|\tilde{V}|$의 최대치는 다음과 같다.

$$|\tilde{V}|_{\max} = \left|V_o^+\right|\left(1 + |\Gamma|\right) \tag{9.46c}$$

이와 비슷한 방법으로, 최소전압이 발생하는 지점을 찾을 수 있다. $|\tilde{V}|$의 최소치는 조건 $e^{j(\phi - 2\beta \ell')} = -1$이 만족되는 지점에서 발생한다.

$$\phi - 2\beta \ell'_{\min} = \pm\pi, \pm 3\pi, \cdots \tag{9.47a}$$

따라서 다음과 같은 관계식을 얻는다.

$$\ell'_{\min} = \frac{1}{2\beta}\left[\phi + (2m+1)\pi\right] \qquad (m = 0, 1, 2, \cdots, \ -\pi \le \phi < \pi) \tag{9.47b}$$

위상각 ϕ는 $-\pi$에서 π의 범위에 있으므로 $m = 0$가 $\ell'_{\min}$을 양수로 만드는지 확인해야 한다. 그렇지 않으면 $m = 1$이 부하로부터 첫번째 최소전압이 나타나는 지점이다. 최소전압이 발생하는 인접한 두 지점 사이의 거리는 이전과 마찬가지로 진행파의 반 파장에 해당한다. 따라서 인접한 최대전압과 최소전압이 발생하는 지점들 사이의 거리는 ¼ 파장에 해당한다. 식 (9.45)로부터 전압 최소치는 다음과 같이 주어진다.

$$|\tilde{V}|_{\min} = |V_o^+|\left(1 - |\Gamma|\right) \tag{9.47c}$$

이와 비슷한 방법으로 전류의 최대치와 최소치가 발생하는 지점을 찾을 수 있다. 전류 최대치가 발생하는 지점은 전압 최소치가 발생하는 지점과 일치한다.

전압 정재파 비(voltage standing-wave ratio, VSWR 혹은 SWR)는 다음과 같이 정의된다.

$$S = \frac{|\tilde{V}|_{\max}}{|\tilde{V}|_{\min}} = \frac{1 + |\Gamma|}{1 - |\Gamma|} \tag{9.48}$$

여기서 명심할 것은, $|\tilde{V}|_{\max}$와 $|\tilde{V}|_{\min}$은 전송선로 위의 서로 다른 지점에서 발생한다는 사실이다. $|\Gamma|$가 영에서 1까지 증가할 때 S는 1에서 ∞로 증가한다. 큰 정재파 비는 입사파의 반사가 크다는 것을 의미하기 때문에 전력이 부하에 적게 전달되므로, 바람직하지 않은 상황을 의미한다. 다음은 식 (9.48)의 역함수를 나타낸 것으로, 실제 문제를 푸는 데 매우 유용하다.

$$|\Gamma| = \frac{S - 1}{S + 1} \tag{9.49}$$

미지의 부하 임피던스를 측정하기 위해 이것을 슬롯 선로(slotted-line)에 연결하여 전압 정재파 비를 구하면 된다. 슬롯 선로는 무손실 동축 선로의 바깥 도체에 뚫린 가늘고 긴 구멍을 따라 작은 탐침이 움직일 수 있도록 만들어진 전송선로이다. 이 탐침은 전기장 세기를 측정하여 전압의 최대 및 최소진폭을 알려줄 뿐만 아니라 이들 사이의 간격도 알려준다. 이렇게 측정된 전압 최대치와 최소치로부터 정재파 비를 구하면 부하에서의 반사계수의 크기를 알 수 있고, 인접한 두 최대전압 사이의 거리는 반사계수의 위상각을 알려준다. 그러면 반사계수와 슬롯 선로의 특성 임피던스를 식 (9.40)에 대입하여 부하 임피던스를 찾아낼 수 있다.

다음은 원천으로부터 무손실 전송선로를 통해 부하에 전달되는 전력에 대해 설명한다. 식 (9.42a)와 (9.42b)에 주어진 전압 및 전류 위상자를 이용하여 전송선로 위의 시간평균 전력을 다음과 같이 표시할 수 있다.

$$\begin{aligned}\langle \mathscr{P} \rangle &= \frac{1}{2}\mathrm{Re}\left[\tilde{V}(z)\tilde{I}^*(z)\right] \\ &= \frac{1}{2}\mathrm{Re}\left[V_o^+ e^{-j\beta z}\left(1+\Gamma e^{-j2\beta\ell'}\right)\left\{\frac{V_o^+}{R_o}e^{-j\beta z}\left(1-\Gamma e^{-j2\beta\ell'}\right)\right\}^*\right] \\ &= \frac{1}{2}\frac{\left|V_o^+\right|^2}{R_o}\mathrm{Re}\left[1-|\Gamma|^2+\left(\Gamma e^{-j2\beta\ell'}-\Gamma^* e^{j2\beta\ell'}\right)\right]\end{aligned} \tag{9.50}$$

마지막 식의 괄호는 허수이므로 무시한다. 따라서 부하에 전달되는 시간평균 전력은 다음과 같다.

$$\langle \mathscr{P} \rangle = \frac{1}{2}\frac{\left|V_o^+\right|^2}{R_o}\left(1-|\Gamma|^2\right) \tag{9.51}$$

위 식에서 보듯이, 부하에 전달된 전력은 입사전력에서 반사전력을 뺀 값이다.

예제 9-6

특성 임피던스 100 [Ω]의 전송선로가 부하 임피던스 $Z_L = 120 + j40$ [Ω]에 연결되었을 때 전압 반사계수와 정재파 비를 구하라.

풀이

식 (9.40)으로부터 다음 식을 얻는다.

$$\Gamma = \frac{Z_L - Z_o}{Z_L + Z_o} = \frac{120 + j40 - 100}{120 + j40 + 100} = 0.20\, e^{j0.93}$$

식 (9.48)로부터 다음 식을 얻는다.

$$S = \frac{1+|\Gamma|}{1-|\Gamma|} = \frac{1+0.2}{1-0.2} = 1.50$$

예제 9-7

특성 임피던스가 75 [Ω]인 무손실 전송선로가 미지의 임피던스 Z_L에 연결되었다. 전송선로 위의 정재파 비가 $S = 3$이고, 첫번째와 두번째 최대전압이 부하로부터 각각 4 [cm]와 14 [cm]의 거리에서 발생한다. 이때 (a) Γ와 (b) Z_L을 구하라.

풀이

(a) 인접한 두 최대전압 사이의 거리는 반 파장이다.

$$\lambda = 2\times(14 - 4) = 20 \text{ [cm]}$$

따라서 다음과 같이 계산할 수 있다.

$$\beta = 2\pi/\lambda = 10\pi \text{ [rad/m]}$$

식 (9.46b)에 $\ell'_{max} = 0.04$ [m], $m = 0$, $\beta = 10\pi$를 대입하여 다음 값을 얻는다.

$$\phi = 0.8\pi \text{ [rad]}$$

식 (9.49)에 $S = 3$를 대입하면 다음과 같다.

$$|\Gamma| = \frac{3-1}{3+1} = 0.5$$

따라서 반사계수는 다음과 같다.

$$\Gamma = 0.5\, e^{j0.8\pi}$$

(b) (a)의 결과를 식 (9.41)에 대입하면 다음과 같다.

$$Z_L = Z_o \frac{1+\Gamma}{1-\Gamma} = 75\frac{1+0.5\, e^{j0.8\pi}}{1-0.5\, e^{j0.8\pi}} = 27.3 + j21.4 \text{ [Ω]}$$

예제 9-8

길이가 2 [m]인 전송선로가 $Z_o = 67 - j23$ [Ω]과 $\gamma = 0.15 + j0.42\,[\text{m}^{-1}]$의 값을 가지며 $v_g(t) = 20\cos(10^7 t)$ [V]이고 $Z_g = 0$인 원천에 연결되었다. 이 선로의 오른쪽 끝이 열린 회로($Z_L = \infty$)일 때 다음 값을 구하라.

(a) 반사계수

(b) 전송선로 위의 전압 및 전류 위상자

(c) 전송선로에서의 전력 손실

풀이

(a) $Z_L = \infty$이므로 반사계수는 다음과 같다.

$$\Gamma = \frac{Z_L - Z_o}{Z_L + Z_o} = 1 \tag{9.52a}$$

(b) 식 (9.42a)에 $z = 0$와 $\ell' = 2$를 대입하면 입력전압은 다음과 같다.

$$\tilde{V}_{in} = V_o^+\left[1 + e^{-0.6 - j1.68}\right] = V_o^+ 1.087\, e^{-j0.526}\ [\text{V}] \tag{9.52b}$$

식 (9.52b)에 $\tilde{V}_{in} = \tilde{V}_g$를 대입하면 다음과 같다.

$$V_o^+ = \frac{20}{1.087\, e^{-j0.526}} = 18.399\, e^{j0.526}\ [\text{V}]$$

따라서 전송선로에서의 전압 위상자는 다음과 같다.

$$\begin{aligned}\tilde{V}(z) &= V_o^+ e^{-\gamma z}\left[1 + \Gamma e^{-2\gamma\ell'}\right] \\ &= 18.399\, e^{j0.526}\, e^{-(0.15 + j0.42)z}\left[1 + e^{-(0.3 + j0.84)\ell'}\right]\end{aligned} \tag{9.52c}$$

식 (9.52c)에 $Z_o = V_o^+ / I_o^+ = -V_o^- / I_o^-$와 $Z_o = 70.838\, e^{-j0.331}$을 대입하면 다음과 같다.

$$\begin{aligned}\tilde{I}(z) &= \frac{V_o^+}{Z_o} e^{-\gamma z}\left[1 - \Gamma e^{-2\gamma\ell'}\right] \\ &= 0.260\, e^{j0.857}\, e^{-(0.15 + j0.42)z}\left[1 - e^{-(0.3 + j0.84)\ell'}\right]\end{aligned} \tag{9.52d}$$

식 (9.52d)에 $z = 2$와 $\ell' = 0$를 대입하면, 전송선로의 오른쪽 끝이 열린 회로이므로 예상대로 $\tilde{I} = 0$를 얻을 수 있다.

(c) 식 (9.52c)와 (9.52d)에 $z = 0$와 $\ell' = 2$를 대입하여 입력단에서의 $\tilde{V}_{in}$과 $\tilde{I}_{in}$을 구한다. 그 다음, 원천에서 전송선로에 전달된 전력을 다음과 같이 구한다.

$$\tilde{V}_{in} = 18.399\, e^{j0.526}\left[1 + e^{-(0.6 + j1.68)}\right] = 20.0 \tag{9.52e}$$

$$\tilde{I}_{in} = 0.260\, e^{j0.857}\left[1 - e^{-(0.6 + j1.68)}\right] = 0.310\, e^{j1.332} \tag{9.52f}$$

$$\begin{aligned}\langle \mathscr{P}_{in} \rangle &= \frac{1}{2}\text{Re}\left[\tilde{V}_{in}\tilde{I}_{in}^*\right] \\ &= \frac{1}{2}\text{Re}\left[4.784\, e^{-j0.331}\left\{(1 - e^{-1.2}) - e^{-0.6}(e^{j1.68} - e^{-j1.68})\right\}\right] \\ &= 0.733\ [\text{W}]\end{aligned} \tag{9.52g}$$

전송선로에 연결된 부하는 열린 회로이므로 부하에서의 전력 손실은 영이다. 따라서 식 (9.52g)의 입력전력은 모두 전송선로에서 손실된 전력이다.

고찰

식 (9.52c)의 전압 위상자는 순방향과 역방향 전압파들의 중첩에 의해 만들어졌다. 여기서 하나의 의문이 생기는데, 전송선로에서의 총 전력 손실은 순방향파와 역방향파가 원천과 부하 사이에서 왕복할 때 각각의 파에서 발생하는 전력 손실을 합한 것과 같은가? 결론적으로 그 답은 '아니요'이다. 그 이유는 순방향파와 역방향파가 서로 간섭을 하여 정재파를 발생시키기 때문이다.

실제로 식 (9.52g)의 항 $(1 - e^{-1.2})$는 간섭이 존재하지 않을 때 진행파의 왕복에 의한 전력 손실을 나타낸다. 그러나 최종 전력 손실은 순수 왕복 시 발생하는 전력 손실보다 작다.

유제 9.18 무손실 전송선로가 순수 반응저항 $Z_L = jX_L$에 연결되었을 때 X_L의 부호에 관계없이 $|\Gamma| = 1$임을 보여라($X_L > 0$이면 **유도 반응저항**(inductive), $X_L < 0$이면 **정전 반응저항**(capacitive)이다).

Ans 식 (9.40)

유제 9.19 전송선로에서 $\Gamma = 0.5\, e^{-j0.62}$이고 $\lambda = 12$ [cm]일 때 부하에 가장 가까운 최대전압의 위치는?

Ans 5.4 [cm]

유제 9.20 특성 임피던스 R_o의 무손실 전송선로가 순수 저항 $Z_L = R_L$에 연결되었을 때 만약 (a) $R_L < R_o$, (b) $R_L > R_o$이면 부하에서 최대전압 혹은 최소전압 중 어떤 것이 발생하나?

Ans (a) 최소전압, (b) 최대전압

유제 9.21 특성 임피던스 50 [Ω]의 무손실 전송선로가 부하 $Z_L = 20 + j100$ [Ω]에 연결되었다. 만약 100 [W]의 신호가 이 전송선로에 입력된다면 부하에서의 소모 전력은 얼마인가?

Ans 26.9 [W]

복습문제

Q9.20 전압 반사계수를 정의하라. **A** 식 (9.40)

Q9.21 어떤 조건에서 전송선로가 부하에 임피던스 맞춤되는가? **A** 식 (9.40)

Q9.22 전류 반사계수는 전압 반사계수에 마이너스 부호를 붙인 것인가? **A** 식 (9.19)

Q9.23 전송선로에서 인접한 최대전압 사이의 거리는? **A** 식 (9.46b)

Q9.24 전송선로에서 서로 인접한 최대전압과 최소전압 사이의 거리는? **A** 식 (9.46b), (9.47b)

Q9.25 전송선로에서 인접한 최대전압 사이의 거리가 부하 임피던스의 영향을 받는가? **A** 식 (9.46b)

Q9.26 정재파 비를 정의하라. **A** 식 (9.48)

Q9.27 SWR과 최대전압의 위치를 이용하면 반사계수 Γ를 구할 수 있는가? **A** 식 (9.46b), (9.49)

Q9.28 정재파 포락선의 공간상 주기는? **A** 식 (9.46b)

Q9.29 큰 SWR이 바람직하지 않은 이유는? **A** 식 (9.51)

Q9.30 부하에 전달된 시간평균 전력에 대한 표현식을 쓰라. **A** 식 (9.51)

9.4.2 입력 임피던스

입력전압(input voltage) $\tilde{V}_{in}$과 **입력전류**(input current) $\tilde{I}_{in}$은 원천이 연결된 전송선로 왼쪽 끝단에서의 총 전압 및 총 전류를 의미한다. 이때 전송선로의 **입력 임피던스**(input impedance)는 $\tilde{V}_{in}$과 $\tilde{I}_{in}$ 사이의 비이다.

$$Z_{in} \equiv \frac{\tilde{V}_{in}}{\tilde{I}_{in}} = \frac{\tilde{V}(z=0)}{\tilde{I}(z=0)} \tag{9.53}$$

여기서 $\tilde{V}$와 $\tilde{I}$는 각각 전압과 전류 위상자이다. 식 (9.38a)와 (9.38b) 그리고 식 (9.40)을 식 (9.53)에 대입하고 $\ell' = \ell$을 사용하면 입력 임피던스를 다음과 같이 나타낼 수 있다.

$$Z_{in} = Z_o \frac{1 + \Gamma e^{-2\gamma\ell}}{1 - \Gamma e^{-2\gamma\ell}} \tag{9.54}$$

위 식에 **쌍곡선 함수**(hyperbolic function), 즉 $\cosh\theta = (e^{\theta} + e^{-\theta})/2$, $\sinh\theta = (e^{\theta} - e^{-\theta})/2$, $\tanh\theta = \sinh\theta/\cosh\theta$를 사용하면 길이가 ℓ이고 특성 임피던스가 Z_o인 전송선로가 부하 임피던스 Z_L에 연결되었을 때의 입력 임피던스를 다음과 같이 표시할 수 있다.

$$Z_{in} = Z_o \frac{Z_L + Z_o \tanh\gamma\ell}{Z_o + Z_L \tanh\gamma\ell} \quad [\Omega] \qquad \text{(손실 전송선로)} \tag{9.55}$$

여기서 길이 ℓ을 제외하고 모든 항은 복소수이다.

원천의 관점에서 부하에 연결된 전송선로는 [그림 9-9]에서처럼 하나의 단순한 입력 임피던스로 취급된다. 이러한 등가회로는 입력전압 및 전류를 구하는 데 매우 유용하다.

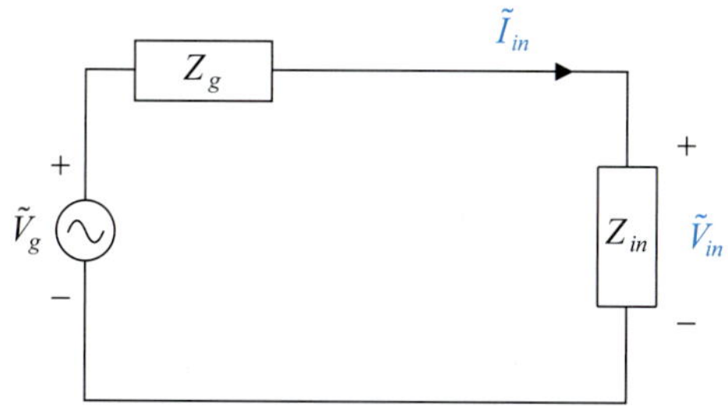

[그림 9-9] 부하에 연결된 전송선로에 대한 등가회로

무손실 선로의 경우 특성 임피던스는 실수($Z_o = R_o$)이고 전파상수는 허수($\gamma = j\beta$)이다. 이 경우 식 (9.55)의 $\tanh(j\beta\ell)$은 $j\tan(\beta\ell)$이 된다. 따라서 길이 ℓ이고 부하 임피던스 Z_L에 연결된 무손실 전송선로의 입력 임피던스는 다음과 같이 주어진다.

$$Z_{in} = R_o \frac{Z_L + jR_o \tan\beta\ell}{R_o + jZ_L \tan\beta\ell} \quad [\Omega] \qquad (\text{무손실 전송선로}) \tag{9.56}$$

여기서 Z_L과 Z_{in}은 일반적으로 복소수이다. 이때 주목할 것은, 입력 임피던스는 선로 길이 ℓ에 따라 주기적으로 변하는 함수라는 점이다. 여기서 $\beta\ell$은 전송선로의 **전기길이**(electrical length)라 불린다.

길이가 $\lambda/4$이고 특성 임피던스가 R_o인 무손실 전송선로가 부하 저항 R_L에 연결되었을 때 그 입력 임피던스는 순수 저항으로 주어진다.

$$Z_{in} = \frac{R_o^2}{R_L} \tag{9.57}$$

사분파장 토막은 임피던스 변환기로 사용되며, 이를 **사분파장 변환기**(quarter-wave transformer)라고 한다.

명심할 것은, 입력 임피던스와 특성 임피던스를 혼동하지 말아야 한다. 전자는 전송선로의 입력단에서의 총 전압과 총 전류 사이의 비이고, 후자는 전송선로에서 같은 방향으로 진행하는 전압파와 전류파 진폭 사이의 비이다. 즉 $Z_o = V_o^+ / I_o^+ = -V_o^- / I_o^-$이다. 또한 입력 임피던스는 선로 길이와 부하 임피던스에 대한 함수이지만 특성 임피던스는 상수로 선로 길이에 무관하다.

예제 9-9

원천 회로에서 $v_g(t) = 20\cos(10^8 t)$ [V]이고 $Z_g = 10$ [Ω]이다. 길이 2 [m]의 전송선로에서 $Z_o = 50$ [Ω]이고 $\gamma = 0.15 + j3.5$ [m^{-1}]인데 그 오른쪽 끝은 부하 $Z_L = 40 + j10$ [Ω]에 연결되어 있다. 이때 다음 값을 구하라.

(a) 반사계수

(b) 입력 임피던스

(c) 입력전압

(d) 선로 위의 총 전압

풀이

(a) 식 (9.40)으로부터 다음 값을 얻을 수 있다.

$$\Gamma = \frac{Z_L - Z_o}{Z_L + Z_o} = \frac{40 + j10 - 50}{40 + j10 + 50} = 0.156\, e^{j2.246} \tag{9.58a}$$

(b) 주어진 값 $\gamma\ell = 0.3 + j7.0$를 이용하면 다음 값을 얻을 수 있다.

$$\tanh(\gamma\ell) = \frac{1 - e^{-0.6 - j14}}{1 + e^{-0.6 - j14}} = 0.482 + j0.749$$

따라서 반사계수를 구하면 다음과 같다.

$$\begin{aligned} Z_{in} &= Z_o \frac{Z_L + Z_o \tanh\gamma\ell}{Z_o + Z_L \tanh\gamma\ell} = 50\frac{(40 + j10) + 50\times(0.482 + j0.749)}{50 + (40 + j10)\times(0.482 + j0.749)} \\ &= 55.802 + j6.987 \end{aligned} \tag{9.58b}$$

(c) 등가회로를 이용하여 다음 식을 얻을 수 있다.

$$\begin{aligned} \tilde{V}_{in} = \tilde{V}_g \frac{Z_{in}}{Z_g + Z_{in}} &= \frac{20\times(55.802 + j6.987)}{10 + 55.802 + j6.987} \\ &= 16.994 + j0.319 \text{ [V]} \end{aligned} \tag{9.58c}$$

(d) 식 (9.58a)와 (9.58c)를 식 (9.42a)에 대입하고 $z = 0$와 $\ell' = 2$를 대입하여 다음과 같은 관계식을 얻는다.

$$16.994 + j0.319 = V_o^+\left[1 + 0.156\, e^{j2.246}\, e^{-2(0.3 + j7.0)}\right]$$

따라서, $V_o^+ = 16.024\, e^{-j0.0399}$이다.

식 (9.45)를 이용하면 전송선로에서의 총 전압은 다음과 같다.

$$\tilde{V}(z) = 16.024\, e^{-j0.0399}\, e^{-(0.15 + j3.5)z}\left[1 + 0.156\, e^{j2.246}\, e^{-(0.3 + j7.0)(2 - z)}\right]$$

예제 9-10

무손실 전송선로가 특성 임피던스 R_o와 위상상수 β를 가지며 부하 Z_L에 연결되었다. 부하로부터 거리 ℓ'인 지점에서 길이 ℓ'인 토막 쪽으로의 입력 임피던스는 $Z_{in}(\ell') \equiv \tilde{V}(\ell') / \tilde{I}(\ell')$으로 정의된다. 또한 부하로부터 거리 ℓ'인 지점에서의 반사계수는 $\Gamma(\ell') = \tilde{V}^-(\ell') / \tilde{V}^+(\ell')$으로 정의된다([그림 9-10] 참조). 이때 다음 질문에 답을 구하라.

(a) $\Gamma(\ell')$에 대한 일반적인 표현식을 구하라.

(b) $|\tilde{V}|_{max}$와 $|\tilde{V}|_{min}$이 발생하는 지점에서 각각 $\Gamma(\ell')$을 구하라.

(c) $|\tilde{V}|_{max}$와 $|\tilde{V}|_{min}$이 발생하는 지점에서 각각 $Z_{in}(\ell')$을 구하라.

(d) $|\tilde{V}|_{max}$가 발생하는 지점에서 $Z_{in}(\ell') / R_o$는 SWR과 동일한 값을 가진다는 것을 보여라.

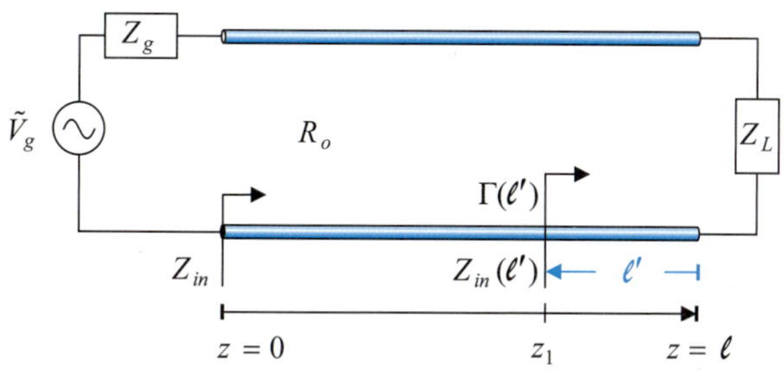

[그림 9-10] 부하로부터 거리 ℓ'에서의 입력 임피던스와 반사계수

풀이

(a) 식 (9.42a)에 $\gamma = j\beta$, $z = z_1$, $\ell' = \ell - z_1$을 대입하면 다음 식을 얻을 수 있다.

$$\tilde{V}(z_1) = V_o^+ e^{-j\beta z_1}\left[1 + |\Gamma| e^{j(\phi - 2\beta\ell')}\right] \tag{9.59a}$$

브라켓의 첫째 항과 둘째 항은 점 $z = z_1$에서의 순방향과 역방향의 전압파를 나타낸다.

$$\tilde{V}^+(z_1) = V_o^+ e^{-j\beta z_1}$$

$$\tilde{V}^-(z_1) = V_o^+ e^{-j\beta z_1} |\Gamma| e^{j(\phi - 2\beta\ell')}$$

따라서 부하로부터 거리 ℓ'에서의 반사계수는 다음과 같다.

$$\Gamma(\ell') = \frac{\tilde{V}^-(z_1)}{\tilde{V}^+(z_1)} = |\Gamma| e^{j(\phi - 2\beta\ell')} \tag{9.59b}$$

(b) 식 (9.59a)를 사용하면, $|\tilde{V}|_{max}$는 조건 $e^{j(\phi - 2\beta\ell')} = 1$이 만족되는 지점에서 나타나고 $|\tilde{V}|_{min}$은 조건 $e^{j(\phi - 2\beta\ell')} = -1$이 만족되는 지점에서 나타난다. 이러한 조건을 식 (9.59b)에 대입하여 다음 식을 얻을 수 있다.

$$\Gamma(\ell') = |\Gamma| \qquad (|\tilde{V}|_{\max}\text{의 위치에서}) \tag{9.60a}$$

$$\Gamma(\ell') = -|\Gamma| \qquad (|\tilde{V}|_{\min}\text{의 위치에서}) \tag{9.60b}$$

$\Gamma(\ell')$은 $|\tilde{V}|_{\max}$와 $|\tilde{V}|_{\min}$이 발생하는 지점에서 실수로 주어진다.

(c) 관계식 $\gamma = j\beta$를 식 (9.42a)와 (9.42b)에 대입하면 길이 ℓ'인 토막 쪽으로의 입력 임피던스를 다음과 같이 구할 수 있다.

$$Z_{in}(\ell') = \frac{V_o^+ e^{-j\beta z_1}\left[1 + \Gamma e^{-j2\beta\ell'}\right]}{I_o^+ e^{-j\beta z_1}\left[1 - \Gamma e^{-j2\beta\ell'}\right]} = R_o \frac{1 + |\Gamma|\, e^{j(\phi - 2\beta\ell')}}{1 - |\Gamma|\, e^{j(\phi - 2\beta\ell')}} \tag{9.61}$$

전압 최대 및 최소진폭을 위한 조건 즉 $e^{j(\phi - 2\beta\ell')} = \pm 1$을 식 (9.61)에 대입하면 다음과 같다.

$$Z_{in}(\ell') = R_o \frac{1 + |\Gamma|}{1 - |\Gamma|} \qquad (|\tilde{V}|_{\max}\text{의 위치에서}) \tag{9.62a}$$

$$Z_{in}(\ell') = R_o \frac{1 - |\Gamma|}{1 + |\Gamma|} \qquad (|\tilde{V}|_{\min}\text{의 위치에서}) \tag{9.62b}$$

$Z_{in}(\ell')$은 $|\tilde{V}|_{\max}$와 $|\tilde{V}|_{\min}$이 발생하는 지점에서 실수로 주어진다.

(d) 식 (9.62a)의 양변을 R_o로 나누면 이때의 정규화된 입력 임피던스는 최대전압이 발생하는 지점에서 그 값이 정재파 비와 동일하다는 사실을 알 수 있다.

$$z_{in}(\ell')\Big|_{\max} = \frac{1 + |\Gamma|}{1 - |\Gamma|} = S \tag{9.63}$$

예제 9-11

특성 임피던스가 100 [Ω]인 공기 선로가, 유전상수 $\varepsilon_r = 1.44$인 유전체를 사용하는 사분파장 변환기를 통해, 부하 저항 225 [Ω]에 최대 전력을 전달한다([그림 9-11] 참조). 동작 주파수 2 [GHz]에서 다음 값을 구하라.

(a) 사분파장 변환기의 특성 임피던스와 길이

(b) 공급선과 사분파장 선로에서의 정재파 비

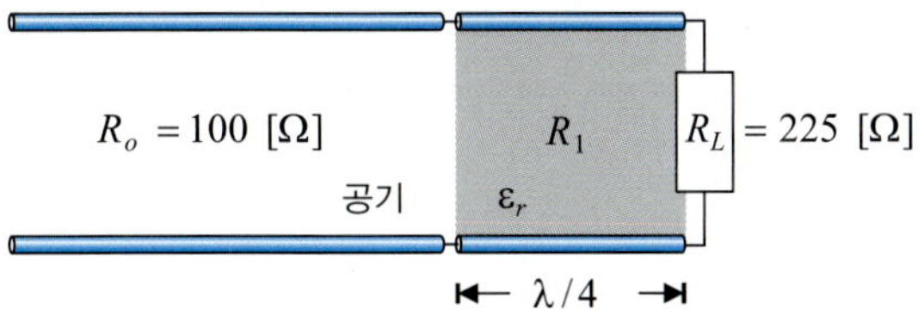

[그림 9-11] 공급선이 사분파장 변환기를 통해 부하에 연결된다.

풀이

(a) 식 (9.57)을 사용해 사분파장 변환기 쪽으로의 입력 임피던스를 다음과 같이 구한다.

$$Z_{in}(\ell' = \lambda/4) = \frac{R_1^2}{R_L}$$

최대 전력 전달을 위해 $Z_{in}(\ell')$은 R_o = 100 [Ω]과 동일한 값을 가져야 한다.

$$R_1 = \sqrt{R_o R_L} \qquad (9.64)$$

위 식을 계산하면 $R_1 = \sqrt{100 \times 225} = 150$ [Ω]이다. 사분파장 선로에서 위상속도와 위상상수는 다음과 같다.

$$v_p = \frac{1}{\sqrt{\mu_0 \varepsilon_0 \varepsilon_r}} = \frac{3\times10^8}{1.2} = 2.5\times10^8 \text{ [m/s]}$$

$$\beta = \frac{\omega}{v_p} = \frac{4\pi\times10^9}{2.5\times10^8} = 50.265 \text{ [rad/s]}$$

따라서 사분파장 변환기의 길이는 다음과 같다.

$$\frac{\lambda}{4} = \frac{1}{4}\frac{2\pi}{50.265} = 3.1 \text{ [cm]}$$

(b) 부하에서의 반사계수는 다음과 같다.

$$\Gamma = \frac{R_L - R_1}{R_L + R_1} = \frac{225 - 150}{225 + 150} = 0.2$$

사분파장 선로에서 정재파 비는 다음과 같다.

$$S = \frac{1 + 0.2}{1 - 0.2} = 1.5$$

부하로부터 거리 ℓ'에서 $Z_{in}(\ell') = R_o$이므로 두 선로 사이의 이음매에서 반사계수는 영이다. 따라서 공급선 위에서 정재파 비는 $S = 1$이고, 역방향파는 존재하지 않는다. 반면에 무손실 사분파장 선로에서 $S = 1.5$이므로 진행파는 이음새와 부하 사이에서 무한 반사한다. 그럼에도 불구하고 사분파장 선로에서 전력 손실은 영이다(무손실 선로임). 결론적으로 공급선을 진행하는 순방향파의 전력은 모두 부하에 전달되어 소모된다.

유제 9.22 특성 임피던스가 $Z_o = R_o$인 무손실 선로가 Z_L에 연결되었을 때 Z_{in}을 다음의 경우에 대해 구하라.

(a) 선로가 사분파장 길이인 경우

(b) 선로가 반 파장 길이인 경우

Ans (a) $Z_{in} = R_o^2 / Z_L$, (b) $Z_{in} = Z_L$

유제 9.23 어떤 조건에서 무손실 선로의 Z_{in}이 Z_o와 같게 되는가?

Ans 선로가 부하에 임피던스 맞춤된 경우 혹은 선로가 무한히 긴 경우

유제 9.24 만약 Z_g가 복소수이면 부하에 최대 전력이 전달되기 위한 Z_{in}의 값은?

HINT $Z_g = R_g + jX_g$, $Z_{in} = R_{in} + jX_{in}$을 가정

Ans $Z_{in} = Z_g^*$

9.4.3 닫힌 회로 및 열린 회로의 전송선로

전송선로는 전력 혹은 정보를 전달하는 용도 이외에도 **유도 반응저항**(inductive reactance)과 **정전 반응저항**(capacitive reactance)을 가진 회로 소자를 제작하는 데 매우 유용하다.

■ 닫힌 회로의 선로

길이 ℓ의 무손실 선로가 닫힌 회로($Z_L = 0$)에 연결되면 그 입력 임피던스는 식 (9.56)을 이용해 다음과 같이 구할 수 있다.

$$Z_{in}^s = jR_o \tan \beta\ell \tag{9.65}$$

영역 $0 < \beta\ell < \pi / 2$ 혹은 $\ell < \lambda / 4$에서 닫힌 전송선로의 입력 임피던스는 순수하게 유도 반응저항(양의 허수)으로 주어지므로 하나의 인덕터로 작동한다. 반면에 영역 $\pi / 2 < \beta\ell < \pi$ 혹은 $\lambda / 4 < \ell < \lambda / 2$에서 입력 임피던스는 순수하게 정전 유도용량(음의 허수)으로 주어지므로 하나의 축전기로 작동한다. 닫힌 회로의 반사계수는 $\Gamma = -1$이므로 선로의 오른쪽 끝단에서 전압 최소치와 전류 최대치가 관측된다(식 (9.42a)와 (9.42b) 참조). 여기서 흥미로운 사실은, $\beta\ell = \pi / 2$ 혹은 $\ell = \lambda / 4$일 때 입력 임피던스가 무한대가 되어 닫힌 선로 그 자체가 하나의 열린 회로의 역할을 한다는 점이다.

■ 열린 회로의 선로

하나의 무손실 선로가 열린 회로($Z_L = \infty$)에 연결되면 그 입력 임피던스는 다음과 같다.

$$Z_{in}^{o} = -jR_o \cot \beta \ell \tag{9.66}$$

이것은 $0 < \beta\ell = \pi/2$에서는 순수한 정전 반응저항이지만, $\pi/2 < \beta\ell < \pi$에서는 순수한 유도 반응저항이 된다. 식 (9.42a)와 (9.42b)에 $\Gamma = 1$, $\ell' = 0$를 대입하면 최대전압과 최소전류가 선로의 열린 단자 위치에서 발생한다는 것을 알 수 있다. 만약 길이가 사분파장이면 열린 선로 그 자체가 하나의 닫힌 회로의 역할을 한다.

■ 무손실 선로의 닫힘과 열림

전송선로의 오른쪽 끝단을 닫거나 열면 이때의 입력 임피던스는 각각 Z_{in}^{s}와 Z_{in}^{o}로 주어진다. 이들을 이용해 주어진 선로의 특성 임피던스와 전기길이를 구할 수 있다.

$$R_o = \sqrt{Z_{in}^{s} Z_{in}^{o}} \quad [\Omega] \tag{9.67a}$$

$$\tan^2 \beta\ell = -\frac{Z_{in}^{s}}{Z_{in}^{o}} \tag{9.67b}$$

삼각함수 $\tan^{-1}\beta\ell$의 주된 값은 $-\pi/2$에서 $\pi/2$까지이므로 $\beta\ell$을 구할 때 주의를 기울여야 한다([예제 9-13] 참조).

예제 9-12

특성 임피던스가 75 [Ω]인 무손실 선로가 닫힌 회로에 연결되어 있고 3 [GHz]에서 λ는 8 [cm]일 때 가장 짧은 토막을 이용하여 2 [pF]의 축전기를 설계하라.

풀이

식 (9.65)에 $Z_{in}^{s} = 1/j\omega C$를 대입하면 다음과 같다.

$$\tan\beta\ell = -\frac{1}{\omega C R_o}$$
$$= -\frac{1}{2\pi \times 3\times 10^{9} \times 2\times 10^{-12} \times 75} = -0.354$$

$\tan\beta\ell$이 음의 값을 갖기 위해 그 인수가 $-\pi/2$에서 영까지의 값을 가지면 된다. 그러나 $\beta\ell$은 반드시 양의 값이어야 하므로 다음과 같이 나타낼 수 있다.

$$\beta\ell = \pi + \tan^{-1}(-0.354) = 2.801$$

따라서 가장 짧은 길이는 다음과 같다.

$$\ell = \frac{2.801 \times 0.08}{2\pi} = 3.57\ [\text{cm}]$$

예제 9-13

무손실 전송선로의 길이가 5 [m]보다 짧을 때, 이것이 열린 회로가 되면 $Z_{in}^{o} = -j81\ [\Omega]$이고, 반면에 닫힌 회로가 되면 $Z_{in}^{s} = j144\ [\Omega]$이며 첫번째 최대전압이 닫힌 단자로부터 거리 2.5 [m]에서 발생하게 된다. 이때 (a) R_o, (b) β, (c) ℓ을 구하라.

풀이

(a) 식 (9.67a)를 이용하면 특성 임피던스는 다음과 같다.

$$R_o = \sqrt{Z_{in}^{s} Z_{in}^{o}} = \sqrt{(j144)(-j81)} = 108\ [\Omega]$$

(b) 닫힌 회로에서 $Z_L = 0$이고 $\Gamma = -1$이므로 식 (9.46b)에 $\ell'_{\max} = 2.5\,[\text{m}]$, $\phi = \pi$, $m = 0$를 대입하면 다음과 같다.

$$\beta = 0.2\pi \tag{9.68a}$$

(c) 식 (9.67b)로부터 다음 값을 얻는다.

$$\beta\ell = \tan^{-1}\left(\pm\sqrt{144/81}\right) + n\pi = \pm 0.93 + n\pi \qquad (n = 0, 1, 2, \cdots) \tag{9.68b}$$

따라서 ℓ을 구하면 다음과 같다.

$$\begin{aligned}\ell &= (\pm 0.93 + n\pi)/(0.2\pi)\ [\text{m}] \\ &= 1.48, 3.52, 6.48, 8.52, 11.48, \cdots\end{aligned}$$

선로의 길이 ℓ은 2.5 [m]보다 길고 5 [m]보다 짧아야 하므로 정답은 $\ell = 3.52$ [m]이다.

유제 9.25 특성 임피던스 100 [Ω]의 무손실 공기 선로가 닫힌 회로에 연결되고 주파수 100 [MHz]에서 동작할 때 그 입력 임피던스가 0.6 [μH]의 인덕터에 해당한다. 이 선로의 길이는?

Ans 0.63 [m]

복습문제

Q9.31	입력 임피던스 Z_{in}을 정의하라.	**A** 식 (9.53)
Q9.32	임피던스 맞춤된 전송선로의 Z_{in}의 값은?	**A** 식 (9.55)
Q9.33	무엇이 $\tilde{V}_{in}$과 $\tilde{I}_{in}$의 값을 결정하는가?	**A** [그림 9-9]
Q9.34	Z_{in}과 $Z_{in}(\ell')$의 차이는 무엇인가?	**A** [그림 9-10]
Q9.35	Γ와 $\Gamma(\ell')$ 의 차이는 무엇인가?	**A** [그림 9-10]
Q9.36	사분파장 변환기가 무엇인가?	**A** [그림 9-11]
Q9.37	부하가 닫힌 회로에서 열린 회로로 바뀌면 Z_{in}에 어떤 변화가 나타나는가?	**A** 식 (9.65), (9.66)
Q9.38	Z_{in}^s와 Z_{in}^o로부터 어떤 값이 구해지나?	**A** 식 (9.67)

9.5 스미스 차트

스미스 차트는 복잡한 복소수 계산을 하지 않고 간단한 그래프를 이용해 여러 가지 전송선로에 관련된 문제들을 풀 수 있도록 해준다. 스미스 차트는 기본적으로 부하 임피던스 Z_L에 연결된 특성 임피던스가 R_o인 무손실 전송선로에 기초하고 있다. 만약 Z_L의 허수부는 고정된 상태에서 그 실수부가 영에서 무한대까지 변하면 반사계수 Γ는 복소수 평면에서 하나의 원을 그린다(식 (9.40) 참조). 비슷하게, Z_L의 실수부가 고정된 상태에서 그 허수부가 $-\infty$에서 ∞로 변하면 Γ는 복소수 평면에서 또 다른 원을 그린다. Z_L의 실수부와 허수부에 해당하는 두 원들의 교차점은 주어진 부하에서의 반사계수를 나타낸다. 그 반대로, 만약 주어진 부하에서의 반사계수를 복소수 평면 위의 한 점으로 표시하면 이 점을 지나는 두 원들의 매개변수 값들을 읽어서 부하 임피던스를 찾을 수 있다. 전송선로에 관련된 여러 문제들은 식 (9.41) 형태의 식으로 표시될 수 있다. 즉, 위에서 부하 임피던스를 찾을 때 사용했던 것과 비슷한 방법으로 스미스 차트를 이용해 전송선로의 정재파 비와 입력 임피던스 등을 찾을 수 있다.

9.5.1 Γ와 Z_L 사이의 관계

무손실 전송선로가 특성 임피던스 R_o를 가지고 부하 임피던스 Z_L에 연결된 것을 생각해 보자. 부하에서의 전압 반사계수는 식 (9.40)을 이용해 다음과 같이 표시할 수 있다.

$$\begin{aligned}\Gamma &= \frac{Z_L - R_o}{Z_L + R_o} \\ &\equiv \Gamma_R + j\Gamma_I \equiv |\Gamma| e^{j\phi}\end{aligned} \tag{9.69}$$

여기서 Γ_R과 Γ_I는 각각 반사계수의 실수부와 허수부이고, ϕ는 반사계수의 위상각이다.

부하 임피던스 Z_L을 R_o로 정규화하면 다음과 같다.

$$z_L \equiv r + jx = \frac{Z_L}{R_o} = \frac{R_L + jX_L}{R_o} \quad (9.70)$$

여기서 R_L과 X_L은 각각 부하 임피던스의 저항과 반응저항이고, r과 x는 각각 **정규화 부하 저항**(normalized load resistance)과 **정규화 부하 반응저항**(normalized load reactance)이다. 그러므로 Γ와 z_L 사이의 관계식은 다음과 같이 표시된다.

$$\Gamma = \frac{z_L - 1}{z_L + 1} \quad (9.71a)$$

$$z_L = \frac{1 + \Gamma}{1 - \Gamma} = \frac{1 + |\Gamma| e^{j\phi}}{1 - |\Gamma| e^{j\phi}} \quad (9.71b)$$

$$r + jx = \frac{1 + \Gamma_R + j\Gamma_I}{1 - \Gamma_R - j\Gamma_I} \quad (9.71c)$$

여기서 z_L이 복소수이므로 식 (9.71a)의 등호 오른쪽은 복소 평면 위의 한 점에 해당한다. 복소 평면의 수평축과 수직축은 각각 Γ의 실수부 Γ_R과 허수부 Γ_I를 나타낸다. 식 (9.71c)의 실수부와 허수부를 분리하면 다음과 같이 두 식을 얻을 수 있다.

$$\left(\Gamma_R - \frac{r}{1 + r}\right)^2 + \Gamma_I^2 = \left(\frac{1}{1 + r}\right)^2 \quad (9.72a)$$

$$\left(\Gamma_R - 1\right)^2 + \left(\Gamma_I - \frac{1}{x}\right)^2 = \left(\frac{1}{x}\right)^2 \quad (9.72b)$$

수학적으로, Γ_R과 Γ_I는 복소 평면에서 서로 독립인 두 좌표를 의미하며, r과 x는 각각 영에서 ∞ 사이와 $-\infty$에서 ∞ 사이의 값을 가지는 매개변수들이다. 만약 r을 고정된 값이라고 가정하면, 식 (9.72a)에서 보듯이 모든 가능한 Γ_R과 Γ_I의 조합은 복소 평면에서 반지름이 $1/(1 + r)$이고 그 중심이 점 $(r/(1 + r), 0)$에 놓인 원을 형성한다. 이것을 **상수-r 원**이라 부른다. 만약 x가 고정된 값이면, 식 (9.72b)에서 보듯이 모든 가능한 Γ_R과 Γ_I의 조합은 복소 평면에서 반지름이 $1/|x|$이고 그 중심이 점 $(1, 1/x)$에 놓인 원을 형성한다. 이것을 **상수-x 원**이라 부른다. 모든 상수-r 원들은 그 중심이 Γ_R 축에 놓여 있고 반드시 점 (1, 0)을 지난다. 반면에 모든 상수-x 원들은 그 중심이 직선 $\Gamma_R = 1$ 위에 놓이고 반드시 점 (1, 0)을 지난다. 상수-x 원들의 중심은 직선 $\Gamma_R = 1$ 위에 놓이지만, $x > 0$이면 이 원들은 영역 $\Gamma_I > 0$ (수평축 위 영역)에 위치하고, $x < 0$이면 영역 $\Gamma_I < 0$(수평축 아래 영역)에 위치한다. 그런데 $x = 0$인 원의 반지름은 무한대이므로 이 원은 Γ_R-축와 일치한다. 반면에 $r = 0$인 원은 그 중심이 복소평면 원점에 위치하고 반지름이 1이므로 $|\Gamma| = 1$으로 정의되는 원과 일치하며, 이것은 곧 스미스 차트의 테두리에 해당한다.

부하 임피던스가 $r = r'$과 $x = x'$으로 주어지면 부하에서의 반사계수는 당연히 식 (9.71a)로부터 직접 구할 수 있다. 또한 식 (9.72a)와 (9.72b)를 풀어서 Γ_R과 Γ_I를 찾는 방법도 있다. 대신 이 방법은 그래프를 이용해야 한다. 상수$-r'$ 원과 상수$-x'$ 원이 교차하는 점을 복소 평면에서 찾은 다음, 이 점의 수평과 수직 좌표들을 읽으면 [그림 9-12]에서처럼 각각 Γ'_R과 Γ'_I 을 찾을 수 있다. 이들 두 원은 점 (1, 0)에서도 교차하는데, 복소 평면 위의 모든 원들이 이 점을 지나기 때문에 점 (1, 0)은 무의미한 해이다. 상수$-r$ 원과 상수$-x$ 원은 항상 90°로 교차한다. $|\Gamma|$의 최대치는 1이므로 복소 평면에서 중심을 원점에 둔 반지름이 1인 원 위의 점들과 그 내부의 점들 만이 물리적으로 의미가 있다.

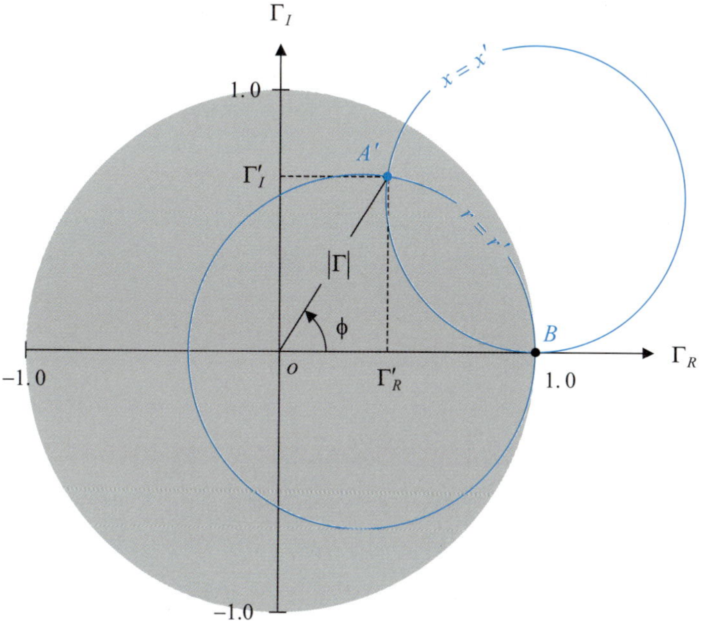

[그림 9-12] 정규화 부하 임피던스 $z_L = r' + jx'$에 대한 반사계수 $\Gamma = \Gamma'_R + j\Gamma'_I = |\Gamma| e^{j\phi}$가 복소 평면에서 A'으로 표시되었다.

스미스 차트는 두 종류의 원들을 포함하고 있는데 하나는 상수$-r$ 원들이고 다른 하나는 상수$-x$ 원들이다. x가 양수인 상수$-x$ 원들은 복소 평면의 수평축 위 영역에 존재하고, x가 음수인 상수$-x$ 원들은 수평축 아래 영역에 존재한다. 스미스 차트에서 $r = r'$과 $x = x'$인 원들의 교차점을 찾을 수 있다면([그림 9-12]에서 A'으로 표시됨), 반사계수의 절대값은 원점에서 점 A'까지의 거리를 $|\Gamma| = 1$으로 정의되는 원, 즉 스미스 차트 테두리의 반지름으로 나눈 값으로 구할 수 있다. 반사계수의 위상각은 선분 $\overline{OA'}$가 플러스 Γ_R−축으로부터 반시계방향으로 회전된 각도에 해당한다.

예제 9-14

특성 임피던스 100 [Ω]의 무손실 선로가 부하 $Z_L = 160 + j100$ [Ω]에 연결되었다고 할 때 다음 질문에 답을 구하라.

(a) 스미스 차트를 이용해 Γ를 구하라.

(b) 이 선로가 다른 부하 Z'_L에 연결되었을 때 $\Gamma = 0.71\angle -116^o$로 측정된다. 이때 새로운 값 Z'_L을 구하라.

풀이

(a) 정규화 부하 임피던스는 $z_L = Z_L/100 = 1.6 + j1.0$이다. [그림 9-13]에서 $r = 1.6$인 원과 $x = 1.0$인 원의 교차점이 A로 표시되었다.

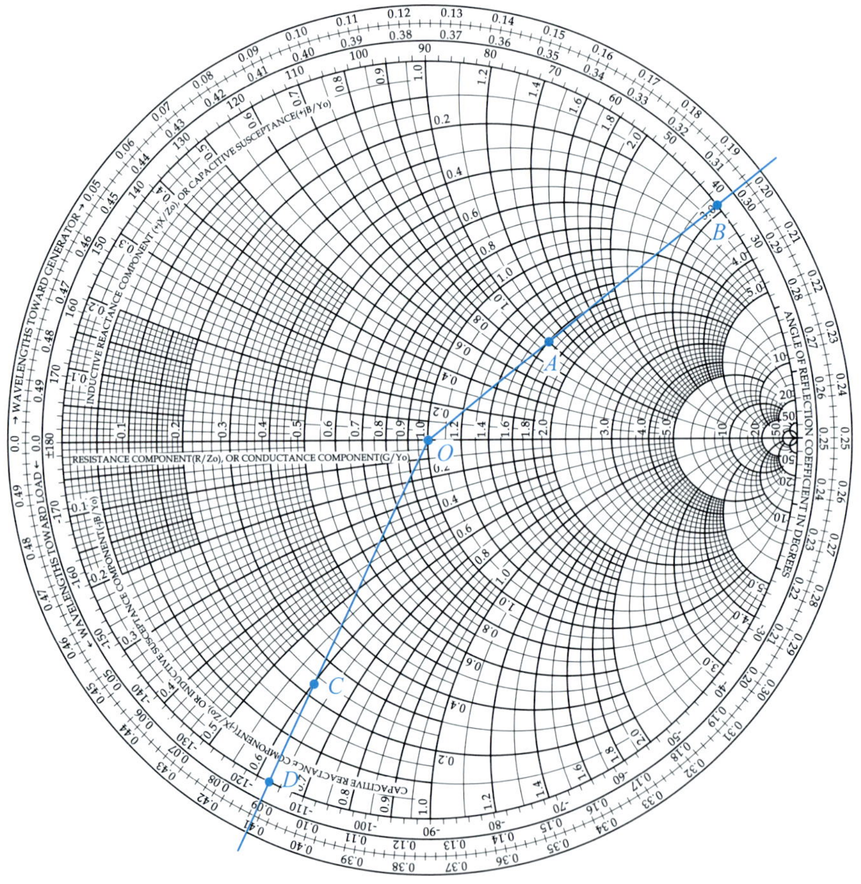

[그림 9-13] [예제 9-14]를 위한 스미스 차트

선분 $\overline{OA}$를 $|\Gamma| = 1$ 위의 점 B까지 연장하면 "ANGLE OF REFLECTION COEFFICIENT IN DEGREES" 눈금에서 각도 38°를 읽을 수 있다. 그 다음, $\overline{OA}/\overline{OB}$를 구하기 위해 실제로

자를 이용해 스미스 차트 위에서 측정하고 계산하면 20.5 [mm] / 49 [mm] = 0.42를 얻는다. 따라서 Γ를 구하면 다음과 같다.

$$\Gamma = 0.42\angle 38° \qquad (9.73a)$$

(b) "ANGLE OF REFLECTION COEFFICIENT IN DEGREES"의 눈금에서 각도 −116°에 해당하는 점이 $|\Gamma| = 1$ 위에서 D로 표시되었다([그림 9-13] 참조). 실제 자를 이용해 측정한 값 ($\overline{OD} = 49$ [mm])을 이용하면 반사계수의 절대값은 $|\Gamma| = 0.71 \times 49 = 34.8$ [mm]에 해당한다. 그 다음 선분 $\overline{OD}$를 따라 원점에서 34.8 [mm]를 이동해 점 C에 도달하면 그 곳에서 $r = 0.225$인 원과 $x = -0.6$인 원이 교차하는 것을 알 수 있다. 따라서 부하 임피던스는 다음과 같다.

$$Z_L = 22.5 - j60\ [\Omega] \qquad (9.73b)$$

위 식의 결과를 증명하기 위해 문제에서 주어진 Γ를 식 (9.71b)에 대입하면 $Z_L = 23.32 - j60.12$ [Ω]을 얻는다. 이 계산 값과 스미스 차트를 이용해 구한 값 사이에는 오직 4%의 오차가 발생한다.

유제 9.26 스미스 차트에서 (a) 중앙, (b) 맨 왼쪽, (c) 꼭대기 점들의 r과 x 값은?

Ans (a) $r = 1, x - 0$, (b) $r = 0, x = 0$, (c) $r = 0, x = 1$

유제 9.27 스미스 차트를 이용해 다음의 정규화 부하 임피던스에 대한 Γ를 구하라.

(a) $z_L = 1$ (임피던스 맞춤의 부하)

(b) $z_L = 0$ (닫힌 회로)

(c) $z_L = \infty$ (열린 회로)

Ans (a) $\Gamma = 0$, (b) $\Gamma = -1$, (c) $\Gamma = 1$

유제 9.28 다음의 반사계수에 해당하는 z_L을 스미스 차트를 이용해 찾아라.

(a) $\Gamma = -0.5$

(b) $\Gamma = j$

(c) $\Gamma = 1\angle -110°$

Ans (a) $z_L = 0.33$, (b) $z_L = j$, (c) $z_L = -j0.7$

9.5.2 Γ와 Z_{in} 사이의 관계

특성 저항 R_o를 가진 길이 ℓ의 무손실 전송선로가 부하 임피던스 Z_L에 연결되었을 때 식 (9.54)에 따라 입력 임피던스는 다음과 같이 주어진다.

$$Z_{in} = R_o \frac{1 + |\Gamma| e^{j(\phi - 2\beta\ell)}}{1 - |\Gamma| e^{j(\phi - 2\beta\ell)}} \tag{9.74}$$

여기서 β는 전송선로를 진행하는 진행파의 위상상수이고, ϕ는 반사계수의 위상각이다. 입력 임피던스를 특성 저항으로 나누어 정규화 입력 임피던스를 다음과 같이 표시할 수 있다.

$$z_{in} \equiv \frac{Z_{in}}{R_o} = \frac{1 + |\Gamma| e^{j(\phi - 2\beta\ell)}}{1 - |\Gamma| e^{j(\phi - 2\beta\ell)}} \tag{9.75}$$

위 식은 식 (9.71b)에 주어진 정규화 부하 임피던스와 매우 유사한 형태를 띠고 있다. 식 (9.71b)에서 Γ는 $z_L = r + jx$와 연관되는데, 스미스 차트의 상수-r 원과 상수-x 원을 이용하여 z_L을 구했다. 비슷한 논리로, 식 (9.75)에서 새로운 복소수 $\bar{\Gamma} \equiv |\Gamma| e^{j(\phi - 2\beta\ell)}$이 $z_{in} = r' + jx'$과 연관된다는 것을 알 수 있다. 이전과 동일한 방식으로, 스미스 차트의 상수-r' 원과 상수-x' 원을 사용하여 z_{in}을 구할 수 있다.

길이 ℓ의 무손실 전송선로가 정규화 부하 임피던스 $z_L = r + jx$에 연결되어 있을 때 정규화 입력 임피던스는 다음의 절차에 따라 스미스 차트에서 구할 수 있다. 첫째로, 스미스 차트에서 상수-r 원과 상수-x 원의 교차점을 찾는다. [그림 9-14]에서 이 점은 A로 표시되는데 부하에서의 반사계수를 나타낸다.

둘째로, 스미스 차트에서 새로운 반사계수 $\bar{\Gamma} \equiv |\Gamma| e^{j(\phi - 2\beta\ell)}$에 해당하는 점을 찾는데, 이때 점 A의 위상각을 $2\beta\ell$ [rad] 만큼 감소시키면 된다. 이러한 절차는 그래프 방법으로 수행될 수 있다. 즉 선분 $\overline{OA}$를 시계방향으로 $2\beta\ell$ [rad] 만큼 회전시키면 된다. 다른 방법으로는 선분 $\overline{OA}$의 끝점을 점 A에서 점 A'까지 상수-$|\Gamma|$ 원을 따라 이동시키면 된다. 이 원은 스미스 차트의 원점에 중심을 두고 점 A를 지나는 원이다. 그 다음, 점 A'에서 교차하는 두 원의 파라미터들, 즉 $r = r'$과 $x = x'$을 읽어서 정규화 입력 임피던스를 $z_{in} = r' + jx'$으로 찾아낸다.

전송선로의 왼쪽 끝단에서 정의되는 입력 임피던스의 개념을 확장하여 선로 위의 임의의 점에서 입력 임피던스를 정의하고 그 값을 구할 수 있다. 부하로부터 거리 ℓ'에서 **부하를 향해 바라본 입력 임피던스** (the input impedance looking toward the load)는 다음과 같이 정의된다.

$$Z_{in}(\ell') = R_o \frac{1 + |\Gamma| e^{j(\phi - 2\beta\ell')}}{1 - |\Gamma| e^{j(\phi - 2\beta\ell')}} \tag{9.76}$$

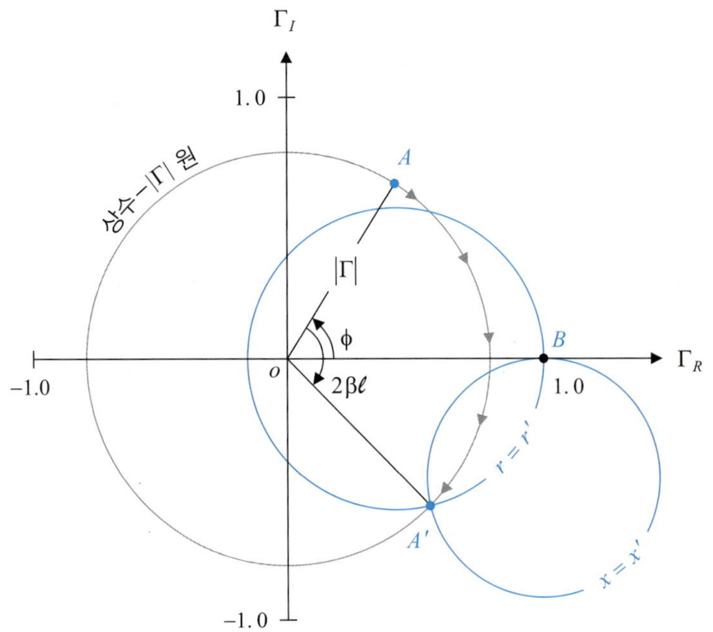

[그림 9-14] Γ에 해당하는 점이 A로, $\bar{\Gamma} \equiv |\Gamma| e^{j(\phi - 2\beta\ell)}$에 해당하는 점이 A'으로 상수-|Γ| 원 위에 표시되었다. 점 A'에서 교차하는 두 원의 파라미터를 읽어서 $z_{in} = r' + jx'$을 찾아낸다.

여기서 식 (9.76)과 (9.74)의 차이는 변수 ℓ'이다. $Z_{in}(\ell')$은 마치 선로의 길이가 ℓ'일 때의 입력 임피던스를 나타낸다. 따라서 $z_{in}(\ell') = Z_{in}(\ell') / R_o$의 값을 구하려면, z_{in}을 구할 때와 동일한 방법으로 스미스 차트를 이용하면 된다. 다시 말해, $\bar{\Gamma} = |\Gamma| e^{j(\phi - 2\beta\ell')}$에 해당하는 점을 스미스 차트에서 찾아야 한다. 우선 Γ에 해당하는 점을 스미스 차트에서 찾아낸 다음, 상수-|Γ| 원 위에서 위상각을 $2\beta\ell'$ [rad] 만큼 감소시켜 $\bar{\Gamma}$에 해당하는 점을 찾고, 그 점에서 교차하는 두 원들의 파라미터 r과 x를 읽으면 된다.

상수-|Γ| 원을 따라 한바퀴 도는 것은 부하로부터 거리 ℓ'이 반 파장만큼 변했다는 것을 의미한다. 그 이유는 $2\beta\ell' = 2\pi$이면 $\ell' = \lambda / 2$이기 때문이다. 전송선로에서 ℓ'의 변화를 스미스 차트에서 표시하기 위해 wavelengths toward generator(*wtg*)라는 눈금이 스미스 차트 테두리에 표시되었다. *wtg*는 파장의 단위로 표시되며 시계방향으로 증가한다. 관례에 따라 *wtg*의 영은 마이너스 Γ_R-축에 설정된다. 만약 선로 위에서 부하를 향해 이동할 필요가 있다면 "wavelengths toward load"라는 눈금을 사용하는 것이 편리한데 이것은 *wtg* 눈금 바로 안쪽에 표시되어 있고 *wtg* 눈금과 정반대로 주어진다. 가장 안쪽에는 "angle of reflection coefficient in degrees" 라는 눈금에 표시되어 있는데 이것은 다름 아닌 각도기이다. 이것의 영점은 플러스 Γ_R-축에 설정되어 있고 그 값은 반시계방향으로 증가한다. 전송선로를 따라 이동할 때에는 이들 중 어떤 것을 사용해도 무관하다. 즉 전송선로 위에서의 위치 변화는 스미스 차트 위에서 극각의 변화로 나타낼 수 있다.

예제 9-15

길이가 0.169λ인 무손실 전송선로가 어떤 부하에 연결되었을 때 전압 반사계수가 $\Gamma = 0.73\angle 55^o$로 주어진다. 스미스 차트를 이용해 정규화 입력 임피던스를 구하라.

풀이

위상각 $\phi = 55°$는 wtg 눈금으로 다음과 같이 변환된다.

$$wtg = \frac{\lambda}{2}\frac{(180° - 55°)}{360°} = 0.174\lambda$$

위 식에서 (180° − 55°)로 나타내는 이유는, 반사계수의 위상각 ϕ가 플러스 Γ_R-축에서 시작하여 반시계방향으로 증가하지만, wtg는 마이너스 Γ_R-축에서 시작하여 시계방향으로 증가하기 때문이다. 상수-$|\Gamma|$ 원에서의 한바퀴는 전송선로에서 반 파장 거리에 해당하기 때문 $\lambda/2$로 나타낸다.

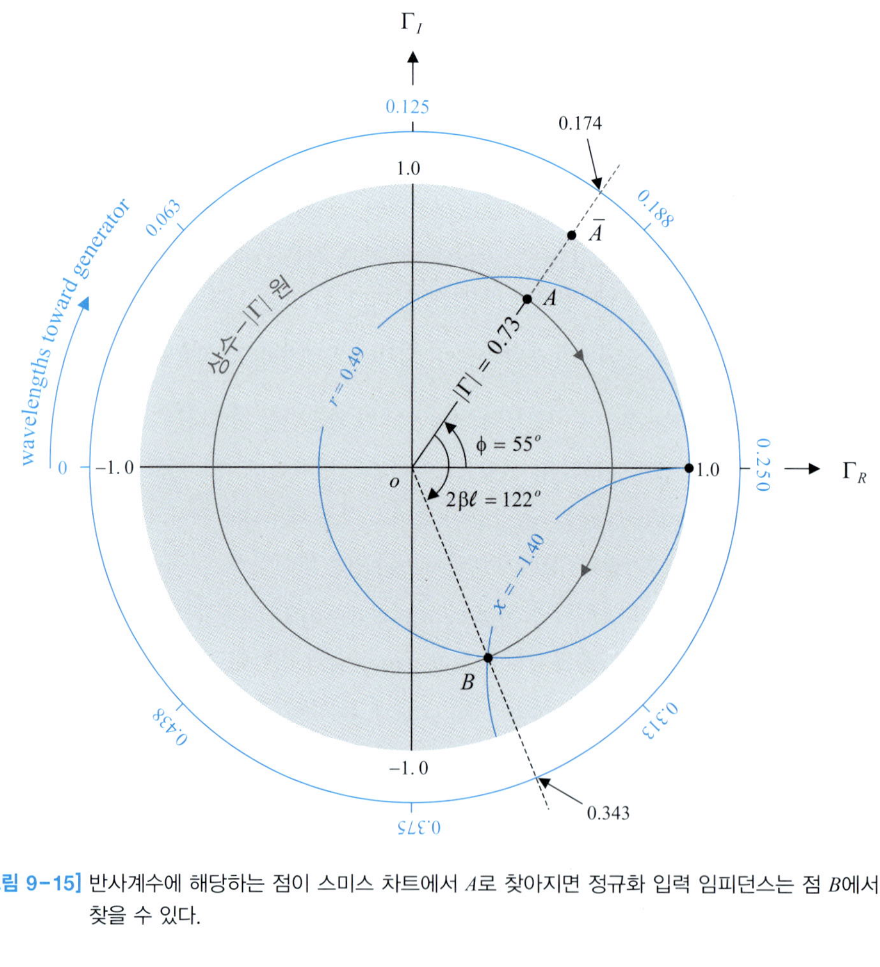

[그림 9-15] 반사계수에 해당하는 점이 스미스 차트에서 A로 찾아지면 정규화 입력 임피던스는 점 B에서 그 값을 찾을 수 있다.

스미스 차트에서 Γ에 해당하는 점은 원점에서 테두리의 점 $\overline{A}$를 잇는 직선 위에 있어야 하는데, 점 $\overline{A}$는 $wtg = 0.174\lambda$를 갖는다. Γ의 점은 스미스 차트 원점으로부터 거리 $0.73 \times o\overline{A}$에 위치한다. 이 점은 [그림 9-15]에서 A로 표시되었다. 그 다음 상수-$|\Gamma|$ 원을 따라 wtg를 $0.174\lambda + 0.169\lambda = 0.343\lambda$로 증가시켜서 $\overline{\Gamma}$에 해당하는 점을 찾아서 B로 표시한다. 이 점에서 $r = 0.49$과 $x = -1.40$를 읽을 수 있다. 따라서 정규화 입력 임피던스는 $z_{in} = 0.49 - j1.40$이다.

유제 9.29 만약 Γ의 위상각이 $-40°$이면 이것의 wtg는?

Ans 0.306λ

유제 9.30 길이 $\ell = 0.122\lambda$인 무손실 선로에서 Γ와 z_{in}의 두 위상각들 사이의 차이를 (a) 각도, (b) wtg로 표시하라.

Ans (a) 87.8°, (b) 0.122λ

유제 9.31 100 [Ω] 무손실 전송선로가 닫힌 회로에 연결되었을 때 $Z_{in} = j50$ [Ω]이다. 스미스 차트를 이용해 선로의 길이를 파장 단위로 표시하라.

Ans $\ell = 0.074\lambda$

9.5.3 Γ와 정재파 비 사이의 관계

특성 임피던스가 R_o인 무손실 전송선로에 부하 저항 R_L이 연결되면 이때의 반사계수는, 만약 R_L이 R_o보다 크면, 양의 실수로 주어진다. 이러한 사실은 다음의 식으로부터 쉽게 증명된다.

$$\Gamma = \frac{R_L - R_o}{R_L + R_o} \tag{9.77}$$

여기서 반사계수는 양의 실수이므로 $\Gamma = |\Gamma|$이고, 위 식의 역함수는 다음과 같이 주어진다.

$$\frac{R_L}{R_o} = \frac{1 + |\Gamma|}{1 - |\Gamma|} = S \tag{9.78}$$

위 식에서 두 등호 사이에 위치한 항의 값은 전송선로 위에서의 정재파 비 S와 동일한 값이다.

[그림 9-16(a)]와 같이, 특성 저항이 R_o인 무손실 선로가 임의의 복소 부하 Z_L에 연결된 상황을 생각해 보자. 입력 임피던스 $Z_{in}(\ell')$을 위해 선로 위에서 부하로부터 거리 ℓ'인 지점으로 이동하면 이것은 스미스 차트에서 상수-$|\Gamma|$ 원을 따라 시계방향으로 이동하는 것에 해당한다. 만약 $\phi - 2\beta\ell' = 0$이면, $|\Gamma| e^{j(\phi - 2\beta\ell')}$에 해당하는 점은, 플러스 Γ_R-축 위에 놓이게 되고 이때의 입력 임피던스는 순수 저항 $Z_{in}(\ell') = R'_{in}$으로 주어진다. 만약 주어진 전송선로가 부하로부터 거리 ℓ'인 지점에서 두 개로 잘린 후 왼쪽 선로에 부하 저항 R'_{in}을 연결하면([그림 9-16(b)] 참조), 이 선로 위에서의 진행파에는 어떠한 변화도 발생하지 않는다. 또한 식 (9.78)에서 보듯이 이 선로 위에서의 정재파 비는 그 값이 정규화 부하저항과 동일한 숫자로 주어진다. 즉 $S = R'_{in} / R_o$이다. 여기서 R'_{in}이 부하 저항으로 취급된다는 것에 주목해야 한다.

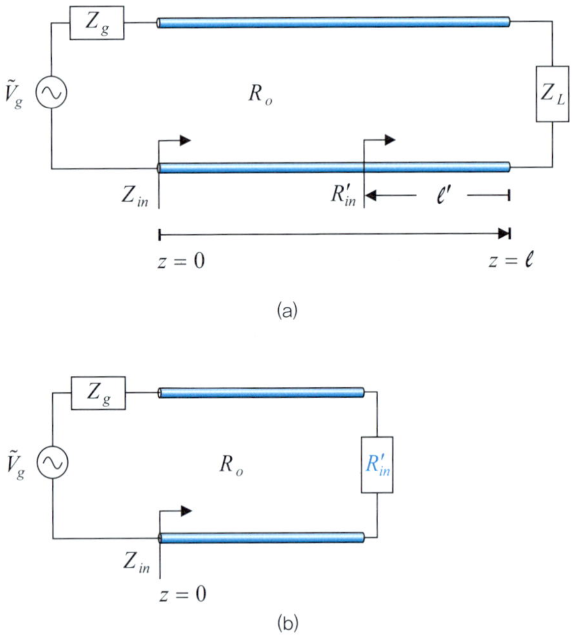

[그림 9-16] (a) 부하로부터 거리 ℓ'에서의 입력 임피던스가 양의 실수로 주어지며 R'_{in}으로 표시된다. (b) ℓ'의 토막을 제거하고 나머지 선로에 부하로서 R'_{in}을 연결하면 이 선로에서의 정재파 비는 $S = R'_{in} / R_o$로 주어지고 원래의 선로에서도 마찬가지이다.

요약하면, 원래의 전송선로에서의 정재파 비는 부하로부터 거리 ℓ'에서 부하를 향해 바라본 정규화 입력 임피던스와 동일하며, 이것이 1보다 크지 않은 실수일 때 유효하다. 결론적으로, 정재파 비는 스미스 차트의 플러스 Γ_R-축 위에서 구할 수 있다.

예제 9-16

무손실 전송선로에 어떤 부하가 연결되면 그 반사계수가 $\Gamma = 0.73\angle 55°$로 주어진다. 스미스 차트를 이용해 이 선로 위에서의 정재파 비를 구하라.

풀이

반사계수 Γ에 해당하는 점이 [그림 9-17]의 스미스 차트에서 A로 표시되었다. 이 점은 $\overline{oA}$가 수평축과 55°의 각도를 이루고, 그 길이는 스미스 차트 반지름의 0.73 배가 되도록 하여 찾은 점이다. 이 점을 지나는 상수-|Γ| 원이 플러스 Γ_R-축과 교차하는 점을 B로 표시하였다. 이 점에서 $r = 6.4$와 $x = 0$를 읽는다. 따라서 주어진 선로 위의 정재파 비는 $S = 6.4$이다.

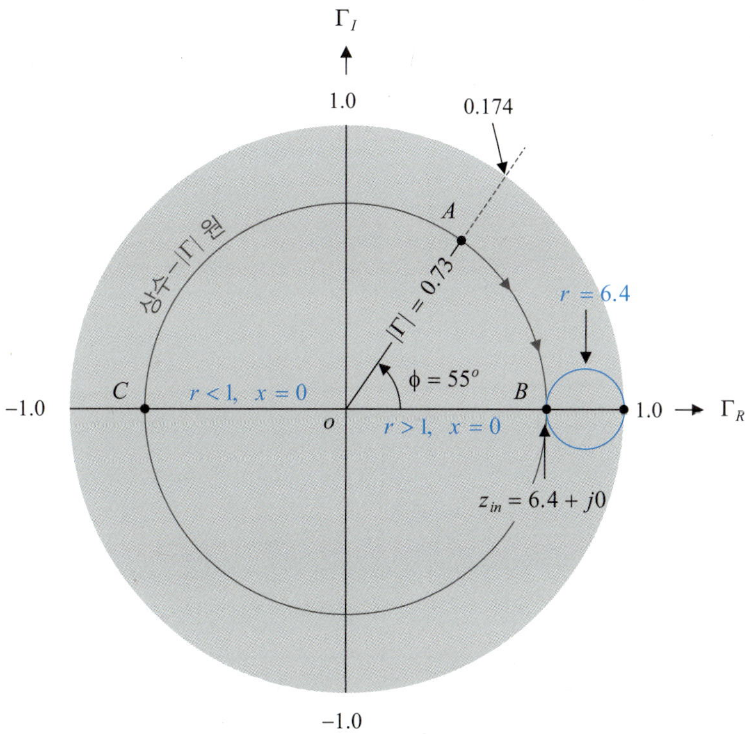

[그림 9-17] 반사계수에 해당하는 점이 A로 찾아지면 정재파 비를 점 B에서 찾을 수 있다.

식 (9.78)에서 보듯이 상수-|Γ| 원은 정확히 상수-S 원과 일치한다. 비록 상수-S 원 위의 점들은 서로 다른 부하 임피던스에 해당할 지라도 이들은 모두 동일한 정재파 비를 발생시킨다. |Γ|의 값은 상수-|Γ| 원의 반지름과 스미스 차트의 반지름 사이의 비로 주어진다. 반면에 S 값은 상수-|Γ| 원에 맞닿은 상수-r 원의 r 값이다. [그림 9-17]에서 보듯이 상수-S 원은 Γ_R-축과 두 점 B와 C에서 교차하는데 식 (9.46a)와 (9.47a)에서 보듯이 이 점들은 전송선로에서 각각 $|\tilde{V}|_{\max}$와 $|\tilde{V}|_{\min}$의 위치에 해당한다.

예제 9-17

특성 저항이 100 [Ω]인 무손실 전송선로의 길이가 0.24λ인데 이것이 부하 $Z_L = 140 + j130$ [Ω]에 연결되었을 때 스미스 차트를 이용해 다음 값을 구하라.

(a) 전압 반사계수

(b) 입력 임피던스

(c) 정재파 비

(d) 부하로부터 첫번째 최대전압의 위치

풀이

(a) 정규화 부하 임피던스는 다음과 같다.

$$z_L = (140 + j130)/100 = 1.4 + j1.3$$

$r = 1.4$와 $x = 1.3$의 두 원의 교차점이 [그림 9-18]의 스미스 차트에서 A로 표시되었다.

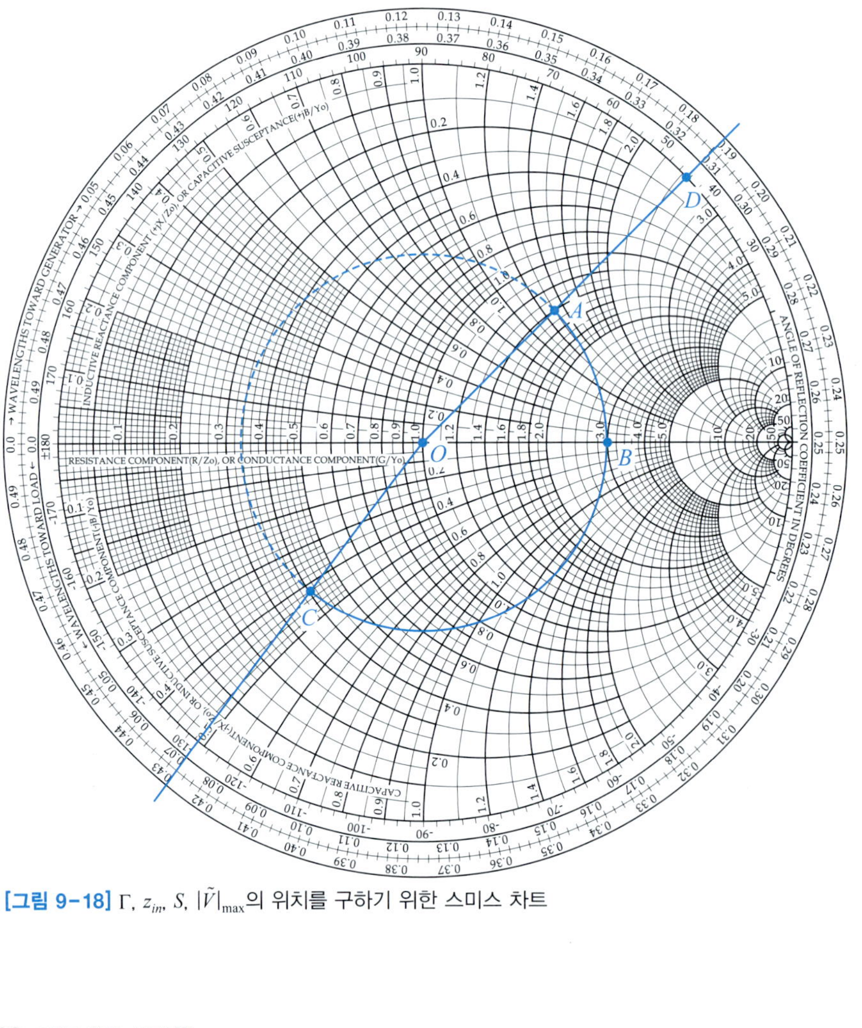

[그림 9-18] Γ, z_{in}, S, $|\tilde{V}|_{max}$의 위치를 구하기 위한 스미스 차트

이때 다음을 구한다.

$$\frac{\overline{OA}}{\overline{OD}} = 0.5 = |\Gamma|,\ \text{점 } A\text{의 } wtg\text{는 } 0.188\lambda$$

선분 $\overline{OA}$와 $+\Gamma_R$−축 사이의 wtg 차이는 0.062λ이며, 이를 극각으로 환산하면 $\phi = 0.062 \times 4\pi = 0.78$ [rad]이다. 따라서 전압 반사계수는 $\Gamma = 0.5\, e^{j0.78}$이다.

(b) 선로 길이 0.24λ는 점 A에서 점 C로 $|\Gamma| = 0.5$ 원을 따라 wtg를 0.24λ만큼 증가시키는 것에 해당한다. 점 C에서 $r = 0.40$와 $x = -0.42$를 읽는다. 따라서 입력 임피던스는 $Z_{in} = 40 - j42$ [Ω]이다.

(c) $|\Gamma| = 0.5$ 원은 $+\Gamma_R$−축과 점 B에서 교차한다. 여기서 $r = 3.0$와 $x = 0$를 읽는다. 따라서 정재파 비는 $S = 3.0$이다.

(d) 식 (9.45)에서 보듯이, 전압 최대진폭은 조건 $e^{j(\phi - 2\beta\ell')} = 1$이 만족되는 부하로부터 거리 ℓ'에서 나타난다. 따라서 정규화 입력 임피던스 $z_{in}(\ell')$은 양의 실수이고 (식 (9.61) 참조), 점 B는 최대전압의 위치이다. 점 A와 B 사이의 wtg 차이는 첫번째 최대전압이 부하로부터 떨어진 거리이다. 따라서 $\ell' = 0.062\lambda$이다.

유제 9.32 무손실 전송선로가 [그림 9−13]의 스미스 차트에 보인 (a) 점 A, (b) 점 C에 해당하는 부하 임피던스에 연결되었다. 이때 SWR을 구하라.

Ans (a) $S = 2.4$, (b) $S = 6.0$

유제 9.33 무손실 전송선로에서 SWR이 2.0이고 첫번째 최대전압이 부하로부터 0.461λ 떨어져 나타난다. 스미스 차트를 이용해 정규화 부하 임피던스를 구하라.

Ans $z_L = 1.7 - j0.6$

9.5.4 스미스 차트와 어드미턴스

어드미턴스는 임피던스의 역수로 정의되며, 이를 이용하면 전송선로 문제들을 보다 간편하게 풀 수 있다. 특성 저항이 R_o인 무손실 전송선로의 길이가 사분파장에 해당하며 부하 임피던스 Z_L에 연결된 경우를 생각해 보자. 식 (9.56)에 $\beta\ell = \pi/2$를 대입하면 입력 임피던스는 다음과 같이 주어진다.

$$Z_{in} = R_o \frac{Z_L + jR_o \tan(\pi/2)}{R_o + jZ_L \tan(\pi/2)} = \frac{R_o^2}{Z_L}$$

어드미턴스 $Y_L = 1/Z_L$과 $Y_o = 1/R_o$를 대입하면 위 식을 다음과 같이 표시할 수 있다.

$$\frac{Z_{in}}{R_o} = \frac{Y_L}{Y_o} \tag{9.79}$$

여기서 등호 왼쪽은 정규화 입력 임피던스 z_{in}을 나타내고, 오른쪽은 정규화 부하 어드미턴스 y_L을 나타낸다. 따라서 다음과 같이 나타낼 수 있다.

$$z_{in} = y_L \equiv g + jb \tag{9.80}$$

여기서 g는 **정규화 부하전도율**(normalized load conductance)이고 b는 **정규화 부하서셉턴스**(normalized load susceptance)이다. 결론적으로, 사분파장 길이의 전송선로의 정규화 입력 임피던스는 정규화 부하 어드미턴스와 그 값이 같다. 따라서 정규화 부하 어드미턴스는 다음과 같이 표시된다.

$$y_L \equiv \frac{Y_L}{Y_o} = R_o Y_L \tag{9.81}$$

[그림 9-19]에 식 (9.79)의 관계식을 그림으로 표시하였다.

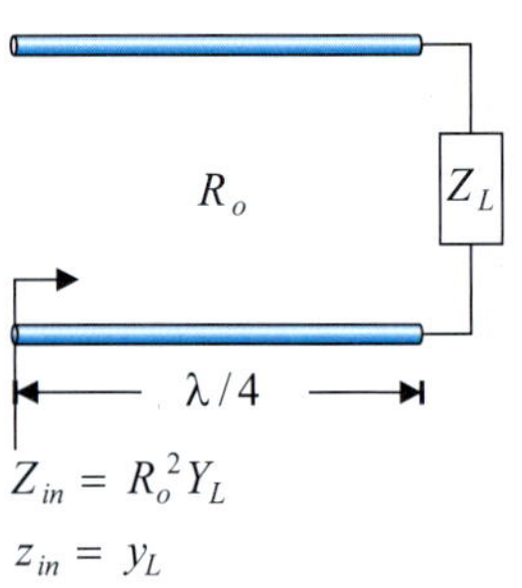

[그림 9-19] 사분파장 길이 전송선로의 정규화 입력 임피던스는 정규화 부하 어드미턴스와 그 값이 같다.

스미스 차트는 어드미턴스 차트로 사용될 수 있다. 이 경우 상수$-r$ 원들은 상수$-g$ 원들로 취급되고, 상수$-x$ 원들은 상수$-b$ 원들로 취급된다. 식 (9.80)에 따라 스미스 차트에서 부하 어드미턴스를 다음의 절차에 따라 구할 수 있다.

첫째로, 주어진 정규화 부하 임피던스 $z_L = r' + jx'$에 해당하는 점을 스미스 차트에서 A로 표시한다([그림 9-20] 참조). 그 다음, 부하로부터 거리 $\lambda/4$에서의 정규화 입력 임피던스를 구하기 위해 상수$-|\Gamma|$ 원을 따라 점 B로 이동한다. 이러한 이동은 A의 위상각을 180° 줄이거나 혹은 wtg를 0.25λ 증가시키면 된다. 그러면 점 B에서 $r = r''$과 $x = x''$을 읽어낼 수 있다. 따라서 정규화 입력 임피던스는 $z_{in} = r'' + jx''$이고 또한 정규화 부하 어드미턴스도 $y_L = r'' + jx''$이다. 결론적으로 부하 어드미턴스는 다음과 같이 표시된다.

$$Y_L = \frac{z_{in}}{R_o} = \frac{r'' + jx''}{R_o} \quad [\mathrm{S}] \tag{9.82}$$

여기서 R_o는 전송선로의 특성 저항이다. 어드미턴스는 지멘스 단위로 표시된다.

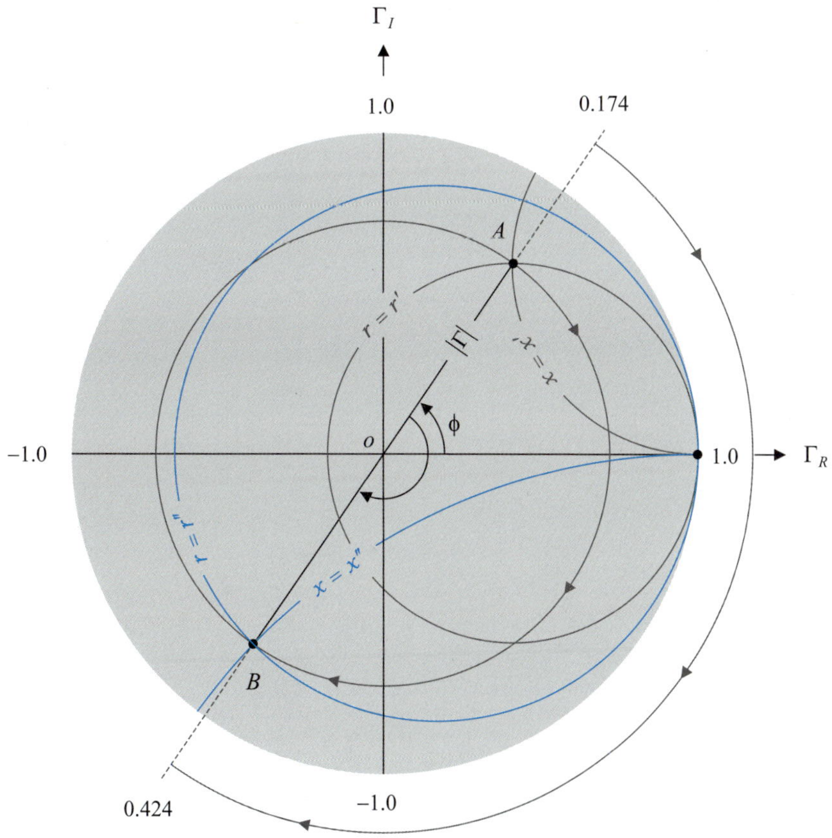

[그림 9-20] z_L이 점 A로 주어지면 y_L은 점 B에서 구해지는데, 점 B는 점 A에 대해 상수$-|\Gamma|$ 원 위에서 대각선 이미지에 해당한다.

예제 9-18

특성 저항 280 [Ω]의 무손실 선로의 길이가 0.113λ인데 부하 임피던스 $Z_L = 168 + j161$ [Ω]에 연결되었다. 스미스 차트를 이용해 다음 값을 구하라.

(a) 부하 어드미턴스 Y_L

(b) 입력 어드미턴스 Y_{in}

풀이

정규화 부하 임피던스는 $z_L = 0.60 + j0.575$ [Ω]이다. z_L에 해당하는 점이 [그림 9-21]의 스미스 차트에 A로 표시되는데 이 점의 wtg는 0.104λ이다. 상수-|Γ| 원을 따라 wtg를 0.113λ만큼 증가시켜 점 B로 이동하면 여기서 $r = 2.0$와 $x = 0.8$을 읽을 수 있다. 따라서 입력 임피던스는 다음과 같다.

$$Z_{in} = 280 \times (2.0 + j0.8) = 560 + j224 \ [\Omega]$$

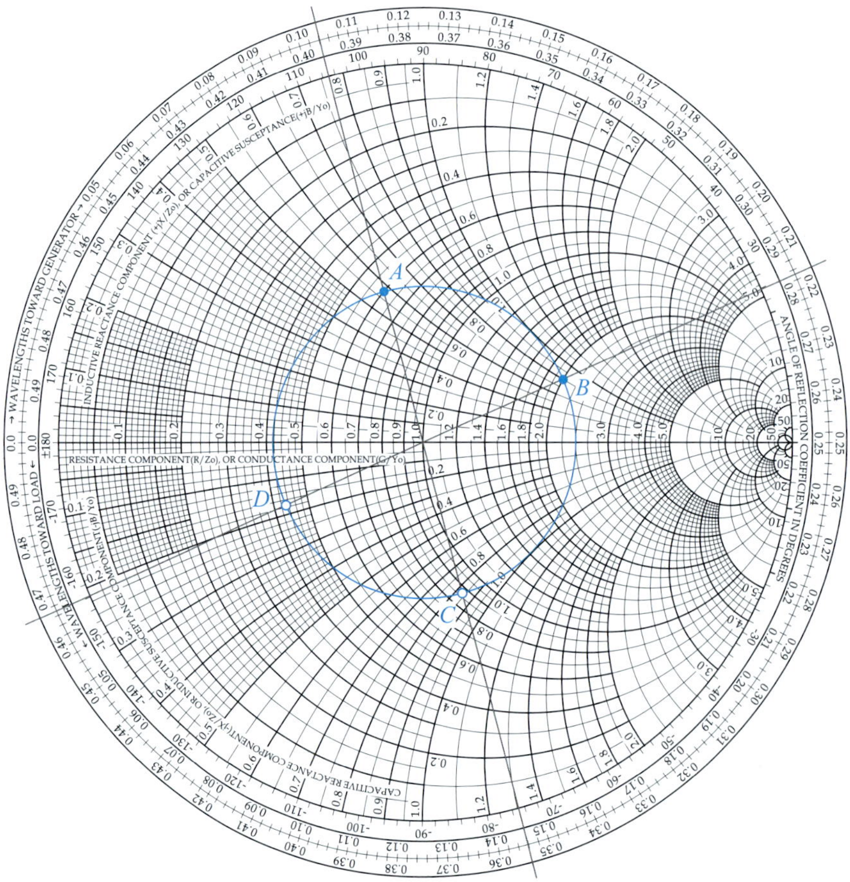

[그림 9-21] 점 A, z_L; 점 B, z_{in}; 점 C, y_L; 점 D, y_{in}. 점 C와 D는 각각 점 A와 B에 대한 대각선 이미지이다.

그 다음 점 A와 B의 대각선 이미지를 상수$-|\Gamma|$ 원 위에서 찾아 각각 C와 D로 표시한다. 점 C에서 $g = 0.87$과 $b = -0.83$를 읽어서 부하 어드미턴스를 다음과 같이 찾는다.

$$Y_L = (0.87 - j0.83) / 280 = 3.1 - j3.0 \text{ [mS]}$$

점 D에서 $r = 0.43$이고 $x = -0.17$이므로 입력 어드미턴스를 다음과 같이 찾을 수 있다.

$$Y_{in} = (0.43 - j0.17) / 280 = 1.5 - j0.6 \text{ [mS]}$$

여기서, 점 C와 D 사이의 wtg 차이는 선로 길이에 해당한다.

유제 9.34 식 $\coth(a + jb) = 0.5\, e^{j0.78}$을 스미스 차트를 이용해 풀어서 a와 b를 구하라.

HINT 이 식을 식 (9.71b) 형태로 다시 쓰라.

Ans $a = 0.32$, $b = -1.19$

9.5.5 전송선로 임피던스 맞춤

무손실 전송선로에 연결되는 부하 임피던스가 선로의 특성 저항과 일치하면 부하에 최대 전력을 전달할 수 있다. 이 경우 부하에서의 반사계수가 영이므로 선로 위에 정재파가 형성되지 않는다. 그러나 실제로 부하는 어떤 특정한 독립적인 역할을 하도록 설계되어 있으므로 부하를 전송선로에 임피던스 맞춤하기가 불가능하다. 차선책으로 임피던스 맞춤회로를 전송선로와 부하 사이에 삽입하면 이 문제를 해결할 수 있다. 임피던스 맞춤회로에는 변압기와 토막맞춤 회로 등이 주로 사용된다.

■ 사분파장 변압기

하나의 사분파장 변압기가 임피던스 맞춤회로로 사용될 수 있다([그림 9-22] 참조). 특성 저항 R_o의 무손실 전송선로가 부하 임피던스 Z_L에 연결된 경우 부하로부터 거리 ℓ'에서 이 선로를 둘로 나누는데, 오른쪽의 ℓ' 토막의 입력 임피던스가 순수 저항 R_{in}이 되도록 나눈다. 그 다음, 특성 저항이 $R_1 = \sqrt{R_o R_{in}}$으로 주어지는 사분파장 선로를 두 선로 사이에 삽입하면 단자 AA'에서의 입력 임피던스는 R_o가 된다. 따라서 공급선에서 진행하는 순방향파는 단자 AA'에서 반사하지 않는다. 즉 왼쪽 끝단에 연결된 전원으로부터의 전력이 모두 부하에 전달된다. 물론 이 경우 사분파장 선로의 단자 AA'과 BB' 사이에서, 또한 ℓ' 토막의 단자 BB'과 부하 저항 사이에서 진행파의 무한 반사가 발생한다. 그러나 이로 인한 전력 소모는 영인데 그 이유는 이들이 모두 무손실 선로이기 때문이다.

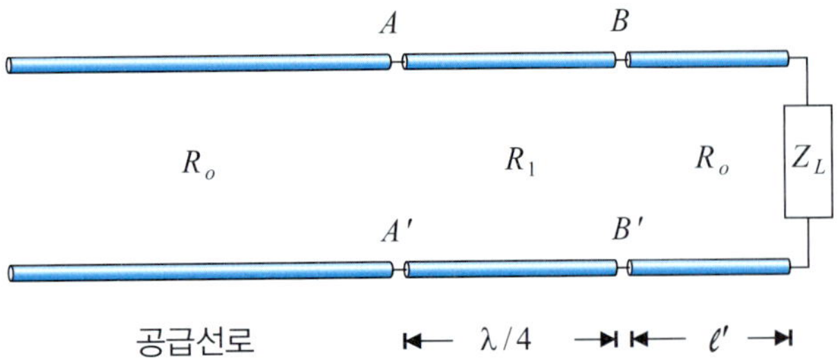

[그림 9-22] 사분파장 변압기가 임피던스 맞춤회로로 사용된다.

■ 토막 임피던스 맞춤회로

부하로부터 거리 ℓ'에서 열린 토막 혹은 닫힌 토막을 공급선로에 병렬로 연결하면 그 위치에서의 입력 임피던스 값이 변한다. 그러나 열린 토막은 고주파에서 원치 않는 전자기 에너지를 방출하여 주변의 회로와 간섭을 일으킬 수 있다. 대부분의 경우, 주 선로와 동일한 특성 임피던스를 가진 닫힌 토막을 병렬로 연결하여 임피던스 맞춤회로로 사용한다. 이러한 방법을 **단일토막 맞춤**(single stub method)이라고 한다. 병렬로 연결된 회로에서는 어드미턴스가 서로 더해지므로, 단일토막 맞춤이 이용되는 경우 어드미턴스를 사용하는 것이 편리하다.

[그림 9-23]은 전형적인 단일토막 맞춤의 예시를 나타낸다.

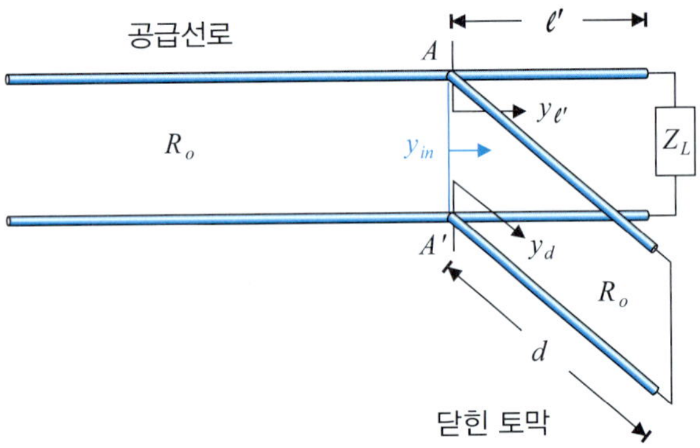

[그림 9-23] 임피던스 맞춤을 위한 닫힌 토막

여기서 길이 d인 닫힌 토막이 부하로부터 거리 ℓ'에서 주 선로에 병렬로 연결되었다. 두 미지수 ℓ'과 d를 잘 선택하면 단자 AA'에서의 정규화 입력 어드미턴스를 1로 만들 수 있다. 즉 $y_{in} = 1$이다. 우선 길이가 d인 닫힌 토막의 정규화 입력 어드미턴스를 다음과 같이 허수로 설정한다.

$$y_d = jb_d \tag{9.83}$$

여기서 서셉턴스 b_d는 양 혹은 음의 실수이다.

이후 닫힌 토막이 제거된 상태에서 주 선로의 단자 AA'에서 부하를 향해 바라본 정규화 입력 어드미턴스를 다음과 같이 설정한다.

$$y_{\ell'} = 1 - jb_d \tag{9.84}$$

닫힌 토막이 병렬로 연결되면 그 단자에서의 정규화 입력 어드미턴스는 1이 된다.

$$y_{in} = y_{\ell'} + y_d = 1 \tag{9.85}$$

이것을 **임피던스 맞춤조건**(impedance matching condition)이라 부른다.

예제 9-19

부하 임피던스 $Z_L = 25 - j75$ [Ω]이 100 [Ω]의 무손실 선로에 연결되었다. 길이 d의 닫힌 토막이 부하로부터 거리 ℓ'에서 병렬로 연결되어 임피던스 맞춤이 이루어진다. 이때 가장 작은 값의 ℓ'과 d를 구하라.

풀이

정규화 부하 임피던스는 $z_L = 0.25 - j0.75$이다. $r = 0.25$와 $x = -0.75$인 원들의 교차점이 [그림 9-24]의 스미스 차트에서 A로 표시되었다. 이 점의 wtg는 0.394λ이다.

그림에서 상수-$|\Gamma|$ 원(파란색 원)은 점 A를 통과하도록 그려졌다. 점 A의 대각선 이미지가 B로 표시되는데 이 점은 y_L을 나타내고 그 wtg는 0.144λ이다. 그 다음, 상수-$|\Gamma|$ 원과 $g = 1$인 원 (즉, $r = 1$인 원)이 교차하는 두 점을 C와 D로 표시한다.

점 C에서 $wtg = 0.19\lambda$이고 여기서 $g = 1$과 $b = 2.1$을 읽을 수 있다. 두 점 B와 C 사이의 wtg 차이는 0.046λ이다. 따라서 닫힌 토막은 부하로부터 거리 $\ell' = 0.046\lambda$에서 주 선로에 병렬로 연결되어야 한다.

닫힌 토막의 부하 임피던스는 $z_L = 0$이며, 이는 Γ_R-축의 맨 왼쪽 끝점에 해당한다. 이 점의 대각선 이미지는 점 G로, 이는 Γ_R-축의 맨 오른쪽 끝점에 해당한다. 점 G를 통과하는 상수-$|\Gamma|$ 원은 스미스 차트 테두리에 해당하는데 이 원을 따라 $b = -2.1$로 주어지는 점 E로 이동하면 wtg는 0.071λ 만큼 증가한다. 따라서 닫힌 토막의 길이는 $d = 0.071\lambda$이어야 한다.

또 다른 방법으로, 점 D가 단일토막 맞춤에 사용되는 경우에 대해 알아보자. 점 D에서 $g = 1$, $b = -2.1$이므로, 두 점 B와 D 사이의 wtg 차이가 0.166λ라는 것을 찾아낸다. 따라서 닫힌 토막의 위치는 부하로부터 거리 $\ell' = 0.166\lambda$여야 한다. 스미스 차트 테두리와 $b = 2.1$ 원이 교차하는 점은 wtg가 0.179λ로 주어진다. 그런데 점 G에서 테두리를 따라 이 교차점으로 이동할 때 반드시 시계방향으로 돌아야 하므로 이 두 점들 사이의 *wtg* 차이는 0.429λ이며, 이는 곧 닫힌 토막의 길이를 나타낸다.

그러나 두번째 방법에서 구한 ℓ'과 d는 첫번째 방법에서 구한 값들보다 크므로 정답이 아니다.

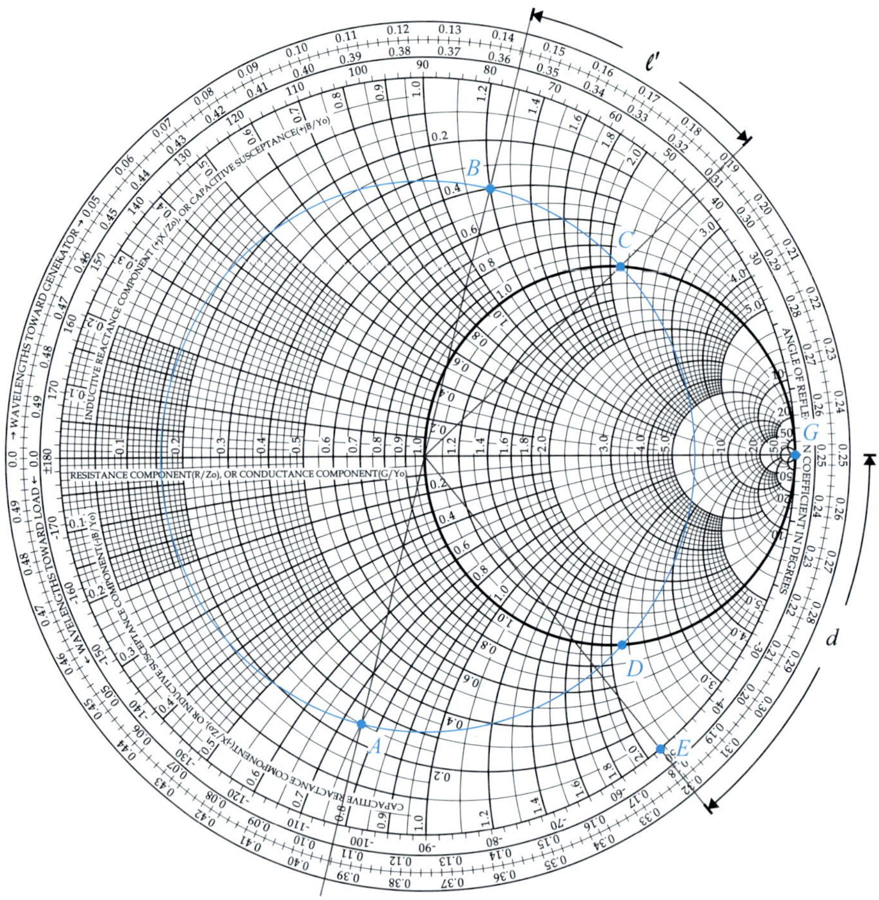

[그림 9-24] 하나의 닫힌 토막을 이용한 임피던스 맞춤

유제 9.35 100 [Ω]의 무손실 선로가 $Z_L = 160 + j220$ [Ω]에 연결될 때 인접한 최대전압 사이의 거리가 5 [cm]이다. 단일토막 맞춤을 위해 (a) 부하로부터 닫힌 토막까지의 가장 가까운 거리, (b) 닫힌 토막의 가장 짧은 길이를 구하라.

Ans (a) 2.31 [cm], (b) 0.81 [cm]

복습문제

Q 9.39 스미스 차트는 어떤 기본식에 기초하고 있나? **A** 식 (9.71b)

Q 9.40 스미스 차트의 수평축과 수직축은 무엇을 나타내나? **A** [그림 9-12]

Q 9.41 스미스 차트의 테두리는 어떤 의미를 가지나? **A** [그림 9-12]

Q 9.42 스미스 차트의 수평축에서 r과 x는 어떤 값을 가지나? **A** [그림 9-13]

Q 9.43 스미스 차트에서 r과 x 값들의 조합은 무엇을 나타내나? **A** 식 (9.71b), (9.75), (9.78), (9.80)

Q 9.44 상수 $-|\Gamma|$ 원을 따라 이동한다는 것은 무엇을 의미하나? **A** 식 (9.76)

Q 9.45 상수 $-|\Gamma|$ 원과 상수$-S$ 원이 정확히 일치한다는 것을 설명하라. **A** 식 (9.78)

Q 9.46 스미스 차트에서 z_L와 y_L 사이의 기하학적 관계를 설명하라. **A** [그림 9-21]

Q 9.47 스미스 차트에서 y_{in} 혹은 z_{in}을 구하기 위해 상수 $-|\Gamma|$ 원을 따라 시계방향으로 이동하는가? **A** [그림 9-21]

연습문제

전송선로 파라미터

9.1 구리 동축 선로가 반지름이 2 [mm]인 안쪽 도체와 안쪽 반지름이 6 [mm]인 바깥 도체로 이루어졌다. 도체 사이 공간이 $\varepsilon_r = 2.26$이고 $\sigma = 3\times10^{-6}$ [S/m]인 유전체로 채워져 있을 때 동작 주파수 1 [GHz]에서 다음 값을 구하라.

(a) R, L, G, C

(b) α, β, Z_o

9.2 평행판 선로가 폭이 16 [mm]인 두 구리 스트립으로 만들어졌는데 이들 사이 공간은 두께 2 [mm]의 유전체 평판($\mu = \mu_0$, $\varepsilon_r = 2.6$, $\sigma = 10^{-4}$ [S/m])으로 채워져 있다. 주파수 100 [MHz]에서 R, L, G, C를 구하라.

9.3 도선 선로가 반지름이 1 [mm]인 두 구리 도선으로 만들어졌는데 두 도선 사이의 축간 거리는 2 [cm]이고, $\varepsilon_r = 2$이고 σ는 영이 아닌 유전체에 둘러싸여 있다. 이것이 주파수 10 [MHz]에서 비왜곡 선로로 동작한다면 이 선로의 R, L, G, C 와 감쇠상수 α를 구하라.

9.4 특성 저항 50 [Ω]의 무손실 동축 선로가 $\varepsilon_r = 2.26$의 유전체를 두 도체 사이의 절연체로 사용하는데 그 두께가 4.5 [mm]이다. 이때 안쪽 도체의 반지름을 구하라.

9.5 무손실 공기 도선 선로가 반지름이 0.3 [mm]이고 축간 거리가 3 [mm]인 두 도체로 이루어졌다. 만약 도체의 반지름이 두 배로 커지면 Z_o와 β는 어떻게 변하나?

9.6 공기로 채워진 하나의 동축 선로와 하나의 구리 도선 선로가 모두 $R \ll \omega L$이고 $G = 0$의 특성을 가진다. 이들의 감쇠상수를 다음의 조건에서 서로 비교하라. **HINT** 식 (9.24)

(a) $b/a = 3$

(b) $b/a = 20$

9.7 주파수 1 [GHz]에서 동작하는 하나의 동축 선로가 $R = 0.79$ [Ω/m], $L = 0.14$ [μH/m], $G = 1.2$ [mS/m], $C = 360$ [pF/m]의 값들을 가진다. 이 선로의 α, β, Z_o를 구하라.

9.8 하나의 무손실 전송선로가 80 [MHz]로 동작할 때 $Z_o = 75$ [Ω]이고 $\beta = 8.42$ [rad/m]이다. 이 선로의 L과 C를 구하라.

9.9 하나의 전송선로가 500 [MHz]로 동작할 때 $\alpha = 0.02$ [Np/m], $\beta = 30$ [rad/m], $Z_o = 60$ [Ω]의 값을 가진다. 이 선로의 R, L, G, C를 구하고 이것이 비왜곡 선로임을 보여라.

9.10 한 전송선로가 $Z_o = 30$ [Ω], $\alpha = 47$ [mNp/m], $\upsilon_p = 1.8\times10^8$ [m/s]의 값을 가지고 주파수 100 [MHz]에서 비왜곡 선로로 동작한다면 이 선로의 R, L, G, C는?

9.11 특성 저항 75 [Ω]의 동축 선로가 반지름 1 [mm]인 안쪽 구리 원통과 안쪽 반지름이 5 [mm]인 바깥쪽 구리 원통 껍질로 만들어졌는데 주파수 1 [GHz]에서 비왜곡 선로로 동작한다. 도체 사이 절연체가 비자성체인 경우 이것의 전도도와 유전상수를 구하라.

9.12 공기 전송선로에서 동작 주파수에 관계없이 다음의 것들이 항상 만족한다는 것을 보여라.

(a) γ의 위상각은 범위 $\pi/4 < \theta_1 \leq \pi/2$ 내에 있다.

(b) Z_o의 위상각은 범위 $-\pi/4 < \theta_2 \leq 0$ 내에 있다.

(c) $\theta_1 - \theta_2 = \pi/2$

9.13 무손실 공기 동축 선로가 z-축에 따라 놓여 있으며 거기에 전류 $i = I_o \cos(\omega t - kz)$가 흐른다고 할 때 다음 질문에 답을 구하라.

(a) $\mathscr{H} = H(z,t)\,\mathbf{a}_\phi$를 가정하여 자기장과 전기장을 구하라.

(b) (a)에서 구한 전기장을 이용하여 진폭이 V_o인 전압파의 표현식을 구하라.

(c) 비 V_o/I_o가 동축 선로의 Z_o와 같다는 것을 보여라.

HINT 식 (9.14)와 (9.21b)

연습문제

반사계수

9.14 무손실 전송선로에서 전압 최대진폭은 2.4 [V]이고 최소진폭은 0.8 [V]일 때 부하에서의 반사계수의 크기를 구하라.

9.15 특성 저항 50 [Ω]의 선로에서 정재파 비는 2.7이고 첫번째 최대전압은 부하로부터 거리 0.4λ에서 관찰된다. 부하에서 전압 반사계수를 구하라.

9.16 무손실 150 [Ω] 선로에서 정재파 비가 1.5이고 첫번째 최소전압 및 최대전압이 부하로부터 각각 거리 4 [cm]와 10 [cm]에서 나타난다면 부하에서의 Γ는 얼마인가?

9.17 무손실 전송선로에서 인접한 $|\tilde{V}|_{max}$와 $|\tilde{V}|_{min}$의 값들이 각각 1.0 [V]와 0.8 [V]이고 이들 사이 거리가 3.5 [cm]이다. 만약 첫번째 최대전압이 부하로부터 거리 24 [cm]에서 관찰된다면 부하에서의 Γ는 얼마인가?

9.18 공기 절연의 200 [Ω] 선로가 부하 임피던스 $Z_L = 120 - j80$ [Ω]에 연결되었다. 만약 부하가 닫힌 회로로 교체되면 최소전압 위치가 부하를 향해 2.5 [cm] 이동한다. 이 선로의 동작 주파수를 구하라.

9.19 공기 절연의 전송선로가 $Z_o = 100$ [Ω]을 가지며 그 끝단이 75 [Ω] 저항과 25 [pF] 축전기에 직렬로 연결되었다. 동작 주파수가 200 [MHz]일 때 다음 값을 구하라.

(a) 부하에서의 반사계수

(b) 최대전압의 위치

9.20 무손실 선로가 $Z_o = 50$ [Ω]과 $\beta = 1.2\pi$ [rad/m]를 가지는데 부하 임피던스 $Z_L = 80 + j120$ [Ω]에 연결되었다. 순방향파의 진폭이 $V_o^+ = 10$ [V]일 때 다음 값을 구하라.

(a) 부하에서의 반사계수

(b) 선로 위의 총 전압

(c) 첫번째 최대전압의 부하로부터의 거리

9.21 무손실 200 [Ω] 선로가 미지의 부하 임피던스에 연결되었을 때 정재파 비가 3.2이고 첫번째 최소전압이 부하로부터 거리 0.4 λ에서 관찰된다. 이때 다음 값을 구하라.

(a) 부하에서의 전압 반사계수

(b) 부하 임피던스

9.22 부하 임피던스 $Z_L = 282 + j141$ [Ω]에 연결된 무손실 선로에서 SWR이 3.6일 때 200 [Ω]보다 작다고 알려진 이 선로의 특성 저항을 구하라.

9.23 무손실 100 [Ω]의 전송선로의 길이가 0.2λ인데 이것이 부하 임피던스 $Z_L = 120 + j40$ [Ω]에 연결되었을 때 부하전압이 $\tilde{V}_L = 50$ [V]이다. 이 선로의 입력단에서의 전압을 구하라.

9.24 저주파에서 동작하는 전기회로가 닫힌 회로가 되면 과도한 전류가 흘러서 회로가 크게 손상된다. 그러나 고주파에서 작동하는 전송선로에서는 이런 문제가 발생하지 않는다. 공기 절연의 100 [Ω] 무손실 선로의 길이가 10 [cm]인데 닫힌 회로에 연결되었다. 이 선로가 다음의 전압원천에 직접 연결될 때 닫힌 회로에 흐르는 전류를 구하라. **HINT** $\Gamma = -1$

(a) $v_g = 10\cos(3\times10^5 t)$

(b) $v_g = 10\cos(3\times10^8 t)$

입력 임피던스

9.25 특성 저항 100 [Ω]의 무손실 동축 선로가 절연체로 $\varepsilon = 2.56\varepsilon_0$와 $\mu = \mu_0$인 유전체를 사용한다. 이 선로의 길이는 1.5 [m]인데 부하 임피던스 $Z_L = 60 + j50$에 연결되었다. 동작 주파수 200 [MHz]에서 입력 임피던스를 구하라.

9.26 공기 절연의 100 [Ω] 도선 선로가 길이가 0.6 [m]이고 미지의 부하 임피던스 Z_L에 연결되었다. 동작 주파수 50 [MHz]에서 이 선로의 입력 임피던스가 $Z_{in} = 100 + j130$ [Ω]이다. Z_L을 구하라.

9.27 하나의 무손실 전송선로가 $R_o = 50$ [Ω]의 값을 갖고 부하 임피던스 $Z_L = 40 - j50$ [Ω]에 연결되었다. 부하로부터 어떤 최소 거리에서 부하를 향해 바라본 입력 임피던스가 실수가 되는지 파장 단위로 표시하라.

연습문제

9.28 무손실 200 [Ω] 선로에서 인접한 최소전압 사이 거리가 15 [cm]이고 SWR이 2.2이다. 부하로부터 거리 $\ell' = 10$ [cm]인 지점이 일시적으로 닫힌 회로가 되면 공급선에서의 최소전압의 위치가 부하를 향해 8 [cm] 이동한다. 이러한 사실에 기초하여 거리 ℓ'에서의 입력 임피던스를 구하라.

9.29 무손실 100 [Ω]의 전송선로가 부하 임피던스 $Z_L = 45 + j54.6$ [Ω]에 연결되었을 때 (a) 정규화 입력 임피던스가 $z_{in}(\ell') = 1 + jx$로 주어지는 지점의 부하로부터의 최소 거리와 (b) x 값을 구하라.

9.30 무손실 선로가 길이가 $d_2 = 0.4\lambda$이고 $R_o = 100$ [Ω]의 값을 가지는데 부하 임피던스 $Z_2 = 75$ [Ω]에 연결되었다. 이것이 동일한 특성 저항을 가지며 부하 임피던스 $Z_1 = 50$ [Ω]에 연결된 또 다른 선로에 [그림 9-25]와 같이 병렬로 연결되었다. 만약 $d_0 = 0.8\lambda$이고 $d_1 = 0.2\lambda$이면 단자 BB'에서의 입력 임피던스는 얼마인가?

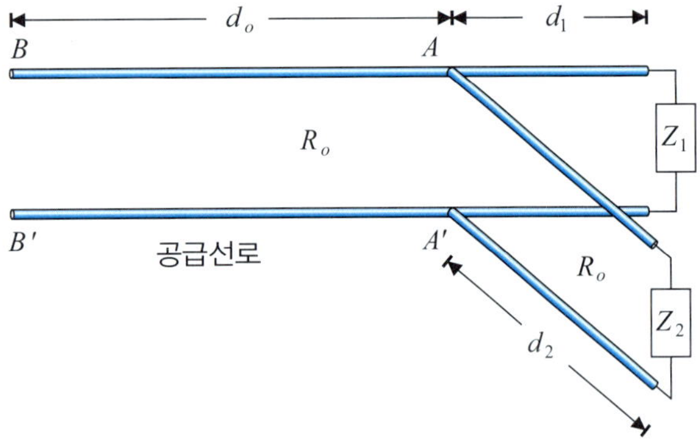

[그림 9-25] 선로 토막이 주 전송선로에 병렬로 연결되었다 (문제 9.30)

9.31 원천 회로에서 $\tilde{V}_g = 15\angle 0°$ [V]이고 $Z_g = 20$ [Ω]이다. 길이가 10 [cm]이고, 특성 저항이 50 [Ω]이며, 부하 $Z_L = 40 - j30$ [Ω]에 연결된 공기 절연의 무손실 전송선로 왼쪽 끝단이 위의 원천 회로에 연결되었다. 동작 주파수 1.5 [GHz]에서 (a) 입력 임피던스, (b) 입력전압, (c) 부하전류를 구하라.

9.32 특성 저항 100 [Ω]인 무손실 선로의 오른쪽 끝단이, 길이가 0.4λ이고 특성 저항이 50 [Ω]이고 부하 저항 100 [Ω]에 연결된 무손실 선로에, 직렬로 연결되었다. 각 선로에서의 정재파 비를 구하라.

입력 임피던스

9.33 입력 임피던스가 77 [Ω]인 쌍극자 안테나가 특성 저항이 100 [Ω]인 동축 선로를 통해 500 [MHz]로 동작하는 원천에 연결될 것이다. 이때 이 안테나를 공급선로에 임피던스 맞춤하기 위해 비자성이고 ε_r = 1.22의 유전체가 사용된 사분파장 길이의 동축 선로를 안테나와 공급선로 사이에 삽입하였다. 사분파장 선로의 길이를 구하고, 이 선로의 두 도체의 반지름 사이의 비를 구하라.

9.34 부하 임피던스 Z_L을 특성 저항이 R_o인 무손실 선로에 임피던스 맞춤하기 위해 분로 저항 R_1을 부하로부터 거리 ℓ_1에, 즉 최대전압이 발생하는 지점에 연결한다([그림 9-26] 참조). R_1을 R_o와 부하에서의 $|\Gamma|$를 이용해 표시하라.

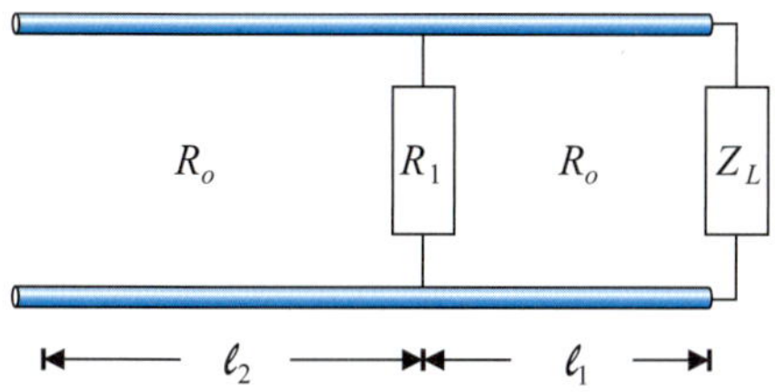

[그림 9-26] 분로 저항을 이용한 임피던스 맞춤 (문제 9.34, 문제 9.66)

9.35 부하 임피던스 Z_L = 100 − j50 [Ω]을 R_o = 75 [Ω]의 무손실 선로에 임피던스 맞춤하기 위해 특성 저항이 R_1이고 길이가 ℓ_1인 또 다른 무손실 선로 토막을 [그림 9-27]과 같이 사용한다. 두 선로가 모두 공기 절연임을 가정하고 R_1과 ℓ_1을 파장 단위로 표시하라.

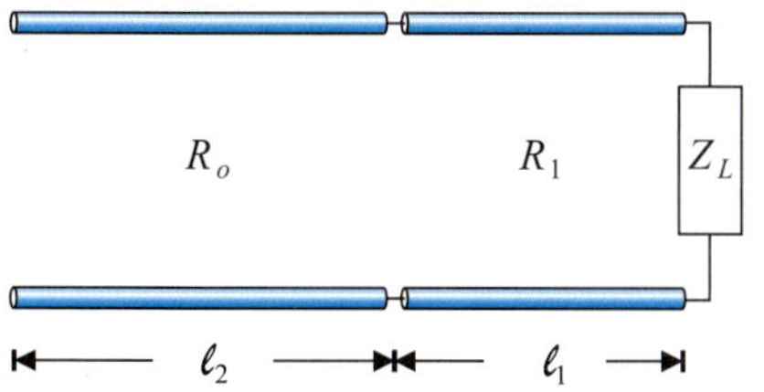

[그림 9-27] 길이가 ℓ_1이고 특성 저항이 R_1인 무손실 선로 토막을 이용한 임피던스 맞춤 (문제 9.35)

연습문제

닫힌 선로 및 열린 선로

9.36 특성 저항 100 [Ω]의 공기 절연 무손실 선로가 닫힌 회로에 연결되었을 때 입력 임피던스가 100 [MHz]에서 동작하는 12 [nH]의 인덕터의 그것과 동일하게 되기 위한 선로의 가장 짧은 길이는?

9.37 길이 60 [cm]의 무손실 선로가 주파수 200 [MHz]에서 동작한다. 이것이 열린 회로 혹은 닫힌 회로가 되었을 때의 입력 임피던스가 각각 $Z_{in}^{o} = -j68.8$ [Ω]과 $Z_{in}^{s} = j36.3$ [Ω]으로 주어진다. 이때 (a) 이 선로의 R_o, (b) 절연체의 ε_r을 구하라. **HINT** $\varepsilon_r \geq 1$

9.38 원천 회로에 연결된 무손실 선로에서 오른쪽 끝단으로부터 거리 d_1에 임피던스 Z_L이 [그림 9-28]과 같이 병렬로 연결되었다. 오른쪽 끝단을 닫힌 회로 혹은 열린 회로로 만들어 Z_L으로의 전력 전달을 온 혹은 오프할 수 있다. 즉 닫힌 회로이면 온, 열린 회로이면 오프가 된다. 이때 최소 길이 d_1을 파장 단위로 구하라.

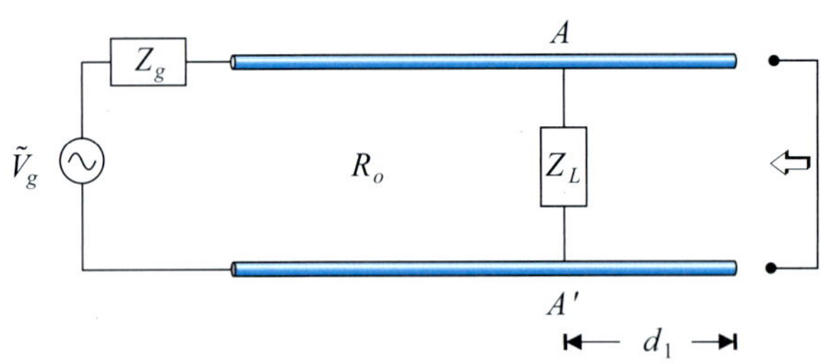

[그림 9-28] 끝단의 단락을 온/오프 스위치로 사용한다 (문제 9.38)

전력 전달

9.39 길이가 0.7λ인 50 [Ω] 무손실 선로를 이용하여 부하 임피던스 Z_L = 100 [Ω]을 V_g = 15∠0° 이고 Z_g = 20 [Ω]인 원천 회로에 연결한다. 이때 다음 값을 구하라.

(a) 입력전압과 전류

(b) 부하전압과 전류

(c) 선로에 입력되는 시간평균 전력

(d) 부하에 전달되는 시간평균 전력

(e) 원천이 공급한 시간평균 총 전력

9.40 부하 임피던스 $Z_L = 75 + j50$ [Ω]이 100 [Ω]의 무손실 선로에 연결되었다. 부하에서의 전압 피크가 16 [V]일 때 다음 항에 대한 시간평균 전력을 구하라.

(a) 부하에 입력

(b) 부하에서 소모

(c) 부하에서 반사

9.41 원천 회로에서 $\tilde{V}_g = 10\angle 0°$ [V]이고 $Z_g = 20 + j15$ [Ω]이다. 이것이 반 파장 길이의 무손실 선로에 연결되었을 때 부하에 가능한 최대의 전력이 전달된다. 이때 (a) 부하 임피던스, (b) 부하에 전달된 최대 전력을 구하라.

9.42 $\tilde{V}_g = 10\angle 0°$ [V]이고 $Z_g = 20 + j15$ [Ω]인 원천 회로가 반 파장 길이의 무손실 선로를 통해 부하 임피던스 $Z_L = 100 - j50$ [Ω]에 연결되었다.

(a) 부하에 전달된 시간평균 전력을 구하라.

(b) 또 다른 임피던스 Z_A가 Z_L에 병렬로 연결되면 원천이 공급선로에 최대 전력을 전달한다. Z_A를 구하고 Z_L에 전달된 시간평균 전력을 구하라.

9.43 200 [Ω]의 부손실 선로가 미지의 부하에 연결되면 입력 임피던스가 $Z_{in} = 169 + j210$ [Ω]으로 주어진다. 몇 퍼센트의 입사전력이 부하에서 반사되는가?

9.44 50 [Ω]의 무손실 공급선로와 부하 저항 75 [Ω] 사이에 길이가 0.2λ이고 특성 저항이 100 [Ω]인 무손실 선로 토막이 삽입되었다. 왼쪽 끝단에 4 [W]의 시간평균 전력이 공급되면 부하에서 소모되는 전력은?

9.45 길이 2 [m]인 100 [Ω] 선로가 길이 1.25 [m]인 50 [Ω] 선로에 맞닿아 연결되고 최종적으로 부하 $Z_L = 75$ [Ω]에 연결되었다. 이들은 모두 공기 절연 선로들이고 이들 위의 순방향 전압파의 진폭이 각각 V_{o1}^+와 V_{o2}^+로 표시된다. 입력전압이 $v_{in} = 10\cos(3\pi\times 10^8 t)$일 때 다음 질문에 답하라.

(a) 이들 선로 위의 전압을 V_{o1}^+와 V_{o2}^+를 이용해 표시하라.

(b) 두 선로의 이음매에서 경계면 조건을 이용해 V_{o1}^+와 V_{o2}^+를 구하고, 부하전압을 구하고, 부하에 전달되는 전력을 구하라.

(c) 입력 임피던스와 입력전력을 구하고, (b)와 (c)에서 구한 전력들을 비교하라.

스미스 차트

9.46 스미스 차트 위의 한 점은 $r = r'$ 원과 $x = x'$ 원들의 교차점이다. 이 점의 극각을 r'과 x'을 이용해 표시하라.

9.47 길이 0.268λ의 160 [Ω] 무손실 선로가 부하 $Z_L = 84 + j72$ [Ω]에 연결되었다. [그림 9-29]에 보인 스미스 차트를 이용해 (a) 반사계수, (b) 정재파 비, (c) 입력 임피던스를 구하라.

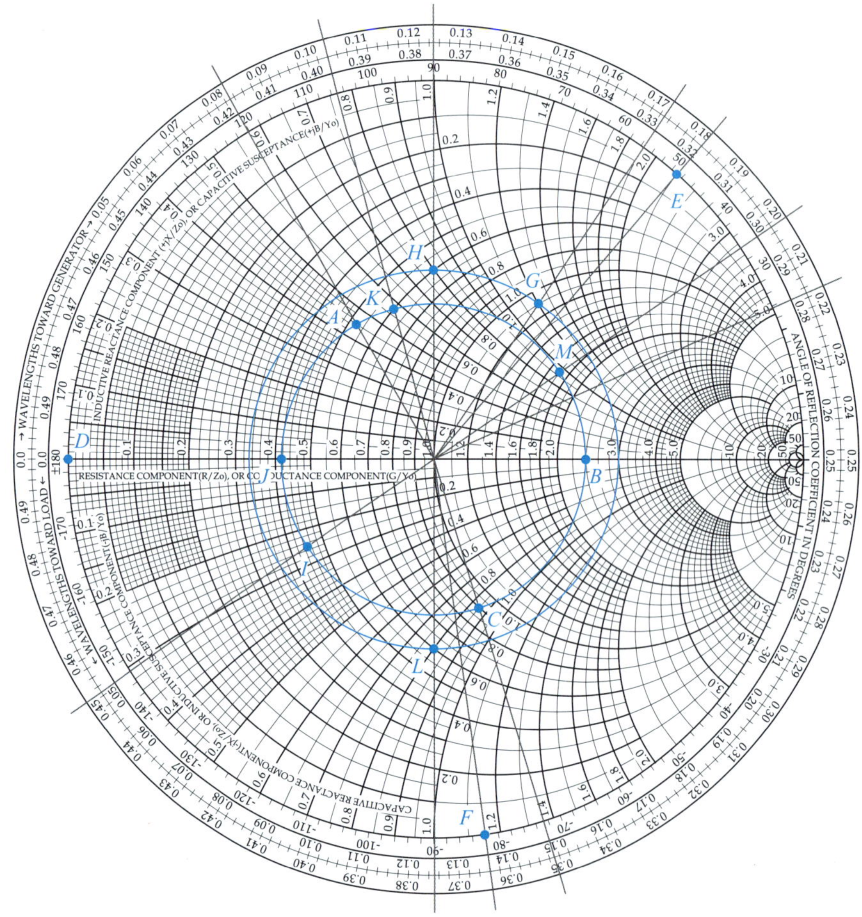

[그림 9-29] 스미스 차트 (문제 9.47, 문제 9.49, 문제 9.50, 문제 9.55, 문제 9.58, 문제 9.61)

9.48 길이가 16.8 [cm]이고 동작 주파수가 600 [MHz]인 공기 절연 100 [Ω] 선로에 부하 $Z_L = 30 + j44$ [Ω]이 연결되었다. [그림 9-30]의 스미스 차트를 이용해 (a) Γ, (b) S, (c) 부하로부터 첫 번째 $|\tilde{V}|_{\max}$ 위치, (d) Z_{in}, (e) Y_{in}을 구하라.

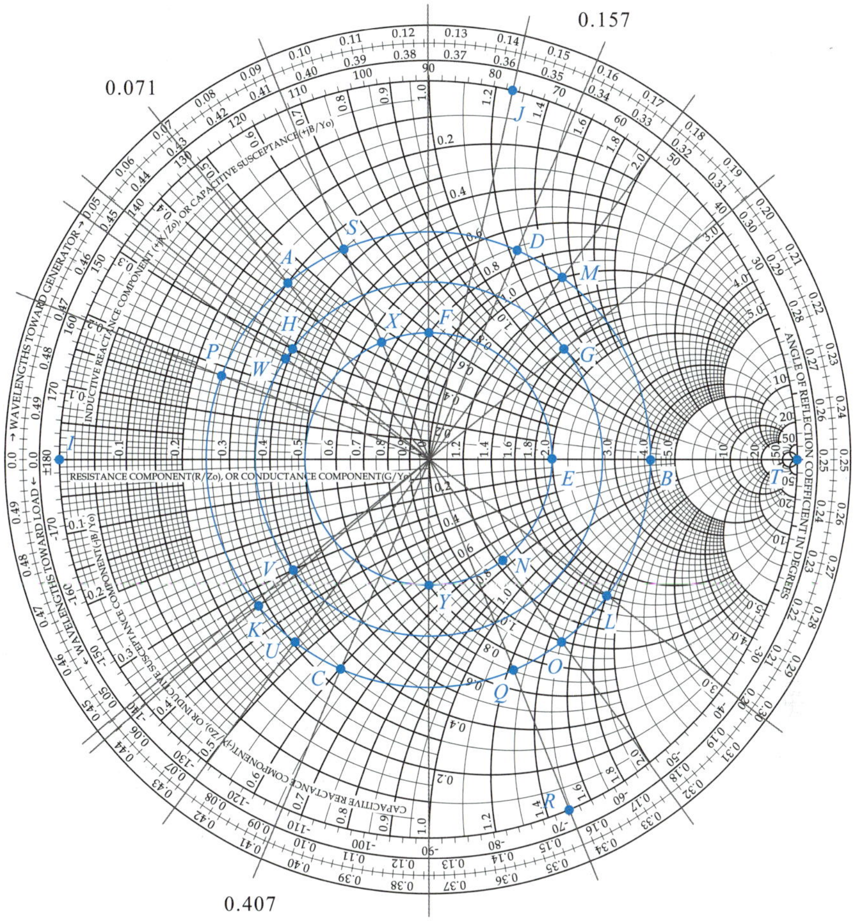

[그림 9-30] 스미스 차트 (문제 9.48, 문제 9.51, 문제 9.54, 문제 9.59, 문제 9.62, 문제 9.64, 문제 9.67)

9.49 특성 저항 200 [Ω]의 선로 위에서 인접한 최소전압 사이의 거리가 12.5 [cm]이다. 만약 첫번째 $|\tilde{V}|_{\min}$이 부하로부터 9.9 [cm]에 위치하고 정재파 비가 2.4일 때 [그림 9-29]의 스미스 차트를 이용해 Z_L을 구하라.

9.50 무손실 150 [Ω]의 선로가 순수 저항에 연결되었을 때 SWR이 S = 2.4로 주어진다. [그림 9-29]의 스미스 차트를 이용해 특성 저항보다 작은 값으로 알려진 부하 저항 값을 구하라.

연습문제

9.51 정규화 부하 임피던스 z_L = 10 + j1.5에 연결된 무손실 선로의 정규화 입력 임피던스가 z_{in} = 4.0로 주어진다. 만약 이 선로가 순수 저항에 연결되면 SWR이 반으로 줄어든다. [그림 9-30]의 스미스 차트를 이용해 새로운 z_{in} 값을 구하라.

9.52 길이가 72.7 [cm]이고 R_o = 120 [Ω]인 무손실 선로가 비자성이고 ε_r = 2.25인 절연체를 사용한다. 이 선로가 부하 Z_L = 360 [Ω]에 연결되고 주파수 533 [MHz]에서 동작할 때 [그림 9-18]의 상수-|Γ| 원을 이용하여 입력 임피던스를 구하라.

9.53 특성 저항이 50 [Ω]이고 길이가 19.8 [cm]인 무손실 선로가 비자성이고 ε = 1.44 ε_0인 유전체를 사용한다. 이 선로가 부하 Z_L에 연결되면 주파수 125 [MHz]에서 입력 임피던스가 Z_{in} = 55 + j80 [Ω]으로 주어진다. [그림 9-33]의 스미스 차트를 이용해 (a) Z_L, (b) 부하에서의 Γ를 구하라.

9.54 닫힌 회로에 연결된 200 [Ω]의 무손실 선로의 입력 임피던스가 Z_{in}^s = j250 [Ω]이다. 만약 이 선로가 부하 Z_L에 연결되면 입력 임피던스는 Z_{in} = 56 − j68 [Ω]으로 바뀐다. [그림 9-30]의 스미스 차트를 이용해 Z_L 값을 구하라.

9.55 특성 저항이 120 [Ω]이고 길이가 1.682λ인 전송선로가 닫힌 회로에 연결되었다. [그림 9-29]의 스미스 차트를 이용해 (a) 입력 임피던스를 구하라. (b) 동작 주파수가 반으로 줄면 이때의 입력 임피던스는 얼마인가?

9.56 공기 절연이 사용되는 120 [Ω]의 무손실 선로가 300 [MHz]에서 동작한다. 다음의 조건하에서 [그림 9-34]를 참조하여 입력 임피던스를 구하라.

(a) 선로 길이가 15.6 [cm]이고 닫힌 회로에 연결된 경우

(b) 선로 길이가 9.4 [cm]이고 열린 회로에 연결된 경우

9.57 스미스 차트를 이용해 순수 반응저항에 연결된 무손실 선로의 입력 임피던스는 순수 반응저항으로 주어진다는 것을 보여라.

9.58 [그림 9-29]의 스미스 차트를 이용해 1.628 $e^{j0.829}$ = tanh(a + jb)를 풀어서 a과 b를 찾아라.

9.59 하나의 무손실 선로 토막이 특성 저항이 R_1 = 50 [Ω]이고 길이가 ℓ_1 = 0.142λ인데 미지의 부하 Z_L에 연결되었다. 이것이 R_o = 100 [Ω]의 공급선로에 맞닿아 연결되면 공급선로에서 SWR이 2.0이고 두 선로 이음매로부터 거리 0.125λ에서 첫번째 최대전압이 관찰된다([그림 9-27] 참조). [그림 9-30]의 스미스 차트를 참고하여 Z_L을 구하라.

9.60 [그림 9-31]의 서로 맞닿은 세 선로에 대해 $Z_{o1} = 75$ [Ω], $Z_{o2} = 50$ [Ω], $Z_{o3} = 100$ [Ω], $Z_L = 30 + j45$ [Ω]이다. 또한 이들의 길이는 각각 $\ell_1 = 0.202\lambda$, $\ell_2 = 0.22\lambda$, $\ell_3 = 0.168\lambda$이다. [그림 9-32]의 스미스 차트를 참고하여 입력 임피던스를 구하라.

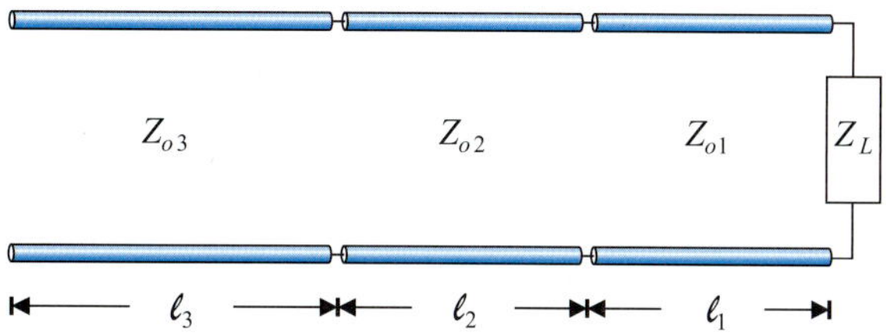

[그림 9-31] 직렬로 이어진 세 전송선로들

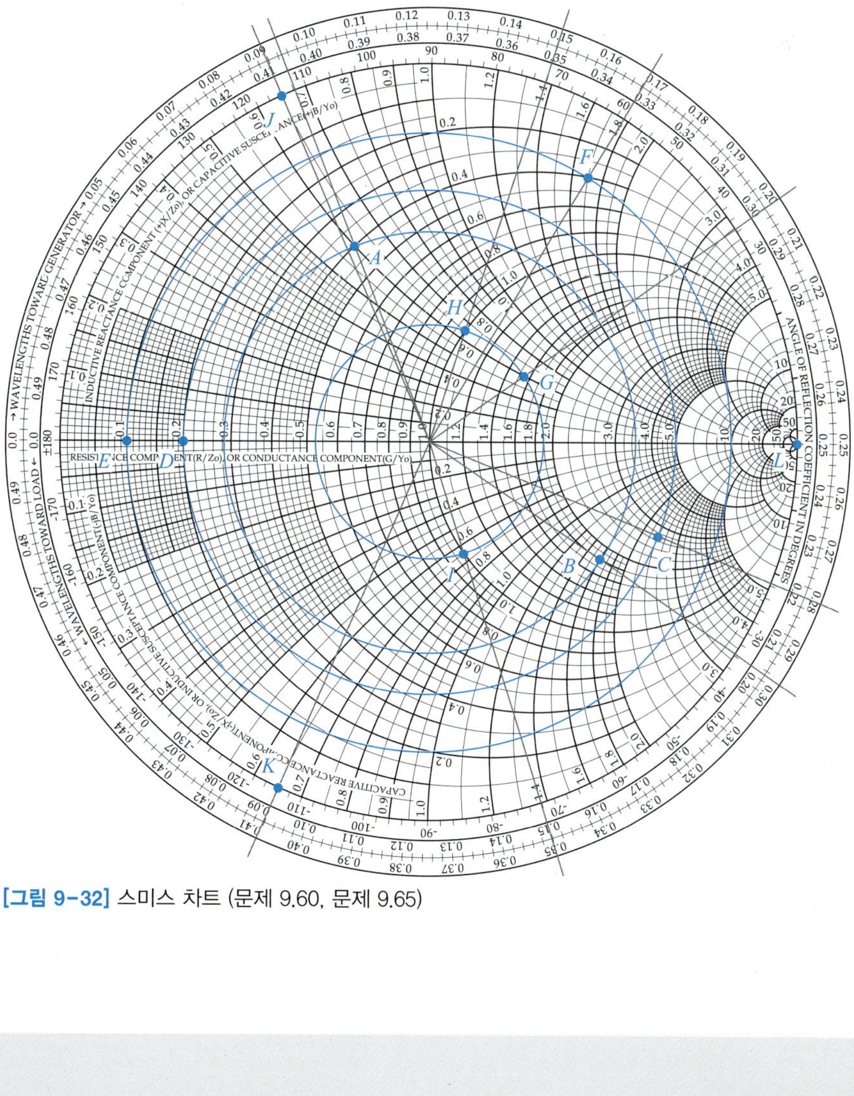

[그림 9-32] 스미스 차트 (문제 9.60, 문제 9.65)

연습문제

9.61 [그림 9-29]의 스미스 차트를 참고하여 다음 것들의 y_{in} 값을 구하라.

(a) $z_{in} = 0.6 + j0.8$ (b) $z_{in} = 0.45 - j0.25$

9.62 특성 어드미턴스 $Y_o = 10$ [mS]의 무손실 선로의 길이가 0.206λ이다. 이 선로가 부하 어드미턴스 $Y_L = 10 - j15$ [mS]에 연결될 때 [그림 9-30]의 스미스 차트를 참고하여 입력 어드미턴스를 구하라.

9.63 [그림 9-26]에서 보듯이 분로 저항 R_1이 연결된 무손실 선로에서 $R_o = 100$ [Ω]이고 $Z_L = 27 - j41.5$ [Ω]이다. [그림 9-33]의 스미스 차트는 정규화 부하 임피던스 z_L로부터 시작해 정규화 입력 임피던스 z_{in}을 구하기 위해 어드미턴스 차트로 사용되었다. 네 점들 A–D는 ℓ_1, ℓ_2, R_1의 값을 이미 알고 있던 누군가가 표시한 중간 단계들을 나타낸다. 이 스미스 차트를 보고 (a) ℓ_1과 ℓ_2의 각각의 최소값을 찾고, (b) R_1의 값을 찾아라.

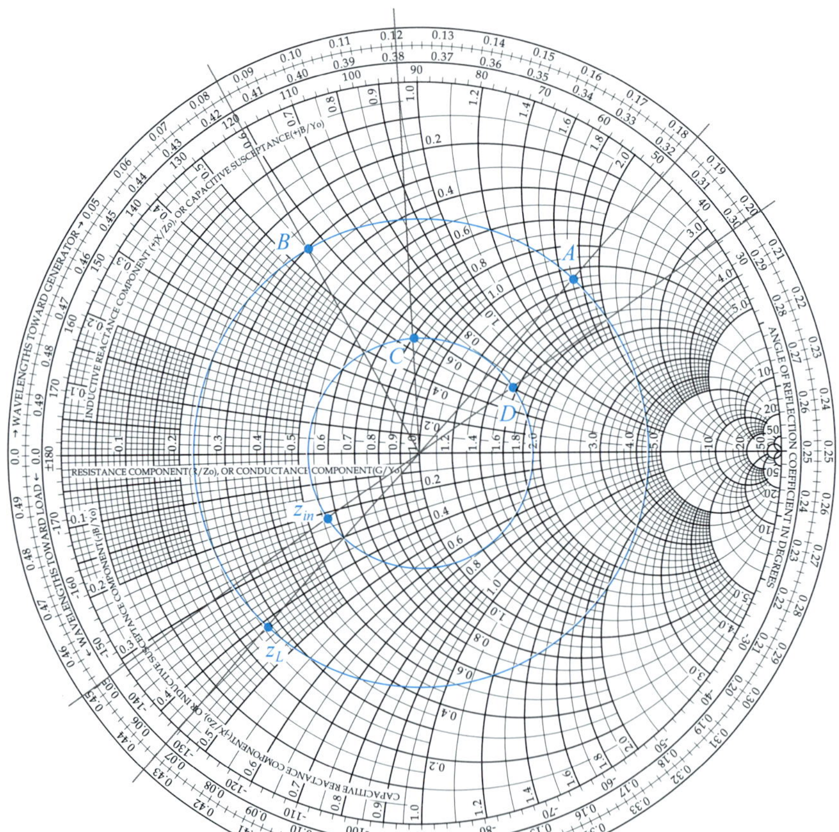

[그림 9-33] 스미스 차트(문제 9.53, 문제 9.63)

9.64 [그림 9-25]에 보인 전송선로가 R_o = 100 [Ω], Z_1 = 100 + j150 [Ω], Z_2 = 160 + j120 [Ω], d_1 = 0.104λ, d_2 = 0.102λ, d_o = 0.531λ의 값을 가질 때 [그림 9-30]의 스미스 차트를 참고하여 이 선로의 입력 임피던스를 구하라.

9.65 특성 저항 150 [Ω]의 전송선로가 닫힌 토막을 이용해 부하 Z_L = 231 + j90 [Ω]에 임피던스 맞춤되었다. [그림 9-32]의 스미스 차트를 참고해 다음 것들의 가능한 최소값을 구하라.

HINT (a)와 (b)의 최소값들이 동시에 발생되지는 않는다.

(a) 부하로부터 토막까지의 거리 (b) 토막의 길이

9.66 특성 저항 R_o = 100 [Ω]의 전송선로가 닫힌 토막을 이용해 부하 Z_L = 26 + j18 [Ω]에 임피던스 맞춤되었다([그림 9-23] 참조). 이러한 과제를 위해 사용되었던 스미스 차트가 [그림 9-34]에 표시되었다. 이것을 참고하여 다음 값을 구하라.

(a) 닫힌 토막의 최소 길이 (b) 부하로부터 토막까지의 거리

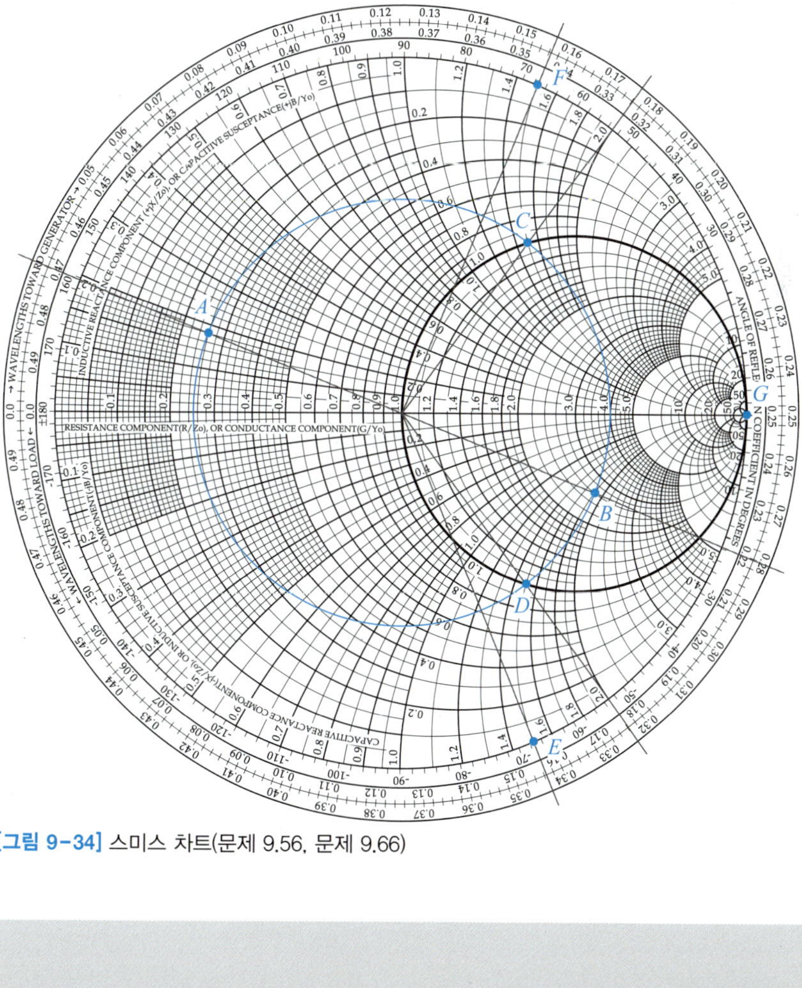

[그림 9-34] 스미스 차트(문제 9.56, 문제 9.66)

연습문제

9.67 길이 0.094λ의 닫힌 토막을 이용하여 R_o = 100 [Ω]의 무손실 선로를 부하 Z_L에 임피던스 맞춤하였다([그림 9-23] 참조). 토막의 위치가 ℓ' = 0.082λ일 때 [그림 9-30]의 스미스 차트를 이용해 Z_L 값을 구하라.

CHAPTER

10

안테나

Antenna

Hertzian 쌍극자 10.1

안테나 특성 10.2

선형 안테나 10.3

안테나 배열 10.4

안테나의 수신모드 10.5

레이다 방정식 10.6

연습문제

들어가기 전에

8장에서는 서로 다른 매질을 진행하는 전자기파에 대해 설명하였고 9장에서는 전송선로에서의 파의 진행을 설명하였는데, 이때 전자기파가 어떻게 발생되는지는 고려하지 않았다. 전자기파는 시간에 따라 변하는 전류에 의해 발생한다. 안테나는 일정한 형태의 전류 분포를 유지하여 특정한 방향으로 전자기 에너지를 방출시키도록 설계되며, 또한 전자기 에너지를 흡수할 수 있다. 안테나는 수신용으로 사용될 때와 송신용으로 사용될 때의 지향성 패턴이 동일하다. 안테나 배열을 이용하면 지향성을 향상시킬 수 있다. 이에 더하여 안테나 소자들에 입력되는 전류의 위상을 전기적으로 조절하면 안테나 배열의 빔 방향을 인위적으로 변화시킬 수 있다.

10.1 Hertzian 쌍극자

직선 안테나는 매우 작은 도선 토막들로 이루어져 있고, 각 토막에는 조화시변 전류가 흐른다고 가정한다. 이 경우 각 토막은 그 길이가 동작 파장보다 매우 작아서 전류 분포가 균일하다고 가정할 수 있다. 따라서 직선 안테나의 방사 전자기장은 각 토막에서 방사된 전자기장들의 합인데, 각 토막의 전류의 진폭과 위상을 고려하여 합하면 된다. 이 절에서는 이러한 안테나 토막의 방사 특성을 설명하며, 이를 **Hertzian 쌍극자**(Hertzian dipole)라 부른다. 더 나아가 이 개념을 확장하여 **반 파장 쌍극안테나**(Half-wave dipole antenna)를 설명하는데, 이는 대부분의 경우 표준 안테나로 취급된다.

예를 들어, 길이 $d\ell$의 미소 전류토막이 자유 공간의 원점에서 z-축에 따라 놓여 있는 경우에 대해 생각해 보자([그림 10-1] 참조).

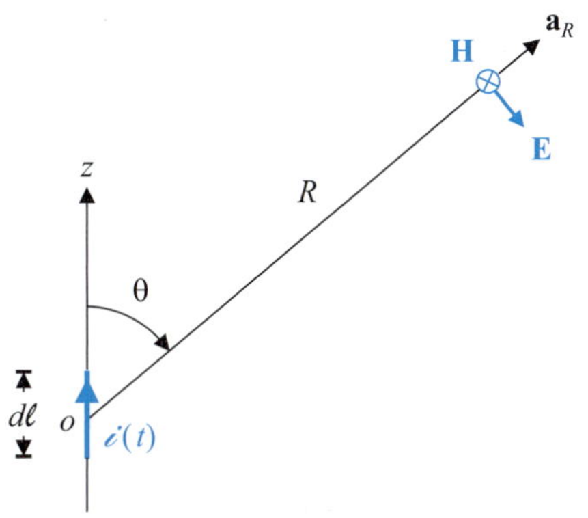

[그림 10-1] Hertzian 쌍극자

이 전류토막에 다음과 같은 조화시변 전류가 흐른다고 가정한다.

$$i(t) = I_o \cos\omega t = \text{Re}[I_o\, e^{j\omega t}] \tag{10.1}$$

여기서 I_o는 전류의 진폭인데 토막 위에서 상수로 가정한다. 이 미소 전류토막에 대한 지연 벡터 자기포텐셜은 식 (6.66b)를 이용하여 다음과 같이 표시할 수 있다.

$$\tilde{\mathbf{A}} = \frac{\mu_0 I_o\, d\ell}{4\pi}\left(\frac{e^{-jkR}}{R}\right)\mathbf{a}_z \tag{10.2}$$

여기서 $k = \omega / c = 2\pi / \lambda$는 위상상수이고, R은 구좌표계의 반지름 거리이다. 위 식에서 괄호 항은 구면파를 나타내므로 미소 전류토막은 원점에 위치한 점원으로 취급될 수 있다.

$\tilde{\mathbf{A}}$는 관계식 $\mathbf{a}_z = \cos\theta\,\mathbf{a}_R - \sin\theta\,\mathbf{a}_\theta$를 이용하여 구좌표계로 변환될 수 있다. 그리고 다음과 같은 관계식을 이용하여 $\tilde{\mathbf{A}}$로부터 $\tilde{\mathbf{H}}$를 구할 수 있고, $\tilde{\mathbf{H}}$로부터 $\tilde{\mathbf{E}}$를 구할 수 있다.

$$\tilde{\mathbf{H}} = \frac{1}{\mu_0}\nabla\times\tilde{\mathbf{A}}, \quad \tilde{\mathbf{E}} = \frac{1}{j\omega\varepsilon_0}\nabla\times\tilde{\mathbf{H}}$$

따라서 $\tilde{H}_\phi$, $\tilde{E}_R$, $\tilde{E}_\theta$를 구하면 다음과 같다.

$$\tilde{H}_\phi = -\left(\frac{I_o k^2 d\ell}{4\pi}\right)\sin\theta\left[\frac{1}{jkR}+\frac{1}{(jkR)^2}\right]e^{-jkR} \tag{10.3a}$$

$$\tilde{E}_R = -\left(\frac{I_o k^2 d\ell}{4\pi}\right)\eta_o 2\cos\theta\left[\frac{1}{(jkR)^2}+\frac{1}{(jkR)^3}\right]e^{-jkR} \tag{10.3b}$$

$$\tilde{E}_\theta = -\left(\frac{I_o k^2 d\ell}{4\pi}\right)\eta_o \sin\theta\left[\frac{1}{jkR}+\frac{1}{(jkR)^2}+\frac{1}{(jkR)^3}\right]e^{-jkR} \tag{10.3c}$$

여기서 $\eta_o = \sqrt{\mu_0/\varepsilon_0} \cong 120\pi$ [Ω]은 자유 공간의 고유 임피던스이다. 이 경우 다른 성분들 $\tilde{H}_R$, $\tilde{H}_\theta$, $\tilde{E}_\phi$는 모든 영역에서 영이다.

[그림 10-2]는 식 (10.3b)와 (10.3c)를 이용하여 계산된 Hertzian 쌍극자의 전기장선을 나타낸 것이다.

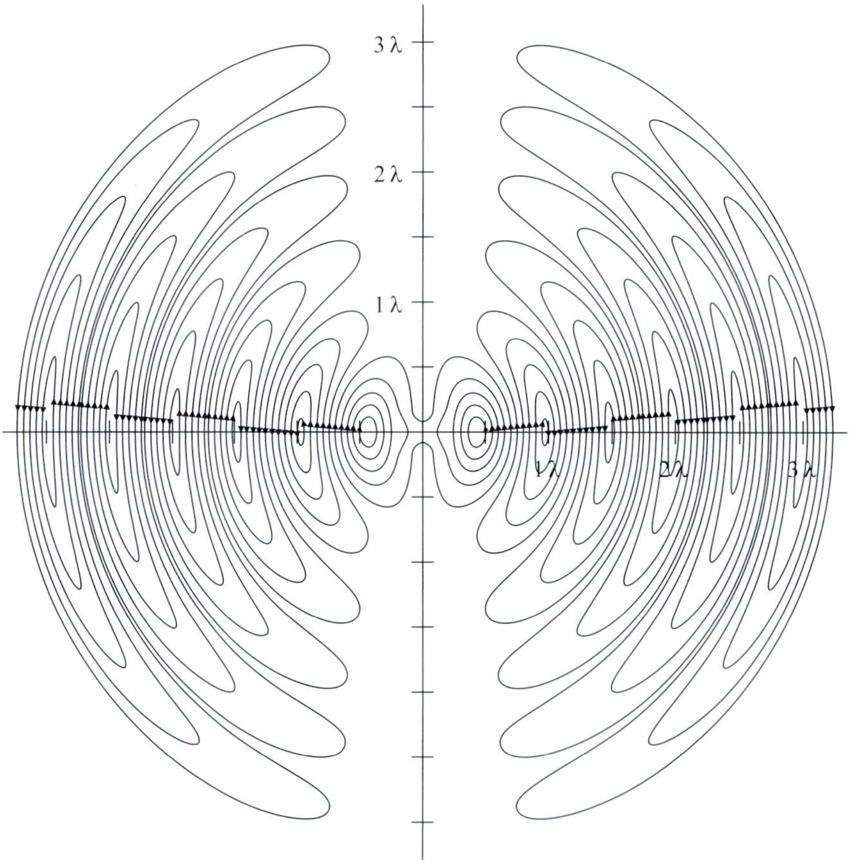

[그림 10-2] Hertzian 쌍극자의 전기장선

안테나 응용에서 필수적인, 원천으로부터 매우 먼 거리에서 관찰되는 전자기장에 대해 알아볼 것이다. 이러한 영역은 조건 $R \gg \lambda$가 만족되며, 이때의 전자기장을 **원거리장**(far field)이라 부른다. 식 (10.3a) ~ (10.3c)의 $1/(kR)^2$와 $1/(kR)^3$의 항들은 $1/kR$에 비해 매우 작으므로 무시된다. 따라서 원거리에서의 Hertzian 쌍극자의 **방사장** 혹은 **방사 전자기장**(radiation field) 은 다음과 같이 표시된다.

$$\tilde{H}_\phi = \frac{jkI_o d\ell}{4\pi}\frac{e^{-jkR}}{R}\sin\theta \tag{10.4a}$$

$$\tilde{E}_\theta = \eta_o \frac{jkI_o d\ell}{4\pi}\frac{e^{-jkR}}{R}\sin\theta \tag{10.4b}$$

방사장은 오직 H_ϕ와 E_θ 성분만을 지니며 Hertzian 쌍극자로부터의 거리에 반비례한다. 식 (10.4a)와 (10.4b)에서 $\sin\theta$를 제외하면 이들은 정확히 하나의 구면파를 나타낸다.

복습문제

Q10.1	Hertzian 쌍극자를 설명하라.	A [그림 10-1]
Q10.2	안테나의 원거리장을 설명하라.	A 식 (10.3)
Q10.3	Hertzian 쌍극자의 방사장을 정의하라.	A 식 (10.4)
Q10.4	Hertzian 쌍극자의 방사장이 거리에 따라 어떻게 변하는가?	A 식 (10.4)
Q10.5	Hertzian 쌍극자의 방사장이 정확히 구면파가 되기 위한 조건은 무엇인가?	A 식 (10.4)

10.2 안테나 특성

미소 전류토막에 의해 발생한 전기장은 공간상에서 전혀 균일하지 않다([그림 10-2] 참조). 현실적으로 어떤 안테나도 모든 방향으로 균일하게 전자기장을 방사하지 못한다. 3차원 공간에서 고정된 반지름 거리를 가지고 서로 다른 방향에서 측정되는 방사장의 상대적인 크기를 안테나의 **방사패턴**(radiation pattern) 혹은 **안테나 패턴**(antenna pattern)이라 부른다.

일반적으로 방사패턴은 θ와 ϕ에 대한 함수이다. 3차원 공간에서 방사패턴을 그림으로 표시하기 위해 ϕ를 고정시키고 전기장을 1로 정규화 한 후 θ에 대한 함수로 표시한다. 이것을 **E-평면 패턴**(E-plane pattern)이라 부른다. 반면에 극각을 $\theta = \pi/2$로 고정된 상태에서 정규화된 전기장을 ϕ에 대한 함수로 표시하면 **H-평면 패턴**(H-plane pattern)을 얻을 수 있다.

Hertzian 쌍극자인 경우, 고정된 반지름 거리에서 정규화된 전기장의 세기는 식 (10.4b)에 의해 다음과 같이 주어진다.

$$F(\theta) = \sin\theta \qquad (10.5)$$

여기서 $F(\theta)$를 Hertzian 쌍극자의 **패턴함수**(pattern function)라 부른다. Hertzian 쌍극자의 E-평면 패턴은 $F(\theta)$를 θ에 대한 함수로 그리면 되는데, 이는 [그림 10-3(a)]에서처럼 한 쌍의 원으로 주어진다. 반면에 H-평면 패턴은 [그림 10-3(b)]에서처럼 xy-평면에서 반지름이 1인 원이다.

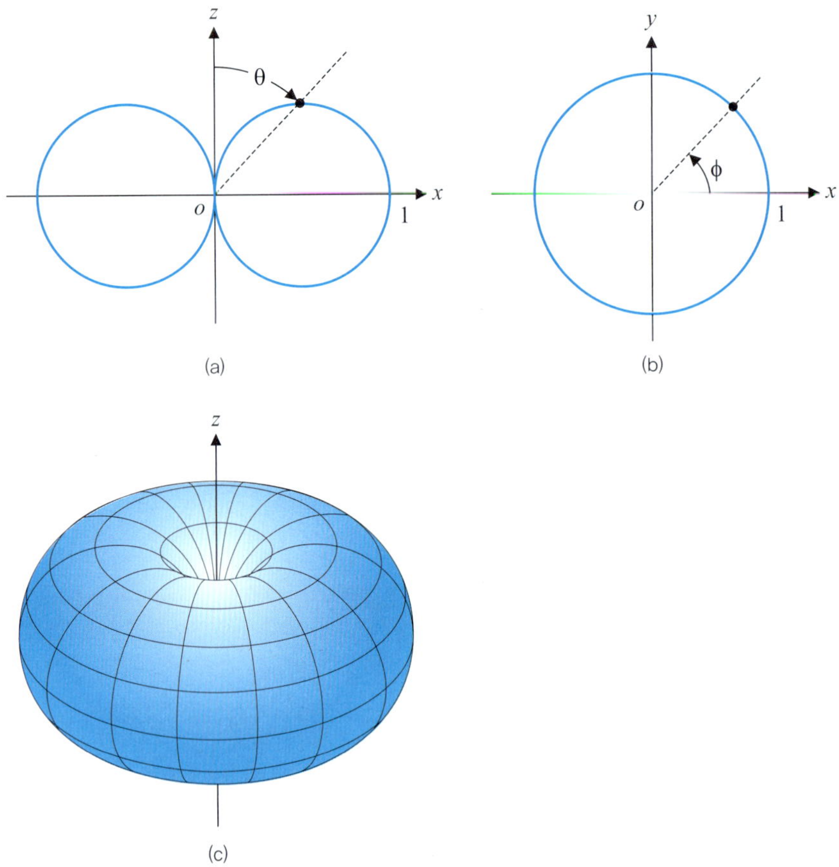

[그림 10-3] Hertzian 쌍극자의 방사패턴. (a) E-평면 패턴, (b) H-평면 패턴, (c) 3차원 방사패턴

Hertzian 쌍극자에 의한 방사장의 전력밀도를 구하기 위해 식 (10.4a)와 (10.4b)를 시간평균 포인팅 벡터에 대입하면 된다.

$$\langle \mathbf{S} \rangle = \frac{1}{2}\text{Re}\left[\tilde{\mathbf{E}} \times \tilde{\mathbf{H}}^*\right] \quad [\text{W/m}^2]$$

여기서 등호 왼쪽의 브라켓 항은 시간평균을 나타낸다. 식 (10.4a)와 (10.4b)에서 보듯이 원거리에서 포인팅 벡터는 항상 반지름 선상에서 바깥쪽을 향한다. 원점에서 거리 R인 점에서의 미분면적 $d\mathbf{s} = R^2 \sin\theta\, d\theta d\phi\, \mathbf{a}_R$을 통과하는 시간평균 전력은 $\langle \Delta\mathscr{P} \rangle = \langle \mathbf{S} \rangle \cdot d\mathbf{s}$로 주어진다. 그러나 대부분의 경우 **방사강도**(radiation intensity)를 이용하면 이것을 더 쉽게 표시할 수 있다. 방사강도는 단위 입체각(solid angle)에 대한 시간평균 전력으로 정의된다. 이것은 스테라디언(steradian)당 와트 [W/sr] 단위로 표시된다. 방사강도는 다음과 같이 표시된다.

$$U(\theta,\phi) = \frac{\langle \Delta \mathscr{P} \rangle}{\sin\theta \, d\theta d\phi} = |\langle \mathbf{S} \rangle| R^2 \quad \text{[W/sr]} \tag{10.6}$$

여기서 $\langle \Delta \mathscr{P} \rangle$은 반지름 R인 구 표면 위의 미분면적 $R^2 \sin\theta \, d\theta \, d\phi$를 통과하는 시간평균 전력이고, $|\langle \mathbf{S} \rangle|$는 시간평균 전력밀도의 크기이다. 이때 R^2가 명시적으로 표시되지만, 방사강도는 R에 독립적이고 오직 θ와 ϕ에 대한 함수이다.

미분면적 ds에 대한 입체각 $d\Omega$는 다음과 같이 정의된다.

$$d\Omega = \frac{ds}{R^2} = \sin\theta \, d\theta d\phi \quad \text{[sr]} \tag{10.7}$$

입체각은 미분면적을, 원점에 중심을 둔 반지름 1인 구 표면 위로, 투영한 면적에 해당한다. 입체각은 스테라디안으로 표시된다. 원을 따라 한바퀴 돌면 각도가 2π 라디안에 해당하는 것처럼 구 표면을 모두 훑으면 4π 스테라디안에 해당한다.

한 안테나에 의해 방사된 총 전력은 다음과 같이 주어진다.

$$P_{\text{rad}} = \oint U \, d\Omega \quad \text{[W]} \tag{10.8}$$

여기서 $d\Omega$는 식 (10.7)에 주어진 미분 입체각이다.

안테나의 **지향성 이득**(directive gain)은 평균 방사강도에 대한 방사강도의 비로 정의된다.

$$G_d(\theta,\phi) = \frac{U(\theta,\phi)}{U_{\text{av}}} = \frac{U(\theta,\phi)}{P_{\text{rad}}/4\pi} \tag{10.9}$$

전방위 안테나(omnidirectional antenna)의 지향성 이득은 1인데, 이는 안테나가 모든 방향으로 균일하게 전자기장을 방사한다는 의미이다. 그러나 실제로 이런 안테나는 존재하지 않는다. 지향성 이득의 최대치를 **안테나 지향성**(antenna directivity)이라 부르며, D로 표시한다.

$$D = G_{d,\max} = \frac{U_{\max}}{U_{\text{av}}} \tag{10.10}$$

방사장의 전기장을 이용하면 D는 다음과 같이 표시된다.

$$D = \frac{4\pi \left|\tilde{E}_\theta\right|^2_{\max}}{\oint \left|\tilde{E}_\theta\right|^2 d\Omega} \tag{10.11}$$

지향성은 일반적으로 데시벨로 표시된다. 즉 $D\text{ [dB]} = 10\log_{10} D$이다.

안테나의 총 방사전력 $P_{\rm rad}$는 입력된 전기전력 $P_{\rm in}$ 보다 작은데 그 이유는 안테나에서의 옴 전력 손실 때문이다. 안테나의 효율은 **전력이득**(power gain) 혹은 **안테나 이득**(antenna gain)을 이용하여 쉽게 표시할 수 있다. 전력이득은 동일한 전력이 입력될 때 무손실 전방위 안테나의 방사강도에 대한 주어진 안테나의 최대 방사강도의 비로 정의된다.

$$G_p = \frac{U_{\rm max}}{P_{\rm in} / 4\pi} \tag{10.12}$$

여기서 $P_{\rm in}$은 입력전력을 나타낸다.

방사효율(radiation efficiency)은 입력전력에 대한 방사전력의 비로 정의된다.

$$\zeta = \frac{P_{\rm rad}}{P_{\rm in}} = \frac{G_p}{D} \tag{10.13}$$

또한 방사효율은 지향성에 대한 전력이득의 비이다. 무손실 안테나에서 $G_p = D$이고 따라서 $\zeta = 1$이다.

방사저항(radiation resistance)은 안테나의 방사전력을 표시하기 위해 사용된다. 이것은 주어진 입력 전류에 대해 방사전력 $P_{\rm rad}$와 동일한 전력을 소모하는 등가 저항에 해당하며 다음과 같이 표시된다.

$$R_{\rm rad} = \frac{2}{\tilde{I}\,\tilde{I}^*} P_{\rm rad} \quad [\Omega] \tag{10.14}$$

여기서 $\tilde{I}$는 전류 위상자이다. 안테나에서 큰 방사저항은 바람직하지 않다.

원천과 안테나를 연결하는 전송선로에 있어서 안테나는 부하로서 작용하는데 이때의 부하 임피던스는 안테나의 입력 임피던스에 해당한다. 일반적으로 안테나의 입력 임피던스는 복소수이다.

$$Z_{\rm in} = R_{\rm in} + jX_{\rm in} \quad [\Omega]$$

입력저항 $P_{\rm in}$은 앞에서 설명한 방사저항 $P_{\rm rad}$과 **손실저항**(loss resistance) $P_{\rm loss}$로 이루어져 있다. 도선 쌍극자의 손실저항은 식 (8.99)에 주어진 ac-저항 P_{ac}와 동일하다.

$$R_{\rm loss} = R_{ac} = \frac{d\ell}{\sigma\,\delta\, 2\pi a} \quad [\Omega] \tag{10.15}$$

여기서 σ는 전도도이고, δ는 침투깊이, a는 도선의 반지름이다. 관계식 $P_{\rm in} = (1/2)\tilde{I}\,\tilde{I}^* R_{\rm in} = (1/2)\tilde{I}\,\tilde{I}^*(P_{\rm rad} + P_{\rm loss})$를 사용하면 방사효율은 다음과 같이 표시된다.

$$\zeta = \frac{P_{\rm rad}}{P_{\rm rad} + P_{\rm loss}} = \frac{R_{\rm rad}}{R_{\rm rad} + R_{\rm loss}} \tag{10.16}$$

여기서 $P_{\rm rad}$는 방사저항이고, $P_{\rm loss}$는 손실저항이다.

예제 10-1

Hertzian 쌍극자에 대해 다음 값을 구하라.

(a) 시간평균 전력밀도의 크기
(b) 방사강도
(c) 지향성 이득
(d) 지향성
(e) 방사저항

풀이

(a) 식 (10.4a)와 (10.4b)를 이용하여 시간평균 포인팅 벡터의 크기를 다음과 같이 구할 수 있다.

$$\left|\langle \mathbf{S} \rangle\right| = \frac{1}{2}\mathrm{Re}\left|\mathbf{E}\times\mathbf{H}^*\right| = \frac{\eta_o}{8}\left(\frac{I_o\,d\ell}{\lambda}\right)^2 \frac{\sin^2\theta}{R^2} \tag{10.17a}$$

따라서 Hertzian 쌍극자의 총 방사전력은 다음과 같다.

$$\begin{aligned} P_{\text{rad}} &= \int_0^{2\pi}\int_0^{\pi} \left|\langle \mathbf{S} \rangle\right| R^2 \sin\theta \, d\theta d\phi \\ &= \frac{\eta_o}{8}\left(\frac{I_o\,d\ell}{\lambda}\right)^2 \int_0^{2\pi}\int_0^{\pi} \sin^3\theta \, d\theta d\phi \\ &= \frac{I_o^2}{2}\left[80\pi^2\left(\frac{d\ell}{\lambda}\right)^2\right] \quad [\mathrm{W}] \end{aligned} \tag{10.17b}$$

여기서 $\eta_o = 120\pi$가 사용되었다.

(b) 식 (10.17a)를 식 (10.6)에 대입하여 방사강도를 구한다.

$$U(\theta,\phi) = \frac{\eta_o}{8}\left(\frac{I_o\,d\ell}{\lambda}\right)^2 \sin^2\theta \quad [\mathrm{W/sr}] \tag{10.17c}$$

(c) 식 (10.17b)와 (10.17c)를 식 (10.9)에 대입하여 지향성 이득을 구한다.

$$G_d(\theta,\phi) = \frac{3}{2}\sin^2\theta \tag{10.17d}$$

(d) 함수 $G_d(\theta,\phi)$는 $\theta = \pi/2$에서 최대값을 가지므로 지향성은 다음과 같다.

$$D = 1.5 \tag{10.17e}$$

(e) 식 (10.17b)를 식 (10.14)에 대입하면 방사저항을 구할 수 있다.

$$R_{\text{rad}} = 80\pi^2\left(\frac{d\ell}{\lambda}\right)^2 \quad [\Omega] \tag{10.17f}$$

여기서 식 (10.17f)는 조건 $d\ell \ll \lambda$가 만족될 때만 성립한다.

예제 10-2

Hertzian 쌍극자가 반지름 a, 길이 $d\ell$, 전도도 σ의 도선으로 만들어졌다. 이때 (a) 옴 전력 손실과 (b) 방사효율을 구하라.

풀이

(a) 도선 쌍극자의 손실저항은 식 (10.15)로부터 구할 수 있다.

$$R_{\text{loss}} = \frac{d\ell}{\sigma\delta\, 2\pi a} \quad [\Omega] \tag{10.18a}$$

따라서 옴 전력 손실은 다음과 같다.

$$P_{\text{loss}} = \frac{1}{2} I_o^2 R_{\text{loss}} = \frac{I_o^2\, d\ell}{\sigma\delta 4\pi a} \quad [\text{W}] \tag{10.18b}$$

(b) 식 (10.17f)와 (10.18a)를 식 (10.16)에 대입하여 Hertzian 쌍극자의 방사효율을 다음과 같이 구한다.

$$\zeta = \frac{1}{1 + \dfrac{1}{160\pi^3\sigma\delta}\left(\dfrac{\lambda^2}{a\, d\ell}\right)} \tag{10.18c}$$

여기서 a와 $d\ell$의 값들은 λ 보다 매우 작으므로 방사효율이 매우 낮다. 예를 들면, a = 0.8 [mm], $d\ell$ = 1 [cm], $\sigma = 5.8\times10^7$ [S/m]의 Hertzian 쌍극자가 100 [MHz]에서 동작할 때 방사효율은 63%에 지나지 않는다.

유제 10.1 절반 각이 $\theta = 45°$이고 꼭지점이 원점에 놓인 원뿔이 대하는 입체각은?

Ans $\int_{\phi=0}^{2\pi}\int_{\theta=0}^{45^o} \sin\theta\, d\theta d\phi = 1.84$ [sr]

유제 10.2 방사패턴의 절반 각이 $\theta = 45°$인 원뿔 형태를 띤다. 정규화 패턴함수가 영역 $0 \le \theta \le 45°$에서 $F(\theta) = 1$이고 그 이외의 영역에서 영일 때 지향성을 구하라.

Ans $D = 6.83$

유제 10.3 원천으로부터 거리 R에서 전력밀도가 $\cos^2\theta$의 형태를 띠고 있을 때 지향성 이득을 구하라.

Ans $G_d(\theta, \phi) = 3\cos^2\theta$

유제 10.4 Hertzian 쌍극자로부터 거리 1 [km]에서 최대 전력밀도가 100 [nW/m^2]이다. 만약 I_o = 15 [A]이면 총 방사전력 및 방사저항은 얼마인가?

Ans P_{rad} = 0.84 [W], R_{rad} = 7.5 [mΩ]

복습문제

Q10.6 Hertzian 쌍극자의 E–평면과 H–평면 패턴을 설명하라. **A** [그림 10–3]

Q10.7 방사강도를 정의하라. **A** 식 (10.6)

Q10.8 지향성 이득과 지향성을 설명하라. **A** 식 (10.9), (10.10)

Q10.9 실제 안테나의 지향성이 0 [dB]일 수 있는가? **A** 식 (10.10)

Q10.10 전력이득과 방사효율을 정의하라. **A** 식 (10.12), (10.13)

Q10.11 방사저항을 설명하라. **A** 식 (10.14)

10.3 선형 안테나

작은 쌍극자 안테나는 매우 낮은 방사저항과 방사효율을 가진다. 따라서 이것은 비효율적인 전자기 에너지 방사체이다. 지금부터는 **선형 쌍극안테나**(linear dipole antenna)에 초점을 맞추어 방사 특성을 설명한다. 선형 쌍극안테나는 얇은 직선 도선으로 만들어지며 길이는 동작 파장과 비슷하고 **중앙공급**(center fed)이 가능하다. 이 쌍극자의 중앙 단자는 전송선로에 의해 원천에 연결된다. 직선 도선의 반지름이 영이 아니라면 이 도선 위의 전류 분포를 구하기가 매우 어렵다. 그러나 매우 얇은 직선 도선의 경우, 쌍극자 위에서 전류파의 정재파가 형성되어 전류 분포는 사인 곡선의 형태로 쌍극자 중심을 기준으로 대칭이며 그 끝단에서는 영으로 줄어든다고 가정할 수 있다([그림 10–4] 참조).

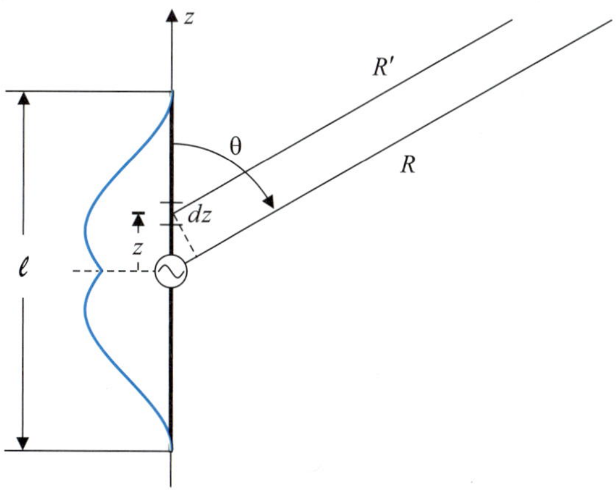

[그림 10–4] 사인형태 전류 분포를 가지는 선형 쌍극자

이 경우 전류를 위상자형태로 표시하면 다음과 같다.

$$\begin{aligned}\tilde{I}(z) &= I_o \sin k(\ell/2 - z) \qquad (z<0)\\ &= I_o \sin k(\ell/2 + z) \qquad (z>0)\end{aligned} \tag{10.19}$$

여기서 ℓ은 쌍극자 길이이고, $k = 2\pi/\lambda$는 위상상수이고, λ는 자유 공간에서의 파장이다.

전류토막 $\tilde{I}(z)dz$에 의한 원거리에서의 전기장은 식 (10.4b)를 이용하여 구할 수 있다.

$$d\tilde{E}_\theta = \eta_o \frac{jk[\tilde{I}(z)\,dz]}{4\pi}\frac{e^{-jkR'}}{R'}\sin\theta \tag{10.20}$$

원천으로부터 매우 먼 거리($R \gg \ell$)에서 다음의 근사값을 식 (10.20)의 위상 항에 사용할 수 있다.

$$R' \approx R - z\cos\theta \tag{10.21}$$

또한 진폭에 포함된 $1/R'$은 $1/R$로 대치될 수 있는데 이때의 오차는 무시할 수 있을 정도로 작다.

선형 쌍극자의 원거리장은 식 (10.20)을 쌍극자 위에서 z에 따라 적분하면 다음과 같이 구할 수 있다.

$$\begin{aligned}\tilde{E}_\theta = \eta_o \frac{jk\sin\theta}{4\pi R}e^{-jkR} I_o\Bigg[&\int_0^{\ell/2}\sin k(\ell/2 - z)\,e^{jkz\cos\theta}\,dz + \\ &\int_{-\ell/2}^{0}\sin k(\ell/2 + z)\,e^{jkz\cos\theta}\,dz\Bigg]\end{aligned} \tag{10.22}$$

여기서 식 (10.19)의 $\tilde{I}(z)$가 사용되었다. 변수를 치환하기 위해 식 (10.22)의 두번째 적분에서 $X \equiv -z$로 놓고, 다시 X 대신에 z를 사용하면 다음의 식을 얻을 수 있다.

$$\tilde{E}_\theta = \eta_o \frac{jk\sin\theta}{4\pi R}e^{-jkR} I_o\int_0^{\ell/2}\sin k(\ell/2 - z)\,[e^{jkz\cos\theta} + e^{-jkz\cos\theta}]\,dz$$

이것을 다시 쓰면 다음과 같다.

$$\tilde{E}_\theta = \eta_o \frac{jk\sin\theta}{4\pi R}e^{-jkR}\left\{2I_o\int_0^{\ell/2}\sin k(\ell/2 - z)\cos(kz\cos\theta)\,dz\right\} \tag{10.23}$$

따라서 선형 쌍극자의 원거리장은 다음과 같이 주어진다.

$$\tilde{E}_\theta = j60 I_o \frac{e^{-jkR}}{R}F(\theta) \tag{10.24}$$

여기서 $F(\theta)$는 선형 쌍극자의 패턴함수이고 다음과 같은 식으로 주어진다.

$$F(\theta) = \frac{\cos\left(\dfrac{k\ell}{2}\cos\theta\right) - \cos\left(\dfrac{k\ell}{2}\right)}{\sin\theta} \tag{10.25}$$

여기서 ℓ은 쌍극자 길이이고, $k = 2\pi/\lambda$이다.

$|F(\theta)|$는 $k\ell/2$ 혹은 $\pi\ell/\lambda$에 대한 함수이므로, 방사패턴은 안테나 길이에 따라 매우 다르다는 것을 알 수 있다. 그럼에도 불구하고 E-평면 패턴은 항상 $\theta = \pi/2$ 평면에 대해 대칭이다. 반면에 H-평면 패턴은 항상 원형인데 그 이유는 $|F(\theta)|$가 ϕ에 독립적이기 때문이다.

[그림 10-5]는 서로 다른 길이를 갖는 쌍극자의 E-평면 패턴을 식 (10.25)로부터 구하여 실측으로 나타낸 것이다. [그림 10-5(e)]의 3-D 패턴은 (c)에 보인 평면도를 z-축을 중심으로 회전시켜 얻는다.

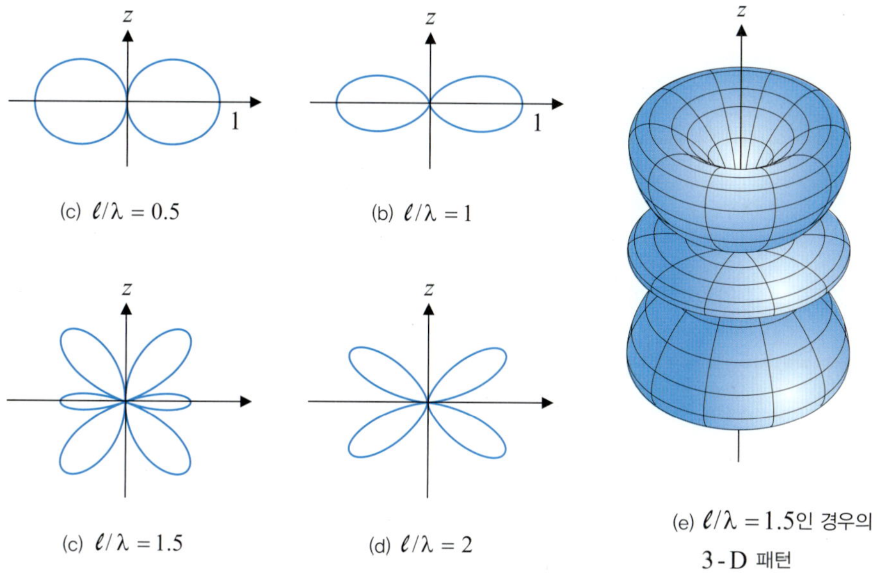

[그림 10-5] 중앙공급 쌍극자의 E-평면 패턴

유제 10.5 선형 쌍극안테나가 총 80 [kW]의 전력을 방사한다. 이 안테나의 지향성이 6 [dB]일 때 거리 20 [km]에서 전기장의 최대값은?

Ans 0.22 [V/m]

10.3.1 반파 쌍극자

반파 쌍극안테나(half-wave dipole antenna)는 전체 길이가 $\ell = \lambda/2$로 반 파장에 해당한다. 이 안테나는 바람직한 방사패턴 및 방사저항을 갖고 있어 실제로 매우 유용하다. 반파 쌍극자는 여러 개의 Hertzian 쌍극자가 일렬로 연결되어 있는 형태이고, 여기에 전류가 $\cos(kz)$ 형태로 분포한다고 가정하면 이것의 원거리장을 쉽게 구할 수 있다. 예를 들어 식 (10.19)에 $\ell = \lambda/2$를 대입하면 되는데, 반파 쌍극자의 패턴함수는 식 (10.25)를 이용하여 다음과 같이 구할 수 있다.

$$F(\theta) = \frac{\cos\left[(\pi/2)\cos\theta\right]}{\sin\theta} \qquad (10.26)$$

반파 쌍극자의 E-평면 패턴을 $|F(\theta)|$로부터 계산하면 [그림 10-5(a)]와 같이 주어진다. 이는 [그림 10-3(a)]의 Hertzian 쌍극자와 비슷한데, 대신 그 단면이 정확한 원형은 아니다. 그럼에도 불구하고 방사패턴은 $\theta = \pi/2$에서 그 최대값이 1이다.

반파 쌍극자의 원거리 전기장 및 자기장은 식 (10.24)와 (10.26)으로부터 다음과 같이 구할 수 있다.

$$\tilde{E}_\theta = j60I_o \frac{e^{-jkR}}{R}\left\{\frac{\cos\left[(\pi/2)\cos\theta\right]}{\sin\theta}\right\} \qquad (10.27a)$$

$$\tilde{H}_\phi = \frac{\tilde{E}_\theta}{\eta_o} \qquad (10.27b)$$

여기서 η_o는 자유 공간의 고유 임피던스이고, 중괄호에 있는 항은 패턴함수를 나타낸다.

반파 쌍극자의 원거리장 전력밀도는 식 (10.27a)와 (10.27b)를 이용해 다음과 같이 구할 수 있다.

$$\langle \mathbf{S} \rangle = \frac{1}{2}\tilde{E}_\theta \tilde{H}_\phi \, \mathbf{a}_R = \frac{15I_o^2}{\pi R^2}\left\{\frac{\cos\left[(\pi/2)\cos\theta\right]}{\sin\theta}\right\}^2 \mathbf{a}_R \qquad (10.28)$$

여기서 $\eta_o = 120\pi$가 사용되었다. 따라서 총 방사전력은 다음과 같다.

$$\begin{aligned} P_{\text{rad}} &= \int_0^{2\pi}\int_0^{\pi} \left|\langle \mathbf{S} \rangle\right| R^2 \sin\theta \, d\theta d\phi \\ &= 30I_o^2 \int_0^{\pi} \frac{\cos^2\left[(\pi/2)\cos\theta\right]}{\sin\theta} d\theta = 36.6 I_o^2 \ [\text{W}] \end{aligned} \qquad (10.29)$$

여기서 θ로의 적분은 수치 계산법을 이용하여 계산하였다.

식 (10.28)과 (10.29)를 식 (10.6)과 (10.9)에 대입하면 다음과 같이 지향성 이득을 구할 수 있다.

$$G_d(\theta, \phi) = 1.64\left\{\frac{\cos\left[(\pi/2)\cos\theta\right]}{\sin\theta}\right\}^2 \qquad (10.30)$$

$G_d(\theta, \phi)$의 최대값은 $\theta = \pi/2$에서 얻을 수 있으며, 따라서 반파 쌍극자의 지향성은 다음과 같다.

$$D = G_{d\max} = 1.64 \qquad (10.31)$$

이것은 $10\log_{10}(1.64) = 2.15$ [dB]에 해당한다.

반파 쌍극자의 방사저항은 식 (10.29)를 이용하여 다음과 같이 계산한다.

$$R_{\text{rad}} = \frac{2P_{\text{rad}}}{I_o^2} = 73\ [\Omega] \tag{10.32}$$

[예제 10-2]에서 Hertzian 쌍극자의 방사저항이 손실저항과 비슷하여 방사효율이 63%에 지나지 않는다는 것을 보였다. 만약 이 Hertzian 쌍극자의 길이가 1.5 [m]로 증가하면 $\lambda = 3$ [m]이므로, 이것은 반파 쌍극자가 되어 손실저항이 0.78 [Ω]으로 계산되고 방사효율은 99%가 된다.

손실저항이 방사저항보다 매우 작으므로 반파 쌍극자의 입력 임피던스는 다음과 같이 표시된다.

$$Z_{\text{in}} \approx 73 + jX_{\text{in}}\ [\Omega] \tag{10.33}$$

반응저항의 계산은 매우 복잡하기 때문에 이 책에서는 다루지 않는다. X_{in}은 대략 40 [Ω]의 값을 가지며 쌍극자 길이에 영향을 받는다. 반파 쌍극자의 길이를 약간 줄이면 저항은 거의 변하지 않으면서 X_{in}을 영으로 만들 수 있다. 따라서 반파 쌍극안테나는 임피던스 맞춤회로를 사용하지 않고도 저손실 75 [Ω] 동축 케이블에 임피던스 맞춤할 수 있다.

예제 10-3

길이 75 [cm]의 중앙공급 쌍극자가 주파수 200 [MHz]로 동작하는데, 이것은 직경이 1 [cm]이고 전도도가 3.54×10^7 [S/m]인 알루미늄 막대로 만들어졌다. 이때 쌍극자 단위 길이당 손실저항과 방사효율을 구하라.

풀이

문제에 주어진 값을 이용하면 파장은 다음과 같다.

$$\lambda = \frac{3\times10^8}{2\times10^8} = 1.5\ [\text{m}]$$

따라서 이것은 반파 쌍극자이다. 식 (10.15)를 이용해 단위 길이당 손실저항을 구하면 다음과 같다.

$$\frac{R_{\text{loss}}}{d\ell} = \frac{1}{2a}\sqrt{\frac{f\mu_0}{\sigma\pi}} = \frac{1}{10^{-2}}\sqrt{\frac{2\times10^8\times4\pi\times10^{-7}}{\pi\times3.54\times10^7}} = 0.15\ [\Omega/\text{m}] \tag{10.34a}$$

따라서 옴 전력 손실은 다음과 같다.

$$P_{\text{loss}} = 0.15\times\frac{1}{2}\int_{-\lambda/4}^{\lambda/4}(I_o^2\cos kz)^2\,dz = 0.15\times\frac{I_o^2}{2}\times\frac{\lambda}{4} = 0.028I_o^2\ [\text{W}]$$

반파 쌍극자의 총 방사전력 P_{rad}는 식 (10.29)로 주어진다. 따라서 방사효율은 다음과 같다.

$$\zeta = \frac{P_{\text{rad}}}{P_{\text{rad}} + P_{\text{loss}}} = \frac{36.6}{36.6 + 0.028} = 99.9\% \tag{10.34b}$$

예제 10-4

사분파 단극안테나(quarter-wave monopole antenna)는 반파 쌍극안테나의 절반에 해당하는데, 완전도체 접지면에 수직으로 서있으며 바닥 공급 체계를 갖고 있다([그림 10-6)] 참조). 이 안테나의 방사저항과 지향성을 구하라.

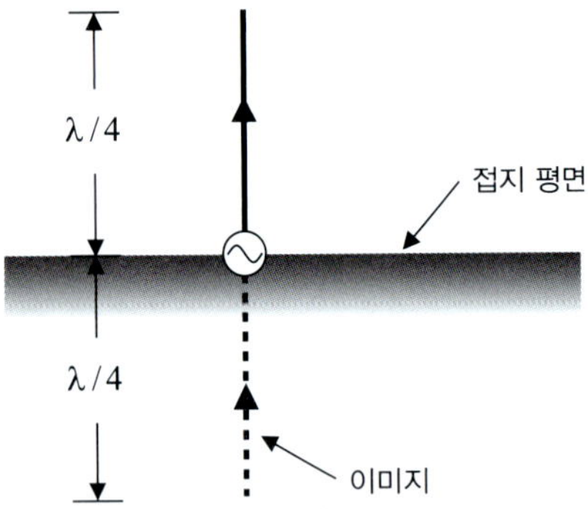

[그림 10-6] 사분파 단극자가 도체 접지면에 수직인데 그 이미지가 하단에 형성된다. 화살표는 전류의 방향을 나타낸다.

풀이

영상법을 이용하면 도체 접지면을 안테나의 이미지로 대치할 수 있다 ([그림 10-6] 참조). 이 경우 사분파 단극자의 방사장은 해당 반파 쌍극자 방사장의 위 절반 영역의 것과 동일한다. 식 (10.28)의 전력밀도 표현식을 영역 $0 \le \theta \le \pi/2$에 적용하면 된다. 즉 사분파 단극자의 총 방사전력은 식 (10.29)에 주어진 값의 절반에 해당한다.

$$P_{\text{rad}} = 18.3 I_o^2 \text{ [W]} \tag{10.35a}$$

따라서 사분파 단극자의 방사저항은 다음과 같다.

$$R_{\text{rad}} = \frac{2P_{\text{rad}}}{I_o^2} = 36.6 \ [\Omega] \tag{10.35b}$$

이 경우 전력밀도가 동일하므로 사분파 단극자와 반파 쌍극자의 $U_{\max}$ 값은 동일하다. 따라서 평균 방사강도는 사분파 단극자의 경우 $U_{\text{av}} = P_{\text{rad}}/2\pi$이고, 반파 쌍극자의 경우 $U_{\text{av}} = 2P_{\text{rad}}/4\pi$이다. 여기서 P_{rad}는 식 (10.35a)에 주어졌다. 결론적으로 두 안테나는 동일한 지향성을 갖는다.

$$D = \frac{U_{\max}}{U_{\text{av}}} = 1.64 \tag{10.35c}$$

10.3.2 자기 쌍극안테나

자기 쌍극안테나(magnetic dipole antenna)는 아주 작은 원형 루프로 이루어지는데, 반지름은 방사장의 파장보다 매우 작고 루프 위의 AC 전류는 위치에 따라 균일하다.

예제 10-5

자기 쌍극안테나를 이루는 원형 루프의 반지름이 $a(a \ll \lambda)$이고 여기에 균일한 전류 $I_o \cos \omega t$가 흐른다([그림 10-7] 참조). 이때의 방사장을 구하라.

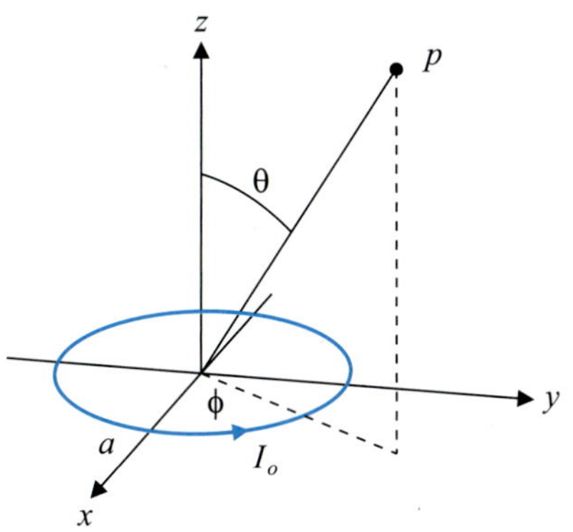

[그림 10-7] 자기 쌍극안테나

풀이

루프 전류로부터 벡터 자기포텐셜을 구하는 방법과 전자기장의 이중성(duality)을 이용하는 방법이 있다.

루프에 흐르는 전류는 전기장의 ϕ-성분이 존재한다는 것을 의미하므로, 식 (10.3a) ~ (10.3c)의 Hertzian 쌍극자에서 $\tilde{\mathbf{E}}$와 $\tilde{\mathbf{H}}$의 역할을 뒤바꾼다.

$$\tilde{E}_\phi = -c_o \eta_o \sin\theta \left[\frac{1}{jkR} + \frac{1}{(jkR)^2} \right] e^{-jkR} \quad (10.36a)$$

$$\tilde{H}_R = c_o 2\cos\theta \left[\frac{1}{(jkR)^2} + \frac{1}{(jkR)^3} \right] e^{-jkR} \quad (10.36b)$$

$$\tilde{H}_\theta = c_o \sin\theta \left[\frac{1}{jkR} + \frac{1}{(jkR)^2} + \frac{1}{(jkR)^3} \right] e^{-jkR} \quad (10.36c)$$

여기서 c_o는 자기장의 진폭을 나타내는 상수이다. 전기장의 진폭은 $-c_o\eta_o$에 비례하는데 이것은 포인팅 벡터의 방향을 고려한 결과이다. 근거리에서는 오직 $1/R^3$ 항만이 전자기장에 유효하다. 이 경우 준정적 상태를 가정하면, 근거리에서 $\tilde{\mathbf{H}}$는 식 (5.65)에 주어진 자기 쌍극자의 자기장과 동일한 크기를 가져야 한다.

$$\mathbf{B} = \frac{\mu_0 m}{4\pi R^3}(2\cos\theta\,\mathbf{a}_R + \sin\theta\,\mathbf{a}_\theta) \tag{5.65}$$

이러한 논리로부터 관계식 $c_o/(jk)^3 = m/4\pi$를 얻을 수 있다. 여기서 m은 자기 쌍극자모멘트이다. 그 다음, c_o를 식 (10.36a) ~ (10.36c)에 대입하여 다음과 같은 관계식을 얻는다.

$$\tilde{E}_\phi = -\frac{m(jk)^3}{4\pi}\eta_o \sin\theta\left[\frac{1}{jkR} + \frac{1}{(jkR)^2}\right]e^{-jkR} \tag{10.36d}$$

$$\tilde{H}_R = \frac{m(jk)^3}{4\pi}2\cos\theta\left[\frac{1}{(jkR)^2} + \frac{1}{(jkR)^3}\right]e^{-jkR} \tag{10.36e}$$

$$\tilde{H}_\theta = \frac{m(jk)^3}{4\pi}\sin\theta\left[\frac{1}{jkR} + \frac{1}{(jkR)^2} + \frac{1}{(jkR)^3}\right]e^{-jkR} \tag{10.36f}$$

여기서 자기 쌍극자모멘트는 $m = \pi a^2 I_o$이다. 따라서 원거리에서 자기 쌍극안테나의 방사장은 다음과 같다.

$$\tilde{E}_\phi = \eta_o \frac{k^2 I_o S}{4\pi}\frac{e^{-jkR}}{R}\sin\theta \tag{10.37a}$$

$$\tilde{H}_\theta = -\frac{k^2 I_o S}{4\pi}\frac{e^{-jkR}}{R}\sin\theta \tag{10.37b}$$

여기서 S는 전류가 흐르는 루프의 면적이다. 식 (10.37a)와 (10.37b)의 자기 쌍극안테나의 방사장과 식 (10.4a)와 (10.4b)의 Hertzian 쌍극자의 방사장을 비교하면, 자기 쌍극안테나의 방사저항은 식 (10.17f)에서 $d\ell$을 kS로 대치하여 얻을 수 있다.

$$R_{\text{rad}} = 20k^4S^2 \quad [\Omega] \tag{10.38}$$

여기서 $k = 2\pi/\lambda$이다.

유제 10.6 반파 쌍극자에서 200 [km] 떨어진 지점에서의 최대 전기장이 35 [μV/m]일 때 총 방사전력은?

Ans $P_{\text{rad}} = 0.5$ [W]

유제 10.7 반파 쌍극자에서 최대 방사강도의 몇 퍼센트가 $\theta = 51°$의 방향에서 관측되나? 또한 절반 전력으로 정의되는 빔 너비를 구하라.

Ans 50%, $\theta_{1/2} = 78°$

복습문제

Q10.12 반파 쌍극자에서의 전류 분포는? **A** 식 (10.19)

Q10.13 Hertzian 쌍극자와 반파 쌍극자는 길이 이외에 어떤 차이가 있는가? **A** 식 (10.19)

Q10.14 반파 쌍극자에 의한 방사장의 표현식은? **A** 식 (10.27)

Q10.15 반파 쌍극자의 E-평면 패턴을 그려라. **A** [그림 10-5]

Q10.16 반파 쌍극자의 방사저항과 지향성의 표현식은? **A** 식 (10.31), (10.32)

Q10.17 사분파 단극자를 설명하라. **A** [그림 10-6]

Q10.18 사분파 단극자의 방사저항과 지향성의 표현식은? **A** 식 (10.35)

10.4 안테나 배열

10.3절에서 하나의 선형 쌍극자가 전자기 에너지를 쌍극자 축에 대해 대칭인 형태로 방사한다는 것을 배웠다. 따라서 이들은 아주 낮은 지향성을 갖는다. 실제 응용을 위해 어느 한 방향으로 집중하여 전력을 방사하고 나머지 방향으로는 최소의 전력을 방사하는 안테나를 설계해야 한다. 그러기 위해서는 여러 개의 안테나 소자들을 일정한 방식으로 배열하고 이들 사이의 진폭과 위상이 각각 일정한 관계를 가지도록 만들어야 한다. 이것을 **안테나 배열**(antenna array)이라 부른다. 안테나 배열을 이용하면 방사패턴을 여러 개의 빔 패턴으로 만들 수 있다. 또한 안테나 소자들 사이의 상대 위상을 변화시켜서 빔의 방향을 전자적으로 바꿀 수 있다. 지금부터는 균일 선형배열의 기본 동작원리와 특성에 대해 설명할 것이다. 이는 동일한 안테나 소자들이 하나의 직선에 따라 놓인 것을 지칭한다.

10.4.1 두 소자 배열

동일한 두 선형 쌍극자가 모두 z-축 방향으로 향하고, x-축을 따라 거리 d에 서로 떨어져 위치한 경우를 생각해 보자([그림 10-8] 참조). 이때 동일한 전류가 흐르지만 소자 1은 소자 0에 대해 위상이 ξ [rad] 선행한다. 즉 전류 위상자들이 각각 $\tilde{I}_0 = I_o$, $\tilde{I}_1 = I_o e^{j\xi}$로 주어진다. 관찰점 p가 두 소자로부터 매우 멀리 떨어져 위치하면, 이 점에서 이들 소자는 서로 매우 가까이 붙어있는 것처럼 보인다. 그러면 두 소자들의 전기장은 점 p에서 모두 $\mathbf{a}_\theta$-방향으로 향한다고 가정할 수 있다.

점 p에서의 총 전기장은 다음과 같이 표시된다.

$$\tilde{E}_\theta = E_o F(\theta)\left[\frac{e^{-jkR}}{R} + \frac{e^{-jkR_1} e^{j\xi}}{R_1}\right] \tag{10.39}$$

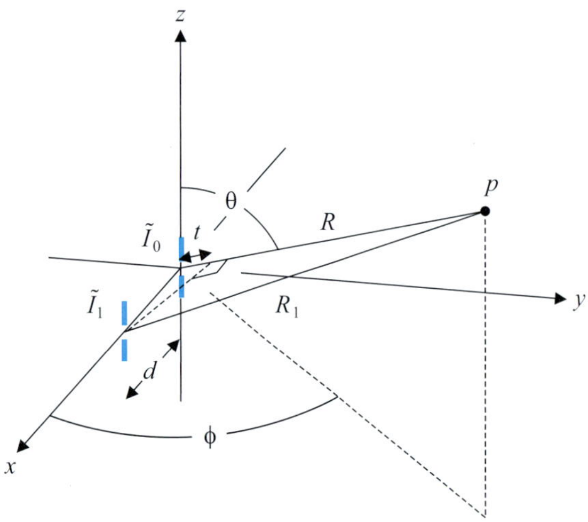

[그림 10-8] 두 소자 배열

여기서 E_o는 상수이고, 패턴함수 $F(\theta)$는 식 (10.25)에 주어졌다. 원거리에서 R_1은 다음의 근사값을 갖는다.

$$\begin{aligned} R_1 &\approx R - t \\ &\approx R - d\sin\theta\cos\phi \end{aligned} \tag{10.40}$$

여기서 두 평행 빔을 가정하였고, 관계식 $t = d\,\mathbf{a}_x \cdot \mathbf{a}_R$을 사용하였다. t는 R에 비해 매우 작으므로 식 (10.39)의 크기에 미치는 영향은 미미하지만 위상 항에서는 무시할 수 없다.

$$\tilde{E}_\theta = E_o F(\theta)\frac{e^{-jkR}}{R}\left[1 + e^{j\psi}\right] \tag{10.41a}$$

여기서 $F(\theta)$는 식 (10.25)에 주어졌다. 위상 ψ는 다음과 같이 표시된다.

$$\psi = kd\sin\theta\cos\phi + \xi \tag{10.41b}$$

두 소자 배열의 방사장의 크기는 다음과 같은 형태를 띠고 있다.

$$\left|\tilde{E}_\theta\right| = \frac{E_o}{R}|F(\theta)||A(\theta,\phi)| \tag{10.42a}$$

여기서 배열인자는 다음과 같이 주어진다.

$$|A(\theta,\phi)| = \left|1 + e^{j\psi}\right| = \left|2\cos\left(\frac{\psi}{2}\right)\right| \tag{10.42b}$$

식 (10.42a)에서 $|F(\theta)|$를 **소자인자**(element factor)라 부르는데, 이것은 각 소자의 패턴함수의 크기를 나타내며 식 (10.25)에 표시되어 있다. 반면에 $|A(\theta, \phi)|$는 **배열인자**(array factor)인데, 이것은 배열의 모양과 각 소자에 흐르는 전류의 상대진폭 및 상대위상에 따라 크게 달라진다.

결론적으로 **동일한 소자들로 구성된 배열의 패턴함수는 소자인자와 배열인자의 곱으로 주어진다.** 이것을 **패턴 곱의 원리**(principle of pattern multiplication)라 부른다. 이 원리는 소자들 사이의 전기적 연결이 전혀 없다는 가정에서 출발한다. 즉, 한 소자에 의해 다른 소자에 전류가 유도되지 않는다고 가정한다. 이어서 H-평면 패턴은 정규화 배열인자로부터 구해진다. 실제로 안테나 배열의 주 목적은 배열인자를 이용해 H-평면 패턴을 변화시키기 위함이다.

예제 10-6

다음의 조건을 가진 두 쌍극자로 구성된 배열의 H-평면 패턴을 구하라.

(a) $d = \lambda/2,\ \xi = 0$ (b) $d = \lambda/4,\ \xi = -\pi/2$

풀이

식 (10.42b)로부터 정규화 배열인자는 $\left|\bar{A}(\theta, \phi)\right| = \left|\cos(\psi/2)\right|$로 주어진다. 따라서 평면 $\theta = \pi/2$에서의 H-평면 패턴은 다음과 같다.

$$\left|\bar{A}(\theta = \pi/2, \phi)\right| = \left|\cos\left\{\frac{1}{2}(kd\cos\phi + \xi)\right\}\right| \tag{10.43a}$$

(a) $d = \lambda/2$이고 $\xi = 0$인 경우 다음과 같다.

$$\left|\bar{A}(\theta = \pi/2, \phi)\right| = \left|\cos\left(\frac{\pi}{2}\cos\phi\right)\right| \tag{10.43b}$$

H-평면 패턴은 [그림 10-9(a)]에서 보듯이 $\phi = \pi/2$와 $-\pi/2$에서, 즉 측면 방향에서, 최대값을 갖는다. 이런 배열을 **측면배열**(broadside array)이라 부른다. 두 소자의 전기장들이 $\phi = \pi/2$와 $-\pi/2$에서 보강간섭을 이루고, $\phi = 0$과 π에서는 상쇄간섭을 이룬다.

(b) $d = \lambda/4$이고 $\xi = -\pi/2$인 경우 다음과 같다.

$$\left|\bar{A}(\theta = \pi/2, \phi)\right| = \left|\cos\left\{\frac{\pi}{4}(\cos\phi - 1)\right\}\right| \tag{10.43c}$$

H-평면 패턴은 [그림 10-9(b)]에서 보듯이 $\phi = 0$에서 최대이고 $\phi = \pi$에서 영이 된다. 이 경우 패턴의 최대값은 배열이 놓여 있는 직선, 즉 x-축 위에서 관측된다. 이런 배열을 **말단배열**(endfire array)이라 부른다. 보강간섭이 $+x$-방향에서 발생되는데, 그 이유는 오른쪽 소자가 왼쪽 소자에 대해 위상이 $\pi/2$ 지연되도록 설계되어 있기 때문이다. 그러나 오른쪽 소자의 전기장은 왼쪽 소자의 전기장과 비교하여, $+x$-축 위의 한 점에 시간상 1/4 싸이클 먼저 도착한다(두 소자 사이 거리가 $d = \lambda/4$이다). 따라서 이 점에서 두 전기장 사이의 위상 차이는 영이다. 비슷한 논리로 $-x$-축을 따라 발생하는 상쇄간섭을 설명할 수 있다.

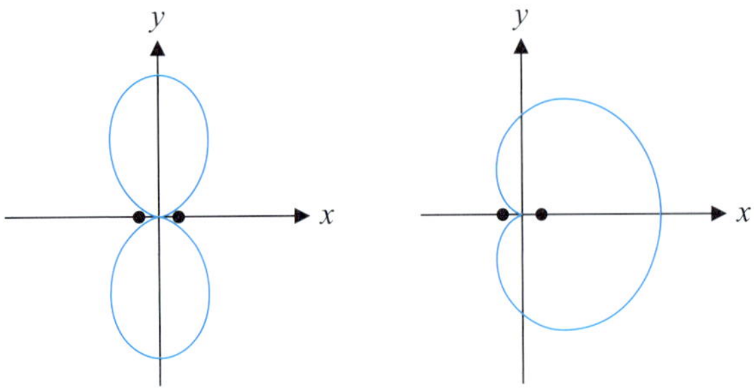

(a) $d = \lambda/2$, $\xi = 0$　　(b) $d = \lambda/4$, $\xi = -\pi/2$

[그림 10-9] 두 소자 배열의 H-평면 패턴. 검은색 점들은 두 개의 안테나 소자를 나타낸다.

예제 10-7

세 개의 동일한 안테나 소자들이 [그림 10-10]과 같이 서로 $\lambda/2$ 거리에 떨어져 있으며 세 소자의 전류비는 1:2:1이다. 이들에 흐르는 전류들이 같은 위상을 가질 때 H-평면 패턴을 구하라.

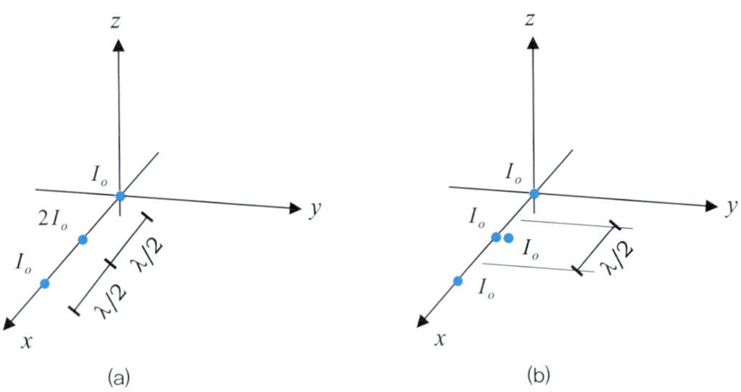

(a)　　(b)

[그림 10-10] 세 소자 배열. (a) 이항배열, (b) 등가의 두 개의 두 소자 배열

풀이

이 배열은 두 개의 두 소자 배열이 거리 $\lambda/2$에 서로 떨어져 있는 형태이다. 하나의 두 소자 배열이 만드는 원거리장의 크기는 식 (10.42a)로부터 구할 수 있다.

$$\left|\tilde{E}_\theta\right| = \frac{E_o}{R}\left|F(\theta)\right|\left|A(\theta, \phi)\right| \tag{10.44a}$$

여기서 배열인자는 다음과 같이 주어진다.

$$\left|A(\theta = \pi/2, \phi)\right| = \left|2\cos\left(\frac{\pi}{2}\cos\phi\right)\right| \tag{10.44b}$$

두 개의 두 소자 배열은 동일한 방사패턴을 가진 두 개의 안테나 소자라고 생각할 수 있다. 따라서 세 소자 배열의 방사패턴은 식 (10.44a)에 배열인자 $|A(\theta, \phi)|$를 곱해 다음과 같이 구할 수 있다.

이는 패턴 곱의 원리에 따른 것이다.

$$\left|\tilde{E}_\theta\right| = \frac{E_o}{R}|F(\theta)|\,|A(\theta, \phi)|^2 \qquad (10.44c)$$

정규화 배열인자 $|A(\theta = \pi/2, \phi)|^2 / 4$를 이용해 H-평면 방사패턴을 계산하여 [그림 10-11]에 표시하였다. 이 패턴은 두 소자 배열과 모양이 비슷하지만 빔 너비가 더 작다.

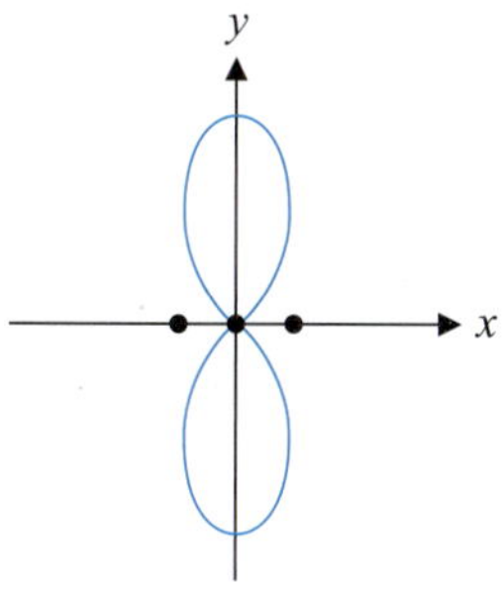

[그림 10-11] 세 소자 이항배열의 H-평면 패턴

만약 하나의 네 소자 배열을 두 개의 세 소자 배열이 거리 $\lambda/2$에 떨어져 놓인 형상이라고 가정하면, 전류비는 1:3:3:1이고 배열인자는 $|A(\theta, \phi)|^3$이다. 이것을 N-소자 배열로 확장하면 배열인자는 $|A(\theta, \phi)|^{N-1} = |(1 + e^{j\psi})^{N-1}|$로 주어지고, 전류 진폭은 이항계수에 해당하는 값을 가진다. 즉 이항계수는 $\binom{N-1}{k}$로 주어지는데 여기서 $k = 0, 1, \cdots, N-1$이다. 이러한 배열을 **이항배열** (binomial array)이라 부른다.

유제 10.8 [예제 10-6]의 안테나 배열이 두 개의 동일한 반파 쌍극자로 이루어져 있다면 평면 $\phi = 0°$에서의 패턴함수는?

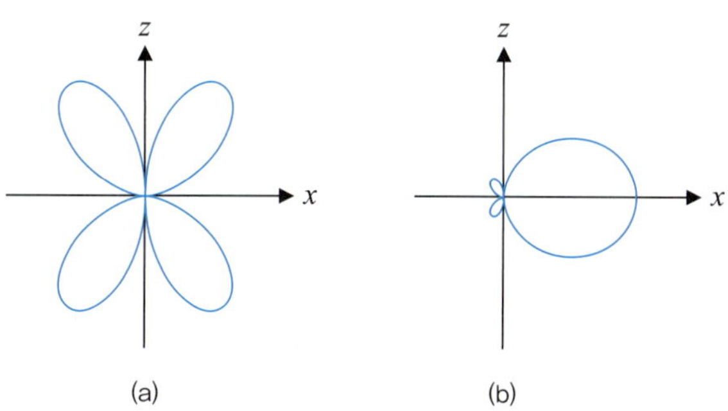

[그림 10-12] 두 소자 배열의 E-평면 패턴 (유제 10.8)

Ans (a) $\cos[(\pi/2)\cos\theta]\cos[(\pi/2)\sin\theta] / \sin\theta$

(b) $\cos[(\pi/2)\cos\theta]\cos[(\pi/4)\sin\theta - \pi/4] / \sin\theta$

유제 10.9 다섯 소자 이항배열의 전류비는?

Ans 1:4:6:4:1

유제 10.10 하나의 이항배열이 지향성 D를 가진 세 개의 동일한 안테나로 이루어졌을 때 지향성을 구하라. **HINT** $\int_{\phi=0}^{2\pi}[\cos((\pi/2)\cos\phi)]^4\,d\phi = 1.57$

Ans $D_{\text{binomial}} = D \times 2\pi / 1.57 = 4D$

10.4.2 균일 선형배열

균일 선형배열(uniform linear array)은 두 개 이상의 동일한 안테나들이 하나의 직선 위에서 일정한 간격으로 놓여 있는 것을 지칭한다. 소자들에 공급되는 전류의 진폭은 동일하지만 그 위상은 직선 위의 배열을 따라 점진적으로 증가한다.

x-축을 따라 일정한 간격으로 N개의 동일한 소자들이 배치된 하나의 균일 선형배열을 생각해 보자([그림 10-13] 참조).

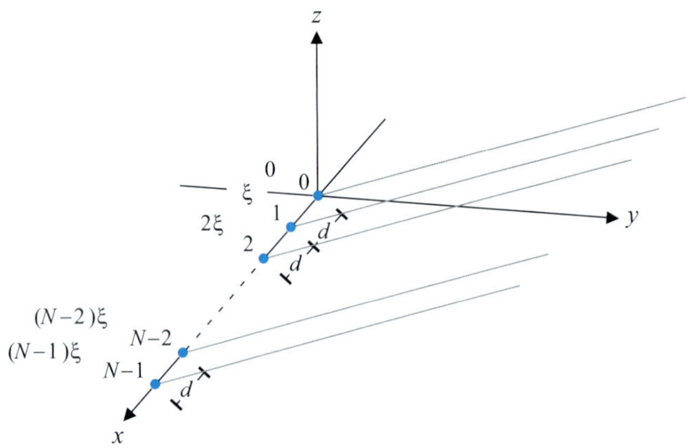

[그림 10-13] N 소자로 이루어진 균일 선형배열에서의 평행 빔 가정

식 (10.42b)를 확장하면 이 배열의 배열인자는 다음과 같다.

$$|A(\theta,\phi)| = \left|1 + e^{j\psi} + e^{j2\psi} + \cdots + e^{j(N-1)\psi}\right| \tag{10.45}$$

위 식은 공비(common ratio) $e^{j\psi}$를 가진 등비수열(geometric series)이므로 다음과 같은 폐쇄형태로 다시 쓸 수 있다.

$$|A(\theta,\phi)| = \frac{\left|1 - e^{jN\psi}\right|}{\left|1 - e^{j\psi}\right|} = \frac{\left|\sin\left(\frac{N\psi}{2}\right)\right|}{\left|\sin\left(\frac{\psi}{2}\right)\right|} \tag{10.46a}$$

여기서 ψ는 다음과 같이 주어진다.

$$\psi = kd\sin\theta\cos\phi + \xi \tag{10.46b}$$

주목할 것은, $|A(\theta, \phi)|$는 $\psi = 0$에서 최대값 N을 가진다.

패턴 곱의 원리에 따라 원거리 전기장의 크기는 다음과 같이 표시된다.

$$\left|\tilde{E}_{\theta}(R, \theta, \phi)\right| = \frac{E_o}{R}|F(\theta)|\,|A(\theta, \phi)| \tag{10.47}$$

여기서 $|F(\theta)|$는 식 (10.25)에 주어진 패턴함수이다.

평면 $\theta = \pi/2$에서 H-평면 방사패턴을 살펴보자. 이 경우 식 (10.46b)의 위상 변화는 $\psi = kd\cos\phi + \xi$로 간략화할 수 있다. ϕ가 영에서 π로 증가하면 이 값은 $\xi + kd$에서 $\xi - kd$로 변한다. 말단배열을 설계하여 최대 방사가 배열의 축 방향, 즉 $\phi = 0$인 $+x$-축 방향으로 발생되도록 하기 위해서는 조건 $\psi = kd + \xi = 0$를 만족해야 한다. 반면에 측면배열을 설계하여 최대 방사가 배열 축에 직각인 방향, 즉 $\phi = \pi/2$이며 $+y$-축 방향으로 발생되도록 하기 위해서는 조건 $\psi = \xi = 0$를 만족해야 한다. 일반적으로 주 빔의 방향은 소자 사이의 위상 이동 ξ에 따라 변한다. 전자적인 위상 이동기를 가진 안테나 배열을 **위상배열**(phased array)이라 부른다.

예를 들면, 여섯 개의 소자로 이루어진 균일 선형배열의 정규화 배열인자는 $N = 6$를 식 (10.46a)에 대입한 후 6로 나누면 된다. 이것을 ψ에 대한 함수로 그리면 [그림 10-14(a)]와 같다. 소자간 거리가 $d = \lambda/4$이고 소자간 위상 변화가 $\xi = -\pi/2$일 때, ϕ가 영에서 π로 증가하면 ψ는 영에서 $-\pi$로 변한다. 이후 ϕ가 더 증가하여 2π에 근접하면 ψ는 다시 영으로 되돌아온다. 이때 물론 $\theta = \pi/2$로 고정되어 있다. 이때 ψ의 범위는 [그림 10-14(a)]에서 회색 영역으로 표시되었다. 이 배열의 H-평면 패턴을 ϕ에 대한 함수로 그리면 [그림 10-14(b)]와 같다. 이 그림에서 x-축 위와 아래는 각각 [그림 10-14(a)]의 회색 영역에 해당한다. 그림을 보면 이 배열은 말단배열이라는 사실을 알 수 있다.

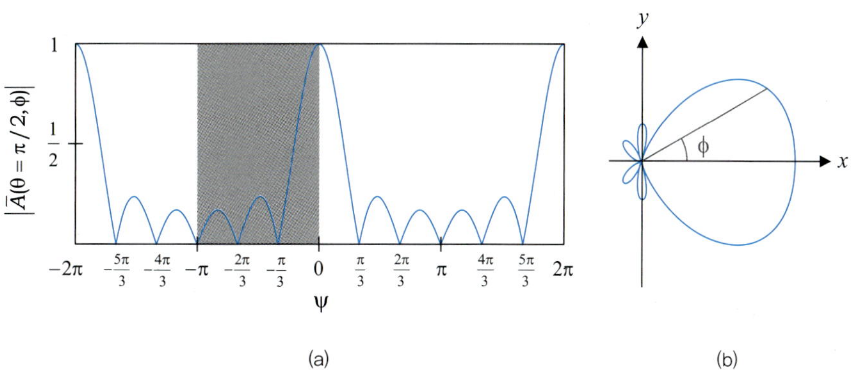

[그림 10-14] (a) 여섯 소자의 균일 선형배열의 정규화 배열인자가 ψ의 함수로 표시됨. (b) $d = \lambda/4$이고 $\xi = -\pi/2$인 경우의 H-평면 방사패턴

[그림 10-14(b)]에서 보듯이 이 배열은 좋은 지향성을 가지고 있어서 방사전력이 주 빔에 집중되어 있음을 보여준다. 이 패턴은 네 개의 측면 돌출부를 갖는다. 이 돌출부는 안테나가 전송모드로 사용될 때는 에너지의 낭비를 의미하고, 수신모드에서는 간섭이 발생하는 방향을 의미한다. 주 빔에 가장 가까운 첫번째 돌출부는 대부분의 경우 측면 돌출부 중에서 가장 크기가 크다. 일반적으로 측면 돌출부는 식 (10.46a)의 분자가 최대값을 가질 때 나타난다. 즉, 분자에 있는 사인 함수의 인자가 다음과 같은 값을 갖는다.

$$\frac{1}{2}N\psi = \pm(2m+1)\frac{\pi}{2}, \quad m = 1, 2, 3, \cdots$$

여기서 $m = 0$는 주 빔에 해당한다. 따라서 첫번째 측면 돌출부는 다음 조건을 만족할 때 나타난다.

$$N\psi = \pm 3\pi \tag{10.48}$$

첫번째 측면 돌출부의 주 빔에 대한 상대적인 크기를 구하기 위해 식 (10.48)을 식 (10.46a)에 대입하고 그것을 N으로 나누면 된다. 만약 N이 매우 크면 다음과 같은 근사값을 이용한다.

$$\frac{1}{N}\frac{1}{|\sin(3\pi/2N)|} \approx \frac{1}{N}\frac{1}{|3\pi/2N|} = 0.212 \tag{10.49}$$

첫번째 측면 돌출부의 크기는 주 빔에 대해 $20\log_{10} 0.212 = -13.5$ [dB]의 값을 가지며 이것은 N에 무관하다.

예제 10-8

하나의 균일 선형배열에서 여섯 개의 소자가 x-축을 따라 간격 $\lambda/2$로 놓여 있다([그림 10-13] 참조). 각각 다음과 같은 배열로 동작할 때 H-평면에서 절반 전력 너비를 구하라.

(a) 측면배열

(b) 말단배열

풀이

[그림 10-14(a)]에 정규화 배열인자가 ψ에 대한 함수로 표시되었다. 식 (10.46a)에서 보듯이 주 빔이 $\psi = -\pi/3$에서 $\psi = \pi/3$ 사이에 존재한다.

(a) 측면배열을 위해 주 빔의 중앙이 $\phi = \pi/2$에 위치해야 한다. 이로부터 조건 $\psi = kd\cos(\pi/2) + \xi = 0$, 즉 $\xi = 0$를 얻을 수 있다.

절반 전력을 나타내는 점의 위치는 다음과 같이 정규화 배열인자로부터 찾을 수 있다.

$$|\overline{A}(\theta, \phi)| = \frac{1}{6}\left|\frac{\sin(6\psi/2)}{\sin(\psi/2)}\right| = \frac{1}{\sqrt{2}} \tag{10.50a}$$

이 식을 풀면 $\psi = 0.47$, 즉 $\psi = |kd\cos\phi| = 0.47$이다. 따라서 $\phi = 81.4°$와 $98.6°$이다. 그러므로 절반 전력 빔 너비는 다음과 같다.

$$\phi_{hp} = 98.6° - 81.4° = 17.2° \tag{10.50b}$$

(b) 말단배열을 위해 주 빔의 중앙이 $\phi = 0$에 위치해야 한다. 이로부터 조건 $\psi = kd\cos(0°) + \xi = 0$, 즉 $\xi = -kd$를 얻을 수 있다. 앞서 설명한 것과 비슷한 방법으로 절반 전력을 나타내는 점을 구하면 다음과 같다.

$$\psi = |kd\cos\phi - kd| = 0.47 \tag{10.50c}$$

이로부터 $\phi = \pm 31.7°$를 얻는다. 따라서 절반 전력 빔 너비는 다음과 같다.

$$\phi_{hp} = 63.4° \tag{10.50d}$$

말단배열이 측면배열보다 매우 넓은 주 빔을 갖는다는 사실을 알 수 있다.

유제 10.11 하나의 균일 선형배열이 [그림 10-14]에서와 같이 $N = 6$와 $d = \lambda/4$를 가진다. $|\bar{A}(\theta, \phi)|$의 주 빔이 방사패턴에 포함되지 않으면 이때 양의 값을 가지는 ξ의 범위는?

Ans $5\pi/6 \le \xi \le 7\pi/6$

유제 10.12 균일 선형배열의 주 빔이 ϕ_o-방향으로 향할 때 ξ와 d 사이의 관계는?

Ans $\xi = -kd\cos\phi_o$

복습문제

Q10.19 소자인자와 배열인자를 설명하라. **A** 식 (10.42)

Q10.20 패턴 곱의 원리가 무엇인가? **A** 식 (10.42)

Q10.21 측면배열과 말단배열을 설명하라. **A** [그림 10-9]

Q10.22 이항배열을 정의하라. **A** 식 (10.44c)

Q10.23 균일 선형배열을 설명하라. **A** 식 (10.47)

10.5 안테나의 수신모드

지금까지 안테나가 전자기 에너지 및 정보를 송신할 수 있다는 것을 배웠다. 안테나에 연결된 원천이 시간에 따라 변하는 전류를 공급하면 이것으로부터 전자기파가 발생된다. 안테나는 입사하는 전자기파를 수신하는 용도로 사용될 수 있다. 수신모드의 안테나는 전자기 에너지를 전류로 바꾸어 부하에 전달한다.

[그림 10−15]에 보인 두 개의 안테나로 이루어진 시스템을 살펴보자. 이들이 전송모드로 동작하면서 **전달 임피던스**(transimpedance) $Z_{1\text{-}2}$와 $Z_{2\text{-}1}$을 통해 서로 약하게 연결되어 있다면([그림 10−15(a)] 참조), 이들 안테나의 등가회로로부터 다음과 같은 관계식을 구할 수 있다.

$$V_1 = Z_{1\text{-}1} I_1 + Z_{1\text{-}2} I_2 \tag{10.51a}$$

$$V_2 = Z_{2\text{-}2} I_2 + Z_{2\text{-}1} I_1 \tag{10.51b}$$

여기서 $Z_{1\text{-}1}$과 $Z_{2\text{-}2}$는 두 안테나가 서로 단절되어 상호작용이 영일 때의 안테나 1과 2의 입력 임피던스이다. 만약 옴 전력 손실이 무시된다면 이들의 실수부는 방사저항을 나타낸다. 전달 임피던스 $Z_{1\text{-}2}$와 $Z_{2\text{-}1}$은 안테나 주변의 물체뿐만 아니라 두 안테나의 간격 및 향하고 있는 방향 등에 영향을 받는다.

그 다음, [그림 10−15(b)]에 표시된 상황을 살펴보자. 여기서 안테나 1은 전송모드로 작동하고 안테나 2는 수신모드로 작동한다. 수신 안테나는 닫힌 등가회로로 표시되며 수신 안테나의 변수는 기호 ⌒를 이용해 표시한다. 이들 두 안테나는 서로 멀리 떨어져서 안테나 2에서의 반사에 의한 영향은 무시된다고 가정한다. 즉 $Z_{1\text{-}2} = 0$라고 가정한다. 이러한 조건에서 식 (10.51a)와 (10.51b)는 다음과 같이 간단히 표시된다.

$$V_1 = Z_{1\text{-}1} I_1 \tag{10.52a}$$

$$0 = \hat{Z}_{2\text{-}2} \hat{I}_2 + \hat{Z}_{2\text{-}1} I_1 \tag{10.52b}$$

이들을 풀면 다음을 얻을 수 있다.

$$\frac{\hat{I}_2}{V_1} = -\frac{\hat{Z}_{2\text{-}1}}{Z_{1\text{-}1} \hat{Z}_{2\text{-}2}} \tag{10.53a}$$

만약 안테나 1과 2의 역할이 뒤바뀐다면([그림 10−14(c)] 참조) 이전과 비슷한 절차에 따라 다음의 식을 쓸 수 있다.

$$\frac{\hat{I}_1}{V_2} = -\frac{\hat{Z}_{1\text{-}2}}{\hat{Z}_{1\text{-}1} Z_{2\text{-}2}} \tag{10.53b}$$

[그림 10−15(b)]나 [그림 10−15(c)]와 같이 두 개의 안테나로 구성된 시스템에서 전압 V_1(혹은 V_2)는 시스템의 원천이고, 수신기의 전류 $\hat{I}_2$(혹은 $\hat{I}_1$)는 시스템의 출력에 해당한다. 만약 이 시스템이 선형 매질을 이용해 만들어졌다면 상환원리(reciprocity theorem)를 적용할 수 있으므로, 2에서의 전압에 의한 1에서의 전류는 1에서의 동일한 전압에 의한 2에서의 전류와 정확하게 같아야 한다.

$$\frac{\hat{I}_2}{V_1} = \frac{\hat{I}_1}{V_2} \tag{10.54}$$

식 (10.53a)와 (10.53b)를 식 (10.54)에 대입하면 다음과 같다.

$$\frac{\hat{Z}_{2\text{-}1}}{Z_{1\text{-}1}\hat{Z}_{2\text{-}2}} = \frac{\hat{Z}_{1\text{-}2}}{\hat{Z}_{1\text{-}1}Z_{2\text{-}2}} \tag{10.55}$$

그런데 전달 임피던스는 입력 임피던스에 독립적이고, 두 입력 임피던스는 서로 독립적이므로 다음의 결과를 얻는다.

$$\hat{Z}_{2\text{-}1} = \hat{Z}_{1\text{-}2} \tag{10.56a}$$

$$Z_{1\text{-}1} = \hat{Z}_{1\text{-}1},\ Z_{2\text{-}2} = \hat{Z}_{2\text{-}2} \tag{10.56b}$$

전달 임피던스는 두 안테나의 지향성 패턴과 직접적으로 연관되어 있다. 따라서, 식 (10.56a)에서 알 수 있듯이, **수신모드 안테나의 지향성 패턴은 그 안테나의 방사패턴과 동일하다.**

[그림 10-15(b)]에서 $\hat{I}_2$는 수신기에서 유도된 전류이므로 $\hat{Z}_{2\text{-}2}$는 원천 회로의 내부 임피던스에 해당한다. **안테나가 수신모드일 때의 원천 회로의 내부 임피던스는 그 안테나가 송신모드로 동작할 때의 입력 임피던스에 해당한다.**

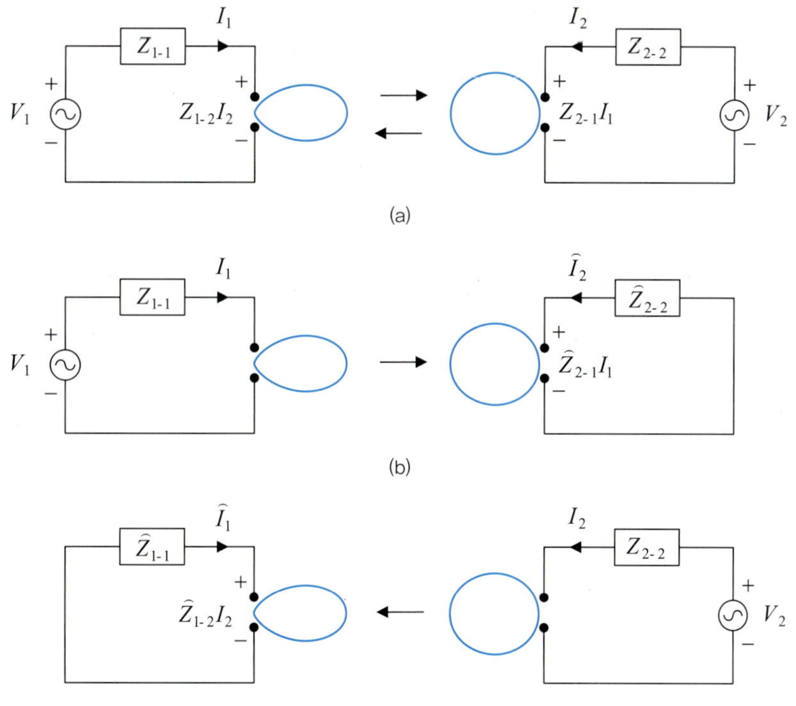

[그림 10-15] 두 안테나로 구성된 시스템. (a) 두 안테나가 송신모드로 작동. (b), (c) 송신-수신 형태의 두 안테나

[그림 10-16(a)]에 나타낸 송신-수신 구성의 두 안테나 시스템에 대해 알아보자. 여기서 안테나 1은 송신기로 작동하고, 안테나 2는 수신기로 작동한다. 안테나 2에 대한 테브난(Thévenin) 등가회로가 부하 임피던스 Z_L에 연결되었다([그림 10-16(b)] 참조). 여기서 V_{oc}는 안테나 2가 열린 회로일 때의 유도된 전압이며, [그림 10-15(b)]의 $\hat{Z}_{2\text{-}1} I_1$에 해당한다. 또한 Z_g는 수신기 전압 원천의 내부 임피던스이며, 이것은 앞에서 언급한 것처럼 송신모드 안테나의 입력 임피던스 $Z_{2\text{-}2}$에 해당한다.

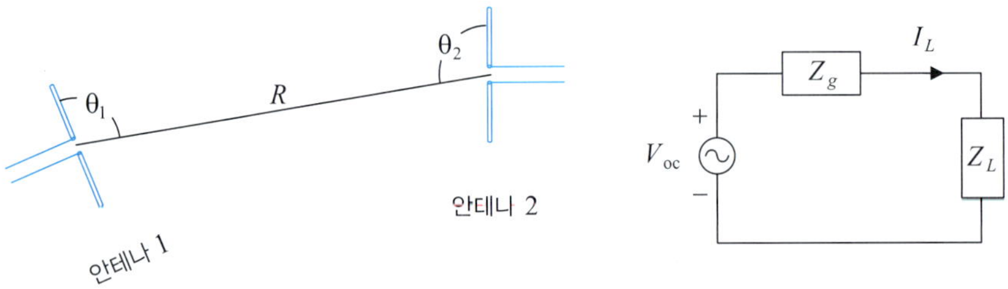

[그림 10-16] 송신-수신 구성의 시스템. (a) 안테나 1은 송신모드, 안테나 2는 수신모드로 작동. (b) 수신 안테나의 등가회로가 부하에 연결됨

수신기의 표면적이 매우 작아서 입사파의 포인팅 벡터가 안테나 표면에서 균일하다고 가정하면 임피던스 맞춤된 부하에 전달되는 시간평균 전력은 단순히 $\langle \mathbf{S} \rangle \cdot A\mathbf{a}_A$로 표시된다. 여기서 $\langle \mathbf{S} \rangle$은 시간평균 포인팅 벡터이고, A는 안테나 표면적이다. 수신 안테나의 방향은 임의로 설정된 방향일 수 있으므로 안테나의 **실효면적**(effective area) A_e를 사용하면 편리하다. A_e는 다음과 같이 한 안테나에서 입사파의 전력밀도 크기에 대한 임피던스 맞춤된 부하에 전달된 전력의 비로 정의된다.

$$A_e = \frac{P_L}{|\langle \mathbf{S} \rangle|} \quad [\text{m}^2] \tag{10.57}$$

앞에서 언급한 것처럼, 수신기에서 전압 원천의 내부 임피던스는 송신모드로 작동하는 안테나의 입력 임피던스에 해당한다. 즉 다음과 같은 관계식을 구할 수 있다.

$$Z_g = Z_i = R_{\text{rad}} + jX \tag{10.58}$$

여기서 R_{rad}는 옴 전력 손실이 무시될 때의 방사저항이다. 임피던스 맞춤 조건에서 $Z_L = Z_g^*$이고 부하에 전달된 전력은 다음과 같다.

$$P_L = \frac{1}{2}\left[\frac{|V_{\text{oc}}|}{2R_{\text{rad}}}\right]^2 R_{\text{rad}} \quad [\text{W}] \tag{10.59}$$

여기서 브라켓 항은 부하에 흐르는 전류를 나타낸다.

만약 입사파의 전기장 진폭이 수신 안테나에서 E_o로 주어지면 전력밀도의 크기는 다음과 같이 주어진다.

$$|\langle \mathbf{S} \rangle| = \frac{E_o^2}{2\eta_o} \quad [\mathrm{W/m^2}] \qquad (10.60)$$

여기서 $\eta_o = 120\pi$가 사용되었다. 앞에서 언급한 것처럼, P_L과 $|\langle \mathbf{S} \rangle|$ 사이의 비는 안테나의 실효면적이다.

예제 10-9

z-방향으로 향한 길이 $d\ell$의 Hertzian 쌍극자가 원점에 놓인 방사 원천으로부터 원거리에 위치할 때 쌍극자의 실효면적을 구하라.

풀이

쌍극자 위치에서 방사장의 크기가 E_o이고 입사파의 진행 방향이 쌍극자 축과 각도 θ를 이룬다면 다음의 식을 쓸 수 있다.

$$V_{\mathrm{oc}} = E_o \, d\ell \sin\theta \ [\mathrm{V}] \qquad (10.61\mathrm{a})$$

Hertzian 쌍극자의 방사저항은 식 (10.17f)에 주어졌다. 이 식과 식 (10.61a)를 식 (10.59)에 사용하면 안테나에 연결된 임피던스 맞춤된 부하에 전달되는 전력을 구할 수 있다.

$$P_L = \frac{1}{640}\left(\frac{E_o \lambda \sin\theta}{\pi}\right)^2 \ [\mathrm{W}] \qquad (10.61\mathrm{b})$$

식 (10.60)과 (10.61b)를 식 (10.57)에 대입하면 Hertzian 쌍극자의 실효면적을 구할 수 있다.

$$A_e = \frac{3}{8\pi}(\lambda \sin\theta)^2 \qquad (10.61\mathrm{c})$$

실효면적은 Hertzian 쌍극자의 지향성 이득을 이용하여 다음과 같이 표시할 수 있다.

$$A_e(\theta, \phi) = \frac{\lambda^2}{4\pi} G_d(\theta, \phi) \qquad (10.62)$$

여기서 식 (10.17d)가 사용되었다. 이로부터 우리는 수신 안테나의 지향성 패턴은 그 안테나의 방사패턴과 동일하다는 것을 알 수 있다. 식 (10.62)는 모든 안테나에 적용된다.

이제 송신 안테나와 수신 안테나 사이의 전력 전달 관계를 유도해 보자. 전자를 안테나 1, 후자를 안테나 2로 칭한다. 우선 안테나 1의 실효면적 A_{e1}과 지향성 이득 G_{d1}을 이용하여 총 방사전력 P_{rad}를 구한다. 안테나 2가 안테나 1로부터 거리 R에 떨어져 있으면 안테나 2의 위치에서의 전력밀도의 크기는 식 (10.6)과 (10.9)로부터 구할 수 있다.

$$\left|\langle \mathbf{S} \rangle\right| = \frac{P_{\text{rad}}}{4\pi R^2} G_{d1}(\theta, \phi) \ [\text{W/m}^2] \tag{10.63}$$

만약 안테나 2의 실효면적이 A_{e2}이면 임피던스 맞춤된 부하에 전달된 전력은 다음과 같다.

$$P_L = \left|\langle \mathbf{S} \rangle\right| A_{e2}(\theta, \phi) \ [\text{W}] \tag{10.64}$$

식 (10.62)와 (10.63)을 식 (10.64)에 대입하면 **프리스 전송공식**(Friis transmission formula)을 유도할 수 있다.

$$\frac{P_L}{P_{\text{rad}}} = \frac{A_{e1} A_{e2}}{R^2 \lambda^2} \tag{10.65}$$

총 방사전력에 대해 부하에 전달된 전력은 두 안테나의 실효면적의 곱에 비례하고 안테나 사이 거리 및 파장의 제곱에 반비례한다. 식 (10.62)를 이용하면 프리스 전송공식을 다음과 같이 다시 쓸 수 있다.

$$\frac{P_L}{P_{\text{rad}}} = G_{d1} G_{d2} \left(\frac{\lambda}{4\pi R}\right)^2 \tag{10.66}$$

여기서 식 (10.65)와 (10.66)은 두 무손실 안테나가 서로 멀리 떨어진 경우에 적용된다.

예제 10-10

두 반파 쌍극자가 거리 10 [km]에 서로 떨어져서 하나의 송신-수신 시스템을 형성한다([그림 10-16(a)] 참조). 송신 안테나에서 $I_o = 20$ [A]이고 $\theta_1 = 120°$, $\theta_2 = 100°$인 경우 동작 주파수 50 [MHz]에서 수신 안테나에 수신된 전력을 구하라.

풀이

식 (10.30)으로부터 지향성 이득을 구한다.

$$G_{d1} = 1.09, \quad G_{d2} = 1.57 \tag{10.67a}$$

식 (10.29)로부터 안테나 1의 방사전력을 구한다.

$$P_{\text{rad}} = 36.6 I_o^2 = 14.6 \ [\text{kW}] \tag{10.67b}$$

$\lambda = 6$ [m], $R = 10$ [km]를 식 (10.66)에 대입하고 식 (10.67a)를 이용하면 수신된 전력은 다음과 같이 주어진다.

$$P_L = 1.09 \times 1.57 \times \left(\frac{6}{4\pi \times 10^4}\right)^2 \times 14.6 \times 10^3 = 57.0\ [\mu\text{W}] \qquad (10.67c)$$

유제 10.13 반파 쌍극자가 100 [MHz]에서 동작할 때 최대 실효면적은?

Ans 1.17 [m^2]

유제 10.14 [유제 10.13]의 반파 쌍극자가 최대 전력 5 [μW]를 수신한다면 안테나 표면에서의 전기장은?

Ans 56.7 [mW/m]

복습문제

Q10.24 하나의 안테나가 송신모드 혹은 수신모드로 작용할 때 상환법칙으로부터 어떤 관계식을 구할 수 있는가? **A** 식 (10.56)

Q10.25 안테나의 실효면적을 정의하라. **A** 식 (10.57)

Q10.26 안테나의 실효면적과 지향성 이득과의 관계는? **A** 식 (10.62)

Q10.27 프리스 전송공식을 설명하라. **A** 식 (10.65)

10.6 레이다 방정식

레이다(radar)[1]는 전자기 펄스를 이용하여 원거리 표적을 찾아내고 그 위치를 알아낼 수 있다. 동일한 안테나를 펄스의 송신과 수신에 사용할 경우, 표적까지의 거리는 펄스가 표적으로 진행하여 반사된 후 돌아올 때까지의 시간 지연을 이용하여 측정한다.

산란 단면적(scattering cross section) 혹은 **레이다 단면적**(radar cross section)은 표적이 입사된 전자기 에너지를 얼마만큼 잘 반사시키는 지를 표시하기 위해 사용된다. 산란 단면적은 등가면적으

1 radar는 radio detection and ranging의 약어이다.

로 정의되며, 이 면적에 도달하는 전력이 모든 방향으로 균일하게 방출된다고 가정했을 때 수신 안테나에 도달하는 전력밀도가 실제 표적으로 인한 전력밀도와 동일한 값이 된다. 표적에 입사하는 전력밀도가 $|\langle \mathbf{S}_{ti} \rangle|$인 경우 표적에 수신된 최종 전력은 단순히 $\sigma|\langle \mathbf{S}_{ti} \rangle|$이다. 여기서 σ는 산란 단면적이다. 이 수신된 전력이 모든 방향으로 균일하게 방출된다면 수신 안테나에 도달하는 전력밀도는 다음과 같다.

$$|\langle \mathbf{S}_{ts} \rangle| = \frac{\sigma|\langle \mathbf{S}_{ti} \rangle|}{4\pi R^2} \quad [\mathrm{W/m^2}] \tag{10.68}$$

여기서 R은 표적과 수신 안테나 사이의 거리이다. 아래 첨자 t는 표적(target)을 나타내고, 아래 첨자 s와 i는 각각 산란전력 및 입사전력을 나타낸다. 따라서 산란 단면적은 다음과 같이 정의된다.

$$\sigma = 4\pi R^2 \frac{|\langle \mathbf{S}_{ts} \rangle|}{|\langle \mathbf{S}_{ti} \rangle|} \quad [\mathrm{m^2}] \tag{10.69}$$

R^2가 식 (10.69)의 등호 오른쪽에 명시적으로 표시되지만 σ는 상수이다.

[그림 10-17]과 같이 동일한 안테나에서 짧은 전자기 펄스를 내보내고, 표적에서 반사한 펄스를 받아들일 수 있다.

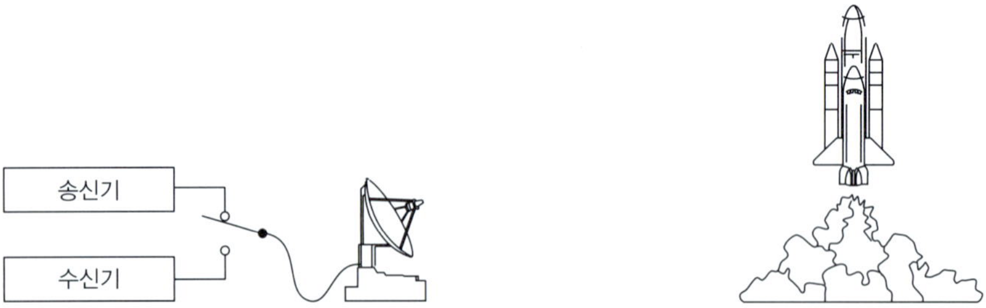

[그림 10-17] 짧은 펄스의 송신과 수신에 동일한 안테나를 사용하는 단정(monostatic) 레이다 시스템

송신모드에서 안테나로부터 거리 R에 위치한 표적에서의 전력밀도는 식 (10.63)으로 주어진다.

$$|\langle \mathbf{S}_{ti} \rangle| = \frac{P_{\mathrm{rad}}}{4\pi R^2} G_d(\theta, \phi) \quad [\mathrm{W/m^2}] \tag{10.70}$$

여기서 P_{rad}는 총 방사전력이고 G_d 지향성 이득이다. 산란 단면적이 σ인 표적에서 반사한 총 전력은 $\sigma|\langle \mathbf{S}_{ti} \rangle|$이며, 이 전력은 모든 방향으로 균일하게 방출된다고 가정한다. 따라서 수신 안테나에서의 전력밀도는 $\sigma|\langle \mathbf{S}_{ti} \rangle| / 4\pi R^2$이다.

안테나의 실효면적이 A_e이면 임피던스 맞춤된 부하에 전달된 전력은 다음과 같다.

$$\begin{aligned} P_L &= \sigma \frac{\left|\langle \mathbf{S}_{ti} \rangle\right|}{4\pi R^2} A_e(\theta, \phi) \\ &= \sigma \frac{P_{\text{rad}}}{(4\pi R^2)^2} A_e G_d \quad [\text{W}] \end{aligned} \tag{10.71}$$

여기서 식 (10.70)이 사용되었다. 식 (10.62)를 식 (10.71)에 대입하면 다음과 같다.

$$\frac{P_L}{P_{\text{rad}}} = \frac{\sigma \lambda^2}{(4\pi)^3 R^4} G_d^2(\theta, \phi) \tag{10.72a}$$

$$\frac{P_L}{P_{\text{rad}}} = \frac{\sigma / \lambda^2}{4\pi R^4} A_e^2(\theta, \phi) \tag{10.72b}$$

이 식을 **레이다 방정식**(radar equation)이라 부른다. 수신된 전력은 R^4에 반비례하는데, 그 이유는 레이다 펄스가 안테나와 표적 사이를 왕복하기 때문이다.

예제 10-11

하나의 레이다 시스템이 3 [GHz]에서 동작하는데 지향성이 40 [dB]이고 탐지 가능한 최소 전력이 2 [pW]이다. 산란 단면적이 1 [m^2]이고 레이다로부터 거리 50 [km]에 떨어진 표적을 탐지하기 위한 최소 방사전력을 구하라.

풀이

파장은 다음과 같다.

$$\lambda = \frac{c}{f} = \frac{3\times10^8}{3\times10^9} = 0.1 \text{ [m]}$$

$10\log_{10} D = 40$ [dB]을 이용하면 지향성은 $D = 10{,}000$이다.

식 (10.72a)로부터 방사전력을 구하면 다음과 같다.

$$\begin{aligned} P_{\text{rad}} &= P_L \left[\frac{\sigma\lambda^2}{(4\pi)^3 R^4} G_d^2\right]^{-1} = 2\times10^{-12}\left[\frac{0.01}{(4\pi)^3(5\times10^4)^4}10^8\right]^{-1} \\ &= 24.8 \text{ [kW]} \end{aligned}$$

유제 10.15 [예제 10−11]의 레이다 시스템을 이용해 산란 단면적이 0.2 [m^2]보다 작은 표적을 탐지하기 위해 레이다가 위치해야 하는 점의 최대 거리는?

Ans 33.4 [km]

복습문제

Q10.28 산란 단면적을 정의하라. **A** 식 (10.69)

Q10.29 레이다 방정식을 설명하라. **A** 식 (10.72)

연습문제

Herizian 쌍극자

10.1 주파수 300 [MHz]에서 동작하는 길이 $d\ell = 0.01\lambda$의 Hertzian 쌍극자에 $I_o = 2$ [A]의 전류가 공급될 때 총 방사전력과 방사저항을 구하라.

10.2 하나의 Hertzian 쌍극자가 총 2 [kW]의 전력을 방사한다. 거리 10 [km]에서 최대 전기장과 방사강도를 구하라.

10.3 원점에 위치한 Hertzian 쌍극자의 절반 전력 빔 너비를 구하라. 총 방사전력 중에서 빔 너비 안에 포함된 전력은 얼마인가?

10.4 원점에 위치한 전기 쌍극자가 모멘트 $\mathbf{p} = \mathbf{a}_z qd\cos(\omega t)$로 시간에 따라 진동하고 있다. 여기서 d는 두 전하 사이의 최대 거리이다. 영역 $d \ll R \ll \lambda$에서 준정적 상태를 가정하고 쿨롱 법칙을 이용하면 이것의 근접 전기장을 구할 수 있다. 이것이 전류 $I_o = j\omega q$가 흐르는 Hertzian 쌍극자의 근접장과 동일하다는 것을 보여라.

10.5 작은 중앙공급 쌍극자의 길이가 $d\ell(d\ell \ll \lambda)$이고 전류 분포가 $\tilde{I}(z) = I_o(1 - 2|z|/d\ell)$로 주어진다. 여기서 평균값은 $0.5I_o$이다. 이것의 방사장을 구하고 이것이 균일한 전류 $0.5I_o$가 흐르는 Hertzian 쌍극자의 방사장과 동일함을 보여라. 이것의 방사전력과 지향성을 Hertzian 쌍극자의 그것들과 비교하라.

10.6 중앙공급 쌍극안테나가 길이가 1 [m]이고 지름이 2 [mm]인 구리 도선으로 만들어졌다. 동작 주파수 2 [MHz]에서 다음 값을 구하라.

(a) 방사효율

(b) 안테나 이득

연습문제

안테나 특성

10.7 안테나 방사강도가 다음의 영역 $0 \le \theta \le \pi$, $-\pi/2 \le \phi \le \pi/2$에서 $U(\theta, \phi) = 30 \sin^2 \theta \cos \phi$이고, 그 이외의 영역에서는 영이다. 다음 값을 구하라.

(a) 지향성 이득

(b) **패턴 입체각**, 즉 $U(\theta, \phi)$를 1로 정규화하여 반지름 1의 구 표면에서 적분한 값

(c) 평면 $\theta = \pi/2$와 평면 $\phi = 0$에서에서 각각의 절반 전력 빔 너비

10.8 하나의 돌출부를 가진 안테나 패턴의 총 전력이 72 [W]이다. 거리 1 [km]에서 최대 전력밀도가 60 [μW/m^2]일 때 패턴 입체각과 안테나 지향성을 구하라. **HINT** 식 (10.6)과 (10.8)

10.9 하나의 안테나가 방사효율이 95%이고 지향성이 8 [dB]이다. 이때의 전력이득을 데시벨로 표시하라.

10.10 꼭지점을 원점에 두고 절반 각이 θ_o인 홀쭉한 원뿔에 대응하는 입체각이 근사적으로 $\pi\theta_o^2$로 주어진다는 것을 보여라.

선형 안테나

10.11 중앙공급 선형 안테나의 길이가 $\lambda/4$일 때 거리 10 [km]에서 평면 $\theta = \pi/2$ 위에서의 최대 전기장이 20 [mV/m]가 되도록 전류 진폭 I_o를 결정하라.

10.12 길이가 $\ell = 1.5\lambda$인 선형 안테나에 의한 방사강도가 영이 되는 점의 극각 θ를 구하라.
HINT [그림 10-5]

10.13 두 쌍극자 안테나의 길이가 각각 0.5λ와 λ이고 이에 해당하는 패턴함수 최대값이 각각 $|F(\theta)|_{max} = 1$과 2이다. 이들의 절반 전력 빔 너비를 구하라.

10.14 길이 50 [cm]의 단극자가 지름이 1 [cm]이고 전도도가 3.54×10^7 [S/m] 인 알루미늄 막대로 만들어졌다. 이것이 무제한 도체 표면에 수직으로 서있으며, 주파수 3 [MHz]에서 작동할 때 방사저항과 효율을 구하라.

10.15 길이 λ의 단극안테나가 무제한의 완전도체 표면에 수직으로 서있다. 거리 4 [km]에서 평면 $\theta = 57.6°$ 위의 한 점에서 최대 전력밀도가 0.5 [$\mu W/m^2$]가 되기 위한 전류 진폭 I_o를 결정하라.

10.16 하나의 자기 쌍극안테나의 반지름이 a이고 여기에 흐르는 전류가 $I_o \cos(\omega t)$로 주어질 때 총 방사전력과 지향성 이득을 a, ω, I_o를 이용해 표시하라.

10.17 하나의 루프 안테나가 지름이 10 [cm]이고 주파수 10 [MHz]에서 동작한다. 여기에 진폭이 $I_o = 2$ [A]인 전류가 흐를 때 다음 값을 구하라.

(a) 거리 5 [m]에서 최대 전기장

(b) 총 방사전력

10.18 지름이 20 [cm]인 루프 안테나가 지름이 2 [mm]인 구리 도선으로 만들어졌다. 주파수 300 [MHz]에서 진폭 1 [A]의 전류가 흐를 때 다음 값을 구하라.

(a) 방사저항

(b) 방사전력

(c) 방사효율

반파 쌍극자

10.19 반파 쌍극자가 방사저항이 $R_{rad} = 73$ [Ω], 지향성이 $D = 1.64$일 때 다음 값을 구하라.

(a) 방사전력

(b) 전류 진폭이 $I_o = 2$ [A]일 때 거리 10 [km]에서의 최대 전기장

10.20 길이가 75 [cm]이고 얇은 도선을 만들어진 중앙공급 안테나가 주파수 2 [MHz]에서 Hertzian 쌍극자로, 주파수 200 [MHz]에서는 반파 쌍극자로 동작할 수 있다. 전류 진폭이 I_o일 때 이들의 방사전력을 비교하라.

10.21 하나의 반파 쌍극자가 그 중심을 원점에 두고 z-축에 따라 놓여 있다. 여기에 흐르는 전류가 위상자 $\tilde{I}(z) = I_o \cos(kz)$로 표시될 때 안테나에서의 전류 분포를 구하라. **HINT** 연속방정식

연습문제

안테나 배열

10.22 두 소자로 구성된 안테나 배열에서 소자들 사이 거리가 한 파장에 해당하고, 이들에 동일한 진폭의 전류가 흐를 때 다음 질문에 답을 구하라.

(a) 배열인자를 구하라.

(b) 방사패턴의 주 빔이 $\theta = 90°$ 평면에서 x-축과 45°의 각을 이루도록 등차수열 위상의 공차 ξ를 구하라.

10.23 두 소자 배열에 동일한 진폭 및 위상을 가진 전류가 공급된다. 소자 사이 거리 d가 λ와 2λ 사이에서 변할 때 $\theta = 90°$ 평면의 일사분면에서 주 빔의 회전 각도를 구하라.

10.24 하나의 안테나 배열이 [그림 10-18]에서 보듯이 두 개의 동일한 Hertzian 쌍극자가 z-축을 따라 거리 d에 서로 떨어져 있는 형상을 띠고 있다. 공급되는 전류가 각각 $\tilde{I}_0 = I_o$와 $\tilde{I}_1 = I_o e^{j\xi}$일 때 배열인자가 $|A(\theta, \phi)| = |2\cos[(kd\cos\theta + \xi)/2]|$임을 보이고, 다음의 조건에서 E-평면 패턴을 그려라. **HINT** $R_1 \cong R - d\cos\theta$

(a) $d = \lambda$, $\xi = 0$

(b) $d = \lambda/2$, $\xi = 0$

(c) $d = \lambda/4$, $\xi = -\pi/2$

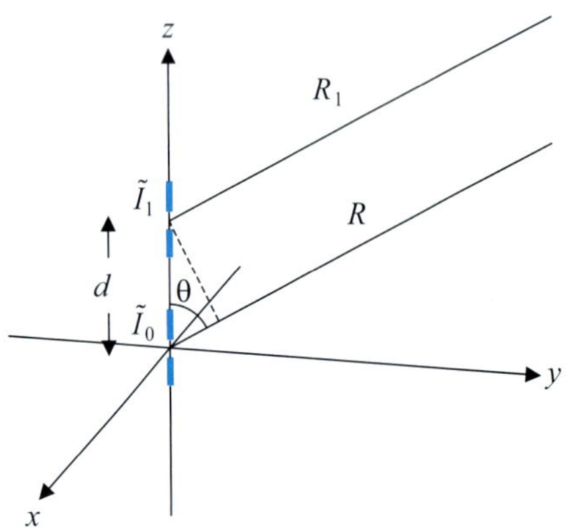

[그림 10-18] 두 소자 안테나 배열 (문제 10.24)

10.25 세 소자 균일 선형배열의 소자간 거리 d와 등차수열 위상 공차 ξ를 다음의 조건이 만족되도록 결정하라. 즉, 방사패턴이 동일한 강도의 세 빔을 가지며 H-평면 위에서 각각 $\phi = 0°$, 120°, 240°의 방향으로 주어진다.

10.26 [그림 10-18]의 안테나 배열의 소자 수가 2에서 12로 증가하였다. 소자 사이 거리는 $\lambda/2$ 이고 동일한 진폭의 전류가 공급된다. 주 빔이 xy-평면에 대해 30° 방향이면 등차수열 위상 공차 ξ는 얼마인가?

10.27 네 소자 이항배열에서 (a) 정규화 배열인자를 구하고, (b) 평면 $\theta = \pi/2$에서 절반 전력 빔 너비를 구하라. (c) 만약 이 배열이 네 소자로 이루어진 균일 선형배열로서 동일한 진폭과 위상의 전류가 소자들에 공급되면 빔 너비가 어떻게 변하는가?

10.28 하나의 측면배열 안테나가 다섯 소자로 구성되고 이들 사이 거리는 $\lambda/2$이다. 전류 진폭비가 1 : 1.5 : 3 : 1.5 : 1일 때의 정규화 배열인자를 구하라.

10.29 하나의 균일 선형배열이 N개 소자를 가지고 측면배열로 동작하는데, 평면 $\theta = \pi/2$에서 말단 방향으로의 방사는 영이다. 소자 사이 거리 d를 구하라.

10.30 여덟 소자 균일 선형배열에서 두 개의 주 빔이 H-평면에서 $\phi = 60°$와 $\phi = -60°$에서 관측되며, 영역 $-60° < \phi < 60°$에서는 측면 돌출부가 존재하지 않는다. 이때 소자 사이 거리 d와 등차수열 공차 위상 ξ를 구하라.

10.31 [연습문제 10.30]의 영역이 바뀌어 새로운 영역 $60° < \phi < 300°$에서 측면 돌출부가 존재하지 않는 경우 공차 위상 ξ를 구하라.

10.32 하나의 측면배열이 N개의 소자를 가지는 경우 (a) 만약 N이 매우 크면 주 빔의 제로 전력 너비가 $\Delta\phi = 2\lambda/Nd$로 표시됨을 보여라(주 빔의 양쪽에서 전력이 영인 지점 사이의 각도). (b) 주 빔의 절반 전력 빔 너비를 구하라. **HINT** 조건 $x \ll 1$일 때 $\sin x \simeq x - x^3/6$

연습문제

실효면적과 프리스 전송공식

10.33 총 2 [μW]의 전력을 수신하는 안테나의 위치에서 전기장 진폭이 30 [mV/m]이면 안테나의 실효면적은 얼마인가?

10.34 주파수 3 [GHz]로 동작하는 안테나의 지향성이 25 [dB]일 때 이 안테나의 최대 실효면적은?

10.35 반파 쌍극자에 대해 다음 질문에 답을 구하라.

(a) 최대 실효면적을 구하라.

(b) 안테나 위치에서 입사파의 전기장 진폭이 E_o일 때 임피던스 맞춤된 부하에 전달되는 최대 전력을 구하라.

(c) 쌍극자의 실효 길이가 $\ell_e = \lambda / \pi$임을 보여라.

HINT 이 실효 길이에서 열린회로 전압 $V_{oc} = E_o \ell_e$는 부하에 실제 안테나와 동일한 전력을 전달한다.

10.36 하나의 반파 쌍극자가 전류 진폭 I_o을 가지고 송신모드로 작동한다. 이때 등가의 Hertzian 쌍극자가 길이 ℓ_e이고, 균일 전류 I_o을 가지고 $\theta = \pi / 2$ 방향으로 원래 안테나와 동일한 최대 전기장을 만든다. ℓ_e를 구하고 이것을 [연습문제 10.35]의 결과와 비교하라.

10.37 하나의 Hertzian 쌍극자가 원거리에서 수신모드로 동작하며 이때의 입사파는 전기장 진폭이 E_o이다. (a) 실효면적을 구하여, (b) 열린회로 전압 $V_{oc} = E_o d\ell$을 이용하여, 임피던스 맞춤된 부하에 전달되는 최대 전력을 구하라.

10.38 하나의 반파 쌍극자가 200 [MHz]에서 동작하며 5 [kW]의 전력을 방사한다. 또 다른 반파 쌍극자가 거리 1 [km]에 떨어져 있고 첫째 안테나와 평행으로 놓여 있다. 이 안테나가 수신하는 최대 전력은?

10.39 인공위성 통신 시스템이 15 [GHz]로 동작한다. 지구상의 안테나와 고도 35,786 [km]의 정지 궤도상 인공위성의 안테나 이득이 각각 50 [dB]와 30 [dB]이다. 인공위성에 최소 0.2 [nW]의 전력을 보내기 위해 요구되는 지구 안테나의 방사전력을 구하라.

10.40 단정 레이다가 지향성 이득이 40 [dB]이고 주파수 4 [GHz]에서 동작한다. 이것을 이용해 거리 500 [m]에 있는 산란 단면적이 0.5 [m^2]인 표적을 추적하려 한다. 최소 탐지 가능 전력이 1 [nW]이면 최소 방사전력은 얼마가 되어야 하는가?

10.41 레이다 안테나가 실효면적이 8 [m^2]이고 주파수 3 [GHz]에서 방사전력이 250 [kW]이다. 거리 100 [km]에 떨어진 산란 단면적 15 [m^2]의 표적에 대해 다음 값을 구하라.

(a) 표적에서의 최대 전력밀도

(b) 표적에 도달한 전력

(c) 반사전력 중에서 안테나에 의해 수신된 전력

찾아보기

ㄱ

가상변위 원리 246, 388
가우스 법칙 52, 176, 203, 445
가우시안면 177
가위곱 30
가환법칙 23, 25
각 가속도 390
각주파수 461
간극 388
감김비 422
감쇠상수 488, 513, 591
감폭 488, 512
강자성체 348
강제자기장 363
거리벡터 19
결합법칙 23, 25
경계값 문제 226
경계면 조건 209, 365
경질 강자성체 364
고유 임피던스 488, 496
공간주기 462
관찰점 160
구대칭 36
구조식 175, 203
구좌표계 36, 61
국소 현상 92
군속도 566
굴절율 546
균일 선형배열 684
균일 평면파 456, 470, 489
균질 203, 489
그레이디언트 92, 105
극성 공유결합 198
극성 분자 198
극성 159
기전력 417

ㄴ

내부반사 555
내부 유도용량 376
내부 전기장 198

ㄷ

다가 함수 332
다이버전스 92
다이버전스 원천 137
다이버전스 정리 92, 116
단순매질 355
단위벡터 19
단일토막 맞춤 642
대류전류 270, 271
델 연산자 137
도선 선로 584, 594
도움변수 93
도움변수식 93
도파관 521
동등 벡터 21
동일 벡터 21
동축 케이블 584
등가 모멘트 지렛대 390
등방성 199, 203, 489

ㄹ

라플라스 방정식 227
라플라시안 137, 138
레이다 693
레이다 단면적 693
렌츠 법칙 417
로드스톤 310
로렌츠 힘 312
로렌츠 힘의 식 312

ㅁ

마디 전압 184
마루 461
매끄러운 곡선 94
맥스웰 방정식 437
머리–꼬리 법칙 22
메트릭상수 65, 138
면심입방 결정구조 274
면적분 93
면 전하밀도 166
모멘트 지렛대 390
무 다이버전스 118
미분 길이벡터 41
미분 면적벡터 42
미분체적 41
미분 파동방정식 459
미분형태 92, 167

ㅂ

바깥전자 274
반가환법칙 31
반사계수 467, 488
반사법칙 546
반사율 529
반응저항 597
반자성체 346
반자성 현상 347

반파 쌍극안테나 673
반 파장 쌍극안테나 663
방사강도 666
방사저항 668
방사패턴 665
방사효율 668
방위각 48, 61
배분법칙 25
배열인자 680
베이스벡터 19, 36
벡터 20
벡터곱 25, 30
벡터 눈금바꿈 18, 25
벡터 덧셈 23
벡터 뺄셈 23
벡터 삼중곱 33
벡터 성분 26
벡터 자기포텐셜 332
벡터상 18, 20
벡터 푸아송 방정식 336
벡터 함수 20
벡터 헬름홀츠 식 493
변압기 기전력 419
변위 전류밀도 270, 434
변위 173
변환행렬 71
병진대칭 52
보존장 99, 133, 191
복소 고유임피던스 515
복소 진폭 465
복소파수 513
복소형태 465
부도체 173
부르스터 각 558
분극 199
분극 면 전하밀도 200
분극 면 전하 200
분극장 198
분극 전기장 201
분극 체적 전하 200
분극 체적 전하밀도 201
분로 컨덕턴스 588
분산 566
분산변수 588
분산원천 120
분산 전송선로 600
브루스터 각 488
비오-사바르 법칙 314
비왜곡 전송선로 600
비정상분산 567
비회전장 133

ㅅ

사분파 단극안테나 676
사분파장 변압기 641
사분파장 변환기 617
사인꼴 정상상태 18, 488
사인 법칙 28
산란 단면적 693
상대유전율 198, 203
상대투자율 347, 355
상보관계 558
상수좌표면 36
상수-x 원 626
상호 유도용량 371
상호자속 369
상환원리 688
섞음 좌표계 36
선속밀도 114
선적분 93, 96
선 전하밀도 166
선형 489
선형성 203
선형 쌍극안테나 671
성분형태 38
소용돌이 원천 137
소자인자 680
속박전자 159, 198
손실각 514
손실 매질 512
손실저항 668
손실 탄젠트 514
수직 전자기파 585
수직 편광 544
순방향파 596
순환 93
순환순열 37
순환순열 관계 33
순환원천 127
스넬의 굴절법칙 546
스미스 차트 639
스칼라곱 25
스칼라 삼중곱 33
스칼라 성분 26
스칼라장 18
스토크스 정리 92, 127
시간주기 462
실효면적 690
심 388
쌍곡선 함수 616

ㅇ

안테나 배열 679

찾아보기

안테나 지향성 667
안테나 패턴 665
알짜 전하 174
암페어길 324
암페어 법칙 52, 321, 435
양공 276
양도체 274, 521
어드미턴스 차트 639
에버네센트 파 561
역방향파 596
역행렬 76
연계자속 369
연속방정식 270
연속투영법 27
연속 함수 94
오른손규칙 30
오른손 타원 편광파 509
옴의 법칙 270
옴 전력 손실 295
완전도체 276
완전유전체 276
완화시간 280
외부반사 555
외부 유도용량 376
왼손 타원 편광파 509
운동 기전력 424
운동 전기장 425
원거리장 343
원천 18
원천점 160
원통대칭 36
원통좌표계 36, 48
위상 461
위상맞음 461
위상맞춤 조건 529, 546
위상배열 685
위상상수 488, 513, 591
위상속도 461
위상자형태 466
위상자 466
위상평면 470, 489
위치벡터 19, 20
유니테리 행렬 76
유도 반응저항 622
유도용량 369
유일성 정리 228
유일해 228
유전상수 203
유전성 깨짐 204
유전세기 204
유전율 159, 203
유전체 173
음 벡터 23
이동 방향 93
이항전개 165
인덕터 369
일가 함수 106
일반화 암페어 법칙 435
임계각 488, 560
임피던스 맞춤조건 643
임피던스 변환 422
입력 임피던스 616
입력전류 616
입력전압 616
입사면 544

ㅈ

자기 가우스 법칙 329
자기 감수율 347, 355
자기구역 348, 362
자기력 312, 385, 388
자기 쌍극안테나 677
자기 쌍극자 341
자기 쌍극자모멘트 341
자기 유도용량 371
자기장 에너지 381
자기철심 421
자기화 348
자기화 벡터 311
자기 히스테리시스 362
자리바꿈 76
자석 310
자성 310
자속 329
자속밀도 114, 312
자유공간 유전율 203
자유공간 투자율 355
자유전자 198, 274
자화 348
자화 자기장 354
자화전류 350
자화 전류밀도 350
자화 표면 전류밀도 350
잔류 자속밀도 363
저항 290, 597
저항기 290
적분길 93
적분형태 92
전기감수율 203
전기길이 617
전기분극 199
전기장선 173
전기장 세기 162
전기장 위상자 490

전기자 388
전달 임피던스 688
전도도 213, 274
전도전류 198, 270
전도전자 198, 274
전반사 560
전방위 안테나 667
전속 173
전속밀도 114, 158, 174
전속선 173
전송선로 584
전송선로 방정식 588
전압 반사계수 609
전압 정재파 비 611
전위 184, 186
전위 기준점 186
전위차 186
전자 159
전자 이동도 275
전파상수 461, 513, 591
전하완화 285
전하 운반자 276
절대전위 186
점곱 25
점원 167
점형태 92, 167, 294
점형태 옴 법칙 276
정규화 부하 반응저항 626
정규화 부하서셉턴스 638
정규화 부하 저항 626
정규화 부하전도율 638
정상분산 567
정상 좌표계 70
정재파 529, 537
정재파 비 535, 538
정적조건 279
정전류 311
정전 반응저항 622
정전용량 243
조사밀도 563
조화시변 461, 488
조화시변 항 465
조화파 461, 489
종파 457
좌표 21
좌표 변환 36, 70
주파수 띠 566
줄의 법칙 294
중앙공급 671
지향성 도함수 105
지향성 이득 667
직각좌표계 36
직교규격관계 37
직교좌표계 36
직류 전류 311
진폭 461

ㅊ

철광석 310
체적 전류밀도 270
체적 전하밀도 166
초기 위상 461
초기 자화곡선 363
초전도체 347
총 선속 114
축전기 242
침투깊이 521

ㅋ

캐럿 465
컬 92, 127
쿨롱 법칙 158
쿨롱힘 159
키르히호프 전류법칙 270

ㅌ

타원 편광 508
토크 390
투과계수 488
투과계 467
투과율 529
투자율 310, 355
특성 어드미턴스 598
특성 임피던스 597

ㅍ

파 457
파 단면도 457
파동묶음 566
파동함수 457
파면 470, 489
파수 472
파수벡터 470, 489
파장 462
패러데이의 전자기 유도법칙 417
패턴 곱의 원리 681
패턴함수 666
퍼짐현상 566
편광각 558
편광기 558
평면파 470

찾아보기

평행사변형 법칙 22
평행판 선로 584, 595
평행 편광 544, 552
포락선 567
포화 348
표류속도 275
표면 전류밀도 270
표피두께 521
푸아송 방정식 226
프라임 좌표계 70
프레넬 식 529, 554
프리스 전송공식 692
플러스 방향 93
필라멘트 314

ㅎ

헬름홀츠 정리 141
호박 159
횡파 457
히스테리시스 363

A

absolute electric potential 186
ac-resistance 523
ac-저항 523
amber 159
Ampere's circuital law 52, 321, 435
Amperian path 324
amplitude 461
angular acceleration 390
angular frequency 461
anomalous dispersion 567
antenna array 679
antenna directivity 667
antenna pattern 665
anticommutative law 31
armature 388
array factor 680
associative law 23, 25
attenuation constant 488, 513, 591
azimuth angle 48, 61

B

backward wave 596
base vector 19, 36
B–H 자화곡선 363
binomial expansion 165
Biot–Savart law 314
bound charge 198
bound electron 159
boundary condition 209, 365
boundary value problem 226
Brewster angle 488, 558
broadening 566

C

capacitance 243
capacitive reactance 622
caret 465
Cartesian or rectangular coordinate system 36
center fed 671
characteristic admittance 598
characteristic impedance 597
charge carrier 276
charge relaxation 285
circulation 93
circulation source 127
coaxial cable 584
coercive field intensity 363
commutative law 23, 25
complex amplitude 465
complex form 465
complex intrinsic impedance 515
complex wavenumber 513
component form 38
conduction current 198, 270
conduction electron 198, 274
conductivity 213, 274
conservative field 99, 133, 191
constitutive relation 175, 203
convection current 270, 271
coordinate transformation 36, 70
core 388
Coulomb's law 158
Coulomb force 159
crest 461
critical angle 488, 560
cross product 30
curl 92, 127
cyclic permutation 33, 37
cylindrical coordinate system 36, 48
cylindrical symmetry 36

D

damping 488, 512
depth of penetration 521
diamagnetic material 346
diamagnetism 347
dielectric 173
dielectric breakdown 204
dielectric constant 203
dielectric strength 204
differential area vector 42
differential form 92, 167
differential length vector 41
differential volume 41
differential wave equation 459
direct current 311
directional derivative 105
directive gain 667
dispersion 566
dispersive line 600
displacement 173
displacement current density 270, 434
distance vector 19
distortionless line 600
distributed parameter 588
distributed source 120
distributive law 25
divergence 92
divergence theorem 92, 116
divergenceless 118
dot product 25
drift velocity 275

E

effective area 690
effective moment arm 390
electric field intensity 162
electric field line 173
electric field phasor 490
electric flux 173
electric flux density 114, 158, 174
electric flux line 173
electric polarization 199
electric potential 184, 186
electric susceptibility 203
electrical length 617
electromotive force emf 417
electron 159
electron mobility 275
element factor 680
elliptically polarized 508
envelope 567
E-plane pattern 665
equal vectors 21
equation of continuity 270
evanescent wave 561
external inductance 376
external reflection 555
E-평면 패턴 665

F

far-field pattern 343
ferromagnetic material 348
field point 160
flux density 114
forward wave 596
free electron 198, 274
Fresnel equation 529, 554
Friis transmission formula 692

G

gap 388
Gauss's law of magnetism 329
Gaussian surface 177
generalized Ampere's law 435
good conductor 274, 521
gradient 92, 105
group velocity 566

H

Half-wave dipole antenna 673
harmonic wave 461
hat 465
head-to-tail rule 22
Helmholtz's theorem 140
Hertzian dipole 663
Hertzian 쌍극자 663
hole 276
homogeneous 203, 489
H-plane pattern 665
hyperbolic function 616
hysteresis 363
H-평면 패턴 665

I

identical vectors 21
impedance matching condition 643
impedance transformation 422
in phase 461
index of refraction 546
inductance 369
inductive reactance 622
inductor 369
initial magnetization curve 363
input current 616
input impedance 616
input voltage 616
insulator 173
integral form 92
integration path 93
internal electric field 198
internal inductance 376
internal reflection 555
intrinsic impedance 488, 496
inverse 76
irradiance 563
irrotational field 133
isotropic 199, 203, 489

K ~ L

Kirchhoff's current law 270
Laplace's equation 227
Laplacian 137, 138
law of cosines 28
law of reflection 546
Lenz's law 417
line integral 93, 96
linear 203, 489
linear dipole antenna 671
local effect 92
lodestone 310
longitudinal wave 457
Lorentz force equation 312
loss angle 514
loss resistance 668
loss tangent 514

M

magnet 310
magnetic core 421
magnetic dipole 341
magnetic dipole antenna 677
magnetic dipole moment 341
magnetic domain 348, 362
magnetic flux 329
magnetic flux density 114, 312
magnetic flux linkage 369
magnetic force 312, 385, 388
magnetic hysteresis 362
magnetic susceptibility 347, 355
magnetism 310
magnetization 348
magnetization current 350
magnetization current density 350
magnetization curve 363
magnetization field 354
magnetization surface current density 350
magnetization vector 311
magnetized 348
Maxwell's equations 437
method of virtual displacement 388
metric coefficient 65
mixed coordinate system 36
moment arm 390
motional electric field 425
motional emf 424
multivalued function 332
mutual flux 369
mutual inductance 371

N

net charge 174
node voltage 184
nor−malized load resistance 626
normal dispersion 567
normalized load conductance 638
normalized load reactance 626
normalized load susceptance 638

O

Ohm's law 270
ohmic power loss 295
omnidirectional antenna 667

orthogonal coordinate system 36
orthonormality relation 37

P

parallel polarization 544, 552
parallel–plate line 584, 595
parallelogram rule 22
parametric representation 93
pattern function 666
perfect conductor 276
perfect dielectric 276
permeability 310, 355
permeability in free space 355
permittivity 159, 203
permittivity of free space 203
perpendicular polarization 544
phase 461
phase constant 488, 513, 591
phase front 470, 489
phase matching condition 529, 546
phase velocity 461
phased array 685
phasor 466
phasor form 466
plane of incidence 544
plane wave 470
point form 92, 167, 294
point form of Ohm's law 276
point source 167
Poisson's equation 226
polar covalent bond 198
polar molecule 198
polarity 159
polarization field 198, 201
polarization surface charge 200
polarization volume charge 200
polarized 199
polarizer 558
polarizing angle 558
position vector 19, 20
potential difference 186
primed coordinate system 70
principle of virtual displacement 246
propagation constant 461, 513, 591
p-편광파 552

Q

quarter–wave monopole antenna 676
quarter–wave transformer 617

R

radar 693
radiation efficiency 668
radiation intensity 666
radiation pattern 665
radiation resistance 668
reactance 597
reflectance 529
reflection coefficient 467, 488
relative permeability 347, 355
relative permittivity 198, 203
relaxation time 280
residual flux density 363
resistance 597
resistor 290
right–hand rule 30

S

saturated 348
scalar component 26
scalar field 18
scalar product 25
scalar triple product 33
self–inductance 371
shunt conductance 588
single stub method 642
single–valued function 106
sinusoidal steady state 461, 488
sinusoidal steady–state 18
skin depth 521
Snell's law of refraction 546
source 18
source point 160
spherical coordinate system 36, 61
spherical symmetry 36

standing wave 529, 537
standing wave ratio 535, 538
steady current 311
Stokes's theorem 92, 127
superconductor 347
surface integral 93
surface of constant coordinate 36
SWR 611
s-편광파 548

T

time harmonic 461, 488
time harmonic wave 489
torque 390
total flux 114
total internal reflection(TIR) 560
transformation matrix 71
transimpedance 688
translational symmetry 52
transmission coefficient 467, 488
transmission line 584
transmission–line equation 588
transmittance 529
transpose 76
transverse electromagnetic wave(TEM) 585
transverse wave 457
turns ratio 422
two–step projection 27
two–wire line 584, 594

U

uniform linear array 684
uniform plane wave 456, 470, 489
unit vector 19
unitary matrix 76
unprimed coordinate system 70

V

valence electron 274
vector component 26
vector field 18, 20
vector function 20
vector Helmholtz equation 493
vector magnetic potential 332
vector Poisson's equation 336
vector product 25, 30
vector scaling 18, 25
vector triple product 33
voltage reflection coefficient 609
voltage standing–wave ratio(VSWR) 611
vortex source 137

W ~ Z

wave 457
wave profile 457
wavefront 470, 489
wavefunction 457
waveguide 521
wavelength 462
wavenumber 472
wavepacket 566
wavevector 470, 489
zero reference point 186
Joule's law 294

기타

2겹 회전대칭 52
2–fold rotational symmetry 52